前环衬图片：袁隆平在田间观察超级杂交稻组合的稻穗

Volume 6

袁隆平全集

Yuan Longping Collection

第六卷

学术著作

超级杂交水稻育种栽培学

Volume 6

Academic Monograph

Super Hybrid Rice Breeding and Cultivation

主　编——柏连阳

执行主编——袁定阳　辛业芸

『十四五』国家重点图书出版规划

CTS

湖南科学技术出版社·长沙

《超级杂交水稻育种栽培学》编委会

出版说明

袁隆平先生是我国研究与发展杂交水稻的开创者，也是世界上第一个成功利用水稻杂种优势的科学家，被誉为“杂交水稻之父”。他一生致力于杂交水稻技术的研究、应用与推广，发明“三系法”籼型杂交水稻，成功研究出“两系法”杂交水稻，创建了超级杂交稻技术体系，为我国粮食安全、农业科学发展和世界粮食供给做出杰出贡献。2019年，袁隆平荣获“共和国勋章”荣誉称号。中共中央总书记、国家主席、中央军委主席习近平高度肯定袁隆平同志为我国粮食安全、农业科技创新、世界粮食发展做出的重大贡献，并要求广大党员、干部和科技工作者向袁隆平同志学习。

为了弘扬袁隆平先生的科学思想、崇高品德和高尚情操，为了传播袁隆平的科学家精神、积累我国现代科学史的珍贵史料，我社策划、组织出版《袁隆平全集》(以下简称《全集》)。《全集》是袁隆平先生留给我们的巨大科学成果和宝贵精神财富，是他为祖国和世界人民的粮食安全不懈奋斗的历史见证。《全集》出版，有助于读者学习、传承一代科学家胸怀人民、献身科学的精神，具有重要的科学价值和史料价值。

《全集》收录了20世纪60年代初期至2021年5月逝世前袁隆平院士出版或发表的学术著作、学术论文，以及许多首次公开整理出版的教案、书信、科研日记等，共分12卷。第一卷至第六卷为学术著作，第七卷、第八卷为学术论文，第九卷、第十卷为教案手稿，第十一卷为书信手稿，第十二卷为科研日记手稿（附大事年表）。学术著作按出版时间的先后为序分卷，学术论文在分类编入各卷之后均按发表时间先后编排；教案手稿按照内容分育种讲稿和作物栽培学讲稿两卷，书信手稿和科研日记手稿分别按写信日期和记录日期先后编排（日记手稿中没有注明记录日期的统一排在末尾）。教案手稿、书信手稿、科研日记手稿三部分，实行原件扫描与电脑录入图文对照并列排版，逐一对应，方便阅读。因时间紧迫、任务繁重，《全集》收入的资料可能不完全，如有遗漏，我们将在机会成熟之时出版续集。

《全集》时间跨度大，各时期的文章在写作形式、编辑出版规范、行政事业机构名称、社会流行语言、学术名词术语以及外文译法等方面都存在差异和变迁，这些都真实反映了不同时代的文化背景和变化轨迹，具有重要史料价值。我们编辑时以保持文稿原貌为基本原则，对作者文章中的观点、表达方式一般都不做改动，只在必要时加注说明。

《全集》第九卷至第十二卷为袁隆平先生珍贵手稿，其中绝大部分是首次与读者见面。第七卷至第八卷为袁隆平先生发表于各期刊的学术论文。第一卷至第六卷收录的学术著作在编入前均已公开出版，第一卷收入的《杂交水稻简明教程（中英对照）》《杂交水稻育种栽培学》由湖南科学技术出版社分别于1985年、1988年出版，第二卷收入的《杂交水稻学》由中国农业出版社于2002年出版，第三卷收入的《耐盐碱水稻育种技术》《盐碱地稻作改良》、第四卷收入的《第三代杂交水稻育种技术》《稻米食味品质研究》由山东科学技术出版社于2019年出版，第五卷收入的《中国杂交水稻发展简史》由天津科学技术出版社于2020年出版，第六卷收入的《超级杂交水稻育种栽培学》由湖南科学技术出版社于2020年出版。谨对兄弟单位在《全集》编写、出版过程中给予的大力支持表示衷心的感谢。湖南杂交水稻研究中心和袁隆平先生的家属，出版前辈熊穆葛、彭少富等对《全集》的编写给予了指导和帮助，在此一并向他们表示诚挚的谢意。

湖南科学技术出版社

总　序

02

一粒种子，改变世界

一粒种子让“世无饥馑、岁晏余粮”。这是世人对杂交水稻最朴素也是最崇高的褒奖，袁隆平先生领衔培育的杂交水稻不仅填补了中国水稻产量的巨大缺口，也为世界各国提供了重要的粮食支持，使数以亿计的人摆脱了饥饿的威胁，由此，袁隆平被授予“共和国勋章”，他在国际上还被誉为“杂交水稻之父”。

从杂交水稻三系配套成功，到两系法杂交水稻，再到第三代杂交水稻、耐盐碱水稻，袁隆平先生及其团队不断改良“这粒种子”，直至改变世界。走过91年光辉岁月的袁隆平先生虽然已经离开了我们，但他留下的学术著作、学术论文、科研日记和教案、书信都是宝贵的财富。1988年4月，袁隆平先生第一本学术著作《杂交水稻育种栽培学》由湖南科学技术出版社出版，近几十年来，先生在湖南科学技术出版社陆续出版了多部学术专著。这次该社将袁隆平先生的毕生累累硕果分门别类，结集出版十二卷本《袁隆平全集》，完整归纳与总结袁隆平先生的科研成果，为我们展现出一位院士立体的、丰富的科研人生，同时，这套书也能为杂交水稻科研道路上的后来者们提供不竭动力源泉，激励青年一代奋发有为，为实现中华民族伟大复兴的中国梦不懈奋斗。

袁隆平先生的人生故事见证时代沧桑巨变。先生出生于20世纪30年代。青少年时期，历经战乱，颠沛流离。在很长一段时期，饥饿像乌云一样笼罩在这片土地上，他胸怀“国之大者”，毅然投身农业，立志与饥饿做斗争，通过农业科技创新，提高粮食产量，让人们吃饱饭。

在改革开放刚刚开始的1978年，我国粮食总产量为3.04亿吨，到1990年就达4.46亿吨，增长率高达46.7%。如此惊人的增长率，杂交水稻功莫大焉。袁隆平先生曾说：“我是搞育种的，我觉得人就像一粒种子。要做一粒好的种子，身体、精神、情感都要健康。种子健康了，事业才能够根深叶茂，枝粗果硕。”每一粒种子的成长，都承载着时代的力量，也见证着时代的变迁。袁隆平先生凭借卓越的智慧和毅力，带领团队成功培育出世界上第一代杂交水稻，并将杂交水稻科研水平推向一个又一个不可逾越的高度。1950年我国水稻平均亩产只有141千克，2000年我国超级杂交稻攻关第一期亩产达到700千克，2018年突破1 100千克，大幅增长的数据是我们国家年复一年粮食丰收的产量，让中国人的“饭碗”牢牢端在自己手中，“神农”袁隆平也在人们心中矗立成新时代的中国脊梁。

袁隆平先生的科研精神激励我们勇攀高峰。马克思有句名言：“在科学的道路上没有平坦的大道，只有不畏劳苦沿着陡峭山路攀登的人，才有希望达到光辉的顶点。”袁隆平先生的杂交水稻研究同样历经波折、千难万难。我国种植水稻的历史已经持续了六千多年，水稻的育种和种植都已经相对成熟和固化，想要突破谈何容易。在经历了无数的失败与挫折、争议与不解、彷徨与等待之后，终于一步一步育种成功，一次一次突破新的记录，面对排山倒海的赞誉和掌声，他却把成功看得云淡风轻。“有人问我，你成功的秘诀是什么？我想我没有什么秘诀，我的体会是在禾田道路上，我有八个字：知识、汗水、灵感、机遇。”

“书本上种不出水稻，电脑上面也种不出水稻”，实践出真知，将论文写在大地上，袁隆平先生的杰出成就不仅仅是科技领域的突破，更是一种精神的象征。他的坚持和毅力，以及对科学事业的无私奉献，都激励着我们每个人追求卓越、追求梦想。他的精神也激励我们每个人继续努力奋斗，为实现中国梦、实现中华民族伟大复兴贡献自己的力量。

袁隆平先生的伟大贡献解决世界粮食危机。世界粮食基金会曾于2004年授予袁隆平先生年度“世界粮食奖”，这是他所获得的众多国际荣誉中的一项。2021年5月

22日，先生去世的消息牵动着全世界无数人的心，许多国际机构和外国媒体纷纷赞颂袁隆平先生对世界粮食安全的卓越贡献，赞扬他的壮举“成功养活了世界近五分之一人口”。这也是他生前两大梦想“禾下乘凉梦”“杂交水稻覆盖全球梦”其中的一个。

一粒种子，改变世界。袁隆平先生和他的科研团队自1979年起，在亚洲、非洲、美洲、大洋洲近70个国家研究和推广杂交水稻技术，种子出口50多个国家和地区，累计为80多个发展中国家培训1.4万多名专业人才，帮助贫困国家提高粮食产量，改善当地人民的生活条件。目前，杂交水稻已在印度、越南、菲律宾、孟加拉国、巴基斯坦、美国、印度尼西亚、缅甸、巴西、马达加斯加等国家大面积推广，种植超800万公顷，年增产粮食1 600万吨，可以多养活4 000万至5 000万人，杂交水稻为世界农业科学发展、为全球粮食供给、为人类解决粮食安全问题做出了杰出贡献，袁隆平先生的壮举，让世界各国看到了中国人的智慧与担当。

喜看稻菽千重浪，遍地英雄下夕烟。2023年是中国攻克杂交水稻难关五十周年。五十年来，以袁隆平先生为代表的中国科学家群体用他们的集体智慧、个人才华为中国也为世界科技发展做出了卓越贡献。在这一年，我们出版《袁隆平全集》，这套书呈现了中国杂交水稻的求索与发展之路，记录了中国杂交水稻的成长与进步之途，是中国科学家探索创新的一座丰碑，也是中国科研成果的巨大收获，更是中国科学家精神的伟大结晶，总结了中国经验，回顾了中国道路，彰显了中国力量。我们相信，这套书必将给中国读者带来心灵震撼和精神洗礼，也能够给世界读者带去中国文化和情感共鸣。

预祝《袁隆平全集》在全球一纸风行。

刘旭

刘旭，著名作物种质资源学家，主要从事作物种质资源研究。2009年当选中国工程院院士，十三届全国政协常务委员，曾任中国工程院党组成员、副院长，中国农业科学院党组成员、副院长。

凡　例

1.《袁隆平全集》收录袁隆平20世纪60年代初到2021年5月出版或发表的学术著作、学术论文，以及首次公开整理出版的教案、书信、科研日记等，共分12卷。本书具有文献价值，文字内容尽量照原样录入。

2. 学术著作按出版时间先后顺序分卷；学术论文按发表时间先后编排；书信按落款时间先后编排；科研日记按记录日期先后编排，不能确定记录日期的4篇日记排在末尾。

3. 第七卷、第八卷收录的论文，发表时间跨度大，发表的期刊不同，当时编辑处理体例也不统一，编入本《全集》时体例、层次、图表及参考文献等均遵照论文发表的原刊排录，不作改动。

4. 第十一卷目录，由编者按照“× 年 × 月 × 日写给 ×× 的信”的格式编写；第十二卷目录，由编者根据日记内容概括其要点编写。

5. 文稿中原有注释均照旧排印。编者对文稿某处作说明，一般采用页下注形式。作者原有页下注以“※”形式标注，编者所加页下注以带圈数字形式标注。

7. 第七卷、第八卷收录的学术论文，作者名上标有“#”者表示该作者对该论文有同等贡献，标有“*”者表示该作者为该论文的通讯作者。对于已经废止的非法定计量单位如亩、平方寸、寸、厘、斤等，在每卷第一次出现时以页下注的形式标注。

8. 第一卷至第八卷中的数字用法一般按中华人民共和国国家标准《出版物上数字

用法的规定》执行，第九卷至第十二卷为手稿，数字用法按手稿原样照录。第九卷至第十二卷手稿中个别标题序号的错误，按手稿原样照录，不做修改。日期统一修改为“×××× 年 ×× 月 ×× 日”格式，如“85—88 年”改为“1985—1988 年”“12.26”改为“12 月 26 日”。

9. 第九卷至第十二卷的教案、书信、科研日记均有手稿，编者将手稿扫描处理为图片排入，并对应录入文字，对手稿中一些不规范的文字和符号，酌情修改或保留。如“弗”在表示费用时直接修改为“费”；如“∴”表示“所以”，予以保留。

10. 原稿错别字用〔 〕在相应文字后标出正解，如“付信件”改为“付〔附〕信件”；同一错别字多次出现，第一次之后直接修改，不一一注明，避免影响阅读。

11. 有的教案或日记有残缺，编者加注说明。有缺字漏字，在相应位置使用〔 〕补充，如“无融生殖”修改为“无融〔合〕生殖”；无法识别的文字以“□”代替。

12. 某些病句，某些不规范的文字使用，只要不影响阅读，均照原稿排录。如“其它”“机率”“2 百 90”“三～四年内”“过 P 酸 Ca”及“做”“作”的使用，等等。

13. 第十一卷中，英文书信翻译成中文，以便阅读。部分书信手稿为袁隆平所拟初稿，并非最终寄出的书信。

14. 第十二卷中，手稿上有许多下划线。标题下划线在录入时删除，其余下划线均照录，有利于版式悦目。

前言

美国前国务卿基辛格曾经说过，如果你控制了石油，你就控制了所有的国家；如果你控制了粮食，你就控制了所有的人。我们也常说“手中有粮，心中不慌”，足见粮食对于国家和人民之安全的重要性。

水稻是世界上最主要的粮食作物，全球 50% 以上的人口以稻米作为主食。目前世界人口已突破 74 亿，而且还在不断增加。据预测，世界人口将于 2050 年达到 93 亿，而耕地面积却在不断减少。因此，提高水稻单位面积产量对于保证全球粮食安全具有极其重要的意义。

我国率先成功利用水稻杂种优势，大幅度地提高了水稻单产。1976 年，我国开始大面积推广杂交水稻，生产实践表明，杂交水稻比常规稻单位面积增产 20% 左右。1995 年，我国又在两系杂交水稻研究方面取得了成功。据全国农业技术推广中心 2003 年统计，两系法杂交水稻平均每亩产量 482.63 kg，与三系法杂交水稻平均每亩产量 437.93 kg 相比，单位面积增产 10.2%。

水稻超高产育种，是 20 世纪 80 年代以来不少国家和科研单位重中之重的研究项目。我国农业部于 1996 年立项了中国超级稻育种计划。通过培育超高产株型和以利用亚种间杂种优势为主的技术路线，我国率先在水稻超高产育种方面取得了成功，先后完成了中国超级稻育种的第一期、第二期、第三期目标。大面积推广应用表明，超级稻比一般高产杂交水稻每亩增产 50 kg 以上。

为了更好地推广超级杂交水稻，我们编写了《超级杂交水稻育种栽培学》一书，该书由基础篇、育种篇、栽培篇、种子篇、成果篇五篇组成，共分20章。基础篇论述了水稻杂种优势、水稻雄性不育性、杂交水稻超高产育种理论与策略、杂交水稻分子育种等；育种篇包括超级杂交水稻雄性不育系的选育、超级杂交水稻恢复系的选育、超级杂交水稻组合的选育、第三代杂交水稻的育种展望等；栽培篇阐述了超级杂交水稻的生态适应性、超级杂交水稻的生长发育、超级杂交水稻栽培生理、超级杂交水稻栽培技术、超级杂交水稻主要病虫害发生与防治等；种子篇介绍了超级杂交水稻不育系原种生产和繁殖技术、超级杂交水稻制种高产技术、超级杂交水稻种子质量控制技术；成果篇概述了超级杂交水稻推广应用，描述了超级杂交水稻骨干亲本和超级杂交水稻组合，整理了超级杂交水稻获奖成果。该书对超级杂交水稻育种、制种、栽培等的基本原理和技术作了系统阐述，希望对从事农业科技和推广工作的人员有所帮助。

“山外青山楼外楼，自然探秘永无休。”科学发展永无止境，超级杂交水稻亦是如此。我们坚信，进一步利用先进的生物与信息技术，走传统技术育种与分子技术育种相结合的道路，超级杂交水稻将会在产量、品质、抗性等方面更上一层楼，从而进一步实现中国超级稻第四期、第五期……第 N 期目标。超级杂交水稻必将拥有更加光辉灿烂的明天。

由于编者水平有限，书中错误在所难免，望读者不吝指教。

编著者

目录

第一篇　基础篇

第二篇　育种篇

第三篇　栽培篇

第四篇　种子篇

第五篇　成果篇

第一篇

基础篇

第一章

水稻杂种优势

何 强 | 吕启明

第一节 水稻杂种优势概论

一、杂种优势的发现

杂种优势是生物界普遍存在的一种现象。早在2000年前中国北魏贾思勰撰写的《齐民要术》中记载了马、驴杂交产生骡子这一事实，开辟了人类观察和利用杂种优势的先河。农作物杂种优势研究开始于欧洲，最早于18世纪中期由德国科学家Kolreuter在石竹、紫茉莉、烟草等属的不同种间杂交试验中发现。20世纪20—30年代，美国采用玉米遗传育种学家Jones D.F.的建议，开展玉米双交种育种工作，使玉米自交系间杂种优势利用变得实际可行，并将杂交玉米种植面积推广到全美玉米种植面积的0.1%(约3 800 hm^2)，开创了异花授粉作物杂种优势利用的先河。1937年美国学者Sterphens J.C.提出用高粱雄性不育利用杂种优势的可能性，并于1954年报道利用西非高粱和南非高粱杂交选育出高粱不育系3197A，并在莱特巴英60高粱品种中选育出恢复系，利用“三系法”配制高粱杂交种在生产上的成功应用，为常异花授粉作物利用杂种优势树立了典范。

在20世纪60年代以前，作物遗传育种学界普遍认为，玉米、高粱等异花授粉作物、常异花授粉作物自交会衰退而杂交有优势；但稻、麦等自花授粉作物在进化过程中经过长期的自然选择和人工选择，不良基因被淘汰了，有利基因则被积累和保存下来，所以自交不会衰退，杂交也没有优势。“自花授粉作物无杂种优势论”的观点导致当时国际上开展自花授粉作物杂种优势研究的学者很少；加之水稻是花器较小的自花授粉作物，利用其杂种优势需“三系”配套，难度可想而知，使得研究水稻杂种优势的学者更少。1964 年，袁隆平开始水稻杂种优势利用研究，1973 年成功实现水稻“三系”配套，并育成了南优 2 号等强优势杂交组合，它们在生产上得到大面积推广应用。中国水稻杂种优势利用研究和应用的成功有力证明，除异花授粉作物和常异花授粉作物外，自花授粉作物同样具有强大的杂种优势。

水稻杂种优势利用研究始于 20 世纪 20 年代。1926 年，美国学者 Jones J. W. 首先提出水稻具有杂种优势，发现某些水稻杂种与双亲相比，在分蘖能力、产量上有明显的优势，从而引起世界各国水稻育种家的重视。此后，印度学者 Kadam B. S.（1937）、马来西亚的 Brown F. B.（1953）、巴基斯坦的 Alim A.（1957）、日本的冈田宽子（1958）等都对水稻杂种优势进行了研究报道。利用水稻杂种优势，首先是从雄性不育系的选育开始的。1958 年日本东北大学学者 Katsuo 和 Mizushima 将日本粳稻“藤坂 5 号”（Fujisaka 5）与中国红芒野生稻杂交，使栽培稻的细胞核基因与野生稻的细胞质结合，并连续回交获得纯合稳定的雄性不育材料，育成了“藤坂 5 号”雄性不育系。1966 年日本琉球大学学者 Shinjyo C. 和 O’mura T. 用印度籼稻“钦苏拉包罗Ⅱ”（Chinsurah Boro Ⅱ）作为细胞质供体母本与中国台湾省的粳稻品种台中 65（Taichung 65）杂交和连续回交育成了具有“钦苏拉包罗Ⅱ”细胞质的包台型（BT 型）“台中 65”不育系，粳稻品种绝大部分对它具有保持能力，但恢复系难以寻找（Shinjyo C.，1966；1969；1972a，b）。1968 年，日本农业技术研究所的渡边用缅甸籼稻“里德稻”（Lead Rice）与日本粳稻“藤坂 5 号”杂交，育成了具有缅甸“里德稻”细胞质的藤坂 5 号不育系。这些不育系中一部分虽然找到了小部分同质恢复系，实现了“三系”配套，但由于杂种优势不强或制种等问题，未能大面积用于生产。1970 年，袁隆平的助手李必湖和崖县南红农场技术员冯克珊在中国海南岛崖县普通野生稻群落中发现了花药瘦小、黄色、不开裂的花粉典型败育型雄性不育材料，当时命名为“野败”；1972 年，江西、湖南等省的水稻育种家利用“野败”转育成了珍汕 97、二九南 1 号等不育系及其保持系；1973 年，广西、湖南等省（自治区）用测交方法先后筛选出 IR24 等强优恢复系，成功实现了“三系”配套。

从此，自花授粉作物水稻杂种优势在生产上的利用成为现实，中国自 1976 年杂交水稻大面积推广应用到 2013 年，育成杂交水稻品种 4 000 多个，累计推广面积约 5 亿 hm^2。目前，中国杂交水稻已在东南亚、南亚、非洲、美洲等地区的 30 多个国家示范、推广应用。除中国以外，杂交水稻在全球年种植面积已达 600 万 hm^2 以上。水稻杂种优势的成功利用在解决中国粮食自给和世界粮食短缺问题上发挥了十分重要的作用。

二、杂种优势的衡量指标和表现

（一）杂种优势的概念

杂种优势是指两个遗传上不同的亲本杂交产生的杂种一代，在生长势、生活力、繁殖率、抗逆性、适应性、产量、品质等性状上优于其双亲的现象。1908 年，美国学者 Shull G. H. 提出“杂种优势”这一概念，并应用于玉米杂交育种。将杂种第一代这种超亲特性应用于农业生产，以获得最大的经济效益，称为杂种优势利用。

水稻杂种优势是指两个遗传组成不同的水稻亲本杂交后产生的杂种一代（F_1）比双亲具有更强的生活力、生长势、适应性、抗逆性和丰产性的现象。从农业生产的角度而言，水稻杂种优势最终体现在产量上（谢华安，2005）。自 1973 年中国成功实现杂交水稻“三系”配套至今，水稻杂种优势利用研究，包括水稻杂种优势遗传机制与杂种优势利用技术以及杂交水稻育种技术、资源挖掘、亲本创制、组合选育、种子生产技术、生理生态、栽培技术、种子检验和加工等方面，已成为我国水稻遗传育种和栽培的重要领域，并形成了一个全面、系统的学科。

（二）杂种优势的衡量指标

杂种优势既是生物界的一种普遍现象，又是一种复杂的生物现象，其表现形式多种多样，但总体而言，有正向优势和负向优势之分。杂种一代性状值超过亲本时称为正向优势，低于亲本时则称为负向优势。杂交水稻育种中，多数产量性状表现为正向优势。无论是品种间杂交，还是亚种间杂交，株高、穗长、有效分蘖一般都为正向优势；亚种间杂交，剑叶叶面积、根系活力、主穗单穗重、千粒重一般表现为正向优势。亚种间杂交的叶绿素含量、直链淀粉含量、胶稠度都是负向优势；品种间杂交的品质性状表现负向优势的概率远高于正向优势。由于人类的生产需求与生物本身的需求不完全相同，有些对生物来讲是正向优势，对人类需求来讲，却是负向优势。根据研究、评价和利用杂种优势的不同角度，衡量杂种优势的常用指标有中亲优势、超亲优势、竞争优势、相对优势和优势指数。

1. 中亲优势

杂种一代某一性状测定值偏离双亲该性状平均值的比例。

$$V=\frac{F_1-MP}{MP}\times 100\%$$

公式中，F_1 为杂种一代性状值，MP 为性状的双亲平均值，即$MP=\frac{P_1+P_2}{2}$。F_1 与 MP 差异越大，杂种优势就越强。

2. 超亲优势

杂种一代某一性状值偏离高值亲本同一性状值的比例，即超高亲优势。

$$V=\frac{F_1-HP}{HP}\times 100\%$$

公式中，F_1 为杂种一代性状值，HP 为高值亲本性状值。F_1 与 HP 差异越大，杂种超高亲优势就越强。

杂种一代某一性状值偏离低值亲本同一性状值的比例，即超低亲优势。

$$V=\frac{F_1-LP}{LP}\times 100\%$$

公式中，F_1 为杂种一代性状值，LP 为低值亲本性状值。F_1 与 LP 差异越大，杂种超低亲优势就越强。

3. 竞争优势

杂种一代某一性状值偏离对照品种或当地主推品种同一性状值的比例，又称对照优势。

$$V=\frac{F_1-CK}{CK}\times 100\%$$

公式中，F_1 为杂种一代性状值，CK 为对照品种值。F_1 与 CK 差异越大，杂种竞争优势越显著。

4. 相对优势

杂种一代某一性状值与双亲同一性状平均值的偏离值与两亲本同一性状差值的一半的比值。

$$hp=\frac{F_1-MP}{1/2(P_1-P_2)}$$

公式中，F_1 为杂种一代性状值，P_1、P_2 为两亲本性状值，MP 为双亲性状平均值。

$hp=0$，无显性（无优势）；$hp=\pm 1$，正、负向完全显性；$hp>1$，正向超亲优势；$hp<-1$，负向超亲优势；$-1<hp<0$，负向部分显性；$0<hp<1$，正向部分显性。

5. 优势指数

杂种一代某一性状值与两亲本同一性状值的比值即为优势指数。

$$a_1=\frac{F_1}{P_1}\qquad a_2=\frac{F_1}{P_2}$$

优势指数越高说明杂种优势越大，杂种一代与双亲的优势指数差异越大，所配杂种出现强杂种优势的可能性就越大。杂交水稻无论超高亲优势指数，还是超低亲优势指数，稻米品质性状中垩白大小、垩白米率、胶稠度和整精米率等性状组合间差异大；农艺性状中每穗总粒数为最大，其次为结实率、成穗率和单株有效穗数。

上述各种衡量指标对分析生物性状的杂种优势都有一定的价值，但是要使杂种优势应用于大田生产，杂种一代不仅要比其亲本具有优势，更重要的是必须优于当地推广的良种（对照品种），因此，对竞争优势的衡量更具有实践意义。

（三）杂种优势的表现

水稻杂种优势的表现是多方面的，在许多性状上都存在明显优势。无论是外部形态和内部结构，还是生理生化指标和过程、酶体系活性等方面均表现出杂种优势。从经济性状上分析，杂交水稻的优势主要表现在营养优势、生殖优势、抗性优势和品质优势等方面。

1. 营养优势

杂种一代生长势旺盛，营养优势强。杂交水稻和常规水稻相比，其营养优势主要有如下几种表现：

（1）植株较高。杂交水稻的株高普遍具有明显的杂种优势，且多表现为正向优势。江西省农业科学院对 29 个杂交水稻组合进行测定，结果 27 个组合的株高表现正向杂种优势。目前，在杂交水稻育种中，对亲本株高一般都注重半矮秆性状的选择，以控制杂种的株高。

（2）种子发芽快，分蘖发生早，分蘖力强。湖南农学院测定杂交稻南优 2 号及其亲本种子发芽速度，以南优 2 号最快，不育系最慢。上海植物生理研究所观察表明，杂交稻南优 2 号、南优 6 号作一季稻栽培，在播种 12 d 后就开始分蘖，比父本提早 6~8 d。广西农业科学院调查南优 2 号、保持系二九南 1 号、恢复系 IR24 和对照广选 3 号在同等条件下的最高苗数，南优 2 号的达到 423.75 万株 / 公顷，比亲本和对照增加 28.5 万~124.5 万株 / 公顷。

（3）根系发达，分布广，扎根深，吸收和合成能力强。据湖南省农业科学院和上海植物生理研究所测定，南优 2 号与亲本及常规水稻相比，在发根数和根重方面都有明显优势。武汉大学对 4 个杂交水稻组合及其亲本进行根系生长、呼吸代谢特点的研究，发现 4 个组合的根系重量、体积具有超亲优势，抽穗期至灌浆期根系蛋白质的含量出现一个峰值，杂种根系的长度、直径、侧根及表层根发生上兼有双亲特征，杂种比亲本生长量高。汕优 63 及其亲本明恢 63 和珍汕 97A 在不同苗龄和氮素水平处理下，杂种的单株总干重、根系干重、根相对生长率、氮素吸收速率均较亲本有明显优势（谢华安，2005）。

（4）单株绿叶多、叶片厚、冠层叶面积大、光合功能增强。据武汉大学（1977）测定，在相同栽培条件下，杂交水稻南优 1 号在抽穗期和成熟期单株叶面积分别比其父本 IR24 的大 58.77% 和 80.59%。杂交水稻在生育前期的有机物质积累和后期的转运也比常规水稻有明显的优势（谢华安，2005）。

2. 生殖优势

巨大的营养优势为生殖生长打下了良好的基础。杂种一代繁殖力强，生殖优势显著，与常规水稻相比，具有明显的产量优势，具体表现为穗大、粒多、粒大、籽粒产量高。有学者研究发现，不同杂交水稻组合的每穗总粒数、千粒重、单株穗数和产量均具有显著的中亲优势和超亲优势（Virmani S.S. 等，1981）。

（1）穗大粒多，大穗优势明显。杂交水稻表现穗大粒多，能较好地协调大穗与多穗的矛盾，在每公顷 270 万穗有效穗的情况下，每穗总粒数一般可达 150 粒，多的达 200 粒。据江西省农业科学院对 29 个杂交水稻组合的调查，有 89.65% 的组合每穗总粒数表现正向优势。有学者利用 RAPD 分子标记水稻遗传距离及其与杂种优势的关系，研究表明：在杂交水稻产量构成因素中，每穗总粒数优势最强，所有供试杂交组合平均优势超过双亲平均值（张培江，2000）。四川省农业科学院对中国 1980 年以前不同栽培品种穗粒结构的分析表明，20 世纪 60 年代矮秆常规品种比 50 年代高秆常规品种增产 31.3%~98.5%，但每穗总粒数和粒重相差甚微，主要是穗数前者比后者多 67.5%~77.7%；70 年代杂交水稻品种比矮秆常规品种增产 11.2%~32.1%，主要是每穗总粒数增加了 18.0%~30.9%，因此杂交水稻的产量优势是在一定穗数的基础上通过大穗优势来实现的。亚种间杂交稻组合，穗大粒多的优势更为突出。朱运昌（1990）观察了 44 个亚种间组合，平均每穗 180 粒以上的有 33 个，占 75%；200 粒以上的有 25 个，占 56.82%；250 粒以上的有 9 个。

（2）粒大，千粒重高。杂交水稻的粒重普遍超过亲本。研究表明，20 世纪 70 年代的杂交水稻品种比矮秆常规品种的千粒重高 9.2%~12.0%。曾世雄（1979）研究了 34 个杂交水稻组合粒重的杂种优势表现，23 个组合超过了大值亲本，31 个组合超过了双亲平均值。据江西省农业科学院对 400 个杂交水稻组合及其亲本的粒重分析，67.75% 的组合粒重表现正向优势。

（3）产量高。杂交水稻的增产是通过增加单位面积穗数、每穗总粒数和提高千粒重来实现的。据统计资料，1986—1992 年全国杂交水稻组合的平均产量比常规水稻品种增产 25.6%~45.4%（谢华安，2005）。大量有关杂交水稻产量的研究报道表明，杂交水稻产量优势幅度为 1.9%~157.4%，产量超亲优势为 1.9%~386.6%。目前，全国大面积推广应用的籼型、粳型和籼粳亚种间超级杂交水稻组合产量水平一般比杂交水稻对照品种高 5.0% 以上，与常规水稻品种相比，产量优势更加明显。

（4）生育期延长。生育期一般表现为数量性状的遗传，受双亲生态型的影响较大。品种间杂交，父母本双亲熟期均为早熟品种，杂种的抽穗期一般早于较早的亲本；双亲熟期为早中熟杂交，杂种抽穗期一般为双亲中间值；双亲熟期为早中熟与迟熟品种杂交，杂种生育期偏向于迟熟亲本。亚种间杂交，杂种一代生育期超高亲是普遍现象。罗越华等（1991）用 W6154S 与一批典型粳稻品种配制了 30 多个籼粳亚种间杂交组合，结果发现，除 1 个组合播始历期短于迟熟亲本外，其余的都超过迟熟亲本，且有 92.86% 的组合播始历期超过对照汕优 63。

3. 抗性优势

由于杂种一代在生长势方面有优势，因此，杂种一代抵抗外界不良环境条件的能力和适应环境条件的能力往往比亲本强。研究表明，水稻、玉米、油菜等作物的杂种一代在抗倒、抗病及耐旱、耐低温等抗逆性方面表现出明显的优势。

杂交水稻组合抗病虫害的能力取决于其双亲抗性遗传的特点。如果抗性为单基因控制，具有质量性状遗传的特点，则杂交水稻组合抗性表现取决于双亲抗性基因的显隐性；如果抗性是多基因控制，具有数量性状遗传的特点，抗病亲本和感病亲本杂交，杂交水稻组合呈中间型或倾向抗性亲本，但也有表现多样性的。水稻稻瘟病和白叶枯病的抗性基因大多为显性基因，少数为隐性基因。湖南农学院郴州分院分析了 224 个杂交水稻组合和亲本的稻瘟病抗性，结果表明，102 个组合 F_1 抗性表现显性，31 个组合的表现隐性，15 个组合的表现不完全显性，18 个组合出现新类型。有学者研究杂交水稻组合的抗瘟性与其相应恢复系的抗瘟性的相关性，结果表明，恢复系的抗瘟性越强，其所配组合的抗瘟性也越强；不育系的抗瘟性差异对组合的抗瘟性也有一定影响，说明组合的抗瘟性受恢复系和不育系抗瘟性的共同影响，但如果不育系是感稻瘟病的，则组合的抗瘟性主要受恢复系的抗瘟性影响（黄富等，2007）。

杂交水稻组合具有较强的适应性。广适性强优势杂交水稻组合汕优 63 是我国历史上推广面积最大的杂交水稻组合，该组合不仅具有突出的产量优势，生态适应性方面也表现出很强的杂种优势，通过全国 10 多个省（区、市）审（认）定，推广面积累计超过 6 000 万 hm^2。有学者研究 140 个杂交水稻组合在不同种植季节和不同施氮水平下的产量表现，发现全部组合产量均表现增产优势（杨聚宝等，1990）。在 1980—1986 年由印度、马来西亚、菲律宾、越南等国家组成的杂交水稻国际联合品比试验中，不同组合最高产量平均为 4.7~6.2 t/hm^2，对照优势平均为 108%~117%。

4. 品质优势

杂交水稻组合品质优劣主要由双亲品质性状的遗传所决定，双亲品质相对性状均优异，则组合的品质表现优良。张雪丽等（2017）研究表明，12 个品质性状中，除直链淀粉含量受母本影响较大外，其他 11 个性状受母本的影响均较小；各品质性状受基因加性效应和非加性效应的共同作用，其中蛋白质含量、糙米率、精米率、透明度、碱消值等性状的双亲互作效应明显。李仕贵等（1996）研究认为，12 个稻米品质性状的杂种优势利用中，千粒重和粒宽比较容易产生杂种优势，长宽比、垩白率、垩白面积等性状难以利用杂种优势。杂交水稻组合的千粒重、粒宽、垩白率、垩白面积等性状的优势居于双亲之间偏向于高值亲本；粒长、长宽比等性状的优势居于双亲之间偏向于低值亲本。据资料统计，截至 2017 年，农业部认定的 108 个超级杂交水稻组合中，部颁三等以上优质稻品种占 45% 以上，二等以上优质稻品种约占 20%。

三、杂种优势的预测

杂种优势利用是大幅度提高作物产量、改善品质和提高抗性的有效途径。经过 100 多年的发展，水稻、玉米、油菜、棉花、大豆、蔬菜等主要农作物杂种优势已得到广泛的应用，取得了巨大的成就。但是，至今杂种优势机制还处于深入探索阶段，未能完全解析其分子机制，使得杂种优势利用缺少高效的预测模式，也导致杂种优势育种周期较长、工作量大、盲目性高、效率低，因而，如何快速、准确预测杂种优势以减少工作量、缩短育种年限、提高育种效率已成为当前作物杂种优势利用研究的热点和重点问题。

迄今，有关作物杂种优势预测方法的研究报道有很多，主要有群体遗传学预测法、生理生化预测法、分子遗传学预测法等。

（一）群体遗传学预测法

1. 杂种优势群预测法

杂种优势群最早是在玉米杂交育种中提出，是指一组遗传基础丰富、共祖关系密切、主要特征特性趋向相近和一般配合力较强的自交系类群，群内个体间杂交的优势不明显，而不同群之间个体杂交可能会出现强优势组合；两个可获得强优势组合的杂种优势群间的杂交方式称为杂种优势利用模式。玉米杂种优势群理论的应用使现代杂交玉米育种飞速发展，被誉为杂交玉米育种理论的第三次跨越（陆作楣等，2010）。美国育种家在 20 世纪 40 年代通过系谱分析，发现了来自美国南部的马齿型玉米 Reid Yellow Dent 和北部的硬粒型玉米 Lancaster 组配具有很强的杂种优势，从而使这一杂种优势利用模式被广泛熟悉并一直沿用，成为美国杂交玉米选择亲本的最成功模式。美国玉米杂种优势群的分群方法随着育种技术的发展而发展，玉米自交系杂种优势群划分的方法主要是：生态地域划分、系谱关系划分、配合力划分、分子标记划分。无论采用哪种划分方式，杂种双亲的遗传差异是产生杂种优势的内在本质。

水稻杂种优势群的划分研究因未引起重视而严重滞后，目前水稻杂种优势分群的研究有一定程度的涉及，得到的结果比较笼统，不够深入、全面和明确。中国的栽培稻为亚洲栽培稻，可分为籼、粳两大亚种。籼稻起源较早，分布最广，具有广泛适应性、抗逆性等优良性状，例如半矮秆基因、高光效株叶型、耐热、长势繁茂等，形成我国目前水稻杂种优势利用的主要优势生态群（王象坤等，1997；1998）。有学者从水稻起源与进化的角度，结合形态性状、光温生态环境、同工酶及杂交亲和力等提出了亚洲栽培稻种－亚种－生态群－生态型－品种的五级分类体系，这对于研究遗传差异与杂种优势的关系及籼稻杂种优势群的划分具有一定的理论和实践指导意义（王象坤等，2000）。Zhang 等（1995）认为杂交水稻存在中国南方和东南亚水稻品种两个杂种优势群；Xie 等（2015）发现我国大面积应用的三系法杂交水稻和两系法杂交水稻的不育系和恢复系分别来自两个不同的籼稻亚群，认为水稻也存在杂种优势群。在早、中、晚稻不同生态型之间杂种优势研究中，陈立云等（1992）认为中稻与中稻杂交种生育期短，茎秆最短，单株粒数较多，生产利用价值大；孙传清等（1999）发现偏粳型的 N422S 和美国稻、非洲粳、云贵粳，以及华北粳中的改良品种是优势生态型，而偏籼型的培矮 64S 和美国稻、华北粳的改良品种以及非洲粳是优势生态型。

2. 配合力预测法

Griffing（1956）提出了利用配合力预测作物杂种优势的线性模型，首次将配合力用于作物杂种优势预测。根据 Griffing 模型，在特殊配合力不重要的情况下，可以通过两个亲本的一般配合力预测其杂种一代的优势表现。

大多数学者研究认为，杂交水稻产量及其他经济性状的表现同时受亲本一般配合力效应和组合特殊配合力效应共同作用，只有亲本一般配合力和组合特殊配合力都高的组合，才有可能表现较强的杂种优势。周开达等（1982）利用 6 个不育系和 5 个恢复系不完全双列杂交，研究表明杂交组合的产量性状和其他性状同时受不育系、恢复系一般配合力效应和组合特殊配合力效应的影响，且双亲一般配合力效应比组合特殊配合力效应更重要，双亲一般配合力和组合特殊配合力的总效应可粗略预测杂种优势。Gordon（1980）通过不完全双列杂交进行的计算机模拟研究，提出了一个通过估算一般配合力进行亲本选择和组合杂种优势预测的方法，认为如果一个性状具有较大的加性遗传方差，则亲本一般配合力的估值可以预测组合该性状的杂种优势表现。倪先林等（2009）利用5个不育系和4个恢复系不完全双列杂交，研究杂交水稻特殊配合力效应与产量杂种优势的相关性，结果表明特殊配合力效应与对照优势、中亲优势之间均呈显著正相关，因此，特殊配合力效应能在某种程度上或一定范围内预测杂种优势。

3. 遗传距离预测法

亲本间存在遗传差异是杂种优势的遗传基础。1970年Bhat G.M. 首先将遗传距离应用于小麦杂交亲本选配。一般而言，在一定范围内，双亲遗传距离越大，获得强优势杂交组合的概率就越高。

20世纪70年代以来，不少学者应用遗传距离的方法指导亲本选配与预测优良杂交组合的研究（Bhat G.M.，1973；刘来福，1979；黄清阳，1991；何中虎，1992；王逸群等，1998）。侯荷亭等（1995）研究认为，高粱亲本遗传距离与特殊配合力之间存在极显著抛物线回归关系，可用遗传距离预测杂交组合产量特殊配合力的大小，可提高强优势组合选育的预见性。王逸群等（2001）根据70个甜玉米自交系数量性状的表现，研究遗传距离与杂种优势的关系，发现杂种产量的对照优势与双亲之间的遗传距离呈显著的二次曲线关系，可以用遗传距离预测杂种产量的杂种优势。徐静斐等（1981）、李成荃等（1984）通过多元分析法测定与产量有关的数量性状的遗传距离，先后在籼、粳稻中发现遗传距离与杂种产量杂种优势之间存在极显著的直线回归关系。也有学者研究认为，遗传距离与杂种优势没有直接相关性（Cowen N.M. 等，1987；Sarawgi A.K. 等，1987；Sarathe M.L. 等，1990）。

（二）生理生化预测法

1. 酵母预测法

Matzkov和Manzyuk于1962年首次提出利用酵母预测法预测作物杂种优势。分别用亲本叶片、亲本混合叶片及杂种叶片浸提液培养酵母，结果发现76%亲本混合浸提液促进酵母生长的效果与杂种浸提液的相仿，优于单一亲本，因而提出根据杂交亲本混合液培养酵母的效果预测作物杂种优势的设想。李继耕等（1964）利用酵母预测法预测玉米的杂种优势，准确率高达82.9%；官春云等（1980）利用酵母预测法对甘蓝型油菜杂种优势进行早期预测，结果发现预测准确率为66.7%。

2. 细胞水平预测法

许多学者从亲本和杂种的细胞水平预测作物杂种优势，如利用线粒体、叶绿体互补法和细胞匀浆互补法等进行了研究报道。

Mcdaniel和Sarkissian于1966年首次发现玉米自交系间线粒体混合物的氧化活性优

势超过单个亲本，将这种现象称为“线粒体杂种优势”，认为这种方法可以用于杂交玉米亲本的选配；Mcdaniel 于 1972 年将线粒体互补法用于大麦杂种优势预测研究，发现大麦产量杂种优势与线粒体杂种优势存在明显的相关性。

杂种作物一般具有较大的光合叶面积，能明显提高光合强度。有学者研究报道优势杂种亲本的叶绿体混合液因双亲叶绿体活体外互补效应存在表现较强的光合活性，而非优势杂种亲本的叶绿体混合液不具备较强光合活性，不存在这种互补效应。李良碧等（1978）在三系杂交稻的有关研究中也发现强优势杂交组合的不育系和恢复系的叶绿体混合液的希尔反应的光合活性比单一亲本的要高；Mcdaniel 于 1972 年研究发现大麦产量杂种优势与叶绿体杂种优势存在相关性。

我国学者首次提出“细胞匀浆互补法”并应用于水稻杂种优势预测（杨福愉等，1978），利用该方法预测水稻杂种优势准确率高达 85%。朱鹏等（1987）比较杂交水稻及其亲本苗期叶绿体互补和细胞匀浆互补两种方法预测水稻杂种优势的效果，认为细胞匀浆互补法预测杂种优势更稳定、可行。

3. 同工酶预测法

利用同工酶预测作物杂种优势始于 1960 年 Schwartz D. 对玉米杂种优势的研究，研究发现杂种同工酶谱中出现“杂种酶”带，并推测这种“杂种酶”带可能与杂种优势有关。李继耕等（1979，1980）在同工酶与玉米杂种优势研究中也发现强优势杂种与双亲酶谱有差别或互补，而无优势或杂种优势不明显的杂种一般与亲本酶谱相同。同工酶预测法成为杂种优势预测较活跃的研究领域，许多研究发现水稻杂交种的幼苗、幼叶、花粉、雄蕊等器官或组织中的酯酶或过氧化物同工酶均有新的酶带，并且强优势杂交组合兼有双亲酶带或相对活性高，而弱优势组合的酶带多与双亲之一的相同。

朱鹏等（1991）研究苹果酸脱氢酶和谷氨酸脱氢酶活性与水稻杂种优势的关系，认为苹果酸脱氢酶可以作为水稻杂种优势早期预测的一项指标；孙国荣等（1994）对杂交水稻及其亲本生长发育过程中谷氨酰胺合成酶活性进行研究，认为生殖生长期的谷氨酰胺合成酶活性在一定程度上反映了产量杂种优势水平；朱英国等（2000）认为同工酶差异指数与水稻杂种优势存在明显的相关性。

（三）分子遗传学预测法

1. DNA 分子标记预测法

DNA 分子标记预测法就是利用 DNA 分子标记测定作物杂种亲本间分子遗传距离，进而利用分子遗传距离来预测作物杂种优势的方法。目前广泛应用于作物杂种优势预测的分子标记方法有 RFLP、RAPD、AFLP、SSR、STMS、SNP、IFLP、SSCP 等。

RFLP 是较早用于作物遗传多样性和杂种优势预测研究的，有学者在研究玉米自交系及其杂交组合时发现 RFLP 标记遗传距离与杂种一代杂种优势表现存在高度的相关性，据此认为 RFLP 标记遗传距离可以预测杂种优势（Lee M. 等，1989; Smity O. S. 等，1990）；张培江等（2001）用 RFLP 分子标记研究水稻遗传距离与杂种优势的关系，表明杂交组合每穗总粒数的中亲优势与亲本遗传距离显著相关，竞争优势则极显著相关。

随着分子生物技术的发展，一些 DNA 分子标记新技术相继用于作物杂种优势研究。彭泽斌等（1998）用 RAPD 分子标记对 15 个 6 类玉米自交系间遗传距离与杂种一代产量、特殊配合力、中亲杂种优势值的关系进行研究，发现 RAPD 分子标记遗传距离与杂种产量、中亲杂种优势值、特殊配合力存在极显著相关性，认为利用 RAPD 分子标记遗传距离预测杂种优势有一定参考价值。张培江等（2000）用 RAPD 分子标记研究水稻遗传距离与杂种优势的关系，表明杂交水稻每穗总粒数的中亲优势与亲本遗传距离显著相关，竞争优势则极显著相关。付航等（2016）利用与杂交水稻组合各个性状关联的功能基因紧密连锁的 SSR 分子标记预测四川地区杂交水稻杂种优势，研究表明与千粒重、穗实粒数关联的 SSR 分子标记杂合率与单株产量呈较高相关性，认为可对单株产量的超亲优势进行有效的预测。Zhang 等（1994，1996）在筛选水稻杂种优势相关性状的分子标记研究中提出了度量亲本基因型杂合性的概念：一般异质性（所有分子标记估算的两个亲本间遗传差异）和特殊异质性（单因子方差分析确定对单一性状有极显著效应的分子标记估算出的亲本间的遗传差异），发现亲本间一般异质性和杂种一代的表现相关性通常较低，亲本间特殊异质性和杂种一代表现呈极显著正相关。

也有学者研究认为 RFLP、 RAPD、 SSR 等分子标记遗传距离与杂种优势相关性较低，不足以预测杂种优势，抑或没有多大价值（Godshalk E. B. 等，1990; Dudley J. W. 等，1991; Bopprnmaier J. 等，1993; Xiao J. 等，1996; Joshi S. P. 等，2001）。综合已有的研究，DNA 分子标记遗传距离与杂种优势的相关性普遍存在，相关性从高到低都有。总体而言，无法获得利用分子标记遗传距离预测杂种优势完全一致的显著相关性，表明目前利用分子标记技术还无法做到准确预测杂种优势。

2. QTL 遗传信息预测法

作物的许多性状是受微效多基因控制的数量性状。随着分子遗传学的快速发展，许多学者用数量性状位点（QTL）杂合度及其互作效应来预测作物杂种优势。Xiao 等（1995）利用籼粳杂交获得的重组自交系 F_7 与双亲分别回交，对影响产量的 12 个数量性状进行分子标记多态性检测分析，发现 37 个 QTL 中有 60% 的表现显性效应，27% 的表现部分显性效应，由此认为可用影响亲本产量性状的 QTL 的显性互补程度来预测杂种优势。Bernardo R.（1992）利用数学模型推导和田间数据分析研究发现，用分子标记预测杂种优势的准确性主要取决于与杂种优势相关的 QTLs 的覆盖率及与杂种优势有关的 QTLs 连锁的标记比例，认为有 30%~50% 的 QTLs 与分子标记连锁。吴晓林等（2000）根据分子标记座位与杂种优势相关性程度，将标记划分为与 QTL 显著相关的特异性标记和与 QTL 不相关的非特异性标记；研究表明，增加 QTL 的覆盖率可以大幅度提高杂种优势预测的准确性，与 QTL 不连锁的离散标记预测杂种优势的效率低。Gang 等（2009）根据已知的和预测的籼稻基因设计覆盖全基因组的寡核苷酸芯片，并利用该芯片检测到杂交水稻两优培九及其亲本的苗期叶片、分蘖期叶片、孕穗期剑叶、抽穗期剑叶、开花期剑叶、灌浆期剑叶和灌浆期穗 7 个不同时期的组织中均有差异表达的基因有 3 926 个，这些基因中，参与能量代谢和转运的基因仅在 F_1 杂种和亲本间差异表达，且大多被定位到和产量相关的 QTL 上，这为杂种优势预测提供了潜在的基因。

3. 最佳线性无偏预测法

该预测杂交水稻产量的方法又称基因组杂交育种，由 Xu 等（2014，2016）提出并加以验证。该方法利用转录组和代谢组数据作为预测产量的潜在资源，以所有可能杂交组合中的一部分杂交组合表型数据作为训练集，从而来预测所有可能的杂交组合表型。 Xu 等利用从 210 个水稻重组自交系中随机选择的 278 个杂交组合作为训练集进行基因组预测，成功预测了 210 个重组自交系可能产生的 21 945 个杂交组合的表型，预测前 100 个组合的产量表现比所有可能杂交组合平均值增产 16%，该预测法对遗传力较高的性状更为有效；预测产量表现居前 100 个组合中，根据代谢物预测选择出的前 10 个杂交种将使产量增长约 30%；相比基因组预测，使用代谢组数据预测时，杂交种产量的可预测性提高了近 2 倍。该预测方法为在众多杂交组合中快速有效地鉴定出最优的杂交组合提供了技术支持。

第二节　杂种优势遗传机制

一、杂种优势形成的遗传基础

杂种优势是一个复杂的生物学遗传现象，早在 19 世纪末就有生物学家对杂种优势产生的遗传学原因进行过研究和探讨。随着作物杂种优势在生产上的广泛应用，近一个世纪以来，科学家从多方面、多角度对杂种优势产生的遗传机制开展了大量的研究工作，相继提出了种种假说，也得到了有重要价值的研究结果。目前，随着分子生物技术的飞速发展，各种假说都找到了分子遗传学的证据，但关于杂种优势遗传机制的研究仍然处于不断探索阶段。

（一）杂种优势遗传机制主要假说及验证

1. 显性假说

该假说最初由 Davenport 于 1908 年提出，经 Bruce（1910）发展。假说基本要点：生物通过长期的自然选择和适应过程，在大多数情况下显性性状往往是有利的，而隐性性状是有害的，杂种优势是杂种一代综合了分别存在于双亲中的有利基因或部分显性基因掩盖了相对的隐性不利基因的结果而产生的。或者说，显性效应是由于双亲的显性基因全部聚集在杂种中所引起的互补作用。1917 年 Jones 又发展了该显性假说，补充了连锁基因的概念和加性效应的内容。

该假说的一个最有力的遗传学证据是 1910 年 Keeble 和 Pellew 共同完成的关于豌豆杂交的试验，以两个株高 1.5～1.8 m 的豌豆品种进行杂交，一个品种茎秆是节多而节间短，另一个品种茎秆是节少而节间长，其杂种一代聚集了双亲的节多和节间长的显性基因，因而株高达到 2.1～2.4 m，表现出明显的杂种优势现象。21 世纪以来，分子生物技术的发展为显性假说提供了分子证据。有学者利用珍汕 97 和明恢 63 为试验材料，构建了覆盖水稻全基因组的染色体片段代换系，剖析了遗传力较高的性状——株高，发现所有株高基因都表现为显性效应，且分散在双亲之间的大多数位点均为增效显性效应基因（Shen 等，2014）；有学者利用 1 495 个杂交水稻组合全基因重测序结果，对产量、米质、抗性的 38 个农艺性状进行了研究，发现组合中产量优势和优异等位基因数量间存在较强的关联；大多数的亲本只有少数几个优异等位基因，而产量高的组合含有较多的优异等位基因，表明许多具有正显性效应的稀有优异等位基因的聚合是形成水稻产量杂种优势的重要因素（Huang 等，2015）；科学家将来自 17 个代表性杂交水稻组合的 10 074 个 F_2 单株分为代表不同杂交系统的 3 个组（三系、两系、亚种间），并对其进行了全基因组重测序及表型鉴定，找到了少量几个来自母本基因组的位点，可以解释大部分超父本产量优势，大部分杂种优势相关基因组位点都是正显性的，且从部分位点中找到了部分显性效应是产量杂种优势的原因（Huang 等，2016）。近 10 年来克隆的 *Ghd7*、*Ghd7.1*、*Ghd8*、*Hd1* 等重要产量性状相关主效基因都证实了显性效应在水稻杂种优势中的重要贡献（Xue 等，2008；Yan 等，2011；Yan 等，2013；Garacia，2008），这些证据说明显性效应是杂种优势的主要遗传基础。

虽然该假说得到了大量的证据支持，但是仍存在明显的不足之处：显性基因控制有利性状、隐性基因控制不利性状不是绝对的，不能一概而论。实际上，一些隐性基因在生物体内也发挥极其重要的作用，一些显性基因也不利于生物体生长发育。

2. 超显性假说

该假说最初由 Shull 和 East 于 1908 年分别提出，又称等位基因异质结合说。后来 East 于 1936 年用多等位基因累积作用的功能对超显性假说作了进一步补充。该学说认为：等位基因没有显隐性关系，杂种优势的产生也不是由于显性基因对隐性基因的掩盖和显性基因在杂种一代中数量的积累，而是由于双亲基因型的异质结合引起的杂种一代等位基因间的相互作用，生物个体杂合等位基因互作胜过纯合等位基因的作用，杂种优势的强弱与等位基因间杂合程度有密切关系。

该学说在有些单基因控制的性状中得到证实，如 Berger（1976）的研究结果显示，玉米乙醇脱氢酶基因在杂合状态下功能明显较强；Krieger 等（2010）通过分子和遗传证据证明番茄开花素基因 SFT 是一个贡献产量杂种优势的超显性位点。在多基因控制的性状中也得到较多的分子证据支持，如 Stuber 等（1992）利用玉米自交系衍生的重组自交系构建与双亲回交导入系，结合全基因组分子标记分析，发现所有 QTL 表现为超显性，且产量表现与标记杂合程度相关性高。 Li 等（2001）用亚种间杂交组合 Lemont/ 特青的 RIL 分别与双亲和两个测交系杂交获得 2 个回交群体和 2 个测交群体，并利用全基因组分子标记对其进行杂种优势遗传机制研究，分析表明，大部分性状中，参与杂种优势的 QTL 有 90% 的表现为超显性。水稻产量构成因子中单株分蘖数和每穗粒数的主效 QTL 大多呈现超显性（Luo 等， 2001）。

尽管分子生物技术为超显性假说提供了越来越多的证据支持，但这一假说明显不能令人信服：其一，完全否认了杂种优势中的显性效应；其二，否定了等位基因间显隐性的差别并忽略了显隐性等位基因间的互作关系。

3. 上位性假说

该假说由 Sheridon 于 1981 年提出，认为杂种优势除了是杂种一代等位基因间相互作用的结果外，也可能是不同位点上的非等位基因间相互影响产生的。也就是说，两个纯系亲本杂交使得杂种一代处于高度杂合状态，高度杂合的非等位基因间互作加强，使杂种一代优于双亲。

该假说也得到了分子证据支持， Li 等（1997）用亚种间杂交组合 Lemont/ 特青衍生的 F_4 群体分析发现，双亲等位基因间的不和谐互作导致杂种衰退，在群体中检测到大量的互作影响产量性状， 70% 以上的互作发生在非主效位点间，每穗粒数和单穗重等遗传力低的性状其互作效应更为重要。有学者利用 17 个水稻自交系与同一个测交种测交获得的 34 个正反交组合来分析杂种优势产生的遗传基础，结果表明产量的构成因子杂种优势总体不突出，但这些因子的乘积导致了巨大的产量杂种优势；根据杂种优势的分级加性效应模型，把性状分为单位性状、构成因子性状和复杂性状；单位性状由加性效应控制，单位性状可以参与不同构成因子性状，调控过程因子性状的加性效应乘积是复杂性状杂种优势的源泉（Dan 等，2015）。

上述三种假说是解释杂种优势的经典遗传假说，总体而言，对水稻杂种优势遗传机制的认识还是非常有限，没有对杂种优势现象的统一性理论；已有的理论假说和证据可从不同的方面解释杂种优势的复杂分子遗传机制，但都无法完全解释杂种优势现象；同时，各假说相互之间并不排斥，科学家在研究水稻杂种优势遗传机制时发现显性、超显性和上位性三者共同和谐调控杂种优势的分子证据。不同学者以我国推广面积最大的优良三系杂交组合汕优 63 及其有关群体作为研究对象，发现该组合中，显性、超显性和上位性在杂种优势遗传基础中共同发挥作用：通过对汕优 63 的 $F_{2:3}$ 家系的产量性状剖析，大多数产量 QTL 和少数产量构成因子 QTL 表现超显性，各种类型的互作也是产量杂种优势的重要基础；通过对汕优 63 永久 F_2 群体检测到的 33 个杂种优势位点分析，部分显性、完全显性和超显性等各种单位点效应均对杂种优势有重要贡献，同时三种类型的上位性也是杂种优势遗传基础的重要组成部分；通过对汕优 63 永久 F_2 群体高密度基因组图剖析，显性和超显性的累加可以很好地解释每穗粒数、千粒重以及产量的杂种优势，显性互作对有效穗数杂种优势具有重要贡献（Yu 等，1997；Hua 等，2003；Zhou 等，2012）。有学者利用籼粳亚种间杂交组合研究也发现，显性、超显性和上位性是杂交水稻产量杂种优势遗传基础的重要组成部分（Xiao 等，1995；Li 等，2008；Wang 等，2012）。

（二）杂种优势遗传机制其他假说

1. 基因网络系统假说

该假说是由鲍文奎（1990）根据小黑麦远缘杂交结果提出的。假说认为不同基因型的生物都有一套保证个体生长发育的遗传信息，它包括全部的编码基因、功能基因、控制基因表达的调控序列，以及协调不同基因之间相互作用的组分。基因组将这些看不见的信息编码在 DNA 上，组成了一个使基因有序表达的网络。通过遗传程序将各种基因的活动联系在一起，如果某些基因发生了突变，则会影响到网络中的其他成员，并通过网络系统进一步扩大其影响，最终发展成为可见变异。

该假说认为杂种优势是在两个不同基因群组合在一起形成的新的网络系统（即杂种一代）

中，等位基因成员处于最好的工作状态，使整个遗传体系发挥最佳效率所致。

2. 遗传平衡假说

该假说由 Mather（1942）提出，认为任何性状的发育都是遗传平衡的结果。Turbin（1964，1971）作了完善和补充：杂种优势是一种多基因体系的复杂遗传现象，是建立在遗传因素间的相互作用、细胞质与核间的相互作用、个体与系统发育的联系、环境条件对性状发育的影响等方面关系的基础上，认为异花授粉植物自交系发育不良是因其失去了遗传平衡，经过严格选择的纯系亲本杂交后能使杂种形成一种遗传平衡的异质结合系统，从而表现出杂种优势。

一般认为，遗传平衡假说对杂种优势的来源仅做了一个概念性的解释，并没有说明杂种优势产生过程中的基因作用和所占的比重。

3. 活性基因假说

该假说认为杂种优势是活性基因效应相加和互作的结果。主要论点：由于基因组印记，在基因库中，存在着有活性和无活性两类基因，但活性的有无是暂时的，不遗传的；产生杂种优势的基因是有活性的微效基因，没有显隐性之分，只有效应大小之别，其效应是累加的；产生杂种优势的等位基因处于纯合状态时，由于基因组印记，相同的两个基因仅有一个具有活性，对表型的形成产生作用，另一个是无活性的，或者说对表型不产生任何影响，但当这些基因杂合时，不产生基因组印记，异质基因都具有活性，各自的效应都能表现出来；杂合子中没有被印记的活性基因数量大于纯合子，其加性效应和互作效应也大于纯合子而表现出优势；活性基因效应累加和活性基因间互作产生杂种优势（钟金城，1994）。

4. 多基因假说

该假说用于解释数量性状的遗传。由瑞典学者 Nilsson Ehle（1909）提出，该假说有以下几个要点：① 同一数量性状由许多基因共同控制；② 各基因对性状的效应都微小且大致相等；③ 控制同一数量性状的微效基因的作用一般是累加性的；④ 控制数量性状的等位基因间一般无明显的显隐性关系。数量性状通常是多个微效基因的效应累加的结果。

二、细胞质对杂种优势的影响

杂种优势不仅仅是一种由核基因所控制的现象，还包括细胞质基因的影响。在水稻质核互作雄性不育系统中，不育胞质除引起雄性不育外，对其他农艺性状亦有影响，这种影响不但直接反映出不同质源及其不育系遗传基础的差异，而且关系到杂交水稻经济性状的优劣和杂种优势利用的前景。

同一核基因处于不同胞质背景下的杂种一代，其杂种优势有明显的差异，表明核质互作会产生不同程度的效应。有学者以野败、柳败、神奇、冈型、红野、包台、滇一、滇三 8 种不同细胞质来源的 12 个不育系及相应保持系和同一恢复系配组，研究不育系对杂种一代株高、穗颈长、抽穗日数、最高分蘖数、有效穗数、成穗率、每穗总粒数、每穗实粒数、结实率、千粒重、单株产量、小区产量 12 个性状的影响，认为不育系细胞质对上述主要经济性状的影响，除抽穗日数、最高分蘖数、每穗总粒数、千粒重略有增加外，其他性状的数值均显著下降，即表现不育细胞质对杂种优势的负效应；不育系与恢复系杂交和保持系与恢复系杂交相比较，不育系有使杂种一代株高变矮、穗颈缩短、抽穗日数延迟、结实率降低、单株产量降低的趋势；不同胞质来源的不育系均表现这一规律性。研究中还选用野败、红野、包台 3 种典型细胞质雄性不育系的 5 个同质恢复系与其同型保持系配制了相应反交组合，并与其保持系和恢复系配制相应杂种进行比较，结果也同样表现细胞质对杂种优势的负效应，进一步证明了不育胞质对杂种一代主要经济性状产生负效应的普遍性。但是不育胞质对杂种优势的负效应是一个相对概念，对于双亲遗传差异大、配合力高、恢复度好的组合来说，这种负效应不足以改变杂种一代杂种优势的方向和表现程度。

三、杂种优势的研究方法

关于研究作物杂种优势遗传本质的方法，早期受科学技术水平的限制，主要是通过经典遗传学方法试图从细胞核内等位基因互作、非等位基因互作、细胞核与细胞质互作等方面利用相对性状的表型数据来研究杂种优势的遗传本质，对三大经典的杂种优势形成遗传假说作出一定的、较好的解释，但都无法从本质上加以完全解释。随着分子遗传学的不断深入发展，一些新技术、新方法的应用，科学家对杂种优势机制的探索也不断深入，并为杂种优势提供了预测方法，为各种假说提供了有力的分子证据。

1. QTL 定位分析研究杂种优势

通过对控制数量性状的基因位点定位并进行系统的分析，为从分子水平上解析杂种优势遗传机制提供了可能。 Stuber 等（1992）利用同工酶标记和 RFLP 分子标记定位了玉米单交种籽粒产量和其他性状的 QTLs，并以此来研究玉米杂种优势形成的遗传基础。结果表明，依据分子标记鉴别出了与杂种优势相关的 QTLs。 Devicente 等（1993）研究番茄杂交种中与杂种优势有关的 QTLs 发现，在杂种一代中没有鉴定到表现杂种优势的性状，但检测到与优势性状相关的 QTLs 表现出显著的超显性效应。

2. 表观遗传研究杂种优势

表观遗传学是研究基因的核苷酸序列不发生改变的情况下，基因表达的可遗传的变化。表观遗传学是遗传学分支学科。表观遗传的现象有很多，如DNA甲基化、基因组印记、母体效应、基因沉默、核仁显性、休眠转座子激活和RNA编辑等。DNA甲基化的最主要功能是抑制转座子的活性从而保持基因组的稳定性，部分位于基因启动子和基因区的DNA甲基化可能与基因本身的转录活性相关，因此，DNA甲基化已经成为表观遗传学和表观基因组学的重要研究内容。最新研究表明，DNA甲基化、小RNAs的高度表达与杂种优势有关，并验证了DNA甲基化与杂合体形成的相关性，认为DNA甲基化在杂合体的形成过程中发挥了重要作用（Hofmann，2012）。有研究发现，水稻杂交种亲本来源的染色体的DNA甲基化水平与其对应的亲本染色体DNA甲基化水平类似，进一步分析发现在杂交种中发生了等位基因特异性DNA甲基化，并推测可能与等位基因DNA序列差异同时在杂交种等位基因特异性表达中起作用（Chodavarapu等，2012）。

3. 转录组学研究杂种优势

在杂交种中，亲本等位基因的表达将会发生变化，导致杂交种转录组活性不同于亲本。通过比较杂交种与亲本的转录组活性差异，鉴定出这些差异的调控因子并建立起与其表型差异的联系，就可能从分子水平上解析杂种优势形成的机制（何光明等，2016）。研究发现，一些在杂交种与亲本之间差异表达的基因可能与水稻已知的产量性状QTL相关联，由此推测这些基因可能是水稻产量杂种优势的潜在候选基因。Peng等（2014）用全基因组微阵列方法测定和比较了杂交水稻两优培九、两优2163和两优2186及其亲本开花期和灌浆期的转录本，结果表明，各组合与其亲本间存在大量差异表达基因。对这些基因进行功能分析发现，它们富集在碳水化合物和能量代谢尤其是碳固定途径中，且80%的差异表达基因定位于Gramene数据库中的水稻QTL上，而其中的90%的差异表达基因定位于产量相关QTL上。

4. 分子标记研究杂种优势

目前，利用分子标记技术研究杂种优势的机制形成受到研究人员的重视，前文提及分子标记应用于杂种优势研究时主要是用于预测杂种优势。由于分子标记广泛存在于作物基因组的各个部位，通过对作物全基因组的分子标记进行多态性分析，能很好地了解不同品种间遗传距离，从而有目的地获取表现较强杂种优势的杂交种。已有的研究结果表明，杂交种亲本间遗传距离的大小决定了杂交种基因型杂合度的高低，并最终影响杂交种杂种优势水平的高低（康晓慧等，2015）。Stuber等（1992）选用可覆盖90%~95%玉米基因组的76个RFLP分子标记用于分析位点多态性组成与玉米杂种优势的关系，结果表明：玉米中决定产量的数量性状杂种优势与位点杂合性呈正相关（相关系数为0.68），单一位点控制的性状的表型与杂合性相关较少，随着性状涉及位点数的增加，表型与位点杂合性相关系数增加。

5. 蛋白组学研究杂种优势

蛋白质作为生物体细胞、组织的重要组成成分，是生命活动的主要承担者，具有许多重要的功能，如结构蛋白参与组织结构构建，功能蛋白参与物质运输、催化生化反应、信号传导等。因此，从蛋白质组水平研究杂交种与其亲本差异蛋白的变化规律，了解差异蛋白在生物杂种优势形成中发挥的作用，为杂种优势遗传机制深入研究提供了重要途径（张媛媛等，2016）。有学者对水稻杂交种及其亲本的蛋白质组进行了双向电泳和质谱分析，结果表明，有许多差异表达蛋白参与压力应激和代谢过程（Wang 等，2008）。Marcon 等（2010）以玉米正反交杂交种及其亲本为材料，应用双向电泳技术构建蛋白质组的差异表达谱，研究表明，在杂交种中存在显性、超显性和部分显性 3 种表达模式的非加性表达蛋白，占总蛋白量的 24%；质谱鉴定也表明一些葡萄糖代谢途径相关的蛋白质在幼胚杂种优势的形成过程中发挥了重要作用。Fu 等（2011）通过二维电泳和质谱分析技术研究 5 种杂交玉米种子萌芽期杂种优势蛋白质组发现，玉米种子中存在许多与杂种优势有关的蛋白质，且绝大多数蛋白质呈现非加性表达模式，这些表达模式绝大多数表现高亲和超高亲表达。因此，作物杂种优势是许多蛋白质共同作用的结果，多基因杂种优势源自杂交种和亲本的蛋白质代谢的差异。

第三节 水稻杂种优势利用的途径与方法

从杂种优势的水平上分，水稻杂种优势利用可分为品种间杂种优势利用、亚种间杂种优势利用和远缘种间杂种优势利用三种类别，也是水稻杂种优势利用的三个发展阶段。

一、水稻杂种优势利用的类别

（一）品种间杂种优势利用

目前生产上应用的三系杂交水稻，无论是籼型还是粳型，大多可归类于品种间杂种优势利用。20 世纪 70 年代初，我国“三系”配套成功并大面积推广应用的三系法杂交水稻就是典型的籼型品种间杂种优势利用，比当时常规籼稻品种普遍增产 20% 以上；20 世纪 70 年代中后期，我国“三系”配套成功并在生产上应用的 BT 型、滇型杂交粳稻就属于粳型品种间杂种优势利用，也较当时常规粳稻品种增产 10% 以上。

（二）亚种间杂种优势利用

由于籼粳亚种间遗传距离大，杂种具有强大的杂种优势，籼粳亚种间杂种一般比品种间杂交稻增产 15% 以上。长期以来，育种家一直试图利用籼粳亚种间杂种优势来提高水稻产量。目前，在我国科学家的努力下，随着各种早熟基因、矮秆基因、广亲和基因、育性位点的不断发现和分子育种技术的不断创新，籼粳亚种间杂种优势利用是最有希望且能在较短时间内实现水稻产量突破的最有效途径。

自 20 世纪 60 年代末起，韩国利用籼粳亚种间杂交进行常规育种取得了举世瞩目的成就，育成了统一、水源、密阳和 Iri 等高产矮秆系统，这些系统比一般的传统粳稻品种增产 20%～40%。日本于 1981 年开始的水稻超高产育种“逆 753 计划”的主要途径是利用籼粳亚种间杂交，主要是在研究中大量利用中国、韩国的籼稻品种与日本粳稻品种杂交，以求增加种植杂种后代的颖花数，同时提高后代的抗逆性和稳产性；其增产 50% 的超高产育种目标，必须依靠籼粳亚种间杂种优势来实现，到 20 世纪末，育成了中国 91 号、北陆 125 号、中国 96 号、北陆 129 号、北陆 130 号、奥羽 331 号等一批小面积糙米产量达 10 t/hm^2 的超高产品种。无疑，籼粳亚种间杂交，F_1 代具有比品种间杂交更强大的优势。理论上，亚种间杂交稻的产量潜力可超过现有品种间高产杂交稻的 30%～50%。

20 世纪 50 年代开始，中国在常规粳稻育种方面进行了籼粳亚种间杂交育种研究，认为通过籼粳杂交得到的一些有利优势可以稳定下来；20 世纪 80 年代中国开展了籼粳亚种间杂种优势利用研究，籼粳亚种间杂交组合如城特 232/ 二六窄早（湖南杂交水稻研究中心，1987）、3037/02428 及 W6154S / Vary lava（谷福林等，1988），单产为 10.50～11.25 t/hm^2，比汕优 64 增产 20% 以上。

当前，生产上大面积推广应用的甬优系列、春优系列等籼粳杂交稻主要是利用粳稻不育系与籼粳中间型广亲和恢复系配组而成，虽非典型籼稻和粳稻杂交，但表现出强大的亚种间杂种优势及亚种间杂种的特征特性，一般比常规杂交稻增产 15% 以上，如春优 927 在区试中比对照增产 18.1%，甬优 540 比对照增产 19.0%。目前，水稻种质中生育期、株高、亲和性、育性等各类优异性状基因的不断发掘及其分子育种技术的不断发展，使得籼粳亚种间杂种优势利用成为可能，如创制等位基因置换法，聚合多个籼型育性基因，培育出对籼型亲和力强的粳稻不育系 509S，组配的籼粳亚种间杂种结实率在 85% 以上。

（三）远缘种间杂种优势利用

远缘杂交可在一定程度上打破物种之间的生殖隔离，促进不同物种间的基因交流。作为一种育种手段，目前主要用于引进不同种属的有用基因，从而改良现有的品种，也不乏直接利用远缘杂种优势来培育新品种的实例。如国外利用二粒小麦、山羊草、偃麦草等作为杂交亲本，从而培育出抗锈病的小麦；玉米和摩擦禾进行属间杂交，培育出高蛋白、高脂肪的玉米品种。我国在水稻远缘杂交中，采用高粱、玉米、小麦、芦苇、菰、狼尾草、薏苡、稗草甚至竹子等十多个科属的植物作父本进行有性杂交，部分远缘杂种后代具有优良的农艺性状，表现一定的远缘杂种优势，并在生产上有试种的报道，其中以水稻与高粱、玉米杂交的研究较深入。高粱、玉米与水稻相比较，具有许多优良的农艺性状，它们是 C_4 植物，光合效率高，光合产物运转通畅，结实好，具有良好的株叶形态，茎粗秆硬，根系发达，耐肥抗倒，穗大粒多，适应性强，耐旱耐渍，高产稳产等。伏军等（1994）利用“89 早 281”和“青壳洋”高粱进行远缘杂交，利用远缘杂交后代的有利基因选育了超丰早 1 号。与“89 早 281”相比，该材料具有穗大粒多、结实好、光合速率高、生长量大等优良性状。陈善葆等（1989）通过远缘有性杂交，以“银坊”等水稻为母本，高粱“亨利加”等作父本育成了中远系列，表现明显的杂种优势。刘传光等（2003）用两用核不育系 D1S 作母本，与父本超甜型玉米“金银粟”进行远缘杂交，从远缘杂交后代中选育了大穗大粒的两用核不育系“玉 -1S”，用其配制的组合表现超强的杂种优势，这些组合均表现大穗大粒，结实率高，单株产量均比对照培杂双七增产达极显著水平。

近些年，生物技术的发展为外源基因的导入提供了新途径。已有的方法主要是：① 利用外源总 DNA 导入创造水稻种质资源，包括花粉管导入、穗茎注射法、浸胚法等；② 利用转基因技术将远缘有利基因导入水稻种质中，获得外源基因稳定遗传和表达的水稻育种材料。

二、水稻杂种优势利用的方法

（一）三系法

这是水稻杂种优势利用行之有效的经典方法，目前大面积推广的品种间杂交水稻大多数是三系法品种间杂种优势利用。三系法籼粳亚种间杂种优势利用，是将水稻广亲和基因导入现有不育系、保持系或恢复系，育成广亲和三系，然后利用广亲和籼、粳不育系和现有粳、籼恢复系配组，或用广亲和籼、粳恢复系和现有粳、籼不育系配组，育成强优势籼粳亚种间杂种直接用于生产。我国自 20 世纪 70 年代三系法杂交水稻配套成功并大面积推广应用至今，其累计推广面积超过 5 亿 hm^2，为我国粮食安全做出了巨大贡献。

（二）两系法

光温敏核不育系是核基因控制的雄性不育系，可一系两用，根据不同的光长和温度，既可自身繁殖不育系种子，也可用于制种。利用光温敏核不育系进行两系法杂种优势利用，不但可使种子生产程序减少一个环节，从而降低种子成本，更为重要的是配组自由，凡正常品种都可作为恢复系，选配强优势组合的概率高于三系法。此外，还可避免不育胞质的负效应，防止遗传基础的单一化。

两系法既可进行品种间杂种优势利用，又可进行亚种间杂种优势利用。目前，两系法杂种优势利用经过 20 多年的攻关，在光温敏核不育系育性转换机制、实用光温敏核不育系创制、两系杂交稻组合选育技术、安全高效繁殖制种技术等方面开展了一系列科技创新及新技术集成，形成了一套完整的、成熟的两系法杂交水稻的理论和技术体系，育成了培矮 64S、广占 63S、C815S、Y58S、隆科 638S 等实用两系不育系和两优培九、扬两优 6 号、Y 两优 1 号、隆两优华占等两系杂交稻组合；育成品种推广区域遍布全国 16 个省，截至 2012 年，两系杂交水稻累计种植面积 3 300 万 hm^2 以上。运用两系超级杂交水稻育种技术，我国分别于 2000 年、 2004 年、 2012 年、 2014 年先后实现了中国超级稻研究计划单产 10.5 t/hm^2、 12.0 t/hm^2、 13.5 t/hm^2 和 15.0 t/hm^2 的第一、第二、第三、第四期育种目标。两系法杂交水稻是中国首创的拥有自主知识产权的科技成果，为农作物遗传改良提供了新的理论和技术方法，确保了我国杂交水稻研究与应用的世界领先地位。借鉴两系法杂交稻的理论和经验，两系油菜、高粱、小麦相继研究成功，为难以实现三系法杂种优势利用的作物提供了新方法。

（三）一系法

一系法即培育不分离的杂种一代，将杂种优势固定下来，从而不需要年年制种，这是利用杂种优势的最好方式。利用无融合生殖固定水稻杂种优势被认为是最有希望的途径。

无融合生殖是指以种子形式进行繁殖的无性生殖方式，可随世代更迭而不改变基因型，性状也不发生分离，因此，通过这种生殖方式可将杂种优势固定下来。育种工作者只要获得一个优良的杂种单株，就能凭借种子繁殖，迅速在生产上大面积推广应用。无融合生殖育种是一种全新的育种方法，成败的关键在于能否获得可资利用的无融合生殖基因。禾本科是拥有无融合生殖的属和种最多的科之一，因此，从理论上推测，在稻属中很可能存在无融合生殖基因；同时，通过远缘杂交或遗传工程的方法，可以把异属的无融合生殖基因导入水稻。自 20 世纪 30 年代以来， Navashin、Karpachenko 和 Stebbins 等先后提出利用无融合生殖固定杂种优势的设想。一些科学家对高粱、玉米等作物开展了此项研究，Bashaw 成功地选育了无融合生殖巴费尔牧草品种。水稻在这方面的研究目前仍处于探索阶段。总之，利用无融合生殖对水稻杂种优势育种是一项价值极大、颇有希望但难度也很大的研究课题。

（四）化学杀雄法

化学杀雄法是指通过化学处理使某一亲本（作为母本）的花粉失去受精能力，同时选用另一花粉育性正常的亲本（作为父本）进行授粉配制杂交种子从而利用杂种优势的方法，可以认为是另一种类型的两系法。20 世纪 50 年代初，国外就有化学杀雄的报道。我国自 1970 年开始水稻的化学杀雄研究，曾育成一些组合应用于生产，早期育成的化学杀雄杂交稻有赣化 2 号等。

化学杀雄不受遗传因素影响，配组较自由，利用杂种优势的广度大于三系法。但是目前没有真正优良的杀雄剂，且杀雄后往往造成不同程度的雌性器官损伤和开花不良，杀雄效果不理想及水稻各分蘖发育不同步、处理时间难控制等，影响了制种产量和纯度，至今未能大面积推广化学杀雄杂交稻。

三、水稻杂种优势利用存在的问题

（一）杂种优势利用水平

品种间杂种优势利用的亲缘关系较近，遗传差异相对较小，而水稻、玉米、棉花等作物栽培种种内的遗传多样性差，品种的遗传基础越来越狭窄，且选育的技术较为单一，所以品种间杂种大多具有高产不优质、优质不高产、高产不抗等问题，在生产利用上仍存在着一定的局限性；杂种优势的利用范围也有限，缺乏聚合了多项优良性状的强优势杂交种，以致在后来较长一段时期内，品种间杂交组合增产幅度不大，杂交水稻单产徘徊不前。

亚种间杂种优势利用，主要是利用亚种间较大的遗传差距，使两亚种不同优势性状产生互补。然而，由于典型籼粳杂交存在着生育期超长、结实率低、植株超高、充实度差等明显的负优势，现有的育种技术水平还无法大规模直接利用。因此，如何正确利用籼粳亚种间遗传差异的关系，或者采用合适的育种技术来利用亚种间强大的杂种优势是当前水稻育种工作者需要解决的关键问题。

直接利用远缘杂交，可能会出现迄今为止难以想象和预料的杂种优势。但远缘杂种优势的利用却是非常困难的，由于自然界物种间的生殖隔离，远缘杂交不亲和，杂交很难成功；杂种不育可能是基因不育，也可能是染色体不育；远缘物种不能结实，即使异交结实，结实率也很低，甚至雌雄完全不育；水稻远缘杂交后代分离无规律性，分离类型丰富多样，分离的世代长，后代稳定慢等。但科学家一直在寻找克服这些困难的方法，并取得了一定的成效。

（二）杂种优势利用方法

三系法中，由于细胞质效应，受恢保关系限制，稻种资源利用率低。就三系杂交籼稻而言，现有籼稻品种中只有 0.1% 的资源可转育成不育系，只有 5% 的资源可用作恢复系，而且育种程序和种子生产环节均比较复杂，以致选育新组合的时间长、效率低、推广环节多、速度慢。

两系法中，95% 以上的稻种资源均可恢复其育性，配组自由；但光温敏核不育系一系两用，其育性受光温条件所左右，育性不稳定，易产生波动，制种和繁殖都存在一定的风险。

从长远发展的观点看，经典三系法和两系法最终将被更先进的方法所取代。如 2017 年袁隆平团队研究的基于普通核不育的遗传工程雄性不育系利用杂种优势的第三代杂交水稻育种技术，不仅具有三系法不育系育性稳定和两系法不育系配组自由的优点，同时克服了三系不育系配组受局限和两系不育系可能因天气异常导致育性恢复、制种失败以及繁殖产量低等缺点，是一种先进的水稻杂种优势利用新技术。

References
参考文献

[1] 袁隆平. 杂交水稻学 [M]. 北京：中国农业出版社，2002.

[2] 袁隆平，陈洪新. 杂交水稻育种栽培学 [M]. 长沙：湖南科学技术出版社，1996.

[3] 谢华安. 汕优 63 选育理论与实践 [M]. 北京：中国农业出版社，2005.

[4] JONES D F. Dominance of linked factors as a means of accounting for heterosis [J]. Genetics，1917，2：466–479.

[5] JONES J W. Hybrid vigor in rice [J]. J Am Soc Agron，1926，18：423–428.

[6] 袁隆平. 水稻的雄性不孕性 [J]. 科学通报，1966，17：185–188.

[7] KADAM B S，PATIL G G，PATANKAR V K. Heterosis in rice [J]. Indian J Agric Sci，1937，7：118–126.

[8] BROWN F B. Hybrid vigor in rice [J]. Malay Agric，1953，36：226–236.

[9] WEERARATNE H. Hybridization technique in rice [J]. Trop Agric，1954，110：93–97.

[10] SAMPATH S，MOHANTY H K. Cytology of semi-sterile rice hybrids [J]. Curr Sci，1954，23：182–183.

[11] KATSUO K，MIZUSHIMA U. Studies on the cytoplasmic difference among rice varieties，*Oryza sativa* L.1.On the fertility of hybrids obtained reciprocally between cultivated and wild varieties [J]. Japan J Breed，1958，8（1）：1–5.

[12] SHINJYO C, O'MURA T. Cytoplasmic male sterility in cultivated rice, *Oryza sativa* L.I.Fertility of F1, F2, and offsprings obtained from their mutual reciprocal backcrosses; and segregation of completely male sterile plants [J]. Japan J Breed, 1966, 16 (suppl.1): 179–180.

[13] SHINJYO C. Cytoplasmie-genetic male sterility in cultivated rice, *Oryza sativa* L. [J]. J Genet, 1969, 44 (3): 149–156.

[14] SHINJYO C. Distribution of male sterility inducing cytoplasm and fertility restoring genes in rice. I.Commercial lowland rice cultivated in Japan [J]. Japan J Genet, 1972, 47: 237–243.

[15] SHINJYO C. Distribution of male sterility inducing cytoplasm and fertility restoring genes in rice. Varieties introduced from sixteen countries [J]. Japan J Breed, 1972, 22: 329–333.

[16] SHULL G H. The compo sition of a field of maize [J]. Am Breed Assoc Rep, 1908, 4: 296–301.

[17] VIRMANI S S, CHAUDHARY R C, KHUSH G S. Heterosis breeding in rice (*Oryza sativa* L.)[J]. Theor Appl Genet, 1981, 63: 373–380.

[18] 邓华凤，何强. 长江流域广适型超级杂交稻株型模式研究 [M]. 北京：中国农业出版社，2013.

[19] 邓华凤. 杂交水稻知识大全 [M]. 北京：中国科学技术出版社，2014.

[20] 张培江，才宏伟，李焕朝，等. RAPD 分子标记水稻遗传距离及其与杂种优势的关系 [J]. 安徽农业科学，2000，28 (6)：697–700.

[21] 朱运昌，廖伏明. 水稻两系亚种间杂种优势的研究进展 [J]. 杂交水稻，1990 (3)：32–34.

[22] 曾世雄，卢庄文，杨秀青. 水稻品种间杂种一代优势及其与亲本关系的研究 [J]. 作物学报，1979，3(5)：23–34.

[23] 杨聚宝，卢浩然. 国内外水稻杂种优势利用研究的发展动态评论 [J]. 福建稻麦科技，1990 (2)：1–5，31.

[24] 黄富，谢戎，刘成元，等. 亲本抗瘟性对杂交水稻组合抗瘟性的影响 [J]. 杂交水稻，2007 (2)：64–68.

[25] 张雪丽，张征，胡中立，等. 杂交水稻品质性状的配合力及遗传力研究 [J/OL]. 分子植物育种，2017 (10)：4133–4142[2017-09-19]. http: // kns. cnki.net/kcms/detail / 46.1068. S. 20170919.0836. 002. html .

[26] 李仕贵，黎汉云，周开达，等. 杂交水稻稻米外观品质性状的遗传相关分析 [J]. 西南农业学报，1996，9 (品资专辑)：1–7.

[27] 陆作楣，徐保钦. 论杂种优势群理论对杂交稻育种的指导意义 [J]. 中国水稻科学，2010 (1)：1–4.

[28] 王象坤，李任华，孙传清，等. 亚洲栽培稻的亚种及亚种间杂交稻的认定与分类 [J]. 科学通报，1997，42 (24)：2596–2602.

[29] 王象坤，孙传清，才宏伟，等. 中国稻作起源与演化 [J]. 科学通报，1998，43 (22)：2354–2363.

[30] 王象坤，孙传清，李自超. 生物多样性的起源演化及亚洲栽培稻的分类 [J]. 植物遗传资源科学，2000，1 (2)：48–53.

[31] ZHANG Q F, GAO Y J, SAGHAI M A, et al. Molecular divergence and hybrid performance in rice [J]. Mol Breed, 1995, 1: 133–142.

[32] XIE W B, WANG G W, YUAN M, et al. Breeding signatures of rice improvement revealed by a genomic variation map from a large germplasm collection [J]. Proc Natl Acad Sci USA, 2015, 112: 5411–5419.

[33] 陈立云，戴魁根，李国泰，等. 不同类型籼粳杂种 F_1 比较研究 [J]. 杂交水稻，1992 (4)：35–38.

[34] 孙传清，陈亮，李自超，等. 两系杂交稻优势生态型的初步研究 [J]. 杂交水稻，1999，14 (2)：34–38.

[35] GRIFFING B. A generalized treatment of the use of diallel crosses in quantitative inheritance [J]. Heredity,

1956, 10: 31–50.

[36] 周开达，黎汉云，李仁瑞，等. 杂交水稻主要性状配合力、遗传力的初步研究 [J]. 作物学报，1982, 8（3）: 145–152.

[37] GORDON G H. A method of parental selection and cross prediction using incomplete partial diallels [J]. Theor Appl Genet, 1980, 56: 225–232.

[38] 倪先林，张涛，蒋开锋，等. 杂交水稻特殊配合力与杂种优势、亲本间遗传距离的相关性 [J]. 遗传, 2009, 31（8）: 849–854.

[39] BHAT G M. Multivariate analysis approach to selection of parents for hybridization aiming at yield improvement in self-pollinated crops [J]. Aust J Agric Res, 1970, 21: 1–7.

[40] BHAT G M. Comparison of various method of selecting parents for hybridization in common wheat [J]. Aust J Agric Res , 1973, 24: 257–264.

[41] 刘来福. 作物数量性状的遗传距离及其测定 [J]. 遗传学报, 1979, 6（3）: 349–355.

[42] 黄清阳，高之仁，荣廷昭. 玉米自交系间遗传距离与产量杂种优势、杂种产量的关系 [J]. 遗传学报, 1991, 18（3）: 271–276.

[43] 何中虎. 距离分析方法在小麦亲本选配中的应用研究 [J]. 作物学报, 1992, 18（5）: 359–365.

[44] 王逸群，赵仁贵，王玉兰，等. 甜玉米距离分析、杂种优势及特殊配合力的关系 [J]. 吉林农业科学, 1998, 92（3）: 17–19.

[45] 侯荷亭，杜志宏，赵根弟. 高粱亲本遗传距离与杂种优势和特殊配合力的关系 [J]. 遗传, 1995, 17（1）: 30–33.

[46] 王逸群，赵仁贵，王玉兰，等. 甜玉米距离分析与杂种优势的研究 [J]. 吉林农业科学, 2001, 26（3）: 16–20.

[47] 徐静斐，汪路应. 水稻杂种优势与遗传距离 [J]. 安徽农业科学（水稻数量遗传论文专辑），1981 : 65–71.

[48] 李成荃，昂盛福. 粳稻的杂种优势与遗传距离研究 [C]// 杂交水稻国际学术讨论会论文, 1986.

[49] COWEN N M, FERY K J. Relationships between three measures of genetic distance and breeding behavior in oats [J]. Genome, 1987, 29: 97–106.

[50] SARAWGI A K, SHRIVASTANA P. Heterosis in rice under irrigated and rain-fed situations [J]. Oryza, 1987, 25: 20–25.

[51] SARATHE M L, PERRAJU P. Genetic divergence and hybrid performance in rice [J]. Oryza, 1990, 27: 227–231.

[52] 官春云，王国槐，赵均田. 甘蓝型油菜杂种优势和优势早期预测的初步研究 [J]. 遗传学报, 1980, 7（1）: 55–63.

[53] 李良碧，张正东，谭克辉，等. 植物叶绿体互补作用的研究 Ⅰ. 杂交双亲叶绿体的互补作用 [J]. 遗传学报, 1978, 5（3）: 196–203.

[54] 杨福愉，邢菁如，史宝生，等. 用匀浆互补法测试杂种优势的研究（Ⅰ）[J]. 科学通报, 1978, 23（12）: 752–755.

[55] 朱鹏，刘文芳，肖翊华. 杂交水稻苗期叶绿体希尔反应活性研究 [J]. 武汉植物学研究, 1987, 5（3）: 257–266.

[56] SCHWARTZ D. Genetic studies of mutant isozymes in maize [J]. Proc Natl Acad Sci VSA, 1960, 88: 1202–1206.

[57] 李继耕，杨太兴，曾孟潜. 同工酶与玉米杂种优势研究 Ⅰ. 营养生长期杂种与其亲本的比较 [J]. 遗传, 1979（3）: 8–11.

[58] 李继耕，杨太兴，曾孟潜. 同工酶与玉米杂种优势研究 Ⅱ. 互补酶类型及其在不同器官中的分布 [J]. 遗传, 1980, 2（4）: 4–6.

[59] 朱鹏，孙国荣，肖翊华，等. MDH 与 GDH 活性与水稻杂种优势预测 [J]. 武汉大学学报（自然科学版），1991（4）：89–94.

[60] 朱英国. 水稻雄性不育生物学 [M]. 武汉：武汉大学出版社，2000.

[61] LEE M, GODSHALK E B, LAMKEY K R, et al. Association of restriction fragment length polymorphisms among maize inbreds with agronomic performance of their crosses [J]. Crop Sci, 1989, 29: 1067–1071.

[62] SMITH O S, SMITH J S C, BOWEN S L, et al. Similarities among a group of elite maize inbreds as measured by pedigree, F1 grain yield, grain yield heterosis, and RFLPs [J]. Theor Appl Genet, 1990, 80: 833–840.

[63] 张培江，才宏伟，袁平荣，等. RFLP 标记水稻遗传距离及其与杂种优势的关系 [J]. 杂交水稻，2001，16（5）：50–54.

[64] 彭泽斌，刘新芝. 玉米 F_1 产量、杂种优势及双亲特殊配合力与 RAPD 遗传距离关系的研究 [C]// 王连铮，戴景瑞. 全国作物育种学术讨论会论文集. 北京：中国农业科技出版社，1998：221–226.

[65] 付航，向珣朝，许顺菊，等. 一种利用分子标记杂合率预测四川地区杂交水稻杂种优势的方法 [J]. 中国农业大学学报，2016，21（9）：40–48.

[66] ZHANG Q F, GAO Y J, YANG S H, et al. A diallel analysis of heterosis in elite hybrid rice based on RFLPs and microsatellites [J]. Theor Appl Genet, 1994, 89: 185–192.

[67] ZHANG Q F, ZHOU Z Q, YANG G P, et al. Molecular marker heterozygosity and hybrid performance in indica and japonica pice [J]. Theor Appl Genet, 1996, 92: 637–643.

[68] GODSHALK E B, LEE M, LAMKEY K R. Relationship of restriction fragment length polymorphisms to single cross hybrid performance of maize [J]. Theor Appl Genet, 1990, 80: 273–280.

[69] DUDLEY J W, SAGHAI M A, RUFENER G K. Molecular markers and grouping of parents in maize breeding programs [J]. Crop Sci, 1991, 31: 718–723.

[70] BOPPENMAIER J, MELCHINGER A E, Seitz Getal. Genetic diversity for RFLPs in European maize inbreds performance of crosses within between heterotic group for grain trait [J]. Plant Breeding, 1993, 111: 217–226.

[71] XIAO J, LI J, YUAN L, et al.Genetic diversity and its relationship to hybrid performance and heterosis in rice as revealed by PCR-based markers [J]. Theor Appl Genet, 1996, 92: 637–643.

[72] JOSHI S P, BHAVE S G, GHOWDARL K V, et al. Use of DNA markers in prediction of hybrid performance and heterosis for a three-line hybrid system in rice [J]. Biochemical Genetics, 2001, 39（5–6）: 179–200.

[73] XIAO J H, LI J M, YUAN L P, et al. Dominance is the major genetic basis of heterosis in rice as revealed by QTL analysis using molecular markers [J]. Genetics, 1995, 140: 745–754.

[74] BERNARDO R. Relationship between single-cross performance and molecular marker heterozygosity [J]. Theor Appl Genet, 1992, 83: 628–643.

[75] 吴晓林，肖兵南，柳小春，等. 搜寻和定位影响杂种优势表现的染色体区域（QTL）[J]. Animal Biotechnology Bulletin, 2000, 7（1）: 116–122.

[76] GANG W, YONG T, LIU G Z, et al. A transcriptomic analysis of superhybrid rice LYP9 and its parents [J]. Proceedings of the National Academy of Sciences of the United States of America, 2009, 106（19）: 7695–7701.

[77] XU S, ZHU D, ZHANG Q. Predicting hybrid performance in rice using genomic best linear unbiased prediction [J]. Proceedings of the National Academy of Sciences of the United States of America, 2014, 111（34）: 12456–12461.

[78] XU S, XU Y, GONG L, et al. Metabolomic

Prediction of Yield in Hybrid Rice [J]. Plant Journal, 2016, 88 (2): 219–227.

[79] DAVENPORT C B. Degeneration albinism and inbreeding [J]. Science, 1908, 28: 454–455.

[80] BRUCE A B. The Mendelian theory of heredity and the augmentation of vigor [J]. Science, 1910, 32: 627–628.

[81] JONES D F. Dominance of linked factors as a means of accounting for heterosis [J]. Genetics, 1917, 2: 466–479.

[82] KEEBLE J, PELLEW C. The mode of inheritance of stature and of time of flowering in peas (*Pisum sativum*) [J]. J Genet, 1910, 1: 47–56.

[83] SHEN G, ZHAN W, CHEN H, et al. Dominance and epistasis are the main contributors to heterosis for plant height in rice [J]. Plant Science, 2014, s 215–216 (2): 11–18.

[84] HUANG X, YANG S, GONG J, et al. Genomic analysis of hybrid rice varieties reveals numerous superior alleles that contribute to heterosis [J]. Nature Communications, 2015, 6: 6258.

[85] HUANG X, YANG S, GONG J, et al. Genomic architecture of heterosis for yield traits in rice [J]. Nature, 2016, 537 (7622): 629–633.

[86] XUE W Y, XING Y Z, WENG X Y, et al. Natural variation in Ghd7 is an important regulator of heading date and yield potential in rice [J]. Nat Genet, 2008, 40: 761–767.

[87] YAN W H, WANG P, CHEN H X, et al. A major QTL, Ghd8, plays pleiotropic roles in regulating grain productivity, plant height, and heading date in rice [J]. Mol Plant, 2011, 4: 319–330.

[88] YAN W H, LIU H Y, ZHOU X C, et al. Natural variation in Ghd7.1 plays an important role in grain yield and adaptation in rice [J]. Cell Res, 2013, 23: 969–971.

[89] GARCIA A A F, WANG S C, MELCHINGER A E, et al. Quantitative trait loci mapping and the genetic basis of heterosis in maize and rice [J]. Genetics, 2008, 180: 1707–1724.

[90] SHULL G H. The composition of a field of maize [J]. Ann Breed Assoc Rep, 1908, 4: 296–301.

[91] EAST E M. Inbreeding in corn [R]. In: Reports of the Connecticut Agricultural Experiment Station for Years 1907—1908, 1908: 419–428.

[92] BERGER E. Heterosis and the maintenance of enzyme polymorphism [J]. Am Nat, 1976, 11: 823–839.

[93] KRIEGER U, LIPPMAN Z B, ZAMIR D. The flowering gene SINGLE FLOWER TRUSS drives heterosis for yield in tomato [J]. Nat Gene, 2010, 42: 459–463.

[94] STUBER C W, LINCOLN S E, WOLFF D W, et al. Identification of genetic factors contributing to heterosis in a hybrid from two elite maize inbred lines using molecular markers [J]. Genetics, 1992, 132: 823–839.

[95] LI Z K, LUO L J, MEI H W, et al. Overdominant epistatic loci are the primary genetic basis of inbreeding depression and heterosis in rice. Ⅰ. Biomass and grain yield [J]. Genetics, 2001, 158: 1737–1753.

[96] LUO L J, LI Z K, MEI H W, et al. Overdominant epistatic loci are the primary genetic basis of inbreeding depression and heterosis in rice. Ⅱ.Grain yield components [J]. Genetics, 2001, 158: 1755–1771.

[97] LI Z, PINSON S R M, PARK W D, et al. Genetics of hybrid sterility and hybrid breakdown in an inter-subspecific rice (*Oryza sativa* L.) population [J]. Genetics, 1997, 145: 1139–1148.

[98] YU S B, LI J X, XU C G, et al. Importance of epistasis as the genetic basis of heterosis in an elite rice hybrid [J]. Proc Natl Acad Sci USA, 1997, 94: 9226–9231.

[99] HUA J, XING Y, WU W, et al. Single-locus heterotic effects and dominance by dominance interactions can adequately explain the genetic basis of heterosis in an elite rice hybrid [J]. Proc Natl Acad Sci USA, 2003, 100: 2574–2579.

[100] ZHOU G, CHEN Y, YAO W, et al. Genetic composition of yield heterosis in an elite rice hybrid [J]. Proc Natl Acad Sci USA, 2012, 109 (39): 15847–15852.

[101] XIAO J, LI J, YUAN L, et al. Dominance is the major genetic basis of heterosis in rice as revealed by QTL analysis using molecular markers [J]. Genetics, 1995, 140: 745–754.

[102] LI L Z, LU K Y, CHEN Z M, et al. Dominance, overdominance and epistasis condition the heterosis in two heterotic rice hybrids [J]. Genetics, 2008, 180: 1725–1742.

[103] WANG Z, YU C, LIU X, et al. Identification of Indica rice chromosome segments for the improvement of Japonica inbreds and hybrids [J]. Theoretical & Applied Genetics, 2012, 124 (7): 1351–1364.

[104] 鲍文奎. 机会与风险：40 年育种研究的思考 [J]. 植物杂志, 1990 (4): 4–5.

[105] MATHER K. The balance of polygenic combinations [J]. Journal of Genetics, 1942, 43 (3): 309–336.

[106] 钟金城. 活性基因效应假说 [J]. 西南民族学院学报（自然科学版）, 1994, 20 (2): 203–205.

[107] NILSSON-EHLE H. Kreuzungsuntersuchungen an Hafer und Weizen [M]. Lunds Universitets Arsskrift, East E M, 1909.

[108] DEBICENTE M C, TANKSLEY S D. QTL analysis of transgressive segregation in an interspecific tomato cross [J]. Genetics, 1993, 134 (2): 585–596.

[109] HOFMANN N R. A global view of hybrid vigor: DNA methylation, small RNAs and gene expression [J]. The Plant Cell, 2012, 24 (3): 841.

[110] CHODAVARAPU R K, FENG S, DING B, et al. Transcriptome and methylome interactions in hybrids [J]. Proc Natl Acad Sci USA, 2012, 109: 12040–12045.

[111] 何光明，何航，邓兴旺. 水稻杂种优势的转录组基础 [J]. 科学通报, 2016, 65 (35): 3850–3857.

[112] PENG Y, WEI G, ZHANG L, et al. Comparative transcriptional profiling of three super-hybrid rice combinations [J]. Int J Mol Sci, 2014, 15: 3799–3815.

[113] 康晓慧，彭玉姣，付菊梅，等. 四川小麦品种抗条锈基因的 SSR 分析 [J]. 湖南师范大学自然科学学报, 2015, 38 (3): 11–15.

[114] WANG W, MENG B, GE X, et al. Proteomic profiling of rice embryos from a hybrid rice cultivar and its parental lines [J]. Proteomics, 2008, 8 (22): 4808–4821.

[115] MARCON C, SCHUCTZENMEISTER A, SCHUTZ W, et al. Nonadditive protein accumulation patterns in maize (Zea mays L.) hybrids during embryo development [J]. Journal of Proteome Research, 2010, 9 (12): 6511–6522.

[116] FU Z, JIN X, DING D, et al. Proteomic analysis of heterosis during maize seed germination [J]. Proteomics, 2011, 11 (8): 1462–1472.

[117] 伏军，徐庆国. 水稻与高粱远缘杂交育种研究 [J]. 湖南农学院学报, 1994, 20 (1): 6–12.

[118] 刘传光，江奕君，林青山，等. 利用水稻－玉米远缘杂交技术改良籼稻光温敏两用核不育系研究 [J]. 广东农业科学, 2003 (4): 7–9.

第二章

水稻雄性不育性

廖伏明

水稻属典型的自花授粉作物，雌雄同花，由同一朵花内花粉进行传粉受精而繁殖后代。所谓雄性不育性，是指雄性器官退化，不能形成花粉或形成无生活力的败育花粉，因而不能自交结实，但雌性器官正常，一旦授以正常可育花粉则又可受精结实，具有这种特性的品系称为雄性不育系。目前我国已育成了来源广泛、类型丰富的数百个水稻细胞质雄性不育系和一大批光温敏核不育系。

第一节　水稻雄性不育性的分类

水稻雄性不育有遗传型不育和非遗传型不育两种。遗传型不育是指其不育性受遗传基因控制，表现出可遗传的特性，如目前生产上已广泛应用的三系不育系和两系不育系均属于此种类型。非遗传型不育则是指其不育性由异常外部条件造成，不具有不育基因，因而其不育性是不能遗传的。如异常高温或低温引起的不育，施用化学杀雄剂诱导的不育性等，均属于这种类型。从遗传育种角度而言，遗传型雄性不育性最具实用价值，是研究和利用的重点。

一般认为，水稻遗传型雄性不育包括细胞质不育、细胞核不育和质核互作型不育三种类型。

（1）细胞质不育是指不育性仅受细胞质基因控制，与细胞核无关。单纯由细胞质控制的不育性由于找不到恢复系，所以在生产上没有实用价值。

（2）细胞核不育是指不育性仅受控于细胞核基因，与细胞质无关，这种不育类型在自然界较常见。我国最早发现的水稻雄性不育材料即1964年袁隆平从胜利籼中发现的自然突变无花粉型不育材料（简称“籼无”）就属于细胞核不育。这种类型的不育性，一般只受一对隐性核基因控制，育性正常品种都是它的恢复系，没有保持系，其不育性得不到完全保持，故无法直接利用。尽管育种家曾作过一些设想和尝试，以期利用这种不育类型，但均未成功。如安徽芜湖农业科学研究所试图通过培育具有标记性状的恢复系与高不育材料制种，在下季秧田中，根据标记性状区分杂种和不育株的方法（称“两系法”）来利用杂种优势。1974年，他们培育出不育株率98%、不育度为90%以上的两用系，并选育出紫色性状稳定的恢复系，实现了两系配套。但由于不育系的不育性受环境影响大，年际间杂种与自交种比率不稳定，未能在生产上大面积应用。

（3）质核互作型不育是指不育性由细胞质基因和细胞核基因共同控制，仅当细胞质和细胞核均为不育基因时，才表现为不育。这种不育类型既有保持系（质可育基因，核不育基因）使其不育性得以保持，又有恢复系（质可育或不育基因，核可育基因）使其 F_1 杂种育性得以恢复正常可育，实现三系配套，因此可在生产上直接利用。我国20世纪70年代就是利用这种不育类型成功实现三系配套，培育成三系杂交水稻，并广泛应用于生产。

然而，长期的育种实践表明，上述三种类型的水稻雄性不育中单纯由细胞质控制的不育实际上还没有发现。如我国粳型野败不育系，由于当时在很长一段时期内找不到恢复系，被认为属质不育类型，但后来新疆建设兵团农垦科学院在引自中国农科院的早粳3373×IR24组合的后代中找到了其恢复系。又如日本的“中国野生稻 × 藤坂5号”产生的雄性不育，也在很长时期内没有找到恢复系，但后来湖北用藤坂5号与籼稻杂交，在其后代中找到了这个不育系的恢复系。因此，在实际应用中，通常意义上所称的细胞质雄性不育实际上是指质核互作型雄性不育。

1973年，湖北省沔阳县石明松在晚粳品种农垦58中发现了一种光温敏核雄性不育类型即农垦58S。随后，更多的光温敏核不育材料被发现，籼型的有湖南省安江农校邓华凤（1988）发现的安农S-1、湖南省衡阳市农科所周庭波（1988）发现的衡农S-1和福建农学院杨仁崔（1989）发现的5460S等。经广大科技工作者广泛而深入的研究，确定这种新类型核不育受隐性核基因控制，与细胞质无关。这种类型的不育性虽然仍属于细胞核雄性不育的范畴，但它又不同于一般的核不育类型，因为其育性的表达主要受光、温所调控，即在一定的发育时期，长日高温导致不育，短日低温导致可育，具有明显的育性转换特征。它是一种典型的生态遗传类型，由于既受核不育基因控制，又受光温调控，故称为光温敏核不育。具有这种特性的光温敏核不育系，在不育期可用来生产杂交种用于大田生产，在可育期可用来自身繁殖种子保持其不育性，故可一系两用。实践证明，利用这种类型的不育性来培育两系法杂交水稻具有广阔的应用前景。此外，美国、日本等国也育成了一些具有育性转换特性的不育系。

综上所述，从育种实践出发，对水稻雄性不育总体上可划分为两大类，即细胞质雄性不育和细胞核雄性不育，光温敏核不育属于细胞核雄性不育中的一种特殊类型。

一、细胞质雄性不育的分类

在 1973 年三系配套成功后，我国科技人员从不同的研究目的出发，对细胞质雄性不育的分类作了较为详尽的研究，归结起来主要有如下 5 种分类方法。

（一）按恢保关系分类

依据不育系的保持系品种和恢复系品种的差异，可将细胞质雄性不育系分为野败型、红莲型和 BT 型 3 类。

1. 野败型

以崖县野生稻花粉败育株为母本，以矮秆早籼二九矮 4 号、珍汕 97、二九南 1 号、71-72、V41 等品种为父本进行核置换育成的野败型雄性不育系，原产于长江流域的矮秆早籼大多数对它有保持能力。东南亚品种皮泰和印尼水田谷以及带有皮泰亲缘的低纬度籼稻品种泰引 1 号、IR24、IR661、IR26 等和带有印尼水田谷亲缘的华南晚籼双秋矮 2 号、秋水矮等都是野败型的恢复系。各种水稻品种的恢复率和恢复度大小的顺序是：籼大于粳，晚籼大于早籼，迟熟品种大于中熟品种，中熟品种又大于早熟品种，低纬度地区籼稻大于高纬度地区籼稻。与野败型不育系的恢保关系基本相同的有冈型、D 型、矮败型、野栽广选 3 号 A 等不育系。

2. 红莲型

以红芒野生稻为母本，以高秆早籼莲塘早为父本进行核置换育成的红莲 A 以及经过转育育成的红莲华矮 15A 等。这类不育系的恢保关系与野败型不育系相比有较明显的差异。例如，我国长江流域的矮秆籼稻品种二九矮 4 号、珍汕 97、金南特 43、玻璃占矮、先锋 1 号、竹莲矮、二九青、温选早、龙紫 1 号等对野败型不育系具保持能力，对红莲型不育系则具恢复力；对野败型不育系具有恢复力的泰引 1 号，对红莲型不育系则具有良好的保持能力，而 IR24、IR26 等野败型恢复系对红莲型不育系表现为半恢复。红莲型不育系的恢复谱较野败型不育系宽但可恢复性较差，田基度辐育 1 号 A 也属此类型。

3. BT 型

日本新城长友用印度春籼和我国台湾粳稻台中 65（父本）籼粳交育成的 BT 型不育系，粳稻品种绝大部分对它具有保持能力，但恢复系难于寻找。高海拔籼稻和东南亚籼稻品种对它虽具恢复能力，但因籼粳亚种间的不亲和性，杂种结实率低，较难应用于生产。故其恢复系的选育较为复杂。我国育成的滇一型、滇三型、里德型不育系以及由BT型转育成的黎明、农垦六、秋光等粳稻不育系均属这一类。

（二）按花药和花粉形态分类

按花药和花粉形态的不同，可分为无花药型、无花粉型、典败（单核败育）型、圆败（二核败育）型和染败（三核败育）型5种。

1. 无花药型

宋德明等（1998，1999）在远缘杂交组合东乡野生稻 / M872（籼稻）的 F_3 代和籼粳交 F_3 代中以及在02428（粳）/ 密阳46的 F_4 代中分别发现了无花药型不育材料M01A、M02A和M03A，其花药完全退化。以其为母本的转育后代花药和花粉形态因父本而异，有完全无花药型、花药严重退化型（无花粉或很少典败花粉）、花药不完整型（含少量典败花粉）以及花药不开裂型（含染败和正常花粉）等多种类型。

2. 无花粉型

无花粉型是在单核花粉期以前的各个时期走向败育的。造孢细胞发育受阻不能形成花粉母细胞，或花粉母细胞减数分裂异常不能形成四分体，或四分体的发育受阻不能形成花粉粒。其特点是无丝分裂极普遍，败育途径很不整齐，最终导致药囊中无花粉，仅留残余花粉壁。如无花粉型南广占不育株（简称C系统）、京引63不育株、南陆矮不育株以及江西的“O”型不育材料等属于此类型。

3. 典败（单核败育）型

花粉主要是在单核期败育，少数发育至双核期的花粉其内容物也不充实，碘－碘化钾均不着色，空壳花粉形态很不规则。野败型、冈型和矮败型不育系等属此类型。

4. 圆败（二核败育）型

这类不育系的花粉发育是绝大部分花粉可以通过单核期，进入双核期以后生殖核和营养核先后解体而走向败育，部分在双核后期败育的花粉可着色，败育花粉绝大部分呈圆形。红莲型和滇一型不育系等属此类型。

5. 染败（三核败育）型

这类不育系的花粉败育时期最迟，大部分花粉要到三核初期以后才败育，绝大多数花粉外部形态正常，积累了淀粉，能被碘－碘化钾着色，但生殖核和营养核发育不正常，导致败育。属于这类不育系的有BT型和里德型不育系等。

（三）按核置换类型分类

质核互作雄性不育一般通过远缘杂交进行核置换而来，按其核置换类型来分有种间核置换、亚种间核置换和品种间核置换三大类。

1. 种间核置换

种间核置换包括普通野生稻（*Oryza sativa* F. Spontanea）和普通栽培稻（*Oryza sativa* L.）、光身栽培稻（*Oryza glaberrima*）和普通栽培稻之间的核置换。前者如以野生稻花粉败育的雄性不育株为母本，矮秆早籼二九矮 4 号为父本进行核置换育成的二九矮 4 号 A；以海南普通野生稻为母本，矮秆籼稻广选 3 号为父本进行核置换育成的野栽型广选 3 号 A；以红芒野生稻为母本，以高秆早籼莲塘早为父本进行核置换育成的红莲 A；以栽培稻为母本，华南野生稻为父本进行核置换选育出的“O”型不育材料等。后者如以非洲光身栽培稻丹博托为母本，普通栽培稻矮秆早籼华矮 15 为父本进行核置换获得的华矮 15 不育材料等。

2. 亚种间核置换

亚种间核置换是指籼稻和粳稻之间的核置换。如以云南高海拔籼稻和粳稻台北 8 号天然杂交的不育株为母本，粳稻红帽缨为父本进行核置换育成的滇一型红帽缨 A；以华南晚籼包胎矮为母本，粳稻红帽缨为父本进行核置换育成的滇五型红帽缨 A 和以印度春籼 190 为母本，以粳稻红帽缨为父本进行核置换育成的滇七型红帽缨 A；又如以粳稻［（科情 3 号 × 山兰 2 号）F_2× 台中 31］F_1 的高不育株为母本，以籼稻台中 1 号为父本进行核置换育成的滇八型籼稻台中 1 号 A。

3. 品种间核置换

品种间核置换是指地理上远距离或不同生态类型的籼籼或粳粳品种之间的核置换。如以西非晚籼冈比亚卡为母本，中国矮秆籼稻为父本，经过复交和核置换育成的冈型朝阳 1 号 A；以云南高原粳稻昭通背子谷为母本，粳稻科情 3 号为父本进行核置换育成的滇四型科情 3 号 A。

（四）按细胞质源分类

按细胞质的来源不同，大致可分为以下 4 类：

1. 普通野生稻质源

以普通野生稻（包括“野败”）作母本，栽培稻作父本进行核置换育成的不育系，如野败型、红莲型、矮败型等不育系属于这一类型。

2. 非洲光身栽培稻质源

美国用非洲光身栽培稻作母本与普通栽培粳稻品种杂交，印度用非洲光身栽培稻为母本与普通栽培稻品种杂交，回交后代都获得不育率达 100% 的不育材料。我国湖北省用光身栽培稻作母本与早籼杂交，回交后选育出的光身华矮 15 不育材料等属此类。

3. 籼稻质源

以籼稻为母本、粳稻为父本的核置换和地理远距离或不同生态类型的籼籼间的核置换育成的不育系属此类型。前者如以籼稻包罗Ⅱ号为母本、粳稻台中 65 为父本进行核置换育成的 BT 型不育系。后者如冈型朝阳 1 号 A 和 D 型 D 汕 A 等。属这种质源的还有滇一型、滇五型、里德型和印尼水田谷型等不育系。

4. 粳稻质源

以粳稻为母本、籼稻为父本育成的滇八型台中 1 号 A 和以不同生态类型的粳粳交育成的滇四型科情 3 号 A 属此类。

（五）按质核互作雄性不育的遗传特点分类

根据水稻细胞质雄性不育的遗传特点可将之分为孢子体不育和配子体不育两大类。

1. 孢子体不育

孢子体雄性不育的花粉育性是受孢子体（产生花粉的植株）的基因型所控制，与花粉（配子体）本身的基因型无关，花粉败育发生在孢子体阶段。当孢子体的基因型为 S（rr）时，全部花粉败育；基因型为 N（RR）或 S（RR）时，全部花粉为可育；基因型为 S（Rr）时，可产生 S（R）和 S（r）两种不同基因型的雄配子，但它们的育性则是由孢子体中的显性可育基因所决定的，所以这两种花粉均可育。这类不育系与恢复系杂交，F_1 花粉正常，无育性分离，但 F_2 产生育性分离，出现一定比例的不育株（图 2-1）。孢子体不育系的花粉主要是在单核期败育，败育花粉呈不规则的船形、梭形、三角形等，花药乳白色、水渍状、不开裂。不育性较稳定，受外界环境条件的影响小，穗颈短，有包颈现象。野败型、冈型、D 型、矮败型等不育系属这一类型。

2. 配子体不育

配子体雄性不育的花粉育性是直接受配子体（花粉）本身的基因型所控制，与孢子体的基因型无关，其遗传特点如图 2-2 所示。配子体基因型为 S（r）的花粉表现不育，S（R）的表现可育。这类不育系与恢复系杂交，F_1 的花粉有 S（R）和 S（r）两种基因型，且各占一半。由于育性取决于配子体本身的基因型，故 S（r）花粉均败育，只有 S（R）为可育。可育花粉虽只有一半，但能正常散粉结实，所以 F_2 表现为全部可育，结实正常，不会出现不育株。配子体不育系的花粉主要在双核期后走向败育，败育花粉为圆形，有的可被碘 - 碘化钾着色。

花药乳黄色、细小，一般不开裂。不育性的稳定性较差，易受高温、低湿的影响，使部分花药开裂散粉，少量自交结实，抽穗吐颈正常。BT型、红莲型、滇一型、里德型等不育系属这一类型。

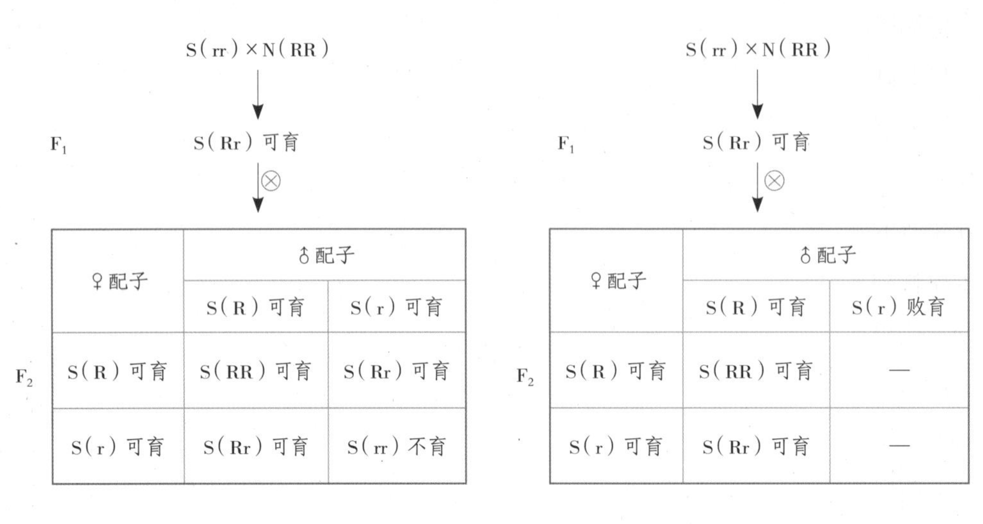

图 3-21　孢子体不育系的遗传模式　　图 3-22　配子体不育系的遗传模式

二、细胞核雄性不育的分类

近年来，各种新类型的水稻细胞核雄性不育现象，尤其是光温敏核不育的发现，大大丰富了水稻核雄性不育类型。现对其分类归纳如下。

首先，依据控制核不育基因的显隐性遗传特点，可以将水稻细胞核雄性不育划分为隐性核不育和显性核不育。隐性核不育是指不育性受隐性基因控制，而显性核不育则是指其不育性受显性基因控制。目前已发现的核不育绝大多数为隐性核不育，如自然突变或人工诱变产生的普通核不育和光温敏核不育等，但水稻显性核不育亦有报道，如江西萍乡市农科所颜龙安等（1989）于 1978 年发现的萍乡显性核不育水稻和四川农业大学水稻所邓晓建等（1994）于 1989 年发现的温敏型显性核不育水稻“8987”即属于显性核不育类型。迄今在水稻杂种优势的利用中，一般是利用隐性核不育，而显性核不育则主要用于轮回选择、群体改良等方面。但由两对独立遗传的显性基因控制的基因互作型显性核不育也可以做到三系或两系配套，从而达到利用杂种优势的目的。如萍乡显性核不育水稻具有感温效用，且在少数品种中存在 1 对显性上位基因，能抑制不育基因（Ms-p）的表达，从而使育性恢复，故而可用纯合体不育系（在高温特定条件下连续自交多代获得）作母本和具显性上位基因品种作恢复系通过“两系制种法”模式利用其杂种优势。在油菜等其他作物中，基因互作型显性核不育已实现了三系配套。

其次，依据不育性是否对环境因子敏感，可将水稻细胞核雄性不育划分为环境敏感核不育和普通核不育。前者是指不育性受环境因子的影响，在一定的环境条件下，表现为不育；而在另一环境条件下，又表现为可育或部分可育。这种类型的不育系，其育性随外部环境条件的改变而发生规律性的变化，呈现出育性可转换的特征。后者是指不育性一般不受外部环境因子的影响，只要具备核不育基因，不管环境条件怎样变化，总是表现为不育。

环境敏感核不育，目前主要指光温敏核不育，其育性受外界光照长短和温度高低的调控。对于光温敏核不育的分类目前有不同的见解，有光敏型、温敏型两类之分和光敏型、温敏型、光温互作型不育三类之分，也有光－温敏不育和温敏不育两类之分。此外，盛孝邦等（1993）将光敏雄性核不育系分为低温强感光型、高温弱感光型、高温强感光型、温光弱感型 4 种遗传类型。张自国等（1993，1994）依据不育系育性转换临界温度和光敏不育温度范围，将光温敏核不育系分为高－低型（即上限可育临界温度高，下限不育临界温度低，光敏温度范围宽）、低－低型（即上限可育临界温度低，下限不育临界温度低，光敏温度范围窄）、高－高型和低－高型 4 种类型。陈立云（2001）将水稻两用核不育系分为长光高温不育型（光温敏型）、高温不育型（温敏型）、短光低温不育型（反光温敏型）、低温不育型（反温敏型） 4 种类型，并提出各类型达到生产实用的光温指标。

根据已有的光温敏核不育材料及其研究结果来看，纯光敏和纯温敏类型的不育材料都尚未发现，在这点上已基本形成共识。如原认为是光敏的农垦 58S 等，在进一步研究后发现同样受温度的制约；而一般认为属典型的温敏的安农 S-1、衡农 S-1 和 5460S 等，育性同样受光照长短的影响。据孙宗修（1991）的研究，在相同的温度（25.8 ℃）及 15 h 和 12 h 不同的光长处理下，安农 S-1、衡农 S-1 和 5460S 均表现出 12 h 短光照处理时的自交结实率显著高于 15 h 长光照处理时的自交结实率。因此，现有光温敏核不育实际上都受到光照和温度两者的影响，只是在不同的材料中光、温两者表现出来的作用大小有差异而已。鉴此，根据光、温两因子对育性作用的主次来分，光温敏核不育可大致分为光敏核不育和温敏核不育两大类。光敏核不育的育性主要受光周期调控而温度起次要或辅助作用，如农垦 58S、N5088S 和 7001S 等；温敏核不育的育性则主要受温度的调控，光周期的作用不大或很小，如安农 S-1、衡农 S-1、5460S、培矮 64S（籼）和农林 PL12、滇农 S-1 和滇农 S-2（粳）等。从已有研究材料来看，光敏核不育以粳型较多，而温敏核不育则以籼型居多。

关于如何确定光、温因子作用的主次来判断光温敏核不育系的光温生态类型的问题，国内学者已作过不少有益的尝试，归结起来主要有以下 4 种方法：

（1）在一定温度条件下，通过长暗期（短日照）中段采用红光－远红光（R-FR）间断检验不育系育性差异及 R-FR 的逆转效应来判断其是否受光周期调节以确定为光敏或温敏。

（2）在人控光温条件下，对不育系育性差异进行统计分析，根据敏感期内光温及其互作效应的差异显著性来确定其所属类型为光敏还是温敏。

（3）在自然条件下，采用分期播种观察敏感期内不同光温条件对育性的影响，来判断不育系的光温反应类型是以光为主还是以温为主。

（4）通过不育系间的等位性测定来判别不育系是具光敏属性还是具温敏属性。

通过上述方法，对某一特定的不育系归类结果，不同研究者得出的结论有一致的，也有不一致甚至相反的情况。如对于农垦 58S、 N5088S、安农 S-1 、 5460S 等不育系的归类结果一致，前两者属光敏，后两者属温敏；但对于 W6154S 等农垦 58S 衍生的籼型不育系的归类结果分歧较大，有的将之归入温敏，有的则将之归为光敏。产生分歧的原因可能与不同研究者所采用的光温条件及其范围宽窄不完全一致有关。通过设置和采用统一的适宜光温条件及范围，规范试验方法和分类指标，对光温敏核不育系的光温生态类型划分是可行的。

根据光和温对育性作用的方向不同，光敏核不育和温敏核不育又可分为长日不育型、短日不育型、高温不育型、低温不育型 4 种类型。长日不育型是指长日导致不育而短日导致可育的光敏核不育；短日不育型与长日不育型正好相反，短日诱导不育而长日诱导可育；高温不育型是指高温导致不育而低温导致可育的温敏核不育；低温不育型则相反，低温导致不育而高温导致可育。这 4 种类型自然界都有发现，但以长日不育型和高温不育型较常见，而短日不育型和低温不育型较少见。长日不育型不育系如农垦 58S 及其衍生光敏核不育系，短日不育型不育系已报道的有宜 DS1、 5201S 等；高温不育型不育系，如 W6154S、培矮 64S、安农 S-1、衡农 S-1 和 5460S 等，低温不育型不育系有 go543S、 IVA、滇农 S-1 和滇农 S-2 等。

育种家从实际出发，根据育性转换要求的光长和温度临界值的高低，还将上述 4 种类型再进一步细分，如高温不育型可划分为高临界温度（高温敏）和低临界温度（低温敏）两种。高临界温度高温不育型不育系如衡农 S-1、 5460S 等，低临界温度高温不育型不育系如培矮 64S、广占 63S、 Y58S 等一系列新育成的实用不育系。又如长日不育型也可划分为长临界日长和短临界日长两种，长临界日长长日不育型不育系如农垦 58S，短临界日长长日不育型不育系如 HS-1。

近年来，随着分子生物学等基础学科的迅速发展，利用 RFLP 和 RAPD 等分子技术使水稻雄性不育的分类更为科学和准确，更好地为生产实践服务。

综上所述，现将水稻雄性核不育的分类归纳如下：

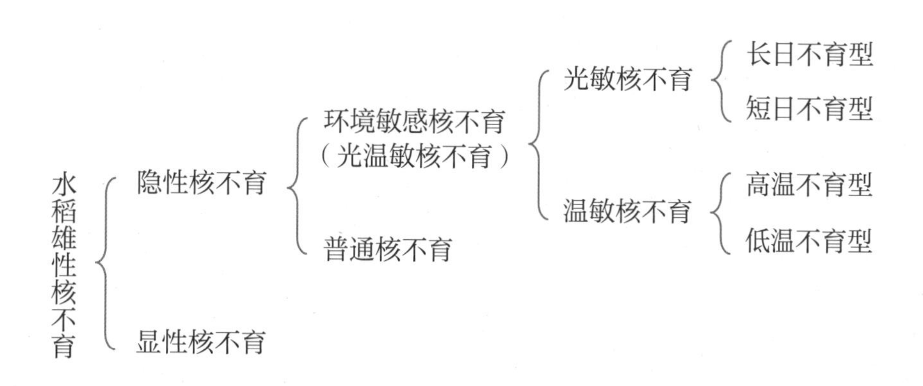

第二节 水稻雄性不育的细胞形态学

一、水稻正常花粉的发育过程

（一）花药的发育和结构

水稻在生殖生长过程中，雌雄蕊分化以后，雄蕊进一步分化出花药和花丝。花药在形成初期构造简单，最外一层是表皮，内部是由形态结构相同的基本组织细胞所构成。后来在花药的四角处，紧接表皮下一层细胞，各形成一行具有分生能力的细胞群，称为孢原细胞。孢原细胞经过分裂形成内外两层细胞，外层称为壁细胞，内层称为造孢细胞。壁细胞进一步分裂形成三层细胞，紧靠表皮的外层细胞称为纤维层。纤维层细胞的细胞壁有不均匀的加厚并丧失原生质，其功能与花药成熟时花粉囊的开裂有关。纤维层以内的一层细胞为中层，其在花药发育的过程中逐渐消退，在成熟花药中不复存在。最内一层为绒毡层，是由一些大型细胞组成，细胞内含有丰富的营养物质，它包在造孢组织的外围，对花粉发育起着重要的作用。当花粉发育到一定阶段，绒毡层细胞在完成供给花粉发育所需营养物质的生理功能后便逐渐消退（图 2-3）。

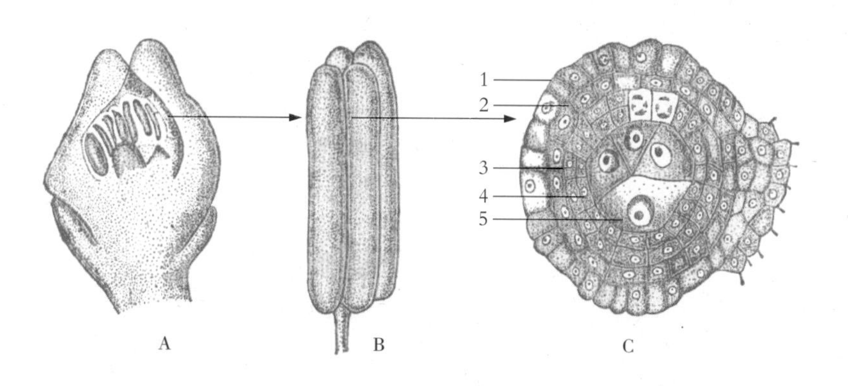

图 2-3 水稻花药的发育（《杂交水稻的研究与实践》，1982）

当花粉发育完成、花药完全成熟时，花粉囊壁实际上只留下一层表皮和纤维层细胞。纤维层一旦收缩，花粉囊即开裂，花粉外散。

（二）花粉母细胞的形成和减数分裂

花粉母细胞由造孢细胞发育而来。在壁细胞分裂变化的同时，造孢细胞经过多次有丝分裂后，细胞数量增加，并长大成花粉母细胞（小孢子母细胞）。与此同时，药室中央逐渐形成胶质状的胼胝质体，并向花粉母细胞的细胞间隙延伸，把花粉母细胞包围起来，在它的外周形成一个透明的胼胝质壁。在这以前，花粉母细胞相互紧挨在一起，细胞呈多面体状。胼胝质壁形成后，花粉母细胞互相分离，细胞便从多面体变为圆形或椭圆形。

花粉母细胞的核大而明显，核内有一个较大的核仁，染色质呈细丝状，不明显，只隐约可见。花粉母细胞发育到一定阶段就开始进行减数分裂。水稻花粉母细胞的减数分裂包括两次连续的核分裂过程，分别称为减数第一次分裂和减数第二次分裂（或称分裂Ⅰ、分裂Ⅱ）。两次分裂均经历前期、中期、后期、末期，最后形成四个具有单倍染色体（n）的子细胞。

（三）花粉粒的发育过程

由于透明的胼胝质壁一直存在到四分体形成，所以四分体的 4 个细胞不互相分离，但四分体形成后不久，胼胝质壁开始解体，四分孢子就开始分离，分散的四分孢子称为小孢子。小孢子逐渐从扇形变成圆形。小孢子经过单核花粉、二核花粉和三核花粉 3 个发育时期，最后形成成熟的花粉粒（图 2-4）。

1. 单核花粉期

圆形的小孢子细胞壁薄，核位于中央，无液泡（图 2-4，1），不久，小孢子的外周边缘发生皱缩，皱缩加深到最强烈时，细胞呈放射状的多角形，这是第一收缩期（图 2-4，2）。细胞发生强烈收缩后不久，细胞外周开始形成透明的花粉内壁，随后在内壁上出现外壁。与此同时，外壁上出现一个萌发孔，细胞恢复圆形。不久，整个花粉又皱缩呈梭形或船形，这是第二收缩期（图 2-4，3、4）。两次收缩期都是花粉壁形成的开始时期，由于花粉壁的不均匀生长而造成皱缩现象，随后花粉粒又恢复圆形，花粉增大，细胞中央被一个大液泡所占据，细胞质变成很薄的一层紧贴在花粉壁上，细胞核也被挤到花粉粒的一侧。这一时期又叫单核靠边期（图 2-4，5、6）。

2. 二核花粉期

单核花粉发育到一定时期，细胞核就沿着花粉壁向萌发孔对侧移动，并在该处进行花粉粒的第一次有丝分裂，分裂相中纺锤体的长轴通常是垂直于周壁（图 2-4，7），形成的两个子

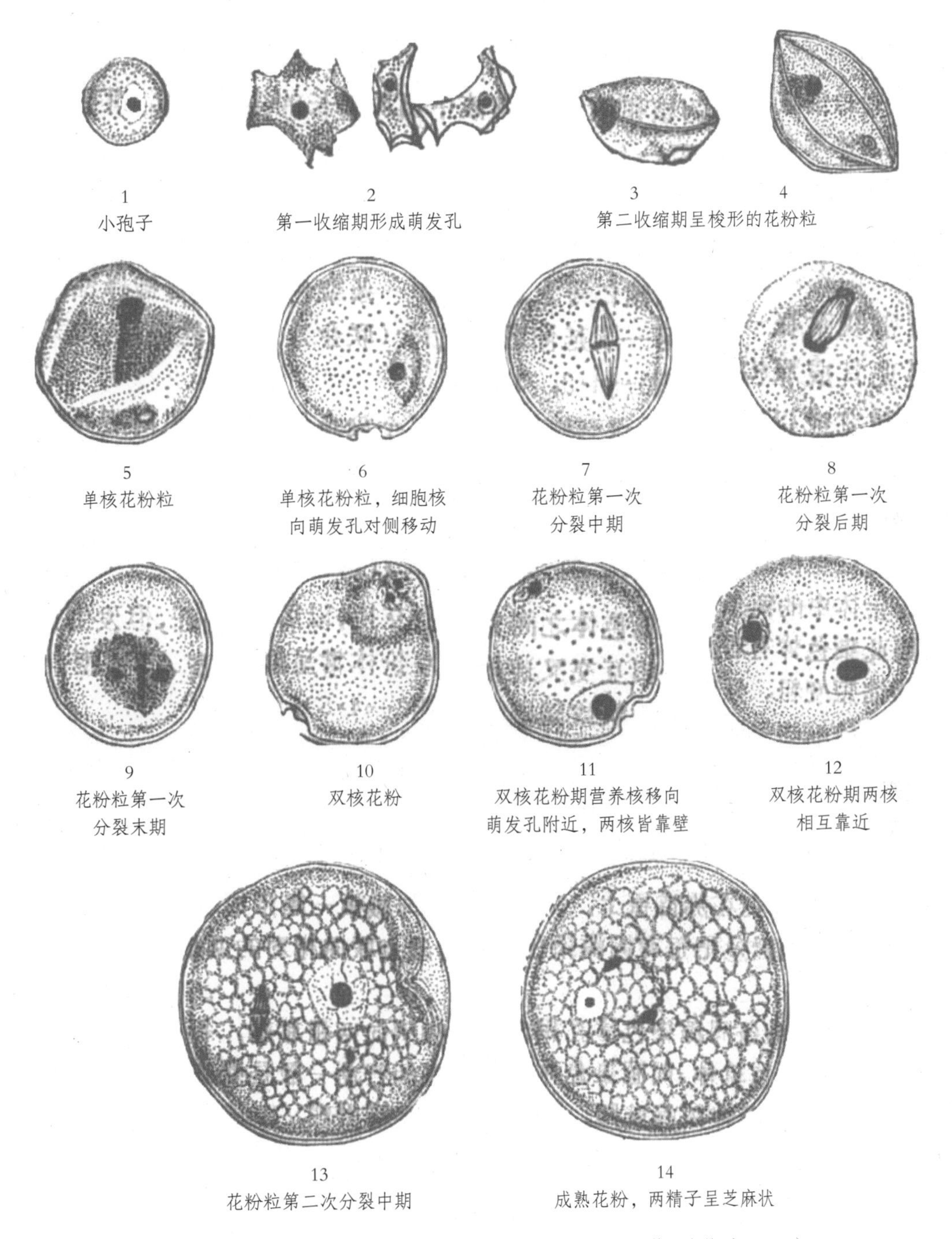

图 2-4　水稻二九南 1 号花粉粒的发育过程（湖南师范学院生物系，1973）

核，一个紧靠花粉壁，一个在内侧，开始时形态大小相同，不久两核分开，在分开过程中发生形态的分化。由于细胞质的分配不均等，紧靠花粉壁的一个细胞较小，是生殖细胞，它的核称为生殖核。内侧的细胞较大，是营养细胞，它的核称为营养核。它们之间由一层很薄的膜隔开。这时的花粉粒是双核花粉，小孢子也已转变为雄配子体的初期阶段（图2-4，8、9、10）。生殖核呈双凸透镜形，紧贴花粉壁，停留在原地不动，营养核则迅速离开生殖核，沿花粉壁向萌发孔移动，到达萌发孔附近时，核和核仁都显著增大，这时营养核与生殖核处于遥遥相对的位置，两核皆靠壁（图2-4，11）。这种状态维持一段时间后，两核间的细胞膜溶解，生殖核与营养核沉浸在同一细胞质中。生殖核开始向营养核靠拢，当它靠近营养核时，营养核也开始向萌发孔的对侧移动，生殖核继续向营养核靠拢，最后两者在萌发孔对侧处靠近。两核在靠近过程中均以变形虫运动方式移动，故均呈放射状，前进方向一侧的突起往往比其他突起伸得更长。两核靠近后，生殖核即进行有丝分裂（花粉第二次有丝分裂）产生两个子核，称为精子细胞或雄配子（图2-4，12、13）。

3. 三核花粉期

生殖核在分裂末期，两个精子细胞开始形成时，精子细胞核近似圆球形，中央有一明显的核仁，外周有不很明显的细胞质。以后精细胞核逐渐变为棒形，两端略尖，细胞质则向两端延伸，一端与营养核相连，另一端则与另一精细胞的延伸细胞质相联结。当花粉进一步成熟时，这种带状联结随之消失，精核变为芝麻点状（图2-4，14）。在高倍显微镜下精核中可见一核仁，核腔中散布着许多染色质颗粒。精子细胞发生上述形态变化的同时，营养核的核仁进一步变小，最后变得很小。

在双核花粉发育的后期，花粉粒中开始形成淀粉粒，整个花粉粒中充满淀粉粒时，花粉即已成熟。

综上所述，花药和花粉的发育过程可用以下简图示意：

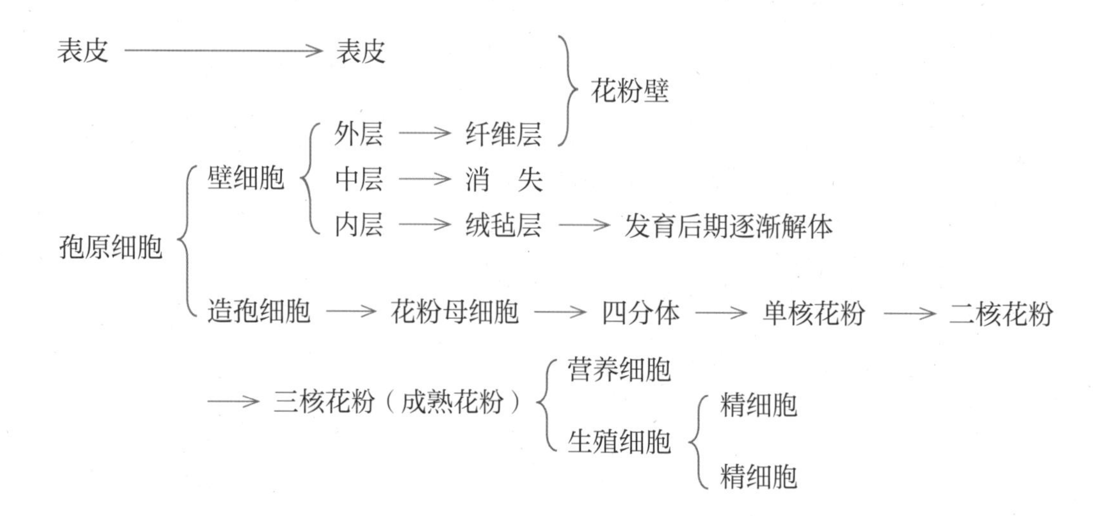

4. 花粉发育进程与稻穗发育的关系

花粉发育的进程与稻穗发育时期有一定的相关性。剑叶叶环从剑叶下第一叶叶环抽出的前后，是减数分裂过渡到单核期的阶段，前者低于后者约 3 cm 时较多的颖花正处于减数分裂期。稻穗顶端接近剑叶下第一叶叶环时，是单核期过渡到双核期阶段，即主轴上部颖花已是双核期，其余是单核期。稻穗顶端接近剑叶叶环时，是双核期到三核期的过渡阶段，即主轴上的颖花是三核期而其余是双核期。当稻穗从剑叶叶鞘中逐步抽出时，中下部的颖花陆续进入三核期，抽出部分的颖花，其花粉即达成熟。

上述指标会因品种不同、主穗或分蘖穗的不同而有所变化。例如，高秆品种幼穗减数分裂期的剑叶叶环在剑叶下第一叶叶环的位置大于 3 cm；相反，有些矮秆品种则可能小于 3 cm。因此根据稻穗发育时期的不同指标，可分别采集减数分裂、单核期、双核期和三核期等不同发育阶段的稻穗进行花粉制片。采集时间以 06：00—07：00 和 16：30—17：30 最好，这两个时期都是减数分裂的高峰期，其中 16：30—17：30 采集的材料，又是两次花粉有丝分裂较活跃的时段。

二、雄性不育水稻的花粉败育特征

雄性不育水稻的花粉败育途径是错综复杂的，而最重要的区别是花粉发育到什么阶段走向败育。水稻花粉的发育一般可分为 4 个时期：造孢细胞增殖到减数分裂期、单核花粉期、双核花粉期和三核花粉期。因此水稻花粉的败育也可相应地分为 4 种类型：① 无花粉型（单核花粉形成之前败育），② 单核败育型，③ 二核败育型，④ 三核败育型。

1977 年，中国科学院遗传研究所从各种类型的水稻雄性不育系中选择出 13 个不同质源的 17 个不育系进行花粉发育的观察比较，结果如表 2-1。

表 2-1 各类型不育系花粉主要败育阶段（中国科学院遗传研究所，1977）

不育系	类　型	单核期	二核期	三核期	淀粉积累
台中 65A	BT 型	—	—	++++	++
白金 A	BT 型	—	—	++++	++
二九矮 4 号 A	野败型	+++		—	—
广选 3 号 A	野败型		++	++	++
二九矮 4 号 A	冈型	++	++	—	—
朝阳 1 号 A	冈型	++++	—	—	—
新西兰 A	南型	++++	—	—	—
国庆 20A	南型	++++	—	—	—

续表

不育系	类 型	单核期	二核期	三核期	淀粉积累
台中 65A	里德型			++++	++
三七早 A	羊野型		+	+++	++
黎明 A	滇一型		+++	+	++
黎明 A	滇二型	+	++	+	+
南台梗 A	井型	+	+++	—	+
莲塘早 A	红野型	++	++	—	—
广选 3 号 A	海野型	+	++	+	+
二九青 A	藤野型	+++	+	—	—
农垦 8 号 A	神型	++++	—	—	—

注："+" 表示多少，"—" 表示无。

从表 2-1 可知，不同的不育系花粉败育时期是不同的，有的类型花粉败育时期较集中（如野败型二九矮 4 号 A 等），有的类型花粉败育时期则较分散（如海野型广选 3 号 A 等），但它们总是以某一时期败育为主。早期败育的花粉不含淀粉粒，晚期败育（二核晚期以后）的花粉含有不同数量的淀粉粒。

水稻花粉败育的 4 种类型的主要细胞学特征如下：

1. 无花粉型

湖南师范学院生物系陈梅生等（1972）对南广占系 C35171、南陆矮系 D31134、68-899 系 3 个籼无和京引 63 系粳无的不育株共 4 种无花粉型不育材料进行了观察，发现无花粉型不育株的花粉败育大致可分为 3 种情况。

（1）造孢细胞发育异常。造孢细胞不发育成正常的花粉母细胞，而是以无丝分裂方式不断增殖，这种无丝分裂是以核仁出芽来完成的。核仁出芽后很快长大，当它长大到和母核仁差不多大小时就分离形成两个新核，然后在两核之间产生横隔形成两个细胞。当颖花伸长至 2~5 mm 时，这些细胞最初以刀削似的分裂方式逐渐形成许多极不规则且大小不一的片形小细胞，以后逐渐变长，最后变为细丝状而走向解体。到颖花伸长至 6 mm 时，药囊中已空无一物，只剩下一包液体。

（2）花粉母细胞发育异常。造孢细胞发育成花粉母细胞，似乎能进行减数分裂，但花粉母细胞的大小极不一致，形状也各异，以圆形和长形较普遍。这些细胞在减数第一次分裂时，没有典型的前期变化，染色体的形状很不规则。这种异常现象，使一部分细胞难以区分中期和后期。当它们进入末期形成二分体时，也不像正常的分裂，而是二分体的两个半月形细胞两端连在一起，不形成四分体，在两次分裂以后仍继续不断进行有丝分裂，细胞愈来愈小，最后走向消失。陈忠正等（2002）通过对空间诱变产生的雄性不育新种质 WS-3-1 花粉形成发育过程的研究，发现 WS-3-1 是一份无花粉型的雄性不育新种质，其花药中层在小孢子母细胞早间期开始液泡化，过早降解，引起绒毡层过早退化，使绒毡层无法正常行使功能，导致小孢子母细胞粘连并在二分体时期解体，无法形成花粉。黄玉祥等（2000）对安农 S-1 观察发现，在日均温 30 ℃以上的高温条件下，表现为无花粉型，其小孢子母细胞发育到中、晚期出现败育特征，小孢子母细胞黏边，随即解体，失去细胞结构，成为不规则的原生质团块，最后原生质团块渐渐消失，至开花期花药内无花粉存在。

（3）四分体以后发育异常。上面提到的大小不一、形状各异的花粉母细胞，有的能通过减数分裂形成四分体。但这些四分体发育成四分孢子时，有些又以核仁出芽的方式进行无丝分裂，形成许多大小不一的细胞，以后逐渐消失。另一些四分孢子可进入第一收缩期和第二收缩期。进入第二收缩期后，细胞就一直保持皱缩状态，细胞内的原生质逐渐消失，并进一步皱缩成大小不一、形状各异的残余花粉壁。

以上 3 种情况都不能形成正常的小孢子，不能形成花粉，因而这种败育类型称为无花粉型。

2. 单核败育型

湖南师范学院生物系（1973，1977）先后对水稻野败原始株、野败型二九南 1 号等不育系低世代（B_1F_1—B_3F_1）和高世代（$B_{15}F_1$—$B_{17}F_1$）材料的观察结果表明，野败原始株较明显的异常现象是：减数第一次分裂时，终变期个别细胞中有一对染色体不能形成二价体，而是分别与另两个二价体形成三价体；另有个别细胞两个二价体结合在一起形成一个四价体；另有较多的细胞在减数第二次分裂中期不能形成正常的核板，而是排列松散，参差不齐；进入后期Ⅰ时有一对同源染色体先行或落后；减数第二次分裂时，常见的是二分体的两个分裂相不平行，有时相互垂直，因而形成“丁”字形四分体，有时互相横排成一直线，形成“一”字形四分体。野败型不育系低世代的材料则有较多的早期败育现象，即减数分裂异常。但到 B_3F_1 时这种异常现象已大大减少，大多数幼穗的减数分裂趋于正常，常见的是中期Ⅰ进入后期Ⅰ时，有一对同源染色体表现先行或落后；也有个别幼穗的颖花有较多异常现象。例如，个别同源染色体不能正常配对，中期Ⅰ染色体不能排列成整齐的核板，减数第二次分裂不平行，因而形成“丁”字形四分体或“一”字形四分体。但大多数花粉是在单核期走向败育，只有个别花粉进入双核期后走向败育。到高世代以后，花粉败育方式更稳定地表现为单核败育型。有的是在第二收缩期结束、花粉粒变圆后走向败育；有的则在皱缩形成时就走向败育。

中山大学生物系遗传组（1976）对水稻野败型的二九矮 4 号 A、珍汕 97A、广选 3 号

A 等的观察结果表明，花粉母细胞的减数分裂过程绝大多数正常，仅二九矮 4 号 A 有少数细胞出现异常现象，末期Ⅱ出现多极纺锤丝，染色体分成不均等的 4 群；二分体和四分体时期，子细胞之间不能形成完整的细胞壁，细胞不能进行正常分裂，有细胞壁的部分隔开，无细胞壁的部分则互相粘连着，使子细胞之间形成“O”形、“×”形或“T”形等间隙或形成凹形。四分体时期，部分细胞有无丝分裂和不均等的有丝分裂，无丝分裂是由核仁出芽生殖或碎裂成多个子核仁，然后每个子核仁形成新细胞核，最后子核之间形成细胞壁。不均等的有丝分裂多发生在分裂前期，丝状染色体在细胞质中先分成大小不等的几团，然后在染色体之间产生细胞壁，由此形成大小不等的小孢子、三分孢子和多分孢子。在小孢子中观察到有双核的、多核的。在一个核中可看到 2 个或多个核仁，且细胞体积比较大，这类不正常的小孢子只有一部分能发育成大小不等的单核花粉。在成熟花药中多为晚期单核花粉，细胞内含物空缺，有些核膜不清楚，均为败育花粉。珍汕 97A 的减数分裂和小孢子发育正常，在单核后期，花粉在花药囊中粘连成几个团块，无法将花粉从药囊中压散，用针将花药解离后，发现大多数花粉与绒毡层细胞粘在一起，或几个、十几个花粉互相粘成一块。在黏合处可见花粉孢壁（包括内外壁）崩缺或退化，没有黏合的细胞壁部分，则可见较厚的内外壁。少数从花药囊中压散出来的单个花粉，其细胞壁多残缺不全或变薄，发芽孔也变得模糊。这些黏合或不黏合的单核花粉绝大多数内容物空缺；少数可见退化的小核和核仁，核膜部分崩缺，个别花粉细胞质凝集成染色特别深的大小团块。广选 3 号 A 的败育现象是，少数小孢子的胞质液泡化，绝大多数停留在单核花粉阶段，少数为双核。两者细胞质均稀薄，多数花粉的内部呈透明状，少数有核，但核仁变小或完全退化，尚可见发芽孔。

吴红雨等（1990）对光敏核不育系农垦 58S 长日照条件下花粉败育的观察发现，有部分细胞在减数分裂的偶线期和粗线期出现花粉母细胞粘连，细胞结构紊乱，细胞质解体，细胞核消失等异常现象，并出现“品”字形和直线形的异常四分体。花粉败育主要发生在单核花粉中、后期，此时细胞壁严重皱缩，细胞内含物解体，少数可见细胞核分解成染色质团块。

梁承业等（1992）对农垦 58S、W6154S、W6417 选 S、31111S、安农 S-1、KS-14 和培矮 64S 七个光温敏核不育系在不同花药发育时期进行细胞学观察，各不育系花粉败育均发生在单核期，但不同不育系其主要败育期略有不同。W6154S、W6417 选 S、安农 S-1 败育较迟，均在单核晚期（单核靠边期），而农垦 58S、31111S、KS-14 和培矮 64S 则均在单核早期（单核中位）时就走向败育。败育的特征是花粉内含物解体，花粉粒收缩只剩下空壁以及残存的少许细胞质和花粉核，有的材料核最后也消失。

利容千等（1993）、孙俊等（1995）发现农垦 58S 长日照条件下花粉败育发生在单核晚期，表现为核糖体呈聚合状态，内质网、线粒体等细胞器逐渐解体，缺乏淀粉积累，吞噬泡增多，细胞质稀薄。

冯九焕等（2000）对水稻光温敏核雄性不育系培矮 64S 的花粉形成发育过程进行了研究。结果表明，其小孢子母细胞减数分裂之前发育正常，但从减数分裂开始出现一些异常变化。减数分裂前期，约半数小孢子母细胞的胞质出现异常，游离核糖体稀少，并具有不发育线粒体和大量泡状内质网，随后逐渐液泡化并最终解体；早期小孢子形成之后，几乎所有小孢子外壁均发育异常，表层与里层之间界限不清，缺少中间透明带，同时内壁没有形成，最终发育至二胞花粉早期败育。杨丽萍（2003）通过比较分析吉玉粳和 D18S 花粉在形成和发育的各个阶段细胞学的变化特点，发现 D18S 的败育时期主要发生在小孢子晚期到二胞花粉早期。黄兴国等（2011）对所构建的 7 种水稻同核异质雄性不育系进行花粉发育的细胞学观察，发现各同核异质雄性不育系典败花粉率均在 92% 以上，花粉的败育开始于单核期。郭慧等（2012）通过对 D 型、K 型、冈型、野败型、印尼水田谷型 5 种不同类型质源的细胞质雄性不育系花粉的细胞学观察，发现野败型和 D 型不育系花粉败育时间发生在单核期向双核期过渡阶段，冈型、K 型和印尼水田谷型不育系的花粉败育时期略早，一般在单核末期就全部败育。

综上所述，单核败育型的花粉，主要是在单核花粉期绝大多数就已走向败育，而此期败育的花粉呈各种不规则的形态，故单核败育型俗称为典败型。

3. 二核败育型

红莲型不育系可作为这种败育型的代表。据武汉大学遗传研究室（1973）对红芒野生稻 × 莲塘早的 5 个世代（B_2F_1—B_7F_1）的花粉所做细胞学观察，败育花粉多数为圆形，少数为不规则形，碘反应有 98.2% 的花粉不显蓝色。蒋继良等（1981）通过对红莲不育系 $B_{26}F_1$ 花粉败育过程的观察，发现其花粉败育主要是在二核期（80.3%），单核期败育的花粉仅占 12.8%。二核花粉败育的方式有：核仁变形，随后核溶解，二核相连，核物质散布于细胞质中结成不规则团块，最后消失；有的核仁出芽生殖，形成许多小核仁，核膜溶解，核物质散布于细胞质中，并逐渐收缩，最后消失；有的生殖核先解体，营养核变形后核膜溶解而走向败育，其结果是形成圆形的空壳花粉。

徐树华（1980）对由红莲型不育系转育而来的华矮 15A 中 B_8F_1、B_9F_1 的花粉做了细胞学观察，发现大部分花粉是在二核期败育的。败育的主要方式是，生殖核首先解体，核四周出现许多染色质并形成染色质团块，接着营养核也解体，同样产生染色质团块，这些团块逐渐被吸收、消失，同时细胞质也解体，最后只剩一个具萌发孔的圆形空壳花粉。有些花粉到二核期以后，生殖核临近分裂时才出现上述败育方式。

由于二核期败育的花粉呈圆形，因此二核期败育又俗称为圆败型。

4. 三核败育型

三核败育型的花粉败育主要是在二核期以后、三核初期走向败育的。由于花粉粒此时已积累了较多淀粉，以碘 - 碘化钾溶液染色易着色，故又俗称“染败型”花粉败育。实际上染败花粉包括从二核晚期至三核期的败育花粉，包台不育系（BT 型）可作为三核败育型的代表。据中山大学生物系遗传组（1976）对包台型台中 65A 的观察，其花粉母细胞在减数分裂至三核花粉各个时期，绝大多数花粉外观发育正常，与保持系各期比较无明显异常，只有极少数细胞在二核期和三核期时生殖核的核仁变小，在三核期有些营养核退化，核仁变小，核膜消失；也有极少数小粒花粉，其体积比正常花粉小三分之二。蒋继良等（1981）对由包台不育系转育而来的农进 2 号 A 和辐育 1 号 A 进行了观察，结果表明，花粉发育至二核期时，正常花粉仍有 88% 和 93% 进入三核期，可见两者均属三核期败育。败育方式：在农进 2 号 A 中发现生殖核分裂的后期有许多染色质颗粒抛出的现象。抛出的染色质颗粒都很小，随后消失，与正常分裂相之比为 39：59，保持系中则很少见。在辐育 1 号 A 中发现二核后期花粉有不少营养核与生殖核的核仁等大，也有的花粉粒生殖核的核仁出芽生殖产生许多小核仁，散布于细胞质中，最后走向解体；有的进入三核期的营养核具 2 个等大核仁，有的核仁出芽生殖。生殖核分裂形成的精子有的大小悬殊。这些现象在保持系中均极少见。

水稻雄性不育花粉实际存在的败育时期和败育方式，可能比以上所描述的情况要复杂得多。不同类型的不育系，同质异核或同核异质的不育系，它们的花粉败育时期和方式会有差异，即使同一品种的不同回交世代，不同植株、不同的颖花之间以及不同环境条件的影响，都可能存在某种差异。

三、水稻雄性不育的组织结构特征

水稻正常发育的花药共有 4 药室，以药隔维管束为中心左右对称各有 2 室，两药室间各有一裂口，裂口下面有一裂腔。花丝属于单脉花丝，维管束中有 1 条以上的环纹导管，药隔部分则常有 2 条以上的环纹导管或管胞。药壁由表皮层、纤维层、中间层和绒毡层 4 层细胞组成（图 2-5）。

花粉母细胞进入减数分裂期后，中间层细胞开始退化，发育至三核花粉期，中间层细胞已难辨认。单核小孢子以后，绒毡层细胞也逐渐解体和消失，三核花粉期绒毡层已全部解体，药壁细胞只可见表皮层和纤维层（图 2-6）。

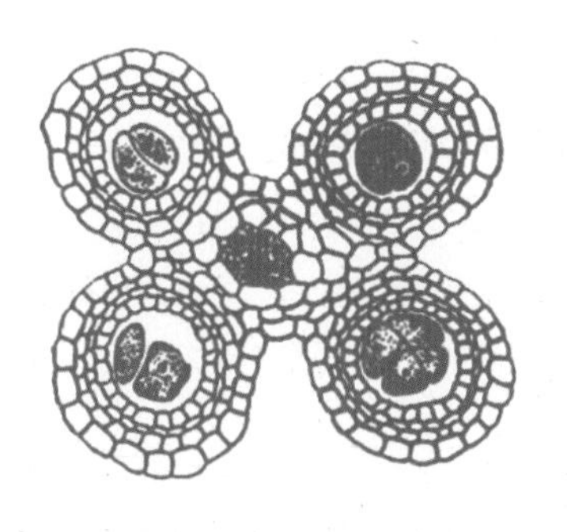

图 2-5 水稻花药横切面，花粉母细胞形成
（江苏农学院，1977）

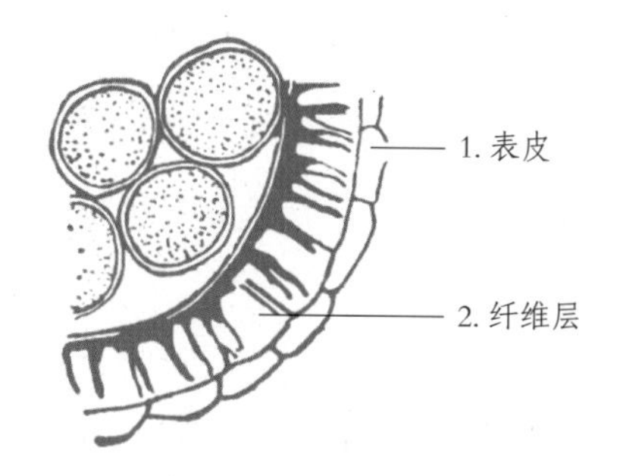

图 2-6 水稻成熟花药壁的结构

纤维层细胞壁由于环状增生不均匀，形成“弹簧”。当开花时，由于药壁细胞失水，外壁收缩，使弹丝向外伸，导致药壁开裂，将花粉弹出，即行开花散粉（图 2-7）。

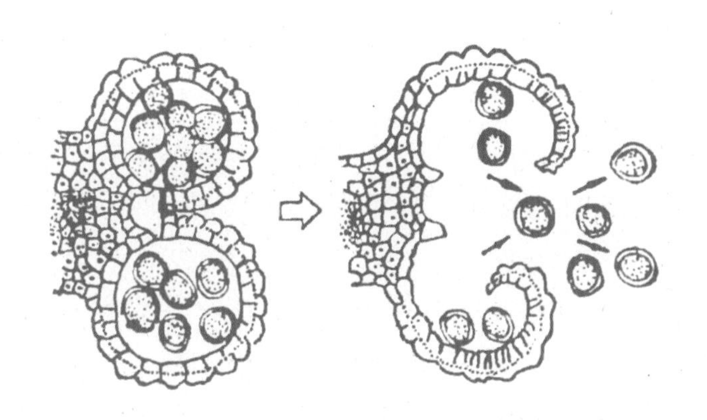

图 2-7 水稻花药的开裂与散粉（星川，1975）

水稻雄性不育花药上述组织结构的发育，往往表现出不同程度的异常现象，这些异常现象与不育系的花粉败育和花药开裂的难易方面存在一定的内在联系。

（一）绒毡层和中间层的发育与花粉败育的关系

一般认为，绒毡层是花粉的哺育组织，其功能有：① 分解胼胝质酶以控制小孢子母细胞及小孢子的胼胝质壁的合成与分解；② 提供构成花粉外壁的孢粉素；③ 提供构成成熟花粉粒外壁的保护性色素（类胡萝卜素）和脂类物质；④ 提供外壁蛋白——孢子体控制的识别蛋白；⑤ 转运营养物质，保证小孢子发育时的需要。绒毡层解体后的降解物可作为花粉合成 DNA、RNA、蛋白质和淀粉的原料。因此绒毡层的异常发育（提前或推迟解体），被认为是水稻雄性不育各种类型花粉败育的诱因。

徐树华（1980）在红莲型华矮 15A 中，发现绒毡层细胞增生，形成绒毡层周缘质团。由于这种畸形增生，把花粉母细胞推向药室中央，造成整个药室中的花粉母细胞解体。在野败型华矮 15A 中，当花粉发育至单核花粉期，有些花药由于表皮层和纤维层细胞突然发生畸形的径向扩大，从而破坏了绒毡层，把细胞推向药室中央，造成绒毡层迅速解体和消失，导致花粉败育。潘坤清（1979）在野败型二九矮 4 号 A、二九南 1 号 A 等不育系中，发现单核花粉期绒毡层细胞在短时间内迅速破坏消失，导致花粉败育。郭慧等（2012）通过对 D 型不育系 D62A、K 型不育系 K17A、冈型不育系冈 46A、野败型不育系珍汕 97A 和印尼水田谷型不育系Ⅱ-32A 等 5 种不同质源的细胞质雄性不育系的观察，发现这 5 种雄性不育系败育过程差别不大，仅在具体的败育时期上略有不同。野败型和 D 型不育系的败育时间大部分发生在由单核期向双核期发育的阶段。这个时期正是花粉准备有丝分裂及花粉内含物即将充实的阶段。在这个阶段，花粉细胞体积迅速增大，而花粉细胞的发育需要大量营养，这些营养主要来源于绒毡层细胞解体，而此时花药组织发生异常变化，绒毡层迅速破坏分解，致使小孢子发育失去了营养来源。这可能是野败型和 D 型不育系花粉在单核期晚期二核初期败育的原因。冈型不育系、K 型不育系和印尼水田谷型不育系 3 类细胞质雄性不育系的败育时期略早于野败型和 D 型不育系，一般在单核末期就全部败育。这一类型的不育系绒毡层分解的高峰时期出现在单核后期。分析认为，随着绒毡层在很短时间内完全分解，小孢子得不到营养供给，随后导致小孢子败育。胡丽芳等（2015）对通过 ^{60}Co-γ 射线辐照粳稻品种松香早粳获得的水稻雄性不育突变体 tda 的组织切片研究发现，tda 突变体在小孢子发育时期开始出现异常，绒毡层提前降解，小孢子呈畸形，随后小孢子萎缩不能形成正常的花粉粒。

广西师范学院生物系（1975）在广选 3 号 A 中，发现花粉发育至三核阶段，绒毡层细胞仍未解体，核仁还存在，造成花粉发育停留在某一阶段而败育。王台等（1992）观察到农垦 58S 不育花药在减数分裂期绒毡层细胞的内切向壁分解，细胞开始彼此分离。在单核早期，绒毡层细胞彼此分离，但不解体。在单核晚期，绒毡层细胞的细胞壁分解，细胞质连成一体，呈现 2 种形态：一种是细胞质团向药室中央延伸，进入单核晚期的小孢子之间；另一种是细胞质在药室周围形成完整的原生质层，内缘凹凸不平，原生质体部分解体。利容千等（1993）对长日照条件下农垦 58S 花药的超微结构进行观察，发现其不育花药的绒毡层细胞一直保持完整的结构，内含细胞核和丰富的细胞质，细胞质中含有发达的内质网、少量液泡和较大的球状体（脂体）以及质体等细胞器，在绒毡层细胞的切壁内观察到分泌出多个圆形小泡。整个绒毡层细胞处于生命活动的旺盛代谢状态，观察不到解体的迹象，而旁边的花粉已处于败育状态。孙俊等（1995）对农垦 58S 的观察也表明长日照条件下不育花药中绒毡层细胞解体延迟。杨丽萍（2003）系统地观察了水稻正常品种吉玉粳和光温敏不育系 D18S 的花粉形成和发育过程。通过比较分析吉玉粳和 D18S 花粉在形成和发育的各个阶段的细胞学变化特点，发现不育系水稻 D18S 小孢子中期开始出现一系列的异常现象，表现为细胞质皱缩、内容物降解成空泡状、胞质及核退化、体积约为正常花粉的 2/3 大小。可育品种吉玉粳绒毡层从减数分裂期开始降解，到小孢子晚期基本上解体，而不育系水稻 D18S 绒毡层在减数分裂期解体现象不明显，仅在部分细胞内部形成空腔，小孢子中期基本呈现山丘状的凝聚状态，小孢子晚期仍然保持宽厚的带状结构，与吉玉粳相比较，其各时期都表现为推迟解体。彭苗苗等（2012）对源于水稻品种台北 309 自然突变的不育突变体 TP79 进行组织切片观察，发现 TP79 在小孢子形成前期出现异常，绒毡层不能正常降解，小孢子的发育畸形，在最终花粉成熟期，绒毡层仍呈浓缩状，形成的花粉干瘪、无活性。然而，徐汉卿等（1981）、卢永根等（1988）和冯九焕等（2000）的研究表明，雄性不育水稻花药中绒毡层发育未见异常，与正常可育花药相比，没有明显的差异。因此，绒毡层的异常发育是否为花粉败育的真正原因，目前仍难定论。

此外，花药壁结构中，中层一般会有淀粉或其他贮藏物质，在小孢子发育过程中逐渐趋于解体和被吸收。中层细胞结构异常，也可能阻碍花粉的正常发育。如潘坤清（1979）在野败型二九矮 4 号 A、二九南 1 号 A 等不育系中发现单核花粉期的石蜡切片中可见中间层细胞开始沿花药的径向厚度增大并液泡化，将绒毡层细胞推向中央。此时绒毡层细胞质内出现许多液泡，细胞质明显变淡，染色极浅。随后，中间层细胞不断液泡化并增大。自单核花粉后期开始液泡化并增大的中间层细胞，到双核花粉期（花粉已败育，未能进入双核期）已全部液泡化并增大。随着花药的生长，中间层细胞相应增大，但细胞的径向厚度则不再增大，而趋于萎缩状，在横切面上由原来的近似正方形变为狭长形，线状弯曲形的细胞核依然可见。此时，可以较明显地看到在中间层细胞外的次生绒毡壁。孙俊等（1995）在长日照条件下观察光敏核不育水稻农垦 58S 的花药壁发育中也发现不育花药中间层细胞延迟解体。

陈忠正等（2002）通过对空间诱变产生的无花粉型的雄性不育新种质 WS-3-1 及其亲本特籼占 13 和正常品种 IR36 花粉形成发育过程的研究，认为 WS-3-1 雄性不育是由于中层异常（即过早液泡化解体），引起绒毡层的过早降解，失去正常功能，使小孢子母细胞在减数分裂启动以及减数分裂期间无法获得足够养分，出现“饥饿”现象，产生细胞质的“自我消耗”，造成细胞内出现大量液泡，导致小孢子母细胞在减数分裂中微管排列紊乱。随着小孢子母细胞胞质内养分不断消耗，液泡加大并形成“空腔”，无法进行正常分裂，从而在中期 I 形成不规则纺锤体，在二分体形成后不久就败育解体，无法形成花粉。此外，由于绒毡层过早降解，胼胝质酶不能正常分泌，使小孢子母细胞长时间粘在一起，这可能是加速败育的原因。

（二）花丝和药隔维管束的发育与花粉败育的关系

水稻雄蕊的花丝和药隔维管束是吸收水分和运输养料到药室的通道，供应花粉发育所需的营养物质，对花粉的发育起着重要作用，若其分化和发育不良，会造成物质运输障碍，影响花粉的正常发育。

潘坤清（1979）对普通野生稻败育型（野败）、无花粉型（野无）、野败型珍珠矮 A、二九南 1 号 A、二九矮 4 号 A、泸双 101A 等不育系及其保持系的花丝组织进行比较观察，发现野败和野无的花丝组织中，导管完全退化。在野败型不育系的花丝中导管退化的程度均与回交代数有关，回交代数高，退化程度就高。一般 B_1F_1 即开始退化，常在花丝中段先退化。B_2F_1 半数以上的导管退化，至 B_3F_1 时大部分都退化了。花丝的退化程度与该雄蕊药室中可育和败育花粉的比例呈正相关，药室中花粉 100% 不育者，花丝中看不到有发育完全的导管；50% 不育者，花丝中导管断续不相连，有的部分有 2 条，有的部分只有 1 条，有的则完全没有，有的仅在药隔基部有一小段导管；20% 不育者，花丝中导管发育基本正常，或略呈退化状态。

徐树华（1980，1984）在红莲型华矮 15A 中，发现有的颖花相邻的花丝在基部发生合并的现象，花丝的合并有二联型和三联型，且野败型与红莲型水稻雄性不育系在花丝维管束的发育方面存在差异。两者均保留着原始母本花丝维管束的性状，前者花丝维管束极度退化，后者则比较发达。红莲型华矮 15A 和华矮 15B 输导组织的差异，主要表现在药隔维管束部分。在保持系的整体压片中，可见药隔维管束导管分化良好，管壁粗细均匀，排列整齐，组成导管的细胞衔接紧凑，互相靠拢成为通道；在石蜡切片中，可见整个维管束粗细均匀、分化良好。在不育系的整体压片中，可见花粉败育前，药隔维管束普遍发生导管发育不良，药隔上部导管的数目、宽度以及环纹间距也存在明显差异，输入药壁的管状细胞的分化也差些；在石蜡切片中则可见维管束发育不全和分化不良，较保持系纤细些，有的表现出结构模糊不清及发育粗细不匀。野败型华矮 15A 的药隔维管束发育不全的现象极为常见和严重。在切片上可见维管束退化或极度退化，有的甚至发生缺失或中断。湖南师范学院生物系（1975）对野败型二九南 1 号 A、湘矮早 4 号 A、玻璃占矮 A 及其保持系，中山大学生物系（1976）对野败二九矮 4 号 A 和二九南 1 号 A 及其保持系的药隔维管束作了比较观察，都获得了类似的结果。

王台等（1992）观察到光敏核不育系农垦 58S 可育花药的药隔组织发育与普通水稻品种相似，但农垦 58S 不育花药在小孢子母细胞时期维管束的薄壁细胞发育差、壁薄，在维管束内难以见到导管和筛管。在减数分裂期，维管束薄壁细胞增多，但不能正常发育。在单核早期可见到分化的导管和筛管，但筛管的细胞壁薄，薄壁细胞的细胞质少。在单核晚期可见到3种畸形的维管束，第1种是鞘细胞皱缩，薄壁细胞发育差，有完整的木质部和韧皮部，木质部有2～3条导管，韧皮部有3～4条筛管，但导管和筛管均细；第2种是鞘细胞皱缩，薄壁细胞发育不良，木质部由分化较差的导管组成，筛管趋于退化；第3种是鞘细胞严重皱缩，维管束无完整的木质部和韧皮部，薄壁细胞严重退化。黄兴国等（2011）对所构建的7种水稻同核异质雄性不育系进行细胞学观察，结果表明，各同核异质雄性不育系花粉粒败育时，普遍存在着维管组织发育异常，并观察到不育系花药药隔中没有或只有1～2根导管或筛管，维管束薄壁细胞异常增大，而相应的保持系中则具有完善的维管组织，因此，推测药隔维管组织的发育不完善是不育系花粉败育的重要原因。

（三）花药开裂结构的发育与不育系的关系

水稻花药能否正常开裂和开裂的良好程度，直接影响传粉受精，影响结实率。不育系除绒毡层、花丝和药隔维管束的发育有异常现象外，花药开裂结构的发育也存在不同程度的异常情况。

周善滋（1978）、潘坤清等（1981）通过对杂交水稻三系组织结构的比较分析，对水稻花药开裂结构及其开裂机制作了详细的描述。水稻花药进入双核花粉期以后，药隔两侧的两药室间凹陷部位底部表皮细胞下各形成一裂腔，裂腔在裂口处有一层4～6个小型的表皮细胞。相对的一边为药隔组织的薄壁细胞，左右两侧各有1～2个纤维层薄壁细胞，它始终保持薄壁状态不纤维化，并在花药开裂前进一步萎缩，使其与已纤维化的纤维层细胞形成悬殊的差别。裂腔周围除药隔面外，其余三面只有一层细胞，甚至是萎缩了的薄壁细胞，是花药组织结构上最脆弱的地方，也是花药开裂的地方（图2-8）。

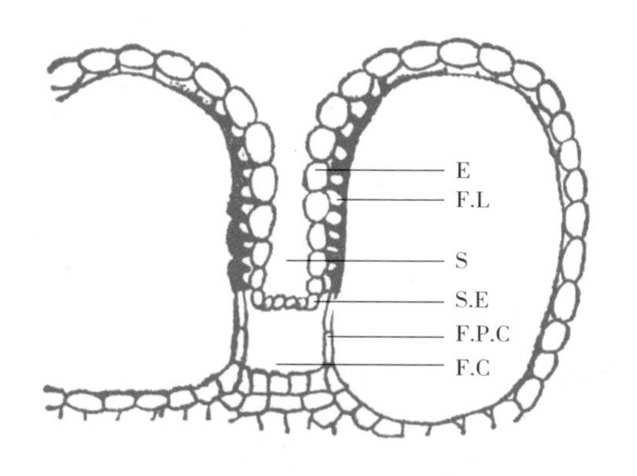

图2-8 水稻花药横切面开裂结构的模式图（潘坤清等，1981）

裂腔的形成始于花药中段的一侧，而后另一侧形成，由小到大，由中段向花药两端延伸，纵贯花药两侧。与此同时，药壁纤维层细胞开始不断纤维化，细胞壁沿垂周方向产生环状次生增厚条纹，并横向地互相连接，各构成一条和花药纵轴垂直的“弹簧”，两“弹簧”的一端分别和裂腔两侧边相连。环状次生增厚条纹的强度是花药上、下两端的“弹簧”最发达，由两端向中部逐渐减弱，终至中部不产生次生增厚条纹。在裂口两侧的“弹簧”均极发达，越向背侧越弱。这种结构决定了水稻花药开裂的顺序是从两端先开裂，向中部延伸，直至完全开裂。开颖时，由于药壁失水收缩，纤维细胞先产生竖向的拉力，“弹簧”越强的地方拉力越大，因而花药由上下两端向中部开裂。首先是药室的开裂，随后才是药室间的开裂，药室开裂的地方是裂腔两侧纤维层细胞与纤维层薄壁细胞间。而两药室间的开裂则是裂口处小型表皮细胞间的开裂。

周善滋（1978）对野败型玻璃占矮 A、南台 13A、 BT 型黎明 A 及其保持系进行观察，发现玻璃占矮 A 花药的纤维层细胞所形成的“弹簧”不粗壮，常不形成裂腔或仅一侧具有裂腔。而且因“弹簧”的弹力小，不能将裂腔拉破，花药不能开裂。南台 13A 可以形成强劲的“弹簧”，但花药两侧都不能形成裂腔，两药室间结合牢固，“弹簧”的弹力不足以拉破药室，花药不能开裂。黎明 A 可形成强劲的“弹簧”，但花药有的不形成裂腔，有的仅一侧形成裂腔，有的两侧均形成裂腔，故其花药有不开裂、一侧开裂、两侧均开裂等几种情况。可见不同类型的不育系花药开裂与否和开裂难易的情况不是完全相同的。这是由于药壁发育不正常，使强劲的“弹簧”或裂腔不能形成或不完善。潘坤清、何丽卿（1981）通过对野败型二九矮 4 号 A、珍汕 97A 及其保持系的花药开裂结构的观察分析，认为不育系花药之所以不开裂或难开裂，与纤维层细胞的纤维化程度关系不大，主要是由于裂口，特别是裂腔没有分化或分化不良。

第三节　水稻雄性不育的生理生化特征

围绕水稻雄性不育与可育在生理生化方面存在的差异性，已有许多学者作了大量的研究。研究的结果表明，水稻雄性不育系，无论是细胞质雄性不育系，还是光温敏核不育系，与正常的可育品种（系）相比，在物质运输和能量代谢、氨基酸和蛋白质组成、酶活性、激素水平等诸多方面表现出其自身的特点。研究水稻雄性不育在生理生化功能和物质上的特征，有助于了解雄性败育的原因以及雄性不育基因表达和调控的机制。

一、物质运输和能量代谢

上海植物生理研究所（1977）对水稻三系花粉淀粉含量的测定表明，野败型不育系花粉不含淀粉，保持系积累的淀粉较多，恢复系积累的淀粉最多，而红莲型和BT型不育系有少量淀粉积累，但淀粉粒小而少。王台等（1991）对光敏不育水稻农垦58S及其正常品种农垦58在长日照和短日照条件下叶片中碳水化合物变化情况作了比较，结果表明在雌雄蕊形成期以前，淀粉、蔗糖和还原糖变化规律在不育与可育间表现一致，但此后，可育株叶片中蔗糖含量下降，淀粉和还原糖含量均缓慢增加，而不育株则三者均明显增加。从而推测叶片内碳水化合物向雄蕊运输受阻，导致小孢子因营养缺乏而败育。王志强等（1993）在研究农垦58S幼穗发育过程的同化物转运和分配中也观察到长日照下幼穗同化物输入比短日照下显著减少。

中山大学生物系（1976）曾测定了野败型和BT型不育系及其保持系对 ^{32}P、^{14}C 和 ^{35}S 的吸收和分配，结果表明不育系花粉、穗枝梗和颖花的维管束等部位的吸收强度低于保持系，子房部位吸收与保持系相同，表明子房物质代谢正常，但花药的代谢发生了障碍。

陈翠莲等（1990）使用 ^{32}P 示踪技术对农垦58S磷素代谢的研究表明，短日照处理下植株剑叶中 ^{32}P-磷酸己糖的放射性强度还不足长日照处理的1/3，而短日照处理下花药（粉）中 ^{32}P-磷酸己糖的放射性强度则是长日照处理的3倍多。说明长日照植物中磷酸己糖大量积累，使中心代谢途径运输缓慢，从而影响氧化磷酸化过程的正常进行，进而影响碳水化合物向含氮化合物及磷脂类化合物的转化，致使DNA、RNA、磷脂及高能磷等化合物明显低于短日照处理的植株。长日照植株花药中磷脂、RNA和DNA含量也显著低于短日照植株，说明物质和能量转换水平低是导致花粉败育不可忽视的因素。

何之常等（1992）研究了 ^{32}P 在农垦58S中的分配情况，在短日照条件下，可育株吸收的 ^{32}P 大部分输送到穗部，占吸收总量的78.86%，倒2叶仅占8.07%；在长日照条件下，不育株吸收的 ^{32}P 总量虽比可育株高9.23%，但输送至穗部的仅占总量的4.15%，而有75.89%的 ^{32}P 积累在倒2叶。由此认为，花粉发育所需营养物质得不到及时供应是长日照条件下农垦58S花粉败育的原因之一。

夏凯等（1989）测定了农垦58S叶片中ATP含量的变化，结果表明，当材料由暗期进入光期时，ATP含量在长日照下比短日照下低，而材料由光期进入暗期时则相反。对照品种农垦58在长日照和短日照条件下无明显差异。由此推测农垦58S在不同日照条件下其代谢途径有所不同。邓继新等（1990）研究了鄂宜105S花粉发育期ATP含量，在花粉败育过程中，ATP含量从单核早期开始明显低于可育株，只占短日照可育株的1/7～1/4，表明

ATP 含量与育性密切相关。陈贤丰等（1994）对农垦 58S 不育花药 ATP 含量的研究表明，在单核早期、单核晚期、二核及三核期 ATP 含量不育花药显著低于可育花药。依据农垦 58S 花粉败育时期为单核时期，认为雄性不育的发生与不育花粉能量代谢异常导致花药正常形态建成的能量（ATP）供应贫乏有关。

周涵韬等（1998）通过对马协细胞质雄性不育系及其保持系线粒体的微量热分析，认为不育系线粒体在释放能量上明显低于保持系，其原因可能与不育系线粒体中参与能量代谢物质不丰富有关。魏磊等（2002）对 4 种雄性不育系紫稻 A、珍汕 97A（野败型）、粤泰 A（红莲型）和马协 A（马协型）以及 1 个保持系紫稻 B 的花药进行微量热分析，证明花药的能量代谢与细胞质雄性不育有着密切的关系。周培疆等（2000）对水稻细胞质雄性不育系野败型珍汕 97A、红莲型广丛 41A 和马协型马协 A 及其保持系水稻线粒体体外能量释放热谱和 DSC 曲线的研究表明，各不育系较其保持系的线粒体在能量释放过程中的放热量较大且具有较高能量和复杂机制，故其能量释放速率较小。

由此可见，物质运转受阻和能量代谢异常与雄性败育密切相关。

二、游离氨基酸含量的变化

氨基酸是蛋白质合成的原料，也是其分解产物。上海植物生理研究所（1977）测定水稻三系花药中游离氨基酸的含量，不育株花药中氨基酸含量比保持系和恢复系都高。这表明由于花粉败育，蛋白质的分解大于合成。氨基酸的种类很多，但在可育和败育花粉中，脯氨酸和天冬酰胺含量差异很大。不育系花药中脯氨酸含量甚低，只占其氨基酸总量的 5.6%，而天冬酰胺含量却相当高，占其氨基酸总量的 59.2%。与此相反，在可育花粉中脯氨酸含量很高，而天冬酰胺含量很低。湖南农学院化学教研室（1974）、广东农林学院作物生态遗传研究室（1975）、广西师范学院生物系（1977）等对多种组合三系进行测定，都获得了类似结果。沈毓渭等（1996）对其利用 γ 射线诱变籼稻不育系“Ⅱ-32A”获得的 R 型育性回复突变体 T24 花药中游离氨基酸含量的研究亦表明，游离脯氨酸在不育系中的含量远比可育系低，而天冬酰胺有大量积累，同时还发现不育系中游离精氨酸的含量比可育系高出 6~10 倍，表明游离精氨酸也可能与雄性不育性有关。

肖翊华等（1987）对农垦 58S、农垦 58、 V20A 和 V20B 在人控长日照和短日照条件下测定了不同花粉发育时期花药中游离氨基酸的含量。在所测定的 17 种氨基酸中，与花粉败育有密切关系的氨基酸为脯氨酸，其次是丙氨酸。在花粉发育过程中，不育花粉中脯氨酸含量从高到低，至三核期仅为花药干重的 0.1%；可育花粉中脯氨酸含量则从低到高，至三核期占花药干重的1.0%。丙氨酸的变化规律与脯氨酸相反，但变化幅度不如脯氨酸大。

王熹等（1995）和刘庆龙等（1998）研究表明，脯氨酸在化学杀雄剂诱导的雄性不育花药中也表现出显著减少的特征。这表明，败育花药中脯氨酸含量减少是不同类型水稻不育系所表现出来的共同特征。

脯氨酸是氨基酸的一种贮存形态，它可以转变成其他氨基酸。在花粉中与碳水化合物配合，具有提供营养、促进花粉发育、促进发芽和花粉管伸长的作用。脯氨酸含量降低，将导致营养失调以致雄性败育。

三、蛋白质的变化

蛋白质是花粉中的重要组成成分，在花粉的发育形成和生物学作用中起着十分重要的作用。上海植物生理研究所（1977）对二九南1号A和二九南1号B、恢复系IR661花药蛋白质含量的比较分析表明，不育系花药蛋白质含量最低，保持系较高，恢复系最高。每100毫克花药鲜重的蛋白质含量，保持系是不育系的2.65倍，恢复系是不育系的2.94倍；每100个花药的蛋白质含量，保持系是不育系的4.14倍，恢复系为不育系的10.89倍。代尧仁等（1978）用圆盘电泳分析了二九南1号A和二九南1号B游离组蛋白含量，发现在花粉发育的各个时期，各种游离组蛋白含量不育系均明显低于保持系，尤以花粉败育的关键时期（单核期），不育系花粉中游离组蛋白中的一种已趋于消失，而保持系中该种组蛋白仍很清晰，到双核期至三核期，不育系中这种组蛋白已完全消失。这种从量变发展到质变的差异，必定和花粉败育有着密切关系，并且可能是由于其参与细胞核中某些基因表达的阻抑，控制特定的转录过程，影响花粉的发育。朱英国等（1979）对珍汕97等多种不育系和保持系花药中的游离组蛋白进行分析，也证实了不育系中游离组蛋白的含量少于保持系。

应燕如等（1989）用免疫化学和氨基酸成分分析等方法，对水稻（珍汕97）、小麦（繁7）、油菜（湘矮早）和烟草（G28）的细胞质雄性不育系及其保持系的组分Ⅰ蛋白（RuBP羧化酶/加氧酶）作了比较。结果表明，不育系及其保持系间组分Ⅰ蛋白在4种不同作物上均未表现出明显差异。由此推测叶绿体基因产物——组分Ⅰ蛋白的大亚基与细胞质雄性不育的关系不大。

许仁林等（1992）应用单向SDS-PAGE结合蛋白质铬银染色技术对水稻野败型细胞质雄性不育系珍汕97A和保持系珍汕97B的叶绿体、线粒体和细胞质的蛋白质多肽进行了比较研究，发现两者之间存在明显差异，生殖器官（穗子）上的差异比营养器官（叶片）上的差异更为显著。在成熟穗上，叶绿体可溶性蛋白不育系有25条带，保持系仅16条带，两者间有 19 个多肽不同；线粒体可溶性蛋白不育系有 28 条带，保持系比不育系少 30.1 kD 和 21.8 kD 两个多肽；细胞质可溶性蛋白质丙酮沉淀物的水溶性蛋白组分不育系有 24 条带，保持系为 29 条带，两者间有 7 条多肽存在差别；细胞质可溶性蛋白质丙酮沉淀物的 SDS- 增溶性蛋白组分不育系有 18 条带，保持系只有 11 条带，两者间亦有 7 条多肽出现差异。由此认为，水稻野败型 CMS 表型的表达可能需要多个基因的启动和关闭，既与叶绿体和线粒体有关，还涉及核基因组的作用。

张明永等（1999）测定珍汕 97A 和珍汕 97B 幼苗、剑叶、幼穗和花药中的可溶性蛋白质含量，发现前三者不育系和保持系相当，但后者则不育系远低于保持系。

文李等（2007）对红莲型细胞质雄性不育水稻的不育系（YTA）和保持系（YTB）二核期花粉总蛋白质进行了分离， YTA 相对于 YTB 有部分参与物质和能量代谢的蛋白质缺失或表达量降低。这些蛋白质分别是水稻线粒体 H^+ - 转运 ATPase （H^+-ATPase）α 链、盐诱导型膜联蛋白、线粒体 NAD^+ - 依赖型苹果酶和磷酸核糖焦磷酸合成酶等。这些蛋白质的表达下调或缺失可能与线粒体提供能量不足而导致的花粉不能正常发育有关。线粒体电压依赖性阴离子通道（VDAC）这一重要蛋白质在 YTA 中的上调表达有可能与花粉败育过程中细胞的程序性死亡有关。

文李等（2012）对红莲型细胞质雄性不育水稻的不育系粤泰 A、保持系粤泰 B 及其 F_1（红莲优 6 号）单核期花粉总蛋白质进行鉴定和分析，发现与可育系相比，不育系有部分参与物质和能量代谢、细胞周期、转录、物质转运等的蛋白质缺失或表达量降低。这些蛋白质包括 K^+/H^+ 协同运输蛋白、锌指蛋白和 WD 重复蛋白等。这些蛋白质的表达下调或缺失可能与线粒体供能不足而导致的花粉不能正常发育有关。

曹以诚等（1987）利用聚丙烯酰胺凝胶 IEF-SDS 双向电泳，分析比较了不同日长条件下光敏核不育系农垦 58S 和正常农垦 58 品种幼穗发育主要阶段的蛋白质差异，雌雄蕊形成期雄性不育与正常可育的蛋白质差异特别明显，并认为这些有差异的蛋白质很可能与光敏核不育的育性转换有关。邓继新等（1990）测定不同光周期条件下光敏不育水稻 105S 各花粉发育时期蛋白质的合成动态，结果表明，长日照诱导的 105S 在各花粉发育时期的蛋白质合成活性都很低，且无明显峰值。

王台等（1990）采用双向凝胶电泳技术，分析了农垦 58S 和常规晚粳品种农垦 58 在不同光周期下叶蛋白的变化，发现分子量为 23～35 kD 的点的变化可能和育性转换有关。曹孟良等（1992）比较了农垦 58S 和对照农垦 58 二次枝梗原基分化期、雌雄蕊形成期、花粉母细胞形成期及减数分裂期的幼穗蛋白质，共观察到 17 个特异的蛋白质组分。其中 11 个在可育与不育间表现为有或无的差异， 3 个表现为表达量的变化，另 3 个表现为位置在双向电泳图谱上的平移。黄庆榴等（1994）研究了光敏核不育系 7001S 花药蛋白质的变化，结果表明，可育花药的可溶性蛋白质含量大于不育花药，且组分亦有差异，可育比不育多 2 条 43 kD 和 40 kD 的带（SDS-PAGE 分析）。

刘立军等（1995）在不同日照条件下用农垦 58S、N5088S、8902S 和农垦 58 为材料，取叶水溶性蛋白进行双向电泳，发现二次枝梗原基分化中期至颖花原基分化后期各组材料中有数量不等的光敏核不育相关蛋白斑，其中有 63 kD、PI6.1～6.4 产物仅出现于各光敏不育水稻的短日照处理组中，在长日照组中缺失。黄庆榴等（1996）对温敏不育水稻二九矮 S 和安农 S-1 的研究表明，高温（30 ℃）下两者均表现为不育，不育花药可溶性蛋白质含量明显增加，与粳型光敏不育水稻 7001S 中观察到的情况相反。蛋白质图谱也显示在高温下的不育花药中缺少一些蛋白质谱带，即蛋白质组分有差异。李平等（1997）观察到温敏不育系培矮 64S 不育颖花与花药中可溶性蛋白质含量明显下降。

舒孝顺等（1999）以常规品种紫壳作对照，分别测定了紫壳、高温敏感核不育材料 1356S、衡农 S-2 在花粉母细胞形成期和花粉母细胞减数分裂期不同育性条件下的叶片和幼穗花药中可溶性蛋白质的含量。结果表明，在育性敏感的 2 个时期， 1356S 和衡农 S-2 不育株幼穗花药的可溶性蛋白质的含量极显著低于可育株可溶性蛋白质的含量，分别是可育株的 44.0%、 45.1%、 35.8%、 42.6%，不育株幼穗花药中可溶性蛋白质含量的严重不足，必将影响花粉的一系列生命活动，最终阻碍花粉的正常发育。

陈镇（2010）对长、短光周期敏感雄性不育水稻幼穗育性相关蛋白差异进行分析，获得了大量在不育和可育条件下蛋白质表达差异谱，通过对两类不同的光敏不育材料的比较分析，发现在可育和不育条件下鉴定的差异蛋白中 EIF3、糖代谢、能量代谢相关蛋白与不育性表现一定的共性，可能与花粉不育性有关。

上述研究表明，蛋白质含量、组分的变化与育性间存在一定的关系。然而，各种特异蛋白质组分是否与育性存在必然联系，还有待进一步证实。

四、酶活性的变化

植物体内复杂的生化反应都是在酶的催化作用下完成的，花粉中酶活性的变化在一定程度上能反映花粉发育的状况。研究发现，雄性不育水稻在花粉发育过程中多种酶的活性发生了变化。

湖南师范学院（1973）对 68-899 和 C 系统（南广占）不同育性植株花粉发育过程中

的有关酶类的活性进行比较（表 2-2）。结果表明，过氧化物酶在败育型和无花粉型不育株中的活性强于正常株。在花粉发育的四分体时期至双核期，随着花粉的发育，不育株的酶活性逐渐升高，此后逐渐降低，至成熟期完全消失；在正常株中，随着花粉的发育，此酶活性曾一度升高，随后逐渐降低，但不消失。而多酚氧化酶、酸性磷酸酶、碱性磷酸酶、ATP 酶、琥珀酸脱氢酶、细胞色素氧化酶的活性则相反，正常株活性强于败育型和无花粉型不育株。在正常株中，随着花粉的发育活性逐渐增强，在不育株中则逐渐减弱，直至完全消失。同时对过氧化氢酶的活性进行了测定，结果是正常株活性比不育株强，到成熟期正常株较不育株高 48.91%~57.66%。江西共大（1977）、湖南农学院（1977）、代尧仁等（1978）对水稻三系的研究均获得了类似的结果。

表 2-2　68-899 不同育性植株花粉中酶类活性比较（湖南师范学院，1973）

酶　类	不同育性	花粉发育过程				
		四分体时期	单核期	双核期	双核后期	成熟期
过氧化物酶	正常株	+	+++	++	+	+
	败育型	+	+++	+++	++	(+)0
	无花粉型	+	+++	+++	++	0
细胞色素氧化酶	正常株	+	++	++	++	+++
	败育型	+	++	+	+	(+)0
	无花粉型	+	+	+	+	0
多酚氧化酶	正常株	+	++	++	+++	+++
	败育型	+	++	++	+	(+)0
	无花粉型	+	+	+	+	0
酸性磷酸酶	正常株	+	++	++	+++	+++
	败育型	+	++	++	+	(+)0
	无花粉型	+	+	+	+	0
碱性磷酸酶	正常株	+	++	++	+++	+++
	败育型	+	++	++	+	(+)0
	无花粉型	+	++	+	+	0
ATP 酶	正常株	+	++	++	+++	+++
	败育型	+	++	++	+	(+)0
	无花粉型	+	++	++	+	0
琥珀酸脱氢酶	正常株	+	++	++	++	+++
	败育型	+	++	+	+	(+)0
	无花粉型	+	+	+	+	0

注：以着色或褪色相对深度比较酶活性。“+”表示着色或褪色，“0”表示未着色或褪色，“(+)0”表示未着色、褪色或少量着色、褪色。

过氧化物酶是一种重要的氧化还原酶，其主要生理功能是消除体内产生的有毒物质，并在呼吸链电子传递等多种途径中起重要作用。在花粉发育过程中，过氧化物酶的活性从较高水平陡然大幅度下降甚至消失，这对呼吸功能、物质转化和自身解毒都是不利的。细胞色素氧化酶、多酚氧化酶是两种主要的末端氧化酶，它们的活性低，反映了花粉呼吸作用代谢功能的减弱，再加上 ATP 酶活性降低，更不利于花粉细胞的能量代谢，影响物质的吸收、运输、转化和生物大分子的合成。过氧化氢酶活性可作为反映代谢强度的指标之一，其活性增强，意味着生理功能活跃，新陈代谢强度就较高，反之则低。不育株过氧化氢酶活性较可育株低，也就是反映它有较低的代谢水平。

陈贤丰等研究了水稻 7017、二九矮不育系和保持系花药的过氧化物酶（POD）、过氧化氢酶（CAT）和超氧化物歧化酶（SOD）活性的变化。单核早期时不育系和保持系花药的酶活性差异不明显，单核晚期、二核期及三核期不育花药的酶活性显著低于可育花药。在不育花药中缺少 Cu-Zn SOD 同工酶带，且 O_2^+ 产生效率为可育花药的 4.1~5.5 倍，有 H_2O_2 和 MDA 积累。不育花药中 H_2O_2 积累和膜脂过氧化的加剧可能与花粉败育有关。

对于光温敏核不育水稻酶活性的变化，许多学者做了大量研究。陈平等（1987）发现光敏核不育水稻农垦 58S 不育花药过氧化物酶活性的变化与胞质不育系 V20A 的变化相似。花药发育早期不育花药酶活性远较可育花药高；在花药发育过程中花药的过氧化物酶活性从高到低，可育花药则从低到高，与不育花药呈相反的变化规律。梅启明等（1990）以农垦 58S 为材料，对长日（LD）、短日（SD）、红光中断暗期（R）和远红光（FR）处理下的叶片、幼穗和花药进行了多种酶和同工酶的测定，发现在 LD 和 R 处理下农垦 58S 中 RuBPC、 GOD、NR、 PAL、 ADH、 DAO 和 PAO 等酶活性降低并出现同工酶缺失，而 COD、 SOD、ADC、 SAMDC 等酶活性则升高且同工酶增加，而且酶的这些异常变化与花粉育性变化相对应，即 LD 和 R 处理下花粉不育， SD 和 FR 处理下花粉可育（表 2-3），说明酶活性及同工酶的变化与光敏核不育水稻育性转换有关。

表 2-3 LD 和 R 处理对农垦 58S 幼穗发育时期酶活性及同工酶的影响（梅启明等，1990）

酶	二次枝梗及颖花原基分化期	雌雄蕊原基形成期	花粉母细胞形成期	花粉母细胞减数分裂期	花粉单核靠边期	花粉三核期
RuBPC	—	—	—	—	—	—
GOD	±	—	—	—	—	—
NR	—	—	—	—	—	—
PAL	±	±	±	—	—	—

续表

酶	二次枝梗及颖花原基分化期	雌雄蕊原基形成期	花粉母细胞形成期	花粉母细胞减数分裂期	花粉单核靠边期	花粉三核期
ADH	±	—	—	—	—	—
EST	±	±	±	±	±	—
COD	±	+	+	+	+	—
SOD	±	+	+	+	+	+
POD	±	+	±	±	±	+
ADC	+	+	±	+	+	+
SAMDC	±	±	+	+	+	+
DAO	±	—	±	—	—	—
PAO	±	±	±	—	—	—

注：（1）RuBPC：1，5- 二磷酸核酮糖羧化酶；GOD：乙醇酸氧化酶；NR：硝酸还原酶；PAL：苯丙氨酸解氨酶；ADH：乙醇脱氢酶；EST：酯酶；COD：细胞色素氧化酶；SOD：超氧化物歧化酶；POD：过氧化物酶；ADC：精氨酸脱羧酶；SAMDC：S- 腺苷甲硫氨酸脱羧酶；DAO：二胺氧化酶；PAO：多胺氧化酶。

（2）酶活性及同工酶增减分别以 SD 或 FR 处理的农垦 58S，以及农垦 58 相应时期为基准，“+”“—”“ ±”分别代表酶活性和同工酶增加、减少和相差不明显。

周涵韬等（2000）以籼型水稻细胞质雄性不育系马协 A 及其保持系马协 B 为材料，分别取不育系和保持系处于花粉母细胞形成期、减数分裂四分体时期、单核期、二核期、三核期的花药进行过氧化物酶同工酶、细胞色素氧化酶同工酶电泳分析及酶活性测定分析，发现不育系过氧化物酶同工酶电泳酶谱带型丰富，酶活性较高；细胞色素氧化酶同工酶电泳酶谱带型较少，酶活性较低。这些现象是从单核期花药开始表现，并随发育时期深入而明显地表现出来，与用细胞学方法观测到的马协型不育系败育情况相吻合。

常逊等（2006）以水稻红莲型细胞质雄性不育系粤泰 A 和保持系粤泰 B 的叶片和不同发育时期幼穗为材料，比较分析了水稻红莲型细胞质雄性不育幼穗发育过程中组织型转谷氨酰胺酶（tTG）活性变化，发现不育系粤泰 A 自四分体到二核期的幼穗不同发育阶段，tTG 活性随着花粉发育而增强，在二核期达到最高，而在保持系粤泰 B 中，tTG 活性没有随发育进程发生显著变化。推断 tTG 与花粉败育过程中的细胞程序性死亡有关。

陈贤丰等（1992）研究表明，农垦 58S 和 W6154S 在单核期至三核期的不育花药中，细胞色素氧化酶、ATP 酶、过氧化物酶、过氧化氢酶、超氧化物歧化酶的总活性普遍低于其可育花药，在发育后期缺 1 ~ 5 条细胞色素氧化酶、1 条超氧化物歧化酶和 1 ~ 2 条 Cu-Zn SOD 同工酶带，且有较高的超氧阴离子产生效率和 H_2O_2、MDA 积累。表明不育花药随花粉的败育，膜脂过氧化作用加剧。梁承邺等（1995）研究表明，农垦 58S 花药发育从单核期至三核期，可育花药的 ASA（抗坏血酸）和 GSH（还原型谷胱甘肽）含量高，不育花药仅有可育花药的 35%~58% 和 22%~32%，并有脂质氢氧化物积累。随着花药发育，可育花药的 ASA-POD（抗坏血酸过氧化物酶）、谷胱甘肽还原酶和葡萄糖 -6- 磷酸脱氢酶活性逐步提高，至三核期达到最高；随着花粉败育，不育花药在单核早期至三核期这些酶的活性逐渐降低，至三核期活性分别为可育株的 26%、 22% 和 19%。不育花药的苹果酸酶和苹果酸脱氢酶活性亦较可育株低，认为细胞还原势低是不育花药的特征之一，低的还原势可能导致活性氧代谢失调和花药败育。林植芳等（1993）、张明永等（1997）和李美茹等（1999）以细胞质不育系（V20A、珍汕 97A）和光温敏不育系（农垦 58S、 W6154S、 GD1S 和 N19S）为材料，获得了类似结果。

李平等（1997）对籼型温敏不育系培矮 64S 的研究表明，其不育性在花粉完熟期与颖花及花药的 NAD^+ - MDH 活性的显著降低关系密切，在花粉母细胞形成期至减数分裂期与颖花 AP 的活性及同工酶组成的变化关系较密切。由此认为培矮 64S 育性表达可能与花粉发育前期的脂肪代谢以及花粉发育后期的呼吸代谢有关。

杜士云等（2012）对光温敏核质互作不育系 2310SA、光温敏核不育系 2310S 和核质互作不育系 2277A 三类不育水稻及正常可育粳稻在不同光温条件下穗发育后期花药和剑叶中超氧化物歧化酶（SOD）、过氧化物酶（POD）、过氧化氢酶（CAT）等抗氧化酶的活性及丙二醛（MDA）的含量进行测定，结果表明水稻花药比叶片对光温胁迫更敏感，不育花药与可育花药在活性氧代谢方面有明显差异。不同类型的不育水稻败育生理不尽相同，光温环境变化对光温敏核不育水稻 2310S 有更明显的胁迫性，不育花粉发育后期上述 3 种抗氧化酶不能协同作用， SOD 活性高， POD 活性低，膜脂过氧化程度高和时间提前。其他两类不育系中 POD 活性也稳定较低，显示其可能与水稻不育花粉的形成更相关。

由上可知，无论是细胞质不育系还是光温敏核不育系，酶活性的变化与育性的表达之间的关系相当复杂。不同研究者所用的材料不同，测定方法有差异，因此结果不尽一致。基因控制酶蛋白的合成，酶又调控代谢反应，多个代谢反应综合的集中表现便是性状和生理功能。因此，育性的变化也是一系列酶活性的改变而引起的结果之一。

五、植物激素的变化

植物激素是植物体内微量的生理活性物质，是植物正常代谢的产物，在植物的生长发育过程中起调节和控制作用。

黄厚哲等（1984）以水稻三系和籼粳杂种半不育株及其亲本为材料，研究了生长素

（IAA）含量与雄性不育发生的关系，发现结合态 IAA（C-IAA）与可育度平行下降。不育花药中的 IAA 氧化酶和过氧化物酶的活性随着不育度加深而提高几倍至几十倍。据此认为雄性不育的起因在于不育花药的 IAA 库受有关氧化酶的破坏而大大亏损，而 IAA 亏损必然带来花药代谢及小孢子发育的异常，从而导致花粉败育。

徐孟亮等（1990）用酶联免疫检测技术研究了光敏核不育水稻农垦 58S 及对照农垦 58 幼穗发育时期长日照和短日照条件下 IAA 含量的变化，也表明了 IAA 含量与育性的表达密切相关。在长日照条件下，农垦 58S 叶片中游离态 IAA（F-IAA）在花粉母细胞形成期、减数分裂期和花粉内容物充实期大量积累，而幼穗及花药中 F-IAA 则严重亏缺。在农垦 58S 短日照处理以及对照农垦 58 中均无此现象。对 C-IAA 的测定结果表明，农垦 58S 在长、短日照条件下不表现上述积累和亏缺现象，且农垦 58S 长日照条件下的 C-IAA 变化与 F-IAA 的积累和亏缺无关。据此推测，叶片中 F-IAA 的状况受光周期调节，长日照处理使其运输受阻，从而出现叶片中 F-IAA 积累而幼穗中亏缺的情况。

杨代常等（1990）对农垦 58S 不同光照处理下叶片中 4 种内源激素含量的变化进行分析，在长日照处理下， IAA 含量发生了严重亏损， GAs 含量明显高于短日照处理， ABA 含量在减数分裂期急剧上升，在花粉完熟期长日照处理的 4 种激素水平均处于极低水平。4 种内源激素在各发育时期变化的时间顺序是：IAA 早于 ZT， ZT 早于 GAs， GAs 早于 ABA。因此认为 IAA 亏损是 4 种激素变化的主导因子，其他激素变化是 IAA 亏损引起的代谢调整，花粉败育后低激素水平不是原因而是结果。

张能刚等（1992）研究了 3 种内源激素与农垦 58S 和双 8-14S 的育性转换间的关系，结果表明，育性转换敏感期（二次枝梗原基分化期到花粉母细胞形成期），长日照处理的倒 2 叶和幼穗中 IAA 含量比短日照处理低，而 IAA 氧化酶活性则相反，长日照下比短日照下都高；倒 2 叶中 GA_{1+4}/ABA 值低于短日照处理，并与该叶中 IAA 氧化酶活性成反相关。认为长日照诱导不育与内源 IAA 亏损有关，而 IAA 亏损可能起因于 IAA 氧化酶激活与功能叶中 GA_{1+4}/ABA 的下降。

童哲等（1992）通过在育性转换敏感期叶施或根施各种植物激素的试验，发现一定剂量的赤霉素 GA_3 和 GA_4 能使长日照处理的光敏核不育水稻农垦 58S 恢复部分育性，而生长素、细胞分裂素和脱落酸没有恢复育性的作用。在长日照诱导的不育叶片中活性赤霉素急剧减少。赤霉素生物合成抑制剂也能引起短日照下农垦 58S 结实率降低。据此认为光周期可能通过诱导叶片中赤霉素物质的消长作为第二信使，实现对幼穗中雄性器官发育的调节。

黄少白等（1994）比较了水稻野败型和 BT 型细胞质雄性不育系及其保持系（珍汕

97A、珍汕 97B，花 76-49A，花 76-49B）幼穗与倒 2 叶中内源 GA_{1+4} 与 IAA 的含量，发现不育系较保持系低。认为 GA_{1+4} 与 IAA 亏缺是水稻细胞质雄性不育的一种生理原因。

汤日圣等（1996）用酶联免疫吸附法测定经 TO3 处理的水稻幼穗等器官中内源 ABA、IAA 和 GAs 的含量，分析这 3 种激素含量的变化与 TO3 诱导水稻雄性不育的关系。研究表明，TO3 能使水稻幼穗、花药等器官中的内源 ABA 含量显著增加；IAA 和 GAs 含量明显亏缺；IAA+GAs 与 ABA 的比值明显变小，这是阻碍育性正常表达，水稻雄性器官最终败育的主要原因之一。

骆炳山等（1990，1993）用乙烯生物合成抑制剂 $CoCl_2$ 处理光敏核不育水稻双 8-2S，在长日照不育条件下出现可育现象，而在育性转换临界光长下，显著促进可育性表达。农垦 58S 及其衍生不育系在长日照条件下幼穗中乙烯释放量比对照农垦 58 高 2.5~5.0 倍，而在育性转换临界光长下所形成的幼穗，乙烯释放量接近对照农垦 58S 的低水平。这表明光敏核不育水稻可能存在受光周期调节的乙烯代谢系统，其育性转换受乙烯代谢水平的调控。李德红等（1996）进一步研究发现，农垦 58S 幼穗的乙烯释放速率在育性转换的适宜温度下长日照处理明显比短日照处理高；但在低温长日照下大为降低，而在高温短日照下又可维持高水平的乙烯释放速率。幼穗乙烯释放速率与花粉可育度之间呈极显著负相关。在不育条件下用乙烯代谢抑制剂氨基乙氧基乙烯基甘氨酸（AVG）处理，可诱导花粉可育性的明显表达，而用 1- 氨基环丙烷 -1- 羧酸（ACC）促进乙烯生成又可急剧降低农垦 58S 短日照下的可育水平。由此认为农垦 58S 幼穗的乙烯释放速率受到光周期和温度的共同调节，并与育性转换的光温作用模式极为吻合；乙烯参与育性转换的调节，可能在花粉败育中起关键性作用。

田长恩等（1999）发现，用乙烯生物合成前体 ACC 处理保持系（珍汕 97B）会降低花粉的可育度，使其幼穗中蛋白质、DNA、RNA 含量以及蛋白酶、RNA 酶和 DNA 酶活性下降；并使 O_2^- 的生成速率加快，MDA 含量上升，CAT 和 SOD 活性下降，POD 活性上升。用乙烯合成抑制剂 AVG 处理不育系（珍汕 97A），可使其花粉的育性得以部分提高，幼穗中蛋白质、DNA、RNA 含量上升，而蛋白酶、RNA 酶和 DNA 酶活性下降；并使 O_2^- 的生成速率和 MDA 含量下降，CAT、SOD 活性和 POD 活性上升。乙烯可能是通过调节大分子合成和活性氧代谢而影响花粉育性的表达。

张占芳等（2014）研究了协青早 A 和协青早 B 幼穗发育过程中内源茉莉酸（Jasmonic acid，JA）和茉莉酸甲酯（Methyl jasmonate，MeJA）含量的差异和变化。结果表明，协青早 A 花粉母细胞减数分裂期内源 JAs（JA+MeJA）的含量低可能是细胞质雄性不育的原因。

综上所述，植物激素与水稻雄性不育之间关系复杂，尽管得到了一些规律性变化，但也有些结果不一致。同时还应当指出，植物激素有多种，绝不是某一激素的单独作用能控制育性变化的，植物的生长发育几乎都是受内源激素的调控，而且总是多种激素协调作用的综合表现。

六、多胺的变化

多胺在高等植物中普遍存在，并对茎和芽的生长、休眠芽的萌发、叶片的衰老、花诱导、花粉萌发和胚胎发生等许多发育过程具有一定的调节作用。多胺在叶片中以游离态和束缚态两种形式存在，包括腐胺（Put）、亚精胺（Spd）和精胺（Spm） 3 种。据报道，玉米雄性不育与多胺含量显著下降有关。近年我国学者对光敏不育水稻多胺变化与花粉发育的关系作了一些研究，发现幼穗中多胺与花粉育性转换有密切关系。

冯剑亚等（1991，1993）对光敏不育水稻农垦 58S 及农垦 58 幼穗发育过程中多胺变化进行测定。结果表明，农垦 58S 在长光照下每穗的多胺含量随穗发育进程而渐增，而短光照诱导下每穗的多胺含量随穗发育成倍增加，尤其是在二次枝梗分化期至雌雄蕊形成期亚精胺剧增。稻穗中多胺与花药发育有密切关系，农垦 58S 需在短光照下完成多胺变化而花粉发育，在长光照下多胺含量下降而花粉败育。进一步对光敏不育系 C407S 穗中多胺变化特点进行研究， C407S 穗中多胺的含量随幼穗发育进程而呈单峰曲线变化，在长日照和短日照下穗中多胺的含量比较接近，而其中亚精胺和精胺含量则短日照高于长日照。幼穗分化之后，花粉败育的诱导不取决于不同光照条件下幼穗中多胺的总量，而可能与亚精胺和精胺的含量，尤其是亚精胺的峰值有关。在长日照条件下幼穗中亚精胺和精胺含量下降，花粉发育不正常，最终产生完全不育的花粉。

莫磊兴等（1992）从红光、远红光处理下农垦 58S 叶、穗内源多胺的分析和多胺生物合成抑制剂的施用，对多胺在育性转换中的作用进行研究，结果表明，农垦 58S 叶片中多胺变化与育性转换无明显关系；幼穗的多胺水平受光敏色素间接调控并与育性转换密切相关。在不同发育时期，光敏色素对多胺的调节作用不同，对育性起主要作用的多胺种类也可能不同；多胺对农垦 58S 育性转换的调节作用与多胺的含量及不同多胺间的比值有关，其中精胺（Spm）、亚精胺（Spd）含量和 Spm / Spd 比值可能是重要因素。多胺生物合成抑制剂甲基乙二醛 - 双脒腙（MGBG）能部分逆转红光诱导的不育性，并在长光照完全不育的条件下促进农垦 58S 产生少量可育花粉和自交结实。李荣伟等（1997）也发现光敏核不育水稻幼穗在不育条件的多胺含量明显低于可育条件。

此外，梁承邺等（1993）和田长恩等（1998）分别发现水稻细胞质雄性不育系花药和幼穗中多胺含量也明显低于其保持系，并且通过外加多胺生物合成抑制剂或多胺，证实多胺不足是雄性不育发生的原因之一。在不育系中外施多胺可以部分恢复其花粉育性，在保持系外施多胺合成抑制剂可使花粉育性下降，而多胺可部分消除相应抑制剂对花粉育性的降低效应。Slocum 等（1984）和 Smith（1985）在综合评述植物中多胺的作用机制时指出，多胺可以促进植物组织中大分子的合成，抑制大分子的降解。李新利等（1997）认为，多胺对水稻雌蕊发育的调节作用可能是通过促进核酸合成和蛋白质翻译而实现的。田长恩等（1999）对水稻细胞质雄性不育系珍汕 97A 和珍汕 97B 的研究表明，外施多胺可以使不育系幼穗中 DNA、RNA 和蛋白质含量略有上升，使 DNA 酶、RNA 酶和蛋白酶活性下降，说明多胺可能通过降低上述酶活性来增加蛋白质和核酸含量。外施抑制剂 D-Arg + MGBG 使保持系的 DNA、RNA 和蛋白质含量略有下降，使 DNA 酶、RNA 酶和蛋白酶的活性也下降（这可能与抑制剂抑制多胺合成，使包括上述酶在内的蛋白质合成下降有关）。而补充多胺可以消除抑制剂对蛋白质、核酸含量的效应，进一步降低上述酶的活性，这与在不育系中外施多胺的结果一致。说明多胺可能通过促进蛋白质、核酸的合成而起作用。不育系多胺不足可能引起其幼穗中蛋白质和 RNA 合成下降，或分解加快，以致蛋白和核酸含量不足，从而影响到花药和花粉的形态建成，最终造成雄性不育。

七、Ca^{2+} 信使与水稻雄性不育

Ca^{2+} 作为第二信使在植物细胞内起着广泛的作用，各种外界与内在信号因子（如触动、光、冷胁迫、盐碱胁迫、热敏反应、激素等）所导致的细胞内反应都被证明与 Ca^{2+} 浓度变化有关。近年来的研究表明，Ca^{2+} 信号转导与水稻雄性不育有着密切的关系。

陈章良等（1991）指出，光照后某些植物细胞和器官中会有 Ca^{2+} 流动，而改变细胞内 Ca^{2+} 浓度的化合物对植物的光刺激反应有明显作用。于青等（1992）对农垦 58S 在幼穗发育的Ⅲ期至Ⅶ期叶片 Ca^{2+} 总含量、叶片细胞内 Ca^{2+} 含量及 CaM 含量的变化进行测定，表明雌雄蕊形成期（Ⅳ）和花粉母细胞形成期（Ⅴ）是农垦 58S 对光敏感的两个时期，长日照在此时期引起叶片中 Ca^{2+} 含量的变化，特别是使细胞内 Ca^{2+} 含量增加，表明 Ca^{2+} 与光信号的关系密切；在短日照处理中，叶片内 CaM 含量从Ⅴ期开始上升，并在Ⅵ期和Ⅶ期维持在相对较高水平，比同期的长日照叶片含量高，这种较高水平的 CaM 含量可能是保证这几个时期农垦 58S 正常发育所必需的，因而长日照下叶片中 CaM 含量明显不足与花粉败育可能有内在联系。李合生等（1993）用农垦 58S 为材料以涂叶法和灌根法对长、短日照处理植株饲喂 $^{45}Ca^{2+}$，发现 $^{45}Ca^{2+}$ 可从叶片或根部转入功能器官，转入量随标记强度的增加而增加；植

株吸收 $^{45}Ca^{2+}$ 可明显提高长日照下植株的可育率和自交结实率，而短日照下植株的效应则相反，表明外源 Ca^{2+} 的吸收能影响花粉的育性，从而也证明 Ca^{2+} 与水稻雄性不育有关。吴文华等（1993）研究指出，在红光及长日照处理下，农垦 58S 在幼穗发育的第Ⅳ期到第Ⅴ期，叶片中可溶性 Ca^{2+} 含量升高，叶绿体中 Ca^{2+}-ATPase 活性下降，表现出与短日照及远红光处理完全相反的变化。这说明叶片中可溶性 Ca^{2+} 含量和叶绿体 Ca^{2+}-ATPase 活性变化与农垦 58S 的育性转换有关。 Tian 等（1993）用焦锑酸钾沉淀法对 HPGMR 的可育花药和不育花药进行钙定位研究，结果表明，钙积累的分布异常与花粉发育衰退及败育有关。

夏快飞等（2005）研究了野败不育系珍汕 97A 及其保持系珍汕 97B 绒毡层细胞的发育过程及其细胞中 Ca^{2+} 的分布变化，发现保持系绒毡层细胞在单核花粉晚期才开始迅速解体，而不育系绒毡层细胞在花粉母细胞时期就开始出现核膜、细胞膜解体，此过程持续到二核花粉时期。珍汕 97A 绒毡层细胞从花粉母细胞时期开始，细胞质内有少量颗粒状的 Ca^{2+} 沉淀；减数分裂时期，绒毡层细胞的内切向壁表面有大量大颗粒的 Ca^{2+} 沉淀；单核花粉时期绒毡层细胞周围集聚一层 Ca^{2+} 沉淀。而保持系绒毡层细胞在花粉母细胞时期和减数分裂时期细胞内没有 Ca^{2+} 沉淀；单核花粉时期绒毡层细胞内的 Ca^{2+} 沉淀主要分布在解体的细胞质内。推测绒毡层细胞结构发育的异常和 Ca^{2+} 的异常分布可能与花粉的败育有关。胡朝凤等（2006）为更精确了解 Ca^{2+} 在红莲 - 粤泰不育系与保持系花药尤其是花药线粒体中 Ca^{2+} 的分布和变化，建立了高效观测活体细胞 Ca^{2+} 动态变化系统，用 FRET 的原理监控不同发育时期小孢子 Ca^{2+} 分布和动态变化，初步结果显示不育系中单核期 Ca^{2+} 浓度低，二核期大量积累，浓度较高；相反在保持系中单核期 Ca^{2+} 比不育系的浓度高，二核期却相应地减少。张再君等（2007）以红莲型雄性不育水稻粤泰 A、粤泰 B 不同发育时期花粉为材料，分析花粉细胞质膜、线粒体膜和液泡膜上 Ca^{2+}-ATPase 活性的动态变化。结果表明，粤泰 A 与粤泰 B 花粉细胞质膜、线粒体膜及液泡膜 Ca^{2+}-ATPase 活性变化明显不同。在四分体至单核早期，不育系粤泰 A 花粉细胞质膜 Ca^{2+}-ATPase 活性稍高于粤泰 B；单核晚期及二核期则正好相反，粤泰 A 花粉细胞质膜 Ca^{2+}-ATPase 活性显著低于粤泰 B。仅单核晚期，粤泰 A 液泡膜 Ca^{2+}-ATPase 活性显著高于粤泰 B，其他 3 个时期粤泰 A、粤泰 B 中的液泡膜 Ca^{2+}-ATPase 活性差异不显著。粤泰 A 中线粒体膜 Ca^{2+}-ATPase 活性自四分体到二核期逐渐下降。四分体时期，粤泰 A 中线粒体膜 Ca^{2+}-ATPase 活性显著高于粤泰 B，单核早期粤泰 A 与粤泰 B 没有显著差异，而在之后的单核晚期和二核期，粤泰 A 中 Ca^{2+}-ATPase 活性明显低于粤泰 B。综合分析认为，在粤泰 A 花粉发育动态变化过程中，为维持花粉细胞质钙稳态，首先细胞质膜 Ca^{2+}-ATPase 将钙转移到花粉细胞质外，线粒体膜 Ca^{2+}-ATPase 将细胞质过量钙离子转移到线粒体中，随着花粉发育进程，单核晚期花粉细胞质膜和线粒体膜 Ca^{2+}-ATPase 活性持续下降，无力进一步维持钙稳态，而此时花粉中央大液泡形成，液泡膜 Ca^{2+}-ATPase 急剧上升以维持花粉钙的稳态，但是液泡最终不能承受过量的钙积累而破裂，细胞质积累过量的钙离子，使钙稳态遭受破坏，最终使花粉败育。

夏快飞等（2009）采用焦锑酸钾沉淀法研究了温敏雄性不育水稻培矮 64S 在高温引起雄性不育与正常可育花药发育过程中 Ca^{2+} 的分布变化。结果表明，当培矮 64S 高温不育时，与可育花药相比，其花粉母细胞中有较多的液泡、较多的 Ca^{2+} 沉积和较少的线粒体，并且有较多的 Ca^{2+} 沉积在不育花药的中间层、表皮层和绒毡层中。到四分体与单核花粉期，不育花药的木质部细胞的次生加厚壁上有较多的 Ca^{2+} 沉淀，连接组织中的 Ca^{2+} 沉淀也大大增加，所有不育花粉外壁较厚而发育都不正常。不育花药中的 Ca^{2+} 在花药发育的各时期均比可育花药要多。这说明在高温条件下花药中 Ca^{2+} 沉积的增加可能与培矮 64S 花粉败育相关。

欧阳杰等（2011）利用焦锑酸钾沉淀法研究了无花粉型细胞质雄性不育系 G37A 及其保持系 G37B 花药的发育过程及其细胞中 Ca^{2+} 的分布变化。研究发现，在 2 个材料间花药中钙的分布存在大量差异。 G37B 的可育花药在花粉母细胞时期及二分体时期很少看到有 Ca^{2+} 的沉积；而在单核花粉时期， Ca^{2+} 沉积急速地增加，主要定位在绒毡层细胞、花粉外壁外层及乌氏体的表面；随后花药壁上沉积的 Ca^{2+} 减少而花粉的外壁外层仍然有很多 Ca^{2+} 沉积物。相反， G37A 的不育花药在花粉母细胞时期和二分体时期有大量的 Ca^{2+} 沉积在小孢子母细胞和花药壁，中间层和绒毡层特别多。在二分体时期之后，不育花药的 Ca^{2+} 沉积减少，特别是绒毡层内切向壁质膜附近的 Ca^{2+} 几乎消失。但是，同时期的可育花药中，有大量的 Ca^{2+} 沉积在绒毡层。据此推测，在不育花药发育早期中更多的钙离子与花粉败育有一定的关系。

八、植物光敏色素在光敏不育水稻育性转换中的作用

植物光敏色素是植物体内接受和传递光信息的第一信使，与多种植物形态建成调控机制有密切关系。它的生理作用涉及种子萌发、光周期诱导成花、育性转换、生长素的运输、乙烯和类胡萝卜素的代谢等。现已初步证实，光敏不育水稻的育性受光敏色素的调控。

李合生等（1987，1990）和童哲等（1990，1992）的研究表明，红光间断长暗期可以导致农垦 58S 花粉败育，自然结实率下降，典败花粉率达 86% 以上，自然结实率为 3%~7%；红光效应可为随后的远红光所逆转，典败花粉率为 11%~12%，自然结实率为 49%~50%，远红光效应又能被随后的红光所逆转，典败花粉率又重新上升到 80% 以上，自然结实率又下降到 10% 以下。由此可见，光敏色素作为光受体参与了农垦 58S 的育性转换过程。

第四节　水稻雄性不育的遗传机制

一、雄性不育遗传机制假说

（一）三型学说

该学说由美国科学家希尔斯（Sears，1947）在总结前人研究工作的基础上提出。他将植物雄性不育分为核不育型、质不育型和核质互作型。人们把这一假说称为“三型学说”。

1. 核不育型

这种雄性不育是受细胞核一对不育基因控制，同细胞质没有关系。这种雄性不育具有恢复系，没有保持系，不能实现三系配套。在它的细胞核内有纯合的不育基因（rr），而在正常品种的细胞核内有纯合可育基因（RR）。这种不育株与正常品种杂交，F_1 便恢复可育，F_2 分离出不育株，一般可育株与不育株的比例为 3∶1；它与可育的 F_1 杂交，其杂种可育株与不育株呈 1∶1 的分离比例（图 2-9）。

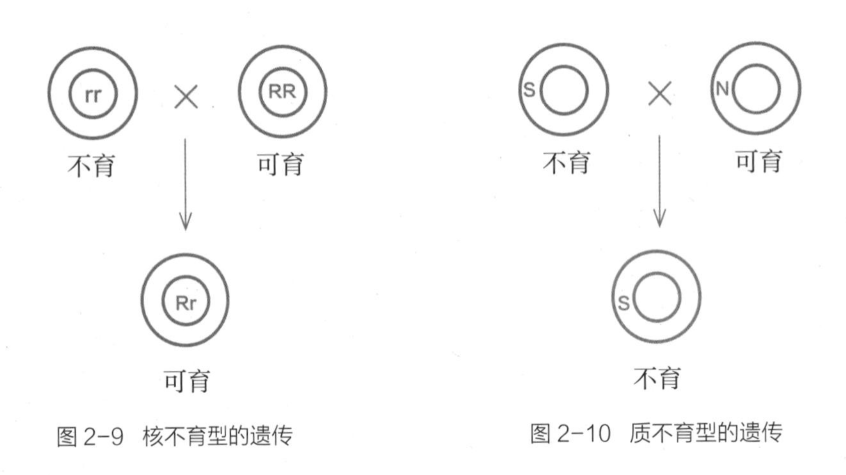

图 2-9　核不育型的遗传　　图 2-10　质不育型的遗传

2. 质不育型

这种雄性不育的遗传完全受细胞质遗传物质的控制，与细胞核无关。用这种不育株与可育株杂交，F_1 仍然是不育的，若继续回交，则继续保持不育。也就是说，它很容易找到保持系，却找不到恢复系（图 2-10）。

希尔斯当时提出这种细胞质不育型，主要是根据罗兹（Rhoades，1933）用雄性可育玉米各自带有标记基因的 10 对染色体逐一地替换雄性不育玉米的 10 对染色体，结果都不能使雄性不育变为雄性可育，于是认为这种玉米雄性不育与任何一对染色体无关，不育性是由细胞质控制的。

3. 核质互作型

这种雄性不育的遗传是受细胞质和细胞核遗传物质共同控制的。当用某些品种的花粉给这种不育株授粉时，F_1 仍然表现雄性不育；当用另外一些品种的花粉给这种不育株授粉时，则 F_1 恢复可育。

设 S 为细胞质雄性不育基因，N 为细胞质可育基因，R 为核内显性可育基因，r 为核内隐性不育基因，则用核质互作型雄性不育株与各种可育类型杂交，F_1 育性表现有以下 5 种遗传方式，如图 2-11。

A. S(rr) × N(rr) → S(rr)
不育　可育　不育

B. S(rr) × S(RR) → S(Rr)
不育　可育　可育

C. S(rr) × N(RR) → S(Rr)
不育　可育　可育

D. S(rr) × S(Rr) → S(Rr)和S(rr)
不育　可育　可育　不育

E. S(rr) × N(Rr) → S(Rr)和S(rr)
不育　可育　可育　不育

图 2-11　核质互作型不育的遗传

细胞质基因只能通过母本的卵细胞传递给后代。只有细胞质基因和核基因都是不育［S（rr）］的个体才能表现为雄性不育。在不育的细胞质内，如果核基因是纯合可育［S（RR）］或杂合可育［S（Rr）］，都表现为可育。在可育细胞质内，不论核基因是纯合可育、杂合可育或者纯合不育，都表现为雄性可育。

雄性不育［S（rr）］× 雄性可育［N（rr）］，其杂种一代仍然是雄性不育［S（rr）］，这种保持雄性不育性的父本［N（rr）］叫作保持系。

雄性不育［S（rr）］× 雄性可育［N（RR）或 S（RR）］，其杂种 F_1 都是杂合可育的［S（Rr）］，这两种父本都是恢复系。

显然，核质互作型雄性不育既有保持系，又有恢复系，能够实现三系配套。

（二）二型学说

该学说是爱德华逊（Edwardson，1956）对希尔斯三型学说的修改。他把三型学说中的质不育型和核质互作型归为一类，从而把植物雄性不育分为核不育型和核质互作型两类。

原认为的细胞质不育型后来被证明也属核质互作型。自然界中纯属细胞质控制的雄性不育是不存在的。

（三）多种核质基因对应性学说

上述核质互作雄性不育型是针对一对核质育性基因而言的，即核内只有一种育性基因（RR、Rr、rr），质内也只有一种育性基因（S、N）。但是木原均（Kihara）和马安（Maan）等人根据对普通小麦的核质对应性研究认为，植物的雄性不育不是一种简单的、单一的核质育性基因的对应关系，而是较复杂的多种核质育性基因之间的对应关系，因而提出了多种核质育性基因对应性学说（图 2-12）。

例如，用普通小麦作父本与 5 种野生的山羊草和 5 种较原始的小麦杂交，获得胞质来源不同但核来源一致的 10 种不同的核质互作型不育系。这说明在父本普通小麦的细胞核里，至少有 10 种不同的核不育基因存在。在每个杂交组合中，某种核不育基因与相应的质不育基因两两对应，共同作用，产生雄性不育。但是在反交的情况下，即以普通小麦作母本，分别与上述 5 种原始小麦和 5 种山羊草杂交并回交，则后代全部可育。这说明普通小麦的细胞质里不存在与上述 10 种核对应的胞质不育基因，而存在 10 种可育基因。正是由于这 10 种胞质可育基因的存在，掩盖和抑制了核内不育基因的作用，使普通小麦表现出正常的雄性可育性。

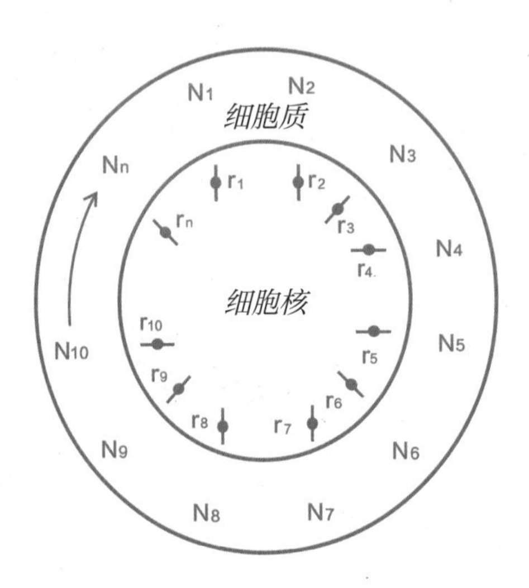

图 2-12 核质育性因子对应性示意图

在一般情况下，各对应的核质育性基因彼此各自独立成对地相互作用，而不发生非对应性育性基因间的互相干扰。即 N_1-r_1 相互作用或 N_2-r_2 相互作用，但 N_1-r_2 之间以及 N_2-r_1 之间一般不发生作用。这一学说反映了雄性不育机制上比较复杂的情况。

（四）通路学说

中国科学院遗传研究所王培田等总结了我国水稻雄性不育研究的实践后，提出了控制花粉形成的细胞质基因和细胞核基因的进化示意图，即所谓“通路”学说（图 2-13）。

图 2-13 的上部是水稻品种的“进化树”，图的下部是育性基因的进化过程。它用细胞质内控制花粉育性的正常基因 N 和不育基因 S 与细胞核内控制花粉育性的正常基因（+）和不育基因（—）的性质转变、数量增减来表示花粉育性基因的进化过程。

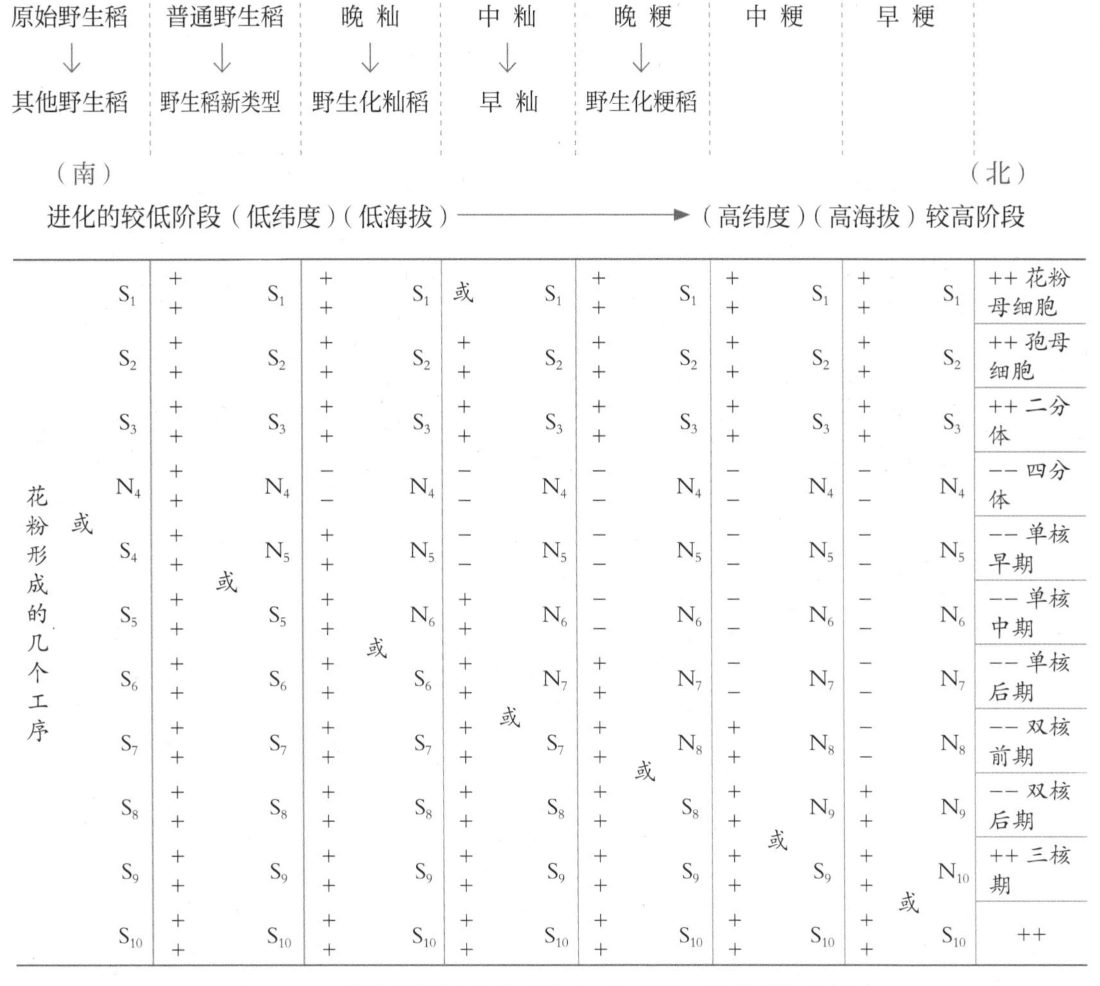

图 2-13　控制花粉形成的细胞质因子和细胞核基因的进化示意图

1. 细胞质内正常因子（N）= 通路，不育因子（S）= 断路；
2. 细胞核内正常因子（+）= 通路，不育因子（-）= 断路；
3. 三条流水作业线（质内一条，核内两条），能拼成一条完整通路产生正常花粉，其中有断路工序的产生不育花粉；
4. “或”表示控制某一工序的细胞质因子，可能是 N 或 S。

水稻进化从较低阶段到高级阶段，在细胞质内控制花粉育性的正常基因（N）越来越多，不育基因（S）越来越少；相反，细胞核内控制花粉育性的正常基因（+）越来越少，不育基因（−）越来越多。换句话说，原来主要靠细胞核基因完成的某些工序，逐步改由相应的质基因去完成了。

假设“N”和“+”都代表通路，“S”和“−”都代表断路，在控制花粉形成的三条道路内（即细胞质控制一条，细胞核控制两条），只要能拼成一条完整的通路，就可形成正常花粉，否则就不能产生正常花粉；在花粉形成过程中，断路发生较早的工序，不育性表现较早，往往也较严重，断路工序较多的比断路工序较少的难于恢复正常。

“通路”学说可以归纳为以下几点：

（1）亲缘关系较远的品种间杂交，较易获得不育系，但是恢复系较少，例 a；亲缘关系较近的品种间杂交，出现断路工序的机会少，获得不育系难，但恢复系多，例 b。

例 a：	++++		− − − +		− − − +
	++++		− − − +	多次回交	− − − +
	——	×	——	·······→	——
	$N_5S_6S_7S_8$		$N_5N_6N_7N_8$		$N_5S_6S_7S_8$
	普通野生稻		早籼或晚粳		典败（第六、第七两个工序为断路）

例 b：	+++		− ++		− ++
	+++		− ++		− ++
	——	×	——	·······→	——
	$S_6S_7S_8$		$N_6S_7S_8$	核代换	$S_6S_7S_8$
	晚籼		中籼		正常可育

（2）以进化阶段较低的南方品种作母本，北方品种作父本进行杂交，容易获得不育系，例 c；反之，以北方品种作母本，南方品种作父本进行杂交，则较难获得不育系，例 d。

例 c：	++		− −		− −
	++		− −		− −
	——	×	——	·······→	——
	S_6S_7		N_6N_7	核代换	S_6S_7
	晚籼		晚粳		不育

例 d：

-- --		++ ++		++ ++
N_6N_7	×	S_6S_7	核代换 ⟶	N_6N_7
晚粳		晚籼		可育

（3）核代换杂交不育系的母本（质给体）类型及分布比它靠南方的品种内恢复系多；父本（核给体）类型及分布比它靠北方的品种内保持系居多。

（4）旁系远缘品种间正反杂交，都有可能获得不育系。

（5）不育系类型与断路发生在哪一阶段有关。例如，某一籼稻品种在第一工序的核基因发生断路，不能完成第一工序，表现为花药严重退化的无花粉型不育系（S_1/-- ）。这种类型在正常品种内容易找到恢复系（S_1/++），而难以找到保持系（N_1/-- ）。

S_1/++ ⟶ S_1/-- × S_1/++ ⟶ S_1/++

核变异　　　　恢复可育

如果某一籼稻品种在控制花粉形成的第六工序的质基因断路，不能完成第六工序，那么则表现为典败型。这种不育系，在中籼及早籼品种内较易找到保持系，而较难找到恢复系，但在晚籼品种内可能找到恢复系。

（五）亲缘学说

这一学说由湖南农学院裴新澍等人提出，亲缘学说认为植物雄性不育是多基因控制的数量性状，而不是质量性状。理由是杂种 F_1 存在育性分离，F_2 代育性呈连续变异，不能严格区分为不育和可育两种类型；不育性不稳定，容易受环境因素尤其是温度的影响。该学说认为，雄性不育产生的原因有两种：①在进行远缘杂交时，由于杂交亲本的亲缘关系疏远，矛盾太大，来自父母本双方的遗传物质不能得到协调，因而导致不育；②由于核内染色体或细胞质里遗传物质结构发生改变而引起雄性不育。因此，花粉的不育和可育是以杂交亲本的亲缘程度为转移的，是相对而言的。雄性不育是远缘（包括远距离）亲本所具遗传物质结合而产生的，而恢复可育则是杂交亲本所具遗传物质亲缘程度接近的结果。要获得雄性不育，就要选用亲缘关系远的亲本进行杂交，要使不育性得到恢复，就要选用与不育胞质关系接近的亲本进行杂交。

（六）Ca^{2+}-CaM 系统调控假说

杨代常等（1987）利用 X 射线的能谱方法发现 Ca^{2+} 在光敏核不育水稻育性转换过程中，长、短日照下有明显差异，认为光敏核不育水稻的育性转换存在着“光敏色素-Ca^{2+}”调控系统。众多的研究表明，Ca^{2+} 在细胞内起着第二信使分子作用，Ca^{2+} 与钙调蛋白（CaM）结合后，能以各种方式调节基因表达和酶活性，同时还可调节细胞内外的膜电位差，由此提出了光敏核不育水稻育性转换的调控模式。该模式的要点是：在光敏核不育水稻的育性转换过程中，以“光敏色素-Ca^{2+}”调节系统为中心，产生一系列联级反应，通过对核蛋白或调节蛋白的修饰，开启或关闭有关基因，使控制育性的一组基因按发育的时空顺序表达或关闭。

在该模式中，长日照下红光态光敏色素（P_r）向远红光态光敏色素（P_{fr}）转化，使 P_r/P_{fr} 的平衡趋向 P_{fr}，从而改变膜透性，启动 Ca^{2+} 通道，使细胞质内 Ca^{2+} 浓度增加，通过 CaM 激活蛋白激酶，对阻遏基因的调节蛋白进行磷酸化，开启阻遏基因，产生一个阻遏蛋白，然后关闭调节基因。由于育性基因的开启需要调节蛋白的作用，调节基因关闭后，育性基因不能启动表达，表现不育。在短日照下，P_r 不能向 P_{fr} 转化，平衡趋向 P_r，膜透性降低，Ca^{2+} 通道逆向输出，使细胞 Ca^{2+} 浓度降低，造成蛋白激酶失活，同时激活磷酸化酶，对阻遏基因的调节蛋白去磷酸化，从而关闭阻遏基因。调节基因由于无阻遏蛋白抑制，基因开启表达产生一个调节蛋白，激活育性基因，育性基因表达后，以联级反应的形式，使一组育性基因按时空顺序表达，表现正常可育。但这组育性基因同时受生理效应和外界环境条件的影响。

（七）光温启动因子假说

该假说由周庭波（1992，1998）提出，其要点是：①花粉发育是在核序列基因、质序列基因和外界光温条件的控制和协调下，通过一系列有时间顺序的生理生化过程实现的；②某个核序列基因是一个完成花粉发育某一过程的生理功能基因团，由光温感觉基因、整合基因和多个生产基因及相连的启动基因组成；③每一个花粉发育质序列基因对相应的核序列基因的配合具有品种特异性，是在长期的自然进化过程中建立起来的；④核序列基因之间、核质序列基因之间以及核质序列基因与外界光温条件之间的任一联系遭到破坏，都会造成雄性不育。

光温启动因子假说认为，生理性不育和遗传不育是统一的。只要产生雄性不育的条件不变，它照常年年不育，是可以遗传的。同样，光温敏不育系显然是可以遗传的，但它确实是一种生理性不育。该假说还认为，从总体上看，雄性不育是一个数量性状，因为控制它的基因是一系列的，但不排除在具体的杂交稻组合里，有可能是少数核序列基因位点出现差异的结果，使育性的变化具有质量性状的特点。

二、水稻雄性不育的分子机制

近年来，随着分子生物学的快速发展，人们对于水稻雄性不育的机制在分子水平上进行了许多有益的探索，取得了不少有意义的成果，对更深入地了解雄性不育的机制、更好地利用水稻雄性不育性为水稻杂种优势利用服务有所裨益。对于水稻雄性不育分子机制的研究，主要包括细胞质雄性不育和细胞核雄性不育两个方面。

（一）细胞质雄性不育

细胞质中含有线粒体和叶绿体两套相对独立的遗传系统，与细胞质密切相关的细胞质雄性不育应与它们有着不可分割的联系。Kadowaki 等（1986）、刘炎生等（1988）和赵世民等（1994）对水稻雄性不育细胞质的研究表明，叶绿体与雄性不育没有直接联系，而线粒体可能是决定细胞质雄性不育更为重要的因素。

通过对水稻细胞质雄性不育系及其保持系线粒体的比较研究，发现不育胞质与可育胞质之间在线粒体基因组、线粒体中类质粒 DNA（Plasmid-like DNA）以及线粒体基因翻译产物等方面的确存在明显的差异，暗示着细胞质雄性不育与线粒体有关。

对线粒体 DNA 酶切片段进行分子杂交，人们发现在水稻细胞质雄性不育系和保持系的线粒体 *CoxⅠ*、*CoxⅡ*、*CoxⅢ*、*atp6*、*atp9*、*atp*A、*Cob* 等基因上都存在位置或拷贝数的差异。刘炎生等（1988）比较了水稻不育系珍汕 97A 及其保持系的线粒体 DNA 酶切电泳带型和细胞色素 C 氧化酶亚基Ⅰ（*CoxⅠ*）、亚基Ⅱ（*CoxⅡ*）两个基因在线粒体酶切片段的位置，发现不育系和保持系线粒体 DNA 差异明显。李大东等（1990）在 BT 型水稻中发现不育系有 2 个 *atpA* 基因拷贝，而保持系仅有 1 个拷贝。Kaleikau 等（1992）发现在野败型不育系中仅有 1 个 *Cob* 拷贝，而保持系中却有 2 个 *Cob* 拷贝，其中 1 个为假基因 *Cob2*。*Cob2* 的产生是 *Cob1* 与一段 192 bp 片段之间进行重组或插入造成的。杨金水等（1992，1995）在 BT 型水稻中发现存在 *atp6* 重复拷贝，其中不育系含 2 个 *atp6* 基因拷贝，而保持系仅含 1 个拷贝。在野败型不育系地谷 A 及其保持系中则发现了存在 *atp9* 不同的重复拷贝，其中不育系仅含 1 个 *atp9* 拷贝，而保持系有 2 个拷贝。Kadowaki 等（1989）用合成的线粒体基因序列作探针，用 RFLP 分析和分子杂交方法比较 BT 型不育系和保持系线粒体 DNA 的差异，发现不育系线粒体 DNA 的 *atp6* 和 *Cob* 均为保持系的 2 倍，不育系中除 1 个正常的 *atp6* 基因外，还存在 1 个额外的嵌合 *atp6* 基因。进一步的研究表明，在不育胞质中含有嵌合 *atp6* 基因（*urf-rmc*）和正常 *atp6* 基因，而可育胞质中仅含有正常的 *atp6* 基因。当引入恢复基因后改变了 *urf-rmc* 基因转录本长度，但并不改变正常的

atp6 基因转录本长度。这暗示着嵌合基因与细胞质雄性不育有关（Kadowaki 等，1990）。Iwahashi 等（1993）也得到类似的结果。由此可知， RNA 正确加工和编辑在控制水稻细胞质雄性不育的表达及其育性恢复上可能有重要作用。

许仁林等（1995）应用任意单引物聚合酶链反应技术，从水稻 WA 型雄性不育系的线粒体 DNA 中得到一个特异的扩增片段 $R_{2\text{-}630}$WA。以该片段为探针进行 Southern 杂交分析，检测到在雄性不育胞质与正常可育胞质间存在线粒体 DNA 多态性。不育系珍汕 97A 和其 F_1 杂种的杂交图谱相同，而保持系珍汕 97B 和恢复系明恢 63 的杂交图谱一样。序列测定该片段全长 629 bp，序列内含有一个长度为 10 bp 的反向重复序列 5’—ACCATATGGT—3’，位于 262 ~ 272 片段。另外，其 379 ~ 439 区段可编码一个含 20 个氨基酸残基的短肽。由此认为， $R_{2\text{-}630}$WA 片段与水稻野败型雄性不育密切相关，并推测反向重复序列 5’—ACCATATGGT—3’ 在细胞质雄性不育性状形成中可能起着重要作用。刘军等（1998）采用 RFLP 分析与分子杂交实验，研究马协型不育系及其保持系间线粒体基因组成，涂珺（1999）对红莲型不育系丛广 41A 及其保持系的线粒体 DNA 采用 RFLP 分析，比较线粒体 DNA 酶切图谱，均发现不育系与保持系之间线粒体基因组存在明显的差异。

有关类质粒 DNA 与细胞质雄性不育相关的报道，水稻方面， Yamaguchi 等（1983）首先在 BT 型水稻不育系中发现存在 B_1 和 B_2 两种类质粒 DNA，分别为 1.5 kb 和 1.2 kb，而其保持系中则不存在 B_1 和 B_2。此后， Kadowaki 等（1986）证实了台中 65A 中存在 B_1 和 B_2，而保持系中没有这两种 DNA。 Nawa 等（1987）也报道了线粒体中 B_1 和 B_2 的变化与水稻细胞质雄性不育存在某种联系。 Mignouna 等（1987）发现野败型不育系珍汕 97A 的 mtDNA 中除主线粒体 DNA 外，还含有 4 个共价闭合环状（ccc）类质粒，而保持系中只有 3 个，其中 2.1 kb 的类质粒 DNA 在不育系中特异存在。Shikanai 等（1988）的研究也表明， BT 型不育系 CMS-A58 的 mtDNA 含有 4 个 ccc 类质粒 DNA，而正常胞质的 A58 中没有这些 DNA。梅启明等（1990）用琼脂糖电泳和电镜观察比较了水稻红莲型青四矮 A 和野败型珍汕 97A 及其保持系 mtDNA 的差异，发现不育系中存在小分子 mtDNA，而这些小分子 mtDNA 在同型保持系中却没有。涂珺等（1997）也发现红莲型从广 41 保持系比不育系线粒体 DNA 多 6.3 kb、 3.8 kb、 3.1 kb 3 种类质粒 DNA。上述研究结果显示，在水稻 BT 型、野败型和红莲型的不育系和保持系间均存在类质粒 DNA 差异。然而，Saleh 等（1989）从 V41A 和 V41B 叶片中提取 mtDNA，分析结果表明，不育系和保持系均含有 4 种小分子量 mtDNA 分子，两者在类质粒 DNA 上并不存在差异，于是认为类质粒 DNA 与细胞质雄性不育并不存在简单的联系。另外， Nawa 等发现 BT 型台中 65A 的同质恢复系中也同样存在类质粒 B_1 和 B_2。这显然支持了 Saleh 的看法。刘祚昌等（1988）以野败型不育系为材料的研究表明，2 个大小为 3.2 kb 和 1.5 kb 的类质粒 DNA 不仅存在于不育系，而且还存在其保持系和 F_1 中，故认为不能肯定这种类质粒 DNA 与雄性不育有关。

对于线粒体基因体外翻译产物的研究也发现不育系与保持系间存在差异。刘祚昌等（1989）通过对不育系和保持系线粒体蛋白及离体翻译产物的研究，发现野败型不育系线粒体基因体外翻译产物比保持系和恢复系均多出一个 20 kD 的多肽；赵世民等（1994）在 D 型不育系中也发现一个特异的 70.8 kD 的多肽，认为其与不育有关，是不育基因产物。刘祚昌等发现 BT 型不育系线粒体基因组体外翻译产物比保持系少 1 个 22 kD 的多肽，但其恢复系和 F_1 中具有核编码的 22 kD 多肽，它补偿了不育系胞质中 22 kD 多肽的缺失而使育性恢复，反映了 BT 型不育胞质线粒体基因组中有关育性的变异可能与小孢子形成过程中某个生理过程有关，该多肽的缺失影响了小孢子形成和正常发育。因此，他们将编码 22 kD 的线粒体基因称为育性基因。据此，赵世民等提出了水稻细胞质雄性不育及育性恢复的两种假说。一种是缺陷型不育与补偿型恢复，BT 型不育属此类型；另一种是附加型不育与抑制型恢复，WA 型和 D 型属此类型。缺陷型不育与补偿型恢复类型的雄性不育性有可能是由于不育细胞质中缺失一个特异蛋白（22 kD），而最终导致花粉发育过程中断。这种缺失是由线粒体基因组控制，但决定育性是否表达的全过程并非在线粒体中进行。1 个 22 kD 的多肽有可能是花粉发育全过程中某一环节所必需的，缺少了它就形成不育。附加型不育与抑制型恢复类型的不育细胞质比正常细胞质多一个附加多肽。有可能由于这个多肽的存在，抑制了花粉发育某一环节的进行，导致了雄性不育。这些附加的多肽在某杂种 F_1 中的线粒体基因组翻译中只有微量的表达，推测恢复系的核基因组对这些妨碍育性表达的多肽合成起了抑制作用。

任鄄胜等（2009）对万恢 88 型水稻细胞质雄性不育系内香 2A 和保持系内香 2B 的线粒体基因组差异片段测序分析，推测其雄性不育是由于不育系线粒体 *atp6* 基因核心启动子区域发生点突变，导致 *atp6* 基因不能正常转录，致使线粒体供能不足，最后导致花粉败育。

包台型不育系的线粒体基因组存在 2 个拷贝 *atp6* 基因，其中 1 个拷贝的 3’ 端还存在 1 个预测的 ORF（*orf79*）。*orf79* 与 *atp6* 共转录形成 *B-atp6/orf79* mRNA。刘耀光等（2005，2006）的研究表明，*orf79* 表达 1 个毒蛋白，将其导入水稻正常品种产生配子体类型的雄性不育。利用定位克隆等方法，从恢复基因座 *Rf1* 分离了 2 个紧密连锁的同源恢复基因 *Rf1*a 和 *Rf1*b。这 2 个基因编码 PPR（pentatricopeptide repeat）蛋白，并定位于线粒体。*Rf1a* 能介导 *B-atp6/orf79* mRNA 的特异性切断，而 *Rf1*b 在 *Rf1*a 不存在的情况下能介导该RNA的完全降解。因此它们以不同的作用模式使不育基因*orf79*沉默，从而恢复花粉的正常发育。当*Rf1*a和*Rf1*b共存时，*Rf1*a具有优先切断目标RNA的作用，表现为上位性，而*Rf1*b不能介导已被*Rf1*a切断的RNA片段的降解。其又通过比较野败型不育系和保持系线粒体全基因组DNA结构和转录谱，发现不育系特有的2个mRNA，其中1个mRNA受恢复基因*Rf4*的转录后加工降解，因此可能是不育基因的转录本，但编码该mRNA的线粒体DNA区段（包括启动子区）在所有水稻包括所有野生稻（20个种）中都存在并有相同的序列，而只有不育细胞质材料才发生转录。因此推测不育系的线粒体基因组特异存在一个转录因子控制不育基因的表达，而正常细胞质的线粒体基因组没有这个转录因子，不育基因虽然存在但处于不表达状态。另1个不育系特有的mRNA是由不育系线粒体特有的1个DNA片段转录产生的，该mRNA不受*Rf4*的影响。因此推测这个mRNA很可能就是该转录因子基因的转录本。这2个mRNA都不受*Rf3*的影响，说明*Rf3*可能是通过对不育基因蛋白的翻译后修饰起恢复育性的作用。说明野败型不育基因的表达产生CMS不育是受线粒体编码的基因的转录水平的调控，而它的育性恢复是受核恢复基因的转录后水平和翻译后水平的控制。此后，又成功克隆了野败型细胞质雄性不育基因*WA352*和恢复基因*Rf4*，并揭示了WA352蛋白通过与核基因表达的线粒体定位蛋白COX11相互作用诱导花药绒毡层异常降解和花粉不育，*Rf4*通过降低WA352转录本水平恢复育性，从而阐明了水稻CMS/Rf系统的核质互作控制雄性不育发生和育性恢复的分子作用机制（陈乐天等，2016）。

（二）细胞核雄性不育

细胞核基因组对于水稻雄性不育的产生起着重要作用，然而由于核基因组十分庞大，对它的研究迄今仍较为贫乏。探讨核基因组与雄性不育关系的研究主要集中在普通核不育突变体和光温敏核不育系的不育基因的定位、克隆及其功能分析等方面，并已取得一定的研究进展。

众所周知，自然突变或人工诱变均可获得水稻雄性不育株。在这些突变体中，大多数属细胞核雄性不育类型，其不育性遗传行为简单，以受单个隐性基因控制为主。近年来，随着水稻基因组测序的完成以及分子标记技术的快速发展，对获得的大量不育突变体或发现的光温敏核不育系进行不育基因的定位、克隆和功能分析研究，已定位了数十个不育基因位点（表2-4、表2-5），其中部分基因已经被克隆（表2-6）。从已有结果来看，核不育的基因位点在染色体上分布极为广泛，遍布水稻全部12条染色体。

表 2-4　水稻细胞核雄性不育突变体（系）不育基因的定位与克隆

不育突变体（系）/ 基因	不育类型	产生途径	基因对数	显隐性	染色体	克隆 / 定位	第一作者	发表时间
农垦 58S、双 8-2S、N98S	光温敏不育		2	隐性	3、11	定位	胡学应	1991
32001S	光敏不育		2	隐性	3、7	定位	Zhang	1994
tms1	温敏不育		1	隐性	8	定位	Wang	1995
Nekken2 / *tms2*	温敏不育		1	隐性	7	定位	Yamagushi	1997
IR32364 / *tms3*	温敏不育		1	隐性	6	定位	Subudhi	1997
农垦 58S	光敏不育		1	隐性	12	定位	李子银	1999
IR32364 / *tms3*（*t*）	温敏不育		1	隐性	6	定位	Lang	1999
农垦 58S / *pms3*	光敏不育		1	隐性	12	定位	Mei	1999
安农 S-1 / *tms5*	温敏不育		1	隐性	2	定位	Wang	2003
基因 *APRT*	温敏不育				4	克隆	李　军	2003
OsMS-L	无花粉型	辐射诱变	1	隐性	2	定位	刘海生	2005
OsMS121	雄性不育	辐射诱变	1	隐性	2	定位	江　华	2006
Osms2	雄性不育	辐射诱变	1	隐性	3	定位	陈　亮	2006
Osms3	雄性不育	辐射诱变	1	隐性	9	定位	陈　亮	2006
培矮 64S	温敏不育		2	隐性	7、12	定位	周元飞	2007
osms7	雄性不育		1	隐性	11	定位	张　虹	2007
ms 基因	无花粉型		1	隐性	1	定位	蔡之军	2008
XS1	花粉败育	自然突变	1	隐性	4	定位	左　玲	2008
ohs1（*t*）	雌雄配子不育	转基因	1	隐性	1	定位	刘晓玲	2009
ms-np	无花粉型	自然突变	1	隐性	6	定位	初明光	2009
D52S [*rpms3*（*t*）]	短光敏不育		1	隐性	10	定位	马　栋	2010
sms1	花药严重不育	自然突变	1	隐性	8	定位	严雯奕	2010
广占63S / *ptgms2-1*	光温敏不育		1	隐性	2	定位	Xu	2011
tms7	温敏不育	野栽交	1	隐性	9	定位	邹丹妮	2011
802A [*ms92*（*t*）]	典败花粉		1	隐性	3	定位	孙小秋	2011
tms7	反温敏不育	野栽交	2	隐性	9、10	定位	胡海莲	2011
rtms2	反温敏不育	野栽交	1	隐性	10	定位	许杰猛	2012
rtms3	反温敏不育	野栽交	1	隐性	9	定位	许杰猛	2012
株 1S/*tms9*	温敏不育		1	隐性	2	定位	Sheng	2013
tms9-1	光温敏不育		1	隐性	9	定位	祁永斌	2014
osms55	雄性不育	化学诱变	1	隐性	2	克隆	陈竹锋	2014
IR64突变体	花粉败育		1	隐性	11	定位	洪　骏	2014
012S-3	无花粉型	自然突变	1	隐性	7	定位	欧阳杰	2015
D63	无花粉型	化学诱变	1	隐性	12	定位	朱柏羊	2015
Osgsl5	雄性低育	T-DNA 插入			6	克隆	师　晓	2015
oss125	雄性不育	化学诱变	1	隐性	2	定位	张文辉	2015
gamyb5	无花粉型	辐射诱变	1	隐性	1	图位克隆	杨正福	2016
cyp703a3-3	无花粉型	辐射诱变	1	隐性	8	图位克隆	杨正福	2016
9522突变体	雄性不育	辐射诱变	1	隐性	4	定位	杨　圳	2016
mil3	无花粉型	辐射诱变	1	隐性		图位克隆	冯梦诗	2016
D63	无花粉型	化学诱变	1	隐性	2	定位	焦仁军	2016
OsDMS-2	花粉少	自然突变	1*	显性	2、8	定位	闵亨棋	2016
whf41	无花粉型	辐射诱变	1	隐性	3	定位	轩丹丹	2017

注：* 遗传分析为 1 对显性基因，但基因定位有 2 个位点，分别位于第 2 号和第 8 号染色体。

表 2-5　水稻中已定位的光温敏雄性不育基因相关信息（范优荣等，2016）

位点	染色体	不育亲本	候选区间	功能
pms1	7	32001S	85 kb	—
pms1（*t*）	7	培矮 64S	101.1 kb	—
pms2	3	32001S	17.6 cM	—
pms3	12	农垦 58S	LDMAR	long non-coding RNA
pms4	4	绵 9S	6.5 cM	—
p/tms12-1	12	培矮 64S	osa-smR5864m	small RNA
CSA	1	csa 突变体	LOC_Os01g16810	参与糖分配
rpms1	8	宜 D1S	998 kb	—
rpms2	9	宜 D1S	68 kb	—
ptgms2-1	2	广占 63S	50.4 kb	—
tms1	8	5460S	6.7 cM	—
tms2	7	Norin PL12	1.7 cM	—
tms3（*t*）	6	IR32364TGMS	2.4 cM	—
tms4（*t*）	2	TGMS-VN1	3.3 cM	—
tms5	2	安农 S-1，株 1S	LOC_Os02g12290	RNase Z
tmsX	2	籼 S	183 kb	—
tms6	5	Sokcho-MS	2.0 cM	—
tms9	2	株 1S	107.2 kb	—
tms9-1	9	衡农 S-1	162 kb	—
TGMS	9	SA2	11.5 cM	—
Ugp1	9	Ugp1 共抑制	LOC_Os09g38030	UDP 葡萄糖焦磷酸化酶
tms6（*t*）	10	G20S	1455 kb	—
rtms1	10	J207S	7.6 cM	—

表 2-6　已克隆的水稻隐性核雄性不育基因（马西青等，2012）

核不育基因	对应育性基因编码的蛋白	对应育性基因功能
msp1	LRR 类受体激酶	小孢子早期发育
pair1	Coiled-coil 结构域蛋白	同源染色体联会
pair2	HORMA 结构域蛋白	同源染色体联会
zep1	Coiled-coil 结构域蛋白	减数分裂期联会复合体形成
mel1	ARGONAUTE（AGO）家族蛋白	生殖细胞减数分裂前的细胞分裂

续表

核不育基因	对应育性基因编码的蛋白	对应育性基因功能
pss1	Kinesin 家族蛋白	雄配子减数分裂动态变化
tdr	bHLH	绒毡层降解
udt1	bHLH	绒毡层降解
gamyb4	MYB 转录因子	糊粉层和花粉囊发育
ptc1	PHD-finger 转录因子	绒毡层和花粉粒发育
api5	抗凋亡蛋白 5	延迟绒毡层降解
wda1	碳裂合酶	脂质合成和花粉粒外壁形成
cyp704B2	细胞色素 P450 基因家族	花粉囊和花粉外壁发育
dpw	脂肪酸还原酶	花粉囊和花粉外壁发育
mads3	同源异形	花粉囊晚期发育和花粉发育
osc6	脂转移家族蛋白	脂质体和花粉外壁发育
rip1	WD40	花粉成熟和萌发
csa	MYB	花粉和花粉囊糖的分配
id1	MYB	花粉囊开裂

事实上，在水稻雄性生殖发育中，任何参与雄蕊发育、孢原细胞分化、花粉母细胞减数分裂、小孢子有丝分裂、花粉发育或开花等全过程中基因的突变，均有可能引起花药或花粉发育异常，最终导致雄性不育（Ma，2005；Glover 等，1988）。近年来，随着水稻基因组测序的完成，水稻突变体库的构建以及基因表达谱分析等工作的开展，水稻花粉发育的分子机制研究取得了一定进展。据张文辉等（2015）综括，目前已发现一些控制水稻花器官数目的基因，如 *FON1-4*、*OsLRK1*；控制花粉囊细胞的分开和分化的基因 *MSP1*、*OsTDL1A*；控制雄性减数分裂基因 *PAIR1*、*PAIR2*、*PAIR3*、*MEL1*、*MIL1*、*DTM1*、*OsSGO1* 等；促进花粉粒发育的关键基因 *CYP703A3*、*CYP704B2*、*WDA1*、*OsNOP*、*DPW*、*Ugp2*、*MTR1* 等。这些基因涉及多个方面，包括小孢子母细胞的减数分裂、绒毡层发育及降解以及花粉细胞壁形成等方面。根据不育基因的功能和调控时期的差异，主要可分为 3 类：① 小孢子母细胞发育时期不育基因；② 绒毡层发育时期不育基因；③ 花粉囊和花粉外壁发育时期不育基因。

MSP1（Multiple Sporocyte）是水稻中克隆的第 1 个调控早期小孢子细胞发育的育性基因，它编码富含亮氨酸的受体蛋白激酶。*msp1* 突变体产生过量的雌雄孢子母细胞，花粉

囊细胞壁和绒毡层发育紊乱，小孢子母细胞发育停留在减数分裂Ⅰ期，而大孢子母细胞的发育不受影响，最终导致花粉彻底败育，而雌性器官则发育正常（Nonomura，2003）。张文辉等（2015）研究表明，*OsRPA1a* 是控制不育突变体 *oss125* 表型的基因，*OsRPA1a* 编码区 A663 位点突变为 C，导致花粉发育异常。*OsRPA1a* 参与水稻雄配子和雌配子发育过程，为水稻减数分裂和体细胞 DNA 修复所必需。师晓（2015）从 T-DNA 及 Tos17 插入的水稻突变体库中筛选得到一个水稻低育性突变体，确定该突变体形成的原因是 T-DNA 片段插入到水稻第 6 染色体上 *GSL5*（Glucan synthase-like 5）基因的第 5 个内含子上。该基因在植株整个生育期的各部位都有表达，而表达最高的时期和部位为水稻雄配子体减数分裂二分体和四分体时期的小孢子母细胞中。水稻中基因 *GSL5* 与拟南芥中基因 *At GSL2* 同源，属 *OsGSL* 基因家族，是水稻中第 1 个被报道的负责编码胼胝质合成酶的基因，该基因所编码的 *OsGSL5* 主要的功能是控制胼胝质的合成。在小孢子母细胞减数分裂过程中，由于 *GSL5* 基因表达被沉默之后，由 *GSL5* 催化合成的胼胝质大量减少，而此时期胼胝质的作用在于形成细胞板和花粉母细胞以及二分体和四分体的胼胝质壁，缺失了胼胝质的雄配子进一步发育受到了严重影响，最终导致形成的具有活力的成熟花粉数量仅为野生型的约 3%，突变体植株的穗结实率也仅为野生型的约 10%。

已克隆的与绒毡层发育相关的水稻育性相关基因大多为编码转录因子的基因。例如，*UDT1*（undeveloped tapetum 1）调控绒毡层早期基因表达和花粉母细胞减数分裂，是次生壁细胞分化成成熟的绒毡层所必需的。*udt1* 突变体绒毡层在减数分裂期的发育变得空泡化，中层不能及时降解，性母细胞不能发育成花粉，最终导致花粉完全败育（Jung 等，2005）。*TDR*（tapetum degeneration retardation）和 *UDT1* 基因都编码 bHLH 类转录因子。研究发现，*TDR* 能直接结合到 PCD 基因 *Os-CP1* 和 *OsC6* 启动子区，正向调控绒毡层的 PCD 过程和花粉细胞壁的形成。*tdr* 突变体绒毡层和中层降解延迟，小孢子释放后被迅速降解，从而导致雄性完全不育（Li 等，2006）。陈亮（2006）发现突变体 *Osms3* 的花粉壁发育中，绒毡层出现过早的液泡化和降解异常，导致不能形成正常的花粉粒。张虹（2007）对隐性核不育的水稻雄性不育突变体 *osms7* 的研究认为，其不育基因可能为控制水稻绒毡层细胞程序性死亡的负调控因子。冯梦诗（2016）将 ^{60}Co-γ 射线辐射诱变水稻中籼 3037 获得的无花粉突变体 *mil3* 的不育基因精细定位于 STS 标记 S10 和标记 S11 之间。这两个标记之间的物理距离约为 40 kb，该区间内包含 9 个开放阅读框（ORF）。其中的一个 ORF 的第 496 位核苷酸处有单碱基的插入，第 497 位和第 499 位核苷酸处有单碱基突变，导致该位点之后的氨基酸序列发生变化，该基因被认为是候选基因，它是一个氧化还原酶相关基因。*mil3* 突变体的花药发育异常导致小孢子降解而无花粉产生。对影响绒毡层发育的 5 个基因 *MSP1*、*UDT1*、*TDR*、*DTC1* 和 *OsCP1* 的 qPCR 分析表明，*MIL3* 可能位于 *MSP1*、*UDT* 和 *TDR* 的下游，位于 *DTC1* 和 *OsCP1* 的上游，在绒毡层发育过程中起重要作用。杨正福（2016）在 $^{60}Co-\gamma$ 射线辐射诱变籼稻中恢 8015 的突变体库内发现了一个无花粉型雄性不育突变体 *gamyb5*。花药半薄切片的结果表明突变体 *gamyb5* 的小孢子母细胞减数分裂异常，没有形成正常的四分体和小孢子，并且绒毡层异常伸长，其程序化死亡延迟。将突变基因精细定位于第 1 染色体长臂的 ZF-29 和 ZF-31 两个标记之间，物理距离约 16.9 kb。对该区域内 2 个完整的 ORFs 测序分析发现，编码受赤霉素诱导的 MYB 转录因子基因 *Os01g0812000* 的第 2 个外显子存在 8 个碱基的缺失，导致翻译提前终止。qRT-PCR 检测到在突变体中影响花药发育的调控因子 *UDT1*、*TDR*、*CYP703A3* 和 *CYP704B2* 的表达量比野生型中极显著降低，进一步证明 *GAMYB* 在花药减数分裂和绒毡层程序性死亡过程中起关键作用。

水稻花粉囊壁最外层由一层蜡状的角质层组成，角质层在保护水稻花粉囊发育过程中起着非常重要的作用，如抵御各种逆境胁迫，防止病菌感染和水分散失等。关于影响蜡质形成的水稻核不育基因已有报道，例如，*Wda1*（Wax-deficient anther1）基因参与长链脂肪酸合成途径，调控脂质合成和花粉壁的发育，主要在花粉囊的表皮细胞中表达。*wda1* 突变体花粉囊角质层蜡质晶体缺失，小孢子发育严重延迟，最终导致雄性不育（Jung 等，2006）。*Cyp704B2* 属于细胞色素 P450 基因家族，在脂肪酸的羟基化途径中起重要作用，它主要在绒毡层细胞表达。*cyp704B2* 突变体绒毡层发育缺陷，花粉囊和花粉外壁发育受阻，导致花粉败育（Li 等，2010）。轩丹丹等（2017）从籼稻中恢 8015 辐射诱变突变体库中分离鉴定出了一个无花粉型雄性不育突变体 *whf41*。表型分析显示，*whf41* 突变体的花药瘦小且呈透明乳白色，花药中不包含花粉粒；半薄切片的结果显示，突变体的小孢子无法形成正常的花粉外壁，绒毡层细胞异常膨大而不进行程序性死亡，最终膨胀的绒毡层和花粉细胞碎片逐渐融合并充满药室；扫描电镜的结果进一步发现突变体花药内外壁均呈平滑状而缺乏脂类物质，花粉细胞逐渐破碎并降解。该基因被定位于第 3 染色体短臂 XD-5 和 XD-11 两个标记之间，物理距离 45.6 kb，该区间内包含 9 个开放阅读框。序列分析显示该区间内细胞色素 P450 基因 *LOCOs03g07250* 的第 4 个外显子处存在 1 个单碱基替换和 3 个碱基的缺失，导致其翻译序列发生一个氨基酸的替换（天冬氨酸→甲硫氨酸）和一个氨基酸（缬氨酸）的缺失，致使其功能改变进而出现该表型。qRT-PCR 检测结果表明，*whf41* 突变体中 *CYP704B2* 和一系列花药脂质合成与转运相关基因的表达水平均发生了显著下调。由此推断，*OsWHF41* 是 *CYP704B2* 的新等位基因，相关结果进一步明确了 *CYP704B2* 在水稻花药脂质合成与花粉壁形成过程中的重要作用。杨正福（2016）将辐射诱变籼稻中恢 8015 突变体库的突变体 *cyp703a3-3* 的不育基因定位在第 8 号染色体 S15-29 和 S15-30 两个标记之间，物理距离约 47.78 kb。测序发现，*CYP703A3* 的第 1 个外显子中有 3 个碱基缺失，引起移码突变，导致突变表型的出现。通过转基因互补验证，将野生型 *CYP703A3* 基因转入突变体中，突变表型得到恢复，说明 *CYP703A3* 就是目的基因，在水稻花药和花粉壁的发育过程中起重要作用。

陈亮（2006）将 *Osms2* 突变不育基因定位在水稻第 3 染色体 InDel 标记 CL6-4 和 CL7-4 之间，距离两者分别为 0.1 cM 和 0.04 cM，物理距离为 100 kb 左右。这个范围内共有 13 个基因，其中的一个类似 *MS2* 基因，与拟南芥雄性不育基因 *MS2* 同源，测序发现，该基因的第 8 个外显子有一个碱基缺失，导致发生移码突变，初步确定 *OsMS2* 即为候选基因。观察发现其小孢子外壁发育不正常，最后导致小孢子降解而不能形成成熟的花粉粒。江华等（2006）通过射线诱变粳稻 9522 种子获得一株水稻雄性不育突变体 *OsMS121*，用图位克隆的方法将该基因定位在水稻第 2 染色体分子标记 R2M16-2 和 R2M18-1 之间约 200 kb 范围内。分析认为花粉的萌发孔在发育过程中出现异常可能是其败育的原因。

此外，Zhang 等（2010）分离鉴定了一个碳饥饿花药（carbon starved anther，csa）突变体，该突变体在茎叶中糖分含量增高而花器中的糖分和淀粉含量降低，特别是后期花药中的碳水化合物水平低，表现为雄性不育。经图位克隆，*CSA* 基因在绒毡层细胞和负责糖分运输的维管组织中优先表达，编码 R2R3 MYB 转录因子。*CSA* 基因与编码单糖类转运子的 MST8 启动子密切相关。在 *csa* 突变体的花药中，MST8 的表达量大大降低。分析表明，在水稻雄性发育中 *CSA* 对调节负责糖分分配基因的转录起着关键作用。

近年来，对于光温敏核不育基因的研究也取得了一定的进展。李军等（2003）首次报道从水稻（*Oryza sativa* subsp. *indica*）中克隆了拟南芥中导致植株雄性不育的腺嘌呤磷酸核糖转移酶基因 *APRT*，并将其定位于水稻第 4 染色体的一个 BAC 克隆。该基因长 4 220 bp，编码的 APRT 蛋白长 212 个氨基酸残基，该蛋白中存在 APRT 催化结构域。进一步研究发现，受温度诱导，水稻温敏不育系安农 S-1 中 *APRT* 基因的表达变化可能与温敏核雄性不育表型相关。周元飞（2007）研究表明，培矮 64S 的光温敏雄性不育性受 2 对隐性重叠基因控制，并将这两对不育基因 *pms1* 和 *pms3* 分别定位到第 7 号和第 12 号染色体上。*pms1* 与 SSR 标记 RM6776 共分离，且与两侧的连锁标记 RM21242 和 YF11 之间的遗传距离均为 0.2 cM，物理距离为 101.1 kb。该区间共有 14 个预测基因，其中

的 *LOCOs07g12130* 位点编码一个含 DNA 结合结构域的 MYB 类蛋白，该基因产物与热刺激的敏感反应相关，推测 *LOCOs07g12130* 最有可能是 *pms1* 可育等位基因的候选基因。祁永斌（2014）将控制温敏雄性不育系衡农 S-1 雄性不育的基因定位于第 9 号染色体两个 dCAPS 标记之间，相隔 162 kb，命名为 *tms9-1* 基因。通过候选基因的 BAC 功能注释以及候选基因的测序结果证实， *OsMS1* 基因在其第 3 外显子处发生了一个从 C 到 T 的碱基突变，并推测 *OsMS1* 基因为 *tms9-1* 基因的候选基因。衡农 S-1 中的点突变正好发生在一个预测的转录因子 S- Ⅱ的中心区域，其调控由 RNA 聚合酶Ⅱ控制的转录延伸。 Ding 等（2012）发现 1 236 bp 长的非编码长链 RNA（lncRNA），被称为 LDMAR，它对水稻农垦 58S 的光敏不育起调控作用，在长日照条件下，正常花粉发育需要足够量的 LDMAR 转录本。研究表明，不育突变体与野生型只有一个单核苷酸多态性（SNP）的差异，该差异导致了 LDMAR 二级结构的改变，而这一改变又引起 LDMAR 启动子区域甲基化程度增加，致使 LDMAR 的转录下调。LDMAR 转录量不足，导致花药发育中过早的细胞程序性死亡，最终形成不育。 Ding 等（2012）和 Zhou（2012）相继报道了光敏核不育基因 *pms3* 的克隆和功能分析，结果表明， Ding 等利用农垦 58S 定位的不育基因 *pms3* 和 Zhou 等利用培矮 64S 定位的不育基因 *p/tms12-1* 其实是同一个基因。但由于两个不育系对光温应答反应不同，因此 2 个研究针对该基因的功能分析也略有不同。2 个研究同时证实了农垦 58 变为光敏不育的农垦 58S 和培矮 64 变为温敏的培矮 64S 均是 *pms3* 位点上同一个碱基由 G 变成 C 造成的，该碱基突变位于 21 nt 的小 RNA（osa-smR5864）的第 11 位上。 Ding 等发现该突变造成了该基因启动子区域 DNA 甲基化中 CG 甲基化程度的升高，在长日照情况下抑制了该基因在幼穗中的表达量，导致不育，并证实这一调控是典型的 RNA 介导的 DNA 甲基化。 Zhou 等认为小 RNA osa-smR5864m 和其野生型 osa-smR5864w 均优先在幼穗中表达，但两者之间的表达差异不受光照和温度调控，推测该育性基因的调控不是通过小 RNA 的表达量体现，而是对小 RNA 结合的下游靶基因调控。

安农 S-1 是当前生产上应用的光温敏不育系的主要不育基因资源，在光温敏不育系选育中被广泛使用。华南农业大学和中国科学院遗传与发育生物研究所共同合作，定位克隆了来自安农 S-1 和株 1S 的温敏不育基因 *tms5*，并揭示了该基因控制温敏不育的分子机制（Zhou 等， 2014）。 *TMS5* 编码一个保守的短版的 RNase Z 同源蛋白，命名为 RNase Z^{S1}。安农 S-1 和株 1S 中 *TMS5* 编码区第 71 个碱基由 C 突变成 A，导致 RNase Z^{S1} 蛋白翻译提前终止。 RNase Z^{S1} 蛋白具有前体 tRNA 3’ 端内切酶活性，周海等（2014）推测该蛋白可以通过对泛素与核糖体融合蛋白 L40（UbL_{40}）基因转录的 mRNA 加工，调控水稻温敏雄性不育。野生型水稻中，高温诱导下，UbL_{40} 基因转录的 mRNA 可以被 RNase Z^{S1} 正常降解，育性正常；在 *tms5* 温敏不育系中，由于 RNase Z^{S1} 功能的缺失，高温诱导表达的 UbL_{40} mRNA 不能被正常降解而过度积累，导致花粉败育（图 2-14）。

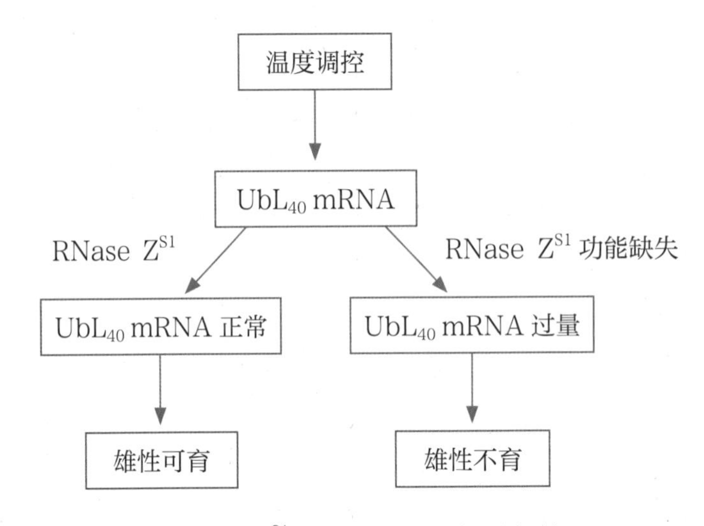

图 2-14　RNase Z^{S1} 调控水稻温敏雄性不育机制

综上所述，随着现代生物技术的快速发展，越来越多的水稻核雄性不育基因的克隆及其功能被阐明，未来必将更加清晰地认识和阐明水稻雄性不育基因的遗传和分子调控机制，为水稻杂种优势利用中有效运用不育基因提供更好的机会，同时，也必将为今后的水稻分子设计育种提供更多可资利用的基因资源，从而使水稻杂种优势利用进入一个新的发展阶段。

References

参考文献

[1] 蔡耀辉，张俊才，刘秋英. 萍乡核不育水稻稃尖性状遗传与感温关系的研究 [J]. 江西农业科技，1990(1)：14–15.

[2] 曹孟良，郑用琏，张启发. 光敏核不育水稻农垦 58S 与农垦 58 蛋白质双向电泳对比分析 [J]. 华中农业大学学报，1992，11(4)：305–311.

[3] 曹以诚，付彬英，王明全，等. 光敏感核不育水稻蛋白质双向电泳的初步分析 [J]. 武汉大学学报（HPGMR 专刊），1987：73–80.

[4] 陈翠莲，孙湘宁，张自国，等. 湖北光敏核不育水稻磷素代谢初探 [J]. 华中农业大学学报，1990，9(4)：472–474.

[5] 陈平，肖翊华. 光敏感核不育水稻花粉败育过程中花药过氧化物酶活性的比较研究 [J]. 武汉大学

学报（HPGMR 专刊），1987：39–42.

[6] 陈贤丰，梁承邺. 湖北光周期敏感核不育水稻花药能量和活性氧的代谢 [J]. 植物学报，1992，34（6）：416–425.

[7] 陈雄辉，万邦惠，梁克勤. 光温敏核不育水稻育性对光温反应敏感度的研究 [J]. 华南农业大学学报，1997，18（4）：8–11.

[8] 程式华，孙宗修，斯华敏，等. 水稻两用核不育系育性转换光温反应型的分类研究 [J]. 中国农业科学，1996，29（4）：11–16.

[9] 邓华凤. 安农 S–1 光敏不育水稻的发现及初步研究 [J]. 成人高等农业教育，1988（3）：34–36.

[10] 邓继新，刘文芳，肖翊华. HPGMR 花粉发育期花药 ATP 含量及核酸与蛋白质的合成研究 [J]. 武汉大学学报（自然科学版），1990（3）：85–88.

[11] 邓晓建，周开达. 低温敏显性核不育水稻“8987”的育性转换与遗传研究 [J]. 四川农业大学学报，1994，12（3）：376–382.

[12] 冯剑亚，曹大铭. 光敏核不育水稻 C_{407S} 育性与穗中多胺变化的特点 [J]. 南京农业大学学报，1993，16（2）：107–110.

[13] 冯剑亚，俞炳杲，曹大铭. 光敏核不育水稻幼穗发育过程中多胺的变化 [J]. 南京农业大学学报，1991，14（1）：12–16.

[14] 冯九焕，卢永根，刘向东. 水稻光温敏核雄性不育系培矮 64S 花粉败育的细胞学机理（英文）[J]. 中国水稻科学，2000，14（1）：7–14.

[15] 贺浩华，张自国，元生朝. 温度对光照诱导光敏感核不育水稻的发育与育性转换的影响初步研究 [J]. 武汉大学学报（HPGMR 专刊），1987：87–93.

[16] 胡学应，万邦惠. 水稻光温敏核不育基因与同工酶基因的遗传关系及连锁测定 [J]. 华南农业大学学报，1991，12（1）：1–9.

[17] 黄厚哲，楼士林，王侯聪，等. 植物生长素亏损与雄性不育的发生 [J]. 厦门大学学报（自然科学版），1984，23（1）：82–97.

[18] 黄庆榴，唐锡华，茅剑蕾. 粳型光敏核不育水稻 7001s 的光温反应特性与花粉育性转换及其过程中花药蛋白质的变化 [J]. 作物学报，1994，20（2）：156–160.

[19] 黄庆榴，唐锡华，茅剑蕾. 温度对温敏核雄性不育水稻花粉育性与花药蛋白质的影响 [J]. 植物生理学报，1996，22（1）：69–73.

[20] 黄少白，周燮. 水稻细胞质雄性不育与内源 GA_{1+4} 和 IAA 的关系 [J]. 华北农学报，1994，9（3）：16–20.

[21] 蒋义明，荣英，陶光喜，等. 粳稻新质源温敏核不育系：滇农 S–2 的选育 [J]. 西南农业学报，1997，10（3）：21–24.

[22] 蒋义明，荣英，陶光喜，等. 新资源粳稻温敏核不育系滇农 S–1 的选育和表现 [J]. 杂交水稻，1997，12（5）：30–31.

[23] 黎世龄，高一枝，李会如，等. 短光敏不育水稻宜 DS_1 异交性观察初报 [J]. 杂交水稻，1996（1）：32.

[24] 李大东，王斌. 水稻线粒体 *aptA* 基因的克隆及其与细胞质雄性不育的关系 [J]. 遗传，1990，12（4）：1–4.

[25] 李合生，卢世峰. 湖北光敏核不育水稻育性转移与光敏色素相关性的初步研究 [J]. 华中农业大学学报，1987，6（4）：397–398.

[26] 李美茹，刘鸿先，王以柔，等. 籼型两用核不育水稻育性转换过程中氧代谢的变化 [J]. 中国水稻科学，1999，13（1）：36–40.

[27] 李平，刘鸿先，王以柔，等. 籼型两用核不育系水稻培矮 64S 的育性表达：幼穗发育过程中的 NAD^+–MDH 和 AP 同工酶的变化 [J]. 中国水稻科学，1997，11（2）：83–88.

[28] 李平，周开达，陈英，等. 利用分子标记定位水稻野败型核质互作雄性不育恢复基因 [J]. 遗传学报，1996，23（5）：357–362.

[29] 李荣伟，李合生. PGMS 水稻育性转换中的多胺含量变化（简报）[J]. 植物生理学通讯，1997，33（2）：101–104.

[30] 李泽炳. 对我国水稻雄性不育分类的初步探讨[J]. 作物学报，1980，6（1）：17–26.

[31] 李子银，林兴华，谢岳峰，等. 利用分子标记定位农垦 58S 的光敏核不育基因[J]. 植物学报，1999，41（7）：731–735.

[32] 利容千，王建波，汪向明. 光周期对光敏核不育水稻小孢子发生和花粉发育的超微结构的影响[J]. 中国水稻科学，1993，7（2）：65–70.

[33] 梁承邺，梅建峰，何炳森，等. 光（温）敏核雄性不育水稻小孢子败育发生主要时期的细胞学观察[C]// 两系法杂交水稻研究论文集. 北京：农业出版社，1992：141–149.

[34] 梁承邺，陈贤丰，孙谷畴，等. 湖北光周期敏感核不育水稻农垦 58S 花药中的某些生化代谢特点[J]. 作物学报，1995，21（1）：64–70.

[35] 林植芳，梁承邺，孙谷畴，等. 雄性不育水稻小孢子败育与花药的有机自由基水平[J]. 植物学报，1993，35（3）：215–221.

[36] 刘军，朱英国，杨金水. 马协型细胞质雄性不育水稻的线粒体 DNA 研究[J]. 作物学报，1998，24（3）：315–319.

[37] 刘立军，薛光行. 水稻光敏核不育基因相关蛋白产物初步研究[J]. 作物学报，1995，21（2）：251–253.

[38] 刘庆龙，彭丽莎，卢向阳，等. 两系杂交水稻应用化学杂交剂保纯的研究 Ⅱ. 保纯灵处理对光温敏核不育水稻生理生化的影响[J]. 湖南农业大学学报，1998，24（5）：345–350.

[39] 刘炎生，汪训明，王韫珠，等. 水稻细胞质雄性不育系和保持系的线粒体 *coI*、*coII* 基因组织结构差异的分析[J]. 遗传学报，1988，15（5）：348–354.

[40] 刘祚昌，赵世民，詹庆才，等. 水稻线粒体基因组翻译产物与细胞质雄性不育性[J]. 遗传学报，1989，6（1）：14–19.

[41] 卢兴桂，袁潜华，徐宏书. 我国两系法杂交水稻中试开发的实践与经验[J]. 杂交水稻，1998，13（5）：1–3.

[42] 卢兴桂. 我国水稻光温敏雄性不育系选育的回顾[J]. 杂交水稻，1994（3–4）：27–30.

[43] 罗孝和，邱趾忠，李任华. 导致不育临界温度低的两用不育系培矮 64S [J]. 杂交水稻，1992（1）：27–29.

[44] 骆炳山，李文斌，屈映兰，等. 湖北光敏感核不育水稻育性转换机理初探[J]. 华中农业大学学报，1990，9（1）：7–12.

[45] 骆炳山，李德鸿，屈映兰，等. 乙烯与光敏核不育水稻育性转换关系[J]. 中国水稻科学，1993，7（1）：1–6.

[46] 梅启明，朱英国，张红军. 湖北光敏核不育水稻中酶的反应特征研究[J]. 华中农业大学学报，1990，9（4）：469–471.

[47] 梅启明，朱英国. 红莲型和野败型水稻细胞质雄性不育系线粒体 DNA（mtDNA）的比较研究[J]. 武汉植物学研究，1990，8（1）：25–32.

[48] 莫磊兴，李合生. 多胺在湖北光敏核不育水稻育性转换中的作用[J]. 华中农业大学学报，1992，11（2）：106–114.

[49] 沈毓渭，高明尉. 水稻细胞质雄性不育系 R 型育性回复突变体的同工酶和氨基酸分析[J]. 作物学报，1996，22（2）：241–246.

[50] 盛孝邦，丁盛. 光敏核不育水稻选育与利用的几个问题讨论[J]. 杂交水稻，1993（3）：1–3.

[51] 石明松. 对光照长度敏感的隐性雄性不育水稻的发现与初步研究[J]. 中国农业科学，1985（2）：44–48.

[52] 石明松. 晚粳自然两用系的选育及应用初报[J]. 湖北农业科学，1981（7）：1–3.

[53] 舒孝顺，陈良碧. 高温敏感不育水稻育性敏感期幼穗和叶片中的总 RNA 含量变化（简报）[J]. 植物生理学通讯，1999，35（2）：108–109.

[54] 宋德明，王志，刘永胜，等. 水稻无花药型不育材料的发现及其转育后代育性初步观察 [J]. 植物学报，1998，40（2）：184–185.

[55] 宋德明，王志，刘永胜，等. 水稻无花药不育材料的研究 [J]. 四川农业大学学报，1999，17（3）：268–271.

[56] 孙俊，朱英国. 湖北光周期敏感核不育水稻发育过程中花粉及花药壁超显微结构的研究 [J]. 作物学报，1995，21（3）：364–367.

[57] 孙宗修，程式华，斯华敏，等. 在人工控制光温条件下早籼光敏不育系的育性反应 [J]. 浙江农业学报，1991，3（3）：101–105.

[58] 孙宗修，程式华. 杂交水稻育种——从三系、两系到一系 [M]. 北京：中国农业科技出版社，1994.

[59] 汤日圣，梅传生，张金渝，等. TO_3 诱导水稻雄性不育与内源激素的关系 [J]. 江苏农业学报，1996，12（2）：6–10.

[60] 田长恩，段俊，梁承邺. 乙烯对水稻 CMS 系及其保持系蛋白质、核酸和活性氧代谢的影响 [J]. 中国农业科学，1999，32（5）：36–42.

[61] 田长恩，梁承邺，黄毓文，等. 水稻细胞质雄性不育系幼穗发育过程中多胺与乙烯的关系初探（英文）[J]. 植物生理学报，1999，25（1）：1–6.

[62] 田长恩，梁承邺. 多胺对水稻 CMS 系及其保持系幼穗蛋白质、核酸和活性氧代谢的影响 [J]. 植物生理学报，1999，25（3）：222–228.

[63] 童哲，邵慧德，赵玉锦，等. 光敏核不育水稻中调节育性的第二信使 [C]// 两系法杂交水稻研究论文集. 北京：农业出版社，1992：170–175.

[64] 涂珺，朱英国. 水稻线粒体基因组与细胞质雄性不育研究进展 [J]. 遗传，1997，19（5）：45–48.

[65] 涂珺. 红莲型水稻不育系与保持系线粒体 DNA 酶切分析 [J]. 仲恺农业技术学院学报，1999，12（3）：11–14.

[66] 万邦惠，李丁民，绮林. 水稻质核互作雄性不育细胞质的分类 [C]// 杂交水稻国际学术讨论会论文集. 北京：学术期刊出版社，1988：345–351.

[67] 万邦惠. 水稻质核雄性不育的分类和利用 [C]// 水稻杂种优势利用研究. 北京：农业出版社，1980.

[68] 王华，汤晓华，戴凤. 甘蓝型油菜细胞核雄性不育材料杂种优势利用研究概况 [J]. 贵州农业科学，1999，27（4）：63–66.

[69] 王京兆，王斌，徐琼芳，等. 用 RAPD 方法分析水稻光敏核不育基因 [J]. 遗传学报，1995，22（1）：53–58.

[70] 王台，童哲. 光周期敏感核不育水稻农垦 58S 不育花药的显微结构变化 [J]. 作物学报，1992，18（2）：132–136.

[71] 王台，肖翊华，刘文芳. 光敏感核不育水稻育性诱导和转换过程中叶片内碳水化合物的变化 [J]. 作物学报，1991，17（5）：369–375.

[72] 王台，肖翊华，刘文芳. 光周期诱导 HPGMR 叶蛋白质变化的研究 [J]. 华中农业大学学报，1990，9（4）：369–374.

[73] 王熹，俞美玉，陶龙兴. 雄性配子诱杀剂 CRMS 对水稻花药蛋白质与游离氨基酸的影响（英文）[J]. 中国水稻科学，1995，9（2）：123–126.

[74] 吴红雨，汪向明. 光周期长度对农垦 58S 的小孢子发生的影响 [J]. 华中农业大学学报，1990，9（4）：464–465.

[75] 夏凯，肖翊华，刘文芳. 湖北光敏感核不育水稻光敏感期叶片中 ATP 含量与 RuBPCase 活力的分析 [J]. 杂交水稻，1989（4）：41–42.

[76] 何之常，肖翊华，冯胜彦. ^{32}P 在 HPGMR

（58s）植物中的分配[J]. 武汉大学学报（自然科学版），1992（1）：127–128.

[77] 肖翊华，陈平，刘文芳. 光敏感核不育水稻花药败育过程中游离氨基酸的比较分析[J]. 武汉大学学报（HPGMR 专刊），1987：7–16.

[78] 谢国生，杨书化，李泽炳，等. 两用核不育水稻光敏与温敏分类的探讨[J]. 华中农业大学学报，1997，16（5）：311–317.

[79] 徐汉卿，廖廑麟. 甲基胂酸锌对水稻杀雄作用的细胞形态学观察[J]. 作物学报，1981，7（3）：195–200.

[80] 徐孟亮，刘文芳，肖翊华. 湖北光敏核不育水稻幼穗发育中 IAA 的变化[J]. 华中农业大学学报，1990，9（4）：381–386.

[81] 许仁林，姜晓红，师素云，等. 水稻野败型细胞质雄性不育系和保持系蛋白质多肽的比较研究[J]. 遗传学报，1992，19（5）：446–452.

[82] 许仁林，谢东，师素云，等. 水稻线粒体 DNA 雄性不育有关特异片段的克隆及序列分析[J]. 植物学报，1995，37（7）：501–506.

[83] 颜龙安，蔡耀辉，张俊才，等. 显性雄性核不育水稻的研究及应用前景[J]. 江西农业学报，1997，9（4）：61–65.

[84] 颜龙安，张俊才，朱成，等. 水稻显性雄性不育基因鉴定初报[J]. 作物学报，1989，15（2）：174–181.

[85] 阳花秋，朱捷. 籼型水稻短日低温不育核不育系 go543S 的选育研究[J]. 杂交水稻，1996（1）：9–13.

[86] 杨代常，朱英国，唐珞珈. 四种内源激素在 HPGMR 叶片中的含量与育性转换[J]. 华中农业大学学报，1990，9（4）：394–399.

[87] 杨金水，VIRGINIA W. 水稻野败不育系与保持系线粒体 DNA 限制酶酶切图谱分析[J]. 作物学报，1995，21（2）：181–186.

[88] 杨金水，葛扣麟，VIRGINIA W. 水稻 BT 型不育系与保持系线粒体 DNA 的酶切电泳带型[J]. 上海农业学报，1992，8（1）：1–8.

[89] 杨仁崔，李维明，王乃元，等. 籼稻光敏核不育种质 5460ps 的发现和初步研究[J]. 中国水稻科学，1989，3（1）：47–48.

[90] 应燕如，倪大洲，蔡以欣. 水稻、小麦、油菜和烟草细胞质雄性不育系统中组分Ⅰ蛋白的比较分析[J]. 遗传学报，1989，16（5）：362–366.

[91] 元生朝，张自国，卢开阳，等. 光敏核不育水稻的基本特性与不同生态类型的适应性[J]. 华中农业大学学报，1990，9（4）：335–342.

[92] 袁隆平. 水稻的雄性不孕性[J]. 科学通报，1966，17（4）：185–188.

[93] 袁隆平. 我国杂交水稻育种概况[C]// 水稻杂种优势利用研究. 北京：农业出版社，1980：8–20.

[94] 袁隆平，陈洪新. 杂交水稻育种栽培学[M]. 长沙：湖南科学技术出版社，1988.

[95] 袁隆平. 两系法杂交水稻研究的进展[G]// 两系法杂交水稻研究论文集. 北京：农业出版社，1992：6–12.

[96] 曾汉来，张自国，卢兴桂，等. W6154S 类型水稻在光敏、温敏分类问题上的商讨[J]. 华中农业大学学报，1995，14（2）：105–109.

[97] 张明永，梁承邺，段俊，等. CMS 水稻不同器官的膜脂过氧化水平[J]. 作物学报，1997，23（5）：603–606.

[98] 张能刚，周燮. 三种内源酸性植物激素与农垦 58S 育性转换的关系[J]. 南京农业大学学报，1992，15（3）：7–12.

[99] 张晓国，刘玉乐，康良仪，等. 水稻雄性不育及其育性恢复表达载体的构建[J]. 作物学报，1998，24（5）：629–634.

[100] 张忠廷，李松涛，王斌. RAPD 在水稻温敏核不

育研究的应用[J]. 遗传学报，1994，21(5)：373-376.

[101] 张自国，曾汉来，杨静，等. 水稻光温敏核不育系育性转换的光温稳定性研究[J]. 杂交水稻，1994(1)：4-8.

[102] 赵世民，刘祚昌，詹庆才，等. WA 型、BT 型和 D 型水稻雄性不育系细胞质基因组翻译产物分析和研究[J]. 遗传学报，1994，21(5)：393-397.

[103] 中国农业科学院，湖南省农业科学院. 中国杂交水稻的发展[M]. 北京：农业出版社，1991.

[104] 周庭波，陈友平，黎端阳，等. 水稻正向和反向光温敏不育系对光温感应的比较观察[J]. 湖南农业科学，1992(5)：6-8.

[105] 周庭波，肖衡春，黎端阳，等. 籼型光敏不育系 87N123 的选育[J]. 湖南农业科学，1988(6)：17-18.

[106] 周庭波. 水稻雄性不育遗传的光温启动因子假说[J]. 遗传，1998，20(增刊)：143.

[107] 朱英国. 水稻不同细胞质类型雄性不育系的研究[J]. 作物学报，1979，5(4)：29-38.

[108] 周开达，黎汉云，李仁端. D 型杂交稻的选育与利用[J]. 杂交水稻，1987(1)：11-16.

[109] 黄胜东，李余生，杨娟. 粳型短日不育新种质 5021S 育性基因的定位[C]// 第一届中国杂交水稻大会论文集. 长沙:《杂交水稻》编辑部，2010：268-272.

[110] 曾汉来，张自国，元生朝，等. 低温敏水稻不育系 IVA 育性转换条件研究[J]. 华中农业大学学报，1992，11(2)：101-105.

[111] 李训贞，陈良碧，周庭波. 新型低温不育水稻（N-10_S，N-13_S）育性的初步鉴定[J]. 湖南师范大学自然科学学报，1991，14(4)：376-378.

[112] 杨振玉，张国良，张从合，等. 中籼型优质光温敏核不育系广占 63S 的选育[J]. 杂交水稻，2002(4)：8-10.

[113] 邓启云. 广适性水稻光温敏不育系 Y58S 的选育[J]. 杂交水稻，2005，20(2)：18-21.

[114] 郭慧，李树杏，向关伦，等. 水稻不同细胞质雄性不育系花粉败育的细胞生物学比较研究[J]. 种子，2012，31(5)：30-33.

[115] 胡丽芳，苏连水，朱昌兰，等. 辐射诱变水稻雄性不育突变体 tda 的遗传与细胞学分析[J]. 核农学报，2015，29(12)：2253-2258.

[116] 杨丽萍. 水稻光温敏核雄性不育系的细胞学特性研究——吉玉粳和不育系 D18S 的比较研究[D]. 延吉：延边大学，2003.

[117] 彭苗苗，杜磊，陈发菊，等. 水稻雄性不育突变体 TP79 的遗传分析及细胞学研究[J]. 热带作物学报，2012，33(1)：59-62.

[118] 陈忠正，刘向东，陈志强，等. 水稻空间诱变雄性不育新种质的细胞学研究[J]. 中国水稻科学，2002，16(3)：199-205.

[119] 黄兴国，汪广勇，余金洪，等. 水稻同核异质雄性不育系的细胞质遗传效应与细胞学研究[J]. 中国水稻科学，2011，25(4)：370-380.

[120] 周涵韬，朱英国. 水稻马协细胞质雄性不育系及其保持系线粒体体外热分析[J]. 厦门大学学报，1998，37(5)：757-762.

[121] 魏磊，丁毅，刘义，等. 水稻雄性不育系花药微量热分析[J]. 武汉植物学研究，2002(4)：308-310.

[122] 周培疆，凌杏元，周涵韬，等. 细胞质雄性不育水稻线粒体能量释放的热力学和动力学特征[J]. 作物学报，2000(6)：818-824.

[123] 周培疆，周涵韬，刘义，等. 马协细胞质雄性不育水稻线粒体能量释放特征[J]. 武汉大学学报(自然科学版)，2000(2)：222-226.

[124] 文李，刘盖，王坤，等. 红莲型水稻细胞质雄性不育花粉总蛋白质初步比较分析[J]. 武汉植物学研究，2007(2)：112-117.

[125] 文李，刘盖，王坤，等. 红莲型细胞质雄性不育水稻单核期花粉蛋白差异表达分析[J]. 中国水稻科学，2012，26(5)：529–536.

[126] 陈镇. 长、短光周期敏感雄性不育水稻幼穗育性相关蛋白差异分析[D]. 武汉：华中农业大学，2010.

[127] 周涵韬，郑文竹，梅启明，等. 水稻细胞质雄性不育系小孢子发育过程中的同工酶分析[J]. 厦门大学学报（自然科学版），2000(5)：676–681.

[128] 常逊，张再君，李阳生，等. 水稻红莲型细胞质雄性不育幼穗发育过程中组织型转谷氨酰胺酶活性比较[J]. 中国水稻科学，2006(2)：183–188.

[129] 杜士云，王德正，吴爽，等. 三类雄性不育水稻花药和叶片中抗氧化酶活性变化[J]. 植物生理学报，2012，48(12)：1179–1186.

[130] 李德红，骆炳山，屈映兰. 光敏核不育水稻幼穗的乙烯生成与育性转换[J]. 植物生理学报，1996，22(3)：320–326.

[131] 张占芳，李睿，仲天庭，等. 水稻细胞质雄性不育系和保持系对外源茉莉酸响应以及内源茉莉酸合成的差异[J]. 南京农业大学学报，2014，37(6)：7–12.

[132] 陈章良，瞿礼嘉. 高等植物基因表达的调控[J]. 植物学报，1991，33(5)：390–405.

[133] 于青，肖翊华，刘文芳. Ca^{2+}–CaM 系统在 HPGMR 育性转换中作用的初步研究[J]. 武汉大学学报（自然科学版），1992(1)：123–126.

[134] 李合生，伍素辉，马平福. 光敏核不育水稻的育性与 ^{45}Ca 的关系（简报）[J]. 植物生理学通讯，1998，34(3)：188–190.

[135] 吴文华，张方东，李合生. 光照长度和光质对农垦 58S 叶绿体 Ca^{2+}–ATP 酶活性的影响[J]. 华中农业大学学报，1993，12(4)：303–306.

[136] 夏快飞，王亚琴，叶秀粦，等. 水稻胞质雄性不育系珍汕 97A 及其保持系珍汕 97B 绒毡层发育过程中的 Ca^{2+} 分布变化[J]. 云南植物研究，2005(4)：413–418.

[137] 胡朝凤. 红莲型细胞质雄性不育水稻小孢子发育过程中 Ca^{2+} 动态变化检测[A]//2006 年学术年会暨学术讨论会论文摘要集. 湖北省遗传学会、江西省遗传学会，2006：1.

[138] 张再君. 红莲型细胞质雄性不育水稻小孢子发育过程中 Ca^{2+}–ATP 酶活性分析[C]// 2007 中国科协年会专题论坛“红莲型杂交水稻学术专题研讨会”论文汇编. 中国科协、湖北省人民政府，2007：12.

[139] 夏快飞，梁承邺，叶秀粦，等. 温敏雄性不育水稻培矮 64S 花药发育过程中钙的变化（英文）[J]. 热带亚热带植物学报，2009，17(03)：211–217.

[140] 欧阳杰，张明永，夏快飞. 水稻非花粉型细胞质雄性不育系及其保持系花药发育过程中 Ca^{2+} 的分布变化（英文）[J]. 植物科学学报，2011，29(01)：109–117.

[141] 任鄄胜，李仕贵，肖培村，等. 水稻线粒体基因 *atp6* 启动子突变导致的一种细胞质雄性不育型[J]. 西南农业学报，2009，22(03)：544–549.

[142] 刘耀光. 水稻细胞质雄性不育及其恢复的分子基础[C]//2005 植物分子育种国际学术研讨会论文集. 中国农学会、广西壮族自治区农业科学院、四川省农业科学院、海南省热带农业资源开发利用研究所，2005：1.

[143] 陈乐天，刘耀光. 水稻野败型细胞质雄性不育的发现利用与分子机理[J]. 科学通报，2016，61(35)：3804–3812.

[144] 张文辉，严维，陈竹锋，等. 水稻雄性不育突变体 *oss125* 的遗传分析及基因定位[J]. 中国农业科学，2015，48(4)：621–629.

[145] 李军，梁春阳，杨继良，等. 水稻基因 *APRT* 的克隆及其与温敏核雄性不育的关系（英文）[J]. Acta Botanica Sinica，2003(11)：1319–1328.

[146] 刘海生，储黄伟，李晖，等.水稻雄性不育突变体 *OsMS-L* 的遗传与定位分析 [J]. 科学通报，2005(1): 38-41.

[147] 江华，杨仲南，高菊芳.水稻雄性不育突变体 *OsMS121* 的遗传及定位分析 [J]. 上海师范大学学报（自然科学版），2006(6): 71-75.

[148] 陈亮.水稻雄性不育突变体 *Osms2* 和 *Osms3* 的基因遗传与定位分析 [D]. 厦门：厦门大学，2006.

[149] 周元飞.水稻光温敏核雄性不育遗传及基因定位研究 [D]. 杭州：浙江大学，2007.

[150] 张虹.水稻雄性不育突变体 *Osms7* 的形态观察和基因定位 [D]. 上海：上海交通大学，2007.

[151] 蔡之军，姚海根，姚坚，等.水稻无花粉型雄性不育基因的遗传关系剖析及定位 [J]. 分子植物育种，2008(5): 837-842.

[152] 左玲.一个水稻雄性不育突变体 *XS1* 的形态特征和遗传定位 [D]. 雅安：四川农业大学，2008.

[153] 初明光，李双成，王世全，等.一个水稻雄性不育突变体的遗传分析和基因定位 [J]. 作物学报，2009，35(6): 1151-1155.

[154] 马栋.利用 SSR 分子标记定位水稻短光敏雄性不育基因 [D]. 武汉：华中农业大学，2010.

[155] 严雯奕.水稻衰老和雄性不育突变体生理性状及基因定位 [D]. 上海：上海师范大学，2010.

[156] 邹丹妮.水稻野栽远缘杂交来源的温敏核雄性不育基因 *tms7* 的精细定位 [D]. 海口：海南大学，2011.

[157] 孙小秋，付磊，王兵，等.水稻雄性不育突变体 802A 的遗传分析及基因定位 [J]. 中国农业科学，2011，44(13): 2633-2640.

[158] 台德卫，易成新，黄显波，等.水稻雄性不育新材料 SC316 的育性遗传研究 [J]. 核农学报，2011，25(3): 416-420.

[159] 胡海莲.水稻野栽杂交来源反向温敏核雄性不育系 Tb7S 不育基因的遗传定位 [D]. 海口：海南大学，2011.

[160] 肖人鹏，周长海，周瑞阳.水稻 ^{60}Co-γ 辐照诱变雄性不育突变体的败育特征与遗传分析 [J]. 作物杂志，2012(4): 75-78，163.

[161] 许杰猛.水稻野栽远缘杂交来源的反向温敏核雄性不育系的鉴定与分子定位 [D]. 海口：海南大学，2012.

[162] 祁永斌.水稻温敏雄性不育基因 *tms9-1* 的定位及单糖转运体基因对育性和灌浆的影响 [D]. 杭州：浙江大学，2014.

[163] 陈竹锋，严维，王娜，等.利用改进的 MutMap 方法克隆水稻雄性不育基因 [J]. 遗传，2014，36(1): 85-93.

[164] 洪骏.一个水稻雄性不育突变体的细胞学研究及不育基因定位 [D]. 南京：南京农业大学，2014.

[165] 欧阳杰，王楚桃，朱子超，等.水稻雄性不育突变体 012S-3 的遗传分析和基因定位 [J]. 分子植物育种，2015，13(6): 1201-1206.

[166] 朱柏羊.水稻雄性不育突变体 *D60* 和黄绿叶突变体 *5043ys* 的遗传分析与基因定位 [D]. 雅安：四川农业大学，2015.

[167] 师晓.水稻雄性不育突变体 *gsl5* 的基因克隆及不育机理研究 [D]. 北京：中国农业科学院，2015.

[168] 张文辉，严维，陈竹锋，等.水稻雄性不育突变体 *oss125* 的遗传分析及基因定位 [J]. 中国农业科学，2015，48(4): 621-629.

[169] 杨正福.两个水稻雄性不育基因的图位克隆 [D]. 北京：中国农业科学院，2016.

[170] 杨圳.水稻雄性不育突变体的遗传与定位分析 [D]. 银川：宁夏大学，2016.

[171] 冯梦诗.水稻雄性不育基因 *MIL3* 的图位克隆

与功能研究[D]. 扬州：扬州大学，2016.

[172] 焦仁军，朱柏羊，钟萍，等. 水稻雄性不育突变体*D63*的育性基因遗传分析与精细定位[J]. 植物遗传资源学报，2016，17(3)：529–535.

[173] 闵亨棋. 水稻显性雄性不育基因*OsDMS-2*的初步定位[D]. 重庆：西南大学，2016.

[174] 轩丹丹，孙廉平，张沛沛，等. 水稻无花粉型核雄性不育突变体*whf41*的鉴定与基因定位[J]. 中国水稻科学，2017，31(3)：247–256.

[175] 范优荣，曹晓风，张启发. 光温敏雄性不育水稻的研究进展[J]. 科学通报，2016，61(35)：3822–3832.

[176] 马西青，方才臣，邓联武，等. 水稻隐性核雄性不育基因研究进展及育种应用探讨[J]. 中国水稻科学，2012，26(5)：511–520.

[177] IWASHI M，KYOZUKA J，SHIMAMOTO K. Processing followed by complete editing of an altered mitochondrial atp6 RNA restores fertility of cytoplasmic male sterile rice [J].Embo J，1993，12(4)：1437–1446.

[178] KADOWAKI K，ISHIGE T，SUZUKI S，et al. Differences in the characteristics of mitochondrial DNA between normal and male sterile cytoplasms of Japonica rice [J].Jpn J Breed，1986，36：333–339.

[179] KADOWAKI K，HARADA K. Differential organization of mitochondrial genes in rice with normal and male-sterile cytoplasms [J].Jpn J Breed，1989，30：179–186.

[180] KADOWAKI K，SUZUKI T，KAZAMA S. A chimeric gene containing the 5' portion of atp 6 is associated with cytoplasmic male sterility of rice [J].Mol Gen Genet，1990，224(1)：10–15.

[181] KALEIKAU E K，ANDRÉ C P，WALBOT V. et al. Structure and expression of the rice mitochondrial apocytochromb gene (*cob1*) and pesudogene (*cob2*)[J]. Curr Genet，1992，22：463–470.

[182] KATO H，MURUYAMA K，ARAKI H. Temperature response and inheritance of a thermosensitive genic male sterility in rice [J].Jpn J Breed，1990，40(Suppl.1)：352–369.

[183] LANG N T，SUBUDHI P K，VIRMANI S S，et al. Development of PCR-based markers for thermosensitive genetic male sterility gene *tms3*(*t*) in rice (*Oryza sativa L.*)[J].Hereditas，1999，131(2)：121–127.

[184] LIU Z C. hybrid rice [M]. Manila: International Rice Research Institute，1988：84.

[185] MIGNOUNA H，VIRMANI S S，BRIQUET M. Mitochondrial DNA modifications associated with cytoplasmic male sterility in rice [J]. TAG，1987，74：666.

[186] NAWA S，SANO Y，YAMADA M A，et al. Cloning of the plasmids in cytoplasmic male sterile rice and changes of organization of mitochondrial and nuclear DNA in cytoplasmic reversion [J]. Jpn J Genet，1987，62：301.

[187] OARD J H，HU J，RUTGER J N. Genetic analysis of male sterility in rice mutants with environmentally influenced levels of fertility [J].Euphytica，1991，55(2)：179–186.

[188] RUTGER J N，SCHAEFFER G W. An environmental sensitive genetic male sterile mutant in rice [C]. Proceedings Twenty-third RiceTechnical Working Group in USA，1990：25.

[189] SALEH N M，MULLIGAN B J，COCKING E，et al. Small mitochondrial DNA molecules of wild abortive cytoplasm in rice are not necessarily associated with CMS [J]. TAG，1989，77：617.

[190] SHIKANAI T，YAMADO Y. Properties of the circular plasmid-like DNA B1 from mitochondria of cytoplasmic male-sterile rice [J].Gurr Genet，1988，13

(5): 441–443.

[191] YAMAGUCHI M, KAKIUCHI H. Electrophoretic analysis of mitochondrial DNA from normal and male sterile cytoplasms in rice [J].Jpn. J Genet, 1983, 58: 607–611.

[192] YOUNG J, VIRMANI S S, KHUSH G S. Cytogenic relationship among cytoplasmic-genetic male sterile, maintainer and restorer lines of rice [J].Philip J Crop Sci, 1983, 8: 119–124.

[193] ZHANG Q F, SHEN B Z, DAI X K, et al. Using bulked extremes and recessive class to map genes for photoperiod-sensitive genic male sterility in rice [J].Proc Natl Acad Sci USA, 1994, 91(18): 8675–8683.

[194] ZHANG Z G, ZENG H L, YANG J. Identifying and evaluating photoperiod sensitive genic male sterile (PGMS) lines in China [J].IRRN, 1993, 18(4): 7–9.

[195] TIAN H Q, KUANG A, MUSGRAVE M E, et al.Calcium distribution in fertile and sterile anthers of a photoperiod-sensitive genic male-sterile rice [J].Planta, 1998, 204(2): 183–192.

[196] WANG Z, ZOU Y, LI X, et al. Cytoplasmic male sterility of rice with Boro II cytoplasm is caused by a cytotoxic peptide and is restored by two related *PPR* motif genes via distinct modes of mRNA silencing [J].Plant Cell, 2006, 18: 676 - 687.

[197] MA H. Molecular genetic analysis of microsporogenesis and microgametogenesis in flowering plants [J].Annual Review of Plant Biology, 2005, 56: 393–434.

[198] GLOVER J, GRELON M, CRAIG S. Cloning and characterization of *MS5* from Arabidopsis, a gene critical in male meiosis [J].The Plant Journal, 1988, 15: 345–356.

[199] NONOMURA K I, MIYOSHI K, EIGUCHI M, et al. The *MSP1* gene is necessary to restrict the number of cells entering into male and female sporogenesis and to initiate anther wall formation in rice [J].Plant Cell, 2003, 15(8): 1728–1739.

[200] JUNG K H, HAN M J, LEE D Y, et al.Wax - deficient anther1 is involved in cuticle and wax production in rice anther walls and is required for pollen development [J]. Plant Cell, 2006, 18(11): 3015–3032.

[201] LI H, PINOT F, SAUVEPLANE V, et al. Cytochrome P450 family member CYP704B2 catalyzes the ω - hydroxylation of fatty acids and is required for anther cutin biosynthesis and pollen exine formation in rice [J].Plant Cell, 2010, 22(1): 173–190.

[202] ZHANG H, LIANG W Q, YANG X J, et al. Carbon starved anther encodes a MYB domain protein that regulates sugar partitioning required for rice pollen development [J]. Plant Cell, 2010, 22: 672–689.

[203] ZHOU H, LIU Q J, LI J, et al. Photoperiod- and thermo-sensitive genic male sterility in rice are caused by a point mutation in a novel noncoding RNA that produces a small RNA [J].Cell Research, 2012, 22: 649–660.

[204] ZHOU H, ZHOU M, YANG Y Z, et al. RNase ZS1 processes UbL_{40} mRNAs and controls thermosensitive genic male sterility in rice [J].Nature Communications, 2014, 5: 4884.

[205] DING J H, LU Q, OUYANG Y D, et al. A long noncoding RNA regulates photoperiod-sensitive male sterility, an essential component of hybrid rice [J].PNAS, 2014, 109(7): 2654–2659.

[206] ZHOU H, HE M, LI J, et al. Development of commercial thermo-sensitive genic male dterile rice accelerates hybrid rice breeding using the CRISPR/Cas9-mediated *TMS5* editing system [J].Scientific Reports, 2016, 6: 37395.

第三章

杂交水稻超高产育种理论与策略

袁隆平 | 何 强

第一节 水稻的高产潜力

一、水稻理论生产潜力

水稻理论生产潜力是指单位面积土地上水稻群体在其生育时期内，在十分理想的生态条件下（包含水稻群体最适生态环境、最优栽培条件，并排除干旱、盐碱、贫瘠逆境及病虫害等因素干扰）将太阳光能转变为化学能储存于碳水化合物中形成稻谷产量的潜力。不同学者估算水稻生产潜力采用的方法不尽相同，薛德榕（1977）、李明启（1980）、刘振业（1984）、张宪政（1992）、村田吉男（1975）等学者的估算依据主要包括：水稻生长期内太阳辐射能总量，用于光合作用有效生理辐射的比率，水稻群体反射、漏光、透射、光饱和损失及呼吸消耗等损失比率，光合作用光能转化率和光合产物所含能量以及经济系数等因素。

水稻一生中所积累的干物质 90%～95% 来自自身光合作用所产生的光合产物。自 20 世纪 60 年代以来，国内外许多学者对水稻光能利用率和水稻最高理论生产潜力进行了估算。光能利用率是作物光合作用所储存的化学能占光能投入量的百分率；提高水稻单位面积的产量的实质就是提高水稻群体的光能利用率。群体光能利用率的高低与生育期内水稻群体单位面积接受的太阳辐射能和群体单位面积产生的生物量有关。多数学者估算水稻的光能利用率理论上可达 5%，目前水稻高产田的光能利用率一般为 1%～3%，低产田的仅有 0.5% 左右（陈温福等， 2007）。

（一）国外学者对作物理论生产潜力估算

苏联植物生理学家赫契波罗维兹以 5% 的光能利用率估算了作物在不同地理纬度的理论生物学产量（袁隆平，2002）（表 3-1）。

表 3-1　光能利用率为 5% 时不同地理纬度的理论生物学产量

纬度	辐射总能量 /（亿 kJ/hm^2）	理论生物学产量 /（t/hm^2，绝对干重）
60° ~ 70°	83.68 ~ 41.84	25 ~ 12
50° ~ 60°	146.44 ~ 83.68	45 ~ 25
40° ~ 50°	209.20 ~ 146.44	70 ~ 40
30° ~ 40°	251.04 ~ 188.28	75 ~ 55
20° ~ 30°	376.56 ~ 251.04	110 ~ 75
0° ~ 20°	418.40 ~ 376.56	125 ~ 110

日本学者估算日本水稻生产潜力时，用全日本 8—9 月平均每天的太阳辐射量和对水稻籽粒产量形成起关键作用的抽穗前 10 d 至抽穗后 30 d 的太阳辐射量作为依据，估计日本水稻糙米最高生产潜力可达 24.02 t/hm^2（村田吉男，1975）。

（二）中国学者对水稻理论生产潜力估算

中国学者根据全国各稻作区光能资源和水稻光能利用率等相关参数，从不同角度对水稻最高理论生产潜力进行了估算。

1. 按水稻全生育期太阳辐射能估算最高理论生产潜力

中国学者根据水稻全生育期光能利用情况对东北、华北、华中、华南、西南等不同稻作区生态类型水稻最高理论生产潜力进行了估算，见表 3-2。

表 3-2　中国各稻区水稻全生育期最高理论生产潜力估算

		光能利用率 /%	最高理论生产潜力 /（kg/ 亩）
东北稻区	单季粳稻	3.41	1 881.0
华北稻区	单季粳稻	5.00	2 442.0
华中稻区	早稻	2.50	1 025.0
	晚稻	2.50	1 150.0
	一季中稻	3.80 ~ 5.50	1 478.5 ~ 2 464.0

续表

		光能利用率 /%	最高理论生产潜力 /（kg/ 亩）
华南稻区	早稻	4.89	1 089.0
	晚稻	4.89	1 579.0
	中稻	4.89	1 141.0
西南稻区	一季中稻	4.90	1 556.0

注：表中数据引自张宪政（1992）、袁隆平（2002）、戚昌瀚（1985）、薛德榕（1977）、刘振业（1984）。

以水稻全生育期光能利用率估算的最高理论生产潜力，以华北稻区单季粳稻的为最高，其次是东北稻区单季粳稻。

2. 按水稻籽粒形成期太阳辐射能估算最高理论生产潜力

以中国南方、北方稻区水稻籽粒形成期的光能利用率估算不同生态类型水稻的最高理论生产潜力情况，见表 3-3。

表 3-3　中国南北稻区水稻籽粒形成期最高理论生产潜力估算

		光能利用率 /%	最高理论生产潜力 /（kg/ 亩）	产量形成期
北方稻区	一季粳稻	5.2	1 500 ~ 1 750	抽穗前 10 d 至抽穗后 30 d（卢其尧，1980）
南方稻区	双季早稻		1 375 ~ 1 625	
	双季晚稻		1 000 ~ 1 325	
	一季中稻		1 375 ~ 1 750	
	一季晚稻		1 000 ~ 1 250	

水稻理论生产潜力在不同生态地区和不同种植季节的显著差异是由于水稻产量形成期的太阳辐射量不同。北方稻区一季粳稻产量形成期处于气候干燥、晴天多、辐射量大的夏秋之交，其理论生产潜力居各稻区之首。南方稻区双季早稻、一季中稻产量形成期处于太阳辐射量最大的夏季，而双季晚稻、一季晚稻的产量形成期则处于太阳辐射量减小的秋季，以致形成了南方稻区不同种植季节水稻理论生产潜力的差别。上述估算的不同稻区水稻最高理论生产潜力没有考虑温度对水稻光合作用的影响，因此，这种估算的最高理论生产潜力可以称为光合产量潜力。实际估算时，还需考虑水稻籽粒形成期间最高温度和最低温度对结实的影响。

3. 按水稻不同生育阶段的气候生态模式估算最高理论生产潜力

根据全国不同稻区光温条件、生育期的光合作用对水稻产量贡献率估算的各稻区不同生态模式的最高理论生产潜力见表 3-4。

表 3-4 中国各稻作区生态模式最高理论生产潜力估算

		光能利用率 /%	最高理论生产潜力 /（kg/ 亩）	因素
东北稻区	一季粳稻	2.9～3.5	1 250～1 500	考虑光温条件、不同生育时期光合作用贡献率（高亮之等，1984）
华北稻区	一季粳稻	2.9～3.9	1 250～1 600	
华中稻区	双季早稻	4.1～4.5	1 075～1 175	
	双季晚稻	4.1～4.5	1 025～1 125	
	一季稻	2.7～3.2	1 300～1 400	
华南稻区	双季早稻	3.7～4.1	1 125～1 225	
	双季晚稻	3.7～4.1	1 125～1 225	
	一季稻	3.5～3.7	1 300～1 400	
西南稻区	一季稻	2.9～3.7	1 075～1 400	

一季稻理论生产潜力北方最高，因太阳辐射强、平均温度低、光能利用率高、籽粒有效充实期较长；长江中下游及华南次之的原因是生长季节较长，辐射量较强，单季稻光能利用率相对较低。西南稻区以云南高原稻区的理论生产潜力较高，得益于辐射强度大、日夜温差大、平均温度偏低、光能利用率高；而川贵稻区的理论生产潜力偏低是由于云雾寡照致使太阳辐射偏低，加之水稻生长期内高温高湿，昼夜温差小，非常不利于水稻的高产潜力的发挥。

二、水稻现实生产力

水稻理论生产潜力是在影响水稻生长的各种外界条件都理想化的前提下估算的，而水稻现实生产力是指一定时期内在具体的生态区域和耕作条件下，已经实现或达到的水稻实际产出水平，即实际稻谷产量水平，包括某一特定生态区已实现的现实生产水平（平均稻谷产量）和在小面积上创造的最高产量纪录（陈温福等，2007）。

日本学者估算，热带稻区旱季水稻极限产量每公顷可达 15.9 t，温带地区每公顷最高为 18 t（吉田昌一，1980）。根据有关资料记载，非洲马达加斯加于 1999 年创造的水稻世界最高产量纪录每公顷达到 21 t（袁隆平，2002），印度创造了每公顷 17.8 t 的超高产纪录（Suetsugu，1975）。

在一定的生态区域，通过育种和栽培手段不断挖掘水稻的极限生产潜力，是一种技术储备，一种可能性，也为大面积水稻单产的不断提高探索路径。中国到目前为止，无论是不同稻作区，还是同一稻作区不同稻作制，抑或是不同的水稻类型品种，都创造了局部不同面积的水稻高产纪录（表 3-5），表中数据所示各稻作区小面积或者百亩连片面积的水稻单产已达到甚至超过有关学者估算的水稻现实生产力，有的稻作区水稻示范产量已接近水稻最高理论生产潜力。

表 3-5 中国不同时期各稻区小面积单产最高纪录

稻作区		年份	示范面积 / m^2	示范产量 /（kg/ 亩）	品种名称	水稻类型
东北稻区	吉林	2010	11 333.4	849.37	东稻 4 号	一季粳稻
	黑龙江	2007	高产丘块	840.00		一季粳稻
华北稻区	山东	2016	66 666.67	1 013.8	超优千号	一季中籼
	河北	2016	66 666.67	1 082.10	超优千号	一季中籼
		2017	68 000.34	1 149.02	超优千号	一季中籼
华东稻区	福建	2004	66 666.67	928.30	Ⅱ优航 1 号	一季中籼
	江苏	2009	高产丘块	937.20	甬优 8 号	籼粳杂交稻
	浙江	2004	高产丘块	818.80	中浙优 1 号	一季中籼
		2007	高产丘块	734.70	中早 22	双季早籼
		2015	70 000.35	1 015.50	春优 927	籼粳杂交稻
		2016	78 000.39	1 024.13	甬优 12	籼粳杂交稻
华中稻区	湖南	2004	66 666.67	809.90	88S/0293	一季中籼
		2009	70 667.02	836.00	D 两优 15	一季晚籼
		2010	66 666.67	872.00	广两优 1128	一季中籼
		2011	72 000.36	926.60	Y 两优 2 号	一季中籼
		2014	68 400.34	1 026.70	Y 两优 900	一季中籼
	湖北	2007	高产丘块	823.40	珞优 8 号	一季中籼
	河南	2007	66 666.67	859.40	Y 两优 1 号	一季中籼
华南稻区	广东	1990	高产丘块	857.50	胜优 1 号	双季晚籼
		2016	72 000.36	832.10	超优千号	双季早籼
		2016	68 000.34	705.70	超优千号	双季晚籼
	广西	1991	993.80	825.00	特优 63	双季早籼
		1991	669.00	794.60	特优 63	双季晚籼
		2016	66 666.67	1 448.20	超优千号	一季 + 再生稻
西南稻区	云南	1983	966.67	1 075.40	桂朝 2 号	一季籼稻
		1987	666.67	1 134.08	四喜粘	一季籼稻
		1999	5 493.36	1 138.70	培矮 64S/E32	一季中籼

续表

稻作区		年份	示范面积 /m^2	示范产量 /（kg/ 亩）	品种名称	水稻类型
西南稻区	云南	2001	746.67	1 196.50	Ⅱ优明 86	一季中籼
		2004	713.33	1 219.90	Ⅱ优 6 号	一季中籼
		2005	766.67	1 229.97	Ⅱ优 28	一季中籼
		2006	766.67	1 279.70	Ⅱ优 4886	一季中籼
		2006	753.34	1 287.00	协优 107	一季中籼
		2015	68 000.34	1 067.50	超优千号	一季中籼
		2016	67 333.67	1 088.00	超优千号	一季中籼
	四川	2015	71 667.03	1 047.20	德优 4727	一季中籼
	贵州	2007	高产丘块	1 044.16	黔优 88	一季中籼
	重庆	2006	1 000.00	817.20	—	一季中籼

注：表中数据来源于网络资料。

中国水稻单产最高纪录是2006年在云南省永胜县涛源乡一季中稻“协优107”小面积超高产示范中获得的每公顷19.3 t的产量。涛源乡属于典型的低纬度高原南亚热带气候，地处干热河谷，光照时间多，太阳辐射量大，日夜温差大，水稻整个生长季节无极端高温，湿度小，土壤肥沃且渗透性强，病虫害发生概率很小，这种白天强光适温光合速率高、夜间低温呼吸消耗低的温光条件非常适合水稻生长。因而，该生态区域具备了充分挖掘水稻最高理论生产潜力的优良生态环境和得天独厚的自然条件，这种条件有利于单位面积穗数、每穗总粒数、结实率的同步提高，使穗数、粒数和千粒重三个产量构成因子得到较完美的协调。从20世纪80年代初一直到21世纪初，这里不断诞生并不断打破了一个又一个的中国乃至世界水稻最高单产纪录。2015—2016年连续两年在云南省个旧市大屯镇用一季中稻“超优千号”6.67 hm^{2}以上超高产示范片中平均单产分别为16.01 t/hm^2、16.32 t/hm^2，连续创造热带稻区较大面积水稻单产世界纪录；大屯镇属低纬度亚热带山地型季风气候，四季如春，无极端高低温，水稻生长期内，雨水相对充足，具有较大面积的耕地，适合成建制规模化水稻超高产示范以挖掘水稻极限生产潜力。

华北高纬度一季稻区理论生产潜力高，若选择适宜的稻作生态区、适宜品种、合适的栽培技术，能使该区域水稻的现实生产力接近理论生产潜力。2016年河北省永年区一季中稻“超优千号”6.67 hm^{2}以上超高产示范片平均单产达到16.23 t/hm^2，创造了高纬度地区较大面积水稻单产世界最高纪录；2017年该区域继续开展一季中稻“超优千号”超高产示范，6.67 hm^{2}以上示范片平均单产突破17.0 t/hm^2，再次刷新高纬度地区水稻单产世界纪录。

目前，中国水稻大面积实际产量的平均水平与现实生产力还存在相当大的差距，有的甚至相差近一倍（表 3-6）。结合各稻作区小面积最高单产纪录与现实生产力的比较，通过培育和选择种植适宜各稻作区株型和对环境变化适应性强的水稻品种、改进品种的配套栽培技术、改善土壤和灌溉等相应的生产条件，这种差距将越来越小。资料表明：2008 年，中国水稻单产现实生产水平为亩产 437.5 kg，比 1949 年每亩增产 311.36 kg，增幅接近 250%，估算该时期水稻单产生产能力为 515.67 kg，相差仅 78.2 kg（方福平等，2009）。通过培育适应性广的优良品种、改良水稻中低产田土壤、改进栽培技术和调整种植制度等，可以实现水稻单产从目前大面积生产的产量水平提高到接近现实生产力的水平。

表 3-6　全国各稻区水稻现实生产水平与现实生产力比较

		现实生产水平 /（kg/ 亩）	现实生产力 /（kg/ 亩）
东北稻区	一季粳稻	481.8	675～800
华北稻区	一季粳稻	470.2	675～850
	双季早稻	371.4	575～625
华中稻区	双季晚稻	401.8	550～600
	一季稻	490.5	700～750
	双季早稻	359.1	600～650
华南稻区	双季晚稻	349.0	600～650
	一季稻	387.4	700～750
西南稻区	一季稻	444.5	700～750

注：表中现实生产水平为 2005—2009 年各稻区平均产量；现实生产力数据引自文献（高亮之等，1984）。

从育种角度而言，培育适应各稻作区气候条件的株型、根型以及与之相适应的生理功能，选育与株型和生理功能相适应的穗型、粒型，选育适应极端气候变化、耐旱涝、耐贫瘠、抗病虫害的品种，这是提高水稻现实生产力的根本途径。

第二节　超级稻的概念与目标

一、超级稻研究背景

自 20 世纪中期开始，世界各水稻主产国将高产作为水稻育种的首要目标，尝试利用各种手段，进一步提高水稻的产量潜力。首先是韩国为解决稻米自给问题，于 20 世纪 60 年代提出开展籼粳交育种以提高水稻单产；其次是日本，于 1981 年启动了要在 15 年之内把水稻单产提高 50% 的超高产育种计划；后来，国际水稻研究所于 1989 年开展了旨在单产提高 20% 以上的新株型育种计划。

（一）韩国超高产育种研究

20 世纪 60 年代以前，韩国水稻育种的目标是选育抗稻瘟病、条纹叶枯病和抗倒性强的高产粳稻品种，但成果很不理想。之后，在国际水稻研究所（IRRI）的协助下，利用 5 年的时间育成了多分蘖、大穗、叶片直立的半矮秆高产品种“水原”系列，后来定名为“统一”型品种，该系列品种比韩国原有粳稻品种增产 20%~30%（Park 等，1990），使韩国自 20 世纪 70 年代以来实现了稻米自给。“统一”型品种是利用籼粳亚种间杂交单交后代中间材料再与国际水稻研究所的“IR8”杂交育成的三交品种。这类籼粳杂交品种由于存在生育期较长、不能很好适应高纬度寒地稻区的气候条件、抗寒性比粳稻品种差、米质不能适应消费需求等诸多问题，进入 20 世纪 90 年代后，韩国的育种目标由单纯的超高产育种转向优质与高产并举的方向，标志着以“统一”型品种为代表的籼粳亚种间杂交系列品种由此停止了生产而退出历史舞台；但是，其超高产育种计划中食品加工用水稻的目标仍然是高产，育成的水原 431、密阳 160 等一批超高产品种，其稻谷产量达到了 9 t/hm^2。

（二）日本超高产育种计划

日本水稻超高产育种计划最早于 1981 年由日本学者提出，又称“逆 753 计划”。该计划以选育产量潜力高的水稻品种为主，要求分三阶段用 3 年、 5 年和 7 年分别育成比对照品种增产 10%、 30% 和 50% 的超高产品种，即从 1981—1995 年利用 15 年时间实现每公顷水稻糙米产量由原来的 5.0~6.5 t 提高到 7.5~9.75 t（折合稻谷 9.38~12.19 t）（佐藤尚雄，1984；金田忠吉， 1986）。日本超高产育种计划育种策略在不同的阶段确定了不同的育种目标，后一个目标以前一阶段的成果为基础，主要利用国外具有优良特性、超高产特性的稻种资源，进行籼粳亚种间杂交或地理远缘的品种间杂交，丰富日本粳稻的遗传基础，扩大其遗传变异的范围。计划实施后的 8 年内，育成了明星、秋力、奥羽 326、辰星、大力、翔等一批具超高产生产潜力的品种，小面积试种稻谷产量已达到每公顷约 12 t，基本实现了该计划第二阶段的增产 30% 的目标。但由于结实率、品质和适应性等方面存在问题，未能推广应用（徐正进等， 1990；陈温福等， 2007）。

（三）国际水稻研究所“新株型”水稻超高产育种计划

国际水稻研究所自 1966 年推出标志第一次绿色革命开始的半矮秆、分蘖强、茎秆粗壮和高收获指数的高产新品种“IR8”（媒体称之为“奇迹稻”）以后，一直到 20 世纪 80 年代末的近 30 年中，育成了一批曾在热带稻作生态区广泛种植的水稻新品种，诸如 IR24、IR36、IR72 等，这些品种在抗性、日产量上明显提高，但水稻单产一直在 8～9 t/hm^2 的水平徘徊，并无明显的突破提高。国际水稻研究所的育种专家认为，若要使水稻产量有一个新的实质性突破，必须研发水稻的新株型。于是，在 1989 年提出了培育“超级水稻”，后来定名为“新株型水稻超高产育种计划”，即育成不同于以前多分蘖和半矮秆株型的新株型稻，并使其在产量水平上有显著突破。计划目标是用 8～10 年培育出适宜于在热带稻作生态区种植的“新株型稻”，其产量潜力比当时的矮秆品种高 30%～50%，于 2000 年育成产量 12 t/hm^2 的新株型稻。新株型设计在分蘖、穗形、生育期、株高、茎秆粗细、收获指数、冠层叶片特征、籽粒大小和谷粒密度等方面都做了较为详细的描述（Khush，1990；Peng 等，1995）。经过近 5 年的研究，IRRI 于 1994 年向世界通报利用新株型和特异种质资源选育新株型超高产水稻研究取得了成功，显示了新株型具有明显的增产潜力。当时国外新闻媒体以“新‘超级稻’将有助于多养活近 5 亿人口”为题进行宣传报道，从而引起了世界各水稻主产国的极大关注，“超级稻”这一名称也从此取代“新株型稻”或“水稻超高产育种”，并传遍全球，被人们认可，也成为水稻育种家研究的热点和重点。

国际水稻研究所新株型育种计划的育种策略是筛选分蘖力弱、茎秆坚硬、穗大粒多的热带粳稻（爪哇稻）种质资源作为亲本与不存在杂交亲和性障碍的粳稻杂交，选育符合新株型设计目标性状、具有高产潜力的水稻新品种。这种以热带粳稻为背景的新株型稻小面积试种的产量达到了 12.5 t/hm^2，但是至今未育成大面积种植产量取得明显突破的新株型超级稻，即使后来利用籼粳交改良的第 2、第 3 代新株型稻产量亦未取得重大进展。究其原因，第 1 代新株型稻设计和育种策略上存在明显的缺陷：其一，为追求亲和性有意避开籼粳亚种间强大杂种优势的利用，不利于扩大品种的遗传基础，造成遗传背景的单一性；其二，寡分蘖株型的设计使水稻在生长期内对太阳辐射能的利用存在严重浪费，不利于光合潜力的提高；其三，新株型稻片面追求高收获指数而忽视了水稻超高产的前提条件，即高生物学产量。尽管后来根据存在的缺陷，从引入籼稻有利基因、提高谷粒充实度、提高分蘖和株高、利用野生稻资源等方面对原新株型超级稻育种设计进行了修正，但仍未能取得实质性的突破。无论何种原因，国际水稻研究所新株型稻需要考虑的问题有以下几点：其一，追求少分蘖大穗型的品种能否在热带稻作生态区得到良好的表现；其二，重穗型的品种能否在热带稻作生态区表现正常结实；

其三，重穗型的品种在热带稻作生态区能否解决倒伏问题（袁隆平，2011）。

二、中国超级稻研究

关于超级稻的概念，没有一个明确的、权威的定义。顾名思义，超级稻是水稻的产量、米质、抗性等主要性状方面均显著超过对照品种的水平。有学者提出超级杂交水稻的概念，是指通过株型改良与杂种优势利用、形态与生理功能相结合的方法，培育出的品质优良、抗性较强的杂交水稻新品种，其形态具有分蘖适中、剑叶挺直、植株矮中求高、茎秆坚韧抗倒、穗大粒多等特征；这类品种比普通杂交稻或者常规稻增产 15%～30%（邓华凤等，2009）。

（一）中国超级稻的提出和目标

20 世纪 80 年代末中国学者在由国际水稻研究所、中国农业科学院和中国水稻研究所联合举办的“国际水稻研究会议”上发表了题为《水稻超高产育种新动向——理想株型与有利优势相结合》的文章，表明中国已开始探索和研究水稻超高产育种。“七五”“八五”期间，面临中国人口持续增长、耕地面积刚性下降的严峻现实，为进一步提高水稻单产水平，水稻超高产育种研究被列入国家重点科技攻关计划。1996 年，农业部在沈阳农业大学主持召开“中国超级稻研讨论证会”，决定立项启动“中国超级稻研究”，由此正式拉开“中国超级稻研究”的序幕。1998 年袁隆平院士向国务院提交开展“杂交水稻超高产育种”计划建议书，国务院决定拨总理基金支持该项目的研究；同年，农业部和科技部相继启动了“超级杂交稻育种研究”计划。

1996 年农业部确立的“新世纪农业曙光计划”初步明确了“中国超级稻研究”的技术路线、研究内容和示范推广计划，并确定了 2000 年百亩连片示范产量达到 10.5 t/hm^2，2005 年达到 12 t/hm^2 的第一、第二期目标，不同生态区域超级稻产量指标见表 3-7，表中所述的是绝对产量指标，超级稻的相对指标是在各级区试中比对照品种增产 8% 以上。除此以外，米质要求达到部颁二级以上优质米标准，抗当地 1～2 种主要病虫害。并在第二期超级稻育种目标实现的基础上提出 2015 年达到 13.5 t/hm^2 的第三期目标。

表 3-7　不同类型和阶段的超级稻的产量指标

年份	常规稻 /（t/hm^2）				杂交水稻 /（t/hm^2）			增幅 /%
	早籼稻	早中晚兼用籼	南方单季稻	北方单季稻	早籼稻	单季稻	晚稻	
现有水平	6.75	7.50	7.50	8.25	7.50	8.25	7.50	0
2000	9.00	9.75	9.75	10.50	9.75	10.50	9.75	15
2005	10.50	11.25	11.25	12.00	11.25	12.00	11.25	30

注：表中数据为连续两年在本生态区内 2 个示范点，每个示范点 6.67 hm^2（100 亩）面积上表现的平均产量。
资料来源：农业部科技与质量标准司，1996。

1997 年，袁隆平综合分析国内外水稻育种各家各派提出的水稻超高产育种产量指标后，认为超高产水稻的指标应随时代、生态区和种植季别的不同而异；并提出在育种计划中，因水稻生育期的长短与产量的高低密切相关，除了绝对产量指标外，应以单位面积的日产量指标比较合理。根据当时中国杂交水稻的产量情况、育种水平，提出“九五”期间超高产杂交水稻育种的指标是稻谷日产量为每公顷 100 kg。

2006 年 8 月，农业部办公厅发布《中国超级稻研究与推广规划（2006—2010）》，《规划》明确指出了在“十一五”期间，中国超级稻研究与推广围绕国家粮食安全战略目标，按照“主推一期、深化二期、探索三期”的发展思路，加快超级稻新品种选育，聚合有利基因，创新育种方法，加强栽培技术集成，扩大示范推广。其基本原则：高产、优质、广适并存，良种、良法配套，科研、示范、推广一体化。其发展目标：到 2010 年，形成 20 个超级稻主导品种，推广面积达到全国水稻总种植面积的 30%（约 1.2 亿亩），每亩平均增产 60 kg，带动全国水稻单产水平明显提高，继续保持中国水稻育种国际领先水平。同时，提出了不同生态稻作区的发展目标（表 3-8）。

表 3-8　中国超级稻品种产量、米质和抗性指标

生态区域		长江流域早稻	东北早熟粳稻、长江流域中熟晚稻	华南早晚兼用稻、长江流域迟熟晚稻	长江流域一季稻、东北中熟粳稻	长江流域迟熟一季稻、东北迟熟粳稻
生育期 /d		102～112	110～120	121～130	135～155	156～170
产量 /（t/hm^2）	耐肥型	9.00	10.20	10.80	11.70	12.75
	广适型	省级以上区试增产 8% 以上，生育期与对照相近				—
品质		北方粳稻达到部颁二级米以上（含）标准，南方晚籼达到部颁三级米以上（含）标准，南方早籼和一季稻达到部颁四级米以上（含）标准				
抗性		抗当地 1～2 种主要病害				

“十二五”期间，农业部超级稻计划提出，到 2015 年新培育 30 个超级稻品种，当年超级稻全国推广面积达到 1 000 万 hm^2，每亩平均增产 50 kg，节本增效 100 元（简称“3151”工程）。其发展要按照“拓展一期应用范畴、深化二期研究与推广、努力实现三期目标”的发展思路。即对第一期亩产量 700 kg 的超级稻，品种类型由单纯的高产向广适、优质、高产方向拓展，其示范推广重心要由高产田块向中低产田转移，挖掘超级稻在中低产田水稻生产上的增产潜力；对第二期亩产量 800 kg 的超级稻，要加强品种选育与栽培技术研究，尽快形成中国水稻生产上的主导品种；对第三期亩产量 900 kg 的超级稻要加快攻关研究，争

取在“十二五”末如期实现。后来，随着2011年第三期超级稻育种目标的提前实现，2014年春，农业部启动了第四期亩产量1 000 kg的超级稻攻关，计划于2020年实现。

（二）中国超级稻研究的成就

作为中国农业尖端技术成果的超级稻，无论是三系杂交组合，还是两系杂交组合，均是集超高产、优质、多抗于一体的杂交水稻新品种，它一问世就表现了强大的生命力。2000年实现第一期超级稻育种目标的先锋组合两优培九在湖南16个百亩示范片单产超过10.5 t/hm^2；2004年提前1年实现第二期超级稻育种目标的两系超级稻先锋组合88S/0293在湖南三个县百亩示范片单产连续两年超过12.2 t/hm^2，Y两优1号在河南百亩示范片产量达到12.9 t/hm^2；2011年，袁隆平研究团队育成的超级杂交水稻“Y两优2号”在湖南隆回百亩连片单产13.9 t/hm^2，实现了第三期超级杂交水稻单产13.5 t/hm^{2}的重大突破；2014年，袁隆平研究团队育成的超级杂交水稻“Y两优900”在湖南省溆浦县百亩连片单产15.4 t/hm^2，实现了第四期超级稻育种目标单产15.0 t/hm^{2}的重大突破；育成的第五期超级稻先锋组合“超优千号”于2015—2016年连续创世界大面积水稻单产16.01 t/hm^2、16.32 t/hm^{2}的新纪录，突破了国际水稻界公认的热带地区水稻单产极限（15.9 t/hm^2）；2017年袁隆平研究团队育成的超级杂交水稻“超优千号”在河北省永年区百亩连片单产17.24 t/hm^2，创造了水稻较大面积单产世界纪录。在三系超级杂交水稻组合中，浙优1号在浙江百亩示范片产量达12.3 t/hm^2，德优4727在四川百亩示范片产量达15.7 t/hm^2。

据统计，2003—2016年中国超级稻累计推广面积超过8 000万hm^2，其所占水稻种植面积比例逐年上升，由2003年的9.8%上升到2014年的30.2%（表3-9）；2014年至今，全国超级稻年推广面积已稳定在866.7万hm^{2}以上。超级稻中，超级杂交水稻除高产以外，也表现出优良品质，诸如中浙优1号、Ⅲ优98、五优308、天优122、天优华占等主要品质指标达到国标一级优质米标准；深两优5814、川香优2号、广两优香66等主要品质指标达到国标二级优质米标准；两优287实现了长江流域杂交稻早稻国标一级优质米的突破。

表3-9　中国超级稻示范推广情况

年份	推广面积/万hm^2	占全国水稻种植面积比例/%
2003	266.67	9.8
2004	320.00	11.7
2005	380.00	13.3
2006	433.33	15.1

续表

年份	推广面积 / 万 hm^2	占全国水稻种植面积比例 /%
2007	533.33	18.6
2008	556.13	19.2
2009	606.67	21.2
2010	673.33	23.5
2011	733.33	24.5
2012	800.00	26.6
2013	873.33	29.1
2014	906.67	30.2
2015	873.33	30.0
2016	873.33	30.0

注：表中推广面积数据来源于网络或新闻报道。

根据资料统计，中国超级稻研究计划自 2005 年由农业部正式确认超级稻品种开始，到 2017 年已确认 166 个（表 3-10），其中超级杂交水稻 108 个，约占 65.1%，覆盖了中国长江流域稻区、华南稻区、西南稻区和东北稻区。超级稻的研究成功与推广使近 20 年来中国粮食产量经历了 7 年减产后（1997—2003）的连续 13 年增产新局面，粮食年综合生产能力达到了 6 亿 t 以上，为保障中国的粮食安全、提高中国粮食单产水平和推动农业结构战略性调整做出了重要贡献。

表 3-10　2005—2017 年中国农业部确认的超级稻情况

年份	超级杂交水稻品种	超级常规稻品种
2005	协优 9308、国稻 1 号、国稻 3 号、中浙优 1 号、丰源优 299、金优 299、Ⅱ优明 86、Ⅱ优航 1 号、特有航 1 号、D 优 527、协优 527、Ⅱ优 162、Ⅱ优 7 号、Ⅱ优 602、天优 998、Ⅱ优 084、Ⅱ优 7954、两优培九、准两优 527、辽优 5218、辽优 1052、Ⅲ优 98	胜泰 1 号、沈农 265、沈农 606、沈农 016、吉粳 88、吉粳 83
2006	天优 122、一丰 8 号、金优 527、D 优 202、Q 优 6 号、黔南优 2058、Y 两优 1 号、两优 287、株两优 819、培杂泰丰、新两优 6 号、甬优 6 号	中早 22、桂农占、武粳 15、铁粳 7 号、吉粳 102 号、松粳 9 号、龙粳 5 号、龙粳 14 号、垦粳 11 号
2007	新两优 6380、内 2 优 6 号（国稻 6 号）、赣鑫 688、丰两优 4 号、Ⅱ优航 2 号	宁粳 1 号、淮稻 9 号、千重浪 2 号、辽星 1 号、楚粳 27、龙粳 18、玉香油占
2009	扬两优 6 号、陆两优 819、丰两优一号、珞优 8 号、荣优 3 号、金优 458、春光 1 号	龙粳 21、淮稻 11 号、中嘉早 32 号

续表

年份	超级杂交水稻品种	超级常规稻品种
2010	桂两优2号、培两优3076、五优308、五丰优T025、新丰优22、天优3301	新稻18、扬粳4038、宁粳3号、南粳44、中嘉早17、合美占
2011	甬优12、陵两优268、准两优1141、徽两优6号、03优66、特优582	沈农9816、武运粳24号、南粳45
2012	准两优608、深两优5814、广两优香66、金优785、德香4103、Q优8号、天优华占、宜优673、深优9516	楚粳28号、连粳7号、中早35、金农丝苗
2013	Y两优087、天优3618、天优华占、中9优8012、H优518、甬优15	龙粳31、松粳15、镇稻11、扬粳4227、宁粳4号、中早39
2014	Y两优2号、Y两优5867、两优038、C两优华占、广两优272、两优6号、两优616、五丰优615、盛泰优722、内5优8015、荣优225、F优498	龙粳39、莲稻1号、长白25、南粳5055、南粳49、武运粳27号
2015	H两优991、N两优2号、宜香优2115、深优1029、甬优538、春优84、浙优18	扬育粳2号、南粳9018、镇稻18号、华航31
2016	徽两优996、深两优870、德优4727、丰田优553、五优662、吉优225、五丰优286、五优航1573	吉粳511、南粳52
2017	Y两优900、隆两优华占、深两优8386、Y两优1173、宜香优4245、吉丰优1002、五优116、甬优2640	南粳0212、楚粳37号

注：2008年发布《超级稻品种的确认办法》；有下划线的45个品种（组合）由于推广面积不足被取消超级稻冠名。

第三节　超级杂交水稻选育的理论与技术

一、超级杂交水稻株型模式

水稻是喜温作物，其分布依赖一定的自然生态条件。我国具备水稻广泛分布的条件，但是光温生态条件和地形条件十分复杂，不同稻区对水稻的高矮、分蘖、松散程度等形态特征，叶片的长短、宽窄、排列方式、冠层空间结构等叶片性状，以及穗部性状等都有各自特定的要求；超高产水稻也不例外，不同稻区的超高产株型和其他特性的形成与其进化环境密切相关，如在高温、寡照条件下，株型倾向于形成大而薄的叶片和松散型叶片排列，这种株型有利于捕获太阳光能和提高光能利用率，为提高水稻产量潜力奠定基础；在不同发育阶段的高产株型也是动态变化的，如生育前期分蘖早生快发、株型相对松散、叶姿展开，生育后期株型逐渐转向紧凑、叶姿直立且维持较多的绿叶数，这类变化的株型也有利于不同生育阶段捕获更多光能和提高光能利用率，达到提高产量潜力的目的。

（一）长江上游稻区杂交水稻亚种间“重穗型”模式

长江上游的四川盆地在阴雨多湿、云雾多、日照少、温度高的特殊生态条件下，通过增加密度和叶面积来提高水稻产量是有限的。基于此，周开达认为提高产量应主要放在提高单位叶面积的光合效率和提高单穗重量上。因此，提出了“重穗型”超高产育种模式（周开达等，1995，1997）。该模式的理论基础是利用亚种间重穗型杂交稻育种，提高库重量，选育重穗型以提高光能利用率。

亚种间重穗型杂交稻的主要育种目标：①在产量和穗粒结构上，比现有组合增产 10% 以上，产量潜力 15 t/hm^2，穗长 29~30 cm，着粒数 200 粒以上，结实率 80% 以上，收获指数 0.55；②在植株形态上，株高 125 cm，抗倒力强，成穗率 70% 以上（单株成穗 15 个左右），前期株型稍散，拔节后叶片直立，紧散适中，剑叶长 40~45 cm，稍内卷，根系粗壮不早衰；③适应性和抗病性广，结实性能稳定。

这一模式先后育成Ⅱ优 6078、Ⅱ优 162、冈优 160、D 优 613、德优 4727 等重穗型杂交组合，Ⅱ优 6078 生育期长，仅能在四川盆地热量条件好的地区种植，小面积试种最高产量 13.65 t/hm^2，平均产量 9.4 t/hm^2，是重庆市的主推品种之一；Ⅱ优 162 是一个米质优、适应性广的超级稻组合，被四川省定为突破性水稻组合；德优 4727 于 2015 年在四川汉源百亩示范片中突破了 15.0 t/hm^2，创造了长江上游较大面积水稻单产纪录。

（二）长江中下游稻区杂交中稻“叶下禾”模式

该模式是袁隆平（1997）针对长江中下游稻作生态区一季中稻提出的超高产稻株形态模式，其显著特点是提高生育后期群体光能利用率，增加生物产量。采用的技术策略是以两系和三系亚种间杂交稻为主，应用形态改良与提高杂种优势水平相结合，选育具“高冠层、矮穗层、重心低、库大而匀、高度抗倒”的优良株型的超级杂交水稻组合。

按“远中求近，矮中求高”的原则于 1998 年将超高产育种的株型具体化，提出了超高产水稻在株高、叶片形态、产量因素和群体结构上的具体指标：①株高 100 cm 左右（秆长 70 cm，穗长 25 cm）；②功能叶具有“长、直、窄、凹、厚”的特点；③株型适度紧凑，分蘖力中等，灌浆后穗层下垂，穗尖离地面 60 cm 左右，高度抗倒；④中大穗，单穗重 5 g

左右；⑤收获指数 0.55 以上。模式设计产量潜力比品种间杂交稻增产 30% 左右。

该模式所培育成功的中国第一期典型超级杂交水稻主要有培两优 E32、两优培九等，前者在云南小面积试种最高产量达 17 t/hm^2，两优培九于 2000—2004 年连续五年全国累计种植面积 7 000 多万 hm^2，平均单产高达 9.2 t/hm^2。培育了 88S/0293、 Y 两优 1 号、准两优 527 等中国第二期超级杂交水稻， 88S/0293 在 2003—2004 年连续两年在湖南省的 4 个百亩示范区每亩产量达 800 kg 以上，提前 1 年实现了中国超级稻长江流域中稻研究第二期目标；培育了中国第三期超级杂交水稻的苗头组合广占 63S/R1128、 Y 两优 2 号等，前者在 2010 年湖南百亩示范区中产量达 13.08 t/hm^2，后者在 2011 年湖南百亩示范区中产量实现了 13.5 t/hm^2 的第三期目标的重大突破。

（三）“后期功能型”超级杂交水稻模式

中国水稻研究所通过对协优 9308 与 65396（培矮 64S/E32）和汕优 63 株型比较，提出了单产 12 t/hm^2 以上的后期功能型超级杂交水稻理想株型模式（程式华等， 2005），其具体性状指标如下：①穗粒兼顾，单株有效穗 12~15 个，每穗粒数 190~220 粒，着粒密度中等；②株高 115~125 cm，茎秆坚韧，偏高秆抗倒；③功能叶长卷挺立，叶片挺立微内卷，剑叶、倒 2 叶和倒 3 叶的叶角分别为 10°、 20°、 30°，长度达 45 cm、50~60 cm 和 55~60 cm，宽度达 2.5 cm、 2.1 cm 和 2.1 cm，上 3 叶总面积达 250 cm^2；④后期活熟功能强，根系活力强，上 3 叶光合能力强，青秆黄熟不早衰。

针对在应用籼粳交培育超级杂交水稻中常常出现的生理后期根系和叶片早衰、结实率低、灌浆差、综合性状不良的现象提出了该模式，其目标是提高水稻生育后期光合能力。该模式培育出了协优 9308、国稻 1 号、国稻 3 号、国稻 6 号等系列超级杂交水稻组合。

（四）超级杂交水稻新株型发展模式

在长江中下游稻区杂交中稻“叶下禾”模式的技术路线指导下，圆满实现了中国超级稻育种第一、第二期目标后，针对如何进一步挖掘水稻产量潜力，袁隆平（2012）提出了在保持现有水稻收获指数的基础上，通过逐步提升植株高度的株型发展模式来实现水稻产量不断提高的新设想。当水稻产量较低时，提高生物产量和收获指数都能显著提高稻谷产量；当产量达到较高水平时，增加株高从而提高生物产量可能是进一步挖掘水稻产量潜力的重要途径之一。

事物的发展规律多半是呈螺旋式上升的。根据水稻高产育种的历程，水稻株高的变化也可能是如此，即由高秆变矮秆，再上升到半矮秆、半高秆、新高秆、超高秆（图 3-1）。

图 3-1　超级杂交水稻新株型发展模式

比较分析中国矮化育种前后的大面积推广品种、现代育成品种以及已实现的前三期超级稻育种目标的杂交稻的代表性品种的株高和产量的变化（表 3-11），这一变化基本符合上述所提水稻株高发展模式变化规律，充分表明通过增加株高提高植株生物产量，从而提高水稻产量的途径是切实可行的。

表 3-11　长江中下游稻区不同时期高产水稻代表性品种的株高和产量变化

代表性品种	推广时期	株高 /cm	收获指数	产量 /（t/hm^2）
胜利籼	20 世纪 60 年代以前	140 ~ 160	0.3	3.75
矮脚南特	20 世纪 60—70 年代	80	0.5	6.0
汕优 63	1985—2005 年	105	0.5	8.0
两优培九	2000—2010 年	115	0.5	10.5（百亩示范片）
Y 两优 1 号	2008 年至今	120	0.5	12.0（百亩示范片）
Y 两优 2 号	2012 年至今	130	0.5	13.5（百亩示范片）

因而，进一步提升水稻产量潜力，在大胆设想超级杂交水稻新株型发展模式的基础上，袁隆平（2012）提出以“增库、扩源、畅流”为目标的“高生物学产量、高收获指数、高度抗倒”半高秆超级杂交水稻选育理论，考虑通过“理想株型与亚种间杂种优势利用相结合”培育新型的、形态优良、松紧适度、分蘖力较强和主穗与分蘖穗差异不大的半高秆超级杂交水稻新

品种。具体技术指标：①株高 120 cm 以上；②生育期 145～155 d；③每亩有效穗 18 万穗左右，每穗总粒数 300 粒以上，结实率 90% 以上；④千粒重 27 g 以上；⑤茎秆倒五节直径 8～10 mm，高度抗倒；⑥后期生理功能强，根系发达；⑦收获指数维持在 0.50 左右。

在该模式指导下，2014 年 Y 两优 900 在湖南溆浦百亩方平均单产达 15.4 t/hm^2，实现了第四期 15 t/hm^2 的育种目标；2015 年超优千号在云南个旧百亩方平均单产达 16.01 t/hm^2，突破了国际水稻界认可的热带稻区 15.9 t/hm^2 的产量极限，创造了热带水稻大面积单产新纪录；2017 年超优千号在河北永年百亩方平均单产突破 17.0 t/hm^2，创造了高纬度地区水稻大面积单产新纪录。

上述超级杂交水稻株型模式各具生态特色，从株型设计上看，一般都是适度增加株高、降低分蘖数、增大穗重、提高生物产量和经济系数等。因此，可以将超级杂交水稻株型概括为：株高适度增高，株型适度紧凑，分蘖力中等偏强，地下部根系发达，地上部茎秆粗壮，茎壁较厚，冠层功能叶修长挺直，单穗重 5 g 左右，稻株高度抗倒，后期转色好，生物量大，谷草比高，收获指数 0.55 以上。

二、超级杂交水稻育种技术路线

育种实践表明，迄今为止，通过育种提高作物产量，只有两条有效途径：一是形态改良，二是杂种优势利用。单纯的形态改良，潜力有限；杂种优势不与形态改良结合，效果必差。其他育种途径和技术，包括基因工程在内的生物技术，最终都必须落实到优良的形态和强大的杂种优势上，否则，就不会对提高产量有贡献。但是，育种向更高层次的发展，又必须依靠生物技术的进步。

（一）形态改良

1. 理想株型的概念

对于农作物理想株型的理解，一般认为理想株型亦称为理想型。最早是 1968 年由澳大利亚的 Donald 提出，指的是有利于农作物光合作用、生长发育和籽粒产量形成所组成的理想化株型。它能最大限度地提高群体光能利用率，充分发挥光合潜力，增加生物学产量和提高经济系数等。对理想株型的研究就是追求诸多性状的最佳组配，以尽可能提高群体光能利用率和物质生产能力。

早在 20 世纪 20 年代初 Engledow 等（1923）提出通过适当杂交的方法和产量因素的最优组合，聚合各种高产性状于一体，得到高产的最佳合成体。20 世纪 50 年代，日本学者角田重三郎（1985）对水稻、大豆和甘薯的耐肥性与株型关系进行了研究，提出了适合于多肥集约栽培品种叶片宜直立而厚、色深、不易早衰，短而坚韧的茎秆、叶鞘和中等的分蘖力的理想株型理论。20 世纪 60 年代，澳大利亚的 Donald（1968）首次提出了“ideotype”（理想型）一词，提出了在农作物中寻找个体间最小竞争强度的理想株型，认为基因型内部竞争力弱，适当密植，每一个植株都能有效地利用地上部和地下部有限的有利条件接受光合产物且进入经济部分的能力不受限制。同时设计了小麦的理想株型。这种最小理论，对当前的高产育种、新株型创造仍有借鉴作用和参考意义。1973 年日本学者 Matsushima 通过栽培研究，强调高产水稻的理想株型是“多穗、短秆、短茎”，上部 2、3 叶片要短、厚而且直立，并以抽穗后叶色褪淡缓慢而绿叶较多为好。1973 年中国学者杨守仁总结了矮秆品种具有耐肥抗倒、适于密植、谷草比大等三大特点，并提出了株型在光能利用上的重要性以及矮秆稻种大穗的增产潜力。1977 年提出了水稻理想株型的模式，认为理想株型育种有三项要求：①耐肥抗倒；②生长量大；③谷草比大。1994 年他又提出了“三好理论”：①植株高度以 90 cm ± 10 cm 为宜；②稻穗大小，在每亩穗数下调情况下，仍有较大增幅，但不能盲目大穗，导致分蘖太差；③分蘖力要达中等水平，若太强稻穗就太小，太弱又将导致穗数过少。“三好理论”的实质就是协调好生物产量、穗数、粒数之间的平衡关系，使其达到适宜于超高产的最佳状态。

2. 中国水稻理想株型育种发展历程

纵观水稻育种发展史，我们不难发现水稻生产上的每一次重大突破均离不开株型育种的发展和变革。自 20 世纪中叶以“矮化育种”而掀起的第一次全球粮食生产的绿色革命以来，到杂交水稻育种再到当今“理想株型育种”都是通过株型改良来提高水稻单产的一种技术手段。国内外众多学者都致力于这方面的研究和实践，做出了一些开拓性和创新性的工作，取得了巨大成就，为推动世界水稻育种理论的发展和保障全球人类粮食安全做出了重要贡献。水稻株型育种是一个时空上的动态发展概念，其发展和形成是与高产和超高产目标紧密相连的，每一次株型改良都使得水稻的单产得到大幅度提高。

在育种实践上，中国水稻理想株型育种的发展历程可概括为以下三个阶段。

（1）矮化育种阶段。自 20 世纪初开展水稻杂交育种以来，世界各国的水稻品种遗传改良都卓有成效，但是就水稻育种总体来说，仍然局限于对高秆品种的性状改良。在近代化肥工业发达，稻田施肥量剧增，高秆品种往往易倒伏，不能使产量有大幅度的提高。直到 20 世纪 60 年代，国外籼稻育种仍没解决耐肥抗倒的问题，稻谷单产停留在较低的水平上，因而以降低植株高度、防止水稻倒伏为目标的矮化育种就成为水稻株型育种的第一阶段。

矮化育种作为株型育种的开始，它是把高秆品种变成矮秆品种。最新的研究发现，人类在大约一万年前开始驯化水稻时，就选择出了一个与高产有关的重要基因（当时的人类对遗传学一无所知），科学家已证实，这个基因就是半矮秆基因 *SD1*，该基因最初只存在于粳稻中，籼稻中没有，野生稻中也不存在。半矮秆基因 *SD1* 正是 20 世纪中期水稻矮化育种的关键内容。20 世纪 50 年代末期，中国广东省农业科学院为解决水稻的倒伏问题，在世界上率先开始了矮化育种，1956 年“矮脚南特”和“广场矮”的育成，开创了中国水稻育种史上矮化育种时代，使中国成为世界上选育和推广矮秆水稻最早的国家；1966 年，国际水稻研究所（IRRI）育成的第一个矮秆水稻品种“IR8”（将我国台湾省的“低脚乌尖”品种所具有的矮秆基因，导入高产的印度尼西亚品种“皮泰”中，培养出第一个半矮秆、高产、耐肥、抗倒伏、穗大、粒多的水稻品种）被誉为东南亚绿色革命的开始，是矮化育种标志的进一步确立，这是水稻育种史上一个重要的里程碑，它与墨西哥的矮秆小麦（利用具有日本农林 10 号矮化基因的品系，与抗锈病的墨西哥小麦进行杂交，育成了矮秆、半矮秆品种）一起，触发了全球第一次绿色革命。水稻矮秆的突破与矮秆基因资源的发掘、筛选和利用分不开，矮秆品种不仅植株矮化、分蘖强、叶面积系数大、根系发达，增强了抗倒能力，而且它的谷草比和经济系数比高秆品种显著提高了；它的推广基本上解决了高秆品种因种植密度、需高肥和风力所引起的倒伏和减产问题。其产量比一般高秆品种增加了 30%～40%，虽然当时未能从提高光能利用率的角度进行株型育种，但由于矮秆品种具有耐肥抗倒、适于密植、收获指数高三大特点，而将水稻产量提高到一个新的水平。

（2）理想株型育种阶段。理想株型育种继矮化育种之后拉开了序幕，许多育种家或学者明确地把株型育种与光能利用结合起来，不断设想与创建不同稻作生态区理想株型的育种模式，这个阶段分为两步：①理想株型兴起阶段。矮化育种解决了水稻品种的耐肥抗倒问题，使籼稻产量有了大幅度的提高。到了 20 世纪 70 年代，在矮秆基础上，以着重选择能充分利用太阳光能的株叶形态为育种目标，即高光效的形态育种，塑造出根、茎、叶、穗更合理的综合配置。其主要特征是改披垂的叶为直立叶的直化育种，使之成为更能有效利用光能的株型，因此使水稻单产水平又提高了一步。在粳稻方面，代表品种有辽宁省育成的高产品种辽粳 5 号、沈农 1033 及江苏省育成的南粳 35 等；在籼稻方面，代表品种有广东省育成的桂朝 2 号等。上述品种与 20 世纪 60 年代育成的矮秆品种相比，在株型上有了较大的改进，由于其叶片厚、窄而直立，叶色浓绿，群体叶面积大，光合生产量高，多穗重穗，从而获得高产。②理想株型完善阶段。到了 20 世纪 80 年代初，水稻高产株型的塑造又有了新的进展，主要是在矮秆直立的基础上，适当增加株高，提高生物量，协调库、源、流三者关系，通过株型的优化使产量得到了进一步提高。这一方面，目前国内外水稻育种家和学者都在积极开展研究，并取得了相当大的成效，其代表品种有广东省农业科学院培育成的桂朝 1 号（丛化育种标志），除具有株型较好的矮秆品种特性外，又进一步提高了群体的光合生产率，加上其本身具有良好的生理生态优势，从而使穗数和穗重矛盾在较高水平上协调起来，有利于大穗、重穗的形成，使高产潜能得到充分发挥；在杂交籼稻育种方面，其代表品种有汕优 63、赣化 2 号等，其株高较矮秆品种高，又因其茎基部干物质积累充实，同矮秆品种一样抗倒力较强，而生物学产量较矮秆品种高，每穗粒数明显增加，且经济系数接近，因而其增产潜力比矮秆品种更大；在粳稻方面育成的品种有 BG910 等，也具有优异的株型结构和生理特点，发挥了水稻良种最大的生产潜力，大面积推广获得了较高的社会和经济效益。

（3）理想株型与杂种优势利用相结合的超高产育种阶段。这一阶段是在“理想株型育种”基础上发展起来的，已成为国际上研究的热门课题。水稻育种家们在理想株型育种中注意到了杂种优势的利用，以及在杂种优势利用中注意到了理想株型的重要趋势已很明显，育成的许多品种已显示出一定高产潜力。到目前为止，水稻超高产育种从不断积极探索阶段进入了技术稳步成熟的阶段。从 20 世纪 80 年代开始，世界上一些重要水稻生产国和研究机构不断积极探索水稻超高产育种模式。日本（1981）最早提出了称为“逆 753”的水稻超高产育种研究计划。国际水稻研究所（IRRI）也于 1989 年开展“水稻新株型”或后称为“超级稻（Super Rice）”育种研究，迄今为止，已育成一批超高产新株型水稻品种（壮陆、IR655981122 等），显示出超高产潜力。

为解决 21 世纪中国粮食安全问题和保持杂交水稻育种世界领先地位，中国于 20 世纪 90 年代中期开始了超级稻研究，它是继水稻矮化育种和杂种优势利用之后，走理想株型与杂种优势相结合、株型与生理功能相结合的有中国特色的超级稻技术研究路线，并被纳入国家“九五”重点攻关项目和“十五”期间“863”计划项目，得到了农业部（1996 年正式立项中国超级稻研究计划）和国务院总理基金、科学技术部（1998 年袁隆平提出超级杂交水稻育种计划）的大力资助，同时组织多家单位进行联合攻关，经过十多年的努力研究和实践，取得了很大的进展，选育出一批朝着大穗、高成穗率、大生物量方向发展的核心品系（如沈农 265、沈农 89368、特青、胜泰等）和一批有代表性的超级杂交水稻新组合，如湖南杂交水稻研究中心培育的培矮 64S/E32、88S/0293，与江苏省农业科学院合作选育成功的两优培九等组合。超级杂交水稻组合示范成功并大面积推广应用，增产效果显著。中国的超级杂交水稻计划分别于 2001 年、 2004 年、 2011 年、 2014 年成功实现了第一、第二、第三、第四期育种目标。至此，中国的水稻超高产育种已进入稳步发展阶段；至 2017 年，超级杂交水稻攻关实现了单产 17 t/hm^2 的突破。

综上所述，株叶形态改良对进一步提高水稻的单产潜力发挥了巨大作用。矮化育种是株型育种的第一阶段，其核心就是通过降低株高，来增强水稻植株的耐肥、抗倒性，从而提高水稻的产量；理想株型育种是在矮化育种基础上的进一步改良，其关键是侧重改变茎、叶性状，改善叶姿和叶片质量，要求叶片尤其是上部叶片卷曲、短、厚、直立，具有良好的受光态势，发挥其高光效性，进一步提高水稻高产的潜能。而现代超高产新株型育种是在理想株型育种基础上发展起来的，已不单纯是追求提高叶面积，而是通过群体结构和受光态势的综合改良，提高群体光合作用和物质生产。它的发展方向是理想株型与杂种优势利用相结合。其重点是通过优化性状配组，利用籼粳亚种间杂交，重组株型，兼顾优势利用（即形态与功能相结合）创造综合性状更为优越的新株型，它是水稻获得超高产的必由之路，也是当今株型育种发展的主流。

3. 超级杂交水稻株型改良的途径

理想株型是水稻超高产的形态基础。株型改良的目的就是通过塑造理想株型来调节个体的几何构型和空间排列方式，改善群体结构和受光态势，最大限度地协调叶面积、单位光合效率和冠层持续时间的关系，使群体在较高的光合效率和物质生产水平上达到动态平衡，最终实现超高产，从形态改良角度上讲就是协调和改善个体的形态和生理功能，从而使个体在更适应群体条件下充分发挥其物质生产能力（陈温福等，2007）。

根据国内外水稻超高产育种研究，超高产理想株型一般具备以下特征：①茎秆高度适宜，机械强度大，保证足够生物量的同时高度抗倒；②叶片上举、卷曲、直立，比叶重大，叶绿素含量高，功能期长，不早衰；③分蘖力适中，生育前期松散，后期紧凑，成穗率高；④穗茎维管束发达，一次枝梗多；⑤根系发达，不早衰。综合国内外超高产育种成果，通过形态改良培育理想的超高产杂交稻新株型的主要途径有 3 个。

（1）创新和发挥特异性稻种资源，挖掘和利用优异亲本材料，培育超级杂交水稻理想株型。作物品种改良主要取决于种质资源的开发和利用，水稻株型改良也不例外。水稻育种史上的三次重大突破都是从特异性种质资源的发现开始的，如广东发现的“矮脚南特”开创了我国矮化育种的先河；海南“野败”的发现为杂交水稻研究成功打开了突破口；光温敏核不育水稻（农垦 58S 和安农 S-1）和广亲和基因（S_5^n）的发现，扩大了杂交水稻优势利用范围，为选育超高产水稻株型提供了物质基础，特别是广亲和光温敏不育系（恢复系）和籼粳交不育系（恢复系）为超高产杂交水稻株型的培育开辟了新途径。湖南杂交水稻研究中心成功培育的广亲和光温敏核不育系培矮 64S 和广适型温敏核不育系 Y58S，及其育成的代表性组合培两优特青、Y 两优 1 号等，沈阳农业大学选育的矮壮秆、长叶、大穗型沈农 89366（成为国际水稻研究所培育超级稻新株型的核心材料）和沈农 127 以及穗型直立、半矮秆、株型紧凑、个体竞争力强的沈农 159 等，这些材料自身成为不同稻区株型育种的代表模式，同时成为水稻株型改良的核心资源，并取得了显著的效果。由此可见，对特异性株型种质资源的挖掘、利用和创新，为超级杂交水稻株型改良提供了技术支撑。

（2）利用杂种优势来培育超高产水稻理想株型。杂种优势利用则是通过双亲有利性状的互补获取的最佳组合，而“超高产水稻理想株型”是指水稻在特定的生态条件下与丰产性状有关的各种有利性状的最佳组配。因此在理想株型育种成果的基础上进行杂种优势利用研究，是培育超高产水稻株型的重要途径之一。特别是利用远缘种间、籼粳亚种间杂种优势来改善株型，将会使超级杂交水稻产量进一步提高，由于远缘种、亚种间杂交产生巨大变异，F_1 代疯狂分离，这为有意识地创造和筛选新株型提供了可能性。其方法有：①通过两系法，将籼粳亚种间强优势与理想株型结合起来，选育超高产新株型两系组合，其代表组合有：湖南杂交水稻研究中心与江苏省农业科学院合作育成的“65396”（培矮 64S/E32）和“65002”（两优培九），湖南杂交水稻研究中心育成的 88S/0293 等。②通过三系法实现籼粳亚种间重穗型或大穗型强优势来选育超高产新株型三系杂交组合，代表品种有四川农业大学水稻所育成的Ⅱ优 162、中国水稻研究所育成的协 9308 等。③利用籼粳交或地理远缘杂交创制新株型变异和强优势，再通过优化性状组配将理想株型与优势结合起来，培育超高产株型新品种。主要育成的品种有北方直立大穗代表品种沈农 265、沈农 606 等，长江中下游稻区培育的籼粳杂交稻甬优、春优、浙优系列品种等，通过栽培实践证明了“形态特征与生理功能等相结合而产生强大的产量优势”。④通过连续改良创造优质稻核心种质，实现生态间地理远缘，亚种间、种间育种材料亲缘渗透，强化优质基因的输入。在此基础上选用具有目标性状，携带有特异基因或中间材料或地理、生态远缘的优质理想株型与优势相结合的新资源，如湖南杂交水稻研究中心培育的巨穗稻 R1128、湖南袁创超级稻技术有限公司创制的籼粳亚种间强优势恢复系 R900，从而培育出适合大面积种植的超级杂交水稻新品种。代表品种有广两优 1128、两优 1128、Y 两优 900、湘两优 900 等。

（3）利用生物技术与常规育种相结合来创制超级杂交水稻高光效新株型。近年来生物技术的快速发展为超级稻育种展示了美好前景，为超高产高光效新株型创制开辟了一条新途径。水稻栽培种潜力有限，应着眼于从野生稻和其他水稻近缘种去挖掘高产基因或其他重要的农艺性状基因，利用转基因技术导入玉米等 C_4 作物中的高光效基因或通过分子标记等手段与常规育种方法相结合，从中选育出超高产的新株型水稻品种。据报道，日本已成功地将高光效的 C_4 植物中的 CO_2 固定酶（PEPC）基因导入水稻中，为改良 C_3 植物光合作用，培育新株型提供了可能性。

（二）提高杂种优势水平

1. 水稻亚种间杂种优势

袁隆平认为水稻杂种优势水平的趋势是远缘种间杂种优势＞亚种间杂种优势＞品种间杂种优势。许多研究表明，水稻亚种间杂种优势强弱存在籼粳交＞籼爪交＞粳爪交＞籼籼交＞粳粳交的总趋势，这一趋势大致说明亚种间双亲亲缘关系越远，杂种优势越强。

杨振玉（1991）选择不同的籼粳亲本作杂交，研究双亲遗传距离与杂种优势的关系，结果表明双亲程氏指数差与亚种间杂种一代全株干物重呈极显著正相关（r=0.87），当双亲程氏指数差值大于14时，种间杂种一代的生物优势极强；当双亲程氏指数差值之差介于7～13之间时，生物优势较强。安徽省农科院（1977）采用遗传相关矩阵应用主成分分析法研究籼粳亚种间遗传距离与杂种优势后也认为，凡杂种优势强的组合，亲本间遗传距离就大；亲本间亲缘越近，则性状差异小；遗传距离值小，则优势弱或无优势。严钦泉（2001）以籼粳程度不同的4个光温敏核不育系与11个父本品系配组，研究籼粳程度与杂种优势的关系，结果发现亲本籼粳程度与杂种优势显著相关，也证实了双亲遗传距离越大，杂种优势越强。

2. 水稻亚种间杂种优势利用表现

水稻亚种间杂种优势在经济性状上的体现，主要是每穗颖花数和单位面积颖花数优势强。在水稻产量构成因子中，亚种间杂种一代经济性状的突出优势主要表现在平均每穗颖花数和单位面积颖花数。

袁隆平等（1986）研究亚种间杂交一代的增产潜力，发现典型粳稻“城特232”与典型籼稻“26窄早”的杂种一代每穗颖花数和单株颖花数比同熟期的对照组合威优35分别多162.8%和122.4%。每公顷颖花数可达66 000万个以上，尽管结实率仅54%，但由于颖花数多，而产量几乎与对照相当（表3-12）。如果能把亚种间杂种一代的结实率提高到80%，则应有比品种间杂交组合增产30%的潜力。

表3-12　籼粳亚种间杂种一代的增产潜力（袁隆平等，1986）

	株高/cm	每穗颖花数/个	单株颖花数/个	结实率/%	实际产量/（t/hm^2）
城特232（粳）/26窄早（籼）	120	269.4	1 779.4	54.0	8.33
威优35（CK）	89	102.6	800.3	92.9	8.71
优势/%	34.8	162.8	122.4	−41.9	−4.3

1989 年袁隆平等又报道亚种间杂交组合二九青 S/DT713 的杂种优势表现，其结果表明在所有产量性状中，优势最强的仍然是每穗颖花数和单位面积颖花数。平均每穗颖花数和单位面积颖花数的优势率分别为 82.94% 和 59.86%（表 3-13）。

表 3-13 籼粳亚种间杂种二九青 S/DT713 与对照组的经济性状比较（袁隆平等，1989）

	株高 /cm	抽穗日数 /d	单株穗数 / 个	每公顷穗数 / 万穗	每穗颖花数 / 个	每公顷颖花数 / 万个	结实率 /%	千粒重 /g	单株粒重 /g	理论产量 /（t/hm²）
二九青 S/DT713	110.0	88.0	15.06	282.45	205.89	58 155.75	75.40	27.80	65.00	12 190.2
威优 6 号	103.0	88.0	17.24	323.25	112.54	36 378.60	83.15	27.38	44.17	8 282.1
对照的 %	106.8	100.0	87.35	87.35	182.94	159.86	90.68	101.53	147.18	147.2

3. 水稻亚种间杂种优势利用存在的问题

水稻籼粳亚种间杂种一代虽然具有强大的生物学优势，普遍表现植株高大，每穗总粒数和单位面积颖花数多，杂种一代有增产 30%~35% 的潜力（陈立云，2001）；但由于其双亲遗传差异过大，存在遗传障碍，杂种一代通常具有结实率低、植株超高、生育期超长、籽粒充实度差等缺点，长期以来一直没有在生产上很好地应用。籼粳亚种间杂种一代除了上述几大主要问题外，还存在其他一些不利甚至限制其推广应用的问题：亚种间杂种一代结实率对环境条件（特别是温度）变化适应力的脆弱性，导致其结实率不稳定；亚种间杂交组合在制种过程中，无论是籼母粳父，还是粳母籼父，因双亲开花习性的差异，导致异交结实率低，限制了制种产量的提高；亚种间杂种一代还存在脱粒性难以达到适中的程度；等等。

4. 提高杂种优势水平的主要方式

（1）利用亚种间杂种优势

籼稻和粳稻亚种间杂种一代的杂种优势强，生长旺盛，平均每穗颖花数和单位面积总颖花数多，已是不争的事实；但是由于两亚种间遗传差异大，相互之间的亲缘关系远，结实率偏低等问题，不能有效地利用其强大的杂种优势。国内外许多学者在如何利用亚种间杂种优势的途径上做了大量的研究工作。到目前为止，主要有四种方式：一是利用籼粳亚种间杂交来选育常规品种和强优势恢复系实现部分利用亚种间杂种优势；二是利用广亲和基因和光温敏核不育材料实现籼粳亚种间杂种优势的直接利用，如成功培育的广亲和两系不育系培矮 64S；三是利用具有籼粳亚种混合亲缘的中间型育种材料来利用亚种间杂种优势，如用广亲和的籼粳中间型的恢复系和粳型不育系配组、“籼粳架桥”制恢的 C57 部分利用亚种间杂种优势；四是借助分子育种技术，挖掘早熟基因、矮秆基因、广亲和基因和育性基因等，通过基因片段置换和聚合育种等分子育种技术，利用籼粳亚种间杂种优势。

目前，籼粳亚种间杂种优势取得了重大进展：①三系籼粳亚种间杂种优势利用的典型代表是利用粳型不育系和籼粳中间型广亲和恢复系配组选育出的甬优系列、春优系列和浙优系列，主要特点是株型高大、穗大、生育期较长、结实率高，表现出杂种优势强、产量潜力大的特点。2012 年甬优 12 在浙江百亩示范片中，平均产量达到 14.45 t/hm^2；2015 年春优 927 在浙江百亩示范片中，平均产量达到 15.23 t/hm^2。②两系籼粳亚种间杂种优势利用的典型代表是利用携带广亲和基因、具有一定粳稻亲缘的籼型两系不育系与籼型、籼粳中间型恢复系配组选育出的培矮 64S 系列、900 系列等。2000 年两优培九在湖南百亩示范片中，平均单产突破 10.5 t/hm^2，实现了中国超级稻研究第一期育种目标；2014 年 Y 两优 900 在湖南百亩示范片中，平均单产 15.4 t/hm^2，实现了超级稻研究第四期育种目标。

（2）利用远缘杂种优势

尽管水稻远缘杂交不亲和、杂种不育或结实率很低、杂种后代分离无规律性和难稳定，直接利用相当艰巨和复杂，但远缘杂交育种在国内外历来都受到重视。国际水稻研究所 G.S. 库希认为，提高作物产量潜力途径之一是采用远缘杂交。袁隆平提出发展杂交水稻战略设想的三个发展阶段，其中第三个阶段就是利用远缘杂种优势。

迄今也不乏直接利用远缘杂交育种的实例。在水稻远缘杂交中，采用高粱、玉米、菰、狼尾草、薏苡、稗草甚至竹子等十多个科属的植物作父本进行有性杂交，部分远缘杂种后代具有优良的农艺性状，表现较强的远缘杂种优势，并在生产上有试种的报道。如：①在中国三系杂种优势利用过程中，野生稻资源的利用最多，也最关键；袁隆平等（1964）发现野生稻花粉败育类型（简称“野败”），打开了中国杂交水稻育种的突破口；②从普通野生稻与栽培稻远缘杂交后代中选育的中山 1 号，其衍生的品种数量之多、种植面积之大、栽培年限之长，对水稻生产贡献之大，在世界水稻育种史上罕见。

（三）借助分子生物技术

基于 DNA 分子水平的分子遗传学和功能基因组学研究为水稻杂种优势利用提供了更大的平台。袁隆平指出：常规育种与分子生物技术相结合是今后作物育种的发展方向，这也是选育超级杂交水稻具有巨大潜力的途径。借助分子生物技术，主要是利用栽培稻、野生稻、禾本科内其他物种的有利基因或者创造新种质。

1. 利用野生稻中有利基因

一般是通过远缘杂交与分子标记辅助选择技术相结合利用野生稻中的有利基因，该方法主要应用于水稻抗白叶枯病、抗稻瘟病、产量性状、品质性状等水稻重要性状的育种。国际水稻研究所自1969年开始利用分子生物技术转移野生稻抗病虫基因的工作，曾先后将小粒野生稻（*O. minuta*）的稻瘟病和白叶枯病抗性以及澳洲野生稻（*O. australiensis*）的褐飞虱和白叶枯病抗性等非AA型野生稻优异基因成功转入栽培品种中，获得了一批目标性状的水稻品种（A. Amante-Bordeos等，1992；D. S. Multani等，1994）。袁隆平（1997）报道，在马来西亚野生稻（*O. rufipongon* L.）中发现了两个重要的QTL位点（yld1.1和yld2.1），分别位于第1号和第2号染色体上，每一基因位点具有增产20%左右的效应。通过远缘杂交并结合分子标记辅助选择技术将这两个增产QTL成功地转育到杂交亲本测64-7中，选育的大穗强优恢复系Q611携带了这两个具有增产效应的QTL位点，配制的超级杂交晚稻组合金优611、丰源优611等，2005年在湖南零陵的百亩超级晚稻丰优611示范片中，经测产，丰源优611理论产量可达每亩766.8 kg，示范片平均亩产达705 kg，比普通杂交晚稻每亩增产超过200 kg。有学者通过分子标记辅助选择技术将增产QTL yld1.1和yld2.1转育到水稻骨干亲本9311中获得一批携带1个增产QTL和同时携带2个增产QTL的单株，并与培矮64S配制了15个组合，研究野生稻增产QTL的增产效果。结果表明，15个携带野生稻QTL组合的理论产量均高于对照，平均增产16.41%。

2. 利用禾本科内其他物种有利基因

远缘物种如高粱、玉米与水稻相比较，具有许多优良的农艺性状，它们是C_4植物，光合效率高，光合产物运转通畅，结实好，具有良好的株叶形态，茎粗秆硬，根系发达，耐肥抗倒，穗大粒多，适应性强，耐旱耐渍，高产稳产等特点；非AA型广西药用野生稻具有宿根越冬、抗衰老、再生力强、耐寒、耐旱等特异性状；禾本科中黍亚科稗属，是C_4植物，具有高光效、灌浆快、成熟早、易出现大穗材料等特点。

水稻与这些物种远缘杂交直接利用其优异性状的有利基因，由于种间的生殖隔离屏障，几无成功可能。若要对这些优异性状加以利用，必须借助分子生物技术将远缘有利基因导入水稻受体中，获得稳定遗传的改良体。目前应用较多的主要有2种途径：①利用远缘物种总DNA导入创造水稻种质资源，利用其有利基因；该技术包括花粉管导入、穗茎注射法、浸胚法等。李道远等（1990）用非AA型广西药用野生稻的总DNA通过花粉管导入中铁31等11个籼稻品种和1个粳稻品种中，所选育的桂D1号表现野生稻部分特异性状，如叶片硬直浓绿、耐肥抗倒、耐寒力强、再生性强，成熟期功能叶不早衰，还有一定的宿根越冬性，适应性广等；洪亚辉等（1999）采用花粉管导入技术，将密穗高粱DNA导入粳稻品种鄂宜105后，获得的变异后代光合速率明显提高，最高可提高80%以上。万文举等（1993）用玉米CYB的总DNA浸泡水稻品种XR和84266的种胚，从大幅度变异的后代中筛选多穗、大穗和高结实率协调的遗传工程稻1号（GER-1）。赵炳然（2003）通过穗茎注射法将稗草的总DNA导入水稻恢复系R207中，从变异后代中筛选出新恢复系RB207-1，表现大穗多粒、粒重增重，所配杂交种GDS/RB207-1株型良好，杂种优势强，在海拔较高的山区表现特别好， 2005年多点试验，小面积亩产达到900 kg以上。②利用基因工程技术将远缘有利基因导入杂交水稻亲本中。该技术主要是通过转基因手段将控制其他物种有利性状的外源基因导入水稻基因组中，获得外源基因稳定遗传和表达的水稻遗传改良体。利用该技术已成功将抗除草剂基因、抗虫基因等导入水稻中。湖南杂交水稻研究中心与香港中文大学合作，源于玉米的高光效C_4光合酶PEPC（磷酸烯醇式丙酮酸羧化酶）基因、 PPDK（丙酮酸双激酶）基因被成功克隆并导入超级杂交水稻的骨干亲本中，获得了光合效率比对照高10%~30%的水稻改良体（袁隆平，2010）；转化进一步聚合了PPDK调节蛋白基因，发现三基因聚合系的PPDK磷酸化水平受到显著抑制，光合固碳效率增强，生物量和穗粒数明显增加。

3. 利用基因编辑技术创制新种质

水稻的基因组序列已测序完成，许多控制重要农艺性状的基因已经被解读，为下一步编辑修改所需要的水稻遗传信息提供了坚实基础。因而，利用基因编辑技术已成为国际生物科技的热门领域，近几年来，国内外利用基因编辑技术进行水稻育种的成功案例时有报道，其中基因编辑CRISPR-Cas9技术就被成功应用于水稻，该技术不需要外源基因，只需精准找到水稻内部控制某性状的基因并进行编辑修改。2017年，袁隆平宣布了一项重大科技成果：水稻亲本去镉技术取得突破。袁隆平研究团队利用了基因编辑CRISPR-Cas9技术，将水稻中参与吸收镉离子的基因敲除后获得了低积累镉离子的水稻材料，培育出在高镉污染稻田栽培稻米镉含量极低的籼型杂交水稻亲本与组合，低镉恢复系及组合稻谷镉含量约为0.06 mg/kg，比应急性低镉水稻对照品种湘晚籼13号和深两优5814的稻谷镉含量下降了90%以上。

References

参考文献

[1] 邓华凤，何强. 长江流域广适型超级杂交稻株型模式研究[M]. 北京：中国农业出版社，2013.

[2] 薛德榕. 水稻光能利用与高产潜力[J]. 广东农业科学，1977，3：27–28.

[3] 李明启. 光合作用研究进展[M]. 北京：科学出版社，1980.

[4] 刘振业，刘贞琦. 光合作用的遗传与育种[M]. 贵阳：贵州人民出版社，1984.

[5] 张宪政. 作物生理研究法[M]. 北京：中国农业出版社，1992.

[6] 村田吉男. 太阳ユネルギ－利用率と光合成[G]. 育种学最近の进步，第15集，日本育种学汇编，1975.

[7] 陈温福，徐正进. 水稻超高产育种理论与方法[M]. 北京：科学出版社，2007.

[8] 袁隆平. 杂交水稻学[M]. 北京：中国农业出版社，2002.

[9] 戚昌瀚，石庆华. 水稻光能利用与高产栽培研究 Ⅰ. 江西的太阳辐射资源与水稻生产潜力[J]. 江西农业大学学报，1987（S1）：1–5.

[10] 卢其尧. 中国水稻生产光温潜力的探讨[J]. 农业气象，1980(1)：1–12.

[11] 高亮之，郭鹏，张立中，等. 中国水稻的光温资源与生产力[J]. 中国农业科学，1984，17(1)：17–22.

[12] 吉田昌一. 水稻生理[M]. 北京：科学出版社，1980.

[13] SUETSUGU I. Records of high rice yield in India. Agric [J].Technol.，1975，30：212–215.

[14] 方福平，程式华. 论中国水稻生产能力[J]. 中国水稻科学，2009，23(6)：559–566.

[15] PARK P K，CHO S Y，MOON H P，et al. Rice Barietal Improvement in Korea [M]. Suweon：Crop Experiment Station，Rural Development Administration，1990.

[16] 佐藤尚雄. 水稻超高产育种研究[J]. 国外农学・水稻，1984(2)：1–16.

[17] 金田忠吉. 应用籼粳杂交培育超高产水稻品种[J]. JARQ，1986，19(4)：235–240.

[18] 徐正进，陈温福，张龙步，等. 日本水稻育种的现状与展望[J]. 水稻文摘，1990，9(5)：1–6.

[19] KUSH G S. Varietal needs for different environments and breeding strateges [M]. In：MURALIDHARAN K，SID E A. New Frontiers in Rice Research. Hyderabad：Directorate of Rice Research，1990：68–75.

[20] PENG S，KUSH G S，CASSMAN K G. Evolution of the new plant ideotype for increased for increased yield potential [M].In：CASSMAN KG，Breeking the Rice Barrier. Manila：IRRI，1995：5–12.

[21] 袁隆平. 新株型育种进展[J]. 杂交水稻，2011，26(4)：72–74.

[22] 邓华凤，何强，陈立云，等. 长江流域超级杂交稻产量稳定性研究[J]. 杂交水稻，2009，24(5)：56–60.

[23] 周开达，马玉清，刘太清，等. 杂交水稻亚种间重穗型组合选育：杂交水稻超高产育种的理论与实践[J]. 四川农业大学学报，1995，13(4)：403–407.

[24] 周开达，汪旭东，刘太清，等. 亚种间重穗型杂交稻研究[J]. 中国农业科学，1997，30(5)：91-93.

[25] 袁隆平. 杂交水稻超高产育种 [J]. 杂交水稻，1997，12(6)：1-6.

[26] 程式华，曹立勇，陈深广，等. 后期功能型超级杂交稻的概念及生物学意义 [J]. 中国水稻科学，2005，19(3)：280-284.

[27] 袁隆平. 选育超高产杂交水稻的进一步设想 [J]. 杂交水稻，2012，27(6)：1-2.

[28] DONALD C M. The breeding of crop idea-types [J]. Euphytica，1968，17：385-403.

[29] ENGLEDOW F L，WADHAM S M. Investigations on yield in the cereals [J]. J Agric. Sci.，1923，13：390-439.

[30] 角田重三郎. 稻的理想型：光合结构的调节 [G]// 陈温福，编译。国外有关水稻理想株型文集（二），1985：1-18.

[31] MATSUSHIMA S. A method for maximizing rice yield through "ideal plants" [M]. Yokendo，Tokyo，1973：390-393.

[32] 杨守仁. 水稻施肥与水肥管理 [J]. 辽宁农业科学，1973，3：19-23.

[33] 杨守仁. 水稻株型问题讨论 [J]. 遗传学报，1977，4(2)：109-116.

[34] 杨守仁. 水稻株型研究的进展 [J]. 作物学报，1982，8(3)：205-209.

[35] 杨守仁，张龙步，陈温福，等. 优化水稻性状组配中"三好理论"的验证及评价 [J]. 沈阳农业大学学报，1994，25(1)：1-7.

[36] 杨振玉，刘万友. 籼粳亚种 F_1 的分类及其与杂种优势关系的研究 [J]. 中国水稻科学，1991，5(4)：151-156.

[37] 严钦泉，阳菊华，伏军. 两系杂交稻亲本籼粳程度与配合力及杂种优势的关系 [J]. 湖南农业大学学报（自然科学版），2001(3)：163-166.

[38] 陈立云. 两系法杂交水稻的理论与技术 [M]. 上海：上海科学技术出版社，2001.

[39] AMANTE-BORDEOS A，SITCH. L A，NELSON R，et al. Transfer of bacterial blight and blast resistance from the tetraploid wild rice Oryza minuta to cultivated rice，Oryza sativa [J]. Theoretical and Applied Genetics，1992，84(3-4)：345-354.

[40] MULTANI D S，JENA K K，BRAR D S，et al. Development of monosomic alien addition lines and introgression of genes from Oryza australiensis Domin. to cultivated rice O. sativa L. [J]. Theoretical and Applied Genetics，1994，88(1)：102-109.

[41] 李道远，陈成斌，周光宇，等. 野生稻 DNA 导入栽培稻的研究 [G]// 周光宇，等. 农业分子育种研究进展. 北京：中国农业科技出版社，1993.

[42] 洪亚辉，董延瑜，赵燕，等. 密穗高粱 DNA 导入水稻的研究 [J]. 湖南农业大学学报，1999，25(2)：87-91.

[43] 万文举，彭克勤，邹冬生. 遗传工程水稻研究 [J]. 湖南农业科学，1993(1)：12-13.

[44] 赵炳然. 远缘物种基因组 DNA 导入水稻的研究 [D]. 长沙：湖南农业大学，2003.

[45] 袁隆平. 超级杂交水稻育种研究的进展 [G]// 袁隆平. 袁隆平论文集. 北京：科学出版社，2010.

[46] 邓化冰，邓启云，陈立云，等. 野生稻增产 QTL 导入超级杂交中稻父本 9311 的增产效果 [J]. 杂交水稻，2007，2(4)：49-52.

第四章

杂交水稻分子育种

毛毕刚 | 赵炳然

分子育种，即在经典遗传学和现代分子生物学、分子遗传学理论指导下，将现代生物技术手段整合于经典遗传育种方法中，结合表现型和基因型筛选，培育出优良新品种（万建民，2007）。水稻分子育种研究主要包括分子标记辅助育种、基因组辅助育种、转基因育种、外源DNA导入育种及基因组编辑育种等。水稻分子标记辅助选择育种已开展多年，早先育成的抗病虫杂交稻品种已在生产上应用。随着水稻重要农艺性状基因功能被解析，以及基因组测序技术的迅速发展，基因组选择育种和分子设计育种成为杂交水稻育种的重要方向。在国家重大专项支持下转Bt基因抗虫等转基因杂交稻育种取得了很大的进展。外源DNA导入技术是我国科学家倡导的遗传育种方法，利用该技术创制了不少水稻新材料。近几年基因定点编辑技术异军突起，因为可以在精确突变水稻内源基因的同时剔除转基因成分，已成为水稻分子育种的重要手段之一。

1998年，我国作为主要发起和参与国参加了国际水稻基因组测序计划（International Rice Genome Sequencing Project，IRGSP），并于2002年率先完成了粳稻日本晴第4号染色体的精确测定和超级杂交水稻亲本籼稻9311的全基因组草图。2005年IRGSP宣布日本晴的全基因组精确序列完成，随后水稻功能基因组研究发展迅速，相关技术和资源平台不断完善和拓展，大批重要功能基因被分离鉴定。截至2017年，已有2 300多个水稻基因被定位或克隆（国家水稻数据中心www.ricedata.com），水稻育种中的一些重大生物学问题的机制被阐明。水稻基因组测序和功能基因研究为水稻育种技术变革奠定了基础。

第一节 杂交水稻分子育种技术和原理

育种是一个各种综合农艺性状选择、聚合、平衡的系统工程，甚至是一门艺术。传统的常规育种技术以表型选择为基础，育种家主要依靠育种经验组合优良性状，但单单依靠表型选择周期长、盲目性大。运用分子方法可以实现基因的精准转移、突变与筛选，提高育种效率，突破杂交水稻常规育种中难以解决的一些瓶颈问题，因此，分子技术的加盟可带来杂交水稻技术的升级，促进杂交水稻新的发展。

一、分子标记辅助选择育种技术

选择是育种中最重要的环节之一。选择实质是指在一个群体中选择符合目标要求的基因型。分子标记辅助选择（Marker Assisted Selection，MAS）育种技术是利用分子标记与目标性状基因紧密连锁的特点，通过检测分子标记，即可检测目的基因的存在，达到选择目标性状的目的，具有快速、准确、不受环境条件干扰的优点。分子标记辅助选择可作为鉴别亲本亲缘关系、回交育种中数量性状和隐性性状的转移、杂种后代的选择、杂种优势的预测及品种纯度鉴定等各个育种环节的辅助手段。

（一）分子标记的种类

随着分子生物学技术的发展，先后出现了以传统的 Southern 杂交为基础的第一代分子标记，以限制性片段长度多态性（Restriction Fragment Length Polymorphism，RFLP）标记为代表；以 PCR 为基础的第二代分子标记，包括微卫星（Simple Sequence Repeat，SSR）、随机扩增多态 DNA（Random Amplified Polymorphism DNA，RAPD）、序列标记位点（Sequence Tagged Sites，STS）、序列特异扩增区域（Sequence Characterized Amplified Region，SCAR）、酶切扩增多态性（Cleaved Amplified Polymorphism Sequences，CAPS）、扩增片段长度多态性（Amplified Fragment Length Polymorphism，AFLP）、表达序列标签（Expressed Sequence Tag，EST）等，其中微卫星标记使用最为广泛；第三代分子标记技术以芯片和高通量测序为基础，以单核苷酸多态性（Single Nucleotide Polymorphism，SNP）标记为代表（魏凤娟等，2010）。因为 SSR 标记成本低，开发设计简单，需要的仪器设备低端，操作简单，目前仍被很多育种单位广泛使用。而 SNP 标记数量巨大，基因内也可以广泛开发，其选择的可靠性高，开发成芯片后，具有极高通量，可以对全基因组范围内所有基因实现精细选择。随着高通量测序成本不断下降，未来SNP标记必将是分子标记辅助育种的主要标记。

（二）分子标记辅助选择的遗传学基础

分子标记辅助选择的遗传学基础是所检测的分子标记与目的基因的紧密连锁，即共分离。借助分子标记对目标性状的基因型进行选择，主要是根据与目的基因共分离的分子标记基因型的检测来推测、获知目的基因的基因型。选择的可靠程度取决于目的基因座位与标记座位之间的重组频率，两者之间的遗传距离（一般应小于5 cM）越小，可靠性越高；遗传距离越大，可靠性越低。以上分子标记辅助选择的策略主要针对QTL位点，连锁标记与真正的目的基因只是紧密连锁关系，倘若分子标记就在目的基因上，选择的可靠性就是100%。目前生产上很多重要的农艺性状都只有QTLs的定位结果，在基因未克隆之前，我们仍然可以用与该QTL连锁最紧密的分子标记完成对该农艺性状的选择。

标记辅助选择的重点是对目的基因的选择，也称为前景选择，而用于遗传背景的筛选时，又称为背景选择。与前景选择不同的是，背景选择的对象是整个基因组。在分离群体中，由于在上一代形成配子时同源染色体之间会发生交换，因此每条染色体都可能是由双亲染色体重新“组装”成杂合体。所以，要对整个基因组进行选择，就必须知道每条染色体的组成。要求用来选择的标记能够覆盖整个基因组，也就是必须有一张完整的分子标记连锁图。当一个个体中覆盖整个基因组的所有标记的基因型都已知时，就可以推测出各个标记座位上等位基因来自哪个亲本，进而可以推测该个体中所有染色体的组成。

在有利等位基因得到转育的同时，由于供体中的有利基因与其他基因存在不利连锁，可能也转入了控制其他性状的不利等位基因，这种现象称为遗传累赘或连锁累赘。要降低遗传累赘对育种材料综合性状的影响，就需要对遗传背景进行反向筛选，以保证原来优良材料的遗传背景得到最大程度的保持。在标记辅助选择中，前景选择的作用是保证从每一回交世代选出的作为下一轮回交亲本的个体都包含目的基因；而背景选择则是为了加快遗传背景恢复成轮回亲本基因组的速度（即回复率），以缩短育种年限。理论研究表明，背景选择的作用是十分显著的。

（三）分子标记辅助选择育种的基本程序

分子标记辅助选择育种基本程序与常规育种类似，只是在常规表型鉴定的基础上，在各个育种世代增加了分子标记的检测工作。

第一步，根据特定育种目标、目的基因亲本材料、目的基因定位和分子标记技术等情况设计总体方案。第二步，进行目的基因的选择。选择的目的基因应精细定位且遗传效应及其表型稳定性明确。第三步，进行亲本选配，一个群体的诸亲本之间要具有互补性，它们需要具有以下关系：选择的亲本在目的基因座位上携带目标等位基因；不同亲本在目的基因座位上具有基因型差异；与目的基因紧密连锁的分子标记，必须在基因供体亲本和其他亲本之间呈现多态性。第四步，构建育种群体。一般而言，如供体亲本综合性状较差，则以受体亲本为轮回亲本，经多代回交后将供体的有利等位基因转育到受体的背景中；如果供体和受体亲本各有所长，一般只进行 1～3 次回交后自交加代筛选，甚至 F_1 后直接加代。最后一步，进行世代材料的筛选，在育种群体世代繁殖过程中，逐步开展表现型和基因型鉴定，选择符合预期目标的育种材料，这是所有分子育种研究的核心工作（钱前等，2007）。

（四）分子标记辅助选择的优点

（1）可以用于表型不容易鉴定的性状。如育性恢复、广亲和性、光温敏核不育、抗病虫、抗旱性、耐高低温性等性状，这些性状易受环境影响，表型无法准确和直接鉴定，而且鉴定费时费力。通过分子标记可以轻松实现这些表型的鉴定。

（2）可以利用控制单一性状的多个（等位）基因，也可以同时选择多个性状。如不同育种材料中，影响同一性状（抗病、品质）的基因可能有多个，特别是在同一位点存在不同的等位基因，利用表型是很难鉴定出这些等位基因的。再如当聚合多个抗白叶枯病基因时，品种可以提高抗病的广谱性和持久性水平，单从表现型无法鉴定出多个基因是否导入，这时通过对不同白叶枯抗性基因的分子标记辅助选择就是唯一途径。

（3）可以早期选择，增强选择强度。如光温敏核不育性、耐高低温性、稻米品质、成株抗性等性状，可以在早期对幼苗进行检测，尽量选择带有目的基因的个体纳入研究群体，相当于增加了初始研究群体，增强了选择强度。

（4）可以进行非破坏性的性状评价和选择。如对植株进行病虫害抗性评价和选择时，可能收获的后代种子减少，甚至收不到种子。

（5）可加快育种进程，提高育种效率。传统回交方法需要多代回交，还可能出现连锁累赘现象。而通过分子标记辅助选择，通过前景和背景筛查，可以加快遗传背景回复为轮回亲本的速度，同时目的基因染色体标记加密，减少了连锁累赘的发生（钱前等，2007）。

二、基因组辅助育种技术

（一）全基因组选择

在改良多基因控制的复杂性状时，分子标记辅助选择和分子标记轮回选择存在两个方面的缺陷。一是后代群体的选择建立在 QTL 定位基础之上，而基于双亲的 QTL 定位结果有时不具有普遍性，遗传群体中的 QTL 定位结果不能很好地应用于育种群体中去。二是重要农艺性状由多个微效基因控制，通过个别标记难以实现这些数量性状的改良。Meuwissen 等（2001）首次提出全基因组选择（Genomic or Genome-wide Selection，GS）这一概念。GS 是在高密度分子标记基因型鉴定的情况下，利用遍布全基因组的标记数据或单倍型数据，以及起始训练群体中个体的表型数据，估计每个标记的遗传效应，建立基因型到表型预测模型。在后续的育种群体中，利用每一个标记的估计效应和个体的基因型鉴定数据，预测个体的表型或育种值，然后根据预测表型选择优良后代（王建康等，2014）。

（二）基因组辅助选择育种技术

近二十年来，测序技术日新月异，不同水稻品种基因组测序已积累了海量数据，基因组学的发展促使了基因组辅助育种（Genome-Assisted Breeding，GAB）技术的形成和发展。基因组辅助育种应属于基因组学范畴，是基因组辅助或指导下形成的育种新理论和新方法，是面向基因组序列的育种策略。根据事先进行的虚拟基因组设计方案，通过一系列的育种手段或过程，获得一个聚集大量有利基因、基因组配合理、基因互作网络协调、基因组结构最为优化的优良品种（钱前等，2007）。

传统育种与基因组辅助育种的差异，在于改良或设计对象的遗传构成未知与已知的差异。基因组辅助育种改良的对象由几万个元件（基因）构成，其过程包括：基因导入与剔除、基因表达模式调整、核心基因构成体系和基因结构的优化等。基因组辅助育种要求育种者首先从品种的设计规划开始，要对获取的亲本基因组序列信息，以及可能亲本材料的基因互作关系，设计一个优化的品种基因组结构；其次，除了常规杂交育种，要综合运用转基因和基因修饰技术，以及基因表达调控技术，使育种过程达到手术刀式的精准；最后，育种者根据亲本基因组信息，可以模拟育种，淘汰不具优势甚至劣势的组合，改变传统大规模杂交测配模式，只需小规模精准配组测试，就可选配出优良组合。当然，要实现这样精准的育种，需要育种者建立亲本基因信息库或接入公共种质资源基因信息库平台，另外，还要求具备高通量检测平台，国外的种业巨头公司已实现了玉米和小麦等作物的全基因组辅助育种。近十年来分子技术快速发展，国内的大型种业公司和科研单位也逐步由少数基因的分子标记辅助选择育种向基因组选择育种发展。全基因组辅助育种必将成为未来杂交水稻育种的主要技术。

三、转基因育种技术

转基因育种是应用DNA重组技术，将外源基因通过生物、物理或化学手段导入水稻基因组，培育外源基因稳定遗传和表达的水稻新品种。目前水稻的遗传转化技术主要有农杆菌介导法和基因枪轰击法。

（一）农杆菌介导法

农杆菌介导法是利用天然的植物遗传转化体系，将目的基因插入经过改造的T-DNA区，借助农杆菌的感染实现外源基因向植物细胞的转移与整合，然后通过细胞和组织培养技术，再生出转基因植株。根癌农杆菌和发根农杆菌的细胞中分别含有Ti质粒和Ri质粒，其上有一段T-DNA，农杆菌通过侵染植物伤口进入细胞后，可将T-DNA插入植物基因组中。根癌农杆菌的Ti质粒包括毒性区（Vir区）、接合转移区（Con区）、复制起始区（Ori区）和T-DNA区四个部分。T-DNA左右两端25 bp的重复序列是T-DNA的转移和整合所必需的。一般而言，T-DNA优先整合到植物细胞的转录活性区、染色体的高度重复区及T-DNA的同源区，整合后的T-DNA也有一定程度的重复、缺失现象发生。T-DNA插入植物基因组是随机的，T-DNA在植物细胞DNA复制过程中可以插入任何染色体上。但是插入位点的不同，可使转基因植物具有不同的表型和遗传特性。尽管T-DNA可插入多个物理位点，或几个拷贝串联在一起整合到同一位置上，但单拷贝或低拷贝插入的比例还是比较高的，这一点有别于其他转化方法。

农杆菌介导法具有转化频率高、外源基因插入拷贝数低、对转化受体不会造成损伤、不需要昂贵的仪器设备等优点。自1994年Hiei等用农杆菌介导法转化粳稻成熟胚愈伤组织获得大量转基因植株，激起了农杆菌介导法转化水稻的热潮。总体而言，粳稻的转化成功率高于籼稻，籼稻转化频率不理想，尤其是典型籼稻品种，这给籼稻特异基因的功能研究和籼稻转基因改良带来了困难。目前，随着科研人员对籼稻材料大量转化试验和条件摸索，大部分的籼稻品种也能成功转化。

（二）基因枪轰击法

基因枪轰击法是通过动力系统将吸附有基因片段的金属颗粒（金粒或钨粒），以一定的速度射进植物细胞，直接穿透细胞壁和细胞膜使得外源基因片段整合到植物基因组上，实现目的基因转化的方法。它具有应用面广，方法简单，转化时间短，转化频率高，实验费用较低等优点。基因枪的转化频率与受体种类、微弹大小、轰击压力、制止盘与金属颗粒的距离、受体预处理、受体轰击后培养有直接关系。对于农杆菌不能感染的植物，采用该方法可打破载体法的局限（安韩冰等，1997）。Klein 等（1989）首先用基因枪转化玉米获得转基因植株，随后在水稻、小麦、高粱、大麦等重要禾谷类作物中相继成功，得到了普遍应用。

基因枪法转化的成败和转化频率的高低，除了与供试材料基因型有关外，选择合适的外植体作为转化对象也是非常重要的，它同样关系到能否转化成功。早期用于转化的外植体大多是胚性悬浮细胞和继代的胚性愈伤组织，但这类外植体经过继代后再生能力减弱，会降低基因枪法转化的成功率。目前大量选用作为轰击对象的未成熟胚、未成熟胚诱导的胚性愈伤组织和小孢子，比成熟胚及其诱导的愈伤组织具有更高的转化频率。然而，未成熟幼胚的不同生理状况也会影响到基因枪轰击的转化频率，因此在选材上常需广泛尝试，针对不同的转化材料选择最优的实验条件。

四、外源 DNA 导入育种技术

外源 DNA 导入育种技术是指以含有目的性状的基因组 DNA 为供体，通过无性生殖的方式，以直接或间接的方法将供体 DNA 导入或注射到受体植物中，筛选获得含目的性状的变异后代，培育植物新品种的分子育种技术（周光宇等，1988；董延瑜等，1994；朱生伟等，2000），包括花粉管通道法（周光宇等，1988），穗茎注射法（周建林等，1997）及种胚浸泡法（杨前进，2006）等。

（一）外源 DNA 导入的方法

花粉管通道法是在植物授粉后，将含有目的基因的远缘物种 DNA 溶液注射到柱头中（或者浸泡柱头），利用植物在开花和受精过程中形成的花粉管通道，将外源 DNA 导入受体的受精卵细胞，并进一步整合到受体基因组中，进而发育成带有远缘物种遗传信息的新个体或变异材料的一种方法，特别适宜于大花器、多胚珠的棉花等作物（董延瑜等，1994）。种胚浸泡法是从花粉管通道法衍生出来的，是以外源总 DNA 溶液或农杆菌溶液浸泡发芽的植物种子或幼苗，将外源 DNA 导入受体基因组中，达到转移远缘物种遗传信息的一种方法（杨前进，2006）。穗茎注射法是用微量进样器将外源 DNA 溶液，注射到适当发育时期幼穗的穗颈节下第一个节间，经导管运输等过程，将外源 DNA 导入并整合到受体生殖细胞，获得变异材料的方法（赵炳然等，1994）。穗茎注射法尤其适宜于水稻这种小颖花、单胚珠作物。以上方法在棉花、水稻、小麦、大豆、西瓜、苎麻、玉米等多种作物中得到应用，通过转移远缘物种基因组 DNA 创造出大量新种质，用于转移克隆的外源基因也有成功例子（Pena

等，1987；周光宇，1993）。

（二）育种基本程序

通过导入远缘物种基因组 DNA，培育杂交水稻的基本程序如下：①针对待改良杂交稻亲本的缺陷，选用适当远缘物种材料，提取其基因组 DNA；②将外源 DNA 导入受体植株；③从 D_1（或 D_2）群体中选择变异株；④用常规方法选育符合育种目标的杂交水稻新的亲本品系；⑤组合选配、品比、区试与推广。

（三）外源 DNA 导入方法的特点

实践表明，外源 DNA 导入技术在育种上有四项优点：①打破了物种间的生殖隔离，利用远缘物种创新种质；②避开了组织培养等操作过程，不需要进行大量的实验室工作；③由于只有少数供体 DNA 片段进入受体基因组，变异较容易稳定；④容易与常规育种接轨。而其不足之处是变异率不稳定、变异性状的发生具有随机性。

（四）导入外源 DNA 创新种质的分子机制

导入远缘物种基因组 DNA 创制出大量性状改良的作物新种质，但其相关分子机制研究甚少。中国科学院上海生化所与江苏省农业科学院经济作物研究所应用 3H 标记大分子（50 kb）棉花 DNA 的方法，证明花粉管通道是外源 DNA 从珠孔到达胚囊的唯一途径（黄骏麒等，1981）。赵炳然等（1998）发现穗茎注射后的外源 DNA 很可能是经过导管运输抵达维管束末端，并最终可能通过胞间连丝进入受体细胞。外源 DNA 进入受体细胞后，周光宇等（1979）根据禾本科植物中超远缘（属以上亲本间）杂交材料的研究分析，提出了片段杂交假说，认为虽然这种远缘亲本的染色体间整体不亲和，但是，由于 DNA 分子进化的保守性和相对缓慢，部分基因的结构之间可能保持一定的同源性，因而可以发生 DNA 片段杂交，即外源 DNA 置换受体基因组同源片段。万文举等（1992）提出在外源 DNA 导入过程中，远缘物种的基因组 DNA 具有基因转移和生物诱变的双重作用。

赵炳然、刘振兰等的初步研究分别发现水稻变异系获得了与供体小粒野生稻（*Oryza. minuta*）或菰［*Zizania latifolia*（*Griseb*）Turcz. ex Stapf］高度同源而受体没有的 DNA 片段（Zhao 等，2005；刘振兰等，2000）。赵炳然等通过供体、受体和变异系之间的基因组比较研究发现，变异系与受体间 DNA 条带的多态性为 5% 左右，变异系中存在与供体高度同源而受体没有的 DNA 片段，变异位点存在热点现象（赵炳然等，2003；Zhao 等，2005；Xing 等，2004）。Peng 等（2016）鉴定了野生稻 DNA 导入变异系 YVB 米质性状变异相关的基因，发现品质关键基因 *qSW5*、*GS5*、*Wx*、*GW8* 的等位变异可能是由于导入外源基因 DNA 引起。

五、基因组编辑育种技术

（一）基因组编辑技术

基因组编辑（Genome editing）技术是一种利用工程核酸酶（Artificially engineered nucleases）在体内精确编辑基因组的技术。最关键的步骤是利用工程核酸酶在靶位点产生双链断裂，通过同源重组或者非同源末端连接的自我修复途径进行基因组修饰。目前应用最多的三类序列特异的工程核酸酶为锌指核酸酶（Zinc Finger Nucleases， ZFNs）、转录激活子内效应子核酸酶（Transcription Activator-Like Effector Nucleases，TALENs）和成簇的规律间隔的短回文重复序列及其相关系统（Clustered Regularly Interspaced Short Palindromic Repeats/CRISPR-associated Cas9， CRISPR/Cas9 system）。这 3 类酶的共同特点：都能在基因组特定部位精确切割 DNA 双链，造成 DNA 双链断裂（Double Strand Breaks， DSBs），而 DSBs 能够极大地提高染色体重组事件发生的概率。 DSBs 的修复机制在真核生物细胞中高度保守，主要包括同源重组（Homology-Directed Repair，HDR）和非同源末端连接（Non-Homologous End Joining， NHEJ） 2 种修复途径。当存在同源序列供体 DNA 时，以 HDR 方式的修复能够产生精确的定点替换或插入；而没有供体 DNA 时，细胞则通过 NHEJ 途径修复。因 NHEJ 方式的修复往往不够精确，在 DNA 链断裂位置常会产生少量核酸碱基的插入或缺失（insertion-deletion，InDel），从而导致基因突变（图 4-1）。相比 ZFN 和 TALEN 技术， CRISPR/Cas9 技术编辑效率更高（王福军等， 2018）。

CRISPR/Cas9 是细菌和古细菌抵御病毒和外源 DNA 入侵的适应性免疫系统。Cas9 蛋白含有两个核酸酶结构域，可以分别切割 DNA 两条单链。 Cas9 首先与 crRNA 及 tracrRNA 结合成复合物，然后通过 PAM 序列（5’-NGG-3’）结合并侵入 DNA，形成 RNA-DNA 复合结构，进而对目的 DNA 双链进行切割，使 DNA 双链断裂。由于 PAM 序列结构简单，几乎可以在所有的基因中找到大量靶点。通过基因工程手段对 crRNA 和 tracrRNA 进行改造，将其连接在一起得到 sgRNA（single guide RNA）。融合的 RNA 具有与野生型 RNA 类似的活力，但因为结构得到了简化更方便研究者使用。通过将表达 sgRNA 的元件与表达 Cas9 的元件相连接，得到可以同时表达两者的质粒，将其转染细胞，便能够对目的基因进行操作（Ran 等， 2013；Caj 等， 2013）。2012 年， Jinek 等

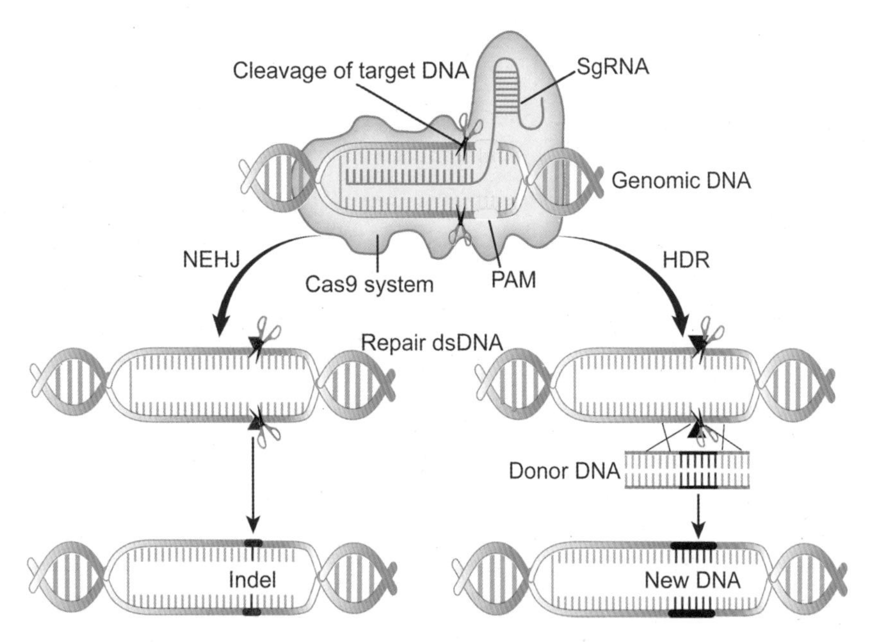

图 4-1 Cas9 基因编辑与真核生物细胞 DSBs 修复

在体外率先证实了 Cas9 可以在人工合成的 sgRNA 引导下对靶标 DNA 序列进行特异切割。2013 年，科学家又在体内实现了人工改造的 CRISPR/Cas9 系统对靶标 DNA 序列的特异性切割。操作更为简便，成本更低，因此该技术被迅速应用到各领域，成为当前最为主流的基因组编辑技术。

（二）水稻基因组编辑技术体系的创新

2013 年中国率先有三家实验室将 CRISPR/Cas9 技术用于水稻基因的定向敲除研究并取得成功。中国科学院遗传发育所高彩霞团队率先利用 CRISPR/Cas9 系统定点突变水稻 *OsPDS*、*OsBADH2*、*Os02g23823* 和 *OsMPK2* 等 4 个基因，水稻转基因植株中定向突变率为 4%~9.4%，这也是基因组编辑技术首次应用于植物（Shan 等，2013）。与此同时，北京大学翟礼嘉实验室利用 CRISPR/Cas9 系统分别对水稻叶绿素 B 合成基因 *CAO1* 和控制分蘖夹角基因 *LAZY1* 进行定点突变（Miao 等，2013）。中国科学院上海植物逆境生物学研究中心朱健康实验室分别对水稻叶片卷曲控制基因 *ROC5*、叶绿体形成相关基因 *SPP* 和幼苗白转绿基因 *YSA* 进行定向突变（Feng 等，2013）。此后，基因组编辑技术体系不断创新，形成了多基因打靶、单碱基编辑等技术。

1. 水稻多基因组编辑技术

培育多个优良性状聚合的水稻品种时，常常需要进行高效多重基因组编辑。中国水稻研究所和扬州大学合作研发出一套可以实现多个 sgRNA 快速组装的多基因组编辑系统，该系统仅需一次转基因，就可以在当代获得多基因突变体（Wang 等，2015）。华南农业大学刘耀光团队开发了由多个 sgRNA 表达盒组成的 CRISPR/Cas9 载体系统，同时对水稻中的 46 个靶位点进行定点编辑，结果发现平均有效编辑率达到 85.4%，并且大多数为纯合突变和双等位基因突变（Ma 等，2015）。大多数情况下，CRISPR/Cas9 基因组编辑产生的是碱基替换或小片段插入缺失（InDels），大片段缺失的情况极少见。先正达的研发人员利用 CRISPR/Cas9 技术实现对籼稻中的 *DEP1* 基因进行 10 kb 片段的缺失编辑，这种高效的大片段缺失编辑也将扩展基因组编辑技术的应用范围（Wang 等，2017）。

2. 高效单碱基编辑技术

单碱基编辑（base editing）的实现能够进一步扩展基因组编辑技术的应用领域，从而创制具有新功能的种质资源。通过鸟嘌呤或胞嘧啶上的脱氨基作用可使之分别变为腺嘌呤或尿嘧啶（C → T，或 G → A），从而达到单碱基编辑的效果。中国科学院遗传发育所高彩霞团队成功构建了高效、精准的单碱基编辑系统。利用 Cas 蛋白 nCas9（Cas9-D10A nickase）分别融合两个单碱基编辑酶胞嘧啶脱氨酶 APOBEC1 和尿嘧啶糖苷酶抑制剂 UGI（Uracil Glycosylase Inhibitor），构建了植物中的单碱基编辑系统，并对水稻内源基因 *OsCDC48*、*OsNRT1.1B*、*OsSPL14* 进行了单碱基替换。结果显示 pnCas9-PBE 系统的碱基编辑效果突出，其中 *OsCDC48* 产生的单碱基突变率达到 43.48%，而且编辑产生的基因型不含有非预期的 Indel 突变（Zong 等，2017）。nCas9-PBE 单碱基编辑系统可以用在多种作物的碱基替换上，从而实现氨基酸的代换或终止突变，产生更多基因组类型的独特性状，为作物育种工作者提供更多的基础材料或品种。

（三）基因组编辑育种技术原理

基因组编辑育种技术和现有的转基因育种技术有本质的不同。基因组编辑育种技术是对基因组已经测定出的特定 DNA 序列做调整或改动，是在生物自身基因组上进行改造，通过敲除、插入、替换一个或几个碱基，或者一段 DNA 序列，使得负调控基因功能丧失或减弱，正调控基因表达增强，让作物获得优良性状，而并未引入其他生物的外源基因。基因组编辑育种技术可以突破常规育种的瓶颈问题，快速创新种质用于杂交水稻育种。而相比传统的转基因育种，基因组编辑在靶向修饰特定基因后，能通过自交或杂交剔除外源基因以消除转基因安全顾虑。因此，自基因组编辑技术成功应用于植物后，对该技术的优化及在作物遗传改良上的应用已成为世界各国和国际农业生物技术公司投资与研发的重点。

在基因组编辑的过程中，找到一把自带“导航系统”的“剪刀”至关重要。CRISPR/Cas9 技术是近年来出现的新“剪刀”。CRISPR/Cas9 系统是 Cas9 蛋白在 sgRNA 引导下定向切割基因组 DNA 而使基因功能改变的一种基因组编辑技术，该技术在具体操作过程中将外源 DNA 片段（如标记基因、细菌质粒等）导入水稻基因组中，由于插入片段（Cas9 系统）和编辑的目的基因一般不在同一条染色体上（至少不是紧密连锁），伴随染色体交换和分离，插入片段和突变的目的基因将进入不同的后代个体中，通过转基因成分筛选可以剔除含有插入片段的个体，获得不含转基因成分的编辑个体。另外通过与供体亲本的回交可以防止编辑系统脱靶造成的非预期性状。因其构成简单、编辑效率高且易操作，CRISPR/Cas9 系统成为基因组编辑备受欢迎的工具。该工具能对生物本身基因进行定向改造，它利用“精确制导”的“基因剪刀”，能够高效、准确地按照人类意志修改基因组，在医学和农业育种上有巨大的潜力。比如，按照传统方法，改良一个品种可能需要几年甚至几十年的时间，而利用 CRISPR/Cas9 技术，改良一个品种的某一个基因可能只需短短数周。

第二节 水稻重要农艺性状基因的克隆

重要农艺性状基因的克隆和分子网络解析是水稻分子育种的基础。近二十年来随着测序和分子技术的快速发展，水稻功能基因组研究也发展迅速，已有一大批抗病虫、高产高效、品质、耐逆性等重要农艺性状基因被克隆或者有了基因标记，为通过转移、选择或者调控与诱变开展分子育种研究奠定了基础。

一、水稻抗病虫基因

为害水稻生产的主要病虫害有稻瘟病、白叶枯病、纹枯病、稻曲病、褐飞虱、二化螟、稻纵卷叶螟等。近十年来围绕这些病虫害，科研人员定位并克隆了抗稻瘟病、抗白叶枯病、抗褐飞虱等系列基因，并应用于品种抗性改良。

（一）抗稻瘟病基因

稻瘟病是全世界水稻产区发生的极为广泛的病害，也是我国水稻的第一大病害。在中国每年稻瘟病发病面积达到 380 万 hm^2 以上，稻谷损失达到数亿千克，因稻瘟病造成的水稻产量损失达到 11%～13%，对我国粮食安全造成了巨大威胁（敖俊杰等，2015）。稻瘟病防控一般采用化学防治和种植抗性品种。化学防治的问题是没有长期有效的杀菌剂，而且成本昂贵，污染环境。而培育抗稻瘟病的水稻品种是控制稻瘟病最经济、最有效的方法。

迄今已在不同的稻种资源中鉴定和定位 90 多个主效抗病基因，以及 350 多个抗性 QTL 位点，已定位的基因多集中位于 6 号、 11 号和 12 号染色体上。如 6 号染色体上有 14 个已定位基因在着丝粒附近成簇分布，其中 *Pi2*、 *Pi9*、 *Pi50*、 *Pigm*、 *Piz*、 *Piz-t* 同为 Piz 位点上的复等位基因；在第 11 号染色体长臂末端区域有一个更大的抗性基因簇，包含 22 个已定位的基因，其中 *Pi34*、 *Pb1*、 *Pi38*、 *Pi44*、 *Pikur2*、 *Pi7*、 *Pilm2*、 *Pi18*、 *Pif* 等基因均在 Pik 位点附近成簇分布。此外 *Pita*、 *Pita2*、 *Pi6* 等 14 个基因也在 12 号染色着丝粒附近成簇分布（何秀英等， 2014）。

自 1999 年第一个稻瘟病抗性基因被克隆以来，运用基因图位克隆技术已从水稻中精细定位并克隆了 24 个显性抗性基因， 2 个隐性抗病基因（表 4-1）。从基因编码蛋白结构看，*pi21* 编码富含脯氨酸蛋白， *Pid2* 编码受体蛋白激酶， *Bsr-d1* 编码 C2H2 类转录因子，*Bsr-k1* 基因编码一个 TPR 蛋白，其他基因编码 NBS-LRR 类蛋白。稻瘟病抗性基因的定位为有效开展分子标记辅助选择奠定了基础，在准确定位抗性基因后，可以开发抗性基因的功能标记，使得杂交稻亲本的抗性改良更可靠，效率大大提高。

表 4-1 已克隆的稻瘟病抗性基因

基因名称	基因符号	染色体	基因查询号	参考文献
稻瘟病抗性基因	*Pish; Pi35*	1	LOC_Os01g57340	Takahashi 等，2010
稻瘟病抗性基因	*Pit*	1	LOC_Os01g05620	Bryan 等，2000
稻瘟病抗性基因	*Pi37*	1	DQ92349.1	Lin 等，2007
稻瘟病抗性基因	*Pib*	2	AB013448	Wang 等，1999
稻瘟病抗性基因	*Bsr-d1*	3	LOC_Os03g32220	Li 等，2017
稻瘟病抗性基因	*pi21*	4	LOC_Os04g32850	Fukuoka 等，009
稻瘟病抗性基因	*Pi63*	4	AB872124	Xu 等，2014
稻瘟病抗性基因	*Pi-d2; Pid2*	6	LOC_Os06g29810	Chen 等，2006
稻瘟病抗性基因	*Pid3; Pi25*	6	LOC_Os06g22460	Shang 等，2009
稻瘟病抗性基因	*Pi9; Pigm; Pi2/Piz-5; Pi50; Piz; Pi*	6	LOC_Os06g17900	Qu 等，2006
稻瘟病抗性基因	*Pizt;*	6	—	Zhou 等，2006
稻瘟病抗性基因	*Pi36*	8	LOC_Os08g05440	Liu 等，2007
稻瘟病抗性基因	*Pi56(t)*	9	LOC_Os09g16000	Liu 等，2013

续表

基因名称	基因符号	染色体	基因查询号	参考文献
稻瘟病抗性基因	*Pi5; Pi5-1; Pi3; Pi-i*	9	LOC_Os09g15840	Lee 等，2009
稻瘟病抗性基因	*bsr-k1*	10	Os10g0548200	Zhou 等，2018
稻瘟病抗性基因	*Pik-m; Pik-p*	11	AB462324	Ashikawa 等，2008
稻瘟病抗性基因	*Pigm*	11	KV904633	Deng 等，2017
稻瘟病抗性基因	*Pb-1*	11	AB570371	Hayashi 等，2010
稻瘟病抗性基因	*Pi1*	11	HQ606329	Hua 等，2012
稻瘟病抗性基因	*Pik*	11	HM048900	Zhai 等，2011
稻瘟病抗性基因	*Pik-h; Pi54; Pi54rh*	11	LOC_Os11g42010	Sharma 等，2005
稻瘟病抗性基因	*Pia; PiCO39*	11	LOC_Os11g11790	Zeng 等，2011
稻瘟病抗性基因	*Pita; Pi-4a*	12	LOC_Os12g18360	Bryan 等，2000

第一个克隆的稻瘟病抗性 *Pib* 基因编码 1 251 个氨基酸的蛋白，*Pib* 基因会因环境条件的变化而受诱导调控，如温度、光照等条件改变都会影响 *Pib* 基因的表达（Wang 等，1999）。*Pita* 基因是第二个被克隆的稻瘟病抗性基因，编码一个长度为 928 个氨基酸的质膜受体蛋白，*Pita* 位点上的抗感两基因的编码产物仅有一个氨基酸的差异，第 918 氨基酸抗病产物为丙氨酸，而感病产物为丝氨酸（Bryan 等，2000）。

Pi9 基因对来自 13 个国家的 43 个稻瘟病菌株均表现出很高的抗性（Liu 等，2002），在抗病植株中组成型表达，不受稻瘟病侵染诱导（Qu 等，2006）。*Pi9*、*Pi2/Piz-5*、*Pi50*、*Piz*、*Pi* 为等位基因，*Pi9* 和 *Pi2* 都编码 1 032 个氨基酸的蛋白产物，*Piz-t* 和 *Pi2* 的编码产物仅在 3 个 LRRs 区域有 8 个氨基酸的差异，这 8 个突变氨基酸造成了抗性专化的差异。

第 11 号染色体上克隆的 *Pikm*、*Pikh*、*Pi1*、*Pik*、*Pia* 等基因的抗性都是由两个相邻的 NBS-LRR 类抗病蛋白共同起作用，Pikm 由 Pikm1-TS（1143aa）和 Pikm2-TS（1021aa）组成，Pikp 由 KP3（1142aa）和 KP4（1021aa）组成，Pikm1-TS 与 KP3 蛋白有 95% 的同源性，Pikm2-TS 与 KP4 有 99% 的同源性。而 Pi1 由 Pi1-1（1143aa）和 Pi1-2（1021aa）组成，Pik 由 Pik1-1（1143aa）和 Pik1-2（1052aa）组成，Pia 由 Pia-1（966aa）和 Pia-2（1116aa）组成，同样这些等位基因编码的蛋白同源性都很高（何秀英等，2014）。

广谱抗性基因 *Pigm* 是一个包含多个 NBS-LRR 类抗病基因的基因簇，由两个具有功能的蛋白 PigmR 和 PigmS 组成。*PigmR* 在水稻的地上器官中组成型表达，形成同源二聚体，发挥广谱抗病功能，但PigmR导致水稻千粒重降低，产量下降。*PigmS*受到表观遗传的调控，仅在水稻的花粉中特异高表达，在叶片、茎秆等病原菌侵染的组织部位表达量很低，但可以提高水稻的结实率，抵消PigmR对产量的影响。*PigmS*可以与PigmR竞争形成异源二聚体抑制PigmR介导的广谱抗病性。但由于PigmS低水平的表达，为病原菌提供了一个“避难所”，病原菌的进化选择压力变小，减缓了病原菌对PigmR的致病性进化，因此Pigm介导的抗病具有持久性（Deng等，2017）。

四川农业大学陈学伟团队在广谱高抗水稻“地谷”中发现了编码C2H2类转录因子基因*Bsr-d1*的启动子自然变异后对稻瘟病具有广谱持久的抗病性。基因*bsr-d1*的启动子区域618位置的一个关键碱基变异，导致上游MYB转录因子对*bsr-d1*的启动子结合增强，从而抑制*bsr-d1*响应稻瘟病菌诱导的表达，并导致*Bsr-d1*直接调控的H_2O_2降解酶基因表达下调，使细胞内H_2O_2富集，提高了水稻的免疫反应和抗病性（Li等，2017）。另外该团队通过人工化学诱变筛选到一株抗病突变体*bsr-k1*，克隆发现*Bsr-k1*基因编码一个TPR蛋白，具有RNA结合活性，能够结合到免疫反应相关的多个*OsPAL*基因（如*OsPAL1-7*）成员的mRNA上，并折叠降解，最终造成木质素合成减少，抗病性削弱。BSR-K1蛋白功能的缺失会造成*OsPAL*基因mRNA的积累，赋予水稻稻瘟病和白叶枯病抗性（Zhou等，2018）。这两类新型广谱抗病机制的发现极大地丰富了水稻免疫反应和抗病分子理论基础，为培育稻瘟病持久抗性的杂交稻亲本提供了新思路。

*pi21*来自旱稻品种“Owarihatamochi”，编码266个氨基酸的蛋白，C端富含脯氨酸，N端包含重金属结合结构域和蛋白互作结构域，与感病品种相比，抗病的*pi21*基因分别有21 bp和48 bp的缺失。*pi21*是与基础抗性相关的非小种特异性基因，激发的是一种慢速抗病反应，这种低速诱导的抗病反应可能是一种慢速抗病反应，也可能是一种新的持久抗病反应机制（Fukuoka等，2009）。

（二）抗白叶枯病基因

水稻白叶枯病（bacterial blight）是由革兰氏阴性菌黄单孢水稻变种（*Xanthomonasoryzae pv. Oryzae, Xoo*）引起的一种细菌性维管束病害。自1884年在日本福冈地区首次发现，至今已成为水稻生产中最主要的病害之一（Mew T.W.，1987），可使水稻减产20%~30%，严重时达50%，甚至颗粒无收。该病在潮湿和低洼地区较易发生，一般籼稻重于粳稻，双季晚稻重于早稻，单季中稻重于单季晚稻（陈鹤生等，1986）。近年来，在长江流域和华南地区白叶枯病流行趋势大有抬头之势，随着“一带一路”经济区发展，杂交水稻将逐步推广到东南亚地区，由于白叶枯病是东南亚地区水稻的主要病害，因此推广的品种必须具有白叶枯病抗性。

截至目前，从栽培稻和野生稻中鉴定的抗白叶枯病基因有 40 个， 27 个为显性（*Xa*），13 个为隐性（*xa*），其中 32 个已被定位， 9 个已被分离克隆（表 4-2），其中 *Xa21*、*Xa23* 和 *Xa27* 来自野生稻。

表 4-2　已克隆的白叶枯抗性基因

基因名称或注释	基因符号	染色体	基因查询号	参考文献
白叶枯病抗性基因	*Xa1*	4	LOC_Os04g53120	Yoshimura 等，1998
白叶枯病抗性基因；细菌性条斑病抗性基因	*xa5*	5	LOC_Os05g01710	Blair 等，2003
白叶枯病抗性基因	*Xa27*	6	LOC_Os06g39810	Gu 等，2005
白叶枯病抗性基因；感白叶枯病基因	*xa13; Os8N3*	8	LOC_Os08g42350	Chu 等，2006
白叶枯病抗性基因	*Xa26; Xa3*	11	LOC_Os11g47210	Sun 等，2004
白叶枯病抗性基因	*Xa23*	11	LOC_Os11g37620	Wang 等，2014
白叶枯病抗性基因	*Xa21; Xa-21*	11	LOC_Os11g35500	Song 等，1995
水稻白叶枯病感病基因	*Os11N3*	11	LOC_Os11g31190	Antony 等，2010
白叶枯病抗性基因；TAL 效应子介导的抗性基因	*Xa10*	11	JX025645	Tian 等，2014
白叶枯病抗性基因	*Xa3; Xa4b; Xaw; Xa6; xa9*	11	—	Xiang 等，2007
白叶枯病抗性基因；蔗糖转运蛋白基因	*xa25; OsSWEET13*	12	LOC_Os12g29220	Liu 等，2011
白叶枯病抗性基因	*Xa4*		KU761305	Hu 等，2017

Xa21 是第一个被克隆的白叶枯病抗性基因，来自西非长药野生稻。 *Xa21* 编码产物是一个由 1 025 个氨基酸组成的类受体蛋白激酶。其结构分为九大区域，从氨基端起分别是：信号肽区、未知功能区、富亮氨酸重复区（LRRs）、带电荷区、跨膜区、带电荷区、近膜区、丝氨酸 - 苏氨酸激酶区（STK）和羧基端尾部区。其中 LRRs 区和 STK 区是两个重要的功能域，与 *Xa21* 的抗性表达有关，前者是由 23 个不完全的富含亮氨酸重复序列（LRR）组成，参与蛋白质的相互作用，与对病原物的识别有关；后者包含 11 个亚区和 15 个保守氨基酸，是典型的信号分子（Song 等， 1995）。

Xa23 基因源自我国普通野生稻（*Oryza　rufipogon*），对现有国内外白叶枯病鉴别菌系

都表现高抗，且完全显性、全生育期抗病（Wang 等，2014）。*Xa23* 是一类效应子相关的 executor R 基因，感病 *xa23* 基因具有与抗病 *Xa23* 基因相同的开放阅读框（ORF113），但在启动子区域缺失了 AvrXa23 的 TALE 结合元件（EBE）。在正常情况下，*Xa23* ORF113 在抗病和感病品种中都存在低水平转录，但抗性植株受到病原菌的诱导而高表达，感病品种则没有变化。JG30 中感病 *xa23* 和 CBB23 中抗病 *Xa23* 在启动子区域存在 7 bp 的多态性，该位点正好是 AvrXa23 效应子结合元件，*Xa23* 是通过识别病原菌中的 TALEs 来发挥功能和抗病。

抗病品系 IRBB27 含有 *Xa27* 基因。*Xa27* 的编码序列在感病品种 IR24 和抗病品种 IRBB27 中完全一样，只是启动子区有两处差别。与 IRBB27 相比，IR24 中的 *Xa27* 启动子在 ATG 上游 1.4 kb 左右多出一段 10 bp 的序列，另外在 TA 框前多出 25 bp 的序列，这造成了基因表达的差异。*Xa27* 抗病等位基因和感病等位基因编码相同的蛋白，但是只有抗病等位基因在水稻接种了携带有核定位的Ⅲ型效应因子 avrXa27 的病原菌后才表达（Gu 等，2005）。

近期科研人员发现 *Xa4* 编码了一个细胞壁相关的激酶，该酶通过促进纤维素的合成增强细胞壁的强度，为植物细胞构建了坚固的堡垒，防御了白叶枯病菌的侵染。同时，细胞壁强度的增加使得水稻茎秆的机械强度得到很大提升，一定程度上增强了水稻的抗倒伏性。*Xa4* 的这种“坚壁清野”的防御策略在保证水稻对白叶枯病持久抗性的同时，还能获得优良的农艺性状（Hu 等，2017）。

隐性抗病基因 *xa13* 是 *Os8N3* 的等位基因，*Os8N3* 属于根瘤素（NODULIN3，N3）基因家族的一个成员。*Os8N3* 是水稻细菌性白叶枯病的寄主感病基因，是 *MtN3* 基因家族成员，编码一个膜内在蛋白。*Os8N3* 的表达受白叶枯病病菌 PXO99A 的诱导，同时依赖于Ⅲ型效应基因 *PthXo1*。类转录激活子（TAL）效应子 AvrXa7 和 PthXo3 均能激活 N3 家族另一个成员基因 *Os11N3* 的表达。*Os11N3* 插入突变或者被 RNA 介导沉默后，对那些依赖 AvrXa7 和 PthXo3 的致病小种的特异感病性丧失。*Os8N3* 和 *Os11N3* 编码亲缘关系很近的蛋白，这为 N3 蛋白在促进白叶枯病发病过程中发挥特异作用（Chu 等，2006；Antony 等，2010）。

xa25 编码一个属 MtN3/saliva 家族的蛋白，在真核生物中普遍存在。隐性的 *xa25* 和显性的 *Xa25* 各自编码的蛋白具有 8 个氨基酸的差异（Liu 等，2011）。蔗糖转运蛋白基因 *OsSWEET13* 能够作为 TAL 效应子 PthXo2 作用的易感病基因，*OsSWEET13* 与 *xa25* 是等位基因，由于粳稻中 *OsSWEET13* 启动子的变化，存在潜在的对 PthXo2 介导的白叶枯

病的隐性抗性（Zhou 等，2015）。

xa5 是抗白叶枯病隐性基因，同时对细菌性条斑病可能也具有抗性。*xa5* 编码蛋白是转录因子ⅡA 的 γ 亚基（TFⅡAγ）。与先前发现的抗病基因不同，TFⅡAγ 是真核生物的转录因子（Blair 等，2003）。*xa5* 在抗病品种 IRBB5 和感病品种日本晴及 IR24 中有两个碱基的差异，导致 IRBB5 中第 39 位缬氨酸在日本晴和 IR24 中变成谷氨酸，该氨基酸位点位于蛋白三维结构的表面，可能与蛋白的相互作用有关。

（三）抗褐飞虱基因

褐飞虱是一种单食性水稻害虫，为同翅目飞虱科褐飞虱属的一个物种。它在中国分布范围广，具有季节性、迁飞性、繁殖能力强、暴发性成灾等特点，是中国水稻的主要害虫之一。全国每年稻飞虱的发生面积在 2 亿亩次以上，造成的水稻产量损失高达 25 亿 kg，并且呈逐年加重态势。此外，褐飞虱还是草状丛矮病毒和齿叶矮缩病毒等的传播媒介，严重影响水稻的生产和安全。目前种植的大多数水稻品种对褐飞虱抗性较差，主要依靠化学杀虫剂进行防治。但使用杀虫剂以后，往往诱使褐飞虱产生抗药性，有些杀虫剂甚至能够刺激褐飞虱产卵，使用广谱杀虫剂防治褐飞虱的同时也杀死了褐飞虱的天敌，从而导致了褐飞虱的发生更加猖獗。因此，利用水稻品种自身的抗虫基因是防治褐飞虱最安全、有效的方法，且对稻米品质和环境等没有影响（王慧等，2016）。因为褐飞虱抗性在田间无法准确鉴定，所以借助抗褐飞虱基因的分子标记培育抗褐飞虱杂交稻新品种是最有效的办法。

对褐飞虱抗性基因的研究始于 20 世纪 70 年代。到目前为止，已报道了 34 个褐飞虱抗性位点，包括显性基因 19 个，隐性基因 15 个，已经定位的抗性基因达 28 个，有 8 个基因被成功克隆（表 4-3），被定位的抗性位点主要集中在第 2、第 3、第 4、第 6、第 8 和第 12 号染色体上。

表 4-3 已克隆的褐飞虱抗性基因

基因名称	基因符号	染色体	基因查询号	参考文献
褐飞虱抗性基因	*Bph14; Qbp1*	3	LOC_Os03g63150	Du 等，2009
凝集素受体激酶；褐飞虱抗性基因	*OsLecRK3; Bph3*	4	LOC_Os04g12580	Liu 等，2015
凝集素受体激酶；褐飞虱抗性基因	*OsLecRK1; Bph3*	4	LOC_Os04g12540	Liu 等，2015
凝集素受体激酶；褐飞虱抗性基因	*OsLecRK2; Bph3*	4	Os04g0202350	Liu 等，2015

续表

基因名称	基因符号	染色体	基因查询号	参考文献
褐飞虱抗性基因	*Bphi008a*	6	LOC_Os06g29730	Hu 等，2011
褐飞虱抗性基因	*Bph32*	6	LOC_Os06g03240	Ren 等，2016
褐飞虱抗性基因	*BPH29*	6	LOC_Os06g01860	Wang 等，2015
褐飞虱抗性基因	*BPH18*	12	LOC_Os12g37290	Ji 等，2016
褐飞虱抗性基因	*BPH1*，*BPH2*，*BPH7*，*BPH9*，*BPH10*，*BPH21*，*BPH26*	12	LOC_Os12g37280	Zhao 等，2016
褐飞虱抗性基因	*BPH6*	4	KX818197	Guo 等，2018

Bph14 是第一个被克隆的抗褐飞虱基因，编码一个由 1 323 个氨基酸组成的蛋白，产物包含卷曲螺旋结构域、核苷酸结合结构域和富亮氨酸重复序列（CC-NB-LRR）。*Bph14* 在褐飞虱侵染之后激活了水杨酸信号传导通路，诱导韧皮部细胞的胼胝质沉积和胰蛋白酶抑制剂的产生，降低了褐飞虱的取食、生长速率和寿命（Du 等，2009）。褐飞虱诱导基因 *Bphi008a* 能够增强水稻对褐飞虱的抗性，作用于乙烯信号通路的下游，定位于细胞核（Hu 等，2011）。*BPH29* 编码 1 个包含 B3 结构域的抗性蛋白，将 *BPH29* 导入 TN1，能提高转基因植株对褐飞虱抗性。响应褐飞虱的侵染时，BPH29 会激活水杨酸信号通路，并抑制茉莉酸 / 乙烯通路（Wang 等，2015）。*BPH18* 编码一个 CC-NBS-NBS-LRR 蛋白，由 *Os12g37290* 和 *Os12g37280* 两基因共同构成，*Os12g37290* 编码 NBS 结构域，*Os12g37280* 编码 LRR 结构域（Ji 等，2016）。*BPH26* 编码一个 CC-NBS-LRR 蛋白，与 *Bph2* 是等位基因，*BPH26* 能够抑制褐飞虱对韧皮部筛管的吸食（Tamura 等，2014）。*BPH18* 和 *BPH26* 是功能不同的等位基因，*BPH18* 同时参与排趋性和抗生性作用（Ji 等，2016）。南京农业大学万建民团队克隆了抗褐飞虱基因 *Bph3*，该基因是 3 个质膜凝集素受体激酶基因组成的基因簇，即 *OsLecRK1*、*OsLecRK2* 和 *OsLecRK3*（Liu 等，2015）。

武汉大学何光存团队将 *BPH9* 定位在第 12 号染色体长臂上，并发现之前定位在该染色体区段上的 7 个抗褐飞虱基因（*BPH1*、*BPH2*、*BPH7*、*BPH10*、*BPH18*、*BPH21*、*BPH26*）均是 *BPH9* 的等位基因。BPH9 蛋白激活水杨酸 - 茉莉酸信号通路，参与排趋性和抗生性作用。*BPH9* 基因的等位变异使得水稻可以抵抗褐飞虱不同生物型群体，是水稻应对褐飞虱种群变异的重要策略（Zhao 等，2016）。2018 年何光存团队克隆了另外一个显性广谱抗虫基因 *Bph6*。*Bph6* 是一种新类型的抗虫基因，BPH6 蛋白定位于 exocyst 复合体中，与 exocyst 复合体亚基 EXO70E1 互作，调控水稻细胞分泌，维持细胞壁完整性，从而阻碍褐飞虱取食。*Bph6* 调控 SA、 JA 和 CK 等多种激素通路，尤其是对细胞分裂素 CK 的调控对水稻抗虫起了重要作用。*Bph6* 基因对多种生物型褐飞虱和白背飞虱有高抗性，其抗性机制为抗生性、抗趋性和耐虫性。*Bph6* 对水稻生长和产量无不良影响，在籼稻和粳稻背景下都有高抗性，在杂交水稻抗褐飞虱育种中具有重要应用价值（Guo 等，2018）。

二、高产相关基因

产量性状是复杂的数量性状，水稻产量由单位面积有效穗数、每穗粒数和粒重 3 个因素构成，粒重主要由粒长、粒宽、粒厚和籽粒充实度 4 个因素共同控制。另外，株型、穗型、生育期等因素也会影响水稻单位面积产量（朱义旺等，2016）。

（一）重要的粒型、穗型和穗粒数基因

近 10 年来，我国科研工作者克隆了许多影响水稻产量的重要基因（表 4-4），其中包括控制粒型、粒重、穗粒数的基因 *GIF1*、*GW5*、*GW7*、*GW8*、*GS5*、*GS3*、*GSE5* 等。2015 年中科院遗传发育所储成才团队和福建农业科学院赵明富研究组从水稻大粒材料 RW11 中克隆了一个控制水稻粒长的显性基因 *GL2*，在不影响相关重要产量性状的基础上增大粒型，从而使单株产量增加 16.6%（Che 等，2015）。中科院韩斌院士团队为了鉴别出控制水稻谷粒大小性状的基因，在不同的水稻种群中完成了对谷粒大小的 GWAS 研究，并通过分析表达模式、遗传变异和 T-DNA 插入突变对谷粒形状相关数量性状位点（QTL）进行功能分析，发现了编码植物特异性转录因子 *OsSPL13* 的主效基因位点 *GLW7*，证实其正调控了谷壳的细胞大小，从而影响水稻的粒长和产量（Si 等，2016）。控制水稻穗型的关键基因有 *DEP1* 和 *DEP2*，*DEP1* 突变能促进细胞分裂，从而通过增加穗枝梗数和每穗粒数来促进水稻增产（Huang 等，2009），而 *DEP2* 除了调控水稻穗型，还具有控制种子大小的功能，突变体 *dep2* 表现为直立穗、小圆粒种的表型（Li 等，2010）。华中农业大学张启发团队系统鉴定了异源三聚体 G 蛋白复合体的 5 个亚基在调控水稻籽粒长度上的功能。其中 Gα 蛋白控制着籽粒大小，Gβ 蛋白是植物存活和生长所必需的，三个 Gγ 蛋白 DEP1、GGC2、GS3 在调控籽粒大小上具有拮抗作用。当与 Gβ 蛋白形成复合体时，DEP1 和 GGC2 蛋白均可以单独或联合增加稻米粒长。而 GS3 在单独存在时对籽粒大小没有任何作用，但是当与 Gβ 蛋白竞争性地互作时，却可以减小稻米粒长。通过对 G 蛋白亚基进行不同的遗传操作，可以人为地将稻米籽粒长度增加 19% 或降低 35%，从而带来 28% 的增产或 40% 的减产（Sun 等，2018）。

表 4-4 粒型和株型相关基因

基因位点	基因查询号	表达蛋白	控制性状	参考文献
Gn1a	LOC_Os01g10110	降解细胞分裂素的酶	每穗粒数	Ashikari 等，2005
GIF1	LOC_Os04g33740	细胞壁转化酶	籽粒充实度	Wang 等，2008
GW5	ABJ90467	与多聚泛素互作用的核定位蛋白	粒宽和粒重主效控制基因	Weng 等，2008
GW8/OsSPL16	LOC_Os08g41940	含 SBP 结构域的转录因子	谷粒大小、粒型和稻米品质	Wang 等，2012
GS5	LOC_Os05g06660	丝氨酸羧肽酶	正向调控水稻籽粒大小	Li 等，2011
DEP1	LOC_Os09g26999	G 蛋白 γ 亚基	直立型密穗基因；直立穗基因	Huang 等，2009
DEP2	LOC_Os07g42410	植物特有的定位于内质网的蛋白	直立型密穗基因；小圆粒种基因	Li 等，2010
GL2	LOC_Os02g47280	GRF 转录因子	粒长、粒宽、粒重	Che 等，2015
GS3	Os03g0407400	含 4 个结构域的跨膜蛋白	粒长粒重主效控制基因	Mao 等，2010
IPA1	LOC_Os08g39890	Squamosa 启动子结合蛋白	株高、分蘖、穗粒数	Jiao 等，2010
OsPPKL1	LOC_Os03g44500	蛋白丝氨酸 / 苏氨酸磷酸酶	粒长	Zhang 等，2012
OsMKK4	LOC_Os02g54600	丝裂原活化蛋白激酶	穗型、粒型、株高	Duan 等，2014
TGW6	LOC_Os06g41850	IAA- 葡萄糖水解酶	粒重	Ishimaru 等，2013
Ghd7	LOC_Os07g15770	CCT 结构蛋白	抽穗期、株高和每穗粒数	Xue 等，2008
DTH8	LOC_Os08g07740	含有 CBFD-NFYB-HMF 结构域蛋白	产量、株高和抽穗期	Wei 等，2010
PTB1	LOC_Os05g05280	含 RING-FINGER 结构域蛋白	结实率	Li 等，2013
Bg1	LOC_Os03g07920	生长素特异诱导的位置功能蛋白	粒型	Liu 等，2015
Bg2/GE	LOC_Os07g41240	CYP78A13 蛋白	粒长、粒宽、粒厚、千粒重、胚的大小	Xu 等，2015
FUWA	LOC_Os02g13950	含 NHL 结构域的蛋白	株高、分蘖、穗粒数、粒型、千粒重	chen 等，2015

续表

基因位点	基因查询号	表达蛋白	控制性状	参考文献
OsSPL13/GLW7	LOC_Os07g32170	SBP 型转录因子	粒长、粒重	Si 等，2016
NOG1	LOC_Os01g54860	烯酰 -CoA 水合酶 / 异构酶蛋白	穗粒数	Huo 等，2017
OsOTUB1	LOC_Os08g42540	去泛素化酶	理想株型基因	Wang S 等，2017

水稻穗粒数是决定水稻产量的关键因素。中国农业大学孙传清和谭禄宾团队克隆了水稻穗粒数相关基因 *NOG1*（*Number Of Grains 1*），编码一个烯酰 -CoA 水合酶 / 异构酶蛋白。该基因可增加水稻穗粒数，而对穗数、开花期、结实率、粒重等其他产量相关性状没有负面影响。进一步研究发现穗粒数较多的栽培品种中，*NOG1* 基因启动子区域中包含两个拷贝的 12 bp 片段，而在穗粒数较少的野生稻中，*NOG1* 基因启动子区域只含有一个拷贝的 12 bp 片段。多出的 12 bp 片段插入增加了 *NOG1* 基因的表达，最终导致了栽培品种穗粒数的增加（Huo 等，2017）。

NOG1 促进增产受启动子调控序列影响。华中农业大学邢永忠团队克隆的控制水稻穗粒数和千粒重的数量性状位点 *SGDP7*，具有类似的调控模式，*SGDP7* 其实就是已克隆的穗发育基因 *FZP*（*FRIZZY PANICLE*），*FZP* 具有阻止腋芽分生组织形成并建立花分生组织的作用，与水稻的产量密切相关。进一步研究发现川 7 的 *FZP* 上游 5.3 kb 处有一个 18 bp 片段的转录沉默子发生复制，形成一个 CNV-18 bp 的拷贝数变异。CNV-18 bp 抑制 *FZP* 的基因表达，使得穗分枝时间更长，穗粒数显著增加，种子千粒重略微变小，但水稻产量增加 15%。而转录抑制子 OsBZR1 结合 CNV-18 bp 中的 CGTG 基因序列，抑制了 *FZP* 的表达，CNV-18 bp 为 *FZP* 的沉默子。研究表明沉默子 CNV-18 bp 通过影响 *FZP* 的基因表达进而控制穗粒数和千粒重之间的平衡，并最终影响产量（Bai 等，2017）。

四川农业大学水稻研究所通过对一份来自籼稻蜀恢 202 的雌性不育突变体进行研究，克隆了 *PTB1*（*Pollen Tube Blocked 1*）基因，PTB1 蛋白含有 C3H2C3 类型 RING-FINGER 结构域。PTB1 通过促进花粉管的生长，正向调控结实率。*PTB1* 基因表达受到启动子单体型和环境温度的影响，与结实率呈显著正相关（Li 等，2013）。

（二）理想株型基因

水稻株型改良对提高水稻单产具有重要作用。迄今为止水稻株型改良主要经历过半矮化育种及理想株型育种两个阶段。20 世纪 70 年代，日本学者松岛省三提出了水稻“理想株型”

的理论和一些具体株型指标，并由此发展为基于优良植株形态选种而不是仅仅基于产量选种的水稻理想株型育种。80 年代，杨守仁提出并完善了理想株型与杂种优势利用相结合的水稻超高产育种理论，并培育了一系列高产优质的水稻品种。80 年代末国际水稻研究所提出水稻新株型育种计划，即在“少蘖、大穗、茎秆粗壮”等育种目标前提下，实现株型和产量突破。

李家洋院士和钱前研究员团队克隆了一个“理想株型”基因 *IPA1*， *IPA1* 发生突变后，会使水稻分蘖数减少，穗粒数和千粒重增加，同时茎秆变得粗壮，增加抗倒伏能力（Jiao 等， 2010）。进一步研究发现中国超高产籼粳亚种组合中的理想株型基因均是 *IPA1*（*Ideal Plant Achitecture 1*）基因半显性等位突变所致。 *IPA1* 是一个编码含 SBP-box 的转录因子 *OsSPL14*，参与调控水稻的多个生长发育过程。上下游调控网络的研究表明 *IPA1* 通过 *TB1* 调控水稻分蘖，通过 *DEP1* 调控水稻的株高和穗长， *IPA1* 的上游受到了 miR156 和 miR529 的调控。新的研究表明， IPA1 会与一个 E3 连接酶 IPI1（IPA1 Interacting Protein 1）在细胞核内发生互作， IPI1 能够对 IPA1 进行多聚泛素化修饰以调控其蛋白含量。此外，在不同的植物组织中，泛素化修饰的类型是不同的，类型的差异又决定了 IPA1 蛋白的状态是降解还是稳定的（Wang J. 等， 2017）。

中国科学院傅向东团队成功克隆了另一个“新株型”调控基因 *NPT1*（*New Plant Type 1*）。 *NPT1* 编码一个去泛素化酶，与人类 OTUB1 蛋白高度同源。 OsOTUB1 具有 K48 位和 K63 位泛素链解聚活性。同时， OsOTUB1 可与 OsSPL14（IPA1）发生互作，通过解聚 OsSPL14 蛋白 K63 位泛素链来抑制 OsSPL14 蛋白功能。此外，研究发现将优异等位变异 *npt1* 和 *dep1-1* 聚合可以成为提高水稻产量的新策略。该研究不仅发现了一个新的理想株型基因，还建立了 *NPT1-IPA1-DEP1* 三个重要基因之间的遗传关系，为提高水稻产量提供了新的策略（Wang S. 等， 2017）。另外，李家洋团队与何祖华团队合作在高产杂交晚粳甬优 12 号中克隆到一个 QTL 位点（*qWS8/ipa1-2D*），该 QTL 是理想株型基因 *IPA1* 上游的一段串联重复序列。这一段重复序列可以抑制 *IPA1* 的 DNA 甲基化修饰，使得 *IPA1* 基因启动子区域的染色质结构处于松散的状态，从而促进 *IPA1* 基因的表达，产生发育水平上的理想株型和产量提升（Zhang 等， 2017）。

株型是产量的重要决定因子，以“理想株型”为育种目标的遗传改良极大地提高了水稻的产量。 SPL［Squamosapromoter binding Protein（SBP）-Like］蛋白是植物中特殊的一类转录因子，它们含有高度保守的 SBP DNA 结合结构域。在众多 microRNA 的调控下，SPL 家族蛋白在水稻株型建成方面具有重要的作用。 SPL 蛋白可以抑制水稻分蘖，但是只在表达适度的情况下促进穗分枝。因此，对 SPL 蛋白的精细调控有助于获得理想株型，提升产量（Wang 等，2017）。

（三）生育期相关基因

华中大学张启发团队在明恢 63 中克隆了 *Ghd7*，其编码一个由 257 个氨基酸组成的核蛋白，该产物是一个 CCT（CO，CO-like and Timing of CAB1）结构蛋白，该蛋白不仅参与了开花的调控，而且对植株的生长、分化及生物学产量有普遍的促进效应。长日照条件下，*Ghd7* 的增强表达能推迟抽穗、增加株高和每穗粒数，而功能减弱的自然突变体能够种植到温带甚至更冷的地区。因此，*Ghd7* 在增加全球水稻产量潜力和适应性方面有非常重要的作用（Xue 等，2008）。

南京农业大学万建民团队克隆了在长日照条件下抑制抽穗的基因 *DTH8*，编码一个由 297 个氨基酸组成的多肽，产物含有 CBFD-NFYB-HMF 结构域。*DTH8/Ghd8/LHD1* 被证实编码转录因子“CCAAT 盒结合蛋白”的 HAP3H 亚基，能同时调控水稻的产量、株高和抽穗期（Wei 等，2010；Yan 等，2011）。*DTH8* 在许多组织中表达，长日照条件下能下调 *Ehd1* 和 *Hd3a* 的转录，且独立于 *Ghd7* 和 *Hd1*。Ghd8 还通过调节 *Ehd1*、*RFT1* 和 *Hd3a* 延迟水稻开花，但短日照条件下促进水稻开花。*Ghd8* 能够上调控制水稻分蘖和侧枝发生的基因 *MOC1* 的表达，从而增加水稻的分蘖数、一级枝梗和二级枝梗数（Yan 等，2011）。

三、营养高效利用基因

氮、磷、钾作为水稻（*Oryza sativa* L.）一生中需求量最大的营养元素，具有“肥料三要素”之称。氮、磷、钾不仅与水稻的产量及品质形成密切相关，而且对水稻体内生理物质的合成与代谢至关重要（徐晓明等，2016）。肥料高效利用是发展现代农业的重要方向，培育肥料高效利用的作物品种对于降低种植成本、提高产量品质、缓解环境污染具有重要的意义。

（一）氮高效利用基因

Obara 等（2011）以不同 NH_4^+ 浓度下根的生长程度为指标，定位了 5 个 QTL，其中 *qRL1. 1* 在高 NH_4^+ 浓度条件下可以显著增加根长。进一步精细定位表明，天冬氨酸转氨酶基因 *OsAAT2* 是 *qRL1. 1* 的候选基因。Bi 等（2009）研究发现基因 *OsENOD93-1* 在根中的表达水平较高，*OsENOD93-1* 能够提高水稻的氮使用效率，还能增加植株生物量干重和产量。

中国科学院遗传发育所傅向东团队发现 *DEP1* 基因的不同等位变异对氮的响应（包括植株高度和分蘖数等）不同，携带 *dep1-1* 等位变异的水稻在营养生长期对氮响应不敏感，氮的吸收和同化能力增强，进而收获指数和产量得到了提高。*DEP1* 基因编码植物 G 蛋白 γ 亚基。G 蛋白是调控动植物生长发育的重要信号传导蛋白，包括 α、β 和 γ 亚基。在体内，DEP1 蛋白能够与 Gα 亚基（RGA1）和 Gβ 亚基（RGB1）相互作用。进一步研究发现，RGA1 活性降低或者 RGB1 活性提高能够抑制水稻生长对氮的响应。这表明，G 蛋白复合体参与调控植物对氮信号的感知与响应。因而可以通过调节 G 蛋白的活性改变水稻对氮的响应，进而在适当减少氮肥施用量的条件下获得水稻的高产（Sun 等，2014）。

中国科学院遗传发育所储成才团队在籼稻中克隆了氮高效利用基因 *OsNRT1. 1B*，其编码一个硝酸盐转运蛋白，不仅具有硝酸盐吸收和转运的功能，而且具有硝酸盐信号感应、传导和放大等功能，从而影响硝酸盐吸收、转运和同化等各个层面。*OsNRT1. 1B* 基因在粳稻和籼稻中存在一个碱基的差异，通过对比发现籼型 *OsNRT1. 1B* 具有更高的硝酸盐吸收及转运活性，含有籼型 *OsNRT1. 1B* 的近等基因系分蘖数目以及产量均有显著增加（Hu 等，2015）。硝态氮和铵态氮是植物利用的主要氮源形式。水稻作为水生植物，铵态氮是其主要利用方式。该团队克隆了另一个氮高效利用基因 *OsNRT1. 1A*，定位于液泡膜，受铵盐诱导，参与水稻对细胞内硝酸盐及铵盐的调节。过量表达 *OsNRT1. 1A* 在不同水稻品种及在不同氮肥条件下均可显著提高水稻生物量和产量，并能大幅缩短水稻成熟的时间（Wang W. 等，2018）。

中国科学院和中国水稻研究所团队合作发现水稻中调控氮利用效率的关键基因 *ARE1*，其编码一个定位于叶绿体的功能保守蛋白。*ARE1* 基因突变可使水稻植株延缓衰老，并在氮元素缺乏的情况下提升产量 10%~20%。研究人员分析了 2 155 份水稻种质，发现很多种质中 *ARE1* 基因的启动子区域插入了小的片段，这些插入片段引起了 *ARE1* 基因的表达下降，而使得这些种质具有更高的氮利用效率（Wang 等，2018）。

（二）磷高效利用基因

磷是水稻体内一些酶的重要组成成分，这些含磷的酶对植株体内物质的运输、转化和贮藏起重要作用。磷还可明显促进水稻根系生长。Wasaki 等（2003）在根系中克隆的对磷营养反应非常敏感的 *OsPI1* 基因，能显著增强水稻耐低磷胁迫能力。在给缺磷植株施用磷肥之后该基因的转录迅速消失，而在磷缺乏的条件下该基因表达水平显著上升，说明 *OsPI1* 可以提高植株对低磷的耐受性。Rico 等（2012）克隆了磷高效利用基因 *PSTOL1*。研究表明：在磷饥饿不耐受的品种中过量表达 *PSTOL1* 能够显著增加其在磷缺乏土壤中的产量，*PSTOL1* 是 1 个根早期生长的增强因子，能够增强植株获得磷和其他养分的能力。水稻叶片或根系中有 21 个 *PAPs* 基因受低磷胁迫诱导表达，*PAPs* 启动子都包含 1 个或 2 个 OsPHR2 结合元件，磷饥饿诱导下，*OsPHR2* 过表达可以提高植株体内和根系分泌的酸性磷酸酶活性（Zhang 等，2011）。Jia 等（2011）发现水稻中磷酸盐转运基因 *OsPht1; 8*（*OsPT8*）调节水稻对磷元素的吸收和转运，可以增加植株磷的吸收积累，*OsPT8* 还参与水稻体内磷的动态平衡调控，对水稻生长和发育具有重要影响。

（三）钾高效利用基因

钾在水稻体内基本以离子状态存在，大部分集中在幼嫩的组织和细胞中，对淀粉和糖的形成具有重要作用。钾还可以促进水稻的光合作用，促进氮、磷的吸收，促进根系生长，提高抗旱、抗寒、抗倒伏和抗病虫害能力。Obata 等（2007）通过分析水稻全 cDNA 表达文库发现 K^+ 通道基因 *OsKAT1* 能够增加水稻对 K^+ 的吸收。Banuelos 等（2002）克隆分离出了 17 个编码 K^+ 转运蛋白的基因 *OsHAK1-17*，表明 *OsHAK* 基因可以增加根系对 K^+ 的吸收和转运。Lan 等（2010）研究表明：高吸附 K^+ 转运基因 *OsHKT2; 4* 在很多组织中都表达，包括根毛和软组织管细胞，其编码的蛋白存在于质膜中，它可能代表了一种新的阳离子吸收与排出机制。

四、品质相关基因

高产与优质一直是杂交稻品种改良的主要目标。目前，我国稻米品质表现总体偏低，在一定程度上影响了其市场竞争力。稻米品质属综合性状，是指稻米或稻米相关产品满足消费者或生产加工需求的各种特性。我国在水稻品种审定中所涉及的品质指标主要包括碾磨品质中的整精米率、外观品质中的长宽比、垩白粒率和垩白度以及蒸煮与食味品质中的胶稠度与直链淀粉含量等。因此加强水稻品质性状的遗传研究，阐明品质形成的分子机制，分子与常规育种手段相结合，培育优质杂交稻新品种，是现阶段水稻科研工作者的重要研究方向。

较早研究的与水稻品质相关的基因是胚乳中淀粉合成相关基因，包括颗粒结合淀粉合成酶、腺苷二磷酸葡萄糖、焦磷酸化酶、淀粉分支酶和淀粉去分支酶等基因，这些基因及其等位基因的组合直接影响水稻胚乳直链淀粉含量，从而影响稻米的食味品质。香味是水稻品质的重要评价标准之一，香味基因 *OsBADH2* 的突变能够导致香味物质 2- 乙酰基 -1- 吡咯啉不断积累，形成具有香味的水稻叶片和籽粒（Chen 等，2008）。

稻米中含有大量的贮藏蛋白质，它是稻米中仅次于淀粉的第二大物质。其中谷蛋白是水稻种子中含量最高的贮藏蛋白，占种子总蛋白的 60% 以上，是稻米蛋白品质改良的首选目标。南京农业大学万建民团队通过大量筛选诱变材料，获得了一系列的水稻谷蛋白前体异常积聚的突变体，相继克隆了 *OsVPE1*（Wang 等，2009）、*GPA1/Rab5a*（Wang 等，2010）、*GPA2/VPS9a*（Liu 等，2013）、*GPA3*（Ren 等，2014）、*GPA4*（Wang 等，2016）等参与水稻籽粒蛋白积累的基因。这些基因分别参与调控水稻谷蛋白剪切成熟、后高尔基体分选以及谷蛋白内质网输出，丰富了人们对谷蛋白合成、分选、沉积分子网络途径的认识，为调控谷蛋白的含量组成、改良稻米品质奠定了理论基础。

垩白是灌浆期胚乳淀粉粒和蛋白质颗粒排列疏松而充气所形成的白色不透明部分，它极大地影响了稻米可食用性产量（整精米率），同时对稻米外观品质（透明度）、蒸煮食味和营养品质（直链淀粉含量、胶稠度和蛋白质含量）等都有大的影响。因此，垩白是评价稻米品质的最重要指标之一，也是水稻优质和高产的重要限制因子。华中农业大学何予卿团队克隆第一个稻米垩白粒率的主效基因 *Chalk5*（Li 等，2014）。水稻籽粒 90% 以上的干重是由储藏淀粉和蛋白质组成，蛋白质含量不仅是决定其营养品质的关键指标，而且对稻米的外观品质和食用品质也有重要影响。因此，控制稻米蛋白质的含量不仅具有重要的营养价值，还具有重大的经济价值。同年何予卿团队克隆了另一个影响稻米品质的基因 *OsAAP6*，该基因是一个氨基酸转运子，其通过调控水稻种子储藏蛋白和淀粉的合成与积累来调控稻米的营养品质和蒸煮食味品质；*OsAAP6* 是一个组成型表达的基因，在微管组织中的表达相对较高，是控制水稻种子蛋白质含量的一个正调控因子；*OsAAP6* 基因能够促进水稻根对氨基酸的吸收和转运，在调控游离氨基酸在体内分布方面发挥重要作用。研究人员分析 197 份微核心种质发现 *OsAAP6* 基因的启动子区域内两个共同的多态性位点与籼稻品种种子中蛋白质含量紧密相关（Peng 等，2014）。

不断追求高产和优质的协同改良是水稻育种家的主要目标与难题。水稻籽粒的长宽比是影响水稻品质的重要因素，2012 年中国科学院遗传发育所傅向东团队和华南农业大学张桂权团队合作从巴基斯坦优质水稻 *Basmati* 品种中成功克隆了一个可帮助稻米品质提升和增产的关键基因 *GW8*，其编码一个包含 SBP 结构域的转录因子（*OsSPL16*）。在 *Basmati* 水稻中，*GW8* 基因启动子产生变异，导致基因表达下降，可使籽粒变得更为细长，还影响淀粉粒排列结构和垩白度等方面，提高稻米在外观、口感等多方面的品质。而我国大面积种植的高产水稻中也含有这个基因，所不同的是这些高产水稻中含有的是 *GW8* 基因的另一个变异类型，它能促进细胞分裂和增加稻米粒重，使得水稻更为高产。*GW8* 可通过调控水稻粒宽的同时影响水稻品质和产量（Wang S. 等，2012）。2015 年傅向东团队研究人员从优质杂交水稻保持系泰丰 B（TFB）中鉴定了另一个控制水稻粒形的重要基因 *GW7*。研究发现 *GW7* 的启动子序列中存在 *OsSPL16* 的结合位点。*OsSPL16* 能够通过直接结合 *GW7* 的启动子，

进而负调控 *GW7* 的表达来控制稻米品质。将 *OsSPL16* 和 *GW7* 基因的优异等位变异聚合并应用到我国高产水稻中，可明显提高稻米品质，同时还可提高产量（Wang S. 等，2015）。水稻 *OsSPL16-GW7* 基因的克隆初步揭示了水稻品质和产量协同提升的分子奥秘，为水稻高产优质分子育种提供了有重要应用价值的新基因。随后该团队又成功克隆了一个控制水稻产量和提升稻米品质的重要基因 *LGY3*。*LGY3* 编码 MADS-box 家族蛋白成员 OsMADS1。G 蛋白的 β、γ 亚基二聚体是 OsMADS1 的辅因子，通过与 OsMADS1 直接互作，调控 *OsMADS1* 的转录活性，并进一步影响水稻粒型调控途径基因。此外，该基因存在一种自然变异的选择性剪切形式 $OsMADS1^{lgy3}$，这种变异位点编码 C 端截短的 OsMADS1 蛋白。$OsMADS1^{lgy3}$ 可以提高稻米粒长，降低垩白粒率和垩白面积，进而影响稻米产量和外观品质。聚合 $OsMADS1^{lgy3}$、*DEP1* 和 *GS3* 三个等位变异，可以同步提高稻米品质和产量（Liu 等，2018）。

五、耐非生物逆境基因

水稻除受到虫害、病害和杂草等生物胁迫外，还受到不利气候、土壤、水体等环境条件的非生物胁迫。近年来，我国南方地区尤其是长江中下游稻区夏季经常出现极端、持续高温，部分地区频发的干旱及南方双季稻区花期“寒露风”，对水稻生产造成重大损失。为此，发掘水稻耐非生物胁迫的基因也十分重要。

（一）耐高温基因

近年来长江流域水稻遭遇高温热害的情况频繁发生，常常造成水稻大面积减产。因此，研究高温对水稻为害的机制，发掘水稻抗高温基因资源，进而培育抗高温新品种对水稻生产具有重要意义。中国科学院上海植生所林鸿宣团队利用生长于热带的非洲稻为材料，通过与亚洲栽培稻构建遗传群体，成功克隆了控制非洲稻高温抗性的主效 QTL *Thermo-Tolerance1*（*OgTT1*）。*OgTT1* 编码一个 26S 蛋白酶体的 α2 亚基，非洲稻中的等位基因不仅在转录水平上对高温的响应更有效，而且其编码的蛋白使细胞中的蛋白酶体在高温下对泛素化底物的降解速率更快。蛋白质组学的分析显示，这种更快的降解速率可以使水稻细胞中积累的有毒变性蛋白的种类和数量都显著降低，进而保护了植物细胞。该研究揭示了植物细胞响应高温的新机制：及时有效地清除变性蛋白，对维持高温下胞内蛋白平衡至关重要（Li 等，2015）。来源于非洲稻的 *OgTT1* 基因可以通过基于常规杂交的分子标记育种方法直接应用于水稻耐高温育种中，为作物改良提供了宝贵的基因资源。

中国科学院遗传发育所薛勇彪团队和程祝宽团队合作，克隆了一个新的耐热基因 *TOGR1*（*Thermotolerant Growth Required 1*）。TOGR1 作为一个细胞核定位的 DEAD-box RNA 解旋酶，以 pre-rRNA 伴侣的形式保护水稻免受高温伤害。进一步研究发现 TOGR1 聚集到核糖体小亚基 SSU（small subunit），从而确保错误折叠的 pre-rRNA 前体解旋成正确的构象，保证了高温下细胞分裂所需的 rRNA 有效加工（Wang 等，2016）。该研究诠释了一种新的调控水稻耐高温分子机制，为培育耐高温水稻新品种提供了理论依据。

（二）耐旱与耐盐基因

中国科学院上海植生所林鸿宣团队通过大规模筛选水稻 EMS 诱变的突变体库，获得了一份较强抗旱、耐盐，而且稳定遗传的水稻突变体 *dst*（*drought and salt tolerance*），并克隆了该基因。*DST* 编码一个只含有一个 C2H2 类型锌指结构域的蛋白，是一个新型的核转录因子。在 *dst* 突变体中，该蛋白的两个氨基酸的变异显著地降低了 *DST* 的转录激活活性。*DST* 作为抗逆性的负调控因子，当其功能缺失时可直接下调过氧化氢代谢相关基因的表达，使清除过氧化氢的能力下降，从而增加过氧化氢在保卫细胞中的累积，促使叶片气孔关闭，减少水分蒸发，最终提高水稻的抗旱耐盐能力（Huang 等，2009）。DCA1 是 DST 的互作蛋白，作为 *DST* 转录共激活因子发挥作用，下调 *DCA1* 会显著增强水稻的耐旱性和耐盐性，过表达 *DCA1* 则会增加对胁迫处理的敏感性（Cui 等，2015）。中国科学院遗传发育所和湖南杂交水稻研究中心合作还发现耐旱耐盐基因 *DST* 直接调控生殖分生组织中的 *Gn1a*（*OsCKX2*）的表达，*DST* 的 1 个半显性等位基因 DST^{reg1} 可以扰乱生殖顶端分生组织中 *DST* 引导的 *OsCKX2* 表达调控，提高细胞分裂素水平，导致分生组织活力增高，促进圆锥花序分支，提高每穗粒数和单株产量（Li 等，2013）。中国农科院万建民团队克隆的 *LP2* 基因，编码一个富含亮氨酸的受体激酶，受干旱和 ABA 诱导表达量下调。*LP2* 过表达植株中累积的 H_2O_2 减少，而叶片上开放的气孔增加，对干旱超敏感。*LP2* 的转录受 *DST* 直接调控，并与干旱响应的水通道蛋白 OsPIP1.1、OsPIP1.3 和 OsPIP2.3 互作，在质膜上发挥激酶的功能（Wu 等，2015）。

华中农业大学熊立仲团队发现水稻中一个特异性控制干旱逆境下表皮蜡质合成的基因 *DWA1*（*Drought-induced Wax Accumulation 1*）。该基因在维管植物中高度保守，编码一个未经报道的巨型蛋白（由 2 391 个氨基酸组成）。*DWA1* 在维管组织和表皮中特异表达，且受干旱等逆境强烈诱导。正常生长情况下缺失该基因的水稻与野生型水稻无明显差异，但在干旱胁迫下，缺失该基因的水稻由于叶片表皮蜡质缺陷则对干旱极度敏感，更容易导致严重减产。进一步研究发现，该基因编码蛋白为处于蜡质合成途径上的一个新的关键酶，通过控制干旱胁迫下超长链脂肪酸的合成和积累，可调节表皮蜡质合成，进而控制植物对干旱的适应能力（Zhu 等，2013）。

Lan 等（2015）将幼苗耐盐突变体基因 *SST* 精细定位到水稻第 6 号染色体 BAC 克隆 B1047G05 上的 17 kb 区间内，在此区间仅存在一个预测基因，编码 OsSPL10（Squamosa Promoter-binding-Like protein 10）蛋白。与野生型相比，*sst* 突变体中该基因 ORF 第 232 位碱基发生了缺失，造成移码突变，导致蛋白翻译提前终止。Ogawa 等（2011）和 Toda 等（2013）分别利用盐敏感突变体 *rss1* 和 *rss3* 克隆到耐盐基因 *RSS1* 和 *RSS3*。*RSS1* 参与细胞周期的调控，是维持盐胁迫下分生细胞活性和活力的一个重要因子；*RSS3* 调控茉莉酸响应基因的表达，在盐胁迫环境下维持根细胞以适宜速率伸长方面起到重要作用。Takagi 等（2015）利用新兴的 MutMap 基因定位技术，快速鉴定到控制 *hst1* 突变体耐盐性增强的基因位点（*OsRR22*），该基因编码一个 B 型响应调节子蛋白。实验表明 *hst1* 突变体可以耐受 0.75% 的盐度，对培育耐盐水稻具有重要价值。

（三）耐冷基因

水稻起源于热带，属喜温性植物。但是对东北稻区、西南山区和南方稻区的早、晚稻来说，冷害成为水稻生产的主要灾害之一，每年全国因冷害造成的产量损失高达 300 万～500 万 t。提高水稻品种的耐寒性对于扩展水稻的种植区域，提高高纬度和高海拔地区的水稻产量意义重大。中国科学院种康团队研究发现粳稻 *COLD1* 基因的籼稻近等基因系以及超表达该基因的粳稻材料都显著增强了耐寒性，而功能缺失突变体 *cold1-1* 或反义基因株系却对冷非常敏感。该基因编码一个 G 蛋白信号调节因子，定位于细胞质膜和内质网。分析了 127 个不同水稻品种和野生稻中 *COLD1* 基因序列，发现了 7 个 SNP，其中粳稻特异的 SNP2 影响了 *COLD1* 活性而赋予粳稻耐寒性。研究揭示了通过驯化得到的 *COLD1* 等位基因和特异 SNP 赋予水稻耐寒性的新机制（Ma 等，2015）。

中国农业大学李自超团队克隆了一个重要的抽穗期耐冷基因 *CTB4a*（*LOC_Os04g04330*），其编码一个保守性的富亮氨酸受体样激酶 LRR-RLK（Leucine Rich Repeat-Receptor Like Kinase），可以与 ATP 合成酶的 β 亚基 AtpB 互作，影响 ATP 合成酶的活性，以保证寒冷条件下水稻灌浆时的能量供应。119 个水稻品种的单倍性分析显示 *CTB4a* 启动子区域的多态性决定着不同水稻品种对寒冷的反应程度，也显示出了粳稻耐寒驯化过程对该基因位点的影响。提高水稻孕穗期的耐寒性，有助于增加结实率及避免冷害的发生。*CTB4a* 基因的克隆对培育孕穗期耐寒性水稻品种具有重要的价值（Zhang 等，2017）。

虽然已克隆大批重要农艺性状基因，但迄今为止在杂交水稻育种上应用的是少数，一方面对已克隆基因的应用价值有待更多的评价，另一方面需要继续从现代栽培品种、农家种、野生稻或其他禾本科植物资源中进一步发掘杂交稻有利性状基因，并完善基因互作调控网络，以夯实分子育种基础。

第三节　杂交水稻分子育种实践

杂交水稻分子育种方兴未艾。近十多年来，通过分子标记辅助选择培育出抗病虫、优质与高产的系列亲本和组合，借助高通量 SNP 分子标记技术在全基因组范围进行的分子设计育种变得越来越普遍；以抗虫和耐除草剂为代表的转基因育种也取得了重大进展；近年基因组编辑技术在育种上的应用如火如荼。各种分子育种技术的加盟正孕育杂交水稻育种技术的升级换代。

一、杂交水稻分子标记辅助育种

（一）抗病虫分子标记辅助选择育种

病虫害的发生可造成水稻严重减产，农药的大量使用带来稻米品质、生态环境安全问题，防治病虫害的最有效、最经济措施是培育抗性品种。因为病虫害生物类型丰富、控制病虫害发生的相关基因也复杂多变，病虫害的发生情况常常还随生态、气候的变化而变化，通过表型选择需要一定环境条件且不准确，所以通过分子技术实现基因型选择的病虫抗性分子育种具有优越性，近年已经在杂交水稻育种中实践并在生产上发挥重要作用。

1. 抗稻瘟病基因分子标记辅助选择育种

随着大批抗稻瘟病基因功能被解析，分子标记辅助育种技术在稻瘟病抗性育种中得到广泛应用且成效显著，一大批抗稻瘟病的恢复系和不育系被育成。王军等（2011）将稻瘟病抗性基因 *Pita*、 *Pib* 与条纹叶枯病抗性基因 *Stv-bi* 转育到高产品种中，选育出高产、优质、多抗水稻品系 74121。殷得所（2011）和文绍山（2012）等分别将 *Pi9* 基因导入扬稻 6 号、 R6547、泸恢 17 中，经病圃鉴定稻瘟病抗病水平较受体亲本有不同程度的提高。柳武革等（2012）应用 MAS 技术育成携带抗病基因 *Pi1* 和 *Pi2* 的不育系吉丰 A 和安丰 A。余守武等（2013）利用 *Pi25* 紧密连锁 STS 标记 Si13070D 检测目的基因，获得了 5 个综合性状表现良好的两系不育系 16S、 38S、 39S、 61S 和 73S。涂诗航等（2015）以含有

*Pi25*基因的BL47为供体亲本、福稻B为受体亲本，利用分子标记Si13070C检测*Pi25*基因，结合常规选育方法，病圃苗瘟鉴定，筛选出综合性状优异的不育系CP4A。杨平等（2015）以携带抗稻瘟病基因*Pigm*的谷梅4号为抗原，以春恢350为轮回受体亲本，获得3个带有目的基因的改良恢复系纯合株系，对江西近年来具有代表性的20个菌株抗性频率为85%~100%。行璇等（2016）利用*Pi9*基因的功能标记Clon2-1，供体亲本75-1-127和受体亲本R288，培育出高抗稻瘟病水稻新品系R288-Pi9，Clon2-1标记选择效率达100%。董瑞霞等（2017）以携带抗稻瘟病基因*Pi25*的BL27为抗原供体，优质、配合力强、感稻瘟病的水稻保持系臻达B为受体亲本，进行杂交、回交创制水稻抗病保持系新种质，再与臻达A测交和回交进行不育系转育，获得高抗稻瘟病不育系157A。

当前稻瘟病抗性基因的研究与生产应用存在以下主要问题：①相同或同类稻瘟病抗原及抗性基因的长期使用，促进了新优势小种的形成，新育成品种的抗性呈下降的趋势，而广谱或持久抗原材料及抗性基因短缺；②携带抗病基因的抗原材料综合农艺性状往往不理想，如品质差、产量低、秆高等，当以它为抗原进行品种选育时，容易出现"连锁累赘"现象，即抗病基因导入改良材料的同时，其他不良性状也一起随目的基因导入改良材料中，增加了育种材料改良的时间和难度；③目前虽然很多基因被定位，但由于作图群体和鉴别菌株的不同，加之稻瘟病抗性基因多成簇分布，可能其中较多基因与目前明确定位的基因是等位基因（何秀英等，2014）。

针对上述问题，遗传育种家正从以下6个方面开展工作，以进一步减轻稻瘟病为害：①从地方种质、野生稻以及栽培品种中发掘和鉴定新的稻瘟病抗原和抗病基因，生产上注意不同抗病基因类型品种的合理布局和轮换使用；②以传统选育为主，分子标记选择为辅，人工接种和多点病圃鉴定结合，拓宽品种抗谱和抗病持久性；③通过基因精细定位、克隆和抗谱分析，明确抗病基因簇内各基因之间的关系，以便准确选取供体材料和开发基因功能标记；④在对抗病材料加以利用前，先分析抗性材料的主效基因和背景微效基因，尽量将主效和微效基因同时导入改良品系中；⑤开发抗病基因的功能标记或者利用最靠近目的基因的两对标记，并结合背景和前景选择要求，加密目标染色体和目的基因附近的标记，防止"连锁累赘"发生；⑥通过基因组编辑技术将感病品种感病基因片段直接替换为抗病基因片段，或者敲除感病基因使之变为抗病基因（隐性抗稻瘟病基因），避免杂交转育过程不良性状的引入。

2. 抗褐飞虱基因分子标记辅助选择育种

改良杂交水稻亲本的褐飞虱抗性，不同于稻瘟病抗性材料在病圃可以完成筛选，褐飞虱抗性材料没有稳定的筛选环境，没办法大规模筛选，不同年份和气候条件下褐飞虱的流行也不同，植株田间抗感的表型鉴定不准确。早世代通过抗性基因前景选择和亲本背景选择，可以加快抗性亲本的选育。当然待抗虫品系稳定后也有必要采用苗期人工接虫和大田种植不打农药自然诱发褐飞虱从而进行抗性的进一步鉴定。

2010 年 8 月武汉大学朱英国团队的两系不育系 Bph68S 成果通过了湖北省科技厅组织的鉴定，Bph68S 是借助分子标记辅助选择聚合了 *Bph14* 和 *Bph15* 基因，经杂交、多代回交培育而成的抗褐飞虱新不育系。用 Bph68S 选配出的两优 234 是首个利用分子标记技术和常规育种技术紧密结合选育而成并成功用于生产实践的抗褐飞虱水稻新品种。

随后国内多家单位广泛开展了杂交稻抗褐飞虱分子标记辅助育种，尤其是恢复系的抗性改良。如刘开雨等（2011）将 *Bph3* 和 *Bph24（t）* 分别导入广恢 998、明恢 63、 R15、R29 和 9311 中，获得了 32 份 *Bph3* 导入系， 22 份 *Bph24（t）* 导入系和 13 份 *Bph3*、*Bph24（t）* 优良聚合系。经人工接虫鉴定， *Bph3* 和 *Bph24（t）* 导入系对褐飞虱的抗性可达中抗至抗的水平，且以 *Bph3* 和 *Bph24（t）* 聚合系的抗性最强。赵鹏等（2013）将 *Bph20（t）*、 *Bph21（t）* 和抗稻瘟病基因 *Pi9* 成功聚合到保持系博Ⅲ B 中，并选育出 5 份兼抗褐飞虱和稻瘟病的材料。闫成业等（2014）通过分子标记辅助选择、杂交和回交等技术手段，将 *Bph14* 和 *Bph15* 同时导入恢复系 R1005 中，选育出 CY11711-14、CY11712-5 和 CY11714-100 纯合株系，苗期鉴定均对褐飞虱高抗。胡巍等（2015）将 *Bph3*、 *Bph14* 和 *Bph15* 导入华南高产水稻品种桂农占中，显著提高了其对褐飞虱的抗性。

2015—2017 年，湖南杂交水稻研究中心赵炳然团队利用武汉大学何光存教授提供的抗褐飞虱恢复系珞扬 69，通过杂交、回交，前景和背景选择，将 *Bph6* 和 *Bph9* 基因导入强优恢复系 R8117 中。室内苗期人工接虫抗性鉴定表明：受体亲本 R8117 是感虫级别，而获得的新恢复系材料对褐飞虱的抗性级别达到抗级，与供体亲本珞扬 69 相当，标记选择的准确度达 95% 以上。

以上实践表明：对于褐飞虱抗性育种，分子标记辅助选择是很有效的。在常规选育的同时，早世代不需要表型鉴定，只需通过标记选择确保抗性基因未丢失就行，再结合背景选择，确保原亲本的优良性状，可以实现亲本快速改良。

3. 抗白叶枯病基因分子标记辅助育种

目前生产上应用较多的白叶枯病抗性基因有 *Xa4*、 *Xa7*、 *Xa21* 和 *Xa23*，通过分子标记辅助选择，聚合其中 1 个或多个基因，基本可以解决品种的抗性问题。薛庆中等（1998）将亲本 IRBB21 中的 *Xa21* 导入恢复系明恢 63 和密阳 46 等感病品种中，培育出抗白叶枯病的改良恢复系及杂交稻新组合。邓其明等（2005）开展了白叶枯病抗性基因 *Xa21*、 *Xa4* 和 *Xa23* 的聚合及其效应分析，三基因累加系的抗性明显强于双基因累加系和单基因品种，说明利用分子标记辅助选择技术将多个抗性基因聚合到同一水稻品种能显著提高抗性和拓展抗谱。罗彦长等（2005）育成聚合 *Xa21* 和 *Xa23* 双基因，且全生育期高抗白叶枯病的不育系 R106A。郑家团等（2009）利用含 *Xa23* 基因的抗病材料，通过分子标记辅助选择选育出一系列白叶枯病抗性品系。兰艳荣等（2011）利用常规杂交回交和分子标记辅助选择，获得 4 个分别携带 *Xa21* 和 *Xa7* 基因的株系，改良了华 201S 的白叶枯病抗性。Luo 等（2012）通过分子标记辅助选择将 *Xa4*、*Xa21* 和 *Xa27* 基因聚合到杂交稻恢复系 XH2431 中，获得抗性明显增强和抗谱更广的材料。Huang 等（2012）利用 MAS 法成功将 *Xa7*、*Xa21*、*Xa22* 和 *Xa23* 聚合到优良杂交水稻恢复系华恢 1035 中，后代材料对我国 11 个代表菌系表现出不同程度的抗性。

近十多年来通过分子标记辅助育种已选育出一批抗病虫害的优良不育系和恢复系，并用于生产。实践也发现由于稻瘟病生理小种的丰富多样，分子标记选择和病圃鉴定同步进行，效果较好；白叶枯病、褐飞虱抗性品种选育相对容易，如聚合 *Xa21* 和 *Xa23* 等抗白叶枯病基因或引入 *Bph3*、*Bph6*、*Bph9* 等抗褐飞虱基因基本可以解决白叶枯病或褐飞虱的问题。除了这三大主要病虫害，稻曲病、纹枯病发病趋势逐年上升，严重影响水稻产量、质量和食用安全，但由于抗性资源的缺乏，抗性育种相对滞后，分子基础与应用研究也有待深入。

（二）高产与理想株型基因分子辅助育种

利用含有马来西亚野生稻高产 QTL *yld1.1* 和 *yld2.1*（Xiao 等，1996）的测交材料为基因供体，杨益善等（2006）育成籼型晚稻新恢复系远恢 611；吴俊等（2010）以超级稻亲本 9311 为受体和轮回亲本，育成恢复系 R163，并用 R163 与 Y58S 配组，育成两系杂交中稻 Y 两优 7 号，得到大面积推广。

李家洋院士和钱前研究员团队发现利用 *IPA1* 基因的不同等位基因型实现 *IPA1*（*OsSPL14*）的适度表达是形成大穗、适当分蘖和粗秆抗倒理想株型的关键，并通过分子标记辅助选择聚合高产的 *IPA1* 等位基因型，育成“嘉优中科”系列水稻新品种，连续两年万亩示范片平均产量比当地主栽品种增产 20% 以上，且适合机械化或直播等栽培方式。

国际水稻研究所研究人员通过分子标记辅助选择将 *Gn1a*-type 3 和 $OsSPL14^{WFP}$ 等位基因导入当地籼稻主干品种中，并在多点试验中比较了 BC_3F_2 和 BC_3F_3 群体每穗实粒数与供体和受体亲本材料的差异。在籼稻背景下，*Gn1a*-type 3 位点对每穗实粒数性状无显著影响，而 $OsSPL14^{WFP}$ 位点增产效果明显，可以造成不同背景材料 10.6%~59.3% 的实粒数增加。随后利用 $OsSPL14^{WFP}$ 分子标记辅助手段培育了 5 个高产品种，相比受体亲本增产

28.4%~83.5%，比高产对照品种IRRI156的产量高64.7%（Sung等， 2018）。

分子生物学家正努力借助高通量测序技术，解析目前生产上广泛应用的杂交稻组合及亲本的高产、优质基因型及基因型组合方式，期待通过全基因组标记辅助选择不断提高水稻品种的产量，实现其他综合农艺性状的平衡改良。

（三）品质相关基因分子育种

张士陆等（2005）以4种低直链淀粉含量（AC）的籼稻品种（R367、91499、盐恢559、恢527）作优质基因的供体，以产量配合力较强的三系籼稻恢复系057为受体轮回亲本，利用分子标记对控制AC值的基因型进行选择，对高AC值的057进行回交改良。并对分子标记鉴定的*Wx*基因3种表达类型（GG、TT、GT）植株稻米的AC值进行测定分析，通过分子标记辅助选择有效降低了057的AC值。陈圣等（2008）试图利用PCR-Acc Ⅰ分子标记辅助选择改良协优57父母本品质性状，成功将协青早直链淀粉含量降到中等偏低水平（12.5%），胶稠度变得更软，而且直链淀粉含量的均一性也有了很大的提高。王岩等（2009）把中国香稻的*alk*和*fgr*等位基因片段导入明恢63，改良品系的外观品质，蒸煮食味品质得到了明显的改善。

任三娟等（2011）利用分子育种技术选育出实用型籼稻优质香型不育系。对参试的13份水稻籼型保持系进行了稻米香味性状测定，并采用香味基因（*fgr*）的功能分子标记1F/1R进行PCR分子检测，挑选出宜香B为Ⅰ型带（*fgr/fgr*），其余材料均为Ⅱ型带（*Fgr/Fgr*）。用Ⅱ-32B/宜香B杂交后代系选，分子标记鉴定，育成改良的香型Ⅱ-32B，选株与Ⅱ-32A成对连续5代回交，获得了一批性状稳定的优质香型不育系（保持系），如浙农香A（B）。

中科院遗传发育所李家洋团队与中国水稻研究所钱前团队联合，经过精心设计，以“特青”作为受体，以蒸煮和外观品质具有良好特性的“日本晴”和“9311”为供体，对涉及水稻产量、稻米外观品质、蒸煮食味品质和生态适应性的28个目的基因进行优化组合。经过8年多的努力，利用杂交、回交与分子标记定向选择等技术，成功将优质目的基因的优异等位型聚合到受体材料中，在充分保留了“特青”高产特性基础上，稻米外观品质、蒸煮品质、口感和风味等方面均有显著改良，以其配组的杂交稻稻米品质也显著提高（Zeng等， 2017）。

二、抗虫和耐除草剂转基因育种

（一）抗虫转基因育种

病虫害伴随着水稻的整个生产过程，使用化学药剂不仅成本高，而且污染严重。水稻自身缺乏高效的抗虫基因，转基因抗虫水稻转化所需的目的基因主要来自外源基因，包括：苏云金芽孢杆菌基因、昆虫蛋白酶抑制剂基因、外源凝集素基因、几丁质酶基因、营养杀虫蛋白基因、昆虫激素基因等（王锋等，2000）。来自苏云金芽孢杆菌（*Bacillus thuringiensis*）的 *Bt* 基因是目前世界上应用最广和最高效的抗虫基因，它对鳞翅目、双翅目和鞘翅目害虫均具有较高的抗性，且对人、动物和生态环境安全。除 *Bt* 基因外，某些蛋白酶抑制剂、植物凝集素、核糖体失活蛋白、植物次生代谢物基因等对昆虫也具有较好的抗虫效果，已被广泛应用在转基因抗虫水稻的研发上（徐秀秀等，2013）。

1. 抗虫转基因水稻研发历程

1981 年第一个 *Bt* 杀虫基因被克隆；1993 年第一个 *Bt* 水稻品系研制成功；2000 年起，*Bt* 水稻开始陆续进入田间试验阶段。华中农业大学研发的"华恢 1 号""Bt 汕优 63"（转 *cry1Ab/ry1Ac* 基因）和浙江大学的"克螟稻"（转 *cry1Ab* 基因），在整个生育期内对二化螟、三化螟和稻纵卷叶螟均表现较高的抗性（徐秀秀等，2013）。截至 2011 年 4 月，全球已有 701 个 *Bt* 杀虫基因被克隆并命名，这些基因来自 30 多个国家和地区，其中我国最多，有 259 个（张杰等，2011）。虽然 *Bt* 基因一直是转基因植物应用最成功、最广泛的抗虫基因，但是将其与其他的抗虫基因组合使用才能达到持久抗虫的目的，我国的转 *cry1Ac+CpTI* 基因的水稻，印度的转 *cry1Ab+Xa21+GNA* 基因聚合的抗虫水稻是比较成功的实例。从食用安全性角度考虑，Ye 等（2009）将绿色组织特异性表达的 *rbcS* 启动子驱动下的 *cry1C* 基因导入粳稻品种中花 11，获得高效抗虫且 Bt 毒蛋白仅仅在水稻易受虫害攻击的茎、叶部位表达的转基因株系，该株系叶片中 Bt 毒蛋白的表达量比利用 *Ubiquitin* 启动子的转基因株系提高 3 倍，但胚乳中 Bt 毒蛋白含量极低。

2. 我国转基因抗虫水稻的研发

我国是世界上最大的水稻生产地，如果都种植 *Bt* 抗虫水稻，产量能提高 8%，杀虫剂使用量可以减少 80%，每年可为我国带来约 40 亿美元的收益，具有较大的经济、生态和社会效益（Huang 等，2005）。以中国科学院遗传发育所、华中农业大学、福建省农业科学院等为主的研究团队主要进行双价转抗虫基因水稻的研究，并采取了去除选择标记转化技术、细胞内定位技术和高效稳定表达等技术，获得了无选择标记高抗鳞翅目害虫的转基因水稻株系；联合四川农业大学、湖北省农业科学院、广东省农业科学院、江西省农业科学院等优势育种单位，通过转育方式将抗虫基因转移到了适宜长江上游稻区、长江中下游稻区、华南稻区的主栽品种和杂交稻亲本中，并配制了大量的抗虫杂交稻组合。多点大田试验表明，转基因抗虫水稻亲本及其组合显示出高抗二化螟、三化螟和稻纵卷叶螟等鳞翅目害虫的能力。在不施杀虫剂的情况下，转基因水稻的生长状态和受害情况优于施农药的对照品种，表现出明显的增产效果（朱祯等，2010）。

（二）耐除草剂分子育种

近年来杂草每年造成的经济损失占农作物总产值的10%~20%，为减少损失，人们广泛研制和使用多种除草剂（楼士林等，2002）。要充分发挥除草剂的作用必须选育抗除草剂的作物。但在现有的水稻种质资源中，对除草剂有天然抗性的水稻几乎不存在，常规育种受到了很大限制。利用基因工程技术将抗除草剂基因导入水稻，或利用化学诱变技术突变水稻内源除草剂敏感基因培育抗除草剂水稻新品种，为防除杂草提供了新途径。

1. 除草剂杀草机制和创制耐除草剂作物的策略

抑制植物生理代谢过程中的关键酶，进而造成杂草死亡是化学除草剂杀灭农田杂草的主要机制。这些代谢过程包括光合作用、氨基酸代谢等。除草剂草甘膦和草铵膦分别抑制植物芳香族氨基酸合成关键酶——5-烯醇丙酮酰莽草酸-3-磷酸合酶（EPSPS）和在氨同化及氮代谢调节中起重要作用的谷氨酰胺合成酶（GS），当施用草甘膦时进入植物体内的草甘膦分子与磷酸烯醇丙酮酸（PEP）竞争性地结合EPSPS的活性位点，终止了芳香族氨基酸的合成途径，造成苯丙氨酸、酪氨酸和色氨酸等氨基酸的缺乏，最终导致植物死亡（王秀君等，2008）。

创制耐除草剂转基因作物通常有以下3种策略：一是过量表达除草剂作用靶蛋白，使植物吸收除草剂后仍能进行正常的生理代谢；二是修饰靶蛋白，使其与除草剂结合的效率降低，进而提高植物的耐性；三是通过引入能够降解除草剂的酶或酶系统，在除草剂发生作用前将其降解或解毒。目前商业化的草甘膦耐性的产生大多是基于非敏感靶标酶（如*EPSPS*）基因的导入（邱龙等，2012）。

2. 国外抗除草剂水稻研发

在水稻上广泛应用的抗除草剂基因主要有：莽草酸羟基乙烯转移酶*EPSPS*基因、乙酰乳酸合成酶*ALS*基因、谷氨酰胺合成酶（*GS*）基因等（吴发强等，2009）。草甘膦是一种使用广泛的除草剂，具有廉价、无毒性、易分解、无环境污染等优点。通过大肠杆菌培养基添加草甘膦筛选或从草甘膦严重污染的土壤中分离，获得高抗草甘膦的*EPSPS*基因，通过转基因获得抗草甘膦的水稻，如孟山都公司抗农达水稻。通过突变水稻内源*ALS*基因筛选获得抗咪唑啉酮的水稻，这类水稻不涉及转基因，如巴斯夫和美国水稻生物技术公司联合培育的*Clearfield*水稻。谷氨酰胺合成酶是草铵膦的作用靶标，通过转*bar*基因可培育出耐草铵膦的水稻。1999年，美国批准了安万特公司的转*bar*基因耐除草剂水稻LLRICE06和LLRICE62

的商业化种植，2000 年批准该水稻可以食用。

3. 抗除草剂基因在杂交水稻育种上的应用

1996 年中国水稻研究所首次用基因枪法将抗除草剂 *bar* 和 *cp4-EPSPS* 基因分别导入水稻，成功配制出抗草铵膦和草甘膦的转基因直播稻品系嘉禾 98 及杂交稻组合辽优 1046 等。同期中国科学院亚热带农业生态研究所选育了抗除草剂水稻新品系 Bar68-1 及其组合。转抗除草剂基因的成功不仅解决了直播稻的化学除草问题，而且也解决了杂交稻制种纯度的关键技术问题。转 *Bar* 基因水稻品系，如恢复系 T2070、直播稻 TR3 和 T 秀水 11 等，抗除草剂效果较好，还能用于杂交水稻的去杂保纯。中国科学院华南植物园用已获得抗 Liberty 除草剂的明恢 86B（含 *bar* 基因），与不育系杂交，选配了新组合Ⅱ优 86B 及特优 86B（吴发强等，2009）。中国科学院遗传发育所朱祯团队用易错 PCR 随机突变水稻的 *EPSPS* 基因，并导入了 EPSPS 缺陷的 *E. coli* 菌株 AB2829。经筛选得到抗草甘膦的菌株，分离到该突变 *EPSPS* 基因是由多肽的 106 位脯氨酸变成了亮氨酸（碱基 317 为 C 变为 T）。突变株对草甘膦的亲和性降低了 70 倍，对草甘膦的抗性增加了 3 倍（Zhou 等，2006）。福建省农业科学院已利用此基因进行抗除草剂杂交水稻新品种的培育。

三、外源 DNA 导入育种

在水稻上应用的转移远缘物种遗传物质创新种质的方法主要有花粉管通道法和穗茎注射法。过去几十年的实践证明，通过导入远缘物种基因组 DNA 后，可以创制出农艺性状获得改良的新材料，为利用远缘杂种优势另辟蹊径。

湖南杂交水稻研究中心赵炳然团队早先用“穗茎注射法”创制了非常丰富的水稻变异材料，例如，将玉米基因组 DNA 导入恢复系 R644 中获得了穗粒数增加 43%、千粒重增加 13.9% 的 R254；将稗草 DNA 导入恢复系先恢 207 创制出每穗粒数及千粒重同时比先恢 207 增加 50% 左右的大穗大粒恢复系 RB207，且米质性状依然很好；将小粒野生稻（*Oryza minuta*，4*n*=48，BBCC）基因组 DNA 导入恢复系明恢 63 中得到了苗期高抗稻瘟病的 330，导入 V20B 获得米质明显改良的变异系 YVB；将株型高大、穗子长的紧穗野生稻（*Oryza eichingeri*，2*n*=24，CC）基因组 DNA 导入恢复系 RH78 中，获得了穗粒数由 202 粒提高到 325 粒，株高由 99.8 cm 增加到 131.4 cm 的 ERV1 变异系；将无融合生殖的大黍（*Panicum maximum*）基因组 DNA 转移到恢复系桂 99 中，获得了雌性不育突变体 *fsv1*，等等。

近年将测序高粱（BTx623）基因组 DNA 导入籼稻 9311 中，创制了一份茎秆粗壮、抗倒伏、大穗且着粒密度显著增加但穗基部充实很快的变异材料 S931。用 S931 与恢复系育种中间材料 R94 杂交改造，2017 年初步育成综合农艺性状优良的新株系 2017C105 等。

四、基因组编辑技术育种

基因组编辑技术育种是通过基因组编辑实现内源基因的表达调控，从而实现品种产量、品质、抗性等关键性状或多个性状的精准改良。基因组编辑能避免杂交、回交过程的连锁累赘，使得品种分子设计真正成为可能，解决了常规手段无法突破的瓶颈问题。

（一）新型光温敏不育系的培育

两系法杂交稻具有不育系育性受核基因控制，没有恢保关系，配组自由；种子繁育程序简单，成本低；稻种资源利用率高，选育出优良组合概率高等优点。目前两系不育系通过常规杂交手段繁育，每一代都涉及中间材料的低温繁殖问题，而且杂交过程稳定慢，并伴有连锁累赘。华南农业大学庄楚雄团队首先运用 Cas9 技术敲除光温敏不育基因 *TMS5* 创制新型两系不育系（Zhou 等，2016）。该技术可以加快两系不育系选育进程，只需两代就能获得遗传稳定且不含转基因成分的不育系。理论上任何可育材料都可以通过敲除变成两系不育系材料。2017 年 9 月，在中国水稻研究所富阳试验基地展示了一系列利用 CRISPR / Cas9 定向敲除 *TMS5* 的温敏不育新材料。粳型春江 119 和春江 23、优质籼稻五山丝苗和粤晶丝苗等 11 份 *tms5* 温敏不育系生长整齐、形态优良、败育彻底。强优组合春江 119S/CH87 和五山丝苗 S/6089-100 比对照丰两优 4 号显著增产。基因组编辑技术的运用将拓宽现有两系不育系遗传背景，促进杂种优势利用。

MYB 转录因子 *CSA*（*Carbon Starved Anther*）基因在水稻花药发育过程中参与调控蔗糖的分配，其突变体形成光敏型雄性不育（Zhang 等，2013）。Li 等（2016）用 CRISPR/Cas9 技术对 *CSA* 基因进行定向编辑，其中部分突变材料在短光照下表现为雄性不育，而在长光照下表现为可育，这为培育光敏型两系不育系提供了新途径。2017 年张大兵团队又克隆了一个新的水稻温敏雄性不育基因 *TMS10*，其编码一个亮氨酸受体激酶，在花药发育中起重要的调控作用。利用 CRISPR/Cas9 基因组编辑技术分别在粳稻和籼稻中获得 *tms10* 纯合突变体，所有不育系均表现出高温不育、低温可育的表型，表明 *TMS10* 在粳稻和籼稻中功能保守，可用其开发新的温敏不育系材料（Yu 等，2017）。

（二）抗病性、品质、产量和广亲和性改良

Wang 等（2016）利用 CRISPR/Cas9 系统突变稻瘟病负调控基因 *OsERF922*，6 个 T_2 代纯合突变系在苗期和分蘖期，稻瘟病抗性相对野生型抗性增强，其他性状无明显的变化。张会军等（2016）通过 CRISPR/Cas9 技术编辑空育 131 的 *Pi21* 和 *OsBadh2* 基因，改良了空育 131 的稻瘟病抗性和香味品质。

直链淀粉含量与水稻品质密切相关。Ma 等（2015）利用 CRISPR/Cas9 技术靶向突变 T65 的直链淀粉合成酶基因 *OsWaxy*，突变体直链淀粉含量从 14.6% 下降至 2.6%，由此获得了糯性品质。Sun 等（2017）对淀粉分支酶基因 *SBEIIb* 进行定点编辑，*SBEIIb* 突变株相比野生型，直链淀粉含量由 15% 提高到 25%。

Li 等（2016）对粳稻中花 11 中的 *Gn1a*、*DEP1*、*GS3*、*IPA1* 等与产量相关的四个基因进行定点编辑。在 T_2 代 *Gn1a*、*DEP1* 和 *GS3* 基因突变水稻植株中直立型密穗数、穗粒数和千粒重都明显提高，但 *DEP1* 和 *GS3* 突变植株中出现了半矮秆和长芒现象，而 *IPA1* 突变株中出现了多蘖和少蘖两种现象。沈兰等（2017）敲除水稻中 8 个农艺性状相关基因（*DEP1*、*EP3*、*Gn1a*、*GS3*、*GW2*、*IPA1*、*OsBADH2*、*Hd1*），分析发现这些基因的突变频率分别为 50%、100%、67%、81%、83%、97%、67% 和 78%，并得到 25 种不同基因组合模式的多基因敲除突变体，极大地丰富了种质资源类型。

直立穗基因 *DEP1* 是重要产量性状基因。粳稻中存在着突变基因 *dep1*，能促进细胞分裂，使得植株半矮化、稻穗变密、枝梗数增加和每穗籽粒数增多，从而促使水稻增产。籼稻中并不存在突变基因 *dep1*，如果利用常规育种方法将粳稻中的 *dep1* 转育到籼稻中将十分耗时耗力。先正达研发人员利用 CRISPR/Cas9 技术直接敲除了籼稻的 *DEP1* 基因区域的 10 kb 片段，获得了具有增产潜力的水稻新材料（Wang 等，2017）。

程序性死亡基因 *OsPDCD5* 是一个负调控水稻产量的基因（苏伟，2006）。利用基因定点编辑技术敲除 *OsPDCD5* 基因后，突变系生育期延迟，植株各种性状同步放大，最终产量比野生型显著增加。2017 年在复旦大学太仓试验基地展示了敲除 *OsPDCD5* 的高产育种新材料，小区测产发现敲除 *OsPDCD5* 的昌恢 T025 和华占改良系产量比原对照品系增产 15%～30%，对应的杂交稻产量比对照组合的生物量和谷物产量也显著提高。

水稻籼粳交所产生的后代农艺性状优良却表现不育，这极大地限制了水稻杂种优势的利用。华南农业大学陈乐天团队利用 CRISPR/Cas9 技术敲除 *SaF* 或 *SaM* 基因获得了水稻广亲和材料（Xie 等，2017）。

（三）低镉杂交水稻研发

近些年土壤重金属镉污染带来的大米镉含量超标成了严峻的食品安全问题。运用常规育种手段培育出的所谓应急性低镉水稻品种在镉重污染田栽培，稻米镉依然超标。湖南杂交水稻研究中心赵炳然团队以生产上大面积应用的杂交稻骨干亲本华占和隆科 638S 为材料，通过基因组编辑技术，定点突变了两亲本的镉吸收主效基因 *OsNramp5*，研创出农艺性状好、稻米稳定低镉、无外源基因的恢复系新品系低镉 1 号及温敏核不育系低镉 1S；再用低镉 1 号与低镉 1S 配组，培育出低镉杂交组合两优低镉 1 号（Tang 等， 2017）。2017 年在镉重污染田试验（土壤全镉含量 1.5 mg/kg， pH 值 6.1），低镉 1 号、两优低镉 1 号稻谷平均镉含量分别为 0.065 mg/kg、 0.056 mg/kg，比“应急性低镉水稻”对照品种湘晚籼 13 号（1.48 mg/kg）、深两优 5814（0.65 mg/kg）以及原始品种（系）华占（1.31 mg/kg）、隆两优华占（0.84 mg/kg）下降了 90% 以上。该技术有望从根本上解决我国“镉大米”问题，具有经济、实用、安全等优势，应用前景广阔。

（四）基因组编辑培育抗除草剂水稻

Xu 等（2014）利用基因组编辑技术对水稻内源苯达松敏感致死基因进行敲除，获得对苯达松除草剂敏感的突变。这种 *BEL* 基因缺失的两系不育系可用于解决因不育系自交而造成的杂交种子不纯的问题。目前生产上推广的抗草甘膦作物几乎全部为通过导入农杆菌属的 *CP4* 菌株的 *EPSPS* 基因获得的，在转基因育种的生物安全问题备受关注的情况下，转基因品种的商业化受到极大的阻碍。高彩霞和李家洋研究组合作利用非同源末端连接（NHEJ）修复方式在水稻中建立了基于 CRISPR/Cas9 技术的基因替换以及基因定点插入体系，实现了水稻内源 *OsEPSPS* 基因保守区两个氨基酸的定点替换（T102I 和 P106S， TIPS），在 T_0 代获得了 TIPS 定点替换的杂合体，其对草甘膦具有抗性。传代分析结果表明 *EPSPS* 基因 TIPS 突变能稳定遗传到下一代（Li 等， 2016）。

目前，瑞典农业委员会已认定基因组编辑不属于转基因。美国农业监管部门认为由植物细胞自我修复机制产生的突变体不属于转基因，基因组编辑植物不被定义为转基因生物（Genetically Modified Organism， GMO）。应该在“转基因生物（GMO）”和“基因组编辑作物（Genome-Edited Crop， GEC）”之间划出明确的界线，向公众说明它们之间的差别：GMO 是通过转基因技术引入外源 DNA 序列的产品，而 GEC 则是通过生物体自身持有的基因进行编辑修饰的产品。哈佛大学遗传学家 George Church 也表示 CRISPR 将终结“转基因”。在中国对于 CRISPR/Cas9 技术是否属于转基因还存在争议，目前仍需要有关部门做好该技术产物的有效监管。为正确引导基因组编辑技术应用于作物育种，中国科学院的李家洋院士等针对基因组编辑作物提出了一个监管框架建议：一是在研究阶段应尽量减少 GEC 不受控的传播风险；二是要确保 GEC 中外源 DNA 被完全剔除；三是准确记录靶点 DNA 的变化，如果通过同源重组引入了新的序列，必须注明供体和受体之间的亲缘关系；四是基于参考基因组信息和全基因组测序技术检测并确定主要靶点没有意外的二次编辑事件和考虑潜在脱靶事件的后果；五是将上述四点信息在新品种资料中登记备案。除上述五点外，GEC 只需执行常规作物品种的监管标准即可（Huang 等，2016）。

以 CRISPR/Cas9 为代表的基因组编辑技术效率高，成本低，无物种限制，操作简单，且实验周期短。在后基因组时代，基因组编辑技术作为一项新兴的技术手段，将具有广阔的应用前景。

杂交水稻技术为解决我国乃至世界粮食安全问题做出了巨大贡献，同时，其发展也面临诸多挑战。如水稻生产方式的变革与杂交水稻种子价格高之间的矛盾，以及市场需要杂交水稻品质进一步改良等。近年来分子技术发展迅猛，杂交水稻分子育种初见成效。通过各种分子技术的结合，有望推动杂交水稻产业与学科的进一步发展。在不牺牲产量优势的基础上培育食味品质好、少打农药、少施化肥、熟期较早、适应气候多变，特别是适于直播、机械化等轻简栽培方式的品种将是杂交水稻分子育种未来发展的重点；此外，建立、利用分子技术体系，培育能混播混收、适宜机械化种子生产的亲本与组合也是杂交水稻研究的重要方向。

References

参考文献

[1] 万建民. 中国水稻分子育种现状与展望[J]. 中国农业科技导报，2007，9（2）：1–9.

[2] 魏凤娟，陈秀晨. 分子标记技术及其在水稻育种中的应用[J]. 广东农业科学，2010，37（8）：185–187.

[3] 钱前. 水稻基因设计育种[M]. 北京：科学出版社，2007.

[4] MEUWISSEN T H，HAYES B J，GODDARD M E. Prediction of total genetic value using genome-wide dense marker maps [J] .Genetics，2001，157（4）：1819–1829.

[5] 王建康，李慧慧，张鲁燕. 基因定位与育种设计[M]. 北京：科学出版社，2014.

[6] HIEI Y，OHTA S，KOMARI T，et al. Efficient transformation of rice（*Oryza sativa* L.）mediated by

Agrobacterium and sequence analysis of the boundaries of the T-DNA [J].The Plant Journal, 1994, 6（2）: 271–282.

[7] 安韩冰，朱祯. 基因枪在植物遗传转化中的应用[J]. 生物工程进展, 1997（1）: 18–26.

[8] KLEIN T, SANFORD J, FROMM M. Genetic Transformation of Maize Cells by Particle Bombardment [J]. Plant Physiology, 1989, 91（1）: 440–444.

[9] 周光宇，翁坚，龚蓁蓁，等. 农业分子育种授粉后外源 DNA 导入植物的技术[J]. 中国农业科学, 1988, 21（3）: 1–6.

[10] 董延瑜，洪亚辉，任春梅，等. 外源 DNA 导入技术在植物分子育种上的应用研究[J]. 湖南农学院学报, 1994, 20（6）: 513–521.

[11] 朱生伟，黄国存，孙敬三. 外源 DNA 直接导入受体植物的研究进展[J]. 植物学通报, 2000, 17（1）: 11–16.

[12] 周建林，李阳生，贾凌辉，等. 稗草 DNA 穗茎注射导入水稻分子育种技术研究初报[J]. 农业现代化研究, 1997（4）: 44–45.

[13] 杨前进. 用浸胚法将外源 DNA 导入水稻的研究进展[J]. 安徽农业科学, 2006（24）: 6452–6454.

[14] 赵炳然，吴京华，王桂元. 用穗茎注射法将外源 DNA 导入水稻的初步研究[J]. 杂交水稻, 1994（2）: 37–38.

[15] PEÑA A, LÖRZ H, SCHELL J. Transgenic rye plants obtained by injecting DNA into young floral tillers [J].Nature, 1987, 325（6101）: 274–276.

[16] 周光宇，陈善葆，黄骏麒. 农业分子育种研究进展[M]. 北京：中国农业科技出版社, 1993.

[17] 黄骏麒，钱思颖，刘桂玲，等. 外源海岛棉 DNA 导致陆地棉性状的变异[J]. 遗传学报, 1981, 8（1）: 56–62.

[18] 赵炳然，黄见良，刘春林，等. 茎注射外源 DNA 体内运输及雌不育变异株的研究[J]. 湖南农业大学学报, 1998（6）: 436–441.

[19] 周光宇，龚蓁蓁，王自芬. 远缘杂交的分子基础：DNA 片段杂交假设的一个论证[J]. 遗传学报, 1979（4）: 405–413.

[20] 万文举，邹冬生，彭克勤. 论生物诱变：外源 DNA 导入的双重作用[J]. 湖南农学院学报, 1992, 18（4）: 886–891.

[21] ZHAO B, XING Q, XIA H, et al. DNA Polymorphism Among Yewei B, V20B, and Oryza minuta JS Presl.ex CB Presl [J]. Journal of integrative plant biology, 2005, 47（12）: 1485–1492.

[22] 刘振兰，董玉柱，刘宝. 菰物种专化 DNA 序列的克隆及其在检测菰 DNA 导入水稻中的应用[J]. 植物学报, 2000, 42（3）: 324–326.

[23] 赵炳然. 远缘物种基因组 DNA 导入水稻的研究[D]. 长沙：湖南农业大学, 2003.

[24] XING Q, ZHAO B, XU K, et al. Test of agronomic characteristics and amplified fragment length polymorphism analysis of new rice germplasm developed from transformation of genomic DNA of distant relatives [J].Plant Molecular Biology Reporter, 2004, 22（2）: 155–164.

[25] PENG Y, HU Y, MAO B, et al. Genetic analysis for rice grain quality traits in the YVB stable variant line using RAD-seq [J].Molecular Genetics and Genomics, 2016, 291（1）: 297–307.

[26] 王福军，赵开军. 基因组编辑技术应用于作物遗传改良的进展与挑战[J]. 中国农业科学, 2018, 51（1）: 1–16.

[27] RAN F A, HSU P D, WRIGHT J, et al. Genome engineering using the CRISPR/Cas9 system [J]. Nature Protocol, 2013, 32（12）: 815.

[28] GAJ T, GERSBACH C, BARBAS R. ZFN,

TALEN, and CRISPR/Cas-based methods for genome engineering [J].Trends in Biotechnology, 2013, 31 (7): 397–405.

[29] SHAN Q, WANG Y, LI J, et al. Targeted genome modification of crop plants using a CRISPR/Cas system [J]. Nature Biotechnology, 2013, 31 (8): 686–688.

[30] MIAO J, GUO D, ZHANG J, et al. Targeted mutagenesis in rice using CRISPR/Cas system [J]. Cell Research, 2013, 23 (10): 1233–1236.

[31] FENG Z, ZHANG B, DING W, et al. Efficient genome editing in plants using a CRISPR/Cas system [J]. Cell Research, 2013, 23 (10): 1229–1232.

[32] WANG C, SHEN L, FU Y, et al. A Simple CRISPR/Cas9 System for Multiplex Genome Editing in Rice [J].Journal of Genetics and Genomics, 2015, 42 (12): 703–706.

[33] MA X, ZHANG Q, ZHU Q, et al. A robust CRISPR/Cas9 system for convenient, high-efficiency multiplex genome editing in monocot and dicot plants [J]. Molecular Plant, 2015, 8 (8): 1274–1284.

[34] ZONG Y, WANG Y, LI C, et al. Precise base editing in rice, wheat and maize with a Cas9-cytidine deaminase fusion [J]. Nature Biotechnology, 2017, 35 (5): 438.

[35] WANG Y, GENG L, YUAN M, et al. Deletion of a target gene in Indica rice via CRISPR/Cas9 [J]. Plant Cell Reports, 2017, 36 (8): 1–11.

[36] 敖俊杰，胡慧，李俊凯，等.水稻抗稻瘟病遗传与基因克隆研究进展[J].长江大学学报(自然科学版)，2015，12(33)：32–35.

[37] 何秀英，王玲，吴伟怀，等.水稻稻瘟病抗性基因的定位、克隆及育种应用研究进展[J].中国农学通报，2014，30(06)：1–12.

[38] TAKAHASHI A, HAYASHI N, MIYAO A, et al. Unique features of the rice blast resistance *Pish* locus revealed by large scale retrotransposon-tagging [J]. BMC Plant Biology, 2010, 10: 175.

[39] BRYAN G, WU K, FARRALL L, et al. A Single Amino Acid Difference Distinguishes Resistant and Susceptible Alleles of the Rice Blast Resistance Gene *Pi-ta* [J].The Plant Cell, 2000, 12 (11): 2033–2046.

[40] LIN F, CHEN S, QUE Z, et al. The Blast Resistance Gene *Pi37* Encodes a Nucleotide Binding Site Leucine-Rich Repeat Protein and Is a Member of a Resistance Gene Cluster on Rice Chromosome 1 [J]. Genetics, 2007, 177 (3): 1871–1880.

[41] WANG Z, YANO M, YAMANOUCHI U, et al. The *Pib* gene for rice blast resistance belongs to the nucleotide binding and leucine-rich repeat class of plant disease resistance genes [J]. The Plant Journal, 1999, 19 (1): 55–64.

[42] FUKUOKA S, SAKA N, KOGA H, et al. Loss of Function of a Proline-Containing Protein Confers Durable Disease Resistance in Rice [J]. Science, 2009, 325 (5943): 998–1001.

[43] XU X, HAYASHI N, WANG C, et al. Rice blast resistance gene *Pikahei-1(t)*, a member of a resistance gene cluster on chromosome 4, encodes a nucleotide-binding site and leucine-rich repeat protein [J]. Molecular Breeding, 2014, 34 (2): 691–700.

[44] CHEN X, SHANG J, CHEN D, et al. A B-lectin receptor kinase gene conferring rice blast resistance [J]. The Plant Journal, 2006, 46 (5): 794–804.

[45] QU S, LIU G, ZHOU B, et al.The Broad-Spectrum Blast Resistance Gene *Pi9* Encodes a Nucleotide-Binding Site – Leucine-Rich Repeat Protein and Is a Member of a Multigene Family in Rice [J]. Genetics, 2006, 172 (3): 1901–1914.

[46] LIU G, LU G, ZENG L, et al. Two broad-

spectrum blast resistance genes, *Pi9* (*t*) and *Pi2* (*t*), are physically linked on rice chromosome 6 [J]. Molecular Genetics and Genomics, 2002, 267 (4): 472–480.

[47] ZHOU B, QU S, LIU G, et al. The Eight Amino-Acid Differences With in Three Leucine-Rich Repeats Between *Pi2* and *Piz-t* Resistance Proteins Determine the Resistance Specificity to Magnaporthe grisea [J].Molecular Plant-Microbe Interactions, 2006, 19 (11): 1216–1228.

[48] LIU X, LIN F, WANG L, et al. The in Silico Map-Based Cloning of *Pi36*, a Rice Coiled-Coil-Nucleotide-Binding Site-Leucine-Rich Repeat Gene That Confers Race-Specific Resistance to the Blast [J]. Fungus Genetics, 2007, 176 (4): 2541–2549.

[49] LEE S, SONG M, SEO Y, et al. Rice *Pi5*-Mediated Resistance to Magnaporthe oryzae Requires the Presence of Two Coiled-Coil-Nucleotide -Binding-Leucine-Rich Repeat [J]. Genes Genetics, 2009, 181 (4): 1627–1638.

[50] ASHIKAWA I, HAYASHI N, YAMANE H, et al. Two Adjacent Nucleotide-Binding Site-Leucine-Rich Repeat Class Genes Are Required to Confer Pikm-Specific Rice Blast Resistance [J]. Genetics, 2008, 180 (4): 2267–2276.

[51] DENG Y, ZHAI K, XIE Z, et al. Epigenetic regulation of antagonistic receptors confers rice blast resistance with yield balance [J]. Science, 2017, 355 (6328): 962.

[52] HAYASHI N, INOUE H, KATO T, et al. Durable panicle blast-resistance gene *Pb1* encodes an atypical CC-NBS-LRR protein and was generated by acquiring a promoter through local genome duplication [J]. The Plant Journal, 2010, 64 (3): 498–510.

[53] HUA L, WU J, CHEN C, et al. The isolation of *Pi1*, an allele at the *Pik* locus which confers broad spectrum resistance to rice blast [J]. Theoretical and Applied Genetics, 2012, 125 (5): 1047–1055.

[54] ZHAI C, LIN F, DONG Z, et al. The isolation and characterization of *Pik*, a rice blast resistance gene which emerged after rice domestication [J]. New Phytologist, 2011, 189 (1): 321–334.

[55] SHARMA T, MADHAV M, SINGH B, et al. High-resolution mapping, cloning and molecular characterization of the *Pi-kh* gene of rice, which confers resistance to Magnaporthe grisea [J]. Molecular Genetics and Genomics, 2005, 274 (6): 569–578.

[56] ZENG X, YANG X, ZHAO Z, et al. Characterization and fine mapping of the rice blast resistance gene *Pia* [J]. Science China Life Sciences, 2011, 54 (4): 372–378.

[57] LI W, ZHU Z, CHERN M, et al. A Natural Allele of a Transcription Factor in Rice Confers Broad-Spectrum Blast Resistance [J]. Cell, 2017, 170 (1): 114 - 126.

[58] ZHOU X, LIAO H, CHERNET M, et al. Loss of function of a rice TPR-domain RNA-binding protein confers broad-spectrum disease resistance [J]. Proceedings of the National Academy of Sciences of the United States of America, 2018, 115 (12): 3174–3179.

[59] MEW T W. Current Status and Future Prospects of Research on Bacterial Blight of Rice [J]. Annual Review of Phytopathology, 1987, 25 (1): 359–382.

[60] 陈鹤生，茅富亭，任建华. 水稻白叶枯病越冬菌源的研究 [J]. 浙江农业大学学报，1986 (1): 77–82.

[61] SONG W, WANG G, CHEN L, et al. A Receptor Kinase-Like Protein Encoded by the Rice Disease Resistance Gene, *Xa21* [J]. Science, 1995, 270: 1804–180.

[62] WANG C, FAN Y, ZHENG C, et al. High-resolution genetic mapping of rice bacterial blight resistance gene *Xa23* [J]. Molecular Genetics and Genomics, 2014, 289 (5): 745–753.

[63] GU K, YANG B, TIAN D, et al. R gene expression induced by a type - Ⅲ effector triggers disease resistance in rice [J]. Nature, 2005, 435: 1122–1125.

[64] XIANG Y, CAO Y, XU C, et al. *Xa3*, conferring resistance for rice bacterial blight and encoding a receptor kinase-like protein, is the same as *Xa26* [J]. Theoretical and Applied Genetics, 2006, 113 (7): 1347–1355.

[65] HU K, CAO J, ZHANG J, et al. Improvement of multiple agronomic traits by a disease resistance gene via cell wall reinforcement [J]. Nature Plants, 2017, 3: 17009.

[66] CHU Z, FU B, YANG H, et al. Targeting *xa13*, a recessive gene for bacterial blight resistance in rice [J]. Theoretical and Applied Genetics, 2006, 112 (3): 455–461.

[67] ANTONY G, ZHOU J, HUANG S, et al. Rice *xa13* Recessive Resistance to Bacterial Blight Is Defeated by Induction of the Disease Susceptibility Gene *Os11N3* [J]. The Plant Cell, 2010, 22 (11): 3864–3876.

[68] LIU Q, YUAN M, ZHOU Y, et al. A paralog of the MtN3/saliva family recessively confers race-specific resistance to *Xanthomonas oryzae* in rice [J]. Plant, Cell & Environment, 2011, 34 (11): 1958–1969.

[69] ZHOU J, PENG Z, LONG J, et al. Gene targeting by the TAL effector PthXo2 reveals cryptic resistance gene for bacterial blight of rice [J]. Plant Journal, 2015, 82 (4): 632–643.

[70] MATTHEW W B, AMANDA J G, ANJALI S I, et al. High resolution genetic mapping and candidate gene identification at the xa5 locus for bacterial blight resistance in rice (*Oryza sativa* L.) [J]. Theoretical and Applied Genetics, 2003, 107 (1): 62–73.

[71] 王慧，严志，陈金节，等. 水稻抗褐飞虱基因研究进展与展望 [J]. 杂交水稻，2016, 31 (04): 1–5.

[72] DU B, ZHANG W, LIU B, et al. Identification and characterization of *Bph14*, a gene conferring resistance to brown planthopper in rice [J]. Proceedings of the National Academy of Sciences, 2009, 106 (52): 22163–22168.

[73] LIU Y, WU H, CHEN H, et al. A gene cluster encoding lectin receptor kinases confers broad-spectrum and durable insect resistance in rice [J]. Nature Biotechnology, 2015, 33 (3): 301–305.

[74] HU J, ZHOU J, PENG X, et al. The *Bphi008a* Gene Interacts with the Ethylene Pathway and Transcriptionally Regulates MAPK Genes in the Response of Rice to Brown Planthopper Feeding [J]. Plant Physiology, 2011, 156 (2): 856–872.

[75] REN J, GAO F, WU X, et al. *Bph32*, a novel gene encoding an unknown SCR domain-containing protein, confers resistance against the brown planthopper in rice [J]. Scientific Reports, 2016, 6: 37645.

[76] WANG Y, CAO L, ZHANG Y, et al. Map-based cloning and characterization of *BPH29*, a B3 domain-containing recessive gene conferring brown planthopper resistance in rice [J]. Journal of Experimental Botany, 2015, 66 (19): 6035–6045.

[77] JI H, KIM S R, KIM Y H, et al. Map-based Cloning and Characterization of the *BPH18* Gene from Wild Rice Conferring Resistance to Brown Planthopper (BPH) Insect Pest [J]. Scientific Reports, 2016, 6: 34376.

[78] ZHAO Y, HUANG J, WANG Z, et al. Allelic diversity in an NLR gene *BPH9* enables rice to combat planthopper variation [J]. Proceedings of the National Academy of Sciences of the United States of America, 2016, 113 (45): 12850–12855.

[79] GUO J, XU C, WU D, et al. *Bph6* encodes an exocyst-localized protein and confers broad resistance to planthoppers in rice [J]. Nature Genetics, 2018, 50 (2):

297–306.

[80] 朱义旺，林雅容，陈亮. 我国水稻分子育种研究进展[J]. 厦门大学学报（自然科学版），2016，55（05）：661–671.

[81] ASHIKARI M，SAKAKIBARA H，LIN S，et al. Cytokinin Oxidase Regulates Rice Grain Production [J]. Science，2005，309（5735）：741.

[82] WANG E，WANG J，ZHU X，et al. Control of rice grain-filling and yield by a gene with a potential signature of domestication [J]. Nature Genetics，2008，40（11）：1370–1374.

[83] WENG J，GU S，WAN X，et al. Isolation and initial characterization of *GW5*，a major QTL associated with rice kernel width and weight [J]. Cell Research，2008，18（12）：1199–1209.

[84] WANG S，WU K，YUAN Q，et al. Control of grain size，shape and quality by *OsSPL16* in rice [J]. Nature Genetics，2012，44（8）：950–954.

[85] LI Y，FAN C，XING Y，et al. Natural variation in *GS5* plays an important role in regulating grain size and yield in rice [J]. Nature Genetics，2011，43（12）：1266–1269.

[86] DUAN P，XU J，ZENG D，et al. Natural Variation in the Promoter of *GSE5* Contributes to Grain Size Diversity in Rice [J]. Molecular Plant，2017，10（5）：685.

[87] HUANG X，QIAN Q，LIU Z，et al. Natural variation at the *DEP1* locus enhances grain yield in rice [J]. Nature Genetics，2009，41（4）：494–497.

[88] LI F，LIU W，TANG J，et al. Rice DENSE AND ERECT PANICLE 2 is essential for determining panicle outgrowth and elongation [J]. Cell Research，2010，20（7）：838.

[89] CHE R，TONG H，SHI B，et al. Control of grain size and rice yield by *GL2*-mediated brassinosteroid responses [J]. Nature Plants，2015，2：15195.

[90] MAO H，SUN S，YAO J，et al. Linking differential domain functions of the GS3 protein to natural variation of grain size in rice [J]. Proceedings of the National Academy of Sciences of the United States of America，2010，107（45）：19579–19584.

[91] JIAO Y，WANG Y，XUE D，et al. Regulation of *OsSPL14* by *OsmiR156* defines ideal plant architecture in rice [J]. Nature Genetics，2010，42（6）：541–544.

[92] ZHANG X，WANG J，HUANG J，et al. Rare allele of *OsPPKL1* associated with grain length causes extra-large grain and a significant yield increase in rice [J]. Proceedings of the National Academy of Sciences，2012，109（52）：21534–21539.

[93] DUAN P，RAO Y，ZENG D，et al. *SMALL GRAIN1*，which encodes a mitogen-activated protein kinase kinase 4，influences grain size in rice [J]. The Plant Journal，2014，77（4）：547–557.

[94] ISHIMARU K，HIROTSU N，MADOKA Y，et al. Loss of function of the IAA-glucose hydrolase gene *TGW6* enhances rice grain weight and increases yield [J]. Nature Genetics，2013，45（6）：707–711.

[95] LIU L，TONG H，XIAO Y，et al. Activation of *Big Grain1* significantly improves grain size by regulating auxin transport in rice [J]. Proceedings of the National Academy of Sciences of the United States of America，2015，112（35）：11102–11107.

[96] XU F，FANG J，OU S，et al. Variations in *CYP78A13* coding region influence grain size and yield in rice [J]. Plant Cell and Environment，2015，38（4）：800–811.

[97] CHEN J，GAO H，ZHENG X，et al. An evolutionarily conserved gene，FUWA，plays a role in determining panicle architecture，grain shape and grain weight in rice [J]. The Plant Journal，2015，83（3）：

427–438.

[98] SI L, CHEN J, HUANG X, et al. *OsSPL13* controls grain size in cultivated rice [J]. Nature Genetics, 2016, 48 (4): 447–456.

[99] SUN S, WANG L, MAO H, et al. A G-protein pathway determines grain size in rice [J]. Nature Communications, 2018, 9 (1): 851.

[100] HUO X, WU S, ZHU Z, et al. *NOG1* increases grain production in rice [J]. Nature Communications, 2017, 8 (1): 1497.

[101] BAI X, HUANG Y, HU Y, et al. Duplication of an upstream silencer of *FZP* increases grain yield in rice [J].Nature Plants, 2017, 3 (11): 885–893.

[102] LI S, LI W, HUANG B, et al. Natural variation in PTB1 regulates rice seed setting rate by controlling pollen tube growth [J]. Nature Communications, 2013, 4 (7): 2793.

[103] WANG J, YU H, XIONG G, et al. Tissue-Specific Ubiquitination by IPA1 INTERACTINGPROTEIN1 Modulates IPA1 Protein Levels to Regulate Plant Architecture in Rice [J]. Plant Cell, 2017, 29 (4): 697–707.

[104] WANG S, WU K, QIAN Q, et al. Non-canonical regulation of SPL transcription factors by a human OTUB1-like deubiquitinase defines a new plant type rice associated with higher grain yield [J]. Cell Research, 2017, 27 (9): 1142–1156.

[105] WANG L, ZHANG Q. Boosting Rice Yield by Fine-Tuning SPL Gene Expression [J]. Trends in Plant Science, 2017, 22 (8): 643–644.

[106] ZHANG L, YU H, MA B, et al. A natural tandem array alleviates epigenetic repression of *IPA1* and leads to superior yielding rice [J]. Nature Communications, 2017, 8: 14789.

[107] XUE W, XING Y, WENG X, et al. Natural variation in *Ghd7* is an important regulator of heading date and yield potential in rice [J]. Nature Genetics, 2009, 40 (6): 761–767.

[108] WEI X, XU J, GUO H, et al. *DTH8* Suppresses Flowering in Rice, Influencing Plant Height and Yield Potential Simultaneously [J]. Plant Physiology, 2010, 153 (4): 1747–1758.

[109] YAN W, WANG P, CHEN H, et al. A Major QTL, *Ghd8*, Plays Pleiotropic Roles in Regulating Grain Productivity, Plant Height, and Heading Date in Rice [J]. Molecular Plant, 2011, 4 (2): 319–330.

[110] 徐晓明，张迎信，王会民，等.水稻氮、磷、钾吸收利用遗传特征研究进展[J].核农学报，2016，30 (04): 685–694.

[111] OBARA M, TAKEDA T, HAYAKAWA T, et al. Mapping quantitative trait loci controlling root length in rice seedlings grown with low or sufficient, supply using backcross recombinant lines derived from a cross between *Oryza sativa* L. and *Oryza glaberrima* Steud [J]. Soil Science & Plant Nutrition, 2011, 57 (1): 80–92.

[112] BI Y, KANT S, CLARKE J, et al. Increased nitrogen-use efficiency in transgenic rice plants over-expressing a nitrogen-responsive early nodulin gene identified from rice expression profiling [J]. Plant Cell & Environment, 2009, 32 (12): 1749.

[113] SUN H, QIAN Q, WU K, et al. Heterotrimeric G proteins regulate nitrogen-use efficiencyin rice [J]. Nature Genetics, 2014, 46 (6): 652–656.

[114] HU B, WANG W, OU S, et al. Variation in *NRT1.1B* contributes to nitrate-use divergence between rice subspecies [J]. Nature Genetics, 2015, 47 (7): 834–838.

[115] WANG W, HU B, YUAN D, et al. Expression of the Nitrate Transporter Gene *OsNRT1.1A/OsNPF6.3* Confers High Yield and Early Maturation in Rice [J].The

Plant Cell, 2018, 30 (3): 638–651.

[116] WANG Q, NIAN J, XIE X, et al. Genetic variations in *ARE1* mediategrain yield by modulating nitrogen utilization in rice [J]. Nature Communications, 2018, 9 (1): 735.

[117] WASAKI J, YONETANI R, SHINANO T, et al. Expression of the *OsPI1* Gene, Cloned from Rice Roots Using cDNA Microarray, Rapidly Responds to Phosphorus Status [J]. New Phytologist, 2003, 158 (2): 239–248.

[118] GAMUYAO R, CHIN J H, PARIASCA-TANAKA J, et al. The protein kinase Pstol1 from traditional rice confers tolerance of phosphorus deficiency [J]. Nature, 2012, 488 (7412): 535–539.

[119] ZHANG Q, WANG C, TIAN J, et al. Identification of rice purple acid phosphatases related to posphate starvation signalling [J]. Plant Biology, 2011, 13 (1): 7–15.

[120] JIA H, REN H, GU M, et al. The Phosphate Transporter Gene *OsPht1*; 8 Is Involved in Phosphate Homeostasis in Rice [J]. Plant Physiology, 2011, 156 (3): 1164–1175.

[121] OBATA T, KITAMOTO H, NAKAMURA A, et al. Rice Shaker Potassium Channel OsKAT1 Confers Tolerance to Salinity Stress on Yeast and Rice Cells [J]. Plant Physiology, 2007, 144 (4): 1978–1985.

[122] LAN W, WEI W, WANG S, et al. A rice high-affinity potassium transporter (HKT) conceals a calcium-permeable cation channel [J]. Proceedings of the National Academy of Sciences of the United States of America, 2010, 107 (15): 7089–7094.

[123] CHEN S, YANG Y, SHI W, et al. *Badh2*, encoding betaine aldehyde dehydrogenase, inhibits the biosynthesis of 2-acetyl-1-pyrroline, a major component in rice fragrance [J]. Plant Cell, 2008, 20 (7): 1850–1861.

[124] WANG Y, ZHU S, LIU S, et al. The vacuolar processing enzyme OsVPE1 is required for efficient glutelin processing in rice [J]. Plant Journal, 2009, 58 (4): 606–617.

[125] WANG Y, REN Y, LIU X, et al. OsRab5a regulates endomembrane organization and storage protein trafficking in rice endosperm cells [J]. Plant Journal, 2010, 64 (5): 812 - 824.

[126] LIU F, REN Y, WANG Y, et al. OsVPS9A Functions Cooperatively with OsRAB5A to Regulate Post-Golgi Dense Vesicle-Mediated Storage Protein Trafficking to the Protein Storage Vacuole in Rice Endosperm Cells [J].Molecular Plant, 2013, 6 (6): 1918–1932.

[127] REN Y, WANG Y, LIU F, et al. *GLUTELIN PRECURSOR ACCUMULATION3* encodes a regulator of post-Golgi vesicular traffic essential for vacuolar protein sorting in rice endosperm [J]. Plant Cell, 2014, 26 (1): 410.

[128] WANG Y, LIU F, REN Y, et al. GOLGI TRANSPORT 1B Regulates Protein Export from Endoplasmic Reticulum in Rice Endosperm Cells [J]. Plant Cell, 2016, 28 (11): 2850.

[129] LI Y, FAN C, XING Y, et al. *Chalk5* encodes a vacuolar H (+) -translocating pyrophosphatase influencing grain chalkiness in rice [J]. Nature Genetics, 2014, 46 (6): 398–404.

[130] PENG B, KONG H, LI Y, et al. OsAAP6 functions as an important regulator of grain protein content and nutritional quality in rice [J]. Nature Communications, 2014, 5 (1): 4847.

[131] WANG S, WU K, YUAN Q, et al. Control of grain size, shape and quality by *OsSPL16* in rice [J]. Nature Genetics, 2012, 44 (8): 950–954.

[132] WANG S, LI S, LIU Q, et al. The OsSPL16-GW7 regulatory module determines grain shape and

simultaneously improves rice yield and grain quality [J]. Nature Genetics, 2015, 47 (8): 949–954.

[133] LIU Q, HAN R, WU K, et al. G-protein βγ subunits determine grain size through interaction with MADS-domain transcription factors in rice [J]. Nature Communications, 2018, 9: 852.

[134] LI X M, CHAO D Y, WU Y, et al. Natural alleles of a proteasome α2 subunit gene contribute to thermotolerance and adaptation of African rice [J]. Nature Genetics, 2015, 47 (7): 827–833.

[135] WANG D, QIN B, LI X, et al. Nucleolar DEAD-Box RNA Helicase TOGR1 Regulates Thermotolerant Growth as a Pre-rRNA Chaperone in Rice [J]. Plos Genetics, 2016, 12 (2): e1005844.

[136] HUANG X, CHAO D, GAO J, et al. A previously unknown zinc finger protein, DST, regulates drought and salt tolerance in rice via stomatal aperture control [J]. Genes and development, 2009, 23 (15): 1805.

[137] CUI L, SHAN J, SHI M, et al. DCA1 Acts as a Transcriptional Co-activator of DST and Contributes to Drought and Salt Tolerance in Rice [J]. Plos Genetics, 2015, 11 (10): e1005617.

[138] WU F, SHENG P, TAN J, et al. Plasma membrane receptor-like kinase leaf panicle 2 acts downstream of the *DROUGHT AND SALT TOLERANCE* transcription factor to regulate drought sensitivity in rice [J]. Journal of Experimental Botany, 2015, 66 (1): 271–281.

[139] LI S, ZHAO B, YUAN D, et al. Rice zinc finger protein DST enhances grain production through controlling *Gn1a/OsCKX2* expression [J]. Proceedings of the National Academy of Sciences of the United States of America, 2013, 110 (8): 3167–3172.

[140] ZHU X, XIONG L. Putative megaenzyme DWA1 plays essential roles in drought resistance by regulating stress-induced wax deposition in rice [J]. Proceedings of the National Academy of Sciences of the United States of America, 2013, 110 (44): 17790–17795.

[141] LAN T, ZHANG S, LIU T, et al. Fine mapping and candidate identification of *SST*, a gene controlling seedling salt tolerance in rice (*Oryza sativa* L.) [J]. Euphytica, 2015, 205 (1): 269–274.

[142] OGAWA D, ABE K, MIYAO A, et al. *RSS1* regulates the cell cycle and maintains meristematic activity under stress conditions in rice [J]. Nature Communications, 2011, 2 (1): 121–132.

[143] TODA Y, TANAKA M, OGAWA D, et al. RICE SALT SENSITIVE3 forms a ternary complex with JAZ and class-C bHLH factors and regulates jasmonate-induced gene expression and root cell elongation [J]. Plant Cell, 2013, 25 (5): 1709–1725.

[144] TAKAGI H, TAMIRU M, ABE A, et al. MutMap accelerates breeding of a salt-tolerant rice cultivar [J]. Nature Biotechnology, 2015, 33 (5): 445–449.

[145] MA Y, DAI X, XU Y, et al. *COLD1* Confers Chilling Tolerance in Rice [J]. Cell, 2015, 160 (6): 1209–1221.

[146] ZHANG Z, LI J, PAN Y, et al. Natural variation in *CTB4a* enhances rice adaptation to cold habitats [J]. Nature Communications, 2017, 8: 14788.

[147] 王军，杨杰，陈志德，等. 利用分子标记辅助选择聚合水稻抗病基因 *Pi-ta*、*Pi-b* 和 *Stv-b～i* [J]. 作物学报，2011，37 (6): 975–981.

[148] 殷得所，夏明元，李进波，等. 抗稻瘟病基因 *Pi9* 的 *STS* 连锁标记开发及在分子标记辅助育种中的应用 [J]. 中国水稻科学，2011，25 (1): 25–30.

[149] 文绍山，高必军. 利用分子标记辅助选择将抗稻瘟病基因 *Pi-9 (t)* 渗入水稻恢复系泸恢 17 [J]. 分子植物育种，2012，10 (1): 42–47.

[150] 行璇，刘雄伦，陈海龙，等. 分子标记辅助选择 *Pi9* 基因改良 R288 的稻瘟病抗性[J]. 作物研究, 2016, 30（5）: 487–491.

[151] 柳武革，王丰，刘振荣，等. 利用分子标记技术聚合 *Pi-1* 和 *Pi-2* 基因改良三系不育系荣丰 A 的稻瘟病抗性[J]. 分子植物育种, 2012, 10（5）: 575–582.

[152] 余守武，郑学强，范天云，等. 分子标记辅助选育具抗稻瘟病基因 *Pi25* 的光温敏核不育系[J]. 中国稻米, 2013, 19（3）: 15–17.

[153] 涂诗航，周鹏，郑轶，等. 分子标记辅助选择 *Pi25* 基因选育抗稻瘟病三系不育系[J]. 分子植物育种, 2015, 13（9）: 1911–1917.

[154] 杨平，邹国兴，陈春莲，等. 利用分子标记辅助选择改良春恢 350 稻瘟病抗性[J]. 分子植物育种, 2015, 13（4）: 741–747.

[155] 刘开雨，卢双楠，裘俊丽，等. 培育水稻恢复系抗稻褐飞虱基因导入系和聚合系[J]. 分子植物育种, 2011, 9（4）: 410–417.

[156] 赵鹏，冯冉冉，肖巧珍，等. 聚合抗褐飞虱基因 *bph20*（*t*）和 *bph21*（*t*）及抗稻瘟病基因 *Pi9* 水稻株系筛选[J]. 南方农业学报, 2013, 44（6）: 885–892.

[157] 闫成业，MAMADOU G，朱子建，等. 分子标记辅助选择改良水稻恢复系 R1005 的褐飞虱抗性[J]. 华中农业大学学报, 2014, 33（5）: 8–14.

[158] 胡巍，李艳芳，胡侃，等. 分子标记辅助选择抗褐飞虱基因改良桂农占的 BPH 抗性[J]. 分子植物育种, 2015, 13（5）: 951–960.

[159] 董瑞霞，王洪飞，董练飞，等. 分子标记辅助选择改良水稻不育系臻达 A 及其杂交种的稻瘟病抗性[J]. 植物遗传资源学报, 2017, 18（3）: 573–586.

[160] 薛庆中，张能义，熊兆飞，等. 应用分子标记辅助选择培育抗白叶枯病水稻恢复系[J]. 浙江农业大学学报, 1998（6）: 19–20.

[161] 邓其明，周宇爝，蒋昭雪，等. 白叶枯病抗性基因 *Xa21*、*Xa4* 和 *Xa23* 的聚合及其效应分析[J]. 作物学报, 2005（9）: 1241–1246.

[162] 罗彦长，吴爽，王守海，等. 聚合抗稻白叶枯病双基因三系不育系 R106A 的选育研究[J]. 中国农业科学, 2005（11）: 14–21.

[163] 郑家团，涂诗航，张建福，等. 含白叶枯病抗性基因 *Xa23* 水稻恢复系的分子标记辅助选育[J]. 中国水稻科学, 2009, 23（4）: 437–439.

[164] 兰艳荣，王俊义，王弋，等. 分子标记辅助选择改良水稻光温敏核不育系华 201S 的白叶枯病抗性[J]. 中国水稻科学, 2011, 25（2）: 169–174.

[165] LUO Y, SANGHA J S, WANG S, et al. Marker-assisted breeding of *Xa4*, *Xa21* and *Xa27* in the restorer lines of hybrid rice for broad-spectrum and enhanced disease resistance to bacterial blight [J]. Molecular Breeding, 2012, 30（4）: 1601–1610.

[166] HUANG B, XU J, HOU M, et al. Introgression of bacterial blight resistance genes *Xa7*, *Xa21*, *Xa22*, and *Xa23*, into hybrid rice restorer lines by molecular marker-assisted selection [J]. Euphytica, 2012, 187（3）: 449–459.

[167] XIAO J, GRANDILLO S, SANG N A, et al. Genes from wild rice improve yield [J]. Nature, 1996, 384（6606）: 223–224.

[168] 杨益善，邓启云，陈立云，等. 野生稻高产 QTL 导入晚稻恢复系的增产效果[J]. 分子植物育种, 2006（1）: 59–64.

[169] 吴俊，庄文，熊跃东，等. 导入野生稻增产 QTL 育成优质高产杂交稻新组合 Y 两优 7 号[J]. 杂交水稻, 2010, 25（4）: 20–22.

[170] KIM S, RAMOS J, HIZON R, et al. Introgression of a functional epigenetic *OsSPL14*^{WFP} allele into elite indica rice genomes greatly improved panicle traits and

grain yield [J]. Scientific Report, 2018, 8: 3833.

[171] 张士陆，倪大虎，易成新，等. 分子标记辅助选择降低籼稻 057 的直链淀粉含量 [J]. 中国水稻科学, 2005 (5): 467–470.

[172] 陈圣，倪大虎，陆徐忠，等. 利用分子标记技术降低协优 57 的直链淀粉含量 [J]. 中国水稻科学, 2008 (6): 597–602.

[173] 王岩，付新民，高冠军，等. 分子标记辅助选择改良优质水稻恢复系明恢 63 的稻米品质 [J]. 分子植物育种, 2009, 7 (4): 661–665.

[174] 任三娟，周屹峰，孙出，等. 利用香味基因 (*fgr*) 的功能分子标记 1F/1R 高效选育籼稻香型不育系 [J]. 农业生物技术学报, 2011, 19 (4): 589–596.

[175] ZENG D, TIAN Z, RAO Y, et al. Rational design of high-yield and superior-quality rice [J]. Nature plants, 2017, 3: 17031.

[176] 王锋. 转基因水稻育种研究的现状、问题及其发展策略 [J]. 福建农业学报, 2000 (S1): 141–144.

[177] 徐秀秀，韩兰芝，彭于发，等. 转基因抗虫水稻的研发与应用及在我国的发展策略 [J]. 环境昆虫学报, 2013, 35 (2): 242–252.

[178] 张杰，束长龙，张春鸽. Bt 杀虫基因专利保护现状与趋势 [J]. 植物保护, 2011, 37 (3): 1–6, 11.

[179] YE G, SHU Q, YAO H, et al. Field Evaluation of Resistance of Transgenic Rice Containing a Synthetic *cry1Ab* Gene from Bacillus thuringiensis Berliner to Two Stem Borers [J]. Journal of Economic Entomology, 2001, 94 (1): 271–276.

[180] HUANG J, HU R, ROZELLE S, et al. Insect-resistant GM rice in farmers' fields: assessing productivity and health effects in China [J]. Science, 2005, 308 (5722): 688.

[181] 朱祯，曲乐庆，张磊. 水稻转基因研究及新品种选育 [J]. 生物产业技术, 2010 (3): 27–34.

[182] 楼士林，杨盛昌，龙敏南. 基因工程 [M]. 北京: 科学出版社, 2002.

[183] 吴发强，王世全，李双成，等. 抗除草剂转基因水稻的研究进展及其安全性问题 [J]. 分子植物育种, 2006, 4 (6): 846–852.

[184] 王秀君，郎志宏，单安山，等. 氨基酸生物合成抑制剂类除草剂作用机理及耐除草剂转基因植物研究进展 [J]. 中国生物工程杂志, 2008, 28 (2): 110–116.

[185] 邱龙，马崇烈，刘博林，等. 耐除草剂转基因作物研究现状及发展前景 [J]. 中国农业科学, 2012, 45 (12): 2357–2363.

[186] ZHOU M, XU H, WEI X, et al. Identification of a glyphosate-resistant mutant of rice 5-enolpyruvylshikimate 3-phosphate synthase using a directed evolution strategy [J]. Plant Physiology, 2006, 140 (1): 184–195.

[187] ZHOU H, HE M, LI J, et al. Development of Commercial Thermo-sensitive Genic Male Sterile Rice Accelerates Hybrid Rice Breeding Using the CRISPR/Cas9-mediated *TMS5* Editing System [J]. Scientifc Reports. 2016, 22 (6): 37395.

[188] HUI Z, LIANG W, YANG X, et al. Carbon Starved anther encodes a MYB domain protein that regulates sugar partitioning required for rice pollen development [J]. Plant Cell, 2010, 22 (3): 672–689.

[189] ZHANG H, XU C, HE Y, et al. Mutation in *CSA* creates a new photoperiod-sensitive genic male sterile line applicable for hybrid rice seed production [J]. Proceedings of the National Academy of Sciences of the United States of America, 2013, 110 (1): 76–81.

[190] LI Q, ZHANG D, CHEN M, et al. Development of japonica, Photo-Sensitive Genic Male Sterile Rice Lines by Editing *Carbon Starved Anther*, Using CRISPR/Cas9 [J]. Journal of Genetics and Genomics, 2016, 43 (6): 415–419.

[191] YU J, HAN J, KIM Y, et al. Two rice receptor-like kinases maintain male fertility under changing temperatures [J]. Proceedings of the National Academy of Sciences of the United States of America, 2017, 114 (46): 12327–12332.

[192] WANG F, WANG C, LIU P, et al. Enhanced Rice Blast Resistance by CRISPR/Cas9-Targeted Mutagenesis of the ERF Transcription Factor Gene *OsERF922* [J]. Plos One, 2016, 11 (4): e0154027.

[193] 张会军. 水稻 *Pi21* 和 *OsBadh2* 基因编辑改良空育 131 的稻瘟病抗性及香味品质[D]. 武汉: 华中农业大学, 2016.

[194] MA X, ZHANG Q, ZHU Q, et al. A robust CRISPR/Cas9 system for convenieut, high-efficiency multiplex genome editing in monocot and dicot plants [J]. Molecular Plant, 2015, 8: 1274–1284.

[195] SUN Y, JIAO G, LIU Z, et al. Generation of High-Amylose Rice through CRISPR/Cas9-Mediated Targeted Mutagenesis of Starch Branching Enzymes [J]. Frontiers in Plant Science, 2017, 8 (223): 298.

[196] LI M, LI X, ZHOU Z, et al. Reassessment of the Four Yield-related *Genes Gn1a*, *DEP1*, *GS3*, and *IPA1* in Rice Using a CRISPR/Cas9 System [J]. Frontiers in Plant Science, 2016, 7 (12217): 377.

[197] 沈兰. 基于 CRISPR/Cas9 的水稻多基因编辑及其在育种中的应用[D]. 扬州：扬州大学, 2017.

[198] 苏伟. 水稻程序性细胞死亡相关基因的克隆和功能分析[D]. 上海: 复旦大学, 2006.

[199] XIE Y, NIU B, LONG Y, et al. Suppression or knockout of *SaF/SaM* overcomes the Sa-mediated hybrid male sterility in rice [J]. Journal of Integrative Plant Biology, 2017, 59 (9): 669–679.

[200] TANG L, MAO B, LI Y, et al. Knockout of *OsNramp5* using the CRISPR/Cas9 system produces low Cd-accumulating indica rice without compromising yield [J]. Scientific Reports, 2017, 7: 14438.

[201] XU R, LI H, QIN R, et al. Gene targeting using the Agrobacterium tumefaciens-mediated CRISPR-Cas system in rice [J]. Rice, 2014, 7: 5.

[202] LI J, MENG X, ZONG Y, et al. Gene replacements and insertions in rice by intron targeting using CRISPR/Cas9 [J]. Nature Plants, 2016, 2 (10): 16139.

[203] HUANG S, WEIGEL D, BEACHY R, et al. A proposed regulatory framework for genome-edited crops [J}. Nature Genetics, 2016, 48 (2): 109–111.

第二篇

育种篇

第五章

超级杂交水稻雄性不育系的选育

邓启云｜柏 斌｜姚栋萍

第一节 细胞质雄性不育系的获得途径与主要类型

一、获得细胞质雄性不育系的途径

三系杂交水稻育种利用的雄性不育系均为核质互作雄性不育类型，通常称之为细胞质雄性不育（cytoplasmic male sterility，CMS）系，或简称为细胞质不育系。细胞质雄性不育系的基本特征是：雄性器官发育不正常，无花药或者花药瘦小、干瘪、不开裂、内含败育花粉，自交不结实等。获得细胞质雄性不育原始材料是培育细胞质雄性不育系的前提，其途径主要有自然突变、种间杂交和种内杂交等。

（一）自然突变

雄蕊的发育对外界的环境变化比较敏感，自然界中经常能够发现雄性不育的自然突变单株。1970年11月23日，湖南省安江农业学校袁隆平的助手李必湖和海南岛崖县南红农场技术员冯克珊在海南岛崖县的普通野生稻群落中找到花粉败育型自然突变材料，其株型匍匐、分蘖能力强、叶片窄、茎秆细，谷粒瘦小、芒长而红，极易落粒，叶鞘和稃尖紫色，

图5-1 在海南三亚发现野败现场（图片由湖南杂交水稻研究中心提供）

柱头外露，花药瘦小不开裂，淡黄色，内含畸形败育花粉，对光照长度敏感，为典型的短日照材料。我国目前大面积应用的野败型不育系的不育细胞质就来自该普通野生稻不育突变株。

（二）种间杂交

种间杂交是指不同物种之间的远缘杂交。1958 年，日本东北大学的胜尾清在中国红芒野生稻 / 藤坂 5 号（日本粳稻）的杂种后代中获得了雄性不育株，进而培育成了具有中国红芒野生稻细胞质的藤坂 5 号不育系。我国的水稻研究单位利用多种生态类型的普通野生稻和普通栽培稻杂交，培育出了具有各种野生稻细胞质的水稻雄性不育系（表 5-1）。一般来说，用普通野生稻作母本，普通栽培稻作父本，比较容易获得细胞质雄性不育材料，而反交则较难获得细胞质雄性不育材料，即使有个别获得了雄性不育株，也不容易育成育性稳定的不育系。如江西萍乡市农业科学研究所（1978）用萍矮 58/ 华南野生稻，后代中出现了无花粉型不育株，但一直未能育成稳定的不育系。

由于野生稻的一些特殊生物学特性，在利用其与栽培稻杂交时必须注意以下三点：一是野生稻属于感光性很强的植物，要在相应的短日照条件下才能进入生殖生长阶段，因此，将野生稻及其杂交后代中的低世代材料在长江流域及其以北地区种植或在华南地区早季种植时，都要在 4 叶期后适时做短日照处理，否则不能正常抽穗或延迟至晚季抽穗。二是野生稻落粒性很强，杂交后的套袋要一直套到收种。三是野生稻及其杂交后的低世代材料的种子休眠期长，而且较为顽固。如收后需要接着播种时，浸种前必须反复翻晒，或者将干燥的种子放在 59 ℃恒温箱中连续处理 72 h，以打破其休眠期。催芽时可剥去颖壳，以提高发芽率。

表 5-1　我国利用普通野生稻 / 普通栽培稻获得的主要细胞质雄性不育材料

材料名称	杂交组合	培育单位	育成年份
广选 3 号 A	崖城野生稻 / 广选 3 号	广西农业科学院	1975
六二 A	羊栏野生稻 / 六二	广东肇庆农业学校	1975
京育 1 号 A	三亚红野 / 京育 1 号	中国农业科学院作物所	1975
莲塘早 A	红芒野生稻 / 莲塘早	武汉大学	1975
二九青 A	藤桥野生稻 / 二九青	湖北省农业科学院	1975
金南特 43A	柳州红芒野生稻 / 金南特 43	广西农业科学院	1976
柳野珍汕 97A	柳州红白芒野生稻 / 珍汕 97	湖南省农业科学院	1974
广选早 A	合浦野生稻 / 广选早	湖南省农业科学院	1975
IR28A	田东野生稻 /IR28	湖南省农业科学院	1978

（三）种内杂交

种内杂交包括籼粳亚种间杂交和同一亚种内不同品种间杂交。

1966年，日本学者新城长友用印度春籼苏拉－包罗Ⅱ作母本，与中国台湾省的粳稻品种台中65杂交获得了不育株，并育成了BT型不育系台中65A。此后中国学者也利用籼粳杂交育成一批新的不育系。籼粳杂交获得新不育系的关键在于亲本的选择，从经验上看，以低纬度的印度春籼、东南亚籼稻、我国华南地方晚籼和云贵高原籼稻作母本，与日本以及中国正在推广的粳稻品种杂交，比较容易育成细胞质雄性不育系，比如IR24/秀岭、田基度/藤坂5号、井泉糯/南台粳、峨山大白谷/红帽缨等。

1972年国际水稻研究所利用我国台湾省籼稻台中本地1号作母本，与印度籼稻pan khari 203杂交，回交二代结实率在3.4%以下，并育成了pan khari不育系。该所还用皮泰与D388杂交，育成了D388不育系。

中国在种内杂交选育不育系方面做了大量的工作。四川农学院利用西非籼稻冈比亚卡（Gambiaka kokum）与中国早籼杂交，从后代中分离出不育株并育成冈型不育系。湖南省农业科学院选用地理距离远的籼稻品种杂交，在古Y-12/珍汕97、印尼水田谷6号/坪壤9号、IR665/圭陆矮8号、秋谷矮2号/坪壤9号、秋塘早1号/玻粘矮、沙县逢门白/珍汕97等组合中均获得了不育株，并已分别育成不育系。云南农业大学利用古老农家高原粳昭通背子谷和现代粳稻科情3号进行正反交，均获得了粳型不育系。

品种间杂交由于双亲亲缘较近，获得不育系的难度较大，因此在选育过程中需要注意两点：①双亲一定要是地理距离较远或者是不同生态型的品种，例如国外品种/中国品种、东南亚品种/中国长江流域品种、华南感光型晚籼/长江流域感温型早籼、云贵高原低纬度高海拔粳稻/北方高纬度低海拔粳稻等。②品种间杂交的杂种一代一般不会出现不育株，可用原父本回交1～2次，然后任其自交分离，每代种植群体在300～500株以上，适当选配便能在后代中分离出不育株，进而育成不育系。

二、主要细胞质雄性不育类型

依据细胞质来源，现有细胞质雄性不育系有如下几种主要类型。

（一）野败型

野败型不育系是我国应用最多的细胞质雄性不育系，不育细胞质（简称“胞质”）来源于普通野生稻天然败育株（wild abortive，WA）。该类不育系的主要特征是分蘖力强、茎细叶窄、谷粒细长、柱头发达外露、花药瘦小呈淡黄色、花药不开裂、自交不结实，其花粉败育类型为典败，属于孢子体雄性不育类型。其代表性的不育系有二九南 1 号 A、V20A、珍汕 97A、金 23A、天丰 A 等，其中利用珍汕 97A 所配组合汕优 63 是迄今为止我国应用范围最广、推广面积最大的杂交稻组合，自 1983 年以来累计推广面积近 1.7 亿 hm^2。金 23A 是米质优良的细胞质雄性不育系，所配组合诸如金优 299、金优 527 等均是农业部冠名的超级稻品种。金 23A 不育系选育过程见图 5-2。

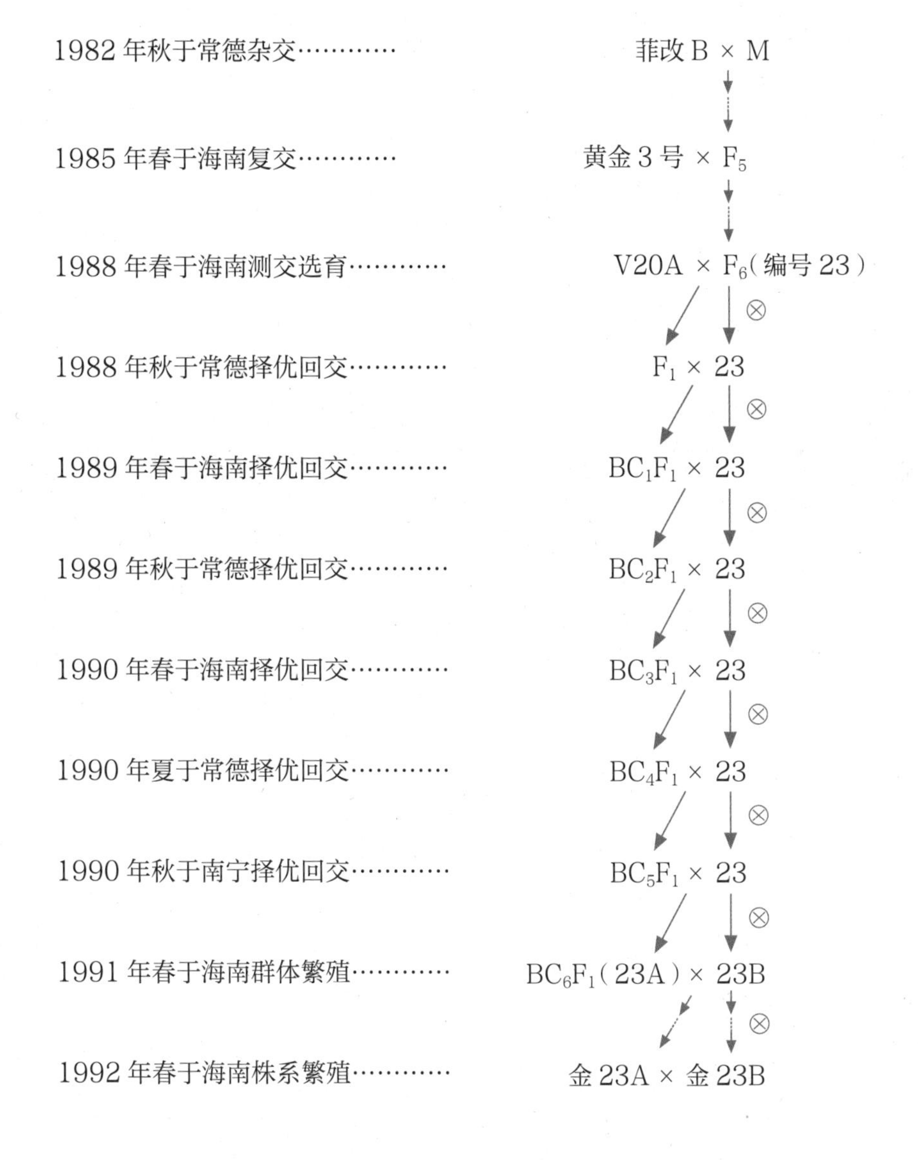

图 5-2 金 23A 不育系选育过程（夏胜平，1992）

（二）印尼水田谷型（简称“印水型”）

印水型不育系胞质来源于印尼水田谷 6 号，属于孢子体不育类型。印水型也是在花粉母细胞四分体后发生异常，不同的是在绒毡层细胞分解时期，直至单核后期，绒毡层还有较厚的一层细胞，随后绒毡层便迅速解体，小孢子逐渐变为畸形和完全败育。印水型主要代表性不育系有Ⅱ-32A、优ⅠA、T98A 等。Ⅱ-32A 系湖南杂交水稻研究中心用珍汕 97B 与 IR665 杂交育成稳定株系后，再与印水型珍鼎（糯）A 杂交回交转育而成。Ⅱ-32A 具有生育期较长、株型紧凑、开花习性好以及柱头外露率高等特性，已利用Ⅱ-32A 选配Ⅱ优明 86、Ⅱ优 084、Ⅱ优 602、Ⅱ优航 2 号等 8 个农业部冠名的超级稻品种。优ⅠA 是湖南杂交水稻研究中心以Ⅱ-32A 为母本，用协青早 B 的小粒突变株作父本杂交、回交选育的优质、高异交率的早籼型不育系。印水型和野败型不育系是籼型杂交稻生产上主要应用的两种细胞质雄性不育系类型。优ⅠA 不育系选育过程见图 5-3。

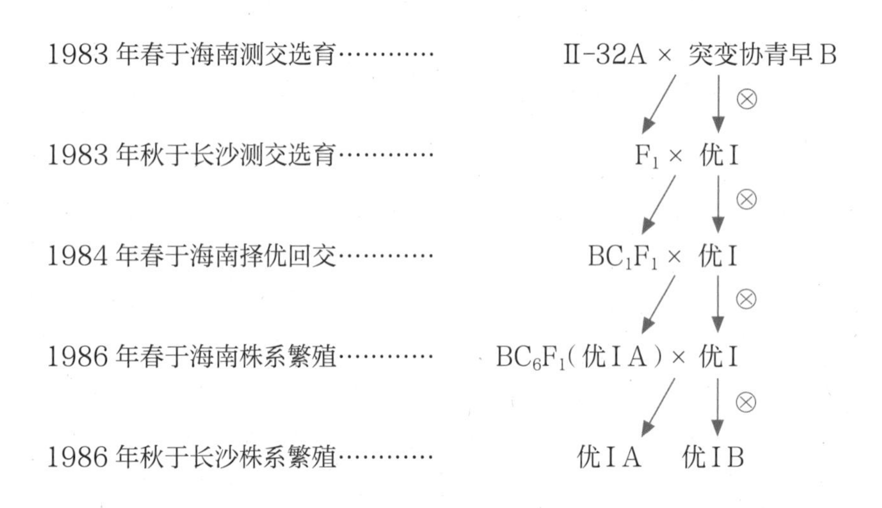

图 5-3　优ⅠA 不育系选育过程（张慧廉，1996）

（三）D 型

D 型不育系胞质来源于 Dissi D52/37，属于孢子体不育类型。1972 年四川农学院在 Dissi D52/37// 矮脚南特 F_7 的一个早熟株系中发现一株不育株，用籼稻品种意大利 B 测交后发现意大利 B 具有保持能力，获得的新不育株再与珍汕 97 进行杂交和回交进而选育出 D 汕 A 不育系。 D 型不育系花粉败育时期及败育特征和野败型相似，主要代表性不育系有 D

汕 A、D297A、宜香 1A 等。宜香 1A 具有农艺性状优良、异交习性好、稻米品质优良等特性，宜香 1A 不育系选育过程见图 5-4。

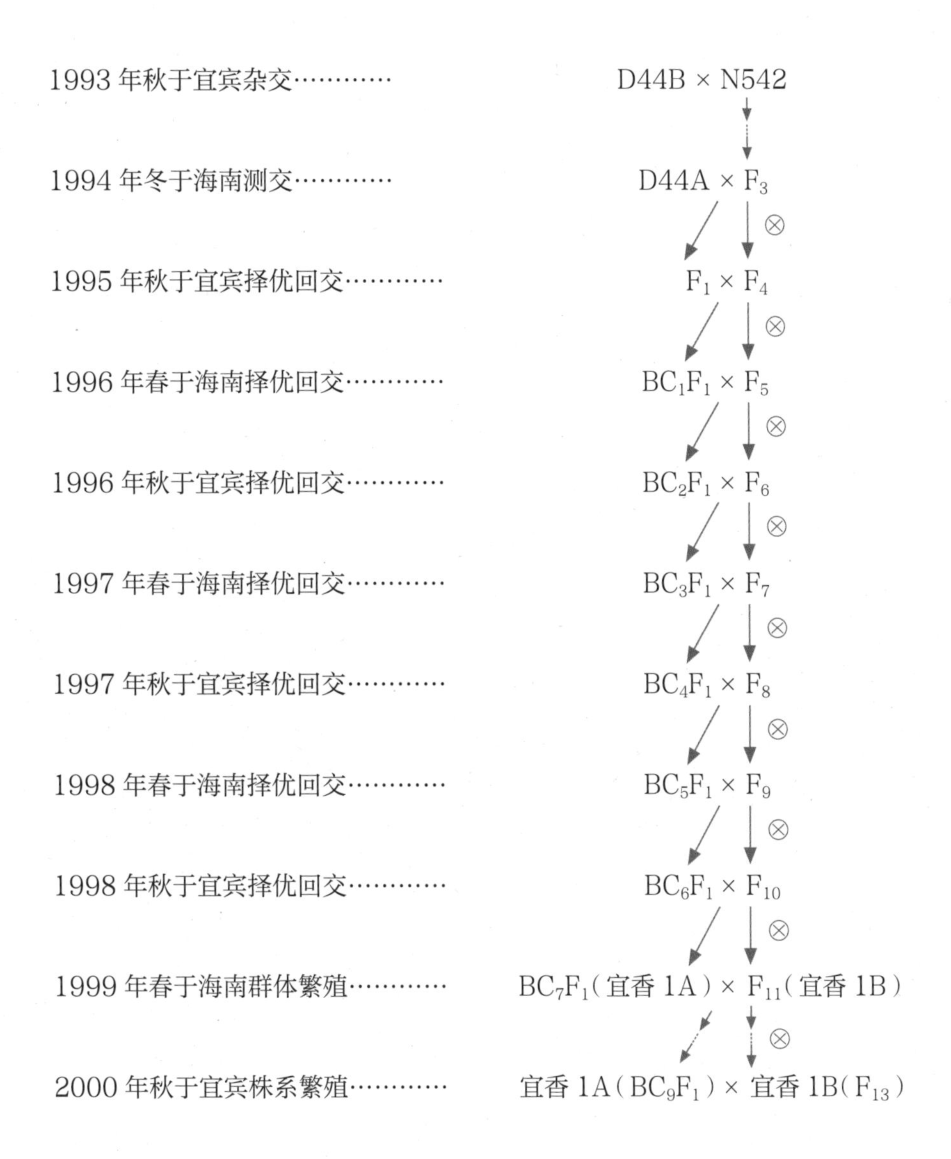

图 5-4　宜香 1A 不育系选育过程（江青山，2008）

（四）冈型

冈型不育系是由西非籼稻品种冈比亚卡（Gambiaka）与矮脚南特杂交后代分离的不育株选育而成的一批细胞质雄性不育系，总称为冈型不育系。在不育系稳定的过程中，有的采用地理远距离种内杂交（籼籼交），也有的采用籼粳交，由于稳定途径和保持系不同，所选育的不育系在花粉败育上有差别，如朝阳 1 号 A 属于典败型，青小金早 A 属于染败型（图 5-5）。

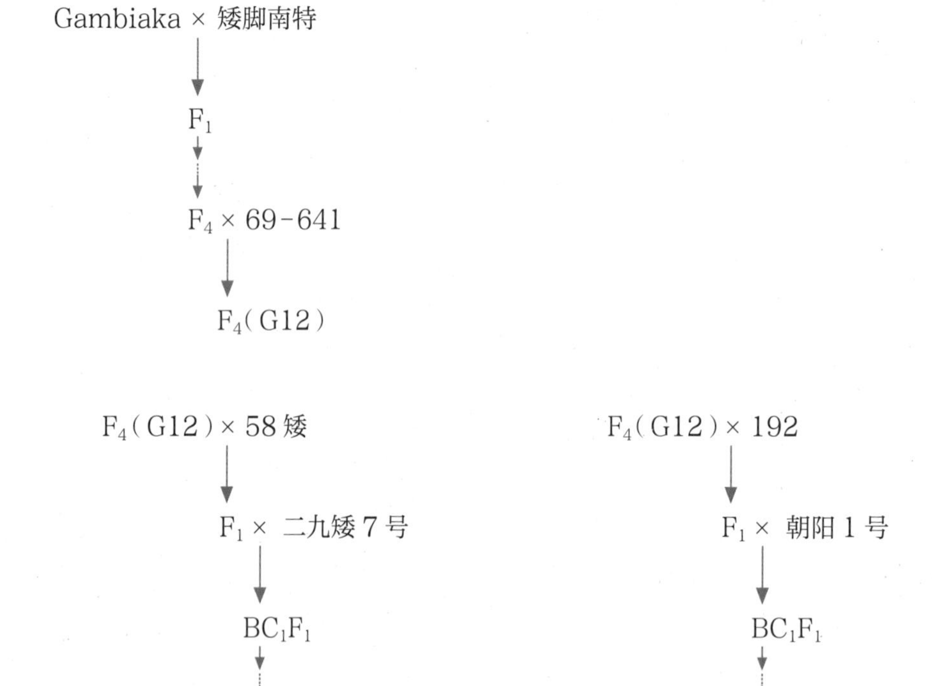

图 5-5　冈型不育系选育途径（李实蕡，1997）

（五）矮败型

矮败型不育系胞质来源于江西矮秆野生稻，属于孢子体不育类型，其中协青早 A 是其代表性不育系。利用矮败不育株 / 竹军 // 协珍 1 号的不育株为母本与军协 / 温选青 // 矮塘早 5 号测配，后代表现出柱头双外露率高，开花习性好，株高适中，生长清秀抗病，经过连续择优回交，于 1982 年夏季 BC_4 基本定型，并命名为协青早 A。

（六）红莲型

红莲型不育系胞质来源于红芒野生稻，属配子体不育类型。红莲型不育系花粉发育大多在双核期败育，以圆败花粉为主，经碘 - 碘化钾染色，有少量染色花粉。红莲型不育系的恢复谱比野败型广，长江流域早、中稻区大部分品种都能对其恢复。代表性红莲型不育系有红莲 A、粤泰 A、珞红 3A 等。

（七）BT 型

我国的 BT 型不育系胞质来源于从日本引进的粳型不育系台中 65A，属配子体不育类型，花粉败育时期及败育特征与野败型、红莲型不育系均不同，花粉为染败，三核期败育。1973 年开始，我国很多科研机构利用台中 65A 进行杂交转育，先后育成了一大批 BT 型粳稻不育系。代表性 BT 型不育系有黎明 A、京引 66A、六千辛 A 等。

（八）滇型

滇型不育系胞质来源于粳稻品种台北 8 号中发现的雄性不育株，也有胞质来源于粳稻的 DT2、 DT4 型不育系和来源于普通野生稻的 D9 型不育系，属配子体不育类型，花粉败育时期及败育特征与 BT 型不育系类似。代表性滇型不育系有丰锦 A、合系 42-7A 等。

第二节　细胞质雄性不育系的选育

一、优良细胞质雄性不育系的标准

一个优良不育系必须具备以下几个条件：

（1）不育性稳定。不育系的不育性既不因保持系多代回交而恢复育性，也不因环境条件的变化（如气温的升降）而使不育性发生变化。

（2）可恢复性好。不育系的亲和力强、恢复谱较广，恢复品种较多，所配杂种结实率高而稳定，不易受到环境条件变化的影响。

（3）开花习性好、花器发达、异交结实率高。开花习性好是指不育系开花早，花时集中，张颖角度大，开颖时间长，无闭颖或只有很少闭颖现象；花器发达是指柱头外露体积大，外露率高，柱头活力强。较好的开花习性和发达的花器是不育系高产制种的基础。

（4）配合力好，容易组配出强优组合。这就要求不育系必须有优良的丰产株叶形态和相应的生理基础，并在一些主要的优良经济性状方面与恢复系能够互补。优势的强弱，与父、母本的遗传距离和亲缘关系的远近有关。适当地加大不育系和恢复系之间在主要性状上的遗传差异，避免在不育系中导入恢复系亲缘，是一个优良不育系具备好的配合力的重要条件。

（5）米质好。一个优良的不育系必须具有良好的米质：外观透明，少垩白；出糙率、精米率、整精米率高；蒸煮品质好，米饭松软可口，食味好。

（6）抗性强。对当地的主要病虫害表现多抗，至少抗 2 种以上当地主要病虫害。

二、细胞质雄性不育系的转育

为不断提高杂交水稻产量、品质和制种产量，对已在生产上利用的水稻不育系必须不断地改进和提高。同时水稻种植的范围广，也必须培育适应各种生态环境、耕作制度的多种多样的不育系。通过已育成的不育系进行转育是培育新不育系最快捷、最经济的有效办法。目前我国生产上使用面积较大的几个主要类型的不育系，如野败型、印水型、冈型等，都以转育法选育出了众多的同质不育系。

不育系的转育方法分为测交和择优回交两步。

第一步是测交。用已选定作保持系的品种作父本与不育系杂交，观察 F_1、 BC_1 以及 BC_2 的育性表现。 F_1 必须是全不育的，稻穗上、中、下部的颖花都要认真检查。由孢子体不育型籼稻不育系转籼型不育系，应注重植株外形比较。若 F_1 包颈，穗上各部颖花内花药退化、形态与原母本相似、镜检无花粉染色者，则由这个品种转育成新不育系的可能性很大；若 F_1 包颈消失或较弱，下部颖花中有肥胖的花药，并有部分染色花粉粒，则由此品种转育成新不育系的成功率很小，一般回交 1～2 代自交结实率就会提高，或始终有部分自交结实。有的籼转籼 F_1 包颈完全消失，所有花药全部是微黄色，但都变得很瘦小、呈棒状、不裂药散粉，因而全不育。针对这种情况必须继续观察 BC_1 乃至 BC_2 的表现。如在这两代出现部分散粉自交结实，表明不能转育成功。用粳稻或籼粳杂交后代作保持品种进行转育，若 F_1、 BC_1 以至以后几代都呈现瘦棒状花药、全不育，则有可能育成配子体不育型新不育系。对于染败型的配子体不育粳型不育系的转育，重点的育性检验手段应放在考察不育株的自交结实上。

第二步是择优回交。经测交证明有希望转育成功的组合，就要以父本逐代连续回交进行核置换，尽快让母本达到与父本同型，育成各种性状稳定的不育系。所谓择优回交，就是在不育株率和不育度高的组合中选择优良性状多、开花习性良好的单株成对回交。程序是先选组合，再在中选组合中选择优良株系，然后在中选株系中选最优单株。在回交过程中，若不育株逐渐表现闭颖严重，开花不准时、不集中，张颖角度小等不良性状，表明此材料无生产利用价值，应予舍弃。

按理论计算，一般回交到 BC_2，母源核物质被完全置换的概率是 0.015 6。也就是说，若 BC_2 能达到 300～400 株的群体，在其中将会找到 5～6 株与父本完全同型的回交后代。

回交这些单株，BC_3就可完成转育过程，形成稳定的新不育系。若BC_2达到300~400株的群体有困难，那么到BC_3时只要达到50~100株的群体也会找到5~10株被完全核置换的单株（概率为0.125 0）。由于BC_3中被完全核置换的概率较高，有经验的育种工作者一般在BC_4就可以转育成新的不育系。为使筛选更加快捷、准确，一般从BC_2到BC_3每个组合应维持5~10个回交株系。在BC_3对所有株系进行各种性状的全面鉴定。选择最优株系扩大BC_4群体，一般要求达1 000株以上，对育性和核置换程度进行鉴定。确定已达到要求的不育系即可投入生产利用。

对于某些重点优良材料，有希望育成新不育系的，为了缩短育成时间，可在其还处于低世代分离阶段就开始测交转育，然后对测交后代和父本进行同步选择、稳定。但这就要求父本和子代都保持较大的群体，而且要增加回交父本株系的数量，否则难以达到选育目标。父本在低世代各株系应保持的群体大小，可视父本材料的分离情况而定。分离大的群体应适当增大，随着世代增高，符合育种目标的单株分离得越来越多，就可迅速缩小群体和舍弃较差的株系。在这种同步稳定中，因为回交子代外形随父本的逐代变化而变化，因而回交子代在早期世代不需要维持多大群体。而到父本基本稳定时，就要将母本群体扩大，用以鉴定育性及其他性状是否与父本基本同型等。若已符合育种目标，就表明新不育系和保持系已同时育成。

保持系和不育系同步稳定转育难度较大，从亲本的选择到各世代材料的取舍，都要求有较强的预见性、周密的计划和正确的工作方法，否则会事倍功半或劳而无功。对于那些用性状差异很大的亲本杂交选育保持系的低世代材料，由于它们会在相当多的世代中出现严重分离，一般不宜进行同步稳定转育。

三、细胞质雄性不育保持系的选育

细胞质雄性不育系都是利用保持系通过核置换转育的，其农艺性状主要取决于保持系。因此，选育优良的细胞质不育系，应从选育优良的细胞质不育保持系入手。

（一）亲本选配

在亲本选配上除了要注意与恢复系亲缘关系远、配合力好、抗性强、米质优良外，还要注意异交习性好、亲本之一必须保持性能强。当前全国创制的籼型优良保持系，从遗传系谱分析其主体亲本来源有珍汕97B、 V20B和协青早B等，通过引入外来优质稻资源和地方抗性品种进行综合性状改良。四川农业大学（1995）利用强保持系V41B和珍汕97B，分别与二九矮和雅矮早进行单交、复交，从中选育出株叶形态好、穗大粒多、异交习性优良的早熟保持系冈 46B，并转育成冈 46A。

（二）选育方法

1. 杂交选育

杂交选育就是利用现有的保持系与一个或几个优良亲本杂交，于其后代中选择新的保持系。依据杂交方式，可以分为单交和复交两种类型。用单交选育的保持系如五丰 B。五丰 B 由优 IB 和 G9248 经杂交选育而成。G9248 具有早熟、优质的特征，用保持性能很好的优 IB 与 G9248 杂交，于其后代中选择的五丰 B，不仅品质优良，而且保持性能也良好（图 5-6）。用复交方式选育的保持系如深 95B，清华大学深圳研究生院利用外来籼稻品种 Boro-2、Cypress 以及孟加拉野生稻，与强优保持系珍汕 97B、V20B、丰源 B 进行复交育成深 95B，再与金 23A 测交并连续回交转育成野败型三系不育系深 95A。

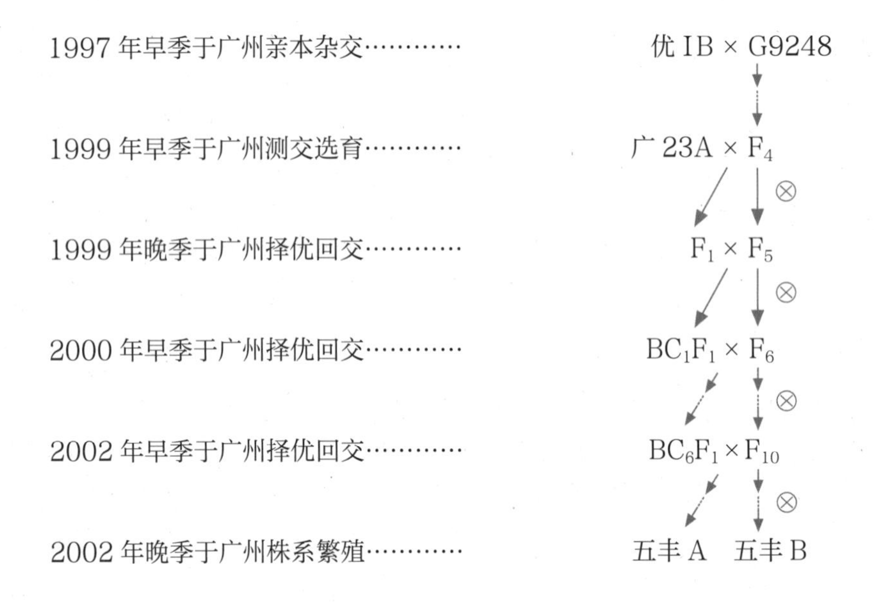

图 5-6　五丰 A 选育过程（梁世胡，2009）

2. 回交转育

回交转育是指用一个具有某一优良特性的非轮回亲本与需要改良该特性的优良保持系（轮回亲本）杂交并回交，以改良轮回亲本的某一性状的选育方法。回交转育多用于改良保持系的抗性，如广东省农业科学院（2014）用荣丰 B 与携带广谱稻瘟病抗性基因 *pi-1* 的材料 BL122 杂交，所获得的 F_1 代再与荣丰 B 连续回交，再结合农艺性状选择和分子标记跟踪，育成了高抗稻瘟病的保持系吉丰 B 以及对应的不育系吉丰 A。利用该不育系所配组合稻瘟病抗性多表现为抗或高抗，显著提升了对稻瘟病的抗性（表 5-2）。

表 5-2 新选育抗稻瘟病不育系吉丰 A 配组杂交组合对稻瘟病的抗性表现

组 合	年 份	抗性频率	抗性评价	产量 /（t / hm^2）	比对照增产 / %	对 照
吉丰优 512	2011	97.30	抗	7.47	10.28	天优 122
	2012	97.90	高抗	6.55	3.12	
吉丰优 1008	2011	100.00	高抗	6.83	−0.13	优优 122
	2012	97.87	中抗	6.91	5.55	
吉丰优 1002	2011	100.00	高抗	7.42	14.30	博Ⅲ优 273
	2012	100.00	高抗	7.59	8.16	
吉丰优 3550	2011	100.00	中抗	7.37	14.18	博Ⅲ优 273
	2012	91.49	高抗	7.74	10.39	

第三节　光温敏核不育资源及其育性转换

一、获得光温敏核不育资源的途径

获得光温敏核不育资源的可能途径有三种：自然突变、远缘杂交和人工诱变。

（一）自然突变

我国发现的农垦 58S、安农 S-1 和 5460S 都是自然条件下发生的光温敏核不育突变。1973 年 10 月上旬，石明松在一季晚粳农垦 58 大田中发现了三株雄性不育株，经研究，发现这种材料具有长日照高积温条件下不育、短日照低积温条件下可育的特性，可一系两用。1985 年将其正式命名为“湖北光周期敏感雄性核不育水稻”（Hubei Photoperiod Sensitive Genic Male-sterile Rice，HPGMR）。1987 年，湖南省安江农业学校在超 40B/H285//6209-3 的 F_5 株系中发现了一株自然温敏雄性不育突变体，定名为“安农 S-1”，该材料在高温条件下表现为雄性不育，在低温条件下表现为雄性可育。除农垦 58S 和安农 S-1 外，福建农学院从恢复系 5460 中也发现了一株自然温敏雄性不育突变体，被定名为 5460S。

（二）远缘杂交

远缘杂交后代会出现疯狂分离，在雄性育性方面也是如此。如周庭波等用长芒野生稻作材料与 R0183 杂交，然后再与测 64 杂交，于 F_2 代中选育出两个光温敏核不育材料，即衡农 S-1 和 87N-123-R26。这两个材料的光温反应特性恰好相反。衡农 S-1 在高温长日照条件下表现为雄性不育，在低温短日照条件下表现为雄性可育；87N-123-R26 则在高温长日照条件下表现为可育，而在低温短日照条件下表现为不育。另外，有些地理远缘的品种间杂交，也可能会出现光温敏核不育材料，如日本人用埃及稻与日本稻杂交选育出的 X88，在抽穗前 10～25 d，即颖花分化至花粉母细胞形成期，日长长于 13.75 h 诱导不育，短于 13.5 h 诱导可育。

（三）人工诱变

辐射诱变是产生光温敏核不育材料的途径之一。如日本农研中心在经 2 万伦琴 γ 射线辐射处理黎明的后代中发现的 H89-1，经日本和 IRRI 观察研究，在 31 ℃/24 ℃下，表现为全不育；28 ℃/21 ℃下表现为半不育；25 ℃/18 ℃下表现为正常可育。S. S. Virmani 等也用辐射手段获得了温敏雄性不育突变体 IR32464-20-1-3-2B，该材料在 32 ℃/24 ℃条件下表现为雄性不育；在 27 ℃/21 ℃和 24 ℃/18 ℃条件下表现为半不育。除辐射诱变外，化学诱变也可以产生光温敏雄性不育突变。如美国的 N. J. Rutgar 等发现的 MT，即由美国品种 M201 经乙基甲烷磺酸处理后获得，其育性转换受光周期控制，但并未排除温度和其他因子的影响。

二、光温敏核不育水稻育性转换与光温的关系

（一）光温对核不育水稻育性转换的效应

人们对光敏不育水稻育性转换机制的认识，在研究初期只注意到光周期的影响，随后发现了受温度影响的温敏型雄性不育系。由于自然界中温度变化的波动较大，科研人员更倾向于选育对温度不敏感或者钝感的典型光敏不育系。随着研究的进一步深入，发现光敏核不育系的育性转换均受光周期和温度的双重影响，无论是粳型或者籼型不育系，均无绝对的光敏感特性，即无纯光敏类型，都具有明显的光温补偿效应。加之自然界的太阳光本属于热辐射，光与温密不可分，因此，多数情况下可统称为“光温敏不育水稻”。根据其育性转换的主导因子不同，可分为以光照长度为主导因子的“光敏型核不育”和以温度为主导因子的“温敏型核不育”两大类。

1. 光照对育性转换的影响

光照诱导光敏核不育水稻育性转换的敏感发育时期为幼穗分化的第二次枝梗及颖花原基分化期到花粉母细胞形成期，其中雌蕊形成期至花粉母细胞形成期为光照诱导光敏核不育水稻育性转换的最敏感期。自然条件下，诱导光敏核不育水稻育性转换的临界光照长度为13.5～14 h。光照诱导光敏核不育水稻育性转换并不是间断性的飞跃，即并非当光照长度长于某一临界光长时，就表现为完全不育，或当光照长度短于某一临界光长时，就表现为完全可育；而是存在一个连续的转变过程，即在一定的光长范围内，随着光长延长，不育系逐步走向败育，具有一定的数量变化特征。据此，薛光行等（1990）提出了“诱导临界日长”和“败育临界日长”的概念。“诱导临界日长”是指诱导光敏核不育水稻开始败育的日照长度；“败育临界日长”是指诱导光敏核不育水稻完全败育的日照长度。在北京自然条件下，光敏核不育水稻鄂宜105S的诱导临界日长为13 h 25 min，其败育临界日长则为14 h 20 min。当前的研究已经认识到光敏核不育水稻的育性转换除了受光照长度控制外，还受温度的影响。邓启云等（1996）采用分蘖拨蔸的办法将每株材料一掰为四，分别置于长光低温、短光低温、长光高温和短光高温四种条件下观察，发现在低温条件下长光照不能诱导7001S等光敏核不育系花粉完全不育，在高温条件下短光照也不能诱导较高的自交结实率（表5-3）。

表5-3 光敏核不育系在不同光温条件下的育性表现

材料	花粉深染率 / %				自交结实率 / %			
	Ⅰ	Ⅱ	Ⅲ	Ⅳ	Ⅰ	Ⅱ	Ⅲ	Ⅳ
7001S	1.3	35.8	0.2	14.4	0.0	6.4	0.1	4.7
8902S	9.8	10.2	0.1	0.7	2.9	10.2	3.3	4.7
1147S	20.2	20.4	2.4	2.1	7.5	0.1	0.6	1.2
培矮64S	11.2	11.5	0.1	0.0	0.0	0.0	0.0	0.0

注：处理Ⅰ、Ⅱ、Ⅲ、Ⅳ分别为长光低温（日均温23.8 ℃，变温幅度19～28 ℃）、短光低温（日均温23.3 ℃，变温幅度19～28 ℃）、长光高温（日均温30.0 ℃，长沙7月中下旬自然长日照高温）和短光高温（日均温31.0 ℃，长沙7月中下旬自然条件加暗室遮光）。

2. 温度对育性转换的影响

早期受研究条件和经验的限制，人们对温度影响光温敏不育系的育性转换认识不够，随着安农S-1、衡农S-1、5460S等一批温敏核不育材料的出现，研究者越来越重视温度对育性转换的作用。陈良碧等（1993）以温敏核不育水稻安农S-1、衡农S-1、衡农

S-2、W7415S 作材料，在长日照高温条件下，用低温（24 ℃/22 ℃）处理，结果表明衡农 S-1 和衡农 S-2 在减数分裂期只需 3 d 低温处理即可阻止其不育基因表达，而安农 S-1 和 W7415S 则需连续 7 d 以上的低温处理才能阻止其不育基因表达（表 5-4）。曾汉来等（1993）用 W6154S 作材料，于幼穗发育的不同时期进行高温和低温处理，认为雌雄蕊形成期到单核花粉期是 W6154S 对温度反应的敏感发育时期，其中以减数分裂期最为敏感，此期 3 d 低温即可诱导温敏核不育系由不育转为可育。

表 5-4　温敏核不育系对低温反应的敏感发育时期

不育系	对照（均温 29 ℃）		人工低温（24 ℃/22 ℃）																			
	10		1		2		3		4		5		6		7		8		9		10	
	P	S	P	S	P	S	P	S	P	S	P	S	P	S	P	S	P	S	P	S	P	S
安农 S-1	0	0	0	0	0	0	0	0	0	0	0	0	0	0	38.8	19.3	0	0	58.1	24.0	57.2	26.3
衡农 S-1	0	0	0	0	0	0	0	0	37.1	53	0	0	0	0	67.2	32.8	0	0	72.4	39.6	71.0	37.3
衡农 S-2	0	0	0	0	0	0	0	0	31.5	3.8	0	0	0	0	58.1	18.7	0	0	64.5	37.7	79.3	45.2
W7415S	0	0	0	0	0	0	0	0	0	0	0	0	0	0	15.3	1.8	0	0	36.5	7.7	48.7	12.5
湘早籼 3	98.8	96.5	—	—	—	—	—	—	—	—	—	—	—	—	—	—	—	—	—	—	96.1	92.3

注：P 代表花粉育性（%），S 代表自交结实率（%）；1～10 分别指：1. 颖花原基分化期；2. 雌雄蕊分化期；3. 花粉母细胞形成期；4. 减数分裂期；5. 颖花原基至雌雄蕊分化期；6. 雌雄蕊分化至花粉母细胞形成期；7. 花粉母细胞形成至减数分裂期；8. 颖花原基至花粉母细胞形成期；9. 雌雄蕊分化至减数分裂期；10. 颖花原基分化至减数分裂期。

不同温敏核不育系育性转换的温度敏感期存在差异。邓启云等（1997）利用人工气候室研究不同光温敏核不育水稻品系的育性转换与温度的关系，在幼穗分化 3、4、5、6 期分别给予连续 4 d 和在幼穗分化的 3、4、5 期分别给予连续 15 d、11 d 和 7 d 的长光低温处理，记录处理日期和抽穗镜检日期，以花粉出现明显波动的对应处理时期作为敏感发育时期。结果表明：从幼穗发育的第二次枝梗及颖花原基分化期到花粉内容充实期的低温对所有参试光温敏核不育水稻品系的育性转换都有一定影响，即存在一个共同的育性转换敏感发育时期（共同敏感期）；同时，不同品系的育性转换对温度的最敏感期又有一定的差异，在被考察的 26 个品系中有 73% 的品系最敏感期在花粉母细胞形成期至减数分裂期，即花前 10～14 d，如安农 S-1 等；19% 的最敏感期在雌雄蕊形成期到花粉母细胞形成期，即花前 12～17 d，如培矮 64S 等；还有 8% 的不育系最敏感期在花前 3～8 d，即花粉内容充实期，如 870S 等（表 5-5）。

表 5-5 不同光温敏核不育材料育性转换对温度最敏感期分析

材料名称	最敏感期（花前天数 /d）	材料名称	最敏感期（花前天数 /d）	材料名称	最敏感期（花前天数 /d）
安农 S	8 ~ 13	轮回 22S	9 ~ 13	香 125S	8 ~ 12
644S	8 ~ 13	1147S	12 ~ 16	867S	12 ~ 18
8421S	8 ~ 11	培矮 64S-05	11 ~ 16	测 49S	9 ~ 13
861S	8 ~ 14	培矮 64S-25	11 ~ 17	测 64S	10 ~ 14
N8S	7 ~ 11	培矮 64S-35	11 ~ 16	26S	8 ~ 11
338S	7 ~ 13	安湘 S	8 ~ 13	133S	7 ~ 12
LS2	5 ~ 8	G10S	7 ~ 11	870S	3 ~ 7
100S	8 ~ 13	A113S	10 ~ 14	92-40S	9 ~ 13
545S	8 ~ 12	CIS28-10	10 ~ 14	—	—

武小金等（1992）根据自己的研究结果，并结合前人的工作，提出了三敏感期假设。根据这一假设，温度诱导温敏型核不育水稻育性转换的敏感发育时期可能有三个：强敏感期 P_1，弱敏感期 P_2 和微敏感期 P_3（图 5-7）。强敏感期 P_1 的温度条件对育性转换具有决定性作用。在强敏感期，只要遇到一定强度的低于或等于临界低温的温度，不育系就会表现为可育；如果遇到高于或等于临界高温的温度，不育系就会表现为不育。这一敏感发育时期也就是陈良碧等（1993）和邓启云等（1996）所提到的温敏核不育水稻育性转换对温度的最敏感期。

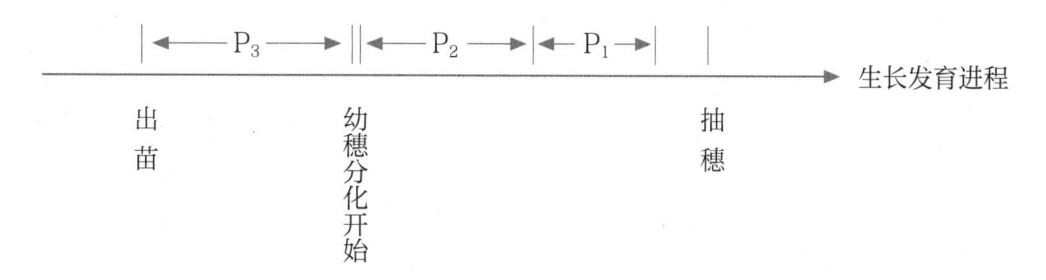

P_1：强敏感期（减数分裂期）；P_2：弱敏感期（幼穗分化第三期到花粉母细胞形成期）；
P_3：微敏感期（营养生长期）

图 5-7 温度诱导温敏核不育水稻育性转换的三个敏感时期

弱敏感期 P_2 的温度对温敏核不育水稻育性转换没有决定性作用，但可以影响 P_1 诱导育性转换所需的温度临界值。假如 P_2 处于连续高温，则在 P_1 所需的育性转换临界温度将降低；如果 P_2 处于低温或平温，则育性转换的临界温度将有所升高。微敏感期 P_3 是温敏核不育水稻育性转换对温度有微弱反应的生长发育时期。张自国等（1993）研究了营养生长期光温条件对温敏核不育系 W6154S 育性转换的影响，发现营养生长期的光温条件对温敏核不育系 W6154S 幼穗分化以后育性转换的临界温度及花粉育性具有一定的影响，可以认为，营养生长期就是温度诱导育性转换的微敏感期。

（二）光温敏核不育水稻育性转换的光温作用模式

尽管已经证明当前利用的光温敏核不育水稻均受光周期和温度的双重影响，但根据不同不育系对光或温敏感的侧重点差异，光温敏核不育系大致可分为三种类型：光敏型、温敏型和光温互作型。光敏型不育系，育性转换以光长为主，温度起协调作用。在一定的温度范围内，育性的光敏感性可以清晰地表达，当高于一定温度时，高温掩盖了光长的作用，则任何光长下均为不育，这一临界点称为光敏不育的上限温度（临界高温）；当低于一定温度时，低温也掩盖了光长的作用，则任何光长下均表现为稳定可育，这一临界点称为光敏可育的下限温度（临界低温）。下限温度和上限温度之间的称为光敏温度范围。在光敏温度范围内，长光诱导不育，短光诱导可育，而且光长与温度存在互补作用，即温度升高，临界光长缩短；反之，温度下降，临界光长延长。袁隆平（1992）、张自国（1992）、刘宜柏（1991）等都提出类似的光敏核不育水稻育性转换的光温互作模式，该模式可以概括成图 5-8。需注意的是，当温度高于生物学上限温度或低于生物学下限温度时，水稻发育不正常，不能形成正常花粉，属生理致害作用。长光不育型代表性不育系有农垦 58S、N5088S、7001S、浙农大 11S 等。除了常见的长光不育型，也有少量报道的材料为短光不育型，在光敏温度范围内，该类型材料受短光诱导不育、长光诱导可育，初步报道的材料如宜 D1-S 等。

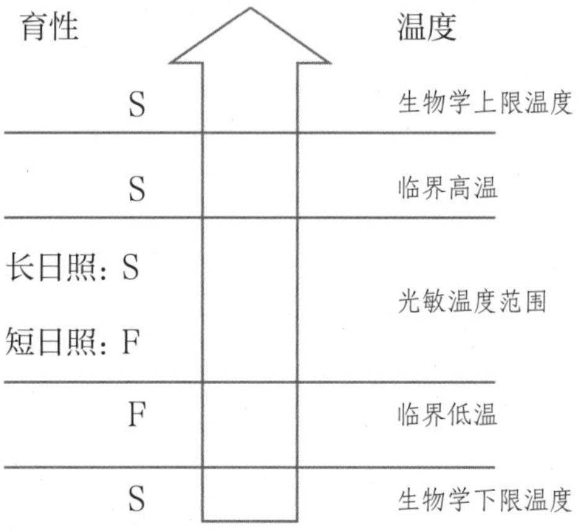

育性	温度
S	生物学上限温度
S	临界高温
长日照：S 短日照：F	光敏温度范围
F	临界低温
S	生物学下限温度

S：不育　F：可育

图 5-8　光敏核不育水稻育性转换的光温作用模式

温敏型不育系育性转换以温度为主，当温度高于临界温度时表现不育，低于临界温度时表现可育或者当温度高于临界温度时表现可育，低于临界温度时表现不育，光照对育性转换影响较小。武小金等（1992）观察，1990 年 3 月 17 日到 3 月 22 日，三亚的日平均温度介于 23.8 ℃至 25.1 ℃之间，安农 S-1 表现为不育；而 1991 年 2 月 11 日到 2 月 19 日，三亚的日均温介于 24.1 ℃至 25.3 ℃之间，安农 S-1 则表现为可育。说明在不育临界温度和可育临界温度之间，确实存在一段过渡温度，在这段温度范围内，温敏核不育系既可以表现为可育，也可以表现为不育。因此，温敏核不育水稻的育性转换可以用图 5-9 的模式表示。当温度低于生理不育低温或高于育性转换临界高温时，不管其他条件如何，温敏核不育水稻均表现不育；当温度高于生理不育低温而低于育性转换临界低温时，表现为可育；从育性转换临界低温至临界高温之间为过渡温度范围，在此范围内，温敏核不育系的育性表现取决于以下三点：①温度的起始状态。前期温度高于过渡温度，则可能表现为不育；前期温度低于过渡温度，则可能表现为可育。②过渡温度维持时间的长短。维持时间长，则可能表现为不育；维持时间短，则可能表现为可育。③光照等其他条件。长日照下可能表现为不育；短日照下可能表现为可育。高温不育型代表性不育系有安农 S-1、衡农 S-1、培矮 64S、Y58S 等。除了常见的高温不育型，也有少量报道的材料为低温不育型，该类型不育系敏感期处于临界温度以下表现不育，处于临界温度以上时表现可育，如衡农 S-3、YB7S、N43S 等。

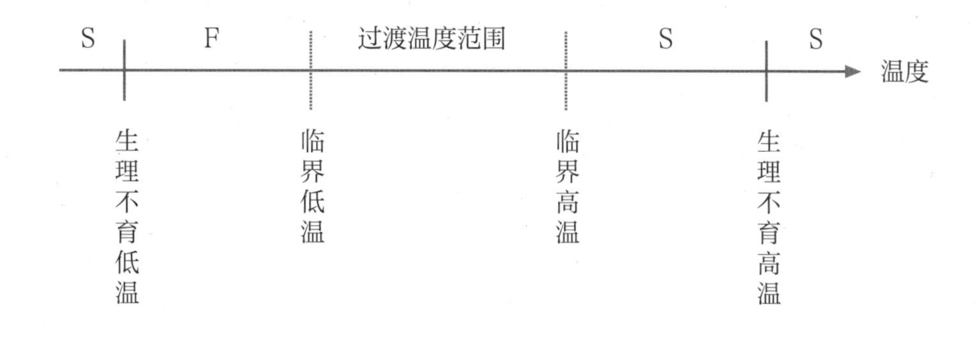

图 5-9　温敏核不育水稻的育性转换模式

光温互作型不育系是在一定的光温互作条件下进行育性转换，例如长光高温不育型在育性的表现上与长光不育系相似，但不同的是无法分清楚光、温的主次作用，如泸光 S、3418S、W9593S 等。卢兴桂等（2001）研究发现，当温度较低，如日均温低于 26 ℃以下，光长起主要作用；当温度较高，温度则是主要的决定因素。

三、光温敏核不育水稻的遗传基础

（一）光温敏核不育水稻雄性不育性的遗传

农垦 58S 与常规品种杂交 F_1 育性正常，表明农垦 58S 的光敏雄性不育性是受隐性基因控制的，常规品种带有显性恢复基因；根据 F_1 代花粉育性正常，而正、反交 F_2 代育性发生分离的现象，可推断农垦 58S 的光敏不育性属孢子体不育；根据正、反交 F_1 育性差异不显著，可推断 F_1 的育性恢复受核基因控制，不表现细胞质效应。我国的许多学者都对以农垦 58S 为代表的光温敏核不育系的遗传规律进行过研究，大多认为农垦 58S 及其衍生不育系的不育性是由一对隐性基因控制的，如石明松（1987）、卢兴桂等（1986）、朱英国等（1987）研究认为农垦 58S 的育性受一对隐性基因控制，长日照条件下，F_2 代可育株与不育株呈 3∶1 分离，回交一代可育株与不育株呈 1∶1 分离。

但在雄性不育性遗传模式研究上也有多种不一致的结果。雷建勋等（1989）的研究认为农垦 58S 和农垦 58 之间为一对隐性主基因的差异，但农垦 58S 与其他供试粳稻品种的差异为两对隐性主基因的差异，在 F_2 和 BC_1 代中可育株与不育株的分离比分别为 15∶1 和 3∶1。梅国志等（1990）认为农垦 58S 的光敏雄性不育性的遗传具有质量－数量性状的遗传特点，F_2 结实率分布的曲线形状，与人为的分组方式有关。盛孝邦（1992）的研究表明，控制农垦 58S 光敏雄性不育性的两对基因在不同类型的粳稻品种中其互作方式有差异。在早、中粳品种中表现积加作用，F_2 的分离比为 9∶6∶1，在晚粳品种中为独立分离，F_2 分离比为 9∶3∶3∶1，而在品种农垦 58 的背景中表现隐性上位作用，F_2 的分离比为 9∶3∶4。32001S 是以农垦 58S 为不育基因供体转育成的籼型光敏不育系。Zhang 等（1994）1991 年在武汉自然条件下对 32001S/ 明恢 63 之 F_2 群体的 650 个单株的育性进行鉴定，结果初步表明，32001S 的光敏雄性不育性可能由两对隐性核基因互补作用共同决定。

相较于光敏核不育基因来源单一、绝大部分都是来源于农垦 58S 核不育基因的情况，温敏核不育系材料较为丰富，不育基因来源广泛，并且不育系之间的温敏雄性不育位点并不完全等位。尽管温敏不育系培矮 64S 的育性基因与农垦 58S 的相同，但安农 S 及其衍生不育系与农垦 58S 却不存在等位的不育基因。李必湖等（1990）用安农 S 与 13 个水稻品种杂交，F_1 共 195 株全部可育，F_2 共 4 887 株，其中可育株 3 818 株，不育株 1 069 株，可育株与不育株之比为 3.571∶1，基本符合 3∶1 的理论比例，说明安农 S 的雄性不育性受 1 对隐性核基因支配。武小金等（1992）用衡农 S-1 与 4 个早籼品种作材料进行研究，根据 F_2 代和回交一代的分离比例推断衡农 S-1 的育性转换由 1 对隐性基因控制。目前的研究结果基本一致，认为安农 S 雄性不育性是由一对隐性基因控制，并存在微效基因影响。

（二）光温敏核不育水稻的遗传异质性

光温敏核不育水稻的不育性遗传存在异质性现象。主要表现为：①高世代群体育性分离，光温敏核不育水稻到了 F_5 或 F_6 代时其育性仍存在分离，经过多世代加压选择后，其育性分离可能减弱，但不能消除（邓启云，1998）。②光、温敏不育系的育性转换临界温度有随着繁殖世代的增加而变化的特点，因而提出“遗传漂变”的概念（袁隆平，1994）。③同一个不育系群体内单株的败育临界日长值不一致，薛光行（1996）观察到农垦 58S 群体单株的败育临界日长值集中在 13.8～14.3 h，个别单株大于 14.3 h。④光温敏雄性不育基因的不等位性，卢兴桂等（1994）报道农垦 58S 与其衍生不育系不育基因存在不等位，孙宗修等（1994）通过比较光温敏雄性不育基因的等位性，总结出三种不等位类型，即农垦 58S 与其衍生的籼型不育系间的不等位，农垦 58S 衍生的籼型不育系之间的不等位，不同来源的籼型不育系间的不等位。

实用型光温敏核不育系的选育需要考虑光温敏核不育基因置于不同遗传背景下的光温反应差异。孙宗修等（1991）用农垦 58S 以及由农垦 58S 转育而来的不育系 N5047S、WD-1S 和中明 2-S 作材料，用不同光长（12 h 和 15 h）和不同温度（23.6 ℃和 29.6 ℃）在人控条件下进行处理，发现农垦 58S 及其衍生光敏核不育系在人控光温条件下对光温反应有差别。中明 2-S 的育性表现与农垦 58S 相似，长日照高温条件下不育，长日照低温条件下自交结实率较低；短日照条件下虽然可育，但短日照高温条件下的结实率明显比短日照低温条件下低。N5047S 在长日照高温和长日照低温条件下都表现为不育；在短日照低温条件下结实率比较低，但在短日照高温条件下的结实率则更低。WD-1S 在长日照高温、长日照低温、短日照高温条件下都不结实，仅在短日照低温条件下有少许结实（表 5-6）。

表 5-6　人控光温条件下光敏核不育水稻农垦 58S 及其衍生光敏核不育系的育性表现

不育系	光温处理组合			
	23.6 ℃/12 h	23.6 ℃/15 h	29.6 ℃/12 h	29.6 ℃/15 h
农垦 58S	26.0 ±14.3	0.2±0.7	7.5±7.2	0
N5047S	7.7±9.6	0	0.9±1.3	0
WD-1S	2.3±5.1	0	0	0
中明 2-S	31.7±20.7	1.8±1.8	2.8±3.3	0.2± 0.5

邓启云在 1993 年利用人控温度条件下鉴定了安农 S-1 及其部分衍生不育系 545S、1356-1S、A113S、测 49-32S、测 64S 等的育性表现，结果表明，于敏感期用日均温 24 ℃(昼 / 夜温：27 ℃/19 ℃）处理 4 d 后，各不育系的育性表现有差别（表 5-7）。545S、1356-1S、测 49-32S、测 64S 等不育系的育性转换起点温度低于 24 ℃；168-95S 的育性转换起点温度也明显低于安农 S-1；A113S 则与安农 S-1 相似。安农 S-1 温敏核不育基因置于不同遗传背景下的育性表现差异主要体现在诱导育性转换起点温度的差异。武小金等（1991）根据已有的试验与观察结果分析认为，将安农 S-1 温敏核不育基因置于不同的遗传背景下，诱导育性转换起点温度的变化可能是连续的（图 5-10）。支持该论点的证据有：①在以安农 S-1 作核不育基因供体进行转育时，已发现终生不育类型（无论温度高低和日照长短，始终表现为不育，可能是诱导育性转换的起点温度低于或接近生物学不育下限温度的缘故）、极端低温敏类型（起点温度≤ 22 ℃）、低温敏类型（起点温度 22 ~ 24 ℃）和育性转换起点温度明显高于安农 S-1 的高温敏类型（起点温度＞ 26 ℃）。②同一类型不同不育系之间的育性表达也有细微差别，从表 5-7 可以看出，诱导育性转换的起点温度低于 24 ℃的不育系中，测 64S 的败育程度高于 545S，545S 的败育程度高于 1356-1S。自然条件下也是测 64S 的可育期最短，545S 次之，1356-1S 再次之。诱导育性转换的起点温度高于 24 ℃的不育系中，168-95S 的败育程度要比安农 S-1 高些，安农 S-1 的败育程度又要比 A113S 高些。③用安农 S-1 作核不育基因供体的转育后代中，大多数不育株或不育株系的育性转换的起点温度与安农 S-1 接近，低温敏和高温敏类型较少，终生不育和极端低温敏类型更少。

表 5-7　人控温度条件下（24 ℃）安农 S-1 及其部分衍生不育系的育性表现（邓启云，1993）

不育系	花粉败育率 /%	套袋自交结实率 /%
545S	99.8	0.00
1356-1S	98.3	0.00
168-95S	94.6	7.18
A113S	69.5	18.40
测 49-32S	100.0	0.00
测 64S	100.0	0.00
安农 S-1	88.3	18.00

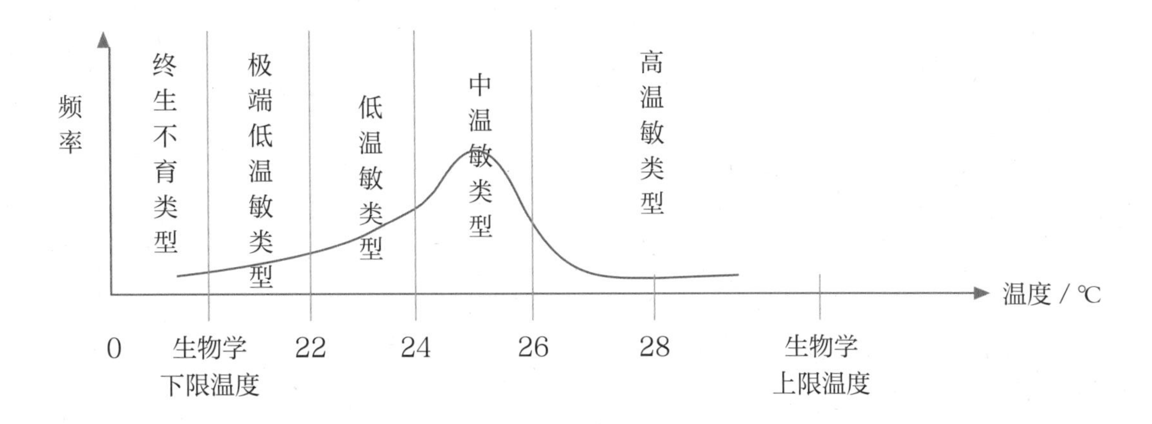

图 5-10　安农 S-1 温敏核不育基因置于不同遗传背景下育性转换的起点温度的连续变化模式及其分类

关于光温敏不育系不育性不稳定的遗传机制及原因，多数学者将之归因于遗传背景的作用。邓启云等（1998，2003）认为水稻光温敏核不育性的遗传行为既受少数几对主基因控制，同时也存在对温光等生态因子敏感的微效多基因效应，表现为质量 - 数量性状。因此，一般按常规方法所选育的光温敏不育系在自然繁殖条件下，由于交换和重组，导致不育的起点温度发生微量变异是不可避免的，自然气候的选择效应则促成了这些微量变异的累积，而导致不育起点温度的逐代上升，经多代繁殖后就会出现比较明显的漂移现象。这是“遗传漂变”的本质。何予卿等（1998）认为不同遗传背景的微效基因是影响光温敏不育系不育性不稳定和育性可转换性的主要原因，同时微效基因的突变和重组可能是造成临界温度改变和遗传漂变的主要原因。廖伏明（1996，2000，2001，2003）认为导致不育的起点温度受微效多基因控制是光温敏不育系不育性表达不稳定的遗传机制，不育起点温度上的遗传基础不纯或遗传杂合性是导致不育性表达不稳定的内在原因，并提出在育种上应充分考虑不育性表达的数量性状特征，采取花培育种途径或在杂交育种中采用系谱法和混合法相结合的后代选择方法，以达到选育不育性表达稳定的光温敏不育系的目的。

第四节　光温敏核不育系的选育

一、实用光温敏核不育系的选育指标

两系杂交稻能否应用于大面积生产，不仅要求杂交组合优势强、抗性好、品质优，而且要求制种风险小、产量高，其中的关键技术就是光温敏核不育系的实用性。目前我国已通过鉴定

的光温敏核不育系经过多年生产上的检验、筛选，只有一部分不育系所配组合通过省级审定，说明选育实用光温敏核不育系的重要性（陈立云，2010）。

选育实用光温敏核不育系的主要指标有：

（1）不育性稳定：不育起点温度低且生理不育下限温度也较低，育性稳定，制种安全，繁殖高产稳产。

（2）综合农艺性状优良：株高适中偏矮，茎秆较粗，株型松紧适中，早发性好，分蘖力强，生长量大。

（3）异交特性优良：抽穗整齐，开花集中，柱头外露率高，柱头总外露率达 70% 以上，柱头活力强，异交亲和力好。

（4）稻米品质好：整精米率达到 50% 以上，垩白粒率在 20% 以下，直链淀粉含量为 16%~24%，胶稠度 60 mm 以上，碱消值 5 级以上，口感较好。

（5）抗性较好：稻瘟病抗性达到中抗以上水平，较耐高温和低温胁迫，白叶枯病、稻粒黑粉病和纹枯病较轻。

（6）配合力好：不育系的可恢复性好，配合力好，易于选配强优势组合，稳产性好。

二、光温敏核不育系的选育途径

（一）杂交转育

利用已有的光温敏核不育材料转育，是选育光温敏核不育系的主要途径。杂交转育就是用已有的光温敏核不育系与一个或几个优良亲本杂交，于其后代中选育新的光温敏核不育系。依据杂交方式，可以分为单交和复交两种类型。

1. 单交转育

因光温敏核不育水稻具有育性转换特征，故杂交时，核不育材料既可以用作母本，也可以用作父本。单交转育具有选育进度快、 F_2 群体规模较小等特点。通过单交育成的光温敏核不育系有 C815S、 HD9802S、新安 S 和湘陵 628S 等。单交转育程序与一般杂交育种相似，现以 C815S 的选育流程为例予以说明（表 5-8）。

表 5-8　C815S 选育流程（陈立云，2012）

年份与季节	地点	世代	世代说明
1996 年冬	三亚	F_1	从 5SH038（安湘 S/ 献党 //02428）F_6 中选择 1 株综合性状好的不育株与培矮 64S 杂交，收种 36 粒

续表

年份与季节	地点	世代	世代说明
1997 年夏、秋	长沙	F_2	种植 25 蔸，选择株叶形态优良的单株割蔸再生繁殖，套袋自交，收 12 个单株
1997 年冬	三亚	F_3	种植 8 个株行，其中 7SH05S 表现株型理想，转换温度低，套袋自交，收 21 个单株
1998 年夏	长沙	F_4	种植 15 个株行，选择株叶形态优良的株行 8 个割蔸再生繁殖，选择育性比培矮 64S 好的株行（8S019）的单株 23 个套袋自交
1998 年冬	三亚	F_5	种植 18 个株行，其中 8SH015 育性比培矮 64S 好，其他性状符合育种目标，且农艺性状基本稳定，当选株行套袋 10 个单株自交，并株行隔离繁殖
1999 年春、夏、秋	长沙	F_6	种植 10 个株行，选其中 1 个株系 9S02 隔离繁殖，继续提纯，参加湖南省生态实用性鉴定
1999 年冬	三亚	F_7	继续提纯，隔离扩繁，少量测交配组，繁殖现场评议
2000 年春、夏、秋	长沙	F_8	湖南省生态实用性鉴定续试，异交特性、配合力观察，测交配组，群体育性、制种、配合力等现场评议
2000—2003			进一步加压选择，光温特性、育性转换、繁殖制种技术等研究
2004			通过湖南省农作物品种审定委员会审定

单交转育的关键在 F_2 代。 F_2 代一般种植在长日照高温条件下，其群体大小随控制光温敏核不育特性的基因对数和双亲性状差异大小而定。如果控制光温敏核不育特性的基因简单，则 F_2 群体可以小一些；反之，如果控制光温敏核不育特性的基因复杂，则 F_2 群体应大一些。例如，用农垦 58S 与感光性弱的早粳品种杂交，在辽宁 F_2 代出现不育株的频率小于 1%；用农垦 58S 衍生不育系作核不育基因供体，与不同类型的品种或品系杂交，在武汉 F_2 代出现不育株的频率介于 1%~7%；而用安农 S-1 与不同类型的品种或品系杂交，在长沙 F_2 代出现不育株的频率一般在 25% 左右。因此，在用农垦 58S 及其衍生光温敏核不育系作核不育基因供体时， F_2 群体应大一些；而用安农 S-1 及其衍生温敏不育系作核不育基因供体时， F_2 群体可小一些。另外，如果杂交亲本之间的遗传差异大，需要重组在一起的性状多且遗传复杂，则 F_2 群体应大一些；反之，如果杂交亲本之间的遗传差异少且遗传简单，则 F_2 群体可小一些。

2. 复交转育

复交转育的目的在于综合多个亲本的优良性状。技术操作上，复交又有两种形式，两次或两次以上的单交转育或三交。

（1）两次或两次以上的单交转育。这种转育方法就是在第一次单交转育的后代中选优良不育单株或株系与另一亲本杂交，再进行第二次单交转育，其育种程序实际上是由两次或两次以上的单交转育程序构成。如 Y58S 就是通过两次以上的单交选育而成（图 5-11）。Y58S 是以安农 S-1× 常菲 22B 的杂交后代 454S 为母本，以安农 S-1× 美国光壳稻 Lemont 的杂交后代 168S 为父本进行杂交，在其 F_2 中选到的光叶不育材料，经几代稳定后初步育成光叶 0058S，然后再与培矮 64 杂交，从其 F_2 代选优良单株经多代稳定育成。

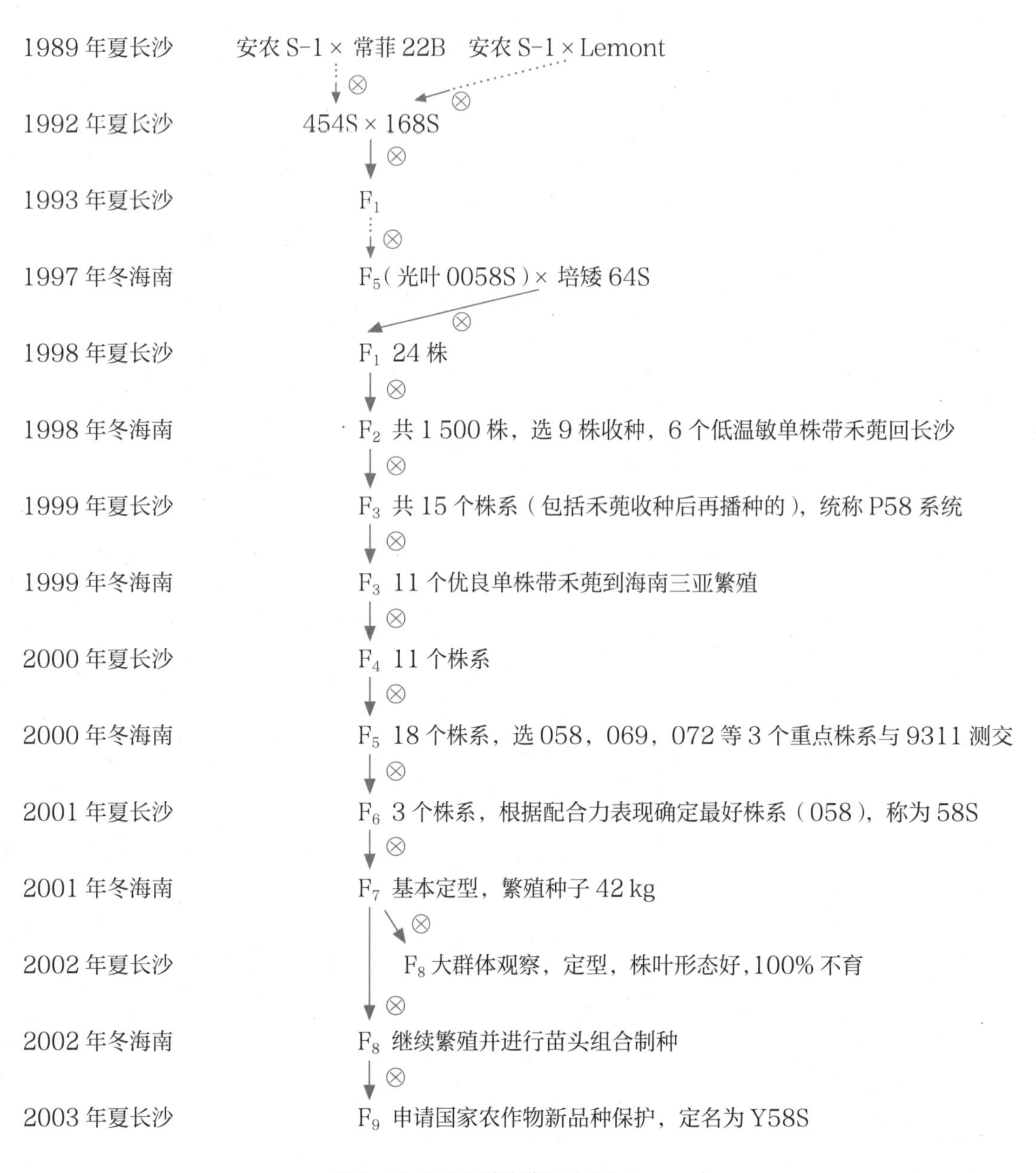

图 5-11 Y58S 选育流程（邓启云，2005）

（2）三交转育。三交转育是用光温敏核不育基因供体先与第一个亲本杂交，然后再用 F_1 与第二个亲本杂交进行转育。

（二）回交转育

回交转育是将光温敏核不育基因转移到一个优良的轮回亲本中的方法。回交转育的目的是育成除光温敏核不育特性外，其他性状与轮回亲本相似的不育系。轮回亲本一般是综合性状优良、配合力好的亲本材料。技术操作上，一般是用隔代回交法，其典型特征就是要在找到不育株的前提下进行回交。一般操作是在育性分离世代选性状与轮回亲本相似的不育单株与轮回亲本回交。我国第一个实用低温敏核不育系培矮 64S 就是通过隔代回交法育成的（图 5-12）。

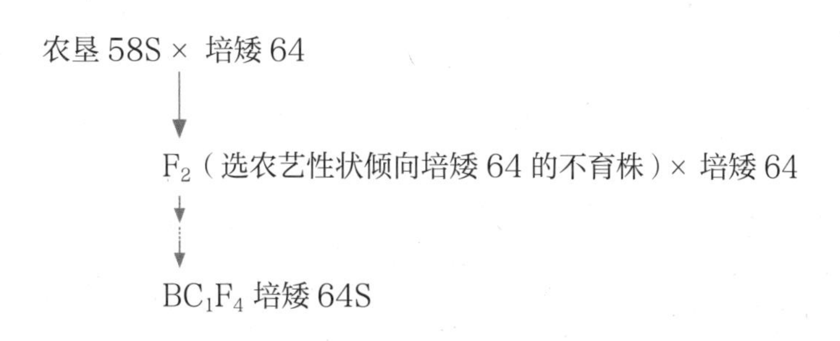

图 5-12 培矮 64S 选育流程（罗孝和，1992）

（三）群体改良

群体改良是用一个光温敏核不育基因供体与多个性状互补的亲本杂交，然后将 F_2 种子混合，在长日照高温条件下混种 F_2 群体，并进行人工辅助授粉，使群体充分异交，再混收优良不育株和可育株上的种子，进行下一轮多交和选择，其操作程序有隔代随机多交和连续随机多交两种形式。湖南杂交水稻研究中心选育的准 S 就是通过二次随机多交，然后采用系谱选择选育而成。

（四）花药培养

花药培养可以较快地稳定光温敏核不育材料，加速育种进程。技术操作上一般是对光温敏核不育基因供体 S/ 优良品种（系）F_1 或光温敏核不育系 / 另一光温敏核不育系 F_1 的花药进行培养。于花培一代（H_1）追踪观察育性，选择优良不育株在短日照低温条件下再生获自交种子，再经 2～3 代系谱选择，获得稳定的不育系。

三、选育实用光温敏核不育系的亲本选配原则

（一）光敏核不育基因供体的选择

迄今为止，在国内所发现的原始光温敏核不育材料中，仅农垦 58S 具有较强的光敏核不育特性，安农 S-1、衡农 S-1、 5460S 等的育性转换与日长变化关系不大。因此，就选育实用光敏型核不育系而言，核不育基因供体应采用农垦 58S 或由农垦 58S 衍生而来的光敏核不育系较为妥当。但是，在应用农垦 58S 及其衍生不育系转育新不育系时，要注意育性分离世代的种植群体必须要大。现有的研究结果显示，应用农垦 58S 及其衍生不育系转育新不育系时，在长日照高温条件下， F_2 代出现完全雄性不育株的频率很低，一般在 8% 以下，且随组合与地点不同而异，有些组合在 F_2 代出现完全雄性不育株的频率甚至小于 1%。如出现优良不育株的频率以不育株总数的 1% 计算，则 F_2 群体应种植 1 万株以上。

（二）温敏核不育基因供体的选择

分析我国自 1994 年以来通过审定的两系组合和获得新品种权保护的两系组合涉及的 130 个光温敏不育系系谱，发现温敏不育系的来源主要有两类：一类来自农垦 58S、安农 S-1 等早年选育的光温敏不育系及其衍生不育系，绝大多数的光温敏不育系属于此类；第二类是新发掘的不育系，它们大都通过发现自然突变株或者杂交选育而来（斯华敏，2012）。第二类的温敏核不育系数量不多，但由于其可能与农垦 58S 和安农 S-1 的不育基因不同，也受到高度重视。第二类温敏不育系诸如雁农 S 是从晚籼品种 3714 中发现的自然突变不育株，HD9802S 是以湖大 51 为母本、红辐早为父本的 F_2 分离群体中获得不育株再经系统选育而成。

（三）受体亲本的选择

对转育光敏型核不育水稻受体亲本的选择，除按一般杂交育种所要求的亲本选配原则外，如配合力强、适应性（包括病虫抗性）和综合性状要好，不能有与供体亲本相同的缺点（性状互补），等等，还要特别注意下面两点：①宜多选用生长发育对光温反应钝感或弱感光的亲本，因为如果育成的新不育系感光性太强，则制种时不能在安全期抽穗，即使属光敏型，也不好制种。②异交性状要好。杂交组合的制种产量在很大程度上取决于不育系异交率的高低，而异交率的高低与不育系的异交习性关系很大。因此，在选择受体亲本时，必须注意异交性状，宜选用开花时间早而集中，柱头外露率高，柱头发达，开颖角度大的亲本作材料以培育高异交率不育系。

四、实用光温敏核不育系的选择技术

选择实用光温敏核不育系的方法主要有两种：低世代高压筛选法和高世代高压筛选法（图5-13，图5-14）。低世代高压筛选法是利用自然变温和人控温度条件，在一定的选择压下，首先在早期世代筛选育性转换起点温度低的不育单株和不育株系，并对农艺性状、品质性状、适应性和异交习性等进行选择。在选择到育性转换起点温度低、农艺性状等较为稳定的不育株系后，再测交筛选配合力好的不育系。高世代高压筛选法则于早期世代首先对农艺性状、品质性状、适应性和异交习性等进行选择，在F_5~F_6代测交筛选配合力好的不育株系，待获得形态性状稳定、综合性状好而且配合力强的不育系以后，再利用自然变温和人控温度条件，在一定的选择压下筛选育性转换起点温度低的不育单株或不育株系。高世代高压筛选法之所以可行，理由在于高世代的不育系群体中，会出现一定频率的育性变异株，这些不育株的配合力和其他性状都与原不育株系相同，仅育性表现与原不育株系有别。

选择育性转换起点温度低的实用光温敏核不育系分为三步。

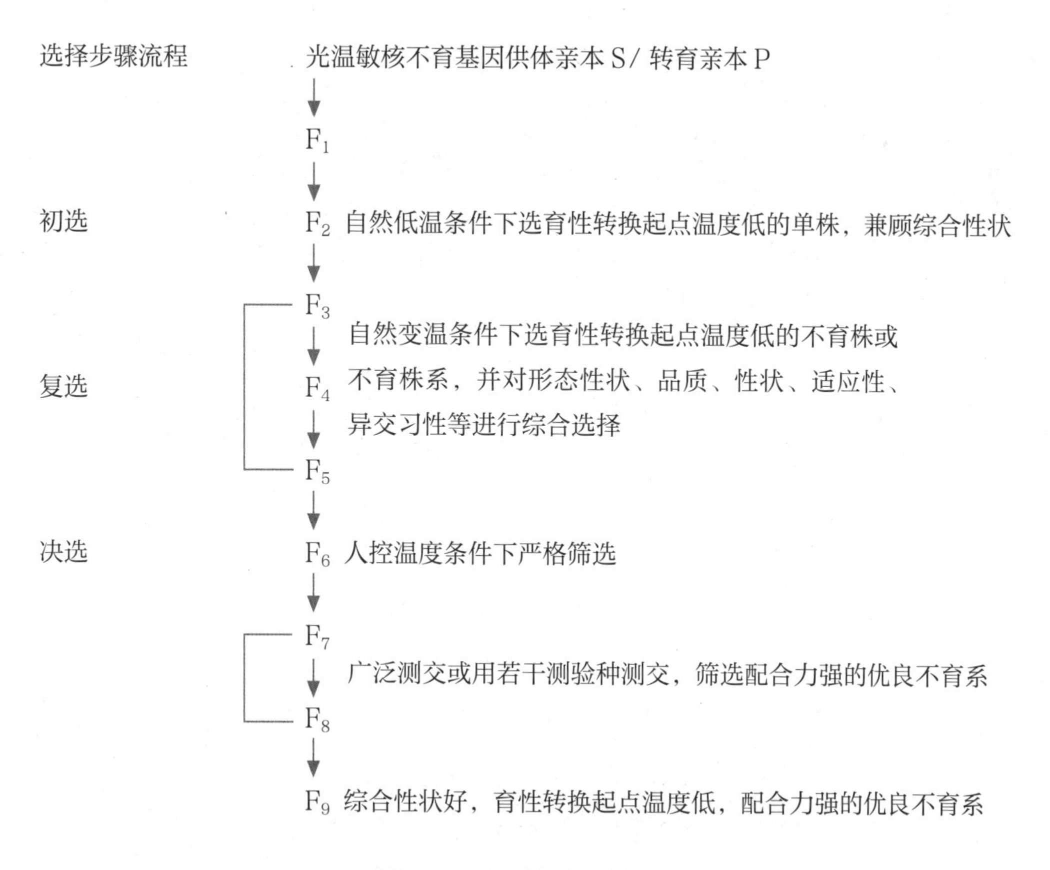

图5-13　低世代高压筛选法

1. 初选

将 F_2 代（图 5-13）或中高世代的不育系杂交分离群体（图 5-14）种植在自然变温条件下，根据育种目标在一定的选择压下，选择育性转换起点温度低的不育单株。一般来说，长江流域 6 月中下旬或 9 月中下旬温度波动较大，三亚 2 月中下旬到 3 月上旬的温度波动较大，是在自然条件下筛选育性转换起点温度低的不育株或株系的较好时机。另外，在海拔较高的地方筛选也是可行的。技术操作上就是将敏感期安排在自然温度变化频繁的时间，然后根据育性指标要求和育性表现选择育性转换起点温度合乎要求的不育单株。

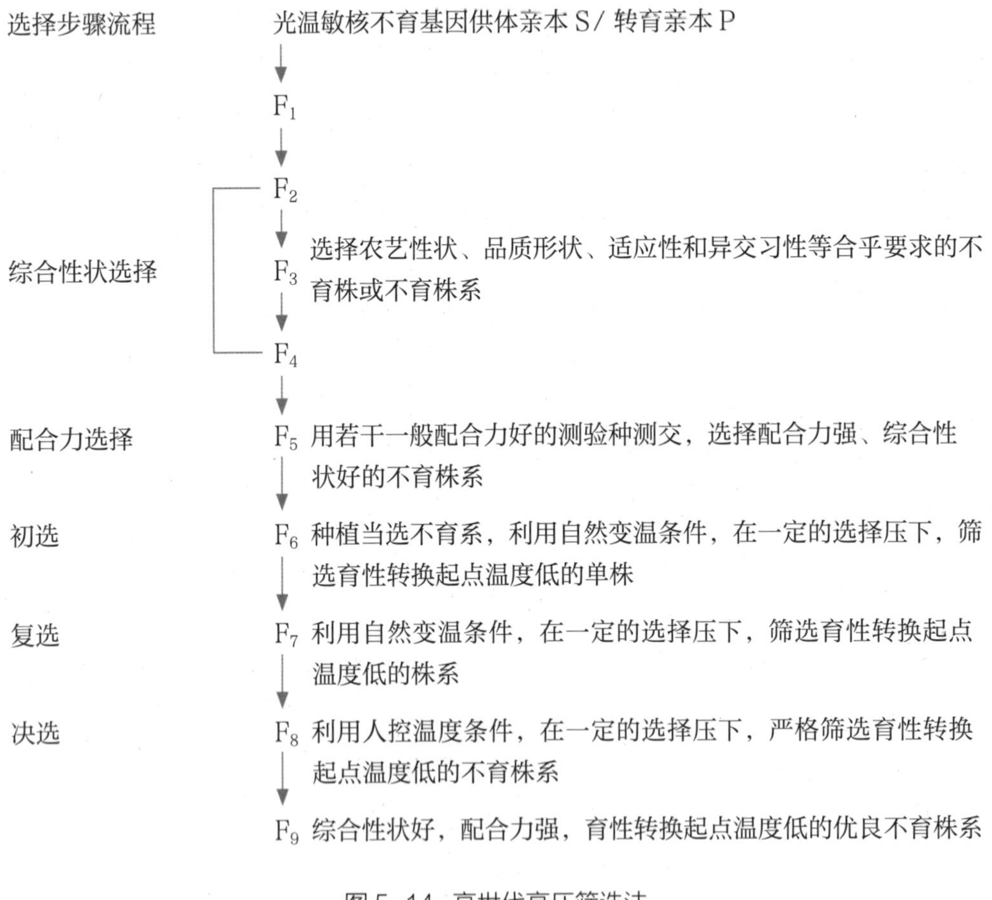

图 5-14 高世代高压筛选法

2. 复选

将初选得到的不育单株，在低温下再生繁殖，获得种子以后，继续在自然变温条件下筛选 1 个以上世代。

3. 决选

将复选得到的不育株系，利用人工控制温度条件，在根据育种目标所设定的选择压下，严格选择育性转换起点温度低的不育株系。

五、光温敏核不育系育性转换稳定性鉴定

（一）光温敏核不育系育性转换稳定性鉴定的原则

光温敏核不育系的育性转换稳定性是保证两系杂交稻制种安全的重要基础。为了确保鉴定既准确可靠，又切实可行，在人工气候室条件下应遵循以下原则：

1. 长光低温原则

光温敏核不育系无论是光敏型还是温敏型，唯有导致不育的起点温度较低，并且在低于临界温度时还需较长的时日才能恢复可育，才具有实用价值。考虑到长光对低温有一定补偿作用，因此，鉴定实用不育系的育性稳定性应在长光低温条件下进行。

2. 准确可靠原则

不同基因来源以及不同类型的不育系对温度的最敏感期有一定差异，而且同一不育系个体之间在发育进度上总存在些许差别，如果只有 1 期处理必然难以保证鉴定的可靠性，采取不同发育时期的多组处理就可以确保鉴定结果准确可靠。

3. 自然模拟原则

长光低温的具体光温指标及处理时间长短必须要基本模拟某一地区盛夏低温气候，包括低温强度、变温模式等。

4. 分级处理原则

不同品系的稳定不育耐受低温的强度可能不同。因此，试验应设置不同强度的低温处理，以鉴定出育性稳定性不同等级的不育系。

（二）光温敏核不育水稻育性转换稳定性鉴定技术

1. 实用不育系育性稳定性鉴定的温光指标

温度指标：根据自然模拟原则，实用不育系育性稳定性鉴定的温度指标必须根据不同地区制种季节可能出现的低温频率和低温强度来确定。在华中稻区实用光温敏不育系鉴定的合适温度指标为：连续 4 d 日平均气温为 23.5 ℃、日最高气温为 27 ℃、日最低气温为 19 ℃，变温模式还应模拟昼夜变温规律（邓启云，1996）。

光照指标：自然生态条件下，盛夏低温常伴随着阴雨天气出现，湿度大，辐射弱，叶温

与气温接近。邓启云等（1996）通过对长沙地区1989年盛夏低温资料的详细分析以及自己观察的结果，认为夏季连续异常低温阴雨天气的平均光照度大概在8 000 lx。模拟盛夏低温阴雨天气，在人工气候条件下对不育系的育性稳定性进行鉴定的适宜光照度应控制在8 000～10 000 lx，若光照太强，则其辐射强，影响空气的相对湿度，导致叶温与气温有较大差异，从而影响育性鉴定结果的准确性；光照太弱，则不利于植物的生长发育。光长的设置，在华中稻区以13.5 h为宜。

2. 实用不育系育性稳定性鉴定技术

根据上述鉴定方法的四个原则，在人工气候条件下，实用光温敏核不育系育性转换稳定性的鉴定应采用“长光低温4级8组法”（表5-9）。长光低温：即光长13.5 h、光照度8 000～10 000 lx、日均温为23.5 ℃、温度变幅为19～27 ℃；低温强度设置为4级，即分别处理4 d、7 d、11 d和15 d的4级低温；8组材料，即根据不同发育时期，将每一份参鉴不育系分为8组，陆续进室（厢）处理。表中d、e、f、g、h等5组分别在幼穗分化3、4、5、6期中及7期初各处理4 d，可确保不同类型的不育系必有1组材料的最敏感期遇上4 d日均温为23.5 ℃的低温（可称为2级低温）。若某不育系经2级低温处理后仍表现稳定全不育，则其在长沙地区7—8月份安全制种保证率在95%以上。c组低温处理7 d，可称之为1级低温，若处理后仍能保持全不育，则这类不育系的育性稳定性可以抵御与1989年类似的盛夏低温。b、a组分别处理11 d和15 d，在这两种强低温处理下不育系一般都会表现不同程度的育性波动，可据其表现评估不育系的繁殖难易，以便采取相应繁殖措施，如冷水灌溉、高海拔繁殖等。

表5-9　长光低温的4级8组处理法（邓启云等，1996）

处理组别	开始处理时期*	花前天数/d	处理持续时间/d	至少处理株数/株
a	3期末	16～22	15	10
b	4期末	13～18	11	10
c	5期末	10～15	7	10
d	3期中	18～24	4	10
e	4期中	15～20	4	10
f	5期中	12～16	4	10
g	6期中	9～13	4	10
h	7期初	4～9	4	10

注：*为幼穗发育时期。

References

参考文献

[1] 陈立云，肖应辉. 水稻光温敏核不育机理设想及光温敏核不育系选育策略[J]. 中国水稻科学，2010，24（2）：103–107.

[2] 陈立云. 两系法杂交水稻研究[M]. 上海：上海科学技术出版社，2012.

[3] 陈良碧，李训贞，周广治. 温度对水稻光敏、温敏核不育基因表达影响的研究[J]. 作物学报，1993，19（1）：47–54.

[4] 程式华，孙宗修，闵绍楷，等. 光敏核不育水稻的光温反应研究 Ⅰ. 光敏核不育水稻在杭州（30° 05′ N）自然条件下的育性表现[J]. 中国水稻科学，1990，4（4）：157–163.

[5] 程式华，孙宗修，斯华敏，等. 水稻两用核不育系育性转换光温反应型的分类研究[J]. 中国农业科学，1996，29（4）：11–16.

[6] 邓华凤，舒福北，袁定阳. 安农 S–1 的研究及其利用概况[J]. 杂交水稻，1999，14（3）：1–3.

[7] 邓启云，符习勤. 光温敏核不育水稻育性稳定性研究 Ⅲ. 不育起点温度漂移及其控制技术[J]. 湖南农业大学学报（自然科学版），1998，24（1）：8–13.

[8] 邓启云，欧爱辉，符习勤，等. 实用光温敏核不育水稻育性稳定性鉴定方法的探讨[J]. 湖南农业大学学报，1996，22（3）：217–221.

[9] 邓启云，欧爱辉，符习勤. 光温敏核不育水稻育性稳定性研究 Ⅰ. 水稻光温敏核不育系育性的光温反应分析[J]. 杂交水稻，1996，11（2）：23–27.

[10] 邓启云，盛孝邦，李新奇. 水稻籼型光温敏核雄性不育性遗传研究[J]. 应用生态学报，2002（3）：376–378.

[11] 邓启云. 籼型光温敏核不育水稻雄性不育性的遗传学研究[D]. 长沙：湖南农业大学，1997.

[12] 邓启云，袁隆平. 光温敏核不育水稻育性稳定性及其鉴定技术研究（英文）[J]. 中国水稻科学，1998，12（4）：200–206.

[13] 邓启云. 广适性水稻光温敏不育系 Y58S 的选育[J]. 杂交水稻，2005，20（2）：15–18.

[14] 段美娟，袁定阳，邓启云，等. 光温敏核不育水稻育性稳定性研究 Ⅳ. 不育起点温度漂移规律[J]. 杂交水稻，2003，18（2）：62–64.

[15] 范优荣，曹晓风，张启发. 光温敏雄性不育水稻的研究进展[J]. 科学通报，2016，61（35）：3822–3832.

[16] 何予卿，杨静，徐才国，等. 籼型光敏核不育水稻育性不稳定性和育性可转换性的遗传研究[J]. 华中农业大学学报，1998，17（4）：305–311.

[17] 江青山，林纲，赵德明，等. 优质香稻不育系宜香 1A 的选育与利用[J]. 杂交水稻，2008，23（2）：11–14.

[18] 姜大刚，卢森，周海，等. 用 EST 和 SSR 标记定位水稻温敏不育基因 *tms5*[J]. 科学通报，2006，51（2）：148–151.

[19] 雷建勋，李泽炳. 湖北光敏核不育水稻遗传规律研究 Ⅰ. 原始光敏核不育水稻与中粳杂交后代育性分析[J]. 杂交水稻，1989（2）：39–43.

[20] 李必湖，邓华凤. 安农 S–1 的发现和初步研究[C]// 水稻光、温敏核不育及亚种间杂种优势利用研究论文选编，1990：87.

[21] 李实蕡. 冈型及 D 型杂交稻的选育、利用和遗传研究[J]. 杂交水稻, 1997(S1): 1.

[22] 廖伏明, 袁隆平. 水稻光温敏核不育系起点温度遗传纯化的策略探讨[J]. 杂交水稻, 1996(6): 1-4.

[23] 廖伏明, 袁隆平. 水稻光温敏核不育系培矮64S 低温下育性表达规律研究[J]. 中国农业科学, 2000, 33(1): 1-9.

[24] 廖伏明, 袁隆平, 杨益善. 水稻实用光温敏核不育系培矮 64S 不育性稳定化研究[J]. 中国水稻科学, 2001, 15(1): 1-6.

[25] 廖伏明, 袁隆平. 光温敏不育水稻不育性表达不稳定的遗传机制与原因综述[J]. 杂交水稻, 2003, 18(2): 1-6.

[26] 梁世胡, 李传国, 李曙光, 等. 优质高产抗病杂交籼稻五丰优 2168 的选育[J]. 农业科技通讯, 2009(7): 132-134.

[27] 刘宜柏, 贺浩华, 饶治祥, 等. 光温条件对水稻两用核不育系育性的作用机理研究[J]. 江西农业大学学报, 1991, 13(1): 1-7.

[28] 柳武革, 王丰, 刘振荣, 等. 早熟抗稻瘟病三系不育系吉丰 A 的选育与应用[J]. 杂交水稻, 2014, 29(6): 16-18.

[29] 卢兴桂, 顾铭洪, 李成荃. 两系杂交水稻理论与技术[M]. 北京: 科学出版社, 2001.

[30] 卢兴桂, 王继麟. 湖北光周期敏感核不育水稻的研究与利用 Ⅰ. 育性的稳定性观察研究[J]. 杂交水稻, 1986, 1: 004.

[31] 卢兴桂, 袁潜华, 姚克敏, 等. 我国主要水稻光温敏核不育系类型的气候适应性[J]. 中国水稻科学, 2001, 15(2): 81-87.

[32] 罗孝和, 邱趾忠, 李任华. 导致不育临界温度低的两用不育系培矮 64S[J]. 杂交水稻, 1992, 7(1): 27-29.

[33] 梅国志, 汪向明, 王明全. 农垦 58S 型光周期敏感雄性不育的遗传分析[J]. 华中农业大学学报, 1990, 9(4): 400-406.

[34] 盛孝邦. 光敏感核不育水稻农垦 58S 雄性不育性的遗传学研究[J]. 湖南农学院学报, 1992, 6(1): 5-14.

[35] 石明松, 石新华, 王艮华. 湖北光敏感核不育水稻的发现及利用研究[J]. 武汉大学学报(HPGMR专刊), 1987: 2-6.

[36] 斯华敏, 付亚萍, 刘文真, 等. 水稻光温敏雄性核不育系的系谱分析[J]. 作物学报, 2012, 38(3): 394-407.

[37] 孙宗修, 程式华, 闵绍楷, 等. 光敏核不育水稻的光温反应研究 Ⅱ. 人工控制条件下粳型光敏不育系的育性鉴定[J]. 中国水稻科学, 1991, 5(2): 56-60.

[38] 孙宗修, 程式华. 杂交水稻育种: 从三系、二系到一系[M]. 北京: 中国农业科技出版社, 1994.

[39] 武小金, 尹华奇, 孙梅元, 等. 关于温敏核不育水稻选育与利用商榷[J]. 杂交水稻, 1992, 6: 19.

[40] 武小金, 尹华奇. 光、温敏核不育水稻选育研究: 不育基因供体选择和加速转育的途径[J]. 湖南农业科学, 1992(3): 15-16, 25.

[41] 武小金, 尹华奇, 尹华觉. 温度对安农 S-1 和W6154S 的综合效应初步研究[J]. 作物研究, 1991, 5(2): 4-6.

[42] 武小金, 尹华奇. 温敏核不育水稻的遗传与稳定性[J]. 中国水稻科学, 1992, 6(2): 63-69.

[43] 夏胜平, 李伊良, 贾先勇, 等. 籼型优质米不育系金 23A 的选育[J]. 杂交水稻, 1992, 5: 29-31.

[44] 薛光行, 陈长利, 陈平. 光敏不育粳稻及其杂交后代的光周期效应指数(PE)分析[J]. 作物学报, 1996, 22(3): 271-278.

[45] 薛光行，赵建宗. 水稻光敏感雄性不育临界日长及其对环境因子反应的初步研究 [J]. 作物学报，1990，16（2）：112–122.

[46] 袁隆平. 两系法杂交水稻研究的进展 [J]. 中国农业科学，1990，23（03）：1–6.

[47] 袁隆平. 水稻光、温敏不育系的提纯和原种生产 [J]. 杂交水稻，2000（S2）：37.

[48] 袁隆平. 选育水稻光、温敏核不育系的技术策略 [J]. 杂交水稻，1992（1）：1–4.

[49] 袁隆平. 杂交水稻的育种战略设想 [J]. 杂交水稻，1987，1（1）：3.

[50] 袁隆平. 杂交水稻学 [M]. 北京：中国农业出版社，2002.

[51] 曾汉来，张自国，元生朝，等. 光敏核不育水稻育性转换的温度敏感期研究 [J]. 华中农业大学学报，1993，12（5）：401–406.

[52] 张慧廉，邓应德. 高异交率优质不育系优 I A 的选育及应用 [J]. 杂交水稻，1996（2）：4–6.

[53] 张晓国，朱英国. 湖北光敏感核不育水稻不育性的遗传规律 [J]. 遗传，1991，13（3）：1–3.

[54] 张自国，曾汉来，李玉珍，等. 籼型光敏核不育水稻营养生长期光温条件对育性转换条件的影响 [J]. 杂交水稻，1992，5：34–36.

[55] 张自国，卢开阳，曾汉来，等. 水稻光温敏核不育系育性转换的光温稳定性研究 [J]. 杂交水稻，1994（1）：4–8.

[56] 张自国，卢兴桂，袁隆平. 光敏核不育水稻育性转换的临界温度选择与鉴定的思考 [J]. 杂交水稻，1992，6：29–32.

[57] 张自国，元生朝，曾汉来，等. 光敏核不育水稻两个光周期反应的遗传研究 [J]. 华中农业大学学报，1992，11（1）：7–14.

[58] 周海，周明，杨远柱，等. RNase ZS1 加工 UbL_{40} mRNA 控制水稻温敏雄性核不育 [J]. 遗传，2014，36（12）：1274.

[59] 朱英国，杨代常. 光周期敏感核不育水稻研究与利用 [M]. 武汉：武汉大学出版社，1992.

[60] 朱英国，余金洪. 湖北光敏感核不育水稻育性稳定性及其遗传行为研究 [J]. 武汉大学学报（HPGMR 专刊），1987：61–67.

[61] VIRMANI S S. Heterosis and hybrid rice breeding [M].Springer Science & Business Media，2012.

[62] ZHANG Q，SHEN B Z，DAI X K，et al. Using bulked extremes and recessive class to map genes for photoperiod-sensitive genic male sterility in rice [J]. Proceedings of the National Academy of Sciences，1994，91（18）：8675–8679.

第六章

超级杂交水稻恢复系的选育

邓启云 | 吴 俊 | 庄 文

第一节 恢复基因的遗传

两系杂交水稻的恢复基因实际上只是光温敏核不育系不育基因的等位基因。根据核不育的遗传原理，现有的正常可育水稻品种都是光温敏核不育系的恢复系，而光温敏核不育系没有保持系。但是，在育种实践中有少数品种没有完全恢复能力，个别品种只对部分光温敏核不育系具有完全恢复能力。光温敏核不育系的这种育性遗传现象，可能与双亲的遗传背景或亲和性有关。

三系杂交水稻利用的是细胞质雄性不育。依据恢保关系，细胞质雄性不育系主要有野败型、红莲型和 BT 型三类。其中，红莲型的恢保关系与野败型差异较大。

一、野败型雄性不育恢复性的遗传分析与基因克隆

野败型雄性不育性可以被 2 对恢复基因 Rf_3 和 Rf_4 恢复，它们分别被初步定位在第 1 和第 10 号染色体。 Rf_3 定位在第 1 号染色体距离 RG532 标记 6 cM 处， Rf_4 定位在第 10 号染色体距离 G4003 标记 3.3 cM 的位置（Yao 等， 1997）；张群宇等（2002）进一步利用近等基因系分离群体将 Rf_4 定位在第 10 号染色体距 Y3-8 标记 0.9 cM 的位置。图位克隆 Rf_4 的工作已取得进展，但 Rf_3 还暂未克隆。 Wang 等（2006）和 Hu 等（2014）把 Rf_4 精细定位在第 10 号染色体 137 kb 的区间内。该定位区段存在 1 个共有 10～11 个 PPR（pentatricopeptide repeat）基因的

基因簇，毗邻之前克隆的 CMS-BT 和 CMS-HL 恢复基因 Rf_{1a}（Rf_5）。经过遗传转化验证最终确定 PPR9-782-M 具有恢复 CMS-WA 育性的功能，为 Rf_4 基因。该基因编码 782 个氨基酸，其编码蛋白与 Rf_{1a} 编码的 PPR3-791-M 都含有 18 个 PPR 基序，氨基酸序列相似性达 86%，但它们只能分别特异地对野败型和包台 / 红莲型不育恢复育性。序列分析发现功能型（显性）Rf_4 具有多种复等位基因变异，而非功能型（隐性）突变可分为粳型 Rf_4-j（大量碱基变异）和籼型 Rf_4-i（含 2 个片段插入产生提前终止密码子）。研究表明，Rf_4 在转录后水平降解不育基因 WA352c 转录本而恢复育性，而 Rf_3 不影响 WA352c 转录本，但抑制 WA352c 蛋白的产生积累而实现育性恢复的生物学功能。

经典遗传学把隐性核恢复基因与细胞质不育基因的遗传互作导致的雄性不育定义为核质互作不育。而近年来克隆的恢复基因表明，显性核恢复基因通过抑制 CMS 基因表达而恢复育性。其中，位于第 10 号染色体的 CMS-BT 型恢复基因 Rf_{1a} 和 Rf_{1b} 的编码产物 PPR3-791 和 PPR2-506 进入线粒体，分别特异性切割和降解不育基因的转录本 *B-atp6/orfH79*；CMS-HL 的恢复基因 Rf_5 其实就是 CMS-BT 恢复基因 Rf_{1a}，其编码蛋白与另一个核基因编码的蛋白 GRP 形成复合体，切割 CMS-HL 不育基因 *orfH79* 的转录本而实现育性恢复。CMS-WA 的恢复基因 Rf_4 编码的 PPR9-782-M 蛋白进入线粒体，以未知的机制降解 WA352 的转录本而恢复育性。另外，WA352c 蛋白与核编码的线粒体蛋白 COX11 的互作是雄性不育发生的分子基础，而 WA352c 蛋白在花粉母细胞期的绒毡层特异积累可能也是由核基因控制的。因此，植物细胞质雄性不育及其恢复性涉及不同层次的核质基因互作。

二、红莲型雄性不育恢复性的遗传分析与基因克隆

红莲型雄性不育性具有两对恢复基因，分别为 Rf_5 和 Rf_6。Rf_5 首先发现在恢复系密阳 23 中，利用杂交、回交获得 Rf_5 近等基因系，构建回交群体，将 Rf_5 定位于第 10 号染色体 SSR 标记 RM6469 和 RM25659 之间。Hu 等通过筛选密阳 23 的 BAC 文库获得候选克隆并进行亚克隆测序，将可能的候选基因分别进行转基因互补，结果表明仅 PPR791 能恢复 YTA 的育性，且 T_1 群体呈 1∶1 配子体分离模式遗传。Rf_5 是一个编码 791 个氨基酸的 PPR 基因，各组织均有表达，细胞学定位显示蛋白质定位于线粒体中，与包台型不育系的 Rf_1（Rf_{1a}，PPR791）是同一个基因。在杂种 F_1 中，不育基因转录本无论是 2.0 kb 的 *atp6-orfH79* 还是 0.5 kb 的 *orfH79*（*s*）均被剪切成更小的片段，从而无法翻译、恢复红莲型杂交水稻的育性。

大量实验证明 Rf_5 并不能直接与 atp6-orfH79 互作，因此，该恢复基因如何对不育基

因转录本进行加工是阐明育性恢复机制的重要科学问题。通过酵母双杂交、BiFC、Pull-down、免疫共沉淀等生化技术手段，获得了多个 Rf_5 的互作蛋白，发现其中的甘氨酸富集蛋白（Glycine Rich Protein，GRP162）可以通过其具有的 RNA 结合结构域与不育基因转录本 atp6-orfH79 特异性结合。GRP162 可形成二聚体，这和 GRP162 与不育转录本有两个结合位点结果一致。将 Rf_5 与 GRP162 的 400～500 kDa 大小的蛋白复合体命名为恢复基因复合体（Restoration of Fertility Complex，RFC）。最新研究发现一个新的亚基（RFC subunit 3，RFC3），该亚基具有跨膜结构，C 端与 Rf_5 互作，而 N 端与 GRP162 互作，在转基因干涉的材料中，特异地在红莲型杂交水稻中产生配子体雄性不育，进一步机制研究表明 RFC 的大小发生变化。因此，推断红莲型杂交水稻育性恢复是通过一个蛋白复合体完成的，其中 Rf_5 发挥了招募的功能、GRP162 形成二聚体结合不育基因转录本、RFC3 负责蛋白复合体的各亚基之间的正确组装。由于 RFC 大小在 400～500 kDa 之间，还有其他蛋白亚基尚未揭示，这些亚基如何参与育性恢复有待进一步研究。

9311 及其衍生系是国内目前应用最为广泛的恢复系之一，遗传研究表明 9311 具有两个不等位的红莲型恢复基因，红莲型杂交水稻中单独存在 Rf_5 或 Rf_6 时，恢复度为 50%，当 Rf_5 和 Rf_6 都存在时，恢复度则为 75%，结实率更稳定。除去位于第 10 号染色体的 Rf_5 外，第 8 号染色体存在另一个恢复力相当的恢复基因，命名为 Rf_6（Huang 等，2015）。研究发现 Rf_6 不但能恢复红莲型，而且也能恢复包台型。通过构建 19 355 株 F_2 群体，及 554 株 BC_1F_1 群体，将 Rf_6 精细定位于第 8 号染色体的 RM3710 与 RM22242 之间。根据不育系与恢复系之间在该区段的 1 个 PPR 基因内不育系所缺失的一段重复序列，开发出共分离分子标记 ID200-1。9311 中该基因全长 2 685 bp，编码 894 个氨基酸，命名为 PPR894，YTA 中的 rf_6 仅 786 个氨基酸，转基因互补实验证明，PPR894 能恢复红莲型不育系 YTA 的育性，并在转基因后代中按配子体模式遗传。Rf_6 蛋白质同样定位于线粒体中，这与不育基因产物存在于线粒体中相吻合。虽然 Rf_6 也属于 PPR 基因家族，但该基因是一个很特殊的 PPR 新基因，因为 Rf_6 的第 3、第 4 和第 5 三个 PPR 串联结构单元发生了一次重复，从而具备恢复功能，若由这三个 PPR 串联的结构单元未发生重复，则不具备恢复功能。Rf_6 的机制研究同样表明 Rf_6 不能与不育基因转录本直接互作，通过酵母双杂交文库淘洗，并经 Pull-down 验证，获得了 Rf_6 的特异互作蛋白 hexokinase 6（HXK6），HXK6 的转基因干涉植株也表现出配子体模式雄性不育，同时不育基因转录本 atp6-orfH79 的加工也被破坏（Huang 等，2015）。研究表明 Rf_6 与 Rf_5 的互作蛋白之间并没有相互作用，因此推断 Rf_6 以另一个蛋白复合体的方式加工不育基因转录本而达到育性恢复，深入的分子机制研究仍在进行之中。

第二节 超级杂交水稻恢复系的标准

一个优良的超级杂交水稻恢复系一般应具备以下条件：

（1）株叶形态优良：株高适宜，分蘖力中等，穗大粒多，结实率高，籽粒充实度好，丰产性好，米质优。

（2）恢复力强：所配组合杂种 F_1 在不同年份、不同季别种植，结实率稳定，波动小。

（3）开花习性好：花期长，开花早且集中，花药肥大，花粉量充足。

（4）适应性广：对光温反应不敏感或弱感，不同年际间同一季别种植，生育期的变化幅度小。

（5）一般配合力好：与多个不育系配组，杂种优势明显。

（6）抗病抗倒伏：耐肥抗倒，抗或中抗稻瘟病、白叶枯病和稻飞虱等主要病虫害。

第三节 恢复系的选育方法

目前最常用和最有效的水稻恢复系选育途径是测交筛选、杂交选育、回交转育和诱变育种。

一、测交筛选

利用不育系与现有水稻品种（系）杂交，根据杂种（F_1）的表现，从中筛选具有恢复力强、配合力好、杂种优势明显的优良品种（系）作恢复系。这种从现有的水稻品种资源中选育恢复系的方法，称为测交筛选。

（一）测交亲本的选择原则

目前我国生产上应用的不育系主要有两大类型：一是光温敏核不育类型；二是质核互作不育类型。由于它们之间的育性遗传机制不同，在测交亲本选择上也存在较大的差异。

1. 光温敏核不育类型测交亲本的选择

光温敏核不育类型的恢复谱广，配组自由，大多数常规品种都是其恢复系。但是，在育种实践中并非所有具有恢复能力的品种都能选配出强优势杂交稻组合，而只有其中极少数优良品种可以成为恢复系。根据水稻杂种优势产生的遗传机制和多年的育种实践，优良杂交稻组合恢复亲本的地理分布与光温敏不育系的遗传组成有一定的相关性，大致趋势是：以我国长江流域早、中籼品种为遗传背景的不育系，测交亲本的选择应以东南亚籼稻品种和我国华南晚籼品种为主；以东南亚籼稻品种为遗传背景的不育系，应以我国长江流域早、中籼稻品种为主；以遗传背景十分复杂的不育系为母本，测交亲本选择的范围比较广，一般不受品种地域分布的局限。

2. 质核互作不育类型测交亲本的选择

目前我国生产上应用的质核互作不育类型主要有野败型、 BT 型、红莲型等。这种质核互作不育类型受恢保关系的制约，配组不自由。同时，由于野败型、 BT 型、红莲型的不育细胞质来源各不相同，保持品种和恢复品种的分布也存在着一定的地域性。一般而言，野败型的恢复品种资源主要分布在低纬度、低海拔的热带和亚热带地区的籼稻品种中，而且出现的频率比较低。湖南省农业科学院（1975）利用野败型不育系与东南亚品种和我国华南晚籼品种进行测交，在测交的 375 个品种中，具有恢复力的品种仅占测交品种数的 4% 左右。同时又进一步分析了这些具有恢复力品种的系谱，发现在东南亚水稻品种中具有恢复能力的品种，如 IR24、 IR26 等，大多数与皮泰有亲缘关系；在我国华南具有恢复能力的品种如秋谷矮、秋塘矮等多数含有印度尼西亚水田谷亲缘。由此可以初步认为，野败型恢复基因主要来自东南亚几个原始水稻品种。因此，在测交亲本的选择上应以东南亚籼稻品种和中国华南晚籼品种中含有皮泰、印度尼西亚水田谷亲缘的品种为主。

BT 型恢复品种的地理分布，按照稻种资源、演化和育性基因分化的关系，一般认为籼稻是由野生稻演化而来的，而粳稻又是由籼稻演化而来的，从原始野生稻到近代的栽培粳稻，细胞质不育基因随着稻种的进化逐渐转化为可育基因，细胞核的恢复基因则转为不育基因。研究证明：利用 BT 型不育系与现有的栽培粳稻品种测交，没有发现一个品种具有恢复力。洪德林等（1985）利用 BT 型、滇型、 L 型、印野型、野败型等 8 个粳稻不育系与中国太湖地区 706 个、云南 111 个和国外 187 个粳稻品种进行了测交，结果表明：在中国粳稻品种中，大多数无恢复力，部分品种具有弱恢复力或部分恢复力，极少数高秆原始品种对滇型、 L 型不育系有恢复力，结实率可达 70% 以上。由此认为，在现有的栽培粳稻品种中，不存在 BT 型的恢复基因。同时，在测交筛选恢复品种的过程中，发现一些东南亚籼稻品种如 IR8、 IR24 等对 BT 型不育系具有恢复力。这表明 BT 型的恢复基因主要分布在低纬度、低海拔的热带和亚热带地区的籼稻品种中。但是，由于籼稻和粳稻分属两个不同的亚种，籼粳杂交，双亲遗传差异大，生理上不协调，杂种结实率低，无法直接用作恢复系。虽然在测交过程中也发现极少数原始籼稻品种和个别爪哇型品种对 BT 型不育系有直接恢复能力，但籼稻和爪哇稻品种开花早，粳稻不育系开花迟，花时严重不遇，制种产量低，也很难应用于生产。因此，BT 型测交亲本应从籼粳杂交育成偏粳型的含有 IR8、IR24 亲缘的品种中去选择。

红莲型的恢复品种多数分布在温带和亚热带地区，我国长江流域和华南等地区的籼稻品种一般都有恢复能力。因此，测交亲本的选择上应以上述地区的籼稻品种为主。

（二）测交筛选方法

1. 初测

从符合育种目标的品种（系）中选择典型单株与具有代表性的不育系进行成对杂交，每对杂交的种子一般要求 30 粒以上。成对杂交的杂种（F_1）和父本相邻种植，杂种和父本各种植数十株，单本插植，记载生育期等主要经济性状，抽穗期检查杂种的花药开裂情况及花粉充实度。若花药开裂正常，花粉充实饱满，成熟后结实性好，表明该品种具有恢复能力。若杂种的育性或其他性状如生育期等出现分离，则表明该品种还不是纯系，对于这类品种是继续测交还是淘汰，视杂种的表现而定，若杂种优势明显，其他经济性状又符合育种目标，可从中选择多个单株继续进行成对杂交，直到稳定时为止。例如，湖南省安江农业学校从国际水稻研究所引进的 IR9761-19-1 与不育系成对杂交后，发现杂种的生育期有分离，于是从该品种中选择不同熟期的单株与不育系继续进行成对杂交，相继选育出测 64-7、测 49、测 48 等一批早熟优良恢复系。

2. 复测

经初测鉴定有恢复力的品种，可进行复测。复测的杂交种子要求 150 粒以上，杂种种植 100 株以上，并设置对照品种。详细记载生育期及其他经济性状。成熟期时考查结实率，如结实正常证明该品种确有恢复力。对那些结实性好，杂种优势表现突出的杂种要进行测产。然后结合生育期、产量及其他经济性状，经综合评价后，淘汰那些优势不明显、产量显著低于对照品种和抗性差的品种。经复测当选的品种，便可少量制种，进入下一季的杂种优势鉴定或小区品比试验。

3. 测交筛选的效果与评价

从现有的品种资源中测交筛选恢复系，是杂交水稻恢复系选育的主要方法之一。20 世纪 70 年代初期，野败型不育系培育成功以后，采用这种方法，从东南亚品种中筛选出一批具有恢复力的品种，如 IR24、IR26、IR661、泰引 1 号、古 223 等，很快实现了三系配套。选育出了南优 2 号、南优 3 号、汕优 2 号、汕优 6 号、威优 6 号等一批强优势杂交稻组合，并大面积应用于生产。20 世纪 80 年代中期，又测交筛选出测 64-7 恢复系，育成了威优

64、汕优 64 等一批强优势中熟杂交稻组合，解决了当时杂交稻组合单一的问题，实现了长江流域杂交晚稻中、迟熟组合的配套，促进了杂交稻的发展。随后又从 IR9761-19-1 中测交筛选出测 49、测 48 等早熟恢复系，育成了威优 49、威优 48 等一批双季杂交早稻组合，把我国双季杂交早稻种植区域从北纬 25° 扩大到北纬 30° 以南广大地区。20 世纪 80 年代中后期，又测交筛选出密阳 46 恢复系，育成了威优 46、汕优 46 等一批熟期适宜、抗病力强、适应性广、杂种优势明显的双季杂交晚稻组合，并迅速替代了生产上使用多年、抗病虫能力减弱的汕优 6 号、威优 6 号等一批老组合。

同样， 20 世纪 90 年代，中国两系杂交稻培育成功，大面积应用于生产的两优培特（培矮 64S/ 特青）、培杂山青（培矮 64S/ 山青 11）、香两优 68（香 125S/D68）、两优培九（培矮 64S/9311）、 Y 两优 1 号（Y58S/9311）、丰两优 1 号（广占 63S/9311）、扬两优 6 号（广占 63-4S/9311）等一批两系杂交稻组合的恢复系都是通过测交筛选育成的。其中两优培九（培矮 64S/9311）、 Y 两优 1 号（Y58S/9311）等组合先后成为中国年推广面积最大的杂交水稻品种；香两优 68 等一批中熟、优质、高产双季杂交早稻组合的育成，初步解决了长江流域双季杂交早籼组合选育长期存在的“早而不优、优而不早”的难题。由此可见，从现有的水稻品种资源中测交筛选优良恢复系，不仅方法简单，育种年限短，而且效果非常明显。今后仍是杂交水稻特别是两系杂交水稻恢复系选育的主要途径之一。

二、杂交选育

（一）杂交亲本选择原则

根据多年的育种实践与经验，在杂交亲本选择上应遵循下列原则。

（1）株叶形态适宜。选择株型优良以培育上部三片叶“长、直、窄、凹、厚”的高冠层、矮穗层、中大穗、高度抗倒的株型，充分利用太阳光能提高群体光能利用率，达到有效增源的效果。

（2）双亲遗传差异大、性状互补。选择高产、抗病虫能力强、米质好的，或双亲优点多、缺点少，而且优、缺点能互补的品种配组；多采用亲缘关系远的品种配组，尽量不用或少用亲缘关系近的品种配组。

（3）亚种间杂种优势利用。选择 02428、轮回 422 等含广亲和基因的品种作为亲本之一，以利用亚种间强大的杂种优势。

（4）一般配合力好。据研究，以一般配合力好的品种作亲本的杂交组合，杂种后代优良单株出现的频率大，选择效果明显。例如，目前我国生产上应用的一批野败型优良恢复系，大多数是从一般配合力好的明恢 63、测 64-7、密阳 46 等品种作亲本的杂交组合中选育出来的。

（5）恢复力强。遗传研究证明：在恢复系 / 保持品种或保持品种 / 恢复系的杂交组合中，以强恢复系作亲本的杂交组合，在其杂种后代中一般能选到恢复力强的单株，在弱恢复系作亲本的杂交组合中，一般选不到恢复力超强的单株。

（二）两系杂交稻恢复系的选育方法

水稻有性杂交是水稻恢复系选育的主要方法之一。光温敏核不育类型恢复谱广，配组自由，在杂交选育恢复系的方法上与常规品种育种方法相同。

1. 杂交育种选择方法

杂交育种目前主要有两种选择方法：一是系统选择法（又称系谱选择法）；二是集团选择法（又称集团育种法或群体育种法）。

（1）系统选择法。F_2 是基因分离和重组的世代，一般要求种植 5 000 株以上，而且株行距要适当放宽，肥水管理条件要好。F_2 单株选择标准不能过严，单株的选择要根据组合中优良单株出现的频率而定，优良单株出现多的组合多选，出现少的组合少选，特别是表现差的组合可以不选。一般而言，每个组合可选 30 ~ 50 个单株。F_2 当选的单株进入 F_3 种植，每个单株形成一个系统，每个系统种 50 ~ 100 株。F_3 各个性状尚未稳定，只对遗传力高的质量性状如生育期、株高等性状进行选择，而对受多对基因控制的数量性状要适当放宽选择标准。一般每个系统选择 3 ~ 5 个单株，表现特别突出的系统可以适当多选。F_3 当选的单株进入 F_4 种植，每个单株又形成一个系统，每个系统种植 50 ~ 100 株，进入 F_4 后，受少数基因控制的质量性状已趋稳定，应按育种目标进行单株选择，淘汰那些表现差的系统或系统群。凡当选的单株进入 F_5 种植，每个单株又形成一个系统，每个系统种植 100 株，F_5 大多数性状已趋稳定或接近稳定，便可以进行恢复力和杂种优势鉴定，在单株选择上应严格按照育种标准在各个系统群、系统中选择单株与不育系进行测交。F_6 根据各个单株测交后代（F_1）的表现，选择符合育种目标的优良单株，淘汰那些杂种优势不明显、抗病虫能力差的单株。

（2）集团选择法。集团选择法是依据杂种后代中基因的分离、重组和纯合的遗传规律提出的。这种方法是早世代不进行选择，采用混播、混插和混收的方法进行。当杂种后代各个性状基本稳定后，也就是说控制杂种后代各个性状的基因基本纯合后才开始选择。而纯合基因型出现概率的大小与杂种的世代和控制性状基因对数有关。因此，选择世代的确定，应根据育种目标中主要性状控制的基因对数而定。杨纪柯（1980）根据水稻数量性状遗传理论提出了只有大多数性状在群体中出现 80% 以上纯合基因时即 F_6 才适宜开始选择。为了提高集团选择的育种效果，在 F_2~F_6 中应注意以下几点：①对原始亲本应尽早检测配合力，从而选定优良组合；②把群体放到特殊栽培环境中，以便自然淘汰其中不适应的个体；③对遗传力高的质量性状，如抽穗期、株高等可以早期初选，对少量明显不符合育种目标的可以早期去劣；④如发现特别优良的植株，随时进行单株选择。采用集团选择法可以大大地减少早世代田间的工作量，但育种群体及面积须适当增加，育种年限长。

2. 育种技术的综合利用

以杂交育种为基础，综合运用多种育种方法，是选育强优势恢复系的主要途径。湖南杂交水稻研究中心采用地理远距离品种间杂交，亚种间杂交、回交，分子技术辅助远缘杂交，外缘总 DNA 导入以及测交筛选等技术方法，选育了一批综合农艺性状好，典型性状突出的强优恢复系，如通过籼粳交、籼爪交、粳爪交选育的恢复系先恢 207、湘恢 111、湘恢 227、湘恢 299 等，通过品种间杂交和测交筛选法选育的 0293、 0389 等，通过远缘杂交和分子标记辅助选育的远恢 2 号、远恢 611、 R163 等。这些强优恢复系都已经选配出优质、多抗的杂交稻组合或超级杂交水稻组合或苗头组合，有些组合已经在生产上大面积推广。

强优恢复系 R163 是以超级杂交中稻恢复系 9311 为受体和轮回亲本，利用分子标记辅助选择（MAS）技术，将马来西亚普通野生稻的增产 QTL 导入选育而成。在前期选择的基础上，凭借传统育种方法和经验，参照轮回亲本选择农艺性状优良的单株回交，直至 BC_4F_4 和 BC_6F_3 才进行遗传背景的比较，分析野生稻增产 QTL 导入系遗传背景回复至轮回亲本的程度。筛选出同时携带高产 QTL *yld1.1* 和 *yld2.1* 且遗传背景回复程度高的 BC_6F_3 株系。产量结构考察发现，这些 BC_6F_3 株系均表现比受体 9311 增产，主要表现为单株有效穗数的增加和结实率、千粒重的提高。从中选择田间表现整齐一致且综合农艺性状优良的株系与 Y58S 测交，根据测交 F_1 代的杂种优势和综合性状表现，选育出显著增产的高配合力新恢复系 R163，配组的 Y 两优 7 号于 2008 年通过湖南省审定，同年被湖南省认定为超级杂交中稻。以 R163 早期世代（BC_3F_1）优良单株为母本，与蜀恢 527 杂交，在其后代 F_2 群体中选择优良单株，经自交 5 代选育而成的强优恢复系远恢 2 号，与 Y58S 配组成为第 3 期超级杂交水稻代表品种 Y 两优 2 号，于 2011 年经农业部专家组现场测产验收，百亩方平均单产 13.9 t/hm^2，率先突破中国超级稻第三期育种目标。

利用广亲和系为桥梁，在籼稻遗传背景中导入部分粳稻亲缘，构建籼粳中间型材料库，从而实现籼粳亚种间杂种优势的高水平利用，是选育超级杂交水稻强优恢复系的最有效途径之一。2004 年 8 月，以广亲和粳稻“02428”为母本，与“E32”杂交获得 F_1，再相继与先恢 207、轮回 422 杂交， 2007 年从三交 F_3 代中选择优良单株与扬稻 6 号杂交，并经过 4 年 8 代的系统选择获得优良稳定株系，以该稳定株系材料为父本，与培矮 64S、 Y58S 等优良不育系测交配组，所配组合表现突出，父本定名为“R900”（图 6-1）。与 Y58S 配组育成第 4 期超级杂交水稻先锋品种 Y 两优 900，与广湘 24S 配组育成单产超 16 t/hm^2 的第 5 期超级杂交水稻组合湘两优 900（超优千号）。

偏粳亲缘、生物量大　E32 × 02428　广亲和粳稻、高光效、大穗、结实率高

F_1 × 先恢 207　株型紧凑、配合力高、米质优、生育期短

特大穗、矮秆、生育期短　20Q862 × 轮回 422　爪哇型、广谱广亲和

巨穗、矮秆、偏粳亲缘、广亲和　08H037 × 9311　配合力高、米质好

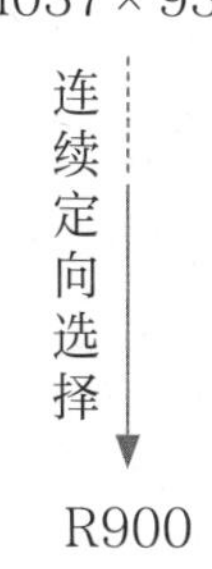

R900

巨穗、矮秆、生物量大、配合力强、优质

图 6-1　籼粳中间型强优恢复系 R900 系谱图

（三）三系杂交稻恢复系的选育方法

质核互作雄性不育类型，由于受恢保关系的制约，配组不自由，在恢复系杂交选育方法上也较为复杂，主要包括一次杂交选育法和复式杂交选育法。

1. 一次杂交选育法

（1）不育系 / 恢复系（简称“不 / 恢”）

在“不 / 恢”组合中选育恢复系，方法简单，只要从 F_2 开始，每代都选择农艺性状优良的可育株，到 F_4 或 F_5 群体大多数单株育性稳定，结实正常，通过测交，便可选出具有纯合恢复基因型单株，育成新的恢复系。由于这种恢复系的细胞质来自不育系，又称为“同质恢复系”。采用这种方法育成的同质恢复系有广西农业科学院的同恢 601、 616、 621、 613 和

湖南杂交水稻研究中心的长粒同恢、短粒同恢等。但需要指出，根据多年的育种实践，无论采用哪种方法，经过选育的同质恢复系，与不育系配组，由于双亲的遗传差异较小，杂种优势不明显。目前，一般不采用上述方法进行恢复系选育。

（2）恢复系 / 恢复系（ 简称“恢 / 恢”）

“恢 / 恢”就是将两个恢复系的优良性状综合在一起，或改良某一亲本的某一性状，如生育期、抗性等。“恢 / 恢”的两个亲本都具有恢复基因，虽然出现了基因的重组与分离，但就恢复性状而言，各个单株的基因型没有发生变化。也就是说在“恢 / 恢”杂交组合中，从 F_1 开始至以后各个世代，群体中的每个单株都有恢复能力。因此，在“恢 / 恢”杂交组合中选育恢复系，低世代不需要测交，待各个单株的主要性状基本稳定后，便进行初测和复测，从中选择恢复力强、各个性状优良、杂种优势明显的单株，育成新的恢复系。采用这种方法育成的恢复系主要有福建省三明市农业科学研究所的明恢 63、明恢 77，广西农业科学院的桂 33，湖南杂交水稻研究中心的晚 3，江西农业大学的昌恢 121 等。

（3）恢复系 / 保持系或保持系 / 恢复系（ 简称“恢 / 保”或“保 / 恢”）

采用“保 / 恢”或“恢 / 保”的配组方式进行恢复系选育，是当前最常用的方法之一。利用这种方法育成的恢复系主要有湖南杂交水稻研究中心的先恢 207，湖南农业大学的 R198，江苏省镇江市农业科学研究所的镇恢 129 等。在“保 / 恢”或“恢 / 保”杂交组合中选育恢复系，由于双亲中只有一个亲本具有恢复基因，彼此杂交后，从 F_2 开始，杂种后代中将分离出多种恢复基因型单株。随着自交世代的增加，后代群体中纯合恢复基因型单株也逐代递增。例如，野败型恢复系与保持系杂交在各个世代纯合恢复基因型单株频率：F_2 为 6.25%，F_3 为 14.06%， F_4 为 19.14%。但是，纯合恢复基因型单株与其他基因型单株在外部形态上根本无法区分，只有通过与不育系测交，然后根据测交后代育性表现，才能判别被测交单株的基因型。

为了尽早地在这类杂交组合中选出纯合恢复基因的单株，王三良（1981）根据水稻恢复基因的遗传规律，提出低世代测交选育法。具体方法是：

1）测交世代的确定：不管水稻的恢复性状是受一对、两对或三对基因控制，在 F_2 中都会出现纯合恢复基因型单株，纯合恢复基因型单株出现概率的大小，是随着控制育性基因对数的增加而减少。要保证有 99% 或 95% 的把握在各个世代中至少能选到一株纯合恢复基因型单株，每个世代至少要测交的单株数，按 $n \geqslant \lg\alpha / \lg P$ 公式进行计算， n 为应测交的单株数，P 为其他基因型概率， α 为允许漏失的概率。例如，由两对基因控制的恢复性状，若 F_2 代开始测交， F_2 应测交的单株数，从表 6-1 可知，其他基因型概率为 93.75%， P=0.9375，在保证有 99% 的把握能选到一株纯合恢复基因型单株条件下，还有 1% 没有把握，这 1% 称为允许漏失的概率，即 α 。把这些数据代入上述公式，便求得 n=71（株），同理，便可计算出 F_3 及以后各个世代要测交的单株、系统或系统群数。从表 6-1 可以看出，测交世代越早，测交工作量越多，但田间种植工作量却很小；相反，测交世代愈推迟，测交工作量虽有减少，但田间种植工作量却愈多。可见，低世代测交选育恢复系是最简单的方法。

表 6-1　含有 n 对杂合基因型单株 F_1 自交后代纯合恢复基因型和其他基因型单株出现概率　　单位：%

世代	n=1		n=2		n=3	
	纯合恢复基因型	其他基因型	纯合恢复基因型	其他基因型	纯合恢复基因型	其他基因型
F_1	0	100	0	100	0	100
F_2	25.00	75.00	6.25	93.75	1.56	98.44
F_3	37.50	62.50	14.06	85.94	5.27	94.73
F_4	43.75	56.25	19.14	80.86	8.37	91.63
F_5	46.88	43.12	21.97	78.03	10.30	89.70
F_6	48.44	51.56	23.46	76.54	11.36	88.64

2）确定 F_2 至少应测的单株数：根据水稻恢复基因的遗传研究，认为水稻的恢复性是由一对（粳稻）和两对（籼稻）基因控制的，属质量性状，以 F_2 测交比较适宜，粳型恢复系选育要测交 16 个单株，籼型恢复系选育要测交 71 个单株。

3）每个单株的测交后代至少种植的株数：为了鉴别被测交单株的基因型，依据 $n \geqslant \lg\alpha / \lg P$ 公式计算， n 为应种植的株数， P 为 R_1r_1 或 R_1-R_2-杂合基因型概率， α 为允许漏失的概率。 F_2 测交时， P=0.5，保证率为 99.9%， α=0.001，将上述数据代入公式，求得 n=10（株）。经计算，每一个单株的测交后代至少要种植 10 株，若 10 株的育性都恢复，被测交单株为 F（R_1R_1）（粳稻），或 F（$R_1R_1R_2R_2$）（籼稻）纯合恢复基因型；若 10 株中出现可育株、部分可育株或不育株，则被测交的单株为 F（R_1r_1）或 F（R_1-R_2-）杂合基因型；若 10 株中出现部分可育株或不育株，则被测交的单株为 s（R_1-r_2r_2）或 S（$r_1r_1R_2$-）基因型；若 10 株的育性表现为不育，则被测交的单株为 F（r_1r_1）或 F（$r_1r_1r_2r_2$）纯合保持基因型。

4）杂种后代的处理：F_2 是基因重组和分离的世代。因此，要根据育种条件尽可能地扩大 F_2 群体，并从中选择优良单株进行测交。 F_2 被测交的每一个单株进行 F_3 种植，各自形成一个系统。每个系统要求种植 50～100 株。一般地说，从这些系统中可以选到 1～4 个或更多的纯合恢复基因型系统。然后，再从这些系统中进行单株选择，由于各个系统的群体都很小，选择标准不能过高，特别是那些受多对基因控制的数量性状，可以不进行选择。 F_3 当选的单株进入 F_4 种植，每一个单株又形成一个系统，每个系统要求种植 100 株以上的群体，从中选择符合育种目标的优良单株，进入 F_5 种植。 F_5 大多数性状基本趋于稳定，这时便可进行复测和配合力鉴定。

另外，在“保 / 恢”或“恢 / 保”杂交组合中选育恢复系，也可采用系统选择法和集团选择法。但采用系统选择法必须注意以下两点：一是在 F_2 群体中要适当地增加单株的选择数；二是在 F_3 和 F_4 中要求在多个系统和系统群中进行单株选择，切忌集中在少数系统或系统群中进行选择，否则将有可能造成恢复基因的丢失，导致整个育种工作的失败。

2. 复式杂交选育法（又称“多次杂交选育法”）

将两个以上亲本的优良性状集中到一个品种中，一般采用多次杂交法即复式杂交选育法。采用这种方法育成的主要恢复系有：四川农业大学以单隐性核不育材料 ms 与明恢 63、密阳 46 等恢复系成对杂交建立的轮回群体为基础材料，从中选择优良单株经 4 代系统选育而成的蜀恢 498，与江育 F32A 配组育成超级稻 F 优 498；湖南农业大学以 9113/ 明恢 63// 蜀恢 527 的杂交后代经多代系统选育，于 2005 年育成的晚稻迟熟恢复系 R518，与 H28A 配组育成超级稻 H 优 518；广东省农科院水稻研究所用生产上广泛应用的恢复系广恢 122 为父本，以优质抗病育种中间材料（朝六占 / 三合占）为母本进行人工杂交，经过 4 年 8 代的系统选育及抗性和品质鉴定、测恢测优，于 2001 年育成广恢 308，与五丰 A 配组育成超级稻五优 308；中国水稻研究所以 C57（辽宁 BT 粳型恢复系）为母本，以（300 号 ×IR26）F_1 为父本杂交后，通过系统选育方法自交 4 代育成恢复系中恢 9308，与协青早 A 配组育成超级稻协优 9308；福建农业科学院以明恢 86 干种子通过返回式卫星进行空间搭载后选择优良单株为母本与台农 67 杂交，再以其杂交 F_2 代偏籼型单株为母本与 N175 杂交，后经 5 代自交选育而育成恢复系福恢 673（图 6-2），与宜香 1A 配组育成超级稻宜优 673。

复式杂交利用的亲本品种个数较多，而且在亲本中有恢复品种，也有保持品种，这样就构成了配组方式的多样性和恢复基因遗传关系的复杂性。下面就目前常见的（恢 / 恢）F_1/ 恢、（恢 / 保）F_1/ 恢、（恢 / 保）F_1/（恢 / 保）F_1 和（恢 / 保）F_1/ 保几种配组方式恢复基因的遗传行为和选育方法作一简述。

（1）（恢 / 恢）F_1/ 恢或（恢 / 恢）F_1/（恢 / 恢）F_1

在这类组合中，由于参加杂交的每一个亲本都是恢复系，具有相同的 F（$R_1R_1R_2R_2$）纯合恢复基因型，因此，第一次杂交的杂种（F_1）和第二次杂交的杂种（F_1）也为 F

时间（地点）	世 代	说 明
1996 年	时恢 86 ↓	干种子通过返回式卫星搭载，回收
1997 年春季（海南）	SP_1 × 台农 67 ↓	
1997 年晚季（福州）	F_1 ↓	混收
1998 年春季（海南）	F_2 × N175 ↓	选择偏籼型的单株与 N175 复交
1998 年晚季（福州）	F_1 ↓	混收
1998 年冬季（海南）	F_2 ↓	选择优良单株，并进行外观米质筛选
1999 年晚季（上杭茶地）	F_3 ↓	选择优良单株，抗瘟性鉴定，外观米质筛选
2000 年晚季（福州、上杭）	F_4 ↓	选择优良单株，外观米质筛选，抗瘟性鉴定
2001 年冬季（海南）	F_5 ↓	选择优良单株
2002 年晚季（福州）	F_6	筛选出优良株系 Aa017，定名为福恢 673

图 6-2　恢复系福恢 673 的选育过程

（$R_1R_1R_2R_2$）纯合恢复基因型。而第二次杂交的 F_1 自交后，在 F_2 中就恢复基因而言不再发生分离，F_2 及以后各个世代群体中所有单株都是 F（$R_1R_1R_2R_2$）纯合恢复基因型。因此，在这类组合中选育恢复系，不必考虑每个单株的恢复力，应注意其他性状的选择。

（2）（恢 / 保）F_1/ 恢

在这类组合中选育恢复系，由于第一次杂交的两个亲本一个是恢复系，为 F（$R_1R_1R_2R_2$）基因型；另一个亲本为保持品种，为 F（$r_1r_1r_2r_2$）基因型，杂交后，杂种（F_1）为 F（$R_1r_1R_2r_2$）杂合基因型。这种杂合基因型单株分别产生 R_1R_2、R_1r_2、r_1R_2 与 r_1r_2 四种雌雄配子，以这种基因型单株作母本、恢复系作父本进行第二次杂交，而恢复系只产生 R_1R_2 一种雄配子，如果母本中这四个配子都具有相等的接受花粉概率和相同的受精能力，那么第二次杂交的杂种（F_1）中将出现 F（$R_1R_1R_2R_2$）、F（$R_1R_1R_2r_2$）、F（$R_1r_1R_2R_2$）和 F（$R_1r_1R_2r_2$）四种基因型单株。第二次杂交的 F_1 自交后，F_2 产生分离，出现多种基因型单株，其中具有 F（$R_1R_1R_2R_2$）纯合恢复基因型单株占群体总数的 39.06%；F_3 为 47.26%，F_4 为 51.66%，F_5 为 53.93%，随着自交世代的增加，逐渐接近 56.25%。可见，在这类组合中，杂种各个世代中纯合恢复基因型单株出现频率都比较高，无论哪个世代选择单株与不育系进行测交，都可以选到纯合恢复基因型单株，育成新的恢复系。

然而，在育种实践中，情况要复杂得多，主要是第二次杂交时，采用人工去雄的方法进行，人工去雄杂交生产的杂交种子的数量有限。在这种情况下，四种雌配子不可能具有均等的接受花粉和受精机会，F_1 群体中也不会出现均等的四种基因型单株。这样，F_2 及以后各个世代群体中纯合恢复基因型单株出现的概率很难进行计算。但是有一点可以肯定，在人工去雄杂交时，母本中的 r_1r_2 配子与父本中的 R_1R_2 配子相结合，杂种 F_1 的基因型为 F（$R_1r_1R_2r_2$）。这种基因型单株在 F_2 仍然分离出 6.25％纯合恢复基因型单株，何况 r_1r_2 配子只占总配子数的 25%，而其他三种配子也都有 25% 的接受花粉的机会。因此，杂种（F_1）中不可能完全是 F（$R_1r_1R_2r_2$）这种基因型单株，F_2 中纯合恢复基因型单株出现的概率肯定大于 6.25%。只要与不育系进行测交，从中一定能选到纯合恢复基因型单株。

（3）（恢／保）F_1/（恢／保）F_1

在这种类型杂交组合中，第一次杂交都是“恢／保”，F_1 都为 F（$R_1r_1R_2r_2$）杂合基因型，F_1 中的每一个单株都产生 R_2R_2、R_1r_2、r_1R_2、r_1r_2 四种雌雄配子，两个 F_1 再进行杂交，若各个配子都有相等授粉受精机会，第二次杂交的 F_1 将出现多种基因型单株，其中具有 F（$R_1R_1R_2R_2$）纯合恢复基因型单株占群体数的 6.25%。F_2 又分离出多种基因型单株，其中具有 F（$R_1R_1R_2R_2$）恢复基因型单株占群体数的 14.06%，F_3 为 19.14%，F_4 为 21.97%，随着自交世代的增加，纯合恢复基因型单株逐渐接近总群体数的 25%。

上面分析的结果是在雌、雄配子都具有相等授粉受精条件下得出的理论数据，但在育种实践中，由于受人工去雄杂交的影响，生产的杂交种子数量极少，雌雄配子授粉受精的概率存在不均等性，第二次杂交 F_1 中可能是多种基因型中的一种或几种，而 F_2 的分离群体是由 F_1 中单株基因型决定的。因此，在这种类型杂交组合中选育恢复系，情况比较复杂，最好的方法是 F_2 开始测交。若测交后代的育性都是恢复系，表明被测交的单株为 F（$R_1R_1R_2R_2$）纯合恢复基因型。若测交后代的育性发生了分离，出现可育、部分可育和不育株，表明被测交的单株为 S（R_1-R_2-）杂合基因型。这些基因型单株的恢复基因尚未纯合，需要从中继续选择单株进行测交，直到测交后代的育性不再发生分离为止。若测交后代为部分不育或完全不育，说明被测交的单株可能是 S（R_1-r_1r_2）或 S（$r_1r_1R_2$-），或 S（$r_1r_1r_2r_2$）基因型，这些基因型单株恢复能力弱或无恢复能力。从中选不到恢复系，应及早淘汰。

（4）（恢／保）F_1/ 保

在这种类型杂交组合中选育籼型恢复系，工作量和难度都比较大，而且还要冒一定风险。因为第一次杂交的 F_1 为 F（$R_1r_1R_2r_2$）杂合基因型单株，将产生四种配子，而第二次杂交的父本为保持品种，只产生一种配子，彼此杂交，在雌配子都有均等接受花粉和受精能力的条件下，第二次杂交 F_1 将具有四种基因型单株，在这四种基因型中只有 F（$R_1r_1R_2r_2$）基因型在 F_2 中能分离出 F（$R_1R_1R_2R_2$）纯合恢复基因型单株，而其他三种基因型在 F_2 中分离出的单株都无恢复力。根据水稻恢复基因的遗传规律，在 F_2 中纯合恢复基因型单株仅占群体总数的 1.56%，F_3 为 3.51%，F_4 为 4.7%，随着自交世代的增加，逐渐接近 6.25%。可见，在这类杂交组合中，杂种各个世代纯合恢复基因型单株出现的频率很低，给选择带来一定难度，更加危险的是第二次杂交采用人工去雄的方法，又不能保证每种雌配子都有接受花粉和受精的机会，杂种（F_1）中能否出现 F（$R_1r_1R_2r_2$）这种基因型单株很难评定。因此，在这类组合中选育恢复系，必须在 F_2 或 F_3 开始测交，而且测交的单株数尽可能要多一些，然后根据测交后代育性的表现，来判断 F_2 或 F_3 中是否存在 F（$R_1r_1R_2r_2$）这种基因型分离出来的单株。若所有测交单株的测交后代的育性全部是部分不育或不育，表明在第二次杂交时，R_1R_2 这种配子没有被结合，在这些杂种后代中选不到 F（$R_1R_1R_2R_2$）纯合恢复基因型单株，应全部淘汰；若所有测交单株的测交后代中有个别单株的测交后代育性完全恢复，或者少部分单株的测交后代出现了一些单株可育，另一些单株为部分可育或不育，表明 F_2 或 F_3 群体中有 F（$R_1r_1R_2r_2$）这种基因型分离出来的单株，这时应选择测交后代育性完全恢复或育性出现分离的单株，继续测交，直到测交后代的育性完全恢复为止。

而在粳型恢复系选育中，由于粳稻的恢复基因源于籼稻，籼稻和粳稻分属两个不同的亚种，籼粳亚种间杂交杂种不亲和，具有恢复基因的籼稻品种不能直接用作恢复系。为了把籼稻的恢复基因导入粳稻品种中，又要缓和籼粳亚种间杂种不亲和的矛盾和加快杂种后代的稳定，一般采用“（恢 / 保）F_1/ 保”的配组方式进行恢复系选育。同时，粳稻恢复系只具有一对恢复基因，根据恢复基因的遗传规律，在这类杂交组合中各个世代纯合恢复基因型单株出现的频率比较高，F_2 为 12.5%，F_3 为 16.75%，F_4 为 22.88%，随着自交世代的增加逐渐接近 25.0%。因此，采用这种配组方式，不仅有利于杂种各个性状的稳定，而且通过测交，很容易筛选出纯合恢复基因型单株，育成新的恢复系。例如，辽宁省农业科学院稻作科学研究所育成的 C57 恢复系就是利用丰产性好的、具有恢复基因和半矮秆基因的 IR8 作母本，以科情 3 号作父本进行杂交，F_1 再与京引 35 进行复交，经多代选择与测交育成的。

三、回交转育（又称“定向转育”）

在测交筛选恢复系过程中，经常发现一些具有多个优良性状的品种，如株叶形态、抗性、米质、丰产性等，但没有恢复力，不能用作三系恢复系。为了使这些品种的优良性状不发生改变，又具有恢复能力，在育种方法上，一般采用多次回交转育法将恢复基因导入该品种中去。具体做法是：以“不/恢”的 F_1 作母本，以保持品种（简称“甲品种”）作父本进行杂交，由于母本的基因型为 S（$R_1r_1R_2r_2$），将产生四种雌配子，而父本的基因型为 F（$r_1r_1r_2r_2$），只产生一种雄配子，彼此杂交后，杂种（F_1）将出现四种基因型单株。其中只有 S（$R_1r_1R_2r_2$）基因型单株表现正常可育，而其他基因型单株表现为部分不育或完全不育。也就是说，凡是具有恢复基因的单株表现可育，含有一个恢复基因和不含恢复基因型的单株表现为部分可育或完全不育。因此，在 F_1 中选择正常可育株与甲品种进行第一次回交，同样在 BC_1 中只有那些具有恢复基因的单株表现可育，继续选择可育株与甲品种进行第二次回交。如此，连续回交 3～4 次，然后自交 1～2 代，从中选择性状和育性稳定的结实正常单株，与不育系测交，选择测交后代育性都恢复的单株，便育成了甲品种的同型恢复系。

多次回交转育的恢复系，除了恢复基因与其连锁的少数性状是来自恢复系外，其余性状来自甲品种，它的遗传基因与甲品种十分相似。采用这种方法选育籼型三系恢复系，存在相当大的难度，在选育过程中特别注意以下两点：

（1）在每次杂交或回交时，尽可能地多生产一些杂交种子，扩大 F_1 及其回交世代（BC_1、BC_2……）群体数。

（2）发现杂种（F_1）或 BC_1，BC_2……的群体中没有正常可育株出现，选育工作应立即停止，淘汰所有材料，并重新开始进行杂交。

应用分子标记辅助选择技术可提高回交转育的效率。

通过常规回交育种结合分子标记辅助选择技术，可对已鉴定的几个恢复基因进行跟踪导入，如 Rf_3、Rf_4、Rf_5、Rf_6 等，显著提高恢复度。同时还可结合抗性基因的跟踪，提高恢复系的病虫害抗性。张宏根等（2018）报道了利用携带 Rf_6 的株系 R1093 与 BT 型粳稻恢复系 C418（携带 Rf_1）杂交，将 Rf_6 导入 C418 中，进行 Rf_6 与 Rf_1 聚合育种，共获得 6 个改良系的农艺性状已基本接近 C418，测交鉴定结果表明聚合 Rf_6 的改良系对 HL 型粳稻不育系的恢复度达到 85% 以上，可应用于水稻生产，因此聚合 Rf_6 能有效改良 BT 型粳稻恢复系对 HL 型粳稻不育系的恢复力，是选育 HL 型粳稻恢复系的一条重要途径。

四、诱变育种

诱变育种是指人为利用物理或化学等因素诱发作物产生遗传变异，在短时间内获得有利用价值的突变体，根据育种目标要求，对突变体进行选择和鉴定，直接或间接地培育成生产上有利用价值新品种的育种途径。诱变育种在培育新品种和创制新种质方面发挥了重要作用，尤以水稻诱变成果最为突出。诱变育种包括物理诱变和化学诱变。目前，育种中应用较多的是物理诱变，其中又以辐射诱变育种和航天育种成果最为丰富。辐射诱变是指利用 χ、γ、α、β 射线和中子、紫外光等辐射处理生物体，使后代出现新的变异类型。航天育种则利用航天搭载工具（返回式卫星、宇宙飞船、高空气球等）所能达到的空间环境（高真空、微重力、强辐射等）对植物种子诱导产生遗传变异，诱变后代通过地面筛选，选育出新种质、新材料，培育新品种。采用辐射诱变、杂交及逆境温度筛选相结合的综合育种方法，四川省原子能研究院成功育成了辐恢 838 及其衍生恢复系辐恢 718、辐恢 305、中恢 218、绵恢 3728、糯恢 1 号等 12 个恢复力强、配合力高、抗逆性好的恢复系。利用这些恢复系与野败型、冈型、D 型、印水型等细胞质雄性不育系配组育成的 43 个组合，先后通过了国家或省级农作物品种审定。这些品种在大面积种植过程中表现出结实率高、较耐低温冷害和高温热害、适应性广、高产稳产的特点，累计种植面积 4 000 万 hm^2 以上。其中Ⅱ优 838 是继汕优 63 之后我国应用时间长、种植面积大的著名品种，2005 年成为国家籼稻区域试验对照组合，也是我国近年来主要出口越南等东南亚国家的杂交水稻品种。对浙江省通过直接或间接利用辐射选育而成的 245 个水稻新品种的分析发现，其中 89.9% 的品种源自辐农 709 和浙辐 802；甬优系列籼粳杂交水稻不育系的 81.8% 源自辐农 709；福建省农业科学院水稻研究所利用航天育种技术，将恢复系明恢 86 干种子经高空辐射，并在不同生态条件下经多代选择和经多点抗性鉴定育成恢复系航 1 号，与Ⅱ-32A 和龙特甫 A 配组育成超级稻Ⅱ优航 1 号和特优航 1 号；之后，同样是利用卫星搭载进行高空辐射诱变后的明恢 86 干种子，经福建省各地、海南三亚等多点不同生态条件下种植，采用穿梭选择、定向培育的方法，选育出综合性状优于明恢 86 的恢复系航 2 号，与Ⅱ-32A 配组育成超级稻Ⅱ优航 2 号。江西省超级水稻研究发展中心等单位利用大穗大粒型强恢复系科恢 752 的空间搭载 SP3 代突变体为父本，以自育的优质恢复系 R225 为母本，通过常规育种技术和空间诱变技术相结合，经 4 年 8 代于 2010 年育成优质强恢复系跃恢 1573，与五丰 A 配组育成超级稻五优航 1573。目前采用辐射诱变选育恢复系的方法主要有三种：

（1）对现有的优良恢复系进行辐射处理，诱发变突，从中选择突变体育成恢复系。如浙江省温州市农业科学研究所通过对 IR36 恢复系进行辐射处理，育成了生育期比 IR36 早熟的 36 辐恢复系，并选配出适合于长江流域作中熟晚稻栽培的汕优 36 辐等杂交组合；四川省原子核应用技术研究所利用 ^{60}Co-γ 射线处理泰引 1 号，培育了早熟 20 d 的新恢复系辐 06。

（2）对杂种后代进行辐射处理，诱发突变，从其后代中选择突变体，育成新的恢复系。如湖南杂交水稻研究中心对明恢 63/26 窄早的杂种一代进行 ^{60}Co-γ 射线处理，从中选育出晚 3 恢复系，选配出汕优晚 3、威优晚 3 等一批中熟杂交晚籼组合，并在长江流域大面积推广；张志雄等（1995）对明恢 63/ 紫圭的杂种一代抽穗前取主穗和高分蘖穗冷处理后，用 $^{60}Co-\gamma$ 射线急性处理后接种花药，获得一定数量双倍体植株，通过测交筛选选育出一个株型好、分蘖力强、穗大粒多、恢复度和配合力均强的恢复系川恢 802，并选配出Ⅱ优 802 等杂交组合。

（3）对现有水稻品种或杂种后代进行辐射处理，从中选择突变体作杂交亲本。吴茂力等（2000）从 02428///（圭 630/ 桂朝 2 号）γ//IR8γ/IR1529-680-3γ 组合中选育出籼粳交偏粳型、株型好、穗大、恢复力强、配合力好、抗病虫性中等、花粉足的 D091 恢复系，并选配出糯优 2 号杂交组合。其中（圭 630/ 桂朝 2 号）γ、IR8γ 和 IR1529-680-3γ 均系经 $^{60}Co-\gamma$ 辐射后选育的突变体。另外，在诱发突变选育恢复系方面还有武汉大学生物系许云贵等利用激光处理广陆矮 4 号，从突变体中选出激光 4 号恢复系，并选配出杂交组合在生产上试种。

References

参考文献

[1] 陈乐天，刘耀光. 水稻野败型细胞质雄性不育的发现利用与分子机理 [J]. 科学通报，2016（35）：3804–3812.

[2] 邓达胜，陈浩，邓文敏，等. 水稻恢复系辐恢 838 及其衍生系的选育和应用 [J]. 核农学报，2009，23（2）：175–179.

[3] 黄文超，胡骏，朱仁山，等. 红莲型杂交水稻的研究与发展 [J]. 中国科学：生命科学，2012（9）：689–698.

[4] 陆艳婷，陈金跃，张小明，等. 浙江省水稻辐射育种研究进展 [J]. 核农学报，2017，31（8）：1500–1508.

[5] 毛新余，王树森，张宏化，等. 汕优 36 辐的选育及其应用 [J]. 杂交水稻，1989（5）：33–35.

[6] 任光俊，颜龙安，谢华安. 三系杂交水稻育种研究的回顾与展望 [J]. 科学通报，2016（35）：3748–3760.

[7] 吴俊，邓启云，袁定阳，等. 超级杂交稻研究进展 [J]. 科学通报，2016（35）：65–74.

[8] 吴俊，庄文，熊跃东，等. 导入野生稻增产 QTL 育成优质高产杂交稻新组合 Y 两优 7 号 [J]. 杂交水稻，2010，25（4）.

[9] 吴俊，邓启云，庄文，等. 第 3 期超级杂交稻先锋组合 Y 两优 2 号的选育与应用 [J]. 杂交水稻，2015，30（2）：14–16.

[10] 吴茂力，刘育生，杨成明，等. 籼粳交恢复系 D091 的选育及应用 [J]. 杂交水稻，2000（S1）：3，21.

[11] 游晴如，郑家团，杨东．香型杂交中稻新组合川优 673 的选育与应用 [J]．杂交水稻，2011，26（5）：18–21.

[12] 袁隆平．杂交水稻学 [M]．北京：中国农业出版社，2002.

[13] 张宏根，仲崇元，司华，等．分子标记辅助选择改良 C418 对红莲型粳稻不育系的恢复力 [J]．中国水稻科学，2018，32（5）：445–452.

[14] 张群宇，刘耀光，张桂权，等．野败型水稻细胞质雄性不育恢复基因 Rf_4 的分子标记定位．遗传学报，2002，29：1001–1004.

[15] 洪德林，汤玉庚．粳稻雄性不育恢复基因研究 Ⅰ．粳稻雄性不育恢复基因的地理分布 [J]．江苏农业学报，1985，1（4）：1–5.

[16] 杨纪珂．水稻群体育种法的数量遗传理论根据 [J]．遗传，1980，2（4）：38–41.

[17] 张志雄，张安中，向跃武，等．利用花培纯系培育出杂交稻新组合Ⅱ优 802 [J]．杂交水稻，1995（6）：36.

[18] 许云贵．杂交水稻新组合："V20A× 激光 4 号" [J]．湖北农业科学，1983（2）：11–13.

[19] HU J, HUANG W C, HUANG Q, et al. The mechanism of ORFH79 suppression with the artificial restorer fertility gene Mt-GRP162 [J]. New Phytol, 2013, 199: 52–58.

[20] HU J, WANG K, HUANG W, et al. The rice pentatricopeptide repeat protein RF5 restores fertility in hong-lian cytoplasmic male-sterile lines via a complex with the glycine-rich protein GRP162 [J]. Plant Cell, 2012, 24: 109–122.

[21] HU J, HUANG W C, HUANG Q, et al. Mitochondria and cytoplasmic male sterility in plants [J]. Mitochondrion, 2014, 19 Pt B: 282–288.

[22] HUANG W, YU C, HU J, et al. Pentatricopeptide-repeat family protein RF6 functions with hexokinase 6 to rescue rice cytoplasmic male sterility [J]. Proc Natl Acad Sci U S A, 2015, 112 (48): 14984–14989.

[23] TANG H W, ZHENG X M, LI C L, et al. Multi-step formation, evolution, and functionalization of new cytoplasmic male sterility genes in the plant mitochondrial genomes [J]. Cell Research, 2017, 32 (1): 130.

[24] LUO D, XU H, LIU Z, et al. A detrimental mitochondrial-nuclear interaction causes cytoplasmic male sterility in rice [J]. Nat Genet, 2013, 45: 573–577.

[25] QIN X, HUANG Q, XIAO H, et al. The rice DUF1620-containing and WD40-like repeat protein is required for the assembly of the restoration of fertility complex [J]. New Phytol, 2016, 210 (3): 934–945.

[26] TANG H, LUO D, ZHOU D, et al. The Rice Restorer Rf_4 for Wild-Abortive Cytoplasmic Male Sterility Encodes a Mitochondrial-Localized PPR Protein that Functions in Reduction of WA352 Transcripts [J]. Mol Plant, 2014, 7: 1497–1500.

[27] WANG Z, ZOU Y, LI X, et al. Cytoplasmic Male Sterility of Rice with Boro Ⅱ Cytoplasm is Caused by a Cytotoxic Peptide and is Restored by Two Related PPR Motif Genes via Distinct Modes of mRNA Silencing [J]. The Plant Cell, 2006, 18: 676–687.

[28] YAO F Y, XU C G, YU S B, et al. Mapping and genetic analysis of two fertility restorer loci in the wild-abortive cytoplasmic male sterility system of rice (*Oryza Sativa* L.) [J]. Euphytica, 1997, 98: 183–187.

[29] ZHANG G, LU Y, BHARAJ T S, et al. Mapping of the *Rf-3* nuclear fertility-restoring gene for WA cytoplasmic male sterility in rice using RAPD and RFLP markers [J]. Theoret Appl Genets, 1997, 94: 27–33.

第七章

超级杂交水稻组合的选育

杨远柱 | 王 凯 | 符辰建 | 谢志梅 | 刘珊珊 | 秦 鹏

第一节 超级杂交水稻组合的育种程序

一、超级杂交水稻组合的选育目标

日本于 1981 年提出水稻超高产育种设想，并制定了“超高产水稻的开发及栽培技术确立”（即“逆 753 计划”）这一大型国家攻关合作研究项目，旨在培育产量潜力高的品种，辅之相应的栽培技术，实现低产地区水稻糙米产量达到 7.5～9.8 t/hm^2，高产地区达到 10 t/hm^2 以上，15 年内单产比对照品种增产 50% 的超高产目标。1989 年国际水稻研究所启动了水稻“新株型育种项目”，其目标是到 2005 年育成单产潜力较当时推广品种提高 20%～30%，产量潜力达 13～15 t/hm^2 的“新株型稻”。1994 年国际水稻研究所在国际农业研究磋商小组召开的会议上，通报了其“新株型稻”的选育成果，新闻媒体用“超级稻”（Super Rice）一词进行宣传报道，超级稻因此而得名（袁隆平，2008；费震江，2014）。

1996 年，我国农业部启动了“中国超级稻研究”重大项目，组成了以中国水稻研究所、湖南杂交水稻研究中心等 11 个国内主要水稻育种单位为主体的超级稻研究协作组。该项目以超高产育种为主要攻关目标，计划到 2000 年和 2005 年分别育成比原有高产品种增产 15% 和 30%（表 7-1），到 2000 年在较大面积（百亩方）上水稻单产稳定地实现 9.0～10.5 t/hm^2（600～700 kg/ 亩），到 2005 年突破 12.0 t/hm^2（800 kg/ 亩），到 2015 年跃上 13.5 t/hm^2（900 kg/ 亩）的台阶，并形成超级稻良种配套栽培技术体系。袁隆平提出超级杂交水稻的产量指标，应随时代、生态地区和种植季别而异，在育种计划中以单位面积的日产量而不用绝对产量作指标比较合理，1997年建议在“九五”期间超高产杂交水稻育种的指标是：每公顷稻谷日产量为100 kg。

表7-1　第一期和第二期超级稻品种（组合）产量指标（袁隆平，1997）　　单位：t/hm^2

类型阶段	超级常规稻				超级杂交水稻			增产幅度/%
	早籼	早中晚兼用籼	南方单季粳	北方粳	早籼	单季籼、粳	晚籼	
现有高产水平	6.75	7.50	7.50	8.25	7.50	8.25	7.50	
1996—2000年（第一阶段）	9.00	9.75	9.75	10.50	9.75	10.50	9.75	>15
2001—2005年（第二阶段）	10.50	11.25	11.25	12.00	11.25	12.00	11.25	>30

注：连续2年在同一生态区内2个点，每点6.67 hm^2面积上的表型。

2005年中央一号文件提出设立超级稻推广项目，同年，农业部印发了《超级稻品种确认办法（试行）》（农业部办公厅农办科〔2005〕39号文件），提出超级稻品种（含组合）是指采用理想株型塑造与杂种优势利用相结合的技术路线等途径育成的产量潜力大、配套超高产栽培技术后比现有水稻品种在产量上有大幅度提高，并兼顾品质与抗性的水稻新品种。农业部科教司组织专家制定了《中国超级稻研究与推广规划（2005—2010）》（简称《规划》）。《规划》指出，我国超级稻研究与推广的基本原则是“高产、优质、广适并重，良种、良法配套和科研、示范、推广一体化”。在提高单产的同时，丰富不同生态区超级稻的类型，兼顾产量、米质和抗性。围绕超级稻品种特性，加大实用轻简节本增效技术集成，完善技术体系，提高农民种植积极性，增加经济效益。以政府为主导，加大超级稻新品种及其配套技术的培训、示范和推广，增加种植面积。至2010年培育并形成20个超级稻主导品种，推广面积达到全国水稻总面积的30%（约800万hm^2，即1.2亿亩），每亩平均增产60 kg（每公顷增产900 kg），带动全国水稻单产水平明显提高，保持水稻育种水平国际持续领先地位。根据前一阶段的实施情况和品种产量潜力的测算，对超级稻产量指标进行了调整（表7-2）。

表 7-2 超级稻产量、米质和抗性指标（程式华，2010）

区域		长江流域早稻	东北早熟粳稻、长江流域中熟晚稻	华南早晚兼用稻、长江流域迟熟晚稻	长江流域一季稻、东北中熟粳稻	长江上游迟熟一季稻、东北迟熟粳稻
生育期 /d		102～112	121～130	121～130	135～150	150～170
产量	耐肥性	9.00 t/hm^2（600 kg / 亩）	10.20 t/hm^2（680 kg / 亩）	10.80 t/hm^2（720 kg / 亩）	11.70 t/hm^2（780 kg / 亩）	2.75 t/hm^2（850 kg / 亩）
	广适性	省级以上区试增产 8% 以上或 1/3 的点增产 15% 以上，生育期与对照相近				
品质		北方粳稻达到部颁二级米标准，南方晚籼达到部颁三级米标准，南方早籼和一季稻达到部颁四级米标准				
抗性		抗当地 1～2 种主要病虫害				

注：1. 在相同生育期，北方粳稻产量比南方籼稻低 300 kg/hm^2（20 kg/ 亩）。

2. 由于三期目标最高单产（长江上游迟熟一季稻和东北迟熟粳稻）13.5 t/hm^2（900 kg/ 亩）是 2015 年的指标，该规划确定 2010 年的最高单产指标为 12.75 t/hm^2（850 kg/ 亩）。

超级杂交水稻的选育目标不是一成不变的，不同生态条件下存在不同的超级稻选育目标，同时随着社会发展，生产方式的改变，以及生态环境的变化，超级稻选育目标也随之发生变化。2008 年我国农业部对 2005 年发布的《超级稻品种确认办法（试行）》进行了修改，进一步确立了超级稻品种各项指标，具体如表 7-3《超级稻品种确认办法》（农办科〔2008〕38 号）。

表 7-3 超级稻品种各项主要指标

区域	长江流域早熟早稻	长江流域中迟熟早稻	长江流域中熟晚稻；华南感光型晚稻	华南早晚兼用稻；长江流域迟熟晚稻；东北早熟粳稻	长江流域一季稻；东北中熟粳稻	长江上游迟熟一季稻；东北迟熟粳稻
生育期 /d	≤105	≤115	≤125	≤132	≤158	≤170
百亩方产量 /（kg / 亩）	≥550	≥600	≥660	≥720	≥780	≥850
品质	北方粳稻达到部颁二级米以上（含）标准，南方晚籼达到部颁三级米以上（含）标准，南方早籼和一季稻达到部颁四级米以上（含）标准					
抗性	抗当地 1～2 种主要病虫害					
生产应用面积	品种审定后 2 年内生产应用面积达到年 5 万亩以上					

二、超级杂交水稻组合的选配程序

（一）超级杂交水稻亲本选择

1. 理想株型亲本选择

优良的植株形态是超高产的基础，袁隆平提出超高产杂交水稻育种要充分利用双亲优良性状的互补作用，在形态上作更臻完善的改良（袁隆平，1997）。理想株型能够使水稻生长发育与环境条件不断适应，充分协调“源”“流”“库”三者之间的矛盾，最大程度提高光能利用效率，从而实现超高产目标。我国稻作区域辽阔，生态条件各异，从矮化育种以来，育种家们在不同的生态区域开展相应的理想株型育种，并不断趋于完美。

黄耀祥在半矮秆、丛生早长育种的基础上，从生态育种的角度提出华南稻区超级水稻“矮秆丛生早长型”模式（黄耀祥，1983；黄耀祥，2001）。在华南气候条件下，早、晚稻每季生育时期相对较短，植株的生长速度要快，以尽可能充分利用生育前期的温光条件达到高产。其设计的早晚兼用型超级稻株型模式为：株高 105～115 cm，每穴 9～18 个穗，每穗着粒 150～250 粒，根系活力强，生育期 115～140 d，收获指数 0.60，产量潜力 13～15 t/hm^2。代表品种有桂朝 2 号、特三矮 2 号等超高产常规早晚稻品种。

杨守仁注重粳稻穗型对水稻群体结构和受光态势的关系，提出北方粳稻区超级稻“直立大穗型”模式（徐正进，1996），认为直立穗型的创造将是水稻理想株型的一个重要突破。在此基础上，陈温福对粳稻超高产株型模式进行了数量化设计：株高 105 cm，直立大穗型，分蘖力中等偏强，每穴 15～18 个穗，每穗着粒 150～200 粒，生物产量高，综合抗性强，生育期 155～160 d，收获指数 0.55～0.60，产量潜力 12～15 t/hm^2（陈温福，2003）。代表品种有沈农 265、辽粳 263 等超高产常规粳稻品种。

周开达根据四川一季稻的生态条件提出四川盆地超级稻“亚种间重穗型”模式（周开达，1995）。四川盆地少风、多湿、高温、常有云雾。在这种生态条件下，适当放宽株高，减少穗数，增加穗重，更有利于提高群体光合作用与物质生产能力，减轻病虫为害，获得超高产。其株型指标为：株高 120～125 cm，穗长 26～30 cm，穗平均着粒 200 粒，单穗粒重达 5 g 以上。代表品种有Ⅱ优 6078、冈优 188 等超高产三系杂交组合。

袁隆平根据长江中下游地区生态条件，提出构建具有“高冠层、矮穗层、中大穗”的超高产理想株型，把高生物学产量、高收获指数、高度抗倒的“三高”性状有机统一，达到充分利用光能、提高产量的目的（袁隆平，1997）。高冠层：上三叶具有长、直、窄、凹、厚的特点，叶面积指数大，光合作用强，“源”足；矮穗层：株高 100 cm，穗下垂，穗顶部离地面仅 60～70 cm，重心下降，高度抗倒，“流”畅；中大穗：单穗重 5～6 g，每公顷有效穗数 270 万～300 万穗，每穗实粒数 200 粒，“库”大；高经济系数：主要应依赖于提高生物学产量达到进一步提高稻谷产量，要求经济系数＞0.55；日产量高：熟期适宜，每公顷日产量 100 kg。代表组合有培矮 64S/E32 和 29S/510 等（图 7-1）。

图 7-1 培矮 64S/E32 株型表现

长江流域双季早稻生长季节具有前期倒春寒频繁，夏初梅雨连绵，低温寡照， 6 月中下旬雨多量大， 7 月高温干热风的特点。因此，杨远柱提出长江中下游双季稻区超级早稻理想株型模式：① 中秆、壮秆：株高 100 cm，生物学产量高，收获指数＞0.55，且茎秆粗、短、厚、韧、包，高度抗倒；② 早生、快长：分蘖早，分蘖节位低，紧散适中，分蘖力较强，成穗率＞75%，每公顷有效穗数达 375 万穗，保证“库”大；③ 前斜、后直：叶片前展，色淡绿，稍薄，充分利用直射光，提高截光率，后三叶直立、较厚、微凹，充分利用散射光，提高光合效率，保证“源”足；④中等穗、高结实：穗形长，着粒较稀，尤其穗基部着粒稀，一次枝梗多，两段灌浆轻；每穗总粒数 130 粒左右，结实率 85% 左右，千粒重 25～28 g；⑤根壮，不早衰：根系发达，根群旺健，发根力强，扩展快，后期不早衰，确保“流”畅（杨远柱，2010）。

事物的发展规律多半是呈螺旋式上升的，超级杂交水稻育种对株型的要求亦是如此。袁隆平根据在保持收获指数为 0.5 左右的前提下，生物学产量随株高的增加而增加，亦即稻谷的产量随株高的增加而增加的总趋势或规律，提出超级杂交水稻株型由高变矮后，再上升到半矮、半高、新高、超高（图 7-2）（袁隆平， 2012）。

理想株型是在特定稻作环境下，最大程度协调“源、库、流”三者之间的矛盾，达到获

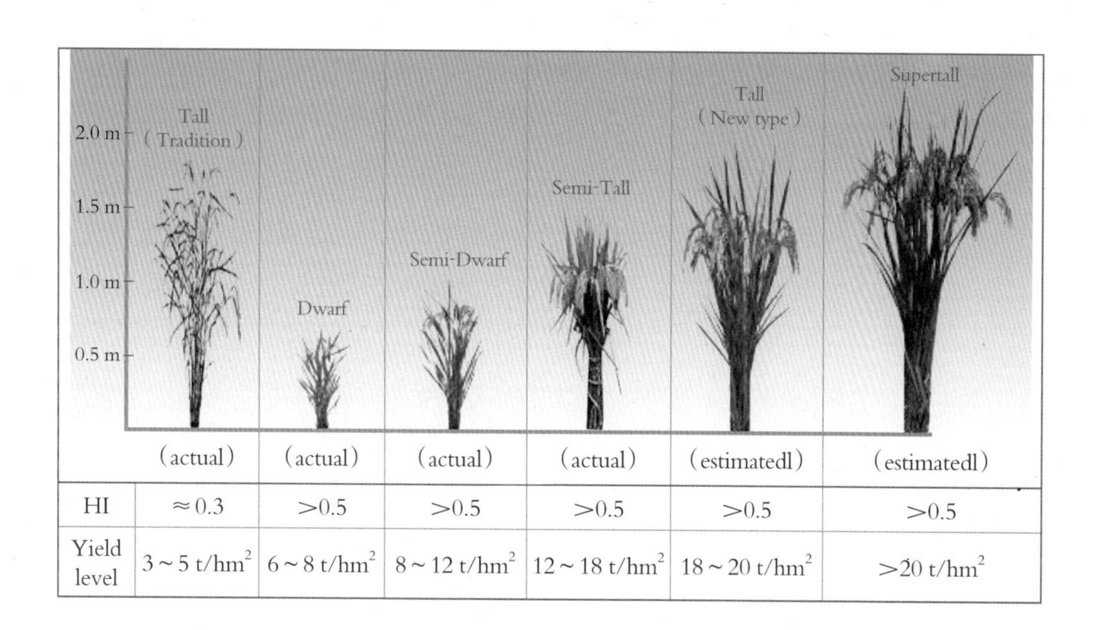

	(actual)	(actual)	(actual)	(actual)	(estimatedl)	(estimatedl)
HI	≈0.3	>0.5	>0.5	>0.5	>0.5	>0.5
Yield level	3～5 t/hm^2	6～8 t/hm^2	8～12 t/hm^2	12～18 t/hm^2	18～20 t/hm^2	>20 t/hm^2

图 7-2 水稻的株型发展模式

得最大限度经济产量的一种理想株叶形态。超级杂交水稻的育种历程和经验表明，超级杂交水稻理想株型不是一成不变的，在不同生态条件下，存在特定的适合当地稻作环境的理想株型模式。

超级杂交水稻理想株型模式是双亲遗传的表现，在选择超级杂交水稻亲本进行配组时，应注意以下几点：①根据不同生态条件对理想株型的要求，双亲应具有尽可能多的理想株型性状；②在无法兼顾双亲同时具有同一理想株型性状时，双亲性状的优缺点应该互补，避免出现共同缺点；③注重选择具有理想株型的不育系配组。杂交水稻育种经验表明杂交组合的株型性状部分受细胞质遗传影响，杂交组合的株型特点与母本更密切，组合的株型更偏向于母本。

2. 具有一定遗传距离的双亲选择

袁隆平根据杂交水稻育种特点提出“形态改良与杂种优势利用相结合”的杂交水稻超高产育种技术路线（袁隆平，1997）。遗传多样性是杂种优势的遗传基础，选择具有较远遗传距离的双亲，最大限度利用双亲间的杂种优势。袁隆平总结水稻杂种优势的水平存在如下趋势：籼粳交>籼爪交>粳爪交>籼籼交>粳粳交（袁隆平，2008），并提出杂种优势利用水平由低到高 3 个发展阶段的技术路线，即由品种间到亚种间，再到远缘杂种优势利用（袁隆平，1987）。粳粳交、籼籼交和粳爪交属于品种间（或生态型间）杂种优势利用，是杂种优势利用的第一个阶段，是目前杂种优势利用的主要形式。籼粳交和籼爪交属于亚种间杂种优势利用，是杂种优势利用的第二个阶段，但存在杂种结实率低而不稳、籽粒充实度不良等问题，袁隆平提出籼粳亚种间杂交组合选育的 8 点策略：①矮中求高，利用矮秆基因解决杂种植株过高问题，在不倒伏前提下，适当增加株高，提高生物学产量；②远中求近，部分利用亚种间杂种优势，克服典型亚种间杂交稻遗传差异过大所产生的生理障碍和不利性状；③显超兼顾，即注意利用双亲优良性状的显性互补作用，又重视保持双亲有较大的遗传距离，避免亲缘重叠，以发挥超显性作用；④穗求中大，不片面追求大穗和特大穗，以利于协调库源关系，使之有较高的结实率和较好的籽粒充实度，以增加穗长和一次枝梗数为主，提高穗粒数；⑤高粒叶比，选择粒叶比值高的组合；⑥以饱攻饱，选择籽粒充实良好和特好，千粒重不大但容重大的品种、品系作亲本；⑦爪中求质，选用爪籼中间型的长粒种优质材料，与籼稻配组，米质优良且倾籼型，选用爪哇型或爪粳中间型的短粒型材料，与粳稻配组，米质优良且倾粳型；⑧生态适应，籼稻区以籼爪交为主，兼顾籼粳交，粳稻区以粳爪交为主，兼顾籼粳交（袁隆平，1996）。

在剔除育性不亲和的前提下，亲本间遗传差异大小跟杂种优势密切相关，根据亲本亲缘关系（遗传多样性），可以划分作物杂种优势群。美国现代玉米自交系已形成了 SS（Stiff Stalk）和 NS（Non-Stiff Stalk）两个杂种优势群（Mikel，2006）。不同杂种优势群间的种质配组，其杂种后代往往有较强的杂种优势，而同一杂种优势群内的种质配组，其杂种后代所表现出的杂种优势较弱。玉米杂种优势群的创建和培育大大提高了强优势杂种选配效率，为水稻杂种优势的利用提供了很好的借鉴作用。杂交水稻的育种经验表明水稻也存在杂种优势群，如三系不育系（保持系）和恢复系应分属两大杂种优势群，即长江流域的早籼生态型和南亚、东南亚中晚籼生态型；两系杂交稻不育系为一个独立于三系杂交籼稻两大杂种优势群的新杂种优势群，其两系父本与三系恢复系同属一个大的杂种优势群等（王凯，2014；Wang，2006）。在亲本配组之前，利用分子标记基于遗传距离对亲本进行群组划分，尽可能选择位于两个不同群组，且具有较远遗传距离的两个亲本配组。

3. 高配合力、强优势双亲选择

双亲配合力的高低与杂种性状优劣密切相关（袁隆平，2002）。一般配合力主要是由基因的加性效应引起的，在表型上的特点是基因的作用是累加的（Arne，2010），能够固定遗传，也就是我们常说的水涨船高。三系不育系荃 9311A、Ⅱ-32A，两系不育系广占 63S、P88S、C815S、隆科 638S 等不育系和明恢 63、9311、R1128、明恢 86、乐恢 188 等父本，都是典型例子（钟日超，2015）。特殊配合力主要是来自基因的非加性效应，主要包括显性效应、超显性效应、上位性效应等遗传效应（Arne，2010）。双亲的隐性不利基因效应被显性有利基因效应所掩盖（显性效应），或来源于双亲基因型的异质结合而引起等位基因间的互作（超显性效应），使杂种 F_1 表现出超亲优势。早期的三系杂交稻主要利用的是显性和超显性效应。亲本本身优势一般（如 V20A、金 23A、岳 4A、 R402、岳恢 9113、测 64 等），通过扩大双亲遗传差异来产生显著超过双亲的杂种优势（威优 64、金优 402、岳优 9113 等）。陈立云提出当杂交水稻从一般育种进入超级杂交水稻育种阶段后，单靠杂种优势效应已难以满足超高产育种的要求，当前超级杂交水稻育种必须在实现亲本性状的全面综合改良基础上，通过超级亲本的选育，并科学地利用杂种优势，才能实现超级杂交水稻选育的重大突破（陈立云， 2007）。

自实现杂交水稻三系配套和两系杂交水稻研究成功以来，其间培育出了一大批三系和两系杂交水稻亲本，但在这些亲本中，并非一切遗传差异大、表型性状优良的亲本都能选配出超级杂交水稻组合。事实证明，只有配合力好、优势强的三系、两系亲本才能选配出能够在生产上应用的超级杂交水稻组合，如Ⅱ-32A、金 23A、天丰 A、五丰 A、 Y58S、广占 63-4S、培矮 64S、准 S、株 1S、陆 18S、湘陵 628S、隆科 638S 和远恢 2 号、 R900、蜀恢 527、中恢 8006、华占、 9311、 F5032、华 819、华 268 等不育系和恢复系（或父本）。因此，选择配合力高的品系作为杂交亲本，才有可能选配出超级杂交水稻组合。

（二）组合测配

确定杂交亲本后，下一步需要进行组合测配。优良品种选育是低概率事件，为能够选育出更好的超级杂交水稻组合，最佳方式是利用多个高配合力、强优势、理想株型不育系（母本）与强优势父本开展不完全双列杂交式的规模化测配，袁隆平农业高科技股份有限公司（简称“隆平高科”）每年开展的测配组合多达 3 万～4 万个。在合理选择超级杂交水稻双亲的前提下，只有加大测配组合的规模，才有更大的机会选配出超级杂交水稻组合。根据用种量的不同需求，可选择人工剪颖法、成对套袋法、直接栽莳法、布套隔离法等方法进行超级杂交水稻测配制种（余灿， 2014）。

不育系（母本）与父本的不完全双列杂交测配方式，在获得产量测试结果的同时，可以计算出测配亲本的一般配合力和组合的特殊配合力，不仅可以对超级杂交水稻亲本进行配合力评价，而且可以根据双亲的全基因组基因型分析结果（如重测序等）与杂种 F_1 表型的分析，有望构建超级稻杂种优势预测模型，实现超级稻杂种优势预测，从而实现超级杂交水稻的准确设计育种（Zhen， 2017）。

（三）组合测试

组合测试的一般流程包括优势鉴定、单点品比、多点品比、区域试验和生产试验。

（1）优势鉴定。其目的是对测配组合进行初步鉴定，鉴定其产量优势和主要农艺性状的表现。具有超级稻潜力的优异组合升入单点品种比较试验，劣系淘汰。推荐试验每个组合种植 5 行，每行 20 株，共 100 株，试验采取间比法，每 10 个组合设一个超级杂交水稻品种对照。

（2）单点品比。优势鉴定筛选出的强优势组合进入单点品比试验。试验设三次重复，小区长方形，长：宽＝（2～3）：1，小区面积 13.33 m^2（0.02 亩），试验采取随机区组排列，每 13～15 个组合设一个超级杂交水稻品种对照。

（3）多点品比。单点品比筛选出的强优势组合进入多点品比试验。按照农业自然区划，选择自然和栽培条件具有代表性的点，每试验点设三次重复，小区长方形，长：宽＝（2～3）：1，小区面积 13.33 m^2（0.02 亩），试验采取随机区组排列，每 13～14 个组合设一个超级杂交水稻品种对照。

（4）区域试验和生产试验。同一生态类型区的不同自然区域，选择能代表该地区土壤特点、气候条件、耕作制度、生产水平的试验点，农业行政部门组织的区域试验和联合体试验，以及育繁推一体化企业自行开展的自育品种绿色通道试验，按照统一的试验方案和技术操作规程鉴定组合的丰产性、稳产性、适应性、米质、抗性及其他重要特征特性，确定品种的利用价值和适宜种植区域。区域试验表现突出的品种，在进行第二年区域试验的同时，在接近大田生产的条件下，进行生产试验，加快超级杂交水稻试验进程。

（四）组合审定

符合省级或国家级水稻新品种审定标准的杂交稻新组合，报省级或国家级品种审定委员会审定。

（五）百亩示范方测产验收

在省级（含）以上品种区域试验中，生育期与对照相近、两年平均增产 8% 以上的水稻品种，需进行一年百亩方高产示范栽培；区试产量比对照增产幅度小于 8% 的品种，需进行两年不同地点的百亩方示范栽培。经农业部组织专家按《超级稻品种确认办法》（农办科〔2008〕38 号）进行验收，达到超级稻认定指标要求（表 7-1），并经专家评审通过的品种确认为超级稻品种。

第二节 超级杂交水稻组合的选配原则

利用三系法或两系法选配出抗性和米质与对照品种相仿，而产量有大幅度提高的超级杂交水稻新品种是杂交水稻育种的长期目标。为实现超级杂交水稻选育目标，必须基于杂交水稻强优势组合的选配原则要求，对杂交水稻亲本进行选育。1997 年，袁隆平提出“形态改良与杂种优势利用相结合”的杂交水稻超高产育种技术路线，成为中国超级杂交水稻育种的指导思想（袁隆平， 1997）。袁隆平提出杂种优势利用水平由低到高 3 个发展阶段的技术路线，即由品种间到亚种间，再到远缘杂种优势利用（袁隆平， 1987）。总结国内外超级杂交水稻育种经验，超级杂交水稻组合的选配应充分考虑以下几个原则。

一、品种间（生态型间）杂种优势利用原则

品种间杂种优势利用是袁隆平提出的杂交水稻育种的第一个发展阶段，主要是利用亚种内品种间的杂种优势（袁隆平， 1987）。由于品种间的亲缘关系较近，杂种优势有限，在选配超级杂交水稻组合时应充分利用生态型间的杂种优势。以汕优 63 为代表的第一代高产三系杂交籼稻，其不育系（保持系）和恢复系分属两大生态型，即长江流域的早籼生态型和南亚、东南亚中晚籼生态型（及其衍生型），由此也可以认为中国早籼不育系（保持系）与国外恢复系（及其衍生系）应分属两个杂种优势群，其群间杂交属于强杂种优势利用模式（王凯， 2014）。利用品种间杂种优势进行超级杂交水稻组合的选配时，双亲间的遗传距离应尽可能大，才能充分利用品种间或生态型间的杂种优势。

进一步利用生态型间杂种优势在产量和其他方面（如米质和抗性方面等）取得突破，需进行材料和方法的创新，如进一步加大国外籼稻生态型资源的利用，拓宽国内籼型杂种优势群间的遗传距离。 Aus 稻群是一个独立的籼稻亚群（图 7-3），主要为孟加拉国和印度西孟加拉邦 Aus 季（3—7 月）种植的早熟、抗旱、抗涝品种（Glaszmann， 1987），该群内含有大量的优异基因，如 80%～90% 含有 Pup1 基因（Chin， 2010），耐高温种质（Ye， 2012），耐淹种质（Xu， 2006）和广亲和种质（Kumar， 1992）等。 Aus 稻群作为籼稻组的近缘群，与籼稻其他亚群不存在生殖隔离，且含有大量的优异基因，然而在育种中 Aus 稻群却没有像籼稻和粳稻一样受到育种家的重视，在杂种优势群的划分和利用过程中， Aus 稻群可以作为一个籼型优势生态群对待（3 000 rice genomes project， 2014），通过杂交改良引入现有骨干超级稻父本资源，将其向（新）杂交籼稻父本群方向改良，最终将其发展为一个新的可利用的杂种优势群。同时，将 Aus 稻群中的优异基因，通过杂交改良

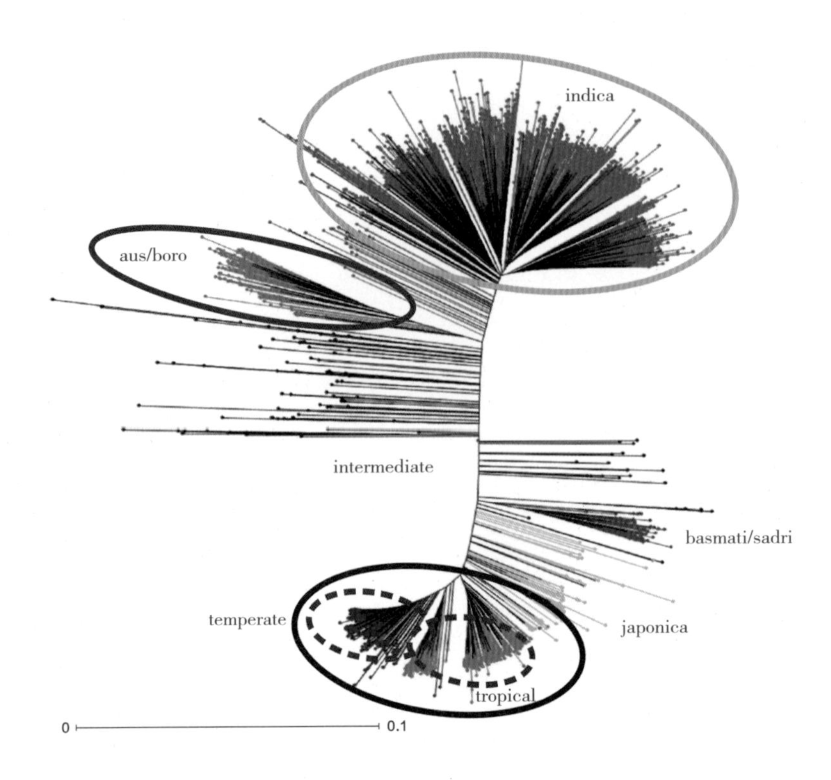

图 7-3 3 000 份水稻资源遗传聚类图（3 000 rice genomes project，2014）

转育到骨干超级稻父本中，以期进一步提高亚种间杂种优势的利用水平。

二、亚种间杂种优势利用原则

亚种间杂种优势利用是袁隆平提出的杂交水稻育种的第二个发展阶段，主要是利用籼粳亚种间的杂种优势（袁隆平，1987）。籼粳亚种间亲缘关系较远，籼粳杂交种具有较强的杂种优势，如植株高大、茎粗抗倒、根系发达、穗大粒多、发芽势分蘖势强、再生力抗逆力强等。但典型的籼粳亚种间存在遗传不亲和、杂种不孕现象，致使籼粳杂交种受精结实不正常，一般结实率仅 30% 左右，同时还存在生育期超亲晚熟、籽粒充实度差、植株偏高等问题。20 世纪 70 年代，杨守仁（杨守仁，1973）提出了部分利用籼粳杂种优势的观点；杨振玉（杨振玉，1994）也提出“籼粳架桥”亲和、有利基因交换、差异适度的协调发展观点，并通过“籼粳架桥”制恢技术，培育出有部分籼稻亲缘的粳型恢复系 C57，实现了籼粳亚种杂种优势的部分利用。籼粳亚种间杂种优势利用的最大障碍，是籼粳杂交种的不亲和性。广亲和品种 / 基因的发现和亚种间不育基因的研究使得克服杂种不育和利用亚种间杂种优势成为可能（Morinaga，1985；Chen，2008；Guo，2016）。

（一）部分亚种间杂种优势利用

广亲和种质资源的利用和按照部分籼粳杂种优势利用策略，推动了第 1 期到第 4 期超级杂交水稻目标的加速实现。在两系法部分籼粳杂种优势利用方面，籼粳中间型广亲和两系不育系培矮 64S［农垦 58S/（培迪 / 矮黄米 // 测 64）］的选育成功为部分亚种间杂种优势直接利用提供了契机，随后与籼型父本 9311 配组选配出第 1 期超级杂交水稻组合两优培九，并在生产上得到大面积推广应用。邓启云等选育的第 2 期、第 3 期和第 4 期超级杂交水稻代表品种 Y 两优 1 号、 Y 两优 2 号和 Y 两优 900 均是以 Y58S 为母本，分别与籼型父本 9311、远恢 2 号和 R900 配组选育而成（邓启云， 2005；李建武， 2013；李建武， 2014；吴俊， 2016）。 Y58S 是从（安农 S-1/ 常菲 22B// 安农 S-1/Lemont）/ 培矮 64S 的多亲本复合杂交后代中选择具有理想株型特征的不育单株定向培育而成（邓启云，2005），聚合了爪哇稻 Lemont（热带粳稻）的优质、高光效、抗病、抗逆等优良性状，以及培矮 64S 的广亲和、高配合力、优良株叶形态等性状，实现了有利多基因的聚合。第 4 期超级杂交水稻育种攻关代表成果 Y 两优 900 是以 Y58S 为母本、籼粳交选育的弱感光型强优恢复系 R900 为父本配组育成，采用了广亲和光温敏籼粳中间型不育系与籼粳中间型恢复系配组的途径，杂种优势强， 2014 年首次实现了超级稻百亩方过 1 000 kg 的目标（吴俊等，2016）（图 7-4）。利用两系法部分亚种间杂种优势利用选配超级杂交水稻时，双亲的一方应具有一定程度的粳稻亲缘和广亲和特性。

图 7-4 超高产攻关片 Y 两优 900 成熟期表现（吴俊等，2016）

对比各期超级杂交水稻代表品种以及汕优 63 的穗粒结构与产量构成后发现，超级杂交水稻从第 1 期到第 4 期有效穗呈下降趋势，但每穗粒数大幅增加，致使各期超级杂交水稻的单位面积总颖花数依次提高 10% 左右（表 7-4）。尽管“农民产量”/“专家产量”（即大面积推广实际产量 / 产量潜力）的折扣率从第 1 期超级杂交水稻的 90.7% 逐步降低到第 4 期超级杂交水稻的 78.7%，但单位面积绝对产量始终保持了 8%～10% 的增长幅度，表明超级杂交水稻不但在超高产条件下具有更高的产量潜力，在一般生态和普通栽培条件下也具有明显的增产作用（吴俊，2016）。

表 7-4　各期超级杂交水稻代表性组合在普通栽培条件下产量表现

组合名称	配组	有效穗数 /（万 / 亩）	穗粒数 / 粒	总颖花数 /（万 / 亩）	实际产量 /（kg/ 亩）	产量潜力 /（kg/ 亩）	折扣率 /%	相对增产幅度 /%
汕优 63（CK）	珍汕 97A/ 明恢 63	17.3	146.1	2 527.5	573.3	600	95.6	0
两优培九	培矮 64S/ 9311	17.0	179.0	3 043.0	634.8	700	90.7	10.7
Y 两优 1 号	Y58S/9311	18.2	182.8	3 327.0	680.6	800	85.1	18.7
Y 两优 2 号	Y58S/ 远恢 2 号	15.4	237.5	3 657.5	740.0	900	82.2	29.1
Y 两优 900	Y58S/ R900	14.1	288.7	4 070.7	786.7	1 000	78.7	37.2

注：折扣率 = 推广实际产量 / 产量潜力 ×100%。

基于以上超级杂交水稻育种取得的成绩和进展，袁隆平启动了第五期超级杂交水稻育种攻关，产量指标为 16 t/hm^2，即 1 067 kg/ 亩，计划于 2020 年前实现。2015 年，基于形态改良与部分籼粳杂种优势利用而选育的第五期超级杂交水稻苗头组合“超优千号”在 5 个示范片亩产突破 1 000 kg，特别是云南个旧百亩示范片亩产达 1 067.5 kg，首次突破 16 t/hm^2 的第五期产量目标。海南、广东、广西等 11 个省（市、区）也创造了当地水稻高产历史记录。2016 年继续在全国十多个省（市、区）80 多个示范点种植，超优千号创造了三项世界纪录。其中，云南个旧百亩方平均亩产达 1 088 kg（16.32 t/hm^2），再创大面积种植水稻单产世界最高纪录；湖北蕲春一季稻加再生稻平均亩产 1 253.4 kg（18.80 t/hm^2），创长江中下游一季稻加再生稻高产纪录；广东兴宁双季稻合计平均亩产 1 537.8 kg（23.07 t/hm^2），创世界双季稻最高产量纪录。2017 年，在 13 个省、市、自治区，建立了 31 个超级稻百亩连片高产攻关示范点。超优千号（2017 年通过国审，命名为“湘两优 900”）在河北省永年区的 7.7 hm^2 高产攻关片，经河北省科技厅组织的专家组实割测产验收，平均亩产 1 149.02 kg（17.24 t/hm^2），首次实现超级杂交水稻百亩方攻关产量 17 t/hm^2，刷新水稻大面积单产最高纪录。

在典型籼粳间杂种优势利用瓶颈问题未被解决前，最大限度利用生态型间和部分亚种间杂种优势仍是超级杂交水稻的选育方向之一。在两系不育系中渗入粳稻成分的同时，进一步保留现代早稻成分，是有效开发生态型间和部分亚种间杂种优势的重要策略。

在超级杂交水稻的选育过程中，超级杂交早稻长期以来一直存在生育期长、产量优势不强的问题。目前农业部认定的长江中下游超级杂交早稻仅有 8 个组合，其中 3 个由于推广面积未达要求而被取消冠名。5 个市场上仍推广的长江中下游超级杂交早稻中有 3 个组合为杨远柱选育的株 1S 和陆 18S，以及株 1S 衍生不育系湘陵 628S 所配。杨远柱利用籼粳杂交组合“抗罗早 /// 科辐红 2 号 / 湘早籼 3 号 //02428”后代中发现的 1 株雄性不育株，利用自创的“自然低温和人工低温双重压力胁迫选择法”，经多代育性定向筛选，育成不育起点温度和可育下限温度双低、综合性状优良的超级杂交水稻不育系株 1S 和陆 18S（杨远柱，2007），并利用株 1S 核不育基因选育出了超级杂交水稻不育系湘陵 628S。株 1S 和陆 18S 分别含有 9.1% 和 9.0% 的广亲和粳稻 02428 的遗传成分（陆静姣，2014），一般配合力很好，优势强。株 1S 和陆 18S 的细胞质 DNA 属典型籼稻，有别于培矮 64S 等粳型胞质（刘平，2008）。因此，株 1S、陆 18S 所配组合对南方早籼生态条件具有广泛适应性，苗期耐寒，前期早生快发，后期叶片不早衰，灌浆速度快，结实率高。与长江流域典型早籼配组，由于部分利用了籼粳亚种间杂种优势，使长江流域杂交早稻产量跃上新台阶。株 1S 和陆 18S 共审定了 33 个生育期在 108 d 内的早中熟杂交组合，区试平均产量 498 kg，比对照平均增产 5.4%，熟期早 1 d，很好地解决了长江流域杂交早稻“早而不优，优而不早”的难题。

株高偏高、耐肥抗倒性差是影响超级杂交水稻高产稳产的重要限制因素，杨远柱利用“体细胞无性系变异技术”获得了株 1S 矮秆突变体 SV14S（刘选明，2002），SV14S 基部 1～3 节节间长度仅为株 1S 的 1/3～1/2，茎秆秆壁变厚、薄壁细胞长度变短，如第 4 节茎秆秆壁比株 1S 厚 1/3，薄壁细胞长度仅为株 1S 的 1/3（图 7-5）。遗传分析表明该茎秆基部节间缩短是由单一基因控制的半显性遗传性状，该基因被命名为 *Shortened Basal Internodes*（*SBI*）。结合图位克隆和基因组技术，发现 *SBI* 编码一个尚未报道的 GA2 氧化酶，在茎秆基部节间高表达。酶功能分析证明 *SBI* 编码的 GA2 氧化酶可以将活性赤霉素转化为非活性赤霉素化合物。水稻中 *SBI* 存在两个等位变异基因型，导致 SBI 酶催化活性显著不同。高活性的 *SBI* 位点使得水稻茎秆基部节中活性赤霉素含量显著降低，从而抑制基部节间的伸长（图 7-6，图 7-7）（Liu，2017）。利用突变体 SV14S 与优质抗稻瘟病父本 ZR02 杂交，采用“自然低温环境和人工低温环境双重压力胁迫选择法”（杨远柱，2007），对杂种

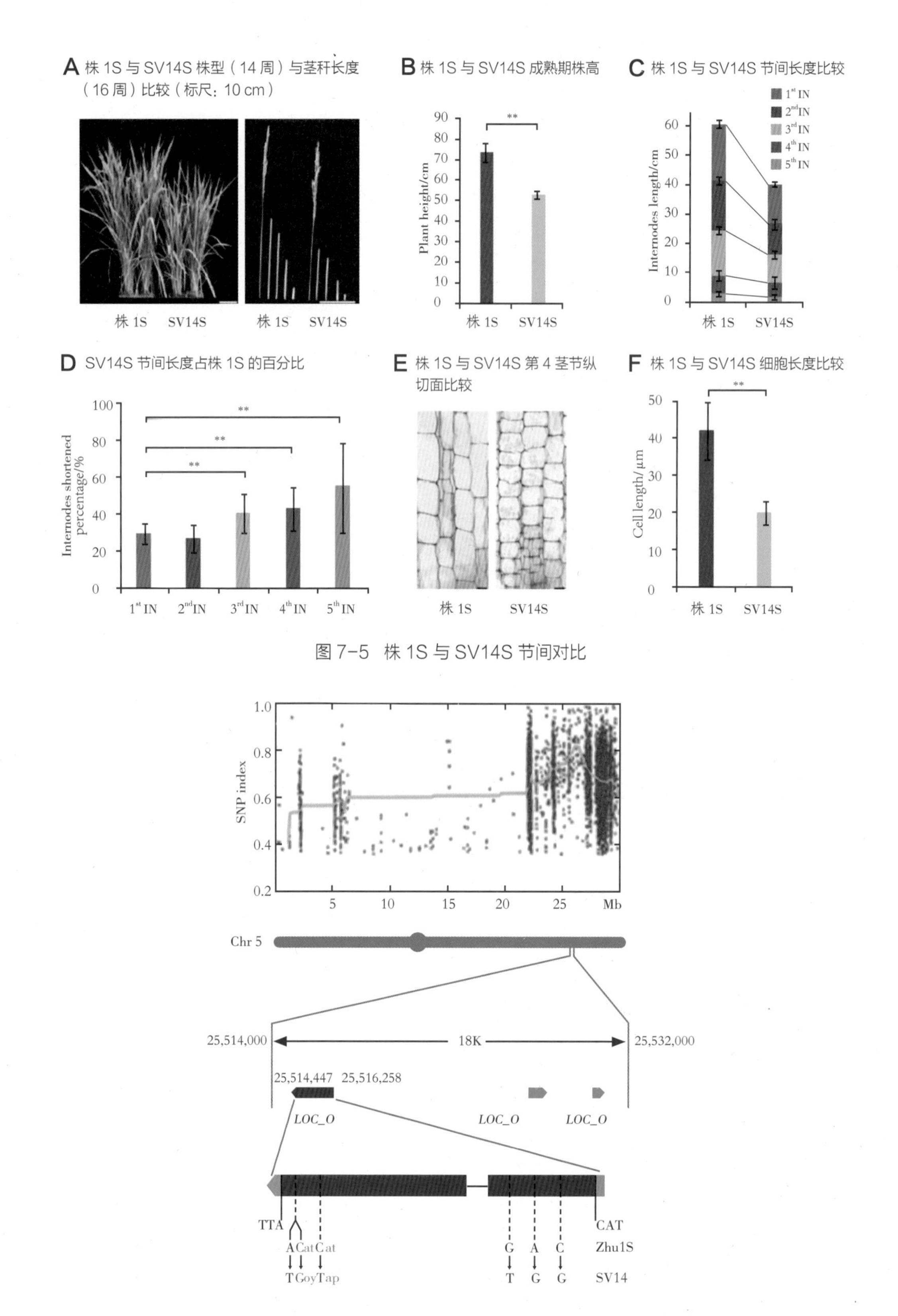

图7-5　株1S与SV14S节间对比

图7-6　*SBI*基因的图位克隆图

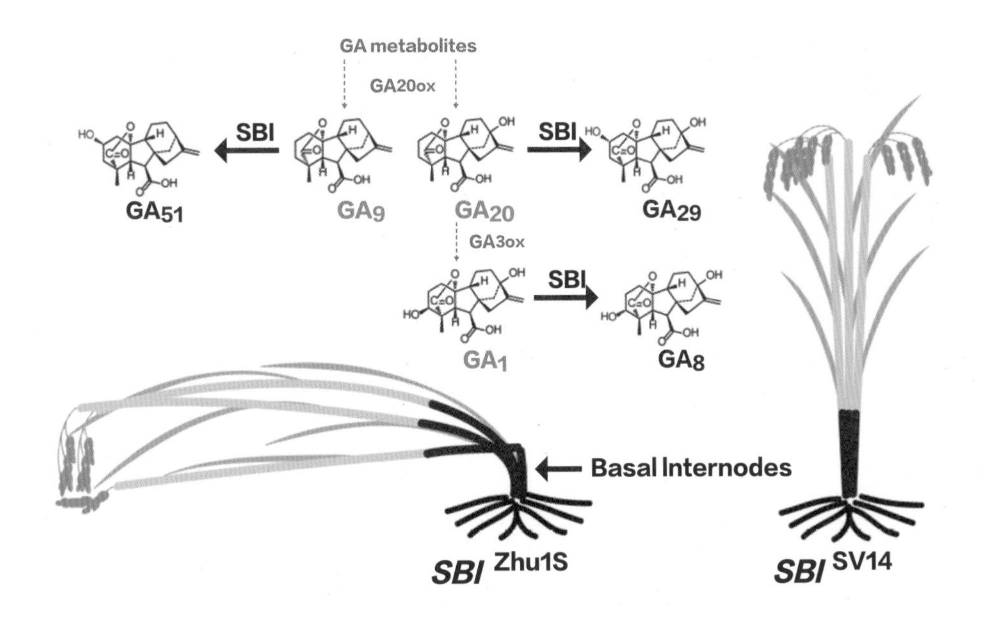

图 7-7　*SBI* 编码一种 GA 2- 氧化酶使 GA 失活从而控制茎基部节间的伸长

后代进行胁迫筛选，定向培育，育成优质抗倒不育系湘陵 628S（符辰建，2010），所选配组合陵两优 268 在 2011 年被农业部认定为超级稻。

隆平高科以具有粳稻 02428 亲缘的早籼型广亲和两系不育系株 1S（含 9.1% 粳稻遗传成分（陆静姣，2014）为基础，与含有粳稻亲缘的两系中籼不育系杂交，进一步改良选育出具有粳稻亲缘和现代早籼亲缘的中籼型两系不育系隆科 638S、晶 4155S 等，利用 2 120 个籼粳特异性 SNP 分子标记分析表明，隆科 638S 和晶 4155S 分别具有 8.7% 和 11.7% 的粳稻遗传成分。通过全基因组重测序分析研究表明，隆科 638S 和晶 4155S 分别具有 56.1% 和 51.0% 的早籼遗传成分。由于隆科 638S、晶 4155S 具有超过一半的早籼遗传背景，又含有部分粳稻亲缘，与三系恢复系、两系父本以及华南常规稻遗传距离较远，一般配合力好，优势强，共配组育成 82 个组合通过省级以上审定，其中隆两优 1988 在华南晚籼区域试验的增产幅度达到 12.2%（表 7-5，图 7-8）。隆两优华占于 2017 年通过农业部超级稻认定，隆两优 1988、隆两优 1308、晶两优 1377 和晶两优华占已通过农业部超级稻百亩示范片专家验收，晶两优 1377 在 2017 年四川省雅安市汉源县九襄镇刘家村四组的超级杂交水稻百亩示范方测产中（7.0 hm^2），平均产量达到 15.60 t/hm^2（表 7-6）。

表 7-5 部分强优势“隆两优”和“晶两优”系列组合区试表现

品种名称	组合来源	熟组	审定编号	产量 / (t/hm^2)	产量比对照 CK / %	生育期 / d	生育期比对照 CK / d	稻瘟病抗性 / 级		米质 / 国标级
								两年平均综合指数	穗瘟最高损失率	
隆两优华占	隆科 638S×华占	长江中下游中籼	国审稻 2015026	9.70	8.40	140.1	2.0	2.2	5	—
		武陵山区中籼	国审稻 2016045	9.20	6.59	149.3	1.5	1.85	3	3
		长江上游一季中稻	国审稻 20170008	9.39	3.60	157.9	3.6	2.8	3	2
		华南晚籼	国审稻 20170008	7.66	8.20	115	1.5	3.7	3	—
晶两优华占	晶 4155S×华占	华南晚籼	国审稻 2016602	7.79	12.44	117.4	2.2	3.4	5	3
		长江中下游中籼	国审稻 20176071	10.70	5.90	138.5	1.2	2.4	3	—
		武陵山区中稻	国审稻 20176071	9.29	5.56	150	0.2	1.7	1	3
		长江上游一季中稻	国审稻 2016022	9.18	5.30	157.6	2.2	3.0	3	3
隆两优 1988	隆科 638S×R1988	华南晚籼	国审稻 20176010	7.63	12.20	118	2.8	3.9	7	—
		长江中下游中籼	国审稻 2016609	9.85	7.99	138.6	2.4	3.6	5	—
晶两优 1212	晶 4155S×R1212	华南晚籼	国审稻 2016601	7.66	10.57	116.9	1.8	4.0	5	3
隆两优 534	隆科 638S×R534	长江中下游一季中稻	国审稻 20170001	9.80	7.70	142.5	3.0	3.1	5	3
		华南晚籼	国审稻 2016603	7.66	10.57	118.7	3.5	3.1	3	3
隆两优黄莉占	隆科 638S×黄莉占	长江中下游中籼迟熟	国审稻 20176002	9.66	6.00	139.2	3.0	2.9	5	3
		华南晚籼	国审稻 2016604	7.62	9.99	116.9	1.8	4.0	5	2
隆两优 1377	隆科 638S×R1377	华南晚籼组	国审稻 20176007	7.37	8.30	119.5	4.3	2.9	3	—
		长江中下游一季中稻	国审稻 20176007	9.86	6.10	142.1	4.6	2.8	5	3
隆两优 1308	隆科 638S×华恢 1308	长江中下游中籼迟熟	国审稻 20176065	9.80	8.30	137.2	3.9	2.4	3	—
隆两优 1206	隆科 638S×R1206	长江中下游一季中稻	国审稻 20176009	9.90	6.50	141.1	1.4	2.9	5	—
		华南晚籼组	国审稻 20176009	7.36	8.20	117.5	2.3	3.8	7	—
隆两优 1813	隆科 638S×R1813	长江中下游一季中稻	国审稻 20176024	9.81	8.20	143.2	3.6	4.6	5	—
隆两优 836	隆科 638S×R336	长江中下游一季中稻	国审稻 20170044	9.73	7.30	142.7	3.4	3.1	5	2
隆两优 2010	隆科 638S×R2010	长江中下游中籼迟熟	国审稻 20176073	10.70	7.00	137.4	0.1	5.6	9	—
隆两优 837	隆科 638S×华恢 1337	长江中下游中籼迟熟	国审稻 20176064	9.71	6.70	137.2	3.5	3.4	3	—
隆两优 987	隆科 638S×R987	长江中下游中籼迟熟	国审稻 20176059	9.69	6.30	137.7	3.4	5.0	9	—
隆两优 1212	隆科 638S×R1212	武陵山区中稻	国审稻 20170022	9.83	6.29	149.1	1.0	1.8	1	3
		长江中下游一季中稻	国审稻 20170022	9.91	6.10	140.4	3.2	3.0	5	3

表 7-6 “隆两优”和“晶两优”系列超级稻百亩方验收产量　单位：t/hm²

	2016 年		2017 年		
	湖南隆回	四川新津	湖南桃源	四川雅安	四川绵阳
隆两优 1988	11.91		11.85		
隆两优 1308	14.19				
晶两优 1377				15.59	
晶两优华占		11.74			11.83

图 7-8　部分强优势“隆两优”和“晶两优”组合田间表现

（二）籼粳亚种间杂种优势利用

尽管广亲和基因的利用为籼粳亚种间杂种优势的利用提供了契机，但由于亲和性差，以及株高、生育期超亲优势等问题，目前仍未有典型籼粳亚种间杂种优势利用成功的案例。目前主要为典型粳稻与偏籼型材料配组或典型籼稻与偏粳型材料配组利用亚种间杂种优势（统称籼粳杂种优势利用）。典型亚种间杂种优势利用目前主要为三系法，有籼不粳恢（籼型不育系 × 偏粳型恢复系）与粳不籼恢（粳型不育系 × 偏籼型恢复系）两种途径。三系法籼不粳恢亚种间杂种优势利用模式，由于粳稻恢复系选育的难度较大，以及粳稻资源遗传多样性有限等原因，未能选育出能在生产上大面积推广应用的优良杂交稻组合。相对于三系法籼不粳恢模式，粳不籼恢亚种间杂种优势利用模式具有籼型资源丰富、籼型恢复系易选育等优点。目前三系法籼粳亚种间杂种优势利用主要为粳不籼恢途径，比如宁波市农科院选育的甬优系列、中国水稻研究所选育的春优系列、浙江省农业科学院选育的浙优系列、嘉兴市农业科学院和中国科学院遗传与发育生物学研究所选育的嘉优中科系列等籼粳杂交稻组合，表现出强大的杂种优势和超高产潜力，其中甬优 12、甬优 15、甬优 538、甬优 2640、春优 84 和浙优 18 已先后被农业部确认为籼粳亚种间超级杂交水稻。这些超级杂交水稻组合的区试增产幅度在 7.8%~26.3%，最高的甬优 538 增幅达 26.3%，杂种优势非常明显。甬优 4543、荃粳优 1 号、嘉优中科 1 号、嘉优中科 6 号等籼粳杂交稻优势尤其明显，作为单季晚稻区试产量都超过 11.25 t/hm^2（表 7-7）。国审组合嘉优中科 6 号， 2014—2016 年两年国家长江中下游一季晚粳区域试验平均产量达 11.35 t/hm^2，创南方稻区国家区试产量最高纪录。上海审定的嘉优中科 1 号， 2014—2015 年上海市杂交粳稻组区域试验平均产量 11.84 t/hm^2，创上海市区试单产最高纪录。

粳不籼恢这一配组方式也存在短板问题，主要是由于粳稻不育系柱头外露率低、花时迟等开花习性的影响而致制种产量低（林建荣，2006），严重影响籼粳超级杂交水稻的产业化。早花时、高异交结实率粳型不育系的选育是重要攻关方向，以突破籼粳杂交稻制种低产瓶颈。

两系法杂交稻具有不受恢保关系限制、配组自由的优势，袁隆平提出两系法为主的亚种间（籼、粳）杂种优势利用为杂交水稻育种的第二个战略发展阶段（袁隆平， 2006），虽然还没有在生产上可以利用的典型两系籼粳亚种间杂交稻组合，但相信两系法将成为典型籼粳亚种间杂种优势利用的重要手段之一。在两系典型籼粳亚种间杂交稻配组选育上，可以遵循以下原则：①利用籼型两系不育系与现有的偏粳型恢复系配组（籼不粳恢）；②利用花时早、柱头外露率高的中粳型两系不育系与偏籼间型恢复系配组（粳不籼恢）；③至少双亲之一具有广亲和特性，双亲间具有尽可能少的杂种不育位点（水稻中已有 5 个杂种不育位点和 2 对调控杂种不育的基因被图位克隆（欧阳亦聃， 2016；Shen， 2017）。通过此原则，选育制种产量高、杂种优势强、生育期适中的两系法典型籼粳亚种间杂交稻，有望取得成功。

典型亚种间杂交稻虽然具有巨大的杂种优势和超高产潜力，但也存在着植株偏高、生育期偏长、结实率稳定性较差、稻曲病重、制种产量较低、稻米易变质等问题（林建荣， 2012），尚需通过传统遗传改良手段，以及分子设计育种、基因组编辑等现代分子生物学手段，逐步

表 7-7 粳不粈恢亚种间杂交稻组合的区试表现

品种名称	组合来源	审定	参试年份	对照品种	产量/(kg/hm^2)	比对照CK/%	生育期/d	株高/cm	有效穗数/(万穗/公顷)	每穗粒数/粒	结实率/%	千粒重/g
甬优 12	甬粳 2 号 A/F5032	浙审稻 2010015	2007—2008	秀水 09	8.48	16.20	154.1	120.9	184.5	327.0	72.4	22.5
甬优 15	京双 A/F5032	浙审稻 2012017	2008—2009	两优培九	8.96	8.60	138.7	127.9	178.5	235.1	78.5	28.9
甬优 538	甬粳 3 号 A/F7538	浙审稻 2013022	2011—2012	嘉优 2 号	10.78	26.30	153.5	114.0	210.0	289.2	84.9	22.5
甬优 2640	甬粳 26A/F7540	浙审稻 2013024	2010—2011	秀水 417	7.76	10.90	125.7	96.0	286.5	189.4	75.9	24.4
春优 84	春江 16A/C84	浙审稻 2013020	2010—2011	嘉优 2 号	10.29	22.90	156.7	120.0	210.0	244.9	83.6	25.2
浙优 18	浙 04A/浙恢 818	浙审稻 2012020	2010—2011	甬优 9 号	9.93	7.80	153.6	122.0	195.0	306.1	76.3	23.2
甬优 4543	甬粳 45A/F7543	苏审稻 20170017	2014—2015	甬优 8 号	11.60	7.21	170.4	112.0	225.0	—	85.9	22.7
甬优 1540	甬粳 15A/F7540	浙审稻 2017014	2015—2016	宁 81	10.27	21.4	144.7	99.9	256.5	223.5	80.9	23.2
甬优 7850	甬粳 78A/F9250	国审稻 20170065(长江中下游单季晚粳)	2014—2015	嘉优 5 号	10.85	8.6	154.7	116.6	225.0	254.0	88.6	23.5
荃粳优 1 号	荃粳 1A/荃广恢 1 号	国审稻 20170066(长江中下游单季晚)	2015—2016	嘉优 5 号	11.02	9.5	146.3	125.7	243.0	291.2	83.4	22.5
嘉优中科 1 号	嘉 66A/中科嘉恢 1 号	沪审稻 2016004	2014—2015	花优 14	11.84	16.40	157.5	110.3	220.5	234.0	87.1	28.4
嘉优中科 6 号	嘉 66A/中科 6 号	国审稻 20170063(长江中下游单季晚粳)	2014—2015	嘉优 5 号	11.35	13.60	152.8	117.8	214.5	256.1	83.9	29.4

解决目前典型亚种间杂交稻所存在的共性问题，为籼粳亚种间杂交稻的进一步发展提供技术保证。

（三）种间杂种优势利用

水稻栽培稻分为亚洲栽培稻（*Oryza sativa* L.）和非洲栽培稻（*Oryza glaberrima* Steud.）2 个种，亚洲栽培稻又主要分为籼（*indica*）、粳（*japonica*）和爪（*javanica*）三个亚种，籼（*indica*）主要种植于热带和亚热带地区，粳（*japonica*）和爪（*javanica*）分别种植于温带和热带地区。袁隆平指出三个水稻亚种间的杂种优势强度具有 *indica*×*japonica*>*indica*×*javanica*>*japonica*×*javanica*>*indica*×*indica*>*japonica*×*japonica* 的一般趋势（袁隆平， 1990），利用籼粳间杂种优势一直是超级杂交水稻育种的战略重点。非洲栽培稻作为亚洲栽培稻的近缘种，存在种间杂种优势（Nevame， 2012）。但像籼粳亚种杂交一样，非洲栽培稻与亚洲栽培稻间的种间杂交（亚非杂种）也存在杂种不育的问题，导致结实率下降，杂种产量优势无法体现，极大地限制了远缘杂种优势利用（Heuer， 2003）。Xie 等（2017）对控制亚非杂种不育的 S1 座位进行深入研究并克隆了该座位的关键基因 *OgTPR1*，研究发现敲除 *OgTPR1* 基因功能不影响雌雄配子的发育，但能够特异性消除 S1 座位介导的亚非稻种间杂种不育现象。随着亚非杂种不育机制的研究，通过寻找和利用亚非杂种广亲和基因，以及通过回交替换种间不育基因位点、基因编辑等手段敲除杂种不育基因，可一定程度解决亚非杂种不育问题（Sarla， 2005），并实现部分种间杂种优势的利用。

三、基于杂种优势群和杂种优势利用模式的选配原则

水稻杂种优势利用是杂交水稻成功的基础，而其遗传基础是对遗传多样性的利用。杂交育种的经验表明，强优势杂交组合亲本往往来自不同的杂种优势群（Reif， 2005；王胜军，2007；Wang， 2015）。杂种优势群是一批具有不同或相同来源的种质，这些种质与其他杂种优势群的种质杂交表现出相似的配合力，并且其杂种后代表现出较强的杂种优势；而同一杂种优势群内的种质杂交，其杂种后代所表现出的杂种优势较弱。杂种优势群利用模式是指利用一对特殊的杂种优势群，在其种质间杂交，其后代具有较强的杂种优势（Melchinger，1998）。杂种优势群理论是玉米杂交育种长期实践的经验总结，该理论还在不断完善和发展之中，虽然其遗传基础仍未被阐释，但毋庸置疑，它对现代杂交玉米育种的指导作用是巨大的。杂种优势群和杂种优势利用模式理论可以帮助育种家选择杂交亲本，简化育种模式，降低工作量，提高育种效率。虽然水稻杂种优势群研究未见系统报道，但根据近 30 年杂交水稻研

究经验和已报道的有关水稻杂种优势群研究，我们可以笼统地得出以下三点结论：①三系杂交籼稻，其不育系（保持系）和恢复系应分属两大杂种优势群，即长江流域的早籼生态型和南亚、东南亚中晚籼生态型，由此也可以认为中国早籼不育系（保持系）与国外恢复系应分属两个杂种优势群，其群间杂交属于强杂种优势利用模式；②在母本群内又主要分为协青早和珍汕97两大亚群，在父本群内也分为两个主要亚群，衍生于IR24和IR26的株系/品种和衍生于其他IRRI的株系/品种，如明恢63（其恢复源来自IR30）及其衍生系；③两系杂交稻不育系已分化为一个独立于三系杂交籼稻两大杂种优势群的新杂种优势群，其两系父本与三系恢复系同属一个大的杂种优势群（王凯，2014）。

基于简化重测序和系谱信息，隆平高科对190份核心杂交稻亲本资源进行种群划分，结果表明核心杂交稻亲本主要分为四个优势群组，包括恢复系群（Ⅰ）、两系不育系群（Ⅱ）、三系不育系群（Ⅲ）和现代早籼群（Ⅳ），其中恢复系群又分为三系、两系恢复系亚群（Ⅰ-1）、三系恢复系亚群（Ⅰ-2）和广东常规稻亚群（Ⅰ-3）。亚群Ⅰ-1主要为华占及其近缘系、明恢63衍生系、9311衍生系；亚群Ⅰ-2主要为三系恢复系；亚群Ⅰ-3主要为华南常规稻品种。现代早籼群分为两系早稻恢复系亚群（Ⅳ-1）和株1S衍生的两系不育系亚群（Ⅳ-2）（图7-9）。

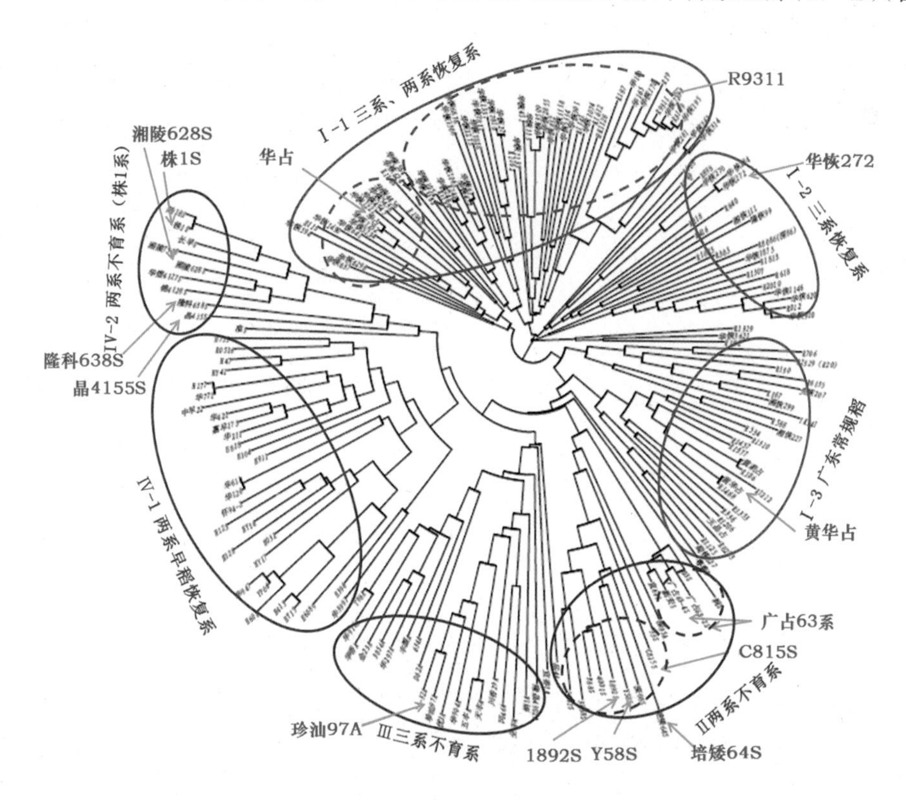

图7-9 杂交水稻骨干亲本遗传聚类图

由株1S衍生的两用核不育系（株1系）为独立群，与长江流域现代早籼遗传距离近，与三系恢复系、两系中稻父本、华南常规稻遗传距离远。株1系群的代表不育系隆科638S和晶4155S，与三系恢复系、两系中稻父本、华南常规稻都具有较好的配合力和产量表现。隆科638S和晶4155S自2014年通过审定以来，共配组82个/次组合通过审定。

四、蒸煮和食味品质选配原则

胚乳是稻米的食用部分，稻米品质实际指的是稻米胚乳的品质。胚乳为三倍体遗传（3n），由雌性的2个极核和雄性的1个精核结合后形成，是三倍体组织。与常规水稻品种不同，杂交水稻利用的是两个遗传上具有差异的父本和母本所配制的F_1代杂交种，F_1植株上收获的是F_2谷粒，F_1的杂合基因在F_2谷粒出现三倍体分离。以基因型Aa植株为例，该植株自交所结种子胚乳的基因型呈AAA：AAa：Aaa：aaa=1：1：1：1分离（Sano，1984），如果该基因为主效基因，由该基因控制的F_2谷粒的胚乳性状会出现明显分离。直链淀粉含量、胶稠度和糊化温度作为决定稻米蒸煮和食味品质的最重要指标，都属于胚乳三倍体遗传，如果杂交水稻双亲的直链淀粉含量、胶稠度和糊化温度的差异过大，所收获的杂交稻米粒的蒸煮品质性状会出现明显的分离，由于不同蒸煮品质对蒸煮条件要求不一致，不同蒸煮品质的混合稻米严重影响稻米蒸煮后总体食味特性。以稻米直链淀粉含量为例，已明确水稻蜡质（*Waxy*，*Wx*）基因是稻米直链淀粉含量的主要控制基因，对稻米蒸煮食味品质起着决定性的作用（Preiss，1991；Smith，1997；Wang，2017）。*Wx*基因具有丰富的变异类型，已发现至少有6个功能型等位基因，其中Wx^a主要存在于籼稻品种中，控制高直链淀粉含量的形成，稻米直链淀粉含量一般都在25%以上，最高的可达30%以上，如不育系珍汕97A、龙特甫A、天丰A及其相应的保持系都是Wx^a等位基因型，直链淀粉含量均在25%以上，属于硬米型；Wx^b主要存在于粳稻品种中，直链淀粉含量一般为15%~18%，属于粘米型，我国长江中下游以及北方稻区绝大多数品种都含有该等位基因（朱霁晖，2015）。如果Wx^a等位基因型亲本（高直链淀粉含量）与Wx^b等位基因型亲本（低直链淀粉含量）配组，杂交稻米的平均直链淀粉含量一般表现为中等直链淀粉含量，直链淀粉含量可以达到国际3级优质米，甚至1级优质米标准。但是由于胚乳基因型存在$Wx^aWx^aWx^a$：$Wx^aWx^aWx^b$：$Wx^aWx^bWx^b$：$Wx^bWx^bWx^b$=1：1：1：1的分离，稻米中1/4为$Wx^aWx^aWx^a$基因型的高直链淀粉含量稻米（25%~30%），1/4为$Wx^bWx^bWx^b$基因型的低直链淀粉含量稻米（15%~18%），另外 1/2 为杂合基因型（$Wx^aWx^aWx^b$ 和 $Wx^aWx^bWx^b$）的中等直链淀粉含量稻米（18%~25%），所收获的杂交稻米实际为混合米（Wang，2017）。混合米的平均米质性状指标可能很好，但是实际蒸煮后的食味口感差，市场接受度低。

在超级稻组合选配时，应选择具有相似蒸煮和食味品质（或等位基因）的不育系与恢复系配组，减少杂交稻米粒间胚乳基因的分离。在香型超级稻组合选配时，由于水稻香味基因主要受隐性 *Badh2* 基因控制（Bradbury，2015），最优方案是应选择都具有香味的双亲进行配组，如果杂交稻双亲中只有一个亲本具有香味，杂交稻米中则仅有 1/4 谷粒具有香味。

第三节　超级杂交水稻组合

按照《超级稻品种确认办法（试行）》（农办科〔2005〕39 号）或《超级稻品种确认办法》（农办科〔2008〕38 号）要求，自 2005 年以来经农业部认定的超级稻品种（组合）共有 166 个，其中超级杂交水稻组合 108 个，占 65.1%；经确认后由于推广面积未达要求而被取消冠名的品种（组合）有 36 个，截至 2017 年 3 月，被确认且仍在生产上推广应用的品种（组合）共有 130 个，其中超级杂交水稻组合 94 个，占 72.3%。

一、三系超级杂交水稻

（一）三系籼籼交超级杂交水稻

截至 2017 年 3 月，农业部认定三系籼籼交（籼型）超级杂交水稻 62 个，其中 9 个由于推广面积未达要求而被取消冠名（表 7-8）。62 个三系籼籼交（籼型）超级杂交水稻共涉及利用了 81 个超级杂交水稻亲本，包括 29 个三系不育系和 52 个三系恢复系（表 7-9）。不育系Ⅱ-32A、天丰 A 和五丰 A 所选配出的超级杂交水稻最多，分别达到 8 个、7 个和 7 个。恢复系蜀恢 527 和中恢 8006 所选配出的超级杂交水稻最多，分别为 4 个和 3 个。

表 7-8　三系籼籼交（籼型）超级杂交水稻

品种名称	组合来源	第一选育单位	认定年份	审定编号	取消冠名年份
天优 998	天丰 A×广恢 998	广东省农业科学院水稻研究所	2005	国审稻 2006052，粤审稻 2004008，赣审稻 2005041	
Ⅱ优航 1 号	Ⅱ -32A×航 1 号	福建省农业科学院水稻研究所	2005	国审稻 2005023，闽审稻 2004003	
特优航 1 号	龙特甫 A×航 1 号	福建省农业科学院水稻研究所	2005	国审稻 2005007，闽审稻 2003002，浙审稻 2004015，粤审稻 2008020	
中浙优 1 号	中浙 A×航恢 570	中国水稻研究所	2005	浙审稻 2004009，湘审稻 2008026，黔审稻 2011005 号，琼审稻 2012004	
Ⅱ优 7 号	Ⅱ-32A×泸恢 17	四川省农业科学院水稻高粱研究所	2005	川审稻 82 号，渝农发〔2001〕369 号	
Ⅱ优 602	Ⅱ-32A×泸恢 602	四川省农业科学院水稻高粱研究所	2005	国审稻 2004004，川审稻 2002030	
Ⅱ优明 86	Ⅱ-32A×明恢 86	三明市农业科学研究所	2005	国审稻 2001012，黔品审 228 号，闽审稻 2001009	
Ⅱ优 162	Ⅱ-32A×蜀恢 162	四川农业大学水稻研究所	2005	国审稻 20000003，川审稻（97）64 号，浙品审字第 195 号，鄂审稻 008-2001	
D 优 527	D62A×蜀恢 527	四川农业大学水稻研究所	2005	国审稻 2003005，黔品审 242 号，川审稻 135 号，闽审稻 2002002	
协优 527	协青早 A×蜀恢 527	四川农业大学水稻研究所	2005	国审稻 2004008，川审稻 2003003，鄂审稻 2004007	
丰优 299	丰源 A×湘恢 299	湖南杂交水稻研究中心	2005	湘审稻 2004011	
金优 299	金 23A×湘恢 299	湖南杂交水稻研究中心	2005	赣审稻 2005091，桂审稻 2005002 号，陕审稻 2009005 号	
Ⅱ优 7954	Ⅱ-32A×浙恢 7954	浙江省农业科学院作物与核技术利用研究所	2005	国审稻 2004019，浙品审字第 373 号	
Ⅱ优 084	Ⅱ-32A×镇恢 084	江苏丘陵地区镇江农业科学研究所	2005	国审稻 2003054，苏审稻 200103	
国稻 3 号	中 8A×中恢 8006	中国水稻研究所	2005	浙审稻 2004011，赣审稻 2004027	2017
国稻 1 号	中 9A×中恢 8006	中国水稻研究所	2005	国审稻 2004032，赣审稻 2004009，粤审稻 2006050	
协优 9308	协青早 A×中恢 9308	中国水稻研究所	2005	浙品审字第 194 号	2014
黔南优 2058	K22A×QN2058	黔南州农业科学研究所	2006	黔审稻 2005009 号	2008
Q 优 6 号	Q2A×R1005	重庆市种子公司	2006	国审稻 2006028，黔审稻 2005014 号，渝审稻 2005001，湘审稻 2006032，鄂审稻 2006008	
天优 122	天丰 A×广恢 122	广东省农业科学院水稻研究所	2006	国审稻 2009029，粤审稻 2005022	

续表 1

品种名称	组合来源	第一选育单位	认定年份	审定编号	取消冠名年份
D 优 202	D62A×蜀恢 202	四川农业大学水稻研究所	2006	国审稻 2007007，川审稻 2004010，浙审稻 2005001，桂审稻 2005010 号，皖品审 06010503，鄂审稻 2007010	
一丰 8 号	K22A×蜀恢 527	四川省农业科学院水稻高粱研究所	2006	国审稻 2006020，等	2017
金优 527	金 23A×蜀恢 527	四川农业大学水稻研究所	2006	国审稻 2004012，川审稻 2002002	
赣鑫 688	天丰 A×昌恢 121	江西农业大学	2007	赣审稻 2006032	
Ⅱ优航 2 号	Ⅱ-32A×航 2 号	福建省农业科学院水稻研究所	2007	国审稻 2007020，皖品审 06010497，闽审稻 2006017	
国稻 6 号	内香 2A×中恢 8006	中国水稻研究所	2007	国审稻 2007011，国审稻 2006034，渝审稻 2007007	
荣优 3 号	荣丰 A×R3	广东省农业科学院水稻研究所	2009	国审稻 2009009，赣审稻 2006062	
金优 458	金 23A×R458	江西省农业科学院水稻研究所	2009	国审稻 2008007，赣审稻 2003005	2017
珞优 8 号	珞红 3A×R8108	武汉大学生命科学学院	2009	国审稻 2007023，鄂审稻 2006005	
春光 1 号	G4A×春恢 350	江西省农业科学院水稻研究所	2009	赣审稻 2006055	2013
五丰优 T025	五丰 A×昌恢 T025	江西农业大学	2010	国审稻 2010024，赣审稻 2008013	
五优 308	五丰 A×广恢 308	广东省农业科学院水稻研究所	2010	国审稻 2008014，粤审稻 2006059	
天优 3301	天丰 A×闽恢 3301	福建省农业科学院生物技术研究所	2010	国审稻 2010016，闽审稻 2008023，琼审稻 2011015	
新丰优 22	新丰 A×浙恢 22	江西大众种业有限公司	2010	赣审稻 2007034	2014
特优 582	龙特甫 A×桂 582	广西农业科学院水稻研究所	2011	桂审稻 2009010 号	
03 优 66	03A×早恢 66	江西省农业科学院水稻研究所	2011	赣审稻 2007025	2015
深优 9516	深 95A×R7116	清华大学深圳研究生院	2012	粤审稻 2010042	
Q 优 8 号	Q3A×R78	重庆中一种业有限公司	2012	渝审稻 2008007	2016
宜优 673	宜香 1A×福恢 673	福建省农业科学院水稻研究所	2012	滇审稻 2010005	
天优华占	天丰 A×华占	中国水稻研究所	2012	国审稻 2012001，国审稻 2011008，国审稻 2008020，黔审稻 2012009 号，粤审稻 2011036，鄂审稻 2011006	
德香 4103	德香 074A×泸恢 H103	四川省农业科学院水稻高粱研究所	2012	国审稻 2012024，川审稻 2008001	
金优 785	金 23A×黔恢 785	贵州省水稻研究所	2012	黔审稻 2010002	
H 优 518	H28A×51084	湖南农业大学	2013	国审稻 2011020，湘审稻 2010032	

续表 2

品种名称	组合来源	第一选育单位	认定年份	审定编号	取消冠名年份
天优 3618	天丰 A×广恢 3618	广东省农业科学院水稻研究所	2013	粤审稻 2009004	
天优华占	天丰 A×华占	中国水稻研究所	2013	国审稻 2012001，国审稻 2011008，国审稻 2008020，黔审稻 2012009 号，粤审稻 2011036，鄂审稻 2011006	
中 9 优 8012	中 9A×中恢 8012	中国水稻研究所	2013	国审稻 2009019	
荣优 225	荣丰 A×R225	江西省农业科学院水稻研究所	2014	国审稻 2012029，赣审稻 2009017	
五丰优 615	五丰 A×广恢 615	广东省农业科学院水稻研究所	2014	粤审稻 2012011	
F 优 498	FS3A×蜀恢 498	四川农业大学水稻研究所	2014	国审稻 2011006，湘审稻 2009019	
盛泰优 722	盛泰 A×岳恢 9722	湖南洞庭高科种业股份有限公司	2014	湘审稻 2012016	
内 5 优 8015	内香 5A×中恢 8015	中国水稻研究所	2014	国审稻 2010020	
深优 1029	深 95A×R1029	江西现代种业股份有限公司	2015	国审稻 2013031	
宜香优 2115	宜香 1A×雅恢 2115	四川农业大学农学院	2015	国审稻 2012003，川审稻 2011001	
吉优 225	吉丰 A×R225	江西省农业科学院水稻研究所	2016	赣审稻 2014013	
五优 662	五丰 A×R662	江西惠农种业有限公司	2016	赣审稻 2012010	
德优 4727	德香 074A×成恢 727	四川省农业科学院水稻高粱研究所	2016	国审稻 2014019，川审稻 2014004，滇审稻 2013007 号	
丰田优 553	丰田 1A×桂恢 553	广西农业科学院水稻研究所	2016	桂审稻 2013027 号，粤审稻 2016052	
五优航 1573	五丰 A×跃恢 1573	江西省超级水稻研究发展中心	2016	赣审稻 2014019	
五丰优 286	五丰 A×中恢 286	江西现代种业有限责任公司	2016	国审稻 2015002，赣审稻 2014005	
五优 116	五丰 A×R7116	广东省现代农业集团有限公司	2017	粤审稻 2015045	
吉丰优 1002	吉丰 A×广恢 1002	广东省农业科学院水稻研究所	2017	粤审稻 2013040	
宜香 4245	宜香 1A×宜恢 4245	宜宾市农业科学院	2017	国审稻 2012008，川审稻 2009004	

表 7-9 三系籼籼交（籼型）超级杂交水稻亲本及选配超级杂交水稻个数

不育系	选配超级杂交水稻 / 个	恢复系	选配超级杂交水稻 / 个	恢复系	选配超级杂交水稻 / 个
Ⅱ -32A	8	蜀恢 527	4	航 2 号	1
天丰 A	7	中恢 8006	3	航恢 570	1
五丰 A	7	R225	2	泸恢 17	1
金 23A	4	R7116	2	泸恢 602	1
宜香 1A	3	航 1 号	2	泸恢 H103	1
D62A	2	华占	2	闽恢 3301	1
K22A	2	湘恢 299	2	明恢 86	1
德香 074A	2	51084	1	黔恢 785	1
吉丰 A	2	QN2058	1	蜀恢 162	1
龙特甫 A	2	R1005	1	蜀恢 202	1
荣丰 A	2	R1029	1	蜀恢 498	1
深 95A	2	R3	1	雅恢 2115	1
协青早 A	2	R458	1	宜恢 4245	1
中 9A	2	R662	1	岳恢 9722	1
03A	1	R78	1	跃恢 1573	1
FS3A	1	R8108	1	早恢 66	1
G4A	1	昌恢 121	1	浙恢 22	1
H28A	1	昌恢 T025	1	浙恢 7954	1
Q2A	1	成恢 727	1	镇恢 084	1
Q3A	1	春恢 350	1	中恢 286	1
丰田 1A	1	福恢 673	1	中恢 8012	1
丰源 A	1	广恢 1002	1	中恢 8015	1
珞红 3A	1	广恢 122	1	中恢 9308	1
内香 2A	1	广恢 308	1		
内香 5A	1	广恢 3618	1		
盛泰 A	1	广恢 615	1		
新丰 A	1	广恢 998	1		
中 8A	1	桂 582	1		
中浙 A	1	桂恢 553	1		

（二）三系籼粳交超级杂交水稻

截至 2017 年 3 月，农业部认定三系籼粳交（粳型）超级杂交水稻 10 个，其中 3 个由于推广面积未达要求而被取消冠名（表 7-10）。主要为浙江省的科研院所或种业公司所选育，其中 5 个为宁波市农业科学研究院或宁波市种子有限公司选育的甬优系列组合。

表 7-10 三系籼粳交超级杂交水稻

品种名称	组合来源	第一选育单位	认定年份	审定编号	取消冠名年份
辽优 1052	105A×C52	辽宁省农业科学院稻作研究所	2005	辽审稻〔2005〕125 号	2010
Ⅲ优 98	MH2003A×R18	安徽省农业科学院水稻所	2005	皖品审 02010333	2011
辽优 5218	辽 5216A×C418	辽宁省农业科学院稻作研究所	2005	辽审稻〔2001〕89 号	2011
甬优 6 号	甬粳 2 号 A×K4806	宁波市农业科学研究院	2006	浙审稻 2005020 闽审稻 2007020	
甬优 12	甬粳 2 号 A×F5032	宁波市农业科学研究院	2011	浙审稻 2010015	
甬优 15	京双 A×F5032	宁波市农业科学研究院	2013	浙审稻 2012017 闽审稻 2013006	
春优 84	春江 16A×C84	中国水稻研究所	2015	浙审稻 2013020	
甬优 538	甬粳 3 号 A×F7538	宁波市种子有限公司	2015	浙审稻 2013022	
浙优 18	浙 04A×浙恢 818	浙江省农业科学院作物与核技术利用研究所	2015	浙审稻 2012020	
甬优 2640	甬粳 26A×F7540	宁波市种子有限公司	2017	闽审稻 2016022 苏审稻 201507 浙审稻 2013024	

二、两系超级杂交水稻

截至 2017 年 3 月，农业部认定的两系超级杂交水稻 36 个，其中 2 个由于推广面积未达要求而被取消冠名（表 7-11）。36 个两系籼籼交（籼型）超级杂交水稻共涉及利用了 50 个超级杂交水稻亲本，包括 18 个不育系和 32 个父本（表 7-12）。不育系 Y58S 和广占 63-4S 所选配出的超级杂交水稻最多，分别达到 7 个和 4 个。父本 9311、华 819 和华占所选配出的超级杂交水稻最多，分别为 3 个、 2 个和 2 个。

表 7-11　两系超级杂交水稻

品种名称	组合来源	第一选育单位	认定年份	审定编号	取消冠名年份
两优培九	培矮 64S×9311	江苏省农业科学院粮食作物研究所	2005	国审稻 2001001，苏种审字第 313 号，湘品审第 300 号，闽审稻 2001007，桂审稻 2001117 号，鄂审稻 006-2001	
准两优 527	准 S×蜀恢 527	湖南省杂交水稻研究中心	2005	国审稻 2005026，国审稻 2006004，XS006-2003，闽审稻 2006024	
Y 优 1 号	Y58S×9311	湖南省杂交水稻研究中心	2006	国审稻 2008001，国审稻 2013008，湘审稻 2006036，粤审稻 2015047	
两优 287	HD9802S×R287	湖北大学生命科学学院	2006	鄂审稻 2005001，桂审稻 2006003 号	
新两优 6 号	新安 S×安选 6 号	安徽荃银农业高科技研究所	2006	国审稻 2007016，皖品审 05010460，苏审稻 200602	
株两优 819	株 1S×华 819	湖南亚华种业科学研究院	2006	赣审稻 2006004，湘审稻 2005010	
培杂泰丰	培矮 64S×泰丰占	华南农业大学农学院	2006	国审稻 2005002，粤审稻 2004013，赣审稻 2006044	
新两优 6380	03S×D208	南京农业大学水稻研究所	2007	国审稻 2008012，苏审稻 200703	
丰两优 4 号	丰 39S×盐稻 4 号选	合肥丰乐种业股份有限公司	2007	国审稻 2009012，皖品审 06010501	
扬两优 6 号	广占 63-4S×9311	江苏里下河地区农业科学研究所	2009	国审稻 2005024，苏审稻 200302，黔审稻 2003002 号，豫审稻 2004006，陕审稻 2005003，鄂审稻 2005005	
丰两优香一号	广占 63S×丰香恢 1 号	湖北省农业科学院粮食作物研究所	2009	国审稻 2007017，湘审稻 2006037，赣审稻 2006022，皖品审 07010622	
陆两优 819	陆 18S×华 819	湖南亚华种业科学研究院	2009	国审稻 2008005，湘审稻 2008002	
培两优 3076	培矮 64S×R3076	湖北省农业科学院粮食作物研究所	2010	鄂审稻 2006004	2014
桂两优 2 号	桂科 -2S×桂恢 582	国家水稻改良中心南宁分中心	2010	桂审稻 2008006	
准两优 1141	准 S×R1141	湖南隆平种业有限公司	2011	渝引稻 2010005，湘审稻 2008021	2014
陵两优 268	湘陵 628S×华 268	湖南亚华种业科学研究院	2011	国审稻 2008008	
徽两优 6 号	1892S×扬稻 6 号选	安徽省农业科学院水稻研究所	2011	国审稻 2012019，皖稻 2008003	
准两优 608	准 S×R608	湖南隆平种业有限公司	2012	国审稻 2009032，湘审稻 2010018，湘审稻 2010027，鄂审稻 2015005	

续表

品种名称	组合来源	第一选育单位	认定年份	审定编号	取消冠名年份
深两优 5814	Y58S×丙 4114	国家杂交水稻工程技术研究中心	2012	国审稻 2009016，国审稻 20170013，粤审稻 2008023，琼审稻 2013001	
广两优香 66	广占 63-4S×香恢 66	湖北省农业技术推广总站	2012	国审稻 2012028，鄂审稻 2009005，豫审稻 2011004	
Y 两优 087	Y58S×R087	南宁市沃德农作物研究所	2013	桂审稻 2010014，粤审稻 2015049	
Y 两优 5867	Y58S×R674	江西科源种业有限公司	2014	国审稻 2012027，赣审稻 2010002，浙审稻 2011016	
广两优 272	广占 63-4S×R7272	湖北省农业科学院粮食作物研究所	2014	鄂审稻 2012003	
两优 038	03S×R828	江西天涯种业有限公司	2014	赣审稻 2010006	
两优 616	广占 63-4S×福恢 616	中种集团福建农嘉种业股份有限公司	2014	闽审稻 2012003	
C 两优华占	C815S×华占	北京金色农华种业科技股份有限公司	2014	国审稻 2013003，国审稻 2015022，国审稻 2016002，湘审稻 2016008，赣审稻 2015008，鄂审稻 2013008	
Y 两优 2 号	Y58S×远恢 2 号	湖南杂交水稻研究中心	2014	国审稻 2013027	
两优 6 号	HD9802S×早恢 6 号	湖北荆楚种业股份有限公司	2014	国审稻 2011003	
N 两优 2 号	N118S×R302	长沙年丰种业有限公司	2015	湘审稻 2013010	
H 两优 991	HD9802S×R991	广西兆和种业有限公司	2015	桂审稻 2011017 号	
深两优 870	深 08S×P5470	广东兆华种业有限公司	2016	粤审稻 2014037	
徽两优 996	1892S×R996	合肥科源农业科学研究所	2016	国审稻 2012021	
深两优 8386	深 08S×R1386	广西兆和种业有限公司	2017	桂审稻 2015007 号	
Y 两优 900	Y58S×R900	湖南袁创超级稻技术有限公司	2017	国审稻 2016044，国审稻 2015034，粤审稻 2016021	
Y 两优 1173	Y58S×航恢 1173	国家植物航天育种工程技术研究中心	2017	粤审稻 2015016	
隆两优华占	隆科 638S×华占	袁隆平农业高科技股份有限公司	2017	国审稻 2015026，国审稻 2016045，国审稻 20170008，湘审稻 2015014，赣审稻 2015003，闽审稻 2016028	

表 7-12　两系超级杂交水稻亲本及选配超级杂交水稻个数

母本	选配超级杂交水稻数目	父本	选配超级杂交水稻数目
Y58S	7	9311	3
广占 63-4S	4	华 819	2
HD9802S	3	华占	2
培矮 64S	3	D208	1
准 S	3	P5470	1
03S	2	R087	1
1892S	2	R1141	1
深 08S	2	R1386	1
C815S	1	R287	1
N118S	1	R302	1
丰 39S	1	R3076	1
广占 63S	1	R608	1
桂科 -2S	1	R674	1
隆科 638S	1	R7272	1
陆 18S	1	R828	1
湘陵 628S	1	R900	1
新安 S	1	R991	1
株 1S	1	R996	1
		安选 6 号	1
		丙 4114	1
		丰香恢 1 号	1
		福恢 616	1
		桂恢 582	1
		航恢 1173	1
		华 268	1
		蜀恢 527	1
		泰丰占	1
		香恢 66	1
		盐稻 4 号选	1
		扬稻 6 号选	1
		远恢 2 号	1
		早恢 6 号	1

References

参考文献

[1] 陈立云，肖应辉，唐文帮，等. 超级杂交稻育种三步法设想与实践 [J]. 中国水稻科学，2007，21(1)：90–94.

[2] 陈温福，徐正进，张龙步. 水稻超高产育种：从理论到实践 [J]. 沈阳农业大学学报，2003，34(5)：324–327.

[3] 程式华. 中国超级稻育种 [M]. 北京：科学出版社，2010.

[4] 邓启云. 广适性水稻光温敏不育系 Y58S 的选育 [J]. 杂交水稻，2005，20：15–18.

[5] 费震江，董华林，武晓智，等. 超级稻育种的理论与实践 [J]. 湖北农业科学，2014，53(23)：5633–5637.

[6] 符辰建，秦鹏，胡小淳，等. 矮秆抗倒水稻温敏核不育系湘陵 628S 的选育 [J]. 杂交水稻，2010(S1)：177–181.

[7] 黄耀祥，陈顺佳，陈金灿，等. 水稻丛化育种 [J]. 广东农业科学，1983(01)：1–6.

[8] 黄耀祥. 半矮秆、早长根深、超高产、特优质中国超级稻生态育种工程 [J]. 广东农业科学，2001(3)：2–6.

[9] 李建武，张玉烛，吴俊，等. 超高产水稻新组合 Y 两优 900 百亩方 15.40 t/hm^2 高产栽培技术研究 [J]. 中国稻米，2014，20(6)：1–4.

[10] 李建武，邓启云，吴俊，等. 超级杂交稻新组合 Y 两优 2 号特征特性及高产栽培技术 [J]. 杂交水稻，2013，28(01)：49–51.

[11] 林建荣，宋昕蔚，吴明国. 4 份籼粳中间型广亲和恢复系的生物学特性及其杂种优势利用 [J]. 中国水稻科学，2012，26(6)：656–662.

[12] 林建荣，吴明国，宋昕蔚. 三系粳稻不育系开花习性与异交结实率的关系 [J]. 杂交水稻，2006(5)：69–72.

[13] 刘平，戴小军，杨远柱，等. 温敏核不育系株 1S 籼粳的属性研究 [J]. 作物学报，2008，34(12)：2112–2120.

[14] 刘选明，杨远柱，陈彩艳，等. 利用体细胞无性系变异筛选水稻光温敏核不育系株 1S 矮秆突变体 [J]. 中国水稻科学，2002，16(4)：321–325.

[15] 陆静姣. 南方主要杂交水稻亲本籼粳成分的分析研究 [D]. 长沙：湖南师范大学，2014.

[16] 欧阳亦聃. 水稻籼粳杂种不育与广亲和 [J]. 科学通报，2016(35)：3833–3841.

[17] 王凯. 籼稻杂种优势群分析与谷壳硅含量 QTL qHUS6.1的精细定位[D]. 北京：中国农业科学院，2014.

[18] 王胜军，陆作楣. 我国常用杂交籼稻亲本杂种优势群的初步研究 [J]. 南京农业大学学报，2007，30(1)：14–18.

[19] 吴俊，邓启云，袁定阳，等. 超级杂交稻研究进展 [J]. 科学通报，2016(35)：3787–3796.

[20] 徐正进，陈温福，周洪飞，等. 直立穗型水稻群体生理生态特性及其利用前景 [J]. 科学通报，1996(12)：1122–1126.

[21] 杨守仁. 籼粳杂技育种研究 [J]. 遗传学通讯，1973(2)：34–38.

[22] 杨远柱，符辰建，胡小淳，等. 长江流域杂交早稻育种进展、问题与对策 [J]. 杂交水稻，2010

（S1）：68–74.

[23] 杨远柱，符辰建，胡小淳，等. 株 1S 温敏核不育基因的发现及超级杂交早稻育种研究 [J]. 中国稻米，2007（6）：17–22.

[24] 杨振玉. 粳型杂交水稻育种的进展 [J]. 杂交水稻，1994，19：46–49.

[25] 余灿，杨远柱，秦鹏，等. 杂交水稻测配方法比较 [J]. 作物研究，2014（4）：416–418.

[26] 袁隆平. 杂交水稻学 [M]. 北京：中国农业出版社，2002.

[27] 袁隆平. 超级杂交稻研究 [M]. 上海：上海科学技术出版社，2006.

[28] 袁隆平. 超级杂交水稻育种研究的进展 [J]. 中国稻米，2008，6（1）：1–3.

[29] 袁隆平. 两系法杂交水稻研究的进展 [J]. 中国农业科学，1990，23（3）：1–6.

[30] 袁隆平. 选育超高产杂交水稻的进一步设想 [J]. 杂交水稻，2012，27（6）：1–2.

[31] 袁隆平. 选育水稻亚种间杂交组合的策略 [J]. 杂交水稻，1996（2）：1–3.

[32] 袁隆平. 杂交水稻超高产育种 [J]. 杂交水稻，1997，12（6）：1–6.

[33] 袁隆平. 杂交水稻的育种战略设想 [J]. 杂交水稻，1987（1）：1–2.

[34] 钟日超，陈跃进，杨远柱. 9 个杂交水稻亲本配合力的研究 [J]. 邵阳学院学报（自然科学版），2015，12（4）：36–42.

[35] 周开达，马玉清，刘太清，等. 杂交水稻亚种间重穗型组合选育——杂交水稻超高产育种的理论与实践 [J]. 四川农业大学学报，1995（4）：403–407.

[36] 朱霁晖，张昌泉，顾铭洪，等. 水稻 *Wx* 基因的等位变异及育种利用研究进展 [J]. 中国水稻科学，2015，29（4）：431–438.

[37] HALLAUER，ARNEL R，MARCELO J，et al. Quantitative genetics in maize breeding [M]. Springer Science & Business Media，2001.

[38] BRADBURY L M T，FITZGERALD T L，HENRY R J，et al. The gene for fragrance in rice [J]. Plant Biotechnology Journal，2005，3（3）：363–370.

[39] CHEN J，DING J，OUYANG Y，et al. A triallelic system of S5 is a major regulator of the reproductive barrier and compatibility of indica－japonica hybrids in rice [J]. Proceedings of the National Academy of Sciences，2008，105（32）：11436–11441.

[40] CHIN J H，LU X，HAEFELE S M，et al. Development and application of gene-based markers for the major rice QTL Phosphorus uptake 1 [J]. Theoretical & Applied Genetics，2010，120（6）：1087–1088.

[41] GLASZMANN J C. Isozymes and classification of Asian rice varieties [J]. Theoretical and Applied Genetics，1987，74（1）：21–30.

[42] GUO J，XU X，LI W，et al. Overcoming inter-subspecific hybrid sterility in rice by developing indica-compatible japonica lines [J]. Scientific Reports，2016，6：26878.

[43] HEUER S，MIÉZAN K M. Assessing hybrid sterility in Oryzaglaberrima × O. sativa hybrid progenies by PCR marker analysis and crossing with wide compatibility varieties [J]. Theoretical and Applied Genetics，2003，107（5）：902–909.

[44] KUMAR R V，VIRMANI S S. Wide compatibility in rice（*Oryza sativa* L.）[J]. Euphytica，1992，64：71–80.

[45] LIU C，ZHENG S，GUI J，et al. Shortened Basal Internodes Encodes a Gibberellin 2-Oxidase and Contributes to Lodging Resistance in Rice [J]. Molecular

Plant, 2018, 11 (2): 288–299.

[46] MELCHINGER A E, GUMBER R K. Overview of heterosis and heterotic groups in agronomic crops [J]. Concepts and Breeding of Heterosis in Crop Plants, 1998, 1: 29–44.

[47] MIKEL M A, DUDLEY J W. Evolution of North American dent corn from public to proprietary germplasm [J]. Crop Science, 2006, 46: 1193–1205.

[48] MORINAGA T, KURIYAMA H. Intermediate type of rice in the subcontinent of India and Java [J]. Japanese Journal of Breeding, 1958, 7 (4): 253–259.

[49] NEVAME A Y M, ANDREW E, SISONG Z, et al. Identification of interspecific grain yield heterosis between two cultivated rice species '*oryza sativa* L.' and '*oryza glaberrima* steud' [J]. Australian Journal of Crop Science, 2012, 6 (11): 1558.

[50] PREISS J. Biology and molecular biology of starch synthesis and its regulation [J]. Plant Mol Cell Biol, 1991, 7 (20): 5880 - 5883.

[51] REIF J C, HALLAUER A R, MELCHINGER A E. Heterosis and heterotic patterns in maize [J]. Maydica, 2005, 50: 215–223.

[52] SARLA N, SWAMY B P M. Oryzaglaberrima: a source for the improvement of Oryza sativa [J]. Current Science, 2005: 955–963.

[53] SHEN R, WANG L, LIU X, et al. Genomic structural variation-mediated allelic suppression causes hybrid male sterility in rice [J]. Nature Communications, 2017, 8 (1): 1310.

[54] SANO Y. Differential regulation of waxy gene expression in rice endosperm [J]. Theoretical and Applied Genetics, 1984, 68 (5): 467–473.

[55] SMITH A M, DENYER K, MARTIN C. The synthesis of the starch granule [J]. Annual Review of Plant Biology, 1997, 48 (1): 67–87.

[56] WANG K, QIU F, LARAZO W, et al. Heterotic groups of tropical indica rice germplasm [J]. Theoretical and Applied Genetics, 2015, 128 (3): 421–430.

[57] WANG K, ZHOU Q, LIU J, et al. Genetic Effects of Wx Allele Combinations on Apparent Amylose Content in Tropical Hybrid Rice [J]. Cereal Chemistry, 2017, 94 (5): 887–891.

[58] WANG S, WAN J, LU Z. Parental cluster analysis in indica hybrid rice (*Oryza sativa* L.) by SSR analysis [J]. Zuowuxuebao, 2006, 32 (10): 1437–1443.

[59] XIE Y, XU P, HUANG J, et al. Interspecific Hybrid Sterility in Rice Is Mediated by OgTPR1 at the S1 Locus Encoding a Peptidase-like Protein [J]. Molecular Plant, 2017, 10 (8): 1137–1140.

[60] XU K, XU X, FUKAO T, et al. Sub1A is an ethylene-response-factor-like gene that confers submergence tolerance to rice [J]. Nature, 2006, 442 (7103): 705–708.

[61] YE C, ARGAYOSO M A, REDOÑA E D, et al. Mapping QTL for heat tolerance at flowering stage in rice using SNP markers [J]. Plant Breeding, 2012, 131 (1): 33–41.

[62] ZHEN G, QIN P, LIU K Y, et al. Genome-wide dissection of heterosis for yield traits in two-line hybrid rice populations [J]. Scientific Reports, 2017, 7 (1): 7635.

第八章

第三代杂交水稻的育种展望

李新奇 | 李雅礼

聚合优良性状，扩大父母本遗传差异，增加配组自由度，降低杂交种子生产成本，不断提高杂种优势水平，是作物杂种优势利用的发展方向。目前，农作物杂种优势利用方式的限制因素较多，选育实用的优良组合难度较大，影响了作物杂种优势利用潜力的发挥。我国杂交水稻的研究和利用虽然成就巨大，但在育种学上，现在的杂交水稻还处于发展初期阶段，杂交水稻所占世界水稻种植面积比重仍然较小。水稻雄性不育系选育受特定遗传背景限制，周期长、见效慢，不育系育性欠稳定，不育基因单一和配组欠自由，不能满足杂交水稻的育种需求。当前生物科学发展迅猛，引领杂交水稻育种朝着程序上由繁到简，效率越来越高的方向快速进步。历史表明，杂交水稻育种每进入一个新阶段都是一次新突破，凡在育种上有所突破，就会把水稻的产量推向一个更高水平，会给农业生产带来一次飞跃。

第一节 第三代杂交水稻的概念

一、第一代杂交水稻

第一代杂交水稻是以核质互作雄性不育系、保持系、恢复系为遗传工具配制的三系法杂交水稻。它是水稻育种和推广史上的一个巨大成就，使我国成为世界上第一个成功培育杂交水稻并大面积应用于生产的国家，迄今为止，已在我国累计推广超过 3.3 亿 hm^2。

二、第二代杂交水稻

第二代杂交水稻是以光温敏核雄性不育系及其配组父本为遗传工具的两系法杂交水稻。第二代杂交水稻研究始于 1973 年，1995 年获得成功，是目前水稻杂种优势生产利用的主导方式。

三、第三代杂交水稻

第三代杂交水稻是指以普通隐性核雄性不育系为母本，以常规品种、品系为父本配制而成的新型杂交水稻。

普通隐性核雄性不育现象较普遍，与光温敏核雄性不育水稻比较，普通隐性核雄性不育材料败育彻底且不育性不受环境影响。由于它的不育性遗传简单，它是作物杂种优势利用的理想遗传工具，可以满足对农作物最佳雄性不育系的选育要求。其优越的利用潜力体现在：①不育性一般仅由一对隐性基因控制，不育性表达不受遗传背景限制，所以能够将不育基因转移到任何常规品系中使之成为败育彻底的雄性不育系；②任何常规品系都具有与不育基因等位的显性可育基因，能够作为普通核雄性不育系的恢复系；③普通核雄性不育性不像光温敏核不育系那样易受环境影响，在水稻种植地区正常生长季节均表现为稳定不育，可用于繁殖制种。目前，在玉米、水稻和拟南芥等材料中已克隆了较多显性可育基因（表 8-1）。它们均决定着雄配子体的正常发育，如：玉米中的 *MSCA1* 和 *MS45* 基因；拟南芥中的 *SPL/NZZ*、*AMS*、*MS1*、*MS2*、*NEF1* 和 *AtGPAT1* 基因；水稻中的 *MSP1*、*EAT1*、*TDR*、*CYP703A3* 和 *CYP704B2* 基因等。水稻雄蕊原基分化到成熟花粉粒形成并释放的各阶段任何一个相关可育基因的异常，都可能导致不能形成有活力的花粉，产生雄性不育。这里以 *TDR* 基因及其相关几个得到利用的育性基因为例，简述其控制雄性可育的原理。

TDR（*Tapetum Degeneration Retardation*）编码的 bHLH 转录因子能够直接结合到细胞程序化死亡（PCD）基因 *OsCP1* 和 *OsC6* 的启动子区域，正向调控绒毡层 PCD 过程和花粉壁细胞的形成。*tdr* 突变体的绒毡层降解延迟，小孢子释放后迅速降解而导致完全雄性不育。

CYP703A3 基因的表达受 *TDR* 直接调控，而 *TDR* 能调控绒毡层细胞程序化死亡和花粉外壁形成。CYP703A3 是细胞色素 P450 羟化酶，作为一种链式羟化酶作用于特异底物月桂酸，使其形成七羟基月桂酸。*cyp703a3-2* 这个突变体由于单碱基的插入，其花药表面角质层和花粉外壁发育缺陷，角质单体和蜡组分的含量明显减少，导致花药发育异常，花药变小为白黄色，不能形成成熟花粉粒，从而导致雄性不育，不能收获成熟种子。

EAT1 基因编码的 bHLH 转录因子，作用于 *TDR* 下游并与 *TDR* 协作，绒毡层特异表达，正向调控水稻花药绒毡层细胞的程序性死亡，能直接调控 *OsAP25* 和 *OsAP37* 的表达，这 2 个基因编码天冬氨酸蛋白酶，在酵母和植物细胞中诱导程序性死亡，对花粉粒的发育与成熟有重要作用。水稻 *eat1* 突变体败育特征与 *tdr* 类似，虽然可通过减数分裂形成小孢子，但由于绒毡层细胞 PCD 延迟，使小孢子能量供应不足，从四分体释放后即被降解，花药干瘪、花粉粒败育，最终无法形成有功能的花粉粒，导致雄性不育。

表 8-1 水稻隐性核不育性的显性可育基因

核育性基因	育性基因编码的蛋白质	基因功能
PAIR1	Coiled-coil 结构域蛋白	同源染色体联会
PAIR2	HORMA 结构域蛋白	同源染色体联会
ZEP1	Coiled-coil 结构域蛋白	减数分裂期联会复合体形成
MEL1	ARGONAUTE 家族蛋白	生殖细胞减数分裂前的细胞分裂
PSS1	Kinessin 家族蛋白	雄配子减数分裂动态变化
UDT1	bHLH 转录因子	绒毡层降解
GAMYB4	MYB 转录因子	糊粉层和花粉囊发育
PTC1	PHD-finger 转录因子	绒毡层和花粉粒发育
API5	抗凋亡蛋白 5	延迟绒毡层降解
WDA1	碳裂合酶	脂质合成和花粉粒外壁形成
DPW	脂肪酸还原酶	花粉囊和花粉外壁发育
MADS3	同源异形 C 类转录因子	花粉囊晚期发育和花粉发育
OSC6	脂转移家族蛋白	脂质体和花粉外壁发育
RIP1	WD40 结构域蛋白	花粉成熟和萌发
CSA	MYB 转录因子	花粉和花粉囊糖的分配
AID1	MYB 转录因子	花粉囊开裂

之前水稻隐性核不育材料都不能通过自交繁殖，也不能通过杂交等手段实现不育系种子的批量生产，很难获得 100% 不育株率的水稻普通核雄性不育系用于杂交水稻商业化制种。采用不育株（msms）与杂合体可育株（MSms）杂交的方式也只能获得 50% 不育株。

当代遗传工程技术为解决普通核不育的繁殖问题提供了有效途径，国家杂交水稻工程技术研究中心以水稻花粉育性基因 *EAT1* 以及相应的不育突变体 eat1 等为研究对象，构建育性基因、红色荧光基因和花粉致死基因连锁表达的载体，转化普通核不育突变体得到育性恢复正常的转基因植株，于 2015 年成功创制了符合水稻雄性不育系标准的遗传工程核不育系 Gt1s、繁殖系 Gt1S 及其配制的第三代杂交水稻。

第三代杂交水稻技术不仅兼有三系不育系育性稳定和两系不育系配组自由的优点，同时又克服了三系不育系配组受局限和两系不育系可能“打摆子”和繁殖产量低的缺点，而且制种和繁殖都非常简便易行，显示出巨大的应用潜力。

遗传工程核不育系一般指通过遗传工程手段获得的，实现了大规模商业化繁殖的普通隐性核雄性不育系。 eat1 的繁殖系 Gt1S，育性得到恢复。自交后，每个稻穗结一半的有色种子和一半的无色种子（图 8-1）。利用色选机可将两者彻底分开。不表现红色荧光的种子是 100% 不育度和 100% 不育株率的遗传工程核不育系，可用于杂交水稻制种。由于它们不含转基因成分，因此，制出来的杂交水稻种子也是非转基因的。有红色荧光的种子是可育的，用于不育系繁殖，其下一代有色和无色种子又各占一半。这种使普通核不育突变体能够得到繁殖的转基因系称为遗传工程核不育系的繁殖系。利用上述三基因连锁表达的载体创制遗传工程核不育系的方法称为第三代杂交水稻 SPT 技术。利用遗传工程核不育系为母本，以常规品种（系）为父本配制而成的杂交组合就是第三代杂交水稻（图 8-2、图 8-3）。

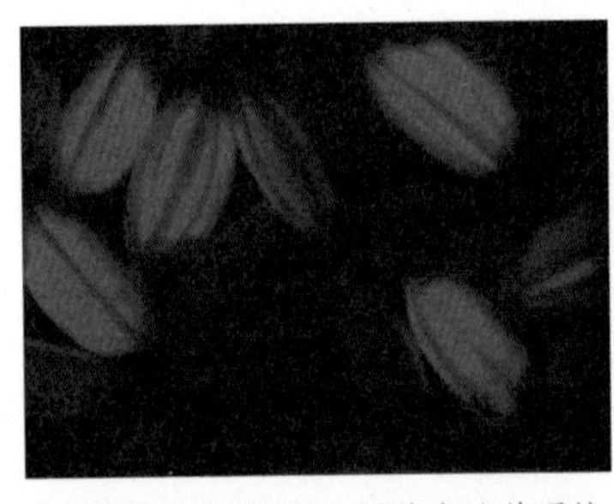
①色选机下被激发红色荧光的普通核不育繁殖系 Gt1S 种子和不发荧光的普通核不育系 Gt1s 种子

②自然光下去除颖壳的普通核不育系 Gt1s 种子和普通核不育繁殖系 Gt1S 种子（红色）

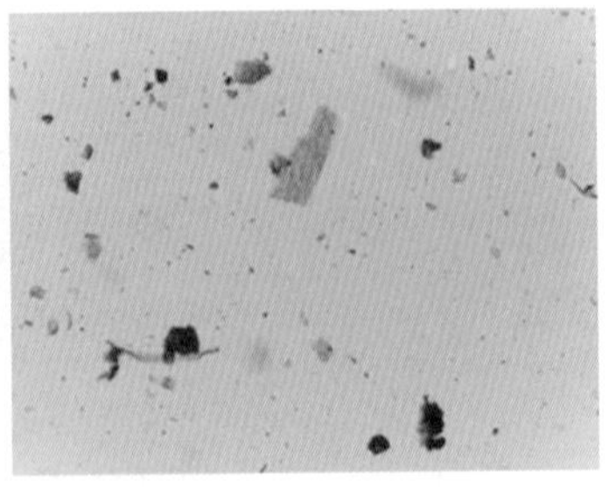
③普通核不育系 Gt1s 显微镜下观察花粉彻底败育

④普通核不育系 Gt1s 的表现

⑤普通核不育繁殖系 Gt1S 的表现

⑥第三代杂交水稻组合 Gt1s/L180 的表现

图 8-1　遗传工程核不育系 Gt1s 的繁殖系 Gt1S 及 Gt1s/L880 杂交种表现

图 8-2　第三代杂交水稻粳稻组合 Gt1s/H33

图 8-3　第三代杂交水稻籼粳交组合 Gt3s/E889

第二节　第三代杂交水稻的育种原理

一、荧光蛋白和荧光色选

荧光蛋白作为分子标签，用于标记个体、组织、细胞、亚细胞、病毒颗粒及蛋白质定位，在分析生物技术和细胞内分子示踪方面具有广泛的应用。

荧光是物质吸收电磁辐射后受到激发，受激发原子或分子在去激发过程中再发射波长与激发辐射波长相同或不同的辐射。当激发光源停止辐照试样以后，再发射过程立刻停止。物体经过较短波长的光照，把能量储存起来，然后缓慢放出较长波长的光，放出的这种光就叫荧光。最早出现的绿色荧光蛋白（green fluorescent protein，GFP）是由下村修等人在 1962 年在一种学名 Aequorea victoria 的水母中发现。由于多数生物具有微弱的自发绿色荧光现象，因此细胞内成像时背景较高，影响 GFP 检测的灵敏度；同时，GFP 可能参与细胞凋亡过程，很难建成 GFP 稳定的株系。

1999 年 Matz 等报道了第一个来自珊瑚的红色荧光蛋白 drFP583（DsRed）。drFP583 的商品名为 DsRed，由 225 个氨基酸残基组成，最大吸收波长为 558 nm，最大发射波长为 583 nm。该荧光蛋白有较高的量子产率和光稳定性，并且受 pH 值影响小，在 pH 值 5～12 范围内吸收和发射光强度没有明显变化。迄今为止，所有的红色荧光蛋白都是从珊瑚纲下的类珊瑚目或海葵目的不同种中分离进化而来。与在种子中表达 GFP 相比，DsRed 的表达更加明显，即使在白光下也能检测到红色荧光，同时转基因种子的蛋白质成分不受 DsRed 的影响，所以 *DsRed* 基因比 *GFP* 基因更适合作为转基因作物的报告基因。

在单子叶转基因植株中来源于大麦的 Ltp2 启动子能够调控外源基因特异地在糊粉层中表

达，并且不影响种子的正常发育。已经克隆的胚乳启动子还有玉米的 2S、 VP1、 mZE40-2、 Nam-1，油菜的 napB、 Bn-FAE1.1、 Napin、 BcNA、 FAD2，水稻的 γTMT、 Wsi18、 谷蛋白启动子等。糊粉层特异表达启动子连接红色荧光蛋白基因能够在糊粉层中特异表达出红色荧光。

通过在纯合的普通核雄性不育植株中导入连锁表达的育性恢复基因和由糊粉层特异表达启动子调控的红色荧光蛋白基因两套元件，可以由此获得该雄性不育的繁殖系（表 8-2）。繁殖系自交可以获得 1/4 的无色不育系种子和 3/4 的红色荧光种子（表 8-3），其中的红色荧光种子可以通过荧光色选机分开（图 8-4）。

图 8-4　荧光法遗传工程核不育繁殖系的有色可育和无色不育种子糙米

表 8-2　转连锁的荧光基因和可育基因获得荧光法遗传工程核不育繁殖系

♀配子基因型	♂配子基因型
	ms / *MS*+*DsRed*
ms	*msms* / *MS*+*DsRed*（红色）

注：*ms* 为不育基因；*MS* 为可育基因；*DsRed* 为红色荧光基因。

表 8-3　荧光分选法遗传工程核不育系自交繁殖

♀配子基因型	♂配子基因型	
	ms	*ms* / *MS*+*DsRed*
ms	*msms*（不育系基因型、无色）	*msms* / *MS*+*DsRed*（红色）
ms / *MS* +*DsRed*	*msms* / *MS*+*DsRed*（红色）	*msms* / *MSMS*+*DsRed*（红色）

注：*ms* 为不育基因；*MS* 为可育基因；*DsRed* 为红色荧光基因。

色选机根据物料光学特性的差异，采用超高速传感器电子眼，将颗粒物料中的异色颗粒自动分拣出来。可识别小至 0.08 mm^2 的微小异色区域，广泛应用于大米等粮食作物的精选，能够剔除大米中所有的垩白粒，处理速率可达 3～10 t/h。色选机主要由给料系统、光学检测系统、信号处理系统和分离执行系统组成（图 8-5）。

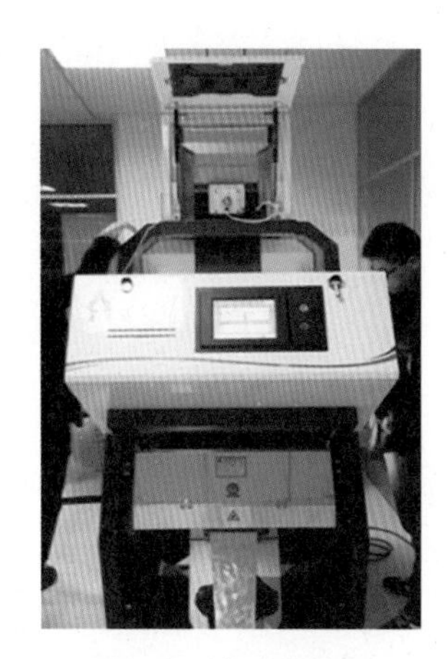

图 8-5 荧光色选机

色选机工作时，被选物从顶部的料斗进入机器，通过振动器装置的振动，被选物料沿通道下滑，加速下落进入分选室内的观察区，并从传感器和背景板间穿过。在光源的作用下，根据光的强弱及颜色变化，使系统产生输出信号驱动电磁阀工作吹出异色颗粒，吹至接料斗的废料腔内，而好的被选物料继续下落至接料斗成品腔内，从而达到分选的目的。

安徽美亚光电技术股份有限公司与国家杂交水稻工程技术研究中心合作，共同研制的遗传工程核不育系荧光色选机使用绿光作为照明光源，当照射到稻种时，稻种被激发出红色光。此时，荧光稻种在反射绿光的同时，还发出了红色光，而非荧光稻种只反射绿光。在相机前，加入带通滤光片，将绿色光滤除，使红色光透过。这时相机拍到的荧光稻种就是红色的，而非荧光稻种反射的绿光被滤光片滤除了，形成的图像就是黑色的。所以在图像上，荧光稻种和非荧光稻种有明显的亮暗区别（图 8-6）。

图 8-6 遗传工程核不育繁殖系红色荧光种子被激发荧光，无色不育系种子不发荧光

胚乳直感是有性杂交当代所结的种子胚乳表现出花粉供体性状的现象。例如，玉米黄色胚乳为显性性状，以黄玉米的花粉对白玉米光温敏不育系进行授粉，在不育系植株上就能结出黄色胚乳的籽粒，当代就显示出父本的显性性状，在这种情况下其可以作为鉴定真假杂种的直观方法。

普通隐性核不育株与育性基因和红色荧光基因连锁的保持系杂交也是繁殖普通隐性核不育系的一条途径。参与受精的花粉中带有控制胚乳性状的红色荧光显性基因，胚乳中的染色体数是 3*n*， 2*n* 来自普通隐性核不育株的极核， 1*n* 来自红色荧光父本的精核。在 3*n* 胚乳的性状上由于精核的影响而直接表现父本红色荧光的性状（表 8-4）。

表 8-4　胚乳直感繁殖荧光分选法遗传工程核不育系

♀配子基因型	♂配子基因型	
	ms	*ms* / *MS*+*DsRed*
ms	*msmsms*（不育系胚乳基因型、无色）	*msmsms* / *MS*+*DsRed*（保持系胚乳基因型，红色）

二、花粉致死基因和花粉 / 花药特异表达启动子

植物中花粉致死基因有玉米的 *ZM-AA1*、*pep1*、*SGB6*，大肠杆菌的 *argE*、*dam*，水稻的 *Osg1*，解淀粉芽孢杆菌的 *Barnase*，发根农杆菌的 *rolB*、*rolC*，苏云金芽孢杆菌的 *CytA*，棒状噬菌体的 *DTAβ*，芍药的 *CHS*，马铃薯的 *Wun1*，菊欧文菌的 *pelE* 等。如芽孢杆菌 RNA 酶（*Barnase*）、*RnaseT1* 和 *DTA* 基因属于细胞毒素基因，它们由绒毡层特异表达启动子 *TA29* 启动表达后，将导致转基因烟草、油菜、玉米等作物的花粉败育。大肠杆菌 *argE* 基因的产物能够脱去非毒物质，诱导产生毒素物质 L- 膦丝菌素。 Kriete 等将 *argE* 基因与花药绒毡层特异启动子 *TA29* 同源物相连构建嵌合基因，导入烟草植株，在花粉发育时期施用 N-ac-Pt 后，毒素释放，从而导致花药空瘪，雄性不育。 β-1， 3- 葡聚糖酶（*Osg1*）基因通过提早降解胼胝质壁可以导致雄性不育；此外， *pelE* 基因、发根农杆菌的 *rolB* 和 *rolC* 基因通过与花药特异启动子相融合，可导致花粉异常，从而造成雄性不育。

花粉发育相关的基因在花粉 / 花药中的组织特异表达，需要花粉 / 花药特异表达的相关调控因子在特定的时间和空间的正确调控。植物中主要花粉 / 花药特异表达启动子有玉米的 *PG47*、*5126*、*ZmC5*、*ZmC13*、*Zmabp1*、*ZmPSK1*、*Mpcbp*、*Zmpro1*、*AC444*，烟草的 *TA13*、*TA26*、*TA29*、*NTP303*，水稻的 *OsSCP1*、*OsSCP2*、

OsSCP3、*OsRTS*、*OsIPA*、*OsIPK*，拟南芥的*A3*、*A6*、*A9*，金鱼草的*tap1*，欧洲油菜的*Bp10*、*Bp19*。有关花粉致死基因相应的特异调控元件研究比较深入的有来源于玉米的*Zmc13*、*5126*和*PG47*启动子。在现代生物技术育种中可以将上述启动子与花粉致死基因连接，构建表达载体，转化植株后，使之在花粉中特异表达，从而引起植物花粉败育。

隐性雄性核不育突变体的育性恢复基因与其特异启动子连接，同时连接花粉致死基因及其特异的启动子，然后转入相应作物的雄性核不育突变体中。植株的育性恢复基因可以使含有不育基因的花粉小孢子恢复育性，而到花粉发育后期，花粉致死基因则可以使含有育性恢复基因的转基因花粉降解，只留下一种含有隐性核不育突变基因的非转基因花粉。但是雌配子有两种类型，授粉之后，将产生两种基因型的种子，一种是含有育性恢复基因与不育突变基因的杂合体种子，即隐性核不育保持系；另一种是只含有不育突变基因的非转基因种子（ms/ms），即隐性核不育系，从而实现了恢复与保持功能融于一体的目标（表 8-5）。

表 8-5 转连锁的致死基因和可育基因不育突变体自交获得遗传工程核不育系的繁殖系

♀配子基因型	♂配子基因型	
	ms（可育配子）	*ms*/*MS*+*ZmAA1*（败育配子）
ms	*msms*（不育系基因型）	—
ms/*MS* +*ZmAA1*	*msms*/*MS*+*ZmAA1*（繁殖系基因型）	—

注：*msms* 为纯合不育基因；*MS* 为可育基因；*ZmAA1* 为花粉致死基因。

遗传工程核不育系保持系花粉不含转基因，而雌配子具有*ms*和*MS*两种基因型，自交种子中不育株和可育株各一半，其中的可育株作为保持系使用。繁殖时，由于保持系中只有一半的可育花粉，因此需要增加父本群体植株的数量（表 8-6）。

表 8-6 转连锁的致死基因和可育基因获得遗传工程核不育系的繁殖

♀配子基因型	♂配子基因型	
	ms（可育配子）	*ms*/*MS*+*ZmAA1*（败育配子）
ms	*msms*（不育系基因型）	—

注：*msms* 为纯合不育基因；*MS* 为可育基因；*ZmAA1* 为花粉致死基因。

三、SPT 技术

1993 年美国 PLANT GENETIC SYSTEM 公司设计了一项 PCT 专利，即 SPT 技术。在隐性雄性不育系植株中导入包括育性恢复基因、筛选报告基因和花粉致死基因的三套基因连锁表达元件，从而获得该雄性核不育系植株的保持系，然后保持系自交便可实现雄性不育系和保持系的繁殖（图 8-7）。它是前述红色荧光途径和花粉致死途径的技术集合。

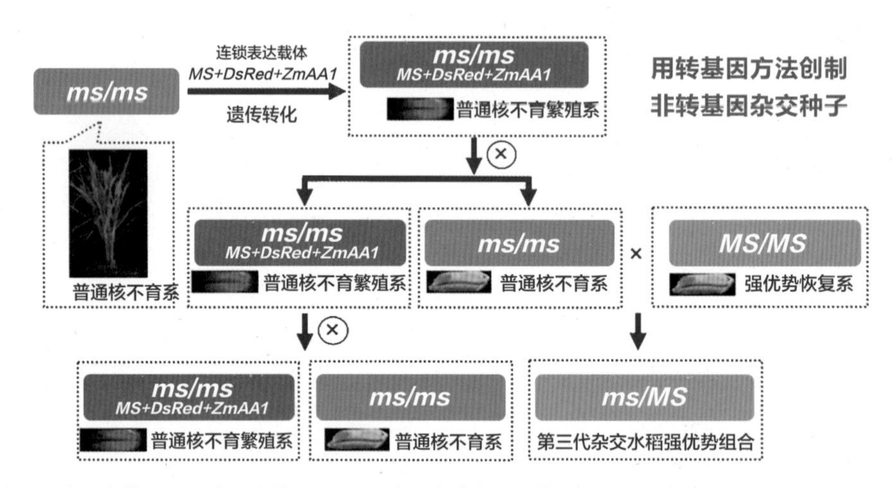

注：*ms* 为不育基因；*MS* 为可育基因；*DsRed* 为红色荧光蛋白基因；*ZmAA1* 为花粉致死基因

图 8-7 SPT 技术原理

国家杂交水稻工程技术研究中心创制的第三代杂交水稻育种技术是 SPT 技术在水稻育种中的研究与运用。将控制水稻花粉育性恢复基因（*EAT1*）、花粉致死基因（*ZmAA1*）和红色荧光蛋白标记基因（*DsRed*）紧密连锁，构建植物表达载体，通过农杆菌介导的转化方法，导入水稻隐性核雄性不育突变体中。育性基因转入雄性不育突变体，使其育性得到恢复。花粉致死基因使含有转基因片段的雄配子失去繁殖活力，其花粉在成熟过程中凋亡，而不含转基因成分的花粉发育成熟。雌配子则由两种类型组成，一种与不育突变体 *eat1* 雌配子相同，一种则含有三套基因连锁表达载体。保持系自交便可实现杂交植株雄性不育系和保持系的繁殖，实现一系两用的目的。红色荧光基因作为筛选报告基因，后代种子中带红色荧光的是保持系，不带红色荧光的即普通颜色则为不育系，便可通过色选机将保持系和不育系水稻种子完全分开，得到杂交制种所需的纯合不育系。遗传工程核不育系 Gt3s 繁殖系的每个稻穗上结一半的红色种子和一半的无色种子。无色的种子是雄性不育的，用于杂交水稻种子生产；红色种子是可育的，因其自交产生的 F_1 代中仍然是红色种子和无色种子各占一半（由于导入的 *ZmAA1* 会使雄配子不育），因而被用来繁殖不育系。利用色选机可将红色种子和无色种子彻底分开，因此，遗传工程核不育系的制种和繁殖都非常简便易行（表 8-7、表 8-8）。

表 8-7 SPT 遗传工程核不育繁殖系自交遗传分析

♀配子基因型	♂配子基因型	
	ms（可育配子）	*ms*/*MS*+*DsRed*+*ZmAA1*（败育配子）
ms	*msms*（不育系基因型）	—
ms/*MS*+*DsRed*+*ZmAA1*	*msms*/*MS*+*DsRed*+*ZmAA1*（繁殖系基因型）	—

注：*ms* 为不育基因；*MS* 为可育基因；*DsRed* 为编码红色荧光蛋白基因；*ZmAA1* 为花粉致死基因。

表 8-8 SPT 遗传工程核不育系与遗传工程核不育繁殖系杂交 F_1 遗传分析

♀配子基因型	♂配子基因型	
	ms（可育配子）	*ms*/*MS*+*DsRed*+*ZmAA1*（败育配子）
ms	*msms*（不育系基因型）	—

注：*ms* 为不育基因；*MS* 为可育基因；*DsRed* 为编码红色荧光蛋白基因；*ZmAA1* 为花粉致死基因。

四、其他利用途径

以水稻隐性核不育基因功能及其表达为基础，利用育性基因调控元件，可能开发出普通核雄性不育利用新方式。例如，通过一些条件（如诱导性）来控制启动子对育性恢复基因遗传表达的启动，并将之当作一种互补基因正常转入雄性不育植株中，此时，如果不提供适合的特定启动子表达条件，则植株的育性恢复基因无法表达，便可得到雄性不育系；而当提供适合的特定启动子表达条件时，如喷施诱导物，则植株的育性恢复基因正常表达，故雄性不育株的育性得到恢复从而可以成功繁殖。除此之外，还可以利用启动子驱动植株本身内源育性基因的一些抑制因子作用从而达到上述相同目的。利用植物雄性不育性与抗除草剂性状紧密连锁，利用除草剂杀死可育种子而繁殖不育系。即依赖抗除草剂基因的组成型表达，通过施用除草剂杀死一半的可育株，保留另一半的不育株。

因为雄性不育系的不育性和可育性在实际生产中很难被完全精确地控制，且不育系中含有转基因成分而涉及转基因生物安全问题，上述方案都没有真正得到推广应用。

借助叶绿体转化的胞质可育法可能成为另一条比较理想的普通核雄性不育性利用途径。将普通核雄性不育性可育基因连接来自叶绿体的启动子（或其他适合启动子）及部分叶绿体同源序列，通过同源重组将可育基因导入不育株叶绿体基因组中，使其表达。带有可育基因的细胞质和不育基因的细胞核的转基因植株可能表现为可育，用其作父本与不育株杂交来繁殖不育系，因为杂交 F_1 核和质的组成与不育株相同，可能表现为100%不育。再用不育系与优良亲本配组，生产大田用杂交种子。这条途径能否成功，依赖于育性基因在叶绿体内能否有效表达，以及叶绿体转化技术的效率。

第三节　第三代杂交水稻育种

一、遗传工程核不育系及其繁殖系选育

杂交、回交育种是选育遗传工程核不育系的主要途径。对水稻普通隐性核雄性不育系的基本要求是：不育基因作用完全，不育性稳定，败育彻底，不受环境影响，任何地点和任何时期抽穗，花粉不育度＞99.5%，开花习性良好，柱头大而外露，张颖角度大、时间长，花时早而集中，同时具有株叶型好、一般配合力强、抗性和米质好等优点。为了与光温敏核不育系区别，在以往的研究中，通常将遗传工程核不育系的命名以大写字母G开头，小写s结尾，如Gt1s；遗传工程核不育系的繁殖系则以大写字母G开头，大写S结尾，如Gt1S。

（一）遗传工程核不育系的杂交选育

由育性恢复基因、筛选报告基因和花粉致死基因的三套基因连锁表达元件转化获得SPT遗传工程核不育系的技术途径表现理想，这里仅介绍SPT遗传工程核不育系的选育。因为遗传工程核不育繁殖系稻穗上有一半不育系和一半繁殖系种子，所以遗传工程核不育系的选育，就是遗传工程核不育繁殖系的选育。红色荧光基因与育性基因、花粉致死基因连锁，在各世代繁殖系选育中，均需选择红色荧光种子，无色种子不具有繁殖系的育性恢复基因、筛选报告基因和花粉致死基因。

1. 单交选育

用已有遗传工程核不育繁殖系作为母本，根据需要改良的性状，选择父本杂交进行改造。由于遗传工程核不育繁殖系的育性基因、荧光基因和花粉致死基因在成熟花粉中不存在，所以需要改良的遗传工程核不育繁殖系不能作父本，只能作为母本进行杂交。

选用现有的遗传工程核不育繁殖系作母本，与具有目标性状的父本进行杂交，在杂交当代的母本稻穗上即表现为一半有色种子，一半无色种子。去除无色种子，仅保留有色种子，种植

成为 F_1 代群体。在 F_1 代植株的稻穗上所结种子一半是无色的（不含转基因的种子），而另一半是有色的（含转基因的种子），保留有色种子，种植成为 F_2 代群体。 F_2 代中的每一个植株均表现为可育，且其稻穗上所结种子均表现为一半无色，一半有色。根据育种目标，选择其中符合目标性状的单株，保留其有色种子，种植成为 F_3 代株系。在 F_3 代株系中，将有 1/4 的株系，一半植株表现可育、一半表现不育，其可育植株稻穗上所结种子一半无色、一半有色，无色的是不含转基因成分的雄性不育种子，有色的为含转基因成分的雄性不育繁殖系种子，保留有色种子，种植成为 F_4 代株系，继续对目标性状进行鉴定和选择；有 2/4 的株系，其不育基因是杂合的，群体中会出现 1/8 的无色不育株（基因型为 *msms*，见表 8-9）， 3/8 的无

表 8-9　遗传工程核不育系的单交选育各世代基因型及其选择方法

世代	母本基因型		父本基因型	交配方式	选择方法
	受精前植株	受精后种子＊			
当代	*msms+MRZ*	1*MSms*： 1*MSms+MRZ*	*MSMS*	杂交	保留有色种子
F_1	*MSms+MRZ*	1*MSMS*： 2*MSms*： 1*msms*： 1*MSMS+MRZ*： 2*MSms+MRZ*： 1*msms+MRZ*	*MSms+MRZ*	自交	保留有色种子
F_2	*MSMS+MRZ*	1*MSMS*：1*MSMS+MRZ*	*MSMS+MRZ*	自交	按目标性状选单株，保留有色种子
	MSms+MRZ	1*MSMS*： 2*MSms*： 1*msms*： 1*MSMS+MRZ*： 2*MSms+MRZ*： 1*msms+MRZ*	*MSms+MRZ*		
	msms+MRZ	1*msms*：1*msms+MRZ*	*msms+MRZ*		
F_3	*MSMS+MRZ*	1*MSMS*：1*MSMS+MRZ*	*MSMS+MRZ*	自交	淘汰
	MSms+MRZ	1*MSMS*： 2*MSms*： 1*msms*： 1*MSMS+MRZ*： 2*MSms+MRZ*： 1*msms+MRZ*	*MSms+MRZ*		按目标性状选单株，保留有色种子
	msms+MRZ	1*msms*：1*msms+MRZ*	*msms+MRZ*		按目标性状选单株，保留有色种子
F_4	*MSMS+MRZ*	1*MSMS*：1*MSMS+MRZ*	*MSMS+MRZ*	自交	淘汰
	MSms+MRZ	1*MSMS*： 2*MSms*：1*msms*： 1*MSMS+MRZ*：2*MSms+MRZ*： 1*msms+MRZ*	*MSms+MRZ*		按目标性状选单株，保留有色种子
	msms+MRZ	1*msms*：1*msms+MRZ*	*msms+MRZ*		性状鉴定与选择，保留有色种子；不育株测配

注：*ms* 代表不育基因；*MS* 代表可育基因；*MRZ* 代表导入的育性恢复基因（*MS*）、筛选报告基因（*DsRed*）和花粉致死基因（*ZmAA1*）的三元复合体；＊基因型前面的数字表示该基因型在分离群体中所占份额。

色可育单株，还有 4/8 的有色可育单株，从有色可育株中可以选择具目标性状的优异单株，保留其有色种子，种植成为 F_4 代株系，继续按目标性状进行选择；还有 1/4 的株系，不分离出不育株，予以淘汰。从 F_3 代开始，对形态性状、品质性状、适应性、异交习性等同时进行选择。 F_4 代进行性状鉴定，其不育株可与优良父本进行测配。 F_5 代继续鉴定性状，根据 F_4 代不育株测交组合的表现，筛选配合力好的株系。 F_6 代开始进行制种应用研究， F_7 代以后继续纯化选优，利用不育系进行制种，开展品比和区试。除了需要用于测交外，各杂交后代种子可通过荧光色选机去除非荧光种子，提高选育效率和植株鉴定的准确性。

2. 复交转育

复交转育是用三个以上亲本杂交转育新的遗传工程核不育系及其繁殖系。复交转育的目的在于综合多个亲本的优良性状。技术操作上，复交转育又有两种形式，两次或两次以上的单交转育和三交转育。

（1）两次或两次以上的单交转育。这种转育方法就是在第一次单交转育的后代中选优良不育单株繁殖系与另一亲本再进行第二次单交转育。其育种程序实际上是由二次或二次以上的单交转育程序构成。杂交后代的处理技术可以参照单交选育的方法。将亲本的优良基因聚合，实现育种目标。

（2）三交转育。三交转育是用遗传工程核不育繁殖系先与第一个亲本杂交，然后再用 F_1 作母本，与第二个亲本杂交进行转育。三交转育的速度比两次单交转育要快一些。直接三交选育依据是不育特性受一对隐性基因控制，三交 F_2 代红色荧光种子中出现不育株的频率有 1/8。Gt5s 即由 Gt1s/R12// 轮回 422 三交选育而来（图 8-8）。

① 普通核不育繁殖系 Gt5S（左）和普通核不育系 Gt5s（右）

②第三代杂交水稻组合 Gt5s/R900 的表现

图 8-8 第三代杂交水稻 Gt5s 及其繁殖系和杂交种

（二）遗传工程核不育系的回交转育

回交转育遗传工程核不育系及其繁殖系是采用回交法将遗传工程核不育系的不育基因和三套基因连锁表达载体转移到一个优良的轮回亲本中的方法。回交转育的目的是育成除不育特性外，其他性状与轮回亲本相似的不育系。轮回亲本一般是综合性状优良、配合力好的亲本材料。技术操作上，回交转育又有两种形式，包括隔代回交法和直接回交法。

1. 隔代回交法

隔代回交法的典型特征就是要在回交后代中找到红色荧光种子后代有不育株的前提下才进行回交。一般操作是在育性分离世代选性状与轮回亲本相似的遗传工程核不育繁殖系单株与轮回亲本回交。隔代回交适用于改良轮回亲本的性状，通过自交和回交分离选择。

2. 直接回交法

所谓直接回交法就是用遗传工程核不育繁殖系与轮回亲本杂交 F_1 代直接与轮回亲本回交，不需等到育性分离世代进行。应用直接回交法的好处在于能够加速转育速度。但是直接回交法的应用是有前提的，如果轮回亲本的某些性状也需要改良，直接回交法可能更难达到目标。

遗传工程核不育系的不育基因遗传简单，可随机选择红色荧光种子植株进行连续回交，但应保证每个回交世代有足够数量的红色荧光种子植株，一般要求在连续回交 3 次的 B_3F_2 中仍会出现 1.5% 左右的不育株， B_3F_2 群体株叶形态和生育期能够基本整齐，性状可以与轮回亲本基本一致。表明连续回交是定向转育遗传工程核不育系及其繁殖系的快速有效方法。

（三）遗传工程核不育系选育中杂种后代处理技术

遗传工程核不育系及其繁殖系杂交回交育种的选育效果不仅与亲本选用、配组方法密切相关，而且在很大程度上还依赖于育种家对杂种后代的处理技术。方法得当，才能选育到性状优良的实用不育系。筛选到遗传工程核不育繁殖系植株后，要对其他性状进行筛选鉴定，保优去劣。遗传工程核不育系的繁殖系单株极易得到，对繁殖系单株的选择，宜在 F_2 或 F_3 代依照育种目标坚持按标准进行取舍。理论上，许多重要性状的遗传都比较简单。在数量性状中，主基因也起着非常显著的作用，而且很多数量遗传的性状能够很快稳定。选择时，主要性状不令人满意的宜尽早淘汰。因为，每选到一个不理想的材料，就会在种子准备、种植和繁殖等工作上花费时间、精力和财力。一般在 F_5、 F_6 代种植的株系，除了具有特别性状可作中间材料有价值外，其他都应是没有大的缺陷、性状优良、具实用性和配合力好的材料。在对杂种后代的处理上，应将注意力集中在最有希望的材料上，分重点进行选育。

第一次选择时，以分离群体整体性状表现作为参考。如在一个 F_2 代选择群体中，整体性状较差，又没有特别突出的不育株可淘汰，不作选择。雄性不育导致水稻不育系开花习性变差，花时推迟，花时分散，开颖率降低，柱头活力下降。不育系抽穗后观察花器性状和开花习性，如花时、开花集中程度、闭颖率、柱头外露率、开花后闭合情况等。选择花器性状优良、开花习性好、柱头活力强、异交率高的株系，淘汰闭颖严重、柱头活力低、异交率低的株系。把所配杂种性状优良，优势突出，增产潜力大的不育株系及其繁殖系作为重点，边稳定边测定配合力和杂种优势，淘汰配合力差的不育株系对应的繁殖株系。

分子标记辅助选择能够有效地加快遗传工程核不育系的选育进程，普通隐性核不育基因的连锁分子标记可以作为不育基因辅助育种的选择标记。红色荧光则作为可育基因红色荧光基因和花粉致死基因的选择标记。

实践中利用中世代组群筛选也是加快育种进程的简单有效方法。在杂种后代中获得的优良不育繁殖系单株，可作为重点进行选育，分组群进行筛选。 F_2 代所选单株繁殖得到大量种子，F_3 代种植 3 000 株以上，在其中选择优良单株，并分单株收种。 F_4 代分株系种植，各株系种植 14~20 株，约 1 000 个株系。在 F_4 代能有少量株系性状基本稳定。其理论依据是：水稻有 12 对同源染色体，如不考虑染色体交换及误差，在 F_2 代染色体完全纯合的植株有 1/4 096 株。较多植株染色体纯合的对数为 5~7 对。如果在 F_2 代所选到的繁殖系植株为 6 对纯合染色体，则在 F_3 代 12 对染色体完全纯合的概率为 1/64。考虑到交换和随机误差，实践中，1 000 株 F_2 代植株，一般会出现 5~10 株染色体高度纯合的单株，它们在 F_3 代即可表现性状整齐一致。组群筛选法往往只有在 F_2 单株及 F_3 群体性状突出、符合育种目标时才有效。在上述 F_4 代各株系中，性状欠稳定的优良单株，同样可以应用组群筛选法进行选育。 F_5 群体可适当减少， F_6 株系则相对减少。

单倍体育种包括花培育种和孤雌生殖，不能直接用于加速 SPT 遗传工程核不育系选育，因为不育繁殖系花粉不含有育性基因、致死基因和红色荧光基因。此外，只有在花粉致死基因杂合的情况下，遗传工程核不育系的繁殖系才能产生可育花粉而繁殖种子。

（四）优良普通隐性核不育材料的定向遗传转化

通过杂交、回交、基因敲除等手段获得普通隐性核不育的目标不育株后，利用育性基因、致死基因和红色荧光基因三套基因连锁表达载体进行遗传转化，可定向培育遗传工程核不育系及其繁殖系。

1. 愈伤组织的接种和诱导

利用不育系幼穗诱导愈伤。在水稻目标不育株处于幼穗分化期，当幼穗长度在0.5~4.0 cm时，将幼穗取出诱导愈伤组织。

2. 愈伤组织的继代

挑选浅黄色、致密且相对比较干燥的愈伤组织剥离下来，适量接种到新鲜的继代培养基中培养，每隔10 d左右进行一次转移更换新的培养基。

3. 农杆菌侵染愈伤

将携有育性基因、致死基因和红色荧光基因连锁表达载体的农杆菌用来进行农杆菌侵染。从继代培养1个月左右的水稻愈伤组织中挑选出生长旺盛的愈伤组织，将其转移到含农杆菌的培养液中浸泡30 min。

4. 共培养

将侵染农杆菌的水稻愈伤组织风干后平铺在放有无菌滤纸的共培养基上，28 ℃暗室培养2~3 d。愈伤组织用无菌超纯水清洗后，用羧苄和头孢清洗残留在愈伤表面的农杆菌。

5. 愈伤组织筛选

将清洗干净的愈伤组织接种在筛选培养基上，28 ℃暗室培养预筛选10 d，转移到新的筛选培养基中，进行两次筛选，每次筛选时间为15 d。

6. 愈伤组织分化

将筛选获得的新鲜愈伤组织转移接种到预分化培养基中，28 ℃下暗室培养两周，再转移接种到分化培养基中，在28 ℃的光室培养20 d左右。

7. 愈伤组织生根

分化中愈伤组织长出的绿色小芽至1 cm左右时，将它们转移到无菌生根培养基上，进行生根培养。

8. 炼苗

当生根培养基中小苗长至要接触培养瓶瓶盖时，生出的不定根浓密而粗壮，即根系发育完全后，将苗子移栽到硬度适中、水分充足、肥量适度的盆土中进行栽培生长。

9. 转基因植株的检测

利用目的片段检测引物进行PCR初检验，检测水稻植株是否为目标转基因植株。将检测正确的PCR产物测序，进行转基因植株的最终验证。

10. 遗传工程核不育系育性恢复和自交繁殖

将组织培养过程中获得的遗传工程核不育繁殖系原始株移栽到转基因试验田中，进行正常田间管理，如果植株可育，一半不带荧光的种子表现完全不育，另外一半红色荧光种子表现可育，则作为目标遗传工程核不育系及其繁殖系使用。

二、第三代杂交水稻育种进展

第三代杂交水稻是以遗传工程核雄性不育系与常规水稻恢复系配组育成的新一代杂交水稻，结合了第一代杂交水稻不育系不育性稳定的优点和第二代杂交水稻不育系配组自由的优点。袁隆平院士领衔的科研团队自 2011 年启动第三代杂交水稻的相关研究以来，目前已建立成熟的第三代杂交水稻育种技术体系，选育了 G3-1s 等一批第三代杂交水稻不育系和亲 89 等一批恢复系，通过籼、粳亚种间杂种优势利用，培育出叁优一号等一批强优势苗头组合在生产上小面积试验、示范。

2019 年在湖南省衡南县、桃源县等 4 个不同双季晚稻生态区进行高产攻关试验示范，第三代杂交水稻表现出强大的杂种优势。经专家测产验收，在衡南示范种植的叁优一号平均单产超过 15 t/hm^2，达到 15.69 t/hm^2；在桃源示范种植的 G3-1s/ 亲 19，平均单产超过 12 t/hm^2，达到 12.57 t/hm^2。

在 2019 年示范取得初步成功的基础上，2020 年第三代杂交水稻被纳入湖南省“三一工程”，作双季晚稻开展高产攻关示范。其中，在湖南省衡南县继续进行的叁优一号双季晚稻示范片，面积 2 hm^2。2020 年 11 月 2 日，湖南省农学会组织福建省农业科学院、中国水稻研究所、江西省农业科学院、武汉大学、华南农业大学、广西壮族自治区农业科学院、西南大学、湖南省农业农村厅、湖南农业大学和湖南师范大学等单位专家，对该示范片进行测产验收。专家组在考察了整个示范片的基础上，按农业农村部超级稻测产验收方法，随机抽取 3 丘田块进行机收测产，平均产量达 13.68 t/hm^2。加上 2020 年 7 月测得的双季早稻（杂交早稻组合株两优 168）平均产量 9.29 t/hm^2，双季稻平均年产达到 22.96 t/hm^2，实现了袁隆平院士提出的双季稻年产 22.5 t/hm^2 工程的攻关目标，再创长江中、下游双季稻周年产量的历史新高。值得指出的是，2020 年衡南攻关示范片在齐穗后的 1 个月间日平均气温仅 20.65 ℃，较 2019 年同期日平均气温 23.60 ℃低 2.95 ℃；日照仅 43.85 h，较 2019 年的 187.80 h 少 143.95 h，在此极端不利的光温条件下，第三代杂交水稻的平均产量仍然高达 13.68 t/hm^2，使双季稻的周年产量超过 22.50 t/hm^2，这在普通双季稻生态区是一项重大突破。

三、第三代杂交水稻育种应用前景

（一）三系法和两系法的不足

三系法途径存在的不足主要有：①可利用的优良亲本有限，配组不自由。常规籼稻品种中，野败保持系频率低于 0.1%，恢复系频率低于 5%。不育系间遗传差异小，类型相似。②恢复基因表现不完全显性，杂交种可育度难达到常规品种水平。③杂交种育性稳定性不够，抵抗不良天气的能力较差。④细胞质单一性存在风险。由于受到遗传背景的限制，优良水稻细胞质核互作雄性不育系的选育难度大，效率较低，难以将各种水稻核质互作型雄性不育系中的优良性状综合在一起。因此，目前综合性状优良且无严重缺点的细胞质核互作雄性不育系不多。

微效恢复基因的存在是水稻细胞质核互作雄性不育系选育中经常遇到的一个主要问题。水稻品种一般含有微效恢复基因，而微效恢复基因是隐性或不完全隐性的，杂交选育保持系时，由于杂交后代群体与不育系的测交后代群体是分离的，微效恢复基因也是分离的。很难判断一个单株是否是保持系。只有当一个稳定品系的细胞核完全被代换到不育细胞质中，才能准确了解这个品系是否是保持系以及开花习性是否优良。育种实践中容易造成最后获得的不育系败育欠彻底或开花习性不好。据 Virmani（1994）报道，两个保持系杂交，后代中约 17% 不是保持系。有很多不育细胞质由于难以找到完全不育保持系，其不育系大多败育不彻底，难以在生产上加以利用。

以光温敏核雄性不育系为基础的两系法途径，打破了三系法恢保关系的限制，大大提高了配组自由度，较易获得增产潜力大的杂交组合。但是，光温敏核雄性不育系存在不育性不稳定的问题，其育性对环境敏感以及不育起点温度漂变，容易造成光温敏核雄性不育系自花授粉结实而降低杂交种子纯度。因为天气变化一般是大范围的，所以风险也是大范围的。

雄性不育导致光温敏不育系开花习性变差，花时推迟，且开花不集中，开颖率降低，柱头活力下降。败育程度越高，开花习性越差。在杂交制种中，光温敏核不育系的育性敏感期一般安排在高温季节，这样带来的问题就是其在高温天气下的异交习性变差，制种产量低。所以，目前很多两系制种选择在孕穗期气温相对较低的地区，但是，这样又容易引起光温敏核不育系的育性波动，导致一定程度的自交结实，从而致使制种失败。

（二）第三代杂交水稻组合选育

由于三系法和两系法技术的局限性，尽管现有优良杂交水稻组合的产量很高，但适应性、抗病虫性、稻米品质等诸多方面还不能满足各地对水稻适应性、抗病虫性和稻米品质选育的不同要求。三系法保持系和光温敏核雄性不育系在农艺性状、抗性、品质、产量潜力等方面表现常常不及常规水稻品种，存在较大改良空间。

亲本的遗传差异越大，杂种优势越强，亲本本身性状好则容易产生超亲和对照优势。高产、优质、高抗、生态适应是作物育种的共同目标，可以预见，第三代杂交水稻通过提高配组自由度和一般配合力、特殊配合力，能够更充分地发挥杂种优势潜力，显著提高杂种优势水平。

第三代杂交水稻遗传工程核不育系和父本能够结合任何优良基因，不受遗传背景影响。通过各种优良农艺性状重组，可聚合到各种优良性状。在制种产量方面，可以接近常规种产量水平，种子价格可接近常规种子水平。优良性状重组加上自由配组可以使稻米品质得到大幅度改善，并且其多样性可以满足不同消费需要。引入各种抗性基因，可实现多种抗性或者同类抗性基因聚合，使病虫害造成的损失可以降到最低水平。不育系的繁殖系自交结实，因而产量较稳定。

全世界年种植水稻超过 1.5 亿 hm^2，目前中国的杂交稻在美国、印度、越南、印度尼西亚、孟加拉国、巴基斯坦等国年推广面积 520 万 hm^2 左右，占全世界总种植面积还不到 5%，但是平均每公顷产量比当地常规品种高出 2 t 左右。现有杂交稻品种的适应性不够强，易感染病虫害，如有的品种不抗热带病虫害或米质不理想，有的品种易受生态条件影响，适用范围受到限制，还有的品种不能满足当地人的食味习惯。热带地区品种中多存在细胞质微效恢复基因，选育的细胞质核雄性不育系败育不彻底；光温敏核不育系因高温而难以繁殖和加代，选育难度大，从而导致亲本性状不理想，配组不自由，杂种优势不强。由于第三代杂交水稻技术的优越性，可使上述障碍得到克服，所以以遗传工程核不育系为遗传工具的第三代杂交水稻不仅对我国粮食安全有重大战略意义，并将为全球的水稻种植带来巨大改变。

第三代杂交水稻也是粳稻杂种优势利用问题的解决途径。世界常年粳稻种植面积约为 1 500 万 hm^2，粳稻产量为 11 000 万 t，中国粳稻面积约占世界粳稻面积的 56.1%，总产占世界粳稻总产的 58.5%。与常规粳稻相比，目前生产中应用的大多数杂交粳稻品种综合竞争优势不强，将优质、高产、抗逆等性状有机结合在一起的精品杂交粳稻组合少，表现为米质较常规粳稻差、产量优势不明显。杂交粳稻制种产量和纯度也有待提高。由于目前生产上应用的杂交粳稻父母本遗传差异小，杂种优势不强，不育系大多是配子体不育型，败育不彻底，严重影响杂交种纯度，加上粳型稻不育系异交性能不如籼型稻不育系，制种产量低、纯度差、成本高，从而造成生产中减产和稻米品质下降。

（三）第三代杂交水稻需要攻关的技术领域

（1）聚合水稻杂种优势基因、优良性状基因，培育适合不同生态条件的高配合力、高异交、高抗性、优质遗传工程核不育系，通过改良父母本性状和扩大父母本遗传差异，不断提高水稻杂种优势水平。配组适合不同地区种植的超级杂交水稻新组合。

（2）明确第三代杂交水稻生长发育特性、遗传规律及其与第一代和第二代杂交水稻的差异，开展第三代杂交水稻栽培示范推广研究，为第三代杂交水稻推广提供理论指导。

（3）对遗传工程核不育系的开花和异交习性等开展系统研究，弄清开花时间及集中度、开颖率、柱头活力及外露率等性状的遗传规律及高异交规律，为遗传工程核不育系的生产应用提供理论指导。

（4）研究荧光蛋白和不育系种子高产的最佳表达条件，不育系在不同环境下及分选条件下的纯度质量表现。创制稳定的荧光标记筛选体系，建立遗传工程核不育系大规模种子制备的机械化精准色选技术平台。

（5）开展遗传工程核不育系及其繁殖系的安全性评价研究，建立一套标准的遗传工程核不育系投放安全评价体系，为遗传工程核不育系的安全生产提供理论基础和科学依据。

（6）以水稻隐性核不育基因功能及表达研究为基础，开展水稻隐性核雄性不育突变体育性调控和稳定性研究，获得具有自主知识产权的可用于第三代杂交水稻育种技术的候选基因、调控元件，升级核心调控元件和标签元件，为遗传工程核不育系的升级改造和应用提供技术支撑。

References

参考文献

[1] 樊晋宇，崔宗强，张先恩. 红色荧光蛋白的光谱多样性及体外分子进化 [J]. 生物化学与生物物理进展，2008，35（10）：1112–1120.

[2] 胡忠孝，田妍，徐秋生. 中国杂交水稻推广历程及现状分析 [J]. 杂交水稻，2016（2）：1–8.

[3] 邝翡婷，袁定阳，李莉，等. 一种载体构建的新方法：重组融合 PCR 法 [J]. 基因组学与应用生物学，2012，31（6）：634–639.

[4] 邝翡婷. 水稻工程核不育系创制途径的探究 [D]. 长沙：中南大学，2013.

[5] 雷永群，宋书锋，李新奇. 水稻杂种优势利用技术的发展 [J]. 杂交水稻，2017，32（3）：1–4.

[6] 雷永群. 水稻工程核不育系育性基因的转化和表达 [D]. 长沙：中南大学，2017.

[7] 李新奇，赵昌平，肖金华，等. 基因转化创造植物杂种优势利用新方式的途径分析 [J]. 科技导报，2006，24（11）：39–44.

[8] 李新奇，赵昌平，袁隆平. 利用核质互作型雄性不育系的次要恢复基因进行杂交作物育种的方法. 中国：200610072717.2 [P]，2007–10–10.

[9] 李新奇，邝翡婷，袁定阳，等. 一种杂交作物的育种方法. 中国：201210513350.9 [P]，2013–03–20.

[10] 廖伏明，袁隆平. 水稻光温敏核不育系起点温度遗传纯化的策略探讨 [J]. 杂交水稻，1996（6）：

1–4.

［11］马西青，方才臣，邓联武，等. 水稻隐性核雄性不育基因研究进展及育种应用探讨 [J]. 中国水稻科学，2012，26（5）：511–520.

［12］谭何新，文铁桥，张大兵. 水稻花粉发育的分子机理 [J]. 植物学通报，2007，24（3）：330–339.

［13］王超，安学丽，张增为，等. 植物隐性核雄性不育基因育种技术体系的研究进展与展望 [J]. 中国生物工程杂志，2013，33（10）：124–130.

［14］吴锁伟，万向元. 利用生物技术创建主要作物雄性不育杂交育种和制种的技术体系 [J]. 中国生物工程杂志，2018，38（1）：78–87.

［15］袁隆平. 第三代杂交水稻初步研究成功 [J]. 科学通报，2016，61（31）：3404.

［16］ALBERTSEN M C，FOX T W，HERSHEY H P，et al. Nucleotide sequences mediating plant male fertility and method of using same. Patent No.WO2007002267，2006.

［17］TAYLOR L，MO Y. Methods for the regulation of plant fertility. Patent No. WO 93/18142 [P]，1993.

［18］JI C H，LI H Y，CHEM L B，et al. A Novel Rice bHLH Transcription Factor，DTD，Acts Coordinately with TDR in Controlling Tapetum Function and Pollen Development [J].Molecular Plant，2013，6（5）：1715–1718.

［19］DIRKS R，TRINKS K，UIJTEWAAL B，et al. Process for generating male sterile plants. Patent No. WO 94/29465 [P]，1994.

［20］HAN M J，JUNG K H，YI G W，et al. Rice immature pollen 1（RIP1）is a regulator of late pollen development [J].Plant Cell Physiol，2006，47（11）：1457–1472.

［21］LI H，PINOT F，SAUVEPLANE V，et al. Cytochrome P450 family member CYP704B 2 catalyzes the ω-hydroxylation of fatty acids and is required for anther cutin biosynthesis and pollen exine formation in rice [J]. Plant Cell，2010，22（1）：173–190.

［22］LI N，ZHANG D S，LIU H S，et al. The rice tapetum degeneration retardation gene is required for tapetum degradation and anther development [J]. Plant Cell，2006，18（11）：2999–3014.

［23］MATZ M V，FRADKOV A F，LABAS Y A，et al. Fluorescent proteins from nonbioluminescent Anthozoa species [J].Nat Biotechnol，1999，17（10）：969–973.

［24］NIU N N，LIANG W Q，YANG X J，et al. *EAT1* promotes tapetal cell death by regulating aspartic proteases during male reproductive development in rice [J].Nature Communications，2013，4：1445.

［25］PEREZ-PRAT E，VAN LOOKEREN CAMPAGNE M M. Hybrid seed production and the challenge of propagating male-sterile plants [J]. Trends Plant Sci，2002，7：199–203.

［26］VIRMANI S S. Heterosis and Hybrid Rice Breeding [M].Berlin：Springer- Verlag，1994.

［27］WILLIAMS M，LEEMANS J. Maintenance of male-sterile plants [P]. Patent No. WO93/25695 [P]，1993.

［28］YANG X J，WU D，SHI J X，et al. Rice CYP703A3，a cytochrome P450 hydroxylase，is essential for development of anther cuticle and pollen exine [J]. Journal of Integrative Plant Biology，2014，56（10）：979–994.

第三篇

栽培篇

第九章

超级杂交水稻的生态适应性

马国辉 | 魏中伟

第一节　超级杂交水稻的生态条件

超级杂交水稻超高产潜力的获得除了受自身遗传调控外，对生态条件也具有一定的要求，在适宜的生态条件下更有利于品种高产潜力的发挥，因此通过科学合理的种植布局，充分利用生态优势，结合栽培管理协调品种和生态关系才能充分挖掘超级杂交水稻高产潜力。超级杂交水稻的生态条件主要包括温度、光照、土壤肥力及土壤水分等各种具体的生态因子。

一、温度

适宜的温度是水稻生长必需的环境条件之一。三基点温度是作物生命活动过程的最适温度、最低温度和最高温度的总称。在最适温度下，作物生长发育迅速而良好；在最高和最低温度下，作物停止生长发育，但仍能维持生命。如果温度继续升高或降低，就会对作物产生不同程度的为害，直至死亡。三基点温度是最基本的温度指标，它在确定温度的有效性、作物种植季节与分布区域，计算作物生长发育速度、光合潜力与产量潜力等方面，都得到了广泛应用。

有效积温能够满足水稻生长一季的基本要求是水稻对温度的最低要求，一般要求积温达到 2 000～3 700 ℃，同时要求有效积温的天数为 110～200 d；在光照、降水量及土壤肥力等其他环境条件都充裕的生态条件下，当积温达到 5 800～9 300 ℃，而且年有效积温天数在 260 d 以上时，可进行双季稻为主的一年多熟制生产。

水稻受高温伤害后会出现各种症状：茎秆易出现干燥、裂开；叶片出现死斑，叶色变褐、变黄，出现日灼，严重时整个植株死亡；出现雄性不育，花序或子房脱落等异常现象。高温对植物的为害可分为直接为害与间接为害两个方面：直接为害是指高温直接影响组成细胞质的结构，在短期内出现症状，并可从受热部位向非受热部位传递蔓延；间接为害是指高温导致代谢的异常，渐渐使植物受害，其过程是缓慢的。高温常引起水稻过度的蒸腾失水，此时同旱害相似，因细胞失水而造成一系列代谢失调，导致生长不良。

抽穗扬花期是水稻对高温最为敏感的时期，花粉受到高温影响而失去活性，导致受精率大幅降低，灌浆速率加快，灌浆时间缩短（王加龙等，2006）；同时，花粉质量降低，数量减少，花药开裂受阻，即使花粉落在柱头上也不能正常萌发，最终导致空瘪粒增多。有研究表明，高温条件下花粉囊是否开裂影响着花粉的不育程度，而且不同水稻品种之间的差异明显；开花当日起 1～4 d 是水稻最易受到热害影响的时期，随着高温为害程度加剧，水稻结实率的降幅也会随之升高；在生理方面，高温胁迫导致水稻叶绿体的超微结构受到损伤，叶绿体开始降解，光捕捉能力降低，参与暗反应的酶活性降低，最终使得光合作用降低（艾青等，2008）。

从对湖南隆回超级杂交水稻超高产基地产量超 15.0 t/hm^2 的生态气候条件分析来看，适合水稻超高产栽培的气候生态条件为拔节至成熟期，冠层日均温为 25～28 ℃，昼夜温差大于 10 ℃；全生育期活动积温 3 700 ℃以上，日照时数超过 1 200 h（李建武等，2015）。

二、光照

光是影响植物生长发育的基本因素之一。光照长度、光质和光照强度三者共同作用，对超级杂交水稻的产量形成产生影响。其中，光照长度主要影响水稻的营养及生殖生长发育进程；光质可在一定程度上调控作物的生长、形态建成、光合作用、物质代谢以及基因表达，蓝光促进水稻根系的生长发育，增加发根数量，增强根系活力，提高幼苗总吸收面积和活跃吸收面积（蒲高斌等，2005），而蓝紫光通过提高吲哚乙酸氧化酶的活性，降低 IAA 的水平，从而抑制水稻的生长；紫外光有提高 IAA 氧化酶的活性和抑制淀粉酶活性的作用，从而阻碍淀粉的合成与利用。

水稻籽粒灌浆期间茎鞘中碳水化合物的重新分配受到光照强度的显著影响，在较低的光照条件下茎鞘中积累同化物的转移量明显增多。水稻遮光处理后显著增加了茎鞘中非结构性碳水化合物向生殖器官的运输，这部分主要输往强势粒中。由于遮阴生长条件下可溶性淀粉合成酶、淀粉粒结合的淀粉合成酶与淀粉分支酶的活力降低，因此，籽粒中淀粉积累在灌浆期间同样受到光照强度的影响，主要表现在直链淀粉和蔗糖含量减少。

超级杂交水稻一般具有高光能利用效率、高光合速率、耐光氧化能力的光合生产特点。与汕优 63 相比，超级杂交水稻组合两优培九与培矮 64S/E32 的光合特性明显增高，说明这 2 个超级稻组合对光能的利用优势明显，对不同光照条件的生态适应性好；在齐穗期与黄熟期超级杂交稻协优 9308 的剑叶光合速率明显高于协优 63；两优培九的叶片叶绿素含量缓降期平均为 20 d，比Ⅱ优 58 长 3 d，叶片叶绿素含量半衰期平均为 25 d，比Ⅱ优 58 长 4 d，表明超级杂交水稻具有更优的光能捕获能力（程式华等， 2005）。

三、肥料运筹

水稻对氮肥和钾肥较为敏感，合理地施用氮肥和钾肥能在一定程度上提高水稻产量，但在实际生产中，农民习惯偏施氮肥，磷、钾肥的施用量严重不足，且氮、磷、钾施用比例和时期失调，导致超高产水稻品种无法充分发挥其高产潜力。此外，调查发现，农民种植水稻习惯一次性施用复合肥，严重制约了超级杂交水稻高产潜力的发挥。如何通过合理调配氮、磷、钾肥的用量来提高水稻单产是目前超高产水稻生产面临的重要问题之一。有研究表明，高产水稻在生育前期对养分的吸收较少，进入中后期后吸收量增大，但常规施肥重氮轻钾，重前轻后，不利于超级杂交水稻的生长和高产潜力的发挥（潘圣刚等， 2011）。

在水稻的种植过程中，氮肥和钾肥适当地后移，有利于水稻健康生长。通过适当减少基蘖肥用量，增加后期穗肥用量，可以显著地提高每穗总粒数、每穗实粒数、结实率和千粒重，最终实现高产（曾勇军等， 2008）。在确定全期总施氮量的基础上，合理分配基肥、分蘖肥、穗肥和粒肥的比例对水稻的生长及后期结实具有重要意义，施用穗肥的产量比不施穗肥的显著提高。在施用等量氮肥的情况下，水稻氮素吸收量及产量与追肥次数成正比，且基肥：分蘖肥：穗肥：粒肥的最佳比例为 3∶3∶3∶1。氮肥后移比例过重不利于水稻的生长和产量潜能的发挥，后移比例应控制在总施氮量的 20%～40%。

氮素状态对分蘖发生和成穗影响明显，增施氮肥有利于分蘖的发生和有效穗的增加。植株氮含量上升促进稻穗二次枝梗的分化，促进分化小穗的数目（Kazuhiro 等， 1994）。穗肥施用量对一次枝梗颖花数、二次枝梗颖花数甚至三次枝梗颖花数形成均有影响。适宜的穗肥能促进颖花形成，但当穗肥过量时，颖花数反而会减少。研究发现，水稻穗分化期氮素积累量与穗粒数呈二次曲线关系。由此可见，水稻植株在穗分化期要有适宜的氮水平，氮肥水平过高或过低，都不利于大穗的形成。适宜施氮量可以提高千粒重，但结实率随施氮量的增加而递减。

在代谢生理方面，碳、氮代谢是水稻体内重要的两类代谢过程，影响着光合产物的合成及转运、矿质营养的吸收利用和蛋白质的合成等。碳代谢为氮代谢提供碳源和能量，而氮代谢为碳代谢提供酶和光合色素，两者相互关联，且需要共同的还原力、 ATP 和碳骨架，与植物的生长发育、产量品质形成密切相关。在缺少氮素的情况下，水稻植株的正常生长会受到严重影响，如生物量小，分蘖发生少，植株矮，促使合成的蔗糖在茎鞘韧皮部薄壁细胞中合成果聚糖，从而能够维持蔗糖在源与库之间的浓度差，在灌浆时再将积累的物质输送到籽粒，补偿了由于光合作用减弱造成的同化物积累不足。氮素水平也能影响淀粉与可溶性碳水化合物在小麦体内的储藏，在缺少氮肥的栽培条件下茎秆中积累的淀粉较多，增加氮肥用量能有效增加干物质转移量，当施氮量达到 300 kg/hm^2 时，则造成营养器官贪青生长，叶片不能正常衰老，不利于茎鞘中积累的可溶性碳水化合物向穗部转运。

四、水分管理

超级杂交水稻需水量大，土壤水分严重不足（干旱）对植株生长的为害不言而喻。研究发现，水稻的抗旱性是通过自身的生理机制对外界干旱环境的一种抵抗性和延迟性。延迟性是通过自身储存和土壤储存的水分来延迟干旱对自身的影响；抵抗性是通过自身内生理环境的调节（如体液浓度增加降低水分散发速度，生理调节下叶片卷缩，关闭气孔减少蒸腾耗水），从而降低干旱对自身伤害的一种保护机制。土壤水分过多也不利于水稻的正常生长，而且超级杂交水稻不同时期对土壤水分的需求不一样，在水稻的分蘖期，当植株受涝后会使株高明显增高，节间大幅伸长，从而造成茎秆细弱弯曲，物质积累不足；孕穗初期，水稻植株处在营养生长与生殖生长并进和转化的阶段，土壤水分过多会影响幼穗正常发育，并导致植株的抗倒伏能力下降。孕穗末期营养生长向生殖生长转变，此时植株新陈代谢旺盛，对土壤水分条件状况尤为敏感，过多的水分会使水稻叶面积减少，光合能力下降。此外，洪涝灾害会使颖花分化受到抑制，结实率、千粒重皆降低（凌启鸿等， 2008；张洪程等， 2010）。

第二节　超级杂交水稻的土壤生态适应性

作物高产与土壤质量关系密切。袁隆平提出的高产水稻“四良”配套方法，其中良田指的就是土壤地力较高的稻田，具有优良的土壤结构和理化性质等特点。在具备“良种、良法、良态”的条件下，优良的土壤条件（良田）是水稻超高产的前提（邹应斌等， 2006），是实现良种产量潜力的关键，也是同一生态区域同一年份超级杂交水稻产量差异的成因。

一、土壤肥力（地力）对超级杂交水稻产量的影响

土壤地力的高低通常是良田的关键指标。衡量土壤地力对作物产量的贡献一般用地力贡献率（不施肥时的作物产量与适宜肥料施用下的产量之比），其高低取决于作物类型、气候和土壤特性。中国主要粮食作物地力贡献率及其影响因素的统计分析结果表明，三大主要粮食作物中水稻地力贡献率最高（60.2%±12.5%），其中决定南方稻田地力贡献率的主要因素为土壤的供磷能力（汤勇华等，2008）。

我国水稻产量从1981年的4 324 kg/hm^{2}提高到1999年的6 000 kg/hm^{2}左右，1999—2010年10多年间产量提升出现停滞现象（Grassini等，2013；Xiong等，2014），该停滞并没有被管理措施优化及品种进步的相对增益所弥补（Xiong等，2014）。除极端气候、种植制度的变化（双改单、水改旱）造成的减产外，地力较差的中低产田面积较大也是中国水稻产量停滞的重要影响因素。

超级杂交水稻在部分高海拔地区单季超吨粮（15 t/hm^2），适宜稻区单季超12 t/hm^2，显示出其巨大的潜力。但高产水稻的产量优势并没有根本性地提高我国的整体单产水平，存在的主要难题是高产杂交水稻良种产量潜力与实际产量差距巨大。马国辉等对2003—2012年湖南省早、中、晚稻实际产量与区试产量做了比较，发现良种实际产量与区试产量每亩相差110 kg左右，相差24%~30%，而超级杂交水稻超高产田与一般农田差距更大，达到38.6%。对比研究发现，水稻超高产水平比全国平均水平高出1倍以上，而造成我国水稻单产水平潜力不能得到充分发挥的主要原因是我国耕地质量水平偏低，限制了高产品种增产潜力，而且中低产田上种植高产品种，其产量水平甚至比传统的作物品种还要低（徐明岗等，2016）。

对超级稻品种徐稻3号的研究发现，产量在不同施氮水平下均表现高地力>中地力>低地力，稻米的出糙率、精米率和整精米率等均表现出高地力>中地力>低地力的趋势，在同一施氮水平条件下，高地力的整精米率也有同样的趋势（张军等，2011）。对超级杂交水稻两优培九的研究发现，其叶片衰老速率慢，尽管后期具有叶绿素功能期较长和光合速率较稳定等优势，但稻田营养供应不足和土壤物理性能欠佳等问题，导致结实率低，限制了其增产潜力的发挥（熊绪让等，2005）。

同一生态区域，高地力的稻田施用少量肥料就可能实现水稻超高产产量潜力，而对中低地力的稻田增大肥料施用量也达不到水稻超高产产量潜力。如对同一示范片的调查发现，如果土层深厚、基肥足，禾苗长势稳健、挺拔、穗大粒多、不早衰，而土层较薄、土质较差的地方禾苗稀疏，形成低窝或“三类苗”，如果过多地施肥，则会增加大量的上层根和无效分蘖，土壤

理化性质变劣，病虫害和早衰加重，倒伏风险加大，两者产量相差 1 500～3 000 kg/hm^2。可见，土壤环境或者土壤地力是超级杂交水稻高产潜力实现的限制性因素之一（熊绪让等，2005）。

二、超级杂交水稻产量对土壤地力的反馈作用

土壤质量提升是作物获得高产的基础，而稻田有机质对土壤肥力提升起到“核心”作用，即土壤有机碳是土壤质量评价的核心指标。土壤有机碳循环与积累对土壤各种物理、化学和生物学性质和过程具有重要的影响，是系统过程与生产力形成的物质基础与关键机制。徐明岗等（2016）对全国多点实验结果的分析表明，作物产量与稳定性和土壤有机质之间呈正相关，如南方稻区 0.1% 的有机质相当于 600～900 kg/hm^2 的粮食生产力；平均来说，土壤有机质提高 0.1%，粮食产量的稳定性提高 10% 左右。有机质对产量的促进作用主要表现为：有机质是植物养分的重要来源；有机质能有效提高土壤养分的保蓄性和缓冲性；土壤有机质以有机胶体的形式存在，胶体颗粒带有大量负电荷，能吸附阳离子和水分以及磷、铁、铝离子形成络合物或螯合物，避免难溶性磷酸盐的沉淀，因此能提高土壤保肥蓄水的能力，同时也能提高土壤对酸碱的缓冲性，提高植株的抗酸碱胁迫能力。有机质可改善土壤物理性质，是形成水稳性团粒结构不可缺少的胶结物质，所以有助于黏性土形成良好的土壤结构。

农业土壤中，进入土壤的新鲜有机物质包括自然归还的植物残体和根系分泌物、人为归还的有机肥等。大量的区域调查、长期定位实验的结果表明，稻田生态系统能显著提高土壤有机碳含量，高于同一生态区域其他土地利用方式（Huang & Sun，2006；Sun 等，2009），主要归因于稻田高的有机碳投入量。超级杂交水稻的生物量较大，同样通过根系、残茬和根系分泌自然归还的有机碳量也比较大，另外干湿交替的水分管理模式形成了根际土壤特殊的氧化、还原条件。连续种植超级稻后土壤团聚体稳定性增强，土壤结构趋于优化（孟远夺等，2011）。湖南省超级杂交水稻种植隆回基地和湖南杂交水稻研究中心长沙本部试验基地比较发现，隆回基地的大团聚体远高于长沙基地的团聚体，如＞2 mm 的团聚体是长沙基地的 3.6 倍，0.2～2.0 mm 的团聚体是长沙基地的 7.9 倍，而长沙基地＜0.02 mm 的颗粒是隆回基地的 1.2 倍。同时团聚体的提升有利于土壤养分的积累，如隆回基地的有机质、全氮分别比长沙基地的高出 4.8% 和 17.1%，这有利于实现水稻产量潜力，如隆回基地的实际产量可达 15.1 t/hm^2，比长沙基地的产量高出 27.9%（李建武等，2015）。

三、土壤水分管理对超级杂交水稻产量的影响

水稻是全球用水量最大的灌溉作物，土壤水分状况对养分利用效率及水稻产量形成发挥重要的作用。在灌溉用水资源日趋紧张的情况下，合理的土壤水分管理对充分利用有限水资源、保障超级杂交水稻高产稳产、加强稻田节水管理和缓解水稻生产的环境影响（水体污染、温室气体排放）具有重要的现实意义。

程建平等（2008）以超级杂交水稻两优培九为试验材料，研究了干旱胁迫下（不同土壤水势）和氮素营养对其生理特性和产量及氮肥利用率的影响。结果表明：①在同一氮肥水平下，叶片净光合速率、叶绿素 a 和叶绿素 b 及其总含量、 SPAD 值及叶片水势随着土壤水势的降低而降低，而叶绿素 a/b、丙二醛的含量和过氧化物酶的活性随之增加。②在同一氮肥水平下，水稻产量随土壤水势的降低而降低；土壤轻度干旱时，水稻产量高低顺序为高氮＞中氮＞低氮；而当土壤水分充足或土壤重度干旱时，则表现为中氮＞高氮＞低氮。

超级杂交水稻物质生产能力强与其较大根系量及活力密切相关，而根系形态与功能受制于土壤环境，可通过调节土壤水分管理来影响水稻根系。对比分析表明，在湿润灌溉模式下杂交水稻的根系密度、根系活力、群体生长率和相对生长率均显著高于淹水灌溉模式；淹水条件下杂交水稻根系形成通气组织最晚，而干湿交替或控制水分灌溉模式下的杂交水稻根系活力较高（刘法谋等， 2011）。水分管理通过土壤固、气、液三相比来影响水稻根际供氧能力，而杂交水稻特征是在高溶氧量时根系活力强。何胜德等（2006）研究表明，与淹水处理相比，根际供氧能提高土壤氧化还原电位，提高水稻各器官的干物重，促进分蘖早发，增加有效穗数、一次枝梗数和每穗实粒数，具有显著的增产效果。

四、稻田地力问题及良田培育措施

我国耕地质量现状存在的问题主要有：我国耕地整体质量偏低，中低产田比例大（占耕地面积的 71.0%），障碍因素多（有障碍的占 89%）；其次是耕地土壤退化严重，如耕层变薄，尤其是红壤的加速酸化等问题（徐明岗等， 2016）。黄国勤（2009）总结了南方稻田耕作制度可持续发展面临的问题，其中养地强度减弱和农田环境变劣是制约水稻产量的重要问题。首先表现在长期复种连作对土壤地力的负面效应。主要体现在以下几方面：土壤物理性状变劣，土壤养分片面消耗，土壤有毒物质的积累和长期单一水稻的复种连作下病、虫、杂草的繁殖和蔓延加剧。其次，南方稻田已出现明显的养地强度减弱的现象。一是养地环节减少，如耕作制度中的“耘田”等环节消失了；二是养地的次数减少了，田间管理措施大幅度省略了；三是养地手段和措施缩减或不见，如传统农业中的绿肥、农家肥养地越来越少见。养地程

度减弱，土壤地力下降，加剧了对化肥的依赖程度，造成作物秸秆资源的浪费，进一步加剧稻田地力的下降。

土壤有机碳是土壤肥力的重要指标，长期大量的研究表明，耕地质量提升的核心是提升土壤有机质。而高效、循环利用各种有机肥资源是增加土壤有机质数量、改善有机质质量的有效措施，有机肥资源主要包括农家肥、秸秆、绿肥和农业废弃物等（徐明岗等， 2016）。大量的短期和长期试验都表明，化肥与有机肥配合使用是最好的稻田土壤培肥手段（Huang 等，2006；Liu 等， 2014；徐明岗等， 2016），能显著改善土壤物理性质，特别是南方比较黏重的土壤（刘立生等， 2015；Chen 等， 2016）。

对于中低产田改良及地力提升，首先要明确中低产田的障碍因子，通过研发各种环境友好型土壤调理剂，消减酸化土壤、次生盐渍化土壤、碱化土壤、潜育化稻田等的障碍因子，逐步恢复中低产田的基础地力（徐明岗等， 2016）。另外，南方稻田面临着较大的土地利用方式改变的风险，稻改旱、双改单、休耕、弃耕等可能对土壤肥力产生影响，因此更需要保护现存的高产田，防止因管理不当造成的养分、水土流失和地力的下降。此类高产田可通过系统内有机资源的循环利用、保护性耕作、轮间作等措施进一步保持良好的土壤结构和生物功能。

第三节　超级杂交水稻的种植区划

一、不同生态区域超级杂交水稻的产量性状表现

根据 2015 年海南三亚海棠湾区、贵州兴义、广东乐昌、广西南丹、广西灌阳、湖南桂东、湖南祁东、湖南溆浦、浙江金华、重庆南川、湖南张家界永定区、湖南桃源、湖南慈利、安徽桐城、四川崇州、安徽庐江白湖农场、湖北随州随县、陕西汉中、山东日照莒县共 19 个生态点及 2016 年云南个旧、河北永年 2 个生态点在全国稻区组织的超级杂交水稻百亩方超高产攻关及生态适应性试验资料，各生态区对同一超级杂交水稻品种的产量具有明显的影响。各攻关品种均为超级杂交水稻新组合湘两优 900，各试验点地理位置分布为海拔 15.8 m（海南三亚）至海拔 1 287 m（云南个旧）、东经 103° 17′（云南个旧）至东经 119° 23′（浙江金华）、北纬 18° 15′（海南三亚）到北纬 36° 33′（河北永年），两年共统计 14 个省（自治区、直辖市） 21 个生态点，基本上代表了超级杂交水稻的不同生态区域类型。湘两优 900 的产量变化范围为 11.18～16.32 t/hm^2，产量变动幅度较大。对各生态区的产量构成因子进一步分析发现，有效穗、每穗粒数、结实率等产量构成因子在不同生态区之间变动幅度较

大，表明各生态区是通过影响有效穗、每穗粒数、结实率进而影响产量的。超高产量获得的共性特点是：大穗与多穗的协同以及高库容、高结实率的实现（魏中伟等，未发表）。

根据 2015 年在湖南省隆回县开展的不同海拔生态适应性试验资料，试验设置 300 m、450 m、600 m、750 m 共 4 个海拔，选择 Y 两优 900、湘两优 2 号、深两优 1813 共 3 个超级杂交水稻苗头组合，研究结果表明，不同海拔对 3 个超级杂交水稻苗头组合的全生育期、株高、穗长及产量均有显著的影响，不同海拔全生育期为 150～175 d，海拔越高，生育期越长；当海拔为 450 m 以上，株高、穗长、产量呈下降趋势，尤其是当海拔为 750 m 时，指标数值最低，而产量构成中每穗总粒数及结实率显著下降是产量下降的主要原因，各品种在海拔 450 m 时产量最高，可以认为是当地的最佳生态种植区（魏中伟等，未发表）。

以上 2 个试验说明超级杂交水稻虽然具有超高产产量潜力，但在适宜的生态环境更有利于品种高产潜力的发挥，因此超级杂交水稻具有明显的生态适应性。

在相关研究上，前人也得到相同的结论。邓华凤等（2009）对 12 个超级杂交水稻组合在长江流域 7 个生态试验点的产量稳定性进行了研究，结果表明 12 个供试组合产量在不同年份、不同生态点间的差异及其互作均达到显著或极显著水平，表明不同组合对不同生态稻作区的适应能力存在明显的差异。因此在超级杂交水稻大面积推广时，不仅要考虑超高产的潜力，还有必要确定其生态适应性。敖和军等（2008）在湖南省不同地点研究了超级杂交水稻的产量稳定性，结果表明，不同地点间产量差异极显著，年际产量差异表现也不一致，认为超级杂交水稻具有明显的适宜种植区域。李刚华（2010）在中国 8 个典型生态区设置密度试验，探讨不同生态区水稻产量形成的生态差异，结果表明，不同生态区的水稻在生育期、产量构成、源库大小、粒 / 叶比、株型特征、干物质积累和分配等方面差异极大。肖炜（2008）研究发现超级杂交水稻两优 293 和两优培九在长沙地区栽培存在适宜播种期，早播易遇抽穗结实阶段的高温热害，晚播易遇后期低温冷害，均不利于高产。

在不同生态区域对产量影响的机制研究上，前人做了相关分析。杨惠杰等（2001）在一般生态区福建龙海和适宜生态区云南涛源进行了对比研究，结果表明超高产水稻品种积累了高额的生物量，使得产量随稻谷干物质积累总量的增加而提高。当水稻处在适宜的生态环境中，其生理生态特性得到全面发挥时，就有利于高产潜能的体现。袁小乐等（2009）研究认为，根系发达、库容量高、物质生产与积累能力强、光合效率高的水稻，其高产与生态适应性密切相关，在适宜的环境中，根系量越多，吸收的养料就越多越全面，其产量就越高。李建武等（2015）对超级杂交水稻 Y 两优 900 在适宜生态区隆回县及一般生态区长沙市的产量差异进行了分析，结果表明在气候生态因素上，在始穗至成熟期，隆回基地生态因素优势强，具有适宜的温度，平均温度在 28 ℃左右，无 37 ℃以上的高温，避免了高温影响；另外具有较大的昼夜温差，比长沙基地高 3.7 ℃，有利于提高籽粒充实度和千粒重。

因此，当明确了生态因子对产量的影响机制后，应重点探讨影响有效穗、结实率的关键生态环境及栽培措施因子，刘军等（1996）认为大穗型超级杂交水稻品种配合适宜的气候生态条件，争取高成穗率和高结实率是达到超级杂交水稻超高产的可靠途径。杨惠杰等（2000）认为超高产水稻的产量构成是在适应当地生态条件的足穗基础上培育更大的穗子，具有较多的单位面积总颖花数和较大的库容量。艾治勇等（2010）研究表明超级杂交水稻产量稳定性、高产重演性差，主要原因是超级杂交水稻生态适应性差，栽培环境要求严，在产量结构上主要表现为结实率不稳定和有效穗不足，因此增加有效穗和提高结实率稳定性是超级杂交水稻高产稳产的关键。综上所述，在更广泛面积的普通生态区推广超级杂交水稻的过程中，应形成在普通生态区的增穗与稳定结实率的栽培调控技术，从而达到增穗稳粒扩库的目的，实现超级杂交水稻在普通生态区的高产稳产。

二、超级杂交水稻品种的生态适应性

由于自然环境的生态因子一般是固定的，因此要使水稻发挥最大的生长优势，明确其生态适应性显得尤为重要。生态适应性的概念为物种与生态环境取得均衡的能力，而水稻的生态适应性强调的是在不同的生态条件下具有一定的适应性和对逆境的抵抗能力，而且均能表现稳产、高产。水稻的生态适应性包括对地理位置、温度、水分、光照以及土壤肥力的适应性。

近年来，随着超级杂交水稻品种的大面积推广应用，暴露出了部分品种存在的一些问题，如两优培九等超级杂交水稻在灌浆结实期不耐高温，造成高温下结实率显著降低，局部地区出现了明显减产，因此耐热性较差的超级杂交水稻品种就容易造成损失。另外，有的品种由于存在对稻瘟病和稻曲病等抗（耐）性不强或后期不耐低温等原因，在大面积生产应用中也难以发挥其超高产潜力。

为应对这一挑战，科技工作者坚持“高产、优质、广适”的育种目标，在育种上积极着手开展广适性超级杂交水稻的相关研究，并取得了可喜进展。如湖南杂交水稻研究中心选育的广适性光温敏不育系 Y58S，具有配合力高、抗病抗逆性强、灌浆结实期耐高温和生育后期耐低温等许多优良特性，适合配制广适性超级杂交水稻。其配组选育的 Y 两优超级杂交水稻品种对生物与非生物胁迫具有较好的抗（耐）性，生态适应能力强，室内鉴定以及生产上大面积推广都表明， Y 两优 1 号、 Y 两优 2 号和 Y 两优 900 等几个代表性品种均具有良好的耐高温、耐低温和抗旱性。

其中Y两优1号对高温、低温、干旱等非生物胁迫具有较强的抗（耐）性，同时也对稻瘟病、稻曲病、白叶枯病等生物胁迫具有较强抗性，相继于2006年、2008年、2013年通过长江中下游、华南早稻、长江上游等南方籼稻3个生态区的国家审定。室内人控条件实验表明，Y两优1号的抗高温耐低温以及耐旱能力都显著优于两优培九。2004年同步参加湖南省超级稻组（高肥组）和中稻山丘区迟熟组（中低肥组）两个区试，Y两优1号的产量均排名第一，分别比对照两优培九和Ⅱ优58增产11.2%和9.04%，可见，其对土壤肥力条件亦具有很强的适应性。统计表明，Y两优1号自2010年起成为我国年推广面积最大的杂交水稻品种，连续6年被农业部认定为长江流域中稻主推品种，迄今累计推广面积已达400万hm^2，且仍在持续增长。

邓华凤等（2009）根据超级杂交水稻在各生态试验点的产量表现、产量和结实率的稳定性结果，将超级杂交水稻分为两种类型：一种是能适应不同生态环境的广适型超级杂交水稻，这是当前超级杂交水稻育种面临的重要课题，也是难点、热点问题。这类超级杂交水稻，在区试产量比对照增产8%的基础上，在不同的生态稻作区均表现高而稳定的结实率，产量潜力能得到充分而稳定的发挥。在供试材料中，准两优527、红莲优6号、C两优87和Y两优1号可以列为这一类型。另一种是适应特定生态稻作区种植的超级杂交水稻，暂称为区域型超级杂交水稻。这类超级杂交水稻在一定的生态种植区域能表现很高的产量和结实率，而在其他的稻作区其超高产潜力不能充分发挥，Ⅱ优明86、两优293和两优培九就属于这一类型。

超级杂交水稻具有严格的生态适应性和适宜种植区域特性，这一特性决定了超级杂交水稻应因种因地种植推广，在超级杂交水稻推广应用前，以特定的超级杂交水稻组合为对象，开展多生态区的综合试验，初步明确其适宜种植区域或适宜其种植的土壤、气象、海拔等生态环境条件，形成适宜种植区划。对于没有种植过的地方，必须进行较普通杂交稻更严格的引种与生态适应性试验，在基本明确其适应性表现后再行推广应用。

任何品种只有在最适宜的栽培环境下才能最大限度地表现出高产的潜力，所有的栽培技术措施都是为了创造一种适宜的栽培环境，如灌溉、保温育苗、施肥等。但有些自然生态因子，属非可控因素，如温度、光照、降雨等，这就要求在制定栽培措施时（如播期），应尽量避免不利因子的影响，争取有利于高产的最佳生态环境。因此，建立高产稳产栽培调控技术是超级杂交水稻生态适应性的主攻方向。

三、中国南方超级杂交水稻种植的气候生态区划

超级稻分为超级常规稻品种和超级杂交稻组合，既有籼稻，又有粳稻。籼稻以杂交稻为主，粳稻以常规稻为主，南方主要种植超级杂交稻，北方主要种植常规超级粳稻。到目前为止，我国南方无论是双季稻，还是单季稻，生产上大面积种植的超级稻主要是超级杂交水稻。超级杂交水稻与普通杂交水稻均喜高温、多湿、短日照，其种植区域基本一致。超级杂交水稻种植优势区域主要集中在南方。根据全国杂交水稻气象科研协作组（1980）的杂交水稻分区指标（表 9-1），并综合各地的安全生长季、积温及秋季低温为害出现日期，南方稻区超级杂交水稻熟制区可划分为三类 6 个区。

表 9-1 杂交水稻熟制分区指标

熟制分区类型	安全生长季 /d	积温 /℃	秋低温为害始期
一季杂交水稻区	110～160	2 400～3 800	9 月上旬
双季杂交水稻搭配区	160～180	3 800～4 300	9 月中旬
双季杂交水稻主栽区	180～200	4 300～4 800	9 月下旬
双季杂交水稻区	200 以上	4 800 以上	10 月上中旬

Ⅰ 1 区：南方稻区北缘一季杂交稻区。该区位于南京、汉口以北，郑州、徐州以南稻区，安全生长季 150～160 d，积温 3 500～3 800 ℃，秋低温出现在 8 月下旬至 9 月上旬，栽培杂交水稻一季有余，两季不足。作麦茬稻种植，在 4 月中下旬播种时，全生育期 135～145 d。播种至抽穗期 95～105 d。可在 8 月上中旬抽穗，9 月中下旬成熟，抽穗期不易受秋低温为害。

Ⅰ 2 区：低纬高原贵州与川西山区一季杂交稻区。区内各地的热量条件有较大的差异。大部分地区安全生长季积温在 2 400 ℃以上，安全生长季在 110 d 以上，可以种植一季杂交中稻。春季回暖较早， 3 月下旬至 4 月上旬即可播种，秋低温为害始期在 8 月下旬至 9 月上旬。由于夏无高温，作物全生育期表现特长，一般为 160～170 d，播种至抽穗期长达 110～120 d，灌浆成熟期 50 d，此区杂交稻的个体发育表现良好。

Ⅱ 1 区：双季稻杂晚主栽区。该区位于南昌、怀化以南，福州、郴州、桂林以北稻区，同时当地海拔在 400 m 以下，400～600 m 为过渡性地带。一季常规早稻加一季杂交晚稻，热量条件较好，春季早稻播种期在 3 月中下旬，秋季低温在 9 月下旬，安全生长季为 180 d 以上。积温超过 4 300 ℃，早季常规早稻以中迟熟品种为主，晚稻杂交稻季节尚较充裕。20

世纪 80 年代以来，杂交早稻组合生育期与当地中迟熟常规稻品种相近，生产上种植双季杂交稻的面积逐年扩大。

Ⅱ 2 区：长江流域双季稻杂晚搭配区。在一季常规早稻加一季杂交晚稻种植区中，热量条件较差。早稻播期在 3 月下旬至 4 月上旬。秋低温在 9 月中旬，安全生长季 160 ~ 180 d，积温 3 800 ~ 4 300 ℃，为双季稻北界地区，早稻只能以中熟品种为主，晚季季节紧张，杂交晚稻只能适当搭配。20 世纪 90 年代以来，由于杂交早稻组合生育期与常规稻中迟熟品种相近，双季杂交水稻开始示范种植。

Ⅱ 3 区：四川盆地双季稻杂晚区。总热量虽与Ⅱ 1 区相近，但热量分配与长江中下游不同，以早季热量条件为好，秋季热量条件相对较差，而且秋雨较多，秋季低温较早，杂交水稻作双季晚稻栽培主要安排在盆地中部偏南偏东地区。该区杂交稻的生育期都处在 27 ℃左右的高温条件下，7—8 月平均气温可达 30 ℃。高温加快了个体的生长发育，制约高产群体的发展，对高产栽培不利。

Ⅲ区：华南双季杂交稻区。热量条件最好，早稻一般在 2 月下旬至 3 月上旬播种，7 月中旬收获；典型晚稻品种 6 月下旬播种，10 月上中旬安全齐穗，11 月中旬收获，安全生长季在 200 d 以上，积温超过 4 800 ℃，可种植双季杂交稻。此区北界的广东韶关地区，杂交早稻 3 月上旬播种，早季生长期 140 d，7 月下旬至 8 月上旬种植杂交晚稻，9 月下旬至 10 月上旬即可齐穗。华南珠江三角洲 2 月中下旬播种，早季生长期有 160 ~ 170 d，不仅可种植杂交早稻，且可配置一些生育期更长的特迟熟常规稻品种。但该区早稻有 5 月下旬至 6 月上旬的龙舟水及成熟期的台风为害，5—9 月平均气温高于 27 ℃，个体发育较快，生育期较短，干物质积累不足，一般产量较稳定，但不是高产区。

四、云南省杂交水稻种植气候区划

中国云南属特有的低纬高原气候，立体气候特征明显，种植杂交水稻的区划和布局则更为复杂。朱勇等（1999）根据杂交水稻生长发育、产量形成所要求的农业气象指标，将其换算为如下常用的农业气候区划指标：①杂交水稻安全种植上限，哀牢山以东海拔 1 400 m 左右，哀牢山以西海拔 1 450 m 左右；②年平均气温高于 17 ℃；③ 6 月、7 月、8 月平均气温高于 21 ℃，7 月平均气温高于 22 ℃；④≥ 10 ℃活动积温在 5 500 ℃以上。根据云南的不同气候特点，将云南杂交稻种植区域划分为下列 5 个气候区。

Ⅰ 热带、低热河谷双季杂交稻早、晚连作区。本区包括西双版纳的景洪、勐腊，元江河谷流域的元江、红河、河口，临沧的孟定，德宏的瑞丽，保山的潞江坝，怒江的六库，金沙江河谷的元谋、巧家。年平均气温高于 20 ℃，7 月平均气温高于 24 ℃，10 月平均气温高于 20 ℃，≥ 10 ℃的活动积温为 7 300 ℃以上。热量条件充足，杂交稻早、晚季连作安全，结实率高是其特点。但由于 6—8 月平均气温都在 24 ℃以上，生育期较短。故生产措施应考虑增加有效穗和穗粒数，主攻穗重。从一季产量看，本区是杂交稻的稳产区，而不是高产区。在现有生产水平下，只要稍加努力，早、晚两季产量 15 t/hm^2 不难实现。

Ⅱ 滇东南一季杂交稻区。本区包括新平、广南、弥勒、建水、石屏、蒙自、开远、屏边、文山、马关、麻栗坡、西畴、富宁等县市及邱北、砚山的低海拔地区。此区域内年平均温度 17～20 ℃，7 月平均气温 22～24 ℃，6—8 月日照时数大于 400 h，是云南杂交水稻种植区域中光、温配合最好的地区。从气候生产力角度看，是杂交水稻的高产区。该区大面积产量在 9 t/hm^2 以上，进一步提高栽培技术，达到 10.5 t/hm^2 是完全可能的。该区由于春季升温慢，且有“倒春寒”天气侵袭，一定要采用薄膜育秧，保证安全齐穗。要充分利用雨季开始前充足的光热资源，方能发挥杂交稻的增产优势。生产上应是穗多、粒多同时并重，并注重提高结实率。

Ⅲ 滇南双季稻、常规稻、杂交稻早晚连作区。本区包括金平、江城、思茅、普洱、墨江、景东、南涧、云县、永德、镇康、耿马、临沧、双江、沧源、澜沧、孟连、景谷、勐海等县市。年平均气温 17～20 ℃，6—8 月日照时数除南涧外，为 240～400 h，是杂交水稻种植区中日照最少的地区。本区西部地区气候条件优于东部，适宜种植杂交稻的区域最大。但日照少、降水多、病虫害较重，结实率低，产量水平介于Ⅰ、Ⅱ两区之间。该区在生产上应协调群体合理发展，特别应加强防病、抗病的保健栽培措施，努力提高结实率，从而创造高产，克服稳产不足的一面。

Ⅳ 滇西南常规稻、杂交稻连作区。本区包括施甸、盈江、梁河、潞西、陇川等县市，年平均气温 17～20 ℃，7 月平均气温 21～24 ℃，6—8 月日照时数 350～400 h。水稻气候生产力仅次于滇东南一季杂交水稻区。其特点是日照差相对较小，7 月日照时数较少。生产上主要应考虑增加穗数、粒数，同时注重提高结实率。

Ⅴ 北部一季杂交稻区。本区包括福贡、华坪、永仁及永善、绥江、盐津、威信等县的河谷地带，总的面积小，地域分散，年平均气温 17～21 ℃，7 月平均气温 23～27 ℃，6—8 月日照时数 400～600 h，是云南省杂交水稻种植区中光照最为充足的区域。该区的气候特点是春季升温迟，但升温速度快，秋季降温早，大陆性气温比较明显。如水利条件有保证，大力推广薄膜育秧，力争适时播种、早栽，充分利用光热资源，该区也将成为杂交水稻的高产区。

References

参考文献

[1] 王加龙，陈信波. 水稻耐热性研究进展 [J]. 湖南农业科学, 2006（6）: 23–26.

[2] 艾青，牟同敏. 水稻耐热性研究进展 [J]. 湖北农业科学, 2008, 47（1）: 107–111.

[3] 李建武，张玉烛，吴俊，等. 单产 15.0 t/hm^2 的超级稻“四良”配套技术体系研究 [J]. 中国稻米, 2015, 21（4）: 1–6.

[4] 蒲高斌，刘世琦，刘磊，等. 不同光质对番茄幼苗生长和生理特性的影响 [J]. 园艺学报, 2005, 32（3）: 420–425.

[5] 程式华，曹立勇，陈深广，等. 后期功能型超级杂交稻的概念及生物学意义 [J]. 中国水稻科学, 2005, 19（3）: 280–284.

[6] 潘圣刚，黄胜奇，张帆，等. 超高产栽培杂交中籼稻的生长发育特性 [J]. 作物学报, 2011, 37（3）: 537–544.

[7] 曾勇军，石庆华，潘晓华，等. 施氮量对高产早稻氮素利用特征及产量形成的影响 [J]. 作物学报, 2008, 34（8）: 1409–1416.

[8] KAZUHIRO, KOBAYASI, TAKESHI H. The effect of plant nitrogen condition during reproductive stage on the differentiation of spilelets and rachis - branches in rice [J]. Japanese Journal of Crop Science, 1994, 63（2）: 193–199.

[9] 凌启鸿. 中国特色水稻栽培理论和技术体系的形成与发展：纪念陈永康诞辰一百周年 [J]. 江苏农业学报, 2008, 24（2）: 101–113.

[10] 张洪程，吴桂成，吴文革，等. 水稻“精苗稳前、控蘖优中、大穗强后”超高产定量化栽培模式 [J]. 中国农业科学, 2010, 43（13）: 2645–2660.

[11] 邹应斌，敖和军，王淑红，等. 超级稻“三定”栽培法研究 Ⅰ. 概念与理论依据 [J]. 中国农学通报, 2006, 22（5）: 158–162.

[12] 汤勇华，黄耀. 中国大陆主要粮食作物地力贡献率及其影响因素的统计分析 [J]. 农业环境科学学报, 2008, 27（4）: 21–27.

[13] GRASSINI P, ESKRIDGE K M, CASSMAN K G. Distinguishing between yield advances and yield plateaus in historical crop production trends [J]. Nature Communications, 2013, 4: 2918.

[14] XIONG W, VELDE M V D, HOLMAN I P, et al. Can climate-smart agriculture reverse the recent slowing of rice yield growth in China? [J]. Agriculture Ecosystems Environment, 2014, 196: 125–136.

[15] 徐明岗，卢昌艾，张文菊，等. 我国耕地质量状况与提升对策 [J]. 中国农业资源与区划, 2016, 37（7）: 8–14.

[16] 张军，张洪程，段祥茂，等. 地力与施氮量对超级稻产量、品质及氮素利用率的影响 [J]. 作物学报, 2011, 37（11）: 2020–2029.

[17] 熊绪让，裴又良，马国辉. 论湖南省超级稻超高产栽培的主要限制因素及其对策 Ⅱ. 超高产栽培的限制因素 [J]. 湖南农业科学, 2005（2）: 21–22, 24.

[18] HUANG Y, SUN W J. Changes in topsoil organic carbon of croplands in mainland China over the last two decades [J]. Chinese Science Bulletin. 2006, 51: 1785–1803.

[19] SUN W J, HUANG Y, ZHANG W, et al. Estimating topsoil SOC sequestration in croplands of eastern China from 1980 to 2000 [J]. Australian Journal of Soil Research,

2009, 47: 261–272.

[20] 孟远夺，潘根兴. 连续种植超级稻对土壤有机碳及团聚体稳定性的影响 [J]. 农业环境科学学报，2011, 30（9）: 1822–1829.

[21] 程建平，曹凑贵，蔡明历，等. 不同土壤水势与氮素营养对杂交水稻生理特性和产量的影响 [J]. 植物营养与肥料学报，2008, 14（2）: 199–206.

[22] 刘法谋，朱练峰，许佳莹，等. 杂交水稻根系生长优势与对环境因子的响应和调控 [J]. 中国稻米，2011, 17（4）: 6–10.

[23] 何胜德，林贤青，朱德峰，等. 杂交水稻根际供氧对土壤氧化还原电位和产量的影响 [J]. 杂交水稻，2006, 21（3）: 78–80.

[24] 黄国勤. 南方稻田耕作制度可持续发展面临的十大问题 [J]. 耕作与栽培，2009（3）: 1–2.

[25] LIU S L, HUANG D Y, CHEN A L, et al. Differential responses of crop yields and soil organic carbon stock to fertilization and rice straw incorporation in three cropping systems in the subtropics [J]. Agriculture Ecosystems Environment, 2014, 184: 51–58.

[26] 刘立生，徐明岗，张璐，等. 长期种植绿肥稻田土壤颗粒有机碳演变特征 [J]. 植物营养与肥料学报，2015, 21（6）: 1439–1446.

[27] CHEN A L, XIE X L, DORODNIKOV M, et al. Response of paddy soil organic carbon accumulation to changes in long-term yield-driven carbon inputs in subtropical China [J]. Agriculture Ecosystems Environment, 2016, 232: 302–311.

[28] 邓华凤，何强，陈立云，等. 长江流域超级杂交稻产量稳定性研究 [J]. 杂交水稻，2009, 24（5）: 56–60.

[29] 敖和军，王淑红，邹应斌，等. 超级杂交稻干物质生产特点与产量稳定性研究 [J]. 中国农业科学，2008, 41（7）: 1927–1936.

[30] 李刚华. 特高产水稻产量形成机理及定量栽培技术研究 [D]. 南京：南京农业大学，2010.

[31] 肖炜. 播种期对超级稻产量形成及稻米品质的影响 [J]. 中国稻米，2008（5）: 41–43.

[32] 杨惠杰，李义珍，杨仁崔，等. 超高产水稻的干物质生产特性研究 [J]. 中国水稻科学，2001, 15（4）: 265–270.

[33] 袁小乐，潘晓华，石庆华，等. 超级早、晚稻品种的源库协调性 [J]. 作物学报，2009, 35（9）: 1744–1748.

[34] 刘军，余铁桥，贺汉林. 超高产水稻产量形成的气候生态特点研究 [J]. 湖南农业大学学报，1996, 22（4）: 326–332.

[35] 杨惠杰，杨仁崔，李义珍，等. 水稻超高产品种的产量潜力及产量构成因素分析 [J]. 福建农业学报，2000, 15（3）: 1–8.

[36] 艾治勇，青先国，彭既明. 湖南省双季超级杂交稻品种搭配方式的生态适应性研究 [J]. 杂交水稻，2010, 25（S1）371–377.

[37] 全国杂交水稻气象科研协作组. 杂交水稻气候生态适应性研究 [J]. 气象科学，1980（1）: 10–22.

[38] 朱勇，段长春，王鹏云. 云南杂交水稻种植的气候优势及区划 [J]. 中国农业气象，1999, 20（2）: 21–24.

第十章

超级杂交水稻的生长发育

张玉烛 | 郭夏宇 | 魏中伟

第一节　超级杂交水稻的稻株器官建成

在水稻的生长发育过程中，根据各个生育时期所建成的器官不同，可将水稻的一生划分为三个生育阶段：营养生长阶段、营养生长与生殖生长并进阶段和生殖生长阶段（表 10-1）。营养生长阶段是播种到稻穗分化之前的一段时期，在这一生育阶段建成的营养器官有根、茎、叶与分蘖等。营养生长与生殖生长并进阶段是从稻穗开始分化到抽穗的一段时期，这个阶段除营养器官如根、茎、叶等继续生长外，主要是茎秆伸长、幼穗形成。生殖生长阶段是从稻穗抽出到新种子成熟的这段时期，这个阶段主要是抽穗、开花、结实，形成新的成熟种子。

一、种子发芽与幼苗生长

稻种发芽需要满足三个基本条件：水分、温度、氧气。当同时满足这些条件时，稻种开始进入萌发过程。稻种萌发可以分为吸胀、萌动、发芽三个阶段。种子放入水中后，由于种子内细胞原生质呈亲水性强的凝胶状态，因此会迅速吸水膨胀直至细胞内部水分达到饱和状态。随着种子吸水量增加，种胚盾片栅状吸收层及胚乳糊粉层中的酶活性提高，呼吸作用不断加强。此时，胚乳内贮藏物质不断地转化为糖类和氨基酸等一类可溶性物质，并转运到胚细胞中去，使胚细胞迅速分裂和伸长。当胚的体积增大到一定程度时会顶破种皮而出，称为“破胸”或“露白”。一般情况下，胚根首先突破种皮，

表 10-1　水稻各生育阶段

营养生长阶段					营养生长与生殖生长并进阶段			生殖生长阶段		
幼苗期	秧田分蘖期	分蘖期			幼穗发育期			开花结实期		
秧田期		返青	有效分蘖	无效分蘖	分化	形成	完成	乳熟	蜡熟	完熟
穗数奠定阶段		穗数决定阶段 粒数奠定阶段			穗数巩固阶段 粒数决定阶段 粒重奠定阶段			粒重决定阶段		

然后长出胚芽，但在淹水条件下，则是先长芽，后长根。种子萌动后，胚继续生长，当胚根长度与谷粒长度相等，胚芽长度达到谷粒长度一半时，称为发芽。幼芽长出时，胚芽中原有的三片叶（包括不完全叶）和胚芽生长点同时进行生长分化，但最先出现的部分是芽鞘（鞘叶）。芽鞘具有两条叶脉（维管束），不含叶绿素，不进行光合作用。待胚芽从芽鞘中伸出不完全叶（第一片真叶）时，叶绿素形成，开始进行光合作用，这称为出苗。不完全叶之后，再长出的叶就有了叶片和叶鞘之分，称为完全叶，按顺序分别叫作第 2、第 3 或第 N 叶。

当第一片叶刚抽出时，在芽鞘节上开始长出 2 条不定根，在第一片叶的抽出过程中还会长出 3 条不定根，这样一株幼苗就形成了。在幼苗生长到三叶期以前，主要是依靠胚乳贮藏的养分，三叶期以后才靠幼苗根系吸收土壤中的无机养分、水分和由叶片制造的有机养分。因此，我们把幼苗三叶期前后称为离乳期，这是秧苗由胚乳营养进入独立生活，也就是从“异养”转入“自养”的转折时期（图 10-1）。

超级杂交水稻种子发芽和幼苗生长过程与常规稻种相比稍有区别，主要表现在种子活力及基本条件的需求程度上。

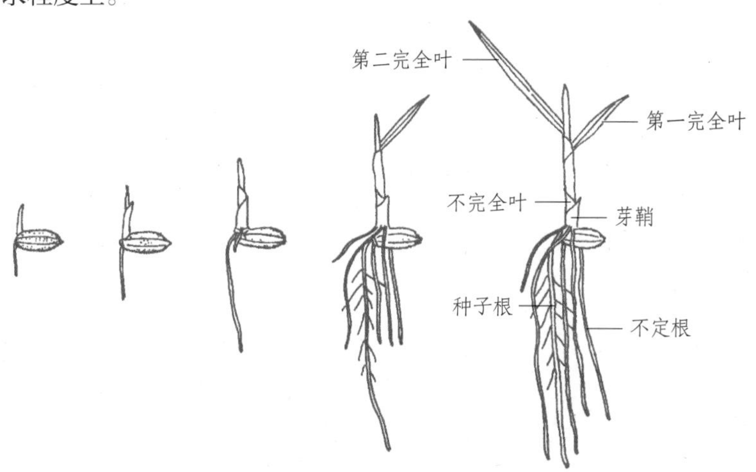

图 10-1　种子发芽与幼苗生长过程

（一）种子生活力

种子生活力是指种子发芽的潜在能力或种胚所具有的生命力，用发芽率来衡量。超级杂交水稻种子集合了双亲的有利基因，其生活力具有超亲优势，呼吸作用增强，初期代谢更加旺盛，在正常贮藏条件下，其耐贮藏性远远低于常规水稻种子。因此，保持超级杂交水稻种子生活力须采取比常规水稻更加严格的贮藏条件。首先，严格控制种子入库及仓储水分，种子含水量是影响种子安全贮藏的关键因素，入库时种子水分须严格控制在 13% 以内。其次，种子在贮藏期间仓内相对湿度控制在 65% 以下为宜。同时要注意仓温，仓内温度升高会增加种子的呼吸作用，同时害虫和霉菌为害严重。在夏季和春末秋初这段时间，最易造成种子损坏变质，这时采用低温保存效果最好。

（二）水分

水分主要起到两方面作用。其一，是氢营养元素的唯一来源；其二，是新陈代谢不可缺少的，它是输送养分、营养物质和排泄物的载体。稻谷开始发芽的含水量约为种子重量的 40%，开始萌动的含水量约为种子重量的 24%，含水量偏低导致发芽缓慢。稻谷达到饱和吸水量的时间，一方面受浸种水温影响，在一定温度范围内，温度越高，种子吸水越快，达到饱和吸水量时间越短。另一方面受水稻品种和组合类型影响。由于超级杂交水稻种子吸水后酶的活性较强，故其浸种时间比常规稻种子的浸种时间要短。

（三）温度

种子萌发是一个生理生化的变化过程，是在一系列酶的参与下进行的。酶的催化与温度有密切关系。温度过低，即使稻种吸足水分，氧气充足，也难发芽。发芽的最低温度，粳稻为 8～10 ℃，籼稻为 12 ℃；最高临界温度为 44 ℃；最适温度为 28～32 ℃。水稻发芽对温度的要求，因品种不同而有异，特别是最低温度，品种间差异较大。寒地水稻发芽的最低温度低，越是早熟品种低温条件下的发芽率相对越高。幼苗生长对最低生长温度的要求：粳稻为 10 ℃，籼稻为 12 ℃。粳稻最适宜温度为 18.5～33.5 ℃，籼稻为 25～35 ℃，当温度低于 15 ℃时，它们生长发育缓慢。当日平均气温低于 15～17 ℃时，分蘖停止。当温度降低到 8 ℃以下或升高到 35 ℃以上时，水稻生长发育停止。超级杂交水稻多为籼型杂交稻，恢复系产地多为菲律宾等东南亚地区，因此发芽起点温度较高，一般为 12～13 ℃，最适温度为 32 ℃左右。

（四）氧气

水稻种子发芽所需的全部能量，都是通过呼吸作用来实现能量转化的，水稻一生中，植物体单位面积的呼吸量以发芽期为最大。同时，水稻只有在有氧条件下才能进行细胞分裂及器官的分化，维持正常的生长发育。水稻种芽及幼苗的生长分化速度与空气中的氧气含量有关，在氧含量低于 21% 时，氧气浓度越大越有利于生长，但高于 21% 时反而抑制生长。超级杂交水稻在发芽期和幼苗生长期生命活动旺盛，需要充足的氧气才能保持良好的生长势。实际生产中，超级杂交水稻种子浸种方式的改进以及育秧方式的转变（水育秧改为湿润育秧或旱育秧），其根本目的就是为了充分满足超级杂交水稻种子发芽期和幼苗生长期对氧气的需求。

二、叶的生长

（一）叶的生长过程

水稻叶的生长来自茎的生长点顶端分生组织，在种子萌发过程中按互生的顺序分化出叶原基，随后叶原基逐渐伸长。首先是叶片的伸长，然后是叶鞘的伸长，当叶片伸长达 8～10 mm 时，卷筒状的叶片基部出现缺痕，此后在此缺痕处分化出叶舌和叶耳。水稻叶片自叶原基分化至叶片、叶鞘定型，直到完成其功能后死亡的整个过程是一个连续的过程，但根据不同时期的生长侧重点及功能状况，大体可分为五个阶段。

1. 叶原基分化期

茎端生长点基部的原套细胞、原体细胞开始分裂增殖，出现叶原基，叶原基的分生组织不断分裂，上部朝茎生长点的方向生长，横向朝包围茎生长点的方向分化，达到左右对合时，上部的高度已超过茎生长点，形成风雪帽状（又称兜帽状）似的包围着茎生长点；此时于幼叶的顶端开始分化出主脉，继而向左右两侧分化出大维管束，然后分化出大维管束间的小维管束；当幼叶长度接近 1 cm 左右时，在下部分化出叶舌和叶耳，再向其下分化出叶鞘。至此，叶原基的分化大体完成。在一段时期中，当幼叶原基呈风雪帽状时，叶片雏形大体形成。当叶片长度达 1 mm 以上时，分化处于决定大维管束、小维管束数目的时期。超级杂交水稻的优势在叶生长上的表现，是叶片的长度、宽度都大于常规水稻，维管束也明显多于常规水稻。

2. 伸长生长期

叶的伸长是由分生组织的细胞分裂增殖和细胞伸长所造成。叶片分化完毕后，转入以伸长为主的生长。同时，叶肉组织表皮上各种组织的细胞结构也逐渐分化形成，气孔也从叶的顶端逐渐向下分化。叶片伸长后，接着是叶鞘伸长，当叶尖抽出于前一叶的叶鞘后，叶片基部所有组织的分化已告完成。随着叶片的继续生长，该叶的叶鞘也迅速伸长，直至叶片全部抽出展开，叶鞘停止伸长。

3. 原生质充实期

自叶尖露出前一叶叶环开始，至叶鞘达到全长止，为原生质充实期。叶片伸出下一叶的叶鞘后，叶绿体形成，开始进行光合作用和蒸腾作用。这一阶段中，叶片细胞增加了细胞壁组成物质，使组织变强韧，同时蛋白质合成加快，原生质浓度增加约一倍。待叶片全部展开，叶鞘达其全长，叶耳、叶舌抽出，由此叶片生长完成。

4. 功能期

原生质充实期后，叶面积增至最大值，叶片进行光合作用的强度最大，维持时间最长，是叶片功能的旺盛时期。功能期的长短与叶片的顺序位置有关，更受群体结构与环境条件的影响，愈靠上部的叶片功能期愈长。

5. 衰老期

叶片细胞内原生质逐渐被破坏，细胞功能衰竭，直至枯死。

（二）叶片间的生长关系

在水稻种胚中，于成熟期便形成了两片幼叶（包括不完全叶）及一个叶原基，播种之后随着叶片的抽出，新叶不断地分化形成。因此，在心叶中，不同时期都包含有 1 片以上的幼叶。在离乳期的三叶期，幼叶的分化生长最慢，心叶内短时期只包含 1 片幼叶及 1 个叶原基。自六叶至穗分化期，心叶内包含有 3 片幼叶及 1 个叶原基。

心叶叶片从前一叶叶环中抽出时，同时也是同叶叶鞘伸长期及后一叶叶片伸长期，后三叶（五叶前）或后四叶（六叶后至穗分化）叶原基也同时分化，四者的相互关系可表示为：N 叶抽出≈ N 叶鞘伸长≈ N+1 叶叶片伸长≈ N+3 （五叶前）或 N+4 （六叶后至穗分化）叶原基分化。

（三）主茎叶数及叶片长度

稻株叶片数由主茎总叶数（指完全叶数）计数而来，大多水稻品种为 11～19 叶。稻株叶片数与品种生育期有直接关系，生育期短的品种叶片少。主茎的出叶速度，离乳之前出生的 3 片叶，约 3 d，分蘖期出叶间隔为 5～6 d，拔节期为 7～9 d，主茎叶片数因品种生育期长短而异，一般 95～120 d 的早稻品种为 10～13 叶， 105～125 d 的晚稻品种为 10～14 叶，125～150 d 的中稻品种为 14～15 叶，生育期 150 d 以上的一季晚稻主茎叶片数在 16 叶以上。同一品种在播种季节、生态区等基本稳定的情况下，不同叶龄期的发育状况相对稳定，栽培于不同条件下，若生育期延长，出叶数往往也增加；生育期缩短，出叶数也减少。湖南杂交水稻研究中心观察数据显示，超级杂交水稻在湖南长沙作一季晚稻（5月13日播种）的栽培条件下，两优培九为13.5叶， Y两优1号为14.6叶， Y两优900为15.3叶，湘两优900为15.8叶，而在湖南隆回（海拔升高）作一季晚稻（5月10日播种）的栽培条件下，两优培九为14.6叶， Y两优1号为15.5叶， Y两优900为16.2叶，湘两优900为16.4叶。

稻株各叶位叶的长度，有一相对稳定的变化规律。从第1叶开始向上，叶长由短而长，至倒数第3叶又由长到短。超级杂交水稻的第一片叶相较普通水稻偏长，一般为1~2 cm，最长的叶片出现在倒数第三叶（生育期长品种）或倒数第二叶（生育期短品种），剑叶短且宽。

（四）叶片寿命

水稻不同叶位叶片的寿命是不同的，正常情况下叶片寿命随着叶序的上升而增长。幼苗期的1~3片叶的寿命一般为10~15 d，中期叶片寿命为30~50 d，后期3片叶的寿命可达50 d以上。叶片寿命与品种相关，也受到环境因素的影响，气温异常、氮素营养失调、水分缺失都会影响叶片寿命。

三、分蘖

（一）分蘖原基的分化过程

分蘖原基分生组织是由茎生长点基部分生组织演化而来，当茎生长点分化出叶原基之后，叶原基进一步分化成风雪帽状时，在叶原基基部（叶边缘合抱的一方）下方分化出下位叶的分蘖芽突起（图10-2）。它不断膨大分化，首先形成分蘖鞘（前出叶），此后又相继分化出第一叶叶原基，分蘖原基的分化便告完成，此时正是相应的母叶抽出时期。

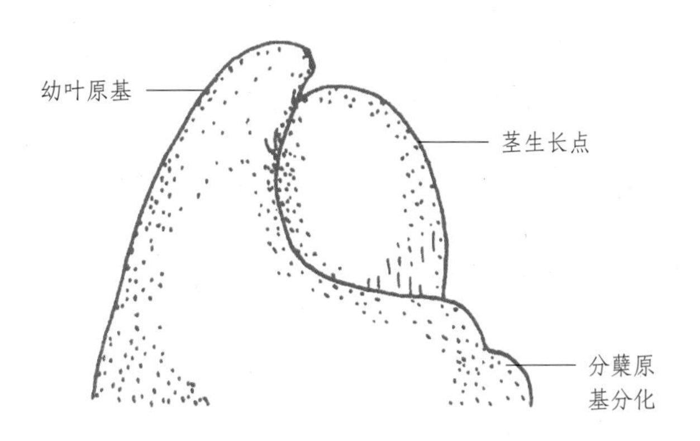

图10-2 分蘖原基分化（袁隆平，2002）

（二）分蘖芽的着生节位与分化替身

稻株茎节除了穗颈节之外，每节都有一个分蘖芽。种子成熟时，胚中便有了三个分蘖原基。芽鞘节分蘖原基在胚发育的后期退化，不完全叶节的分蘖原基在种子萌发阶段也逐步退化，除了芽鞘节和不完全叶节的分蘖原基之外，分蘖芽的分化与分蘖芽叶片的分化增加有其相应的规律。

分蘖芽的分化与母茎叶原基的分化保持一定的间隔，相应地不断向上分化，一般为母茎 n 叶抽出时， $n+4$ 叶节分蘖原基开始分化， $n+2$ 和 $n+1$ 叶节的分蘖原基分化膨大， n 叶节的分蘖原基已分化出第一叶原基，形成一个完整的分蘖芽。分蘖芽的分化与分蘖是否伸长无关，与外界环境条件的关系也很小。除了芽鞘节及不完全叶节以外，各叶位的分蘖原基与母茎叶的相对分化关系皆如上所述。

分蘖芽形成之后，不论此分蘖伸长与否，分蘖芽不断分化出叶片，且与母茎叶原基的分化同步进行，母茎每增加一个叶原基时，分蘖芽也增加一个叶原基。分蘖芽如果不能伸长，叶原基便以卷心菜形式分化成多层，包裹在“休眠服芽”之中。

（三）出蘖

分蘖芽在适宜的条件下开始伸长，首先伸长的是分蘖鞘（前出叶）。分蘖鞘有两条纵的棱状突起，没有叶片，以两棱之间抱住母茎，以两棱之外的囊状部分包围分蘖。分蘖鞘被包裹在母茎叶鞘内，出蘖时外观不易见到，且无叶绿素，不能进行光合作用。出蘖时见到的多为第一片叶，第一片叶背靠母叶，故与母叶方向一致。以第一片叶的出现期称为出蘖，第一片叶之后的各叶出生速度在正常情况下与主茎出叶速度一致。

出蘖的节位从可能性上说，最低节位是第一叶节（芽鞘节与不完全叶节腋芽早已退化，很难萌发为蘖），最上节位直到剑叶节。但伸长茎节的腋芽很难萌动（尤其是剑叶），只是在发生倒伏、穗部折断或后期营养过剩时才会萌发。因此，一般最高分蘖节位是茎节数减去伸长节数。如总茎节数为 16，伸长节为 5 时，最高分蘖节位为 16－5=11 节。有些组合（品种）伸长节上的腋芽同样易于萌动，故可利用生产再生稻。分蘖的顺序是随着主茎叶片的增加，分蘖节位由下而上。分蘖本身又可产生分蘖。主茎产生的分蘖称为一次分蘖，一次分蘖产生的分蘖称为二次分蘖，二次分蘖产生的分蘖称为三次分蘖。杂交水稻不但一次分蘖较多，而且二、三次分蘖也较多。各节位分蘖芽虽然存在内在的出蘖可能性，但是否伸长成为蘖尚需看当时的条件而定。当条件不适合时，分蘖芽仍处于休眠状态，只进行叶的分化，不伸长出蘖。

各个分蘖在茎节上的着生节位，通常用数字表示。一次分蘖发生于主茎叶节上，直接用发生的节位表示。例如，发生在 6 叶节上，称为 6 蘖位，发生在 7 叶节上，称为 7 蘖位，余类推。二次分蘖节位以两个数字表示，其中以“-”相连。如从一次分蘖的 6 蘖位上第一个叶位产生的二次分蘖可以记作 6-1，前一数字表示一次分蘖在主茎上的位置，后一个数字表示二次分蘖在一次分蘖上的位置。同理，三次分蘖则用三个数字表示，例如 6-1-1，第一个数字表示一次分蘖在主茎上出生的叶位，第二个数字表示二次分蘖在一次分蘖上的出生叶位，第三个数字表示三次分蘖在二次分蘖上的出生叶位。表示主茎或分蘖上的叶片数时，可用蘖位代号作为分母，以叶序作为分子来表示。例如 8/0，主茎用 0 表示，分子 8 表示主茎第 8 叶；4/6-1-1，表示分蘖位为 6-1-1，分子 4 表示本分蘖的第 4 叶。

（四）叶蘖同伸现象

水稻母茎出新叶时，新叶以下第三叶位分蘖的第一片叶伸出。主茎与一次分蘖的关系是这样，一次分蘖与二次分蘖的关系或二次分蘖与三次分蘖的关系也是这样。这种分蘖出叶与母茎出叶在时间上存在的密切对应关系称为叶蘖同伸关系。

分蘖鞘节也能产生分蘖，但发生的分蘖一般较少。分蘖鞘分蘖用 P 表示。分蘖鞘分蘖比分蘖第一叶分蘖低一个节位。因此，当分蘖抽出第三片叶时，本分蘖的分蘖鞘分蘖同时长出第一片叶。

叶蘖同伸现象只是说明在一般情况下，分蘖芽在伸长时与母茎出叶的相应关系，但并不表明在母茎新叶伸出时相对应的分蘖必然会伸出，蘖的伸出与否取决于当时的内外因素。内部因素如植株的碳氮含量及碳氮比值，尤其是氮的含量与分蘖的发生关系密切，外部因素如温、光、水等。例如秧田期及本田期叶面积系数过大，分蘖便停止发生。

超级杂交水稻在栽培上要求稀播壮秧，但其叶面积增长较快，分蘖停止发生的时间也较早，在秧田中后期及本田后期一般不再发生分蘖。采用传统水育秧移栽时，由于插秧植伤的影响，插秧后一段时间的分蘖不能萌动，一般是插后本田长出三片新叶时，在插秧时秧田的最后一片满叶腋芽同时萌动成蘖，例如插秧时为 6 片满叶，本田期第 8 叶伸出时，第 5 叶腋芽同时伸出。采用带土（盘育）移栽（包括抛栽），本田分蘖提早，不必长出第 3 叶才出蘖，例如 4 叶秧在出生 5 叶时，第 2 叶腋芽同时伸出。

同伸规律也不是一成不变的。例如无效分蘖在死亡之前，其出叶速度逐步减慢，分蘖叶片的出生便落后于母茎的出叶速度。另一种情况是经过了同伸期而未萌动的休眠腋芽，当田间条件改善之后，这些休眠腋芽又重新萌动成蘖，这时分蘖叶片的出生已落后于母茎相应的同伸叶，这种现象在超级杂交水稻中较常见。例如，当母茎抽出 9 叶时，由于植株氮素不足，第 6

蘖位没有同伸；母茎抽出 10 叶时，氮素条件已经改善，7 蘖位腋芽按同伸规律萌发出蘖，6 蘖位腋芽此时也同时萌动抽出。6、7 蘖抽出时间相同，只是 6 蘖失去了低位蘖的优势，其经济系数与 7 蘖相近。

（五）有效分蘖和无效分蘖

分蘖的有效和无效，是以能否抽穗结实为标准。一般抽穗后结实粒在 5 粒以上为有效分蘖，反之，为无效分蘖。有效分蘖期的长短因品种而异，一般早熟品种有效分蘖期为 7～12 d，中熟品种为 14～18 d，迟熟品种为 20 d 左右。生产上常以全田 10% 植株开始分蘖为分蘖始期；以 50% 的植株分蘖时为分蘖期；80% 植株分蘖时为分蘖盛期。在分蘖增加过程中，当分蘖数达到与最后成穗分蘖数相等的时期，为有效分蘖终止期。实际上有效分蘖终止期前的分蘖并非完全有效，有效分蘖终止期后产生的分蘖也并非完全无效。日本松岛省三认为，真正的有效分蘖终止在最高分蘖期。实践表明，实际上有效分蘖的终止时间取决于群体荫蔽程度、营养条件及收获时期等因素。

但从生育转变上来看，仍有一个以有效分蘖为主的时期。因为分蘖本身要长出第 4 叶时才从第一节长出根系，此时才能进行自养生长。因此，分蘖必须有三片叶以上才有较高的成穗可能性。稻株在拔节期以后，生育中心转向了以生殖生长为主的时期，此时如果分蘖尚不足三四叶，则成为无效分蘖的可能性增大。分蘖每长一叶约需 5 d，三叶合计要 15 d，因此以拔节前 15 d 以上的分蘖有效的可能性大，而且出蘖愈早愈好。由此认为，有效分蘖为在拔节时≥4 叶期（3 叶 1 心）的分蘖；无效分蘖为在拔节时<3 叶期（2 叶 1 心）的分蘖。

四、根的生长

（一）不定根的生长

水稻根的类型分为两种，即种子根和不定根（图 10-3）。水稻播种后，其种子根向下生长，当第一片完全叶长出后，开始生长不定根，也称节根，最先从芽鞘节上长出的 5 条不定根称芽鞘节根，即所谓的“鸡爪根”。随后在地表下部各分蘖节即根节，由下向上长出不定根（节根）。

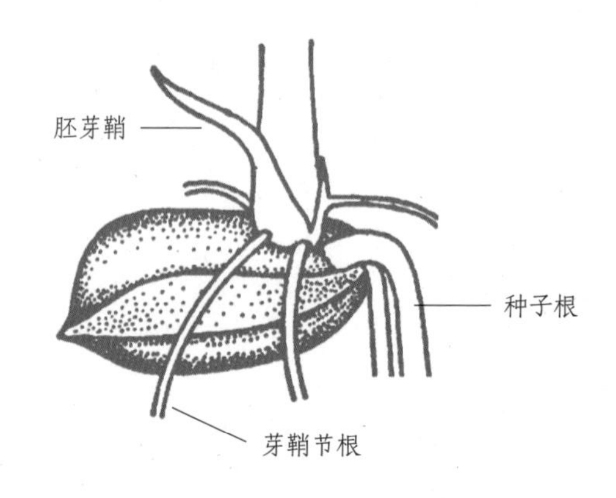

图 10-3　不同类型的水稻根（袁隆平，2002）

水稻整个根系的生长按照发根节位可分为上位节根和下位节根（图 10-4）。下位节根是水稻分蘖期功能根系，其根数和根长随分蘖数的增加而增加，并开始向纵深生长。上位节根发生在拔节期前后，是后三叶决定产量的主要功能根系。整个根系在土壤中的分布状况和生育期是相关的，营养生长期根系分布较浅，到抽穗期的根系下扎增多直至达到高峰。

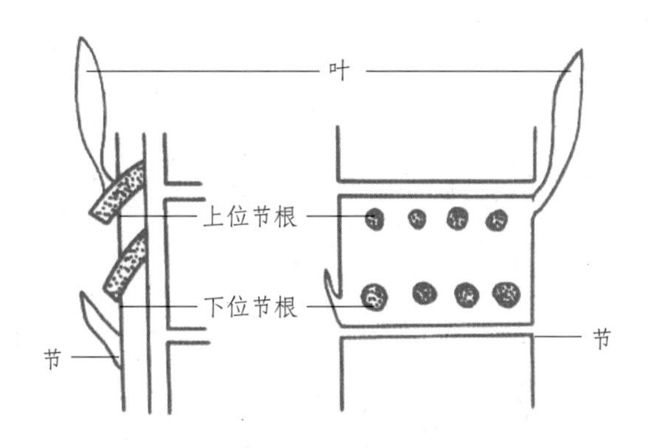

图 10-4 水稻发根节位示意图（袁隆平，2002）

超级杂交水稻相较于常规水稻，根量大，根系分布深，根系粗壮、充实。湖南杂交水稻研究中心通过研究超级杂交水稻湘两优 900 与 Y 两优 1 号的各生育期根系性状，发现其各生育时期单茎、群体的根干重、根体积及根密度均随土层深度增加而下降，根系主要分布在土壤上层（0～10 cm），下层（10 cm 以下）土壤分布少，各生育时期的根干重、根体积在上层的分布比例平均在 75% 以上。根干重、根体积、根密度在土壤上层、下层及总量上均处于较高水平，且在土壤下层（10 cm 以下）的根干重、根体积占总量的比例大，具有明显的深扎根性（表 10-2）。因此，对超级杂交水稻群体的调控，在栽培上应实行深耕、深施肥，生育中后期坚持干湿交替灌溉，促进根系深扎，提高深层根比例，塑造优质根型。

表 10-2 超级杂交水稻主要生育时期根系干重、体积及密度在土层中的分布

性状	土层/cm	湘两优 900					Y 两优 1 号				
		最高茎蘖期	齐穗期	齐穗后 18 d	齐穗后 35 d	成熟期	最高茎蘖期	齐穗期	齐穗后 18 d	齐穗后 35 d	成熟期
单茎根干重/g	0～10	0.178	0.348	0.343	0.329	0.282	0.131	0.219	0.205	0.189	0.166
	10～30	0.039	0.119	0.113	0.109	0.081	0.029	0.071	0.065	0.051	0.035
	合计	0.217	0.467	0.456	0.438	0.363	0.160	0.290	0.270	0.240	0.201
单茎根体积/cm^3	0～10	1.744	2.288	2.253	2.172	2.002	1.307	1.734	1.707	1.668	1.596
	10～30	0.417	0.834	0.828	0.823	0.641	0.325	0.579	0.563	0.497	0.388
	合计	2.161	3.122	3.081	2.995	2.643	1.632	2.313	2.270	2.165	1.984

续表

性状	土层/cm	湘两优 900					Y 两优 1 号				
		最高茎蘖期	齐穗期	齐穗后18 d	齐穗后35 d	成熟期	最高茎蘖期	齐穗期	齐穗后18 d	齐穗后35 d	成熟期
群体根干重/(t/hm^2)	0～10	0.513	0.586	0.578	0.554	0.475	0.496	0.475	0.444	0.410	0.360
	10～30	0.113	0.200	0.190	0.184	0.136	0.110	0.154	0.141	0.111	0.076
	合计	0.626	0.787	0.768	0.738	0.611	0.606	0.629	0.585	0.520	0.436
群体根体积/(m^3/hm^2)	0～10	5.031	3.853	3.794	3.658	3.372	4.947	3.759	3.700	3.616	3.460
	10～30	1.203	1.405	1.395	1.386	1.080	1.230	1.255	1.220	1.077	0.841
	合计	6.234	5.258	5.189	5.044	4.451	6.178	5.014	4.921	4.693	4.301
根干重比/%	0～10	82.03	74.52	75.22	75.11	77.69	81.88	75.52	75.93	78.75	82.59
	10～30	17.97	25.48	24.78	24.89	22.31	18.13	24.48	24.07	21.25	17.41
根体积比/%	0～10	80.70	73.29	73.13	72.52	75.75	80.09	74.97	75.20	77.04	80.44
	10～30	19.30	26.71	26.87	27.48	24.25	19.91	25.03	24.80	22.96	19.56
根密度/(g/cm^3)	0～10	0.102	0.152	0.152	0.151	0.141	0.100	0.126	0.120	0.113	0.104
	10～30	0.094	0.143	0.136	0.132	0.126	0.089	0.123	0.115	0.103	0.090
	0～30	0.100	0.150	0.148	0.146	0.137	0.098	0.125	0.119	0.111	0.101

（二）根的生长顺序

水稻根的发生均遵循叶龄 $N-3$ 的规律，当 N 叶抽出时，正是 $N-3$ 节根的长出时期。其中下位节根的生长顺序可用下图表示：

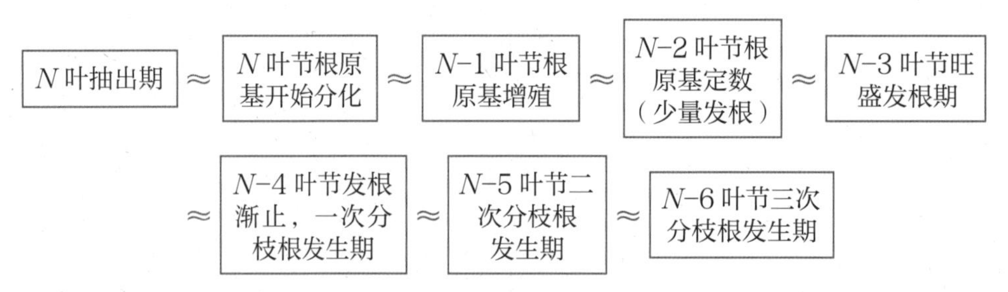

上位节根的生长顺序可用下图表示：

N 叶抽出期 ≈ N 叶节根原基开始分化 ≈ $N-1$ 叶节根原基增殖 ≈ $N-2$ 叶节根原基继续增殖 ≈ $N-3$ 叶节根原基定数（少量发根）≈ $N-4$ 叶节旺盛发根期 ≈ $N-5$ 叶节发根渐止，一次分枝根发生期 ≈ $N-6$ 叶节二次分枝根发生期

五、茎的生长

（一）茎的生长过程

茎的初期生长是由顶端分生组织的活动形成新的茎节和叶子。从穗分化开始到结束，茎顶端分生组织退化。后期茎的生长靠居间分生组织。当茎的各个节间进行居间生长，开始伸长达1～2 cm时，称为拔节。所以水稻茎的生长是由顶端生长开始经居间生长结束的，其过程大致分为四个时期。

1. 组织分化期

首先由稻株顶端生长锥原生分生组织分化出茎的各种初生分生组织，再由初生分生组织分化成茎节及茎节间的各种组织，如输导组织、机械组织、薄壁组织等，一个节间单位的分化时间需15 d左右。组织分化期是决定茎秆粗壮的基础，因此对分蘖的质量、穗部的大小都有影响。

2. 节间伸长长粗期

在前一阶段组织分化完成的基础上，节间基部居间分生组织进行旺盛的分裂伸长，同时皮层的分生组织和小维管束附属分生组织也进行分裂，使茎的粗度增加（图10-5）。节间基部的分裂带进行旺盛的细胞分裂，在分化带进行节间各种组织的分化，在伸长带便只有细胞的纵向伸长，从分裂带至伸长带一共只有几厘米长，伸长带以上为成熟组织，不再伸长。在整个稻茎上，愈是上部的节间，其居间分生组织愈活跃，细胞分裂和伸长能力愈强。因此，上部节间一般较长。

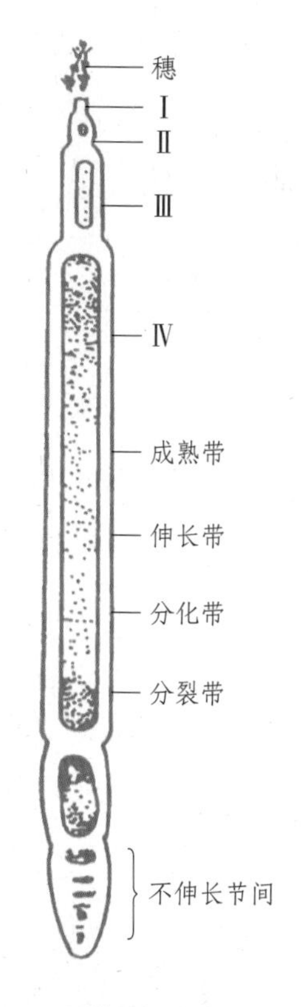

图10-5　稻茎居间分生组织示意图
（袁隆平，2002）

每一个节间基本单位的伸长长粗期一般为7 d左右，这段时期是决定茎秆长度与粗度的关键时期。虽然下部节间并不伸长，但粗度在此时期决定，下部茎节的粗壮程度与上部节间的粗壮程度有直接的关系。茎的粗细又决定穗部的大小，现已知穗子一次枝梗的数目相当于第一个伸长节间大维管束数的1/4～1/3，相等于穗颈节间大维管束数（或少一两个）。

3. 物质充实期

伸长期后，节与节间物质不断充实，硬度增加，单位体积重量达到最大值。这段时期生长的好坏，决定茎秆是否健壮及抗倒能力的强弱，而储藏物质的多少则影响以后穗部的充实程度。茎秆物质充实期的物质来源于本节间单位的下部叶片及以下各节叶片的光合制造物。因此，保持叶片的壮旺生长对茎内容物的充实非常重要。

4. 物质输出期

抽穗后，茎秆中贮藏的淀粉经水解后向谷粒转移，一般抽穗后 3 周左右，茎秆的重量下降到最低水平，仅为抽穗前重量的1/3～1/2。在养分转移期间，影响正常转移的主要因素是水、肥两项。水分欠缺直接影响稻株的正常生理活动，使养分的转移受阻；氮素营养应保持中等水平，氮素含量过高时，淀粉的转移速度减慢，过低时叶片早衰，从而降低叶片的光合能力。

（二）节间的伸长

先从下部伸长节间开始，顺序向上。但在同一时期内，有 3 个节间在同时伸长，一般是头一个节间的伸长末期，正是第二个节间伸长盛期的尾声期，也是第三个节间的开始伸长期。穗颈节间（最上一个节间）在抽穗前 10 多天开始缓慢伸长，到抽穗前 1～2 d 达到最快。

（三）节间伸长和其他器官伸长的对应关系

节间的伸长与其他器官的生长有密切的对应关系，从节位差别上来讲，叶、叶鞘、节间、分蘖、根的旺盛生长部位都有比较固定的差数，如节间的伸长比叶片低 2～3 个节位，比叶鞘伸长低 1 个节位。发根及长蘖比出叶低 3 个节位。这种关系可用下图表示：

N叶伸长期 ≈ （N−1）叶叶鞘伸长期 ≈ （N−2）及（N−3）叶节间伸长期 ≈ （N−3）节发根期 ≈ （N−3）节分蘖同伸期

节间伸长与穗分化的关系主要取决于品种（组合）的伸长节数，一般可分为三种情况：第一种是伸长节只有 4 个，则穗分化在第一节间伸长之前进行，尤其是一些特早熟的矮秆品种，穗分化期更早；第二种是伸长节有 5 个，穗分化与第一节拔节期相当；第三种是伸长节有 6 个，则先拔节后穗分化。当前超级杂交水稻多数属于生育期长的半高秆组合，伸长节一般有 5 个或 6 个。

六、穗的生长

（一）幼穗分化及发育过程

稻株在光周期结束、完成发育阶段的转变之后，剑叶分化完成，茎生长锥分化出第一苞原基，便是穗分化的开始。幼穗分化发育至穗的形态及内部生殖细胞的全部建成是一个连续的过程。丁颖将稻穗的发育划分为八个时期，其中前四期为幼穗形成期（生殖器官形成期），后四期为孕穗期（生殖细胞发育期）。

1. 第一苞分化期

幼穗开始分化时，首先在生长锥基部，剑叶原基的对面分化出环状突起，即为第一苞原基（图 10-6）。第一苞分化穗颈节，其上部就是穗轴，所以第一苞分化期又称穗颈节分化期，是生殖生长的起点。前人研究认为，第一苞分化有两个明显特征：一是叶原基分化出现突起的时期，是在前一叶已发育到接近包被生长点的时期，而第一苞原基是在剑叶原基还没有遮着生长点时就分化形成；二是叶原基分化初的突起与生长锥的夹角为一锐角，第一苞突起与生长锥的夹角为一钝角。但有研究发现，在扫描电镜的视野中，第一苞原基与剑叶原基并没有形态上的区别，只存在内部生理上的不同。因此，如果要从形态上观察分化进程，笔者建议将苞增殖期作为穗分化一期。在第一苞分化之后，沿着生长锥向上以 2/5 的开度呈螺旋状分化出新的苞，顺序称为二苞、三苞……此时称苞增殖期。超级杂交水稻多为大穗品种，苞比较多，一般有 10 多个。

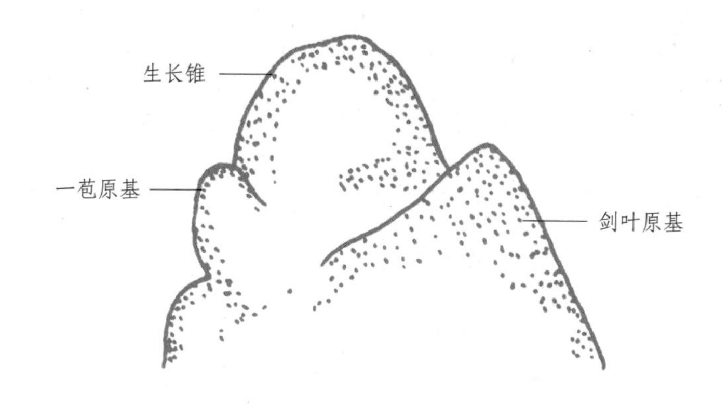

图 10-6　第一苞原基分化与剑叶原基分化模式图（袁隆平，2002）

2. 一次枝梗分化期

当第一苞原基增大后，在生长锥基部继续分化新的横纹，即为第二苞、第三苞原基。这些苞的出现，标志着一次枝梗原基分化的开始（图 10-7，Ⅰ）。苞增殖后不久，在第一苞的相当于叶腋的部位又形成突起，是一次枝梗原基。一次枝梗原基分化的顺序是由下而上，逐渐向生长锥顶端进行的。随着茎生长点分化生长的停止，并在苞着生处开始长出白色的苞毛，标志着一次枝梗分化的结束（图 10-7，Ⅱ）。

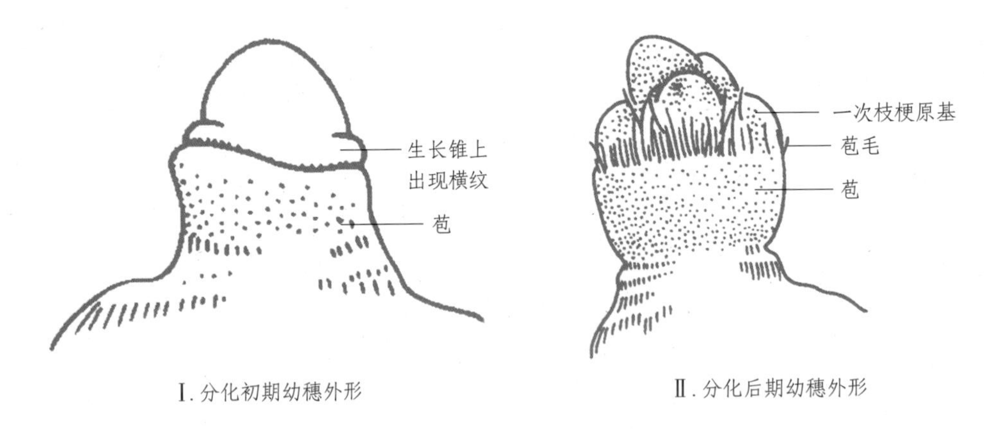

图 10-7　一次枝梗分化模式图（袁隆平，2002）

3. 二次枝梗原基及颖花原基分化期

一次枝梗原基分化结束时，位于生长锥顶端最迟分化的一次枝梗原基生长最快，并在它的基部又分化出苞，在苞的腋部分化出小突起，即为二次枝梗原基。这时幼穗长 0.5～1.0 mm，全部被苞毛覆盖（图 10-8）。二次枝梗原基的生长速度与分化次序相反，在同一个一次枝梗上，上位的比下位的快；从全穗来看，以穗顶部一次枝梗上的二次枝梗发育比穗轴基部的快，成为离顶式发育。二次枝梗的多少与全穗总颖花数的多少关系最密切。超级杂交水稻的主要优势之一是大穗优势，二次枝梗数多，故在杂交水稻的生长中，保证二次枝梗分化期的良好生育条件甚为重要。

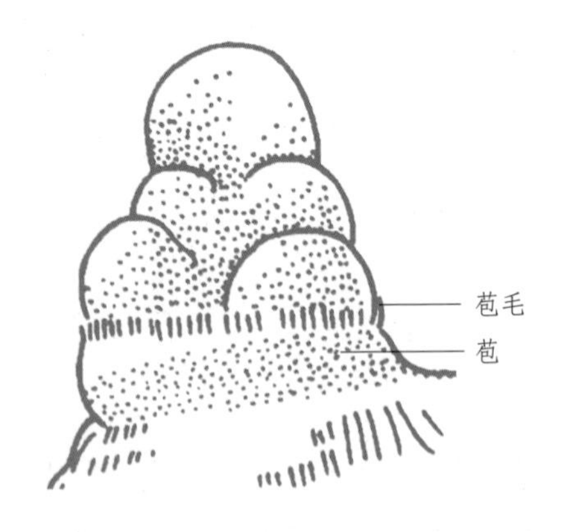

图 10-8　二次枝梗原基分化模式图（袁隆平，2002）

第二次枝梗分化后，在穗轴顶部的第一个一次枝梗顶端开始出现退化颖花原基的突起，接着在第二次枝梗上也出现颖花原基的两列再突起。颖花原基在出现第一、第二退化颖花原基、不孕花原基之后，又分化出内外颖花原基。颖花原基的分化就全穗来说是穗轴顶上枝梗的分化早，下部迟；就一个枝梗来说是顶端倒数第一粒分化最早，其次是基部第一粒，再依次向上。因此，每个枝梗的倒数第二粒分化最迟。当一次枝梗上颖花分化完毕、尚未分化雌雄蕊、穗下部的颖花开始分化不久时，为二次枝梗及颖花分化期结束。

4. 雌雄蕊形成期

穗上部发育最快的颖花原基，在其内颖和外颖内又出现一些小突起，即雌雄蕊原基，它们挤在一起，为内颖和外颖所包围，在显微镜下观察似一窝鸡蛋（图 10-9）。这种分化由穗上部的颖花向穗下部的颖花推进。当穗最下部的二次枝梗上的颖花陆续分化完毕时，全穗最高颖花数已定。随后，穗轴、枝梗开始迅速伸长，内外颖也伸长而相互合拢，雄蕊分化出花药和花丝，雌蕊分化出柱头、花柱和子房。至此，穗部各器官全部分化完毕，幼穗雏形已经形成，全穗长 5～10 mm。此后，幼穗发育由分化形成期转入生殖细胞形成期，即孕穗期。

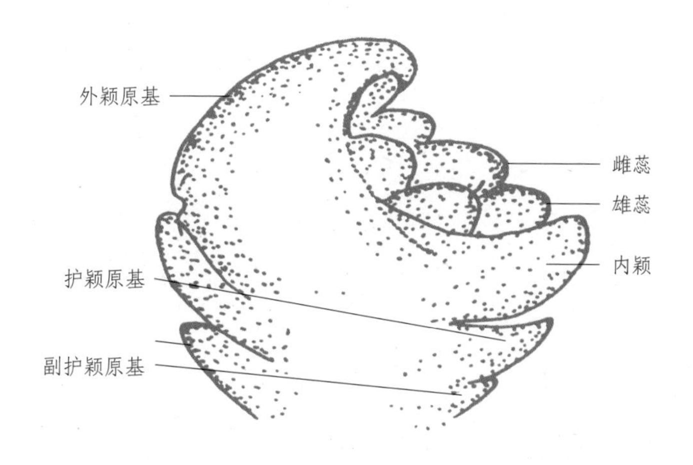

图 10-9 雌雄蕊原基分化模式图（袁隆平，2002）

5. 花粉母细胞形成期

当内外颖合拢后，雄蕊的花药分化为 4 室，此时花药内可见到体积较大而不规则的花粉母细胞（图 10-10），同时雌蕊原基顶端出现柱头突起。此时剑叶正处在抽出过程中，颖花长度接近 2 mm，约为最终长度的 1/4，幼穗长 1.5～4.0 cm。

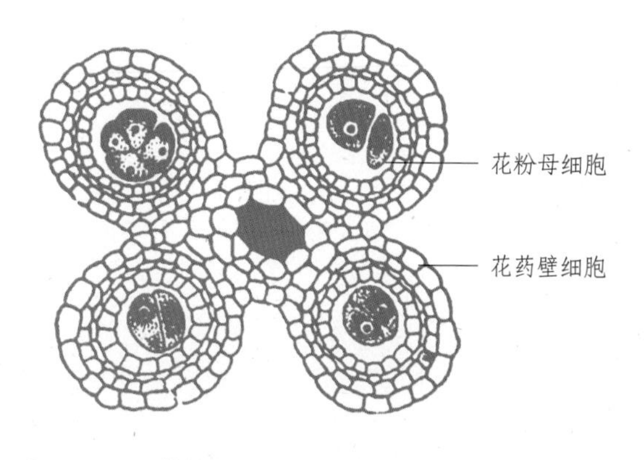

图 10-10 花粉母细胞形成期模式图（袁隆平，2002）

6. 花粉母细胞减数分裂期

花粉母细胞经过连续 2 次的细胞分裂（第 1 次为减数分裂，后一次为有丝分裂），形成 4 个具有 12 条染色体的子细胞，称为四分体（图 10-11）。不久后分散为四个单核花粉。此时幼穗伸长最为迅速，一般穗长由 3～4 cm 伸长到 10 cm 以上。颖花长达最终长度的一半，花药变为黄绿色。从外观形态上看，当剑叶叶枕在伸出过程中与其下一叶叶枕平齐时，为减数分裂盛期，花粉母细胞进行减数分裂的时间需 24～48 h，这个时期是发育过程中的重要时期，对外界条件要求较严格，条件不利则造成枝梗颖花退化，颖壳容积变小。

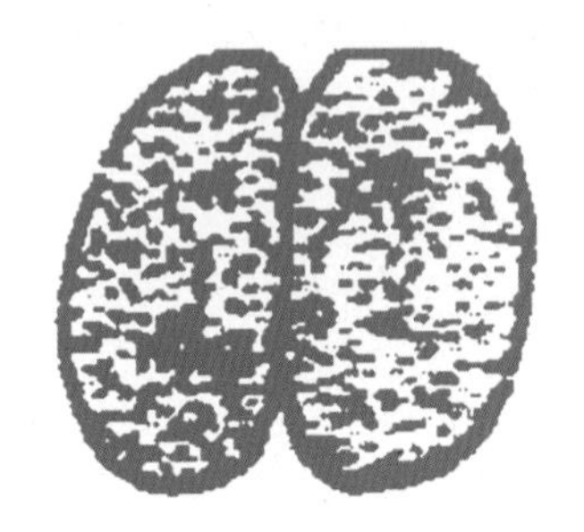

Ⅰ. 第二次分裂开始

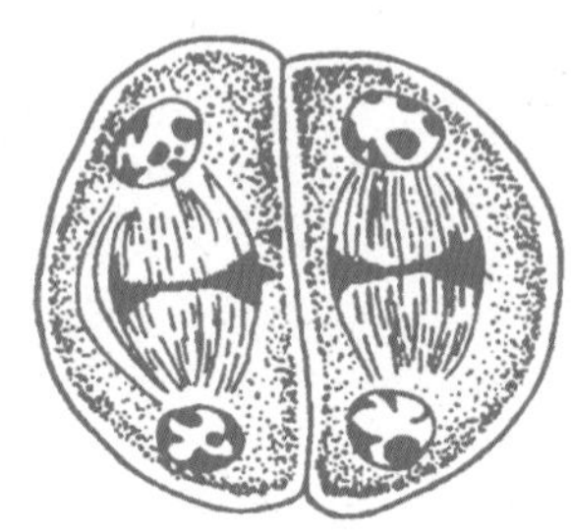

Ⅱ. 花粉母细胞减数分裂

Ⅲ. 四分体形成

图 10-11　花粉母细胞减数分裂期模式图（袁隆平，2002）

7. 花粉内容物充实期

减数分裂产生的四分体分散为单核花粉之后，体积不断增大，花粉外壳形成。出现发芽孔，花粉内容物不断充实，花粉细胞核进行分裂，形成一个生殖核和一个营养核，叫二核花粉粒。此时外颖纵向伸长基本停止，颖花长度达到全长的 85% 左右，颖壳叶绿素开始增加，雌雄蕊体积及颖花横向宽度迅速增大，柱头出现羽状突起，此时为花粉内容物充实期（图 10-12）。

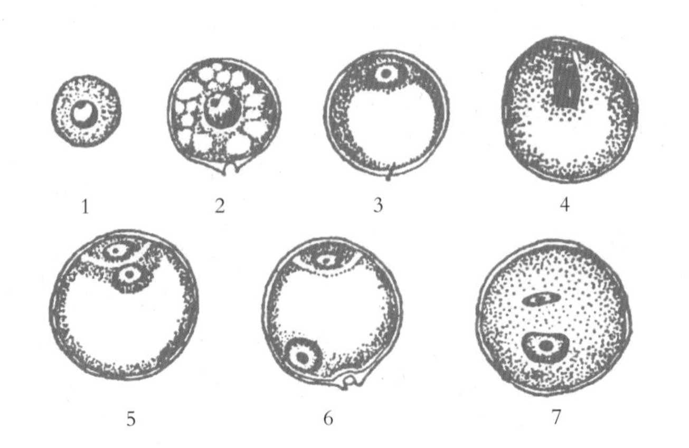

1. 单核花粉形成
2. 单核花粉外壳形成
3. 花粉发芽孔形成
4. 花粉细胞核开始分裂
5. 形成生殖核和营养核
6. 二核花粉粒形成
7. 花粉内容物填充

图 10-12　花粉内容物充实过程模式图（袁隆平，2002）

8. 花粉完成期

抽穗前 1 ~ 2 d，花粉内容物充满，花粉内的生殖核又分裂成 2 个精核，加上一个营养核，称为三核花粉粒，至此花粉的发育全部完成，即将抽穗开花。此时，内外颖叶绿素大量增加，花丝迅速伸长，花粉内淀粉含量增多，花药呈黄色（图 10-13）。

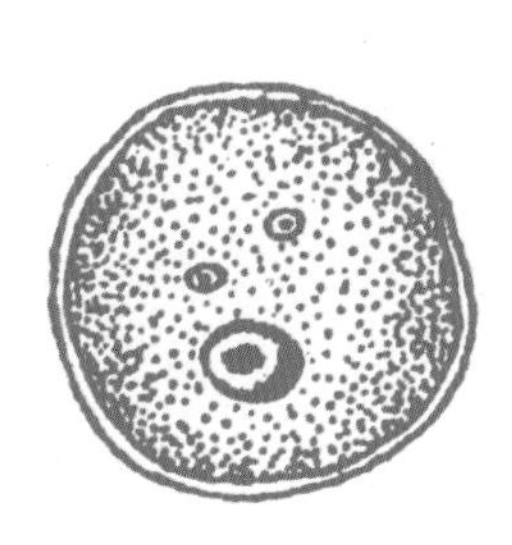
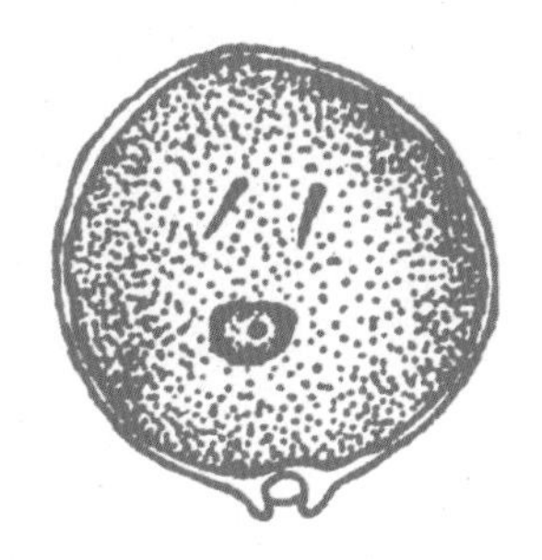

图 10-13 成熟花粉（袁隆平，2002）

（二）幼穗分化发育的时间

水稻幼穗分化发育的时间因品种（组合）、生育期的长短、气温及营养等条件的不同而有所变化，全过程所经历的时间为 25 ~ 35 d 不等。一般情况是穗分化的前一段生殖器官形成期（自一苞分化至雌雄蕊形成）的时间变幅较大，后一段生殖细胞形成期的时间变幅较小。穗分化各期所经历的时间是不同的。苞分化期一般为 2 ~ 3 d，第一次枝梗分化期为 4 ~ 5 d，第二次枝梗原基分化及颖花分化共 6 ~ 7 d，雌雄蕊形成期为 4 ~ 5 d，以上时期是以全穗为单位计算的。后段生殖细胞分化期以单个颖花为单位计算，花粉母细胞形成期为 2 ~ 3 d，花粉母细胞减数分裂期为 2 d 左右，花粉内容物充实期为 7 ~ 8 d，花粉完成期为 3 ~ 4 d。

超级杂交水稻多为生育期长的组合，穗分化所经历的时间较常规水稻偏长，为 30 ~ 35 d。从超级杂交水稻（表 10-3）几个组合的穗分化时间资料中可以看到，不同组合的穗分化全过程所需时间有所差别，不同分化时期经历的时间长短也不一致。

表 10-3 超级杂交水稻几个组合穗分化各期至始穗天数 单位：d

时期	Y 两优 1 号	Y 两优 900	湘两优 900
第一苞分化期至始穗	32.5	33.5	34
一次枝梗分化期至始穗	27.5	28.5	29
二次枝梗分化期至始穗	22.5	22	22.5
雌雄蕊形成期至始穗	17	17.5	17.5
花粉母细胞形成期至始穗	12	13.5	14

续表

时期	Y 两优 1 号	Y 两优 900	湘两优 900
花粉母细胞减数分裂期至始穗	9.5	10	10.5
花粉内容物充实期至始穗	6	6.5	7
花粉完成期至始穗	2	3	3

（三）穗分化发育时期鉴定

穗分化发育时期鉴定一般应借助显微镜进行解剖检查，但通常我们可以利用器官发育之间的相互关系进行推算，例如：叶龄指数法、叶龄余数法、幼穗长度法等（表 10-4）。

表 10-4 稻穗发育时期的几种鉴定方法

方法	一期	二期	三期	四期	五期	六期	七期	八期
叶龄指数 /%	76 ±	82 ±	85 ±	92 ±	95 ±	97 ±	100 ±	
叶龄余数 /%	3.0 ±	2.5 ±	2.0 ±	1.2 ±	0.6 ±	0.5 ±	0	
幼穗长度 /mm	<0.1	0.1 ~ 1	1 ~ 2	4	25	60	90	
经历天数 /d	2 ~ 3	4 ~ 5	6 ~ 7	4 ~ 5	2 ~ 3	2	7 ~ 8	2 ~ 3
目测法	看不见	毛出现	毛丛丛	粒粒显	颖壳包	粒半长	穗绿色	快出穗

七、抽穗、开花、授粉与结实

稻穗分化形成之后，就依次进入抽穗、开花、授精、灌浆、成熟，这一时期称为结实期。

（一）抽穗

穗上部颖花的花粉和胚囊成熟后的 1 ~ 2 d，穗顶即露出剑叶鞘，即为抽穗。当全田有 10% 抽穗时为始穗期，50% 抽穗时为出穗期，80% 抽穗时为齐穗期。一个穗子从露尖到全出约 5 d；一株穗子开始露穗到全穗抽出需 7 ~ 10 d，全田从始穗到齐穗需 1 ~ 2 周。抽穗最适温度为 25 ~ 35 ℃，超过 40 ℃或低于 20 ℃都不能正常抽穗，甚至包颈。生产上以日平均温度稳定在 20 ℃的最终日为粳稻的安全齐穗期；22 ~ 23 ℃的最终日为籼稻的安全齐穗期。

（二）开花、传粉和受精

正常情况下，稻穗抽出的当天或次日就开花。一天内早稻上午 7 时左右开始开花，11—12 时盛花；晚稻上午 8—9 时始花，上午 11 时至下午 1 时盛花，下午 2 时以后很少开花。单穗开花早稻、中稻需 5～6 d，晚稻需 7～8 d，一株中一般先主茎，再低位蘖、高位蘖。水稻是雌雄同花，当谷粒开颖的同时，雄花的花药亦裂开，雄花花药随即散落在雌花的柱头上，使雌花受精。受精过程一般在开花后 5～7 h 完成。水稻开花的最适温度为 30 ℃左右，最低温度为 13～15 ℃，最高温度为 40～45 ℃。

（三）灌浆结实

受精卵在受精后胚和胚乳进入发育期，整个过程在 10 d 左右完成。与此同时，米粒不断增大，首先以纵向生长为主，其次是长宽，然后长厚。一般在开花后 10 d 以上，长宽厚均达到固有大小。一穗中颖花的生长势强弱不一样。一般早开花的及一次枝梗上的颖花为强势花，迟开花的及二次枝梗上的颖花多为弱势花。强势花米粒的发育快，7 d 左右外形可充满谷壳，弱势花米粒的发育慢。超级杂交水稻组合一般为大穗型品种，二次枝梗上的弱势花较多，有的需 40 d 以上才能长至固有体积。

米粒的成熟过程可分为四个时期：在开花后 3～10 d，其米粒中充满白色淀粉浆乳，水分含量约 86%，而后浆乳由稀变稠，颖壳外表为绿色，此时为乳熟期。胚乳由乳状变硬，但手压仍可变形，颖壳绿色消退，逐步转为黄色，此时为蜡熟期。待穗轴与谷壳全部变为黄色，米质坚硬，这是收获的适宜时期，此时为完熟期。随着颖壳及枝梗大部分枯死，谷粒易脱落，易断穗、折秆，色泽灰暗，此时为枯熟期。

第二节　超级杂交水稻的生长发育时期

一、不同组合的全生育期天数

水稻品种的生育期，短的不足 100 d，长的超过 180 d，其中生殖生长期一般为 60～70 d，其余为营养生长期。所以，品种生育期长短的不同，主要是营养生长期的不同。根据水稻一生不同时期生长发育状况的不同，通常可划分为三个生育阶段：营养生长阶段、营养生长与生殖生长并进阶段和生殖生长阶段。营养生长期又分为基本营养生长期（短日照高温生育期）与可变营养生长期，可变营养生长期受光周期长短与气温高低的影响而变化。

超级杂交水稻不同品种的全生育期天数较长，且不同品种的全生育期天数存在较大差异。统计近 5 年（2014—2018 年）通过农业部确认的超级稻示范推广品种的生育期（表 10-5），其中籼型两系杂交稻、籼型三系杂交稻及籼粳杂交稻作为一季稻种植的生育期为

132.4～159.2 d，全生育期一般都较长，且不同品种间全生育期存在较大差异，如徽两优996比宜香4245全生育期减少了26.8 d。

表10-5 农业部确认的一季超级稻全生育期（2014—2018年）

类型	品种	生育期 /d	审定编号	超级稻认定时间
籼型两系杂交稻	隆两优1988	138.6	国审稻2016609	2018
	深两优136	138.5	国审稻2016030	2018
	晶两优华占	157.6	国审稻2016022	2018
	Y两优900	140.7	国审稻2015034	2017
	隆两优华占	140.1	国审稻2015026	2017
	徽两优996	132.4	国审稻2012021	2016
	N两优2号	141.8	湘审稻2013010	2015
	Y两优2号	139	国审稻2013027	2014
	Y两优5867	138	国审稻2012027	2014
	C两优华占	134	鄂审稻2013008	2014
	广两优272	140	鄂审稻2012003	2014
	两优616	143	闽审稻2012003	2014
籼型三系杂交稻	内香6优9号	155.9	国审稻2015007	2018
	蜀优217	155.4	国审稻2015013	2018
	泸优722	157.6	国审稻2016024	2018
	宜香4245	159.2	国审稻2012008	2017
	德优4727	158.4	国审稻2014019	2016
	宜香优2115	156.7	国审稻2012003	2015
	内5优8015	133	国审稻2010020	2014
	F优498	157	国审稻2011006	2014
	天优华占	133	鄂审稻2011006	2013
	中9优8012	133	国审稻2009019	2013
籼粳杂交稻	甬优1504	151	国审稻2015040	2018
	甬优2640	149	苏审稻201507	2017
	甬优538	153.5	浙审稻2013022	2015
	春优84	156.7	浙审稻2013020	2015
	浙优18	153.6	浙审稻2012020	2015
	甬优15	139	浙审稻2012017	2013

即使是超级杂交水稻同一品种，其生育期的长短也不是固定的。同一品种在不同的地区，生育期长短不同，主要是由于受感光性和感温性的影响，且感温或感光性强的组合，异地种植时全生育期变化大（其中可变营养生长期变化大），反之则小，但无不变化的组合。湖南杂交水稻研究中心近年来采用超高产杂交水稻新品种湘两优 900（超优千号），在全国不同稻区共计 80 多个百亩方进行了超高产攻关及生态适应性研究，我们对其中海拔相近的一些攻关点进行了分析比较（表 10-6），发现随着纬度的增加，生育期延长。如江西省新余市示范基地的超优千号全生育期为 140 d，随着种植的北移，河北省邯郸市永年区示范基地的超优千号全生育期为 183 d，生育期延长了 43 d。由此可知，在异地引种时生育期会发生变化。因此，引种工作中必须注意考察感温感光类型及其可变营养生长期的长短，一般情况下，感光性或感温性强的组合向北引种时，全生育期明显延长，可能造成不能正常成熟，向南引种时生育期缩短或早熟减产。从稳产的角度来说，具有一定的感光性的组合，虽然生产上适用的纬度幅度较窄，但能在适宜地区内适时转向生殖生长，达到安全齐穗的目的。

表 10-6 湘两优 900 在不同地区种植的全生育期（2016 年）

种植地点	海拔/m	纬度	播种期	移栽期	成熟期	全生育期/d
江西省新余市渝水区珠珊镇丰溪村	41.0	N27°47′17.05″	5月23日	6月16日	10月10日	140
江西省上饶市万年县汪家乡	30.0	N28°45′52.25″	5月9日	6月5日	10月1日	145
浙江省金华市婺城区汤溪镇	60.2	N29°03′20.81″	5月18日	6月12日	10月13日	148
安徽省安庆市桐城市新渡镇	28.0	N30°51′5.66″	4月28日	5月20日	9月28日	153
江苏省镇江市句容县后白镇	29.1	N31°48′26.71″	5月15日	6月24日	10月17日	155
河南省信阳市光山县砖桥镇	46.0	N31°50′48.24″	4月15日	5月9日	9月17日	156
山东省日照市莒县阎庄镇大路东村	22.8	N35°39′53.32″	4月1日	5月5日	9月26日	178
河北省邯郸市永年区广府镇	41.0	N36°42′3.03″	4月10日	5月15日	10月10日	183

另外，同一品种在同一地区，也会因气候的变化和播种期的不同等造成生育期长短不同。例如在江苏高邮市对超级杂交水稻两优培九的不同播期对生育期的影响进行了研究（表 10-7）：随着播期的推迟，全生育期缩短 4～5 d，进一步分析发现，从始穗到成熟的天数各期相对稳定，迟播引起全生育期的缩短主要是从播种到幼穗分化期的天数，即营养生长期。因此适当早播有利于两优培九高产稳产。汕优 63 与同期播种的两优培九相比，成熟期早 8 d，也主要是营养生长期相对较短的缘故。

表 10-7 不同播期处理的全生育期（姜文超等，2001）

组合	播种期	播种到抽穗 /d	抽穗到成熟 /d	全生育期 /d
两优培九	4 月 29 日	111	47	158
	5 月 5 日	106	47	153
	5 月 11 日	102	46	148
	5 月 17 日	98	46	144
汕优 63	5 月 5 日	98	47	145

在同一纬度条件下，不同海拔的气温不同，对生育期的影响也非常明显。如在湖南省隆回县开展了不同海拔生态适应性试验，自海拔 300 m 起，每隔 150 m 高度设一个点，至海拔 750 m，共 4 个海拔处理（表 10-8），研究表明各品种全生育期变化均表现为与海拔呈正相关，海拔越高，生育期越长。因此必须遵循这种生育期因海拔的不同而发生变化的规律，引进适合本地季节条件的组合，才能取得成功。

表 10-8 不同海拔处理的全生育期

海拔 /m	Y 两优 900	湘两优 2 号	深两优 1813
300	150 d	150 d	157 d
450	153 d	153 d	160 d
600	164 d	164 d	169 d
750	170 d	170 d	175 d

二、营养生长期与生殖生长期的重叠及变化

水稻一生可划分为单纯营养生长期、营养生长与生殖生长并进期、单纯生殖生长期。重叠是指单纯营养生长期的一部分推后到并进期，其主要标志是分蘖旺盛期的部分或全部在穗分化时期中进行。

发生重叠的原因，一方面是全生育期短的品种，由于其基本营养生长期短，故生育转变期早。因此，在穗分化过程中同时进行旺盛的蘖叶生长。对于作早稻栽培的组合来说，还有另一种因素，就是在早春插秧之后，气温长期偏低，分蘖芽不能及时萌动，待到气温升高季节已推迟之后再产生分蘖时，却已进入了穗分化期。

另一方面是秧龄过长，人为地压缩了本田营养生长期，即使是生育期长的品种也产生重叠

现象。如长江流域的威优 46、培两优特青等，作双季晚稻栽培时，全生育期都比较长，而水稻生长的气温适期较短。因此，常采用早播、长秧龄的做法来解决安全齐穗的问题。这样，本田分蘖期基本上都与主茎穗的发育同时进行，使一、二阶段基本重叠在一起。

由于存在上述这种重叠现象，故在栽培管理上应采取相应的措施。一些稻区在水稻生产中普遍实行生育中期控苗，分蘖后期限水限肥，这对发育重叠型的水稻非常不利，因为控苗过早则苗数不足，控苗过迟则影响穗部正常分化。这种做法对超级杂交水稻的损害也较大，它不但影响超级杂交水稻大穗优势的发挥，而且加重了超级杂交水稻单位面积内穗数往往不足的现象。

生育阶段重叠现象不但与组合生育期长短有关，而且受生态及栽培条件的影响。例如，生育期短的组合种植在春季低温条件下，分蘖盛期推迟，发生生育阶段重叠现象；如果本田前期气温高，则重叠现象减轻。双季晚稻如果秧龄过长，生育阶段重叠现象加重；秧龄缩短则重叠现象减轻。如果秧田的播种密度大，秧龄长，穗分化提早在秧田阶段进行，分蘖期出现在穗分化后期，这属于最严重的重叠类型。

三、碳氮代谢的主要时段划分

碳氮代谢联系密切，碳代谢为氮代谢提供代谢需要的碳源和能量，而氮代谢同时又为碳代谢提供酶和光合色素，因此在水稻生产中合理调控碳氮营养，协调碳氮代谢，对水稻实现高产、稳产有着重要的意义。

超级杂交水稻一生中植株的含氮量以分蘖期为最高，而以淀粉为主的碳水化合物含量则以分蘖期为最低，成熟期为最高，各时期的碳氮比以分蘖期为最低，成熟期最高。根据一生中碳氮比的变化，可将其大体划分为三个不同的时期：在前期以氮代谢为主，中期碳氮代谢并重，后期以碳代谢为主。超级杂交水稻大体是在 5 月底以前（插后至分蘖末）为氮代谢为主的阶段， 6 月至 7 月初（分蘖末至齐穗）为碳氮代谢并重阶段， 7 月初齐穗至收割为碳代谢为主的阶段。

前期为插秧后至分蘖末期以前，稻株含氮率为全生育期中较高状况，淀粉含量及碳氮比则处于较低状况，这段时期的植株建成物质主要形成氨基酸、蛋白质一类含氮物质，用于叶蘖等器官的迅速生长与建成。

中期为分蘖末期至齐穗期，此时期的稻株含氮率、淀粉含量及碳氮比均处于中等水平，而磷钾的含量（与旺盛的生理活动关系密切）及叶绿素含量一般都处于较高水平，为碳氮代谢并重期（或碳氮代谢转变期）。这段时期既是生理活动的旺盛时期，又是活动极为复杂的时期；

既有苗叶的生长，又有分蘖的消亡；既有穗的发育，又有碳水化合物的贮存；既可能形成高产的基础，又可能埋下减产的隐患。此时如果过多提高氮代谢的水平，则将造成生长过旺，导致“青疯”；如果过早促使转向高碳代谢，则植株及群体有“生长不足”的可能。

后期为抽穗至成熟期，这一阶段稻株含氮率最低，淀粉含量及碳氮比最高，此时期的植株以合成可溶性糖、淀粉等糖类物质为主，用于形成稻谷产量，表明碳代谢占绝对优势。

超级杂交水稻高产的关键是大穗大粒，进一步增产的潜力是增加穗数、提高结实率，这些都与碳氮代谢并重期有关。因此对超级杂交水稻而言，中期的碳氮代谢并重更为关键。超级杂交水稻大穗大粒的建成主要是在这段时期，穗数的多少也与这段时期的保蘖成穗关系重大，结实率则与这段时期形成的植株群体大小以及淀粉的储备量关系密切。总之，正确掌握碳氮并重期的代谢水平，重视中期的合理栽培管理，是超级杂交水稻高产的关键。

第三节　超级杂交水稻的产量形成过程

水稻产量包含两个概念，一种是生物产量，另一种是经济产量。生物产量指的是水稻在生育期间生产和积累有机物的总量，即整个植株（不包括根系）总干物质的收获量。其中有机物质占 90%～95%，矿物质占 5%～10%，故有机物质是形成产量的主要物质基础。经济产量则是按栽培目的所需要的产品——稻谷收获量。经济产量是生物产量的一部分，经济产量的形成，以生物产量为物质基础，没有高的生物产量，就不能有高的经济产量。生物产量转化为经济产量的效率，称为经济系数。水稻的经济系数为 50% 左右。生物产量、经济产量和经济系数三者间的关系十分密切，水稻在正常生长情况下，经济系数是相对稳定的，因而生物产量高，经济产量一般也较高，所以提高生物产量是获得水稻高产的基础。

一、生物产量形成过程

按照稻谷产量=生物产量 × 收获指数，因此稻谷产量由生物产量和收获指数决定，提高其中 1 个指标或 2 个指标均可提高稻谷产量。目前半矮秆品种收获指数（HI）已非常高，进一步提高收获指数已相当有限，下一步要提高水稻产量，主要依赖提高生物产量，提高生物产量的途径有两种，第一增加株高，第二增加茎秆壁厚，但增加茎秆壁厚比增加株高难度更大。因此从形态学的观点来看，提升植株高度是提高生物产量有效而可行的方法。根据水稻高产育种的历程，可以初步得出一个总的趋势或规律，即在保持收获指数为 0.5 左右的前提下，生物产量随株高的增加而增加，亦即稻谷的产量随株高的增加而增加。

生物产量高是超级杂交水稻优势的一个主要表现方面，而且单位时间的增长率显著大于常规稻，从而为有效产量的提高打下了基础。在生物产量形成过程中，研究表明超级杂交水稻干物质生产优势在中后期，产量的 80% 以上来自抽穗后的光合产物（翟虎渠等，2002），而普通杂交水稻一般为 60% 左右。进一步分析认为，超级杂交水稻茎鞘物质输出量、输出率及转化率并不高，籽粒灌浆物质主要来源于抽穗后的物质积累，对抽穗前茎鞘等营养器官的贮藏物质依赖小（吴文革等，2007）。

湖南杂交水稻研究中心以超高产杂交水稻湘两优 900 及其对照品种超级杂交水稻 Y 两优 1 号、常规稻“9311”为研究材料，研究了湘两优 900 生物产量形成特征（表 10-9）。结果表明，湘两优 900 成熟期总生物量显著大于对照，较对照 Y 两优 1 号、9311 分别增加 14.3%、22.6%，而收获指数略小于 Y 两优 1 号，说明超高产杂交水稻湘两优 900 产量的提高主要是生物产量显著增加的结果。

生物产量形成过程中，分蘖盛期、抽穗期湘两优 900 的总干重与对照基本相同，成熟期显著大于对照。抽穗后干物质积累量湘两优 900 极显著大于对照，较对照 Y 两优 1 号、9311 分别增加 28.9%、90.9%，且 3 个品种抽穗期前后积累的生物量占成熟期总生物量比例差异明显，湘两优 900 抽穗期生物量占成熟期生物量比例为 55.4%，抽穗后积累量占成熟期生物量比例为 44.6%，而其对照 Y 两优 1 号分别为 60.4%、39.6%，9311 分别为 71.3%、28.7%。表明超高产杂交水稻湘两优 900 生育前期干物质积累适当，干物质生产优势主要在中后期。

表 10-9 干物质生产及收获指数（魏中伟等，2015）

品种	总干重 / (g/m^2)			成熟期穗干重 / (g/m^2)	抽穗后干物质积累量 / (g/m^2)	收获指数
	分蘖盛期	抽穗期	成熟期			
湘两优 900	346.4a	1 272.1a	2 296.8a	1 293.6a	1 024.7A	0.515a
Y 两优 1 号	354.0a	1 214.1a	2 008.9b	1 073.8b	794.8B	0.527a
9311	331.7a	1 336.8a	1 873.7c	958.0c	536.9C	0.480b

籽粒灌浆物质除来自抽穗后的光合作用，还来自抽穗前贮藏于营养器官的贮藏物质。茎鞘输出量、输出率及物质转化率湘两优 900 均低于对照（表 10-10），这表明超高产杂交水稻生育后期积累的高额干物质能够满足库容充实的需要，对植株茎鞘组织中的非结构性物质依赖

小。这与超高产杂交水稻生育后期绿叶面积大、茎秆活力强的长相长势一致，有利于保持生育后期茎秆的活力和强劲的支撑功能。

表 10-10　干物质转运（魏中伟等，2015）

品种	茎鞘干物质转换		
	输出 /（g/m^2）	输出率 /%	转化率 /%
湘两优 900	71.6Bb	10.18Bb	5.83Bc
Y 两优 1 号	220.2Aa	31.18Aa	22.11Aa
9311	79.1Bb	11.32Bb	8.82Bb

二、稻谷产量形成过程

水稻经济产量即稻谷产量，是由单位面积有效穗数、每穗粒数、结实率和粒重（千粒重）构成，通常叫作产量四要素，产量四要素之间的关系可以作为产量设计的依据。产量与四者之间的关系为：

产量（kg/hm^2）= 单位面积（hm^2）穗数 × 每穗粒数 × 结实率（%）× 千粒重（g）× 10^{-6}

水稻产量各构成要素的形成过程也是水稻生长发育过程中器官建成的过程，各构成要素的形成在水稻发育过程中都有一定的时间性。产量四要素之间相互联系、相互制约，如单位面积上的有效穗数，在一定范围内随基本苗数增加而增加，但是，单位面积有效穗数增加超过一定范围后，穗数与粒数的矛盾增大，即单位面积有效穗数的增加反而引起每穗结实粒数的减少。假若因增加穗数造成每穗结实粒数减少的损失，不能由增加穗数来弥补时，就会导致产量下降。千粒重是一个相对稳定的因素，但如气候条件差、栽培管理不当，千粒重小，也能对产量造成严重影响。由此可知，只有合理选择品种，加强栽培管理，正确协调个体与群体关系，调整产量各因素之间最佳构成，才能获得高产。

（一）穗数的形成

超级杂交水稻在产量穗数组成上的特点是大穗型，但由于受用种量的限制，穗数往往较少。在基本苗数已定的前提下，穗数的多少取决于分蘖的总量及成穗率，即单位面积穗数 = 栽插株数 × 单株分蘖数 × 分蘖成穗率。水稻群体茎蘖消长动态是分蘖发生与成穗情况的直观体现，并最终显著影响产量，分蘖消长动态合理，成穗率高，是高产群体的基本特征之一。如超高产杂交水稻湘两优 900 在移栽后 5 ~ 25 d 内，分蘖早生快发，茎蘖数均高于 Y 两优

1 号，且在移栽后 20 d 时基本达到预期的穗数，在移栽后 35 d 达高峰苗，均早于 Y 两优 1 号。较早地达到预期的穗数及高峰苗有利于争取更多的生长时间来强秆壮根，培育大穗（魏中伟等， 2015）。超级杂交水稻合理的茎蘖动态模式应为：移栽期确定基本苗，有效分蘖临界叶龄期（$N-n$）达到适宜穗数苗，拔节叶龄期（$N-n+3$）为高峰苗期，最高苗数为有效穗数的 1.2～1.3 倍，抽穗期达到适宜穗数。

影响穗数的时期一般起自分蘖始期，止于最高分蘖期后 7～10 d，其中决定穗数多少的主要时期是分蘖盛期。除了这段时期外，前期的生育也有一定的影响，如秧苗素质、返青期的生长情况等。超级杂交水稻受用种量的限制，基本苗少，加之秆粗叶大，生育后期荫蔽程度高，影响分蘖的成穗率。因此，在生产上设法增加穗数，便成为高产的关键之一。要增加穗数就要设法增加基本苗，并创造良好的田间条件。另外，在生产上应采取促进措施，争取更多的有效分蘖，减少无效分蘖。因此生产上从两方面采取措施：一方面是千方百计促进分蘖早生快发，提高分蘖成穗率，增加穗数，这是分蘖期管理的主攻方向；另一方面还要适当控制后期分蘖，防止分蘖发得过头，无效分蘖过多，消耗养分，影响光能利用率。

（二）颖花数的决定

超级杂交水稻品种的每穗粒数较普通杂交稻品种普遍具有优势（Huang 等， 2011），且超级杂交水稻品种的大穗优势与其二次枝梗数较多有关（Huang 等， 2012）。每穗颖花数量取决于颖花的分化量及退化量，即每穗颖花数＝分化颖花数－退化颖花数。所以一方面在穗分化期通过增施促花肥（一般在 2 期中后期， N 为主）增加分化颖花数，另一方面及时施保花肥（5 期中后期施， N、 P、 K 配合，控制 N），减少退化颖花数，最终获得较多的每穗颖花数。而每穗颖花数量又是由一次枝梗数、二次枝梗数组成，颖花分化数的决定时期是枝梗分化及颖花分化期，其中重要的是二次枝梗分化期，颖花退化的主要时期是减数分裂期。因此，保证这两段时间中的良好生育条件，对增加颖花数非常重要。所以在枝梗及颖花分化期中，要有适当的氮素及充足的水分，才能有良好的分化过程。

在栽培上，如果过分晒田或降低土壤及植株中的氮素含量，必然减少枝梗及颖花的分化。减数分裂期如果氮素供应不足，或受干旱影响，或光照不足，都将导致颖花的退化数量增多。超级杂交籼稻的颖花退化量一般为 30% 左右，在栽培上，降低颖花退化率是发挥大穗优势的一个重要措施。

（三）结实率

水稻结实是库、源、流的综合体现，结实率在产量四要素中变幅最大，因此较高的结实率是超级杂交水稻获得超高产的前提。结实率对生育条件反应敏感，变化剧烈，各种生态及栽培条件稍有不适，就可产生影响。因此，必须在各个方面加以注意。

影响结实率的时间较长，起自插秧而止于成熟都是影响时期。其中最敏感的时期是减数分裂期、抽穗开花期、一次枝梗籽粒灌浆期，即抽穗前后各 20 d，是影响结实率的关键时期，共 40 d。影响结实率的因素较多，如秧苗素质不好，群体密度过大、封行过早，田间气候环境不理想，中期晒田落色不好，减数分裂期缺肥缺水，开花期天气不好，营养不足，灌浆期水肥不足等，这些都直接影响到结实率。

结实率低的原因有：一种是水稻胚发育前遇到不良条件，开花受精受到干扰，不能授粉或受精造成胚不发育，形成空粒。例如温度过高时，有一部分颖花受精受阻（如花粉管变态），形成不受精的空壳。温度在 35 ℃以上时，开花受精过程便受到明显的影响。在低温条件下形成的空瘪粒主要是未受精粒，受影响的第一个时期是花粉小孢子发育期（开花前 7～10 d）；第二个时期是开花期，影响开花受精的正常进行（但也有少数因温度低灌浆不良的半实粒）。周广洽（1984）研究认为，结实率下降到 50% 以下的低温，自然条件下是 19 ℃，3～5 d。另外，开花与受精时所需温度有差别，日平均温度不低于 17 ℃，对开花无严重影响，低于 20 ℃时开花数目减少，大于 20 ℃时，颖花可大量开放。但受精要求的温度明显高于开花温度，晴朗天气中要求日平均温度达 22 ℃，日最高温度达 25 ℃以上，方可正常受精。在日照不足的天气，则要求气温在 23 ℃以上，才能正常受精。

第二种是虽然水稻胚正常发育，但内容物充实不足，植株制造及储备的碳水化合物不能保证库容（颖壳总容量）所需，源库失调，形成半实粒。这种情况主要由于群体结构不适当，如多肥密植而引起。稻株群体的荫蔽程度越低，结实率越高，但单位面积总颖花数减少，到一定程度时产量将下降，因此应保持一定的群体水平。高温条件下也可形成上述这种半实粒，它实际上是受精后发育停顿的颖花。其原因或是高温下呼吸强度增高，光合产物消耗过多；或者是高温下叶片合成能力减弱。研究表明，在高温下，超级稻品种光合速率下降，叶绿体光还原活性降低，叶绿体内的基粒片层发生混乱，故影响光合产物的制造。

超级杂交水稻栽培上提高结实率的主要途径：一是根据不同地域条件研究保持其最适宜的稻株营养体群体结构与穗粒群体结构。具体办法有：前期培育带蘖、根系发达的壮秧，适时早插稀插秧，中期烤好田，增加淀粉积累，施好减数分裂肥，喷洒叶面肥、养根护叶等。二是安排最适宜的抽穗季节，防止高低温的影响。

（四）粒重

超级杂交水稻一般粒型较大，粒重对产量的影响比常规水稻大，尤其是一些早熟组合，大穗的优势较弱，往往靠大粒的优势获得高产。因此，在栽培上对促进粒重应引起重视。

粒重是由谷壳体积和胚乳发育充实两个因素共同决定，即影响粒重变化有两个时期：一是第一粒重决定期（花粉母细胞减数分裂期），此时决定颖壳的大小（谷壳的容量）；二是第二粒重决定期（开花后的灌浆期，直至谷粒完熟），这一段时期碳水化合物的供应好坏直接影响米粒的大小。减数分裂期如果养分、水分及气候条件不良，则影响谷壳的发育。灌浆期以一粒颖花为单位的灌浆时间与最终粒重成反比关系，从开花到充实饱满所经历的时间越短则粒重越大，灌浆慢的弱势花粒重小。

超级杂交水稻穗型大，二次枝梗多，弱势花也多，因此粒重不整齐。除了颖花着生部位外，影响灌浆速度的因素主要有群体结构状况、根系及叶片的衰亡速度及当时的水分气候状况。其中重要的是群体结构和气候条件。当气温过高或过低时，植株光合产物的合成减少，灌浆速度变慢，粒重下降。群体结构状况过于荫蔽时，开花前的碳水化合物储备量不足，单位面积颖花数过多，均不利于粒重的提高。

References

参考文献

[1] 魏中伟，马国辉. 超高产杂交水稻超优千号的根系特征研究[J]. 杂交水稻，2016，31（5）：51–55.

[2] 姜文超，孙龙泉，肖伯群，等. 播种期对两优培九产量及生育特性的影响[J]. 杂交水稻，2001，16（1）：38–40.

[3] 翟虎渠，曹树青，万建民，等. 超高产杂交稻灌浆期光合功能与产量的关系[J]. 中国科学（C辑：生命科学），2002，32（3）：211–217.

[4] 吴文革，张洪程，吴桂成，等. 超级稻群体籽粒库容特征的初步研究[J]. 中国农业科学，2007，40（2）：250–257.

[5] 魏中伟，马国辉. 超高产杂交水稻超优千号的生物学特性及抗倒性研究[J]. 杂交水稻，2015，30（1）：58–63.

[6] HUANG M，ZOU Y B，JIANG P，et al. Relationship between grain yield and yield components in super hybrid rice [J]. Agricultural Sciences in China，2011，10（10）：1537–1544.

[7] HUANG M，XIA B，ZOU Y B，et al. Improvement in super hybrid rice：A comparative study between super hybrid and inbred varieties [J]. Research on Crops，2012，13（1）：1–10.

[8] 周广洽，谭周滋，李训贞. 低温导致杂交水稻结实障碍的研究[J]. 湖南农业科学，1984，4：8–12.

第十一章

超级杂交水稻栽培生理

黄　敏 | 常硕其 | 朱新广 | 邹应斌

第一节　超级杂交水稻的矿质营养生理

一、超级杂交水稻必需的矿质元素

超级杂交水稻与普通杂交水稻和常规水稻一样，其必需的矿质元素有 13 种。其中，大量矿质元素 6 种，分别为氮、磷、钾、钙、镁、硫；微量矿质元素 7 种，分别为铁、硼、锰、锌、铜、钼、氯。此外，由于水稻吸收硅的量也很大，且硅对水稻产量形成和抗性等有重要作用，因此通常将硅称为水稻农艺必需矿质元素。

（一）大量矿质元素的功能特性

1. 氮

氮是影响超级杂交水稻生长和产量形成的首要矿质元素。它是稻株体内许多重要有机化合物和遗传物质（如叶绿素、氨基酸、核酸、核苷等）的重要组成成分，可影响与水稻产量有关的所有参数，且对稻米品质的形成也有明显的调控作用。此外，氮也可影响超级杂交水稻对其他大量矿质元素（如磷、钾等）的吸收。

2. 磷

磷是超级杂交水稻生长发育不可或缺的营养元素。它是稻株体内三磷酸腺苷、核苷、核酸和磷脂等有机物的重要组成部分，同时又以多种方式参与各种代谢活动，在贮存与转换能量及保持细胞膜完整性等方面具有重要作用。

3. 钾

钾是超级杂交水稻生长发育必需的营养元素。一般水稻体内的含钾量仅次于氮。它参与稻株体内渗透调节、酶的激活、细胞 pH 值的调节、阴阳离子平衡、气孔呼吸的调节及光合同化物的运输等生理过程，对提高水稻产量、改善稻米品质均有重要作用。

4. 钙

钙是超级杂交水稻细胞壁的重要组成成分。它能把生物膜表面的磷酸盐、磷酸酯与蛋白质的羧基桥接起来，对稳定生物膜的结构，保持细胞的完整性有重要作用。此外，钙还与水稻细胞伸长、渗透调节、阴阳离子平衡及水稻抗性等关系密切。

5. 镁

镁不仅是超级杂交水稻叶绿素的重要组成成分，它还参与稻株体内苹果酸酶、谷胱甘肽合成酶等近 20 种酶的活化。镁还是核糖亚单位联结的桥接元素，对保证核糖体结构的稳定起重要作用。此外，它还参与细胞 pH 值及离子平衡的调节。

6. 硫

硫是超级杂交水稻叶绿素合成所需氨基酸（如半胱氨酸、蛋氨酸和胱氨酸等）的重要组成成分。它同时也是蛋白质合成中辅酶的组成成分，并参与水稻的一些氧化还原反应。

（二）微量矿质元素的功能特性

1. 铁

铁是超级杂交水稻光合作用光反应阶段所必需的矿质元素。它不仅在光合作用的电子传递中具重要作用，同时也是卟啉铁和铁氧还蛋白的重要组成成分。此外，铁也是氧化还原反应中重要的电子受体和数种酶（如过氧化氢酶、琥珀酸脱氢酶等）的催化剂。

2. 硼

硼对超级杂交水稻细胞壁的生物合成和结构以及生物膜的整合具有重要作用。此外，它还是水稻碳代谢、糖的转运、木质化、核酸合成、细胞伸长和细胞分裂、呼吸作用以及花粉发育等生理过程必需的矿质元素。

3. 锰

锰不仅参与超级杂交水稻光合作用氧气释放电子传递过程中的氧化还原反应，而且还对多种酶（如氧化酶、过氧化物酶、脱氢酶、脱羧酶和激酶等）的活化和调节起重要作用。此外，锰也是叶绿体形成与稳定、蛋白质合成、硝酸根离子的还原以及三羧酸循环等生理过程必需的矿质元素。

4. 锌

锌是超级杂交水稻细胞色素及核酸合成、生长素代谢、酶激活、细胞膜整合等生理过程必需的矿质元素。此外，锌还是稻株体内蛋白质合成过程中多种酶的组成成分。

5. 铜

铜是超级杂交水稻木质素合成必需的矿质元素，同时也是抗坏血酸、氧化酶、酚酶和质体蓝素的组成成分。此外，铜也是稻株体内酶反应的调节因子（如效应器、稳定剂和抑制剂等）和氧化反应的催化剂，在氮代谢、激素代谢、光合作用、呼吸作用、花粉形成及受精等生理过程中起重要作用。

6. 钼

钼是超级杂交水稻硝酸还原酶的重要组成成分。它不仅在稻株氮素代谢过程中起重要作用，而且对其磷代谢、光合作用和呼吸作用也有一定的影响。

7. 氯

氯在超级杂交水稻体内作为锰的辅助因子参与水光解反应，其作用位点在光系统Ⅱ。它不仅是希尔反应放 O_2 所必需的矿质元素，它还能促进光合磷酸化作用。此外，氯对稻株气孔的开闭及 H^+- 泵 ATP 酶的激活有调节作用。

（三）硅的功能特性

硅是超级杂交水稻茎、叶表面角质和硅质双层结构的形成必需的矿质元素。表皮上硅质层的形成对提高稻株抗性（减少细菌真菌等造成的病害和螟虫、飞虱引起的虫害及提高抗倒性）和减少叶面蒸腾具有重要作用。此外，硅对超级杂交水稻株型也具有重要影响，供硅充足的稻株一般叶片挺立、生长良好，有利于提高光能利用和氮素利用。此外，硅可阻止稻株对锰和铁的过量吸收，对减轻还原条件下低价铁、锰的毒害具有重要作用。

二、超级杂交水稻对矿质元素的吸收与转运

（一）矿质元素的吸收

1. 矿质元素存在的状态

超级杂交水稻吸收的矿质元素以 3 种状态存在：①存在于土壤溶液中；②吸附于土壤胶体上；③以难溶盐类的状态存在。其中，以吸收土壤溶液中的矿质元素最为普遍且重要。

2. 矿质元素吸收的特点

超级杂交水稻根系对土壤溶液中矿质元素的吸收具有以下 2 个特点：①根系吸收矿质元

素和水分的相对独立性。虽然根系吸收矿质元素和水分都主要是在根部没有栓质化的表皮细胞中进行，但根系吸收矿质元素和水分并不是按比例进行的。由此可见，根系吸收矿质元素和吸收水分是两个独立的过程。但是，由于这两个过程间存在相互影响，所以两者的独立性是相对的；②根系吸收矿质元素的选择性。根系吸收矿质元素离子的数量并不与土壤环境中的离子成比例，而往往是根据生理需求进行吸收，即根系吸收受矿质元素的选择性影响。

3. 矿质元素吸收的方式

超级杂交水稻根系细胞对土壤溶液中矿质元素的吸收有 3 种方式：①主动吸收，即根系活细胞原生质膜上的载体分子与矿质离子相结合形成复合物，复合物从膜外侧进入内侧后把吸收的离子释放。该方式与呼吸作用有关，是一个需要消耗代谢能的过程。首先，由于载体分子存在于相当稳定的原生质膜结构中，膜结构的维持必须消耗能量。其次，载体分子是复杂的有机物，它的合成和移动必须消耗能量。再次，载体分子与被吸收离子形成的复合物从膜外侧进入内侧并释放也需要能量。②被动吸收，即根系细胞吸收矿质元素不需要呼吸作用提供能量，并与根系细胞其他代谢无关，矿质元素进入根系细胞只受物理规律（扩散作用）的支配。③胞饮作用，即根系活细胞质膜内折时可将吸附在质膜上的矿质元素包裹起来，形成水囊泡，并逐渐向细胞内移动，从而将矿质元素带入细胞内。

（二）矿质元素的转运

超级杂交水稻根系吸收的矿质元素，少部分留在根系内参与根系细胞的代谢，大部分转运至稻株的其他部位。矿质元素离子在细胞内通过原生质流动转运，而在细胞间则通过胞间连丝运输。在离子运转过程中，各细胞会利用其中一部分矿质元素参与其代谢，同时将一部分矿质元素主动排入导管或筛管，进而随上升液流运转至地上部分，主要运输至呼吸旺盛的生长部位。研究表明，稻株根系吸收的无机氮，大部分在根系内转变为有机氮化物（如氨基酸等）进行运输；吸收的磷主要以正磷酸形式运输；吸收的钾主要以无机离子形式进行运输。此外，转运至地上部分的矿质元素有的（如钙、铁等）不能再度被利用，即进入幼嫩组织后就积累起来，有的（如氮、磷、钾）则能进行再转运，即被幼嫩组织利用后，随着组织衰老可转运至其他部位。

三、超级杂交水稻对氮磷钾养分的吸收与利用

（一）氮磷钾的吸收积累与分配

1. 氮的吸收积累与分配

超级杂交水稻地上部氮素吸收量存在显著的基因型差异（表 11-1）。由表可知，参试

的 10 个品种中，以准两优 527 最高，为 189.09 kg/hm^2，紧接着依次为中浙优 1 号（184.26 kg/hm^2）、两优培九（183.65 kg/hm^2）和内两优 6 号（182.92 kg/hm^2），显著高于其他 4 个超级杂交水稻品种（Ⅱ优 084、Ⅱ优航 1 号、D 优 527、Y 两优 1 号）和普通杂交水稻品种汕优 63；以常规稻品种胜泰 1 号积累量最少（170.50 kg/hm^2），显著低于各超级杂交水稻品种和普通杂交水稻品种汕优 63。不同基因型超级杂交水稻稻草氮素积累量差异不大，稻谷氮素积累量存在显著的基因型差异。表 11-1 还表明不论是稻草、稻谷、空秕谷，还是全株氮素积累量均存在显著的地点间差异和年份间差异，其中地点间差异以桂东点植株氮素积累量最高，3 年平均为 214.90 kg/hm^2，年份间差异以 2009 年最高，3 个地点平均为 206.30 kg/hm^2。从氮素在各器官中的分配来看，稻谷平均为 62.56%（61.2%~65.3%），稻草平均为 32.8%（31.8%~33.6%），空秕谷平均为 4.6%（2.8%~5.5%）。

表 11-1　超级杂交水稻植株氮素的吸收积累与分配（邹应斌等，2011）

年份 / 地点 / 品种		稻草 /（kg/hm^2）		稻谷 /（kg/hm^2）		空秕谷 /（kg/hm^2）		全株 /（kg/hm^2）	
		平均	显著性	平均	显著性	平均	显著性	平均	显著性
年份	2007	54.34	b	91.04	c	4.30	c	149.69	c
	2008	61.52	a	118.37	b	6.21	b	186.09	b
	2009	62.17	a	129.69	a	14.45	a	206.30	a
地点	长沙	51.76	c	99.86	c	7.21	b	158.83	c
	桂东	69.61	a	134.81	a	10.57	a	214.90	a
	南县	56.65	b	104.43	b	7.17	b	168.25	b
品种	Ⅱ优 084	59.16	ab	112.30	bc	8.08	c	179.54	b
	Ⅱ优航 1 号	59.63	ab	108.81	cd	9.25	b	177.69	b
	D 优 527	60.01	ab	111.28	c	9.97	a	181.26	b
	Y 两优 1 号	59.11	ab	111.79	c	8.49	c	179.39	b
	两优培九	59.27	ab	117.03	b	7.34	d	183.65	ab
	内两优 6 号	60.49	a	112.69	bc	9.74	ab	182.92	ab
	中浙优 1 号	60.13	ab	116.69	b	7.44	d	184.26	ab
	准两优 527	60.23	a	123.44	a	5.42	e	189.09	a
	汕优 63	59.58	ab	110.94	c	8.11	c	178.64	b
	胜泰 1 号	55.80	b	105.34	d	9.35	ab	170.50	c

注：同一列数据后含相同字母表示年份间、地点间或品种间的差异未达到 5% 的显著水平。

2. 磷的吸收积累与分配

超级杂交水稻地上部磷素吸收量存在显著的基因型差异（表 11-2）。由表可知，参试的 10 个品种中，以Ⅱ优航 1 号最高，为 39.80 kg/hm²，紧接着依次为两优培九（38.59 kg/hm²）、D 优 527（38.25 kg/hm²），显著高于其余 5 个超级杂交水稻品种（Ⅱ优 084、Y 两优 1 号、内两优 6 号、中浙优 1 号、准两优 527）和普通杂交水稻品种汕优 63；以常规水稻品种胜泰 1 号积累量最少（35.72 kg/hm²），显著低于各超级杂交水稻品种和普通杂交水稻品种汕优 63。不同基因型超级杂交水稻稻草和稻谷的磷素积累量均存在显著的基因型差异。表 11-2 还表明不论是稻草、稻谷、空秕谷，还是全株磷素积累量均存在显著的地点间差异和年份间差异，其中地点间以桂东点植株磷素积累量最高，3 年平均为 44.56 kg/hm²，年份间以 2008 年最高，3 个地点平均为 43.91 kg/hm²。从磷素在各器官中的分配来看，稻谷平均为 71.0%（67.6%~74.4%），稻草平均为 24.3%（21.7%~27.4%），空秕谷平均为 4.7%（2.8%~5.5%）。

表 11-2 超级杂交水稻植株磷素的吸收积累与分配（邹应斌等，2011）

年份 / 地点 / 品种		稻草 /（kg/hm²）		稻谷 /（kg/hm²）		空秕谷 /（kg/hm²）		全株 /（kg/hm²）	
		平均	显著性	平均	显著性	平均	显著性	平均	显著性
年份	2007	7.42	b	24.75	c	1.19	c	33.36	c
	2008	12.45	a	29.84	a	1.62	b	43.91	a
	2009	7.67	b	25.66	b	2.47	a	35.80	b
地点	长沙	7.77	c	25.88	b	1.66	b	35.32	b
	桂东	11.07	a	31.33	a	2.16	a	44.56	a
	南县	8.69	b	23.05	c	1.46	c	33.20	c
品种	Ⅱ优 084	9.35	bc	26.30	abc	1.85	b	37.50	b
	Ⅱ优航 1 号	10.90	a	26.92	ab	1.98	ab	39.80	a
	D 优 527	9.30	bc	26.84	ab	2.11	a	38.25	ab
	Y 两优 1 号	8.52	cd	27.27	ab	1.89	b	37.68	b
	两优培九	10.10	ab	27.05	ab	1.44	c	38.59	ab
	内两优 6 号	9.20	bc	26.01	bc	1.95	ab	37.16	bc
	中浙优 1 号	8.10	d	27.83	a	1.48	c	37.40	bc
	准两优 527	8.57	cd	27.32	ab	1.05	d	36.94	bc
	汕优 63	9.13	c	26.85	ab	1.88	b	37.85	b
	胜泰 1 号	8.62	cd	25.14	c	1.97	ab	35.72	c

注：同一列数据后含相同字母表示年份间、地点间或品种间的差异未达到 5% 的显著水平。

3. 钾的吸收积累与分配

超级杂交水稻地上部钾素吸收量存在显著的基因型差异（表 11-3）。由表可知，参试的 10 个品种中，以准两优 527 最高，为 165.39 kg/hm^2，紧接着依次为两优培九（161.05 kg/hm^2）、D 优 527（160.59 kg/hm^2），汕优 63（160.02 kg/hm^2）和Ⅱ优航 1 号（158.75 kg/hm^2），显著高于其余 4 个超级杂交水稻品种（Ⅱ优 084、Y 两优 1 号、内两优 6 号、中浙优 1 号）；常规水稻品种胜泰 1 号积累量最少（144.98 kg/hm^2），显著低于各超级杂交水稻品种和普通杂交水稻品种汕优 63。不同基因型超级杂交水稻稻草的钾素积累量均存在显著的基因型差异，但稻谷钾素积累量以中浙优 1 号最高，为 20.51 kg/hm^2，汕优 63 和胜泰 1 号最低，分别为 16.68 kg/hm^2 和 16.49 kg/hm^2，其余各超级稻品种（Ⅱ优 084、Ⅱ优航 1 号、D 优 527、Y 两优 1 号、两优培九、内两优 6 号、准两优 527）间差异不显著。表 11-3 还表明不论是稻草、稻谷、空秕谷，还是全株钾素积累量均存在显著的地点间差异和年份间差异，其中地点间差异以桂东点植株钾素积累量最高，3 年平均为 179.72 kg/hm^2，年份间差异以 2009 年最高，3 个地点平均为 167.89 kg/hm^2。从钾素在各器官中的分配来看，稻草平均为 87.2%（85.8%~88.6%），稻谷平均为 11.6%（10.4%~3.1%），空秕谷平均为 1.2%（0.7%~1.5%）。

表 11-3 超级杂交水稻植株钾素的吸收积累与分配（邹应斌等，2011）

年份 / 地点 / 品种		稻草 /（kg/hm^2）		稻谷 /（kg/hm^2）		空秕谷 /（kg/hm^2）		全株 /（kg/hm^2）	
		平均	显著性	平均	显著性	平均	显著性	平均	显著性
年份	2007	133.16	b	18.74	a	1.29	c	153.19	b
	2008	132.07	b	17.22	b	1.39	b	150.67	b
	2009	146.34	a	18.83	a	2.73	a	167.89	a
地点	长沙	126.77	b	15.09	c	1.56	b	143.42	c
	桂东	154.25	a	23.25	a	2.21	a	179.72	a
	南县	130.54	b	16.45	b	1.63	b	148.62	b
品种	Ⅱ优 084	133.55	bc	17.91	b	1.91	b	153.38	b
	Ⅱ优航 1 号	137.87	ab	18.68	b	2.20	a	158.75	ab
	D 优 527	140.20	ab	18.17	b	2.23	a	160.59	ab
	Y 两优 1 号	135.47	b	19.15	b	1.81	bc	156.44	b
	两优培九	141.34	ab	18.09	b	1.63	d	161.05	ab
	内两优 6 号	135.21	b	18.29	b	2.36	a	155.86	b

续表

年份 / 地点 / 品种	稻草 /（kg/hm²）		稻谷 /（kg/hm²）		空秕谷 /（kg/hm²）		全株 /（kg/hm²）	
	平均	显著性	平均	显著性	平均	显著性	平均	显著性
中浙优 1 号	134.00	bc	20.51	a	1.55	d	156.06	b
准两优 527	145.63	a	18.67	b	1.09	e	165.39	a
汕优 63	141.76	ab	16.68	c	1.57	d	160.02	ab
胜泰 1 号	126.83	c	16.49	c	1.67	cd	144.98	c

注：同一列数据后含相同字母表示年份间、地点间或品种间的差异未达到 5% 的显著水平。

（二）氮磷钾的吸收积累过程

超级杂交水稻氮、磷、钾的积累过程如图 11-1 所示，在分蘖中期（MT）分别达到 33.8%、 20.2% 和 21.0%；在幼穗分化期（PI）分别达到 50.0%、 44.3% 和 49.2%；在孕穗期（BT）分别达到 65.6%、 62.2% 和 72.7%；在抽穗期（HD）分别达到 85.7%、 81.0% 和 85.0%；在乳熟期（MK）分别达到 97.6%、 95.1% 和 98.1%，接近成熟期（MA）的氮、磷、钾养分的积累总量。

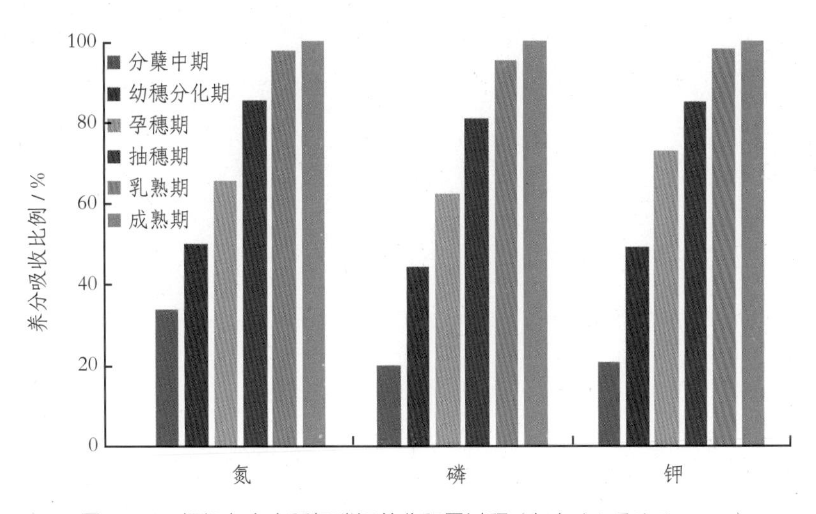

图 11-1　超级杂交水稻氮磷钾养分积累过程（邹应斌和夏胜平，2011）

（三）氮磷钾的需要量

据邹应斌等（2011）研究，超级杂交水稻每生产 1 000 kg 稻谷，氮的需要量为 17.99 ~ 19.27 kg，各超级杂交水稻品种间差异不显著，但均显著低于普通杂交水稻品种汕优 63（20.22 kg）和常规水稻品种胜泰 1 号（20.09 kg）（表 11-4）。磷的需要量基因型差异显著，其中以Ⅱ优航 1 号最高，为 4.38 kg，而其他超级杂交水稻品种（Ⅱ优 084、 D

优 527、 Y 两优 1 号、两优培九、内两优 6 号、中浙优 1 号、准两优 527）的磷需要量则均低于普通杂交水稻品种汕优 63（4.33 kg）和常规水稻品种胜泰 1 号（4.24 kg）。钾的需要量存在显著的基因型差异，且各超级杂交水稻品种（Ⅱ优 084、Ⅱ优航 1 号、 D 优 527、 Y 两优 1 号、两优培九、内两优 6 号、中浙优 1 号、准两优 527）的钾需要量均显著低于普通杂交水稻品种汕优 63（18.26 kg）。此外，除Ⅱ优航 1 号（17.39 kg）和 D 优 527（17.08 kg）与胜泰 1 号（17.26 kg）钾的需要量相当外，其余 6 个超级杂交水稻品种（Ⅱ优 084、 Y 两优 1 号、两优培九、内两优 6 号、中浙优 1 号、准两优 527）的钾需要量均显著低于胜泰 1 号。表 11-4 还表明超级稻氮、磷、钾的需要量存在地点间差异和年份间差异，其中地点间差异均以长沙点最高；年份间差异无统一规律。此外，另一研究表明，随着产量水平的提高，超级杂交水稻准两优 527 和两优 293 每生产 1 000 kg 籽粒所需氮、磷、钾量均呈下降趋势（图 11-2）。由此可见，超级杂交水稻可实现高产与养分高效利用的协调统一。

表 11-4 超级杂交水稻每生产 1 000 kg 稻谷的植株氮、磷、钾养分需要量（邹应斌等，2011）

年份 / 地点 / 品种		氮素 / kg		磷素 / kg		钾素 / kg	
		平均	显著性	平均	显著性	平均	显著性
年份	2007	16.95	c	3.85	b	17.42	a
	2008	19.61	b	4.61	a	15.88	b
	2009	20.74	a	3.59	c	16.96	a
地点	长沙	19.30	a	4.31	a	17.55	a
	桂东	18.86	b	3.93	b	15.76	c
	南县	19.14	ab	3.81	c	16.96	b
品种	Ⅱ优 084	19.27	b	4.05	bc	16.42	cde
	Ⅱ优航 1 号	19.22	b	4.38	a	17.39	b
	D 优 527	19.24	b	4.06	bc	17.08	bcd
	Y 两优 1 号	18.48	bc	3.91	cd	16.35	cde
	两优培九	17.99	c	3.78	de	15.78	e
	内两优 6 号	18.83	b	3.85	cde	16.21	de
	中浙优 1 号	18.93	b	3.89	cde	16.23	de
	准两优 527	18.77	b	3.69	e	16.57	cde
	汕优 63	20.22	a	4.33	a	18.26	a
	胜泰 1 号	20.09	a	4.24	ab	17.26	bc

注：同一列数据后含相同字母表示年份间、地点间或品种间的差异未达到 5% 的显著水平。

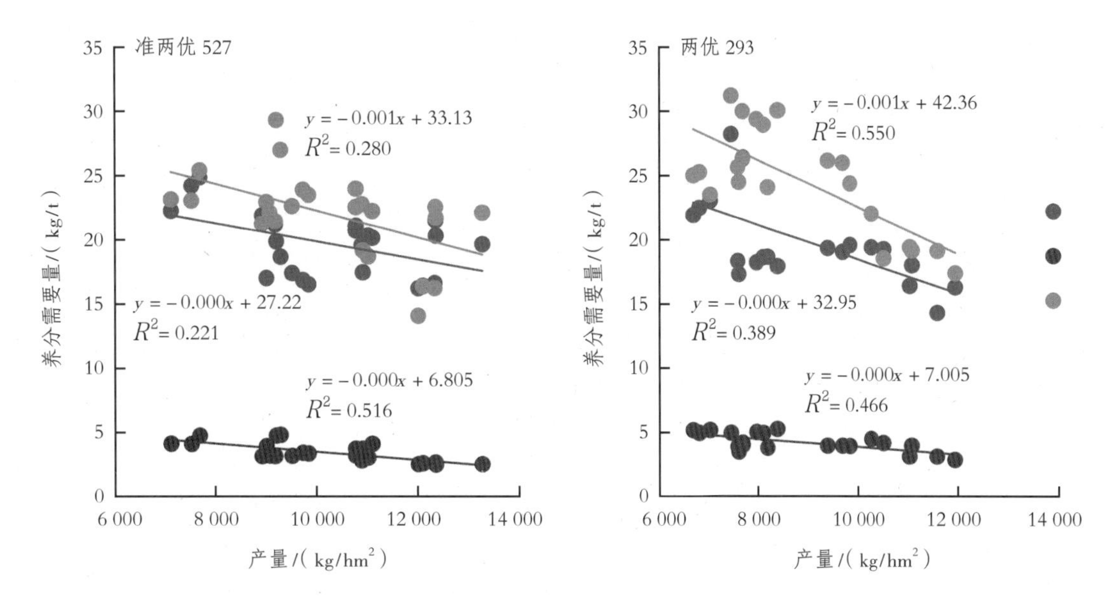

图 11-2 超级杂交水稻产量与氮磷钾养分需要量的关系（敖和军等，2008）

第二节 超级杂交水稻的光合特性

一、超级杂交水稻的光合作用生理

（一）光合作用效率及水稻产量潜力

水稻产量的形成过程实际上是光合产物的生产与分配的过程，产量潜力（Y）可以由公式计算：$Y = E \times \varepsilon_i \times \varepsilon_c \times \eta$。

其中，E 是照射到一定土地面积的总太阳能；ε_i 是冠层光能截获效率，ε_c 是冠层光能转化效率，η 是收获指数（Monteith，1977）。ε_i 可以通过加快冠层发育、提早地面覆盖、增长生长周期、抗倒伏及可以多利用氮肥的品种等实现。目前，在优良品种中，整个生长季 ε_i 能达到 0.9 左右，但要进一步提高的可能性也相对较小。因此，提高作物潜力的一个有效途径是提高光能转换效率（ε_c）。ε_c 由光合作用和呼吸作用共同决定，在大田中实现的 ε_c 通常只是理论最大值的 1/3（Zhu 等，2008b），通过提高光合转换效率可以提高作物产量（Long 等，2006；Zhu 等，2008a）。水稻产量的提高与光合作用和生物量的提高有高度相关性（Hubbart 等，2007）。南京农业大学等单位以杂交水稻协优 63 为对照，对超高产杂交水稻组合协优 9308 抽穗前、后的物质生产特性及剑叶光合作用与穗部物质积累的关系进行了研究。结果发现，与协优 63 相比，协优 9308 在抽穗前、后的物质生产能力均极显著高于协优 63，而且在抽穗后更加明显。在剑叶光合同化能力上，协优 9308 极显著高于协优 63，且能切合籽粒灌浆需求，而协优 63 抽穗后 20 d 左右剑叶光合功能快速衰退，单株净同化产物不能满足籽粒灌浆的需求。这些结果表明灌浆后期仍能保持高效光合功能是实现水稻超高产的关键环节（翟虎渠，2002）。

（二）超级杂交水稻的光合生理

杂交水稻作为一种高等植物，其光合作用发生于叶绿体中，其光系统、卡尔文－本森循环、光呼吸、淀粉及蔗糖代谢都与高等植物一致。然而，在超级杂交水稻中，其光合作用器官、光系统、卡尔文－本森循环、光呼吸等方面较以前水稻品种呈现特定特征。湖南农业大学以高产杂交稻两优培九及其父本 9311、母本培矮 64S 和三系杂交稻组合汕优 63 为研究材料，系统研究了高产杂交稻两优培九剑叶的光合特性。结果发现，两优培九剑叶净光合速率均值、 Rubisco 初始羧化活性均值、 Rubisco 总羧化活性均值、 Rubisco 活化率均值都高于汕优 63（郭兆武， 2008）。两优培九剑叶每个叶肉细胞中叶绿体数量比汕优 63 高，叶绿素含量较高， Mg^{2+} 含量较高；进一步研究表明，两优培九剑叶抗膜脂过氧化能力较强，光合功能期较长；两优培九剑叶及其叶鞘光系统Ⅰ还原能力、光系统Ⅱ放氧活性都高于汕优 63；其循环与非循环光合磷酸化活性的均值也均高于汕优 63（郭兆武， 2008）。江苏农业科学院农业生物遗传生理研究所研究发现，与汕优 63 相比，两优培九有高的叶绿素含量、 PSⅡ活性及更高的光合速率；在晴天中午强光下，原初光化学效率（Fv/Fm）下调较小，光化学淬灭系数较高，光抑制较轻；两优培九同时具有耐光氧化及耐荫特性（李霞等， 2002）。对 C_4 循环相关酶（PEPC、 NADP-ME、 NAD-ME 及 PPDK）活性的测量表明，两优培九就有超亲优势，这可能是其耐光抑制的一个重要生理基础（张云华， 2003）。在强光高温下，与亲本相比，两优培九在衰老过程中吸收的光能转化成化学能的能力较强，热耗散较低，更加耐受光抑制；同时两优培九的内源活性氧清除酶系活性较高，具有较高耐光氧化和抗早衰能力（王荣富等， 2004）；同时具有高的抗低温强光的特性，具有超双亲、偏母本现象（张云华等， 2008）。在剑叶中，两优培九在色素含量、净光合速率、电子传递活性及能力吸收、传递及转化上具有超亲优势（王娜等， 2004）。

南京师范大学陈国祥团队的李小蕊以全展后的两优培九 3 片功能叶为研究对象，系统研究了叶片在自然衰老过程中叶绿体光能转化特性、蛋白组分变化和叶绿体超微结构的动态变化规律。结果发现，在自然衰老过程中，功能叶的叶绿素含量呈现先上升后下降的趋势；功能叶的净光合速率、光合磷酸化活性、希尔反应活力、 Ca^{2+}-ATP 酶活力和 Mg^{2+}-ATP 酶活力都是在全展初期逐渐上升，到第 14 d 达峰值，之后迅速下降。净光合速率大小是剑叶＞倒 2 叶＞倒 3 叶。结果导致 3 片功能叶的放氧活性和 ATP 含量在全展初期就达到较高水平，此后逐渐下降；在 3 片功能叶中，同期剑叶的 ATP 含量最高，倒 2 叶、倒 3 叶依次降低。在功能叶衰老过程中， SOD、CAT 活性在 3 片功能叶中都呈下降趋势，POD 呈先上升后下降，且三种抗氧化酶都是在剑叶中活性最高。在剑叶衰老早期，叶绿体个体一般较小，形态多为狭长的椭圆形。随衰老推移，叶绿体体积增加，基粒变得松散，淀粉粒增多，嗜锇滴出现。在衰老后期，叶绿体进一步膨大，被膜破裂，内含物变少，甚至出现空泡化现象，最后叶绿体结构解体，内部结构破坏，基质流失。与其生理功能相似，倒 2 叶和倒 3 叶在衰老过程中细胞结构变化要早于剑叶。

以两优培九、其父本 9311 及母本培矮 64S 为材料比较研究发现，三者净光合速率呈前期上升，中后期下降；两优培九在光能转化上有一定的超亲优势；两优培九的 PS Ⅰ、 PS Ⅱ 电子传递活性最高，其次是父本，母本最低，两优培九受父本的遗传影响较大。整个剑叶生长期间，脂肪酸中 14：0、 16：0 和 18：1 的含量变化基本呈上升趋势；而 16：1、 18：2 和 18：3 则是呈现下降趋势；两优培九在膜脂脂肪酸成分上与双亲的遗传关系与母本更为相似（周泉澄， 2005）。

国家杂交水稻工程技术研究中心对 Y 两优 900（YLY900）的高产特性进行了系统分析。与汕优 63（SY63）相比， Y 两优 900 在各生长发育期冠层所有叶片叶绿素含量均高于对照对应的叶片（表 11-5），尤其是在乳熟期冠层上 3 叶叶绿素含量与汕优 63 有显著差异。两年的平均数据表明， Y 两优 900 上 3 叶叶绿素含量比汕优 63 分别高出 8.34%、 13.57%、 19.22%。从分蘖期到黄熟期， Y 两优 900 上 3 叶厚度也明显高于汕优 63，在乳熟期、黄熟期这种差异最显著。

Y 两优 900 和汕优 63 全生育期单叶净光合差异表现为：Y 两优 900 从幼穗分化期开始叶片净光合速率比汕优 63 高（图 11-3）；自抽穗期到黄熟期 Y 两优 900 净光合速率优势更

表 11-5 各生长发育期 YLY900 和 SY63 叶绿素含量（常硕其等，2016）

叶位	时期	2013 年				2014 年			
		YLY900	SY63	差异/%	*P*	YLY900	SY63	差异/%	*P*
第一叶	分蘖期	44.52±1.91	40.42±0.80	10.14	0.08	47.08±0.55	40.08±0.68	17.47	<0.01
	幼穗分化期	45.95±0.38	41.90±2.38	9.67	0.14	47.16±1.38	41.38±1.62	13.97	<0.05
	乳熟期	46.48±1.02	43.40±0.74	7.10	<0.05	47.05±0.52	42.91±0.72	9.65	<0.01
	黄熟期	42.13±1.14	26.08±1.43	61.54	<0.01	24.88±0.31	24.05±1.41	3.43	0.62

续表

叶位	时期	2013 年				2014 年			
		YLY900	SY63	差异/%	*P*	YLY900	SY63	差异/%	*P*
第二叶	分蘖期	45.85±1.29	43.15±2.04	6.26	0.22	47.90±0.70	46.30±0.52	3.46	0.09
	乳熟期	44.26±0.60	41.74±0.73	6.04	<0.05	50.00±0.65	41.29±0.13	21.09	<0.01
	黄熟期	43.13±1.46	28.83±0.89	49.60	<0.01	26.60±1.15	26.67±1.65	−0.26	0.97
第三叶	幼穗分化期	44.40±2.23	42.55±6.79	4.35	0.48	49.30±1.75	45.76±1.62	7.08	<0.05
	乳熟期	42.22±1.25	37.36±4.05	13.01	<0.05	50.03±1.11	39.89±2.15	25.42	<0.01

显著（图 11-3），和汕优 63 有极显著差异。除此之外， Y 两优 900 不仅有更高饱和光合速率（Asat），且自抽穗期起与汕优 63 差异极显著（图 11-3）。水稻叶片光合速率不仅与净光合速率相关，还与植株冠层叶片面积相关。和汕优 63 相比， Y 两优 900 除在分蘖期叶面积较小外，在幼穗分化期、乳熟期、黄熟期叶面积均表现出优势，均高于对照，尤其是在乳熟期与对照汕优 63 有显著性差异（表 11-6）。

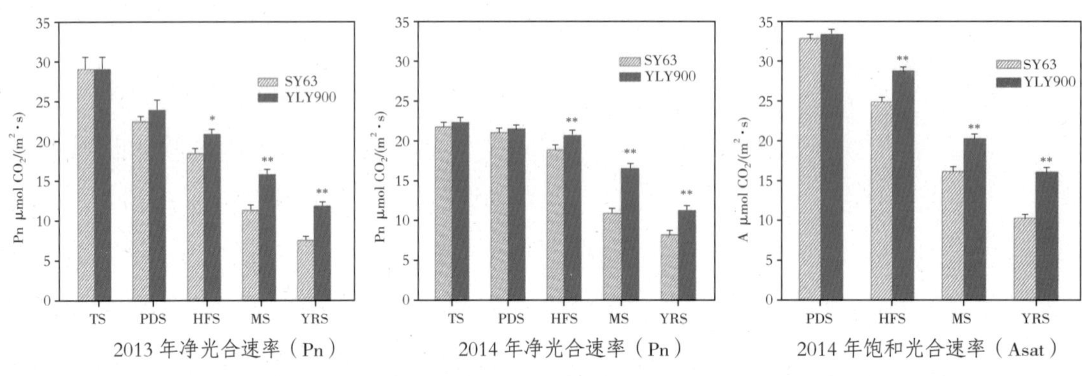

TS：分蘖期　PDS：幼穗分化期　HFS：抽穗期　MS：乳熟期　YRS：黄熟期

图 11-3　各时期顶 1 叶光合速率（常硕其等，2016）

表 11-6　各时期冠层叶片叶面积（常硕其等，2016）

生育时期	2013 年				2014 年			
	YLY900	SY63	差异/%	*P*	YLY900	SY63	差异/%	*P*
分蘖期	127.66±13.77	132.36±19.44	−3.55	0.89	142.05±7.12	156.93±5.87	−9.48	0.15
幼穗分化期	199.67±8.37	171.02±10.93	16.75	0.11	407.07±6.77	372.22±6.78	9.36	<0.05
乳熟期	222.71±4.17	173.69±7.76	28.22	<0.05	401.09±15.39	319.85±12.31	25.40	<0.05
黄熟期	170.11±8.09	102.97±14.53	65.20	<0.05	134.93±2.67	129.50±3.65	4.19	0.41

（三）超级杂交水稻的光呼吸作用

与所有其他植物一样，杂交水稻种的 RUBISCO 不仅催化数低，而且还具有高度不专一性：它不但可以催化 RuBP 与 CO_2 的羧化反应，产生 2 分子的 3- 磷酸甘油酸（PGA）；同时它还可以催化 RuBP 与 O_2 的反应，产生 PGA 和 2- 磷酸乙醇酸。2- 磷酸乙醇酸通过光呼吸通路，通过细胞质、过氧化物酶体和线粒体三个细胞器，最终将 2- 磷酸乙醇酸中含的 75% 的碳以 PGA 的形式重新回到卡尔文循环，进而用于再生 RuBP。由于光呼吸中 CO_2 释放于线粒体中，尽管其中的部分 CO_2 被 RUBISCO 重新固定，一些 CO_2 将不可避免地以 CO_2 的形式被释放出来。能够提高光呼吸（甚至呼吸）中释放的 CO_2 直接进入叶绿体被重新固定的比率，理论上有助于提高光能利用效率。目前，控制这些 CO_2 重新固定的比例的结构和生化特征尚不明确。光呼吸过程对植物的光能利用效率是个巨大损失。在温度 25 ℃下，C_3 植物通过 RUBISCO 固定的 CO_2 有 30% 通过光呼吸通路损失（Zhu 等，2008a）。随着温度升高，由于 CO_2 在溶液中的溶解度比 O_2 下降快及 RUBISCO 对 CO_2 的专一性（τ）降低，通过光呼吸通路损失的 CO_2 逐渐增加（Long，1991）。在全球气候变暖的情况下，寻找降低通过光呼吸通路的代谢流的新途径将对保障粮食产量有重要意义。

（四）CO_2 的扩散：气孔导度和叶肉导度

CO_2 在进入叶绿体基质被 RUBISCO 固定之前需要经过一系列障碍，包括叶片边界层、气孔、细胞间隙、细胞壁、细胞膜、细胞质、叶绿体膜和类囊体膜。这些障碍与细胞中的生化因素共同决定最终的 CO_2 固定速率。这些障碍对 CO_2 扩散的影响通常用气孔导度和叶肉导度来定量描述。气孔导度主要描述 CO_2 从叶片边界层到细胞间隙的导度，叶肉导度描述 CO_2 从细胞间隙直到被 RUBISCO 固定的过程中的导度。鉴于提高叶肉导度可以在不增加气孔导度的情况下提高叶片 CO_2 速度，因此该方法也有利于提高作物的水分利用效率，因此改良叶肉导度有利于提高水稻抗旱性。细胞壁与叶绿体膜对叶肉导度的影响较大，叶绿体基质中的碳酸酐酶也明显影响光合作用效率和叶肉导度；最后，叶肉导度对 CO_2 的响应与叶绿体膜对碳酸根离子的通透性相关（Tholen and Zhu，2011）。鉴于影响叶肉导度的这些结构和生化因素都同时影响叶肉细胞对于 C13 同位素的扩散和同化（Farquhar 等，1989），这些影响叶肉导度的因素可能与在不同水稻品种中的 C13 同位素的区别性同化相关；这为利用 C13 作为筛选抗旱性水稻品种提供了理论基础。在水稻中，大于 60% 的原生质体是由叶绿体占据，而且叶绿体占据了 95% 以上的细胞外周；这些结构特征使得水稻具有高的叶肉导度、较低的 CO_2 补偿点及较低的对氧气的敏感度（Sage and Sage，2009）。

（五）呼吸作用及其与光合作用的相互作用

呼吸作用主要包括糖酵解、三羧酸循环和呼吸电子传递等三个主要过程。在不降低光合作用速率条件下如果可以降低呼吸作用速率，将有利于提高作物产量。大田实验表明，夜间气温与水稻产量呈现明显的负相关（Peng 等， 2004），这可能与夜间高温提高了呼吸作用对光合产物的消耗有关。

（六）叶鞘光合功能

湖南农业大学以超级杂交水稻两优培九及其父本 9311、母本培矮 64S 和三系杂交稻组合汕优 63 为研究材料，研究了两优培九剑叶叶鞘的光合能力与叶鞘光合产物的分配。结果表明，两优培九剑叶叶鞘的净光合速率比汕优 63 高，尤其在灌浆关键时期更加显著高于汕优 63。其叶鞘叶绿素含量比汕优 63 高，且叶鞘光合产物输送到穗部的量即转化为经济产量的量比汕优 63 高；水稻叶鞘的光合产物对产量的贡献一般为 10%～20%（郭兆武等，2007）。两优培九叶鞘光合产物的输出速度比汕优 63 快，其叶鞘光合产物转化为经济产量的量比汕优 63 高，其光合产物主要转运到穗部，少量存于叶鞘，极少运往根部，叶鞘对产量贡献率在 9%～29%（郭兆武， 2008）。灌浆盛期（水稻剑叶的第 3 期）是水稻剑叶及其叶鞘叶肉细胞、叶绿体、叶绿素衰败与分解的关键时期，表明灌浆盛期是栽培上保叶保鞘的关键时期（郭兆武， 2008）。而且与剑叶相似，两优培九叶鞘具有高光合能力，光合器官特性较好，抗膜脂过氧化能力较强，光合功能期较长，而且其光系统产生同化力的能力较强。这些都表明叶鞘的同化力较高是两优培九高产的另一重要基础（郭兆武等， 2008）。

（七）穗光合

我们利用自制的穗光合测量室测量了穗及剑叶光合速率，结果发现，对于很多超级杂交水稻品种，比如湘两优 900 的穗总光合速率接近于剑叶的总光合速率；而且穗光合具有极大的品种间差异，表明提高穗子光合可能是提高水稻产量潜力的重要因素。

（八）光合功能期

现有的研究表明早衰是限制水稻产量提升的重要因素（Inada 等， 1998；Lee 等，2001）。安徽农业大学针对丰两优系列高产优质杂交水稻品种（丰两优一号、丰两优香一号和丰两优四号）生育后期光合特性以汕优 63 为对照进行了研究。结果表明，丰两优系列水稻品种生育后期功能叶的叶绿素含量较高，剑叶净光合速率强，具有较轻的“光合午休”现象，超氧化物歧化酶（SOD）活性高于对照且下降缓慢。这些表明丰两优系列水稻品种光合能力强且光合功能的高值持续期长，为其实现高产提供基础（刘晓晴， 2011）。相似结论在K优52中也得到了（王鸿燕等， 2010）。南京农业大学的研究也表明，超高产杂交水稻协优9308在抽穗后20 d左右剑叶光合功能保持较好，衰退慢，是其保持较高产量的重要保障（翟虎渠等， 2002）。

国家杂交水稻工程技术研究中心研究发现Y两优900与汕优63相比叶片不早衰。现有的研究表明早衰是限制水稻产量提升的重要因素（Inada等， 1998；Lee等， 2001）。在分蘖期Y两优900叶片没有光合优势，而当进入幼穗分化期时，水稻由营养生长向生殖生长转换时， Y两优900幼穗这一大“库”开始出现，光合作用的响应表现为光合速率持续保持较高水平，和对照差异显著（图11-4）。进入生殖生长后， Y两优900叶色褪色慢，绿色叶片多，其实质是进行光合作用的功能叶片多，叶片光合功能期长，这种现象在灌浆期表现更显著（图11-4）。在栽培管理上，通过增施穗肥增加叶片氮素含量，既能提高水稻在抽穗后的光合速率，还能防止叶片过早衰老。这种前氮后移的施肥技术已经成为提高水稻产量的有效措施（凌启鸿， 2000；郁燕等， 2011）。叶片光合速率高，光合功能期长是籽粒灌浆所需大量光合产物的基础， Y两优900更高的成穗率，更高光合产物利用率（即无效分蘖少，浪费的光合产物量少）也不能忽视。虽然汕优63分蘖期分蘖能力比Y两优900强，但是在生育后期，有效分蘖和Y两优900无差异，维持较高光合能力，特别是冠层基部叶片光合能力，能确保更多的光合产物被运送到根部，能维持较高的根系活力，增加对养分的吸收，有利于延缓植株衰老（Mishra and Salokhe， 2011；凌启鸿等， 1982）。

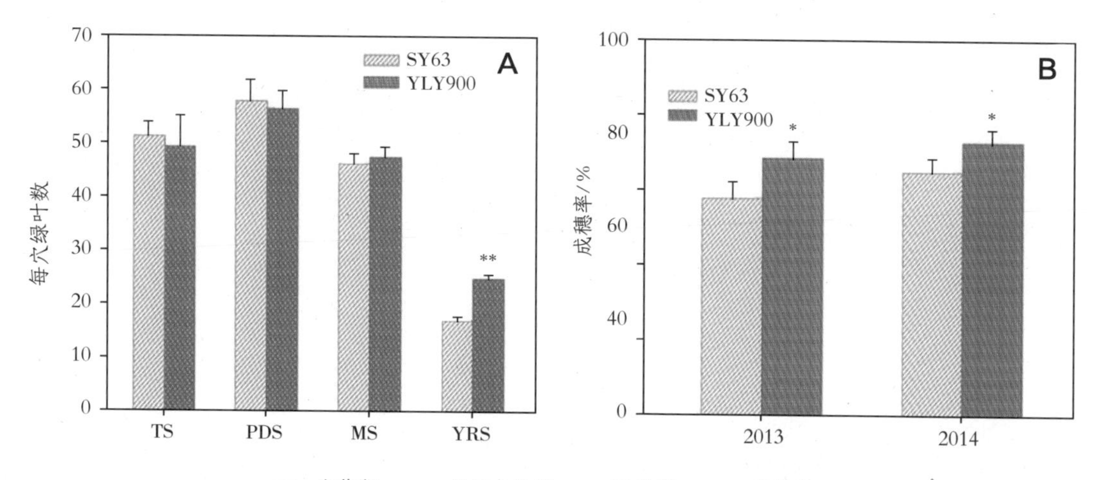

图11-4　各时期植株载叶量（绿叶数目）、成穗率（常硕其等，2016）

（九）冠层光合作用

水稻产量与整个冠层的光合作用而不是单个叶片的光合作用速率关系较紧密。因此，提高整个冠层的总的光合作用速率是提高产量的关键。不同水稻品种有不同的叶片形态结构、叶面积指数和冠层结构等，这导致冠层中光强、温度、湿度、 CO_2 等环境因子在时间和空间上有很大异质性（Song 等， 2013）。植物叶片在冠层中的光合作用特性也存在很多异质性（Song 等， 2016a）。目前，准确测量冠层光合作用的测量设施已经建立（Song 等，2016b），这为研究超高产杂交稻冠层光合能力及其控制因素提供了重要技术保障。国家杂交水稻工程技术研究中心针对 7 个冠层形态性状具有一定差异但又具有较高产量水平的杂交稻组合与对照组合汕优 63 的光合形态生理特性进行了比较研究。结果发现，比对照显著增产的 4 个组合具剑叶长度增加、叶角较小，冠层各部光的分布比较均匀（消光系数小），而且在孕穗末期、抽穗后 10 d 和抽穗后 30 d 的光饱和光合速率及抽穗后 10 d 的群体光合速率比对照都有不同程度增加（刘建丰等， 2005）。在同样种植密度条件下，两优培九剑叶叶鞘中部群体内透光率均值和倒 2 叶叶鞘中部的透光率均值均高于汕优 63（郭兆武， 2008）。 Y 两优 900 从基部第 1 节至第 5 节节间长度均比汕优 63 短，其中汕优 63 第 3 节间比 Y 两优 900 长 18.88%~50.36%（图 11-5）。而 Y 两优 900 第 6 节间（倒 1 节间）比汕优 63 长 3.90%~19.52%。这一性状在 2014 年表现更加突出。 Y 两优 900 每一茎节直径也大于汕优 63 对应的茎节（图 11-5），每一节干物质量均高于汕优 63，这些特征有利于太阳辐射更有效地到达冠层基部，确保基部叶片有良好的受光环境，倒 1 节间长还能增加穗对光合辐射的截获，有利于提高穗的光合速率（Chang 等， 2016）。

二、超级杂交水稻光合作用对环境的响应

（一）大气 CO_2 浓度升高

扬州大学利用稻田 FACE（Free Air CO_2 Enrichment）实验，针对杂交稻新组合甬优 2640 和 Y 两优 2 号，设置环境 CO_2 和高 CO_2 浓度（增加 200 μmol/mol）两个水平，研究了杂交稻抽穗期和灌浆中期光合作用日变化。高 CO_2 浓度环境下，两组合抽穗期叶片净光合速率都大幅增加（全天平均 52%），但在灌浆中期均增幅减半；其中 Y 两优 2 号中光合下调表现更为明显。大气 CO_2 浓度升高使在抽穗和灌浆中期叶片气孔导度均大幅下降，降低蒸腾速率，增加水分利用效率。研究表明，与甬优 2640 相比， Y 两优 2 号最终生产力从高 CO_2 浓度环境中获益较少可能与该品种生长后期存在明显的光合适应有关，影响了其对 CO_2 升高的获益（景立权等， 2017）。

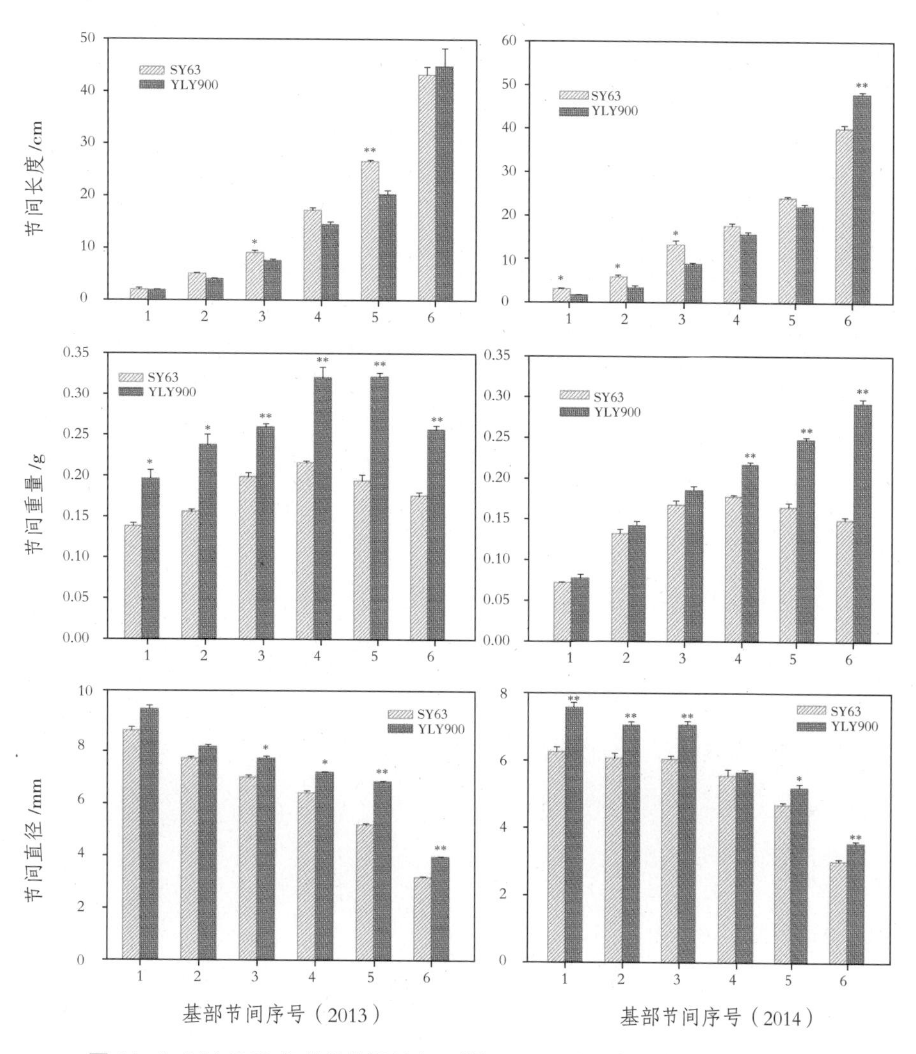

图 11-5 YLY900 各节位节间长度、节间重量、节间直径（常硕其等，2016）

（二）UVB 辐射

华中师范大学系统研究了两优培九和金优 402 对 UVB 辐射增强的响应。实验结果表明，在共 111 d 每天 5 h UVB 处理下，两优培九生长仅仅受到轻微抑制。UVB 处理水稻的叶绿素含量在分蘖期比对照低，但在生长后期高于对照。UVB 辐射处理后，以鲜重和叶绿素含量表示的光饱和光合速率分别比对照高 45.2% 和 35.3%，而且叶片更耐受光抑制，这可能是由于在处理后的叶片中 D1 蛋白快速周转导致。在叶片衰老过程中，对照和处理叶片 PS Ⅱ 的最大量子效率没有显著差异。总之，UVB 辐射增强对两优培九的光合作用产生促进作用。同时，UVB 辐射显著降低金优 402 的净光合速率，显示出不同超级杂交水稻对 UVB 有不同效应（许凯，2006）。南京师范大学在低强度 UVB 处理［1.6 kJ/（m^2·d）］辐射下也针对两优培九的光合生理特性进行了研究，也发现其可以有效提高叶绿素含量、净光合速率、气孔导度及抗氧化能力（李稳，2012）。

（三）低光胁迫

四川农业大学水稻研究所利用6个光敏感性不同的杂交稻组合对遮阴的响应研究发现，在田间抽穗期遮光（80%遮光率）处理15 d及恢复15 d后，水稻产量显著降低。在这个过程中，剑叶叶绿素含量增加，叶片净光合速率降低，丙二醛含量增加，叶面积指数增加，而SOD活性变化不一；不同处理对弱光的响应不一。低光下剑叶保持高的净光合速率、量子效率、叶绿素含量及较低MDA含量、SOD活性是耐低光水稻品种的生理基础（朱萍等，2008）。

（四）热胁迫

中国科学院华南植物所以汕优63为对照，研究了组合培矮64S/E32和两优培九的高温耐受特性。结果表明高温引起了光合效率降低，增加光抑制；光合碳同化的最适温度在35～40 ℃。在高温下，PS Ⅱ线性电子传递的能力几乎丧失，而PS Ⅱ光化学效率下降较少（8.8%～21.0%），表明PS Ⅱ光合线性电子传递过程比光化学能转化对高温更敏感。超级杂交水稻比对照汕优63更耐高温。其增加耐热性的可能机制有三个方面：一是更迅速的类胡萝卜素积累；二是高效的叶黄素循环，增加热耗散；三是有较高的热稳定蛋白含量（欧志英等，2005）。

（五）冷胁迫

国家杂交水稻研究中心研究发现Y两优2号、Y两优1号及亲本远恢2号在芽期、苗期和抽穗扬花期均具有较强的耐冷性，不育系芽期耐冷能力依次为Y58S＞培矮64S＞广占63-4S，芽期5 ℃低温处理4 d的秧苗成苗率可作为籼稻耐冷性鉴定指标。超高产杂交水稻的耐冷性与父母本及其杂种优势均有关（常硕其等，2015）。

三、提高超级杂交水稻光能利用效率的途径

充分结合优良株型及强大的杂种优势是进一步提高杂交水稻光能利用效率的重要途径。

（一）进一步优化超级杂交水稻的株型特征

在杂交水稻育种过程中，理想株型的提出及其相关株型参数的确定对于指导水稻高产育种起到重要指导作用。比如与汕优63比较，超级杂交水稻Y两优900呈现株型松散适中，叶片着生角度小，上3叶挺直、微凹，群体通风透光良好，群体光能利用效率高（图11-6）。

图 11-6　超级杂交水稻 Y 两优 900（左）和杂交稻品种汕优 63（右）的株型比较

（二）优化光合生理特征

强大的杂种优势的重要体现是在杂种中具有高效冠层光能利用效率，在这个方面，提高光合 CO_2 同化速率是核心。目前提高光合 CO_2 固定的途径主要有以下几个方面：优化卡尔文循环的关键酶活性、改造光呼吸通路、克服叶片对 CO_2 的扩散阻力及 C_4 光合改造等。

1. 优化卡尔文循环的酶活性

我国科研人员在改造光合相关酶进而调节光合作用及产量研究方面开展了大量工作，尤其通过系统生物学方法，鉴定出控制卡尔文循环的重要基因（Zhu 等，2007）。在这些基因中，SBPase 被过量表达于超级杂交水稻两优培九的父本 9311，提高了 9311 的抗热性（Feng 等，2007），其主要机制是组织 RUBISCO 活化酶从叶绿体的液态基质中被聚集到类囊体膜上，从而保持 Rubisco 的活性。

2. 优化及改良光呼吸途径

2007 年，德国 Christoph Peterhansel 组在拟南芥中建立了一条光呼吸支路（Kebeish 等，2007）。该支路利用大肠杆菌中的五个与 Glycolate 降解代谢相关的酶，绕开了光呼吸通路在细胞质、过氧化物酶体和线粒体中的耗能过程，同时直接将 CO_2 释放于叶绿体基质中。该转基因植物的光能利用效率较野生型有一定提高（Kebeish 等，2007）。Veronica 等建立了一种新光呼吸支路，并证明其在拟南芥中有提高光能利用效率和生物量的作用（Maier 等，2012）。通过基因改造降低光呼吸基于一个假设，即光呼吸在植物基本代谢中不存在重要生理作用。近来有关研究对这个结论形成挑战。即使在光呼吸较低的 C_4 植物玉米中，降低 Glycolate 氧化酶的活性也可导致玉米在正常空气中难以存活（Zelitch 等，

2009）。同时，当 C_3 植物生长于高浓度 CO_2 下时，植物器官中的氮含量降低（Bloom 等，2010）。这些可能表明光呼吸通路中的中间产物与植物氮素代谢相关。在水稻中，目前尚无关于改造光呼吸支路的报道。

3. 优化叶肉导度

我国在叶肉导度机制方面开展了深入研究，建立了准确描述 CO_2 在三维叶肉细胞中的代谢及扩散过程的系统生物学模型（Tholen and Zhu， 2011）。利用该模型，发现细胞壁与叶绿体膜对叶肉导度影响较大；叶绿体基质中的碳酸酐酶活性影响光合作用效率和叶肉导度；最后叶肉导度对 CO_2 的响应与叶绿体膜对碳酸根离子的通透性有关。近来针对叶肉导度在不同光强、 CO_2 和 O_2 的变化现象提出了物理模型和机制阐释（Tholen 等， 2012）。目前针对超级杂交水稻的叶肉导度及其改造相关研究尚未见报道。

4. C_4 工程改造

由于具有 CO_2 浓缩机制， C_4 光合作用较 C_3 光合作用有更高的光能利用效率。为保证有效的 CO_2 浓缩机制， C_4 光合作用途径利用两种高度分化的细胞，即维管束鞘细胞和叶肉细胞。在两种细胞中，光合作用器官发生特异性分化：在维管束鞘细胞中的 RUBISCO 含量增加，光系统Ⅱ的含量降低，只存在环式电子传递系统；而在叶肉细胞中， PEPC 含量增加，而光系统Ⅰ和光系统Ⅱ都完整（Sage， 2004）。除了在叶绿体的生化水平上的差异之外，在叶肉细胞和维管束鞘细胞之间进化出高效代谢物运输系统，及在维管束鞘细胞壁上呈现加厚形成花环结构（Leegood， 2008）。这样，要将 C_4 光合作用系统移植到 C_3 植物（如水稻）中，需要在生化、叶片结构和细胞学等不同层次上进行改造。目前国际上由比尔及梅琳达·盖茨基金会资助的“C_4 水稻”项目已经开展近 10 年，并取得了阶段性进展。其中主要包括系统分析了控制花环结构的可能调控因子（Wang 等， 2013）及建立了指导 C_4 改造的 C_4 系统模型（Wang 等， 2014）。湖南农业大学系统开展了将 C_4 光合途径相关酶引入，利用农菌介导法，分别将 C_4 PEPC/PPDK 和 NADP-MDH/NADP-ME 的双价 cDNA 转入超级杂交水稻亲本湘恢 299 中，并通过聚合形成转 PEPC/PPDK、 NADP-MDH/NADP-ME 的杂交聚合形成四价转基因水稻。受体材料是湘恢 299。系统分析表明，外源光合酶基因在转基因水稻中可稳定遗传和高效表达，在水稻孕穗期、始穗期、齐穗期，相关材料比对照光合速率高， CO_2 补偿点和光补偿点降低；在干旱及高温环境下，转 C_4 光合酶基因水稻均具有较高的 PS Ⅱ最大光化学效率（Fv / Fm）和 PS Ⅱ潜在活性（Fv / F0）（段美娟， 2010）。江苏农业科学院也利用具有高 PEPC 表达的水稻 HPTER-01 为父本，与一系列不育系及恢复系进行杂交，获得了大量后代材料，鉴定出多株具有高 PEPC 活性及光合效率的植株；转育水稻一天中不同时间的光合速率显著高于母本，中午光抑制较低（李霞等， 2001）。目前离成功实现 C_4 光合作用改造仍有较大距离，当前在 C_4 改造方面获取的这些材料对未来开展 C_4 改造奠定了坚实基础。

第三节 超级杂交水稻的根系生理

一、超级杂交水稻的根系生长特性

（一）根系形态结构特性

1. 根系形态

根系形态（根数、根长、根直径、根表面积、根体积和根干重等）表现是反映根系生长状况的重要方面。一般来讲，高产水稻品种的根系形态表现要优于低产水稻品种。大多研究也表明，超级杂交水稻品种（如两优培九、准两优 527、 Y 两优 1 号、协优 9308）在根系形态表现上有明显优势，其根数、根粗、根表面积、根体积和根干重都明显超过了普通杂交水稻品种（如汕优 63、 65002）或常规稻品种（如特三矮 2 号、胜泰 1 号、黄华占、玉香油占、扬稻 6 号），且这些形态优势随着生育进程的推进而表现得更加明显。其中，根干重的平均增幅为 15% 左右。也有研究显示，超级杂交水稻品种 Y 两优 087 抽穗期和成熟期的根干重虽然比普通杂交水稻品种特优 838 低，但其生育后期细根（根直径<0.5 mm）生长优势明显，抽穗期和成熟期细根的长度和表面积均显著高于特优 838（图 11-7）。此外，研究还表明，超级杂交水稻的根系形态表现受耕作方式、水分管理、化学调控等栽培调控措施的影响。免耕可导致超级杂交水稻分蘖期根系生长受阻（根长、根表面积、根干重等下降），而湿润灌溉和叶面喷施 6- 苄基腺嘌呤（6-BA）则有利于促进超级杂交水稻根系生长。

2. 根尖细胞超微结构

根尖（包括根冠和根分生区）是根系生理活动最活跃的部分，具有感知重力方向、响应和传递环境信号等功能。根尖细胞内的内质网、线粒体、高尔基体、核糖体、液泡、微体和质膜 ATPase 等对执行根的功能具有重要作用。研究表明，随着水稻品种演进和产量水平的提高，根尖细胞中线粒体、高尔基体和核糖体等的数目呈显著增加趋势。在幼穗分化期，超级杂交水稻品种两优培九根尖细胞内含有较多的淀粉体和线粒体，而常规稻品种徐稻 2 号根尖细胞内上述细胞器不明显（图 11-8）。此外，研究还表明，灌溉方式、氮肥管理等栽培因子会对超级杂交水稻根尖细胞内超微结构产生影响。干湿交替灌溉有利于增加根尖细胞内线粒体、

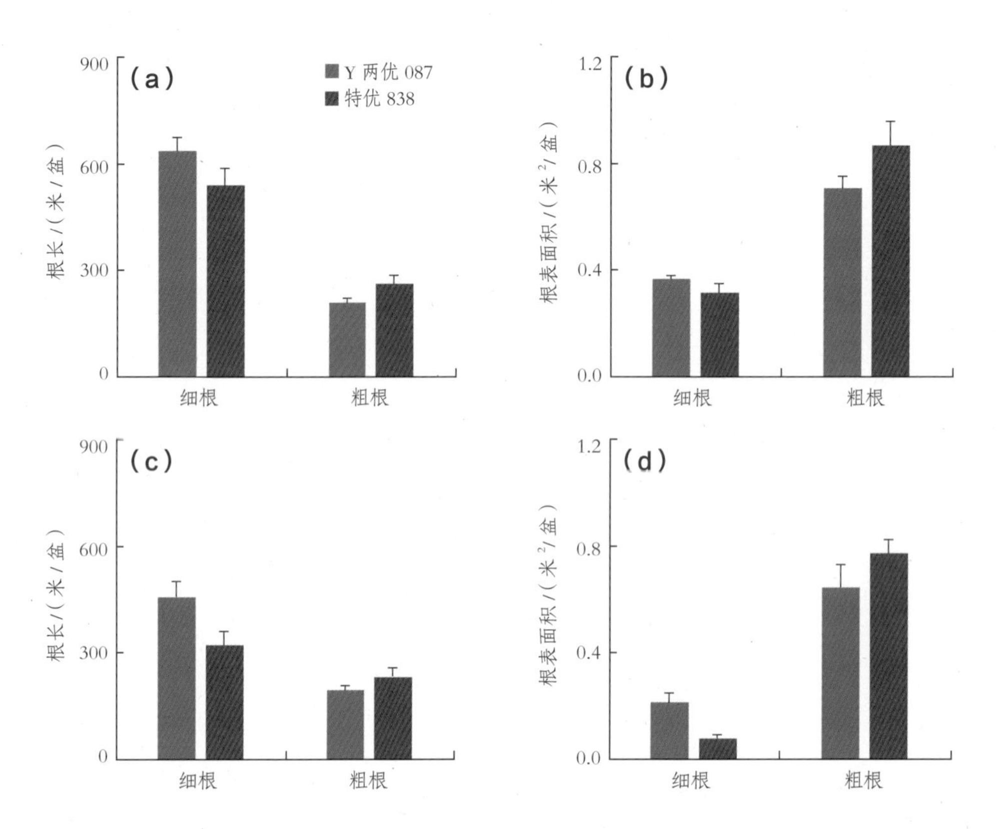

图 11-7 超级杂交水稻品种 Y 两优 087 与普通杂交水稻品种特优 838 抽穗期（a 和 b）和成熟期（c 和 d）细根和粗根的根长及根表面积（Huang 等，2015）

高尔基体和淀粉体的数目。在同一施氮水平下，轻度水分胁迫根尖细胞完整，核膜界限清晰，结构特征典型，但重度水分胁迫会导致根尖细胞内嗜锇体和淀粉体增加，且后期细胞完全扭曲变形，细胞间隙明显增大，细胞器出现断裂降解，细胞基质中仅存细胞器碎片。在同一灌溉方

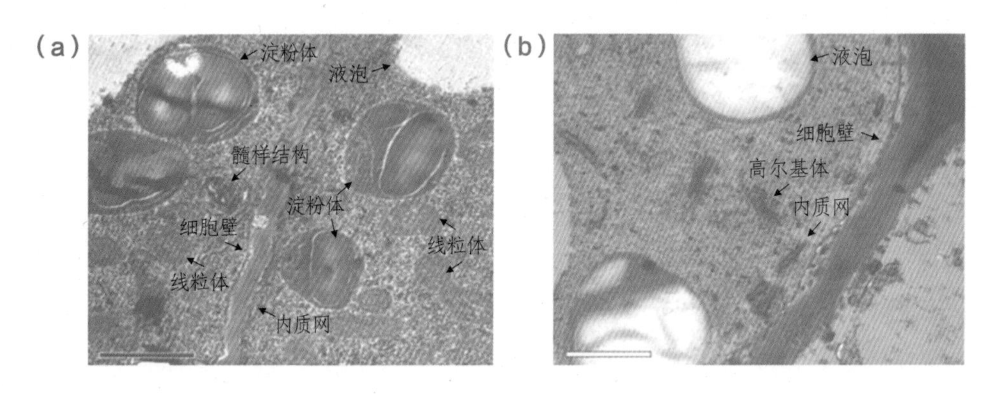

图 11-8 超级杂交水稻品种两优培九（a）与常规水稻品种徐稻 2 号（b）幼穗分化期根尖细胞超微结构（Yang 等，2012）

式下，适量氮肥处理根系细胞较完整，核膜较清晰，但重施氮肥处理根系细胞壁和核膜降解加速。灌溉方式与氮肥用量对根尖细胞超微结构的影响存在耦合效应，以轻度水分胁迫耦合适量氮肥处理水稻根系超微结构最优，表现为细胞完整，核膜清晰，细胞结构特征典型。

（二）根系分布特性

水稻根系在土壤中分布较浅，主要分布在耕作层。在一般情况下，细的上位根分布于土壤的上层，且其伸展方向为横向或斜向，而较粗的下位根，因节间单位的位置不同其伸展方向和分布区域也不相同。研究表明，超级杂交水稻品种（协优 9308）与普通杂交稻品种（汕优 63）和常规稻品种（特三矮 2 号）根系横向分布的差异较小，均表现为随着土壤深度的增加，趋向离开植株中心分布，但其根系纵向分布与普通杂交稻品种和常规稻品种存在较大差异，表现为超级杂交水稻品种根系分布深度比普通杂交稻品种和常规稻品种深（平均深度增加 30% 左右），且其深层土壤根系分布比例也较普通杂交稻品种和常规稻品种大（表 11-7）。此外，也有研究指出，超级杂交水稻品种根系在土壤中的分布因品种而异，表现为随着产量逐步提高，深层土壤根系比例趋向增加，且该趋势在大穗型超级杂交水稻中表现得更为明显。例如：超高产杂交水稻苗头品种超优千号成熟期 10 cm 以下土层根系根干重、根体积的比例比超级杂交水稻品种 Y 两优 1 号高 8% 左右。另外，超级杂交水稻根系的分布还受耕作方式、种植方式、水分管理等栽培措施的影响。免耕和直播栽培可导致超级杂交水稻根系向表层富集，而干湿交替灌溉则有利于增加超级杂交水稻深层土壤根系比例。

表 11-7 不同水稻品种根干重纵向分布比例（朱德峰等，2000） 单位：%

土壤深度 /cm	协优 9308	汕优 63	特三矮 2 号
0～6	40	46	46
6～12	12	16	14
12～18	10	8	11
18～24	8	7	6
24～36	12	11	12
36～45	18	12	11

二、超级杂交水稻的根系活力

（一）根系氧化力

根系氧化力是衡量根系活力的重要指标，通常以 α－萘胺（α-NA）氧化力来表示。研究表明，超级杂交水稻品种（两优培九、Ⅱ优 084、扬两优 6 号）在生育前中期（穗分化始期和抽穗期）的根系 α-NA 氧化力显著高于半矮秆品种（杂交稻汕优 63、常规稻扬稻 6 号、扬稻 2 号）、矮秆品种（台中籼、南京 11、珍珠矮）、早期高秆品种（黄瓜籼、银条籼、南京 1 号），但在生育后期根系 α-NA 氧化力下降速率较快，进而导致其灌浆期的根系 α-NA 氧化力显著低于半矮秆品种（图 11-9）。但也有研究显示，超级杂交水稻品种协优 9308 抽穗后根系 α-NA 氧化力的下降速度低于普通杂交稻品种汕优 63。此外，研究还显示，超级杂交水稻根系 α-NA 氧化力受氮肥管理、种植方式等栽培措施的影响。超级杂交水稻在实地氮肥管理和实时氮肥管理模式下的根系 α-NA 氧化力显著高于农民习惯的氮肥管理模式，在垄作梯式栽培和垄厢栽培下的根系 α-NA 氧化力显著高于平作栽培。

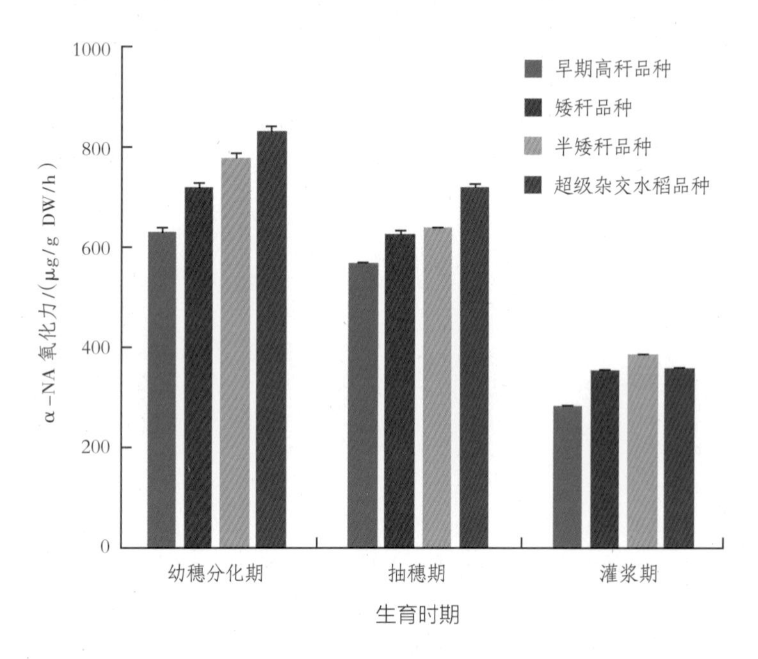

图 11-9　中籼水稻品种演进过程中根系 α-NA 氧化力的变化（张耗等，2011）

（二）根系伤流

根系伤流强度是反映根系活力的重要指标。研究表明，超级杂交水稻的伤流强度因品种而异。超级杂交水稻品种两优培九在灌浆前期的伤流强度显著高于普通杂交稻品种汕优 63 和常规稻品种扬稻 6 号，但在灌浆后期两优培九根系伤流强度下降较快。超级杂交水稻品种协优 9308 与普通杂交稻品种协优 63 在齐穗时的伤流强度相仿，但齐穗后协优 9308 显著高于协优 63，且协优 9308 伤流强度随生育进程推进的下降速度低于协优 63，协优 9308 从齐穗期至黄熟期下降了约 40%，而协优 63 同期下降了约 70%。此外，随着超级杂交水稻品种选育工作的深入，超级杂交水稻品种的根系伤流强度也在不断发生变化。例如：超级杂交水稻苗头品种超优千号齐穗后伤流强度明显高于超级杂交水稻品种Y两优1号，平均增幅超过了65%（表11-8）。此外，研究还表明，超级杂交水稻品种的根系伤流强度受水分管理、种植方式等栽培因子的影响。旱作和直播栽培可导致超级杂交水稻品种根系伤流强度下降，而湿润灌溉有利于提高超级杂交水稻品种的根系伤流强度。

根系伤流液成分也是反映根系活力的重要指标。糖参与碳代谢，较高的糖含量有利于根部的呼吸代谢，为根部生理活动提供能量，促进根部发育。氨基酸既是氮代谢的重要底物，也是其重要产物，氨基酸含量高低可反映氮代谢的强弱。研究表明，超级杂交水稻品种两优培九花后根系伤流液中糖和氨基酸含量变化与普通杂交稻品种汕优63和常规稻品种扬稻6号的变化趋势基本一致，均呈单峰曲线，但其峰值出现的时间在花后第2周，而汕优63和扬稻6号峰值出现的时间在花后第1周。此外，研究还显示，种植方式等栽培因子也会对超级杂交水稻品种根系伤流液成分产生影响。直播栽培可导致超级杂交水稻根系伤流液中可溶性糖和氨基酸含量下降。

表11-8　超级杂交水稻品种的单茎根系伤流强度（魏中伟等，2016）　单位：毫克/（小时·茎）

年份	品种	齐穗期	齐穗后18 d	齐穗后35 d	平均
2014	超优千号	406	263	195	288
	Y两优1号	267	156	93	172
2015	超优千号	414	251	189	285
	Y两优1号	273	150	91	171

（三）根系酶活性

根系酶活性与根系执行期功能关系密切。研究表明，超级杂交水稻两优培九花后根系氮代谢酶（谷氨酰胺合成酶、谷丙转氨酶、谷草转氨酶和谷氨酸脱氢酶）活性变化趋势与普通杂交稻品种汕优63和常规稻品种扬稻6号有所不同，总的来看，扬稻6号根系氮代谢高峰出现得最早，其次为两优培九（花后1周左右），汕优63出现得最晚（花后2周左右）。另外，两优培九后期根系超氧化物歧化酶（SOD）活性的表现也与汕优63和扬稻6号不尽相同，在抽穗2周之内，两优培九根系SOD活性介于扬稻6号和汕优63之间，在抽穗2周之后，两优培九根系SOD活性明显低于扬稻6号和汕优63，进而导致其根系丙二醛含量高于扬稻6号和汕优63。此外，研究还显示，超级杂交水稻根系酶活性受种植方式等栽培因子的影响。垄作根系各抗氧化酶（过氧化氢酶、SOD、过氧化物酶）的活性均明显高于平作（表11-9）。

表 11-9 种植方式对超级杂交水稻株两优 02 根系抗氧化酶活性的影响（Yao，2015） 单位：U/mg protein

生育时期	种植方式	过氧化氢酶	超氧化物歧化酶	过氧化物酶
分蘖期	平作	11.8	80.2	86.9
	垄作	29.4	92.4	142.6
抽穗期	平作	19.4	91.4	96.7
	垄作	42.7	110.6	165.8
成熟期	平作	20.9	86.7	104.3
	垄作	40.8	98.8	174.7

（四）根系激素含量

根系是植物体内合成细胞分裂素和脱落酸（ABA）的主要器官。研究表明，超级杂交水稻品种（两优培九、Ⅱ优 084）根系玉米素（Z）+ 玉米素核苷（ZR）含量在抽穗前高于普通杂交稻品种（汕优 63）和常规稻品种（扬稻 6 号），但在灌浆中后期低于汕优 63 和扬稻 6 号。与此相反，两优培九和Ⅱ优 084 根系 ABA 含量在抽穗前低于汕优 63，但在灌浆中后期高于汕优 63。也有研究显示，超级杂交水稻品种协优 9308 和普通杂交稻品种汕优 63 抽穗后根系 Z+ZR 含量均呈下降趋势，而 ABA 含量均呈上升趋势，且协优 9308 根系 Z+ZR 含量的下降速率和 ABA 含量的上升速率均低于汕优 63（图 11-10）。此外，研究还显示，超级杂交水稻根系激素含量受水分管理等栽培措施的影响。结实期进行干湿交替灌溉可以调节根系激素含量，即在土壤落干期可以增加根系 ABA 含量，复水后可促进根系 Z+ZR 的合成。

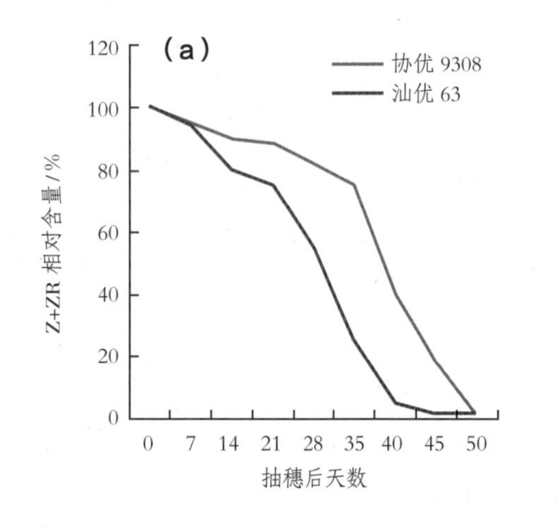

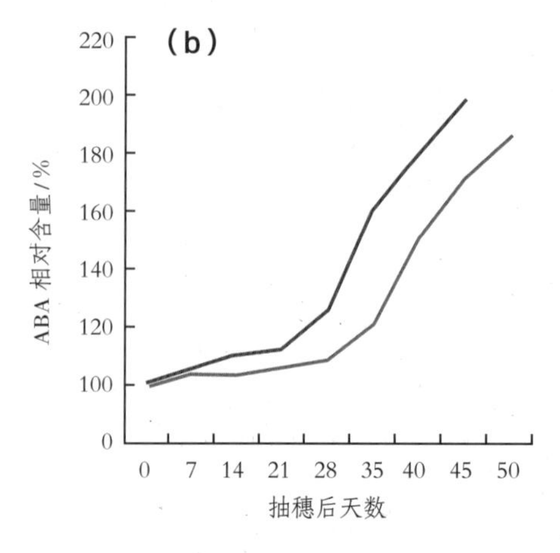

图 11-10 超级杂交水稻品种协优 9308 和普通杂交稻品种汕优 63 抽穗后根系玉米素（Z）+ 玉米素核苷（ZR）（a）和脱落酸（ABA）（b）相对含量的变化（Shu-Qing 等，2004）

三、超级杂交水稻的根系与地上部关系

（一）根系形态结构与地上部关系

1. 根系形态与地上部关系

根系形态不仅决定作物锚定植株的能力大小，而且与作物吸收养分和水分的能力密切相关，进而会对作物地上部生长发育产生影响。大多研究表明，超级杂交水稻的根数、根长、根直径、根表面积、根体积和根干重等根系形态指标普遍与产量呈显著正相关关系，但各关系的密切程度因品种而异。有的研究指出，不定根数与产量的关系最为密切，因此可将不定根数作为超级杂交水稻高产栽培和遗传改良的选择指标，但也有研究认为，不定根数和分枝根表面积均对产量起重要作用，应采用不定根数和分枝根表面积作为水稻高产育种的根系形态选择指标。此外，还有研究发现，超级杂交水稻品种Y两优087生育后期（灌浆期）发达的细根有利于扩大根系的接触面积和吸收范围，提高养分的吸收能力，进而有利于叶片维持较高的叶绿素含量和光合速率，促进地上部干物质的生产并获得高产。另外，该研究还显示，Y两优087根干重相对较小，这样可减少地上部干物质往根系运输，进而有利于产量的形成。关于这一点，有研究表明，根系不仅是作物吸收养分和水分的器官，同时根系的建成和维持生长需要消耗地上部积累的光合产物，且生产单位干重根系所消耗的能量是生产单位地上部干重的2倍。基于这一认识，也有人提出了“根系冗余生长”的观点，即根系生长过于旺盛会造成无效消耗进而对产量产生不利的影响。

2. 根尖细胞超微结构与地上部关系

根尖细胞的超微结构与根的生长、根系生理活性及根系代谢能力密切相关，进而会对地上部生长发育和产量形成产生影响。研究表明，超级杂交水稻品种两优培九每穗颖花数（>200）较常规稻品种徐稻2号（<130）多，与其根尖细胞内线粒体和淀粉体较多有关。此外，研究还显示，分蘖期根尖细胞内线粒体和高尔基体的数目与苗干重和分蘖数呈显著或极显著正相关；结实期根尖细胞内线粒体、高尔基体和核糖体的数目与结实率和弱势粒的粒重呈极显著的正相关。

（二）根系分布与地上部关系

根系在土壤中的分布关系到作物对水土资源的利用，进而影响地上部生长发育和产量形成。有研究表明，超高产水稻上层根（0～5 cm）对产量的贡献为65%，下层根（5～20 cm）对产量的贡献为35%，而20 cm土层以下的根系与产量无关，并有研究提出，可选用齐穗期上层根（0～10 cm）根长密度和根干重密度2个参数建立根系与产量的数学模

型。但也有研究显示，亚种间杂交稻上层根（0~10 cm）质量与产量之间无显著相关关系，而下层根（10 cm 以下）质量与产量之间呈显著正相关，相关系数达 0.9 以上。另外，切根试验也表明，在穗分化期切断土表 15 cm 处根系会导致穗长缩短和每穗粒数减少，切断土表 30 cm 处根系会导致每穗总粒数减少和结实率下降；在开花期切断土表 15 cm 和 30 cm 处根系均会使结实率下降，且切根对大穗型杂交稻品种的影响大于对小穗型杂交稻品种的影响，因而认为深层根系对大穗型杂交水稻产量形成有重要作用。

（三）根系活力与地上部关系

根系活力不仅与作物养分水分吸收能力有关，还与激素、氨基酸、有机酸等化学物质合成有关，这些物质可对地上部植株生长发育起调控作用，也被称为水稻根系的化学信号。研究表明，超级杂交水稻品种两优培九库容比普通杂交稻品种汕优 63 和常规稻品种扬稻 6 号大，与其生育前中期根系 α-NA 氧化力强、伤流强度大、 Z+ZR 含量高和 ABA 含量低有关，而其结实率比汕优 63 和扬稻 6 号低，则与其灌浆中后期根系 α-NA 氧化力、伤流强度、 Z+ZR 含量下降较快及根系 ABA 含量上升较快有关。但也有研究显示，超级杂交水稻品种协优 9308 生育后期光合能力比汕优 63 强，与其后期根系 Z+ZR 含量下降较慢和根系 ABA 含量上升较慢有关。此外，还有研究表明，根系化学信号与稻米品质形成关系密切（图 11-11）。根系 Z+ZR、 ABA 和乙烯（ACC）可通过调控胚乳发育和淀粉合成关键酶（蔗糖合成酶、腺苷二磷酸葡萄糖焦磷酸化酶、淀粉合成酶、淀粉分支酶等）活性来影响稻米的加工品质、外观品质和蒸煮品质；根系 ACC 可通过调节淀粉结构来影响稻米的加工品质、外观品质和蒸煮品质；根系多胺和氨基酸含量可通过调节蛋白质合成来影响稻米的营养品质；根系分泌的有机酸可以调节酶活性和重金属吸收来影响稻米的食味与卫生品质。

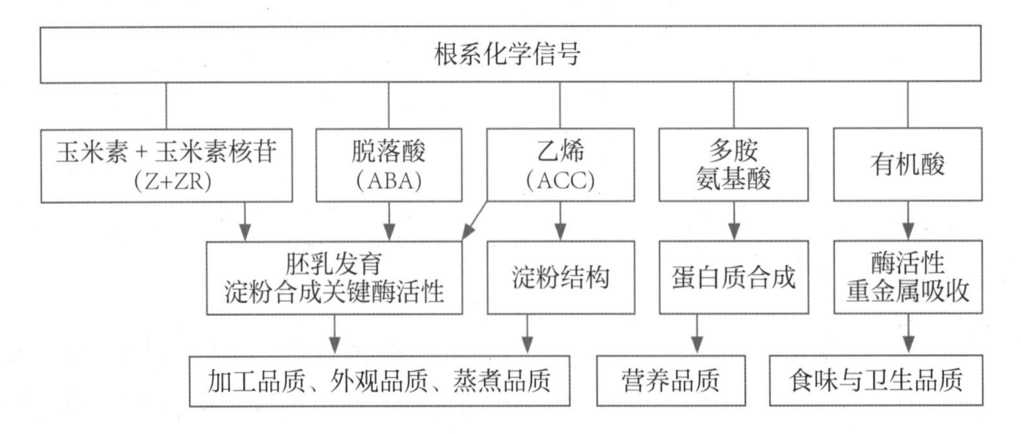

图 11-11　根化学信号对稻米品质形成的作用机制（杨建昌，2011）

第四节　超级杂交水稻的“源”“库”特性

一、超级杂交水稻“源”的形成与生理特点

（一）叶片形态特点

1. 叶片数

超级杂交水稻品种的总叶片数与品种类型、生育期长短有关（表 11-10）。其中，双季早稻中熟品种为 11.7～12.1 叶，迟熟品种约为 12.7 叶；双季晚稻中熟品种约为 14.5 叶，迟熟品种为 15.1～15.3 叶；一季稻（中稻和一季晚稻）中熟品种为 15.3～15.5 叶，迟熟品种为 15.7～16.2 叶。

表 11-10　超级杂交水稻品种主茎总叶片数（邹应斌等，2011）

类型	品种	主茎叶片数
双季早稻	株两优 819	11.7
	陆两优 996	12.7
	两优 287	12.1
双季晚稻	丰源优 299	15.1
	淦鑫 688	15.3
	金优 299	14.5
	天优华占	14.3
中稻	Y 优 1 号	15.7
	两优培九	15.7
	内两优 6 号	15.3
	中浙优 1 号	15.9
一季晚稻	Y 优 1 号	16.0
	两优培九	15.9
	内两优 6 号	15.5
	中浙优 1 号	16.2

2. 叶片大小

叶片大小与作物冠层截获光能的能力密切相关。超级杂交水稻品种（两优培九、准两优 527、Ⅱ优明 86、 Y 两优 1 号）抽穗期顶 3 叶随叶位的降低长度和叶面积呈增加趋势，宽度呈下降趋势（表 11-11）。各品种剑叶、倒 2 叶和倒 3 叶长度分别为

33.5～40.4 cm、45.3～53.6 cm 和 52.9～58.6 cm；宽度分别为 1.9～2.1 cm、1.6～1.8 cm 和 1.4～1.6 cm；叶面积分别为 50.5～66.6 cm^2、56.5～74.6 cm^2 和 59.1～71.3 cm^2。与普通杂交稻品种汕优 63 相比，并无统一规律。此外，有研究还表明，超级杂交水稻叶片长度受氮肥用量影响较大，而受种植密度影响较小。氮肥用量对叶片长度的影响表现为叶片长度随氮肥用量的增加而增加，但增加幅度先高后低，即从低氮（90 kg N/hm^2）到中氮（135 kg N/hm^2），叶片长度增加 10% 以上，但从中氮到高氮（180 kg N/hm^2 和 225 kg N/hm^2），叶片长度仅增加 3% 左右。

表 11-11 超级杂交水稻品种齐穗期叶片大小（邓华凤，2008）

性状	品种	剑叶	倒 2 叶	倒 3 叶
叶长 /cm	两优培九	40.4	53.6	58.6
	准两优 527	38.7	51.5	56.8
	Ⅱ优明 86	39.6	52.7	55.8
	Y 两优 1 号	33.5	45.3	52.9
	汕优 63	38.6	51.9	56.6
叶宽 /cm	两优培九	2.0	1.7	1.4
	准两优 527	2.0	1.7	1.5
	Ⅱ优明 86	2.1	1.8	1.6
	Y 两优 1 号	1.9	1.6	1.4
	汕优 63	2.0	1.7	1.5
叶面积 /cm^2	两优培九	63.9	69.4	67.5
	准两优 527	60.3	70.6	70.2
	Ⅱ优明 86	66.6	74.6	71.3
	Y 两优 1 号	50.5	56.5	59.1
	汕优 63	62.2	70.0	68.5

3. 叶片基角与披垂角

叶角是反映作物冠层受光态势的重要指标。一般叶角越小，冠层受光就越优越。超级杂交水稻品种（两优培九、准两优 527、Ⅱ优明 86、Y 两优 1 号）抽穗期顶 3 叶随叶位的降低基角度数和披垂角度均呈增加趋势（表 11-12）。各品种剑叶、倒 2 叶和倒 3 叶基角度数分别为 9.5°～12.1°、13.3°～19.3° 和 18.0°～25.5°；披垂角度分别为 0.5°～2.5°、1.4°～5.5° 和 2.0°～8.4°，均明显小于普通杂交稻品种汕优 63。此外，有研究还表明，氮肥用量增加会导致超级杂交水稻叶片披垂角度增加。

表 11-12 超级杂交水稻品种齐穗期叶片基角度数和披垂角度（邓华凤，2008）

性状	品种	剑叶	倒 2 叶	倒 3 叶
基角度数/(°)	两优培九	9.5	13.3	18.7
	准两优 527	12.1	19.3	25.5
	Ⅱ优明 86	11.3	18.4	24.6
	Y 两优 1 号	11.4	14.0	18.0
	汕优 63	15.6	22.3	27.6
披垂角数/(°)	两优培九	1.1	2.2	3.9
	准两优 527	1.8	5.2	5.3
	Ⅱ优明 86	2.5	5.5	8.4
	Y 两优 1 号	0.5	1.4	2.0
	汕优 63	3.1	6.5	9.8

4. 叶片卷曲指数

叶片卷曲程度与叶片姿态的保持关系密切。叶片适度卷曲有利于叶片保持直立。超级杂交水稻品种（两优培九、准两优 527、Ⅱ优明 86、 Y 两优 1 号）抽穗期顶 3 叶随叶位的降低叶片卷曲指数呈下降趋势（表 11-13）。各品种抽穗期剑叶、倒 2 叶和倒 3 叶卷曲指数分别在 53.2~60.0、 51.6~58.5 和 51.1~58.0，均高于普通杂交稻品种汕优 63。

表 11-13 超级杂交水稻品种齐穗期叶片卷曲指数（邓华凤，2008）

品种	剑叶	倒 2 叶	倒 3 叶
两优培九	57.7	55.1	54.9
准两优 527	57.7	53.0	52.7
Ⅱ优明 86	53.2	51.6	51.1
Y 两优 1 号	60.0	58.5	58.0
汕优 63	52.2	51.4	51.0

5. 比叶重

比叶重与叶片氮含量和叶绿素含量、叶片光合作用等通常呈正相关关系。因此，比叶重常被用于衡量作物叶片的光合性能。研究表明，超级杂交水稻模式组合培矮 64S/E32、苗头组合培矮 64S/ 长粒爪齐穗期顶 3 叶的比叶重明显高于普通杂交稻品种汕优 63，平均增幅为 10% 左右（表 11-14）。此外，研究也显示，超级杂交水稻品种两优培九、 Y 两优 087 等的比叶重也均明显高于普通杂交稻品种汕优 63、特优 838 等。

表 11-14　超级杂交水稻组合齐穗期顶 3 叶比叶重（邓启云等，2006）　　单位：mg/cm²

组合（品种）	剑叶	倒 2 叶	倒 3 叶
培矮 64 S/E32	4.51	4.32	4.31
培矮 64 S/ 长粒爪	4.82	4.67	4.28
汕优 63	4.14	3.97	4.02

（二）叶片生长速度、叶面积指数及光合势

1. 叶片生长速度

叶片的生长速度可以用叶龄增长速度来表示，其增长速度主要与温度条件有关。一般来说，温度越高，叶片的生长速度就越快。超级杂交水稻品种叶片的生长速度与普通水稻品种并无明显差异，但不同的超级杂交水稻品种由于主茎总叶片数的不同，以及不同品种对温度的反应不同，即使是在同一地点的相同日期播种，不同品种的叶龄增长速度也存在一定的差异。另外，由于年度间温度的变化，即使是同一品种在相同日期播种，叶龄增长速度也会存在年间差异。

2. 叶面积指数

叶面积指数是反映作物群体大小（源强度）的重要指标，其动态变化与作物干物质生产有着密切的联系。一般来讲，高产作物群体的叶面积指数具有生育前期增长快，峰值维持时间长，生育后期下降慢的特点。有研究显示，超级杂交水稻品种协优 9308 生育前期（从移栽至移栽后 20 d）的叶面积指数小于超级杂交水稻品种两优培九和普通杂交稻品种汕优 63，但其拔节以后的叶面积指数一直大于两优培九和汕优 63。但从另一方面来看，叶面积指数并不是越大越好，当叶面积指数增加到一定限度后，会造成田间郁闭，进而导致下部叶片光照不足。有研究显示，超级杂交水稻品种（两优培九、 Y 两优 1 号、两优 293）在开花期的叶面积指数虽然比常规稻品种（扬稻 6 号、黄华占）大，但却比普通杂交稻品种（汕优 63、Ⅱ优 838）小（表 11-15）。此外，研究还表明，超级杂交水稻品种的叶面积指数受氮肥用量和种植密度的影响，且不同类型品种的反应并不相同，对于分蘖能力强、早生快发的品种，氮肥用量的调控效应大于种植密度；对于分蘖能力弱的品种，氮肥用量和种植密度均有较大的调控效应。研究还发现氮肥用量和种植密度对超级杂交水稻品种叶面积指数的影响通常存在累积效应，叶面积指数往往在高氮高密条件下达到最大，且降低施氮量或种植密度均能降低叶面积指数。因此，可以通过合理的水肥配置达到适宜的叶面积指数。

表 11-15　超级杂交水稻品种开花期的叶面积指数（Zhang 等，2009）

品种	湖南浏阳		湖南桂东	
	2007	2008	2007	2008
两优培九	6.09	6.99	7.21	5.86
两优 293	5.68	—	7.23	—
Y 两优 1 号	—	5.34	—	5.32
汕优 63	6.95	6.99	8.55	6.72
Ⅱ优 838	7.14	6.80	8.51	6.92
扬稻 6 号	5.48	5.70	7.21	5.73
黄华占	4.99	5.21	7.17	5.92

3. 光合势

光合势是指在某生育阶段或整个生育期作物群体绿叶面积的逐日积累，与作物干物质积累有密切关系。大多研究表明，超级杂交水稻品种两优培九的光合势显著高于普通杂交稻品种汕优 63，特别是抽穗之前。此外，还有研究显示，超级杂交水稻品种桂两优 2 号早晚季各生育阶段的光合势均高于常规稻品种玉香油占（图 11-12）。

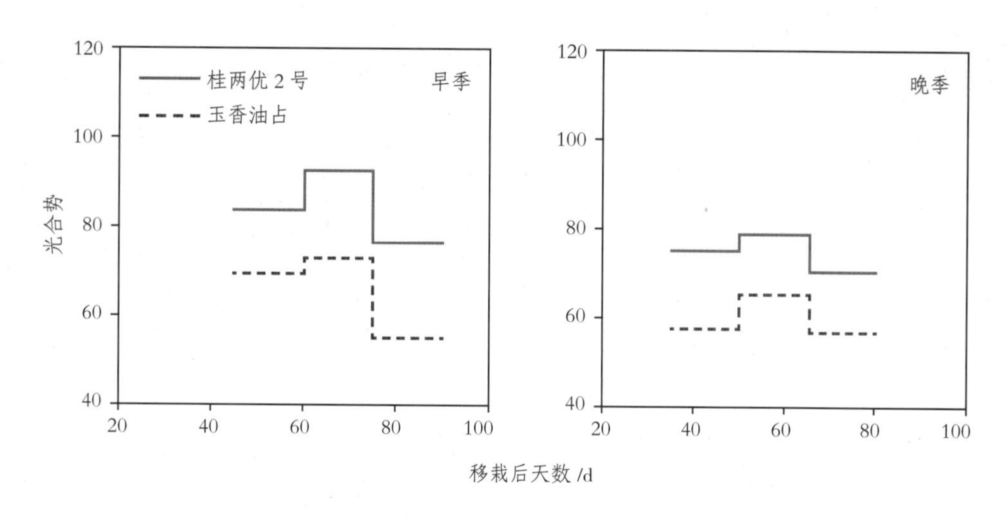

图 11-12　超级杂交水稻品种桂两优 2 号与常规稻品种玉香油占的光合势（Huang 等，2015）

（三）叶片生理特性

叶片生理特性包括光合生理、衰老生理和抗逆生理等多个方面。有研究显示，与普通杂交稻品种汕优 63 相比，超级杂交水稻品种Ⅱ优航 2 号灌浆期叶片在光合代谢、抗逆反应、基因转录表达、细胞生长、能量代谢等生理活动中均表现出了优势（表 11-16）。超级杂交水稻品种协优 9308 抽穗后叶片也较汕优 63 优势明显，具体表现为协优 9308 的光合速率及玉米素（Z）+ 玉米素核苷（ZR）含量较高，而脱落酸（ABA）含量较低。但也有研究显示，超级杂交水稻品种两优培九虽然生育前中期叶片光合速率及 Z+ZR 含量比汕优 63 和常规稻品种扬稻 6 号高， ABA 含量比汕优 63 和扬稻 6 号低，但在灌浆中后期其叶片光合速率及 Z+ZR 含量比汕优 63 和扬稻 6 号低，而 ABA 含量比汕优 63 和扬稻 6 号高。另外，两优培九灌浆中后期叶片过氧化氢酶活性和过氧化物酶活性低于汕优 63，而丙二醛含量高于汕优 63。由此可见，超级杂交水稻品种的生理特性因品种而异。此外，还有研究显示，超级杂交水稻叶片生理特性受耕作方式、种植方式等栽培措施的影响。与翻耕相比，免耕可导致超级杂交水稻生育前期叶片叶绿素含量、净光合速率和可溶性糖含量下降；与移栽相比，直播会导致超级杂交水稻叶片氮含量、谷氨酰胺合成酶活性、可溶性蛋白含量、净光合速率等下降。

表 11-16　超级杂交水稻Ⅱ优航 2 号较普通杂交稻汕优 63 灌浆期叶片上调表达蛋白差异（黄锦文等，2011）

蛋白相关功能	蛋白名称
光合作用	核酮糖二磷酸羧化酶大亚基前体 核酮糖二磷酸羧化酶大亚基 Fe-NADP 还原酶
抗逆	翻译延伸因子 Tu 蛋白 萘草酸激酶 2
蛋白代谢	糖基转移酶 推定解旋酶 SK12W 推定泛素羧基端水解酶 7 真核生物肽链释放因子亚基 1
基因转录调节剂细胞生长	CCHC 锌指结构域蛋白 反转录转座子 微管结合蛋白 腺苷激酶类蛋白
能量代谢	果糖 1，6- 二磷酸醛缩酶 ATP 合成酶 CF1β 亚基

二、超级杂交水稻“库”的形成与生理特点

（一）“库”的大小

水稻“库”的大小通常用单位面积颖花数来表示。研究表明，大部分超级杂交水稻品种（两优培九、 Y 两优 1 号、准两优 527、Ⅱ优航 1 号、中浙优 1 号）的单位面积颖花数较普

通杂交稻品种（汕优 63）具有优势（表 11-17）。但也有研究指出，“库”的大小应考虑单个籽粒容量（粒重）的大小，即用单位面积颖花数与粒重的乘积来表示“库”容量。如：超级杂交水稻品种 D 优 527 和内两优 6 号虽然单位面积颖花数不如汕优 63，但其粒重较大，千粒重可达 30 g 左右，如果“库”容量的计算考虑粒重， D 优 527 和内两优 6 号的“库”容量就大于汕优 63。因而也有研究指出选育大粒型水稻品种也是实现水稻高产的有效途径。

表 11-17 超级杂交水稻品种每平方米颖花数（$\times 10^3$）（Huang 等，2011）

品种	2007 年			2008 年			2009 年		
	长沙	桂东	南县	长沙	桂东	南县	长沙	桂东	南县
两优培九	44.6	50.5	36.3	42.0	46.5	42.6	45.5	55.8	37.3
Y 两优 1 号	31.2	46.7	33.2	39.5	46.2	38.0	45.7	47.7	41.9
准两优 527	35.4	39.2	27.4	29.1	37.6	33.8	32.7	39.8	38.2
D 优 527	28.5	44.6	28.9	32.7	42.3	36.3	38.3	55.0	43.9
Ⅱ优航 1 号	36.6	44.4	30.0	36.6	41.1	39.0	46.1	52.8	43.6
Ⅱ优 084	34.1	47.7	32.0	32.7	39.1	35.7	43.5	48.5	43.3
内两优 6 号	31.2	38.5	28.8	32.2	45.2	34.3	37.4	46.4	36.5
中浙优 1 号	29.9	40.5	38.6	37.6	46.1	38.4	42.6	45.6	39.6
汕优 63	31.1	38.3	28.6	33.2	41.3	36.2	37.6	45.4	47.1

（二）分蘖成穗特点

穗数是水稻单位面积颖花数形成的基础。研究表明，超级杂交水稻品种（两优培九、Y 两优 1 号、准两优 527、 D 优 527、Ⅱ优航 1 号、内两优 6 号、中浙优 1 号）单位面积穗数较普通杂交稻品种（汕优 63）并无明显一致的优势（表 11-18）。但有研究显示，超级杂交水稻的分蘖成穗特点与常规稻品种有很大差别。与常规稻品种（胜泰 1 号、黄华占、玉香油占）相比，超级杂交水稻品种（两优培九、准两优 527、 Y 两优 1 号）表现为最高分蘖数较多，而成穗率较低（图 11-13）。

表 11-18 超级杂交水稻品种每平方米穗数（Huang 等， 2011）

品种	2007 年			2008 年			2009 年		
	长沙	桂东	南县	长沙	桂东	南县	长沙	桂东	南县
两优培九	241	328	210	226	246	224	238	279	247
Y 两优 1 号	201	294	221	231	246	221	267	282	306
准两优 527	206	272	200	205	254	243	244	265	281
D 优 527	189	279	219	208	218	230	244	271	258
Ⅱ优航 1 号	207	264	192	201	231	228	233	254	233

续表

品种	2007年			2008年			2009年		
	长沙	桂东	南县	长沙	桂东	南县	长沙	桂东	南县
Ⅱ优084	212	298	204	203	230	226	239	258	243
内两优6号	220	287	200	201	232	220	241	270	231
中浙优1号	193	302	231	235	281	243	255	287	293
汕优63	209	290	229	206	252	235	256	293	291

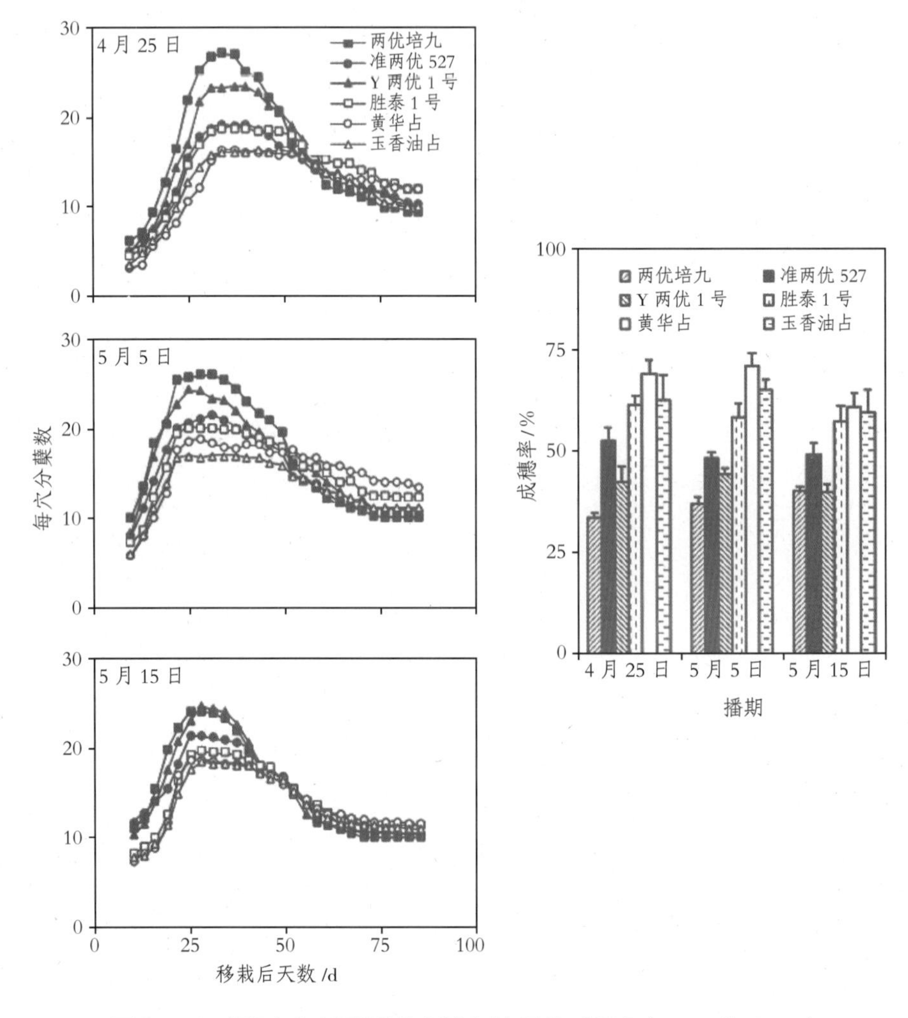

图11-13 超级杂交水稻品种的分蘖动态过程与成穗率（Huang等，2012）

（三）穗部性状特点

1. 每穗粒数

每穗粒数是水稻单位面积颖花数的重要组成部分。研究表明，超级杂交水稻品种（两优培

九、Y两优1号、准两优527、D优527、Ⅱ优航1号、内两优6号、中浙优1号）的每穗粒数较普通杂交稻品种（汕优63）普遍具有优势（表11-19），且超级杂交水稻品种的大穗优势与其二次枝梗数较多有关（表11-20）。

表11-19　超级杂交水稻品种的每穗粒数（Huang等，2011）

品种	2007年			2008年			2009年		
	长沙	桂东	南县	长沙	桂东	南县	长沙	桂东	南县
两优培九	185	154	173	186	189	190	191	200	151
Y两优1号	155	159	150	171	188	172	171	169	137
准两优527	172	144	137	142	148	139	134	150	136
D优527	151	160	132	157	194	158	157	203	170
Ⅱ优航1号	177	168	156	182	178	171	198	208	187
Ⅱ优084	161	160	157	161	170	158	182	188	178
内两优6号	142	134	144	160	195	156	155	172	158
中浙优1号	155	134	167	160	164	158	167	159	135
汕优63	149	132	125	161	164	154	147	155	162

表11-20　超级杂交水稻品种的穗部性状（Huang等，2011）

播期	品种	一次枝梗数/（个/穗）	一次枝梗着粒数/（粒/个）	二次枝梗数/（个/穗）	二次枝梗着粒数/（粒/个）
4月25日	两优培九	12.0	5.40	53.4	3.95
	Y两优1号	14.3	5.88	53.5	3.40
	黄华占	11.9	5.47	34.1	3.43
	玉香油占	11.1	5.70	45.0	3.60
5月05日	两优培九	12.4	5.48	50.0	3.68
	Y两优1号	14.7	5.90	45.3	3.38
	黄华占	11.6	5.63	32.1	3.28
	玉香油占	11.0	5.62	42.6	3.55
5月15日	两优培九	12.1	5.38	54.5	3.90
	Y两优1号	13.7	5.92	55.6	3.67
	黄华占	11.2	6.03	32.9	3.27
	玉香油占	11.3	5.87	45.3	3.62

2. 稻穗枝梗结构

稻穗枝梗结构与“库”接纳物质的能力密切相关。研究表明，超级杂交水稻品种上部一次枝梗与下部二次枝梗结构存在明显差异。比如：超级杂交水稻品种两优培九上部一次枝梗大维管束与下部二次枝梗大维管束均为 1 个，但上部一次枝梗大维管束的导管面积和韧皮部面积均大于下部二次枝梗，而小维管束数和小维管束韧皮部面积则是上部一次枝梗小于下部二次枝梗，小维管束导管面积则是上部一次枝梗大于下部二次枝梗（表 11-21）。另外，两优培九上部一次枝梗大小维管束导管面积之和、韧皮部面积之和均大于下部二次枝梗。可见，两优培九上部一次枝梗大小维管束数及面积与下部二次枝梗大小维管束相比具有量的优势。此外，研究还显示，两优培九上部一次枝梗维管束导管、筛管和伴胞都很清晰，单个导管、筛管和伴胞面积较大，而下部二次枝梗维管束导管、筛管和伴胞则较模糊，单个导管、筛管和伴胞面积较小（图 11-14）。由此可见，超级杂交水稻品种两优培九上部一次枝梗维管束、导管、筛管都比下部二次枝梗维管束发育好，分化程度高，具有质的优势。

表 11-21　超级杂交水稻品种两优培九稻穗枝梗维管束特征（邹应斌等，2011）

枝梗部位	大维管束			小维管束		
	数量	导管面积 / μm^2	韧皮部面积 / μm^2	数量	导管面积 / μm^2	韧皮部面积 / μm^2
上部一次枝梗	1	1 120	4 284	3.0	1 064	840
下部二次枝梗	1	840	3 360	3.6	748	1 316

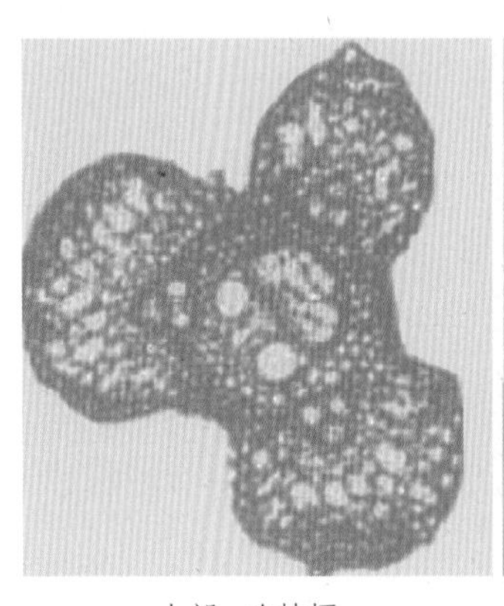

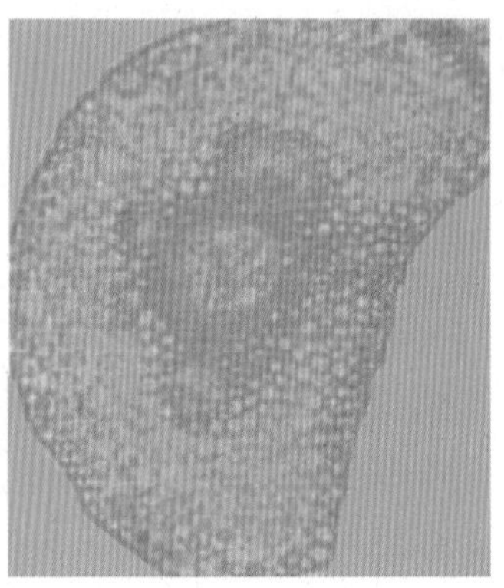

上部一次枝梗　　下部二次枝梗

图 11-14　超级杂交水稻品种两优培九稻穗枝梗维管束结构（邹应斌和夏胜平，2011）

3. 籽粒生理特性

籽粒生理特性与籽粒接纳物质的能力有着密切的联系。研究表明，与普通水稻相比，超级杂交水稻品种通常具有强、弱势粒生理活性差异大的特点。其中，弱势粒的生理特性主要表现在以下几个方面：①弱势粒灌浆初期籽粒胚乳细胞增殖速率低、蔗糖－淀粉代谢途径关键酶活性小或蔗糖转化为淀粉的生化效率低；②弱势粒灌浆初期总 RNA 和 mRNA 含量较低（表 11-22）；③弱势粒灌浆初期一些酶（如细胞壁转化酶、液泡转化酶、腺苷二磷酸葡萄糖焦磷酸化酶、淀粉合成酶）的基因表达量低；④弱势粒中抑制型植物激素（如 ABA、乙烯）与促进型植物激素（如生长素、细胞分裂素、赤霉素）的比例较高；⑤弱势粒中亚精胺和精胺浓度及亚精胺、精胺与腐胺的比值较低。

表 11-22 超级杂交水稻品种籽粒总 RNA 和 mRNA 含量及单粒总量（邹应斌等，2011）

品种	籽粒类型	抽穗后天数	总 RNA		mRNA	
			含量 /（$\times 10^{-2}$ μg/mg）	单粒总量 /mg	含量 /（$\times 10^{-2}$ μg/mg）	单粒总量 /mg
两优培九	强势粒	0	48.9	1.36	0.43	0.012 1
		5	45.6	2.68	0.40	0.024 0
	弱势粒	0	28.5	0.11	0.35	0.001 5
		5	36.6	0.19	0.38	0.002 0
培两优 500	强势粒	0	53.2	1.66	0.54	0.014 1
		5	45.7	2.51	0.48	0.027 2
	弱势粒	0	30.3	0.12	0.39	0.001 5
		5	38.7	0.20	0.41	0.002 1

三、超级杂交水稻的“源”“库”关系

（一）粒叶比

粒叶比是衡量水稻“源”“库”关系的常用指标。研究表明，超级杂交水稻品种（两优培九、两优 293、 Y 两优 1 号）的粒叶比明显大于普通杂交稻品种（汕优 63、Ⅱ优 838），但与常规稻品种（扬稻 6 号、黄华占）相比无一致性差异（表 11-23）。由此可见，与普通杂交稻相比，超级杂交水稻对“库”的改良大于对“源”的改良。此外，研究还显示，超级杂交水稻的粒叶比受氮肥管理等栽培措施的影响。增加施氮量会导致超级杂交水稻粒叶比下降。

表 11-23 超级杂交水稻品种开花期的粒叶比（Zhang 等，2009） 单位：粒 /cm^2

品种	湖南浏阳		湖南桂东	
	2007 年	2008 年	2007 年	2008 年
两优培九	0.82	0.71	0.71	0.85
两优 293	0.84	—	0.71	—
Y 两优 1 号	—	0.83	—	0.96
汕优 63	0.54	0.52	0.51	0.63

续表

品种	湖南浏阳		湖南桂东	
	2007 年	2008 年	2007 年	2008 年
Ⅱ优 838	0.50	0.50	0.50	0.61
扬稻 6 号	0.65	0.62	0.56	0.65
黄华占	1.00	0.82	0.67	0.86

（二）籽粒灌浆特性

籽粒灌浆特性在一定程度上可以反映水稻的“源”“库”关系。一般来讲，两段灌浆现象在“源”限制型品种中表现明显，而在“库”限制型品种中则不明显。研究表明，超级杂交水稻品种（如准两优 527）、普通杂交稻品种（如汕优 63）和常规稻品种（如玉香油占、胜泰 1 号）均存在不同程度的两段灌浆现象（图 11-15），弱势粒最大灌浆速率出现的时间比强势粒推迟了 10 d 以上。由此可见，进一步对“源”进行改良是提高水稻产量的一个重要方面。

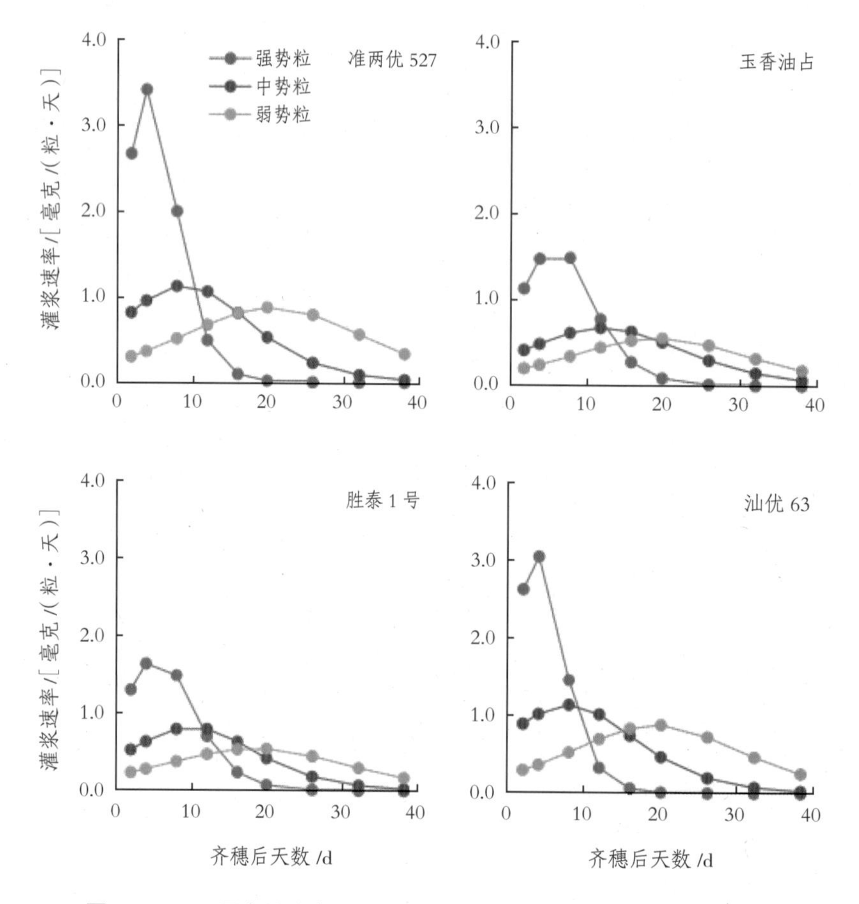

图 11-15　不同水稻品种强、中和弱势粒的灌浆速率曲线（黄敏等，2009）

四、超级杂交水稻的“源”“库”协调与产量的关系

超级杂交水稻的“源”“库”较普通杂交稻和常规稻均有较大的改良。在“源”方面，超级杂交水稻叶片的形态结构有很大的改进，其顶3叶通常具有直、卷、厚等特点，进而有利于提高冠层对光能的利用。另外，超级杂交水稻不仅有较强的光合势，而且其叶片的生理活性（如蛋白表达、植物激素含量、酶活性等）也有较大优势，但优势表现的时期因品种而异，有的品种（如两优培九）生育前中期有明显优势，而有的品种（如协优9308）则是生育后期优势明显。在“库”方面，大部分超级杂交水稻品种具有大穗优势，且其大穗的形成主要与二次枝梗数的增加有关，但也有部分超级杂交水稻品种表现为大粒优势。研究表明，超级杂交水稻品种由于“源”“库”同时实现了改良，进而使得其产量潜力比普通杂交稻品种和常规稻品种提高了12%左右（表11-24）。

表11-24 超级杂交水稻品种的产量（Zhang等，2009） 单位：t/hm²

年份	品种	湖南浏阳		湖南桂东	
		中氮	高氮	中氮	高氮
2007	两优培九	8.85	9.15	11.22	10.92
	两优293	8.55	9.01	10.96	10.96
	汕优63	8.29	7.84	9.89	10.17
	Ⅱ优838	8.14	7.48	9.89	9.73
	扬稻6号	8.42	8.34	9.93	10.06
	黄华占	8.13	8.45	10.16	9.62
2008	两优培九	9.85	10.15	11.09	11.08
	Y两优1号	9.78	9.86	11.48	11.49
	汕优63	8.17	8.00	10.24	9.88
	Ⅱ优838	8.52	8.00	10.45	10.01
	扬稻6号	8.64	8.82	9.59	9.77
	黄华占	8.75	8.75	10.20	10.42

第五节 超级杂交水稻干物质积累、转运和分配

一、干物质的积累、转运和分配的基本概念及其研究手段

干物质的积累、转运和分配受控于水稻的源、库、流特性。源是指植物生产或输出同化产物的器官或组织，水稻植株的源由绿色茎、鞘、叶、根等组成，其中功能叶及叶鞘是主要源。

水稻源栽培生理研究手段包括源形态、生理特性两个方面，其中形态包括株高、节间配置、茎鞘重量；叶片长、宽、厚，叶面积、叶面积指数、叶片姿态（叶角、叶片曲率、卷曲度）、叶片重量、比叶重（单位叶面积干重）、叶片气孔密度等；以及根系长度、重量，根系分布状况等（王丰等， 2005，周文新等， 2004），这部分指标可通过直尺、游标卡尺、天平、叶面积仪、株型分析仪或其他扫描分析系统进行测定。生理特性包括叶绿素含量、单叶、群体光合速率、呼吸速率、叶片叶绿素荧光特征、叶片光合功能期蔗糖磷酸合成酶活性、 Rubisco 酶活力、茎鞘物质转换率、茎鞘物质运转率、干物质撤离指数、糖合成酶活性、 R- 淀粉酶活性、根系活力、伤流量及伤流液成分、根系功能期等。这部分研究可通过光合作用分析系统、群体光合作用分析系统、叶绿素荧光仪、分光光度计、流动分析仪、酶标仪等进行分析测定。

库（Sink）是指利用或贮藏同化物或其他营养物质的器官或组织，穗部籽粒是水稻的主要库。库形态指标主要包括单位面积总颖花数、有效穗数、每穗粒数、结实率、粒重、籽粒容重、籽粒充实度、胚乳细胞物质量、胚乳细胞数量、单细胞物质量（王丰等， 2005）。库相关指标总颖花数、有效穗数、每穗粒数、结实率可以通过调查统计获取，而粒重、粒大小（粒长、宽）可通过天平和考种系统设备进行分析，胚乳细胞数目、大小可通过显微镜进行观察检测。

物质的转运及分配受控于流。流包括连接源端和库端的所有输导组织的结构及其性能，目前主要从穗颈、穗颈节间、倒 2 节间，二次枝梗数、二次枝梗颖花数，以及茎基部等部位的解剖结构中管束、导管、筛管、伴胞分化数量，维管束面积、管束导管面积和韧皮部面积、单个导管、筛管、伴胞面积等形态和结构基础上分析水稻“流”的状况（王丰等， 2005），这些结构和性状可通过显微镜进行观察；而蔗糖、葡萄糖、果糖、玉米素含量通过高效液相色谱分析测试， C 和 N 元素可通过元素分析仪进行分析；蛋白质和蔗糖合成酶，淀粉合酶活性等相关酶活力可通过酶标仪进行测定，与流相关的植物激素如 ABA 可通过试剂盒或高效液相色谱进行分析。

二、物质积累及分配调控的基本途径

（一）光合产物积累与物质需求相协调

水稻产量的 60% 以上来自抽穗后的光合产物（Yoshida， 1981），而对超高产水稻而言，这一比例为 80%（翟虎渠等， 2002），这是后期光合作用对产量影响巨大的原因。作物物质需求高峰期与光合产物积累不协调是限制作物夺取高产的主要瓶颈。与普通杂交稻相比，超级杂交水稻具有更高的生物产量，更大的库、更足的源。但库大、源足不一定能获得超高产，其主要原因是库的物质需求与源的供应出现不协调，即源足、库大的潜力没有得到充分发挥。对协优 9308 的研究表明，不仅光合碳同化能力显著高于协优 63，而且所积累的光合产物能更好地切合籽粒灌浆对物质的需求，这是超高产水稻的重要光合生理特征，更是超高产的原因（翟虎渠等，2002）。冯建成等（2007）对高产杂交稻特优多系 1 号、特优 63 与对照汕优 63 的研究表明，特优组合后期光合作用与物质需求协调性更好，具体表现为抽穗后能维持较高的净光合速率，干物质积累量多，且抽穗前茎、叶、鞘积累的干物质能更有效地向籽粒转运，更好地满足籽粒灌浆的需要。许德海等（2010）对重穗型超级杂交水稻甬优 6 号的研究表明，抽穗后冠层上 3 叶光合优势明显，抽穗前茎鞘积累的干物质具有高转出率和转换率，光合产物积累与物质需求相协调，这是该品种超高产的重要原因。因此在“库大”“源足”的前提下，要注重抽穗前茎鞘积累的碳水化合物在灌浆期能有效转运，抽穗后光合产物积累与籽粒灌浆物质需求相协调，优化“源”“库”关系。

（二）优化灌浆持续时间与灌浆速率

现有的超级杂交水稻以大穗型品种居多，大穗型超级杂交水稻灌浆时间长且灌浆较为缓和，两段灌浆明显（曹树青、翟虎渠， 1999；邹应斌、夏胜平， 2011）。高产杂交稻与普通常规稻相比，其起始灌浆势、平均灌浆速率、最大灌浆速率低，而灌浆时间明显较长，最终产量高于常规稻（程旺大等， 2007；王建林等， 2004）。 Wang 等（2012）研究表明，近等基因系 fgl 有望成为高产水稻育种材料，关键在于灌浆期比轮回亲本浙辐 802 长，灌浆速率平稳，充实度增加，千粒重大。有研究表明，决定水稻籽粒充实度的主要因素是灌浆持续期，其次才是灌浆速率（王建林等， 2004）。气温平稳，灌浆期进一步延长，将增加稻谷充实度，提高结实率，最终实现超高产（敖和军等， 2008）。比较第一、第二、第三期超级杂交水稻乃至第四期超级杂交水稻 Y 两优 900 的生育期，第三期超级杂交水稻 Y 两优 2 号比第二期超级杂交水稻 Y 两优 1 号和两优 0293 生育期长， Y 两优 900 生育期比 Y 两优 2 号长，对应的灌浆期也有逐步延长的趋势。有研究证明，第二期超级杂交水稻 Y 两优 1 号强、弱势粒灌浆启动均早于对照第一期超级杂交水稻两优培九和三系高产杂交稻汕优 63，灌浆终止期基本一致，即 Y 两优 1 号有效灌浆期长（李诚， 2013），有利于协调“库”与“源”之间的关系，提高籽粒充实度。水稻产量 70%～80% 的光合产物来自抽穗后期的光合产物，抽穗后期的光合产物绝大部分运送到籽粒中。水稻产量越高，来自抽穗后期的光合产物量越多，灌浆的时间也相应延长，要满足高产水稻灌浆的需要，叶片光合功能期也相应延长。按照超级杂交水稻全生育期平均稻谷产量为 100 kg/hm^2 的日产量标准计算，当前第四期、第五期超级杂交水稻生育期要到 150 d 以上，灌浆时间也进一步拉长。水稻光合时间长要求冠层能维持一个相对长久稳定的冠层结构，增加基部透光率，增强根系活力，增强基部节间抗倒能力，避免倒伏。

三、外界环境对物质积累、转运及分配的影响

灌浆期水分胁迫下水稻生长发育将受到影响。研究表明，在灌浆期干旱胁迫常规氮肥条件下武运粳 3 号、扬稻 4 号生育期将缩短 2.9～5.5 d，在高氮肥处理条件下生育期缩短 5.7～7.4 d。与正常水分管理条件相比，常规氮肥处理、高氮肥处理干旱胁迫下籽粒灌浆速率为每天 0.18～0.29 mg/ 粒、 0.31～0.37 mg/ 粒，存储在茎鞘中非结构性碳水化合物转运率分别提高 23.8%～27.1%、 19.6%～36.7%，这是干旱胁迫下常规氮肥处理产量下降不明显的主要原因（Yang 等， 2001）。Yang 的研究进一步表明灌浆期水分干旱胁迫将诱发水稻早衰，缩短灌浆时间，增加营养组织中非结构性碳水化合物向籽粒转运，促进灌浆进程（Yang 等， 2006）。

灌浆期干湿交替水分管理通过增加籽粒（特别是弱势粒）中脱落酸 ABA 含量，从而有效提高蔗糖合酶（SuSase）、腺苷二磷酸葡萄糖焦磷酸化酶（AGPase）、淀粉合酶（StSase）和淀粉分支酶（SBEase）的活力，实现从生理角度“扩库”的目的（Yang 等， 2009）。卞金龙等（2017）研究发现，水稻灌浆期干湿交替处理能显著增强灌浆早期和灌浆中期扬稻 6 号和旱优 8 号籽粒中蔗糖合酶（SuSase）、腺苷二磷酸葡萄糖焦磷酸化酶（AGPase）、淀粉合酶（StSase）和淀粉分支酶（SBEase）的活性，改善扬稻 6 号与旱优 8 号的水稻根系、叶片光合性能和籽粒中蔗糖 - 淀粉代谢途径关键酶的活性，最终有利于提高上述水稻品种的产量。在干湿交替处理下，扬稻 6 号和旱优 8 号叶片光合速率、叶片水势、根系氧化力、根系和叶片细胞分裂素含量以及籽粒中蔗糖 - 淀粉代谢途径关键酶活性的增强是在该处理方式下产量提高的重要生理原因。相反，在干湿交替条件下两优培九和镇稻 88 根系活性、源能力（叶片光合作用）和库强（细胞分裂素含量和蔗糖 - 淀粉代谢途径关键酶活性）的下降导致了产量的降低。

四、物质积累、转运及分配的优化

（一）增加抽穗前茎鞘干物质积累

虽然抽穗前茎鞘中物质积累对水稻产量贡献不如抽穗后积累的光合产物，但抽穗前物质积累的多寡对超级杂交水稻产量影响大。抽穗前水稻茎、叶、鞘积累的光合产物对籽粒贡献率为

20%~30%，而60%以上籽粒灌浆物质来自抽穗灌浆后的光合产物（童相兵等， 2006）。正因为抽穗前积累的光合产物对产量贡献较小，经常被忽略。近年的研究表明，对于大穗型超高产杂交稻，特别是具有亚种间亲缘的杂交稻，抽穗前茎、叶、鞘积累的光合产物多是高产的关键因素，也是高产品种的重要特点（刘建丰等， 2005；杨建昌， 2010）。抽穗前储存光合产物多，则抽穗扬花期糖花比（抽穗期茎鞘中非结构性碳水化合物积累量与颖花数之比）高，有利于提高淀粉合成途径中众多酶的活性，进而提高水稻结实率、充实度和稻谷产量（Smith等， 2001；杨建昌， 2010）。超级杂交水稻两优培九弱势粒中蔗糖合酶活性峰值出现时间较对照汕优63迟10 d左右（杨建昌， 2010），印证了超级杂交水稻必须在抽穗前积累更多的光合产物，以保持弱势粒的生理活性，从而使灌浆顺利进行。因此提高抽穗前光合产物的积累对维持弱势粒的活性，启动籽粒灌浆，提高灌浆速率，增加籽粒重量，最终实现高产具有重要的作用。

抽穗前期的光合产物积累不仅能维持水稻颖花活力，提高结实率，还能在灌浆时进行再次转运，促进水稻灌浆。水稻最高分蘖期、孕穗期、齐穗期干物质重分别为成熟期的20%、50%和70%左右（邹应斌、夏胜平， 2011）。在抽穗期，茎、叶、鞘干重占植株干重的65%~70%（邹应斌等， 2001；邹应斌、夏胜平， 2011），抽穗期茎鞘中非结构性碳水化合物（NSC）积累量与强、弱势粒的粒重均表现出显著正相关（董明辉等， 2012），因此抽穗前茎鞘中NSC积累量高，不仅有利于提高结实率，还有利于灌浆进程，提高千粒重。Katsura等（2007）研究证实超级杂交水稻品种两优培九比“日本晴”“Takanari”高产的主要原因是抽穗前干物质积累多，茎、叶、鞘可转运到籽粒中的碳水化合物多。笔者的研究结果表明，适当增加水稻抽穗前干物质积累，能促进超级杂交水稻结实率和产量的提高。

（二）育种栽培具体技术措施

从育种的角度看，提高产量应在其他产量品质性状优良的前提下，选育抽穗前茎鞘非结构性碳水化合物积累量大（Wang等， 2016），后期冠层叶片光合速率较高、光合功能期长的组合。其中抽穗前非结构性碳水化合物积累多有利于增加糖花比，维持颖花活力并启动灌浆（杨建昌， 2010）。抽穗后冠层叶片光合速率高、光合功能期长，有利于保持较好的灌浆速率和灌浆持续时间。从栽培技术角度而言，在施好基、蘖肥前提下，在幼穗分化第二~四期增施穗肥，实现前氮后移，有利于提升冠层后期光合能力，增加抽穗前群体干物质量的积累，提高茎鞘中非结构性碳水化合物含量，实现幼穗分化、灌浆结实期光合产物需求与供应相协调。

五、物质积累、转运及分配整体优化的案例

2013 年 Y 两优 900 在湖南隆回羊古坳乡实现百亩方平均单产 14.82 t/hm^2， 2014 年在湖南溆浦县实现百亩攻关片单产达 15.40 t/hm^2，采用“适时精量播种，双两大培育壮秧”“宽窄行合理密植、促低位大穗形成”“全生育期平衡配方施肥和壮秆防倒，构建高产群体”“湿润好气灌溉，旺根健体促源畅流”“及早病虫害预测预报和统防统治”等关键技术体系实现源库整体优化，充分挖掘出品种的产量潜力，其中，在养分调控上的具体措施如下（李建武等，2014）：

（1）施足底肥，打好基础。在使用农家有机肥基础上每公顷施用 45%（15-15-15）的复合肥 1 050 kg、钙镁磷肥 1 500 kg。

（2）早施蘖肥，促大分蘖。前期为促分蘖早生快发，主要施用速效氮肥。其目的是尽早构建苗期群体，提高群体光合效率，满足早期分蘖所需光合产物。移栽后 5~7 d，结合人工中耕除草，每公顷施用尿素 112.5 kg、氯化钾 75.0 kg；移栽后 12~15 d，分不同田块施平衡肥，每公顷看苗情施尿素 45.0~75.0 kg、氯化钾 112.5 kg，确保整个百亩方生长基本一致。

（3）重施穗肥，促进大穗。 Y 两优 900 为大穗型品种，在超高产攻关中应充分发挥其大穗优势，最关键的措施是重施穗肥，确保大穗形成。依据施肥时间不同，穗肥可按照促花肥、保花肥 2 次施用，分别在主茎幼穗分化二期和四期。其主要目的是通过施肥提高对应时期叶片光合速率，满足叶片、幼穗分化所需的光合产物要求，最大限度地协调优化源库，充分挖掘水稻品种的产量潜力，实现超高产。

References

参考文献

[1] BLOOM A J, BURGER M, ASENSIO J S R, et al. Carbon dioxide enrichment inhibits nitrate assimilation in wheat and Arabidopsis [J]. Science, 2010, 328: 899-903.

[2] SHU Q C, RONG X Z, WEI L, et al. The involvement of cytokinin and abscisic acid levels in roots in the regulation of photosynthesis function in flag leaves during grain filling in superhigh-yielding rice (*Oryza*

sativa)[J]. Journal of Agronomy and Crop Science, 2004, 190: 73–80.

[3] CHANG S Q, CHANG T G, SONG Q F, et al. Photosynthetic and agronomic traits of an elite hybrid rice Y-Liang-You 900 with a recod-high yield [J]. Field Crops Research, 2016, 187: 49–57.

[4] FARQUHAR G D, EHLERINGER J R, HUBICK K T. Carbon isotope discrimination and photosynthesis [J]. Annual. Review of Plant Physiology and Plant Molecular Biology, 1989, 40: 503–537.

[5] FENG L L, WANG K, LI Y, et al. Overexpression of SBPase enhances photosynthesis against high temperature stress in transgenic rice plants [J]. Plant Cell Report, 2007, 26: 1635–1646.

[6] HONGTHONG P, HUANG M, XIA B, et al. Yield formation strategies of a loose-panicle super hybrid rice [J]. Research on Crops, 2012, 13 (3): 781–789.

[7] HUANG M, CHEN J, CAO F B, et al. Rhizosphere processes associated with the poor nutrient uptake in no-tillage rice (*Oryza sativa* L.) at tillering stage [J]. Soil and Tillage Research, 2016, 163: 10–13.

[8] HUANG M, CHEN J N, CAO F B, et al. Root morphology was improved in a late-stage vigor super rice cultivar [J]. Plos One, 2015, 10: e0142977.

[9] HUANG M, SHAN S L, ZHOU X F, et al. Leaf photosynthetic performance related to higher radiation use efficiency and grain yield in hybrid rice [J]. Field Crops Research, 2016, 193: 87–93.

[10] HUANG M, XIA B, ZOU Y B, et al. Improvement in super hybrid rice: A comparative study between super hybrid and inbred varieties [J]. Research on Crops, 2012, 13 (1): 1–10.

[11] HUANG M, YIN X H, JIANG L G, et al. Raising potential yield of short-duration rice cultivars is possible by increasing harvest index [J]. Biotechnology, Agronomy, Society and Environment, 2015, 19 (2): 153–359.

[12] HUANG M, ZHOU X F, CHEN J N, et al. Factors contributing to the superior post-heading nutrient uptake by no-tillage rice [J]. Field Crops Research, 2016, 185: 40–44.

[13] HUANG M, ZOU Y B, FENG Y H, et al. No-tillage and direct seeding for super hybrid rice production in rice-oilseed rape cropping system [J]. European Journal of Agronomy, 2011, 34: 278–286.

[14] HUANG M, ZOU Y B, JIANG P, et al. Effect of tillage on soil and crop properties of wet-seeded flooded rice [J]. Field Crops Research, 2012, 129: 28–38.

[15] HUANG M, ZOU Y B, JIANG P, et al. Relationship between grain yield and yield components in super hybrid rice [J]. Agricultural Sciences in China, 2011, 10 (10): 1537–1544.

[16] HUANG M, ZOU Y B, JIANG P, et al. Yield component differences between direct-seeded and transplanted super hybrid rice [J]. Plant Production Science, 2011, 14 (4): 331–338.

[17] HUBBART S, PENG S B, HORTON P, et al. Trends in leaf photosynthesis in historical rice varieties developed in the Philippines since 1966 [J]. Journal of Experiment Botany, 2007, 58: 3429–3438.

[18] INADA N, SAKAI A, KUROIWA, et al. Three-dimensional analysis of the senescence program in rice (*Oryza sativa* L.) coleoptiles. Investigations of tissues and cells by fluorescence microscopy [J]. Planta, 1998, 205: 153–164.

[19] KATSURA K, MAEDA S, HORIE T, et al. Analysis of yield attributes and crop physiological traits of Liangyoupeijiu, a hybrid rice recently bred in China [J]. Field Crops Research, 2007, 103: 170–177.

[20] KEBEISH R, NIESSEN M, THIRUVEEDHI K, et al. Chloroplastic photorespiratory bypass increases photosynthesis and biomass production in Arabidopsis thaliana [J]. Nature Biotechnology, 2007, 25: 593–599.

[21] LEE R H, WANG C H, HUANG L T, et al. Leaf senescence in rice plants: cloning and characterization of senescence up-regulated genes [J]. Journal of Experimental Botany, 2001, 52: 1117–1121.

[22] LONG S P. Modification of the response of photosynthetic productivity to rising temperature by atmospheric CO_2 concentrations: Has its importance been underestimated? [J]. Plant, Cell & Environment, 1991, 14: 729–739.

[23] LONG S P, ZHU X G, NAIDU S L, et al. Can improvement in photosynthesis increase crop yields? [J]. Plant, Cell & Environment, 2006, 29: 315–330.

[24] MAIER A, FAHNENSTICH H, VON CAEMMERER S, et al. Glycolate oxidation in A. thaliana chloroplasts improves biomass production [J]. Frontiers in Plant Science, 2012, 3: 38.

[25] MISHRA A, SALOKHE V M. Rice root growth and physiological responses to SRI water management and implications for crop productivity [J]. Paddy & Water Environment, 2011, 9: 41–52.

[26] MONTEITH J L. Climate and the efficiency of crop production in Britain [J]. Philosophical Transations of the Royal Society of London, 1977, 281: 277–294.

[27] PENG S B, KHUSH G S, VIRK P, et al. Progress in ideotype breeding to increase rice yield potential [J]. Field Crops Research, 2008, 108: 32–38.

[28] PENG S B, HUANG J L, SHEEHY J E, et al. Rice yields decline with higher night temperature from global warming [J]. Proceedings of the National Academy of Sciences U. S. A., 2004, 101: 9971–9975.

[29] SAGE T L, SAGE R F. The functional anatomy of rice leaves: Implications for refixation of photorespiratory CO_2 and efforts to engineer C_4 photosynthesis into rice [J]. Plant Cell Physiology, 2009, 50: 756–772.

[30] SONG Q F, CHU C, PARRY M A J, et al. Genetics based dynamic systems model of canopy photosynthesis: the key to improved light and resource use efficiencies for crops [J]. Food and Energy Security, 2016, 5: 18–25.

[31] SONG Q F, XIAO H, XIAO X, et al. A new canopy photosynthesis and transpiration measurement system (CAPTS) for canopy gas exchange research [J]. Agricultural and Forest Meteorology, 2016, 217: 101–107.

[32] SONG Q F, ZHANG G, ZHU X G. Optimal crop canopy architecture to maximise canopy photosynthetic CO_2 uptake under elevated CO_2 – a theoretical study using a mechanistic model of canopy photosynthesis [J]. Functional Plant Biology, 2013, 40: 108–124.

[33] THOLEN D, ZHU X G. The mechanistic basis of internal conductance: A theoretical analysis of mesophyll cell photosynthesis and CO_2 diffusion [J]. Plant Physiology, 2011, 156: 90–105.

[34] THOLEN D, ETHIER G, GENTY B, et al. Variable mesophyll conductance revisited: theoretical background and experimental implications [J]. Plant, Cell & Environment, 2012, 35: 2087–2103.

[35] WANG D R, WOLFRUM E J, VIRK P, et al. Robust phenotyping strategies for evaluation of stem non-structural carbohydrates (NSC) in rice [J]. Journal of Experimental Botany, 2016, 67(21): 6125–6138.

[36] WANG P, KELLY S, FOURACRE J P, et al. Genome-wide transcript analysis of early maize leaf development reveals gene cohorts associated with the differentiation of C_4 Kranz anatomy [J]. The Plant Journal, 2013, 75: 656–670.

[37] WANG Y, LONG S P, ZHU X G. Elements

required for an efficient NADP-malic enzyme type C_4 photosynthesis [J]. Plant Physiology, 2014, 164: 2231-2246.

[38] YANG J C, ZHANG H, ZHANG J H. Root morphology and physiology in relation to the yield formation of rice [J]. Journal of Integrative Agriculture, 2012, 11 (6): 920-926.

[39] YANG J C, ZHANG J H. Grain filling of cereals under soil drying [J]. New Phytologist, 2006, 169(2): 223-236.

[40] YANG J C, ZHANG J H. Grain-filling problem in : "super" rice [J]. Journal of Experimental Botany, 2009, 61(1): 1-5.

[41] YANG J C, ZHANG J H, WANG Z Q, et al. Remobilization of carbon reserves in response to water deficit during grain filling of rice [J]. Field Crops Research, 2001, 71(1): 47-55.

[42] YAO Y Z. Effects of ridge tillage on photosynthesis and root characters of rice [J]. Chilean Journal of Agricultural Research, 2015, 75 (1): 35-41.

[43] YOSHIDA S. Fundamentals of rice crop science [M]. International Rice Research Institute, 1981.

[44] ZELITCH I, SCHULTES N P, PETERSON R B, et al. High glycolate oxidase activity is required for survival of maize in normal air [J]. Plant Physiology, 2009, 149: 195-204.

[45] ZHANG H, XUE Y G, WANG Z Q, et al. Morphological and physiological traits of roots and their relationships with shoot growth in "super" rice [J]. Field Crops Research, 2009, 113: 31-40.

[46] ZHANG Y B, TANG Q Y, ZOU Y B, et al. Yield potential and radiation use efficiency of super hybrid rice grown under subtropical conditions [J]. Field Crops Research, 2009, 114: 91-98.

[47] ZHU X G, DE STURLER E, LONG S P. Optimizing the distribution of resources between enzymes of carbon metabolism can dramatically increase photosynthetic rate: A numerical simulation using an evolutionary algorithm [J]. Plant Physiology, 2007, 145: 513-526.

[48] ZHU X G, LONG S P, ORT D R. What is the maximum efficiency with which photosynthesis can convert solar energy into biomass? [J]. Current Opinion in Biotechnology, 2008, 19: 153-159.

[49] SMITH D L, HAMEL C. 作物产量：生理学及形成过程 [M]. 王璞，王志敏，周顺利，等译. 北京：中国农业大学出版社, 2001.

[50] 敖和军，王淑红，邹应斌，等. 超级杂交稻干物质生产特点与产量稳定性研究 [J]. 中国农业科学, 2008, 41 (7): 1927-1936.

[51] 敖和军，王淑红，邹应斌，等. 不同施肥水平下超级杂交稻对氮、磷、钾的吸收累积 [J]. 中国农业科学, 2008, 41 (10): 3123-3132.

[52] 卞金龙，蒋玉兰，刘艳阳，等. 干湿交替灌溉对抗旱性不同水稻品种产量的影响及其生理原因分析 [J]. 中国水稻科学, 2017, 31 (4): 379-390.

[53] 曹树青，翟虎渠，张红生，等. 不同类型水稻品种叶源量及有关光合生理指标的研究 [J]. 中国水稻科学, 1999, 13 (2): 91-94.

[54] 常硕其，邓启云，罗祎，等. 超级杂交稻及其亲本的耐冷性研究 [J]. 杂交水稻, 2015, 30(1): 51-57.

[55] 陈达刚，周新桥，李丽君，等. 华南主栽高产籼稻根系形态特征及其与产量构成的关系 [J]. 作物学报, 2013, 39 (10): 1899-1908.

[56] 程旺大，姚海根，张红梅. 南方晚粳杂交稻与

常规稻籽粒灌浆及后期叶片光合特性的差异 [J]. 中国水稻科学，2007，21（2）：174–178.

[57] 邓华凤. 长江流域超级杂交稻目标性状研究 [D]. 长沙：湖南农业大学，2008.

[58] 邓启云，袁隆平，蔡义东，等. 超级杂交稻模式株型的光合优势 [J]. 作物学报，2006，32（9）：1287–1293.

[59] 董明辉，陈培峰，顾俊荣，等. 麦秸还田和氮肥运筹对超级杂交稻茎鞘物质运转与籽粒灌浆特性的影响 [C]. 南昌：中国作物学会 2012 年学术年会论文摘要集，2012.

[60] 段美娟. 玉米 C_4 光合酶基因转化超级杂交稻亲本及转基因水稻生物学特性研究 [D]. 长沙：湖南农业大学，2010.

[61] 冯建成，郭福泰，赵建文，等. 高产特优组合库、源、流特性研究 [J]. 福建农业学报，2007，22（2）：146–149.

[62] 付景，陈露，黄钻华，等. 超级稻叶片光合特性和根系生理性状与产量的关系 [J]. 作物学报，2012，38（7）：1264–1276.

[63] 付景，杨建昌. 超级稻高产栽培生理研究进展 [J]. 中国水稻科学，2011，25（4）：343–348.

[64] 郭兆武，萧浪涛，罗孝和，等. 超级杂交稻“两优培九”剑叶叶鞘的光合功能 [J]. 作物学报，2007，33（9）：1508–1515.

[65] 郭兆武. 高产杂交稻两优培九的光合特性研究 [D]. 长沙：湖南农业大学，2008.

[66] 黄锦文，李忠，陈军，等. 不同杂交水稻籽粒灌浆期叶片蛋白的差异表达分析 [J]. 中国生态农业学报，2011，19（1）：75–81.

[67] 黄敏，莫润秀，邹应斌，等. 超级稻的产量构成特点和籽粒灌浆特性分析 [J]. 作物研究，2008，22（4）：249–253.

[68] 李诚. 超级杂交稻株型构造特征及其规律研究 [D]. 长沙：中南大学，2013.

[69] 李迪秦，段春奇，秦建权，等. 施 N 对超级杂交稻中后期根系活力和产量的影响 [J]. 作物研究，2009，23（2）：71–73.

[70] 李建武，张玉烛，吴俊，等. 超高产水稻新组合 Y 两优 900 百亩方 15.40 t/hm^2 高产栽培技术研究 [J]. 中国稻米，2014，20（6）：1–4.

[71] 李稳. 低强度 UV-B 辐射对超高产杂交水稻两优培九光合生理特性的影响 [D]. 南京：南京师范大学，2012.

[72] 李霞，焦德茂. 超级杂交稻“两优培九”的光合生理特性 [J]. 江苏农业学报，2002，18（1）：9–13.

[73] 李霞，焦德茂，戴传超，等. 转育 PEPC 基因的杂交水稻的光合生理特性 [J]. 作物学报，2001，27（2）：137–143.

[74] 李香玲，冯跃华. 水稻根系生长特性及其与地上部关系的研究进展 [J]. 中国农学通报，2015，31（6）：1–6.

[75] 凌启鸿，龚荐，朱庆森. 中稻各叶位叶片对产量形成作用的研究 [J]. 江苏农学院学报，1982，3（2）：9–26.

[76] 凌启鸿. 作物群体质量 [M]. 上海：上海科学技术出版社，2000.

[77] 刘法谋，朱练峰，许佳莹，等. 杂交水稻根系生长优势与对环境因子的响应和调控 [J]. 中国稻米，2011，17（4）：6–10.

[78] 刘建丰，袁隆平，邓启云，等. 超高产杂交稻的光合特性研究 [J]. 中国农业科学，2005，38（2）：258–264.

[79] 刘桃菊，戚昌瀚，唐建军. 水稻根系建成与产量及其构成关系的研究 [J]. 中国农业科学，2002，35（11）：1416–1419.

[80] 刘晓晴. 丰两优系列高产优质杂交水稻品种生育后期光合特性及产量研究 [J]. 安徽农业科学，

2011, 39（29）: 17819–17821.

[81] 宁书菊，窦慧娟，陈晓飞，等. 水稻生育后期根系氮代谢生理活性变化的研究 [J]. 中国生态农业学报, 2009, 17（3）: 506–511.

[82] 欧志英，林桂珠，彭长连. 超高产杂交水稻培矮 64S/E32 和两优培九剑叶对高温的响应 [J]. 中国水稻科学, 2005, 19（3）: 249–254.

[83] 童相兵，岑汤校，魏章焕，等. 籼粳杂交稻甬优 6 号超高产栽培技术探索 [J]. 宁波农业科技, 2006（2）: 29–31.

[84] 王丰，张国平，白朴. 水稻源库关系评价体系研究进展与展望 [J]. 中国水稻科学, 2005, 19（6）: 556–560.

[85] 王鸿燕，吴文革，罗志祥，等. 高产杂交水稻主要光合生理特征的研究 [J]. 安徽农业科学, 2010, 38（15）: 7792–7793.

[86] 王建林，徐正进，马殿荣. 北方杂交稻与常规稻籽粒灌浆特性的比较 [J]. 中国水稻科学, 2004, 18（5）: 425–430.

[87] 王娜，陈国祥，吕川根. 两优培九与其亲本剑叶光合特性的比较研究 [J]. 杂交水稻, 2004, 19（1）: 53–55.

[88] 王荣富，张云华，焦德茂，等. 超级杂交稻两优培九及其亲本生育后期的光抑制和早衰特性 [J]. 作物学报, 2004, 30（4）: 393–397.

[89] 王熹，陶龙兴，俞美玉，等. 超级杂交稻协优 9308 生理模型的研究 [J]. 中国水稻科学, 2002, 16（1）: 38–44.

[90] 魏中伟，马国辉. 超高产杂交水稻超优千号的根系特征研究 [J]. 杂交水稻, 2016, 31（5）: 51–55.

[91] 徐国伟，孙会忠，陆大克，等. 不同水氮条件下水稻根系超微结构及根系活力差异 [J]. 植物营养与肥料学报, 2017, 23（3）: 811–820.

[92] 许德海，王晓燕，马荣荣，等. 重穗型籼粳杂交稻甬优 6 号超高产生理特性 [J]. 中国农业科学, 2010, 43（23）: 4796–4804.

[93] 许凯. 两种杂交水稻的生长及光合作用对 UV-B 辐射增强的响应 [D]. 上海: 华中师范大学, 2006.

[94] 薛艳凤，郎有忠，吕川根，等. 两优培九及其父本扬稻 6 号抽穗后叶片与根系衰老特点的研究 [J]. 扬州大学学报（农业与生命科学版）, 2008, 29（3）: 7–11.

[95] 杨建昌. 水稻弱势粒灌浆机理与调控途径 [J]. 作物学报, 2000, 36（12）: 2011–2019.

[96] 杨建昌. 水稻根系形态生理与产量、品质形成及养分吸收利用的关系 [J]. 中国农业科学, 2011, 44（1）: 36–46.

[97] 杨知建，徐庆国，朱春生，等. 6-BA 处理对水稻根系中后期生长的影响 [J]. 湖南农业大学学报（自然科学版）, 2009, 35（5）: 462–465.

[98] 郁燕，彭显龙，刘元英，等. 前氮后移对寒地水稻根系吸收能力的影响 [J]. 土壤, 2011, 43（4）: 548–553.

[99] 翟虎渠，曹树青，万建民，等. 超高产杂交稻灌浆期光合功能与产量的关系 [J]. 中国科学（C 辑: 生命科学）, 2002, 32（3）: 211–217.

[100] 张耗，黄钻华，王静超，等. 江苏中籼稻品种演进过程中根系形态生理性状的变化及其与产量的关系 [J]. 作物学报, 2011, 37（6）: 1020–1030.

[101] 张云华，钱立生，王荣富. 超级杂交稻两优培九及其亲本低温强光适应特性 [J]. 激光生物学报, 2008, 17（1）: 75–80.

[102] 张云华. 超级杂交稻两优培九及其亲本的光能利用及转化效率的研究 [D]. 合肥: 安徽农业大学, 2003.

[103] 郑华斌，姚林，刘建霞，等. 种植方式对水稻产量及根系性状的影响 [J]. 作物学报, 2014, 40

(4): 667–677.

[104] 郑景生，林文，姜照伟，等. 超高产水稻根系发育形态学研究 [J]. 福建农业学报，1999，14 (3): 1–6.

[105] 郑天翔，唐湘如，罗锡文，等. 节水灌溉对精量穴直播超级稻根系生理特征的影响 [J]. 灌溉排水学报，2010，29 (2): 85–88.

[106] 周泉澄. 超高产杂交稻两优培九及其亲本衰老过程中剑叶光能转化特性的细胞生物学性状研究 [D]. 南京：南京师范大学，2005.

[107] 周文新，雷驰，屠乃美. 水稻源库关系研究动态 [J]. 湖南农业大学学报 (自然科学版)，2004，30 (4): 389–393.

[108] 朱德峰，林贤青，曹卫星. 超高产水稻品种的根系分布特点 [J]. 南京农业大学学报，2000，23 (4): 5–8.

[109] 朱德峰，林贤青，曹卫星. 水稻深层根系对生长和产量的影响 [J]. 中国农业科学，2001，34 (4): 429–432.

[110] 朱萍，杨世民，马均，等. 遮光对杂交水稻组合生育后期光合特性和产量的影响 [J]. 作物学报，2008，34 (11): 2003–2009.

[111] 邹应斌，黄见良，屠乃美，等. “旺壮重” 栽培对双季杂交稻产量形成及生理特性的影响 [J]，作物学报，2001，27 (3): 343–350.

[112] 邹应斌，夏胜平. 超级稻 “三定” 栽培理论与技术 [M]. 长沙：湖南科学技术出版社，2011.

[113] 邹应斌，万克江. 水稻 “三定” 栽培与适度规模生产 [M]. 北京：中国农业出版社，2015.

第十二章

超级杂交水稻栽培技术

李建武 | 龙继锐

第一节　超级杂交水稻的育秧与移栽

一、水稻育秧概述

（一）水稻育秧的生理

水稻育秧是指从种子开始吸水萌动到培养出适合移栽秧苗的过程，与气候环境条件密切相关，在整个育秧过程中要创造一个适宜种子萌发和幼苗生长的环境，有利于培育多蘖壮秧。适宜环境条件包括水分、氧气、温度，同时保证充足的营养也是培育壮秧的必要条件。

1. 水分

水分是稻种萌发和幼苗生长的首要条件，干燥的种子细胞内自由水的含水量很低，细胞的原生质呈凝胶状态，代谢活动很微弱，处于休眠状态。稻种只有吸收足够的水分，生理作用才能逐渐开始，一般当水稻种子吸收自身重量 30% 左右的水分时才能良好发芽。同时，在水稻幼苗生长的前期，即 2 叶 1 心期以前，其生长发育也与水分关系密切，此时秧苗体内没有形成健全的通气组织，土壤应保持湿润状态，维持较好的通气环境，才有利于秧苗的健康生长。

2. 氧气

氧气能促进水稻种子的呼吸作用，释放足够的能量以满足各种生理变化过程的需要，保证淀粉酶的活性，促进淀粉酶的水解作用，蛋白质的合成也需要氧气。缺氧会影响蛋白质的生物合成，影响细胞分裂与分化，不能形成新器官，因此，氧气是水稻种子萌发和秧苗良好发育必不可少的一个条件。

3. 温度

水稻种子发芽和幼苗生长是一系列生理生化变化的复杂过程，是在众多酶的参与下进行的，而酶的活动与温度高低密切相关，在一定范围内，酶的活性随温度升高而增强，随温度降低而变弱。一般水稻发芽所需要的最低温度为平均气温稳定通过 12 ℃，最适温度为 28～32 ℃，最高温度为 36～38 ℃，催芽时温度高于 40 ℃就会对种子造成伤害，损害胚芽。籼稻幼苗生长的最低温度为 14 ℃，温度高于 16 ℃时才能顺利生长。

4. 营养

水稻植株在 3 叶期前，主要是靠消耗胚乳中存储的营养来维持自身的生长发育，3 叶期后，胚乳中的营养吸收完，幼苗主要是通过叶片的光合产物进行生长，因此，需要不断从土壤中吸收营养，来满足幼苗生长对养分的需求，只有土壤养分供应充足，幼苗才能健壮生长（周培建等， 2010）。

（二）水稻育秧的类型

水稻育秧的方式很多，按单一因子来说，如：按秧田水分，有水育秧、湿润育秧、旱育秧；按秧苗大小分，有大苗秧、中苗秧、小苗秧；按秧龄长短分，有长龄秧、中龄秧、短龄秧；按播种量分，有密播秧、稀播秧、超稀播秧；按有无覆盖分，有露地育秧、温室育秧、覆盖物育秧；按是否带土分，有土（泥）育秧、无土育秧；按是否使用育秧塑料盘分，有盘育秧与无盘育秧；按育秧盘材料软硬分为软盘（抛秧盘或机插盘）育秧与硬盘育秧；按秧苗是否直插，分为一段育秧与两段育秧；按插秧方式分，有手插秧、抛秧、机插秧；等等。从育秧的复合因子来看，则有湿润稀播大苗（一段）带多蘖洗插秧、旱育密播小苗湿润寄插两段长龄带土秧等。

二、超级杂交水稻的育秧技术

以下主要介绍超级杂交水稻的湿润育秧、旱育秧、抛秧盘育秧、机插秧盘育秧、大田直播及其有关配套技术。

（一）湿润育秧

湿润育秧是目前水稻生产上最广泛的育秧技术，也是南方稻区农民掌握得最好的育秧技术，不需要特殊材料和处理，简便易行。主要特点是秧田水耕水整，一犁多耙，起垄分厢趟平播种，播种至 1 叶 1 心期秧田不灌水（旱管）、 2 叶 1 心时灌浅水，实行水管，直到移栽。其后移栽方式可以小苗带土移栽，也可以中苗带土移栽，还可以大苗洗泥移栽。

1. 播种前的准备工作

（1）晒种

在浸种前 4～5 d，选晴天将种子晒 1～2 d。晒种能增强种子的透水性和透气性，提高种子的吸水能力，使种子发芽整齐，同时，晒种能利用太阳光中的短波光杀死附着在种子表面的病菌，有杀菌防病作用。晒时勤翻动，使种子干燥度一致，用竹编的筐箩、晒垫或塑料膜等垫在晒场上更佳，尽量避免稻种直接摊在水泥地板或石板上暴晒，以防晒伤稻种。

（2）浸种消毒

水稻种子一般要吸收自身重量 30% 左右的水分时才能良好发芽，因此播种前应先浸种，使种子吸足水分。浸种时先将冲洗后的种子放入清水中浸 10～12 h，然后用 300 倍液强氯精浸种 8～10 h，浸种消毒期间不换水，每隔 6 h 左右要搅拌一次，使上下种子着药均匀，浸后反复冲洗种子，彻底去掉药味再行催芽（强氯精的残留药液对种子发芽有抑制作用）。或用 25% 咪鲜胺乳油 2 000～3 000 倍液浸种 24 h。浸种时，药液面要高出种子表面 3～5 cm，以免种子吸水膨胀后露出药液外影响浸种效果。用咪鲜胺药液浸种后不用清水冲洗，将种子取出滤干药液后可直接进行催芽（李建武等， 2013）。

（3）破胸催芽

催芽可使出苗整齐，防止损种、烂秧，特别是早稻播种期间气温低，更要催芽（石庆华等， 2010）。浸种充分、种子吸足水分后即可催芽，把浸好的谷种装入吸水性较好的布袋或麻袋（不宜用编织袋）并用塑料薄膜包好进行催芽。常规催芽时，把经浸种消毒的种子捞起沥干水后，用 35～40 ℃温水洗种预热 3～5 min 后把谷种装入布袋或箩筐（盛装的用具能漏水、保湿、透气即可），四周可用农膜与无病稻草封实保温，一般每隔 3～4 h 泼一次温水，谷种升温后，控制温度在 35～38 ℃，温度过高要翻堆，经 20 h 左右可露白破胸，谷种露白后调降温度到 25～30 ℃，适温催芽促根，待芽长半粒谷、根长一粒谷时即可。在催芽中要注意淋水翻动，防止温度过高或过低。但在中稻区播种时，气温比早春播种稍高或较高，当谷种大量露白时也可以播种，播种前把种芽摊开在常温下炼芽 3～6 h 后播种。使谷种适应空气温度，提高成苗率（王炽， 2013）。

（4）秧田准备

秧田应选择背风向阳、排灌方便、土壤耕作层适宜、土质肥沃、运秧便利的地块做苗床，不能选低洼田和冷浸田。秧田水整地、湿播种，翻耕后施好底肥，平整前每亩施入腐熟的农家肥 300 kg， 45%（N、 P_2O_5、 K_2O 的含量均为 15%）三元复合肥 30 kg 作底肥，施肥后 4～5 d 再平整秧厢播种（李建武等， 2013）。

2. 播种育秧

合理的播种期是水稻育秧的关键，播种期的确定要依据水稻品种的生育期、秧龄弹性、温度、前茬作物的收获期等多种因素综合考虑。早稻播种期的确定主要以播种期的日平均温度为指标，一般日平均温度稳定通过 12 ℃时，可抢晴播种，同时也要考虑移栽期和秧龄弹性。一季中稻和晚稻播种期的余地比较大，主要是根据其抽穗开花期要避开 7 月底至 8 月上中旬的高温天气来确定其播种期，也就是要根据品种的生育期，一般安排在 8 月下旬至 9 月初抽穗，以免抽穗开花期遇高温造成结实不正常，影响产量。双季晚稻播种期主要是根据安全齐穗期来确定，同时还要兼顾品种的秧龄弹性，以免造成秧田拔节、大田早穗而减产，或抽穗期过迟、遇“秋寒（寒露风）”而影响结实（周培建等， 2010）。

播种前对秧田精细耕整做成秧厢，秧厢面宽 1.5 m，厢沟宽 30 cm，厢面高 15 cm，秧田与大田的比例为 1 :（10～15），一般水育秧每亩大田用种量 0.8～1.0 kg，每亩秧田播种量 7～9 kg，秧龄 25～30 d。为了提高成秧率及减轻秧田期病虫害，播种时可进行药剂拌种，如专用的拌种剂、壮秧剂，按商品说明使用；播种时做到分厢定量、匀播稀播、不重叠、不漏播；播后轻踏谷，使种子浅入泥，以利扎根。

育秧期间温度较低的地方应采取相应的保温措施，一般使用塑料拱棚进行保温，播种至 1 叶 1 心期，棚内温度控制在 30 ℃左右， 2 叶期棚内温度保持在 25 ℃左右， 3 叶期以后平均温度保持在 20 ℃左右，最低温度不低于 15 ℃。播种至齐苗，膜内温度低于 35 ℃一般不要揭膜，高于 35 ℃，应揭开两头通风降温；齐苗后就要揭膜炼苗，最好在早晨或晚上揭膜，此时棚内外温差小，秧苗适应新的环境快；如果接近中午气温高时揭膜，一定要先灌水上厢，防止地上部秧苗水分蒸腾快，根部吸收慢，造成秧苗生理失水卷叶。随着叶龄的增长，通风炼苗时间相应延长，尤其在 2.5 叶期，温度不得超过 25 ℃；高于 25 ℃时，要通风降温，防止出现徒长高脚苗，或失水“烧秧”现象。在 3 叶期以后逐渐大通风，棚内外温度接近一致，如果夜间没有霜冻，就不用覆膜，等待插秧。

秧苗在 2 叶 1 心期施断奶肥，一般每亩追施尿素 3～5 kg，同时逐步实行浅水层灌溉，到 3 叶期后开始上水管理；3 叶期后至移栽前要促进秧苗分蘖，为提高秧苗移栽后的发根力和抗植伤力打好基础。一是看苗施好接力肥，对地瘦、缺肥、苗弱、分蘖慢的秧田施好接力肥，一般每亩施用尿素 4～6 kg；秧苗 2 叶期前，采取湿润灌溉，保持沟中有水，秧板湿润而不存水层， 2 叶后采用间隙灌溉，水层和露田相结合，这样根系发得多、长得壮，分蘖早、分蘖多而健壮。移栽前 3～4 d 每亩施用尿素 7.5 kg 做“送嫁肥”，以利于秧苗移栽后尽快返青，恢复生长。湿润育秧的秧龄应控制在 30 d 以内（叶龄 4.5～6.0 叶）。

育秧过程中应注意防止死苗。发生死苗的原因，一是种子消毒不严引发病害；二是苗床整地不精细，凹凸不平，造成厢面低处积水淹种烂苗，高处晒芽死苗；三是施肥不当，如将未腐熟的畜禽粪施入苗床易引起“烧根”死苗；四是管理不当，由于前期气温高，揭膜过早，突遇低温，造成青枯死苗；或播种出苗后，管理不勤，温度过高也不揭膜降温，造成高温烧苗；五是苗床选地不适宜，苗床土壤板结，秧苗长势较弱，抵抗力差；六是虫害，如一季中稻育秧，在高温多湿偏氮的情况下，稻蓟马极易暴发成灾。秧田期主要防治稻蓟马，兼治褐飞虱，兼防白背飞虱传播黑条矮缩病、灰飞虱传播条纹叶枯病毒病。主要使用对口化学农药，如吡虫啉、啶虫脒等，治 1～2 次，移栽前 2 d 喷施一次长效农药，能有效减轻大田前期的病虫害。

3. 移栽

移栽前大田应开好围沟，沟深 20 cm，宽 25 cm，有利于排水晒田。同时清除大田周边杂草，消灭杂草所带病菌及越冬害虫，插秧前对大田进行精细耕整，先用中型翻耕机，将稻田深耕至 25 cm 左右，然后每亩施 45% 的三元复合肥 30～50 kg 作底肥（有条件的地方可每亩施用 500～1000 kg 腐熟的农家肥），底肥均匀施下后将田耙平，做到 3 cm 水层不现泥。根据超级杂交水稻品种的特征特性，插植规格采用宽行窄株，宽行设置与阳光主入射角或风向平行，西南季风区可设为东西行向，有利于中后期通风透光。栽插密度：优良生态区一般为 20 cm×30 cm，或 20 cm×33.3 cm，每亩插 1.0 万～1.1 万蔸，每蔸插 2 粒谷苗，按 1 本 2 蘖的“三叉秧”计，落田基本苗为 6.0 万～6.6 万蔸。一般生态区为 16.65 cm×30 cm 或 16.65 cm×33.3 cm，每亩插 1.2 万～1.3 万蔸，每蔸插 2 粒谷苗，落田基本苗为 7.2 万～7.8 万蔸。

（二）旱育秧

1. 概述

水稻旱育秧高产技术于 1981 年从日本引进，黑龙江省率先应用，效果显著，以后在全国普遍推广（谷祖新， 1991）。其高产原理是通过培育旺盛的根系，在秧苗栽插后早生快发。旱地耐寒育秧地上部矮壮，分蘖和叶片表皮毛增多，气孔开度增大，根系发达，总根数、白根数、根干重、根毛和根系吸收面积增大，根尖和叶肉细胞体积变小，根系活力增强（邹应斌，2011）。该技术适合于单、双季早稻生产，也可用于旱育软盘秧，以及中、晚稻的旱育水寄两段育秧。

超级杂交水稻高产栽培提倡多采用旱育秧模式。因为这种育秧方式，床面土壤上下通透性好，有利于培育根毛多、白根多的矮壮秧，而且，秧苗移栽时带蘖多，移栽到大田后秧苗暴发力强，返青快，几乎没有落黄期，所以这种育秧方式是提高秧苗质量和移栽质量，早分蘖早生低位蘖的一种较好形式。而且操作方便，省工省时（农村房前屋后有空地的地方都可以进行），不浪费水资源（周林等， 2010）。

2. 旱育秧技术的实施规程

旱育秧是指在整个育秧过程中，不建立水层，只保持土壤湿润的育秧方法。播种程序是：培肥→播种→压平→覆土→化除→盖膜。播种前 7 ~ 10 d，翻挖、整细、整平，苗床平整前每亩施入腐熟的农家肥 300 ~ 500 kg， 45% 三元复合肥 30 kg，精细耕整做成苗床。在制作苗床的同时，备足盖种细土（掺入 20% 腐熟农家肥的过筛细土），并用薄膜盖好，以便适时播种。播种前选晴天进行秧地耕整，秧地土壤打碎整平后开厢做苗床，厢宽 1.3 m 左右、高 10 cm 左右，秧地四周开好排水沟。播种前苗床先浇水，使土壤水分达到饱和状态，再将催好的芽谷均匀撒播于厢面，用扫帚等轻压种子，使其三面入土，最后均匀覆盖 1 cm 厚的细土。

旱育秧苗床管理的重点是温度和水分。在温度管理方面，播种至齐苗应保温保湿，促进齐苗。低于 35 ℃一般不要揭膜，高于 35 ℃，应揭开两头通风降温，以防烧芽，但在下午三四点钟后要及时盖上。齐苗至 1.5 叶期开始降温炼苗，晴天上午 10 点到下午 3 点揭开部分，保持膜内温度在 25 ℃左右，下午 3 点后要盖上。1.5 ~ 2.5 叶期是控温炼苗的关键时期，也是生理性立枯、青枯病的危险期，要经常揭膜通风，晴天可从上午 9 点到下午 4 点，使床土干燥；阴天可开口通风，膜内温度保持在 25 ℃左右。在水分管理方面，播种至立针前，以保温、保湿为主。齐苗现青后，严格控水，促进根系下扎，早上揭膜，傍晚盖膜，进行炼苗。2 叶期即可揭膜。一般晴天下午揭，阴天上午揭，雨天雨后揭；此时若遇低温寒潮，则延长盖膜时间，待寒潮过后再揭膜。揭膜至移栽前的水分管理，一般在出现秧苗叶片早晚无水珠，或早晚床土干燥，或午间叶片打卷时，选择傍晚或上午喷浇水一次，以 3 cm 表土浇湿为宜，但对土壤不太肥沃，较板结的秧床，以每次浇透水为好。只有严格控制苗期水分，才能增强本田期的生长优势（张勇， 2011）。肥料管理方面，由于旱育秧苗床配制了营养土，在苗期一般不用施肥，如苗床培肥不够，发现秧苗叶色开始发黄，表现脱肥症状，可结合中后期补水来补充肥料。一般用 0.5% 的尿素溶液喷施，为防止烧苗，喷施尿素溶液后需喷清水洗苗。旱育秧的秧龄应控制在 30 d 以内（叶龄 5 叶左右）。

（三）抛秧

1. 概述

水稻抛秧一般是采用塑料软盘培育带土秧，或使用无盘抛秧剂培育带土秧，利用重力作用和自由落体原理，将盘根带土秧苗抛植于大田的轻简栽培技术。抛秧栽培技术具有省秧田、省劳力、省成本、高工效的特点，可解决传统“三弯腰”中的拔秧与插秧两弯腰，深受稻农欢迎。因为拔秧时对根系的伤害小，再加上秧苗抛栽时根系带了泥土，因此抛栽后抗逆性较强，分蘖发生快，分蘖节位低，具有早发、早熟和增产、增效的优势；其弱点是软盘秧的秧龄弹性有限，不宜育长龄大苗秧。抛栽主要用于早稻生产，其大田管理与育秧移栽基本相同，也可用于中、晚稻。

2. 抛秧技术的实施规程

（1）物质准备

每亩塑料软盘用量，视软盘孔数和大田栽培密度而定。育秧软盘规格从每盘的孔数看，常用的有 3 种规格：一种是 561 孔 / 盘，每盘共 19 排， 30 孔的 10 排、 29 孔的 9 排，可育≤3.5 叶龄的短龄小苗秧；第二种是 434 孔 / 盘，每盘共 17 排， 26 孔的 9 排、 25 孔的 8 排，可育≤4.5 叶龄的小、中龄秧苗；第三种是 353 孔 / 盘，共 15 排， 24 孔的 8 排、23 孔的 7 排，可育杂交中、晚稻适龄壮秧，叶龄 3.5~5.5 叶，旱控软盘长龄秧，叶龄可达 6.5 叶左右。这种 353 孔规格的育秧软盘，长 60 cm、宽 33 cm、高 1.8~2.0 cm，平均单盘重 50 g，孔体斜面圆锥形，呈开口向上的杯状，亦称“钵体”。超级杂交水稻抛栽每亩本田需用规格 353 孔或 434 孔的塑料钵体育苗盘 40 盘或 30 盘。

种子、育秧基质及农膜等的准备。按每亩大田用秧计划，需超级稻种子 1.5 kg 左右；过筛的优质农家肥 10 kg，或专用育秧基质 10 kg，过筛的无病菌旱土或稻田肥沃黏性壤土 80~100 kg，种子消毒剂、移栽灵或多功能壮秧剂（按说明准备），宽 2 m 的农膜长 7.5 m（450~500 g）。

（2）种子处理

①种子浸种消毒

为了预防种子所带病害如恶苗病、稻瘟病等的传播，浸种时可用 25% 咪鲜胺乳油 2 000~3 000 倍液浸泡种子 48 h 或用 300 倍液强氯精浸种 8~10 h 进行消毒。

②催芽

将消毒浸种至破胸露白后的种子放在 32 ℃左右的温度条件下催芽，当 90% 的种子长出 2 mm 的芽时，把种子放在常温下晾 6 h 炼芽后即可播种。

（3）育秧土的配制

育秧所用的盘土要求选择土壤疏松的壤土，无病、虫、杂草，无除草剂残留，可用无病菌旱土或稻田肥沃的黏壤土。取土后风干，捣碎大块过筛备用，按每亩本田抛栽秧用 40 个软盘计，需基质土 100 kg，备优质农家肥 20 kg，土和农家肥均需剔除草屑、石砾、硬坨、杂物，用孔径约 4.24 mm 的筛子过筛，土肥比例为 8：2 或 7：3。

（4）秧床地的选择与处理

①秧床地的选择

秧床地应选择土壤肥沃，背风向阳，排灌自如，运秧方便的地方。

②秧床的消毒和调酸

秧床播种前应进行培肥地力，在整地时每平方米施充分腐熟的农家肥 5～10 kg，整平秧床后用移栽灵等进行土壤消毒、调酸。秧床消毒的目的在于消灭土壤中的病菌，是育苗成功的关键措施。每平方米苗床用移栽灵 1.0～2.0 mL 加水 2～3 kg 均匀喷在秧床上，能有效抑制床土立枯病菌的繁殖，以增强秧苗吸水、吸肥、抗病能力。

（5）播种

播种期可根据本地的气温和秧龄期来确定，当气温稳定通过 12 ℃时开始播种。播种时先把秧盘摆放在秧床上，双盘长边对摆，短边距秧床边 15 cm，可拉根绳成平行线，然后照线摆直，秧盘之间紧密相连，不留空隙。摆好盘后，铺放营养底物（泥土、肥料等）即可播种。

用旱土播种的方法是先给软盘铺土，将过筛后的细土装到秧盘孔穴深度的 2/3，再将催好芽的种子均匀撒到孔穴中，进行播种，播种时每盘用芽种 70 g 左右，撒完种子后用细土覆盖。最后浇一次透地水，若灌水后盘土下沉，应将孔穴补满。用软盘敷泥的方法是将筛好的盘土与农肥及壮秧剂加水调和成稀泥或直接从水塘、水沟等底部捞取稀泥，然后用瓢勺将稀泥舀入软盘，趟平稀泥，盘孔轮廓显露清晰，待稀泥收水落沉 3 mm 左右即可播种，播后随即用竹扫帚或高粱扫帚将芽谷压入泥表不现谷，播种后不必灌水，只要保持厢沟有水即可。

播种后温度过低的地区应进行盖膜，播种浸水结束后，每隔 1 m 插一根弓条。棚高 40 cm，然后盖塑料膜。沿苗床周边挖 5 cm 深的小沟，将膜下边插入沟内后用泥土压严。

（6）秧期管理

①水分管理

由于播前已灌足了底墒水，播种至出苗前一般不灌水，到秧苗叶片早晚无水珠，床面发白后及时灌水，浇水时间在上午 10 点前或下午 4 点后为好，浇水时要一次浇透，随着气温逐步升高和秧龄的增长应经常查看苗情，出现缺水现象时应及时浇水，保证秧苗有足够的水分，秧苗 1 叶 1 心时结合施药少量补水， 2.5 叶时（抛栽前 10 d），由于此时气温回升快，蒸发量加大，秧苗易出现缺水现象，要每天浇一次水，保证秧苗健壮生长。

②温度管理

播种后至秧苗出土变绿前3～4 d不通风，保持高温高湿，全绿后小通风，使床内温度保持在25～28 ℃，将塑料膜一端揭开一点，进行小通风，日落前2 h盖膜，以保温防寒，秧苗1.5叶后加大通风量，使床内温度保持在20～23 ℃，秧苗2.5叶后，昼夜通风，抛栽前一周无强寒潮不盖膜（蔡学举等， 2011）。

③秧田追肥

秧苗2.5叶后，若表现脱肥现象，即秧苗出现褪绿变黄，必须及时追肥，结合浇水每平方米施尿素6～10 g，可兑水后浇施，或撒施后立即浇水释肥。

④起秧

叶龄在3.0～3.5叶时，秧龄20 d左右，苗高“一拳深”（约10 cm）的壮秧苗，在抛秧的前一天检查盘土湿度，如盘土过湿，则把秧盘掀起放在埂子上晾一夜。如盘土过干，则用大水快灌，灌平沟后快排，盘土湿润，秧床内无积水。起秧时，先将秧盘从秧床上掀起，拉断扎入床土的引根，再卷成筒状运往本田。

（7）抛秧技术

①本田整地

抛秧田块应能灌、能排、能有效地控制水层，保证抛后湿润立苗。稻田以耕翻为好，抛秧前7～10 d进行，耕翻深度15～20 cm，有利于消灭稻田杂草，深浅一致。稻田无杂草、绿肥，亦可用旋耕机细致耕整。

②施基肥

每年在整地前每亩施用农家肥1 000 kg，三元复合肥30～50 kg（或超级稻专用复合肥，按说明用量施），均匀撒施田面，本田提前3～5 d放水泡田，田面要净，无根茬、杂物。整平田面，同一田面高差不超过3 cm，达到3 cm水层不露泥。

③抛秧时间

耕耙后待泥浆下沉后开始抛秧效果最好，但如果耙田后沉浆时间过长，田面较硬、秧苗入土浅、平躺苗增多，返青迟缓，影响抛秧质量，可先试抛几把秧，看看效果是否到位，再正式抛秧。一般黏壤土耙田后沉一晚，第二天开始抛秧，壤土耙田后5～6 h开始抛秧，沙壤土耙田后2～3 h开始抛秧。

④抛秧

抛栽前大田排干水，仅留花花水或脚印水。抛秧田面积较大的，应先牵绳分厢后再抛秧，抛后沿绳子一边捡出20 cm内的秧苗丢入厢内，即成为走道。抛秧时将秧盘拿在手上，抓起一把秧苗活动几下，使秧根相互分开，然后用力向空中 3 m 以上高处抛撒。先抛稀后抛匀、先抛远后抛近、先抛逆风向后抛顺风向，分两三次抛，第一次抛总量的 70% 左右，第二次抛总量的 30% 左右，再匀密补稀。"点抛"是抛秧的另一种形式，要求先分厢，预留走道，或先插好走道秧，然后人在走道里将计划秧苗数一棵棵快速丢入厢内，该法加强了对均匀度和质量的控制，但降低了工效。

⑤抛秧密度

抛秧密度依据稻田土壤肥力情况而定，肥力高的田块，每亩抛栽密度 1.3 万穴左右。中等肥力的田块，每亩抛栽密度 1.5 万穴左右。肥力较低的田块，每亩抛栽密度 1.8 万穴左右。

（8）立苗期管理

①防止抛后漂秧

抛秧稻田抛栽后不能立即灌水，抛栽后 2 ~ 3 d 内保持薄皮水，落干后小水浸灌，有利于早立苗，如此期遇雨应及时将水排干，避免漂秧。

②水层管理

由于抛秧苗入土比手插秧浅，只有 1.5 ~ 2 cm，大多数是小、中苗，切忌灌深水，抛栽秧苗直立后只能灌 2 ~ 3 cm 的浅水层。只有这样才能充分发挥低节位成穗率高的优势。

③施用除草剂

抛秧后因前期苗小、根浅对除草剂比较敏感，应谨慎选用除草剂。抛秧 7 d 以后，秧苗新增 1 ~ 2 叶，本田抛秧前未施用除草剂的，杂草也逐渐滋生，应考虑施用抛秧田除草剂。如抛秧净（18.5% 异丙草胺 · 苄可湿性粉剂），可防除抛秧田的稗草、莎草、鸭舌草、节节菜、陌上菜等杂草。使用方法：水稻抛栽后 7 ~ 8 d，每亩用量 30 ~ 35 g，用尿素 7.5 kg，或细潮土（潮沙）15 kg 拌匀，均匀撒施，施药时田间水层 3 ~ 5 cm，并保水 5 ~ 7 d，保水期缺水应立即补水，不可换水或排水，以后恢复正常田间管理。

（四）机插秧

1. 概述

机械化插秧是对人力插秧劳动强度大、劳力密集、花工费本、低效率传统方式的重大变革，是水稻生产全程机械化最重要的一环，是进一步解放农村劳动力、促进第二、第三产业发展、加速实现农业现代化的重要举措，不仅深受农民欢迎，而且日益受到各级农技、农机与行政部门的重视。机插秧比直播省种、苗齐、苗壮、耐肥、抗倒，尤其可争取季节早播、早插，延长营养生长期，分蘖早，穗大、粒多，增产效果明显；机插秧也比抛秧栽培的农艺性状好，移栽后返青立苗期相对缩短 2～3 d，分蘖较早，田间分布均匀，易于平衡管理，禾苗受光条件一致，个体生长整齐，根系发达，吸肥力强，抗倒伏，病虫草害减少；虽然机插秧苗比常规稀播育秧秧苗小，短龄早插，全生育期或有缩短，穗较小，但只要大田管理技术配套，成穗量足，有利于发展成为超高产群体，具有较大的增产优势。

培育高标准机插秧是机械化插秧栽培技术成功的关键。水稻机插秧一般采用专用机插秧软盘（或硬盘）育带土盘根秧。机插秧与抛秧的不同之处，在于抛秧带土坨抛出，一个个要分散且不能串根，因此，抛秧软盘是锥孔形的，又称钵育软盘；而机插秧要保证插秧的连贯性，秧苗需要一定的串根，可以圈成捆装入插秧槽，因此，机插秧育秧盘是平底，或半矮方形钵孔，而且串根不能过头，带土（泥）量也不可过多，否则影响插秧质量与工效。机插秧也可以搞场地隔层物无盘育秧，移栽前严格按插秧机秧盘规格切块（朱金萍等， 2002），其插秧、大田管理方式与盘育秧相同。

机插秧又有工厂化育秧、室外场地（旱土、稻田等）育秧等方式。与常规育秧方式相比，机插秧的育秧特点是：播种密度大、秧龄短、秧地用量少、管理方便，但必须与插秧机要求配套，农艺与农机相互融合。利用稻田或旱土等场地培育软盘机插秧，是对于没有工厂化育秧条件的地方而使用的一种简单易行的方法。

2. 机插秧的育秧技术规程

（1）定好播种期

因机插秧播种密度大，秧盘内的土层薄。因而秧龄不能过长，便于机插。一般在秧苗 3.5～4.0 叶时插植为宜，叶龄少则苗小根系弱，易受机械植伤，返青慢；秧龄过大则根多叶长，也易造成机械植伤，降低机插质量与工效。早稻秧龄在 20 d 左右，中稻和晚稻在 15 d 左右。因此，要根据实际情况，特别是根据大田前作物的收获时间，定好播种期，尽可能做到不要秧等田，确保适龄插秧。

（2）播种量

使用机插秧的大田用种量比常规育秧用种量稍大，一般每亩大田用种量 2 kg 左右。

（3）浸种催芽

按照常规的方法进行消毒、浸种、催芽。浸种前最好先晒种，这样有利于种子吸水，提高发芽率。在种子催芽时应注意增加通气，定时翻动，必要时可淋水降温。尽量保持在 30 ℃左右的温度催芽，破胸率达 90% 以上，或芽长 1～2 mm 即可播种。

（4）选好秧田，做好播种前准备

选择排灌方便，运秧方便的田块作秧地。软盘育秧可选用水田或旱地两种方法育秧。

①旱地免耕育秧

旱地免耕育秧，省时、省工、省力，适用于种植面积少的用户。土壤疏松，有利于秧苗生长。特别有利于春季干旱、没有水源灌溉的地方育秧，是一种较好的育秧方法。可选用菜地、旱地，或房前屋后的空闲地作秧地。提前几天在秧地就近的地方锄一些泥土晒干，打碎筛好，再加上一些家畜栏肥或复合肥一起搗匀堆沤备用（每亩大田的秧盘用泥 100 kg 左右）。到播种前秧地免耕，就地用锄头铲平，按一定规格铺好秧盘。要求做到平、直，秧盘与秧盘边相叠，然后将备用干泥均匀地铺在秧盘上，用木板压平，灌或淋足水，使泥土水分达到饱和状态后，即可播种。有条件的地方，秧地就近有塘泥或干净的水沟泥的，播种时直接把塘泥捞上来铺到秧盘上，用木耥子刮平后播种更好。

②水田育秧

选择松软的壤土作秧地，在播种前 4~5 d 灌水耙田沤田。播种前 1 d 每亩秧田施多元复合肥 20 kg 作基肥后耙匀耙平（沙质田可在播种当天施肥耙匀耙平）。待沉淀后按比横排两块秧盘稍宽的畦宽（1.5 m）开沟分畦，畦高 0.15 m，畦沟宽 0.3 m，整平秧地，将秧盘横排两块依次平铺在秧地上。盘边相叠，然后清理干净地沟的禾蔸、杂草、石砾等杂物。用锄头来回拖动将地沟的泥土造成泥浆，再铺到秧盘上，用木板（或秧拖）刮平，达到平、直，即可播种。

（5）播种

播种一般按大田每亩用量 2 kg 左右计算，每亩用专用机插秧育秧盘 20~25 块。机插秧播种一定要做到均匀、到边、到角，播种时来回多次撒播。播种后用扫把轻轻拍一下谷种，但不要过深，以泥浆水覆盖种子为宜。

（6）秧苗管理

温度、水分、养分是秧苗生长的必需条件，尤其在春季育秧温度是关键。气温较低，对秧苗出土、生长不利。因此，在管理方面一定要做好调节温度、加强肥水管理及防治病虫鼠害等工作。

①盖膜调节温度

春季育秧期一般气温较低，为保证秧苗出苗整齐、正常生长，在播种后即用竹篾片搭拱棚盖上白色农膜，并将四周封严（此方法既可保温又可防鼠）。把棚内的温度控制在 20~30 ℃，待秧苗现青后，可适当揭膜，即在晴天上午 10 点后到下午 3 点前，将拱棚两端揭开通风散热，但一般不要求全面揭开，以保持棚内温度，待插秧前 3~4 d 全面揭膜炼苗即可。如果没有盖膜的，播种后遇上低温天气，可采用灌水的方法保温，做到夜灌日排，如因低温天气造成烂种烂秧的，可用 2% 春雷霉素水剂 500 倍药液喷雾防治。

②水分管理

秧苗的水分管理以保持秧盘土壤湿润为主。早稻育秧一般要求排清秧地沟底水，保持土壤通气，有利于秧苗根系生长。但要湿润管理，特别是采用旱地育秧，要求每天喷或淋水多次，并在中午前后进行，防止秧苗出现生理性失水。中稻和晚稻育秧因气温较高，秧田要求保持半沟水。如果遇上阴雨天气要及时排干，插秧前 3 d 进行控水。

③施肥

机插秧因秧龄较短，施肥要求以基肥为主，及时追肥。在施足基肥的基础上，播后 4 d 左右施一次三元复合肥。但一定要放水浸过秧盘，并在露水干后施肥，以免造成肥害。没有水灌溉的地方，可喷施 1～2 次 1.0% 的复合肥水。喷施时一定要待复合肥充分溶解后，用喷头均匀喷施。秧苗期一般要求不施尿素，防止叶片过长，影响插秧质量。

④防治病虫鼠害

秧苗期病虫害主要有：稻蓟马、稻飞虱、二化螟、稻纵卷叶螟等，及时使用对口药防治，并在移栽前喷好“送嫁药”。早稻育秧期要特别关注鼠害情况，及时投放高效低毒的鼠药，防止鼠害。

（7）移栽

当秧苗生长到 3 片叶左右时要及时移栽，但必须在移栽前 1～2 d 施足基肥。把大田耙平待插，避免即耙即插，以免造成插秧过深。插秧时，有条件的地方可随秧盘平放，把秧苗运到田头，亦可起盘后小心卷起运送，到田头后随即卸车平放，避免秧块变形或折断秧苗，影响质量。并做到随到随插，不要过早运秧，防止失水萎蔫。插秧密度，优良生态区一般为每亩插 1.3 万蔸左右，一般生态区每亩插 1.5 万蔸左右，每蔸插 2～3 粒谷苗。

（五）直播田秧苗期管理

1. 水稻直播栽培概述

水稻直播就是不经育秧、移栽而直接将种子播于大田的一种栽培方式。它具有以下优点：一是省工、省力。直播免除了传统育秧、移栽用工，节省秧田，简易轻松。二是产量较高。由于直播稻低节位分蘖多，蘖穗基本上整齐一致，成穗率高，总穗数多而高产。三是生育期短。直播水稻无拔秧植伤和移栽后返青过程，因而生育进程加快，生育期一般比移栽水稻缩短 5～7 d。四是有利于发展集约化生产。大面积直播可节省大量劳力，缓解劳动力季节性紧张的矛盾，对实现水稻生产的机械化、轻型化、现代化有着重要的意义，具有广阔的推广前景。但与移栽水稻相比，直播稻成功的关键，首先在于保全苗，达到苗齐苗壮；其次是防除杂草。

移栽稻的禾苗比较高，田间又有水层覆盖，不利于杂草滋生；而直播稻田，水稻与杂草一起生长，杂草抗逆性强先出土，占据了优势，并趁水稻芽幼苗扎根立苗阶段排水露田的机会，繁殖滋生，为害稻苗；再次是防止倒伏。直播稻种子播在土壤表层，分蘖节裸露田面，根系入土浅，加上苗数多，分蘖率高，基部节间细长，容易发生倒伏。因此，在生产上应特别注意掌握好“全苗早发、除草防害、增肥防早衰、健壮栽培防倒伏”等技术措施（白云华， 2017）。

2. 直播稻栽培的技术规程

（1）精细整地

直播稻对整地质量要求较高，一要做到早翻耕，在前茬作物收获后及时翻耕，采用旋耕方式为好。结合旋耕每亩施 45%（15-15-15）的三元复合肥 30 ~ 50 kg 作底肥。二要重视整地质量，田面一定要整平，全田做到 3 cm 水层不现泥，田面不平、地势高的地方种子容易干死，且易长杂草，地势低的地方容易烂种烂芽，从而影响出苗。三要开好“三沟”，一般每隔 3 m 左右开 1 条厢沟，沟宽 30 cm 左右、深 15 ~ 20 cm，作为工作行，以便于施肥、打农药等田间管理。同时应开好横沟和围沟，沟宽 20 cm 左右、深 20 cm，做到“三沟”相通，使田中排水、流水畅通，田面不积水。

（2）均匀播种

用强氯精或咪鲜胺等药剂进行浸种消毒，播种前用 70% 吡虫啉拌种剂进行拌种，以防水稻前期稻蓟马、稻飞虱等害虫为害。播种时具体抓好以下几个技术关键：

1）适时播种。长江中下游南部地区一般 4 月底至 5 月上旬播种为宜，以避开 7 月底 8 月初的高温期间抽穗；山区及长江以北地区一般在 4 月 15 日至 20 日，气温稳定通过 15 ℃开始播种。

2）做好秧畦。播种前畦面软硬要适中，不能过软，也不能过硬，一般在翻耕作厢后次日播种，播种时达到入土半粒谷的标准。

3）匀播种。直播栽培用种量一般每亩播种 1.5 kg 左右。为达到均匀播种的目的，播种时可先播 70% 左右的芽谷，再用 30% 左右的芽谷补缺补稀。播后进行塌谷，要求不露谷粒，即用湿麻袋或大块塑料中膜（或厚膜）轻拖过去，便可达到泥浆盖谷。

4）移密补稀。水稻出苗后，一般在秧苗 3 叶期，要进行移密补稀，移苗时可采取带土移栽，以提高成活率。播种后的田间管理主要是科学管水、适时适量施肥和杂草的防治。

（3）水分管理

直播水稻播种后，在 2 叶 1 心前的水浆管理要求做到田面不积水，保持湿润。晴天满沟水，阴天半沟水，雨天排干水，确保秧苗扎根立苗。在 2 叶 1 心后田面可建立浅水层， 4 叶期后直至有效分蘖临界期应间歇灌溉，切忌长时间深水淹灌，做到干湿交替，以湿为主。总苗数达到预期穗数的 80% 时排水晒田，晒到幼穗分化初期。孕穗期和抽穗扬花期保持浅水层，灌浆结实期干湿交替，收获前 7 d 左右断水。

（4）杂草防治

直播稻前期苗小，对杂草和除草剂均很敏感，直播稻的杂草防治必须坚持“以农业防治为基础，化学防除为先导”的综合防治原则。在具体应用化学除草技术时，必须抓准时机杀草芽，尤其是稗草，一定要消灭在 2 叶 1 心前，对以稗草为主的杂草群落，应该以封闭化除为主，把杂草消灭在萌发期和幼苗期，这样才能以最少的投入获得最佳的经济效益（廖奎，2017）。一般采取“一封二杀三拔除”技术。“一封”，即在播种 24 h 后，在田间无积水的情况下，用扫弗特、丙草胺等直播田芽前除草剂，按说明书用量兑水后均匀喷雾土壤表面，进行封闭除草。“二杀”，即在播后 15 d 左右，是第二次出草高峰，杂草 2～3 叶期，保持田面湿润无明水，使杂草充分暴露，每亩用稻杰（五氟磺草胺）和千金（氰氟草酯）各 60～80 mL，兑水 50 kg 对杂草进行叶面喷雾，喷雾 24 h 后灌浅水，促进水稻生长，提高除草效果。“三拔除”，是人工拔除一些顽草。在水稻进入晒田期后，特别是在抽穗前，对残留的部分恶性稗草等，要进行人工彻底拔除。

第二节　超级杂交水稻的大田管理

一、平衡施肥

（一）超级杂交水稻的需肥特性

超级杂交水稻的施肥，应根据当地气候、土壤和常年产量水平，设计相应的施肥量，以充分发挥品种的潜力，实现高产、高效、安全的生产目标。一般情况下，每生产 100 kg 稻谷，需要纯氮 1.8 kg 左右。施肥前先按产量潜力计算出用量，如亩产 1 000 kg 的品种，需纯氮 $1\,000 \div 100 \times 1.8 = 18$ kg，土壤供氮量每亩 8 kg，肥料当季利用率按 40% 计算，则亩产 1 000 kg 的品种需纯氮 $(18-8) \div 40\% = 25$ kg。亩产 600 kg 左右的产量水平，纯氮用量约为 12 kg；亩产 700 kg 左右的产量水平，纯氮用量约为 14 kg；亩产 800 kg 左右的产量水平，纯氮用量约为 16 kg；亩产 900 kg 左右的产量水平，纯氮用量为 20～21 kg；亩产 1 000 kg 左右的产量水平，纯氮用量为 24～25 kg。氮、磷、钾比例为 1∶0.6∶1.2（凌启鸿， 2007）。

（二）超级杂交水稻的施肥方法

超级杂交水稻施肥时应施足底肥、早施分蘖肥、适时适量施用穗肥，后期补施粒肥，延缓衰老。

1. 底肥

底肥又叫基肥，是水稻生育期的基本营养，必须施足底肥，为高产奠定基础。底肥占总施肥量的 40% 左右，一般以有机肥或复合肥为主，在移栽翻耕前一次性施入。底肥的作用，一是改良土壤。施足以猪牛粪等有机肥为主的底肥，可以增加土壤中有机质的含量，促进团粒结构的形成，改善土壤的通气性，有利于庞大根系的形成，使水稻根深叶茂，健壮生长。二是可促进秧苗早发。底肥以有机肥为主，配合适当比例的氮、磷、钾速效复合肥，秧苗开始发新根就有养分供应，有利于秧苗早生快发。三是有机肥的肥效持续时间长，能保持水稻植株中后期稳健生长，不脱肥早衰。

2. 分蘖肥

分蘖肥占总施肥量的 30% 左右。氮素营养对水稻分蘖起着主导作用，所以早施速效性氮素促蘖肥，使叶色迅速转深，是促进前期分蘖的主要措施。手工移栽和机插秧在秧苗插后 5～7 d、抛秧在抛后 7 d 左右、直播在播后 20～25 d 需追施分蘖肥，促进秧苗早分蘖、快分蘖、多分蘖，减少无效分蘖。分蘖肥施用太早，秧苗未长新根，易流失；施用过迟，起不到促分蘖早发的作用，将损失低位大分蘖，且有促进无效分蘖生长的风险。追分蘖肥时宜薄水，施后自然落干，以利于提高肥效。这一时期注意采取湿润灌溉，露田通气，促使长成健壮发达的根系，以利于提高根系吸收能力，促进分蘖早生快发（李建武等， 2013）。

3. 穗肥

穗肥占总施肥量的 30% 左右，超级杂交水稻需肥比一般水稻较多，除施好底肥和分蘖肥外，穗肥的施用也比较关键，施好穗肥是发挥大穗增产优势的主要措施。当田间调查主茎幼穗分化二期左右时施穗肥，为幼穗提供充足养分，以促进枝梗分化，防止颖花退化，增加颖花数量，促穗大粒重，为大穗的形成打下基础，同时具有养根、健叶、壮秆、防倒伏的作用（李建武等， 2013）。

4. 粒肥

粒肥以叶面肥为主。叶面肥由于直接喷施于叶面，各种营养物质、微肥、植物生长调节剂等，可直接从叶片进入体内，参与植株的新陈代谢过程和有机物质的合成过程。抽穗 80% 时结合病虫害防治，每亩用磷酸二氢钾 50 g、谷粒饱 1 包（或稻多收、喷施宝、丰产素、增产素、谷大壮、叶面宝等，按商品说明用）兑水 60 kg 叶面喷施，以促齐穗壮籽，降低空壳率，提高结实率和粒重。补施叶面肥可以有效地增强植株的抗逆性、抗病性；延长叶片功能期，防止早衰；改善水稻根部氧的供应，提高根系活力；加快灌浆，促进成熟和籽粒饱满，从而增加稻谷产量，改善稻米品质（李建武等，2013）。

二、科学管水

超级杂交水稻的水分管理以湿润灌溉为主。移栽后为减少植伤，可灌深水护苗，返青后灌浅水促分蘖，每亩苗数达 15 万左右及时排水晒田，采用多次轻晒的方法，晒到叶色明显落黄。若达到应施穗肥的时期而叶色未转淡，则应继续晒田，不能复水施肥。晒田复水后采用湿润灌溉，即一次灌 1～2 cm 水层，自然落干后数日再灌水 1～2 cm，如此周而复始；孕穗至抽穗期保持浅水层，若遇到高温或低温天气，可以灌深水；灌浆成熟期采用间歇灌溉，干湿交替，花期以湿为主，后期以干为主，保持根系活力，以根保叶，延长功能叶寿命，防止早衰，提高群体光合能力和肥料利用率，进而提高结实率和籽粒充实度（李建武等，2014）。

水分管理的具体操作方法为：

①薄水插秧：插秧时留薄水层，以保证插秧质量，防止水深浮蔸缺蔸；划行器划行则先行放干田间水确保株行线清晰。②寸水返青：插后 5～6 d 灌寸水以创造一个温、湿度比较稳定的环境条件，促进新根发生、迅速返青活棵。③浅水与湿润分蘖：做到干湿交替，以湿为主，结合人工中耕除草和追肥灌入薄水 0.5～1 cm，让其自然落干后，露田湿润 2～3 d，再灌薄水，如此反复进行。天晴遮泥水、雨天无水层，以促进根系生长、提早分蘖、降低分蘖节位。④轻晒健苗：当每亩总苗数达到 15 万左右时开始排水晒田，采取多次轻晒的方法，晒到叶色明显落黄。若达到应施穗肥的时期而叶色未转淡，则应继续晒田，不能复水施肥。一般晒至田间开小裂、脚踏不下陷、泥面露白根、叶片直立、叶色褪淡为止，对于地下水位高、土壤质地黏重、秧苗长势旺的田块适度重晒，反之对于灌水不便、砂质土壤、秧苗长势较弱的田块适度轻晒，以起到控上促下、促使壮秆，提高成穗率，并可降低田间湿度，减轻病虫为害的作用。⑤有水养胎：在稻田群体主茎进入幼穗分化初期时恢复灌水，采取浅水勤灌自然落干，露泥 1～2 d 后及时复灌；在幼穗分化减数分裂期前后（幼穗分化第五～七期），保持 3 cm 左右水层。⑥足水抽穗：抽穗扬花期需水较多，要保持寸水，不断创造田间相对湿度较高的环境，有利于抽穗正常和开花授粉。⑦干湿壮籽：在群体进入尾花期后至成熟期坚持干干湿湿、以湿为主，以提高根系活力、延缓根系衰老，达到以氧促根、养根保叶、以叶增重的目的。⑧完熟断水：在收割前 5～7 d 群体进入完熟期排水晒田，切忌断水过早，影响籽粒充实和产量（李建武等，2014）。

三、综合防治病虫害

超级杂交水稻的病虫害防治坚持“以防为主、防治结合”的方针。病虫害以防为主，秧田期防治 1~2 次，主要防治稻蓟马和稻飞虱，预防南方黑条矮缩病发生；移栽前 1 d 秧田喷施 1 次长效农药，使秧苗带药下田，可有效减少大田前期的病虫害。大田期主要防治二化螟、三化螟、稻纵卷叶螟、稻飞虱、稻瘟病、纹枯病、白叶枯病等病虫害。农药按说明书用法及用量使用，具体防治时期视病虫发生情况及当地虫情测报确定（李建武等，2013）。

第三节　超级杂交水稻的栽培模式

一、改良型强化栽培模式

（一）技术概况

水稻强化栽培体系（System of Rice Intensification，SRI）是 20 世纪 80 年代由 Henri de Laulanie 神父在马达加斯加（Madagascar）提出的一种新的栽培方法，该技术体系提出了一套“植物—土壤—水分—营养”管理方式，其突出特点在于缩短秧龄期、乳苗单株移栽、合理稀植、水分湿润管理和间歇灌溉、勤中耕、重施有机肥等，与中国传统水稻栽培“精耕细作、合理稀植及用地与养地相结合”的精髓异曲同工。该技术具有增产、节水等优势，同时，提高了水稻对生物和非生物因素的抵抗力，能大量节省劳动力和种子。

1998 年，袁隆平院士将 SRI 技术引入中国（袁隆平，2001）。SRI 引入中国以后，湖南杂交水稻研究中心、中国水稻研究所、南京农业大学及四川农科院等单位结合当地的实际开展了相应的试验研究，提出了秧苗旱育小苗移植、好气灌溉、三角形栽培法、无机有机肥结合等技术，并提出了品种和组合性状要求、适宜密度、病虫害综合防治措施，对原版 SRI 技术体系作了较大的改进和发展，形成了适合地域特色的水稻改良强化栽培技术。大量研究表明：经改良的 SRI 措施，更适合我国的多熟制、多生态、多类型品种等特点，具有较常规 SRI 技术更好的适应性、实用性和可操作性，增产增收效果显著。

（二）增产增效情况

SRI 在马达加斯加的产量提高基本是倍增。改良超级杂交水稻强化栽培技术由于产量基数较高，产量增加幅度大约在 15%。同时，具有省种、省秧田、省成本等优势，超级杂交水稻采用 SRI 一般需种子 3.0~4.5 kg/hm^2，较常规栽培技术可省种 8.3~10.5 kg/hm^2，节省秧田 80% 以上， 2 项合计每公顷可节约成本 215 元左右。该技术主要施用堆肥和厩肥，有利于保持土壤肥力。据研究资料，大田高产栽培产量 10.0～12.0 t/hm^2，需施用尿素 450～600 kg/hm^2，复合肥 275～450 kg/hm^2，合计每公顷投入化肥成本 1 200 元。 SRI 法稻田不建立水层，全程实行间歇“轻度”灌溉，田面蒸发量仅是常规灌溉法的 1/6～1/4，每公顷可节水 3 000 t 左右。

（三）技术要点

1. 重施有机肥，注重质量

超级杂交水稻需肥量较多，特别是需要氮、磷、钾肥的合理搭配。因此重施有机肥，并注重氮、磷、钾平衡是夺取高产的重要措施。有机肥施用数量应不少于 30 t/hm^2，如果堆肥不足时应增施饼肥、红花草等有机肥。

2. 培育壮秧，适龄早插

改良超级杂交水稻 SRI 栽培技术每公顷栽插穴数较少，要求培育健壮秧苗。育秧方式一般采用旱育秧或塑料软盘旱育秧，旱育有利于提高根系活力，使用软盘育秧则较为简便。软盘规格以大孔为好。采用壮秧剂拌泥后播种或烯效唑浸种，或 15% 多效唑溶液在 1 叶 1 心时每亩秧田用 30 g 兑水喷施。控制用种量，并精细稀播匀播，加强秧田肥水管理，以湿润灌溉为主。同时，应适龄抛（移）栽，抛（移）栽时间以叶龄 2.1～3.5 叶为佳，即播后 8～15 d 为宜。

3. 合理稀植，注重质量

抛（移）栽前，大田要整平，高低落差不超过 3 cm。采用单本、合理稀植。移栽规格 20 cm × 30 cm，或宽行窄株方式移栽，每亩插足 0.95 万～1.33 万蔸；抛栽密度 15～18 穴 / 米 ^{2}，与改良的水稻栽培技术相比，移栽密度下降 15%～25%。因秧苗小，因此以浅抛（移）栽为主。

抛（移）栽时应剔除细、小、弱苗，抛（移）栽时让根系摆直，秧苗直立，保持根系不干，尽量避免植株损伤，以缩短缓苗期，促进分蘖早发、快发、多发，发挥超级杂交水稻的低位分蘖优势。

4. 科学配方，均衡施肥

（1）施肥量。视稻田肥力和产量指标定，一般每亩施纯氮 12～18 kg，氮、磷、钾配比 2∶1∶2。

（2）施肥方式

①底肥：以有机肥为主，有机无机复合肥配合施用，每亩施腐熟有机肥 1 000～1 200 kg、

有机无机复合肥 100～200 kg、过磷酸钙 40～50 kg。此外，每亩施锌肥等微肥 1.5 kg。

②分蘖肥：主要是氮肥，在移栽后 5～7 d，每亩施尿素 5 kg；栽后 12～15 d，每亩施尿素 7 kg、钾肥 2～3 kg。

③穗肥：分蘖够苗（预定苗 80% 左右），晒田复水后施用促花肥，施氮量为全生育期的 20%～25%。

④粒肥：幼穗分化第四期，施保花促粒肥，施氮量为全生育期的 10%～15%。喷施叶面肥，每亩用磷酸二氢钾 0.4～0.5 kg 兑水 100 kg 叶面喷施。

5. 中耕通气，间歇灌溉

（1）中耕通气。SRI 法栽插穴数较少，稻田长期干湿交替，杂草生长快，要求早除草、多次除草。同时，要提高中耕除草质量，使耕作层充分疏松、透气性良好，改善根系生长发育的环境条件。一般在移栽后 10～15 d 开始第 1 次中耕除草，后面视情况进行中耕通气。

（2）干湿交替灌溉。移栽时保持薄水层或排水（活泥）插秧。插秧后，保持田间湿润即可，3～5 d 灌浅水 3 cm，以后“露—灌”交替，即待浅水自然落干，露田 2～3 d 再灌浅水。

水稻分蘖够苗后，晒田控制无效分蘖的生长，减少病虫害的发生。晒田程度视长势、地力等具体情况而定，一般晒田至开“鸡爪”裂或见白根翻出。

晒田结束后，结合灌水 3～5 cm，再“干—湿”交替管水，即让自然水落干，以后继续保持田间湿润，倒 2 叶期追施穗肥时灌一次浅水，孕穗至抽穗期保持 3 cm 左右薄水层。以后干湿交替灌溉，养根保叶促灌浆，灌浆期继续干湿交替灌溉，后期不能断水过早。

6. 综防病虫，安全生产

改良强化栽培重点是防治稻瘟病，兼防纹枯病，稻瘟病防治应注意苗瘟、叶瘟、颈瘟三个关键时期。虫害主要防治螟虫、稻纵卷叶螟、稻飞虱等，应根据当地技术指导部门提供的情报，做到及时、准确、对口综合防治。

（四）适宜区域

全国水稻种植区，尤以长江中下游稻作区超级杂交水稻品种为佳。

二、节氮抗倒型栽培模式

（一）技术概况

2000 年以来，南方稻区随着超级杂交水稻的大面积推广应用，水稻上施氮水平也不断提高，造成了氮肥利用效率低、氮素流失、严重的面源污染等问题。同时，倒伏现象也大面积发生，高产难度加大。在袁隆平院士的水稻“三良”栽培技术路线指引和大力支持下，湖南杂交水稻研究中心栽培研究室开展了杂交水稻为主要对象的节氮、抗倒高产高效栽培技术研究与攻关，明确提出 3 条节氮栽培方向：一是通过基因挖潜，选用氮高效型良种；二是通过肥料途径节氮，选用缓 / 控释肥料等高效型肥料；三是栽培管理技术节氮，即通过适当增加基本苗、科学运筹肥水，防病治虫等综合管理措施。抗倒栽培技术研究主要途径有 2 条：一是应用抑制型技术物化产品，如喷施“立丰灵”等；二是应用促进型技术物化产品，如喷施“液体硅钾肥”等。目前已形成了以“氮高效品种、早播育壮秧、一次性施用包膜缓 / 控释肥、增苗减氮、科学管水，及时防治病虫害等综合管理措施”为主体的杂交水稻节氮高效栽培技术体系，及以“抗倒伏品种选择、宽窄行栽植、全程节水管理、缓释肥稳健生长、新型抗倒剂调控”的杂交水稻抗倒高产栽培技术体系。

（二）增产增效情况

2009 年以来，全国农业技术推广服务中心组织在湖北、江西、浙江、贵州等南方稻区推广应用节氮抗倒型栽培模式，在南方稻区推广应用总面积达 52.0 万 hm^2。与常规技术相比，生产过程中减少氮磷等营养排放 20% 以上，氮肥利用率提高 10% 以上，且因节氮而节约生产能源 10% 以上。连续多年在南方不同生态稻区试验、示范表明该技术增产效果明显。据统计，一季稻单产 600.0～926.6 kg/hm^2，较常规技术平均增产 2.5%～9.7%；双季稻：早稻一般单产 500.0～595.0 kg/hm^2，晚稻一般单产 550.0～670.0 kg/hm^2，较常规技术平均增产 2.8%～8.5%。

（三）技术要点

1. 因地制宜，选择抗倒伏、氮高效良种

选用氮吸收利用效率高、抗倒伏能力强的品种。长江中下游地区早稻可选用株两优 39 等品种，晚稻可搭配五丰优 308。

2. 适时播种，培育壮秧

根据长江中下游双季稻作区高产栽培经验，早稻宜于 3 月 25 日左右播种，晚稻宜于 6 月 15 日左右播种。早稻采用软盘旱育秧，保证苗齐、苗匀、苗壮，并用薄膜覆盖以防早春低温；晚稻（包括一季稻）适用湿润秧田培育多蘖壮秧。

3. 减氮增苗，合理密植

为弥补前期因氮总量减少，分蘖发生量的不足，保证高产所需苗数，节氮处理移栽时，要

注意较对照增大基本苗 10% 左右。早稻保证每公顷插 30.0 万蔸左右，晚稻每公顷保证在 25.5 万蔸左右，一季稻每公顷保证在 19.5 万蔸左右，早稻每蔸插 2 ~ 3 粒谷秧，晚稻和一季稻每蔸插 2 粒谷秧。

4. 速缓搭配，减量施肥

采用一次性施用缓 / 控释复合肥（速效和缓效结合型），肥料总氮量较常规栽培减少 15% ~ 20%，不同季别的氮肥用量参见表 12-1。

在大田耕整后移栽前，以基肥的形式一次性施下。各处理肥料作基肥一次性全层施用，缓 / 控释复合肥按 375 kg/hm^2 左右基施，不足部分用单质肥料补足。节氮处理氮、磷、钾肥施肥方法和比例为：基肥施氮量占总氮的 70% ~ 75%，磷肥全部作基肥，钾肥占 50% ~ 60%；分蘖肥施氮量占总氮的 25% ~ 30%，钾肥占 40% ~ 50%。

表 12-1　不同季别节氮示范肥料用量安排

季别	节氮栽培施肥推荐			常规施肥推荐		
	纯氮/（kg/hm^2）	P_2O_5/（kg/hm^2）	K_2O/（kg/hm^2）	纯氮/（kg/hm^2）	P_2O_5/（kg/hm^2）	K_2O/（kg/hm^2）
早稻	120.0	60.0	120.0	150.0	60.0	120.0
晚稻	144.0	75.0	135.0	180.0	75.0	150.0

5. 科学管水，以水调肥

缓 / 控释肥料养分释放较慢，移栽到分蘖前期坚持浅水勤灌，达到以水调肥、以水促肥，中期灌露结合，以浅灌为主；苗数达到有效穗苗数的 90% 时可落水晒田；有水抽穗，后期干湿壮籽，成熟前 7 d 断水，不要断水过早。

6. 化学调控，促抑结合

为了控制水稻基部节间长度，在水稻拔节前，采用喷施调控剂“立丰灵”。方法是：于水稻拔节前 5 ~ 7 d，每亩喷施“立丰灵”40 g +“液体硅、钾”200 mL，兑水 35 ~ 40 kg，均匀喷施，既增加超级杂交水稻后期的抗倒伏能力，又不改变株型和穗粒结构，实现超级杂交水稻的抗倒高产。同时，为了调节水稻上部节间长，确保生物产量不下降，从而保证增产增收，还需叶面补施“液体硅、钾”肥 1 ~ 2 次。方法是：水稻剑叶露尖时及齐穗期，每次每亩喷施 200 mL，晚稻和一季稻可以增加到 300 mL。

7. 综防病虫，节本高效

根据本地的病虫情测报部门要求，及时施用对口农药防病虫害。

（四）适宜区域

全国水稻种植区，尤以长江中下游稻作区杂交水稻品种为佳。

三、“三定”栽培模式

（一）技术概述

根据近年有关超级杂交水稻的适宜播种期、移栽叶龄和密度、施肥时期和施肥量等多点联合试验研究，并参考凌启鸿提出的水稻精确定量栽培理论，形成了一套以精量播种、宽行匀植、平衡施肥、干湿灌溉、综合防治病虫等技术配套的超级杂交水稻“三定”栽培法，即定目标产量、定群体指标、定技术规范的水稻栽培方法。水稻产量可分解为有效穗数、每穗粒数、结实率和千粒重等产量构成因子，其中有效穗数取决于基本苗数、分蘖数和分蘖成穗率等。因此，在目标产量（当地前3年平均产量，加上15%~20%的增产幅度）确定的基础上，群体指标的调控首先是确定基本苗数和栽插密度（定苗），其次是确定适宜的氮肥用量（定氮）。超级杂交水稻“三定”栽培法的内涵也可理解为因地定产、依产定苗、测苗定氮，即定产、定苗、定氮的栽培方法。

（二）增产增效情况

2007年以来，在湖南醴陵、攸县、湘阴、湘潭、衡南、衡阳、宁乡、鼎城、南县、沅江、大通湖等40多个县（市）进行了双季超级杂交水稻“三定”栽培技术万亩试验示范，早稻平均单产达到7 305~8 775 kg/hm^2，晚稻达到7 455~8 970 kg/hm^2，比当地当年非示范区分别增产11.4%以上和13.6%以上。

（三）技术要点

1. 培育壮秧

（1）育秧方法。早稻采用保温旱育秧或塑盘育秧，晚稻及一季晚稻采用湿润稀播育秧或塑盘育秧。

（2）播种期。早稻适宜播种期湖北省及湖南省北部稻区在3月25日至30日，江西省及湖南省中部、南部稻区在3月20日至25日。晚稻适宜播种期中熟品种在6月20日至25日，迟熟品种在6月15日至20日，特迟熟品种在6月5日至10日。一季晚稻适宜播种期在4月中下旬至5月中旬。

（3）播种量。种子经消毒处理和催芽后播种。早稻旱床育秧100~130 g/m^2，塑盘旱育秧每盘 30 ~ 40 g，杂交早稻大田用种量为 30.0 ~ 37.5 kg/hm^2。晚稻湿润育秧为 20 g/m^2，塑盘 22 ~ 25 g/ 盘（353 孔 / 盘或 308 孔 / 盘），大田用种量约 22.5 kg/hm^2，争取移栽前秧苗带蘖。特迟熟品种还应适当稀播。

（4）秧田施肥。旱床秧田基肥施 30% 的复合肥 450 kg/hm^2，在整地时施下，播种前秧床用多功能壮秧剂拌细土均匀撒施，或装塑盘。断奶肥在秧苗 2 叶 1 心期施用，一般施尿素 60 ~ 75 kg/hm^2。插秧前 4 d，施尿素 60 ~ 75 kg/hm^2，作起身肥。

（5）秧田管理。早稻出苗前采用湿润灌溉，出苗后注意保温防冻，如果遇连续低温阴雨，要适时通风换气，防止病害发生。晚稻出苗前采用湿润灌溉。如果在播种前没有采用烯效唑溶液浸种，或者没有用包衣剂包衣的种子，出苗后 1 叶 1 心期在秧床厢面没有水层条件下，秧田喷施 300 mL/L 多效唑溶液，喷施后 12 ~ 24 h 灌水，以控制秧苗高度，促进秧苗分蘖。晚稻秧田期间，还要注意防治稻飞虱、稻瘟病、稻二化螟、稻蓟马等。

2. 匀苗移栽（摆栽）

定苗的关键技术是确定适宜的栽插密度，而栽插密度与水稻秆高（地上部第一伸长节间到穗颈节间的距离）关系密切。根据黄金分割法则，将品种秆高用 0.618 分割得到两行的行距，用行距除以 1.618 得到株距。即：行距（cm）= 0.618 × 秆高（cm）÷ 2 = 0.309 × 秆高（cm）；株距（cm）= 行距（cm）÷ 1.618 = 0.191 × 秆高（cm）（表 12-2）。

表 12-2　水稻依秆高计算的适宜栽插密度

品种类型	株高 * /cm	秆高 ** /cm	株距 /cm	行距 /cm	栽插密度 / （万穴 / 公顷）
双季早稻	80	63	12.0	19.5	42.75
	85	67	12.8	20.7	37.80
	90	71	13.6	21.9	33.60
双季晚稻	95	75	14.3	23.2	30.15
	100	79	15.1	24.4	27.15
	105	83	15.9	25.6	24.60
一季稻	110	87	16.6	26.9	22.35
	115	91	17.4	28.1	20.40
	120	95	18.1	29.4	18.75

注：* 株高指地上部第一伸长节间到穗顶部间的距离；** 秆高指地上部第一伸长节间到穗颈节间的距离。

（1）早稻。冬闲田及油菜田翻耕整地后，旱育秧苗划行移栽，塑盘秧苗分厢摆栽，要求做到匀植、足苗，对于塑盘秧苗要求改抛栽为摆栽。移栽或摆栽的密度为每平方米 30 穴，杂交稻每穴插 2 苗，常规稻插 5 ~ 6 苗。一般株行距 16.7 cm × 20 cm，或

13.3 cm×23.3 cm。移栽时间在播种后 20～25 d，或者在秧苗 3.7～4.1 叶期。

（2）晚稻／一季晚稻。早稻收割后免耕摆栽，或翻耕整地后移栽，在早稻收割后每亩用克无踪 250 mL，兑水 35 kg 在无水条件下均匀喷施，灭除稻茬和杂草，再泡田 1～2 d 软泥后摆栽或移栽。对于机械化收割的稻田，最好采用稻草还田翻耕移栽。与早稻相同，双季晚稻移栽要求做到匀植、足苗，对于塑盘秧苗要改抛栽为摆栽。适宜密度约为每平方米 25 穴，株行距 20 cm×20 cm，或 16.7 cm×23.3 cm，杂交稻每穴插 2 苗，常规稻每穴插 3～4 苗。移栽时间在播种后 25～30 d，或者在秧苗 6～7 叶期移栽。秧龄最迟不超过 35 d。

3. 间歇好气灌溉

间歇好气灌溉是指干干湿湿灌溉，即在灌水后自然落干， 2～3 d 后再灌水，再落干，直到成熟。在超级杂交水稻生长期间，除水分敏感期和用药施肥时采用浅水灌溉外，一般以无水层或湿润露田为主，即浅水插秧活棵，薄露发根促蘖，当茎蘖数达到每平方米 300 苗时，开始多次轻晒田，以泥土表层发硬（俗称“木皮”）为度。打苞期以后，采用干湿交替灌溉，至成熟前 5～7 d 断水。对于深脚泥田，或地下水位高的田块，在晒田前要求在稻田的四周开围沟，在中间开腰沟，以便排水晒田。

4. 测苗定量施用氮肥

定氮的关键技术是测苗定量施用氮肥。以湖南省水稻主产县为例，种植超级杂交水稻的基础地力产量为双季稻 3 000～4 500 kg/hm^2，一季稻 4 500～6 000 kg/hm^2，氮肥的吸收利用率为 40%～45%，每生产 1 000 kg 稻谷的氮素需要量为 16～18 kg，磷素 3.0～3.5 kg，钾素 16～18 kg，氮肥作基蘖肥与穗肥的比例双季稻为 7∶3，一季稻为 6∶4，以及叶色卡测定的阈值为 3.5～4.0。根据目标产量、土壤供肥能力和肥料养分利用率确定肥料用量（表 12-3）。表 12-3 中氮肥为平衡施用，即在生长前、中、后期的平衡施

表 12-3　推荐的施肥时间和施肥量

施肥时间		肥料种类	在某一目标产量下的肥料用量/（kg/hm^2）		
			7 500 kg/hm^2	8 250 kg/hm^2	9 000 kg/hm^2
基肥	移栽前（第 1～第 2 天）	尿素	135～150	150～165	165～180
		过磷酸钙	450～600	525～675	675～750
		氯化钾	60～75	75～90	90～105
分蘖肥	移栽后（第 7～第 8 天）	尿素	60～90	60～90	75～105
穗肥	枝梗颖花分化期（幼穗现白毛）	尿素	60～90	75～105	90～120
		氯化钾	60～75	75～90	90～105

注：如果用复合肥，则要分别计算其氮、磷、钾养分含量；基肥尿素可用碳铵代替。

用，分为基肥（45%～50%）、分蘖肥（20%～25%）、穗肥（30%）施用。磷肥和钾肥为补偿施用，即实现目标产量的需要量等于施用量。

由于田块间土壤肥力存在差异，以及栽培品种对肥料养分的反应不同，在追施氮肥前1～2 d，还要求用叶色卡，测定心叶下一叶的叶片颜色，根据叶片的颜色等级确定氮肥的施用量。即叶色深（叶色卡读数4.0以上）适当少施（表中下限值），叶色淡（叶色卡读数3.5以下）适当多施（表中上限值）。由于目前还没有养分缓慢释放的复合肥，生产上应当提倡复合肥既作为基肥施用，又作为追肥施用，以提高肥料养分的利用率。

5. 综合防治病虫草害

拔秧前3～5 d喷施一次长效农药，秧苗带药下田。大田期要加强二化螟、稻纵卷叶螟、稻飞虱等虫害和水稻纹枯病、稻曲病及稻瘟病等病害的防治，认真搞好田间病、虫测报，根据病、虫发生情况，严格掌握各种病虫害的防治指标，确定防治田块和防治适期。一般选用乐斯本、扑虱灵等。生产中对并发的病虫害同时进行综合防治，对于稻曲病应以预防为主，在水稻破口期到开始抽穗期用药防治。但是，田间病虫害的具体防治时间和农药选择，要根据当地植保部门的病虫情报确定。

杂草的防除可选择移栽稻除草剂，或者抛栽稻除草剂等，拌肥于分蘖期施肥时撒施，并保持浅水层5 d左右防治杂草。

（四）适宜区域

长江中下游地区的双季早稻、双季晚稻及一季晚稻种植区。

四、精确定量栽培模式

（一）技术概况

水稻精确定量栽培是在水稻叶龄模式、群体质量栽培等理论与技术成果的基础上，提出的一项适应现代稻作发展趋势的新型栽培技术体系。它把栽培过程视为一项工程技术，较好地提高了栽培方案设计、生育动态诊断与栽培措施实施的定量化和精确化，能较好地统一水稻生产高产、优质、高效、环境友好等目标。已经在中国水稻主产区广泛应用。

（二）增产增效情况

2005年以来，该技术先后在我国江西、广西、四川、河南、安徽、辽宁、黑龙江等省（区）示范推广，无论是籼、粳稻不同类型水稻，还是单、双季不同季别水稻，示范结果表明，在相同的品种和施肥水平下，均比当地现行栽培方法增产 10% 以上，高的可达 20%～30%，并有一定省种、省水、省肥、省工的综合作用。

（三）技术要点

1. 确定适宜播插期

提高抽穗至成熟期的群体光合生产力，必须把结实期安排在最佳的温光生态条件下，籼、粳稻抽穗结实期对最佳温度均有一定指标要求，不同生态区符合最佳温度指标要求的日期称最佳抽穗结实期，各生态区根据具体情况确定品种的最佳播期。

2. 精量播种育壮秧

培育壮秧的目的是使根系爆发力强，缩短返青期，促进早分蘖、低位分蘖。具体的壮秧标准是适龄叶蘖同伸，移栽时保持 4 片以上绿叶（3 叶小苗除外），无病虫害。

不论是移栽稻、机插稻或塑盘穴播育苗抛秧稻，降低秧田播量、合理确定播种量都是培育壮秧的首要环节。根据实践，3～4 叶时人工移栽的小苗，秧田播种量一般为 600～750 kg/hm^2，秧田与大田比为 1 :（40～50）；5 叶移栽的中苗，秧田播种量为 400～650 kg/hm^2，秧田与大田比为 1 :（30～40）；6 叶或以上移栽的大苗，秧田播种量为 300～450 kg/hm^2，秧田与大田比为 1 :（20～30）。对于采取机插秧方式的，种子千粒重小于 25 g 时，用种量控制在每盘 50～60 g，种子千粒重 26～28 g 时，用种量控制在每盘 70～80 g。

3. 提高移栽质量

（1）注意浅插。浅栽是确保壮秧按时分蘖的重要环节，无论是人工手插，还是机插秧，栽插深度应控制在泥下 2～3 cm。为保证浅插，改进整地技术非常重要，移栽前土壤一定要做好沉实。

（2）提高抛栽质量。为提高分蘖成穗效率，首先，要保证秧苗基部入土 1 cm 以下，同时也能防止后期倒伏。其次，要坚持定苗匀插（抛），并做好查漏补苗，保证基本苗。

4. 宽行窄株，优化配置

在栽插秧上要注意优化空间，要配以合理的行株距规格，建立光照充分、充足的高光效群体。具体规格要根据生态、品种、季别等因素具体确定，要确保既不过早封行，又有足够高产群体。

5. 确定适宜栽插基本苗

凌启鸿设计的基本苗计算公式为：

X（单位合理基本苗数）$=Y$（单位面积适宜穗数）/ES（单株成穗数）。

$ES=1$（主茎）+（$N-n-SN-bn-a$）Cr。

式中 Y 是当地品种的单位面积适宜穗数；ES 是单株成穗数，N 为品种总叶龄数，n 为品种伸长节间数，SN 为移栽叶龄，bn 为移栽至始分蘖的间隔叶龄，a 为在 $N-n$ 叶龄前够苗的叶龄调节值，在 0.5~1 之间，多为 1。C 为产生有效分蘖的理论值，r 为分蘖发生率。

按照叶蘖同伸规律，有效分蘖叶龄数和其相应产生的有效分蘖理论值，列入表 12-4。如从移栽到有效分蘖临界叶龄期的有效分蘖叶龄数为 5 个，则从表 12-4 得知有效分蘖理论值为 8 个；如叶龄数为 5.5 个，则有效分蘖理论值应为（8+12）/2＝10 个。

表 12-4　本田期主茎有效分蘖叶龄数与分蘖发生理论值的关系

主茎有效分蘖叶龄数	1	2	3	4	5	6	7	8	9	10
一次分蘖理论数 A	1	2	3	4	5	6	7	8	9	10
二次分蘖理论数				1	3	6	10	15	21	28
三次分蘖理论数							1	4	10	20
分蘖理论总数 B	1	2	3	5	8	12	18	27	40	59
C（应变比率）$=B/A$	1	1	1	1.25	1.6	2.0	2.6	3.38	4.44	5.9

注：C 值可列入公式作为计算的应变参数，如（X）C 的值为 3 时，则（3）$C=3\times1=3$ 个理论分蘖数；X 值为 5 时，则（5）$C=5\times1.6=8$ 个理论分蘖数；X 值为 7 时，则（7）$C=7\times2.6=18$ 个理论分蘖数。

6. 定量施肥

（1）确定合理施肥总量

高产水稻对 N、P、K 的吸收比例一般为 1∶（0.45~0.6）∶（1~1.2），此比例常被视作施肥的参数。由于不同类型土壤 N、P、K 有效供应量有差别，实际操作时比例应与土壤类型结合。另外，由于 N、P、K 三要素中施用数量对产量影响以 N 最为突出，首先需确定合理的施 N 量，再按三者的合理比例，确定 P、K 因素的适宜用量。

施氮量的确定可根据斯坦福（Standford）差值公式法计算：

$$N\ (kg/hm^2)=\frac{\text{目标产量需 N 量}\ (kg/hm^2)-\text{土壤供 N 量}\ (kg/hm^2)}{\text{N 肥当季利用率}\ (\%)}$$

式中目标产量需 N 量，一般用高产水稻每生产 100 kg 籽粒的需 N 量求得。该指标因稻作区不同而有差异，应根据具体的高产田实际需氮量进行测定；土壤的供 N 量，则根据土壤不施氮的稻谷产量（地力产量）及其生产 100 kg 稻谷的需 N 量求得；影响氮肥当季利用率的因素较多，一般水稻按 30%～45% 计算，具体数据可以通过当地设置的肥料试验测得。

（2）氮肥施用比例

氮肥施用时，注意前后合理搭配比例，一般可根据品种伸长节数来确定。对于 5 个伸长节间的品种，超级稻拔节以前的需 N 量应占到全生育期氮肥的 30%～35%，拔节到抽穗前占 45%～50%，抽穗后仍需要 15%～20%。

（3）精准施用穗肥

超级稻需特别注重穗肥的施用，一般穗肥施用 2 次，即：分别于倒 4 叶露尖（促花肥）、倒 2 叶露尖（保花肥）两次施用。其比例分配按照促花肥占穗肥总量的 60%～70%，保花肥占 30%～40% 进行。

施用穗肥时田间不宜保持深水层，以保持湿润为好，施肥后第 2 d，再灌浅水层，以提高肥效。

7. 精确灌溉技术

（1）返青分蘖—拔节

采用小苗移栽方式的，以通氧促根为主要目标。机插稻一般不宜建立水层，一般在移栽后自然落干露田，促进发根，待返青新生叶片后，灌浅水层。中大苗移栽方式的，栽后及时灌浅水层护苗，然后采取浅水勤灌。以后均采用“灌—露”结合灌溉。

盘育苗抛秧方式的秧苗发根力强，移栽后阴天可不上水，晴天上薄水。2～3 d 后断水落干促进扎根，然后灌浅水，后采用“灌—露”结合灌溉。

（2）及时晒田

①晒田时间

晒田必须在无效分蘖发生前 2 个叶龄前提早进行，一般当群体苗数达到预期穗数的 80% 左右时开始晒田。如：控制 $N-n+1$ 叶位无效分蘖的发生，必须提前在 $N-n-1$ 叶龄期。

②晒田标准

时长：一般可持续两个叶龄段。

田面：以有开坼、行走时脚不陷为度。

稻株：以叶色开始落黄为准，在基蘖肥用量合理时，往往晒田一两次即可达到目的。

（3）拔节—抽穗

拔节前后水稻将进入枝梗分化期，直到抽穗期是地上部生长最旺盛、生理需水最旺盛期，也是根系生长发育高峰期。既要有足够水量，又要土壤通气，应采用“浅—湿”交替的灌溉技术，一方面满足了水稻生理需水的要求，同时促进了根系的生长和代谢活力，增加了根系中细胞分裂素的合成，促进形成大穗。具体灌溉方法是：田间经常处于湿润无水层状态，灌水2~3 cm，待水落干后（3~5 d），再灌2~3 cm，“浅—湿”交替。

（4）抽穗—成熟

抽穗以后，进入灌浆结实期，仍然采用“浅—湿”交替灌溉，一方面提高根系的活力和稻株的光合功能，另一方面可以提高结实率和粒重。

（四）适宜区域

适宜全国水稻种植区。

五、机插轻简化栽培模式

（一）技术概况

针对转型期规模化、机械化生产条件下杂交稻种植面积下滑的挑战，湖南农业大学等单位研究形成了杂交稻单本密植机插秧栽培技术，解决了传统机插杂交稻用种量大、秧龄期短、秧苗素质差、双季稻品种不配套等技术难题，实现了杂交稻单粒播种成苗、大苗密植机插。杂交稻单本密植机插秧栽培技术是通过单粒定位播种，低氮密植、大苗机插栽培，以培育由大穗和穗数相协调组成的高成穗率群体。与传统机插杂交稻比较，种子用量减少60%以上，秧龄期延长10~15 d，秧苗素质及耐机械栽插损伤能力得到大幅提高。加之，稻田泥浆育秧简便易行，每亩大田节约育秧基质成本35~50元；通过增加栽插密度，减少氮肥用量的绿色栽培方法，有利于发挥杂交稻的分蘖成穗优势和大穗增产优势。

（二）增产增效情况

2015年在湖南浏阳、广东肇庆进行了双季杂交稻单本密植机插秧栽培示范，漏插秧率9.8%，其中晚稻单产631 kg/hm^{2}和674 kg/hm^2，比传统多本机插栽培增产10.3%和14.0%。2016年在湖南浏阳、衡南双季杂交稻示范片，漏插秧率7.7%~9.2%，早、晚两季单产17.22 t/hm^{2}和16.8 t/hm^2，比对照增产9.3%和15.1%。

（三）技术要点

1. 种子精选

在商品杂交稻种子精选的基础上，应用光电比色机对商品种子再次进行精选，以去除发霉变色的种子、稻米及杂物等，精选高活力的种子。一般商品杂交稻种子经光电比色机精选后，发芽率可提高约 10%。生产上精选杂交稻种子的大田用量，一般每亩早稻为 1.3 kg，晚稻为 0.8 kg，一季稻为 0.5 kg 左右。

2. 种子包衣

应用商品水稻种衣剂，或者采用种子引发剂、杀菌剂、杀虫剂及成膜剂等自研配制种衣剂，将精选后的高活力种子进行包衣处理，以防除种子病菌和苗期病虫为害，提高发芽种子的成苗率。经包衣处理后的杂交稻种子，一般播种后 25 d 以内，秧田期不需要再次进行病虫害防治。

3. 定位播种

应用杂交稻印刷播种机械或者手工播种器，每张播种纸横向播种 16 行（25 cm 行距）或 20 行（30 cm 行距），纵向匀播种 34 行包衣处理后的杂交稻种子。早稻每穴定位播种 2 粒、晚稻和一季稻每穴定位播种 1～2 粒，定位播种在用可降解的淀粉胶黏合的纸张上，边播种边进行纸张卷捆，以便于运输。

4. 泥浆育秧

选择排灌方便、交通便捷、土壤肥沃、没有杂草等的田块作秧田。播种前 15 d 左右将秧田整耕 1 次，播种前 3～4 d 整耕耙平，每公顷撒施 45% 复合肥 900 kg。按厢宽 140 cm、沟宽 50 cm 开沟做厢。以厢床中间为准，从田块两头用细绳牵直，四盘竖摆，中间两盘对准细绳，秧盘之间不留缝隙；把沟中泥浆掏入盘中，剔除硬块、碎石、禾蔸、杂草等，盘内泥浆厚度保持 2.0～2.5 cm，抹平待用（最好用泥浆机装盘省工、效率高）。对于早稻育秧，秧床需要用敌克松（或者甲基托布津）兑水喷雾消毒。

5. 场地育秧

可在平整的旱地、水泥坪、坂田，采用软盘、硬盘、无纺布装专用基质、有机发酵菌肥、营养液肥料等进行简易场地育秧。

6. 铺纸播种

铺纸播种有两种方法：一是将种子朝上铺纸，播种后用商品基质或过筛的细干土覆盖，以覆盖后不见种子为度；二是将印刷好的种子反铺在秧盘上，慢慢滚动，及时调整位置，使纸张平顺地粘在泥浆上，并使种子均匀进入盘中，后用手轻压纸张，使纸紧贴泥浆。

7. 盖膜揭膜

播种纸张摆放后，早稻、中稻用竹片搭拱，薄膜覆盖；一季晚稻和双季晚稻用无纺布紧贴盘上覆盖，厢边用泥固定，以防风雨冲荡。种子扎根长叶后，根据天气情况及时揭膜或者揭开无纺布。

8. 秧田管理

种子长出第 1 片叶后，放水浸至盘面，浸泡 20～24 h 放干水，将纸张揭掉，动作轻巧，确保不带出种子。中、晚稻秧苗达 1 叶 1 心后，每亩秧田用 150 g 多效唑配成药液细水喷雾，以促根发棵；当秧苗 2 叶 1 心时秧田追施尿素 45～60 kg/hm^2。种子破胸后、扶针前保持厢面无水而沟中有浅水，严防高温煮芽和暴雨冲刷种子；1 叶 1 心后保持平沟水，厢面湿润不开裂，开裂则灌跑马水。

9. 机械插秧

播种后 20～25 d（最迟不超过 30 d），叶龄 4.5～4.9 叶时适时机插，早稻机插不少于每公顷 36 万蔸，晚稻机插不少于每公顷 33 万蔸，一季稻机插不少于每公顷 24 万蔸。取秧量 30 cm 行距插秧机横向抓秧 20 次，纵向取秧 34 次；25 cm 行距插秧机横向抓秧 16 次，纵向取秧 34 次。

10. 大田管理

（1）推荐施肥。氮肥（纯氮）用量早稻或晚稻为 120～150 kg/hm^2，一季稻为 150～180 kg/hm^2，分为基肥（50%）、分蘖肥（20%）、穗肥（30%）3 次施用。

（2）大田管水。分蘖期浅水灌溉，当苗数达每公顷 240 万～300 万苗时开始晒田，晒至田泥开裂，一周后复水，然后，干干湿湿灌溉，孕穗至抽穗期保持浅水，抽穗后干干湿湿灌溉，成熟前一周断水。

（3）病虫防治。按照当地植保部门病虫情报防治病虫害。

（四）适宜区域

南方籼型杂交稻生产区域。

六、超高产量潜力挖掘栽培技术

（一）技术概况

1996 年我国超级稻育种计划实施以来，2000 年成功实现了第一期超级稻产量目标 10.5 t/hm^2，该目标的实现表明我国杂交水稻技术达到了世界新水平，随后 2004 年、2011 年、2015 年分别实现了超级稻第二期（12 t/hm^2）、第三期（13.5 t/hm^2）、第四期（15 t/hm^2）育种目标。水稻超高产品种（组合）的育成，促进了栽培工作者对其相应超高产栽培技术体系的研究，取得了卓著的成效。

自从超级稻育种计划开展以来，袁隆平团队高度重视超级稻品种超高产配套栽培技术的研究，以期充分挖掘超级稻品种的产量潜力，开展了一系列超级稻超高产理论与技术方面的深度研究，取得了卓著的成效。形成了一批挖掘各代超级稻产量水平的配套技术体系，如超级杂交水稻 12 t/hm^2、 13.5 t/hm^2 等产量目标的技术模式。

（二）增产增效情况

2002 年，超级稻组合“两优 0293”在湖南龙山县示范种植 8.47 hm^2，平均单产达 12.26 t/hm^2。2003 年，“两优 0293”在湖南隆回县和溆浦县单产分别创造了 12.15 t/hm^2 和 12.10 t/hm^2 的超高产。2004 年，“准两优 527”在湖南桂东县和汝城县示范单产分别达 12.63 t/hm^2 和 12.14 t/hm^2。2011 年，超级杂交水稻“Y 两优 2 号”在湖南隆回县百亩连片单产达 13.90 t/hm^2， 2012 年在湖南溆浦县 “Y 两优 2 号”百亩连片单产突破 13.76 t/hm^2 的超高产。2013 年，在湖南省隆回县“Y 两优 900” 百亩连片平均单产 14.82 t/hm^2。2014 年，湖南溆浦县横板桥乡红星村“Y 两优 900”百亩攻关片平均单产 15.4 t/hm^2。2015 年，云南个旧市“湘两优 900”攻关片平均单产达到 16.01 t/hm^2，2016 年，在云南个旧市、河北永年区“湘两优 900”百亩攻关片平均单产分别达到 16.32 t/hm^2 和 16.23 t/hm^2。2017 年，在河北永年区“湘两优 900”百亩攻关片创造了 17.23 t/hm^2 的世界超高产新纪录。

下面，列举单产达到 13.5 t/hm^2 的超级杂交水稻超高产栽培模式技术要点。

（三）技术要点

1. 培肥地力

水稻超高产必须“四良”配套，即良田、良种、良法、良态高度协调统一，片面注重品种、技术的改进，轻视土壤地力的改善，品种（组合）的超高产潜力不可能充分发挥。

超高产栽培首先要重施基肥，改善土壤环境，这是实现水稻超高产栽培的基础。一般大田基肥结合耕整分 2 次施入。第 1 次每公顷施农家肥 3.0 t、 45% 复合肥 450～600 kg，拌匀后于第 1 次犁田翻耕时深施；第 2 次每公顷施用菜枯肥 750 kg、 45% 复合肥 450 kg，混合均匀后在第 2 次犁田时撒施。

2. 培育壮秧

壮秧是塑造高光效群体的前提，生产上一般可通过“旱育、稀播、足肥、喷施多效唑”等措施，培育出地上部和地下部协调生长的标准壮秧。壮秧插后早生快发，可为形成足穗、大穗奠定基础。

（1）苗床选择。选背风向阳，排灌方便，土壤耕作层深厚，土质肥沃的田块。秧田翻耕后施好底肥，每公顷秧田施用45%复合肥600 kg、氯化钾112.5 kg作底肥，待4～5 d后再平整秧厢播种。每公顷秧田播种量120～150 kg，每公顷大田用种量15 kg。

（2）苗期管理。秧苗2叶1心期，施好“断奶肥”，每公顷用尿素60 kg；移栽前3～4 d，每公顷施用尿素105 kg作“送嫁肥”。同时，要注意防治病虫草害，一般秧田期防治病虫害1次，即移栽前1 d喷施一次高效农药，带药下田。

3. 适宜的基本苗

（1）原则。基本苗是群体的起点，确定合理的基本苗数是建立高光效群体的一个极为重要的环节。基本苗过少，穗数不足，产量难以突破；基本苗过多，群体过大，个体素质下降，也难以取得高产。

（2）插栽密度。应根据产量指标设计和品种特征特性确定。一般每公顷栽插14.25万～16.5万蔸，每蔸插2粒谷秧。

（3）行向配置。为保证建立高光效群体，插植规格宜采用宽窄行，宽行33～40 cm，窄行20～23.3 cm，株距20 cm。行向设置为东西（行）向，用专用划行器划行或拉线移栽，有利于中后期通风透光。

（4）栽秧质量。移栽时浅插，根系入泥0.5～1 cm，促进早发、多发低位分蘖。移栽后3～4 d，及时查苗补漏，做到不漏蔸，如有死苗，尽快补全。

4. 精确定量施肥

（1）施肥总原则。有机肥与无机肥搭配，稳氮，增加磷钾肥。同时，必须根据实现目标产量的需肥量、土壤养分供应情况和肥料利用率确定总施肥量。

（2）总施肥量。目标产量为13.5 t/hm^2，超级稻按每100 kg稻谷需氮量1.7～1.9 kg计算，则总需229.5～256.5 kg/hm^2纯氮，氮、磷、钾的比例一般为1：0.6：1.2。高产稻田土壤供应纯氮约120 kg/hm^2，则需施纯氮109.5～136.5 kg/hm^2，肥料利用率为40%，则每公顷需要补施氮273.5～341.3 kg/hm^2。

（3）施肥方式和比例。水稻各生育期对养分的吸收量不同，要确定各养分的合理比例及其施用时期。本模式氮肥比例为基蘖肥：穗粒肥=6：4，基蘖肥用氮164.4～204.8 kg/hm^2，穗粒肥用氮109.4～136.5 kg/hm^2。

（4）基蘖肥。氮肥基肥占70%、蘖肥占30%。其中，分蘖肥分2次施用。第一次，移栽后4～6 d返青时施用尿素90～105 kg/hm^2、氯化钾（K_2O含量60%）75 kg/hm^2；第二次，移栽后12～15 d施用尿素40～60 kg/hm^2、氯化钾90 kg/hm^2。磷肥全部作基肥施用，钾肥作基肥、分蘖肥、穗肥分别为 30%、 20%、 50%。

（5）穗粒肥。穗粒肥共分 3 次施用。第 1 次，当主茎进入幼穗分化二期时施“促花肥”，每公顷施尿素 75～90 kg、 45% 的复合肥 225～270 kg、氯化钾 75～90 kg，以促进枝梗分化，为大穗打基础。第 2 次，进入幼穗分化四期时施“保花肥”，每公顷施尿素 45～60 kg、45% 复合肥 180～195 kg、氯化钾 75～90 kg，给幼穗提供充足养分，防止已分化颖花的退化，保证大穗多粒。第 3 次，于齐穗后 5 d 每公顷看苗情施尿素 22.5～30.0 kg 作粒肥，以降低空壳率，提高结实和粒重，并可配合叶面喷施磷酸二氢钾壮籽。

5. 灌露结合，科学管水

（1）移栽前。整田后开好大田围沟，沟深 30 cm、宽 20 cm；大田开好十字沟，深、宽同围沟。另外，每 300 m^2 以上开厢沟一条，宽 20 cm、深 20 cm，便于排灌和晒田。

（2）分蘖期。移栽后灌浅水，返青活棵到有效分蘖临界期，采取“灌一露”结合间歇灌溉，即先灌水 2～3 cm，自然落干 3～4 d 后，再灌水 2～3 cm，如此周而复始，直到晒田。

（3）够苗晒田。在 $N-n-1$ 叶龄期，群体总茎蘖数达到预计苗数每公顷 225 万苗的 80% 左右即约 200 万苗时排水晒田，晒田可以采取多次轻晒的方法，晒到叶色转淡（顶 3 叶叶色浓于顶 4 叶叶色）。若达到规定施穗肥的叶龄而叶色未转淡，则应继续晒田，不要复水施肥。

（4）抽穗至成熟期。保持土壤湿润、板实，满足水稻生理需水，增强根系活力，提高群体中后期光合生产积累能力。实行湿润灌溉，干湿交替，有水抽穗。齐穗后期以湿为主，以确保根系活力，防止早衰，提高结实率和充实度。后期以干为主，保持清水硬板，以气养根，以根保叶，以叶增重，达到丰产要求的有效穗数，活熟到老，获取高产。

6. 化学除草和病虫害防治

病虫害以预防为主，综合防治。重点是秧田期稻蓟马，大田期二化螟、三化螟、稻纵卷叶螟、稻飞虱、稻瘟病、纹枯病等。一是通过选择抗病品种，适当稀植，采用合理施肥与灌水等方法，建立适宜的群体结构，提高水稻抗性；二是利用生物农药、化学农药，加强对条纹叶枯病、稻瘟病、纹枯病、稻曲病以及稻纵卷叶螟、稻飞虱、二化螟等的防治。对于草害，推荐进行人工除草，但为节约劳务成本，可于移栽返青后，用灭草威、稻田净、克草威等除草剂防除杂草。

（四）适宜区域

南方籼型超级杂交水稻超高产稻作区域。

References

参考文献

[1] 周培建，骆赞磊，程飞虎. 江西种植业应用技术 800 问 [M]. 南昌：江西科学技术出版社，2010：8–9.

[2] 李建武，邓启云，张玉烛，等. 第 4 期超级稻苗头组合 Y 两优 900 高产示范单产 14.82 t/hm^2 栽培技术 [J]. 杂交水稻，2013，28（6）：46–48.

[3] 石庆华，潘晓华. 双季水稻生产技术问答 [M]. 南昌：江西科学技术出版社，2010：55–56.

[4] 王炽. 杂交水稻种子浸种催芽实用技术 [J]. 现代农业科技，2007（3）：81–82，84.

[5] 李建武，邓启云，吴俊，等. 超级杂交稻新组合 Y 两优 2 号特征特性及高产栽培技术 [J]. 杂交水稻，2013，28（1）：49–51.

[6] 谷祖新. 早稻旱地耐寒育秧及大穗高产栽培技术探讨 [J]. 江西农业科技，1991（6）：5–8.

[7] 邹应斌. 长江流域双季稻栽培技术发展 [J]. 中国农业科学，2011，44（2）：254–262.

[8] 周林，牛社余，尹必文，等. 水稻育秧方式的变革与优劣性比较 [J]. 农技服务，2011，28（5）：580–582.

[9] 张勇. 水稻旱育稀植浅插增产技术 [J]. 云南农业，2011（2）：39–40.

[10] 蔡学举，何海林，周婷婷. 水稻抛秧高产栽培技术 [J]. 农村经济与科技，2013，24（10）：184–185.

[11] 白云华. 机械直播方式在水稻栽培中的应用分析 [J]. 南方农业，2017（24）：1–2.

[12] 廖奎. 蓬溪县水稻直播栽培技术 [J]. 四川农业科技，2014（12）：14–15.

[13] 凌启鸿. 水稻精确定量栽培理论与技术 [M]. 北京：中国农业出版社，2007：92–125.

[14] 李建武，邓启云，张振华，等. 两系杂交稻新组合 Y 两优 488 的栽培特性及在海南的高产栽培技术 [J]. 作物研究，2014，28（1）：19–21.

[15] 李建武，张玉烛，吴俊，等. 超高产水稻新组合 Y 两优 900 百亩方 15.40 t/hm^2 高产栽培技术研究 [J]. 中国稻米，2014，20（6）：1–4.

[16] 袁隆平. 水稻强化栽培体系 [J]. 杂交水稻，2001，16（4）：1–3.

[17] 朱德峰，林贤青，陶龙兴，等. 水稻强化栽培体系的形成与发展 [J]. 中国稻米，2003，9（2）：17–18.

[18] 马均，吕世华，梁南山，等. 四川水稻强化栽培技术体系研究 [J]. 农业与技术，2004，24（3）：89–90.

[19] 彭既明，罗闰良. 国际水稻强化栽培会议在三亚召开 [J]. 杂交水稻，2002，17（3）：59.

[20] 凌启鸿. 水稻精确定量栽培理论与技术 [M]. 北京：中国农业出版社，2007.

[21] 叶丹杰，陈少婷，胡学应，等. 水稻精确定量栽培关键技术研究 [J]. 广东农业科学，2010，37（4）：24–25.

[22] 宋春芳，舒友林，彭既明，等. 溆浦超级杂交稻“百亩示范”单产超 13.5 t/hm^2 高产栽培技术 [J]. 杂交水稻，2012，27（6）：50–51.

[23] 李建武，张玉烛，吴俊，等. 单产 15.0 t/hm^2 的超级稻“四良”配套技术体系研究 [J]. 中国稻米，2015，21（4）：1–6.

第十三章

超级杂交水稻主要病虫害发生与防治

黄志农 | 文吉辉

第一节　稻瘟病发生与防治

稻瘟病是我国水稻三大主要病害之一，由半知菌亚门梨形孢属（Pyricularia oryzae Cav.）病原真菌引起，又名稻热病、火烧瘟。我国南北稻区都有不同程度的发生，整个生育期都可以发病，其发病的轻重则因年份、地域而异。以日照少，雾露持续时间长的山区和气候温和的沿江、沿海地区为重。为害损失一般为20%~30%，严重的田块为50%~70%，甚至颗粒无收。我国常年发生面积为360万hm^2以上，湖南常年发生面积为35万hm^2，损失稻谷达2亿kg。

一、发生特点

稻瘟病为真菌半知菌中的梨孢菌，以分生孢子和菌丝体在病谷、病草上越冬，堆放在秧田或本田附近的病草，也常引起周围秧苗或稻株发病。在带有病菌的稻谷和稻草中越冬的菌丝，当温湿度条件适宜时便陆续产生分生孢子，分生孢子借助风雨或气流传播到稻田，是翌年稻瘟病的初次侵染来源。水稻叶片受到初次侵染发病后，条件适宜时，病斑上可产生大量的分生孢子，借风雨传播进行再次侵染。所以在适宜条件下，分生孢子的形成和积累，便造成大量再侵染，可使稻瘟病暴发成灾。

二、症状识别

由于发病时期和受害部位不同，稻瘟病的发生症状根据水稻的受害叶片、茎秆、穗部可以分为苗瘟、叶瘟、节瘟、穗颈瘟、枝梗瘟和谷粒瘟。苗瘟发生在秧田幼苗 2～3 叶期，秧苗变黄枯死，湿度大时在枯死秧苗上可见灰色霉层（图 13-1）。叶瘟发生在秧苗和成株的水稻叶片上，叶片上产生的病斑常因气候条件影响和品种抗性差异，在形状、大小和色泽及灰色霉层等都表现不同，常见的病斑有 4 种类型，分为慢性型、急性型、白点型和褐点型（图 13-2）。

图 13-1 苗瘟

图 13-2 叶瘟（褐点型）

典型慢性型为梭形病斑，中央灰白，周围有黄色晕圈，多见此种类型（图 13-3）。节瘟使稻节受害后变为黑褐色凹陷病斑，并渐绕节扩展，易折断。穗颈瘟及枝梗瘟使水稻穗颈部及其枝梗受害处产生暗褐色病斑（图 13-4，图 13-5），发病早而重的可造成白穗，发病晚的秕粒增多。发生在谷粒内外颖上的为谷粒瘟，后期可使稻谷变黑，形成秕粒。

图 13-3 叶瘟（慢性型）

图 13-4 穗颈瘟

图 13-5 枝梗瘟

三、环境因素

引起稻瘟病大发生是环境因素影响的结果，造成年度间发病轻重不一的主导因素是气候条件，如温度、湿度、雨、雾、露及光照等；造成田块间发病轻重不一的主要条件是栽培管理措施（肥、水等）和品种的抗病性。稻瘟病菌分生孢子萌发的最适温度为 25～28 ℃，相对湿度 90% 以上，阴雨连绵，日照不足，有利于此病流行。

四、防治技术

1. 绿色防控技术

稻瘟病的综合防治宜采用绿色防控与化学防治相结合，综合运用各种生态调控措施和生物技术，对该病害实行可持续治理。

（1）选用抗病品种，开展抗性分析。选用抗病性强的品种（组合），是防治稻瘟病最经济有效的措施。水稻品种之间对稻瘟病菌的抗性差异极大，品种的抗病性是受品种本身的遗传因素、病原物和生长环境这三个方面所制约的，任何一方都可能发生变化而导致抗病性改变。一个品种的抗性除病原物如稻瘟病生理小种的变化外，往往还因环境条件而变化。一个品种全生育期的抗性和对相同的稻瘟病菌株的抗性是相对稳定的，但一个品种的纯度和稳定性只是相对的，多少会出现一些变异，病原菌（生理小种）的变异是造成水稻品种在大面积上迅速丧失抗性的主要原因。因此，在生产上要特别注意对稻瘟病抗性较差或易感品种（组合）进行药剂防治，在技术上要按照抗性基因多样化实行品种选育和抗性监测。推广应用超级杂交水稻不同品种（组合），需在了解和掌握稻瘟病抗性水平基础上，进一步根据田间的抗性表现开展抗性监测。重点是根据主栽品种（组合），在分蘖末期和黄熟期分别对叶瘟和穗瘟的发病率、病情指数和损失率进行调查，并计算抗性综合指数，最后进行抗性评价。

（2）消灭越冬菌源，处理病谷病草。在收获时对病田的稻谷稻草要单独堆放，春播前处理完毕。不用病草催芽和捆扎秧苗，病草还田，要深翻沤烂，用作堆肥的稻草，充分腐熟后施用。

（3）加强健身栽培，合理施肥管水。播种适量，培育粗壮老健无病秧苗，是控制苗叶瘟的关键；科学管理肥水是生态调控的重要措施。要注意合理施肥及其“N、P、K 三要素”的配合。施肥原则是：施足基肥，早施追肥，中后期看苗看天看田巧施肥，增施磷钾肥，适当施用硅肥，不偏施氮肥，巧施穗肥，以免发病加重。实行科学合理排灌，以水调肥，浅水勤灌，结合晒田达到促控结合。根据水稻不同生育期采用不同的灌水方法，在分蘖末期及时晒田，可以增加植株的抗病能力，控制叶瘟的发展，抽穗期灌浅层水，乳熟期湿润灌溉，黄熟期干湿交替，可减轻发病。

（4）应用生物药剂，示范有益菌剂。推广应用放线菌及其代谢产物，如 2%、4%、6% 春雷霉素可湿性粉剂，四霉素和 2% 灭瘟素乳油等生物药剂，及其生物化学农药复配剂，如 13% 春雷霉素 · 三环唑可湿性粉剂等。示范应用活性乳酸菌、光合菌等有益微生物菌剂，以促进水稻生长发育，增强光合作用，抑制病原微生物，增强稻株抗病性。

2. 化学防治方法

化学防治必须做到科学、合理、正确地使用化学农药。农药的喷雾技术、施药器械及其农药剂型正在向精准、低量、高浓度、对靶性、自动化方向发展。

（1）种子消毒。一般可选用包衣种子，对未包衣的种子则需进行消毒。用 40% 强氯精 300 倍液，或 20% 三环唑 400 倍液，或 75% 三环唑 1 000 倍液，或 10%401、80%402 抗菌剂 1 000 ~ 2 000 倍液，或 40% 稻瘟灵 1 000 倍液，或 25% 咪鲜胺 2 000 倍液等药剂进行种子消毒。

（2）大田防治。根据种植品种（组合）的抗性表现和田间调查，针对感病品种和易感生育期及时施药。在稻瘟病常发区的药剂防治策略是：抓住发病初期用药，控制苗瘟和叶瘟，狠治穗颈瘟。常发区应在秧苗 3 ~ 4 叶期或移栽前 5 ~ 7 d 施药，防治苗瘟、叶瘟要重点控制发病中心，破口抽穗期（破口率 10%、抽穗率 5.0% 左右）是药剂防治穗颈瘟的关键时期。常用药剂：20% 三环唑可湿性粉剂每亩 100 g，或 75% 三环唑可湿性粉剂每亩 40 g，或 40% 稻瘟灵乳油或 25% 咪鲜胺乳油每亩 100 mL，或 40% 多菌灵胶悬剂每亩 100 mL，或嘧菌酯、吡唑醚菌酯或 40% 稻瘟酰胺悬浮剂每亩 100 mL，或 50% 稻瘟肽可湿性粉剂每亩 100 g。要求做到对症下药，适时用药，准确施药，掌握药量，兑足水量。

第二节　纹枯病发生与防治

纹枯病为我国水稻三大病害之一，由半知菌亚门丝核菌属（Rhizoctonia solani Kuhn）病原真菌引起，俗称“花脚病”。纹枯病主要引起水稻结实率降低，空秕率增加，千粒重下降，一般减产 10% ~ 20%，发生严重时可减产 50%。我国常年发生面积为 1500 万 hm^2，每年损失稻谷约 100 亿 kg。

一、发生特点

随着种植矮秆品种和提高密植程度，推广杂交水稻及提高施肥水平以来，纹枯病已成为常发生且为害严重的病害，具有发生面广，大发生频率高，为害重，损失大的特点，尤其在杂交水稻高产栽培地区，其发生为害较为突出。纹枯病菌的越冬与传播主要依靠菌核，以菌核在稻田土壤中越冬，也可以菌丝和菌核在病稻草或田边的杂草残体上越冬。一般落入田中的菌核以几十万计，生存力极强，以表土层 6 ~ 13 cm 处最多，是翌年水稻最主要的初次侵染来源，据测定，在稻田表土层的越冬菌核萌发率为 96.0% 以上，致病率达 88.0% 以上。

翌年稻田在灌水耕耙后，越冬菌核漂浮水面，随水漂流，插秧后并附于稻苗基部的叶鞘上，待温、湿度适宜时，菌核萌发，产生菌丝，菌丝在叶鞘上延伸，从叶鞘缝隙进入，通过气孔或直接穿破表皮侵入。水稻分蘖盛期至孕穗初期主要是水平扩展，表现为病蔸、病株率增加，病菌在稻株间的水平扩展期间，5 d 左右侵入部位会出现病斑，病斑上随后又长出菌丝，致病力强，可借助水流传播，并逐渐向邻近的稻株间继续扩展蔓延，进行再次侵染。孕穗至抽穗期病斑自下向上呈垂直扩展，可上升到茎秆上部及穗部。发病叶鞘也急剧增加，为害程度加重。

二、症状识别

纹枯病从水稻的苗期至穗期都可以发生。一般在分蘖盛、末期到抽穗期都为发病期，以抽穗期前后发病最盛，以分蘖期和孕穗期最易感病（图 13-6），主要侵害稻株的叶鞘和叶片（图 13-7），严重时可伸展到茎秆上部或为害穗部（图 13-8）。发病初期先在近水面的叶鞘上产生暗绿色的水渍状小斑，逐渐扩大成圆形，病斑边缘为褐色或深褐色，中部草黄至灰白色，潮湿时则呈灰绿至墨绿色，相互扩展成云纹状大病斑。叶片发生严重时病斑呈污绿色，很快腐烂，茎秆发病时先为污绿，后变灰褐，孕穗抽穗期发病造成死孕穗或抽穗的秕谷增多。天气潮湿条件下，病斑上出现白色丝状菌丝体。菌丝体匍匐于稻株组织表面，并在植株间相互攀缘，可结成白色疏松的绒球状菌丝团，最后变成黑褐色菌核，扁球形，1.5～3.5 mm，菌核成熟后从病组织上脱落，掉入田中或浮于水面。田间发病严重时，受害植株茎秆易折断造成倒伏、叶片枯死。

图 13-6　茎基部叶鞘早期病斑

图 13-7　茎基部叶鞘中期病斑

图 13-8　茎秆和穗部后期病斑

三、环境因素

纹枯病的发生流行受菌源数量、气候条件、品种抗耐性、栽插密度、施肥水平等环境因素的影响，而田间小气候及水稻不同生育期是影响发病轻重的主导因素。气温达 23 ℃时开始发病，在 23 ~ 35 ℃都有利于该病害的发展。菌核一般在温度 27.0 ~ 30.0 ℃，相对湿度 95.0% 以上时， 1 ~ 2 d 就可以萌发产生菌丝；侵染适温为 28.0 ~ 32.0 ℃，相对湿度 96.0% 以上，如果温度达 35 ℃以上，相对湿度 85.0% 以下时，侵染则受到抑制。纹枯病属高温高湿性病害，也是多肥茂盛嫩绿型病害。超级杂交水稻茎粗叶茂，施肥多，特别是氮肥水平高，生长茂盛，田间郁闭，湿度增高等，再因天气多雨时，该病往往发生严重。对一些长期灌水，插植过密，偏施氮肥，疏于晒田的稻田都极有利于纹枯病的发展蔓延。

四、防治技术

1. 绿色防控技术

纹枯病的绿色防控主要是清除菌核，减少菌源，增强水稻的抗耐性，使用生物药剂，坚持配方施肥，控施氮肥，科学管水，适时晒田。

（1）清除菌核，减少菌源。一般应在灌水耕田和耙田时打捞漂浮在水面上的浮渣菌核，尽可能大面积连片打捞，坚持每年和早晚季稻田进行打捞，并将打捞的浮渣菌核带出田外深埋或烧毁，以减少田间的菌源，并铲除田边杂草。

（2）选用抗耐品种，增强水稻抗耐性。不同品种（组合）间对纹枯病的抗耐性和抗感反应存在一定的差异。一般阔叶型品种比窄叶型品种发病重，水稻对纹枯病抗性好的种质资源较少，至今尚未发现免疫和高抗纹枯病的品种。在生产上增施速效性硅肥，提高稻田 SiO_2 的含量，增强稻株表层的硅化细胞，这是抵抗和延缓病原菌侵入稻株的一种预防性措施，也是增强稻株抗耐性的一种手段。

（3）加强健身栽培，注重田间肥水管理。在栽培上要求合理密植，实行宽窄行栽插，因地制宜地放宽行距，改善水稻群体通风条件，尽量使田间能通风透光，降低田间湿度，以减轻发病程度。在用肥上应施足基肥，早施追肥，氮肥和磷、钾肥相结合，增施硅肥，不偏施氮肥，推广配方施肥技术，使水稻前期不披叶，中期不徒长，后期不贪青。在管水上坚持“前浅、中晒、后湿润”的原则，做到浅水分蘖，苗足露田，晒田促根，肥田重晒，瘦田轻晒，浅水养胎，湿润长穗，适时断水，防止早衰。特别是适时晒田至关重要，可以促进水稻生长健壮，以水控病，提高抗病力。

2. 药剂防治方法

根据田间病情掌握防治指标及时施药，在药剂选择上仍可重点使用井冈霉素等生物药剂。药剂防治时期为分蘖盛期至抽穗期，以分蘖末期和孕穗初期防效最好，防治指标一般为分蘖末期病蔸率 15%～20%，孕穗初期病蔸率 20%～25%。

（1）生物药剂。由于井冈霉素具有内吸、保护、治疗作用，有效、无害、无残留。首先选用以井冈霉素为主的水溶性抗生素药剂及其复合剂，这是当前生产上使用最为普遍、面积最大、用量最多的绿色防控药剂。每亩用 5% 井冈霉素水溶性粉剂 100 g，或 15% 井冈霉素水溶性粉剂 50 g，或 20% 井冈霉素可溶性粉剂 30 g，或 10% 井冈霉素水剂 100 mL，或 5% 井冈霉素水剂 200 mL，或 20% 纹曲宁可湿性粉剂 70 g，或 2.5% 纹曲宁水剂 300 mL，或 12.5% 纹霉清或克纹霉水剂 200 mL，或 20% 纹真清悬乳剂 100 mL。

（2）化学药剂。每亩可选用 30% 苯甲 · 丙环唑乳油（爱苗） 20 mL，或 10% 己唑醇乳油 40 mL，或 25% 丙环唑（敌力脱）乳油 30 mL，或 12.5% 烯唑醇粉剂 50 g，或噻呋酰胺、嘧菌酯，或 50% 多菌灵可湿性粉剂 100 g，或 30% 纹枯利可湿性粉剂 80 g。注意上述药剂在使用时任选一种轮换使用，均按兑水量 50～60 kg，使药液均匀到达稻株的中下部。如遇雨水较多的高温高湿天气，要连续施药 2～3 次，间隔期 7～10 d，在防治中还可结合二化螟、稻纵卷叶螟等病虫害进行统一施药，开展统防统治。

第三节　稻曲病及稻粒黑粉病发生与防治

稻曲病由半知菌亚门稻绿核菌［*Ustilaginoidea oryzae*（Patou.）Bref = *U. virens*（Cooke）Tak.］病原真菌引起，又名绿黑穗病、谷花病，俗称“丰收果”，是杂交水稻的重要病害之一。20 世纪 80 年代以来，随着杂交水稻的发展，我国稻曲病的发生面积已明显增加，南方杂交中、晚稻普遍发生。1982 年湖南省发病面积达 66.67 万 hm^2；江西省发病面积占水稻总面积的 30.0%。1983 年贵州省发病面积占水稻总面积的 40.0%。21 世纪初湖南大部分地区应用杂交水稻作一季稻或中稻栽培， 2004 年稻曲病大发生流行，如常德市水稻总面积为 12.53 万 hm^2，而稻曲病发生面积达 4.0 万 hm^2，占 31.9%，全市因稻曲病损失稻谷达 1 262.6 万 kg。稻粒黑粉病是杂交稻制种田母本（不育系）常发的一种重要病害，如不育系培矮 64S 等，发病率高达 40% 以上。

一、发生特点

稻曲病菌由落入土中的菌核和附在种子表面的厚垣孢子越冬。翌年7—8月菌核萌发而产生子囊孢子，厚垣孢子也可在受害稻谷及颖壳上越冬，并能随时萌发产生分生孢子，成为初次侵染的主要来源。这些孢子随气流传播散落于稻株叶片及稻穗上，侵染时期为水稻孕穗期至扬花期，主要在水稻破口期侵入花器和幼穗，造成谷粒发病。受害稻穗病部产生的厚垣孢子借风雨传播，进行再侵染，从抽穗期至成熟期均能发生稻曲病。稻粒黑粉病菌仍以病粒及散出的冬孢子在土壤和种子表面越冬，为初次侵染源，借气流传播。稻曲病不仅引起水稻结实率和千粒重下降，造成减产，而且严重影响稻米品质，病菌含有对人、畜、禽有毒的物质和致病色素C9H607，可引起慢性中毒或致畸，对人、畜的健康影响很大。

二、症状识别

稻曲病是一种为害水稻穗部的病害，主要在抽穗扬花后至乳熟期发生流行。由于病菌在稻谷颖壳内生长，初期受侵染的谷粒颖壳稍张开，露出黄绿色的小型块状突起，孢子座聚集在谷粒颖壳上，后逐渐膨大，并将颖壳包裹起来形成“稻曲”（图13-9）。稻曲比谷粒大数倍，近球形，表面平滑，为黄绿色或墨绿色，并有薄膜包被。随稻曲长大后，薄膜破裂，表面因厚垣孢子形成，可散发出墨绿色粉末，表面呈龟裂状。在一个穗上通常有一粒至几粒，严重的多达十几粒，甚至几十粒（图13-10，图13-11）。稻曲病不仅毁掉谷粒，而且还能消耗整个病穗的营养，致使其谷粒不饱满，随着病粒的增加，空秕率上升，一般是杂交稻重于常规稻，两系杂交稻重于三系杂交稻。稻曲病粒与稻粒黑粉病的区别在于：前者使

图13-9　稻曲病（受害轻）

图13-10　稻曲病（受害中等）

图13-11　稻曲病（受害较重）

整个谷粒失去原形，被病菌所包裹、膨大，并形成“稻曲球”；后者则基本保持谷粒形状，仅颖壳合缝处长出黑色舌状物（图 13-12），颖壳内产生黑粉（即病菌冬孢子堆）。生产上种植的杂交稻一般发病较轻，而制种田的不育系明显重于恢复系和保持系。

图 13-12　稻粒黑粉病（受害谷粒）

三、环境因素

气候条件是影响该病发生为害的重要因素，特别是降雨量和温度的关系最为密切。在水稻孕穗期至抽穗期，由于高温多湿，病菌最宜生长发育，病菌在 24.0～32.0 ℃时发育良好，以 26.0～28.0 ℃最为适宜。长期低温寡照、多雨易减弱水稻的抗病性，特别是在抽穗扬花期如遇低温多雨，或者阴雨连绵，稻曲病菌的子囊孢子和分生孢子均借风雨侵入花器，因此，影响此病菌发育和侵染的气候因素是以降雨为主。降雨导致稻曲病大发生流行。另外，若偏施或重施氮肥，或穗肥用量过多，水稻抽穗后生长过于繁茂嫩绿，造成贪青晚熟，若灌水过深、排水不良等都会使病情加重。稻粒黑粉病发生为害的环境因素与稻曲病大同小异。

四、防治技术

1. 绿色防控技术

（1）选用抗病品种（组合）。水稻品种之间的抗性有一定的差异，一般来说，孕穗期长的品种发病较重，散穗型的早熟品种发病较轻，大穗型、密穗型的迟熟品种（组合）发病较重。目前生产上种植的杂交稻品种（组合）多数比较感病，要因地制宜地选用相对发病较轻的品种。

（2）加强田间管理。早期田间发现病粒应及时摘除，并带出田外烧毁，重病田块收获后应进行深翻。注意保持田园清洁，水稻播种前注意清除病残体及田间的病原物，以减少菌源。

（3）加强肥水管理。坚持合理施肥，多施有机肥，注重超级杂交水稻氮、磷、钾肥及矿质元素等养分的吸收与利用，防止过多过迟施用氮肥。在水浆管理上适时适度晒田，干干湿湿灌溉。

（4）使用生物药剂。高产优质栽培可用 15% 井冈霉素可溶性粉剂 50 g，或 12.5% 纹霉清水剂 150 mL，或 5% 井冈霉素水剂 250 mL，或 2.5% 纹曲宁水剂 300 mL，或 20% 纹霉星可湿性粉剂 50 g 等。

2. 化学防治方法

开展田间调查，结合气象预报，进行准确测报。研究表明，湖南及邻近各省晚稻稻曲病菌的侵入及发生流行，一般在9月上中旬，这个时期的雨温系数的大小，对当年10月上中旬稻穗病粒（稻曲球）的多少影响极大。如果9月上中旬雨日多，温度在25~30℃，则极有利于该病的大发生流行，需注意做好药剂防治准备。

稻曲病的药剂防治应选择在杂交稻孕穗后期（幼穗分化第七期），即在破口期前5~7 d开展第一次施药为最佳时期，如需第二次施药，则在破口抽穗盛期（破口抽穗50%左右）施药。常用药剂：每亩用30%苯甲·丙环唑乳油（爱苗） 20 mL，或43%戊唑醇乳油20 mL，或10%己唑醇乳油40 mL，或23%醚菌·氟环唑（尊保）60 mL，或25%富力库乳油20 mL，或20%粉锈宁（三唑酮）乳油80 mL或50%琥胶肥酸铜（DT）可湿性粉剂100 g，或50%多菌灵可湿性粉剂100 g等。上述用于防治稻曲病的药剂多可用于稻粒黑粉病的防治，但主要针对杂交稻制种田，因此，选用药剂种类和施药时期与方法要充分考虑母本异交性能的复杂性，以确保防病和制种的效果。

第四节　白叶枯病和细菌性条斑病发生与防治

一、白叶枯病

白叶枯病由黄单胞杆菌属［*Xanthomonas campestris* PV. *Oryzae*（Ishiya-ma）Dye］病原细菌引起，又称白叶瘟、茅草瘟，过去也是我国水稻三大病害之一。20世纪50年代我国仅限于长江以南及华东、华南沿海地区发生， 60年代随种子调运，病区不断扩展，而且当年是一种检疫性病害。80年代根据此病发生流行情况，全国划分为三个区。其一为全年发生区，如雷州半岛以南地区，气候温暖，终年都有发生。其二为常年流行区，如南方的纯双季稻区，包括两广、江西、湖南及其他省的部分地区，常年以晚稻发病较多，对产量影响也较大，近年发生为害一般都较轻，但个别年份发生较重。其三为局部流行区，如淮河以北单季稻区，病害集中于7—8月的雨季，一般只局部发生。总之，近年随着超级稻的推广应用，华南、华东及华中局部地区，该病的发生为害又有上升趋势（图13-13）。

图13-13　白叶枯病大田为害状

（一）发生特点

病菌主要在稻种和稻草上越冬，带菌稻种和有病稻草是此病的主要初次侵染源。病菌可潜入颖壳组织或胚、胚乳表面越冬。老病区的菌源主要是病稻草和稻蔸，病草上的病菌可存活 6 个月以上；新病区的菌源是稻种，病谷上的细菌可存活 8 个月以上。带菌种子在翌年播种时传病成为初次侵染源，其远距离调种是新病区扩展的主要原因。但种子带菌的多少与种子传病率的大小无明显的相关性。稻草和谷壳中存活的病菌，随流水传播到秧苗。稻根的分泌物可吸引周围的病原细菌向根际聚集，然后从根部、茎基部和叶片的伤口或叶片的水孔侵入，到达维管束组织，并在导管中大量增殖，一般引起典型的症状。侵染高感品种又遇环境条件适宜时可引起急性型症状。侵入维管束的病菌大量增殖后扩展到其他部位，形成系统性感染。一般发病早的在拔节期，迟的在孕穗期或破口期，下部叶片先发病，然后向上部叶片蔓延。初次发病的病株叫中心病株，使稻叶发生叶枯型、急性型和凋萎型症状。

（二）症状识别

图 13-14　叶枯型

水稻整个生育期均可为害，主要为害叶片，由于环境条件和品种抗病性的差异及其侵染部位的不同，其症状也有所不同，病叶上常有黄色珠状的菌脓溢出。主要表现出五种类型的症状，它们分别为叶枯型、急性型、中脉型、凋萎型和黄化型。

（1）叶枯型：是叶片上常见的典型症状，发病先从叶尖或叶缘开始，初为暗绿色水渍状，并扩展为短条斑，再延伸扩展为长条斑，病健交界处明显，呈波纹状。条斑从黄褐色最终转变为灰白色或黄白色，田间湿度大时，病部常见蜜黄色珠状菌脓（图 13-14）。

（2）急性型：叶片产生暗绿色病斑，呈开水烫伤状，叶片因失水而卷曲青枯，病部有菌脓。主要发生在感病品种、高温高湿等环境条件下及多肥田块，田间有此种症状出现，将预示该病害的大发生流行。

（3）中脉型：病菌从叶片中脉伤口侵入，逐渐沿着中脉上下扩展蔓延呈长条状的淡黄色病斑，将病叶纵折挤压时可见黄色菌脓溢出。一般在杂交稻感病组合穗期易见此症状（图 13-15）。

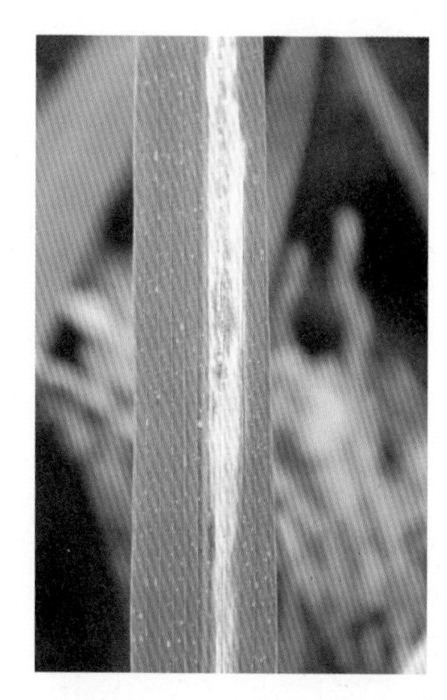

图 13-15　中脉型及菌脓

（4）凋萎型：病株心叶或心叶下 1～2 叶先表现失水，青枯、卷曲，然后凋萎，直至枯死，病部常溢出大量菌脓，这有别于稻螟虫为害造成的枯心。此种症状多见于杂交稻及感病品种（组合），常在移栽后 20～30 d，分蘖盛末期易显示病症，在穗期大量叶片卷曲而枯死（图 13-16）。

图 13-16　凋萎型

（5）黄化型：一般在成株新叶上发生，产生淡黄色或黄绿色条斑，引起病株生长不良，菌脓很少，易与生理性黄叶混淆。这种症状很少见，仅在广东省发现过。

（三）环境因素

该病的发生流行与气候因子、肥水管理、品种抗性等都有密切关系，尤其与水的关系更为密切。最适宜的发病温度为 26.0～30.0 ℃，相对湿度为 90% 以上，当气温高于 33.0 ℃或低于 17.0 ℃时病害发展受到抑制。条件适宜时病菌在病株的维管束中大量繁殖，并从叶面或水孔大量溢出而成为菌脓，可遇水溶散，可借助风雨、露滴或流水传播，进行再侵染。灌溉水、暴风雨、洪涝是此病菌田间传播的主要媒介，另外，由于稻叶相互摩擦造成的伤口及机械损伤等都有利于病菌侵入，稻田长期淹水、串灌、漫灌等都有利于病害传播。在肥料中以氮肥影响最大，过迟过量施用氮肥，有利于病害加重。水稻在一个生长季节里，只要条件适宜，再侵染就会不断发生，使病害传播蔓延，以至于大流行或暴发成灾，该病的发生流行季节，在长江流域早中晚稻混栽区，一般早稻为 6—7 月，中稻为 7—8 月，晚稻为 8 月中旬至 9 月中旬。

（四）防治技术

1. 绿色防控技术

白叶枯病的绿色防控是以选用无病稻种，种植抗病良种为基础，秧苗预防为关键，狠抓肥水管理，辅以药剂防治。

（1）选用抗病或无病良种。水稻品种之间对该病的抗性存在很大差异，一般抗病品种对白叶枯病的发生为害都具有较好的抗性作用，其抗性也相对稳定。种植抗病品种是防治该病经济有效的措施，在常年发病区可选用适合当地种植的 2～3 个主栽抗病品种。另外，杂交水稻最好在无病区制种，生产上引进无病稻种，杜绝病菌来源，遵守检疫制度，不从病区调种，严防病菌传入。

（2）妥善处理病草，严防秧田受涝，培育无病壮秧。稻草残体应尽早处理；不用病草扎秧，覆盖秧苗、堵塞田口等；秧田选择背风向阳、地势较高、排灌方便的场地，并防止大水淹田。

（3）肥水管理，健身栽培。健全排灌系统，实行排灌分家，不准串灌、漫灌，严防涝害；按叶色变化科学用肥，按配方施肥，坚持氮、磷、钾及微肥平衡施用，使禾苗健身稳长。

2. 化学防治方法

化学防治的关键是要早发现、早防治，发病区重点在于秧田期喷药保护和大田期封锁发病中心，在防治上要求做到"发现一点治一片，发现一片治全田"的施药原则。主要在分蘖期及孕穗期的初发病阶段，特别是在田间出现急性型病斑，气候有利于发病，则需要立即施药防治，从而有效控制此病害的蔓延。①种子消毒可用 40% 强氯精 300 倍液浸种，或 20% 噻枯唑可湿性粉剂 500 倍液浸种，或 70% 抗生素 402 或 10% 叶枯净 2 000 倍液浸种。②晚稻秧田灌水扯秧前，喷施一次叶枯唑或叶枯灵，或叶枯净，或农用硫酸链霉素等。③大田药剂防治每亩选用 20% 叶青双（叶枯唑、敌枯宁、噻枯唑）可湿性粉剂 100 g，或 25% 叶枯灵（渝 -7802）可湿性粉剂或 25% 敌枯唑可湿性粉剂 200 g，或 10% 叶枯净可湿性粉剂 250 g，或 70% 叶枯净（杀枯净）胶悬剂 100 g，或 90% 克菌壮可溶性粉剂 80 g，或 77% 可杀得可湿性粉剂 120 g，或 24% 农用链霉素可湿性粉剂 25 g，或 20% 噻菌铜（塞森铜）悬浮剂 100 mL，分别兑水 50～60 kg 叶面喷雾，每隔 7～10 d 喷施一次，共施 2～3 次。

二、细菌性条斑病（细条病）

水稻细菌性条斑病［*Xanthomonas oryzae* PV. *Oryzicola*（Fang 等）Swings］简称细条病，由黄单胞杆菌属细菌引起，仍是国内植物检疫对象之一。20 世纪 80 年代以来，我国由于杂交水稻的推广应用和稻种的南繁北调，该病不仅先在华南稻区发生，而且迅速向华中、华东和西南稻区蔓延，目前全国病区已有 10 多个省市。近年来随着超级杂交水稻的推广种植，发病面积逐渐扩大（图 13-17），为害加重，应引起重视。

图 13-17 细条病大田为害状

（一）发生特点

该病菌也是在稻种和稻草中越冬，并成为翌年的初次侵染来源，带菌种子的调运也是远距离传播的主要途径。病菌可借风雨传播，主要通过灌溉水和雨水接触秧苗，病菌一般从气孔或伤口侵入，侵入后在气孔内繁殖并扩展到薄壁组织的细胞间隙，因受到叶脉的阻隔而形成条斑（图 13-18）。潮湿条件下，病斑上溢出菌脓，再通过风雨、流水及农事操作进行再次侵染。此病的发生特点与白叶枯病基本相同。

（二）症状识别

水稻整个生育期均可受害，主要为害叶片，幼龄叶片最易受害。病菌多从气孔侵入，先在病叶上形成水渍状小斑点，尔后在叶脉间扩大成暗绿色至黄褐色短而细的条斑，对光看为透明状，条斑可连接（图 13-19），合并形成枯死斑块（图 13-20）。病斑表面常分泌出许多串珠状黄色菌脓，干枯后呈黄色胶状小粒，附着于病斑表面。

图 13-18　中前期病叶

图 13-19　中后期病叶

图 13-20　后期病叶

（三）环境因素

在有菌源存在的前提下，此病的发生流行主要受气候条件、品种抗性及栽培管理等因素的影响。在气温 25～30 ℃，相对湿度 85% 以上，如遇暴雨、大风有利于此病害的传播和蔓延，特别是台风暴雨及洪涝灾害，可造成水稻叶片大量伤口，病害容易大流行。长期灌深水以及偏施、迟施氮肥田发病较重。一般中、晚稻重于早稻，长江中下游地区一般 6—9 月最易发生流行。在水稻品种中常规稻发病一般较轻，杂交稻一般较易感病，特别是超级杂交稻易感，在生产上需注意观察，加强防治。

（四）防治技术

1. 绿色防控技术

（1）加强植物检疫。切实进行产地检疫，未经检疫的稻种不许随意调运。

（2）选栽抗性品种。因地制宜地选择适合当地种植的品种，并注意选栽品种的抗性水平及其抗感反应。

（3）培育无病壮秧。采用旱育秧、湿润育秧及温室育秧，秧田严防深水淹苗。

（4）加强田间管理。严格处理病草，合理平衡施肥，避免氮肥过多。

2. 化学防治方法

细菌性条斑病（细条病）的化学防治方法与白叶枯病基本相同，请参照白叶枯病的防治方法与药剂。

第五节 稻螟虫（二化螟和三化螟）发生与防治

水稻螟虫俗称钻心虫。二化螟和三化螟是杂交水稻的重要害虫，同属鳞翅目螟蛾科。由于杂交水稻茎秆粗壮，髓腔较大，叶色浓绿，植株内富含营养，淀粉含量高，可溶性糖多，具备了稻螟虫多发的有利条件，特别是二化螟发生普遍，为害较重。

一、为害特点

（一）二化螟

二化螟在我国各稻区均有分布，北纬 26°~32°的长江流域一年发生 3~4 代，为杂食性害虫，除为害水稻外，还为害甘蔗、玉米、高粱、小麦、茭白、游草等。二化螟以幼虫在稻蔸、稻草、茭白内越冬，抗寒性较强，4 龄以上幼虫即可安全越冬。翌年气温回升到 11 ℃时，高龄幼虫开始化蛹，15~16 ℃时，羽化为成虫。成虫有趋光性，喜欢在较高而嫩绿的稻株上产卵。20 世纪 80 年代以来随着杂交水稻的发展已上升成为主要害虫，并由以前为害早稻发展到现在为害中、晚稻。二化螟幼虫为害，在分蘖期造成枯鞘和枯心苗（图 13-21）；在孕穗期造成死孕穗；在抽穗期造成白穗（图 13-22）；在灌浆乳熟期造成虫伤株或半枯穗，一般减产 5%~10%，严重时可减产 30% 以上。成虫具有趋光性和趋嫩绿性，每雌产卵 2~3 块，每块有卵 50~80 粒。蚁螟孵化后，先群集在叶鞘内为害，蛀食叶鞘组织，造成枯鞘，2 龄开始分散转移后钻蛀到稻株内部为害，造成枯心或白穗等。幼虫转株为害较为频繁，多种被害株会成团出现。幼虫经 6～7 龄老熟，在稻株下部茎内或叶鞘内侧化蛹，通常距水面约 3 cm。

图 13-21　二化螟为害造成的枯鞘

图 13-22　二化螟为害造成的白穗

（二）三化螟

三化螟在我国长江流域及其以南地区仅局部发生，其种群有所下降，华中稻区及长江流域每年发生 3～4 代。为单食性害虫，专食水稻。以老龄幼虫在稻蔸内越冬，翌年气温回升到 16 ℃左右时开始化蛹羽化。三化螟幼虫为害，在苗期和分蘖期造成枯心苗；在孕穗期造成死孕穗；在破口期和抽穗期可造成大量白穗（图 13-23）；乳熟期至成熟期还可造成虫伤株。大发生时严重影响水稻生产，甚至可造成稻谷颗粒无收。成虫具有强烈的趋光性，螟蛾羽化当晚即交配，翌日开始产卵，以第二、第三天产卵最多。每一雌蛾产卵 1～5 块，以 2 块的为多。每块有卵 50～100 粒。蚁螟孵出后，有的沿叶片往下爬行，有的爬到叶尖吐丝下垂，随风飘散，约 30 分钟后，则各自选择稻株合适部位蛀入茎秆内，幼虫能转株为害。水稻分蘖期、孕穗末期至破口抽穗期，最适合蚁螟侵入，在防治上称为危险生育期。田间同一个卵块孵出的蚁螟，常扩散在附近的稻株上为害，能造成数十株甚至百余株枯心或白穗，称为枯心团或白穗团。幼虫老熟后，转入健株茎内并在茎壁咬一羽化孔，仅留一层表皮薄膜，然后化蛹。羽化时，成虫破膜而出。

图 13-23　三化螟为害造成的白穗

近 30 年来，湖南、江西等省大面积种植杂交稻，为了满足温光条件，实行早播、早插、9 月 15 日前需安全齐穗，以避免“寒露风”侵袭，而第四代三化螟盛孵期在 9 月 15 日后，当大量蚁螟孵出后，杂交晚稻大面积已经齐穗或乳熟，其危险生育期恰巧与螟卵盛孵期错开。另外，由于杂交稻茎秆组织坚硬，并有多层叶鞘包裹，蚁螟很难侵入，不易生存，这是三化螟种群逐年下降的主要原因。

二、形态识别

（一）二化螟

成虫体长 10～15 mm，灰黄褐色。前翅近长方形，外缘有 7 个小黑点。雄蛾较雌蛾小，体色和翅色较深。卵块由多个或数十个椭圆形扁平的卵粒排列成鱼鳞状，外覆胶质。幼虫体淡褐色，高龄体长 20～30 mm，背面有 5 条棕褐色纵线（图 13-24）。蛹黄褐色，前期背面可见 5 条深褐色纵线，后足末端与翅芽等长。

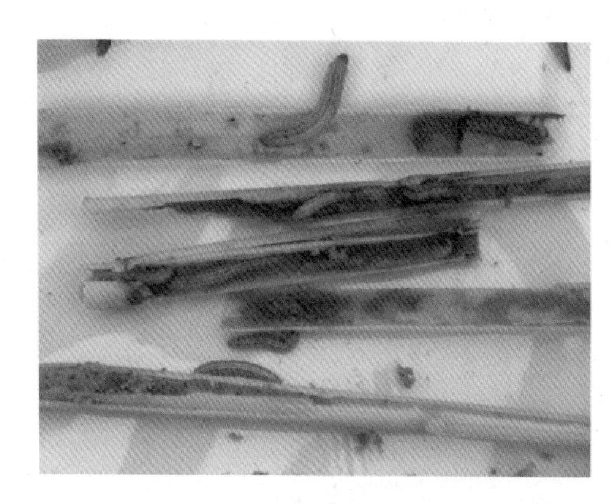

图 13-24　二化螟高龄幼虫和蛹

（二）三化螟

成虫体长 8～13 mm，前翅长三角形。雌虫体较大，淡黄色，前翅中央有一明显的小黑点，腹部末端有一束黄褐色绒毛；雄虫体较小，淡灰褐色，除有上述黑点外，翅尖至翅中央还有一条黑褐色斜纹。卵块椭圆形，表面被有黄褐色绒毛，像半粒发霉的黄豆，里面有几十至几百粒分层排列的卵粒。幼虫刚从卵中孵出时灰黑色，称蚁螟。以后各龄乳白色或淡黄色，背面中央有一条透明纵线。蛹长圆筒形，褐色，长 12～13 mm。雌蛹后足伸展达第六腹节，雄蛹伸展达第八腹节外。

三、环境因素

气候因素对稻螟虫的发生期和发生量有着直接影响，主要是温度的影响较大。螟虫生长发育需要一定的温度，如果达不到所需温度，越冬幼虫就不能正常化蛹、羽化。当年春季气温偏高，越冬代螟虫发生期可提早，反之则推迟。湿度和雨水对稻螟虫发生量也有一定的影响，二化螟在大田化蛹期间如果遇上台风暴雨，造成内渍淹水，则能淹死大量螟虫，可减轻为害。在水稻种植结构改革以后，由于单季稻与双季稻变成多季交错播种，混合种植，相应给稻螟虫提供了丰富的食料和有利的生活条件，螟害加重。田间管理方面，超级杂交水稻由于氮肥水平高，田间植株生长旺盛，叶色浓绿，诱集二化螟成虫产卵量增加，相应加重为害程度。品种（组合）

生育期的长短、品种布局也影响着苗情和虫情的对应状况，进而影响到螟害及种群消长。

四、防治技术

1. 绿色防控技术

在生产上主要采用“防、控、避、治”相结合的绿色防控策略，坚持以农业防治和生态调控为基础，如调整品种布局，减少桥梁田，开展深水灭蛹，降低越冬基数，保护天敌，以虫治虫，推广应用二化螟性诱剂和杀虫灯等理化诱控技术。

（1）降低虫源基数，开展深水灭蛹。冬闲田要在冬前翻耕浸田，或翌年春季3月底至4月上旬灌水淹田3~5 d；湖区免耕田入春后可长期灌水淹田；绿肥留种田在4月上旬灌水淹田2~3 d，深水能淹死大部分老熟幼虫和蛹。抛秧田可提早灌水翻耕，结合春耕将稻蔸稻草翻入土中，有利于消灭在稻蔸上越冬的虫源，从而有效降低虫口基数。

（2）调整水稻布局，推行栽培避螟。推广水稻轻简栽培技术，在生产上尽量避免单、双季稻混栽，大面积连片种植双季稻或一季稻，有效切断虫源田，减少螟虫繁殖的“桥梁田”。适当调整与合理搭配早稻的早、中、迟熟品种，坚持以早、中熟品种为主，适当减少迟熟品种面积，适时移栽，从时间上避开一代螟虫的为害时期和水稻的危险生育期，减轻一代螟虫的发生数量和全年发生基数，达到栽培避螟的目的。

（3）选择利用抗耐性较强的品种。水稻品种对螟虫的抗耐性不同也影响到螟害的轻重。抗螟性或耐害性较好的品种（组合），一般茎壁较厚，髓腔较小，维管束之间距离及叶鞘气腔均较小，茎秆和叶鞘内硅化细胞增强。超级杂交水稻前期易受害，但后期由于茎秆粗壮，茎壁较厚，蚁螟较难侵入。

（4）保护自然天敌，开展以虫治虫。田间有多种游猎型蜘蛛捕食稻螟虫的初孵幼虫，特别是狼蛛科捕食能力很强。一头拟环纹豹蛛一天可吃掉一块螟卵孵出的所有蚁螟。晚稻田自然天敌多，主要天敌除蜘蛛外，还有其他捕食性天敌。寄生性天敌有稻螟赤眼蜂、澳洲赤眼蜂、螟蛉绒茧蜂、螟蛉瘤姬蜂、广大腿小蜂、稻苞虫赛寄蝇等。有条件的地方还可开展人工释放稻螟赤眼蜂。

（5）应用昆虫性信息素（性诱剂），开展大田诱捕。目前生产上常用的主要为水盆诱捕器、笼罩诱捕器和筒形诱捕器三种。水盆诱捕器为塑料盆，上口直径为20~30 cm，深度8.0~12.0 cm，盆口横穿一根细铁丝，中间悬挂一个二化螟性诱剂诱芯，盆内盛约八分满的清水，加入少许洗衣粉，诱芯与盆口水面保持约1.0 cm，然后把水盆放在用木棍或竹竿支撑的三脚架上（图13-25）。当二化螟成虫陆续羽化后，雄蛾受诱捕器中诱芯所释放的雌性信息素引诱，自动投入水盆中溺死。盆内诱芯有效期一般为 30 d 左右，需保持盆内有水，一般每亩设置 3～4 个，需大面积统一放置，才能收到良好的效果。近年推广应用的为白色筒形诱捕器和笼罩式诱捕器，使用简单方便。

图 13-25　二化螟性诱剂

（6）应用诱蛾杀虫灯，开展灯光诱杀。利用稻螟虫的趋光性诱杀成虫，特别是在发蛾盛期，诱杀效果很好，每晚每灯一般可诱杀 200 多头二化螟成虫。每一盏灯可控制水稻面积 2.5～3.5 hm^2，灯控区稻田可降低螟虫落卵量 70% 左右，虫量少、为害轻。近年生产上大面积推广应用的有河南佳多牌 PS-15 Ⅱ普通型和光控型频振式杀虫灯、湖南神捕牌扇吸型太阳能益害虫分离式杀虫灯等（图 13-26）。

图 13-26　杀虫灯

2. 化学防治方法

开展化学防治前，需加强田间调查，查卵块孵化进度定化学防治适期，查苗情、卵块密度、枯鞘株率定防治对象田。化学防治采用“狠治一代，挑治二代，巧治三代，兼前顾后打主峰”的策略，实施分蘖期与穗期治螟并重。防治指标分蘖期枯鞘株率 3.0%～5.0%，穗期枯鞘株率 2.0%～3.0%，把螟害率控制在经济允许水平以下。过去生产上曾使用较多的药剂主要是杀虫单、杀虫双、三唑磷等，一般每亩用 18% 杀虫双水剂 250 mL，或 90% 杀虫单粉剂 50 g，或 20% 三唑磷乳油 150 mL，或 5% 杀虫双颗粒剂拌细土撒施等。但由于这些药剂长期大量使用，对稻螟虫已明显产生了抗药性。近年推广应用的高效、低毒药剂，每亩可用 20% 氯虫苯甲酰胺（康宽）10 mL，或 20% 氟虫双酰胺（垄歌）10 g，或 2% 阿维菌素 150 mL 或 5.7% 甲氨基阿维菌素苯甲酸盐（甲维盐）30 g，或淼农系列苏云金杆菌等。各药剂可任选一种，交替使用，每亩均按兑水量 60 kg 喷雾。另外，还有氟苯虫酰胺、溴氰虫酰胺、甲氧虫酰肼、阿维 · 氯苯酰等新推药剂。

第六节　稻纵卷叶螟发生与防治

稻纵卷叶螟又称刮青虫、白叶虫，属鳞翅目螟蛾科，是一种迁飞性害虫。主食水稻，兼食小麦、谷子、玉米、甘蔗、李氏禾等。我国南北水稻区均有发生，特别是南方各稻区为害水稻较为严重。稻纵卷叶螟以幼虫取食为害水稻叶片，并吐丝缀叶纵卷成苞，影响水稻发育，降低千粒重，增加空秕率，一般减产 10%～20%，严重的达 50% 以上（图 13-27）。

图 13-27　稻纵卷叶螟大田为害状

一、为害特点

我国南方的广大稻区，包括云南、贵州、湖南、江西、两广北部，四川和浙江南部每年发生 5～6 代。第一代发生较轻，第二代幼虫 6 月中下旬在早稻抽穗期为害较重，第三代幼虫 7 月下旬至 8 月上旬为害一季稻，第四代幼虫 9 月上中旬为害双季晚稻。成虫昼伏夜出，喜群集和荫蔽，具有趋光性和趋嫩绿性，可多次交配，每雌可产卵 50～80 粒，卵散产，一般产于中上部叶片的正反两面。初孵幼虫先爬入心叶和叶尖取食不结苞，一般 2 龄开始在离叶尖 3 cm 处吐丝卷叶、结小虫苞。3 龄后将叶片纵卷成筒状，一般 1 叶 1 包 1 虫，幼虫潜藏在虫苞内啃食（图 13-28），食量增加，虫苞

图 13-28　单叶为害状

也增大。4～5 龄暴食期频繁转苞为害，整个幼虫期可为害稻叶 5～8 片。一般卵期 3～6 d，幼虫期 20～25 d，末龄幼虫多在稻丛基部枯黄叶上化蛹，蛹期 5～7 d，成虫寿命 5～15 d，常选择生长嫩绿的稻田产卵。

二、形态识别

稻纵卷叶螟成虫体长约 8 mm，翅展约 18 mm，体翅黄褐色。前翅近三角形，由前缘到后缘有两条暗褐色横线，两线间有一条短线；后翅有横线两条，内横线不达后缘。前后翅外缘均有暗褐色宽边。雄性个体较小，色泽较鲜艳，前翅前缘中央有一丛暗褐色毛。成虫静止时前后翅斜展在背部两旁，雄蛾尾部举起（图 13-29）。卵椭圆形，长约 1 mm，中央稍隆起，表面有白网纹，初产时白色半透明，渐变淡黄色。幼虫分 5 龄和 6 龄，多数 5 龄，末龄体长 14～19 mm，绿色或黄绿色（图 13-30），前胸背板上黑点呈括号纹，中、后胸背板各有两排横列黑圈，后排两个，腹足趾钩三序缺环。蛹长 9～11 mm，略呈细纺锤形，末端尖，有臀刺 8～10 根。

图 13-29　稻纵卷叶螟成虫

图 13-30　稻纵卷叶螟幼虫

三、环境因素

稻纵卷叶螟发生的轻重与气候条件密切相关。该虫生长发育和繁殖的适宜温度为 22～28 ℃，适宜相对湿度 80% 以上，有利于种群繁殖。温度达 30 ℃以上或相对湿度 70% 以下，则不利于它的活动、产卵和生存。早、中、晚稻混栽地区，种植品种复杂，田间水稻生育期参差不齐，为各代提供了丰富食料，有利于该虫发生。肥水管理不当，引起稻株贪青晚熟，有利于该虫为害。

四、防治技术

1. 绿色防控技术

绿色防控必须坚持以健身栽培与高产栽培相结合，生物防治与化学防治相结合的协调防治技术，同时优化超级杂交水稻栽培技术。

（1）推广节氮控害健身栽培技术。水稻的氮素营养状况与稻螟虫、稻纵卷叶螟、纹枯病等发生为害的关系极为密切，大量增施氮化肥后致使水稻生长繁茂，叶色浓绿，田间荫闭，通风透光性差，适宜主要病虫的发生繁衍。水稻高产节氮控害栽培技术是坚持科学施肥，有机肥与化肥结合，掌握普通氮化肥（尿素、碳铵等）的科学用量。其经济施氮指标为常规稻每亩施纯氮 8～10 kg；一般杂交稻为 11～13 kg；超级杂交水稻为 14～16 kg 较为适宜（图 13-31）。重点推广应用新型缓释肥、控释肥、微生物肥、适氮适磷钾复混肥等。因为缓释肥和控释肥中的氮素在稻田是缓慢且控制释放的，其释放速率与水稻生长的需肥规律能较好地达到动态平衡，生产上一次施用可满足水稻全生育期的需肥要求，既充分保证水稻高产稳产，又能减少氮肥流失，减轻病虫为害。

图 13-31　超级稻节氮控害试验

（2）优化超级杂交水稻高产栽培技术。推广应用轻简化栽培、“三定”栽培、节氮抗倒栽培、精确定量栽培及超高产强化栽培等技术模式。由于超级杂交水稻茎秆高大粗壮，叶片宽大厚硬，主脉紧实，使稻纵卷叶螟低龄幼虫卷叶较为困难，成活率降低，超级稻组合一般发生为害都较轻。

（3）自然天敌保护利用技术。稻纵卷叶螟天敌种类多达 60 多种，各虫期都有天敌寄生或捕食，如卵期有稻螟赤眼蜂等，幼虫期有稻纵卷叶螟绒茧蜂等，捕食性天敌有青蛙、蜘蛛等。保护利用好这些天敌资源，可提高对该虫的生态控制效应。科学合理施药，协调药剂防治的时间、种类和方法。如按常规时间用药，对天敌杀伤大时，应提早或推迟施药；如虫量虽已达到防治指标，但天敌寄生率很高时，可不用药防治，施药应尽量选用不杀伤或少杀伤天敌的药剂和先进的施药器械。

（4）稻螟赤眼蜂人工释放技术。稻螟赤眼蜂是一种卵寄生蜂，在放蜂前掌握稻纵卷叶螟

图 13-32　稻螟赤眼蜂人工释放

的田间发生期、发生量来确定放蜂时间和数量，主要采用卵卡释放法。放蜂器可选用防雨、防风的一次性塑料杯或纸杯，把卵卡用透明胶贴入杯内，让成蜂在放蜂器内自行羽化，成蜂羽化后便从放蜂器杯口自由飞出，在稻田内寻找稻纵卷叶螟等靶标害虫的卵粒寄生，并繁殖后代。一般选择晴天放蜂，稻田放蜂器一般每亩放 10～12 个点（图 13-32），每个点插一根挂有卵卡杯的长竹竿，将卵卡杯用粗线倒吊在竹竿上，离稻株 40～60 cm，视水稻生育期而定。在稻纵卷叶螟等害虫的产卵始盛期释放第一批蜂，以后隔 2～3 d 再放一批蜂，每次放蜂量每亩 1.0 万～2.0 万头，主要为害世代可放蜂 2～3 次。调查田间害虫的卵粒寄生率，一般被稻螟赤眼蜂寄生的卵粒呈黑色。

（5）应用昆虫性信息素技术。利用稻纵卷叶螟性引诱剂（性信息素）诱杀此成虫和干扰雌雄蛾交配。操作时要注意保持水盆诱捕器的盆口高度始终高出稻株约 20 cm，诱芯离盆中水面 0.5～1.0 cm，水中加入 0.3% 洗衣粉，以增强黏力，每 7 d 更换一次盆中清水和洗衣粉，20～30 d 更换一次诱芯，以达到有效防控目的。为了简便可重点推广白色筒形诱捕器等。

2. *药剂防治方法*

（1）生物药剂及其改良剂。阿维菌素是抗生素类杀虫剂， 1.8%、 2% 阿维菌素乳油和 0.05%、 0.12% 可湿性粉剂对稻纵卷叶螟的低龄幼虫防效好。苏云金杆菌也是应用时间较长的微生物杀虫剂，近年湖南淼农科技公司通过研发改进的淼农系列苏云金杆菌等植物保护剂，在水稻分蘖期和孕穗期使用效果明显。另外应用杀螟杆菌、青虫菌等生物药剂也都有一定的效果；还可推广应用短穗杆菌和球孢白僵菌等。

（2）化学药剂及其复配剂。化学防治采用“兼治二代，狠治三代、四代”的策略，以 2 龄、 3 龄幼虫发生高峰为防治适期，即大量叶尖被卷时期，按照防治指标施药。防治指标为百蔸虫量分蘖期 50～60 头，穗期 30～40 头。常用药剂：每亩用 48% 毒死蜱乳油 100 mL，或 20% 三唑磷乳油 150 mL，或 5.7% 甲氨基阿维菌素苯甲酸盐（甲维盐）30 g。重点选用“四大天王”农药——20% 氯虫苯甲酰胺（康宽）每亩用 10 mL，或 20% 氟虫双酰胺（垄歌） 10 g，或 40% 氯虫 · 噻虫嗪（福戈） 10 g，或 10% 氟虫酰胺 · 阿维菌素（稻腾） 30 mL。

第七节　稻飞虱（褐飞虱和白背飞虱）发生与防治

稻飞虱俗称火蠓虫，属同翅目飞虱科。我国南方为害水稻的主要是褐飞虱和白背飞虱，其中以褐飞虱的发生量最大，为害最重，长江流域以南稻区几乎连年受害。一般早稻以白背飞虱为主，中稻以白背飞虱与褐飞虱混合发生，后期褐飞虱上升，晚稻以褐飞虱为主，种群迅速上升，可暴发成灾。

一、为害特点

（一）褐飞虱

褐飞虱是一种迁飞性喜温型害虫，喜欢群集为害造成水稻成片枯死。贵州、江苏、浙江、湖南、江西等省每年发生 6～7 代。褐飞虱成虫有长翅型和短翅型两种，长翅型成虫具有迁飞性和趋光性，为迁移型；短翅型成虫为居留型，繁殖能力极强，在水稻生长季节气候适宜时 20 多天就能繁殖一代，正常条件下每雌产卵 200～500 粒。田间增殖倍数每代 10～30 倍，大发生年晚稻的 9 月中下旬至 10 月初这一代，常为 8 月上中旬的 40～50 倍。褐飞虱成虫和若虫群集于稻丛基部（图 13-33），以刺吸式口器吸食稻株汁液，从唾液腺分泌有毒物质，引起稻株中毒萎缩。为害轻时，稻株下部叶片发黄，影响千粒重；为害重时，受害稻株组织坏死，叶黄株枯，甚至死禾倒秆；遭受严重为害时，水稻成片枯死、倒伏，群众俗称“火烧”“穿顶”“黄塘”等，可造成严重减产甚至颗粒无收（图 13-34）。

图 13-33　褐飞虱群集为害

图 13-34　褐飞虱大田为害状

（二）白背飞虱

白背飞虱也属迁飞性害虫，成虫迁入的时间早于褐飞虱，从南向北推迟，长江以南一年可发生 6 代。白背飞虱雄虫仅为长翅型，飞翔能力强，雌虫繁殖能力较褐飞虱低，平均每头雌虫产卵 85 粒左右。白背飞虱田间虫量分布比较均匀，几乎不会造成水稻成片枯死。白背飞虱成、若虫的生活习性与褐飞虱基本相同，常与褐飞虱混合发生，其为害和栖息部位比褐飞虱稍高。但重要的是带毒的白背飞虱传播南方水稻黑条矮缩病，这是一种由白背飞虱传毒而引起的病毒病，主要症状为植株矮小，叶片僵直，叶色深绿，叶片皱缩，病株基部数节有倒须根及高节位分枝，病株茎秆表面出现蜡白色短条瘤状突起，后变褐色，不抽穗或者穗颈短小，结实不良（图 13-35）。近年来，此病在我国南方稻区扩展蔓延较快，有加重为害的趋势。

图 13-35 水稻黑条矮缩病

二、形态识别

（一）褐飞虱

图 13-36 褐飞虱若虫

长翅型成虫体长 4～5 mm，体黄褐色或者黑褐色，前翅端部超过腹末。前胸背板和小盾片都有 3 条明显的凸起纵线。短翅型和长翅型相似，但翅短，长度不到腹部末端，体形粗短，雌虫腹部肥胖，长 3.5～4 mm。卵粒前期丝瓜形，中后期香蕉形， 5～20 粒成行排列，前部单行，后部挤成双行，卵帽露出产卵痕。若虫初孵时淡黄白色，后变褐色，近椭圆形；3 龄若虫体黄褐至暗褐色（图 13-36），翅芽已明显；5 龄若虫腹部第 3～4 腹节背面各有 1 个白色“山”字形纹。若虫落于水面两后足呈“一”字形。

（二）白背飞虱

长翅型成虫体长 3.8～4.6 mm。体淡黄色具褐斑，前胸背板黄白色，小盾片中间淡黄色，雄虫两侧黑色，雌虫两侧深褐色。短翅型雌虫体肥大，灰黄色或淡黄色，体长 3.5 mm 左右，翅短，翅仅及腹部的一半。卵粒新月形，初产时乳白色，后变淡黄色，并出现 2 个红色眼点， 3～10 余粒单行排列，卵帽不露出产卵痕。若虫橄榄形，初孵时乳白色有灰斑， 2 龄后灰白色或灰褐色， 5 龄若虫灰黑与乳白镶嵌，胸背有不规则的暗褐色斑纹，落于水面后，两后足呈“八”字形（图 13-37）。

图 13-37　白背飞虱成、若虫

三、环境因素

褐飞虱成虫、若虫喜阴湿环境，一般栖息于潮湿的稻丛基部，有明显的世代重叠现象。气温 20～30 ℃，相对湿度 80% 以上，生长发育良好，最适宜温度为 26～28 ℃，夏秋多雨，盛夏不热，晚秋不凉，则有利于褐飞虱的发生为害。田间短翅型数量增多，繁殖量成倍增加，将是造成严重为害的预兆。白背飞虱发育的适宜温度为 22～28 ℃，相对湿度 80%～90%，成虫产卵以 28 ℃最为适宜，若虫 25～30 ℃成活率最高。水稻孕穗期至扬花期因稻株中的水溶性蛋白含量增加，有利于褐飞虱繁殖为害，而白背飞虱则以水稻分蘖期和拔节期为其繁殖盛期。重施或偏施氮肥，植株嫩绿，荫蔽且田间湿度大等都有利于褐飞虱和白背飞虱的发生。

四、防治技术

1. 绿色防控技术

坚持推广应用抗性品种，稻田养鸭、养蛙，节氮控害，灯光诱杀，开展生物多样性等绿色防控技术以降低稻飞虱的虫口密度。稻飞虱各虫态捕食性和寄生性天敌种类很多，捕食性天敌除蜘蛛外，还有黑肩绿盲蝽、隐翅虫、步甲、虎甲等；寄生性天敌主要有卵期寄生蜂褐腰赤眼蜂、稻虱缨小蜂等，若虫和成虫期寄生有稻虱螯蜂、线虫等，要充分保护利用这些天敌，发挥自然天敌的控制作用。

（1）推广应用抗（耐）虫品种。水稻品种自身的抗、耐性与褐飞虱发生的多少及为害的轻重关系密切，它对种群的繁殖增长起着决定性作用。在不施药的情况下，抗性较差的品种褐飞虱短翅型多，虫口密度大，受害重；而抗性较强的品种则相反，田间虫量少，受害轻（图 13-38）。目前大面积推广应用的超级杂交水稻品种（组合）对稻飞虱的抗性水平，虽高抗的不多，但一般都具有中等抗性，或处于中抗与中感之间。特别是超级杂交水稻茎秆粗壮，茎壁较厚，表皮硅质化强，对稻飞虱的耐害性也较强。在生产中可以对大面积推广种植的超级杂交水稻品种（组合）和感虫对照品种上的虫口密度进行抗性分析。采用品种（组合）对褐飞虱的田间控制效应公式 FC＝Nc－NtNc 进行统计分析（式中 FC 为品种对褐飞虱的田间控制效应，Nc 为感虫对照品种上的虫口密度，Nt 为各推广品种上的虫口密度），设感虫对照品种 TN1 对褐飞虱的田间控制为 0，完全控制为 1。一般情况下，水稻品种抗性加自然天敌的作用，对褐飞虱的田间自然控制效应为 0.85～0.99 的品种都说明自然条件下有一定的抗性。

图 13-38　抗感品种对褐飞虱的抗性差异

图 13-39　稻田捕食性天敌蜘蛛

（2）保护利用蜘蛛等捕食性天敌。稻田蜘蛛和黑肩绿盲蝽等是稻飞虱的重要捕食性天敌。湖南稻田蜘蛛优势种群有 10 多种（图 13-39），主要为八斑鞘腹蛛、食虫沟瘤蛛、拟环纹豹蛛、类水狼蛛、拟水狼蛛、草间小黑蛛、锥腹肖蛸、圆尾肖蛸和粽管巢蛛等。当早稻进入成熟期，田埂杂草及其他非稻田生境此时已成为蜘蛛等天敌的绿色通道，在生产中应注意保护这些场所。除保护好绿色通道外，还应开展蜘蛛等捕食性天敌从早稻田向晚稻田安全转移的人工助迁技术。在双季稻区西瓜、蔬菜及其他经济作物可与晚稻搭配插花种植，给蜘蛛等天敌留下桥梁田，双抢期间开展稻田草靶助迁，田埂种豆等，都有利于蜘蛛等捕食性天敌的栖息和迁移。

（3）利用稻田养鸭、养蛙，开展生态种养。稻田养鸭、养蛙是根据动物与植物之间的共生互利原理，充分利用空间和时间生态位以及鸭、蛙的生物学特性，来防控害虫的一种绿色防控技术。由于鸭具有觅食力强、合群、喜水等特点，适宜田间放养，选择“江南一号”水鸭、“四川麻鸭”和“临武鸭”等生命力强，且生长快、产蛋率高的中小型优良鸭种（图 13-40）。稻田实行“宽窄行”栽插，为鸭子在田间自由穿行和觅食害虫提供方便。一般在水稻移栽后 20 d 左右投放鸭群，每亩放养雏鸭 10～15 只或成鸭 8～10 只，保持 5～7 cm 深的水层。另外，两栖类动物中的蛙也是农田中重要的害虫天敌，应加以保护利用。泽蛙、青蛙、雨蛙和黑斑蛙等成体主要生活于稻田或沟渠池塘边，繁殖能力强，产卵量多（图 13-41）。蛙的后肢粗壮有力，适于跳跃，不仅能大量捕食稻丛基部的稻飞虱，而且还能捕食停在叶面的稻螟成虫等。湖南长沙春华镇和浏阳北盛镇等优质稻基地都进行了稻田养蛙治虫试验示范，养蛙稻田需开沟，沟沟相通，保持有水，晚稻一般在 8 月中下旬稻飞虱等害虫数量上升时开始放养蛙群，治虫效果较好。

图 13-40　稻田养鸭治虫

图 13-41　稻田养蛙治虫

2. 化学防治方法

根据水稻品种类型和稻飞虱发生情况，适时开展化学防治，褐飞虱和白背飞虱通常以 2 龄、3 龄若虫高峰为用药防治适期。采用“控前压后”，即晚稻“控四压五”的防治策略，选用高效、低毒、残效期长的农药。防治指标因稻型和时期不同而异，均以稻飞虱百丛虫量为准，常规稻穗期百丛 1 000～1 500 头，一般杂交稻穗期百丛 1 500～2 000 头，超级杂交水稻穗期百丛 2 500～3 000 头。主要药剂每亩用 25% 噻嗪酮（扑虱灵）可湿性粉剂 50 g，或 10% 吡虫啉可湿性粉剂 20 g，或 25% 吡蚜酮可湿性粉剂 20 g，或 25% 噻虫嗪（阿克泰）5 g，或 10% 烯啶虫胺水剂 30 mL，或 40% 氯虫·噻虫嗪（福戈）10 g，还有三氟苯嘧啶和呋虫胺等。当褐飞虱暴发成灾时，可选用速效性的药剂敌敌畏或速灭威或异丙威乳油 150 mL 等迅速扑灭。上述药剂任选一种轮换使用，将药液均匀喷洒到稻蔸茎基部。另外，由于带毒的白背飞虱是传播黑条矮缩病的传毒介体，在此病发生流行区以治虫防病为目的，秧田要坚持“治虱防矮”的策略，重点抓住水稻 7 叶期前这一关键防治时期。因为白背飞虱对吡虫啉等药剂较为敏感，所以在秧田期和大田分蘖初期建议使用吡虫啉或吡蚜酮防治白背飞虱，效果较好，可有效预防黑条矮缩病的发生。

第八节　稻水象甲和稻象甲发生与防治

目前对我国水稻造成为害的稻象甲类害虫，主要是稻水象甲和稻象甲两种，它们均属鞘翅目象甲科。

一、为害特点

（一）稻水象甲

稻水象甲又名稻水象、美洲稻象甲。是一种国际性重大检疫对象，在我国属外来入侵有害生物，为害水稻的新害虫。全国已有 10 多个省市相继发生，主要以成虫食叶、幼虫食根，幼虫造成的为害一般可使水稻减产 20%，严重田块达 50%（图 13-42）。成虫传播途径多，繁殖能力强，雌虫能孤雌生殖，适应性广，发展蔓延快，除为害水稻外，还为害甘薯、玉米、甘蔗、麦类等。我国南方每年发生 2 代，以成虫在田边草丛、树木落叶层及表土层中越冬，翌年 4 月中下旬开始陆续迁入早稻秧田和早插本田，并逐步向大田扩散。成虫在幼嫩水稻叶片上啃食上表皮和叶肉，仅留下表皮，在叶片上留下白色条状的取食斑（图 13-43）。成虫一般在稻株根部或水面下的叶鞘组织内产卵，每雌产卵量为 50 ~ 100 多粒。幼虫 3 龄前蛀入稻根内为害，造成空根， 3 龄后外出嚼食稻根，造成断根，严重破坏水稻根系，受害水稻不能正常吸收水分和养料，造成稻株黄化枯萎甚至枯死。

图 13-42　稻水象甲幼虫大田为害状　　图 13-43　成虫取食条斑

（二）稻象甲

稻象甲是一种本地害虫，别名稻象鼻虫、稻根象甲。我国各稻区早有发生，局部地区曾大发生。主要为害水稻，还为害玉米、麦类及杂草。成虫取食为害秧苗近水面的心叶，使抽出的心叶上出现一列横排圆孔，稻叶易折断。幼虫取食幼嫩须根，轻则稻株发黄、生长不良，重则抽不出穗，或造成秕谷。一年发生 1～2 代，全年以早稻返青分蘖期受害最重。我国南方稻区一般在 4 月至 5 月成虫为害早中稻秧苗和早稻本田。成虫产卵于近水面的稻茎上，每处产卵 3～20 粒不等。幼虫孵化后以水稻的幼嫩须根为食料。幼虫老熟后在稻根附近作土室化蛹。

二、形态识别

（一）稻水象甲

成虫体长 2.5～3.5 mm，体灰褐色到灰黑色，体表密被灰褐色鳞片，从前胸背板端部至基部有 1 个由黑色鳞片组成的广口瓶状暗斑，沿鞘翅基部向下至鞘翅 3/4 处有 1 个黑斑。触角红褐色，着生于喙中间偏前，柄节棒形为 3 节，仅端部密生细毛，基部光滑；腿节棒形，不具齿，胫节细长弯曲，中足胫节两侧各有 1 排长游泳毛。卵白色，长约 0.8 mm，长圆柱形。幼虫共 4 龄，头褐色，体白色无足，老熟幼虫体长 8～10 mm，在第 2～7 腹节背面各有 1 对锥状突起，共 6 对，每对突起中央具有成对向前伸的钩状气门。老熟幼虫在稻根上作土茧化蛹，土茧泥黄色，茧内充满空气并与稻根通气组织相通，进行气体交换，蛹体白色（图 13-44）。

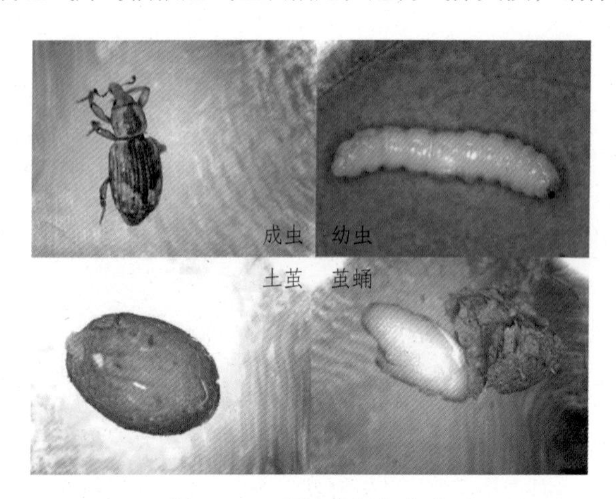

图 13-44　稻水象甲各虫态

（二）稻象甲

成虫体长 5.0～6.0 mm，体暗褐色至黑色，密生灰黄色鳞毛。鞘翅上各有 10 条细纵沟，后部约 1/3 处有 1 对由白色鳞片组成的长方形斑；前胸背板有许多小刻点，两侧有黄毛形成纵条。触角黑褐色，生于喙近端部，被细茸毛；各足胫节内喙有 1 排刚毛。卵白色或灰色，有光泽，椭圆形。高龄幼虫乳白色，无足，体长约 9 mm，略向腹面弯曲，背面无突起。幼虫老熟后作土室化蛹，蛹长 5 mm，初白色，后变灰白色，末节有肉刺 1 对。

三、环境因素

（一）稻水象甲

越冬成虫每年 4 月上旬至 5 月上旬复苏出土后，先在越冬场所的杂草新叶上取食，活动的适宜温度为 20～24 ℃，当温度达到 20 ℃以上，便陆续迁入早稻秧田或大田繁殖为害。这期间主要受气候因素的影响，除温度外，风、雨日、雨量对越冬成虫的迁飞数量和迁飞距离都有较大影响，如遇到大风、雨日、雨量多的时候，越冬成虫的飞翔受阻，尚未迁走的成虫则在原地继续蛰伏，待到雨后天晴时再次迁移。水稻秧苗有利于该虫的产卵繁殖，特别是早稻抛秧田由于根系外露，产卵多，卵量大，受害重。长期灌深水的稻田有利于该虫发生为害，适时晒田对其种群的发展有一定的控制作用。每年 8 月下旬至 10 月上旬晚稻田的第二代成虫羽化后，又陆续向附近不同越冬场所迁移，迁移的距离及数量，也主要受温度、湿度和风雨等天气的影响。

（二）稻象甲

以成虫在田边杂草或落叶层中越冬，或以幼虫在稻根下的泥土中越冬，每年 4 月至 5 月温度适宜时成虫迁入为害早稻秧苗， 5 月至 6 月产卵繁殖。一般是丘陵山区发生多于平原或湖区，特别是通气性好和含水量低的高田发生多于低田，旱秧田多于水秧田，沙性土壤为害重于黏性土壤。

四、防治技术

1. 绿色防控技术

（1）开展农业防治。当年水稻收割后，部分尚未迁移的稻水象甲成虫残留在稻蔸或稻田土层中越冬，及时对稻田进行翻耕或犁耙，可大大降低田间越冬成虫的存活率。结合积肥和田间管理，清除杂草，以消灭越冬虫源，翌年春耕生产时结合打捞纹枯病菌核浮渣深埋或烧毁，可以消灭部分浮于水面上的稻象甲成虫。

（2）加强检疫控制。禁止从疫区调运秧苗、稻种、稻谷及其他农产品，并防止用寄主植物作填充材料。严格实行植物检疫检验。在疫区对运出的水稻秧苗、稻种、稻谷等进行稻水象甲成虫检查。注意科学施肥，保持超级杂交水稻的根系活力。

（3）开展物理防治。利用杀虫灯进行灯光诱杀，压低虫源，设置防虫网阻止稻水象甲成虫迁入稻田或覆膜育秧等，以减少稻株上的落卵量。

（4）开展生物防治。保护利用捕食性天敌，如稻田中的鸟类、蛙类、鱼类、结网和游猎型蜘蛛、步甲等都是稻水象甲的天敌。有条件的地方还可以放鸭治虫。

2. 化学防治方法

以防治越冬代成虫为主，针对秧田期、大田期及越冬场所可分成 3 个防治阶段，采用“狠治越冬代成虫，普治第一代幼虫，兼治第一代成虫”的防治策略。对选用农药的防治试验表明，用 20% 三唑磷乳油分别与阿克泰、吡虫啉、阿维菌素等药剂适量混用，药后防效达 90% 以上；每亩单用 10% 吡虫啉可湿性粉剂 20 g，或 40% 毒死蜱乳油 100 mL，或 20% 三唑磷乳油 150 mL，药后防效分别为 75%、 91% 和 85%； 25% 阿克泰水分散粒剂，每亩用 5 g， 药后防效为 92%。上述药剂防治稻水象甲效果都较好，同时也可用于防治稻象甲。

References

参考文献

[1] 袁隆平. 超级杂交稻亩产 800 公斤关键技术 [M]. 北京：中国三峡出版社，2006：80–103.

[2] 黄志农. 杂交水稻病虫害综合治理 [M]. 长沙：湖南科学技术出版社，2011：33–64.

[3] 夏声广，唐启义. 水稻病虫草害防治原色生态图谱 [M]. 北京：中国农业出版社，2006：1–65.

[4] 傅强，黄世文. 水稻病虫害诊断与防治原色图谱 [M]. 北京：金盾出版社，2005：73–96.

[5] 雷惠质，李宏科，李宣铿. 杂交稻病虫害的发生与防治 [M]. 上海：上海科学技术出版社，1986：2–34.

[6] 蔡祝南，吴蔚文，高君川. 水稻病虫害防治 [M]. 北京：金盾出版社，2005：73–105.

[7] 肖启明，刘二明，高必达. 农业植物病理学 [M]. 北京：中国教育文化出版社，2007：2–30.

[8] 金晨钟. 水稻病虫草害统防统治原理与实践 [M]. 成都：西南交通大学出版社，2016：65–98.

第四篇

种子篇

第十四章

超级杂交水稻不育系原种生产和繁殖

刘爱民 | 李小华

超级杂交水稻种子生产涉及水稻三系不育系（质核互作型雄性不育系）及其保持系、两系不育系（光温敏核不育系）、恢复系等亲本，包括紧密相连的三个环节，第一个环节是亲本的原种生产，第二个环节是亲本良种繁殖，第三个环节是杂交制种。亲本原种生产关系到杂交水稻性状的稳定及杂种优势的表现，亲本原种生产和繁殖过程中既要保持亲本典型性状稳定一致和种子纯度，又要保持不育系与保持系、不育系与恢复系之间的恢保关系稳定。

第一节　水稻三系不育系的原种生产与繁殖

一、水稻质核互作型雄性不育性的表现与遗传

水稻“三系法”杂种优势利用的遗传工具是水稻质核互作型雄性不育基因，它由细胞核不育基因和细胞质不育基因相互作用表达雄性不育性。三系法杂交水稻由雄性不育系（用“A”表示）、雄性不育保持系（简称保持系，用“B”表示）、雄性不育恢复系（简称恢复系，用“R”表示）三系配套而成。不育系（A）与保持系（B）杂交所产杂交后代保持雄性不育，繁殖不育系；不育系（A）与恢复系（R）杂交所产杂交后代雄性正常可育并具有杂种优势，进行杂交制种生产杂交种子。因此，雄性不育系的雄性器官（花药和花粉）发育不正常，花粉完全败育，没有授粉能力，自交不能结实，而雌性器官发育正常，能接受水稻花粉受精结实；保持系与恢复系是雌雄器官均正常可育的水稻品种，既能自交结实，又能提供正常可育的

花粉，给不育系授粉，使其结实。

（一）水稻不育系的雄性不育性表现

水稻的花粉按其形态、大小和对碘－碘化钾溶液染色反应的不同，可以分成四种：典败花粉、圆败花粉、半染色花粉、黑染花粉。这四种花粉的形态特征如下：

典败花粉：花粉粒形状不规则，可呈棱形、三角形、半圆形、圆形等，花粉粒小、空瘪，对碘－碘化钾溶液不染色。

圆败花粉：花粉粒呈圆形，粒较大，内空、无内容物，对碘－碘化钾溶液不染色。

半染色花粉：花粉粒呈圆形或不规则的圆形，粒较大，对碘－碘化钾溶液可染成蓝黑色，但染色浅或部分染色（染色三分之二以下）或者能全染成蓝黑色，但花粉粒形状不呈圆形（如呈梨形、椭圆形或其他不规则的圆形）。

黑染花粉：花粉粒圆形，粒大，能被碘－碘化钾溶液染成蓝黑色。

典败花粉、圆败花粉是败育的花粉，没有受精能力；黑染花粉是正常可育的花粉，具有受精结实的能力；半染色花粉可能是败育花粉，也可能是可育花粉；将半染色花粉和黑染色花粉统称为染色花粉，凡不育系中出现染色花粉时，说明不育系的花粉败育不彻底，育性不稳定。

正常可育水稻的花药中这四种花粉基本都存在，但各种花粉所占的比例不同。四种花粉所占比例的不同就决定了水稻的雄性育性，一般情况下，黑染花粉率 30% 以上时，雄性正常可育，自交结实率在 50% 左右；染色花粉率为 0.5%～30% 时表现半不育，自交结实率低于 50%；染色花粉率为 0%～0.5% 时雄性不育，自交结实率为 0%～0.1%，表现为雄性不育。

不育系的雄性不育根据典败、圆败、半染色花粉的多少，将水稻的雄性不育性分成四种类型：无花粉型、典败型、圆败型和染败型。

无花粉型：这类不育系的花药中不含任何花粉粒或仅有少量极细颗粒，花药瘦小，乳白色水渍状，完全不开裂。

典败型：这类不育系的花药中的花粉绝大部分是典败花粉，少有圆败花粉，花药瘦小，白色或淡黄色，完全不开裂散粉，如野败型不育系一般表现为典败型。

圆败型：这类不育系的花药中有较多的圆败花粉粒和部分典败花粉粒，花药较细小，白色或淡黄色，一般不开裂散粉。

染败型：这类不育系的花药中的花粉粒由半染色花粉、典败和圆败花粉粒组成，三类花粉所占比例各有差异，花药较肥大饱满、淡黄色或黄色，一般可开裂散粉，自交结实率在 0.5% 以下。

在我国已生产应用的各种籼、粳型雄性不育系中，以上四种败育类型的不育系都有。不论何种类型的不育系，具有生产实用价值的不育系的育性鉴定标准是：不育株率 100%，花粉败育率 99.5% 以上，自交结实率 0.1% 以下，且不育性受环境条件（主要是温度）影响很小，不育性稳定。

（二）水稻三系不育系的遗传特性

尽管水稻质核互作型雄性不育系的不育性遗传比较简单，由细胞核不育基因和细胞质不育基因相互作用控制不育性的表达，当细胞核和细胞质同时具有不育基因时表现雄性不育，是不育系的基因型；当细胞核中有不育基因而细胞质中无不育基因时表现可育，是保持系的基因型；细胞核和细胞质中均无不育基因时表现可育，是恢复系的基因型。然而，因不同的质核互作型不育系的遗传背景的差异，不育系在雄性不育的表现上有差异，主要有两种现象：一是部分不育系的花粉败育程度受环境温度的影响，在花粉形成期和成熟期受到环境高温的影响，部分颖花中有个别花药黄色肥大、有一定比例（最高可达 70%）的正常染色花粉，能散粉自交结实，不同的不育系对高温的敏感度不一，一般在日平均温度 30 ℃以上、日最高温度 36 ℃以上时发生；二是部分不育系的保持系中含有微效恢复基因，导致不育系花粉败育始终不彻底，这类不育系大多没有实用价值。

（三）超级杂交水稻配组应用的主要不育系及其类型

水稻质核互作型雄性不育系根据细胞质不育基因的来源不同，可分成不同的类型，不同类型细胞质雄性不育系的不育性表现和恢保关系有一定差异。

1. 籼型水稻不育系

目前国内超级稻生产上应用的籼型质核互作型雄性不育系，按细胞质来源大体上有六种类型。

（1）野败型细胞质不育系。这类不育系在我国推广应用面积最大，约占 95%，主要不育系有龙特浦 A、丰源 A、天丰 A、五丰 A、中浙 A、全丰 A、谷丰 A、川香 29A 等。

（2）野生稻细胞质不育系。这类不育系是以普通野生稻与一般栽培品种杂交育成的。它们又因恢保关系的不同，分成两种类型：一种是与野败不育系具有相同恢保关系的矮秆野生稻胞质不育系，其代表不育系有协青早 A；另一种是与野败恢保关系不同的红莲型不育系，代表不育系有粤泰 A、珞红 A。

（3）冈型不育系。这类不育系的细胞质来自西非晚籼栽培品种 Gambiaka kokum。代表不育系有冈 64A、冈 46A。

（4）D 型不育系。这类不育系的细胞质来自水稻栽培品种 DissiD52/37，代表不育系有 D 汕 A、宜香 1A、红矮 A。

（5）印尼水田谷胞质不育系。这类不育系的细胞质来自籼稻品种印尼水田谷，代表不育系有Ⅱ 32A、优 1A、T98A。

（6）其他水稻栽培品种细胞质不育系。这类已在生产上应用的不育系有岳 4A。

以上六种细胞质类型的雄性不育系除了具有普通野生稻（红芒野生稻）胞质的红莲型不育系具有与众不同的恢保关系和圆败型花粉败育特征外，其他不同胞质的不育系均具有相同的恢保关系和典败型花粉败育的特征，其保持系遗传背景均来自中国长江流域的矮秆早籼品种，恢复基因则大多来自东南亚低纬度热带、亚热带的中籼品种。

2. 粳型水稻不育系

国内生产应用的粳型质核互作型雄性不育系主要有两个类型，一个是云南选育的滇型不育系，其代表不育系有丰锦 A、徒稻 4 号 A、盐粳 902A、台 2A（台 96-27A）、滇榆 1 号 A 等。另一个是从日本引入 Chinsuran Boro Ⅱ细胞质的 BT 型不育系，其代表不育系有黎明 A、中作 59A、六千辛 A、 80-4A、京引 66A 等。这两类不育系具有相同的恢保关系。

滇型不育系的花粉败育以半染色花粉为主，有少量的圆败花粉，典败花粉更少，属染败型，花药淡黄色、较饱满，但不开裂散粉。

BT 型不育系的花粉败育以圆败花粉为主，少有半染色花粉和典败花粉，属圆败型，花药细小，淡黄色，不开裂散粉。

二、水稻三系不育系与保持系的混杂及退化

（一）特殊性

以水稻质核互作型雄性不育基因为遗传工具的“三系法”杂交水稻亲本原种生产包括不育系（A）、保持系（B）和恢复系（R）的原种生产。三系亲本原种生产涉及的亲本之间既相互独立，又相互联系，相互制约。进行原种生产时，既要确保各个亲本在世代间、群体内的性状稳定一致，保持其典型特征特性，又必须考虑各个亲本的相互关系的稳定，即保持系对不育系雄性不育性的保持能力和恢复系对不育系不育性的恢复能力及杂种优势的稳定性等，同时不育系的原种生产需要保持系授粉结实，是一个异交结实的过程，因此三系法亲本的原种生产程序相当复杂，技术要求高。

多年的“三系”亲本原种生产的研究和实践表明，只有保持了各亲本的典型特征特性和世代间、群体内所有性状的稳定一致，才能稳定各亲本之间的相互关系以及杂种优势。

（二）三系亲本及 F_1 代混杂退化的表现

杂交水稻亲本的混杂退化，不育系表现为育性、株叶穗粒形状与生育期的分离变异，致使不育系的不育度和不育株率降低，出现染色花粉与自交结实；可恢复性变差，配合力降低；开花习性变劣，柱头外露率下降等。保持系、恢复系表现为株叶穗粒形状与生育期的分离变异，保持力、恢复力变弱，配合力降低，花粉不足，散粉不畅，长势衰退，抗性减退等。特别是用籼粳交方式选育的恢复系使用多年后出现偏籼偏粳的性状分离。用混杂退化、分离的亲本生产杂交水稻种子，不但影响繁殖制种产量，更严重的是影响杂交水稻杂种优势的表现。

杂交水稻 F_1 代中的杂株主要有不育系、保持系、恢复系、半不育株、冬不老（青棵）、变异株等类型。不育系中的杂株首先以保持系最多；其次是早熟或迟熟，株高、株叶型不一，半不育的植株；再次是其他类型杂株。保持系中的杂株主要为不育系株及其他机械混杂与生物学混杂、变异株。恢复系中的杂株主要为各种机械与生物学混杂、变异株。

质核互作型雄性不育系除了上述各种杂株外，其自身雄性不育性也发生变化，表现为自交结实。不育系少量的自交结实，是由本身的核质基因型所决定，同时还受气候条件与内在生理的影响，一般自交结实的下一代仍然是不育株，自交结实率只有千分之几，不足以对生产造成影响。少量的自交结实在单株间随机分布，不可能用选择的方法予以完全排除。水稻雄性不育系较为严重的自交结实现象，主要是由于恢复基因的迁入或积累，即产生所谓的同质恢复株或半恢复株，实质上是生物学混杂的产物，必须结合防杂保纯解决。至于花粉组成，由于是数量性状，具有相对稳定的分布型和变动范围。凡有利于花粉发育的内外界条件，一般会使圆败率或染败率增加，但并不影响其生产上的利用价值，也不意味着育性变化。不育系的花粉组成和自交结实率是不育系鉴定的主要内容。

（三）亲本及 F_1 代混杂退化的原因

杂交水稻亲本及 F_1 代混杂退化的原因，主要是机械混杂和生物学混杂，其次是性状变异。

1. 机械混杂

不育系繁殖和杂交制种系异交结实，两个亲本同栽一田，在操作过程中易造成机械混杂。所以杂交水稻和不育系杂株中以机械混杂为主，占总杂株的 70%～90%。三系不育系和杂交种子中杂株以保持系为主。

2. 生物学混杂

不育系和子一代中的杂株的另一主要来源是生物学混杂。引起生物学混杂主要有两个方面的原因：一是亲本本身机械混杂的杂株串粉造成；二是因隔离不严，其他水稻异品种串粉造成。制种田中的保持系串粉，F_1代中出现不育系；异品种串粉，F_1代中出现“冬不老”、半不育株、异形株等。

3. 性状变异

保持系、恢复系是自交的纯合体，性状相对稳定，但变异始终存在，只是变异概率很小。不育系和保持系的变异主要表现在两个方面：一是不育系育性“返祖”，出现染色花粉株，甚至可自交结实；二是特征特性变化，熟期、株高、叶片数不一致，抽穗包颈减轻甚至不包颈，这些性状变异往往和不育系的育性变异存在一定的相关性。恢复系变异主要表现在两个方面：一是恢复力、配合力下降，杂交后代结实率下降；二是特征特性变异，主茎叶片数减少，熟期缩短，株叶穗粒型变化，抗病抗逆能力下降。

三、水稻三系不育系与保持系的原种生产

三系不育系必须依靠保持系繁殖后代，保持其雄性不育特性，因此不育系与保持系的原种生产必须同步进行。不育系与保持系在遗传基础上，仅在细胞质上存在差异，不育系的繁殖过程，就是保持系对不育系连续核置换的过程，因而保持系对不育系的长期稳定起着决定性的作用，保持系的稳定是不育系稳定的前提，不育系中的变异因素会不断受到保持系核代换的“矫正”。

（一）原种生产的方法

四十多年来的研究与实践，形成了以“单株选择成对（或混系、优系）回交→株行鉴定选择→株系比较→原种”为主要环节的多种原种生产方法，可分为“分步提纯、配套提纯、简易提纯”等原种生产方法，都有较好的提纯效果。生产实践表明，三系七圃法、改良提纯法、改良混合选择法的提纯效果比复杂的两交四圃法、配套提纯法更好，还可以降低提纯成本。因而从原种生产的质量和经济效益考虑，以三系七圃法、改良提纯法、改良混合选择法、简易提纯法生产原种为宜。其理论依据如下：

（1）不育系与保持系的遗传基因基本纯合、相对稳定。保持系是自花授粉作物，自交使基因不断纯合，使遗传性相对稳定，突变概率甚微。同时，保持系的保持力主要由细胞核中的一对主基因控制，相对稳定，不易受外界影响而改变。不育系的自交结实率只有万分之几。

（2）造成三系及F_1代混杂退化的主要原因是生物学混杂和机械混杂，而不是由于不育系自身的变异而使杂种优势减退，而且杂交水稻只利用第一代优势，本身不传递和积累

变异。

（3）在三系核质关系中，多数性状由保持系和恢复系的核基因控制，只要维持保持系、恢复系的典型性状，就可以防止三系退化，稳定不育系的育性和杂种优势。

（4）不育系有少量染色花粉和自交结实，除受遗传因子支配外，还受环境因子影响，自交结实种子的后代绝大部分是不育的，不同的自交结实率亲本与其 F_1 代产量也无显著相关。

由此说明，对于那些败育彻底、育性稳定的三系不育系可采取简易法提纯，而对那些败育不彻底、育性稳定性差的三系不育系应采取配套法或分步法提纯。

简易提纯法的特点是不搞成对回交，也不搞分系测交和优势鉴定，而以三系的典型性和育性为主要标准进行提纯，程序大为简化。主要方法有："三系七圃法"、改良混合选择法、改良提纯法、"三系九圃法"。原种生产中应用较多的和比较有效的主要是"三系七圃法"和"三系九圃法"。

1. 三系七圃法

此法采用单株选择，分系比较，混系繁殖。不育系设株行、株系、原种三圃；保持系、恢复系分别设株行、株系圃（图 14-1）。

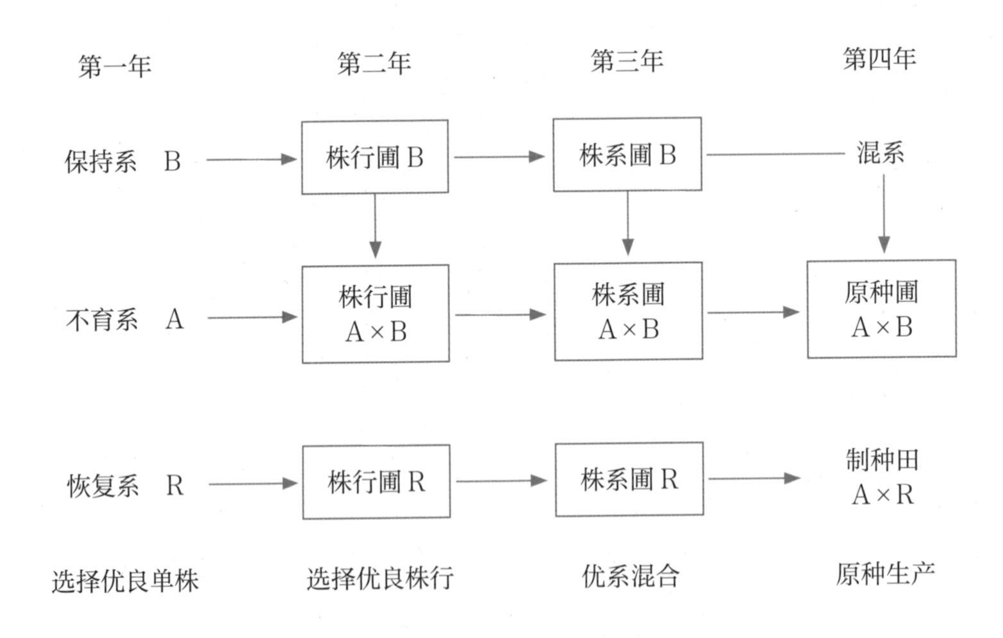

图 14-1 三系七圃法程序

2. 三系九圃法

此法属改良混合选择法。三系亲本分别设株行圃、株系圃和原种圃，共九圃。采取单株选择，株行比较，株系鉴定，混系繁殖，简称“三系九圃法”（图 14-2）。

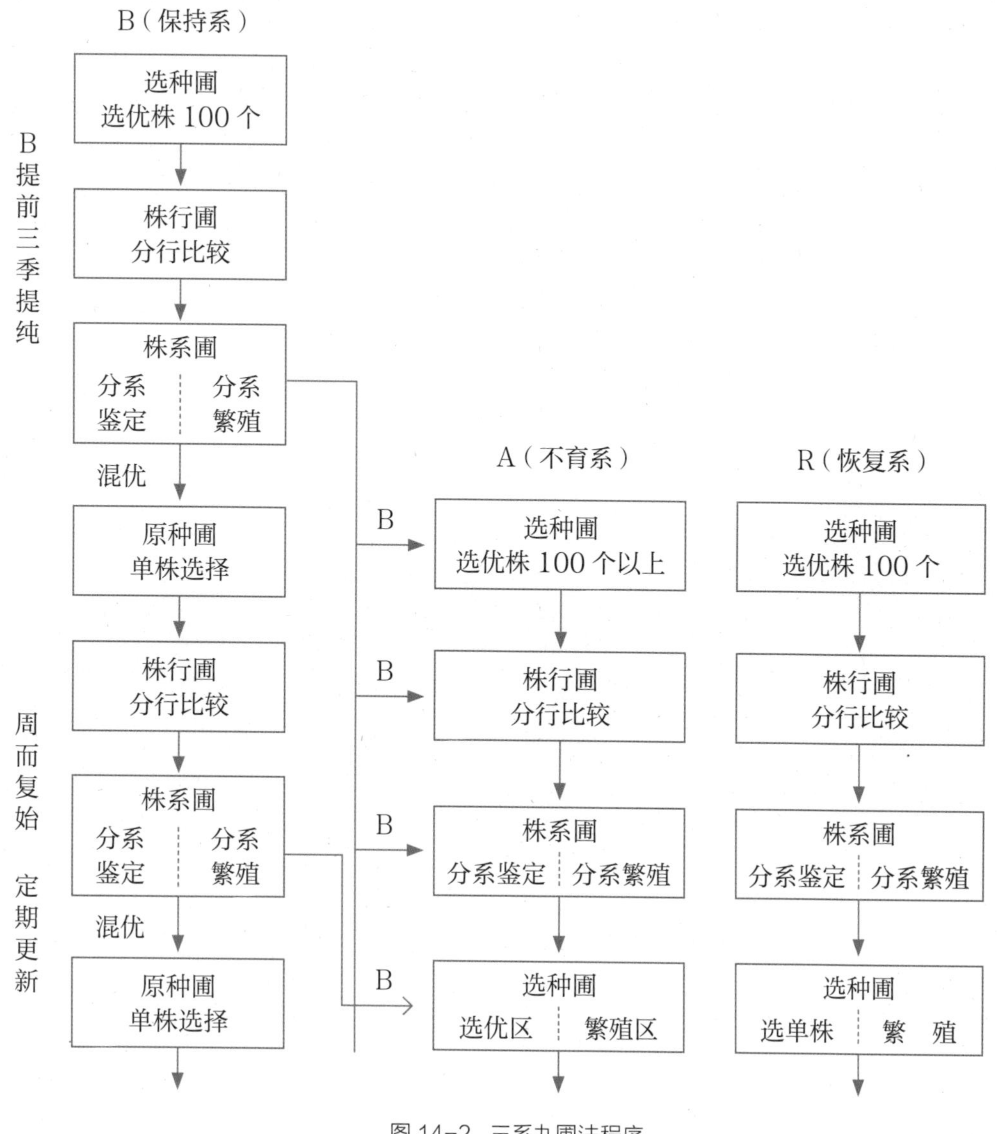

图 14-2 三系九圃法程序

三系九圃法的具体做法和步骤如下：

（1）保持系提纯：提前三季开始，首先提纯保持系，而后按常规方法进入三圃提纯。即首先在原种圃选单株 100 个左右，第二季进行株行圃分行比较，当选 30% 左右，第三季进入株系圃分系比较，当选 50% 左右，混合进入原种圃。

（2）不育系提纯：在原种圃选100个不育系单株，下季进入株行圃，分行比较，用上季保持系一优行作回交亲本。当选30%左右的株行，再进入株系圃，分系比较，用上季保持系一优系作回交亲本，当选50%左右的株系，下季进入原种圃，用上季保持系原种作回交亲本。

（3）恢复系提纯：在原种圃选单株100个左右，然后按常规法进行分行、分系比较，最后混系繁殖。

三系九圃法的特点是：

（1）保持系提前三年提纯，因为不育系的育性和典型性都是由保持系控制，只有首先提纯保持系，才能提纯不育系。

（2）三系均设三圃，按照遗传分离规律，F_1不分离，F_2才分离，因而只有通过株行、株系两代的比较鉴定，才能使生物学混杂株暴露而被淘汰，从而准确地评选三系优良株系。

（3）不搞成对成组回交，不搞测优测恢，不搞行间、系间的隔离。提纯的核心是典型性和不育系育性的选择，选择群体较大。

（4）原种生产周期是三年一循环。

（5）不育系三圃的保持系提前收割，不作种子，以保证不育系种子的纯度。

3. 改良提纯法

此法只有四圃，由不育系、恢复系的株系圃、原种圃组成（图14-3）。

改良提纯法比三系七圃法和三系九圃法更为简化，省去了保持系的株行圃、株系圃。保持系靠单株混合选择进行提纯，并作为不育系的回交亲本同圃繁殖。又省去了不育系和恢复系的

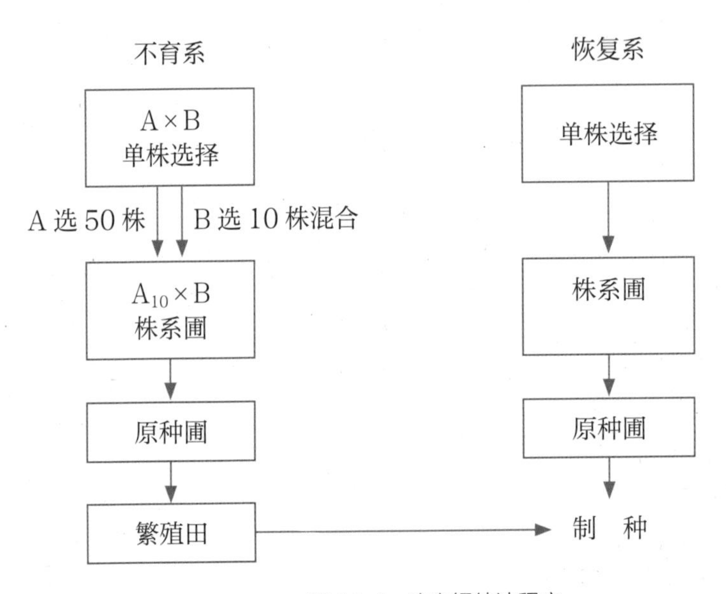

图14-3　改良提纯法程序

株行圃，均由单株选择直接进入株系圃。这是最简易的三系提纯方法。实行此法的关键在于单株选择和株系比较鉴定要十分准确、严格，特别是保持系的选择，仅仅一次，必须选准。

4. 株系循环法

在“三系七圃法”的基础上，借鉴了常规品种良种繁殖的方法，提出了“株系循环法”，此法将三系的株行圃和株系圃融为一体，在中选的株行中，各选 10 个单株作为一个种植单位，按水稻的繁殖系数 100 计算，这样种植的小区比株行大 10 倍，又比株系小 10 倍，称之为“小株系”，由此繁殖的种子，再扩大繁殖为原种（图 14-4）。

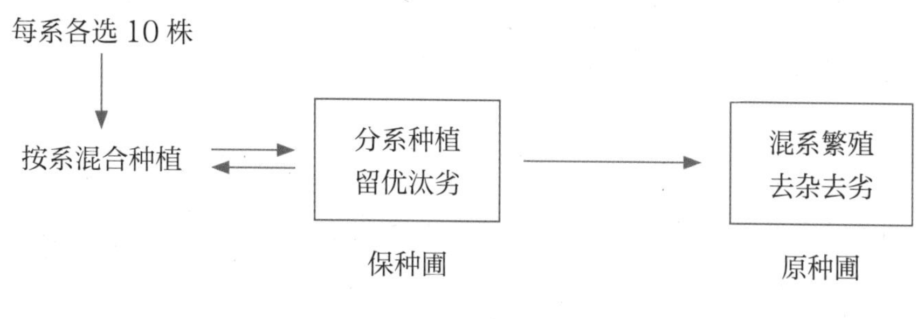

图 14-4 株系循环法程序

此法的特点是基础材料稳定，系谱连续可查，而且保种圃内的小区面积比株行大，所以鉴定和选择可靠，与“三系七圃法”相比，周期又缩短一年，种子质量更优良稳定。保种圃中的株系仍然可以从株行圃中的中选行中获得。如果有同质恢存在的可能，可以通过保持系和不育系间一次性成对测交来加以排除。其他技术要求和“三系七圃法”相同。

5. 简易提纯法

对于育种家刚提供的新组合亲本和没来得及按程序提纯出原种的亲本，可采取简易提纯法，具体做法是根据下一年度繁殖数量的需要，在当年的亲本繁殖田中选择田块肥力水平均匀、稻株生长整齐一致的田块，作为准原种生产田，从见穗之日起至收割前，进行多次的严格除杂除劣，将一切可疑的单株全部除去，准原种生产田最好不喷施“九二〇”（特别是异交性能好的不育系），以保证不育系的性状表现和杂株识别。这样收获的种子可作为准原种使用。

（二）原种生产的主要技术环节

1. 单株选择和成对回交

这是原种生产的第一步，必须严格操作，选准留足。

（1）选择范围

选择范围广泛，不要只在株行株系中选，要在原种圃或一级种子繁殖田中广泛选株。

（2）选择条件

不育系的株、叶、穗、粒型、花药、花粉、花时、开颖角度、穗粒外露、柱头外露、熟期等应具有本品种的典型特征特性。保持系、恢复系的株、叶、穗、粒型、叶片、熟期应具有本品种的典型特征特性，并表现一致，花粉量大，败育花粉粒少，抗性好。要重视典型性，特别要重视保、恢典型性的选择。

（3）选择方法

以田间选择为主，室内考种为辅。始穗期初选，后经室内考种决选单株，编号收藏。

（4）株选数量

群体宜稍大，以防微效基因丢失。如采用简易法，不育系选 100～150 株，保持系、恢复系各选 100 株。如采用配套法，不育系选 60～80 株，保持系、恢复系各选 20 株。

（5）不育系单株与保持系单株成对套袋回交

将初选的保持系单株移蔸至不育系选种圃，与不育系单株逐一成对套袋授粉回交（图 14-5）。不育系与保持系单株不喷施“九二〇”，通过割叶剥苞，提高结实率。

图 14-5　三系不育系与保持系成对套袋授粉回交

2. 严格隔离

三系原种生产要经多代回交比较，三圃隔离都要十分严格，这是确保提纯质量的关键。隔离方法有：

（1）花期隔离。把三圃花期安排在没有水稻异品种开花的季节，实际始穗期相差 25 d 以上。

（2）自然屏障隔离。

（3）距离隔离。隔离区要达到：不育系三圃 500 m 以上，保持系、恢复系三圃 20 m 以上。

（4）布幔隔离。用于株行间隔离。

（5）隔离罩隔离。用于单株测交隔离，隔离罩用木架白布做成架高 1.2 m，长 × 宽＝1 m×0.7 m，始穗前插好木架，每天开花前罩上隔离布，开花结束后揭开。

3. 不育性鉴定

这是不育系提纯的重要手段，不育系的单株选择、株行圃、株系圃、原种圃都要进行不育性鉴定，方法有三种。

（1）花粉镜检。花粉镜检是不育性鉴定的主要方法。当不育系主穗抽出时，从主穗的上、中、下各取 3 朵颖花的花药进行花粉镜检，记载其典败、圆败、半染色、黑染花粉的数量。单株选择株株要检，株行圃每行检 20 株，株系圃每系检 30 株，原种圃每亩检 30 株以上，凡出现与该不育系典型败育花粉不同的株行、株系一律淘汰。

（2）盆栽隔离自交结实鉴定，结果准确可靠，应与花粉镜检同时进行。

（3）套袋自交结实鉴定。

4. 三圃的设置与管理

（1）株行、株系两次比较

根据杂种二代分离规律，三系的生物学混杂在株行圃鉴定中处于第一代，不会显现，进入株系圃为第二代，则会表现出分离而被淘汰，两次鉴定有利于选准株系，保证质量。

（2）保持系、恢复系均设原种圃

不育系一般为三圃，保持系、恢复系设三圃与不育系同步出原种，不但不会延长原种生产周期，反而能扩大繁殖系数。保持系、恢复系另田设单本原种圃，与不育系繁殖田、制种田分设，可提高种子饱满度、整齐度。保持系原种圃另设，还有利于不育系原种圃早割父本，除杂更彻底。

（3）保持系另设株行圃、株系圃

保持系另设株行圃、株系圃，好处很多，可使不育系株行圃、株系圃只用一个回交亲本，免去隔离。由于不必等量选择不育系、保持系单株，从而可加大不育系的株选群体。保持系另设株行圃，可不割叶、不喷施“九二〇”，保留原状，利于评选。可使不育系的株行、株系只与一个保持系或混系回交，使回交亲本一致，利于不育系的正确评选。因此，保持系和不育系的株行、株系圃以分开设置为宜。

（4）三系选种圃、株行圃、株系圃的管理

设置三圃的稻田前作不宜种粮油作物，可种绿肥，以保证地力一致，便于比较鉴定；且要保证栽培管理的精细一致，避免人为误差。

5. 季节安排

“三系”原种生产各圃的种植季节首先要尽可能地保持一致。不育系、保持系三圃均可春繁、夏繁或秋繁。春繁产量高，但易与早稻串粉。秋繁又常与早稻自生禾以及晚粳同期开花而串粉，而且产量也不稳定。夏繁可以自由选择最佳扬花期，既能避免异花串粉，又可保证安全授粉。所以，株行圃、株系圃更适宜夏繁，将花期安排在 7 月中旬至 8 月中、下旬的任一适宜时段。

6. 混系与单系

原种圃有单系繁殖与混系繁殖两种方法。实践证明，以混系繁殖更好。混系可以使三系亲本维持丰富的基因库，使优良性状互补，群体更为稳定，适应性更强，而且混系便于安排繁殖。

7. 选择标准与方法

“三系”亲本的单株选择，株行、株系的比较鉴定，必须以各个亲本原有的特征特性与典型性为标准，进行筛选鉴定。但由于各性状的遗传特性不同，在性状表现与变异方面也就不同，因而不同的性状应采取不同的方法选择。

（1）众数选择法

始穗期、主茎叶片数、单株穗数采用众数选择法。如 100 个株行，有 60 个在 8 月 20 日始穗，则始穗期的选择标准定为 8 月 19 日至 21 日。主茎叶片数如多数为 12 片，则叶片数的选择标准定为 11～13 片（最好只选 12 片）。单株成穗数变幅大，选择幅度可增大。

（2）平均数选择法

株高、穗长、单株粒重、千粒重等性状采用平均数选择法，选留接近平均数的小区，标准为平均数正负五分之一全距。

（3）最优选择法

育性、结实率、抗性、单产均采用最优选择法。育性以典败率、典败株率最高的当选。结实率、抗性和单产由高到低顺序录取。

（4）综合评选

根据观察记载、考种和单产等结果，以典型性、育性、整齐性为主综合评选，不育系注意育性，不育度达到 99.9% 以上，恢复系、保持系注意典型性、抗性、保持力（100% 保持），恢复系的恢复度达 85% 以上。单株选择时典型性从严。

8. 田间培管要求

原种生产中的田间栽培管理，除了坚持一般的杂交稻繁殖制种技术外，还有一些特殊的要求。

（1）三圃田的选择

三系的三圃和优势鉴定圃均需选择地力十分均匀，旱涝保收、排灌方便、不僵苗的田块，还要有利于严格隔离。

（2）整体布局

不育系株行圃、株系圃的父母本行比为 2∶（6～8），密度为 17 cm×（17～23）cm，单本栽插，小区定长不定宽，以栽完不育系秧苗为度，株行间、株系间留有走道（65 cm）分隔。始穗期每一小区前端留一小块不喷“九二〇”、不割叶，以观察其正常抽穗状况。

保持系、恢复系的株行圃、株系圃单本栽培，顺序排列，逢五逢十设对照，采用双行或五行区，密度为 13 cm×17 cm，株系圃的分系鉴定，小区随机排列，三次重复。以标准种作对照，小区面积一致，规格一致。

（3）严格保纯防杂

播、栽、收、晒、藏的各个环节都要严格防止机械混杂，株行、株系圃有生物学混杂株或分离变异株则全行、全系淘汰。原种圃要在始穗期彻底除杂。

（4）观察记载项目

a. 生育期：播种期、移栽期、见穗期、始穗期、齐穗期、成熟期。

b. 典型性状：株型、叶型、穗型、粒型、颖尖是否有芒及长短、叶鞘、稃尖颜色。

c. 植株整齐度、形态性状整齐度、生育期整齐度，分好、中、差三级。

d. 抽穗开花状况：保持系、恢复系花药大小（分大、中、小）、散粉状况（分好、中、差），不育系花时，柱头外露率、包颈度（分重、中、轻）。

e. 不育系育性：镜检花粉的组成状况，以群体中染色花粉株率、自交结实率为指标。

f. 主茎叶片数：定株（10 株以上），定期（3 d 一次）观察叶龄、分蘖动态。

g. 抗病性：主要对稻瘟病、白叶枯病的抗性。

h. 室内考种：单株有效穗数、株高、穗长、每穗总粒、每穗实粒、结实率、单株总粒重、单株实粒重、千粒重。

9. 原种（株系混系种）比较试验

对“三系”原种及用原种配制的杂交种进行比较试验，鉴定稳定性与一致性，提高原种质量。综合产量、田间纯度表现与室内考种资料，做出综合评价。

四、水稻三系不育系的繁殖

水稻三系不育系繁殖需要以保持系为父本、不育系为母本，父母本按照一定的行比相间种植，同期抽穗开花，不育系接受保持系花粉，受精结实，生产不育系种子，属于异交结实过程。

三系法不育系的繁殖原理、技术与杂交水稻制种基本相同，但有三点特殊性：

（1）不育系和保持系的生育期差异较小，父母本播差期短，双亲花期相遇较易解决。

（2）不育系的分蘖能力和生长势较保持系强，且父母本播差期“倒挂”，在繁殖过程中，要特别重视对父本的培养，使父本有充足的花粉量，以满足不育系异交结实的需要。

（3）不育系繁殖是为杂交水稻制种提供种子，种子纯度要求达到 99.5% 以上，因而防杂保纯技术操作更为重要，而不育系与保持系在形态性状上十分相似，除杂保纯技术难度大。

（一）基地隔离

不育系繁殖的花粉隔离，比制种更严格。在隔离方法上，应尽可能地选择自然隔离，特别是现在随着一些公司规模的扩大，繁殖面积大，成片成规模地生产，更应采取自然隔离。如采用距离隔离，要求 200 m 以上；时间隔离，繁殖田与其他水稻生产田的花期相差 25 d 以上；采用保持系隔离，在繁殖区周围 200 m 以内种植保持系；采用人工屏障隔离，其屏障高度要求 2.5 m 以上，但是，若其他水稻生产田在繁殖区的上风方向，则不能采用人工屏障隔离。

（二）繁殖季节与播种期的安排

不育系的繁殖季节可以分为春繁、夏繁、秋繁与海南冬繁。在长江流域稻区，春繁的花期一般在 6 月下旬至 7 月上旬，夏繁的花期在 7 月下旬至 8 月中旬，秋繁的花期在 8 月下旬至 9 月上旬。海南冬繁的花期在 3 月中旬至 4 月上旬。不育系繁殖以春、夏繁为主，秋繁与海南冬繁为辅。早籼类型不育系，感温性强，营养生长期短，以春繁为宜。中籼型不育系宜以夏繁为主。

春繁安排在早稻生产季节，对早籼不育系而言，春繁的温光条件最适宜其生长发育，生育期、株叶、穗粒性状能充分获得表现，易构成繁殖的丰产苗穗结构。抽穗扬花期在 6 月下旬至 7 月上旬，温湿度适宜开花授粉，有利于提高母本异交结实率和繁殖产量。其次，春繁的前作为冬作或冬闲地，无前作水稻品种的再生苗和落田谷苗，有利于防杂保纯。

多年的实践表明，不育系繁殖抽穗开花期与灌浆成熟期的气候对种子的发芽及活力有较大影响，因此考虑繁殖基地与季节时，应选择能保持不育系种子高发芽能力的气候。

不育系繁殖的播种期必须服从抽穗扬花安全期，优先确保开花授粉的安全。

保持系的播始历期较不育系短 2～3 d，且抽穗开花速度也较不育系快，开花历期短 2～3 d。要使保持系与不育系盛花期相遇，应让保持系的始穗期比不育系迟 2～3 d。为此，保持系宜比不育系迟播 4～6 d，即播差期倒挂 4～6 d。

不育系繁殖的保持系可采用一次播种（即一期父本）或分两次播种（两期父本）。采一期父本繁殖，父母本的播差期安排为 5～6 d，叶差为 1.0～1.2 叶。采用两期父本繁殖，第一期父本与不育系的播差期安排为 2～4 d，第二期父本与第一期父本播种相隔 6～8 d。采用一期父本繁殖，易使父本生长整齐、旺盛，群体苗穗较多，颖花数多，花粉量足，繁殖产量较高。采用两期父本繁殖，第二期父本生长量不足，穗少穗小，使繁殖田间整体花粉量减少，而且花粉密度小于一期父本繁殖田，因而其繁殖产量还不如一期父本繁殖。但是，采用两期父本，因父本的开花授粉历期延长，能与不育系全花期相遇，对抽穗速度慢、开花历期长的不育系，宜采用两期父本繁殖。

（三）栽培管理

1. 培育分蘖壮秧和保证基本苗数

培育分蘖壮秧是不育系繁殖高产苗穗结构的基础。父母本在繁殖田的营养生长期短，尤其是父本的营养生长期更短，要建立繁殖的高产群体结构，必须抓好育秧环节。不育系和保持系的用种量足，每公顷繁殖田分别用种 30.0 kg 和 15.0 kg。秧田与繁殖田面积之比为 1∶10。秧田平整，施足底肥，稀匀播种，泥浆覆盖，芽期湿润管理。3 叶期追施“断奶肥”，并间密补稀， 4 叶期开始分蘖，平衡生长， 5.0～5.5 叶期移栽。父本可采用旱地育秧或塑料软盘育秧，小苗移栽。不育系繁殖田的父母本行比较制种小，采用 1∶(6～8) 或 2∶(8～10)。

父母本同时移栽，先移栽父本后移栽母本。为了防止母强父弱和母欺父，保持系宜采用窄双行栽插，并适当稀植，株距 13.3～16.7 cm，父母本行之间距 23.3～26.7 cm，亦作田间工作行，双行父本间距 13.3～16.7 cm，每亩移栽 0.4 万～0.5 万穴，每穴 3～4 粒谷秧。不育系移栽密度为（10～13.3）cm × 13.3 cm，每亩移栽 2.5 万～2.8 万穴，每穴 2～3 粒谷秧。父本每亩栽足基本苗 1.5 万穴以上，母本 10 万穴以上。

2. 定向培育父母本

不育系繁殖的肥水管理，原则上与杂交制种基本一致。肥料以底肥为主。早籼型不育系移栽后一般不再施肥，至幼穗分化第五～六期或晒田结束后，根据禾苗长相适当补施肥料。在水分管理上，前期浅水促分蘖，中期晒田，孕穗期与抽穗期保持水层，授粉结束后，田间保持湿润状态。

在不育系的繁殖过程中，始终要重视对父本的培养。在强调培育壮秧的基础上，移栽后必须偏施肥料。为了使肥料尽快有效地对父本发挥作用，可采用两种施肥方法，一是将肥料做成球肥，在父本移栽后 3～4 d 深施于父本行中；二是父本起垄栽培，在起垄时，将肥料施入泥中。

通过对父母本的定向栽培，使母本每亩最高苗数达 30 万左右、有效穗数 20 万穗以上，父本每亩最高苗数达 8 万～10 万、有效穗数 6 万穗以上。

（四）花期预测与调节

父母本生育期差异不大，幼穗分化历期相近。为了让父母本的盛花期相遇，父本的始穗期应比母本迟 2～3 d。花期预测时掌握的标准是：幼穗分化前期，父本要比母本慢一期以上（2～4 d），即母本幼穗分化达第二期，父本为第一期，母本至第三期时，父本处于第二期，直至幼穗分化中、后期，保持母快父慢的发育进度。预测时发现父母本幼穗分化发育进度与花期相遇标准不相符，应及时采用花期调节措施，其调节措施与制种基本相同。

（五）喷施“九二〇”

不同不育系对“九二〇”敏感性有差异，“九二〇”用量、喷施方法亦不相同。首先要根据不育系对“九二〇”的敏感性及喷施期的温度确定用量与始喷抽穗率，其次根据父母本花期相遇状况，适时调整喷施时期。如果是父本比母本迟 2～3 d 始穗的理想花期，则父母本同时喷施；如父母本同时始穗，甚至父本偏早，则可提早 1～2 d 喷施；如父本比母本迟 4～6 d 始穗，则先喷施母本。如喷施期气温高（日最高温度 33 ℃以上），则降低用量；如喷施期的气温低（日最高温度 30 ℃以下），则增加用量。总之，喷施“九二〇”的效果要达到：株高适中（100 cm 左右），母本穗粒全外露，父本比母本高 10 cm 左右。

（六）防杂保纯

在繁殖过程中，秧苗期、分蘖期、抽穗期要及时除杂。杂株识别的方法和对杂株的处理，可参照制种技术。除杂的重点时期是喷施“九二〇”前后的 1～2 d。通过田间的多次除杂，在始穗期进行田间鉴定，含杂率应在 0.02% 以下。授粉结束后 3～4 d，要求田间的杂株完全除尽，组织田间鉴定。收割前 3～5 d，再次组织田间鉴定，含杂穗率在 0.01% 以下。收前逐丘逐行清查。

为防止繁殖田保持系对不育系种子的机械混杂，在授粉结束后应立即将保持系割除，并运出繁殖田，也有利于田间除杂与鉴定。

第二节 水稻两系不育系原种生产与繁殖

自 1973 年湖北石明松在晚粳农垦 58 中发现“光敏”核不育株，育成水稻光敏核不育系“农垦 58S”四十多年来，我国水稻育种工作者已通过不同的途径找到了不同来源的水稻光温敏核不育材料，育成了一大批不同类型的水稻光温敏核不育系。自 1995 年至今两系法杂交水稻技术研究成功并开始大面积推广以来，我国生产应用的基本是高温不育低温可育的温敏核或光温敏核不育系。

我国已大面积应用的超级杂交水稻的光温敏核不育系主要有：培矮 64S、株 1S、陆 18S、 P88S、准 S、 1892S、 C815S、广占 63-2S、安湘 S、广占 63-4S、 Y58S、深 08S、湘陵 628S、隆科 638S、晶 155S 等。

一、水稻两系不育系育性转换特性及其遗传变异

（一）育性转换表现与遗传变异

水稻光温敏核不育系育性常表现为以下几点：①育性温度敏感期环境温度比其不育起点温度（又称“育性转换临界温度”）高 0.5 ℃以上时，所有单株表现彻底不育，为不育期；②育性温度敏感期环境温度比其不育起点温度低 0.5 ℃以下时，所有单株表现可育，但染色花粉率在单株间有差异，为可育期；③育性温度敏感期环境温度在其不育起点温度 ±0.5 ℃时，单株间的染色花粉率差异很大，染色花粉率从 0%~80% 的单株均有，只是比率有所差异，为育性波动期。李小华等在 Y58S、 P88S、广占 63S、 1892S、 095S 五个不育系的幼穗分化第五期（余叶 0.5 叶）开始，用温度 22.5 ℃的冷水淹没幼穗连续处理 6 d，在冷灌处理开始后第 17 d 取当天开花的花药进行花粉镜检，统计分析各不育系不同染色花粉率区间的单株比率，结果见表 14-1。

表 14-1 不同不育系育性波动期群体不同染色花粉率株率分布统计结果

系名	染色花粉率区段 /%									
	0	0.1~9.9	10~19.9	20~29.9	30~39.9	40~49.9	50~59.9	60~69.9	70~79.9	≥80
Y58S	36.2	20.2	14.3	8.6	5.7	6.7	2.9	2.9	1.9	1.0
P88S	21.5	13.6	11.4	10.3	10.1	8.4	6.1	5.7	5.7	6.7
广占 63S	9.6	77.8	6.1	3.5	2.0	1.0	0	0	0	0
1892S	25.0	28.7	11.4	8.7	6.3	5.7	3.0	3.3	3.0	4.8
095S	59.2	35.7	1	2.0	1.0	1.0	0	0	0	0

表 14-1 结果说明，在育性波动期内不育系群体单株间的花粉育性差异相当大。不同不育系间的表现也有差异，说明不同不育系因遗传背景的不同群体育性的稳定性也不同。

对水稻光温敏核不育基因的遗传研究表明，一方面，水稻光温敏核不育受 1～2 对主效不育基因调控，表现为质量性状，育性转换特性遗传稳定，表现为高温不育、低温可育；另一方面，不育起点温度则受数目众多、难以纯合且对光温生态因子敏感的微效多基因修饰，表现为数量性状，在连续自交繁殖后代中不断重组产生不同类型和数量的增效微效基因个体，使得育性转换起点温度在不育系群体间和世代间存在一定的变异性，这是导致水稻温敏不育系不育起点温度发生“遗传漂变”的遗传基础。何予卿等认为光温敏核不育性由主效基因控制的同时其育性稳定性和育性可转换性还受一组对光、温生态因子敏感的 QTL 的影响。薛光行等研究推断光温敏核不育系雄性育性是由核不育基因和控制不育系光周期效应指数（PE）、温度效应指数（TE）的遗传因子共同作用及表达的结果，并认为所有雄性不育个体不育性遗传均以核不育基因为基础，其不育度的变化幅度则由 PE、 TE 遗传因子累加作用的情况决定。因此，中国目前育成的水稻光温敏核不育系的不育性均表现为一种典型的质量-数量性状遗传模式，这种模式使得光温敏核不育系的育性转换特性的遗传有很大的稳定性，但育性转换临界温度又表现出一定的变异性。

表 14-1 分析结果表明，水稻光温敏核不育系群体中不同单株间染色花粉率差异大，因而存在着育性转换临界温度略有差异的个体。繁殖过程中染色花粉率高、育性转换临界温度高的单株育性恢复所需温光条件更容易满足，致使这一部分单株的结实率较高，连续多年自交繁殖后，高结实率的单株在群体中的比重逐代增加而导致整个不育系群体的育性转换临界温度升高，从而发生不育起点温度的“漂变”。曾经应用广泛的培矮 64S 在 1991 年通过湖南省技术鉴定时育性转换临界温度为 23.3 ℃，按照水稻常规原种生产和繁殖程序、方法生产，该不育系的育性转换临界温度逐代升高，到 1993 年已上升到 24.2 ℃， 1994 年部分生产应用的不育系种子甚至高达 26 ℃。衡农 S-1 在 1989 年通过技术鉴定后，经多代常规繁殖，到 1993 年制种遇低温后，出现 15% 左右的可育株，鉴定其不育起点温度已达 26 ℃，自交结实率达 70%。2001 年通过技术鉴定的推广面积较大的广占 63S，经过近 10 年的繁殖，在生产上应用和育种家之间交流的典型农艺性状相同而育性转换起点温度不同的株系就达 7 个，而且这些株系育性转换起点温度仍在分离。这些实例说明控制光温敏核不育系不发生“漂变”的难度很大。换言之，光温敏核不育系育性转换起点温度只能通过技术手段在繁殖过程中将其控制在所需要的有效温度范围内，还不能从遗传上根治育性转换起点温度“漂变”的问题。这种育性转换临界温度在繁殖过程中出现的遗传“漂变”会提高制种风险，甚至导致光温敏核不育系失去生产应用价值。

（二）水稻光温敏核不育系群体的主要杂株及其表现

水稻光温敏核不育系繁殖制种过程中发现的杂株，除一般的机械混杂和遗传变异杂株外，还有两种特殊的杂株：高温敏株和同形可育株。高温敏株是不育系育性转换临界温度遗传漂变而来的不育起点温度高的单株；同形可育株是不育系繁殖过程中因串粉导致生物学混杂后经多代天然回交分离而存留下来的一类杂株（图 14-6）。

图 14-6 两系不育系中的同形可育杂株

1. 高温敏株

高温敏株的形态性状与正常不育株完全一致，在繁殖制种中的表现依育性转换敏感期的温度情况而定，当环境温度处于不育系不育起点温度值或略高时，高温敏株表现正常可育或半不育、花药开裂散粉、自交结实；而环境温度更高或更低时，高温敏株的育性表现与正常不育植株无差异。因此，繁殖过程中要密切关注分析育性温度敏感期的温度，判断高温敏株可能出现的时期，及时予以清除，或有意设置育性转换临界温度值来处理不育系，以利于高温敏株的表现而将其清除。

2. 同形可育株

同形可育株的株叶穗粒形态与不育株表现基本一致，但不论育性温度敏感期环境温度的高低，均表现正常可育和自交结实。同形可育株在制种过程中容易辨识和清除，但在不育系繁殖过程中较难辨识和清除，特别是在不育系繁殖可育性好、结实高时，无法识别和清除；而且通过人工除杂的方法也难以彻底根除这种同形可育株，唯有按核心种子生产程序生产原种和加强繁殖隔离，才可彻底根除。

二、水稻光温敏核不育系的原种生产

（一）生产原理

因水稻光温敏核不育系育性转换临界温度具有“遗传漂变”现象，在原种生产和繁殖过程中，必须给予一定的低温压力筛选单株和控制繁殖世代，才能既确保所产不育系良种种子整齐度和纯度，又保持不育起点温度的稳定。育种家和种子生产技术人员对水稻光温敏核不育系原种生产提出了一系列可行的方法和技术。袁隆平等（1994）率先提出了水稻光温敏核不育系核心种子和原种生产程序，即：单株选择—低温或长日低温处理—再生留种（核心种子）—原原种（株行代原种）—原种（株系代原种）—良种（制种用种子），可有效地控制不育起点温度的“遗传漂变”。由于控制水稻光温敏核不育系育性转换临界温度的微效基因多且普遍存在，尚不能从根本上解决临界温度的“漂变”问题（廖伏明等，1994），所以大面积制种使用的两系不育系良种必须是经过“核心种子—原原种—原种”生产这一程序所获得的种子。

通过人工气候室或冷水处理池低温处理筛选核心单株（图 14-7），或利用自然生态条件多样性进行异地穿梭育种强化选择压力选择低不育起点温度的单株，也可以利用不育系单倍体化获得 DH 群体，通过这些方法和技术可以选出不育起点温度稳定或更低的水稻光温敏核不育系群体，基本可以解决不育起点温度的“遗传漂变”问题。

图 14-7　水稻两系不育系冷水处理池

何强等于 2010 年对安农 810S、P88S、C815S 三个不育系分别用 23.4 ℃、22.1 ℃、22.2 ℃的冷水在幼穗分化雌雄蕊形成期处理后，开花期选择染色花粉率为零的单株作为核心单株，核心单株繁殖核心种子。2011 年将核心单株种子种植成株行群体，对三个不育系的株行群体再分别用 23.3 ℃、22.3 ℃、22.3 ℃的冷水在幼穗分化雌雄蕊形成期处理。统计分析三个不育系两年两代群体的不同染色花粉率的单株分布情况，结果见表 14-2。

表 14-2　三个不育系冷水处理筛选核心单株的效果统计表

系名	年份	冷水处理温度 / ℃	不同染色花粉率的植株分布 /%										
			0	0.1 ~ 10.0	10.1 ~ 20.0	20.1 ~ 30.0	30.1 ~ 40.0	40.1 ~ 50.0	50.1 ~ 60.0	60.1 ~ 70.0	70.1 ~ 80.0	80.1 ~ 90.0	> 90.0
安农 810S	2010	23.4	41.28	24.2	23.5	3.02	2.01	3.02	2.01	0.67	0.00	0.34	0.00
	2011	23.3	71.67	7.00	2.67	3.33	0.67	4.67	4.33	2.33	3.00	0.33	0.00
P88S	2010	22.1	0.71	0.71	0.35	0.00	1.41	6.36	12.0	18.37	24.03	34.63	1.41
	2011	22.3	66.00	5.33	3.67	2.67	7.00	5.00	5.67	3.00	1.33	0.00	1.41
C815S	2010	22.2	0.33	6.62	2.65	3.97	4.97	5.63	6.62	13.58	22.19	26.82	6.62
	2011	22.3	68.67	4.00	5.33	2.00	7.67	2.33	4.67	3.33	2.00	0.00	0.00

表 14-2 结果表明，经过 1 次低温冷水处理筛选的核心单株后代群体的染色花粉为零的株率大幅上升，安农 810S、 P88S、 C815S 分别上升了 30.4%、 65.3%、 68.3%，染色花粉率为零的单株占大多数，染色花粉率为 0.1%~50% 的半不育单株分别减少了 37.3%、15.9%、 3.3%；染色花粉率 50% 以上的单株分别减少了 4.6%、 79.0%、 65.8%。说明经过 1 次的低温筛选后，染色花粉为零的低起点温度的单株的比例大幅增加，但仍存在一定比率的高起点温度不育株，因此需要连续进行多次的低温筛选。

（二）原种生产程序

水稻光温敏核不育系核心种子和原种生产分四个步骤：

第一步是选择标准单株。用育种家种子或原种种植选种圃，在幼穗分化第四期前后选择具有不育系典型性状的单株作为标准株。

第二步是低温处理，筛选核心单株，繁殖核心种子。在标准株的育性温度敏感期，即幼穗分化第五~六期，余叶 0.5 叶至剑叶叶环伸出约 2 cm，将标准株移入人工气候室或冷水处理池进行低温处理。开花期花粉镜检 2 次，选取染色花粉率为 0 或者染色花粉率低的单株作为核心单株。

第三步是核心单株繁殖核心种子。核心单株刈割再生或者培养迟发分蘖穗，低温处理繁殖出核心种子。

第四步是核心单株种子繁殖出株行代原种（原原种），株行代原种繁殖出株系代原种（原种）。将核心单株种子分单株种植成株行圃，可采用冷灌繁殖法、冬季南繁繁殖法、低纬度高海拔繁殖法三种方法繁殖株行圃原种，繁殖过程中进行株行圃鉴定淘汰，选留具有不育系典型性状、整齐一致的株行，种子混收，即为株行代原种。株行代原种再繁殖一代即为株系代原种。为确保制种用不育系良种不育起点温度的稳定，最好只使用株行代原种繁殖制种用良种种子。

（三）核心种子生产方法

1. 低温处理与核心单株筛选

核心单株的筛选关键在于育性温度敏感期的低温处理。

第一，选择低温来源。现已使用的低温主要有三个来源，一是人工气候室低温处理，通过制冷空气降低人工气候室的温度处理不育系标准株；二是冷水处理池低温水处理，通过制冷水降低冷水处理池的水温来冷灌不育系标准株；三是利用自然低温。因空气的热传导系数高、温度变化快，空调降温室内温度不均匀；水的热传导系数低、温度变化慢，池内水温均匀一致；

利用自然低温可控性低，因此这三个来源的低温以人工制冷冷水处理的低温效果最佳，但自然低温也可以利用。

第二，处理低温温度的设定。人工气候室处理植株是将全株置于低温环境下，仿自然低温状态，采用 24 h 内设置 18～27 ℃变温处理，根据所筛选的不育系不育起点温度的不同设置两个日平均温度处理，不育起点温度 23.5～24 ℃的不育系设 23.5 ℃，不育起点温度 23.0～23.5 ℃的不育系设 23.0 ℃。人工制冷冷水处理池冷灌处理时只淹没植株基部幼穗，且保持恒低温水处理，植株大部分叶片还处于自然高温状态，因此设定的水温应为低于不育系不育起点温度 0.5 ℃或 1.0 ℃的温度，对不育起点温度 23.5 ℃以下的不育系宜设 22.5 ℃，对不育起点温度 23.5 ℃以上的不育系宜设 23.0 ℃。

第三，低温处理天数的确定，单个稻穗的育性温度敏感期在幼穗第五～六期， 5～6 d，处理天数可选择 6～10 d，处理天数多少可根据处理温度和不育起点温度来确定。

第四，核心单株筛选标准。花粉镜检的日期应选择在冷水处理首日后的第 17～20 d，镜检 2 次，隔天 1 次。根据各个单株的染色花粉率情况确定核心单株筛选标准，优先选择染色花粉率为 0 的单株，再选择染色花粉低的单株，控制选择株率在 10%～20%。

2. 核心种子生产

核心单株经低温处理繁殖核心种子，有 2 种方法，一是再生繁殖，二是原生迟发分蘖穗繁殖。

再生繁殖是将选定的核心单株刈割，留桩 15～20 cm，培育再生苗。再生苗在大多数苗的幼穗进入第四期时，进行 21～22 ℃的低温处理（人工气候室或冷水处理池），使其转可育，繁殖出核心种子。

原生迟发分蘖穗繁殖，采用特殊的栽培方法，培育出抽穗开花历期 15 d 以上的标准单株，在筛选核心单株的第一段低温处理后，马上进入第二段 21～22 ℃的低温处理，让迟发分蘖穗转可育，能结实繁殖核心种子。

（四）原种生产的方法

为防止水稻光温敏核不育系在繁殖过程中育性转换起点温度发生遗传“漂变”，袁隆平提出了以生产“核心种子”为关键技术的光温敏核不育系的种子生产程序，即单株选择—低温或长日低温处理—再生留种—原原种—原种—良种，这一程序是水稻光温敏核不育系原种生产的核心技术。该技术能保证光温敏核不育系的不育起点温度始终保持在同一水平，在一个原种生产周期内，能有效控制不育起点温度的遗传“漂变”。该技术成功地将培矮 64S 等不育系不育起点温度的漂变幅度控制在生产许可的范围内。在此基本程序的基础上，有关育种生产技术人员提出了实用性更好的原种生产方法应用于生产。

1. 三层穗法

刘爱民等人提出并多年实践了一种利用水稻分蘖特性，定向培养不育系迟发分蘖、抽穗期长的单株群体，在育性温度敏感期进行两段低温处理，生产核心种子的方法，即通过栽培措施培育不育系单株抽穗开花期 15 d 以上的群体，在主穗抽穗时进行不育系形态性状和农艺性状的鉴定，选择典型单株；对第 2 层分蘖穗进行冷水处理诱导不育系育性波动，选择核心不育单株；对第 3 层分蘖穗进行冷水处理使之育性恢复，自交结实获得核心种子。该方法的特点是简化了生产程序，降低了成本，能获得较多的核心种子。该方法的关键是要培养出抽穗开花期相当长的选种圃单株群体，这一步骤操作技术难度较大，否则不能批量生产核心种子，达不到简化程序、降低成本的目的。该方法已获国家发明专利（专利号 ZL200810101298.X），并编制出湖南省农业技术规范。

2. 株行鉴定筛选法

陈立云提出并实践了一种株行鉴定筛选的原种生产方法，该方法减少繁殖世代，降低混杂机会，提高淘汰的准确性，降低生产成本，使种子纯度得到保证。具体程序与方法是：在原种生产田选择具有不育系典型性状的单株 50 个左右，种成 50 个左右的株行；育性温度敏感期每个株行随机取 6 株置于冷水处理池（温度设置比不育起点温度低 0.5 ℃），处理时间 5 d，处理完后进行花粉镜检，在绝对隔离的条件下冷水串灌 50 个左右的株行，还可再进行一次再生冷水串灌繁殖，根据低温处理的育性鉴定结果淘汰不达标株行，混收达标株行成原种，原种繁殖一代为良种，用作制种用种子，良种不再繁殖。种植株行的多少和面积，可根据不育系制种所需数量来确定。

3. 利用自然光温条件生产原种的方法

邓华凤等提出了利用自然光温条件生产原种的程序与方法，如利用海南南部春季自然低温的胁迫来选择单株。该程序具有两大特点：第一，有效控制高温敏不育株所占比例的同时逐渐纯化光温敏核不育系不育起点温度，使其稳定不再“漂变”；第二，利用自然光温，无须人工气候室鉴定，生产成本较低，技术要求相对容易。但是，该方法利用自然低温条件鉴定筛选核心单株存在较大的风险。如 2009 年 2 月海南三亚连续高温导致当时大部分光温敏核不育系的繁殖失败，而且自然低温波动幅度不能准确控制，若出现日平均温在 23.5 ℃以上时，不能有效控制所选核心单株的起点温度符合生产要求；若出现 19 ℃以下低温则因接近生理不育下限温度，也可能导致繁殖或者选择核心单株的效率降低甚至失败。需要对此法做进一步改进。

4. 花药培养方法

有学者认为利用花药培养技术进行光温敏核不育系原种生产是解决育性不稳定的有效途径。通过花药诱导愈伤组织，经过加倍获得基因型纯合的光温敏核不育系，可以达到快速提纯的目的。该技术具有快速高效、缩短时间的优点，但在实际操作过程中，难度较大，也不可能有效控制花药培养过程中产生的体细胞无性变异；同时对光温敏核不育系的目标性状诸如不育起点温度、不育系典型性状、优势水平等不能进行定向选择，即带有一定的随机性，需要进一步实践检验。

三、水稻光温敏核不育系的繁殖

水稻光温敏核不育系育性能转为正常可育的必要条件是：在不育系的育性温度敏感期，在幼穗部位给予 20～22 ℃的低温。据此，已形成冷水串灌繁殖法、冬季南繁法、低纬度高海拔繁殖法三种水稻光温敏核不育系的繁殖方法。这三种方法在繁殖稳产高产技术方面各有不同，保纯优质繁殖技术基本一致。

（一）稳产高产繁殖技术

1. 冷水串灌繁殖法

冷水串灌繁殖法，简称“冷灌繁殖法”，是在水稻温敏不育系育性敏感期的幼穗部位串灌自然低温冷水进行不育系种子繁殖的方法（图 14-8，图 14-9）。该方法的技术要点如下：

（1）繁殖基地有足量水温 16～18 ℃的冷水资源。

图 14-8　水稻温敏不育系繁殖冷水串灌

图 14-9　广西灵川冷灌繁殖基地

（2）修建好灌水沟渠和排水沟渠，灌水和排水沟渠的大小应根据繁殖面积和冷灌期间所需水量确定，每公顷繁殖田可按约 0.5 m^3/s 的流量建设灌排水沟渠，保证冷灌期间灌排水通畅。每块田设置多个灌排水口，确保田间水温一致。筑高田埂 20～25 cm，确保灌水深度达到 20 cm 左右。

（3）适期播种，双季稻区宜3月下旬至4月上旬播种，一季稻区宜选择4月中下旬播种。

（4）培养出较整齐一致的足苗足穗的苗穗群体。每亩达到最高苗数30万左右、有效穗20万~25万穗。

（5）适时冷灌、调控好水温。串灌始期选择在50%以上的分蘖苗叶龄余数0.9~1.1叶（幼穗分化第四期）、主穗余叶0.5叶以下时；当90%以上的苗穗达到幼穗分化第七期初（剑叶叶枕距约2 cm）以上时结束冷灌。在串灌期内控制进水处水温18~20 ℃，出水处水温22~23 ℃。灌水深度保持淹没幼穗3~5 cm，随着幼穗分化进程，逐步增加灌水深度。

（6）搞好冷灌期水温观测记载，及时分析所灌冷水的温度状况，对水温过高或过低的点，通过调节水量和水源温度，保证所灌水达到适宜的水温。

冷水串灌繁殖法风险较小，只需保证冷灌期有足量的温度在20~22 ℃的低温水即可，繁殖产量一般为3.0~3.75 t/hm^2。

2. 冬季南繁法

冬季南繁法是利用海南南部地区冬季自然低温，使水稻光温敏核不育系能恢复正常可育而繁殖种子的方法（图14-10，图14-11）。该方法的稳产高产技术要点如下：

图14-10　海南冬季南繁两系不育系基地

图14-11　海南冬季南繁 Y58S

（1）在海南三亚、乐东、陵水三县（市）水稻种植区，选择灌溉水源充足、田块集中连片、隔离条件良好、无水稻检疫性病虫害发生的田块作基地。

（2）不育系繁殖的育性温度敏感期（幼穗分化第四~六期）应安排在1月中旬至2月上旬，即在小寒、大寒节气的前后，抽穗开花期在2月中下旬。

（3）根据所繁殖不育系播始历期长短安排播种期。如播始历期为100 d左右的深08S、隆科638S等不育系，适宜的播种期在上年10月下旬；播始历期为90 d左右的Y58S、P88S等不育系，适宜的播种期在上年11月10日前后；播始历期为70 d的株1S、湘陵628S等不育系，适宜的播种期在上年11月30日前后。同一不育系宜分两期播种，时间间隔8~10 d。

（4）采用水稻湿润水育秧法育秧，培育抽穗开花期较长的比较繁茂的苗穗群体。

（5）监控不育系育性温度敏感期的气温，根据逐日日平均温度的变化来判断不育系不同开花期的花粉育性状况，以此确定除去同形可育株和高温敏株的日期和标准。

该方法繁殖水稻光温敏核不育系有较大的风险，风险主要来自 1 月中旬至 2 月上旬的异常高温和低温，风险系数在 0.3 左右，正常气温年份繁殖产量在 3.0 t/hm^2。

3. 低纬度高海拔繁殖法

低纬度高海拔繁殖法是利用我国低纬度高海拔稻区的自然低温，使水稻光温敏核不育系能恢复正常可育而繁殖种子的方法（图 14-12，图 14-13）。该方法的稳产高产技术要点如下：

图 14-12　云南施甸两系不育系繁殖基地

图 14-13　云南施甸梦 S 繁殖结实

（1）在云南省保山市东经 99.0°~99.2°、北纬 24.8°~25.2°、海拔 1 500~1 650 m 的稻作区，选择灌溉水源充足、田块集中连片、隔离条件良好、无水稻检疫性病虫害的田块作基地。

（2）不育系育性温度敏感期（幼穗分化第四~七期）应安排在 7 月中旬至 8 月上旬，抽穗开花期在 7 月下旬至 8 月中旬。

（3）以育性温度敏感期为基准，根据不育系播始历期长短安排播种期。如播始历期为 120 d 以上（湖南夏播 90 d 以上）的深 08S、隆科 638S 等不育系，适宜的播种期在 4 月 5 日前后；播始历期为 100 d 左右（湖南夏播 75 d 左右）的 Y58S、 1892S、广占 63S 等不育系，适宜的播种期在 4 月 20 日前后；播始历期为 80 d 左右（湖南夏播 60 d 左右）的株 1S、陆 18S、湘陵 628S 等不育系适宜的播种期在 5 月 20 日前后。同一不育系繁殖宜分两期播种，间隔时间 6~8 d。

（4）宜选用水稻湿润水育秧方法育秧，培养抽穗开花期较长的繁茂的苗穗群体。

（5）监控育性温度敏感期温度和判断不同开花期花粉育性，确定除去同形可育株和高温敏株的日期和标准，及时清除。

因高海拔稻区的自然低温仍存在着不稳定性，该方法繁殖水稻光温敏核不育系有一定的风险，风险主要来自 7 月中旬至 8 月上旬的异常高温和低温，风险系数在 0.1～0.2。繁殖产量高，一般在 6.0 t/hm^2 左右，高产田块可达到 9.0 t/hm^2，种子发芽率高且稳定达到 90% 左右。

（二）保纯优质繁殖技术

以下优质保纯技术适用于上述三种繁殖方法。

（1）繁殖基地严格隔离，以自然隔离为主。时间隔离宜 30 d 以上。空间隔离：繁殖田位于上风向处为 100m，位于下风向处为 200 m。

（2）繁殖用种应为经核心种子生产的株行代或株系代原种种子，纯度 99.9% 以上。

（3）采用提早 2 次灌水泡田、2 次翻耕方法处理好秧田和大田落田谷成苗。

（4）及时抓好秧苗期和大田期四次（分别在秧苗 3～4 叶期、分蘖盛期、抽穗期、成熟期）除杂保纯，清除异形异色杂株。

（5）抽穗开花期根据花药散粉的表现，成熟期根据结实率，及时清除高温敏株和同形可育株等特有杂株。

（6）及时收晒干燥，确保种子发芽率；清理干净收种装种用具、晒场或烘干机械，防止机械混杂。

References
参考文献

[1] 何强，庞震宇，孙平勇，等. 低温处理水稻光温敏核不育系筛选核心单株的效果研究 [J]. 杂交水稻，2016（1）：18-20.

[2] 何强，邓华凤，庞震宇，等. 水稻光温敏核不育系提纯繁殖技术研究进展 [J]. 杂交水稻，2010（6）：1-3，7.

[3] 李小华，刘爱民，张海清，等. 水稻温敏不育系群体育性研究初探 [J]. 杂交水稻，2016，31（3）：23-26.

[4] 刘爱民，肖层林. 超级杂交水稻制种技术 [M]. 北京：中国农业出版社，2011.

[5] 涂志业，符辰建，张章，等. 水稻温敏核不育系在云南高海拔地区高产优质繁殖技术 [J]. 杂交水稻，2016，31（1）：23-25.

[6] 刘爱民，李小华，肖层林，等. “三层穗法”生产水稻温敏不育系核心种子的方法 [P]. 中国，ZL200810101298. X，2012-01-11.

第十五章

超级杂交水稻制种高产技术

刘爱民 | 张海清 | 张　青

超级杂交水稻的制种与普通杂交水稻制种相比较，制种技术环节完全一致，包括制种生态条件（基地与季节）选择技术、花期相遇技术、父母本群体构建技术、以赤霉素喷施为核心的异交态势改良技术、辅助授粉技术、成熟收割技术、防杂保纯技术等。由于超级杂交水稻制种亲本的遗传背景更加复杂，将籼稻、粳稻和爪哇稻亲缘融合以及多类型不育基因聚合于一体，亲本的生育期对温光反应较敏感，植株高大，穗大粒多，着粒密度大，分蘖力强且成穗率较低，抽穗开花期或分散或更集中，群体稳定性较差，对制种生态气候的适应性较窄；同时多数超级杂交水稻是两系法杂交组合，水稻光温敏核不育系的育性表达对光、温条件具有较严格的选择性；部分三系法超级杂交水稻的质核互作型不育系的育性也受环境温度的影响大，表现败育不彻底，因此超级杂交水稻的制种技术难度更高。

以湖南杂交水稻技术研究中心和袁隆平农业高科技股份有限公司为主的国内有关单位在全面总结过去十多年来两系法杂交水稻制种技术研究与实践的基础上，编制了国家技术标准《两系法杂交水稻制种技术规范》（GB/T 29371.4—2012），该技术规范对于两系法超级杂交水稻的制种起到了指导和保障作用。

第一节　制种气候、生态条件选择技术

一、气候条件

水稻是典型的自花授粉作物，经过长期的自然选择，在适宜种

植水稻的区域和季节，其花器和开花授粉结实习性均已适应该地域和季节的气候（主要是温度和湿度）条件。但是杂交水稻制种是一个异交结实的过程，母本需要接受父本花粉才能结实生产杂交种子，完全改变了水稻自交结实的生殖方式，同时由于制种母本的雄性不育特性，也带来了不育系在植株形态、生理生化和代谢方面的障碍，如抽穗包颈、花时分散、柱头外露、裂颖、穗萌穗芽、胚乳粉质化等。因此杂交水稻制种对生态气候条件的要求更高，主要是幼穗分化第四～六期的育性敏感期、开花授粉期和成熟收割期三个时期要求有适宜的温度、湿度、光照等气候条件。因此，在能够种植水稻区域虽然可以进行杂交水稻制种，但不一定能获得制种高产与优质。

（一）育性敏感安全期所需的气候条件

1. 三系法杂交制种

三系法超级杂交水稻所应用的质核互作型不育系主要有：天丰 A、粤泰 A、五丰 A、中浙 A、中九 A、Ⅱ-32A、T98A 等，其中有些不育系的育性表现对环境高温敏感，在花粉分化发育形成过程中，如遇到环境高温，少部分颖花中就有 1～2 个花药肥大。肥大花药中有较高的染色花粉，能够开裂散粉和自交结实，导致制种种子纯度有不同程度的降低。但目前对此类不育系环境高温对育性影响方面研究的报道较少，各种业公司通过多年实践，对每个具体的不育系制种会选择适宜的基地和季节，所选择的基地和季节要求在花粉发育形成期的环境日平均气温在 26～28 ℃为宜，日最高温度在 32 ℃以下。如环境日平均温度高于 28 ℃后，随着温度的升高，肥大花药和花药中的染色花粉率增多，自交结实率逐步提高，导致制种所产种子纯度降低。

2. 两系法杂交制种

两系法超级杂交水稻所应用的不育系基本上是水稻温敏型核不育系，育性敏感期温度是控制育性表达的主因，目前所应用的不育系的不育起点温度有一定的差异，如株 1S、隆科 638S 的不育起点温度在 23.0 ℃左右，培矮 64S、Y58S、深 08S 的不育起点温度在 23.5 ℃左右，P88S、1892S、广占 63-2S 的不育起点温度可能在 24.0 ℃左右。因此不同不育起点温度的不育系制种，对育性温度敏感期的温度条件选择不同。通过收集目标制种基地的历史气象资料，分析制种可能的育性敏感安全期的日平均温度，找出连续 3d 的日平均气温均值低于制种所用不育系不育起点温度值的年份及年份数，按如下公式计算出制种育性安全系数：

$$育性安全系数=1-\frac{连续\ 3\ d\ 平均气温均值低于不育系起点温度值的年份数}{总年份数}$$

当育性安全系数为 1 时，表明制种育性安全，适合该不育系进行制种；当育性安全系数大于 0.95 时，表明制种母本育性风险较小，可选择进行制种；当育性安全系数小于 0.95 时，表明制种母本育性风险较大，不能安排两系制种。

当育性温度敏感期的环境温度在不育起点温度左右时，水稻光温敏核不育系表现为育性波动期，不育系群体的育性表现复杂，有部分单株染色花粉率高，表现可育，大部分单株表现不育或染色花粉率低。因此为确保制种母本群体花粉败育彻底，在分析育性安全系数时，宜将不育系不育起点温度提高 0.5 ℃作为育性安全温度来分析。

当育性温度敏感期的环境温度高于育性安全温度后，随着环境温度的逐步升高，不育系花粉败育程度提高，从典败型不育转为无花粉型不育，育性安全程度提高，但是多年的制种实践和研究表明，育性温度敏感期温度越高、花粉败育越彻底时，多数不育系的异交习性变差、异交结实能力降低，表现为柱头活力下降、裂颖粒增加甚至有畸形颖花。因此两系制种又不能选择育性敏感期环境温度过高的基地和季节，适宜的环境温度以日平均温度高于不育系不育起点温度 2 ℃左右为最佳。

（二）安全抽穗开花授粉期的气候条件

抽穗开花授粉期，即从见穗期至终花期，此段时期需喷施赤霉素和辅助授粉，该时期的气候条件适宜与否，影响父母本抽穗、开花和授（受）粉，是决定制种产量的关键时期。无论两系制种还是三系制种均应满足以下四个气候条件：

其一，以晴朗天气为主，光照充足，尤其在父母本盛花期，不能出现连续 2 d 以上连续降雨天气。

其二，日平均气温以 26～28 ℃为宜，昼夜温差在 10 ℃以上，不出现连续 3 d 以上日平均气温高于 30 ℃或低于 24 ℃，无连续 3 d 以上日最高温高于 35 ℃或日最低温低于 22 ℃天气。

其三，相对湿度以 75%～85% 为宜，无连续 3 d 以上高于 95% 或低于 70% 天气。

其四，每天开花授粉时段的自然风力小于三级。

（三）安全成熟收晒的气候条件

杂交水稻制种需喷施赤霉素和辅助授粉，因母本在一天内开花分散、花时不集中，母本授粉结实存在及时花粉授粉结实和非及时花粉授粉结实，导致母本结实种子的内外颖闭合不严，存在不同程度的裂颖现象。在种子成熟期如遇高湿高温和降雨天气，或者种子干燥不及时，或自然晾晒时遇连续阴雨天气，极易发生穗萌穗芽、胚乳粉质化和霉变现象，造成种子活力降低甚至丧失。因此在授粉期结束后 15～25 d 的种子成熟收晒期，制种基地以晴朗无雨、干燥气候为佳，不出现降雨、空气相对湿度高的气候条件。

（四）“三个安全期”的协调安排

在杂交水稻制种基地选择和季节安排上，需综合考虑，协调安排好育性温度敏感期、开花授粉期、成熟收晒期三个时期的气候安全。育性温度敏感期的安全与否决定所产杂交种子的纯度，是首要考虑的因素，开花授粉期的安全与否决定所产杂交种子产量，成熟收晒期的安全与否决定杂交种子的发芽率和活力。因此，三个时期的气候安全性对杂交水稻制种都具有重要的作用，在选择基地和制种季节上必须要同时分析“三个安全期”的气候安全性，育性安全系数应在 0.95 以上，开花授粉期的异常气候出现的概率应低于 0.2，成熟收晒期的降雨天气出现的概率应低于 0.3，以同时满足此三个条件来选择适宜的制种基地。

二、稻作生态条件

杂交水稻制种除首先选择适宜气候条件外，制种基地还应具备良好的稻作生产条件。

其一，稻田集中连片，方便隔离。机械化制种应选择田块方正、单田块面积大的基地，有配套机耕道路，稻作机械能通达每一田块。

其二，土壤结构性能良好，无冷浸水田，土壤肥力水平较高，且较均匀；机械化制种基地应选择无深泥田的基地。

其三，水利条件好，排灌方便，有较完善的灌排水沟渠。

其四，无水稻病虫检疫性对象（细菌性条斑病、稻水象甲等）。

其五，基本无强风暴、山洪、冰雹、持久性干旱等毁灭性灾害气候发生。

三、我国主要制种基地和季节及其特点

杂交水稻制种经历了 40 多年的研究与实践，形成了七大优势生态制种区域，它们是：海南南部南繁制种区、华南早晚两造制种区、雪峰山山脉制种区、罗霄山山脉制种区、武夷山山脉制种区、四川绵阳夏制制种区、江苏盐城制种区。

（一）海南南部南繁制种区

该区域主要为海南南部的陵水、三亚、乐东、东方、昌江、临高六个县，常年制种面积 10 万亩左右（图 15-1，图 15-2）。既适宜三系制种，又适宜两系制种，可制种的组合类型相当多，几乎所有的三系、两系超级杂交水稻组合均可在此区域制种。2010 年前基本是中国

内地杂交水稻种子市场调剂补缺的制种基地， 2010 年后已成为我国两系法超级杂交水稻制种的四大制种区域之一。

海南南繁制种区是我国杂交水稻制种“三个安全期”能协调安排最好的基地，所产种子产量高、外观色泽好、种子活力高。

图 15-1 海南乐东九所抱旺制种基地

图 15-2 海南乐东丘陵区制种基地

对使用那些不育性易受高温影响的不育系的三系法超级杂交水稻制种，育性安全期安排在 3 月上中旬，温度适宜，无高温天气，母本花粉败育彻底；开花授粉期安排在 3 月下旬，基本无降雨，气温适宜，有出现异常低温天气，但概率较低；成熟收晒期安排在 4 月中下旬，旱季尚未结束，雨季还未来临，晴好无雨。

对不育性不受高温影响的三系不育系制种，则制种“三个安全期”可安排选择的范围更广。开花授粉期可安排在 3 月下旬至 4 月，成熟收晒期安排在 4 月下旬至 5 月。

两系法超级杂交水稻制种首先要考虑育性温度敏感期的安全性，一般在三亚、陵水、乐东区域制种，育性安全期应安排在 4 月 10 日“清明风”以后；开花授粉期相应在 4 月 25 日至 5 月 20 日，此期常有阵性降雨，但对制种授粉无大影响；成熟收晒期则在 5 月下旬至 6 月中旬，此时旱季刚结束，雨季来临，出现阵性降雨的概率相当大。

在东方、昌江制种区的“三个安全期”一般是将乐东制种区的安全期后移 5 ~ 7 d 即可。

目前南繁两系制种最大风险是成熟收晒期的阵性降雨天气，出现的概率高，且无规律，常导致种子穗萌穗芽、胚乳粉质化和霉变，影响种子发芽率。因此海南南繁两系制种应配备种子机械干燥设备，实现种子大规模的机械干燥。

临高制种区域目前制种的组合主要是华南稻区的感光性晚稻组合，如博优系列、特优系列，开花授粉期一般在 4 月下旬至 5 月上旬，成熟收晒期在 5 月下旬至 6 月上旬。

（二）华南早晚两造制种区

目前该区域杂交水稻制种基地主要分布在广西的博白、南宁、武鸣、田阳、北流、玉林等，广东的廉江、遂溪、化州、高州等，年制种面积在 10 万亩左右，可早晚两造进行制种。

早造制种只能进行三系制种，一般早造制种种子在当地做晚造使用。抽穗开花期在 5 月下旬，成熟收晒期在 6 月下旬。

晚造制种三系和两系制种均可，抽穗开花期在 9 月中下旬，成熟收晒期在 10 月下旬。

（三）雪峰山、罗霄山、武夷山山脉山区丘陵制种区

该区域包括湖南南部的邵阳、怀化、永州、郴州等，广西北部的桂林、贺州，福建西北部的建宁、邵武、沙县等，制种基地主要分布在中低海拔的丘陵山区，分春制、夏制、秋制三个制种季节（图 15-3，图 15-4）。

春制基地有湖南的郴州、邵阳、怀化、永州、株洲，福建建宁周边等海拔在 350 m 以下的县市稻区，江西的宜春、遂川、乐安、南丰等县，广西桂林的平乐、兴安、全州市各县。该区域常年春制种面积 30 万亩左右，适宜制种的组合为长江中下游稻区的三系法杂交早稻和杂交晚稻组合。3 月中旬至 4 月初播种，抽穗开花授粉期安排在 6 月中旬至 7 月上旬。

图 15-3　湖南绥宁国家级制种基地

图 15-4　湖南资兴规模化制种基地

夏制基地有湖南的郴州、邵阳、怀化，福建建宁及周边等海拔在 350～600 m 的稻区，该区域常年制种面积在 30 万亩左右，既适宜三系制种，也适宜两系制种。两系制种应选择海拔 500 m 以下的稻区。安全抽穗开花授粉期在 8 月上中旬，成熟收晒期在 9 月上中旬左右。

秋制基地主要分布在江西宜春、湖南永州、广西桂林、福建建宁及周边等低海拔稻区，常年制种面积 5 万亩左右，适宜制种的组合为以长江中下游稻区的三系杂交晚稻组合为主，也可安排两系法超级杂交早稻组合。一般 6 月份播种，开花授粉期在 8 月下旬至 9 月上旬，成

熟收晒期在 9 月下旬至 10 月上旬。

此区域是我国发展最早、规模最大的制种区域，制种“三个安全期”均存在较高的风险性。所以在基地选择和季节安排上应收集当地气候资料，全面分析风险系数，将“三个安全期”放在风险概率最低的时段，同时应发展种子机械化干燥技术，减轻因收晒期的降雨天气带来的穗萌穗芽、胚乳粉质化和霉变影响，提高种子发芽率和合格率。

（四）四川绵阳夏制制种区

该区域主要是四川绵阳及其周边区域，也包括重庆制种区。四川、重庆是典型的一季稻作区，只能进行夏季制种，基地主要分布在四川的绵阳、德阳、南充、遂宁和重庆的璧山、江津、涪陵、忠县等。制种面积曾达 40 余万亩，适宜制种的组合主要为长江流域稻区的三系法超级杂交中稻。一般 4 月份播种， 5 月下旬至 6 月中旬移栽，开花授粉期安排在 7 月中旬至 8 月上旬。

（五）江苏盐城制种区

该区域主要包括江苏盐城的大丰、建湖、阜宁、响水等地（图 15-5）。该区域为海洋性适温高湿气候，是一季制种（夏制）的适宜基地，制种面积曾达到 20 多万亩，三系、两系超级杂交水稻组合均可安排制种。育性安全期宜安排在 7 月 25 日至 8 月 15 日，安全始穗期在 8 月 15 日至 8 月 20 日，开花授粉期在 8 月 15 日至 8 月下旬，成熟收晒期在 9 月下旬。

图 15-5　江苏盐城制种基地

该区域两系制种的育性温度敏感安全期和开花授粉安全期均存在一定的风险，育性安全系数在 0.95 左右，不育起点温度在 23.5 ℃及以下的不育系制种安全系数高，不能安排不育起点温度 24 ℃及以上的不育系进行两系制种。开花授粉期的风险性主要有授粉期的异常高温和低温降雨两种情况，异常高温会引起制种母本结实大幅降低，低温降雨既影响母本结实，又会引起稻粒黑粉病的大发生。所以在江苏盐城区域制种，首先应选择适宜的组合，如两系制种母本的不育起点温度低、耐高温能力强、稻粒黑粉病发病轻的组合；其次及时播种移栽，保证在安全抽穗开花期抽穗开花授粉；再次是加强对稻粒黑粉病的防治。

另外该区域是稻麦两熟种植区，小麦收割期在 6 月上旬， 6 月中旬后才能空田进行耕整，所以制种的移栽期一般在 6 月 20 日左右，存在制种父母本秧龄期长的问题，也会因移栽期推迟，导致制种实际抽穗开花期推迟的育性安全问题。

第二节 父母本花期相遇技术

杂交水稻制种父母本同期抽穗开花，称之为花期相遇，父母本花期相遇是保证制种产量的前提。水稻开花期较短，群体开花期一般为 10 d 左右。根据父母本花期相遇的程度，可分为五种类型：一是花期相遇理想，指父母本“始花不空，盛花相逢，尾花不丢”，在父母本整个花期中，其盛花期完全相遇。二是花期相遇良好，父母本的盛花期能达到 70% 以上相遇。三是花期基本相遇，父母本的盛花期只有 50% 左右相遇。四是花期相遇较差，父母本的盛花期基本不遇，只有父母本尾花与始花相遇。五是花期不遇，即父母本开花期相差 8 d 以上，制种产量很低甚至失收。

杂交水稻制种父母本花期相遇技术，主要包括三个方面：

其一，父母本播差期确定技术。根据父母本“三性一期”和抽穗开花特性，确定父母本播种差期（简称“播差期”）。

其二，花期预测和调节技术。在父母本生长发育过程中及时根据父母本的生长发育进程预测父母本的抽穗开花期，判断花期相遇程度，在准确判断父母本花期相遇有偏差时采取措施进行调节。

其三，规范的栽培管理技术。从父母本播种至抽穗制定规范的标准化的培育管理措施并严格实施，确保父母本生长发育正常可控，避免因栽培管理不当造成生育期的偏差而影响花期相遇。

一、父母本播差期和播种期确定

（一）父本播种期数的确定

1. 父本播种期数

父本播种期数有三种方式：

第一种方式是一次性播种的一期父本。

第二种方式是分两次播种的二期父本，两次播种间隔时间为 7～10 d，或前后父本叶龄差为 1.3～1.5 叶，每次播种量为总用种量的 50%，第一次播种的为 1 期父本，第二次播种的为 2 期父本， 1、 2 期父本移栽时相间栽插或各栽插 1 行，各栽插 50%。如果在父本移栽时，判断母本生长发育偏早，则父本移栽以 1 期为主或全部栽插 1 期；判断母本生长发育偏迟，则以移栽 2 期父本为主或全部栽插 2 期父本。

第三种方式是分三次播种的三期父本，三次播种间隔时间为 5～7 d，或三次父本间叶龄差为 0.5～0.7 叶，第一次播种的为 1 期父本，第二次播种的为 2 期父本，第三次播种的为 3 期父本，每次播种量为总用种量的 1/3 或 1、 3 期各占 1/4、 2 期父本占 1/2；1、 2、 3 期父本移栽时相间栽插，各栽插 1/3，或者 2 期父本栽插 1 行、 1 期和 3 期相间栽插成 1 行。父本移栽时应分析父母本生长发育进程，判断是否正常，如有偏差则需调整每期父本的栽插量来调节父本的花期早迟以适应母本的生育进程。

采用一期、二期、三期父本制种，父本群体抽穗开花历期和田间花粉量表现较大的差异。采用一期父本，其抽穗开花历期比采用二期父本短，二期父本比三期父本短。一期父本单位面积总颖花数比二期父本约增加 10%，二期父本比三期父本约增加 5%。因此，采用一期父本制种，即使父本抽穗开花历期缩短，但田间总花粉量增加，单位时间与空间的花粉密度扩大，提高了母本受粉的概率。采用三期父本制种，父本群体抽穗开花历期长，虽然可以保证父母本花期的相遇，但田间总花粉量减少，单位时间与空间花粉密度较小，母本受粉概率降低。

2. 父本播种期数的确定

确定制种父本播种期数应考虑以下因素：

对所制种组合父母本特性了解、对父母本花期相遇有把握的，则安排二期父本，如果父本的分蘖力强、抽穗开花期长（比母本长 3～4 d），也可安排一期父本。

如所制种组合是刚开始制种的新组合，对父母本特性不够了解，父母本花期相遇把握小，则安排三期父本。

如制种父本分蘖力弱、抽穗开花期短，宜安排三期父本。

如制种父本或母本的感温性、感营养性强，宜安排三期父本。

3. 父本播种期的确定

父本播种期的确定分两种情况来考虑，一是父本播始历期比母本长，父本先播母本后播的组合，父本播种期确定由制种“三个安全期”下安排的父本始穗期和父本播始历期来确定。二是父本播始历期比母本短，母本先播父本后播的组合，父本播种期则根据母本播种期和父母本播差期来确定。

（二）父母本播差期的确定

由于父母本的播始历期有差异，所以制种时父母本不能同期播种，两亲本播种期（天数）

的差异为播差期。播差期是根据两个亲本的生育期特性（感光性、感温性、营养生长性）和制种父母本理想花期相遇的始穗期标准来确定。安排父母本的播差期，必须对该组合的亲本进行分期播种试验，了解父母本的生育期特性及其变化规律和抽穗开花特性后才能准确安排。

父母本播差期确定方法有叶龄差法（叶差法）、播始历期差法（时差法）、积温差法（温差法）。

1. *叶差法*

以父母本主茎在不同生长发育时期的出叶速度为依据推算父母本播差期的方法，称为叶（龄）差法。值得指出的是，父母本主茎总叶片数差值并非制种播种叶差。父母本播种叶差包含两个方面的含义，一是后播亲本播种时先播亲本的主茎叶龄数，二是在后播亲本播种后与先播亲本的共生阶段，两个亲本因生育时段不同导致出叶速度不同，所以不能以两个亲本主茎总叶片数的差值作为双亲的播种叶差。

例如丰源优 299 在湖南绥宁基地夏制，母本主茎总叶片数 12 叶，父本 16 叶，制种叶差不是 4 叶，而是 6.5～7.0 叶，即父母本在共生阶段，母本生长发育 12 叶的时间与父本生长发育 9.0～9.5 叶所需时间基本相同。另外，因父母本剑叶全展至稻穗始出（即“破口”期）所需时间存在差异，要使父母本花期相遇理想，还要根据父母本剑叶全展至破口见穗经历时期的长短及始穗期标准进行调整。

杂交水稻亲本间的主茎总叶片数及其出叶速度存在差异，但是同一亲本在同地同季较正常的气候条件与栽培管理下，其主茎叶片数相对稳定。亲本主茎叶片数的多少依生育期长短而异，早籼不育系生育期短，如协青早 A、 T98A、丰源 A、株 1S、陆 18S、准 S 等，主茎叶片数 11～13 叶；中籼不育系生育期较长，如Ⅱ -32A、培矮 64S、 P88S、 Y58S、深 08S、隆科 638S 等，主茎叶片数 15～17 叶。

在相同的播种季节和栽培条件下，同一亲本的主茎叶片数大致相同，但在气候条件和栽培技术差异较大的年份可相差 1～2 叶。同一杂交组合在同一地域、同一季节和不同年份的制种，用叶差法安排父母本播差期较为准确，但是不同地域、不同季节制种叶差值有差异，特别是感温性、感光性强的亲本更是如此。如两优培九在江苏盐城区域夏制，播种时差 32 d、叶差 7.0～7.5 叶；在湖南绥宁夏制，播种时差 18 d、叶差 3.8～4.0 叶；在湖南麻阳夏制，播种时差 22 d、叶差 5.8 叶。因此，叶差法的应用要因时因地而异。

2. *时差法*

时差法即播始历期推算法。父母本在稻作生态条件相似地区、同一季节和相同栽培管理条件下，从播种到始穗的天数（播始历期）相对稳定。根据这一原理，利用父母本的播始历期的差值安排父母本的播种差期。

例如丰源优299制种，其父本湘恢299在湖南绥宁4月10日左右播种，7月20日左右始穗，播始历期约100 d。母本丰源A于5月中旬播种，7月20日左右始穗，播始历期约66 d，父母本播始历期差值为：100－66＝34（d），由于丰源优299制种父母本理想花期相遇标准为：母本比父本应早始穗2～3 d，因此丰源优299在湖南绥宁基地夏制的时差为31～32 d。

采用播始历期差安排父母本播差期，只适宜年际之间气温变化小的地区和季节，同一组合在不同年份的夏播秋制常用此法。在气温变化大的季节与地域制种，如在长江中下游区域春播夏制，因年际间春季某一时段气温变化较大，亲本播始历期稳定性常受气温的影响，应用时差法易出现父母本花期不遇或相遇较差。

3. 温差法

籼型水稻的生物学下限温度为12 ℃，上限温度为27 ℃，从播种到始穗每天大于12 ℃和小于27 ℃之间温度的累加值为播始历期的有效积温。用父母本从播种到始穗的有效积温差确定父母本播差期的方法称为温差法。感温性水稻品种在同一地区即使播种期不同，播种至始穗期的有效积温相对稳定，可用父母本的有效积温差安排父母本播种差期。例如，某杂交组合在湖南夏制，父母本播始历期有效积温差为300 ℃，从父本播种后的第二天起记载每天的有效积温，待有效积温累加到300 ℃之日播母本。采用温差法虽然可以避免年度间温度变化所引起的误差，但是避免不了栽培管理和田块差异对秧苗生长影响的误差。

在确定父母本播差期时，应结合父母本特性和制种季节的气候条件，将三种方法综合分析，以叶差为基础，温差作参考，时差只在温度较稳定的制种季节采用。春制和夏制期间，由于气温不稳定，大多用叶差法，温差和时差作参考。秋制期间气温较稳定，大多采用时差法，叶差和温差作参考。

4. 父母本播差期的调整

在采用以上三种方法确定父母本播差期的基础上，在制种的实际操作中，还要考虑当年播种时段迟早、播种移栽方式、秧苗素质、当年气温变化、水肥条件等因素，将父母本播差期稍作调整。

（1）根据先播亲本播种后的天气调整：如果当年播种时段提早，且先播种亲本播后的气温比往年偏低，则先播亲本的播始历期往往略有延长，主茎叶片数也将有所增加，因此应延长播差期；反之则缩短播差期。

（2）根据母本播种移栽方式作调整：父母本播差期一般采用湿润水育秧及中苗移栽方

式确定的，若某一亲本改变育秧移栽方式，如母本采用直播方式，父母本播差期则应延长 2～3 d；如母本采用机插秧或软盘育秧抛秧方式，父母本播差期则应缩短 3～5 d。

（3）根据叶差与时差吻合程度作调整：若父母本播种叶差与时差吻合较好，则按原设计的播差期播种，如果叶差到了时差未到，则以叶差为准，适当缩短时差；若时差到了叶差未到，则适当减小叶差增加时差。

（4）根据先播亲本秧苗素质作调整：先播父本秧苗生长好，秧苗素质好，则应在原计划基础上提早 1～3 d 播母本；若父本秧苗素质差，应推迟 1～3 d 播母本。

（5）根据后播亲本播后天气状况作调整：及时关注天气预报并作分析，预计后播母本播种时或播种后有低温阴雨天气，母本则应提早 1～3 d 播种，若预计后播亲本播种时或播后天气状况正常，原计划播种不作调整。

（6）根据母本种子质量与用种量作调整：母本种子发芽质量好，且计划单位面积用种量多，可推迟 1～2 d 播种；若母本种子发芽质量较差，且用种量少，则应提早 2～3 d 播种。

（7）据父本播种期数作调整：采用一期父本制种，父本群体抽穗开花期较采用二期父本制种缩短，因此，母本播种期应比采用二期父本制种缩短叶差 0.5 叶，或缩短时差 2～3 d。采用三期父本制种，则第一期父本的播种期应比二期父本的第一期父本早播 2～3 d。

二、父母本秧龄期的确定

在确定了父母本播种差期和抽穗扬花期的基础上，还应根据父母本的特性安排适宜的秧龄期。所谓适宜秧龄期，不仅包括播种到移栽所需要的天数，还包括移栽时秧苗的叶龄。制种季节、育秧移栽方式、亲本生育期类型是确定适宜秧龄的主要根据。采用水田湿润育秧中苗移栽方式，早稻类型和晚稻早、中类型组合春制或夏制，移栽秧苗应控制叶龄在主茎总叶片数的 45% 以内，中稻类型组合夏制，亲本秧苗叶龄控制在主茎总叶片数的 40% 以内。超过该秧龄范围，移栽至制种田后分蘖少，易出现早穗。适宜秧龄移栽，能使禾苗在大田有足够的营养生长期，以利于根系和分蘖生长发育，为幼穗发育、抽穗结实等生殖生长奠定基础。

秧龄期的长短对父母本的播始历期有较大影响，秧龄期长，播始历期延长；秧龄期短，播始历期缩短。所以，在安排制种父母本播差期时，还应根据栽培技术因素确定父母本的秧龄期。在前作收割期较迟，制种移栽劳力紧张，不能保证按期移栽，使亲本延长秧龄期时，则应调整播差期。如湖南夏制香两优 68，父本在 3.0 叶移栽的播始历期为 48～50 d， 4.0 叶移栽为 50～52 d， 5.0 叶移栽为 52～54 d。两优培九在广西南宁制种，父本 9311 的秧龄期每延长 1 d，其播始历期增加 0.8～1 d，见表 15-1。

表 15-1 9311 不同秧龄期的播始历期与栽始历期比较（2006 年，南宁）

播种期	移栽期	秧龄期 /（d）	始穗期	播始历期 / d	栽始历期 / d
6 月 3 日	7 月 7 日	34	9 月 2 日	91	57
6 月 3 日	7 月 8 日	35	9 月 3 日	92	57
6 月 3 日	7 月 12 日	39	9 月 7 日	96	57
6 月 10 日	6 月 30 日	20	8 月 28 日	79	59
6 月 20 日	7 月 8 日	18	9 月 6 日	78	60

三、花期预测的方法

花期预测是通过对父母本植株外观形态、叶龄及出叶速度、幼穗分化进度等进行观察与分析，推测父母本距始穗期天数，以此判断父母本花期相遇程度的方法。父母本的生育期除受父母本遗传特性决定外，同时还受气候、土壤、秧苗素质、移栽秧龄、肥水管理等因素影响，导致父本或母本始穗期可能出现比预期的提早或推迟，造成父母本花期相遇偏差。尤其是对新组合、新基地的制种，在播差期的安排与培管技术上对花期相遇的把握较小，更有可能出现父母本花期不遇。因此花期预测是杂交水稻制种非常重要的技术环节，其目的是尽可能及早准确推断父母本的始穗期，预测父母本花期是否相遇。一旦发现父母本花期相遇有偏差，应及早采取相应的措施调节父母本的生长发育进程，确保父母本花期相遇。

花期预测的方法较多，在不同的生长发育阶段可采用相应的预测方法。常用的方法有幼穗剥检法、叶龄余数法、对应叶龄法、积温推算法、播始历期推算法等。叶龄余数预测法和积温推算法在各生长发育阶段均可使用。幼穗剥检法只适宜在幼穗分化开始后进行，该法简单直观。最常用的方法是幼穗剥检法和叶龄余数法。

（一）幼穗剥检法

根据水稻幼穗发育八个时期的外部形态，直接观察父母本幼穗发育进度，预测父母本花期能否相遇。具体做法是：父本和母本一般同时剥检 10～20 个主茎穗，幼穗发育阶段的确定以 50%～60% 的植株发育时期为准。从幼穗开始分化时起开始剥检，幼穗分化初期，每隔 1～2 d 剥检一次，幼穗分化中、后期，每隔 3～5 d 剥检一次，观察幼穗的发育进度。

表 15-2 和表 15-3 是水稻幼穗分化各期的划分和形态特性及叶龄余数。杂交组合的父本的主茎总叶片数比母本若多 4 叶以上，父本幼穗分化历期长于母本。根据父母本理想花期相遇的要求，在幼穗分化三期前，父本应比母本早 1～2 期；幼穗分化在第四、五、六期时，父本应比母本早 0.5～1 期；幼穗分化在第七、八期时，父母本的幼穗发育相同或相近。父本主

茎叶片数比母本多 2.0～3.0 叶的组合，父本的幼穗分化历期较母本略长，根据父母本理想花期相遇的要求，父母本幼穗发育进度可保持基本一致或母本略迟于父本。

父母本主茎总叶片数相同的组合制种，父本的幼穗分化速度和群体抽穗开花速度均较母本快，因此，母本的幼穗发育进度应快于父本 1～1.5 期。

（二）叶龄余数法

叶龄余数是指主茎总叶片数减去主茎已出的叶片数，即未抽出的叶片数。水稻进入幼穗分化后期，出叶速度比营养生长期明显减慢，但出叶速度较稳定，因此可以利用叶龄余数预测和推算其始穗期。周承杰编排的水稻叶龄与幼穗发育对照表（表 15-4），直观表示了水稻最后几片叶与幼穗发育和始穗的时间关系，可以查出不同主茎叶片数父母本的幼穗分化及两者的对应关系。

据解剖观察，稻株幼穗分化开始前，心叶内有 4 个幼叶及叶原基。幼穗分化开始时叶原基分化停止，代之以苞原基分化。由于心叶内始终保持 4 个幼叶及叶原基，因此，到倒 4 叶抽出时，就以分化苞原基来代替第 4 叶原基的分化。这就是稻穗分化总是开始于倒 4 叶抽出，穗分化与最后三片半叶有关，从倒 4 叶后半期起，每出一片叶或经历一个出叶周期，穗分化向前推进一期。倒 4、倒 5 叶期，是杂交水稻制种花期预测和调整最有效的关键时期，可于始穗前一个月前后几天用体视显微镜解剖观察，准确判定。

（三）出叶速度法

水稻植株进入幼穗分化时期（即进入生殖生长期），出叶速度比营养生长期明显减慢，利用这一特性可预测花期。在天气条件正常的情况下，幼穗分化期每出一片叶的天数比营养生长期要多 2～3 d。生育期长的迟熟亲本（如明恢 63 等）在营养生长期的出叶速度为 4～6 天 / 叶，进入幼穗分化期出叶速度为 7～9 天 / 叶。早、中熟类型的亲本在营养生长期为 3～5 天 / 叶，进入幼穗分化期后为 5～7 天 / 叶。因此，稻株从营养生长转入生殖生长时，其出叶速度出现明显的转折点，其转折点就是幼穗分化的始期。

（四）播始历期推算法

根据亲本播始历期的变化规律推算父母本的始穗期，此法是以一个亲本在年际间，在同地、同季、相同的培管条件下的播始历期相对稳定为依据。同一组合，在同一基地、同一季节、相同栽培技术条件下，杂交水稻制种后播亲本在播种前，根据当年的气候特点，依往年先播亲本的播始历期预测当年的播始历期，以此适当调整当年后播亲本的播种期。根据父母本历

表 15-2 直观简易法与传统八期法划分水稻幼穗分化时期对照表

简易法						八期法		
穗分化时期		穗部性状形态特征	与倒 4 片叶对应关系	经历出叶数/叶	余叶数	穗分化时期	经历出叶数/叶	余叶数
一期	苞分化期	穗轴分化 穗轴分节	倒 4 叶出生后半期	0.5	3.5～3.0	一期	0.5	3.5～3.0
二期	枝梗分化期	一次枝梗分化 二次枝梗分化	倒 3 叶出生期	1.0	3.0～2.0	二期	0.5	3.0～2.5
三期	颖花分化期	颖花分化 雌雄蕊形成	倒 2 叶期及剑叶出生初期	1.2	2.0～0.8	三期 四期	1.0 0.7	2.5～1.5 1.5～0.8
四期	性细胞分化形成期	花粉母细胞形成 母细胞减数分裂	剑叶出生中后期	0.8	0.8～0	五期 六期	0.5 0.3	0.8～0.3 0.3～0
五期	花粉粒充实完熟期	花粉粒充实 花粉粒完熟	剑叶鞘伸长膨大（外形孕穗）	1.0 加 2 d		七期 八期	5～6 d 2 d	

表 15-3　部分水稻不育系与恢复系幼穗分化历期

系　名		幼穗分化历期 /d								播始历期 /d	主茎叶片数 /叶
		一期 第一苞原基分化期	二期 第一枝梗原基分化期	三期 第二枝梗和颖花原基分化期	四期 雌雄蕊原基形成期	五期 花粉母细胞形成期	六期 花粉母细胞减数分裂期	七期 花粉内容物充实期	八期 花粉完熟期		
金 23A	分化期天数	2	2	4	5	3	2	8		51～60（长沙）	10～12
新香 A	距始穗天数	26～25	24～23	22～19	18～14	13～11	10～9	—			
T98A	分化期天数	2	2	4	5	3	2	8～9		55～70	11～13
准 S	距始穗天数	27～26	25～24	23～20	19～15	14～12	11～9	—			
珍汕 97A	分化期天数	2	3	5	5	3	2	9		60～75	12～14
丰源 A	距始穗天数	28～27	26～24	24～20	19～15	14～12	11～10	—			
湘恢 299	分化期天数	2	3	5	6	3	2	7	2	95～120	15～17
Ⅱ-32A	距始穗天数	28～27	26～24	23～20	19～14	13～11	10～9	9～3	2		
密阳 46	分化期天数	2	3	5	7	3	2	7	2	90～110	16～18
IR26	距始穗天数	30～29	28～26	25～22	21～15	14～12	11～10	9～3	2		
蜀恢 527	分化期天数	2	3	5	7	3	2	8	2	85～110	17～19
9311	距始穗天数	31～30	29～27	26～22	21～15	14～12	11～10	9～2	2		

表 15-4　水稻叶龄与幼穗发育对照表（周承杰，1989）

主茎叶片数/叶								幼穗发育期	分化期天数/d	叶龄余数	距抽穗天数*
11	12	13	14	15	16	17	18				
8.2	8.5～9.0	9.5～10.1	10.5～11.2	11.5～12.0	12.5～13.0	13.5～14.0	14.5～15.0	第一苞分化期（一期看不见）	2～3	3.5～3.1	24～32
8.3～8.9	9.1～9.7	10.2～10.9	11.3～12.0	12.1～12.7	13.1～13.7	14.1～14.6	15.1～15.6	一次枝梗分化期（二期苞毛现）	3～4	3～2.6	22～29
9.0～9.6	9.9～10.4	11.0～11.5	12.2～12.7	12.8～13.4	13.8～14.4	14.7～15.3	15.8～16.3	二次枝梗分化期（三期毛笋笋）	5～6	2.5～2.1	19～25
9.7～10.0	10.5～10.9	11.6～12.0	12.8～13.1	13.6～13.9	14.6～14.9	15.5～15.9	16.5～16.9	雌雄蕊分期（四期谷粒现）	2～3	1.5～0.9	14～19
10.2～10.5	11.0～11.4	12.1～12.5	13.2～13.6	14.0～14.3	15.0～15.3	16.0～16.3	17.0～17.3	母细胞形成期（五期颖壳分）	2～3	0.7～0.5	12～16
10.6～11	11.5～12	12.6～13.0	13.6～14	14.4～15	15.4～16	16.4～17	17.4～18	减数分裂期（六期叶枕平）	3～4		7～9
								花粉充实期（穗带绿）	4～5		7～9
								花粉成熟期（穗即见）	2～3		3～4

注：* 生育期短的品种主茎总叶片数少，幼穗分化历期短；反之，则长。

年的播始历期、幼穗分化历期和当年父母本的播种期，可以初步推测父母本当年开始进入幼穗分化的日期。此后结合幼穗剥检，出叶速度与植株拔节个数观察，综合分析确定父母本幼穗分化始期，从而推测父母本始穗期。

（五）父母本对应叶龄预测法

将同一组合在同基地往年同季节制种的父母本叶龄记载资料，制成父母本叶龄对应表，在当年制种每次记载叶龄后进行对比分析，判断父母本生长发育进程，从而预测父母本当年花期相遇程度。

四、花期调节技术

花期调节是杂交水稻制种中特有的技术。根据父母本生育特性的差异和对水、肥等敏感程度的差异，对花期相遇有偏差的父母本，采取各种相应的栽培管理措施，促进或延缓父母本的生长发育进程，延长或缩短父母本的抽穗开花历期，达到父母本花期相遇更好的目的。

经花期预测发现父母本花期相遇比理想花期相遇标准相差 3 d 以上时，应进行花期调节。

花期调节的作用表现为两个方面：一是促进植株生长发育，提早抽穗或缩短开花历期；二是延缓植株生长发育，推迟抽穗或延长开花历期。对生长发育快的亲本采取延缓调节措施，对生长发育慢的亲本采取促进调节措施。花期调节宜早不宜迟，以控为主，促控结合，以调节父本为主，调节母本为辅。

在制种实际操作中，应根据父母本花期不遇的程度、父母本的生长发育特性（分蘖成穗、耐肥性、抗倒伏力等）、田间肥力状况和父母本生长发育状况等，分别对父母本采取以下一项或多项调节法进行花期调节。

（一）农艺措施调节法

1. 移栽密度或基本苗调节

亲本在不同的栽培密度或不同移栽基本苗情况下，植株生长发育进度有差异。密植和多本移栽，增加单位面积的基本苗数，始穗期提早，且群体抽穗整齐，花期集中，花期缩短。稀植和单本移栽，单位面积的基本苗数减少，始穗期推迟，且群体抽穗分散，花期延长。生育期长的亲本分蘖能力较强，此法调节效果明显。使用密度调节法时，宜采取母本密植多本、中低肥，提早抽穗、缩短花期；父本单本稀植、高肥，推迟抽穗、延长花期的方法。

2. 移栽秧龄调节

秧龄的长短对亲本的始穗期影响较大，其影响程度与亲本的生育期和秧苗素质有关。恢复系 IR26 秧龄 25 d 比 40 d 的始穗期早 7 d 左右，30 d 秧龄比 40 d 的早 6 d 左右，秧龄超过 40 d，抽穗不整齐。珍汕 97A 秧龄 13 d 比 28 d 的始穗期早 4 d 左右，18 d 秧龄比 28 d 始穗期仅早 1 d，超过 35 d 秧龄出现早穗、抽穗不整齐。对秧苗素质中等或较差的秧苗，调节作用大，对秧苗素质好的秧苗其调节效果小。华南稻区晚造秋制亲本的播始历期随秧龄的延长而延长，秧龄为 20～45 d，每延长 1 d 秧龄播始历期延长 0.8 d 左右。

3. 中耕调节

中耕并结合施用一定量的氮素肥料可以明显延迟始穗期和延长开花历期。对苗数较少、单位面积未能达到预期苗数，生长势较弱的亲本，采用此法效果明显；对生长势旺的亲本仅采取中耕不宜施肥，但中耕可结合割叶同时进行，效果较好。所以使用此法须看苗而定。

4. 肥水管理调节

对发育较快且生长势不旺盛的亲本，每亩可施 5～10 kg 尿素。对母本偏施尿素时要看苗情而定，施肥后结合中耕，能延缓生长发育，可调节花期 3 d 左右。对发育慢的亲本可用磷酸二氢钾兑水喷施，连续 2～3 d，每天喷施一次，能调节花期 2～3 d。在幼穗发育后期发现花期不遇，利用某些恢复系对水反应敏感，不育系对水反应较迟钝的特点，通过田间水分控制调节花期。如果父本早母本迟，可以排水晒田，控父促母；母本早父本迟，则可灌深水，促父控母。通过对水的控制，有时可调节花期 3～4 d。

（二）化学调节法

1. 赤霉素（“九二〇”）调节

在抽穗前 2～5 d，每亩用约 0.5 g“九二〇”，兑水 30 kg，再加磷酸二氢钾 0.1～0.15 kg，对抽穗迟的亲本进行叶面喷施，可使提早抽穗 2～3 d。使用“九二〇”调节花期宜迟不能早，用量宜少不能多，应在幼穗分化进入第七期末第八期初时使用，若“九二〇”喷施过早，用量过多，只能使中下部节间和叶片、叶鞘伸长，造成植株过高和稻穗不能顺利抽出。

利用不育系柱头外露率高，且生命力强的特点，采用喷施生长调节剂或激素，提高柱头外露率，增强柱头生活力，延长柱头寿命，对母早父迟的花期情况有一定弥补作用，效果很明显。在母本盛花期每天下午每亩用“九二〇”1～2 g，加水 40～50 kg 喷施，连续喷施 3 d 或 4 d，并保持田间较深的水层，可延长母本柱头的生活力 2～3 d，接受父本花粉结实。

2. 多效唑调节

在预测父母本始穗期相差 5 d 以上时，可对幼穗发育快的亲本喷施多效唑。若对母本使用多效唑，宜早不能迟，应在幼穗分化第四期以前使用，在幼穗分化的中后期使用多效唑，将造成抽穗包颈加重。在母本幼穗分化第四期以前每亩用 100～150 g 多效唑兑水 30 kg 喷施，并视禾苗长势长相追施肥料，促使后发分蘖的生长，起到延长群体抽穗开花期的作用。对使用过多效唑的亲本，应提早 2 d 左右喷“九二〇”，每亩用量 2～3 g。对生长发育过早的父本，也可喷施多效唑，每亩可用 30～40 g 多效唑加水喷施。

（三）父母本花期严重不遇的补救措施

1. 拔苞拔穗调节法

花期预测时若发现父母本始穗期相差 7～10 d 或以上情况，可以在生长发育快的亲本的幼穗分化第七期和见穗期，采取拔苞拔穗的方法调节花期。被拔去的稻苞（穗）一般是比迟亲本的始穗期早 5 d 以上的稻苞（穗），主要是主茎穗与第一次分蘖穗。若采用拔苞拔穗措施，必须在幼穗分化前期重施肥料，培育出较多的迟发分蘖。

2. 机械损伤调节法

对发育快的亲本可采用割叶、提起植株、伤根等措施，使发育快的亲本因受到较重的伤害而延缓生长发育，从而推迟抽穗开花期。采用此法一般可调节花期 5 d 左右，但因对植株造成伤害，可能导致植株抽穗开花不正常。因此这种方法只限于父母本花期相遇较大（7 d 以上）时采用，并要结合施肥才能使植株恢复生长，达到调节效果。

3. 刈割再生法

父母本始穗期相差 10 d 以上，可认为是父母本花期完全不遇。在生长发育迟的亲本进入幼穗分化时，对生长发育早的亲本在幼穗分化前将植株刈割，留桩高度应根据父母本花期相差程度和父母本再生习性而定。刈割后及时追施适量肥料，培养更多再生苗，并及时对再生苗进行花期预测，使再生苗的花期与生长发育迟的亲本相遇。刈割再生法是父母本花期完全不遇时唯一的挽救措施。新组合小面积制种，为获得必需的种子，也只能采取这种方法。

第三节　父母本群体培养技术

杂交水稻制种收获的是母本群体结实的种子，母本必须依靠父本花粉才能结实。因此，杂交水稻制种在父母本群体构成的关系上，首先要确立母本群体的主导地位，同时也要保证一定的父本数量以提供足够的花粉，确保母本结实所需。在父母本种植的比例上，尽可能减少父本群体的占地比率，扩大母本群体占地比率，只有建立协调的父母本群体结构才能获得制种高产，确定父母本群体结构的关键指标有：父母本行比、父母本种植密度、颖花比。

一、田间种植方式设计

（一）父母本行比的确定

杂交水稻制种父母本是按照一定的比例成行相间种植，父本种植行数与母本种植行数之比，即为行比，行比的大小是单位面积父母本群体构成的基础。确定制种父母本行比主要考虑三个方面的因素：

一是父本的特性。

父本生育期长，即父母木播种差期大，分蘖力强且成穗率高，花粉量大且开花授粉期较长，父母本行比大，反之则行比小。

二是授粉方法和父本的种植方式。

如采用人工方法辅助授粉时，因作用于父本的力小，花粉传播距离近，父本只能种植单行或双行；如父本采用大双行（两行父本间距 30 cm 左右）种植，父母本行比大，行比 2：（12～16）；父本若采用小双行（两行父本间距 20 cm 左右）、假双行（两行父本间距 10～13 cm，错穴栽插），行比为 2：（10～14）；父本采用单行种植时，行比为 1：（8～12）。

如使用农用无人机辅助授粉时，因无人机旋翼产生的风力大，花粉传播距离远，父本可种植 6～10 行，父本厢宽约 180 cm。对生育期长、分蘖力强的父本种植 6 行，可选行距 30 cm 的插秧机等行栽插，也可选用行距 20 cm 的插秧机，栽 2 行空 1 行宽窄行栽插；对生育期短、分蘖力弱的父本种植 8～10 行，父本厢宽 180～200 cm；父本等行栽插。母本种植行数可选择 30～40 行，厢宽 700～800 cm，具体种植行数应根据母本插秧机可栽插的行数来确定，如插秧机栽插行距 25 cm，一次栽插 8 行，则母本栽插 32 行，厢宽为 700～800 cm；如插秧机行距为 18 cm，一次栽插 10 行，则母本栽插 40 行，厢宽 720 cm。因此农用无人机辅助授粉时，父母本种植行比可选（6～10）:（30～40），有利于父母本的机械化种植和收割（图 15-6）。

三是母本的异交结实能力。

如制种母本开花习性好，柱头外露率高，柱头生命力强，对父本花粉亲和力高，可扩大母本种植行数，反之则应减少母本种植行数。

图 15-6　父母本大行比种植图

（二）行向的确定

制种父母本的种植行向的确定应考虑两条原则：其一，种植的行向要有利于行间的光照，使植株易接受光照，使植株生长发育良好；其二，开花授粉季节的风向有利于父本花粉向母本厢传播，自然风对父本花粉传播的影响相当大。确定正确制种父本种植行向，可利用自然风力提高花粉利用率。因此，父母本最佳种植行向应与光照方向平行，与制种基地开花授粉期的季风风向垂直或保持 45 °以上的角度。但在不同地区、不同地形地势、不同季节，其风向不同，在湖南等中部地区，夏季多为南风，秋季多为北风，制种行向以东西向为宜，既有利于光照条件，也有利于借助风力授粉。某些山区制种，则应考虑行向与山谷风的方向。在沿海地区制种则考虑行向与海风方向。在安排行向时，应优先考虑授粉时的自然风向。

（三）父本的种植方式

人工方法辅助授粉时，父本种植方式有四种：单行、假双行（窄双行）、小双行、大双行（图 15-7 至图 15-10）。顾名思义，单行父本是每厢中只种 1 行父本，行比为 1：n（n 为母

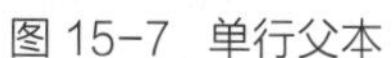

图 15-7　单行父本

图 15-8　窄双行父本

图 15-9 小双行父本

图 15-10 大双行父本

本行数），父母本行间距 25～30 cm，父本占地宽度为 50～60 cm，父本株距 20 cm 左右，母本 14 cm×16 cm。假双行、小双行、大双行都是父本种植 2 行，行比为 2∶n。

农用无人机辅助授粉时，父本种植 6～10 行，长生育期父本种植 6 行，行距可选 30 cm 等行种植或选 20 cm 宽窄行种植，株距 25 cm。短生育期父本种植 8～10 行，行距 20 cm 或 18 cm 等行或宽窄行种植（图 15-11，图 15-12）。

图 15-11 父本等行机插

图 15-12 父本宽窄行机插

不同父本种植方式的田间父母本群体构成情况如表 15-5 所示。

二、父母本群体结构定向培养技术

（一）父本播种育秧技术

因杂交组合父母本生育期的差异，在制种时父母本的整个生长发育分为两个阶段。第一阶段为父母本单独生长发育阶段，第二阶段为父母本共同生长发育阶段。在制种实践中针对父本或母本单独生长发育阶段的长短，即父母本播种差期的大小，父本育秧方式有水田湿润育秧

表 15-5 杂交水稻制种父母本基本群体构成

授粉方法	父本种植方式	行比	栽插密度 /cm		厢宽 /cm		穴数 /（万穴 / 公顷）		适宜制种组合类型
			父本	母本	父本	母本	父本	母本	
人工辅助授粉	单行	1 : 8	14×（25–25）*	14×18	50	126	4.058	32.469	早熟组合，亲本生育期短
		1 : 10	20×（30–30）	14×18	60	162	2.252	32.177	中迟熟组合
	小双行	2 : 10	16×（25–14–25）**	14×18	64	162	5.531	31.607	早熟组合、亲本生育期短
		2 : 12	25×（27–14–27）**	14×18	68	198	3.008	32.225	中迟熟组合
	大双行	2 : 10	16×（14–30–14）**	14×18	58	162	5.682	32.469	早熟组合、亲本生育期短
		2 : 12	25×（15–33–15）**	14×18	63	198	3.065	32.842	迟熟组合
农用无人机授粉	6～10 行	6 : 40	25×30 或 25×（20–40）***	14×18	210 或 200	702	2.632 2.661	31.330 31.677	迟熟组合
		6 : 32	25×30 或 25×（20–40）	12×25	210 或 200	775	2.444 2.462	27.157 27.352	迟熟组合
		8 : 40	18×20	14×18	200	702	4.928	31.677	中熟组合
		8 : 32	18×20	12×25	200	775	4.559	27.352	中熟组合
		10 : 40	16×18	14×18	222	702	6.764	30.923	早熟组合、亲本生育期短

注：父本栽插密度：* 为株距 ×（父母本间距 – 父母本间距），** 为株距 ×（父母本间距 – 两行父本间距 – 父母本间距），*** 为株距 ×（父本窄行行距 – 宽行行距）。农用无人机授粉同大行比栽插，父母本间距均为 30 cm。

法、两段育秧法。

1. 水田湿润育秧法

对父本生育期较短、父母本播种差期在20 d以内（叶差在5.0叶以下）的组合制种，父本移栽后在大田单独生长时期较短，可采用水田湿润育秧法。制种大田父本每公顷用种量7.5~15.0 kg，对父本生育期短、基本同期播种或播种差期“倒挂”的早稻组合制种，父本用种量应不少于15.0 kg/hm^2；对长生育期的父本用种量7.5 kg/hm^2；对分蘖力较弱、成穗率低的父本应加大用种量。秧田播种量依父本移栽叶龄而定，移栽叶龄较大（5叶以上），秧田播种量较小（150 kg/hm^2）；移栽叶龄较小（4.5叶以内），秧田播种量较大（180~225 kg/hm^2）。水田湿润育秧法的秧田整理与水肥管理及病虫防治技术参照普通水稻生产的水田湿润育秧法。

2. 两段育秧法

对父本生育期较长、父母本播种差期在20 d以上（叶差5.0叶以上）的组合制种，为控制父本移栽后在大田单独生长时期过长，不便于肥水管理、草害控制和病虫害防治，父本育秧应采用两段育秧法。

第一阶段为旱地育小苗或软盘育小苗。苗床宜选在背风向阳的旱作地或干稻田，按1.5 m厢宽平整育苗床基，压实厢面，先铺上一层细土灰或沙，再铺一层厚度3 cm左右的泥浆或经消毒的细肥土。浸种催芽后均匀密播于育苗床，播后用细土盖种，早春低温时搭架盖膜保温或覆盖遮阳网、无纺布等，防大雨洗种乱种，及时洒水保湿。小苗2.5~3.0叶期寄栽至水田，按照制种面积需要的父本数量和寄栽密度备足寄栽田面积。寄栽田应选择较肥沃的水田，并施足底肥。寄栽密度可为10 cm×10 cm或10 cm×（13~14）cm，每穴寄栽2苗或3苗。寄栽秧苗应控制在7~8叶（根据父本主茎总叶片数而定，为总叶片数的50%左右）时带泥移栽至制种田，减少植伤，缩短返青期。寄栽后实行浅水或湿润管理，及早追肥，促进分蘖，在施足底肥的基础上寄栽后7 d左右每亩追施尿素7~8 kg、钾肥5 kg左右。

（二）母本播种育秧技术

父母本播差期较小的组合制种，母本多为水田湿润育秧法，父母本播差期较大的组合制种，母本除采用水田湿润育秧法外，还可采用软盘育秧抛栽方式。

1. 水田湿润育秧法

培育母本多蘖壮秧是制种高产群体构建的基础。壮秧的标准是：秧苗3叶1心开始分蘖，5叶期带分蘖2个，秧苗矮壮，茎基扁平，叶色青秀，根白根壮。培育水田湿润育秧壮秧的关键技术有：

（1）选好肥力均匀一致、排灌方便、土壤质地结构好、光照充足的水田作秧田，按秧田与大田面积 1∶10 备足秧田。

（2）高标准平整秧田，施足底肥，开好厢沟和排水沟。

（3）用强氯精浸种消毒，采用少浸多露、保温保湿、通气催芽，播种前使用拌种剂拌种，按父母本播差期安排的时间及时播种；播种时将芽谷分厢过秤，均匀播种。

（4）播种后至秧苗 2.5 叶前保持厢面湿润，不见水层， 2.5 叶至移栽前采用浅水管理。

（5）及时施肥，分别在 2.5 叶期和移栽前 5～7 d 灌浅水施肥。

（6）秧苗期及时施药防治稻蓟马、稻飞虱、稻秆潜叶蝇、稻叶瘟等病虫害。

2. 软盘育秧抛栽法

对母本生育期较短，移栽叶龄较小的杂交组合制种，母本可采用此方法育秧。育秧的软盘及泥土可按杂交水稻大田生产的软盘育秧方法准备。母本种子的浸种催芽方式可参照水田湿润育秧法。种子破胸后均匀撒播在塑料软盘孔内，尽量保证每孔 2～3 粒正常破胸的种子。采用湿润育秧或旱育秧的芽期至成苗期的管理方法培育母本秧苗。在秧苗 3.0～3.5 叶时抛栽。抛栽时田间应保持浅水或无水状态，抛后保持浅水活蔸。

如母本采用小苗抛栽方法种植、父本湿润水育秧移栽的制种，应考虑母本小苗抛栽方式会延长母本播始历期 2～3 d，因而，应缩短父母本播差期 2～3 d。

3. 母本直播制种技术

母本直播，即将母本催芽后的种子直接播入（人工撒播或机械直播）制种田的母本厢内的方法，省去育秧移栽环节（图 15-13，图 15-14）。母本直播制种应配套做好以下三个方面的技术措施。

图 15-13　母本机械精量穴直播制种

图 15-14　母本人工撒播制种

（1）处理好制种田落田谷成苗，制种大田应提早灌水泡田，反复多次耕整和灌水泡田露田，先翻耕后旋耕，让落田谷充分发芽长苗。

（2）搞好化学除草，优选出适宜水田灭除不同类型杂草的化学除草剂，及时喷施，防治草害。

（3）调整父母本播差期。直播方式会缩短母本播始历期 2～4 d，因此在父本人工育秧移栽、母本直播方式制种时，应延长父母本播差期 3 d 左右。

（三）父母本群体培养技术

1. 父母本基本群体的确定

杂交水稻制种是母本靠接受父本花粉的异交结实过程，母本的异交结实率的高低依赖于父本和母本抽穗开花的协调与配合。由于父母本抽穗开花特性存在差异，对父母本群体的要求不同，要求父本既有较长的抽穗开花历期，又能保证在单位时间与空间内有充足的花粉量，对母本既要求在单位面积内有较多的穗数与颖花数，又要求群体抽穗开花历期相对较短，保证父母本花期相遇。所以，对父母本的培养不能采取相同的技术措施。许世觉在 20 世纪 80 年代末期研究父母本定向培养时提出了“父本靠发、母本靠插”的技术原则，即父本群体主要来自大田的分蘖成穗，母本群体则主要来自栽插的基本苗，对大幅提高杂交水稻制种产量起到了良好效果。

随着超级杂交水稻亲本类型的增多，对亲本的培养技术需多样化。如大穗型超级稻亲本往往分蘖能力不强，单株有效穗少，穗形较紧凑，着粒密度大，单穗花期较长，培养大穗型亲本时应增加每穴栽插株数，无论生育期长短，如分蘖能力较弱或成穗率低的亲本，每穴栽插 4 株或以上。对早熟组合，父母本播差期“倒挂”的制种，不仅要增加父本每穴移栽株数，还应缩小父本移栽的株距至 14～17 cm。母本要求均匀密植，如移栽株行距为 14 cm × 17 cm 等，每穴 2～3 株，每穴基本苗 6～9 苗，所以，一般要求母本每公顷插足 150 万以上基本苗。

2. 母本定向培养技术

制种母本的培育目标是穗形大小适宜、穗多、穗齐、冠层叶片短、后期不早衰的稳健群体。多年来的高产制种实践表明，重视前期的早生快发、稳住中期正常生长、控制后期旺长是杂交水稻制种母本培养的大方向。

第一，制种母本必须插足基本苗，一方面需密植，从表 15-5 可知，制种母本一般每公顷可栽插 31 万穴左右；另一方面，在培育多蘖壮秧的基础上，每穴栽插 2～3 粒谷秧苗，保证每公顷插足 150 万株以上基本苗。

第二，肥料施用要求“重底、轻追、后补、适氮高磷钾”，其核心技术就是重施底肥，少施甚至不施追肥，即所谓肥料一次性入库。特别是早熟杂交组合制种，由于母本生育期短、有效分蘖时间短，保肥保水性能好的制种田，可以将 80% 的氮、钾肥和 100% 的磷肥作底肥，在移栽前一次性施入，仅留 20% 左右的氮、钾肥在移栽后一个星期内追施。若制种田保水保肥性能较差，且母本生育期较长，则应以 60%～70% 的氮、钾肥和 100% 的磷肥作底肥，留 30%～40% 的氮、钾肥在移栽返青后追施。在幼穗分化第五～六期，应看苗看叶色适量补施氮、钾肥或含有多种营养养分的叶面肥。

第三，水分管理要求前期（移栽后至分蘖盛期）浅水湿润促分蘖，中期晒田促进根系纵深生长，控制苗数和叶片长度，后期深水孕穗养花，其中关键是在中期的重晒田。在前期促早生快发，群体苗数接近目标时，要及时重晒田，晒田要达到四个目的：一是缩短冠层叶的叶片长度，尤其是缩短剑叶长度，一般以 20～25 cm 为宜；二是促进根群扩大与根系深扎，利于对所施肥料的吸收与利用；三是壮秆防倒伏，杂交水稻制种喷施“九二〇”后，由于植株长高，容易倒伏，晒田使植株基部节间缩短增粗，从而增强了抗倒力；四是减少无效分蘖，促使群体穗齐，提高田间的通风透光性，减少病虫为害。晒田的适宜时期以母本群体目标苗数为依据，一般是在幼穗分化前开始，至幼穗分化第三～四期结束，为 7～10 d。晒田标准为：田边开坼，田中泥硬不陷脚，白根跑面，叶片挺直。晒田的程度与时间应依据母本生长发育状况与灌溉条件而定，深泥田、冷浸田要重晒，分蘖迟发田、苗数不足的田应推迟晒，水源困难的田块应轻晒，甚至不晒，不能造成晒后干旱，影响母本生长发育，导致父母本花期不遇而减产。

3. 父本定向培养技术

父本定向培养的目标是大穗、穗多、抽穗开花期长，单位时间与空间的花粉密度大的健旺群体。

首先，父本栽插宜稀植，不同生育期和分蘖成穗特性的父本采用不同栽插密度（表 15-5），短生育期的父本株距为 14～16 cm，每公顷栽插 5 万穴左右；长生育期的父本株距为 20～25 cm，每公顷栽插 2.5 万穴左右。一般每穴栽插 2～3 粒谷秧苗，不同制种父本因生育期、分蘖成穗特性不同，以及栽插密度的差异，单位面积栽插的基本苗数差异大。

其次，在保证与母本施用相同肥料的基础上，对父本偏施 1～2 次肥料是定向培养健旺父本群体的关键技术措施。第一次在母本移栽后的 5～7 d 露田时偏施，对长生育期的父本则需偏施第二次肥料，一般在分蘖盛期至幼穗分化初期田间无水湿润时施入。每次肥料的用量依父本的生育期长短与分蘖成穗特性而定，生育期较长、每穴移栽株数较少、要求单株分蘖成穗数较多的父本，追肥量较大，反之追肥量适当减少。一般每次每公顷施尿素 30.0～50.0 kg，

45% 的复合肥 30.0～50.0 kg。父本偏施肥可采用两种办法：一是撒施，施肥时母本正处于移栽返青后的浅水或露田状态，将肥料撒施在父本行间，并进行中耕，生育期较短的父本宜采用此法。二是球肥深施，将尿素和复合肥与细土混合拌匀，做成球肥深施入两穴父本之间或四穴父本中间。

（四）机插秧技术

1. 机插秧育秧技术

培育整齐一致、秧苗均匀、秧根多、盘结好的秧苗是确保水稻机插秧效果的关键。

目前水稻机插秧育秧主要有工厂化育秧和大田育秧两种方法（图 15-15，图 15 16），育秧盘使用床土主要有专用基质、过筛干细土和过滤泥浆三种，育秧盘有塑料硬盘和软盘两种。

工厂化育秧设备自动化程度高、温湿度可控，育成的秧苗整齐均匀，栽插效果好，但投入成本高，栽插面积有限。大田育秧受自然环境气候影响较大，但成本较低、可栽插面积限制小，方便水肥管理。因此要实现大面积机插秧，大田培育机插秧秧苗是相对有效的方法。

图 15-15　机插秧水田育秧

图 15-16　机插秧场地育秧

使用专用育秧基质和过筛干细土作为秧盘盘土育秧，需要精细管水，防止水分不匀和不足而造成秧苗生长不整齐。泥浆法育秧有利于芽期和苗期的水分管理。为防止大田育秧在播种后遇大暴雨洗种和打乱种子，造成成苗不均匀、栽插时空穴率高等问题，大田育秧在播种后应覆盖无纺布或遮阳网。

总结多年来机插秧育秧技术实践经验，宜采取“泥浆 + 基质 + 无纺布（或薄膜）”的大田育秧方法（图 15-17）。其关键技术要领如下：

（1）选择好育秧田，高标准耕整平整好秧田。

（2）提早做好秧厢，平整好秧厢。秧厢宽 140～150 cm，秧厢间留 120～140 cm 间隔取泥浆用；秧厢做好后先沉实再补平，确保厢面平整，高低差在 2 cm 以内。

（3）厢面沉实面泥较硬后拉线铺盘，秧盘摆放整齐，每厢横向平铺 2 个秧盘。秧盘规格根据所用插秧机来选择。

（4）人工捣制泥浆，泥浆过滤后灌盘，沉实后的泥浆占秧盘 2/3 的厚度。泥浆捣制前在取泥浆处施入 300～450 kg/hm^2 的复合肥作育秧底肥。

（5）泥浆沉实后播种，可用人工播种或机械播种，播种前确定每个秧盘的播种量，按每厢秧盘数量确定每厢的播种量，分厢播种，确保播种均匀一致。按制种父母本每穴栽插 2～3 粒谷秧苗、种子千粒重 25 g 计算，三种规格秧盘的播种量为：规格 15.5 cm×56 cm×2 cm 的秧盘每盘 40～45 g，规格 23 cm×56 cm×2 cm 的秧盘每盘 60～65 g，规格 28 cm×56 cm×2 cm 的秧盘每盘 75～80 g。播种前用拌种剂拌种。

（6）播种后使用育秧或育苗专用基质覆盖秧盘，将种子全部覆盖即可，再用无纺布覆盖秧厢，以防大雨暴雨冲洗乱种。如在长江中下游 3 月下旬至 4 月上旬播种，应使用薄膜搭拱覆盖保温育秧。

整秧厢　铺秧盘　泥浆过滤后装盘

定量均匀播种　基质盖种　无纺布覆盖

图 15-17 “泥浆 + 基质 + 无纺布”法水田育秧

（7）播种后应在保持秧盘秧厢湿润状态、保证种子正常出苗生长的前提下，促进发根长根盘根。因此应加强秧苗期全程的水分管控，晴热高温时，保持厢沟有水，秧盘表层基质发干时，及时灌跑马水，阴雨天气则及时排水。

（8）秧苗 1 叶 1 心时喷施 1 次防治青枯病、基腐病的药剂， 2 叶 1 心时喷施防治稻飞虱、稻蓟马等的药剂。

2. 母本机插秧技术

（1）插秧机的选择

目前栽插制种母本的插秧机有四种规格的机型供选择（图 15-18）。它们分别是：

Ⅰ型是独轮乘坐式和手扶式插秧机，行距 18 cm，株距有 12 cm、 14 cm、 16 cm、18 cm 等可调节， 10 行机。

Ⅱ型是四轮高速插秧机和手扶式插秧机，行距 20 cm，株距有 12 cm、 14 cm、16 cm、18 cm 等可调节， 8 行机。

Ⅲ型是四轮高速插秧机，行距 25 cm，株距有 12～24 cm 多档位可调节， 7 行或 8 行机。

Ⅳ型是四轮高速插秧机，行距 30 cm，株距有 12～24 cm 多档位可调节， 6 行机。

独轮乘坐式插秧机（行距 18 cm、10 行）

高速插秧机（行距 25 cm、7 行）

手扶（步进）式插秧机（行距 20 cm、8 行）

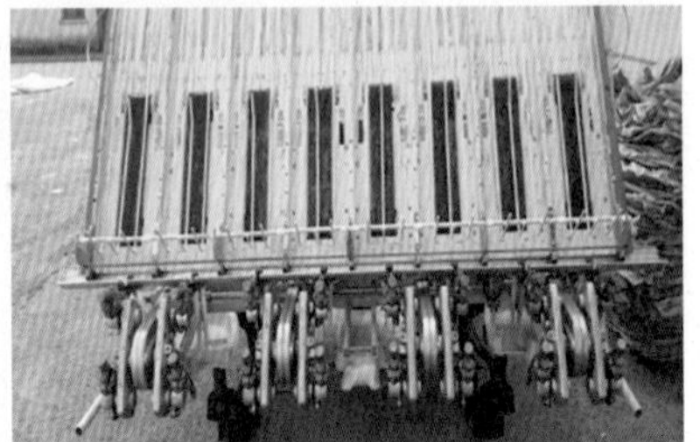
高速插秧机（行距 20 cm、8 行）

图 15-18 制种母本可选用的插秧机

根据杂交制种母本定向培育技术要求，结合有关试验结果和母本机插秧实践，母本机插秧优选行距 18 cm 和 20 cm、株距 14 cm 的 10 行或 8 行插秧机，行距 25 cm、株距 12 cm 的插秧机也可；对于生育期长、分蘖力强、成穗率高的部分不育系制种时也可选用行距 30 cm、株距 12 cm 的水稻插秧机。

（2）母本机插秧的特性

与湿润水育秧人工栽插方法相比，机插制种母本具有以下特性：

①播始历期延长 1～4 d，主茎叶片数增加 0.1～1.1 叶，不同不育系延长的天数有差异。

②单位面积栽插基本苗数、最高苗数、有效穗数和总颖花数均高于人工栽插，不同不育系间有较大差异，单位面积总颖花数增加 1.3%～48%，平均增幅 15.1%，说明母本机插有利于母本培育高产制种群体（表 15-6）。

③母本机插秧与人工移栽方式的群体抽穗动态和抽穗历期无明显差异。

④母本机插秧的播始历期随秧龄期增加有较大幅度增加，秧龄期在 15～27 d 内每增加 1 d 秧龄，播始历期增加 0.42～0.75 d，不同不育系增加的天数有差异。

⑤用种量对母本机插秧特性的影响较小，在人工育秧移栽方式用种量的 80%～150% 范围内，用种量的变化对机插秧母本的播始历期、群体苗数、穗粒构成、抽穗动态等影响很小。

表 15-6　8 个不育系母本机插秧群体穗粒构成与人工移栽比较分析

亲 本	基本苗/（个/米^2）		最高苗数/（苗/米^2）		有效穗数/（穗/米^2）		总颖花数/（万粒/米^2）	
	机插秧	比CK增/%	机插秧	比CK增/%	机插秧	比CK增/%	机插秧	比CK增/%
Y58S	102	16.6	1 166	1.3	414.8	0.4	6.29	9.6
P88S	132.6	30.6	1 125.4	−1.7	384.2	3.5	5.55	4.1
广占 63S	142.9	36.1	839.8	0.4	394.4	23.8	5.14	29
湘陵 628S	108.8	7.2	642.6	6.1	428.4	2.8	4.04	19.2
准 S	102	0.5	642.6	6.1	394.4	1.5	2.97	1.3
深 95A	125.8	56.3	928.2	34	394.2	28.0	4.72	48.0
丰源 A	129.2	19.1	839.8	26.3	411.4	0.5	3.97	2.1
T98A	125.8	33.1	703.8	26.5	425.0	12.4	4.85	7.3
平均值	121.1	24.9	861	12.4	405.9	9.1	4.7	15.1

（3）母本机插秧制种配套技术

根据制种母本机插秧的特性，母本机插秧制种的技术要点有：

①调整父母本播差期，如父本人工育秧移栽、母本机插时比父母本均人工育秧移栽的播差期缩短 3～5 d 为宜。

②用种量可按人工育秧移栽方法的 100%～120% 确定，应使用发芽率在 85% 以上的种子。

③机插秧适宜的叶龄为 2.5～3.5 叶，春播秧龄期 15～18 d，夏播秧龄期 12～16 d。

④通过调整插秧机取秧量，控制平均每穴栽插 2.5～3 粒谷秧苗。

⑤高标准平整好机插大田，田面高度差控制在 5 cm 左右，机插前开沟排水露田，灌浅水栽插。

⑥机插后保持田间有水湿润，如田块高处干旱脱水，应灌跑马水保湿。

⑦参照人工育秧移栽方式施肥和防治病虫害，加强化学除草。

3. 父本机插秧技术

采用人工辅助授粉，父本单行或双行种植，不宜采用插秧机栽插。如采用农用无人机辅助授粉，父本每厢种植 6~10 行，适宜采用机插方法栽插（图 15-19）。

图 15-19　父本机插秧（行距 30 cm、株距 25 cm、 6 行）

（1）插秧机的选择

父本机插有等行栽插和宽窄行栽插两种方式，所选用的插秧机不同。

等行栽插方式：对生育期长的父本，应选用行距 30 cm、株距 20~24 cm 的 6 行插秧机，对生育期短的父本，应选用行距 18 cm 和 20 cm、株距 16~20 cm 的 8 行或 10 行插秧机。

宽窄行栽插方式：对生育期长的父本，应选用行距 20 cm、株距 20~24 cm 的 8 行插秧机，对生育期短的父本，应选用行距 18 cm、株距 16~20 cm 的 10 行插秧机。栽插时，每栽 2 行后空 1 行即形成了宽窄行方式。

（2）机插秧群体的特性

根据制种父本群体培养的目标，人工育秧移栽父本时，父本一般分两期播种，播差期 8~10 d，两期父本还可在不同时间移栽，以延长父本群体的抽穗开花历期。如父本采用机插秧，父本也可分两期播种，但两期父本只能同时一次性机插，考虑秧龄期对播始历期的影响，两期父本的播差期以 5~6 d 为宜。父本机插秧群体的特性试验结果表明，父本机插秧两期父本群体的抽穗历期比人工育秧移栽的要短 1~3 d，机插秧父本群体的单位面积穗粒数比人工栽插的要高 10% 以上；宽窄行栽插比等行栽插的抽穗历期略长、单位面积穗粒数要高 5% 左右。因此制种父本机插宜选择宽窄行方式机插。

（3）机插秧技术

在参照母本机插秧技术的基础上，父本机插秧技术的不同之点在于：

①分两期播种时，第 1 期与第 2 期父本的播差期以 5~6 d 为宜。

②两期父本应同时机插，当第 1 期父本叶龄达 3.5～4.0 叶、第 2 期父本达 2.7～3.3 叶时同时机插，两期父本间行交错栽插。每个播种批次的父本在 1～2 d 内栽插完毕。

③按每穴平均栽插 2～3 粒谷秧苗调整好插秧机取秧量。

④如父母本均采用机插秧栽插，则父母本播差期比父母本人工育秧移栽的方法要缩短 2 d 左右。

第四节　父母本异交态势的改良与授粉技术

一、父母本异交态势改良技术

水稻是典型的自花授粉作物，正常可育的水稻其花器构造及开花习性适宜自交结实。但杂交水稻制种是由雄性不育系与正常可育的恢复系以完全异花授粉方式生产种子。水稻雄性不育系由于雄性不育而引起系列生理生化反应的不协调，不仅丧失了自花授粉结实能力，某些特性也表现出特异性，如抽穗时穗颈节不能正常伸出叶鞘而出现抽穗包颈现象（图 15-20），开花张颖时间长，从早到晚开花，花时分散，柱头外露率高，开花后内外颖闭合不严甚至裂开等。无论是三系不育系还是两系不育系，都存在抽穗包颈现象，一般而言，其抽穗包颈率可达 100%，包颈粒率在 30% 左右。这些异常的特性既有严重影响制种时母本授粉结实的作用，如抽穗包颈、花时分散；也有有利于制种母本授粉的作用，如柱头外露率和柱头活力高。特别是不育系的抽穗包颈特性，它是严重制约制种母本异交结实的关键因素。杂交水稻制种早期，采用人工割叶剥苞的办法改良异交态势，用工多，效果不显著，制种产量徘徊在 750 kg/hm^2，由于赤霉素在制种上的使用和配套制种技术的形成，构建了父母本良好的异交态势，制种产量大幅提升，平均产量达到了 2 250 kg/hm^2 以上，足见赤霉素对改良父母本异交态势的关键作用。

图 15-20　不育系抽穗包颈现象

（一）父母本异交态势

所谓父母本异交态势是指父本花粉传播和母本颖花接受花粉时的株、叶、穗、粒的空间构成状态，它包括植株结构、穗层结构和穗粒结构三个方面，是一个十分重要的异交特性，改良父母本的异交态势是杂交水稻制种十分关键的必不可少的技术环节。

在大面积制种实践中，亲本特性及其对赤霉素的敏感性、赤霉素使用技术和制种田栽培管理的差异，造成了父母本异交态势的多样性，导致制种产量在同地同时同一组合中不同田块有相当大的悬殊。所以了解和建立制种授粉的最佳态势，对确保制种的高产稳产具有十分重要的作用。

1. 异交态势的主要技术指标

考察制种父母本异交态势的主要技术指标有：母本穗层高、父母本穗层高差、包颈长、穗粒外露率、全外露穗率以及穗叶顶距六个指标性状。最佳的异交态势应该是母本穗层高 90～100 cm、父本比母本高 10 cm 左右，包颈长为 0～2 cm，穗粒外露率≥95%，全外露穗率≥80%， 5 cm<穗叶顶距≤3/4 穗长（L）。

可通过对穗高、倒二节、倒三节和穗颈节的节间长、叶鞘长及叶片长宽、穗长、颈粒距（穗颈至稻穗基部第一朵颖花之间的距离）、剑叶伸展角度、包颈粒数、穗总粒数等形态和经济性状的考查，分析计算出平均穗高（穗层高）、包颈长、穗粒外露率（或包颈粒率），全外露穗率以及穗叶顶距。

（1）穗层高：父母本喷施赤霉素后，单株不同穗的高度差异大，不能简单地使用株高来描述制种父母本的穗层高度，父母本单株有效穗高度值的平均值即为穗层高。所谓制种母本有效穗是指结实达到 3 粒以上的穗。

（2）包颈长：包颈长＝穗颈节叶鞘长－穗颈节节间长。

包颈长的值可为正数或负数。为负数时说明稻穗完全抽出，不包颈，负数绝对值越大，稻穗伸出叶鞘越长。为正数时则稻穗没有完全伸出叶鞘，存在包颈，数值越大，包颈越严重。

（3）穗粒外露率：是指稻穗露出叶鞘的比率。

计算公式如下：

$$\text{穗粒外露率}=\frac{(\text{穗长}-\text{颈粒距})-(\text{包颈长}-\text{颈粒距})/2}{\text{穗长}-\text{颈粒距}}\times 100\%$$（当包颈长≤颈粒距，穗粒外露率为 100%）

（4）包颈粒率：是指稻穗完成抽穗后被包裹在剑叶叶鞘内的颖花数占总颖花数的比率。

计算公式如下：

$$包颈粒率=\frac{包颈颖花数}{总颖花数}\times 100\%$$

（5）全外露穗率：是指所调查的制种母本群体中穗粒外露率达到 100% 的穗数占调查总穗数的比率。

计算公式如下：

$$全外露穗率=\frac{穗粒外露率\ 100\%\ 的穗数}{调查总穗数}\times 100\%$$

（6）穗叶顶距：是指稻穗的顶部至剑叶叶尖的垂直距离。

计算公式如下：

$$R=L-N-H\cdot\cos\alpha$$

R—穗叶顶距，L—穗长，N—包颈长，H—剑叶长，α—剑叶平展角度。

R 值可为正值或负值，当 R 为正值时，说明穗层高于叶层，R 值越大，穗层比叶层越高，为叶上穗；当 R 为负值时，穗层低于叶层，稻穗淹没在叶片之中，为叶下穗；当 $R=0$ 时，穗叶同层。

2. 异交态势的多样性

良好的父母本异交态势的构建主要依赖于喷施赤霉素以及群体穗粒的定向培育。不同的不育系对赤霉素的敏感性不同以及敏感节位的差异，田块间培管的差异，天气的影响，赤霉素施用方法的差异等，导致不育系的授粉态势在不同不育系之间，不同季节、不同地点之间有相当大的差别，从而出现各种各样的授粉态势。可从植株结构、穗层结构、穗粒结构三个方面来分析不育系授粉态势的多样性。

（1）植株结构

植株结构是指植株的穗高及其各节节间长的组成状况。穗高由穗长，穗颈节节间长，倒二、三、四节节间长所组成。由于穗颈节和倒二节（剑叶节）在外源赤霉素处理后基本同步伸长，甚至倒二节迟于穗颈节伸长，且两节处于植株的中上部，因此把这两节称为高位节，这两节以下的节位称为低位节。

植株结构的组成状况主要由高位节与低位节节间长的比例关系和株高所决定。高低节位节间长之比称为高低节位比值。根据比值的大小，可将植株结构分成三种类型。

一是高位节间伸长型。其特点是低位节间短，高位节间长，高低节位比值大，一般大于 3，株高适中，基本无包颈，这种类型有利于母本异交结实。

二是低位节间伸长型。其特点是低位节间及高位节间都长，高低节位比值小，株高相当高，茎秆纤细，易倒伏，这种类型的异交性能一般较差。

三是节间未伸长型。其特点是高位节间和低位节间都短，伸长幅度小，高低节位比值中等，造成这种植株结构的原因往往是赤霉素使用太迟或用量不足，对植株结构没有显著的改变，包颈仍很严重，异交性能最差。

根据对包颈粒率在 30% 左右的籼型不育系多年的制种实践，制种母本要建立良好的授粉态势，要求穗颈节伸长 40% 以上，倒二节伸长应控制在 100% 左右，倒三节伸长控制在 60% 左右，倒四节尽可能地不伸长，穗高增高应控制在 80% 左右。

植株结构对制种母本异交结实的作用主要有三个方面。一是穗层高和父母本穗层高差，直接影响花粉的传播效果，要求父本穗层比母本适当的高，有利于父本花粉向母本厢中传播，母本比父本高的植株结构是不可取的；二是可决定穗层穗粒结构的优劣；三是通过体内营养状况影响高产性能和异交性能，植株生长过高，抗倒伏力差，消耗养分，影响千粒重，也影响柱头外露与活力。

（2）穗层结构

穗层结构是指穗层的组成状况及其疏密程度。一般水稻的穗层主要由稻穗、剑叶叶片及倒 2 叶的中上部叶片组成。而由于母本包颈，剑叶叶鞘也常成为其组成部分。

穗层结构状态主要取决于稻穗与叶片所占的比例及相对位置。根据比例不同和叶片的位置大致可分为穗子型、穗叶型和叶子型三种穗层结构类型。

①穗子型结构：此型结构的穗颈节节间较长，没有包颈，穗层中基本没有叶鞘和倒 2 叶，剑叶伸展角度大，呈平展状态，穗层中上部基本没有叶片，穗叶顶距在 10 cm 以上，穗形疏松，花粉传播障碍少，传播效率高，空间疏松，透气通风性好，因而穗层升温快、露水蒸发快，有利于不育系提早开花，是非常有利于异交结实的穗层结构，而且不利于稻粒黑粉病发生和成熟期发生穗萌穗芽（图 15-21）。培育稻穗整齐一致、抽穗历期短、冠层叶片短的母本群体是形成穗子型穗层结构的基础。

图 15-21 穗子型穗层结构

②穗叶型结构：此型结构的穗颈节一般均伸出了剑叶叶鞘，基本上没有包颈或只有轻度包颈，稻穗与剑叶叶片和部分倒 2 叶叶片交错在一起。存在两种情况，一是稻穗抽穗欠

整齐，抽穗历期较长，导致喷施赤霉素后稻穗分层现象（俗称“三层楼”），穗层较厚，穗层中穗子、叶片、茎秆交错（图15-22）。这种穗层结构可接受花粉的穗层厚，对花粉的利用率较高。二是由于剑叶和倒2叶叶片（冠层叶）较长加上剑叶伸展角度小形成的穗叶同层现象，存在叶片对花粉传播的阻碍与吸附，制种技术上一般应采取割叶的办法来改善穗层结构。

图 15-22 “三层楼”穗叶型结构

③叶子型结构：此型结构穗层较矮，包颈重，叶层高于穗层，穗叶顶距<5 cm，稻穗被掩藏在叶片之中，穗形紧凑。这种结构不利于花粉的传播，引起不育系花时迟、柱头外露率低，穗层紧密，通风透气透光性差，易发生病虫害，特别是稻粒黑粉病。造成叶子型穗层结构的主要原因是赤霉素喷施迟或用量少，或者不育系本身对赤霉素特别钝感加上剑叶较长、硬挺、不披垂等。

（3）穗粒结构

穗粒结构是指母本不育系稻穗颖花的组成状况。一般按能否接受花粉将不育系的颖花分成可接受花粉的颖花和完全不能接受花粉的颖花。完全不能接受花粉的颖花有两类：一是包颈颖花或包颈粒；二是不能正常张颖开花的颖花，即闭颖粒。

闭颖不开在水稻中表现比较普遍，不同的品种或多或少地存在，在水稻不育系中表现得更严重。不育系闭颖率一般为2%～20%，主要与开花时的天气及不育系本身的生理生化特性有关。

二、赤霉素喷施技术

赤霉素（商品名“九二〇”）是植物生长发育的调节激素，具有促进细胞伸长的作用。杂交水稻制种上喷施赤霉素可促进穗颈节伸长，解除不育系抽穗包颈，促进穗粒外露，构建良好的异交态势。赤霉素不仅能促进穗颈节伸长，也能促进所有幼嫩的节间组织伸长，如喷施不当则容易造成植株过高或者效果差，因此制种上赤霉素的喷施时效性强、技术要求高。

制种喷施赤霉素的效果体现在以下三点：①促进穗颈节伸长，解除不育系抽穗包颈，上层叶片（主要是剑叶）与茎秆的夹角（平展角度）增大，从而使穗层高于叶层，穗粒外露，形成穗子型穗层结构，达到改良母本异交态势的目的。②“九二〇”还能提高母本柱头外露率，增强柱头活力，延长柱头寿命。③喷施“九二〇”可提早每天开花时间，提高午前开花率。

不同的不育系对赤霉素反应的敏感程度差异相当大，可从赤霉素喷施适宜用量、时期的差异上将不育系分为钝感型、敏感型、一般型三种类型。钝感型不育系制种时要求赤霉素的用量达到 750 g/hm^2 以上，喷施时期在见穗 0%～5%；敏感型不育系制种时要求赤霉素的用量在 225 g/hm^2 以下，喷施时期在见穗 30% 左右；居于二者之间的为一般型。

制种喷施赤霉素技术主要有三项技术指标：喷施始期（始喷见穗指标）、用量、次数。

（一）赤霉素喷施时期的确定

第一次喷施赤霉素的时期称为始喷期，此时田间母本的抽穗率称为见穗指标。以群体见穗指标来确定赤霉素始喷时期。具体始喷时期由以下因素确定。

1. 不育系对赤霉素的敏感性

对“九二○”反应敏感的不育系，始喷时期宜推迟，如 Y58S、隆科 638S、株 1S、湘陵 628S、准 S、 T98A、天丰 A 等对“九二○”反应敏感，适宜的始喷见穗指标为 20%～40%。对“九二○”反应钝感的不育系需提早喷施，如培矮 64S、 P88S 等，适宜的始喷见穗指标为 0%～5%。深 08S、 C815S、晶 4155S、丰源 A 等对“九二○”反应敏感性一般的，适宜的始喷见穗指标为 10%～20%。

2. 父母本花期相遇程度

父母本花期相遇好，赤霉素均在父母本最适宜喷施期喷施。如父母本花期相遇有偏差，对母迟父早型花期，母本喷施始期可提前 1～2 d；凡提早喷施赤霉素的，其用量应适当减少。对母早父迟型花期，母本对赤霉素反应迟钝的，只能将始喷时期的见穗指标提高到 10%左右或推迟 1～2 d 喷施；母本对赤霉素反应敏感的，可将始喷时期的见穗指标提高到 50%以上或推迟 2～3 d 喷施；凡是推迟始喷赤霉素的，喷施次数应减少，可只分 2 次甚至 1 次性喷施，并增加用量。

3. 母本群体抽穗整齐度

母本群体抽穗整齐度高的田块，赤霉素的始喷时期的见穗指标可适当降低（5%～10%），其喷施次数和总用量均可适当减少。母本群体抽穗不整齐的田块，如前期分蘖生长慢，迟发分蘖成穗田，或因移栽时秧龄期过长，移栽后出现早穗的田块，则应推迟喷施“九二○”，以母本群体中占多数的穗的抽穗情况来确定或多次喷施。

（二）“九二○”用量的确定

1. 根据不育系对“九二○”的敏感性确定基本用量

对“九二○”反应敏感的不育系，如 T98A、株 1S、安农 810S 等，“九二○”用量只需 150～225 g/hm^2，超过用量植株过高，易发生倒伏；对“九二〇”反应敏感性一般的不育系，如 Y58S、P88S、C815S、Ⅱ-32A、丰源 A 等，“九二〇”用量在 300～600 g/hm^2；对“九二〇”反应迟钝的不育系，如培矮 64S，“九二〇”用量需 750 g/hm^2 及以上。

2. 根据抽穗期气温的高低调整用量

抽穗期的气温对“九二〇”的效果影响很大，因此不同的基地或季节制种，因气温差异大，同一不育系制种，“九二〇”的用量差异也大。多年的实践表明，低温天气（日平均温度 24～26 ℃）时“九二〇”的用量比高温天气（日平均气温 28～30 ℃）要增加一倍左右。所以要先根据不育系对“九二〇”的敏感性确定适温（日平均气温 26～28 ℃）天气时“九二〇”基本用量，再根据抽穗期实际气温来调整用量。

3. 根据其他因素调整用量

父母本花期相遇好、穗粒构成合理、抽穗较整齐、长势正常的情况下，制种喷施赤霉素按基本用量即可。然而，在制种实践中常受其他因素影响需调整赤霉素的用量。

其一，根据父母本的花期相遇状况相应改变“九二〇”的始喷时期。对不育系提早喷施“九二〇”时，由于植株幼嫩，各节间伸长值增加，虽然不一定能完全解除抽穗包颈问题，但植株提高较多，喷施剂量应适当减少，以免植株过高引起倒伏。相反，推迟喷施“九二〇”时，部分穗子的茎节间已趋向老化，应适当增加喷施用量，才能解除抽穗包颈。

其二，根据母本群体长势长相增加或减少用量。单位面积苗穗数量过大，上部叶片较长时应增加“九二〇”用量，相反，若不育系群体结构合理，植株叶片长度适宜，色泽较浓绿时，可适当减少“九二〇”用量。

其三，根据喷施时期的天气状况调整“九二〇”用量。喷施“九二〇”时遇连续阴雨低温天气，不仅会被雨水冲洗流失，而且在低温条件下植株叶片的气孔、水孔开放不好，对吸收“九二〇”不利，因此应抢停雨间歇或下细雨时喷施，并增加用量 50%～100%。在喷施“九二〇”时遇上高温干热风天气，“九二〇”溶液易被蒸发，也需增加“九二〇”用量。

其四，根据母本种植方式增加或减少“九二〇”用量。若母本采用直播或抛秧方式，一方面群体较育秧移栽方式生长发育整齐，另一方面由于直播或抛秧方式的植株根群深度较育秧移栽方式浅，喷施“九二〇”后有可能导致倒伏，因此可适当减少“九二〇”的用量。

4.“九二〇”喷施次数与用量比

制种喷施“九二〇”一般分 2～3 次，具体确定喷施次数时，应考虑以下两个方面的情况：一是群体抽穗整齐度。群体抽穗整齐度高的制种田喷施次数少，喷施 2 次，甚至一次性喷施；抽穗整齐度低的田块喷施次数增多，需喷施 3～4 次。

二是喷施时期。若对某些制种田提早喷施时应增加次数；相反，若推迟喷施时则减少次数，在抽穗指标较大（超过 50%）时应一次性喷施。

由于母本群体中穗层生长发育进度有差异，在喷施“九二〇”后能较好地解除抽穗包颈问题，在分次喷施“九二〇”时，根据母本群体中生长发育进度差异程度判断群体的抽穗动态，每次喷施“九二〇”的剂量不同，一般原则是“前轻、中重、后少”。若分二次喷施，二次的用量比为 2∶8 或 3∶7；分三次喷施时，三次的用量比为 2∶6∶2 或 2∶5∶3；分四次喷施时，四次的用量比为 1∶4∶3∶2 或 1∶3∶4∶2。

分次喷施“九二〇”时，各次之间的间隔时间长短各异，在正常情况下以 24 h 为间隔，但是当群体中不同穗层的生长发育进度差异较小时，可以以 12 h 为间隔，即可以在一天内上午、下午连续喷施。

5.“九二〇”喷施时间

每天喷施“九二〇”宜在上午 07：30～09：30 或露水快干时和下午 4：00～6：00 喷施，中午高温，太阳光照强烈时不宜喷施。

6.“九二〇”喷施工具和兑水量

“九二〇”喷施对兑水量没有严格的要求，不论每次喷施“九二〇”用量的多少，单位面积上喷施的药液量没有严格要求，只要保证单位面积内“九二〇”药液能均匀地喷施在父母本植株叶片上，喷施水量则宜少不宜多，因喷施工具的不同，单位面积“九二〇”药液量差异大。

（1）人工背负式喷雾器

人工背负式喷雾器喷施“九二〇”是一种传统的人工喷施方法，每公顷喷施的药液量在 300 kg 左右，同时选择雾滴更细的喷头（图 15-23）。

另外还有动力植保弥雾机、地面自走式植保机等可喷施“九二〇”（图 15-24，图 15-25）。

图 15-23 背负式喷雾器喷施“九二〇”

（2）农用植保无人机

水稻制种采用农用植保无人机喷施赤霉素的效果试验分析结果见表 15-7。

表 15-7 结果表明，农用植保无人机喷施“九二〇”的效果要优于背负式喷雾器喷施，与

图 15-24　背负式弥雾机喷施“九二〇”

图 15-25　地面自走式植保机喷施“九二〇”

表 15-7　农用植保无人机喷施不同剂量赤霉素的效果分析（2016 年海南三亚 Y 两优 900 制种）

喷施工具	喷施剂量 /（g/ 亩）	穗层高 /cm	包颈粒率 /%	全外露穗率 /%
农用无人机	38.4	99.77 ± 0.40	1.27 ± 0.23	84.64 ± 0.40
	32	97.14 ± 0.17	1.08 ± 0.08	85.48 ± 1.11
	25.6	95.50 ± 0.08	1.74 ± 0.35	76.26 ± 1.33
背负式喷雾器	32	108.78 ± 0.14	1.91 ± 0.05	66.57 ± 2.39

人工背负式相比，植保无人机喷施“九二〇”的母本穗层略矮，包颈粒率减少，全外露穗率增多，因此完全可以使用农用植保无人机喷施“九二〇”（图 15-26 至图 15-28）。农用植保无人机喷施“九二〇”时，每公顷喷施的药液量约 15 L，兑水量少，喷施浓

图 15-26　农用植保无人机喷施“九二〇”

图 15-27　农用无人机单喷父本“九二〇”

图 15-28　农用植保无人机喷施“九二〇”的效果

度相当高。如某制种母本“九二〇”用量每公顷达到 900 g（等于 22.5 L 乳油）以上、分 2 次喷施，每次喷施“九二〇”11.25 L/hm^2，则只需兑水 3.75 L，相当于喷施“九二〇”原液，对喷施效果有一定影响，应增加喷施次数，降低每次用量。

农用无人机喷施“九二〇”时基本按照背负式喷雾器喷施的时期和用量喷施，对“九二〇”钝感型的母本也可以减少 20% 的用量，喷施次数以连续 2 d 喷施 2 次为宜。

7. 父本喷施“九二〇”

由于父本对“九二〇”的敏感性与母本存在差异，不同的父本对“九二〇”的敏感性也存在差异，在杂交水稻制种时，为了使父本对母本具有良好的授粉态势，在对父母本喷施“九二〇”后，要求父本的穗层比母木高 10～15 cm，使花粉能在一定距离内飞扬与均匀地传播，提高花粉的利用率。因而有必要根据父本对“九二〇”的敏感性，确定是否需单独喷施父本，“九二〇”的喷施量、喷施时期依父本对“九二〇”的敏感性决定。

三、人工辅助授粉技术

水稻的花器特征与开花授粉特性适应自花授粉方式，而不适应异花授粉方式，杂交水稻制种则是完全的异花授粉方式，母本能否结实取决于父本花粉散落到母本柱头上的有无和多少。父本花粉能否散落到母本柱头上，则需满足两个基本条件：其一，在单位时间、空间内父本花粉密度的大小，花粉密度大，散落到母本柱头上的概率就大。其二，水稻的花粉粒小而轻，需要一定的风力促使花粉完全从裂开的花药中散出和传播，而在父本开花散粉时，自然的风力大小或有无是不确定的，因此需要在父本开花散粉高峰时段进行辅助授粉，使父本花粉集中散出，传播更远并均匀散落到母本的柱头上。辅助授粉的方法有两种：一是人工辅助授粉法，二是农用植保无人机辅助授粉法。

（一）辅助授粉方法

1. 人工辅助授粉法

人工辅助授粉法是中国和东南亚地区制种普遍采用的方法，该方法是人工使用绳索、竹木杆等振动父本，使父本花粉散出，借助振动的弹力将父本花粉向母本厢传播，因作用于父本的弹力小，花粉的传播距离较小，因此采用人工方法授粉，父母本栽插的行比小，父本栽插 1 行或 2 行，母本栽插 8～12 行。人工授粉因使用工具的不同，有绳索授粉法、单杆振动授粉法、单杆推压授粉法、双杆推压授粉法四种方法。

（1）绳索授粉法

将长绳（绳索直径 0.3～0.5 cm）按与父本行向平行的方向，两人各持绳一端，沿与行向垂直的田埂拉绳快速行走（速度 1 m/s 以上），让绳索在父母本穗层上迅速地滑过，振动穗层，使父本花粉向母本厢中飞散（图 15-29）。该法的优点是速度快、效率高，能在父本散粉高峰时及时赶粉。但存在两个缺点，一是对父本的振动力较小，不能使父本的花粉更充分地散出，且花粉散落距离较近；二是父本花粉以单方向传播为主，即沿绳索方向花粉量大，易造成田间花粉分布不均匀，对花粉的利用率较低。因此，应选用较光滑的绳索，并控制绳索长度（以 20～30 m 为宜），行走的速度要快，以提高赶粉效果。此法适合父本单行和假双行、小双行栽插方式的制种田授粉。

（2）单杆振动授粉法

该授粉法由 1 人手持 3～4 m 长的竹竿或木杆，在父本行间，或在父本与母本行间，或在母本厢中行走，将长竿（杆）放置在父本穗层的基部，向左右成扇形扫动，振动父本稻穗，使父本花粉向母本厢中散落（图 15-30）。该授粉法较绳索授粉法速度慢、费工多。但是该法对父本的振动力较大，能使父本的花粉从花药中充分散出，传播的距离较远。该授粉法的缺点仍是使花粉单向传播，且传播不均匀。适合父本单行、假双行、小双行栽插方式的制种田授粉。

图 15-29　绳索授粉

图 15-30　单杆振动授粉

（3）单杆推压授粉法

若采用此授粉方法，应在制种的父母本移栽方式上有其特点，按行向垂直方向，以授粉杆的长度（5～6 m）分厢，设置宽约 30 cm 的赶粉工作道。赶粉时赶粉者手握长杆中部，在设置的工作道中行走，将杆置于父本植株的中上部，在父本开花时逐父本行用力推振父本，使父本花粉飘散到母本厢中（图 15-31）。此法的优点是赶粉效果好，速度较快，不赶动母本；缺点是花粉单向传播，所以各次赶粉应往返来回，使花粉传播均匀。适合单行和假双行、小双行父本栽插方式的制种田采用。

（4）双杆推压授粉法

赶粉者双手各握一短杆（1.8～2.0 m），从双行父本的两行父本中间行走，两短杆分别置两行父本植株的中上部，用力向两边振动父本 2～3 次。使父本花粉能充分地散出，并向两边的母本厢中传播，此法的动作要点是“轻推、重摇、慢回手”（图 15-32）。该法的优点是父本花粉更能充分散出，花粉残留极少，且传播的距离更远，花粉分布均匀；缺点是赶粉速度极慢，费工费时，难以保证在父本开花高峰时全田及时赶粉。此法只适宜在大双行或小双行父本栽插方式的制种田采用。

图 15-31 单杆推压授粉

图 15-32 双杆推压授粉

2. 农用植保无人机授粉法

利用农用植保无人机直升机（简称“农用无人机”）辅助制种授粉，无人机旋翼（单旋翼或多旋翼）产生的风力，可以将父本花粉飞扬起来并传播更远（图 15-33，图 15-34），从而改变父母本相间种植的方式，父母本行比可以扩大到（6～8）:（30～40），方便父母本机械化种植与收割，实现杂交水稻制种全程机械化。

刘爱民等使用单旋翼农用无人机进行辅助制种授粉效果试验，设计 6∶40、6∶50、6∶60 三个行比处理，试验结果见表 15-8。结果表明，在父母本大行比种植群体下，农用无

图 15-33 单旋翼无人机授粉

图 15-34 四旋翼无人机授粉

人机辅助授粉的母本结实率、产量与小行比种植的人工授粉没有显著差异，且不同不育系制种母本结实表现正常，三个行比处理间也无显著差异。说明农用无人机完全可用于制种辅助授粉，并可大幅扩大父母本行比。

同时对制种母本厢内不同位置的母本结实率的调查结果见表 15-9。结果表明，母本厢中不同位置的结实率有一定差异，但差异也不显著，且差异表现无规律，母本结实率的高低与离父本的远近相关性小。

表 15-8　农用单旋翼电动无人机辅助制种授粉结果

授粉方法	父母本行比	海南乐东（2015）			湖南武冈（2015）		
		组合	结实率/%	产量/（kg/亩）	组合	结实率/%	产量/（kg/亩）
农用无人机	6：40	隆科 638S/R534	50.0	229.9	广占 63S/R1813	32.93	202.95
	6：50		46.5	227.8		34.36	193.45
	6：60		45.5	217.2		32.52	195.17
人工授粉	2：12		42.9	236.6			
农用无人机	6：40	33S/黄华占	53.3	287.9	深 08S/R1813	36.61	202.95
	6：50		49.5	272.3		28.91	193.45
	6：60		51.5	276.7		32.05	195.17
人工授粉	2：12		53.4	263.0			

表 15-9　农用无人机授粉母本厢结实率考察分布结果（湖南武冈，隆科 638S/R1813）

年份	行比	母本厢不同观测点结实率/%								
		1	2	3	4	5	6	7	8	9
2014	6：40	47.6	52.1	51.3	53.9	45.7	50.9	42.1	48.1	46.0
	6：60	44.4	48.8	47.3	45.2	45.2	43.2	44.9	39.4	36.7
2015	6：40	27.3	34.6	31.3	35.6	35.7	35.8	35.9		
	6：60	38.6	37.6	27.3	35.0	30.3	28.0	33.0		

以农用无人机辅助授粉的全程机械化制种技术多点示范测产结果见表 15-10。结果表明，农用无人机辅助授粉的结实率和制种产量完全可以达到甚至超过人工授粉的水平。

表 15-10 杂交水稻全程机械化制种关键技术示范测产结果统计表

年份	基地	制种组合	母本结实率/%		测产结果/（kg/亩）	
			农用无人机授粉	人工授粉	农用无人机授粉	人工授粉
2015年	武冈	H638S/R1813	41.5	36.6	242.0	214.0
2016年	乐东*	Y58S/R900	39.3	43.8	215.2	248.0
2016年	武冈	03S/R1813	43.0		211.7	
		深08S/R1813	46.1		207.8	
2016年	绥宁**	Y58S/R302	50.0	42.8	268.6	225.5

注：*2016年海南乐东因父本种植行向与季风风向基本平行，导致母本厢中间结实率低。**使用四旋翼农用无人机授粉。

使用农用无人机辅助制种授粉是利用植保无人机飞行时旋翼所产生的风力，将父本花粉飞扬起来并向母本厢传播，而植保无人机飞行所产生的风力的大小和风场宽度直接与植保无人机飞行的高度与速度密切相关，飞行的高度高，风场宽度加大，但风速减小，飞行的高度低，风场宽度较小，风速加大；飞行的速度快时，作用于父本的风力减小，飞行的速度慢时，作用于父本的风力加大。辅助制种授粉作用于父本穗层的风力以3 m/s左右为宜，因此需要确定植保无人机适宜的飞行参数。

根据对植保无人机不同飞行参数的风场风速测定结果和实际授粉试验结果，农用植保无人机辅助制种授粉的主要技术要点是：

（1）单旋翼或多旋翼植保无人机均可用于辅助制种授粉，无需改进成专用授粉的无人机。

（2）植保无人机授粉时在父本厢上方飞行，离父本穗层1.5～2.0 m，考虑自然风力对风场飘移的影响，飞行时应根据风场飘移情况调整飞行航迹，使风场旋涡完全落在父本厢上。

（3）飞行速度为4～4.5 m/s。

（4）为确保飞行速度、高度及距离航迹的稳定性，最好选用能自主飞行或智能化飞行的植保无人机。

（5）人工操控飞行时，按每天每架无人机完成15～15.5 hm^2 的制种授粉面积安排。

（二）辅助授粉的时间与次数

水稻开花期较短，正常的水稻群体花期约10 d，而且每天开花时间也较短，只有1.5～2 h，在天气晴朗、温湿度适宜的条件下开花时段在午前。杂交水稻制种的母本接受父本花粉授粉，但父母本开花习性存在较大差异，因而人工辅助授粉必须把握时期、时间及授粉次数。在辅助授粉时期的安排上应以母本花期为依据，母本开花期及开花后 3 d 即为授粉期。

每天的辅助授粉的时间原则是以父本开花为准，即只要父本到了散粉高峰时刻，田间花粉密度最大，就抓紧时机授粉。每天授粉的时间确定，可分 2 个时段来考虑，一是在母本进入盛花期（始花后 4～5 d）前，母本开花数少，主要以父母本花时相遇结实为主，因此每天第一次授粉的时间要以母本花时为准，即以母本开花为准。二是在母本进入盛花期后，母本每天开花数和已开花数多，柱头外露的颖花也相应增多，因此每天第一次授粉的时间则以父本花时为准。第一次授粉后，在父本第二次开花高峰时进行第二次、第三次授粉，每次授粉时间控制在 30 min 以内，每次授粉后一般间隔 10 min 左右。在父本盛花期内，每天授粉时均能形成可见的花粉雾，田间花粉密度大，使母本都能获得较多花粉。

References

参考文献

[1] 刘爱民，肖层林. 超级杂交水稻制种技术 [M]. 北京：中国农业出版社，2011.

[2] 熊朝，唐荣，刘爱民，等. 机插秧行比对科 S/华占制种产量及相关性状的影响 [J]. 作物研究，2015，29（4）：362–365，373.

[3] 刘爱民，佘雪晴，易图华，等. 杂交水稻制种母本机插秧特性研究 [J]. 杂交水稻，2015，30（1）：19–24.

[4] 刘爱民，张海清，廖翠猛，等. 单旋翼农用无人机辅助杂交水稻制种授粉效果研究 [J]. 杂交水稻，2016，31（6）：19–23.

[5] 唐荣，张海清，刘爱民，等. 杂交水稻制种中利用农用无人机喷施赤霉素技术研究 [J]. 作物研究，2017，31（4）：360–368.

[6] 杨永标，刘爱民，张海清，等. 机插密度对杂交水稻制种母本群体生长发育特性的影响 [J]. 作物研究，2017，31（4）：342–348，372.

[7] 陈勇，张海清，刘爱民，等. 杂交水稻制种父本机插秧与施肥方式对其群体生长发育的影响 [J]. 作物研究，2017，31（4）：355–359，376.

[8] 王明，刘烨，张海清，等. 水稻光温敏核不育系育性敏感期高温对异交特性的影响 [J]. 湖南农业大学学报（自然科学版），2017，43（4）：347–352.

[9] 刘付仁，刘爱民，贺长青，等. 杂交水稻全程机械化制种关键技术示范 [J]. 杂交水稻，2017，32（1）：34–36.

[10] 刘爱民，张海清，罗锡文，等. 一种杂交水稻的全机械化制种方法 [P]. 中国，XL201210438297.0，2012–11–06.

[11] 刘爱民，肖层林，佘雪晴，等. 一种杂交水稻的制种方法 [P]. 中国，XL201210417925.7，2012–10–26.

第十六章

超级杂交水稻种子质量控制技术

刘爱民 | 肖层林 | 贺记外

超级杂交水稻种子同普通的杂交水稻种子一样，其种子质量除国家标准规定的纯度、净度、发芽率、含水量四项内容和不能携带检疫性病虫害对象外，在种子生产加工过程中，还需要考查裂颖粒率、穗芽粒率、病粒率、米粒率、粉质化粒率、霉变粒率、色泽等内容，以保障种子活力和商品质量。由于超级杂交水稻的亲本的遗传背景复杂多样，除具有更强的配合力和杂种优势外，在种子特征特性方面与一般杂交水稻种子也有其特异性。而且随着稻作机械化和规模化生产的发展，对杂交水稻种子的质量提出了更高要求。因此在种子生产、加工、检验、贮藏、使用等过程中，需采取相应的技术措施，以保持种子高活力和商品质量。

第一节　超级杂交水稻种子特征特性

杂交水稻种子系异交结实的种子，改变水稻固有的自交结实方式，加上母本雄性不育，导致母本在抽穗开花和灌浆结实出现诸多生理生化异常，如赤霉素含量低、抽穗包颈、开花分散、闭颖不严等，进而使种子发生如裂颖、穗芽、粉质化、霉变等劣变现象，导致同一批次不同种子籽粒的生活力差异大。影响杂交水稻种子劣变的现象主要有：裂颖、穗芽、粉质化、霉变、堆捂发热、死种等。

一、种子裂颖

（一）杂交水稻种子裂颖表现

种子裂颖是雄性不育系为母本制种异交结实种子的一种特异性，

具有普遍性。种子的裂颖程度和裂颖粒率在不同的不育系间差异很大，同一不育系不同制种气候生态条件下差异也大。制种实践调查表明，杂交水稻种子裂颖粒率为1%~70%，平均为26.1%，而常规水稻种子一般不裂颖或裂颖粒率很低，平均仅为2%左右。不同的不育系所制得的杂交种子，其裂颖粒率差异较大，隆科638S、33S、新香A、三湘A等系列杂交组合种子，裂颖粒率可高达50%以上；Ⅱ-32A、T98A、Y58S等系列杂交组合种子，种子裂颖粒率为20%~30%；培矮64S、晶4155S系列杂交组合种子裂颖粒率低于5%。杂交水稻裂颖种子的胚发育正常，具有发芽能力。但是，裂颖种子胚乳部分较小，贮藏物质不足，粒重小，种子不耐贮藏，不耐水浸，种子破胸出苗不正常，发芽后成秧率较低，秧苗素质较弱（图16-1，图16-2）。

图16-1　裂颖种子

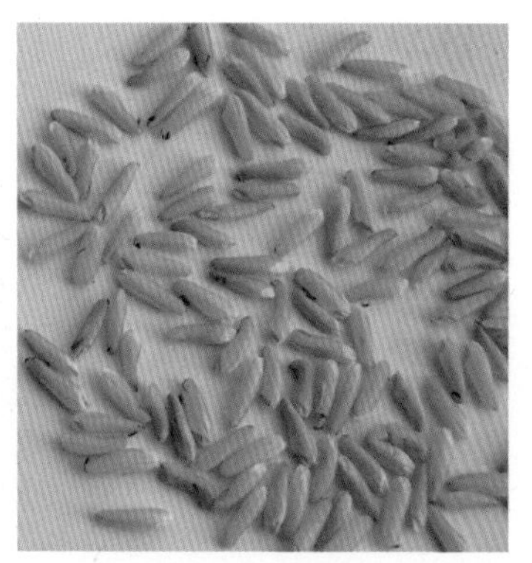

图16-2　裂颖种子的米粒

（二）杂交水稻种子裂颖原因

杂交水稻制种的母本一般均表现开花后张颖历时较长。在开颖过程中内外颖因外界条件失水等逐步老化，甚至皱缩，致使部分受粉后内外颖花的闭合能力降低，部分颖花的内外颖不能完全闭合而形成开裂种子；有部分颖花的内、外颖虽能勉强闭合，但不能严密勾合而形成裂纹粒种子，目前发现最严重的是隆科638S开花期如遇降雨，开花后内外颖一直张开不闭合的开颖现象，虽可受精但不能正常结实。从不育系花器形态特征分析，由于不育系浆片和小穗轴维管束发育不良，浆片吸水和失水较慢，开花后浆片仍保持膨胀状态；又由于小穗轴及外稃基部的细胞结构生长定型，小穗轴失去再把外稃恢复到原位的弹性，导致内外颖不能正常闭合，成为裂颖种子。裂颖种子由于内外颖闭合不好，造成种子米粒畸形不饱满，种子形状不规则、种子充实度因裂颖程度的不同而有差异。

杂交水稻种子裂颖粒率高低除了与不育系本身特性有关外，也与开花授粉期的气候条件、“九二〇”喷施技术、人工辅助授粉工具及方式有关。实践表明，开花授粉期遇阴雨低温或异常高温（日最高温度持续 35 ℃以上）干燥天气，开花后浆片复原弹性变差，内外颖闭合受阻；喷施“九二〇”时期偏早，稻穗抽出后颖花娇嫩白色，开花后颖花关闭能力弱；授粉时用较粗糙的绳索赶花粉，绳索划过母本穗层，对颖花有一定伤害，等等，均会增强种子裂颖程度和提高裂颖粒率。制种实践表明，相同母本系列的杂交组合，在海南南繁春季制种，由于开花授粉期温度与空气相对湿度较适宜，种子裂颖粒率与裂颖程度较低，在其他地方夏季制种开花授粉期易遇高温干热风或在秋季制种开花授粉期遇阴雨低温，种子裂颖粒率与裂颖程度较高。

（三）裂颖种子的分类

根据种子内外颖花张开的程度和米粒的大小形状，可将裂颖种子分成四种类型：

（1）重裂颖种子：内外颖张开 2/3 以上，米粒呈三角锥形，种子很小，一般风选机可选出。

（2）中度裂颖种子：内外颖张开一半左右，米粒是正常米粒的一半大小，可用重力精选机完全选出。

（3）轻度裂颖种子：内外颖略有张开，米粒是正常米粒的 2/3 左右，可正常萌发，但出苗有异常，重力式精选机可精选出大部分。

（4）纹裂种子：内外颖在顶部闭合好，但在中部有裂缝，可见米粒，米粒正常饱满。

二、穗芽

（一）穗芽的表现

穗芽是指种子成熟期在稻穗上萌动发芽或在晾晒过程中萌动发芽的现象（图 16-3）。穗萌是指种子胚已膨大、发芽口已开裂，但胚根和胚芽尚未突破种皮；穗芽则指在种子外部可见胚根和胚芽，长短不一。杂交水稻制种在成熟收晒期遇降雨天气或田间湿度过大时容易发生穗

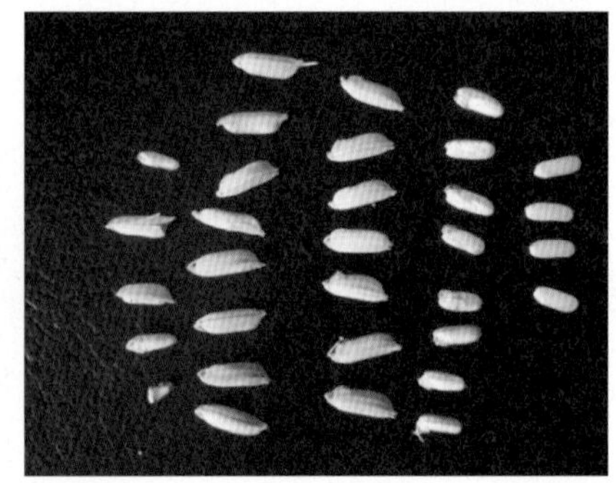

图 16-3　穗芽现象

芽现象，穗芽粒率严重时可达 30% 以上。穗芽不仅造成种子减产，而且严重影响杂交水稻种子发芽率。研究表明，发生穗芽的种子胚部已膨大生长，胚乳内含物质已开始分解消耗，种子收获后，在普通条件下贮藏一个产销期（约 6 个月），穗芽种子不再具有发芽能力，不但其本身无发芽能力，在浸种催芽过程中，还会导致含有穗芽的种子批发酸、发臭、滑壳，催芽失败，导致整批种子失去种用价值。目前穗芽已成为保持和提升杂交水稻种子质量的关键障碍因素。

（二）发生穗芽的原因

1. 与不育系特性有关

穗芽是否发生或发生的程度与制种所用不育系有关，在同样的成熟收晒期天气条件下，有些不育系制种时不易发生穗芽，如培矮 64S，而有些不育系制种时却极易发生穗芽，成熟期稍遇降雨或田间湿度过大或晒种时淋雨，立即发生穗芽，如晶 4155S。大部分不育系制种只有在成熟期遭遇连续 2～3 d 的降雨，或脱粒后的湿种较长时间堆放和晒种淋雨后才会发生穗芽。这与不育系种子的休眠特性有关，具有休眠特性的不育系制种时不易发生穗芽。但目前生产应用的不育系基本不具备休眠特性。

2. 与成熟收晒期天气条件有关

因目前绝大部分制种用不育系异交结实的种子不具有休眠特性，在成熟收晒期遇到高温、降雨或高湿的天气时容易发生穗芽。一般说来，需要同时具备温度高、湿度大的条件才容易发生穗芽。具体来说，海南南繁两系制种 5 月下旬至 6 月上中旬是成熟收晒期，此时段气温高，旱季结束雨季来临，加上当地人工增雨降雨，常有阵性降雨发生，容易发生田间和晒场穗芽；海南南繁三系制种的成熟收晒期多在 4 月下旬至 5 月上旬，此时旱季即将结束，降雨少，不易发生穗芽，有利于杂交水稻种子的收晒。在湖南、福建等长江中游的丘陵山区春制和夏制区，成熟收晒期在 8 月和 9 月上中旬，此时段正值长江中游稻区高温高湿季节，降雨概率高，杂交水稻制种穗芽的概率高，而在此区域的秋季制种，成熟收晒期在 10 月上旬，此时气温较低，降雨少，不易发生穗芽。江苏盐城制种区域，一般是迟夏制， 8 月中下旬抽穗开花授粉，9 月下旬至 10 月上旬成熟收割，此时气温偏低，降雨概率低，制种发生穗芽的风险小。

3. 与种子成熟度有关

研究表明，杂交水稻制种母本开花授粉受精 10 d 后的种子具有发芽能力，而杂交水稻制种的授粉期一般在 10 d 左右，授粉结束时，刚开始授粉结实的种子具备了发芽能力，而最后授粉的颖花子房刚开始膨大，说明授粉受精时间的差异，会导致田间种子成熟度的不一致，前期授粉受精结实的种子在收获时成熟度高，容易发生穗芽。因此杂交水稻制种需要适当提早收割，确定在成熟度 80% 左右时抢晴好天气收割。

不同的不育系作母本制种受精后种子灌浆成熟的速度也有差异，有些不育系制种种子灌浆成熟快，在授粉结束后 15 d 左右达到 80% 的成熟度，如广占 63S、隆香 634A 等，有些不育系制种的种子灌浆成熟慢，在授粉结束后 25 d 左右才能达到 80% 的成熟度，如丰源 A。因此不同不育系制种为防止穗芽，需要试验确定其最佳的收获期，既能防止穗芽，又能保持种子的高活力。

4. 与喷施赤霉素有关

赤霉素最初是从水稻恶苗病菌代谢产物中发现的一类天然激素，至今已能在工厂生产赤霉素。赤霉素对植株最显著的作用是活化脱氧核糖核酸（DNA），促进信使 RNA 与蛋白质的合成，诱导 α-淀粉酶、蛋白酶与核糖核酸酶的产生，这些酶的释放和合成，加强有机物的运转与代谢，促进细胞伸长，导致节间伸长，植株升高。在杂交水稻繁殖制种上，能解除不育系抽穗包颈现象，改良父母本异交态势，成为杂交水稻制种必备药剂。然而，喷施“九二〇”后有打破或解除种子休眠作用，促进种子萌芽。因此，制种喷施“九二〇”是杂交水稻制种易产生穗芽的重要原因。

三、种子粉质化

种子粉质化是指杂交水稻种子的胚乳（米粒）不同程度地变成乳白色石灰状（图 16-4），可分为胚乳 1/3 粉质化、 1/2 粉质化、 2/3 粉质化和全部粉质化。杂交水稻种子胚乳粉质化的原因尚未有研究报道，可能是种子成熟收获期水分高、淀粉水解酶活性高导致淀粉水解造成的，是一种种子劣变现象。

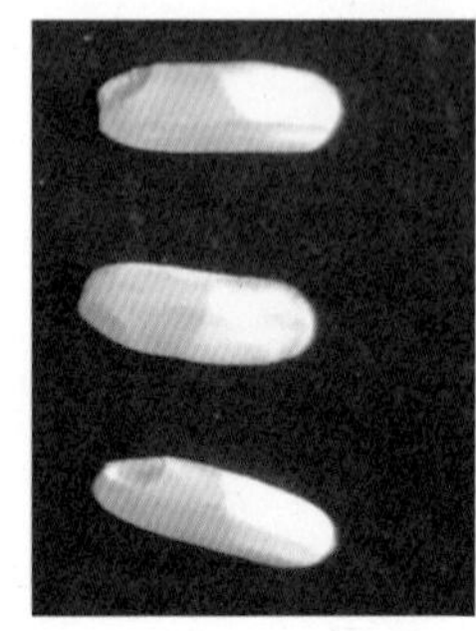
1/2 粉质化

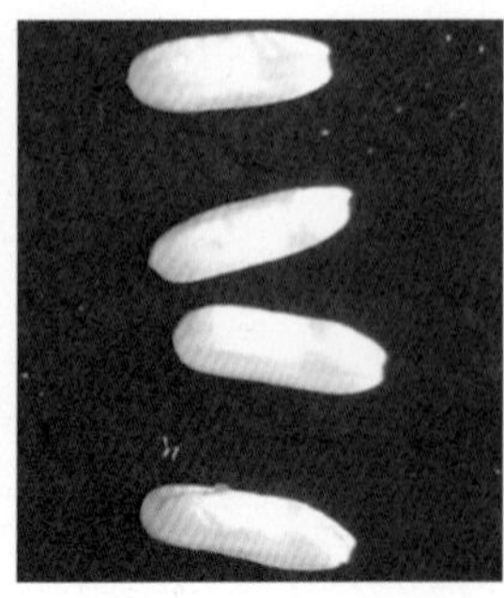
2/3 粉质化

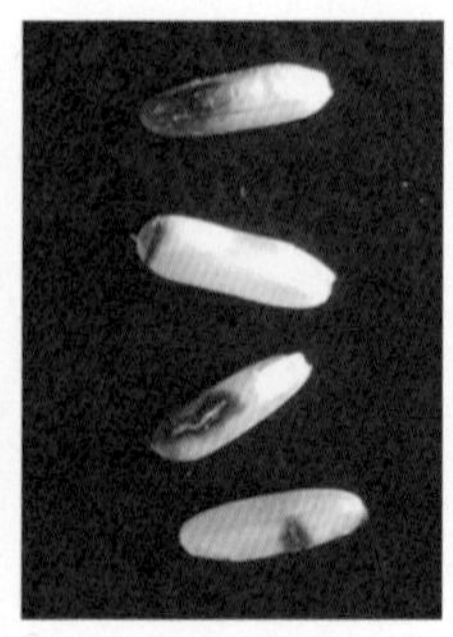
霉变变色

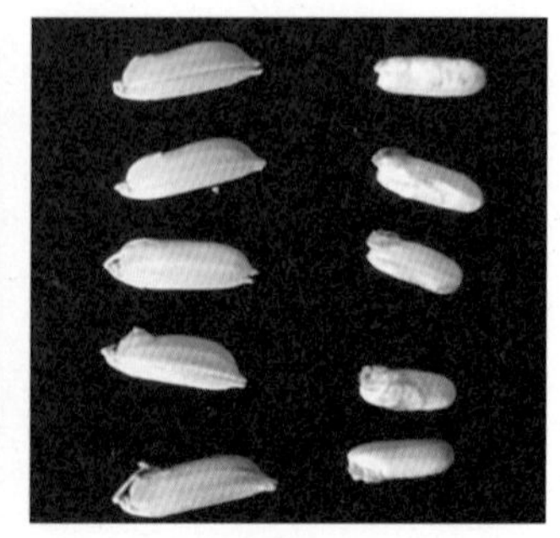
“穗芽 + 粉质化”种子

图 16-4 杂交水稻种子米粒粉质化

据初步试验，得出如下基本结论：

（1）粉质化在杂交水稻种子中普遍存在，但不同不育系作母本制种的种子粉质化程度和粉质化粒率有很大差异（图 16-5）。

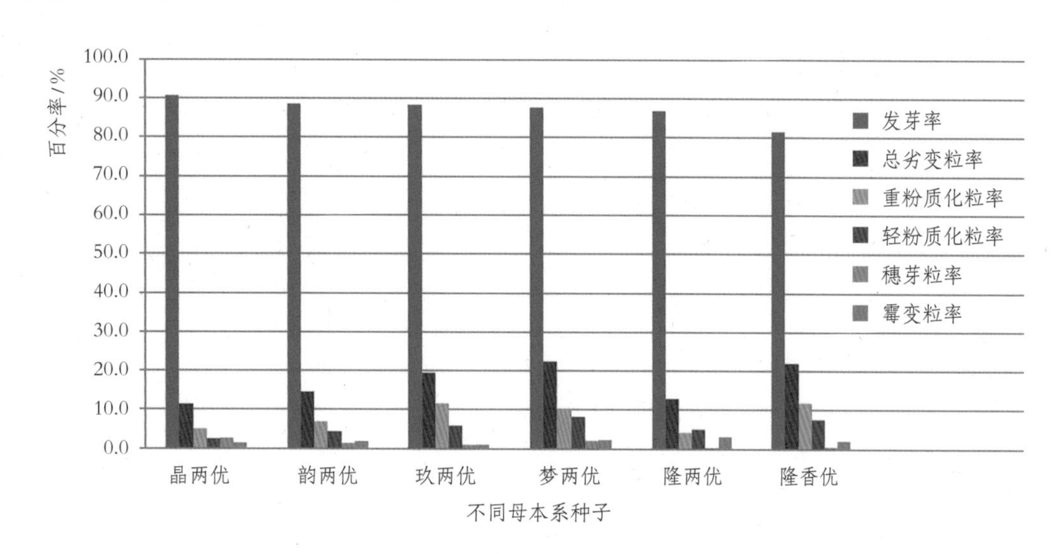

图 16-5 6 个不育系制种杂交种子的粉质化粒率与发芽率

（2）胚乳粉质化对种子的发芽率影响较大，表 16-1 是 4 个母本系不同粉质化程度种子的发芽率检测结果。

分析表 16-1 可知，无粉质化种子的发芽率最高，随着种子粉质化程度的增加，发芽率逐步降低， 4 个母本系杂交种 1/3 粉质化种子的发芽率比无粉质化的要低 2.4%~7%，平均低 4.4%；1/2 粉质化种子比无粉质化的要低 8.9%~14.1%，平均低 10.3%；2/3 粉质化种子比无粉质化的要低 16.3%~43.9%，平均低 31.2%。说明种子粉质化是影响杂交水稻种子发芽率的一个重要因素。

表 16-1 不同粉质化程度的种子发芽率

品系	无粉质化种子发芽率/%	1/3 粉质化种子		1/2 粉质化种子		2/3 粉质化种子	
		发芽率/%	降低/%	发芽率/%	降低/%	发芽率/%	降低/%
梦两优	92.7	89.4	3.3	82.8	9.9	76.4	16.3
晶两优	93.1	88.5	4.7	84.3	8.9	67.1	26.1
隆香优	87.2	84.8	2.4	77.8	9.4	43.3	43.9
隆两优	92.8	85.7	7.0	80.0	12.8	54.2	38.6
平均	91.4	87.1	4.4	81.2	10.3	60.2	31.2

（3）同一不育系作母本在不同制种产地或季节所产种子的粉质化粒率有差异（图 16-6）。从图 16-6 可以看出，不同产地的同一不育系所制种子的粉质化率和发芽率有差异，说明生态气候条件的差异造成了粉质化率和发芽率的差异。

（4）穗芽种子基本上是胚乳粉质化的种子。

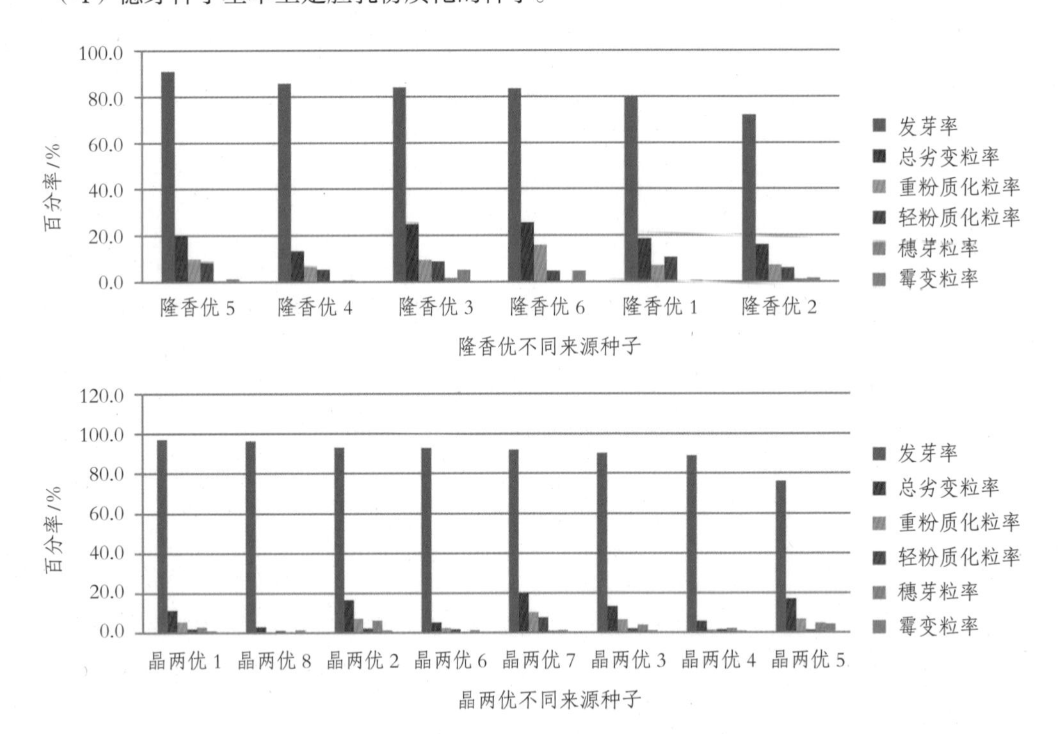

图 16-6　隆香优和晶两优系列组合杂交种子不同产地粉质化和发芽率分布图

四、种子带菌

杂交水稻制种从开花授粉至种子成熟阶段，病菌通过花器侵入种子，病菌通过繁殖，产生大量病菌，黏附在颖壳内外。杂交水稻种子容易感染病菌的原因是不育系开颖时间较长，微生物（稻毛锥孢菌、交链孢菌、镰刀菌等）孢子侵入概率增大，而柱头外露、花丝伸长，花药存留，成为腐生兼寄生菌繁殖场所。这些微生物不影响种子生产的产量，但其分泌的毒素使种子发芽率和成秧率降低，秧苗素质差。尤其是杂交水稻制种极易发生稻粒黑粉病，正是因为雄性不育系群体开花时期分散，开花时开颖角度大、张颖时间较长，颖壳闭合不好，柱头外露率高等。稻粒黑粉病的发生程度还与品种抗性、栽培技术和气候条件有关。培矮 64S、 Y58S 等不育系发病较重，有时发病粒率高达 50% 以上。常年制种的基地病菌基数大，生理小种变化快，发病概率提高；制种田植株群体大，通风透光不良；“九二〇”使用不当，穗层外露不充分；抽穗开花期适温高湿等条件均有助于发病。杂交水稻种子携带恶苗病病菌也较严重，以致杂交水稻种子在早春低温时育秧易发生恶苗病，其原因是不育系抽穗包颈严重，恶苗病菌容易从叶鞘转移到颖花，从而使种子带菌量增加。

综上所述，杂交水稻种子因存在裂颖、穗芽、粉质化、带菌等现象，导致种子在贮藏过程中容易吸湿，对湿热特别敏感，在贮藏期间若温湿控制不当，种子容易产生劣变，使种子活力下降，甚至丧失活力。杂交稻种子吸水比常规种子快，在较短的时间内吸水能达饱和状态，因此浸种时间过长，种子内的物质出入失控，细胞内含物渗出，有害物质易渗入细胞，易造成浸种伤害。杂交水稻种子浸种前晒种有打破休眠、杀菌等作用，但却能加剧细胞膜系统破坏，晒种负效应大于正效应，导致发芽率下降。在催芽过程中，由于种子本身呼吸作用及微生物活动，种子耗氧多，容易引起缺氧，造成种子破胸发芽失败。总之，杂交水稻种子在浸种催芽过程中要“少浸多露多洗、适温保湿”。

第二节　杂交水稻制种保纯技术

杂交水稻种子纯度是种子质量的首要标准，影响杂交水稻种子纯度的主要因素除亲本的遗传因素外，还有贯穿种子生产过程各个环节的生物学混杂与机械混杂。我国通过较长时期的研究与实践，在控制杂交水稻种子纯度风险方面已形成了全面与系统的技术体系，能确保杂交水稻种子纯度达到 GB4404.1—2008 规定的标准。

一、使用种子纯度和遗传纯度高的亲本种子

亲本种子纯度的高低，是生产高纯度杂交水稻种子的基础。亲本种子的纯度应该包括种子纯度和遗传纯度两个方面。我国两系法和三系法杂交水稻制种过程中常出现因亲本种子遗传纯度不达标而导致杂交种子纯度不合格或制种失败等问题。

在种子纯度方面，我国颁布的国家种子质量标准 GB4404.1—2008 中规定：杂交水稻制种用不育系和恢复系良种纯度≥99.5%、原种纯度≥99.9%。但随着杂交水稻制种规模化、机械化的不断发展，制种人工除杂保纯的成本越来越高、可用人工越来越少，因此对制种用亲本的种子纯度提出了更高的要求，即不育系和恢复系良种纯度≥99.8%、原种纯度≥99.95%。

三系法质核互作型雄性不育系虽然不育性稳定性好，但经多代繁殖后不育性也会发生变异，两系法水稻光温敏核不育系的不育性受温光条件影响，不育起点温度在繁殖多代后

产生“遗传漂变”。目前选配超级杂交水稻组合的不育系 Y58S、株 1S、陆 18S、 P88S、C815S、湘陵 628S、广占 63S、 T98A、Ⅱ-32A、天丰 A 等具有良好的异交特性，异交结实率高，容易产生生物学混杂，影响所产杂交种子的纯度。特别是超级杂交水稻亲本的遗传背景复杂多样，其中既有籼稻亲缘，又有粳稻亲缘，甚至还有爪哇稻亲缘等，繁殖的后代中极易发生遗传变异，因此在超级杂交水稻制种的亲本使用上要高度重视亲本的遗传纯度。

二、严格制种隔离

在自然条件下，水稻的花粉离体后有 5 ~ 10 min 存活时间，风力可传播 100 m 以上距离。因此，对杂交水稻制种基地应严格隔离，防止非制种父本的花粉与制种母本串粉，发生生物学混杂。

（一）隔离方法

根据制种区和田块的具体情况，采取下列隔离措施。

1. 自然屏障隔离

如利用山、建筑物、河流（宽度 50 ~ 10 m）、其他作物等作制种隔离。

2. 距离隔离

在制种区域或制种田块周围 50 ~ 100 m 为隔离区，视开花授粉期自然风风向确定距离，顺风方向隔离距离 100 m 以上，逆风方向隔离距离 50 m 以上，在隔离区内种植其他作物，或种植制种恢复系父本。

3. 花期隔离

在隔离区内种植非父本恢复系品种时，保证隔离区的水稻始穗期与制种区母本的始穗期实际相差 20 d 及以上。隔离区内种植的水稻品种，应选用在当地种植过的、对生育期熟悉的品种，并制定相应的播种栽培管理方案且实施到位。

（二）检查落实隔离

在制种生产过程中需在两个时期检查落实隔离措施的实际情况，确保制种区域完全隔离。

第一个时期在制种母本移栽期，重点检查隔离区种植的品种、播种期和移栽期是否与原定的隔离方案一致。

第二个时期在制种母本幼穗分化第四 ~ 六期，剥检隔离水稻的幼穗分化时期，分析判断是否会与制种母本花期相遇。

在两个时期检查后，发现有隔离隐患的隔离区水稻需立即采取措施处理，杜绝发生制种隔离问题。

三、除杂保纯

（一）处理好落田谷成苗

种植水稻或制种的田块，在收割时特别是机械收割时总有一些稻谷或种子遗落在田间，这些稻谷或种子在下一个或几个种植季有部分能够发芽成苗，称为“落田谷成苗”。落田谷成苗在目前机械收割和机械耕田普及的稻作模式下已很常见且日益严重，给杂交水稻制种的防杂保纯带来了相当大的问题，因此，杂交水稻制种首先应处理好落田谷成苗。

处理落田谷成苗目前尚未有更高效的办法，现主要采取两种方法：一是翻耕制种田，把大部分落田谷翻入犁底层。二是多次灌水泡田、露田、旋耕，让落田谷充分发芽出苗后，再旋耕。如此反复 2～3 次。

（二）及时除杂

杂交水稻制种除杂要贯穿制种全过程，重点抓好四个时期的除杂。

（1）秧苗期：在秧苗 3.5～4.5 叶期，主要除去秧田中异色株、异形株。

（2）分蘖期：一般在分蘖盛期，除去异形株、异色株，及时发现和清除前作水稻落粒谷苗和稻蔸再生苗。

（3）抽穗开花期：从母本破口见穗至盛花期，是制种除杂的关键时期。除去异形、异色（叶鞘色、稃尖色、柱头色、叶色等）株，抽穗期除去比正常植株早或迟 3 d 及以上的单株，开花期除去母本中的能散粉的可育株和半不育株。杂株率控制在 0.2% 以内或杂穗率控制在 0.01% 以内。

（4）种子成熟期：在收割前第 5～1 d，除去母本厢中结实正常的植株、异形株、异色株（稃尖异色）等。采用机械收割母本的，先割除父本，清除父本行中遗留下的父本穗后，再机收母本。

（三）防止机械混杂

机械混杂是在水稻种子生产精选加工过程中发生较多的纯度问题，主要发生在播种、移栽、收割、晾晒或烘干、精选、加工六个环节。所有涉及装种的用具，如麻袋、纤维袋、打稻机、收割机、晒场晒垫、烘干机、精选机、仓库等必须事前清扫干净，不留任何稻谷和其他杂质。

四、两系法杂交水稻制种纯度监控

两系法杂交水稻与三系法杂交水稻制种在亲本纯度、隔离与除杂要求等方面对纯度的控制技术操作相同。由于两系法杂交水稻制种的母本不育性表达受温度与光照条件的影响，因此两系法杂交水稻制种纯度风险大于三系法杂交水稻制种。对两系法杂交水稻制种的纯度控制又有其特别的技术措施。

（一）制种母本育性判断

尽管按照两系法杂交水稻安全制种技术要求选择了适宜的制种基地，安排育性安全的育性温度敏感期，但是在制种实际操作中还必须及时观察与判断母本育性的变化。究其原因：其一，在某一制种基地，年际间同一时段的气温具有较大差异，母本育性敏感期内仍可能出现异常低温天气，导致不育系产生不同程度的育性波动。其二，在大面积制种区域内，特别是丘陵、山区，不同区域田块间小气候存在差异，尤其是临近有冷浸水、阴凉处的田块，在遇到低温天气时，这些田块温度更低，母本更易发生不育性波动。其三，母本群体中存在不育起点温度较高的植株（高温敏株），在遇到一般低温天气时，这些单株易发生不育性波动，出现自交结实。因此，在两系法杂交水稻制种过程中，必须对母本的不育性进行观察与判断，及时将出现部分不育性波动或转育的田块的种子清出，作为存疑种子单收入库。

母本不育性安全性判断的方法主要有：温度分析法、花药花粉观察法、隔离栽培自交结实考查法。

（1）温度分析法

在制种母本育性敏感期内，设置气温观测点，逐日记录制种基地的气温（日低温、日高温、日均温）及天气状况，如出现低温天气，应对所观测记录数据，结合当地气象站的气温资料进行分析，对比母本的不育起点温度，判断低温对母本的育性是否产生波动，并根据低温出现的时间推测母本育性波动的日期。

对不同区域、不同类型的制种田块，观测母本植株幼穗部位的温度与灌溉水水温，如发现有低于母本不育起点温度的气温和水温的田块，在母本开花期定点进行花粉镜检与取样隔离栽培。

（2）花药花粉观察法

在整个开花期，对制种基地不同区域、不同类型田块逐日观察母本花药的形状、颜色以及裂药散粉表现，对花药大小、形状、颜色有异于典型败育花药的制种区域或田块，应逐日进行花粉镜检。

（3）隔离栽培自交结实考查法

在制种母本见穗前 2～3 d，对不同区域、不同类型的制种田各选三点或五点取样，每点取 5～10 株，带泥移至安全隔离区，分别标记取样点，对隔离栽培植株，与取样田块同时同量喷施“九二〇”，并保持与制种田相似的环境条件，防止畜禽为害。隔离栽培株开花结束后 15～20 d 考查自交结实率。

如通过育性敏感期温度观测与分析，估计母本不育性有波动的可能性，每点应增加 3～5 倍的取样株数。特别是母本群体中存在少量不育起点温度较高的植株的田块，更需增加隔离栽培的取样株数，必要时成片应取 100 株以上，以保证考查结果的代表性与准确性。

总之，要完整了解制种母本的不育性表现情况，在判断母本不育性的安全性时，需要将上述三种方法综合在一起进行分析，互相参照印证，得出较为准确的结果。

（二）水温控制

两系杂交水稻制种基地山荫田、冷浸田和冷水灌溉田块不能用于制种，制种基地所有田块在母本育性敏感期必须防止低温冷水灌溉。母本进入幼穗分化第四～六期，应对灌溉水的温度进行测量，保证灌溉水温度在 25 ℃以上。

由于水的热传导速度较慢，当大气中冷气流来临时，空气的温度降低快，而水温降低较慢，能保持一定时间的温度。如果在两系杂交水稻制种母本育性敏感期遇到短期的低温（低于该不育系起点温度 0.5 ℃以下）时，在低温来临前深灌（淹没幼穗部位）25 ℃以上的水，使不育系温度敏感部位的温度在临界温度以上，低温过后将水排出。实践证明，利用此措施可以减轻育性敏感期遇低温后育性波动的程度，甚至可以避免育性波动，保证制种纯度。为了保证该措施实施，在选择两系杂交水稻制种基地时，应考虑在母本育性敏感安全期有充足的水源灌溉制种田。

（三）种子纯度的判断

根据母本隔离栽培自交结实率、制种田母本结实率和制种田间含杂率的调查结果，可以对种子纯度进行判断，判断公式如下：

$$X(\%)=100-\left(a+\frac{n}{m}\right)\times 100$$

式中：X 为种子纯度判断值（%）；a 为非育性波动的杂株率（%）（包括制种父母本中的杂株、杂株与母本串粉产生的杂株、因隔离不严串粉产生的杂株和因机械混杂产生的杂株），可由田间花检结果来推算；n 为制种母本绝对隔离后的自交结实率（%）；m 为制种田母本结实率（%）。

经判断分析纯度在98%以下的种子，应经纯度种植鉴定合格后，种子才能进入加工包装、销售程序。

第三节　杂交水稻种子活力保持技术

种子活力是在田间条件下体现种子发芽成苗能力的一个综合指标，主要体现在种子发芽率、发芽势、根苗长、鲜重和逆境发芽能力等，是杂交水稻种子质量的重要指标，也是杂交水稻种子的播种品质，关系播种后的出苗率与成苗率。由于杂交水稻制种是异交结实，存在花时分散、开颖时间长、裂颖、穗芽、粉质化等现象，杂交水稻种子的活力普遍低于自交结实的常规水稻种子，在GB4404.1—2008标准中将杂交水稻种子发芽率定为≥80%，常规水稻种子发芽率标准≥85%。影响杂交水稻种子活力的因素，除与亲本的遗传特性有关外，还与种子生产过程中气候、营养、收获时期、干燥方式、贮藏条件有关，在各个环节中均存在保持种子活力的因素。

一、穗芽的控制

（一）调控种子成熟期田间温湿度

绝大多数杂交水稻制种用不育系不具备休眠特性，且喷施赤霉素后容易发生穗芽，制种授粉期结束后母本穗上的种子陆续成熟，前期授粉的部分种子具有发芽能力，当田间温度与湿度达到种子萌动发芽的条件时，种子可能就在穗上萌动发芽。因此种子成熟期调控好田间温度和湿度是控制种子穗芽的关键，调控的技术措施主要有：

（1）选择的制种基地和季节在种子灌浆成熟收晒期具有“适温、无雨、低湿”天气，出现降雨的概率很低。

（2）定向培养稳健的母本苗穗结构，防止禾苗长势过旺、群体过大，冠层叶片过长过大，造成穗部荫蔽，通风透光性差，穗部湿度大，易穗上发芽。

（3）授粉结束后立即割除或踩压父本，减少父本对母本造成荫蔽，降低田间湿度。

（4）灌浆期以露田湿润为主，成熟期及早排水晒田，降低田间湿度。

（5）在收割期前3～4 d喷施能使冠层叶片、枝梗干枯的药剂，使叶片枝梗快速脱水干枯，种子在田间的水分低，不易穗芽。

（二）构建父母本最佳异交态势、控制赤霉素用量

制种喷施赤霉素构建良好异交态势是确保杂交水稻制种高产的关键措施，有研究表明喷施赤霉素往往使种子穗芽加重。因此，为减轻种子穗芽，应根据制种不育系对赤霉素的敏感性、种子穗芽特性，适量、适时、适法喷施赤霉素。若种子成熟期处于适宜种子萌动发芽的高温高湿季节，喷施赤霉素的效果应以母本穗层充分外露，形成“穗子型”穗层结构为宜，以降低穗层湿度。使用农用无人机超低容量喷施赤霉素，可使赤霉素溶液能够均匀地分布在植株叶面上而被植株吸收，并降低用量。使用普通喷施器械喷施赤霉素，因喷出的溶液颗粒较大，不够均匀，赤霉素用量增加。在均匀喷施的基础上，加施微量元素或增效剂，有利于提高赤霉素的施用效果，降低用量。

（三）使用穗芽抑制剂

为了控制杂交水稻制种的穗芽，我国已开展了穗萌抑制剂的研制与试用，取得了一定的效果。周新国在 2001 年金优 207 春制上，终花后 3 d 内对不同类型田块喷施穗萌抑制剂，结果表明喷施穗萌抑制剂的处理穗芽粒率为 0.92%～1.52%，对照为 7.88%～11.05%，穗萌抑制剂极显著地减少了穗芽种子粒率。2002 年对喷施了穗萌抑制剂的金优 207 种子进行发芽试验，发芽势与发芽率没有差异，说明使用穗萌抑制剂后对杂交种子的发芽势和发芽率均无不良影响。2002 年继续穗萌抑制剂试验，种子成熟期遇连续多天的阴雨及高温高湿天气，结果表明在不同位置的田块，其试验结果均趋一致，喷施穗萌抑制剂的平均穗芽粒率为 1.23%，较对照的 9.17% 降低了 7.94%。

随着穗发芽的生理机制研究的不断深入，利用外源脱落酸（ABA）控制穗芽技术越来越被人们所认识和重视。已有试验表明，在杂交水稻制种的种子灌浆成熟期使用 ABA，种子成熟时穗萌动粒率显著降低。多效唑属三唑类化合物，是一种高效低毒的植物生长延缓剂和广谱杀菌剂，多效唑应用于杂交水稻制种，在培育壮秧、调节花期、抑制穗粒萌发、提高制种单产等方面具有较好的效果，在种子黄熟初期用 15% 多效唑 1.5～2.2 kg/hm^2 加水 1 500 kg 进行喷施，能够较有效地预防种子穗芽。随着用量的增加，穗芽粒率降低，其中多效唑用量以 750 g/hm^2 的效果显著。

二、最佳种子收获期

杂交水稻制种母本异交结实率在 40% 左右，是正常栽培水稻结实率的一半左右，授粉结束后灌浆期植株营养供应充足，种子灌浆成熟快。曹文亮等对株 1S、陆 18S 等系列杂交组

合制种授粉期后不同日期种子的发芽等特性的研究表明，株两优、陆两优系列组合制种在授粉期结束后第 13～18 d，种子籽粒饱满，成熟完全，种子发芽势、发芽率均已达到正常水平。从授粉期结束后第 19 d 起，少数种子胚乳内淀粉逐步发生水解，胚乳部分透明度减弱，发生粉质化等劣变现象（表 16-2）。种子活力逐步降低。说明杂交水稻制种具有最佳的成熟收获期，从表 16-2 试验结果可知，株 1S、陆 18S 等系列杂交组合制种授粉期后 13～15 d 是最佳的收获期。

杂交水稻制种实践表明，不同不育系在不同制种基地、不同季节作母本制种时其灌浆成熟的速度有比较大的差异，不同不育系在不同制种基地、不同季节制种应有不同的最佳收获期，因此针对每个不育系在不同制种基地、不同季节制种，应进行授粉结束后 10～30 d 不同收获期的种子活力的试验，研究其保持种子活力的最佳收获期。

表 16-2　陆两优 996 制种授粉期后不同收获时期种子特征特性（2009，湖南绥宁）

授粉后天数/d	发芽率/%	发芽势/%	发芽指数	千粒重/g	裂颖率/%	淀粉含量/（mg/g）	蛋白质含量/（mg/g）	青色米粒/%	透明米粒/%	黄色米粒/%
8	32.50g	18.50e	10.63g	25.73	37.33	55.38	9.78	93	7	0
9	49.00f	35.50d	17.65f	26.53	41.33	56.06	7.51	89	11	0
10	71.50e	41.50d	22.77e	27.13	43.00	61.03	8.76	86	14	0
11	73.00e	60.00c	29.23d	27.70	54.67	63.26	8.03	53	45	2
12	79.50cde	69.50bc	32.98cd	27.76	59.67	65.26	7.47	41	47	12
13	91.50a	83.50a	39.05ab	28.74	60.67	61.94	8.32	39	46	15
14	88.50bcd	80.50ab	38.35ab	28.73	64.67	83.45	8.71	12	71	17
15	90.00abc	81.50ab	41.41a	30.81	66.67	91.19	8.03	8	82	10
16	89.00bcd	81.00ab	41.15a	28.65	67.33	56.70	8.68	9	81	10
17	90.50ab	84.00a	42.85a	28.82	67.67	67.45	8.56	3	78	19
18	91.50a	82.00ab	42.48a	28.41	70.00	67.27	8.32	2	86	12
20	78.50cde	71.00abc	36.11b	28.39	70.33	57.02	7.95	0	79	21
22	78.00de	68.50bc	32.62cd	28.44	74.67	48.18	9.20	0	70	30

三、安全快速干燥

刚收割脱粒的杂交水稻种子具有两大特性，一是种子含水量高，在 30% 左右，二是含秸秆、草屑、空秕粒、病粒等杂质多，杂质容积率在 0.2 左右。如不及时快速摊开翻晒干燥，容易引起种子粉质化、霉变、发热等劣变，造成部分种子失去活力。因此杂交水稻种子一旦收割脱粒后应立即运至晒场和烘干场地，快速摊晒或进入烘干机烘干，将种子水分干燥至

11%~12%。

杂交水稻种子的干燥方法有自然晾晒法和机械干燥法两种。

（一）自然晾晒法

自然晾晒法是传统的水稻种子干燥方法。从 20 世纪 70 年代杂交水稻开始制种至今，普遍采用这一方法，利用自然太阳热量，在水泥晒坪或晒垫上晒干种子，阳光充足的高温天气，能在 2~3 d 内完成干燥，海南南繁制种也能在 1 d 内将种子晒干至水分 12% 左右。采用此法干燥种子因对自然气候的依赖性相当大，因此风险相当大，一旦遇降雨特别是连阴雨天气，种子的活力就没有保障。过去几十年的制种实践表明，采用自然晾晒法干燥种子，种子发芽率的合格率最好的年份可达 92%，若遇多雨年份，部分基地的种子发芽率的合格率只有 70% 左右。自然晾晒法已不适应目前制种规模化的发展方向，需要机械干燥装备与技术。

（二）机械干燥法

机械干燥法是 2010 年开始探索研究的干燥方法，约在 2015 年开始推广应用，尚没有专用的杂交水稻种子干燥机械，使用的干燥设备均是低温谷物干燥机和改进烤烟房。

目前应用的低温谷物干燥机主要有横流循环立式干燥机、混流循环立式干燥机、静态卧式干燥机三种机型（图 16-7 至图 16-9）。刘爱民等对三种机型干燥杂交水稻种子特性进行

图 16-7　横流循环立式干燥机（配燃油热风炉）

图 16-8　静态卧式干燥机（配燃油热风炉）

图 16-9　混流循环立式干燥机（配热风炉）

研究，结果表明，三种机型各具优缺点。设置 40～45 ℃的恒温干燥，三种机型干燥的杂交水稻种子的活力与自然晾晒的没有差异，发芽率能达到 85% 以上，见表 16-3，但三种机型的干燥脱水速率差异大，见表 16-4。

表 16-3　三种类型干燥机干燥杂交水稻种子活力检测结果

烘干机型	品种组合	处理	发芽率 /%	发芽势 /%	发芽指数	活力指数
静态卧式	晶两优 534	机械干燥	87b	86a	49.7a	20.6a
		晾晒	94a	88a	46.6ab	21.8a
	降香优华占	机械干燥	89ab	80ab	41.2b	9.3b
		晾晒	91ab	80ab	42.1b	11.1b
	梦两优黄莉占	机械干燥	83b	80ab	36.0b	7.9bc
		晾晒	87b	69b	30.0c	5.4c
横流循环立式	广两优 1128	机械干燥	88ab	59c	31.1c	6.5c
		晾晒	87ab	57c	29.2c	6.6c
	晶两优 534	机械干燥	92a	91a	46.1a	14.7b
		晾晒	94a	88a	46.6a	21.8a
	梦两优黄莉占	机械干燥	84b	71b	37.4b	8.3c
		晾晒	87ab	68b	29.7c	5.4c
混流循环立式	广两优 1128	机械干燥	88a	59b	29.2b	6.0b
		晾晒	88a	57b	29.1b	6.6b
	科两优 889	机械干燥	86a	72a	36.0a	7.0b
		晾晒	85a	76a	39.3a	10.3a

表 16-4　三种类型干燥机干燥不同品种种子的脱水速率

干燥机	品种	干燥后种子数量 /kg	起始水分 /%	干燥后水分 /%	干燥用时 /h	脱水速率 /（%/h）
静态卧式	晶两优 534	3 500	27.0	11.0	24	0.67
	隆香优华占	3 100	32.6	11.2	28	0.76
	梦两优黄莉占	2 800	24.6	11.3	15	0.90
横流循环立式	晶两优 534	6 600	28.1	12.4	68	0.23
	广两优 1128	6 000	30.0	12.5	57	0.30
	梦两优黄莉占	4 500	33.0	12.4	51	0.40
混流循环立式	广两优 1128	8 500	30.5	12.4	34	0.51
	科两优 889	6 000	30.0	12.2	29	0.61

表 16-4 表明，以静态卧式干燥机的脱水速率最高，为每小时 0.67%～0.9%，以横流循环立式干燥机脱水速率最低，为每小时 0.23%～0.4%，混流循环立式干燥机居中，为每小时 0.51%～0.61%；横流和混流循环立式干燥机均存在灰尘多、有破损的问题，静态卧式干燥机存在出料用工多、不方便的问题。虽然这三型低温谷物干燥机均可干燥杂交水稻种子，但均不能达到安全快速、绿色高效干燥的目的。

改进烤烟房干燥杂交水稻种子的技术原理与方法同静态卧式干燥机，已开始在前作烤烟区的制种区推广应用。

多年的杂交水稻机械干燥实践表明，机械干燥杂交水稻种子应掌握以下技术要点：

（1）种子预清选。因收割机收割脱粒的杂交水稻种子含杂质多，进入干燥机仓后，循环式干燥机有造成堵塞、开始循环速度慢的问题，杂质同时干燥，增加干燥成本。所以干燥机厂房应配备粗清选机，种子进入干燥机前应进行清选，将大部分秸秆、草屑、空秕粒、病粒等清选出来再入机干燥。

（2）快收、快运、快入机循环干燥。收割脱粒后的种子要以最快的速度将种子运至干燥场地，立即预清选和入料，边入料边循环，入料完成后，开启干燥模式。高温季节干燥种子，种子从收割脱粒到预清选入机的时间应控制在 3 h 以内，这是确保机械干燥种子活力的关键。

（3）控制干燥温度。静态卧式干燥机设置干燥热风温度为 38～40 ℃，横流或混流循环立式干燥机可采用变温干燥方式，当种子含水分在 20% 以上时，设置干燥温度 50 ℃，种子水分 15%～20% 时，设置干燥温度 45 ℃，种子水分 15% 以下时，设置干燥温度 50 ℃。

（4）及时检测种堆温度和水分变化。在干燥过程中，每 2～3 h 检测 1 次干燥仓不同部位的种子堆温度和水分，密切关注种子堆温度，在种子水分 20% 以上时确保种子堆温度控制在 30 ℃左右，以后随着种子水分的降低逐步控制在 35～40 ℃。

（5）两段干燥法。如在种子成熟收晒期预报有降雨天气，需要抢收抢干燥田间种子，而干燥设备又不足的情况下，可采用两段干燥法干燥种子。所谓两段干燥法，第一段只将收割脱粒后的种子水分干燥至（16±0.5）%，然后将种子从干燥机中卸出，暂时保存 5 d 左右。在暂存期，及时抢收尚在田间的种子并进行干燥，直至在短期内将田间种子全部收割和完成第一段机械干燥后，再将经过第一段干燥后暂存的各批次种子分批次干燥至种子水分 11%～12%。

四、种子精选加工

干燥好的杂交水稻种子中含有空秕粒、秸秆、草屑、各种病粒、裂颖粒、穗芽粒、霉变变色粒、粉质化粒、米粒以及杂草草籽、沙石等杂质，必须通过多种精选加工设备、多道工序的精选加工，将种子精选加工好。用于杂交水稻种子精选加工的设备或机械主要有：风筛选机、重力式精选机、窝眼式分选机、光学分选机等。

（一）风筛选机

风筛选机是将风力和多种规格的筛片综合在一起的清选机械，能将种子中的空秕粒、秸秆、草屑、杂草籽、沙石、重裂颖粒、部分米粒、部分长穗芽粒和部分稻曲病粒清选出来。可通过调整风量和更换筛片获得最佳清选效果。

（二）重力式精选机

重力式精选机有两种类型，一是风力负压式重力精选机，二是振动筛板式重力精选机。重力式精选机可以将种子中的中度裂颖粒、黑粉病粒、部分穗芽粒和米粒分选出来。可通过调节风压或者振动频率和筛板的倾斜角度来获得最佳精选效果。

（三）窝眼式分选机

针对种子批中含有大小、长短不一致的其他品种谷粒或种子，而使用的一种分选机械。通过更换窝眼的大小可以将种子批中不同粒型的种子分选出来。

（四）光学分选机

种子批中穗芽粒、粉质化粒和霉变变色粒在大小、比重和颖壳色泽上与正常的种子没有明显差异，使用风筛选机、重力式精选机、窝眼式分选机难以将穗芽粒、粉质化粒和霉变变色粒分选出来。利用特殊光波光源能穿透颖壳和米粒而研制出的分选劣变种子的光学分选机，可以将大部分的穗芽粒、粉质化粒和霉变变色粒从种子批中分选出来，从而大幅提高种子的发芽率，一般可将发芽率70%左右的种子提高到80%以上，也可通过多次分选，将发芽率60%左右的种子提高到80%以上。

杂交水稻种子从干燥到成品商品种子需要经过多种精选加工设备的加工，种业企业将这些精选加工设备与包衣、分装、混样装置组装成种子生产加工流水线，通过成套设备加工的种子，不仅其种子净度几乎达到100%，种子水分均匀一致，而且剔除了部分无生命力或生命力弱的种子，既提高了种子发芽率又提高了种子活力，从而保障与提高了杂交水稻种子播种品质，减少了大田用种量，提高了秧苗素质，充分发挥了杂交水稻增产优势，可以满足稻作机械化精量精准生产的需求。

展望未来，随着我国各领域各学科的科技进步，杂交水稻种子的精选加工技术将进一步提高。近年来，杂交水稻种子色选、光选技术及电磁处理已在部分种子企业开始试用与应用。这些技术的研发应用，将有效解决杂交水稻种子在大田制种和贮藏技术中难以解决的问题，不仅能使种农、种子企业效益充分得到保障与提高，而且将进一步提高杂交水稻大田生产用种质量。

第四节　稻粒黑粉病的防治

稻粒黑粉病是杂交水稻制种中一种常见的特殊病害（图 16-10），在水稻生产中基本不发生或极少发生。稻粒黑粉病和稻曲病都是真菌病害，病菌孢子通过水稻柱头或残留的花药进入子房，病菌在子房吸取营养繁殖，最终充实整个子房，在适宜条件下子房壁裂开，病菌孢子呈黑粉或绿色粉末散出，对制种产量及种子质量常造成较大损失，严重影响种子外观色泽和产量，给种子精选加工带来难度。因此，对稻粒黑粉病和稻曲病的防治已成为杂交水稻制种必不可少的技术环节。对黑粉病的防治应采取农艺措施与药剂防治兼顾的综合防治技术。

图 16-10　稻粒黑粉病

一、农艺措施防治

（一）制种基地选择与季节安排

黑粉病侵染与发病适宜于中等温度（28～30 ℃）与高湿度条件。杂交水稻制种实践表明，秋制黑粉病重于春制和夏制，山区重于平原区，山荫田重于阳光充足田，但在年际间、基地间、田块间发病程度差异较大。不育系开花授粉至种子成熟期，天气晴朗少雨或无雨，发病较轻甚至不发病。相反，在开花授粉期遇上多雨少晴天气（阴湿天气），发病较重，而且影响药剂防治效果。在长江流域秋季制种，种子灌浆成熟期易遇上 8 月下旬至 9 月中旬降温或阴雨天气，黑粉病发病较重，夏制和春制的黑粉病程度轻于秋制。因此，除制种基地与田块应阳光充足外，还应根据制种亲本生育期长短合理安排制种季节，使开花授粉至种子成熟期尽量避开黑粉病易发的气候条件。

（二）培育母本稳健群体

在杂交水稻制种基地调查发现，黑粉病发病较重的田块，往往是母本氮肥施用多、生长过旺、叶片过长、叶色过浓、群体苗穗过多、通风透光较差的田块。母本群体苗穗结构适度，植株生长稳健，叶片长度适中或偏短，叶色较淡的田块发病较轻。由此可见，对母本实行定向培养，以基肥为主，及早追肥，中后期控制氮肥，增施钾磷肥和其他中微量元素肥料等，培养母本稳健群体，是预防黑粉病发生的有效措施。

稻粒黑粉病菌的侵入途径为不育系开花后的柱头和残留的花药，当父母本花期相遇良好，父本花粉量充足，授粉时母本穗层的父本花粉密度大，母本柱头及时接受父本花粉概率大，异交结实率高，可抑制黑粉病菌孢子的侵入。因此，合理安排父母本种植行比，培养强势父本群体，确保父母本花期相遇，调节父母本花时相遇，促使母本柱头及时足量接受父本花粉，提高异交结实率，也是控制黑粉病的有效措施。

（三）适时适量喷施赤霉素

喷施赤霉素促使穗层高出叶层，穗层疏松，通风透光好，穗层湿度小，不利于稻粒黑粉病发病。相反，赤霉素喷施过迟，用量过少，穗粒外露程度较低，喷施赤霉素后剑叶不平展，仍表现为“叶子型”或“穗叶型”穗层结构的田块，往往发病较重。因此，赤霉素喷施要适时，喷施过早，植株过高易倒伏，黑粉病较重；喷施过迟，植株上部节间老化，不能使穗粒全外露，有利于黑粉病的发生。另外，对于母本冠层叶片较长，喷施赤霉素后仍不能使穗层高于叶层的田块，应采取割叶的方法，促使穗层高于叶层，既有利于父本授粉，提高母本异交结实率，又可以减轻黑粉病的发病程度。

二、药物防治

（一）种子消毒

黑粉病可通过种子带菌传播，对亲本种子进行消毒处理是控制发病的有效途径之一。常用于种子消毒的药剂有：20% 粉锈宁乳油 500～1 000 倍液、 50% 多菌灵可湿性粉剂 500 倍液、 20% 强氯精可湿性粉剂 500 倍液。先浸种 6～10 h 后，将种子洗净沥干，再用药液浸种 8～12 h，消毒后须用清水多次洗种，洗净药液。

（二）药物防治

常用的防治稻粒黑粉病的药剂有三唑酮（粉锈宁）、灭黑灵、灭黑一号、克黑净、灭病威和爱苗等。近年来的研究表明，每公顷用 25% 凯润（吡唑醚菌酯）240～360 mL，或每公顷用 40% 享乐（丁香戊唑醇）450 mL，或 30% 苯甲丙环唑 450 mL，防治黑粉病效果明显。由于黑粉病病菌是在开花期通过颖花的柱头侵入，因此，防治稻粒黑粉病应在抽穗前、开花期和授粉后 1～2 d，选用高效药剂喷施 2～3 次，遇阴雨天气增加用药 2 次，施药时间以 16：00～18：00 为宜。

第五节　杂交水稻种子贮存与处理技术

一、杂交水稻种子贮存

种子贮存是指种子从精选加工入库后或包装后到种子使用前的保存环节，种子从加工入库到使用必然会有一个贮存时期，在贮存期间要保持种子的活力，使种子在使用时符合种子质量要求。

杂交水稻种子的耐贮性弱于常规水稻种子。因此，对贮存的条件要求更高，需要保持适宜的温度、湿度等环境条件，才能保持种子的活力。杂交水稻种子的贮存有两种方式，一是常温贮存，二是低温低湿冷贮。由于受销售市场变化的影响和制种产量的不可控性，杂交水稻种子 3～5 年的低温低湿冷贮已成为种业常态，也是企业为满足市场营销的战略需求，在杂交水稻种子生产经营中具有非常重要的调剂作用。

（一）贮存仓库的条件与处理

1. 仓储条件

贮存杂交水稻种子的仓库必须密闭、防潮、防漏、防鼠、防虫。冷贮仓库必须要有恒定的低温低湿条件，我国杂交水稻种子中短期冷贮库有两种：一是低温洞库，即原用于国防军事贮存弹药武器的低温低湿库；二是自建低温低湿库。多年的实践表明，中短期贮存杂交水稻种子的低温低湿冷库要求常年库房温度控制在 8～10 ℃，库房相对湿度为 50% 左右，配套有除湿设备或装置。

2. 仓库处理

种子入库前，对仓库进行如下处理：

（1）清除仓库中的异物、垃圾等，保持仓库内外环境整洁，对存放在仓内的工具进行清洁，剔刮屋内墙壁、门框、门窗、角落里的虫卵、虫窝，防止病虫害滋生。

（2）对仓库降温、防潮、防鼠能力及门窗的密封性等进行检查，确保种子在贮存过程中不遭受虫、鼠、鸟害和受潮。

（3）熏蒸消毒，选择适宜的药物对仓库进行消毒。空仓消毒可用 80% 敌敌畏乳油 2 g 加水 1 kg 配成 0.2% 的稀释液喷雾，或用 56% 磷化铝 3 g/m^3 在上、中、下层均匀布点熏蒸。药物消毒期间要密闭门窗，消毒后通风 24 h 以上，并清扫药物残渣。

（二）种子入库标准

为确保入库种子的安全贮藏，保持种子活力，种子入库前应进行质量检验。影响杂交水稻种子安全贮存的主要因素是种子的含水量和种子净度，其中，种子含水量是影响种子安全贮藏的关键因素。种子含水量高，种子内部的生理活动性强，种子内营养物质消耗多，同时微生物繁殖和仓虫滋生速度快。因此，杂交水稻种子入库时水分须严格控制在 12% 以下。其次，种子净度达到 98.5% 以上，如果种子净度不能达到安全贮藏标准，种子堆内各类杂质的物理、化学特性与种子存在差异，将影响种子的安全贮存。

（三）种子分批入库和堆放

入库的种子应分批贮藏和堆放，每批种子应统一用麻袋或纤维袋包装，每袋重量标准统一。种子进库时应做到不同品种的种子分开堆放，不同等级的种子分开堆放，不同含水量的种子分开堆放，新、陈种子分开堆放等。分批的种子堆上应配有卡片或标签，标明品种名称、产地、生产年份、收获时期、入库时间及其异常情况等。

种子在仓库堆放时应排列整齐，两两袋尾相对，袋口分别朝外。堆码时应距离墙壁 0.5 m，堆与堆之间相距 0.6 m 作为操作道。仓库内种子堆码的方法应与库房的门窗平行，打开门窗时有利于空气流通。种子堆放应与仓库的门窗通道平行，便于通风散热。每堆之间应保持一定距离，有利于种子在贮藏过程中散热、散湿，也便于仓库管理员定期检查。

（四）贮存期间的管理

种子在贮存期间，由于种子本身含水量低，在控制仓库的湿度与温度条件下，种子呼吸作用很弱，体内物质消耗很少，种子处于休眠状态，可保持活力。种子含水量的变化主要取决于仓库内空气中相对湿度的大小，从种子的安全贮藏水分标准考虑，仓内相对湿度必须控制在 65% 以下。仓温也是影响种子贮藏的一项重要因素。仓内温度升高会增加种子的呼吸作用，同时害虫和病菌为害加重。

种子含水量与空气含水量具有水分动态平衡关系，这种平衡关系均与温度相关。若种子的含水量较低，种子堆内温度较低，而外界温度、湿度高于种温与含水量时，湿暖空气中的水分被种子吸收，使种子的温度与水分提高。相反，外界温度和湿度低于种温与含水量时，种子的水分向空气中散发，有利于种子处于干燥状态。仓库的温、湿度要受所在地区大气温度、湿度变化的影响。在我国南方的秋末冬季，气温逐渐下降，仓内温度高于仓外温度，热空气向外散发，有利于种温降低和种子水分向外散发；春季至夏季，仓外温度高于仓内温度，仓外湿热空气向仓内流动，使种温与含水量提高。因此，在秋末冬季干冷天气仓库可打开门窗，使仓库的温度降低，水分向仓外散发。相反，在春季至夏季潮湿天气，应保持门窗关闭，不让仓外湿热空气向仓内流动。受潮的种子易出现结块、霉变，甚至萌动发芽等情况，使种子质量严重下降。在仓库湿度较大的情况下，仓库可以安装排湿降温设备，把仓库温度控制在 15 ℃以下，有利于种子保存。

仓虫也是威胁种子贮存质量的原因之一。因此，在种子贮藏期间，应定期检查是否有仓虫为害。检查方法常用筛检法，即取一定数量的种子，通过特定工具把虫子筛出，分析活虫种类和数量。如果发现仓虫，应采用药剂防治，可选用磷化铝熏蒸杀虫剂，也可将药片用袋装好，放在通风处或者塞入狭缝中。杀虫用药时，仓库需封闭 7～10 d 才能打开门窗通风散气。

总之，种子贮藏过程中，应坚持防御为主、综合防治的原则，仓库管理员须定期检查水稻种子情况，保持仓内清洁，一旦发现虫害和霉变，应立即采取防治措施，否则将降低种子的质量，影响播种发芽效果。实践证明，发芽率 85% 以上，含水量 12% 以内，净度合格的杂交水稻种子，在种子仓库内，通过消毒处理后，加强仓库管理，定期检查，仓内温度控制在 15 ℃左右，湿度控制在 60% 以内，贮藏 1 年可保持种子生活力与活力，种子质量符合种用价值。

二、提高种子活力的种子处理技术

国内外对种子处理的研究较多，在种子处理原理、技术上取得了一系列成果。在处理的技术上主要有比重法分级处理、包衣处理、药剂拌种、电晕场与介电分选等，部分已在杂交水稻种子上得到应用。

（一）比重法分级处理

比重法是种子加工的传统方法，如比重式机械精选和水选法等。而今，采用比重法对种子进行分级处理也是一种提高种子活力的加工处理方法。刘捷湘等对发芽率高（88%）的不育系 Y58S 种子和发芽率低（67.5%）的丰源 A 种子，按四个级别进行比重法分级加工，对加工后四个级别的种子和未加工对照种子进行发芽率和活力检测，检测结果表明，不论种子原始发芽率高低，均有明显的分级效果，其中发芽率高的 Y58S 比重最大（Ⅳ级），与最小（Ⅰ级）的种子发芽率相差 5%，活力指数相差 23.4；发芽率低的丰源 A 比重最大（Ⅳ级），与最小（Ⅰ级）的种子发芽率相差 28.5%，活力指数相差 34.1，说明原始发芽率越低的种子分级效果越好。所以，比重分级法可以实现同一种子批中不同活力种子的分级分选，分选出高发芽率高活力的种子（表 16-5）。

表 16-5 水稻不育系种子比重分级后种子的发芽率及活力表现

品种	比重级别	发芽势/%	发芽指数	发芽率/%	幼苗长度/cm	活力指数
Y58S	Ⅰ	88.50	21.60	88.7	6.27	135.43
	Ⅱ	89.0	23.05	93.5	6.46	148.88
	Ⅲ	98.5	23.07	93.7	6.60	152.26
	Ⅳ	96.2	24.35	97.7	6.49	158.03
	CK	88.0	23.12	93.7	6.39	147.74
丰源 A	Ⅰ	45.75	13.28	57.5	6.54	86.85
	Ⅱ	69.0	16.90	69.7	6.95	117.46
	Ⅲ	77.25	19.97	80.7	7.17	143.46
	Ⅳ	81.0	22.64	86.0	6.95	157.23
	CK	67.5	17.99	75.3	6.73	120.98

（二）包衣处理

种子包衣技术起源于欧美等发达国家，是提高种子科技含量、实现种子质量标准化的一项重要技术。种子包衣剂是把农药、微肥和植物生长调节剂等按一定比例混合在一起的药剂。种子包衣技术是通过机械或人工加工的手段，给种子表面包上一层不同有效成分的种衣剂。种衣剂遇水只吸胀而不溶解，既不影响种子正常吸水发芽，又能使药肥缓慢释放，达到提高种子活力、防病治虫、保障幼苗安全正常生长的目的。因此，种子包衣技术是集优良品种、植保和土肥多学科技术为一体的技术，是近年来我国在农业部门重点推广的一项高新科技成果。同时由于种子包衣剂具有用药少、毒性低、效率高等特点，是实现资源节约型和环境友好型社会的有效途径。

我国从 20 世纪 90 年代起要求对杂交水稻种子进行包衣处理后进入小包装，随后较长时期尚未普及包衣技术。究其原因：其一，包衣对种子本身的净度、发芽率、饱满度要求较高，而杂交水稻种子内存在较多的裂颖种子，种子饱满度不均匀，发芽率偏低，种子包衣前精选损耗大；其二，种子经包衣后含水量增加，必须经烘干至安全贮藏含水量才能进入小包装；其三，经包衣的种子必须在当年用种季节销售完毕，包衣种子一旦积压，不便于贮藏和再加工处理，或将其用作其他用途。

种子包衣机有三类：

第一类为搅龙型。装箱和卸箱分别固定在同一轴上，分别计量，同时翻斗下药下种，在包衣间为旋转搅龙推进种子与药前进，边进边包，到最后进入双通道包装器进行包装。

第二类为喷雾滚筒型。对药箱中药液经压缩机压缩喷到旋转的流通滚筒中的种子进行包衣。

第三类为分散盘型。这是上述两种类型的结合与改进，药不是直接压缩喷到滚筒上，而是经分散盘缓和地喷到种子上进行包衣，可用搅龙滚动，药液不雾化成雾滴而飞溅到空气中。

目前国内一些大型种子企业配置了种子成套加工设备，种子经过精选后包衣进入烘干流程，能使包衣的种子干燥至安全贮藏的含水量。

然而，要进一步提高杂交水稻种子包衣率，必须注意以下几个方面的问题：其一，通过遗传改良手段与种子生产技术，降低杂交水稻种子的裂颖粒率，提高种子净度、饱满度、发芽率。其二，包衣流程与烘干流程必须配套，使包衣的种子烘干至安全贮藏含水量。其三，根据种子市场销售需求包衣种子，使包衣的种子在当年用种季节完成销售与使用；或改革包装技术，使包衣种子能跨年度贮存。

（三）拌种处理

拌种处理来源可追溯到古人的“粪种法”。我国西汉时就已经有了“溲种法”，即用蚕粪、羊粪来包裹或浸泡种子。但是，用化学药剂处理种子则起始于 1901 年 Damell-smith 先生发明的“硫酸铜粉术和新技术的应用”，拌种技术从早期的防病治病发展到“提高种子质量，增强种子活力，促进种子萌发和幼苗早期生长”等多个方面。2006 年后，随着我国水稻直播技术的发展与普及，水稻种子的拌种技术得到了快速发展。以湖南海利为代表的企业以驱鸟、避鼠为卖点推广的 35% 丁硫百克威干粉剂（拌得乐），成功应用于水稻种子拌种。2011 年，湖南千度国际植保模式传播中心开始在湖南推广江苏盐城利民的黄龙秀丰（吡虫啉+戊唑醇），形成了较大的影响力，不仅有防鸟、防鼠效果，而且能防治稻蓟马为害。

由于拌种技术较包衣技术更方便，近年来，拌种技术已在水稻育秧的播种、水稻直播上得到了较广泛推广。优质高效的拌种剂不断涌现，已研制出一批微肥、农药、生长调节剂配方更合理，低毒高效、肥药效期长、使用便利的拌种剂。使用拌种剂拌种后播种，从表现单一效果到表现综合效果。田间出苗整齐、根系发达、分蘖快发、苗高矮化、茎基粗壮，病虫减少或不发生，显著提高了秧苗素质，为水稻高产优质打下了基础。

利用拌种剂拌种的基本操作：将种子洗净，用种子消毒药物浸种 8～12 h 后洗净，再用清水浸种，让种子吸足水分；采用控温保湿催芽（早春季节可在温室催芽，恒温 28 ~ 30 ℃，夏季采用浸、洗、露交替方法催芽），待种子萌动（俗称“破胸”）率达到要求时，将种子摊开，晾干种壳表面水分，以拌种剂拌种，如以 35% 丁硫百克威干粉剂拌种，药种比例 1 :（80 ~ 110），即 9 ~ 12 g 药粉，可拌种子 1 kg，充分拌匀 30 min 左右后，即可播种。

References

参考文献

[1] 麻浩，孙庆泉. 种子加工与贮藏 [M]. 北京：中国农业出版社，2007.

[2] 邓荣生，梁蔚，卓静，等. 水稻种子的储藏特性及方法 [J]. 农民致富之友，2016（22）：73.

[3] 朱宪皓，钱湘阳，张广银，等. 稻种饱满度与产量的关系 [J]. 种子，1986（3）：12–17.

[4] 苏祖芳，刘金明. 不同谷粒比重对水稻幼苗质量的影响 [J]. 江苏农业科学，1987（2）：4–6.

[5] 刘捷湘，张海清，刘爱民，等. 水稻不育系种子比重分级对其种子活力和群体特性的影响 [D]. 长沙：湖南农业大学，2014.

[6] 肖层林. 稻种播前处理技术的研究与应用 [J]. 种子，1991（6）：41–43.

[7] 陈惠哲，朱德峰，林贤青，等. 杂交稻种子饱满度对发芽率、成苗率及秧苗生长的影响 [J]. 福建农业学报，2004（2）：65–67.

[8] 李彦利，贾玉敏，孟令君，等. 不同盐水比重选种对水稻产量及品质的影响 [J]. 吉林农业科学，2011，36（1）：8–10.

[9] 张繁，张海清. 种子包衣技术研究现状及展望 [J]. 作物研究，2007（S1）：531–535.

[10] 刘爱民，张海清，张青，等. 一种杂交水稻种子两段干燥的方法 [P]. 中国，201610443431. 4，2016–11–09.

第五篇

成果篇

第十七章

超级杂交水稻推广应用概述

胡忠孝 | 徐秋生 | 辛业芸

第一节　超级杂交水稻示范高产典型

为了增强我国粮食科技储备能力，促成水稻单产的大幅度提高，我国自 1996 年启动“中国超级稻研究计划”，由农业部组织实施，其育种目标是到 2000 年实现增产 15%，到 2005 年增产 30%，使我国水稻产量实现继矮秆水稻培育成功与杂交稻研究成功之后的第三次飞跃。“中国超级稻育种”项目，计划分三期进行，以长江流域中稻为例，第一期目标是育成大面积示范片产量 10.5 t/hm^2 的水稻品种，第二期目标是育成大面积示范片产量 12.0 t/hm^2 的水稻品种，第三期目标是育成大面积示范片产量 13.5 t/hm^2 的水稻品种。在相继实现我国超级稻育种第一、第二、第三期目标后，农业部又于 2013 年启动中国超级稻第四期产量 15.0 t/hm^2 的攻关计划。

杂交水稻的发展，经历了从三系杂交水稻到两系杂交水稻再到超级杂交水稻的不断创新、进步和提高的发展阶段。三系杂交水稻单产比常规水稻平均提高了 20%，每公顷增产 1 500 kg 左右。两系杂交水稻于 1995 年研究成功，单产较三系杂交水稻高 10% 左右。超级杂交稻的研究从 1997 年开始，由于采用了理想株型塑造与籼粳亚种间杂种优势利用相结合，兼顾提高品质与抗性的技术路线，迄今为止已取得重大的突破性进展，分别于 2000 年、 2004 年、 2012 年和 2014 年实现农业部制定的超级稻第一期 10.5 t/hm^2、第二期 12.0 t/hm^2、第三期 13.5 t/hm^2 和第四期 15.0 t/hm^2 的目标，并于 2015 年 6.67 hm^2 示范片平均产量达到 16.0 t/hm^2， 2017 年突破 17.0 t/hm^2 的水稻大面积示范种植单产纪录。

一、第一期产量 10.5 t/hm^2 超级杂交水稻的示范

1999 年两系杂交稻新组合两优培九（培矮 64 S/9311）在湖南、江苏、河南等全国 14 个省示范种植，种植面积近 6.67 万 hm^2，大面积单产 9.75～10.5 t/hm^2，普遍比主栽组合增产 1.5 t/hm^2 左右。湖南和江苏共有 14 个"百亩方"（6.67 hm^2 以上示范片，下同）和 1 个"千亩方"（66.7 hm^2 以上示范片，下同）单产达到 10.5 t/hm^2 以上，"百亩方"最高单产 11.67 t/hm^2（湖南郴州， 9.43 hm^2），"千亩方"最高单产达 10.97 t/hm^2（江苏建湖，110.4 hm^2），比对照汕优 63 增产 2.25 t/hm^2 以上。其中湖南省凤凰县示范 7.1 hm^2，单产 10.53 t/hm^2；龙山县示范 6.83 hm^2，单产 10.56 t/hm^2；绥宁县示范 7.41 hm^2，单产 10.86 t/hm^2；江苏省高邮市示范 39 hm^2，单产 10.99 t/hm^2；盐都县示范 8 hm^2，单产 10.7 t/hm^2。

2000 年，在江苏、安徽、浙江、福建、广东、广西、云南、贵州、河南、湖北、湖南、江西、四川、重庆、陕西、海南 16 个省（区、市）引种、示范、推广两优培九面积达到 23.33 万 hm^2；其中，在湖北、江西、安徽、河南南部、江苏北部等地区种植面积都超过或接近 3.33 万 hm^2。仅湖南省就有 17 个"百亩方"和 4 个"千亩方"单产达到 10.5 t/hm^2，比对照汕优 63 增产 2.25 t/hm^2，其中凤凰县示范 6.77 hm^2、单产 11.23 t/hm^2，龙山县示范 71.67 hm^2、单产 10.55 t/hm^2，绥宁县示范 67.93 hm^2、单产 10.62 t/hm^2，这 3 个县的"百亩方"示范连续 2 年单产都在 10.5 t/hm^2 以上。另外，河南息县示范 8.67 hm^2、单产 10.63 t/hm^2。其中龙山县地处湖南省西北部，西与重庆市酉阳县、秀山县相连，北与湖北省来凤县、宣恩县接壤，东与省内桑植县、永顺县毗邻，南与保靖县隔酉水河相望；位于 109°13′～109°46′ E、 28°46′～29°38′ N；多年平均气温 15.8 ℃，海拔 460 m 左右。2000 年 10 月经国家科技部生物工程中心、科技部"863"计划生物领域专家委员会、农业部科教司联合组织全国知名水稻专家在湖南省龙山县华塘乡官渡村对 71.67 hm^2 的两优培九示范片进行测产验收，平均产量达到了 10.55 t/hm^2。两优培九于 1999—2000 年连续 2 年在同一生态区实现了 6.67 hm^2 以上的大面积示范平均产量超过 10.5 t/hm^2，标志着我国超级稻研究第一期育种目标的实现。以两优培九为代表的超级稻先锋组合于 2000 年率先实现我国超级稻研究的第一期目标，该组合是江苏省农业科学院与湖南杂交水稻研究中心合作选育的两系亚种间杂交水稻组合，1999 年通过江苏审定（苏种审字第 313 号），2001 年通过国家（国审稻 2001001）、湖北（鄂审稻 006-2001）、广西（桂审稻 2001117 号）、福建（闽审稻 2001007）、陕西（429）和湖南（湘品审第 300 号）审定。

2000 年协优 9308 在浙江省新昌县的"百亩方"经农业部科教司组织专家验收，平均产

量达到 11.84 t/hm^2，其中高产田块高达 12.28 t/hm^2；2001 年又在浙江省新昌县对协优 9308“百亩方”进行产量验收，平均产量达 11.95 t/hm^2，最高田块达 12.40 t/hm^2，创浙江水稻单产历史新高。2000 年Ⅱ优明 86 在福建省尤溪县进行超级稻高产大面积栽培，“百亩方”平均产量为 12.42 t/hm^2。2000 年前后我国先后育成了以两优培九、协优 9308、Ⅱ优明 86、丰两优 4 号等为代表的一批第一期超级杂交水稻新组合。

二、第二期产量 12.0 t/hm^2 超级杂交水稻的示范

2002 年超级杂交水稻苗头组合两优 0293 在湖南龙山县示范 8.1 hm^2，平均产量 12.26 t/hm^2，首次实现了长江流域“百亩方”平均产量超过 12 t/hm^2。2003 年，该组合在湖南 4 个“百亩方”平均产量超过 12 t/hm^2。2004 年，该组合在全国又有 7 个“百亩方”（海南 2 个、湖南 4 个、安徽 1 个）产量达到 12 t/hm^2，其中湖南的中方、隆回、汝城 3 县“百亩方”连续 2 年超过 12 t/hm^2。

2003 年准两优 527 在湖南省桂东县进行“百亩方”高产栽培示范，经测产验收平均产量超过 12 t/hm^2。桂东县位于湖南省东南边陲，地处罗霄山脉南端，南岭北麓，介于 113°37′～114°14′ E、 25°44′～26°13′ N，属中亚热带湿润季风气候，多年平均日照 1 440.4 h，平均气温 15.8 ℃，其中夏季平均气温为 23.6 ℃，极端最高气温为 36.7 ℃，年降水量 1 742.4 mm，最多年份为 2 444.2 mm，最少年份为 1 572.5 mm，年蒸发量为 1 205.1 mm，无霜期 249 d。2004 年在湖南、广西、江西、湖北和贵州等省（区）对准两优 527 进行“百亩方”高产栽培示范，其中湖南省汝城县示范片平均产量 12.14 t/hm^2；贵州省遵义市示范片经贵州省农业厅组织专家测产验收，平均产量 12.19 t/hm^2。准两优 527 是湖南杂交水稻研究中心选育的两系杂交稻组合， 2003 年通过湖南审定（XS006-2003）、2005 年通过国家审定（长江中下游和武陵山区，国审稻 2005026）、 2006 年通过福建（闽审稻 2006024）和国家（华南稻区，国审稻 2006004）审定。

根据农业部制定的中国超级稻第二期目标，即于 2005 年前实现在同一生态区有 2 个“百亩方”连续 2 年单产达到 12 t/hm^2 的验收指标，中国超级杂交稻第二期目标提前 1 年实现。我国第二期超级杂交稻代表组合有准两优 527、 Y 两优 1 号、Ⅱ优航 1 号和深两优 5814 等。

三、第三期产量 13.5 t/hm^2 超级杂交水稻的示范

2011 年湖南杂交水稻研究中心在湖南省隆回县羊古坳乡对 Y 两优 2 号进行 7.2 hm^2 高产攻关示范。隆回县位于湖南省中部稍偏西南，资水上游北岸，属亚热带季风湿润气候，气候

温和，四季分明，雨量集中，前湿后干，且南北差异较大，示范片基地海拔 500 m 左右，年日平均气温 11～17 ℃，年平均无霜期 281.2 d，年平均降水量 1 427.5 mm。9 月 18 日经农业部组织专家组对该“百亩方”进行现场测产验收，平均产量达到 13.90 t/hm^2。 Y 两优 2 号是湖南杂交水稻研究中心选育的两系杂交稻组合， 2011 年通过湖南审定（湘审稻 2011020）、 2012 年通过云南红河审定［滇特（红河）审稻 2012017 号］、 2013 年通过国家审定（国审稻 2013027）、 2014 年通过安徽审定（皖稻 2014016）。

2012 年湖南杂交水稻研究中心在湖南省的溆浦、隆回、汝城、龙山和衡阳等 5 个县进行超级稻第三期 13.5 t/hm^2 目标攻关。其中溆浦县地处 110°15′～111°01′E、27°19′～28°17′N，位于湖南省西部，怀化市东北面，沅水中游，属亚热带季风湿润气候，示范片基地海拔 500 m 左右，年平均气温 16.9 ℃，年平均降水量为 1 539.1 mm，年平均无霜期 286 d，在经受住了稻瘟病暴发等诸多不利因素严峻考验的情况下， 7 个“百亩方”均获得高产， 9 月 20 日湖南省农业厅组织武汉大学、湖南省农业科学院和湖南农业大学等单位的有关专家对溆浦县横板桥乡兴隆村的 6.91 hm^2 Y 两优 8188 高产示范片进行现场测产验收，“百亩方”平均产量 13.77 t/hm^2，从而实现了同一生态区连续 2 年“百亩方”产量 13.5 t/hm^2 的中国超级稻第三期育种目标。 Y 两优 8188 是湖南奥谱隆科技股份有限公司选育的两系杂交稻新组合， 2012 年通过云南红河审定［滇特（红河）审稻 2012021 号］， 2014 年通过湖南审定（湘审稻 2014005）， 2015 年通过国家审定（国审稻 2015017）。

2012 年 11 月 27 日，浙江宁波鄞州洞桥百梁桥村“百亩方”试种的甬优 12 号最高产量达到 15.21 t/hm^2，“百亩方”平均产量达到 14.45 t/hm^2。

四、第四期产量 15.0 t/hm^2 超级杂交水稻的示范

2013 年 4 月，农业部启动中国超级稻第四期产量 15.0 t/hm^2 的攻关计划，由袁隆平院士牵头，集中全国优势力量，组建了由多家科研机构、高校及部分种业企业参与的攻关协作团队，实施“良种、良法、良田、良态”四良配套相结合攻关策略，坚持育种、栽培、土肥、植保多学科协同推进，持续开展杂交水稻超高产攻关。在克服水稻生长旺季普遍低温、多雨、寡照等不利气候因素的情况下，项目团队通过制定科学合理的技术方案，强化田间技术管理与落实， 2014 年 10 月 10 日，经农业部组织专家测产验收，位于湖南省溆浦县横板桥乡红星村的 6.75 hm^2 Y 两优 900 高产攻关片平均产量达到 15.40 t/hm^2，突破了第四期产量 15.0 t/hm^2 的超级稻育种目标。

2015 年 9 月 17 日，经湖南省科技厅组织专家对云南省个旧市大屯镇新瓦房村的 6.8 hm^2 湘两优 900 示范片现场测产，平均单产达到 16.01 t/hm^2，创世界大面积水稻单产新纪录，突破了水稻界认可的热带地区水稻极限产量 15.9 t/hm^2。10 月 12 日，由农业部组织专家对湖南省隆回县羊古坳乡雷峰村的 7.2 hm^2 湘两优 900 实收测产，平均产量 15.06 t/hm^2，连续 2 年在同一生态区实现了中国超级稻第四期产量 15 t/hm^2 的育种目标。5 月 9 日，湘两优 900 在海南三亚经实收测产，最高田块产量达 15.15 t/hm^2，“百亩方”平均产量 14.12 t/hm^2，创造了热带稻区单产及大面积高产纪录。此外，湖北随州市、河北永年区和河南光山县等 3 个湘两优 900 “百亩方”均实现了平均产量超 15 t/hm^2 的高产纪录。

2016 年山东省莒南县一季稻湘两优 900“百亩方”平均产量 15.21 t/hm^2，创该省水稻单产最高纪录；广东省兴宁市双季早稻湘两优 900“百亩方”平均产量 12.48 t/hm^2，双季晚稻湘两优 900 “百亩方”平均产量 10.59 t/hm^2，两季合计产量 23.07 t/hm^2，创世界双季稻最高产量纪录。湖北省蕲春县一季加再生稻湘两优 900 “百亩方”，头季采用人工收割的再生稻平均产量 7.65 t/hm^2，头季采用机械收割的再生稻平均产量 5.92 t/hm^2，创长江中下游稻区再生稻高产纪录；一季加再生稻“百亩方”人工收割平均产量 18.80 t/hm^2，机械收割平均产量 17.08 t/hm^2，创长江中下游稻区一季加再生稻高产纪录。广西区灌阳县一季加再生稻湘两优 900“百亩方”，再生稻平均产量 7.46 t/hm^2，创华南稻区高产纪录；一季加再生稻“百亩方”平均产量 21.72 t/hm^2，创华南稻区一季加再生稻高产纪录。

五、16.0 t/hm^2 超级杂交水稻的示范

2016 年，河北省永年区一季稻湘两优 900“百亩方”平均产量 16.23 t/hm^2，创北方稻区水稻高产纪录，也创世界高纬度地区高产纪录。云南省个旧市一季稻湘两优 900 “百亩方”平均产量 16.32 t/hm^2，刷新了 2015 年 16.01 t/hm^2 的纪录，再创世界水稻“百亩方”单产最高纪录。

2017 年，湖南杂交水稻研究中心在河北省永年区进行湘两优 900 的 6.93 hm^2 高产攻关示范，该示范基地地处 114°20′ E、 36°33′ N，位于河北省南部，太行山东麓，属暖温带半湿润大陆性季风气候，气候温和，雨量充足，阳光充足，海拔 41 m，年平均降水量为 549.4 mm，年平均活动积温 4 371.4 ℃，年平均无霜期达 205 d。11 月 15 日，经河北省科技厅组织专家实收测产验收，平均产量高达 17.24 t/hm^2。同年，浙江省江山市石门镇泉塘村的甬优 12“百亩方”经专家测产，平均产量突破 15 t/hm^2，达到 15.16 t/hm^2，创造了浙江省水稻高产新纪录。

六、中国超级杂交水稻研究与应用的成功经验

（一）党和政府的高度重视

1996 年农业部启动了中国超级稻育种计划，同时科技部等部门也专门立项支持中国超级杂交稻的研究与应用。1998 年 8 月，超级杂交水稻研究得到时任国务院总理朱镕基的高度重视和大力支持。2003 年 10 月 3 日，胡锦涛总书记赴国家杂交水稻工程技术研究中心，视察了解超级杂交稻研究项目的进展情况，并给予充分肯定。2005 年 8 月 13 日，温家宝总理赴国家杂交水稻工程技术研究中心考察超级杂交稻研究进展。

（二）创新了技术路线

日本于 1981 年开始实施“超高产水稻”的研究项目，国际水稻研究所也于 1989 年启动了以大幅度提高产量潜力为目标的“新株型育种”项目，育成一批具高产潜力的新品系，但未能大面积推广应用。

我国科学家没有步国外研究的后尘，袁隆平创造性地提出了“理想株型与杂种优势利用相结合”的中国超级杂交稻育种技术路线，通过籼粳交和扩大双亲的遗传差异，以提高水稻生物学产量为基础进行理想株型塑造；在大幅度提高单产水平的基础上，重视米质和抗性的提高，以品种为核心技术与其他配套技术集成，实施“良种、良法、良田、良态”四良配套相结合的高产栽培策略。

（三）开展了联合协作攻关

中国超级杂交稻的研究与应用组织了多学科的大协作。1996 年中国超级稻研究项目启动时，农业部组建了“超级稻育种专家组”，根据超级稻研究与应用的需要， 2005 年成立了“全国超级稻研究和推广专家组”。建立了一支多学科联合攻关的研究团队，同时联合各地的农技推广部门进行超级杂交稻示范与推广，分工明确，采取稳定支持与适度竞争及滚动扶持机制。建立了以生态区和研究方向、示范推广为基础的协作网。根据我国主要稻区的生态和超级杂交稻组合的生育和产量形成特点，全国各科研院所、高校以及农业推广部门、农业企业广泛开展联合攻关，配套了超级杂交稻高产优质制种技术、超级杂交稻生产综合配套集成技术。

（四）以满足生产和市场需求为导向

满足生产和市场需求是中国超级杂交稻育种的根本目标，也是中国超级稻育种与日本的水稻超高产育种和国际水稻研究所的新株型育种的根本差异。我国超级稻的研究与应用除了明确

不同稻作区不同类型超级稻的产量指标外，还明确了米质和抗性的要求，这使得中国超级杂交稻研究定位起点高、难度大，但容易被生产接受。如由江苏省农业科学院与湖南杂交水稻研究中心协作育成的超级稻先锋组合两优培九除抗性好和产量高外，米质性状指标中有 6 项达部颁一级优质米标准。同时随着超级杂交稻推广应用，超级杂交稻已成为我国水稻种子产业新的增长点。

第二节　超级杂交水稻品种选育与推广应用

以中稻为例，我国超级杂交稻的研究分别于 2000 年、 2004 年、 2012 年和 2014 年实现了农业部制定的超级稻第一期 10.5 t/hm^2、第二期 12.0 t/hm^2、第三期 13.5 t/hm^2 和第四期 15.0 t/hm^2 的目标， 2017 年突破了 17.0 t/hm^2（达 17.24 t/hm^2）的水稻大面积种植平均单产纪录。我国超级杂交水稻研究目标相继实现，产量屡创新高，其中超级杂交水稻新品种的选育发挥了关键作用，只有具备超高产潜力的品种，才能在高产示范中发挥出超高产水平。而一大批超级杂交水稻新品种在生产上的大面积推广应用，也为我国的粮食安全和农民增产增收做出了巨大贡献。通过对农业部每年发布的超级稻认定公告进行整理，参考全国农业技术推广服务中心印制的《全国农作物主要品种推广情况统计表》，对超级杂交水稻品种选育与推广应用的统计分析见表 17-1。

一、超级杂交水稻品种选育

在 2005 年之前，超级稻高产示范中所使用的品种，都是从现有品种中筛选出来的具有高产潜力的品种，这些品种没有统一规范的技术指标，也没有得到权威的认可。中国农业部于 2005 年颁布实施了《超级稻品种确认办法（试行）》，并于 2008 年修订实施了《超级稻品种确认办法》，明确了超级稻品种的技术指标、测产验收、审核与确认以及冠名、退出等事项。超级稻品种的认定，极大地促进了中国超级稻育种的发展。从 2005 年开始，除 2008 年外，农业部每年均认定一批超级稻品种。截至 2017 年底，农业部共认定了超级稻品种 166 个（次），涉及超级杂交水稻品种 165 个（天优华占分别于 2012 年和 2013 年认定了 2 次，本文中 2013 年认定不统计在内），其中认定超级杂交水稻品种 108 个（次），涉及超级杂交水稻品种 107 个。

从表 17-1 可以看出， 2005—2017 年，农业部共认定了超级杂交水稻品种 107 个，占全部超级稻品种（165 个）的 64.85%。同时，从 2009 年开始，陆续有超级杂交水稻品种被取消“超级稻”冠名，截至2017年，共有14个超级杂交水稻品种被取消“超级稻”冠名。

表17-1 中国每年认定的超级杂交水稻品种数量

年份	超级杂交水稻	三系超级杂交水稻	两系超级杂交水稻	籼型超级杂交水稻	籼粳型超级杂交水稻
2005	22	20	2	19	3
2006	12	7	5	11	1
2007	5	3	2	5	0
2008	0	0	0	0	0
2009	7	4	3	7	0
2010	6	4	2	6	0
2011	6	3	3	5	1
2012	9	6	3	9	0
2013	5	4	1	4	1
2014	12	5	7	12	0
2015	7	5	2	4	3
2016	8	6	2	8	0
2017	8	4	4	7	1
合计	107	71	36	97	10

从图17-1可以看出，2005年认定的超级杂交水稻品种数量最多，达到22个，但2006—2008年每年认定的超级杂交水稻品种数量逐年下降，到2008年降为0。2009年开始，超级稻认定工作稳步开展，每年认定的超级杂交水稻数量稳定为5~12个。

从表17-1还可以看出，2005—2017年农业部认定的107个超级杂交水稻品种中，

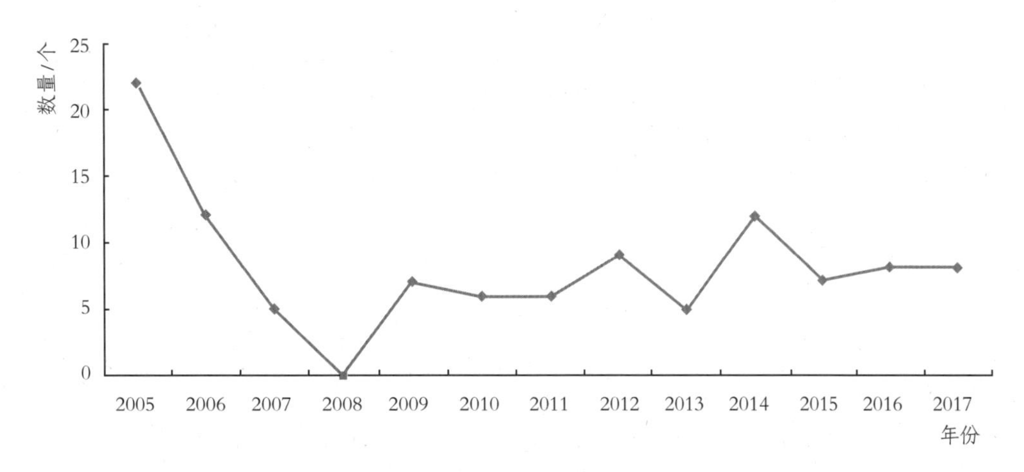

图17-1 中国每年认定的超级杂交水稻品种数量变化动态

三系超级杂交水稻有 71 个，占比 66.36%；两系超级杂交水稻有 36 个，占比 33.64%。籼型超级杂交水稻 97 个，占比 90.65%；籼粳型超级杂交水稻 10 个，仅占比 9.35%。2005—2017 年认定的 10 个籼粳型超级杂交水稻品种分别是辽优 5218、辽优 1052、Ⅲ优 98、甬优 6 号、甬优 12、甬优 15、甬优 538、春优 84、浙优 18 和甬优 2640，其中辽优系列由辽宁省农业科学院稻作研究所选育，甬优系列由宁波市农业科学研究院、宁波市种子有限公司等选育。

二、超级杂交水稻推广应用

（一）超级杂交水稻年推广面积变化动态

从表 17-2 可以看出，虽然农业部从 2005 年才开始认定超级杂交水稻品种，但诸多被认定的品种早在之前就已在生产上大面积推广应用。其中最早推广的Ⅱ优 162 早在 1997 年便推广了 1.67 万 hm^2；协优 9308 在 1998 年推广了 0.8 万 hm^2。1997—2015 年，超级杂交水稻累计推广面积达到 4 629.93 万 hm^2，其中 2015 年当年推广面积达到 375.67 万 hm^2。

从图 17-2 可以看出，截至 2015 年，中国超级杂交水稻累计推广面积达到 4 638.47 万 hm^2。1997—2015 年，超级杂交水稻年推广面积总体上实现了逐年递增。尤其 2000 年比 1999 年实现了大跨度提升，主要原因是 2000 年两优培九在推广首年便实现了 32.47 万 hm^2 的大面积推广，Ⅱ优 7 号也在推广首年达到了 9.07 万 hm^2，同时Ⅱ优 162 推广面积也大幅增加至 10.47 万 hm^2。2001—2002 年，伴随着两优培九推广面积迅速扩大，超级杂交水稻年推广面积也实现了快速增加。2003—2005 年，由于两优培九推广面积进入稳定期，并有小幅下降，超级杂交水稻年推广面积停止了快速增加的势头，但由于 D 优 527、Ⅱ优明 86、天优 998 和扬两优 6 号等新品种的陆续推广，超级杂交水稻年推广面积仍实现了逐年扩大。尤其 2005 年在继两优培九之后，又有扬两优 6 号、准两优 527、新两优 6 号、株两优 819、两优 287 等一大批两系超级杂交水稻品种陆续在生产中推广应用，为超级杂交水稻面积的二次扩张注入了新的动力。

2006 年，在超级稻认定的助推下，超级杂交水稻年推广面积再一次迎来快速增加，2006 年超级杂交水稻年推广面积比 2005 年增加了 35.25%。2006—2012 年，超级杂交水稻年推广面积进入一个快速增长的通道，只有 2008 年和 2011 年增幅较小或有小幅下降，到 2012 年达到 428.27 万 hm^2 的最高点。2012—2015 年，在全国杂交水稻年推广面积下降的大背景下，超级杂交水稻年推广面积也出现下降，其中 2015 年降幅较大。

表 17-2 中国超级杂交水稻年推广面积

年份	超级杂交水稻面积/万 hm²	三系超级杂交水稻		两系超级杂交水稻		籼型超级杂交水稻		籼粳型超级杂交水稻	
		面积/万hm²	占比/%	面积/万hm²	占比/%	面积/万hm²	占比/%	面积/万hm²	占比/%
1997	1.67	1.67	100.00	0.00	0.00	1.67	100.00	0.00	0.00
1998	2.87	2.87	100.00	0.00	0.00	2.87	100.00	0.00	0.00
1999	2.40	2.40	100.00	0.00	0.00	2.40	100.00	0.00	0.00
2000	58.73	26.27	44.72	32.47	55.28	58.73	100.00	0.00	0.00
2001	105.20	46.93	44.61	58.27	55.39	105.20	100.00	0.00	0.00
2002	153.73	71.20	46.31	82.53	53.69	151.00	98.22	2.73	1.78
2003	174.00	100.93	58.01	73.07	41.99	170.93	98.24	3.07	1.76
2004	198.20	131.07	66.13	67.13	33.87	195.13	98.45	3.07	1.55
2005	207.27	128.53	62.01	78.73	37.99	202.60	97.75	4.67	2.25
2006	280.33	156.67	55.89	123.67	44.11	276.53	98.64	3.80	1.36
2007	316.40	181.47	57.35	134.93	42.65	311.53	98.46	4.87	1.54
2008	332.53	192.27	57.82	140.27	42.18	326.80	98.28	5.73	1.72
2009	371.80	221.00	59.44	150.80	40.56	367.47	98.83	4.33	1.17
2010	410.53	256.53	62.49	154.00	37.51	406.33	98.98	4.20	1.02
2011	378.73	212.93	56.22	165.80	43.78	373.40	98.59	5.33	1.41
2012	428.27	247.87	57.88	180.40	42.12	421.13	98.33	7.13	1.67
2013	424.33	236.07	55.63	188.27	44.37	413.33	97.41	11.00	2.59
2014	415.80	224.47	53.98	191.33	46.02	401.27	96.50	14.53	3.50
2015	375.67	195.80	52.12	179.87	47.88	359.93	95.81	15.73	4.19
合计	4 638.47	2 636.93		2 001.53		4 548.27		90.20	

注：表中数据为不完全统计数据，实际面积可能大于表中数据。

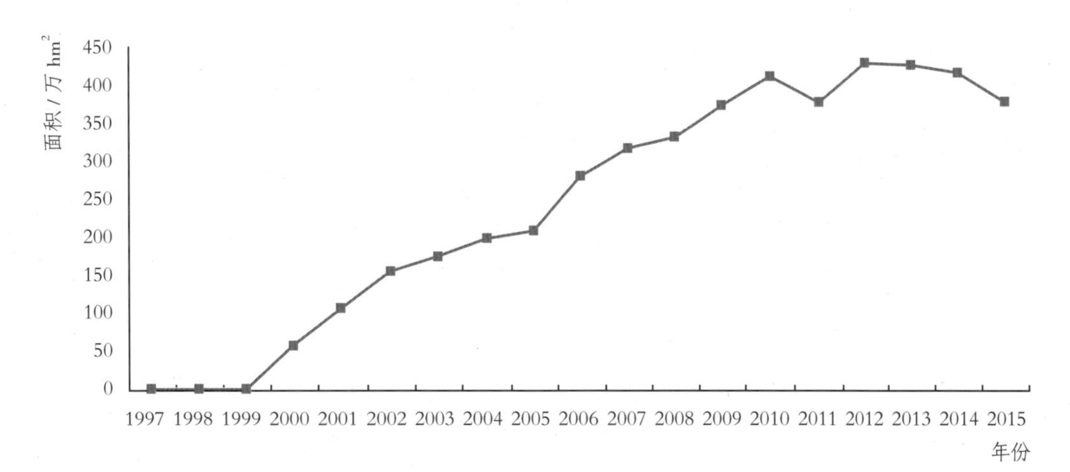

图 17-2 中国超级杂交水稻年推广面积变化动态

（二）三系与两系超级杂交水稻年推广面积变化动态

从表 17-2、图 17-3 可以看出， 1999 年及之前，超级杂交水稻全是三系超级杂交水稻品种。2000 年，由于两优培九在推广面积首年便实现了 32.47 万 hm^2 的大面积推广，两系超级杂交水稻首次推广面积便超过了三系超级杂交水稻，占比达到 55.28%。2000—2002 年，两系超级杂交水稻年推广面积高于三系超级杂交水稻， 2003—2015 年，两系超级杂交水稻年推广面积低于三系超级杂交水稻，但两系超级杂交水稻年推广面积占比总体呈现上升趋势，2015 年占比达到 47.88%。

2000—2005 年，伴随着两优培九的推广，年推广面积最大的超级杂交水稻均是两系组合，即两优培九。2006—2009 年，随着扬两优 6 号、新两优 6 号的大面积推广，年推广面积前 3 名的超级杂交水稻均是两系组合，即两优培九、扬两优 6 号、新两优 6 号。2010—2011 年，随着 Y 两优 1 号的大面积推广，年推广面积前 3 名的超级杂交水稻均是两系组合，即 Y 两优 1 号、新两优 6 号、扬两优 6 号。2012 年开始，由于三系超级杂交水稻五丰优 308 的大面积推广，其年推广面积进入前 3 名。2012—2015 年，年推广面积前 3 名的超级杂交水稻中均有 2 个是两系组合，即 Y 两优 1 号、新两优 6 号、深两优 5814 等。

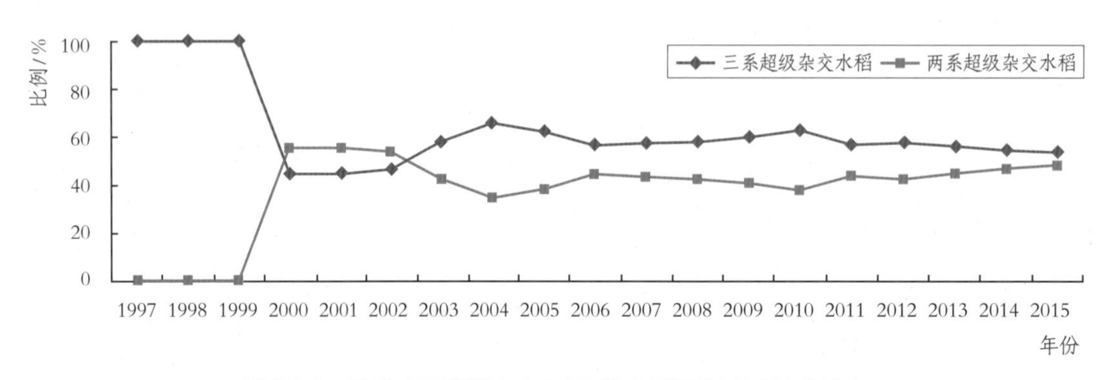

图 17-3　三系与两系超级杂交水稻年推广面积所占比例变化动态

（三）籼型与籼粳型超级杂交水稻年推广面积变化动态

从表 17-2、图 17-4 可以看出，从 2002 年首次有籼粳型超级杂交水稻推广以来，其年推广面积一直很小，发展缓慢。直到 2013 年随着甬优 12、甬优 15 的大面积推广，才使得籼粳型超级杂交水稻年推广面积首次突破 10 万 hm^2， 2015 年最高达到 15.73 万 hm^2，但占比仍不足 5%。

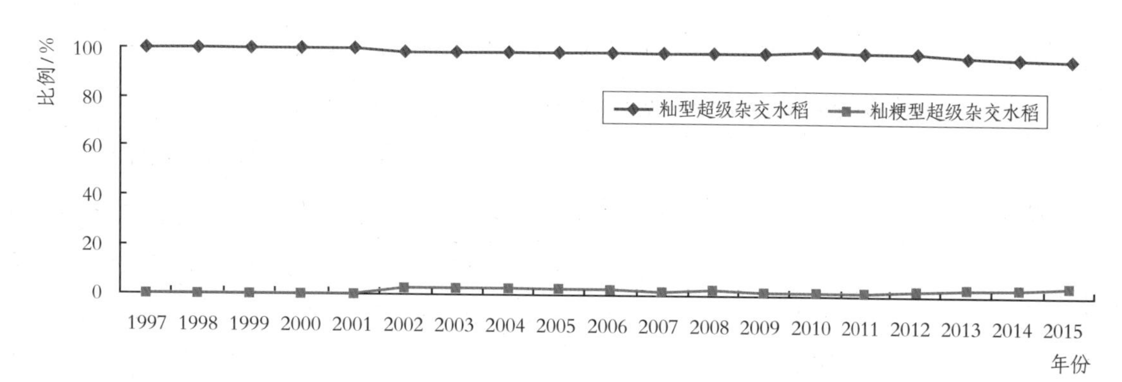

图 17-4 籼型与籼粳型超级杂交水稻年推广面积所占比例变化动态

（四）超级杂交水稻主要品种推广面积

从表 17-3 可以看出，1997—2015 年，共有 97 个超级杂交水稻品种得到大面积推广应用（年推广面积在 0.67 万 hm^2 以上），其中累计推广面积最大的是两优培九，达到 603.13 万 hm^2，遥遥领先于其他品种；其次是扬两优 6 号、Y 两优 1 号、新两优 6 号，分别达到 266.87 万 hm^2、215.33 万 hm^2、206.00 万 hm^2。可以看出，前 4 名均是两系超级杂交水稻。累计推广面积最大的三系超级杂交水稻品种是天优 998，达到 174.67 万 hm^2，另有 D 优 527、Ⅱ优 084、中浙优 1 号、Q 优 6 号、Ⅱ优明 86、五优 308、天优华占等三系超级杂交水稻品种的累计推广面积也达到 100 万 hm^2 以上。另有 10 个超级杂交水稻品种没有得到大面积推广，占 107 个超级杂交水稻品种的 9.35%。

表 17-3 超级杂交水稻主要品种推广面积（1997—2015 年）

排名	组合	面积 / 万 hm^2	排名	组合	面积 / 万 hm^2
1	两优培九	603.13	15	丰两优香 1 号	97.00
2	扬两优 6 号	266.87	16	丰源优 299	90.60
3	Y 两优 1 号	215.33	17	Ⅱ优 162	88.33
4	新两优 6 号	206.00	18	丰两优 4 号	82.67
5	天优 998	174.67	19	Ⅱ优航 1 号	69.07
6	D 优 527	164.00	20	淦鑫 688	67.07
7	Ⅱ优 084	144.80	21	Ⅱ优 7954	65.00
8	中浙优 1 号	140.80	22	两优 287	62.73
9	Q 优 6 号	140.20	23	淦鑫 203	61.20
10	Ⅱ优明 86	137.07	24	五丰优 T025	60.60
11	五优 308	132.93	25	准两优 527	55.27
12	深两优 5814	115.20	26	金优 458	50.53
13	天优华占	108.47	27	珞优 8 号	49.20
14	Ⅱ优 7 号	99.00	28	国稻 1 号	47.93

续表

排名	组合	面积 / 万 hm^2	排名	组合	面积 / 万 hm^2
29	株两优 819	47.80	64	桂两优 2 号	11.40
30	金优 527	43.13	65	徽两优 996	10.80
31	宜优 673	40.13	66	五优 662	10.60
32	Ⅱ优 602	41.07	67	特优 582	10.13
33	荣优 225	38.93	68	金优 299	8.13
34	广两优香 66	37.80	69	中 9 优 8012	8.00
35	深优 9516	36.67	70	H 两优 991	7.93
36	德香 4103	34.47	71	新丰优 22	7.73
37	培杂泰丰	33.07	72	天优 3618	7.60
38	特优航 1 号	31.53	73	春光 1 号	6.67
39	天优 122	30.20	74	宜香 4245	6.60
40	协优 9308	29.20	75	Y 两优 087	5.73
41	新两优 6380	29.13	76	03 优 66	5.53
42	Y 两优 5867	29.00	77	甬优 538	5.47
43	内 2 优 6 号	28.60	78	Q 优 8 号	4.93
44	甬优 6 号	28.00	79	陆两优 819	4.60
45	宜香优 2115	24.87	80	德优 4727	3.80
46	Ⅱ优航 2 号	21.33	81	一丰 8 号	3.60
47	H 优 518	21.07	82	两优 616	3.53
48	甬优 12	20.33	83	广两优 272	3.20
49	天优 3301	19.47	84	深两优 870	2.73
50	准两优 608	19.27	85	春优 84	2.67
51	F 优 498	18.80	86	吉优 225	2.53
52	培两优 3076	17.40	87	辽优 5218	2.53
53	陵两优 268	17.33	88	两优 038	2.40
54	甬优 15	16.80	89	准两优 1141	2.20
55	D 优 202	16.47	90	盛泰优 722	1.93
56	五丰优 615	14.87	91	五丰优 286	1.93
57	C 两优华占	14.73	92	隆两优华占	1.60
58	Y 两优 2 号	14.53	93	五优航 1573	1.27
59	内 5 优 8015	13.87	94	Y 两优 900	1.20
60	Ⅲ优 98	13.40	95	吉丰优 1002	1.00
61	协优 527	13.07	96	辽优 1052	1.00
62	徽两优 6 号	13.00	97	丰田优 553	0.67
63	国稻 3 号	11.80			

注：表中数据为不完全统计数据，实际面积可能大于表中数据。

（五）各省（区、市）超级杂交水稻年推广面积

从表 17-4、图 17-5 可以看出，中国超级杂交水稻主要分布在江苏、浙江、福建、安徽、江西、河南、湖北、湖南、广东、广西、重庆、四川、贵州、云南、陕西 15 个省（区、市），

表 17-4　各省（区、市）超级杂交水稻推广面积

单位：万 hm^2

年份	江苏	浙江	福建	安徽	江西	河南	湖北	湖南	广东	广西	重庆	四川	贵州	云南	陕西
1997	0.00	0.00	0.00	0.00	0.00	0.00	0.00	0.00	0.00	0.00	0.00	1.67	0.00	0.00	0.00
1998	0.00	0.80	0.00	0.00	0.00	0.00	0.00	0.00	0.00	0.00	0.00	2.07	0.00	0.00	0.00
1999	0.00	1.47	0.00	0.00	0.00	0.00	0.00	0.00	0.00	0.00	0.93	0.00	0.00	0.00	0.00
2000	1.47	5.47	0.67	3.13	4.00	4.40	19.13	3.47	0.13	0.00	2.00	14.87	0.00	0.00	0.00
2001	8.27	9.40	1.80	0.87	18.00	8.87	18.27	9.67	0.00	0.00	7.33	20.67	2.07	0.00	0.00
2002	12.67	11.40	10.40	18.60	16.47	6.33	21.33	13.20	0.73	1.27	9.67	27.33	1.47	1.33	1.47
2003	12.13	4.93	10.60	22.60	14.07	4.13	24.00	13.40	0.00	2.80	14.33	36.67	3.33	0.67	2.33
2004	15.87	13.60	10.20	33.73	17.47	5.00	25.13	15.00	1.00	2.67	12.07	39.33	4.87	0.00	2.33
2005	17.40	15.67	10.73	32.93	19.67	2.67	38.07	12.80	7.20	1.87	10.20	34.07	4.07	0.00	0.00
2006	18.20	22.47	10.60	42.53	26.67	5.40	50.93	18.80	12.67	10.33	9.13	40.87	10.67	0.00	0.00
2007	16.13	23.40	13.13	45.27	49.33	18.20	55.13	24.60	18.80	21.00	6.07	17.93	4.67	0.87	0.47
2008	14.27	23.20	10.67	40.93	47.67	16.40	58.67	27.87	23.53	31.00	5.40	15.80	5.40	1.33	0.53
2009	14.73	19.07	16.20	54.53	72.87	14.27	61.13	28.80	21.40	37.07	5.33	17.80	6.73	1.33	0.33
2010	12.13	16.07	16.80	55.93	79.27	18.67	60.40	42.27	18.13	52.07	6.67	24.13	7.00	1.53	0.27
2011	10.27	14.93	16.53	54.27	72.80	21.00	63.27	47.40	20.33	32.27	6.07	15.93	2.87	1.33	0.00
2012	7.93	6.20	15.67	53.73	66.87	19.27	60.93	60.67	30.80	72.53	6.67	19.53	3.73	2.40	1.00
2013	7.80	17.67	19.47	48.00	70.80	17.87	62.67	56.53	30.67	56.93	8.07	19.27	3.33	2.40	1.20
2014	7.07	14.80	17.07	36.60	63.13	21.07	63.73	65.73	28.27	50.60	9.40	27.47	2.87	2.20	0.13
2015	5.47	13.80	19.60	35.93	47.67	35.67	45.67	66.53	26.47	27.00	9.27	36.53	4.00	2.53	0.33
合计	181.80	234.33	200.13	579.60	686.73	219.20	728.47	506.73	240.13	399.40	128.60	411.93	67.07	17.93	10.40

注：表中数据为不完全统计数据，实际面积可能大于表中数据。

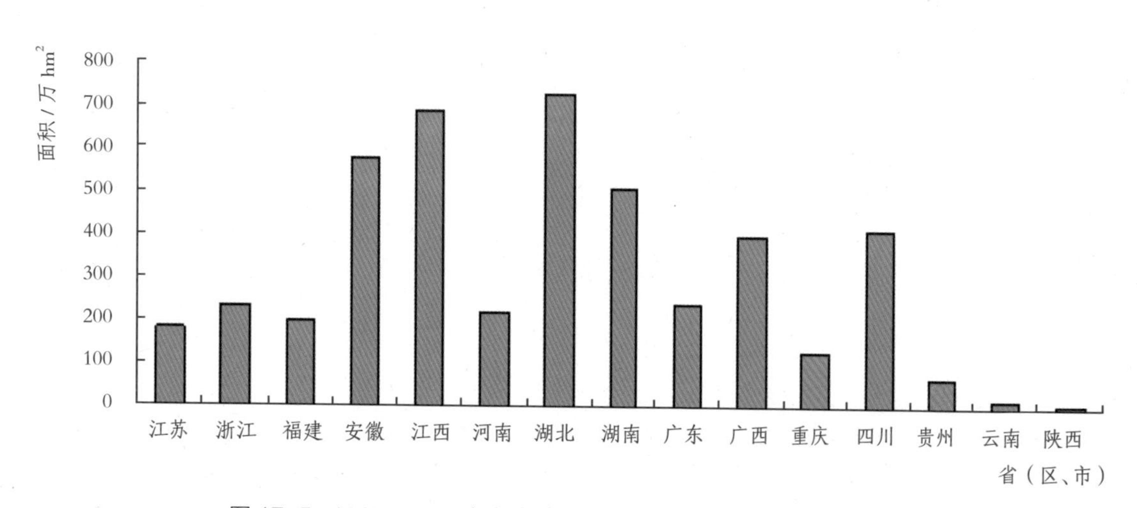

图 17-5　1997—2015 年各省（区、市）超级杂交水稻累计推广面积

超级杂交水稻累计推广面积达到 10 万 hm^2 以上。其中湖北最大，达到 728.47 万 hm^2；江西次之，达到 686.73 万 hm^2；安徽第三，达到 579.60 万 hm^2；湖南第四，达到 506.73 万 hm^2。另外，广西、四川的超级稻推广面积也较大，为 400 万 hm^2 左右；广东、浙江、河南、福建 4 省的超级杂交水稻推广面积达到 200 万 hm^2 以上；江苏、重庆等省（市）的超级杂交水稻推广面积达到 100 万 hm^2 以上；贵州的超级杂交水稻推广面积较小，为 50 万～100 万 hm^2；云南、陕西的超级杂交水稻推广面积最小，为 10 万～20 万 hm^2。

从图 17-5 可以看出，湖南的超级杂交水稻累计推广面积排名第四，居湖北、江西、安徽之后。但从图 17-6 可以看出，2015 年湖南的超级杂交水稻推广面积排名第一，达到 66.53 万 hm^2，分别比湖北、江西、安徽高 45.68%、39.56%、85.17%。结合图

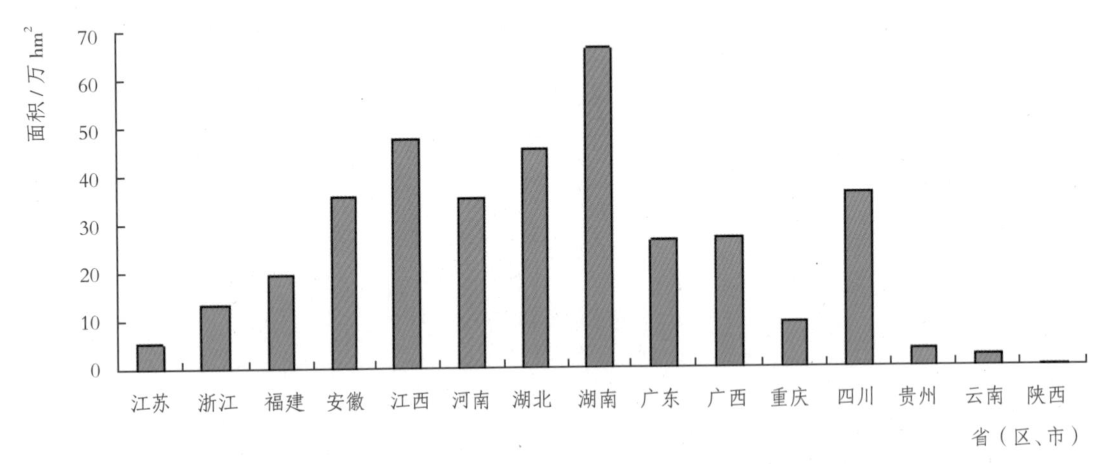

图 17-6 2015 年各省（区、市）超级杂交水稻推广面积

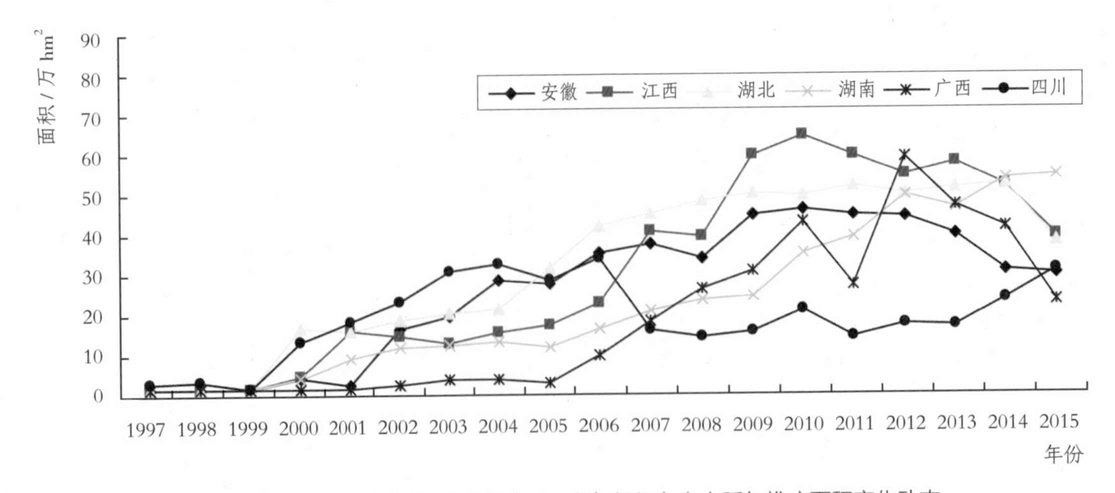

图 17-7 1997—2015 年主要省（区、市）超级杂交水稻年推广面积变化动态

17-7 可以看出，超级杂交水稻累计推广面积最大的 6 个省（区）中，只有湖南省的超级杂交水稻推广面积从 2000—2015 年总体上保持了持续增长。湖南省超级杂交水稻发展的持续稳定和良好势头，与湖南省从 2007 年开始相继实施超级杂交稻“种三产四”丰产工程、“三分田养活一个人”粮食高产工程等密不可分。

References

参考文献

[1] 全永明. 超级杂交稻先锋组合两优培九的示范与推广概述[J]. 杂交水稻, 2005, 20（3）:1-5.

[2] 胡忠孝, 贺军, 李喜梅, 等. 中国杂交水稻品种资源数据库的构建[J]. 杂交水稻, 2013, 28（6）:1-6.

[3] 胡忠孝, 田妍, 阳和华, 等. 中国超级稻品种数据库的构建与应用[J]. 杂交水稻, 2017, 32（3）:5-9.

[4] 胡忠孝, 田妍, 徐秋生. 中国杂交水稻推广历程及现状分析[J]. 杂交水稻, 2016, 31（2）:1-8.

第十八章

超级杂交水稻骨干亲本

王伟平

超级杂交水稻亲本由不育系和恢复系组成，不育系多为转育而成，系谱相对简单，恢复系来源广泛，类型多样，系谱较为复杂。按照选配组合与应用面积综合衡量，目前应用较多的超级杂交水稻骨干亲本有50余个。

第一节　超级杂交水稻骨干不育系

超级杂交水稻不育系分为细胞核质互作不育系（简称三系不育系）、光温敏核不育系（简称两系不育系）；三系骨干不育系有20余个，主要类型包括印水型、野败型、D型、K型、矮败型和红莲型等；两系骨干不育系有10余个，主要为农垦58S和安农S-1的衍生后代。

一、三系不育系

（一）Ⅱ-32A

湖南杂交水稻研究中心用珍汕97作母本与IR665杂交，经多代选择定型后，再与珍鼎28A连续杂交回交转育而成，属印尼水田谷质源不育系。株高100 cm左右，株型紧凑，茎秆粗壮，分蘖力强，苗期耐寒能力较强。单株有效穗8～10个，平均穗长22 cm左右，每穗总粒数150～160粒。Ⅱ-32A属孢子体不育类型不育系，花粉败育以单核期前为主，花粉典败率89.1%，圆败率9.5%，染败率1.4%，套袋自交结实率0.043%，育性稳定。较抗纹枯病和白叶枯病，中感稻瘟病。该不育系具有繁茂性好、配合力强、开花习性优及柱头外露率高、异交结实率高等特性，是我国最主要的三系不育系之一，已选育210多个杂交稻组合通过审定。用Ⅱ-32A选育的超级杂交稻组合有Ⅱ优明86、Ⅱ优航1号、Ⅱ优航2号、Ⅱ优162、Ⅱ优7号、Ⅱ优602、Ⅱ优084、Ⅱ优7954等8个，累计推广面积665.67万hm^2以上。

（二）天丰A

广东省农业科学院水稻研究所以博B为母本，以G9248为父本杂交，再从其F_4代中选择优良单株为父本，以广23A为母本杂交，经连续多代选择优良单株回交转育而成，2003年1月通过广东省技术鉴定。株高78.0 cm，株型紧凑，茎秆粗壮，剑叶稍宽，分蘖力中等。播始历期66~85 d，主茎叶片数13.4~14.3叶。柱头外露率高，正常天气下高达82.3%，其中双外露率62.8%，柱头大且活力强，具有较好的异交特性。经抗性鉴定，天丰A对广东稻瘟病代表性菌株的总抗性频率为97%，其中对稻瘟病优势种群ZB和ZC群的抗性频率均达100%，对次优势种群ZA、ZF和ZG群的抗性频率分别为66.6%、100%和100%。天丰A糙米率82.8%，精米率74.4%，整精米率45.8%，谷粒长6.6 mm，长宽比3.0，垩白粒率30%，垩白度8.8%，胶稠度44 mm，碱消值6.0级，直链淀粉含量24.7%，蛋白质含量13.5%。天丰A配合力强，已选配了97个杂交稻组合通过审定。用天丰A选配的超级杂交稻组合有天优998、天优122、淦鑫688、天优3301、天优华占、天优3618等6个，累计推广面积达407.47万hm^2以上。

（三）五丰A

广东省农业科学院水稻研究所以优ⅠB为母本，以G9248作父本杂交，从F_4代中选优良单株作父本，以含野败型不育细胞质源不育系广23A为母本杂交、连续回交转育而成，2003年通过广东省技术鉴定。株高80~90 cm，播始历期61~78 d，主茎叶片数12.2叶。株型紧凑，前松后紧，长势旺盛；分蘖力中等，茎秆粗壮，抗倒性强；剑叶稍宽，叶色浓绿，长度中等，较挺直；稃尖、叶鞘、柱头均为紫红色；每穗总粒数150~160粒，穗长19~21 cm，千粒重22~24 g。不育株率100%，花粉不育度99.96%，其中典败率95.26%。谷粒长60 mm，长宽比2.7，垩白粒率1%，垩白度0.4%，碱消值4.0级，胶稠度75 mm，直链淀粉含量10.9%。花时相对集中，闭颖性好，柱头外露率高达83.1%，其中双露率62.3%。对“九二〇”敏感，一般制种田用量205~225 g/hm^2。五丰A配合力强，已选配了70多个杂交稻组合通过审定。用五丰A选配的超级杂交稻组合有五优308、五丰优 T025、五丰优 615、五优 662、五丰优 286、五优航 1573、五优 116 等 7 个，累计推广面积达 222.20 万 hm^2 以上。

（四）D62A

四川农业大学水稻研究所以 D 汕 A 为母本，用 D297B/ 红突 31 的后代作父本杂交、回交转育成的早籼不育系。颖壳黄色、无芒，颖尖紫色；护颖长度中等；谷粒长度中到长，宽度窄，形状椭圆形，千粒重中到高；糙米长度中到长，宽度窄到中，种皮白色；每穗粒数多，落粒性中；D62A 可恢复性较好，柱头外露率 75% 左右，异交结实率高。与对照品种珍汕 97A 相比，D62A 主茎叶片数较多，穗伸出度较好，二次枝梗较多。利用 D62A 已选育了 32 个杂交稻组合通过审定。用 D62A 选配的 D 优 527、D 优 202 等 2 个超级杂交稻品种，累计推广面积 180.47 万 hm^2 以上。

（五）丰源 A

湖南杂交水稻研究中心以金 23B 为母本与 V20B 杂交，从 F_3 代选单株与 V20A 杂交，连续回交 5 代转育而成的早熟中籼类型三系不育系，1998 年通过湖南省技术鉴定。该不育系株高 70 cm 左右，播始历期 76 ~ 81 d，主茎叶片数 12 ~ 13 叶，分蘖力较强，株型集散适中，抽穗整齐、成穗率高，千粒重 26.5 g。不育株率 100%，不育花粉率达 99.99%，以典败为主。柱头外露率平均 57.4%，其中双边外露率 28.5%。糙米率 81.9%，精米率 75.4%，整精米率 39.5%，垩白粒率 33%，垩白度 4.6%，长宽比 3.1，碱消值 6.5 级，胶稠度 30 mm，直链淀粉含量 23.2%，蛋白质含量 9.1%。丰源 A 配合力较强，已选配了 29 个杂交稻组合通过审定，其中超级杂交稻丰源优 299 累计推广面积达 90.60 万 hm^2 以上。

（六）金 23A

湖南省常德市农业科学研究所以菲改 B 为母本，云南地方品种软米 M 为父本杂交，从 F_5 代选优良单株为父本，以优质米品种黄金 3 号为母本复交，后代选优良单株与 V20A 杂交、连续回交转育而成。金 23A 属野败型中熟早籼不育系，感温性较强，播始历期 52 ~ 74 d，主茎叶片数 10.5 ~ 11.5 叶。株高 57 cm，株型较紧凑，茎秆较细。叶片青绿，叶鞘紫色，叶耳、叶枕淡紫色。分蘖力强，成穗率较高，单株有效穗数 7 ~ 9 个。包颈长度 43.4%，包颈粒率 18%。穗长 17.5 cm，每穗总粒数约 85 粒，千粒重 25.5 g。谷粒长 9.9 mm，宽 2.75 mm，长宽比 3.6，稃尖紫色。花粉败育彻底，花粉典败率 76.14%，圆败率 23.65%，染败率 0.16%，败育花粉率 99.95%，可育花数 0.05%，自交结实率 0.0165%。金 23A 花时早而集中，柱头外露率高，在施用“九二〇”的条件下，柱头外露率高达 90% 以上，其中双外露率 70% 以上，繁殖、制种产量可达 50% 以上。该不育系配合力强，已选育 162 个杂交组合通过审定。用金 23A 选配的超级杂交稻组合有金优 299、金优 458、金优 527、金优 785 等 4 个，累计推广面积达 101.80 万 hm^2 以上。

（七）荣丰 A

广东省农业科学院水稻研究所以优 I B/ 博 B 的 F_4 代优选单株为父本，与母本优 I A 杂交后并通过 13 代回交转育而成的不育系， 2005 年 10 月通过广东省技术鉴定。株高 63 ~ 70 cm，播始历期 55 ~ 73 d，主茎叶片数 13 ~ 14 叶；株型紧凑，茎秆粗壮，叶色深绿，叶缘、叶鞘紫色，穗长 20 cm 左右，每穗总粒数 140 ~ 160 粒，包颈粒率 21%，千粒重 24.4 g，穗顶部有少量短芒。午前花率为 85.84%，柱头黑色粗大，外露率 83.93%，其中双外露率 40% 左右，异交结实率可达 60% 以上，对“九二〇”敏感，繁殖、制种产量一般单产可达 3.0 t/hm^2，高产可达 4.5 t/hm^2 以上。不育株率为 100%，花粉典败率和圆败率占 99.32%，染败率占 0.63%，黑染率占 0.05%，不育度为 99.95%，套袋自交结实率为 0。糙米率 77.9%，精米率 69.1%，整精米率 66.2%，粒长 6.6 mm，长宽比 3.3，垩白粒率 8%，垩白度 1.4%，透明度 2 级，碱消值 2.3 级，直链淀粉含量 26.9%，胶稠度 36 mm，蛋白质含量 10.8%。经广东省农科院植保所鉴定，荣丰 A 对广东稻瘟病菌代表菌株总抗性频率为 82.3%，其中对优势菌群中 C 群、次优势菌群中 B 群抗性频率分别为 100%、 76.5%，综合评价为抗稻瘟病。该不育系配合力较强，已选配 27 个杂交稻组合通过审定，其中超级杂交稻组合淦鑫 203、荣优 225 累计推广面积达 100.13 万 hm^2 以上。

（八）中 9A

中国水稻研究所以优 I A 为母本，用优 I B/L301// 菲改 B 的后代作父本杂交、连续回交转育而成的印水型早籼不育系， 1997 年 9 月通过技术鉴定。株高 65 ~ 82.4 cm，分蘖中等，株型集散适中，株叶形好，剑叶窄长、挺直。全生育期 84 ~ 95 d，主茎叶片数 12 ~ 13 叶。穗长 19.4 cm，每穗 105.1 粒。开花习性好，花时早而集中，柱头无色，柱头外露率 82.3%，其中双外露率 55.0%，异交结实率可达 80% 以上。粒长 6.7 mm，长宽比 3.1，千粒重 24.4 g。糙米率 80.4%，精米率 71.1%，整精米率 31.3%，直链淀粉含量 23.7%，碱消值 6.0 级，胶稠度 32 mm，垩白粒率 8%，垩白度 0.6%，透明度 3 级，品质较优。白叶枯病抗性平均3.5级，最高5级，属中抗。中9A花粉败育为典败，不育株率100%，花粉不育度99.93%，套袋自交结实率0.01%。该不育系配合力强，已选配了122个杂交组合通过审定。用中9A选配的国稻1号、中9优8012等2个超级杂交稻品种，累计推广面积达55.93万hm^2以上。

（九）协青早A

安徽省广德县农业科学研究所用矮败不育株/竹军//协珍1号的不育株为母本，与军协/温选青//秋塘早5号的后代单株杂交，经多代回交转育而成的矮败型不育系。播始历期为60.4~70.2 d，主茎叶片数12~13叶。该不育系配合力较强，已选育了88个杂交稻组合通过审定。用协青早A选配的协优9308、协优527等2个超级杂交稻品种，累计推广面积达42.27万hm^2以上。

（十）龙特甫A

福建省漳州市农业科学研究所以野败V41A为母本，用农晚/特特普的后代选优良株系作父本杂交、回交转育而成的籼型三系不育系，属孢子体不育类型。株高85~90 cm，株型紧凑，茎秆粗壮，耐肥抗倒。播始历期79~91 d，主茎叶片数13~14叶，平均13.6叶；叶色深绿，叶片厚而挺，剑叶25~30 cm，叶鞘、叶缘、叶耳均呈紫红色；分蘖力中等，单株有效穗数8~10穗；平均穗长21.8 cm，每穗总粒数125.6~148.5粒，籽粒卵圆形，柱头发达、紫色，稃尖紫红色，颖壳闭合好，千粒重28.0 g左右，包颈度较轻。花粉败育主要发生在单核期前，花药呈乳白水渍状，少数为淡黄色水渍或油渍状。花粉典败率78.7%，圆败率16.4%，染败率4.9%，套袋自交结实率0.902%，温度和光照的变化很容易引起育性分离、变异。柱头外露率61.02%，其中双边外露率34.62%，单边外露率26.40%；后期转色好，青秆黄熟，较抗纹枯病和白叶枯病，中感稻瘟病和稻粒黑粉病。该不育系配合力较强，已选配了118个杂交稻组合通过审定，其中特优航1号、特优582等2个超级杂交稻组合累计推广面积达41.67万hm^2以上。

（十一）深95A

国家杂交水稻工程研究中心清华深圳龙岗研究所用（BORO-2/珍汕97B）×（CYPRESS/V20B//孟加拉野生稻///丰源B）的后代与金23A测交，并连续回交转育而成的三系不育系，其中CYPRESS为美国的加工品质环境钝感型种质、BORO-2为孟加拉国的优质地方品种。深95A株型松紧适度，分蘖力较强，全生育期97~118 d，每公顷有效穗数255万~360万穗，每穗粒数85~150粒，千粒重25~28 g，稻瘟病抗性3~7级，品质（级）部标2~4级，柱头外露率55%~90%，花时早而集中，包颈粒率30%~45%，异交结实率30%~65%。育性稳定，配合力较强，已选配30多个杂交稻组合通过审定，其中超级杂交稻深优9516、深优1029等2个组合累计推广面积达36.67万hm^2以上。

（十二）德香074A

四川省农业科学院水稻高粱研究所以泸香90B为母本，以宜香1B为父本杂交后，自交两代，选择有香味的优良单株6474-2-1，再以K17A为母本，经10代回交转育定向选择而成的优质香稻三系不育系， 2007年8月通过了四川省技术鉴定。株高85 cm左右，株型紧散适中，繁茂性好，叶色绿，茎秆较粗壮，剑叶较短、中宽、直立；春播主茎叶片15叶左右，播始历期比Ⅱ-32A短5 d左右；柱头、叶舌为白色，叶鞘绿色，颖尖和节间为黄色；柱头总外露率70%~80%，其中双外露率40%~50%，柱头较粗、羽状分枝发达，开花习性好；花粉败育彻底，败育类型为典败，不育株率100%，花粉不育度100%，套袋自交结实率为0；植株和种子有清香味；粒型中长、无芒，千粒重28 g。目前已有5个杂交稻组合通过审定，其中德香4103、德优4727等2个超级杂交稻组合累计推广面积达38.27万hm^2以上。

（十三）吉丰A

广东省农业科学院水稻研究所用荣丰B与携带有广谱抗瘟基因*Pi-1*的材料BL122杂交，再利用分子标记辅助选择技术，选择携带有目标基因且农艺性状优良的单株回交，然后再与荣丰A连续回交转育而成的三系不育系， 2011年6月通过广东省技术鉴定。株高66 cm左右，播始历期57~75 d，主茎叶片数11~13叶。株型集散适中，茎秆粗壮，叶色深绿，叶边缘紫色，叶鞘紫色，穗长20 cm左右，穗顶部有少量短芒，每穗总粒数102~125粒，包颈粒率为27.1%，千粒重24 g左右。不育株率100%，花粉典败率和圆败率99.65%，染败率0.35%，不育度为100%；花时较为集中，午前花率为78.11%。柱头紫色粗大，总外露率59.75%，其中双外露率达31.62%，异交结实率达60%以上，繁殖、制种一般单产可达3 t/hm^2，高产可达4.5 t/hm^2以上。糙米率73.2%，精米率68.8%，整精米率60.8%，粒长7.2 mm，长宽比3.3，垩白粒率24.0%，垩白度6.4%，透明度2级，碱消值3.3级，直链淀粉含量24.7%，胶稠度44 mm，蛋白质含量10.3%。经广东省农科院植保所人工接种鉴定，吉丰A对广东30个稻瘟病菌代表菌株总抗性频率为100%，其中对优势菌群中C群、次优势菌群中B群抗性频率均为100%，在稻瘟病重发区自然诱发鉴定，叶瘟和穗瘟均为0级，高抗稻瘟病。该不育系配合力较强，已选配25个杂交稻组合通过审定，其中超级杂交稻组合吉优225、吉丰优1002累计推广面积达3.53万hm^2以上。

（十四）内香2A

内江杂交水稻科技开发中心以自育高代稳定保持材料1521B（IR8S///地谷B/大粒B//地谷B）与宜香1B杂交，用宜香1B回交后选择优良单株与自育新质源不育系88A测交，并经连续多代择优回交转育而成， 2003年8月通过四川省技术鉴定。属中迟熟不育系，播始历期与Ⅱ-32A相同，株型紧凑，分蘖力较强，茎秆粗壮，耐肥抗倒。叶鞘、叶耳、叶缘、颖尖均紫色，叶片较宽直立，穗平均着粒170粒，千粒重30.0 g。花粉败育彻底，以典败为主，有少量染败，不育株率、花粉不育度均为100%，套袋自交结实率为0.02%。花时较早，开颖角度大，开颖时间长，柱头外露率高，异交习性好，繁殖、制种产量一般为2.25 t/hm^2，高产田块可达3.0 t/hm^2。经农业部稻米品质检测中心测试，糙米率、精米率等12项测试指标达到部颁2级优质标准。对稻瘟病的抗病性与珍汕97A相当。用该不育系已选配12个杂交稻组合通过审定，其中超级杂交稻组合内2优6号（国稻6号）累计推广面积达28.60万hm^2以上。

（十五）内香5A

内江杂交稻科技开发中心利用自育的异交习性好、抗病、大粒的保持材料N7B与宜香1B杂交，选择综合农艺性状优良的优质香型保持单株与新胞质不育材料88A测交，经多代回交转育而成的品质优、高配合力不育系， 2005年8月通过四川省技术鉴定。株高62 cm，播始历期90～94 d，主茎叶片数13.0叶，株型紧凑，分蘖力较强，单株有效分蘖12个左右。叶色浓绿，叶片较窄直立，略外卷，叶鞘、叶耳、叶缘、颖尖均紫色。谷粒无芒，长粒形，长宽比3.5，穗平均着粒135粒，千粒重30.0 g左右。花粉败育株率100%，花粉败育度100%，其中典败率98.5%，圆败率1.5%，套袋自交结实率为0；柱头外露率70.43%，其中双外露率达27.82%，柱头生活力强，开颖时间长。内香5A对“九二〇”较敏感，繁殖、制种时一般用量为225 g/hm^2。繁殖、制种产量一般为3 t/hm^2左右，高产田块单产可达4 t/hm^2。糙米率79.2%，精米率72.4%，整精米率67.4%，垩白粒率5%，垩白度0.4%，透明度1级，碱消值7.0级，胶稠度70 mm，直链淀粉含量13.5%，蛋白质含量9.3%。叶瘟抗性3～6级、穗瘟抗性3～5级，表现中抗至中感。用该不育系已选配22个杂交稻组合通过审定，其中超级杂交稻组合内5优8015累计推广面积达13.87万 hm^2 以上。

（十六）宜香1A

宜宾市农业科学院以D44B为母本，以云南地方浓香型水稻材料经 ^{60}Co 辐射诱变处理育成的浓香型糯稻N542为父本杂交，再以D44A为母本杂交，经过多年回交转育而成的D型胞质优质香稻不育系，2000年7月通过四川省技术鉴定。株高80～90 cm，播始历期85～95 d，主茎叶片数14.0～15.0叶，株型挺拔，剑叶较长，叶片较窄、直立，叶色浓绿，叶鞘、柱头和颖尖为无色。分蘖力较强，单株有效分蘖12个左右，谷粒长宽比3.2，穗平着粒120～130粒，千粒重30.5 g左右，穗长24.3～28.5 cm。花粉败育度100%，典败率96.0%，圆败率4.0%，花粉败育彻底，育性稳定。柱头无色，中等大小，柱头生活力强，开颖时间长，柱头外露率62.1%，双外露率29.2%。宜香1A 对“九二〇”较敏感，繁殖、制种时“九二〇”用量为225 g/hm^2 左右，繁殖平均产量2.95 t/hm^2，高产田块可达4.50 t/hm^2。叶瘟抗性7级，穗瘟抗性5级。糙米率78.9%，精米率72.6%，整精米率64.3%，粒长7.3 mm，长宽比3.2，垩白粒率1%，垩白度0.1%，透明度1级，碱消值7.0级，胶稠度82 mm，直链淀粉含量14.7%，蛋白质含量11.6%。该不育系配合力较强，已选配74个杂交稻组合通过审定，其中宜优673、宜香优2115、宜香4245等3个超级杂交稻组合累计推广面积71.60万 hm^2 以上。

（十七）Q2A

重庆市农业科学研究所和重庆市种子公司用金23B/中九B的 F_2 代与58B/Ⅱ-32B的 F_2 代杂交，再用复交 F_2 代与珍汕97A杂交，经回交转育而成的野败胞质籼型三系不育系，2003年7月通过重庆市技术鉴定。全生育期120 d左右，主茎14.5叶。株高90 cm左右，株型松散适中，叶片直立，茎秆粗壮，叶色深绿，叶鞘、叶耳、叶枕、柱头和颖尖均为紫色。分蘖力中等，成穗率高，单株成穗10个左右。穗大粒多，穗长25 cm左右，着粒疏密适中，穗平着粒240粒左右。包颈度31.12%，包颈粒率15.75%。谷粒长型，粒长7.3 mm，宽2.4 mm，长宽比3.0。花粉以圆败为主，圆败率为58.10%，典败率为41.72%，染败率为0.18%，败育率100%。花时集中，午前花率73.2%，未施“九二〇”时柱头外露率为96.6%，其中双边外露率78.4%，单边外露率18.2%。对稻瘟病的综合抗性优于珍汕97A。糙米率79.8%，精米率71.4%，整精米率69.4%，粒长6.3 mm，长宽比 2.9，垩白粒率 4.0%，垩白度 0.2%，透明度 1 级，碱消值 7.0 级，胶稠度 77 mm，直链淀粉含量 14.7%，蛋白质含量 12.3%。用该不育系已选配 Q2 优 3 号、 Q 优 6 号、 Q 优 5 号等 3 个杂交稻组合通过审定，其中超级杂交稻组合 Q 优 6 号累计推广面积 140.20 万 hm^2 以上。

（十八）K22A

四川省农业科学院水稻高粱研究所以Ⅱ-32B/02428// 协青早 /K 青 B 的复交后代经系谱法选优良单株为父本，以 K 青 A 为母本杂交，同时选择优良的父本株系进行花药培养加快稳定，经多代回交转育而成的不育系。生育期适中，播始历期 70 d 左右，主茎叶片数 14 叶，株高约 68 cm，叶片中宽、直立，分蘖力强，株型较紧凑，叶缘、叶鞘、叶舌、颖尖、柱头均为紫色；花粉败育以典败为主，不育株率 100%，不育度 99.98% 以上，自交结实率 0.01% 以下，在未喷“九二〇”时，柱头总外露率 48% 左右；谷粒黄色，长宽比 2.85 左右。柱头外露率高，异交率高。 K22A 已选配 4 个杂交稻组合通过审定，其中超级杂交稻组合一丰 8 号、黔南优 2058 累计推广面积 3.60 万 hm^2 以上。

（十九）珞红 3A

武汉大学生命科学学院用粤泰 A 作母本，粤泰 B 辐射变异后代中的早熟株 T08B 作父本，经连续回交转育而成的红莲型水稻三系不育系， 2006 年通过湖北省品种审定。株高 86 cm 左右，株型紧凑，分蘖力较强，叶色浓绿，叶片窄长、挺直，剑叶中长。穗大，谷粒细长，穗顶有少数颖花退化。叶鞘、稃尖、柱头无色，花药瘦小、淡黄色。穗长 23.8 cm，每穗总粒数 189.0 粒，千粒重 24.5 g。在湖北 5 月上旬播种，播始历期 72 d 左右，主茎叶片数平均 14.6 叶。开花习性好，柱头总外露率 89.6%，其中双边外露率 61.6%。育性稳定，千株群体不育株率 100%，花粉不育率 99.96%，套袋自交不育度 99.97%，花粉败育属配子体类型，以圆败为主，少数稻穗有染败花粉。米质主要理化指标达到国标二级优质稻谷质量标准。用该不育系选配的超级杂交稻珞优 8 号（红莲优 8 号）累计推广面积 49.20 万 hm^2 以上。

（二十）甬粳 2 号 A

宁波市农业科学研究院、宁波市种子公司以宁 67A 为母本，宁波 2 号的 F_5 代单株作父本杂交，经连续多代回交转育而成的中熟晚粳不育系，属滇Ⅰ型细胞质源， 2000 年 9 月通过浙江省技术鉴定。农艺性状整齐，为半矮生株型，不育花粉率为 99.99%，以染败为主，套袋自交不育率 99.98%。柱头外露率 30.94%，花时花期集中，单穗开花历期 6 d，单株开花历期 11 d，田间异交结实率 59.97%。糙米率、精米率、垩白粒率、垩白度、透明度、糊化温度、直链淀粉含量等 7 项指标达到部颁优质 1 级。抗稻瘟病、中抗白叶枯病、中抗细条病。用该不育系已选配了 9 个籼粳杂交稻组合通过审定，其中甬优 6 号、甬优 12 等 2 个超级杂交稻组合累计推广面积 48.33 万 hm^2 以上。

（二十一）盛泰 A

湖南洞庭高科种业股份有限公司以岳 4A 为母本，盛 21232-Q3B（岳 4B/ 五岭香丝 // 岳 4B）为父本杂交，回交转育而成的早籼型三系不育系， 2010 年通过湖南省品种审定。播始历期 67～68 d，株高 69.0 cm 左右，株型松散适中，分蘖力较强，剑叶直立，叶鞘、稃尖、柱头均无色，主茎叶片数 14.9～15.3 叶。单株有效穗数 10～11 个，穗长 21.6 cm，每穗总颖花数 113.6 粒，千粒重 25.4 g。不育株率 100%，不育度 99.99%，花粉败育以典败为主，自交结实率 0.006%。柱头总外露率 70.0%，其中双边外露率 28.9%；穗包颈粒率 40.5%，异交结实率 50.4%。叶瘟 6 级，穗瘟 7 级，白叶枯病 3 级。糙米率 82.0%，整精米率 68.1%，长宽比 3.4，垩白粒率 4%，垩白度 0.3%，胶稠度 72 mm，直链淀粉含量 16.0%。用该不育系已选配 4 个杂交稻组合通过审定，其中超级杂交稻组合盛泰优 722 累计推广面积 1.93 万 hm^2 以上。

二、两系不育系

（一）准 S

湖南杂交水稻研究中心以安农 S-1 衍生不育系 N8S 与香 2B、怀早 4 号和早优 1 号经两轮随机多交加混合选择，再经系统选育而成， 2003 年 3 月通过湖南省技术鉴定。该不育系株高 65～70 cm，株型松散，叶色淡绿，叶鞘、稃尖、柱头无色。播始历期 65～80 d，主茎叶片数 11～13 叶。分蘖力中等，穗长 23 cm 左右。每穗总粒数 120 粒，千粒重 28 g 左右。不育起点温度 23.5～24.0 ℃，不育期不育株率 100%，花粉败育率 100%，以典败为主。花时早，柱头外露率 75% 以上，异交结实率一般为 50% 左右。白叶枯病抗性为 3 级。用该不育系已配制出准两优 527、准两优 1141、准两优 608 等 3 个超级杂交稻中、晚籼组合，累计推广面积 76.73 万 hm^2 以上。

（二）HD9802S

湖北大学用湖大 51（92010× 早优 4 号）与红辐早杂交，通过低温选择和人工气候箱鉴定育成的早籼型水稻温敏核不育系。不育起点温度为日均温 23～24 ℃，耐低温期为 5 d。不育性受 1 对隐性核基因控制，其不育基因与香 125S、株 1S 的核不育基因等位。 HD9802S 株型松散适中，剑叶短而挺直，叶色浓绿；播始历期 60～78 d，主茎叶片 12～13 叶，株高 60.6 cm，穗长 21.3 cm，单株有效穗数 8.5 个，每穗颖花数 140～150 个，千粒重 24.2 g。该不育系对“九二〇”较敏感，每公顷喷施“九二〇”180～250 g 可解除包颈。柱头外露率 74.7%，其中双边外露率 25.3%，异交结实率达 45% 以上。谷粒细长型，粒长 6.8 mm，长宽比 3.2，稃尖无色，糙米率 76.8%，整精米率 56.2%，垩白粒率 0，垩白度 0，直链淀粉含量 11.8%，胶稠度 65 mm，品质优。已育成两优 287、两优 6 号、 H 两优 991 等 3 个超级杂交早、晚稻组合通过省级品种审定，累积推广面积 70.67 万 hm^2 以上。

（三）湘陵 628S

湖南亚华种业科学研究院以光温敏水稻不育系株 1S 的幼穗为外植体进行组织培养，用获得体细胞无性系矮秆突变体 SV14S 作母本，与优质抗稻瘟病品种 ZR02 杂交，对杂交后代进行胁迫筛选，定向培育而成， 2008 年通过湖南省农作物品种审定。全生育期 58～84 d，主茎叶片数 12 叶左右，属于中熟偏迟早稻类型。株高 63～65 cm，株型较紧凑，叶片直立，分蘖力较强，一般单株分蘖 12～13 个，单株有效穗数 9～10 个，每穗颖花数 136 个左右。穗形较大，直立状，包颈粒率 16.6%。午前花率达 75% 以上，柱头外露率 82.6%，其中双边外露率 32.6%，异交结实率一般可达 45% 以上。谷粒长宽比 3.0，千粒重 25 g，糙米率 81.3%，精米率 73.6%，整精米率 68.6%，垩白粒率 4%，垩白度 1%，透明度 1 级，碱消值 5.9 级，胶稠度 62 mm，直链淀粉含量 12.8%。该不育系配合力较强，已选育 26 个杂交稻组合通过审定，其中超级杂交早稻组合陵两优 268 累计推广面积 17.33 万 hm^2 以上。

（四）株 1S

湖南省株洲市农业科学研究所从遗传距离较远的不同生态类型材料杂交（抗罗早 //4342 /02428）的 F_2 群体中分离出的温敏核不育株定向培育而成， 1998 年通过湖南省技术鉴定。该不育系株高 75～80 cm，株型紧散适中。前期叶片稍披，倒 3 叶直立，剑叶长 25 cm、宽

1.65 cm，较厚，夹角 30 °左右。叶色嫩绿，叶鞘、稃尖均无色。茎秆较粗，地上部伸长节 4 个，茎基部节间较短。一般单株分蘖 11 个，成穗 7.5 个。每穗颖花数 100～130 个，颖壳淡绿，稃毛较少。谷粒饱满，千粒重 28.5 g。中抗稻瘟病和白叶枯病。育性转换临界温度在 23 ℃以下。不育期抽穗包颈较轻，穗粒外露率 75%～80%。糙米率 80.4%，精米率 72.3%，整精米率 44.3%，米粒长 7.1 mm，长宽比 3.2，垩白粒率 40%，垩白度 5.5%，透明度 2 级，碱消值 5.7 级，胶稠度 42 mm，直链淀粉含量 26.3%，蛋白质含量 11.2%，有 7 项指标达到部颁二级以上优质米标准。该不育系具有广亲和性，配合力强，已配制出 50 多个杂交稻组合通过省级以上品种审定，其中超级杂交早稻组合株两优 819 累计推广面积 47.80 万 hm^2 以上。

（五）培矮 64S

湖南杂交水稻研究中心以农垦 58S 为母本，籼爪型品种培矮 64（培迪 / 矮黄米 // 测 64）为父本，通过杂交和回交选育而成的籼型温敏核不育系， 1991 年通过湖南省技术鉴定。该不育系株高 65～70 cm，分蘖力强，株型集散适中，茎秆粗细中等，叶鞘、叶耳无色，柱头、稃尖浅紫色，叶色浓绿，主茎叶片数 13～15 叶，剑叶长 30～35 cm，宽 1.6～2.0 cm，剑叶与穗夹角 15 °～30 °，属叶下禾。不育起点温度在 13 h 光照条件下为 23.5 ℃左右，海南短日照（12 h）条件下不育起点温度超过 24.0 ℃。中抗稻瘟病和白叶枯病，感稻粒黑粉病和纹枯病。谷粒长形，长宽比 3.1，千粒重 21 g。培矮 64S 亲和谱广、亲和力强，目前已配制出 50 多个杂交稻组合通过省级以上品种审定。其中，用培矮 64S 配组的两优培九、培杂泰丰、培两优 3076 等 3 个超级杂交稻组合累计推广面积 653.60 万 hm^2 以上。

（六）Y58S

湖南杂交水稻研究中心用安农 S-1 为不育基因供体，与常菲 22B、 Lemont、培矮 64S 杂交、复交，经多年系谱选择和测交筛选而成， 2005 年通过湖南省品种审定。该不育系属籼型两用核不育系，播始历期 76～97 d。株高 65～85 cm，株型松紧适中，叶色较淡绿，叶鞘绿色，稃尖杆黄色，柱头白色，叶片具有长、直、窄、凹、厚的特征，主茎叶片数 12～15 叶。单株有效穗数 9～12 穗，穗长约 26 cm，每穗总颖花数约 150 粒，千粒重 25 g 左右。不育株率 100%，不育度 100%，花粉败育彻底，以典败为主，不育起点温度低于 23 ℃。柱头总外露率 88.9%，其中双边外露率 59.6%。异交结实率 53.9%。叶瘟 3 级，穗瘟 3 级，白叶枯病 5 级；糙米率 79.3%，精米率 70.9%，整精米率 66.8%，粒长

6.2 mm，长宽比 2.9，垩白粒率 5%，垩白度 0.8%，透明度 2 级，碱消值 7.0 级，胶稠度 66 mm，直链淀粉含量 13.7%，蛋白质含量 11.0%。繁殖产量一般为 4.5 t/hm²。该不育系一般配合力强，已选配出 100 多个杂交水稻组合通过品种审定。农业部认定的超级杂交稻组合有 Y 两优 1 号、深两优 5814、 Y 两优 087、 Y 两优 2 号、 Y 两优 5867、 Y 两优 900、 Y 两优 1173 等 7 个，累计推广面积 381.00 万 hm² 以上。

（七）深 08S

国家杂交水稻工程技术研究中心清华深圳龙岗研究所用 Y58S 与早优 143 杂交，经连续多代系选而成的温敏型两系不育系， 2009 年、 2012 年先后通过广东省、安徽省技术鉴定。株高 70 cm 左右，茎秆粗壮，叶片挺立内卷，株型较好，主茎叶片数 14 叶左右，夏播播始历期 85～94 d；叶片淡绿色，叶鞘稃尖无色，穗部谷粒有短芒。每穗总粒数 180 粒左右，千粒重 24 g 左右。深 08S 柱头外露率高，柱头总外露率 85% 左右，其中双边外露率 60% 左右，异交结实率可达 50% 以上。花粉败育以无花粉败育为主，不育起点温度 23.5 ℃左右，对“九二〇”较敏感，一般每公顷用量为 180～225 g。该不育系配合力较强，已选配 25 个组合通过省级以上品种审定。农业部认定的超级杂交稻组合有深两优 870、深两优 8386，累计推广面积 2.73 万 hm² 以上。

（八）广占 63S

北方杂交粳稻工程技术中心以具有广亲和性的 N422S 为母本，与广东优质籼稻广占 63 杂交，经过 11 代系选而成的光温敏核不育系， 2001 年 8 月通过安徽省技术鉴定。株高 80 cm 左右，播始历期 69～78 d，主茎叶片数 12.9～14.1 叶。穗长 22.5 cm，单株成穗 7～9 个，每穗总粒数 140.6～165.2 粒，千粒重 25.0 g。柱头无色，午前花率 65% 左右，柱头外露率 74.2%，其中双外露率 45%，异交结实率可达 48%。不育花粉类型为无花粉型，在日照长度大于 14 h，温度 23.5 ℃以上时可保证自交结实率低于 0.05%。糙米率 79.6%，精米率 72.6%，整精米率 64.5%，粒长 6.5 cm，长宽比 2.9，垩白粒率 4%，垩白度 0.2%，透明度 1 级，碱消值 7 级，胶稠度 78 mm，蛋白质含量 11.8%，直链淀粉含量 12.7%。高抗白叶枯病（病斑面积 3%～5%），抗稻瘟病。该不育系配合力较强，已选配 19 个杂交稻组合通过省级以上品种审定，其中超级杂交稻组合丰两优香 1 号累计推广面积 97.00 万 hm² 以上。

（九）广占 63-4S

北方杂交粳稻研究中心从广占 63S 群体中系选而来，2003 年通过江苏省品种审定（里下河地区农科所引进）。该不育系平均播始历期 75 d。株高 85 cm，株型集散适中，分蘖力强，叶片窄，叶色较深。地上部伸长节间数 5 个，总叶片数 14～15 叶。不育性稳定。据南京气象学院和华中农业大学鉴定，在 14.5 h 长日照条件下，不育起点温度低于 23.5 ℃；在 12.5 h 短日照条件下，不育起点温度低于 24.0 ℃。不育期内的不育株率为 100%，自交结实率为 0，花粉败育为无花粉型，在可育期的育性恢复性也较好。与广占 63S 相比，不育性、品质、抗性相仿；生育期迟 4～5 d，株高 3～5 cm，每穗总粒数多 5～10 粒。每穗粒数 160 粒，千粒重 25 g。整精米率 64.5%，长宽比 2.9，垩白粒率 4%，垩白度 0.2%，透明度 1 级，直链淀粉含量 12.7%，碱消值 7 级，胶稠度 78 mm。用该不育系配制的扬两优 6 号、广两优香 66、广两优 272、两优 616 等 4 个超级杂交稻中籼组合，累计推广面积 311.40 万 hm^2 以上。

（十）1892S

安徽省农业科学院水稻研究所从培矮 64S 群体中发现变异单株，经过 8 代选育出育性转换临界温度较低、配合力较强的优质籼型光温敏核不育系，2004 年 8 月通过安徽省技术鉴定。株高 62.7 cm，播始历期 70～87 d，主茎叶片数 15.0～16.3 叶，为长江流域中籼类型。穗长 15.8 cm，单株穗数 8.6 个，每穗总粒数 136.3 粒，千粒重 22 g 左右。柱头紫色，花时较集中，柱头总外露率 87%，其中双露率 46%，异交结实率可达 62%；半包颈，对"九二〇"较敏感，用量为 375～450 g/hm^2。安徽省农业科学院植物保护研究所人工接种抗性鉴定，白叶枯病抗性 3 级（中抗），稻瘟病抗性 2 级（抗）。糙米率 79.5%，精米率 74.1%，整精米率 72.6%，长宽比 3.1，垩白粒率 19%，垩白度 1.6%，透明度 3 级，碱消值 4.2 级，直链淀粉含量 15.1%，胶稠度 96 mm，蛋白质含量 9.8%，米质达国标优质稻谷 3 级标准。该不育系配合力较强，已选配 24 个杂交稻组合通过省级以上品种审定。选育的超级杂交稻组合徽两优 6 号、徽两优 996 累计推广面积 23.80 万 hm^2 以上。

（十一）C815S

湖南农业大学用两用核不育材料 5SH038［（安湘 S/ 献党 //02428）F_6］作母本、培矮 64S 作父本杂交，经海南短日照低温、长沙夏季长日照低温、长沙秋季短日照低温和人控水温池处理的增压选择，通过 5 年 10 代的定向培育而成，2004 年通过湖南省品种审定。属籼型两用核不育系，株高 71～75 cm，株型较紧凑，叶色较浓绿，叶鞘、稃尖、柱头紫色，叶片具有长、直、窄、凹、厚的特征，播始历期 65～95 d，主茎叶片数 13～16 叶。分蘖力中等，单株有效穗 11～12 个，穗长约 24 cm，每穗总颖花数约 165 个，千粒重约 24 g。不育株率 100%，不育度 99.99%，花粉败育以典败为主，不育起点温度 23 ℃。柱头总外露率 90.5%，其中双边外露率 62.0%，单边外露率 28.5%，异交结实率 55%～60%。广亲和性良，与 IR36、南京 11、秋光、巴利拉 4 个测验种杂交 F_1 的平均结实率达 81.0%。叶稻瘟抗性 7 级，穗颈瘟抗性 7 级，白叶枯病抗性 3 级。糙米率 78.5%，精米率 72.5%，整精米率 71.5%，长宽比为 2.7，垩白粒率 6%，垩白度 0.4%。一般繁殖产量 4.5 t/hm^2 左右。该不育系配合力较强，已选育 33 个杂交稻组合通过省级以上品种审定，其中超级杂交稻组合 C 两优华占累计推广面积 14.73 万 hm^2 以上。

（十二）隆科 638S

湖南亚华种业科学研究院用两系早籼不育系湘陵 628S 作母本，中籼两系不育系 C815S 作父本杂交，经多代择优系选培育而成的中籼型温敏两用核不育系。湖南春播，播始历期 103～109 d，夏秋播播始历期 80～90 d，主茎叶片数 15.3 叶左右。株高 91.8 cm，株型紧凑，茎秆粗壮，叶色深绿，叶片直立，叶鞘秆绿色，分蘖早，分蘖力较强，剑叶直立，剑叶长而宽，颖壳绿色，稃尖、柱头均无色，部分谷粒有顶芒，单株分蘖 12～14 个，成穗 8～9 个，成穗率 65% 以上，穗长 22.9 cm，每穗总颖花数 200 个左右，千粒重 25 g 左右。不育期不育株率 100%，不育度 100%，表现为完全典败和无花粉型，育性转换的起点温度低于 23.5 ℃，不育性稳定。穗包颈粒率 13.8% 左右，对“九二〇”敏感。不喷“九二〇”情况下，柱头总外露率 78.3%，其中双边外露率 51.5%，柱头大，活力强。午前花率 86% 以上，异交结实率 40% 以上。苗叶瘟抗性 3 级，穗瘟抗性 5 级，白叶枯病抗性 5 级。糙米率 78.9%，精米率 68.6%，整精米率 65.2%，粒长 6.3 mm，长宽比 2.7，垩白粒率 20%，垩白度 2.4%，透明度 3 级，碱消值 3.0 级，胶稠度 88 mm，直链淀粉含量 12.4%。该不育系配合力强，已选配 33 个组合通过省级以上品种审定。其中超级杂交稻组合隆两优华占累计推广面积 1.60 万 hm^2 以上。

（十三）新安 S

安徽荃银农业高科技研究所用广占 63-4S 与具有浅褐色标记的爪哇稻材料 M95 杂交，经 5 年 7 代选育而成的中籼型光温敏核不育系，2004 年通过安徽省技术鉴定，2005 年通过安徽省品种审定。株高 80 cm 左右，叶色深绿，叶片挺直微凹，较短，外露秆色为微红色。在合肥地区5—6月播种，播始历期73~89 d，全生育期120 d左右，主茎叶片数14.1~14.5叶。不育株率100%，花粉镜检，花粉败育率99.99%，套袋自交率为0。不育性稳定，经鉴定，光照长14.5 h，气温23.5 ℃条件下，花粉败育率99.57%。每穗颖花数165~185个，柱头无色，柱头外露率79.5%，双外露率为42.5%，对“九二〇”敏感，异交率高。千粒重26 g左右，颖壳褐色。糙米率78.2%，精米率71.0%，整精米率65.2%，垩白粒率12%，垩白度1.0%，透明度1级，碱消值7.0级，蛋白质含量14.1%，胶稠度68 mm，直链淀粉含量为10.1%，粒长6.2 mm，长宽比2.7，米质较优。白叶枯病抗性5级（中感），稻瘟病抗性1级（抗）。该不育系适于配制中籼类型杂交稻组合，已配组12个杂交稻组合通过品种审定，其中超级杂交稻组合新两优6号（皖稻147）累计推广面积206.00万hm^2以上。

（十四）03S

安徽荃银农业高科技研究所用广占63-4S为母本，多系一号为父本杂交后，经过6代自交选育而成的两系不育系。用03S选配的新两优6380和两优038两个超级杂交稻组合通过品种审定，累计推广面积31.53万hm^2以上。

第二节　超级杂交水稻主要恢复系

超级杂交水稻恢复系分为三系恢复系、两系恢复系。三系恢复系主要来源于明恢63、密阳46、特青、桂99等衍生恢复系，两系恢复系来源广泛，主要由常规品种或品系选育而成，也有部分恢复系来源于三系恢复系。按照选配组合与应用面积综合衡量，目前超级杂交稻骨干恢复系有20余个。

一、三系恢复系

（一）蜀恢527

四川农业大学水稻研究所以恢复系1318（圭630/古154//IR1544-28-2-3）为母本，以优质恢复材料88-R3360（辐36-2/IR24）为父本杂交后，通过系谱法选育而成的恢复系。叶鞘、叶片绿色，剑叶直立，开颖角度中，开颖时间中；花时长，花时早，花药饱满；茎秆粗，主茎叶片数中；穗型中等；谷粒长，谷粒呈椭圆形，千粒重较大；每穗粒数较多，结实率高，恢复力强。已选配40多个杂交稻组合通过审定，其中D优527、协优527、准两优

527、一丰 8 号、金优 527 等 5 个超级杂交稻组合累计推广面积 279.07 万 hm^2 以上。

（二）华占

中国水稻研究所以引自马来西亚的 SC02-S6 为基础材料，经过反复测交与系统选育而成的恢复系，恢复力强，是目前国内应用较多的骨干恢复系，已选配 57 个三系、两系杂交稻组合通过审定，其中天优华占、 C 两优华占、隆两优华占等 3 个超级杂交稻组合累计推广面积 124.80 万 hm^2 以上。

（三）湘恢 299

湖南杂交水稻研究中心以高配合力、抗稻瘟病、米质较优的早稻恢复系 R402 作母本，优质、抗病性较好、带有粳稻亲缘的晚稻恢复系先恢 207 作父本，进行有性杂交，通过多代抗性加压筛选和测恢选育而成。该恢复系具有株型良好、恢复力强、恢复谱广、配合力高、花粉量足、制种产量高等特点。已选配 4 个杂交稻组合通过审定，其中丰源优 299 和金优 299 等 2 个超级杂交晚稻组合累计推广面积 98.73 万 hm^2 以上。

（四）中恢 8006

中国水稻研究所以多系 1 号与明恢 63 的 F_4 代为母本，以 IRBB60 为父本杂交后通过多代自交和分子标记辅助选择而成。已育成 4 个杂交稻组合通过品种审定，其中国稻 1 号、国稻 3 号、国稻 6 号等 3 个超级杂交稻组合累计推广面积 88.33 万 hm^2 以上。

（五）R225

江西省农业科学院水稻研究所从 R998 变异株系选育而成，已育成 3 个杂交晚稻组合通过品种审定，其中荣优 225、吉优 225 等 2 个超级杂交晚稻组合累计推广面积 41.47 万 hm^2 以上。

（六）R7116

深圳市兆农农业科技有限公司用 R468 与（轮回 422× 蜀恢 527） F_2 杂交后，再经 6 代选择育成的恢复系，其中， R468 是以明恢 63×Tetep（特特普）为基础材料经 8 代选择育成。已育成 9 个杂交稻组合通过品种审定，其中深优 9516、五优 116 等 2 个超级杂交晚稻组合累计推广面积 36.67 万 hm^2 以上。

（七）F5032

宁波市农业科学研究院作物研究所选育的粳型杂交稻恢复系，已选配甬优 12、甬优 13、甬优 15 等杂交稻组合通过品种审定，其中超级杂交稻组合甬优 12、甬优 15 累计推广面积 37.13 万 hm^2 以上。

（八）航 1 号

福建省农业科学院水稻研究所用明恢 86 干种子通过卫星搭载后，经福州、三亚、上杭、南靖等不同生态地点的种植，穿梭选择，定向培育，选育而成的比明恢 86 植株更高、穗长更长、米质更优、抗瘟性更强的恢复系。已选配了籼优航 1 号、谷优航 1 号、Ⅱ优航 1 号、特优航 1 号等 4 个杂交稻组合通过品种审定，其中超级杂交稻组合Ⅱ优航 1 号、特优航 1 号累计推广面积 100.60 万 hm^2 以上。

（九）明恢 86

福建省三明市农业科学研究所用 P18（IR54/ 明恢 63//IR60/ 圭 630）作母本，与籼粳交恢复系明恢 75（粳 187/IR30// 明恢 63）杂交，经沙县和海南连续 6 年 8 代的单株选择、测交选育而成。具有抗稻瘟病、较抗白叶枯病、配合力好、恢复力强的特点。已选配 15 个杂交稻组合通过审定，其中超级杂交稻组合Ⅱ优明 86 累计推广面积 137.07 万 hm^2 以上。

（十）航 2 号

福建省农业科学院水稻研究所将恢复系明恢 86 干种子通过卫星搭载进行高空辐射诱变后，经福建省各地、海南三亚等多点不同生态条件，采用穿梭选择、定向培育而成，综合性状优于明恢 86。已选育了两优航 2 号、特优航 2 号、Ⅱ优航 2 号等杂交稻组合通过品种审定，其中超级杂交稻组合Ⅱ优航 2 号累计推广面积 21.33 万 hm^2 以上。

（十一）泸恢 17

四川省农业科学院水稻高粱研究所用粳稻广亲和品种 02428 与圭 630 杂交，后代测恢选优培育而成。已选配了协优 117、川农 2 号、 B 优 817、 K 优 17、Ⅱ优 7 号等 5 个杂交稻组合通过品种审定，其中超级杂交稻组合Ⅱ优 7 号累计推广面积 99.00 万 hm^2 以上。

（十二）泸恢 602

四川省农业科学院水稻高粱研究所用粳型广亲和品种 02428 与强恢复力、配合力好的品种圭 630 配组，再与具有抗螟特性的 IR244 杂交，在杂交后代进行穿梭育种选择，经过 10 年杂交 F_6 代、花培 H_5 代的选育，于 1996 年育成。播始历期 105 d，株高 115 cm，植株整齐，分蘖力较强，茎秆粗壮；主茎叶片数 15～16 叶，叶片直立、较宽，叶片颜色深绿色，剑叶叶片较宽；花药大而饱满，花粉量大；穗呈纺锤形，穗较长，平均 25 cm，每穗粒数平均 150 粒左右，结实率 90%，千粒重 35.5 g；谷粒颜色淡黄色，谷粒形状中长椭圆形，长宽比 2.79；中抗稻瘟病，纹枯病轻，抗倒性强，配合力高，属籼粳交偏籼型。已选配了 K 优 8602、Ⅱ优 602 等杂交稻组合通过品种审定，其中超级杂交稻组合Ⅱ优 602 累计推广面积 41.07 万 hm^2 以上。

（十三）镇恢 084

江苏丘陵地区镇江农业科学研究所用明恢 63/ 特青的 F_5 代株系 91-2156 作母本，R19 选系作父本杂交，于 1997 年育成的优质、高抗籼型强优恢复系。株高 115 cm 左右，全生育期 141 d 左右，株型紧凑，叶片较挺，叶色淡，茎秆较粗壮，分蘖力较强，成穗率高，穗型较小，抗倒性强，后期熟相好，熟期早。抗穗颈瘟、白叶枯病，中抗纹枯病。整精米率 58.2%，长宽比 3.1，垩白粒率 8%，垩白度 0.6%，胶稠度 98 mm，直链淀粉含量 13.3%。已选配了镇籼优 184、汕优 084、协优 084、丰优 084、天丰优 084、Ⅱ优 084 等杂交稻组合通过品种审定，其中超级杂交稻组合Ⅱ优 084 累计推广面积 144.80 万 hm^2 以上。

（十四）浙恢 7954

浙江省农业科学院用自育恢复系 R9516（培矮 64S/ 特青 3 号）为母本，以自选大穗型恢复系 M105（密阳 46/ 轮回 422）为父本杂交后，经系谱法选育而成的恢复系。叶片深绿色，茎秆长度中，茎秆粗细中；剑叶长，剑叶叶片角度直立，主茎叶数多；穗长度中，穗型密集，二次枝梗多，穗粒数多，结实率高，谷粒长度中，谷粒宽度宽，千粒重较大；抗白叶枯病。已选配了冈优 7954、钱优 1 号、协优 7954、Ⅱ优 7954 等杂交稻组合通过品种审定，其中超级杂交稻组合Ⅱ优 7954 累计推广面积 65.00 万 hm^2 以上。

（十五）蜀恢 162

四川农业大学用密阳 46 作母本，（707× 明恢 63）F_8 中间材料作父本，杂交 F_1 经花药培养，通过测恢筛选，注重选择熟色良好、根系不早衰、秆硬抗倒等性状培育而成。恢复系蜀恢 162 具有韩国稻密阳 46 和非洲稻等亲缘，已选配 D 优 162、Ⅱ优 162、池优 S162 等杂交稻组合通过审定，其中超级杂交稻组合Ⅱ优 162 已累计推广面积 88.33 万 hm^2 以上。

（十六）桂恢 582

广西农业科学院水稻研究所以恢复系桂 99 为母本， Calotoc/02428 的后代为父本杂交，采用系谱法选育而成。已选配了特优 582、桂两优 2 号等 2 个超级杂交稻组合通过审定，累计推广面积 21.53 万 hm^2 以上。

（十七）福恢 673

福建省农业科学院水稻研究所用明恢 86 干种子通过返回式卫星进行空间搭载后选择优良单株为母本，以台农 67 为父本杂交， F_2 选单株为母本再与 N175 杂交，经 5 代自交选育而成的恢复系。已选配了 10 个杂交稻组合通过审定，其中超级杂交稻组合宜优 673 累计推广面积 40.13 万 hm^2 以上。

（十八）成恢 727

四川省农业科学院作物研究所以成恢 177 为母本，蜀恢 527 为父本杂交后连续自交选育而成的恢复系。已选配了 22 个杂交稻组合通过审定，其中超级杂交稻组合德优 4727 累计推广面积 3.80 万 hm^2 以上。

（十九）广恢 998

广东省农业科学院水稻研究所以 R1333 为母本，以 R1361 为父本杂交至 F_7 代选育而成；其中， R1333 是以广恢 3550 与 518 杂交后， F_1 代再与珍桂矮杂交，选育出的 F_4 代中间材料与明恢 63 杂交育成； R1361 是以 836-1 与来自斯里兰卡种质 BG35 杂交选育而成。上部功能叶窄而挺直，呈内卷瓦筒状，叶片颜色深绿色，叶片长宽适中，叶肉较厚，叶脉较粗；对珍汕 97A、Ⅱ-32A、优Ⅰ A、粤丰 A、华农 A、中九 A 等多个不育系具有较强的配合力；杂种结实率高，已选配 16 个杂交稻组合通过审定，其中超级杂交稻组合天优 998 已累计推广面积 174.67 万 hm^2 以上。

（二十）广恢 308

广东省农业科学院水稻研究所以广恢 122 为父本，以优质抗病育种中间材料（朝六占 / 三合占）为母本杂交，经过 4 年 8 代的系谱选择及抗性和品质鉴定、测恢测优选育而成。已选配了 5 个杂交稻组合通过品种审定，其中超级杂交晚稻组合五优 308 已累计推广面积

132.93 万 hm^2 以上。

（二十一）广恢 122

广东省农业科学院水稻研究所以明恢 63 为母本、广恢 3550 为父本杂交，F_5 代中选择综合性状优良，且生育期偏迟熟的中间材料为父本，再与高抗稻瘟病的优质恢复材料 836-1 复交，经多代系选而成。已选配 7 个杂交稻组合通过审定，其中超级杂交稻组合天优 122 累计推广面积 30.20 万 hm^2 以上。

二、两系恢复系

（一）扬稻 6 号（9311）

江苏省里下河地区农科所用扬稻 4 号为母本，中籼“3021”为父本，F_1 种子经 $^{60}CO-\gamma$ 射线辐照诱变，定向选育而成。1997 年 4 月、 2000 年 11 月和 2001 年 3 月分别通过江苏、安徽、湖北三省品种审定。全生育期 145 d 左右，为迟熟中籼类型。苗期矮壮，繁茂性好，分蘖性中等，株高 115 cm，茎秆粗壮，地上部伸长节间 5 个，总叶片数 17 ~ 18 叶，穗长 24 cm，穗层整齐，熟相佳，抗倒能力强。一般每公顷成穗数 225 万穗左右，每穗总粒数 165 粒以上，结实率 90% 以上，千粒重 31 g 左右。糙米率 80.9%，精米率 74.7%，米粒长宽比 3.0，垩白度 5%，透明度 2 级，直链淀粉含量 17.6%，碱消值 7 级，胶稠度 97 mm，蛋白质含量 11.3%，品质主要指标达部颁一级米标准。米饭松散柔软，冷后不硬，适口性好。对白叶枯病表现抗病（3 级），稻瘟病表现高抗（病级为 R）；耐热性和苗期耐冷性较强（耐性均为 3 级）。扬稻 6 号是著名恢复系，已配制出两优培九、 Y 两优 1 号、扬两优 6 号等 3 个两系超级杂交中籼组合，累计推广面积在 1 085.33 万 hm^2 以上。

（二）安选 6 号

安徽农业大学从中籼稻 9311 中选择的自然变异株，经系统选育于 1998 年育成的常规中籼品种。全生育期 142 d 左右，比汕优 63 长 3 ~ 4 d，株高 110 ~ 115 cm，株型紧凑，茎秆健壮，叶片挺举，浓绿；平均每穗总粒数 150 粒左右，结实率 80% 以上，谷粒细长，无芒，千粒重 29 g，米质 12 项指标中 10 项达部颁二级以上优质米标准，糙米率和整精米率接近二级标准。高抗白叶枯病，中感稻瘟病。已选配了 6 个杂交稻组合通过审定，其中超级杂交稻组合新两优 6 号累计推广面积 206.00 万 hm^2 以上。

（三）丙 4114

国家杂交水稻工程技术研究中心清华深圳龙岗研究所以扬稻 6 号为母本，以蜀恢 527 为父本杂交后通过 10 代自交选育而成的恢复系。已选配了深两优 814、徽两优 114、两优 1 号、深两优 5814 等 4 个杂交稻组合通过品种审定，其中超级杂交稻组合深两优 5814 累计推广面积 115.20 万 hm^2 以上。

（四）华 819

湖南亚华种业科学研究院以 ZR02 为母本，以中 94-4 为父本杂交后通过 5 代自交选育而成的恢复系，已选配了株两优 819、陆两优 819 等 2 个超级杂交早稻组合，累计推广面积在 52.40 万 hm^2 以上。

（五）远恢 2 号

湖南杂交水稻研究中心用 R163 作母本，与蜀恢 527 杂交后经多代系选而来。该恢复系穗大粒多，茎秆较粗，恢复力较强，已选配了 Y 两优 2 号、湘两优 2 号 2 个杂交稻组合通过品种审定，其中超级杂交稻组合 Y 两优 2 号累计推广面积 14.53 万 hm^2 以上。

（六）R900

湖南袁创超级稻技术有限公司选育的强优势恢复系，具有株高适中、株型紧凑、茎秆粗壮、着粒密、穗大粒多等特点。配组优势强，已选育了 Y 两优 900、湘两优 900、袁两优 1000 等 3 个杂交稻组合通过品种审定，其中超级稻组合 Y 两优 900 累计推广面积 1.20 万 hm^2 以上。

References

参考文献

[1] 万建民. 中国水稻遗传育种与品种系谱（1986—2005）[M]. 北京：中国农业出版社，2010：485-495.

[2] 袁隆平. 杂交水稻学 [M]. 北京：中国农业出版社，2002：119-124.

[3] 邓启云. 广适性水稻光温敏不育系 Y58S 的选育 [J]. 杂交水稻，2005，20（2）：15-18.

[4] 邓应德，唐传道，黎家荣，等. 籼型三系不育系丰源 A 的选育 [J]. 杂交水稻，1999，14（2）：6-7.

[5] 马荣荣，王晓燕，陆永法，等. 晚粳不育系甬粳2号A及其籼粳杂交晚稻组合的选育及应用[J]. 杂交水稻，2010，25（S1）：185-189.

[6] 刘定友，彭涛，项祖芬，等. 高产杂交中籼新组合德香优146[J]. 杂交水稻，2017，32（3）：87-89.

[7] 杨联松，白一松. 籼型水稻光敏核不育系1892S选育及其应用研究[J]. 安徽农业科学，2012，40（26）：12808-12810.

[8] 唐文邦，陈立云，肖应辉，等. 水稻两用核不育系C815S的选育与利用[J]. 湖南农业大学学报（自然科学版），2007，33：26-31.

[9] 周勇，居超明，徐国成，等. 优质早籼型水稻温敏核不育系HD9802S的选育与应用[J]. 杂交水稻，2008，23（2）：7-10.

[10] 符辰建，秦鹏，胡小淳，等. 水稻温敏核不育系湘陵628S的选育[J]. 中国农业科技导报，2010，2（6）：90-97.

[11] 夏胜平，李伊良，贾先勇，等. 籼型优质米不育系金23A的选育[J]. 杂交水稻，1992，7（5）：29-31.

[12] 蒋开锋，郑家奎，杨乾华，等. 优质高配合力不育系德香074A的选育与应用[J]. 农业科技通讯，2008（10）：115-116.

[13] 陆贤军，任光俊，李青茂，等. 优质抗稻瘟病水稻恢复系成恢177的选育与利用[J]. 杂交水稻，2007，22（2）：18-21.

[14] 李曙光，梁世胡，李传国，等. 优质籼型不育系五丰A的特征特性及高产优质繁殖技术[J]. 广东农业科学，2009（8）：29-30.

[15] 杨振玉，张国良，张从合，等. 中籼型优质光温敏核不育系广占63S的选育[J]. 杂交水稻，2002，17（4）：4-6.

[16] 张从合，陈金节，蒋家月，等. 带浅褐色稃壳标记的籼型水稻光温敏核不育系新安S的选育[J]. 杂交水稻，2007，22（4）：4-6.

[17] 陈志远，李传国，孙莹，等. 籼稻不育系天丰A的特征特性及其利用[J]. 广东农业科学，2006（9）：54-55.

[18] 陈辰洲，田继微，孟祥伦，等. 广适型优质超级杂交稻深优9516的选育与应用[J]. 杂交水稻，2016，31（3）：15-17.

[19] 徐同济，杨东，黄达彪，等. 龙特浦A的特征特性及其提纯和高产繁殖技术[J]. 杂交水稻，2010，25（6）：21-23.

[20] 柳武革，王丰，刘振荣，等. 早熟抗稻瘟病三系不育系吉丰A的选育与应用[J]. 杂交水稻，2014，29（6）：16-18.

[21] 刘振荣，柳武革，王丰，等. 早熟抗稻瘟病籼型水稻不育系荣丰A的选育与利用[J]. 杂交水稻，2006，21（6）：17-18.

[22] 陈勇，肖培村，谢从简，等. 新胞质优质籼型香稻不育系内香5A的选育与应用[J]. 杂交水稻，2008，23（1）：13-15.

[23] 章志兴，张伟春，鲍艳红，等. 优质不育系协青早A的特征特性及其高产制种技术[J]. 现代农业科技，2011（4）：80-82.

[24] 江青山，林纲，赵德明，等. 优质香稻不育系宜香1A的选育与利用[J]. 杂交水稻，2008，23（2）：11-14.

[25] 李贤勇，王楚桃，李顺武，等. 优质籼型不育系Q2A的选育[J]. 杂交水稻，2004，19（5）：6-8.

第十九章

超级杂交水稻组合

杨益善

为了进一步明确超级稻品种的概念和指标，规范超级稻品种的确定程序和方法，促进超级稻品种的选育和推广应用，2005年国家启动实施了超级稻示范推广项目，发布了首批符合超级稻标准的28个品种，并制定了《超级稻品种确认办法（试行）》（农业部办公厅农办科〔2005〕39号文件），每年审核确认一批超级稻新品种。2008年7月《超级稻品种确认办法》（农业部办公厅农办科〔2008〕38号文件）经修订后正式发布，不同稻区和类型超级稻品种的各项主要指标见表19-1。

截至2017年，由农业部确认并冠名的超级杂交稻示范推广组合共107个，其中14个因种性退化或年生产应用面积未达标而先后被取消超级稻冠名，现在生产中推广的超级杂交稻组合共有93个，包括52个籼型三系杂交水稻组合，34个籼型两系杂交水稻组合，7个籼粳亚种间三系杂交水稻组合。本章主要介绍这93个超级杂交稻组合的基本情况和特征特性，相关数据主要来自国家水稻数据中心（www.ricedata.cn/variety/superice.htm）。

第一节　籼型三系杂交水稻组合

宜香4245

选育单位：宜宾市农业科学院。

亲本来源：宜香1A/宜恢4245。

审定情况：2012年国家审定（国审稻2012008），2009年

表 19-1 超级稻品种的主要指标

区域	长江流域早熟早稻	长江流域中迟熟早稻	长江流域中熟晚稻；华南感光型晚稻	华南早晚兼用稻；长江流域迟熟晚稻；东北早熟粳稻	长江流域一季稻；东北中熟粳稻	长江上游迟熟一季稻；东北迟熟粳稻
生育期/d	≤105	≤115	≤125	≤132	≤158	≤170
百亩方产量/（t/hm^2）	≥8.25	≥9.00	≥9.90	≥10.80	≥11.70	≥12.75
品质	北方粳稻达到部颁 2 级米以上（含）标准，南方晚籼达到部颁 3 级米以上（含）标准，南方早籼和一季稻达到部颁 4 级米以上（含）标准					
抗性	抗当地 1～2 种主要病虫害					
生产应用面积	品种审定后 2 年内生产应用面积达到年 3 333.33hm^2 以上					

四川审定（川审稻 2009004）；2017 年被农业部认定为超级稻品种。

特征特性：籼型三系杂交中稻组合。株型紧凑，分蘖力较强，剑叶挺直，叶色淡绿。2009—2010 年参加长江上游中籼迟熟组区域试验，平均单产 8.77 t/hm^2，比对照Ⅱ优 838 增产 3.8%；全生育期平均 159.2 d，比Ⅱ优 838 长 0.5 d；每公顷有效穗数 228 万穗，株高 117.2 cm，穗长 26.2 cm，每穗总粒数 175.5 粒，结实率 79.5%，千粒重 28.4 g；感稻瘟病，高感褐飞虱；稻米品质达国标《优质稻谷》 2 级。

适宜地区：云南、贵州（武陵山区除外）的中低海拔籼稻区、四川平坝丘陵稻区、陕西南部稻区的稻瘟病轻发区作一季中稻种植。截至 2015 年，累计推广面积达到 6.60 万 hm^2 以上。

吉丰优 1002

选育单位：广东省农业科学院水稻研究所、广东省金稻种业有限公司。

亲本来源：吉丰 A/ 广恢 1002。

审定情况：2013 年广东审定（粤审稻 2013040）；2017 年被农业部认定为超级稻品种。

特征特性：弱感光型三系杂交稻组合。株型松紧适中，分蘖力中强，抗倒力强，开花期耐寒性中弱，丰产性突出，米质未达优质等级，高抗稻瘟病，感白叶枯病。2011 年和 2012 年晚造参加广东省弱感光组区域试验，平均单产分别为 7.42 t/hm^2 和 7.59 t/hm^2，分别比对照增产 14.3% 和 8.16%；全生育期 120～122 d，株高 99.5～102.0 cm，每公顷有效穗数 259.5 万 ~ 273.0 万穗，穗长 20.1 ~ 21.3 cm，每穗总粒数 131 ~ 142 粒，结实率 85.5% ~ 85.6%，千粒重 25.2 ~ 26.5 g。

适宜地区：广东省中南和西南稻作区的平原地区晚造种植。截至 2015 年，累计推广面积达到 1.00 万 hm^2 以上。

五优 116

选育单位：广东省现代农业集团有限公司、广东省农业科学院水稻研究所。

亲本来源：五丰 A/R7116。

审定情况：2015 年广东审定（粤审稻 2015045）；2017 年被农业部认定为超级稻品种。

特征特性：感温型三系杂交籼稻组合。株型松紧适中，分蘖力中等，抗倒力中强，孕穗期和开花期耐寒性中等，丰产性突出。2013 年和 2014 年晚造参加广东省区域试验，平均单产分别为 7.13 t/hm^2 和 8.18 t/hm^2，分别比对照增产 11.36% 和 8.87%；全生育期 114 d，株高 107.8 ~ 114.0 cm，每公顷有效穗数 249.0 万 ~ 277.5 万穗，穗长 22.5 ~ 22.8 cm，每穗总粒数 149 ~ 152 粒，结实率 77.7% ~ 86.8%，千粒重 25.9 ~ 26.5 g；稻米品质达国标和省标优质 3 级，抗稻瘟病，高感白叶枯病。

适宜地区：广东省粤北稻作区晚造和中北稻作区早、晚造种植。

德优 4727

选育单位：四川省农业科学院水稻高粱研究所、四川省农业科学院作物研究所。

亲本来源：德香 074A/ 成恢 727。

审定情况：2014 年国家审定（国审稻 2014019），2014 年四川审定（川审稻 2014004），2013 年云南审定（滇审稻 2013007 号）；2016 年被农业部认定为超级稻品种。

特征特性：迟熟杂交中籼稻组合。株型适中，叶鞘绿色，柱头无色，熟期转色好。2011—2012 年参加长江上游中籼迟熟组区域试验，平均单产 9.19 t/hm^2，比对照Ⅱ优 838 增产 5.6%；全生育期平均 158.4 d，比Ⅱ优 838 长 1.4 d；株高 113.7 cm，穗长 24.5 cm，每公顷有效穗数 223.5 万穗，每穗总粒数 160.0 粒，结实率 82.2%，千粒重 32.0 g；感稻瘟病和褐飞虱，抽穗期耐热性中等，稻米品质达到国标《优质稻谷》2 级。

适宜地区：云南、贵州的中低海拔籼稻区，重庆海拔 800 m 以下籼稻区、四川平坝丘陵稻区、陕西南部稻区作一季中稻种植（武陵山区除外）。截至 2015 年，累计推广面积达到 3.80 万 hm^2 以上。

丰田优 553

选育单位：广西壮族自治区农业科学院水稻研究所。

亲本来源：丰田 1A/ 桂恢 553。

审定情况：2016 年广东审定（粤审稻 2016052），2013 年广西审定（桂审稻 2013027 号）；2016 年被农业部认定为超级稻品种。

特征特性：弱感光型三系杂交籼稻组合。株型松紧适中，分蘖力中等，穗大粒长，颖尖秆黄色，有短顶芒，抗倒力较强，耐寒性中，丰产性较好。2011—2012 年参加广西桂南稻作区晚稻感光组区域试验，平均单产 7.37 t/hm^2，比对照博优 253 增产 5.23%；全生育期 120 d 左右，与博优 253 相仿；每公顷有效穗数 279 万穗，株高 109.1 cm，穗长 23.0 cm，每穗总粒数 135.8 粒，结实率 86.1%，千粒重 23.3 g；感稻瘟病，高感白叶枯病。2014 年和 2015 年参加广东省晚稻区域试验，平均单产分别为 7.22 t/hm^2 和 6.91 t/hm^2，分别比对照增产 5.44% 和 7.87%；全生育期 115 d，与对照相当；稻米品质达国标和省标优质 3 级。

适宜地区：桂南稻作区和广东省粤北以外稻作区作晚稻种植。截至 2015 年，累计推广面积达到 0.67 万 hm^2 以上。

五优 662（五丰优 662）

选育单位：江西惠农种业有限公司、广东省农业科学院水稻研究所。

亲本来源：五丰 A/R662。

审定情况：2012 年江西审定（赣审稻 2012010）；2016 年被农业部认定为超级稻品种。

特征特性：籼型三系杂交晚稻组合。株型适中，叶色浓绿，剑叶宽挺，长势繁茂，分蘖力强，稃尖紫色，穗粒数多、着粒密，结实率较高，熟期转色好。2010—2011 年参加江西省晚稻区域试验，平均单产 7.43 t/hm^2，比对照岳优 9113 增产 5.18%；全生育期 119.2 d，比岳优 9113 短 0.2 d；株高 96.1 cm，每公顷有效穗数 312 万穗，每穗总粒数 127.2 粒，每穗实粒数 93.1 粒，结实率 73.2%，千粒重 27.2 g；高感稻瘟病。

适宜地区：江西省稻瘟病轻发区作晚稻种植。截至 2015 年，累计推广面积达到 10.60 万 hm^2 以上。

吉优 225

选育单位：江西省农业科学院水稻研究所、江西省超级水稻研究发展中心、广东省农业科学院水稻研究所。

亲本来源：吉丰 A/R225。

审定情况：2014 年江西审定（赣审稻 2014014）；2016 年被农业部认定为超级稻品种。

特征特性：籼型三系杂交晚稻组合。株型适中，剑叶短直，分蘖力中等，稃尖紫色，穗粒数多、着粒密，结实率高，熟期转色好，米质优，高感稻瘟病。2012—2013 年参加江西省晚稻区域试验，平均单产 8.13 t/hm^2，比对照岳优 9113 增产 4.00%；全生育期平均 116.8 d，比岳优 9113 短 0.3 d；株高 96.5 cm，每公顷有效穗数 288 万穗，每穗总粒数 144.6 粒，每穗实粒数 116.2 粒，结实率 80.4%，千粒重 24.8 g；稻米品质达国标《优质稻谷》 2 级。

适宜地区：江西省稻瘟病轻发区作晚稻种植。截至 2015 年，累计推广面积达到 2.53 万 hm^2 以上。

五丰优 286

选育单位：江西现代种业有限责任公司、中国水稻研究所。

亲本来源：五丰 A/ 中恢 286。

审定情况：2015 年国家审定（国审稻 2015002），2014 年江西审定（赣审稻 2014005）；2016 年被农业部认定为超级稻品种。

特征特性：籼型三系杂交早稻组合。株型适中，叶片挺直，茎秆粗壮，长势繁茂，分蘖力较强，稃尖紫色，穗粒数多、着粒密，结实率高，熟期转色好，高感稻瘟病，感白叶枯病，高感褐飞虱，感白背飞虱。2012—2013 年参加长江中下游早籼迟熟组区域试验，平均单产 8.06 t/hm^2，比对照陆两优 996 增产 7.0%；全生育期平均 113.0 d，比对照长 0.3 d；株高 84.1 cm，穗长 18.9 cm，每公顷有效穗数 301.5 万穗，每穗总粒数 144.3 粒，结实率 82.9%，千粒重 24.5 g。

适宜地区：江西、湖南、广西桂北、福建北部、浙江中南部的双季稻区作早稻种植，稻瘟病常发区不宜种植。截至 2015 年，累计推广面积达到 1.93 万 hm^2 以上。

五优 1573（五优航 1573）

选育单位：江西省超级水稻研究发展中心、江西汇丰源种业有限公司、广东省农业科学院水稻研究所。

亲本来源：五丰 A/ 跃恢 1573。

审定情况：2014 年江西审定（赣审稻 2014020）；2016 年被农业部认定为超级稻品种。

特征特性：籼型三系杂交晚稻组合。株型适中，叶片挺直，长相清秀，分蘖力强，稃尖紫色，穗粒数多、着粒密，结实率高，千粒重小，熟期转色好。2012—2013 年参加江西省晚稻区域试验，平均单产 8.42 t/hm^2，比对照天优 998 增产 3.70%；全生育期平均 123.1 d，比对照短 0.8 d；株高 98.9 cm，每公顷有效穗数 318 万穗，每穗总粒数 146.9 粒，每穗实粒数 121.9 粒，结实率 83.0%，千粒重 23.0 g；高感稻瘟病，稻米品质达国标《优质稻谷》2 级。

适宜地区：江西省稻瘟病轻发区作晚稻种植。截至 2015 年，累计推广面积达到 1.27 万 hm^2 以上。

宜香优 2115

选育单位：四川农业大学农学院、宜宾市农业科学院、四川省绿丹种业有限责任公司。

亲本来源：宜香 1A/ 雅恢 2115。

审定情况：2012 年国家审定（国审稻 2012003），2011 年四川审定（川审稻 2011001）；2015 年被农业部认定为超级稻品种。

特征特性：籼型三系杂交中稻组合。株型适中，剑叶挺直，叶色淡绿，叶鞘绿色、叶耳浅绿色，分蘖力较强。2010—2011 年参加长江上游中籼迟熟组区域试验，平均单产 9.06 t/hm^2，比对照Ⅱ优 838 增产 5.6%；全生育期平均 156.7 d，比对照短 1.5 d；每公顷有效穗数 225 万穗，株高 117.4 cm，穗长 26.8 cm，每穗总粒数 156.5 粒，结实率 82.2%，千粒重 32.9 g；中感稻瘟病，高感褐飞虱，稻米品质达到国标《优质稻谷》2 级。

适宜地区：云南、贵州、重庆的中低海拔籼稻区，四川平坝丘陵稻区、陕西南部稻区作一季中稻种植（武陵山区除外）。截至 2015 年，累计推广面积达到 24.87 万 hm^2 以上。

深优 1029

选育单位：江西现代种业股份有限公司。

亲本来源：深 95A/R1029。

审定情况：2013 年国家审定（国审稻 2013031）；2015 年被农业部认定为超级稻品种。

特征特性：籼型三系杂交晚稻组合。2010—2011 年参加长江中下游晚籼早熟组区域试验，平均单产 7.53 t/hm^2，比对照金优 207 增产 3.5%；全生育期平均 118.4 d，比对照长 2.5 d；株高 103.9 cm，穗长 22.1 cm，每公顷有效穗数 301.5 万穗，每穗总粒数 149.3 粒，结实率 78.0%，千粒重 24.1 g；高感稻瘟病、白叶枯病、褐飞虱，抽穗期耐冷性较弱，稻米品质达国标《优质稻谷》3级。

适宜地区：江西、湖北、浙江、安徽的双季稻区作晚稻种植，稻瘟病重发区不宜种植。

F优498

选育单位：四川农业大学水稻研究所、四川省江油市川江水稻研究所。

亲本来源：江育F32A/蜀恢498。

审定情况：2011年国家审定（国审稻2011006），2009年湖南审定（湘审稻2009019）；2014年被农业部认定为超级稻品种。

特征特性：籼型三系杂交中稻组合。株型适中，茎秆粗壮，分蘖力强，繁茂性好，叶色淡绿，叶片较长，叶鞘、稃尖紫色，穗形大，落色好，抗寒性较强，耐热性较弱，易感纹枯病，感稻瘟病和褐飞虱。2008—2009年参加长江上游中籼迟熟组品种区域试验，平均单产9.32 t/hm^2，比对照Ⅱ优838增产5.9%；全生育期平均155.2 d，比对照短2.7 d；株高111.9 cm，穗长25.6 cm，每公顷有效穗数225万穗，每穗总粒数189.0粒，结实率81.2%，千粒重28.9 g；稻米品质达国标《优质稻谷》3级。

适宜地区：云南、贵州、重庆的中低海拔籼稻区（武陵山区除外），四川平坝丘陵稻区、陕西南部稻区的稻瘟病轻发区以及湖南省海拔600 m以下稻瘟病轻发的山丘区作一季中稻种植。截至2015年，累计推广面积达到18.80万hm^{2}以上。

荣优225

选育单位：江西省农业科学院水稻研究所、广东省农业科学院水稻研究所。

亲本来源：荣丰A/R225。

审定情况：2012年国家审定（国审稻2012029），2009年江西审定（赣审稻2009017）；2014年被农业部认定为超级稻品种。

特征特性：籼型三系杂交晚稻组合。株型适中，叶色浓绿，分蘖力一般，稃尖紫色，穗粒数多，结实率较高，熟期转色好；高感稻瘟病、黑条矮缩病、褐飞虱，中感白叶枯病，抽穗期耐冷性弱。2009—2010年参加长江中下游晚籼早熟组区域试验，平均单产7.75 t/hm^2，比对照金优207增产10.1%；全生育期平均116.5 d，比金优207长3.6 d；每公顷有效穗数289.5万穗，株高101.4 cm，穗长21.8 cm，每穗总粒数157.7粒，结实率74.9%，千粒重25.7 g。2007—2008年参加江西省晚稻区试，平均单产7.02 t/hm^2，比对照金优207增产6.56%；全生育期114.1 d，比金优207长3.4 d；稻米品质达国标《优质稻谷》2级。

适宜地区：江西、湖南的稻瘟病和黑条矮缩病轻发的双季稻区作晚稻种植。截至 2015 年，累计推广面积达到 38.93 万 hm^2 以上。

内 5 优 8015（国稻 7 号）

选育单位：中国水稻研究所、浙江农科种业有限公司。

亲本来源：内香 5A/ 中恢 8015。

审定情况：2010 年国家审定（国审稻 2010020）；2014 年被农业部认定为超级稻品种。

特征特性：籼型三系杂交中稻组合。株型适中，茎秆粗壮，熟期转色好，稃尖无色无芒，有二次灌浆现象，产量较高，高感稻瘟病、白叶枯病和褐飞虱，米质优。2007—2008 年参加长江中下游中籼迟熟组品种区域试验，平均单产 8.86 t/hm^2，比对照Ⅱ优 838 增产 3.3%；全生育期平均 133.1 d，比Ⅱ优 838 短 1.6 d；每公顷有效穗数 241.5 万穗，株高 122.2 cm，穗长 26.8 cm，每穗总粒数 157.0 粒，结实率 80.8%，千粒重 32.0 g；稻米品质达国标《优质稻谷》3 级。

适宜地区：江西、湖南、湖北、安徽、浙江、江苏的长江流域稻区（武陵山区除外）以及福建北部、河南南部稻区的稻瘟病、白叶枯病轻发区作一季中稻种植。截至 2015 年，累计推广面积达到 13.87 万 hm^2 以上。

盛泰优 722

选育单位：湖南洞庭高科种业股份有限公司、岳阳市农业科学研究所。

亲本来源：盛泰 A/ 岳恢 9722。

审定情况：2012 年湖南审定（湘审稻 2012016）；2014 年被农业部认定为超级稻品种。

特征特性：中熟三系杂交晚籼稻组合。株型适中，生长势旺，茎秆有韧性，分蘖能力强，剑叶直立，叶色青绿，叶鞘、叶耳、叶枕无色，后期落色好，产量高，米质优，感稻瘟病，耐低温能力中等。2010—2011 年参加湖南省晚稻中熟组区域试验，平均单产 7.52 t/hm^2，比对照增产 9.31%；全生育期平均 112.6 d，株高 94.8 cm，每公顷有效穗数 330 万穗，每穗总粒数 119.7 粒，结实率 75.3%，千粒重 26.1 g；稻米品质达国标《优质稻谷》3 级。

适宜地区：湖南省稻瘟病轻发区作双季晚稻种植。截至 2015 年，累计推广面积达到 1.93 万 hm^2 以上。

五丰优 615

选育单位：广东省农业科学院水稻研究所。

亲本来源：五丰 A/ 广恢 615。

审定情况：2012 年广东审定（粤审稻 2012011）；2014 年被农业部认定为超级稻品种。

特征特性：感温型三系杂交籼稻组合。株型松紧适中，分蘖力中等，穗大粒多，抗倒力中强，耐寒性中强，后期熟色好，丰产性突出，米质未达优质等级，中抗稻瘟病，感白叶枯病。2010 年和 2011 年早造参加广东省区域试验，平均单产分别为 6.71 t/hm^2 和 8.15 t/hm^2，分别比对照粤香占增产 14.79% 和 18.78%；全生育期平均 129 d，与对照相当；株高 98.6～102.1 cm，每公顷有效穗数 265.5 万～271.5 万穗，穗长 21.4～21.7 cm，每穗总粒数 157～168 粒，结实率 80.3%～85.0%，千粒重 22.2～22.9 g。

适宜地区：广东省粤北以外稻作区早、晚造种植。截至 2015 年，累计推广面积达到 14.87 万 hm^2 以上。

天优 3618

选育单位：广东省农业科学院水稻研究所。

亲本来源：天丰 A/ 广恢 3618。

审定情况：2009 年广东审定（粤审稻 2009004）；2013 年被农业部认定为超级稻品种。

特征特性：感温型三系杂交籼稻组合。株型松紧适中，分蘖力和抗倒力中等，穗大粒密，后期熟色好，孕穗期和开花期耐寒性中强，丰产性突出，早造米质未达优质标准，抗稻瘟病，中感白叶枯病。2007 年和 2008 年早造参加广东省区域试验，平均单产分别为 6.93 t/hm^2 和 7.08 t/hm^2，分别比对照粤香占增产 13.18% 和 16.08%；全生育期 126～127 d，与粤香占相近；株高 96.6～98.2 cm，穗长 19.6 cm，每穗总粒数 143 粒，结实率 76.1%～79.3%，千粒重 23.8～24.9 g。

适宜地区：广东省粤北以外稻作区早、晚造种植。截至 2015 年，累计推广面积达到 7.60 万 hm^2 以上。

中 9 优 8012

选育单位：中国水稻研究所。

亲本来源：中 9A/ 中恢 8012。

审定情况：2009 年国家审定（国审稻 2009019）；2013 年被农业部认定为超级稻品种。

特征特性：籼型三系杂交中稻组合。株型适中，茎秆粗壮，剑叶宽而长，叶色淡绿，熟期转色好，稃尖无色、无芒，生育期适中，产量较高，高感稻瘟病，感白叶枯病，高感褐飞虱，米质一般。2006—2007 年参加长江中下游迟熟中籼组品种区域试验，平均单产 8.51 t/hm^2，比对照Ⅱ优 838 增产 3.02%；全生育期平均 133.1 d，比Ⅱ优 838 短 0.1 d；每公顷有效穗数 234 万穗，株高 125.7 cm，穗长 26.0 cm，每穗总粒数 184.5 粒，结实率 79.9%，千粒重 26.6 g。

适宜地区：江西、湖南、湖北、安徽、浙江、江苏的长江流域稻区（武陵山区除外）以及福建北部、河南南部稻区的稻瘟病、白叶枯病轻发区作一季中稻种植。截至 2015 年，累计推广面积达到 8.00 万 hm^2 以上。

H 优 518

选育单位：湖南农业大学、衡阳市农业科学研究所。

亲本来源：H28A/51084。

审定情况：2011 年国家审定（国审稻 2011020），2010 年湖南审定（湘审稻 2010032）；2013 年被农业部认定为超级稻品种。

特征特性：籼型三系杂交晚稻组合。株型偏松，剑叶中长且直立，叶鞘、稃尖均无色，穗顶部分籽粒有芒，落色好，抽穗期耐冷性中等，高感稻瘟病，感白叶枯病，高感褐飞虱，米质优。2009—2010 年参加长江中下游晚籼早熟组品种区域试验，平均单产 7.49 t/hm^2，比对照金优 207 增产 6.8%；全生育期平均 112.9 d，比金优 207 短 0.5 d；株高 96.2 cm，穗长 22.3 cm，每公顷有效穗数 361.5 万穗，每穗总粒数 113.6 粒，结实率 80.7%，千粒重 25.8 g；稻米品质达国标《优质稻谷》 3 级。

适宜地区：江西、湖南、湖北、浙江以及安徽长江以南的稻瘟病、白叶枯病轻发的双季稻区作晚稻种植。截至 2015 年，累计推广面积达到 21.07 万 hm^2 以上。

天优华占

选育单位：中国水稻研究所、中国科学院遗传与发育生物学研究所、广东省农业科学院水稻研究所。

亲本来源：天丰 A/ 华占。

审定情况：2012 年国家审定（国审稻 2012001，华南早籼），2012 年贵州审定（黔审稻 2012009 号），2011 年广东审定（粤审稻 2011036），2011 年国家审定（国审稻 2011008，长江上游迟熟中籼，长江中下游迟熟中籼），2011 年湖北审定（鄂审稻 2011006），2008 年国家审定（国审稻 2008020，长江中下游中迟熟晚籼）；2012 年（长江中下游晚稻）和 2013 年（湖北中稻） 2 次被农业部认定为超级稻品种。

特征特性：籼型三系杂交水稻组合。株叶型适中，叶片直挺，植株较矮，茎秆偏软，抗倒性一般，分蘖力强，中等偏大穗，着粒密度较大，后期转色好，熟期适中，产量高，米质优，耐寒性中等，耐热性较弱，在不同稻区表现抗至感稻瘟病，感白叶枯病，感至高感褐飞虱，中抗白背飞虱。2006—2007 年参加长江中下游中迟熟晚籼组品种区域试验，平均单产 7.86 t/hm^2，比对照汕优 46 增产 10.32%；全生育期平均 119.2 d，比对照短 0.3 d；每公顷有效穗数 283.5 万穗，株高 101.3 cm，穗长 21.1 cm，每穗总粒数 155.1 粒，结实率 76.8%，千粒重 24.9 g；稻米品质达国标《优质稻谷》 1 级。2008—2009 年参加长江上游中籼迟熟组区域试验，平均单产 8.95 t/hm^2，比对照Ⅱ优 838 增产 2.8%，全生育期比对照短 4.9 d，稻米品质达国标《优质稻谷》 2 级。2009—2010 年参加长江中下游中籼迟熟组区域试验，平均单产 8.86 t/hm^2，比对照Ⅱ优 838 增产 7.4%，全生育期比对照短 2.9 d。2009—2010 年参加华南早籼组区域试验，平均单产 7.54 t/hm^2，比对照天优 998 增产 6.9%，全生育期比对照短 0.1 d，稻米品质达国标《优质稻谷》 3 级。

适宜地区：广西中北部、福建中北部、江西中南部、湖南中南部、浙江南部的白叶枯病轻发的双季稻区作晚稻种植，江西、湖南、湖北、安徽、浙江、江苏的长江流域稻区（武陵山区除外）和福建北部、河南南部稻区的白叶枯病轻发区以及云南、贵州、重庆的中低海拔籼稻区（武陵山区除外）、四川平坝丘陵稻区、陕西南部稻区的中等肥力田块作一季中稻种植，广西桂南和海南稻作区的白叶枯病轻发的双季稻区作早稻种植，广东省各地作早、晚稻种植。截至 2015 年，累计推广面积达到 108.47 万 hm^2 以上。

金优 785

选育单位：贵州省水稻研究所。

亲本来源：金 23A/ 黔恢 785。

审定情况：2010 年贵州审定（黔审稻 2010002 号）；2012 年被农业部认定为超级稻品种。

特征特性：籼型三系杂交中稻组合。株叶型适中，茎秆较粗壮，分蘖力中等，穗形较大，长粒型，颖尖紫色、无芒，耐冷性较强，感稻瘟病。2008—2009 年参加贵州省水稻迟熟组区域试验，平均单产 9.62 t/hm^2，比对照Ⅱ优 838 增产 9.27%；全生育期平均为 157.1 d，与Ⅱ优 838 相当；株高 112.1 cm，每公顷有效穗数 232.5 万穗，每穗实粒数为 147.4 粒，结实率 80%，千粒重 29.2 g。

适宜地区：贵州省中籼迟熟稻区。

德香 4103

选育单位：四川省农业科学院水稻高粱研究所。

亲本来源：德香 074A/ 泸恢 H103。

审定情况：2012 年国家审定（国审稻 2012024），2012 年云南红河审定［滇特（红河）审稻 2012016 号］，2011 年重庆认定（渝引稻 2011001），2011 年云南普洱、文山审定［滇特（普洱、文山）审稻 2011003 号］，2008 年四川审定（川审稻 2008001）；2012 年被农业部认定为超级稻品种。

特征特性：籼型三系杂交水稻组合。株型适中，剑叶直立，分蘖力中上，后期转色好，穗大粒多，着粒密度适中，耐寒性较强，抽穗期耐热性一般。2009—2010 年参加长江中下游中籼迟熟组区域试验，平均单产 8.60 t/hm^2，比对照Ⅱ优 838 增产 5.2%；全生育期平均 134.4 d，比Ⅱ优 838 长 0.8 d；每公顷有效穗数 232.5 万穗，株高 125.0 cm，穗长 25.9 cm，每穗总粒数 162.1 粒，结实率 79.9%，千粒重 31.1 g；高感稻瘟病、白叶枯病，感褐飞虱。

适宜地区：江西、湖南、湖北、安徽、浙江、江苏的长江流域稻区（武陵山区除外）及福建北部、河南南部稻区的稻瘟病、白叶枯病轻发区，四川省平坝和丘陵地区，重庆市海拔 800 m 以下地区，普洱市除墨江、景东、澜沧县外，文山州除砚山、西畴、广南县外海拔 1 300 m 以下的籼稻区，红河州海拔 1 400 m 以下杂交水稻生产区域。截至 2015 年，累计推广面积达到 34.47 万 hm^2 以上。

宜优 673（宜香优 673）

选育单位：福建省农业科学院水稻研究所。

亲本来源：宜香 1A/ 福恢 673。

审定情况：2010 年云南审定（滇审稻 2010005 号），2009 年国家审定（国审稻 2009018），2009 年广东审定（粤审稻 2009041），2006 年福建审定（闽审稻 2006021）；2012 年被农业部认定为超级稻品种。

特征特性：籼型三系杂交水稻组合。株型适中，植株高大，分蘖力较强，长势繁茂，抗倒性一般，孕穗期和开花期耐寒性中等，生育期适中，熟期转色好，千粒重较大，米质较优，丰产性较好。2006—2007 年参加长江中下游迟熟中籼组品种区域试验，平均单产

8.51 t/hm^2，比对照Ⅱ优838增产3.02%；全生育期平均133.8 d，比Ⅱ优838长0.5 d；每公顷有效穗数249万穗，株高132.4 cm，穗长28.1 cm，每穗总粒数152.6粒，结实率75.8%，千粒重30.9 g；高感稻瘟病和白叶枯病，感褐飞虱。2007年和2008年晚造参加广东省区域试验，平均单产分别为6.90 t/hm^{2}和6.85 t/hm^2，分别比对照粳籼89增产3.07%和7.63%；全生育期110～113 d，比粳籼89短1～3 d；高抗稻瘟病，中感白叶枯病。

适宜地区：江西、湖南、湖北、安徽、浙江、江苏的长江流域稻区（武陵山区除外）以及福建北部、河南南部稻区的稻瘟病、白叶枯病轻发区和云南省海拔1 300 m以下的籼稻区作一季中稻种植，广东省粤北以外稻作区早、晚造种植，福建省稻瘟病轻发区作晚稻种植。截至2015年，累计推广面积达到40.13万hm^{2}以上。

深优9516

选育单位：清华大学深圳研究生院。

亲本来源：深95A/R7116。

审定情况：2012年广东韶关审定（韶审稻201207），2010年广东审定（粤审稻2010042）；2012年被农业部认定为超级稻品种。

特征特性：感温型三系杂交水稻组合。植株较高，株型松紧适中，分蘖力中强，穗大粒多，结实率高，抗倒力强，耐寒性中等，丰产性突出，米质优，抗稻瘟病，中感白叶枯病。2008年和2009年晚造参加广东省区域试验，平均单产分别为7.78 t/hm^{2}和7.21 t/hm^2，分别比对照粳籼89增产22.22%和18.24%；全生育期112～116 d，与对照相当；株高112.0～113.2 cm，每公顷有效穗数249万～261万穗，穗长23.0～23.3 cm，每穗总粒数137～149粒，结实率84.1%～85.0%，千粒重27.1～27.3 g；稻米品质达国标《优质稻谷》3级。

适宜地区：广东省粤北以外稻作区早、晚造和韶关市晚造种植。截至2015年，累计推广面积达到36.67万hm^{2}以上。

特优582

选育单位：广西壮族自治区农业科学院水稻研究所。

亲本来源：龙特浦A/桂582。

审定情况：2009年广西审定（桂审稻2009010号）；2011年被农业部认定为超级稻品种。

特征特性：感温型三系杂交水稻组合。株叶型紧凑，叶片浓绿，叶鞘、柱头、稃尖无色，剑叶挺直。2007—2008 年参加桂南稻作区早稻迟熟组区域试验，平均单产 7.97 t/hm^2，比对照特优 63 增产 7.66%；全生育期 124 d 左右，比特优 63 短 2～3 d；每公顷有效穗数 247.5 万穗，株高 108.0 cm，穗长 23.2 cm，每穗总粒数 167.4 粒，结实率 82.6%，千粒重 24.9 g；苗叶瘟抗性 5 级，穗瘟抗性 9 级，穗瘟损失指数 42.8%，稻瘟病抗性综合指数 6.5；白叶枯病致病Ⅳ型 7 级，Ⅴ型 9 级。

适宜地区：桂南稻作区作早稻或桂中稻作区早造因地制宜种植。截至 2015 年，累计推广面积达到 10.13 万 hm^2 以上。

五优 308

选育单位：广东省农业科学院水稻研究所。

亲本来源：五丰 A/ 广恢 308。

审定情况：2008 年国家审定（国审稻 2008014），2006 年广东审定（粤审稻 2006059），2004 年广东梅州市审定（梅审稻 2004005）；2010 年被农业部认定为超级稻品种。

特征特性：感温型三系杂交籼稻组合。株型适中，分蘖力中强，茎秆粗壮，抗倒力强，有效穗多，剑叶短小，穗大粒多，后期耐寒性中等，遇低温略有包颈，生育期适中，产量高，米质优。2006—2007 年参加长江中下游早熟晚籼组品种区域试验，平均单产 7.57 t/hm^2，比对照金优 207 增产 6.68%；全生育期平均 112.2 d，比金优 207 长 1.7 d；每公顷有效穗数 291 万穗，株高 99.6 cm，穗长 21.7 cm，每穗总粒数 157.3 粒，结实率 73.3%，千粒重 23.6 g；高感稻瘟病，感白叶枯病，中感褐飞虱；稻米品质达国标《优质稻谷》1 级。2005—2006 年早造参加广东省区域试验，平均单产分别为 7.37 t/hm^2 和 6.58 t/hm^2，分别比对照中 9 优 207 增产 17.30% 和 13.84%；全生育期 125～127 d，与中 9 优 207 相当；高抗稻瘟病，感白叶枯病。

适宜地区：江西、湖南、浙江、湖北和安徽长江以南的稻瘟病、白叶枯病轻发的双季稻区作晚稻种植，广东省各地早、晚造种植。截至 2015 年，累计推广面积达到 132.93 万 hm^2 以上。

五丰优 T025

选育单位：江西农业大学农学院。

亲本来源：五丰 A/ 昌恢 T025。

审定情况：2010 年国家审定（国审稻 2010024）， 2008 年江西审定（赣审稻 2008013）；2010 年被农业部认定为超级稻品种。

特征特性：籼型三系杂交晚稻组合。株型适中，叶姿挺直，分蘖力强，有效穗较多，长势繁茂，穗粒数多，着粒密，千粒重小，生育期适中，熟期转色好，产量中等，高感稻瘟病，感白叶枯病，高感褐飞虱，米质优。2007—2008 年参加长江中下游晚籼早熟组品种区域试验，平均单产 7.52 t/hm^2，比对照金优 207 增产 2.0%；全生育期平均 112.3 d，比金优 207 长 1.4 d；每公顷有效穗数 282 万穗，株高 103.3 cm，穗长 22.8 cm，每穗总粒数 174.6 粒，结实率 77.7%，千粒重 22.8 g；稻米品质达国标《优质稻谷》 3 级。2006—2007 年参加江西省晚稻区域试验，平均单产 6.90 t/hm^2，比对照金优 207 增产 8.77%；全生育期平均 114.7 d，比金优 207 长 3.5 d；稻米品质达国标《优质稻谷》1 级。

适宜地区：江西、湖南、浙江、湖北和安徽长江以南的稻瘟病、白叶枯病轻发的双季稻区作晚稻种植。截至 2015 年，累计推广面积达到 60.60 万 hm^2 以上。

天优 3301

选育单位：福建省农业科学院生物技术研究所、广东省农业科学院水稻研究所。

亲本来源：天丰 A/ 闽恢 3301。

审定情况：2011 年海南审定（琼审稻 2011015）， 2010 年国家审定（国审稻 2010016）， 2008 年福建审定（闽审稻 2008023）； 2010 年被农业部认定为超级稻品种。

特征特性：感温型三系杂交籼稻组合。株型适中，长势繁茂，生育期适中，后期转色好，耐寒性一般，中感稻瘟病，感白叶枯病，感褐飞虱，丰产性好，米质一般。2007—2008 年参加长江中下游中籼迟熟组品种区域试验，平均单产 8.97 t/hm^2，比对照Ⅱ优 838 增产 6.19%；全生育期平均 133.3 d，比Ⅱ优 838 短 1.7 d；每公顷有效穗数 247.5 万穗，株高 118.9 cm，穗长 24.3 cm，每穗总粒数 165.2 粒，结实率 81.3%，千粒重 29.7 g。

适宜地区：江西、湖南、湖北、安徽、浙江、江苏的长江流域稻区（武陵山区除外）以及福建北部、河南南部稻区的白叶枯病轻发区作一季中稻种植，福建省稻瘟病轻发区作晚稻种植，海南省各市县作早稻种植。截至 2015 年，累计推广面积达到 19.47 万 hm^2 以上。

珞优 8 号（红莲优 8 号）

选育单位：武汉大学。

亲本来源：珞红 3A/R8108。

审定情况：2007 年国家审定（国审稻 2007023），2006 年湖北审定（鄂审稻 2006005）；2009 年被农业部认定为超级稻品种。

特征特性：籼型三系杂交中稻组合。株型适中，长势繁茂，茎节部分外露，茎秆韧性较好，叶色浓绿，叶鞘无色，剑叶较窄长、挺直，熟期较迟，有两段灌浆现象，遇低温有包颈和麻壳，后期转色一般，产量较高，稳产性一般，米质优，高感稻瘟病，感白叶枯病，易感稻曲病。2004—2005 年参加长江中下游中籼迟熟组区域试验，平均单产 8.53 t/hm^2，比对照汕优 63 增产 3.48%；全生育期平均 138.8 d，比汕优 63 长 4.2 d；每公顷有效穗数 258 万穗，株高 122.1 cm，穗长 23.1 cm，每穗总粒数 174.7 粒，结实率 74.0%，千粒重 26.9 g；稻米品质达国标《优质稻谷》 3 级。

适宜地区：江西、湖南、湖北、安徽、浙江、江苏的长江流域稻区（武陵山区除外）以及福建北部、河南南部稻区的稻瘟病、白叶枯病轻发区作一季中稻种植。截至 2015 年，累计推广面积达到 49.20 万 hm^2 以上。

淦鑫 203（荣优 3 号）

选育单位：广东省农业科学院水稻研究所、江西现代种业有限责任公司、江西农业大学农学院。

亲本来源：荣丰 A/R3。

审定情况：2010 年广东韶关市审定（韶审稻 201001 号），2009 年国家审定（国审稻 2009009），2006 年江西审定（赣审稻 2006062）；2009 年被农业部认定为超级稻品种。

特征特性：籼型三系杂交早稻组合。株型适中，叶色淡绿，叶片挺直，剑叶短宽挺，分蘖力强，有效穗多，结实率高，千粒重较大，熟期转色好，生育期适中，产量较高，抗寒性中等，感稻瘟病，中感白叶枯病，高感褐飞虱和白背飞虱，米质一般。2007—2008 年参加长江中下游迟熟早籼组品种区域试验，平均单产 7.81 t/hm^2，比对照金优 402 增产 4.66%；全生育期平均 114.4 d，比金优 402 长 1.7 d；每公顷有效穗数 327 万穗，株高 95.5 cm，穗长 18.4 cm，每穗总粒数 103.5 粒，结实率 86.3%，千粒重 28.3 g。

适宜地区：江西平原地区、湖南以及福建北部、浙江中南部、广东韶关的稻瘟病轻发的双季稻区作早稻种植。截至 2015 年，累计推广面积达到 61.20 万 hm^2 以上。

国稻 6 号（内 2 优 6 号）

选育单位：中国水稻研究所。

亲本来源：内香 2A/ 中恢 8006。

审定情况：2007 年国家审定（国审稻 2007011，长江上游稻区），2007 年重庆审定（渝审稻 2007007），2006 年国家审定（国审稻 2006034，长江中下游稻区）；2007 年被农业部认定为超级稻品种。

特征特性：籼型三系杂交中稻组合。株型适中，茎秆粗壮，叶片挺直，抗倒性较好，熟期适中，产量高，米质优，高感稻瘟病和白叶枯病。2004—2005 年参加长江中下游中籼迟熟组品种区域试验，平均单产 8.68 t/hm^2，比对照汕优 63 增产 5.38%；全生育期平均 137.8 d，比汕优 63 长 3.2 d；每公顷有效穗数 247.5 万穗，株高 114.2 cm，穗长 26.1 cm，每穗总粒数 159.7 粒，结实率 73.3%，千粒重 31.5 g；稻米品质达国标《优质稻谷》3 级。2005—2006 年参加长江上游中籼迟熟组品种区域试验，平均单产 8.84 t/hm^2，比对照Ⅱ优 838 减产 0.10%；全生育期平均 154.4 d，比Ⅱ优 838 长 0.2 d。

适宜地区：福建、江西、湖南、湖北、安徽、浙江、江苏、河南南部以及云南、贵州、重庆的中低海拔籼稻区（武陵山区除外）、四川平坝丘陵稻区、陕西南部稻区的稻瘟病轻发区作一季中稻种植。截至 2015 年，累计推广面积达到 28.60 万 hm^2 以上。

淦鑫 688（昌优 11 号）

选育单位：江西农业大学农学院。

亲本来源：天丰 A/ 昌恢 121。

审定情况：2010 年湖南引种（湘引种 201026 号），2006 年江西审定（赣审稻 2006032）；2007 年被农业部认定为超级稻品种。

特征特性：籼型三系杂交晚稻组合。株型紧凑，叶色浓绿，剑叶宽挺，生长旺盛，茎秆粗壮，分蘖力强，有效穗较多，穗粒数多，着粒密，结实率较高，熟期转色好。2004 年和 2005 年参加江西省晚稻区域试验，平均单产分别为 7.90 t/hm^2 和 7.03 t/hm^2，分别比对照汕优 46 增产 1.57% 和 4.98%；全生育期平均 123.7 d，比汕优 46 长 1.4 d；株高 101.6 cm，每公顷有效穗数 295.5 万穗，每穗总粒数 146.6 粒，每穗实粒数 112.2 粒，结实率 76.5%，千粒重 24.9 g；稻瘟病抗性苗瘟 5 级，叶瘟 5 级，穗瘟 3 级。

适宜地区：江西省稻瘟病轻发区作晚稻种植。截至 2015 年，累计推广面积达到 67.07 万 hm^2 以上。

Ⅱ优航 2 号

选育单位：福建省农业科学院水稻研究所。

亲本来源：Ⅱ-32A/航2号。

审定情况：2008年贵州引种（黔引稻2008012号），2007年国家审定（国审稻2007020），2006年福建审定（闽审稻2006017），2006年安徽审定（皖品审060104970）；2007年被农业部认定为超级稻品种。

特征特性：籼型三系杂交中稻组合。株型适中，茎秆粗壮，长势繁茂，分蘖力中等，穗大粒多，熟期转色好，生育期适中，产量高，米质一般，感稻瘟病和白叶枯病。2005—2006年参加长江中下游中籼迟熟组品种区域试验，平均单产8.55 t/hm^2，比对照Ⅱ优838增产7.01%；全生育期平均134.5 d，比Ⅱ优838长0.8 d；每公顷有效穗数243万穗，株高129.9 cm，穗长25.8 cm，每穗总粒数159.7粒，结实率79.0%，千粒重28.5 g。

适宜地区：江西、湖南、湖北、安徽、浙江、江苏的长江流域稻区（武陵山区除外），福建、河南南部稻区的稻瘟病、白叶枯病轻发区作一季中稻种植。截至2015年，累计推广面积达到21.33万hm^{2}以上。

天优122（天丰优122）

选育单位：广东省农业科学院水稻研究所。

亲本来源：天丰A/广恢122。

审定情况：2009年国家审定（国审稻2009029），2005年广东审定（粤审稻2005022）；2006年被农业部认定为超级稻品种。

特征特性：籼型三系杂交晚稻组合。株型集散适中，分蘖力较强，茎秆较细，抗倒力较弱，剑叶短挺，叶色淡绿，熟期转色好，稃尖紫色、穗顶部谷粒有少许短芒，生育期适中，产量中等，中感至高抗稻瘟病，感至中抗白叶枯病，高感褐飞虱，米质优。2006—2007年参加长江中下游中迟熟晚籼组品种区域试验，平均单产7.29 t/hm^2，比对照汕优46增产2.35%；全生育期平均116.6 d，比汕优46短2.9 d；每公顷有效穗数282万穗，株高101.8 cm，穗长21.5 cm，每穗总粒数141.9粒，结实率77.6%，千粒重25.4 g；稻米品质达国标《优质稻谷》1级。2003年和2004年早造参加广东省区域试验，平均单产分别为7.24 t/hm^{2}和7.88 t/hm^2，分别比对照增产12.53%和7.79%；全生育期124~125 d，比对照长3~5 d。

适宜地区：广西中北部、福建中北部、江西中南部、湖南中南部、浙江南部的白叶枯病轻发的双季稻区作晚稻种植，广东各地作早、晚造种植。截至2015年，累计推广面积达到30.20万hm^{2}以上。

金优 527

选育单位：四川农业大学水稻研究所。

亲本来源：金 23A/ 蜀恢 527。

审定情况：2004 年国家审定（国审稻 2004012），2003 年陕西引种（陕引稻 2003003），2002 年四川审定（川审稻 2002002）；2006 年被农业部认定为超级稻品种。

特征特性：籼型三系杂交中稻组合。株叶型适中，生长势旺，叶色浓绿，叶片直立，分蘖力中等，成穗率较高，穗大粒多，耐寒性较弱，熟期转色好，生育期适中，产量高，高感稻瘟病，中感白叶枯病，感褐飞虱，米质优。2002—2003 年参加长江上游中籼迟熟优质组区域试验，平均单产 9.14 t/hm^2，比对照汕优 63 增产 8.78%；全生育期平均 151.2 d，比汕优 63 短 1.4 d；株高 111.5 cm，每公顷有效穗数 247.5 万穗，穗长 25.7 cm，每穗总粒数 161.7 粒，结实率 80.9%，千粒重 29.5 g；稻米品质达国标《优质稻谷》3 级。

适宜地区：云南、贵州、重庆中低海拔稻区（武陵山区除外）和四川平坝稻区、陕西南部稻瘟病轻发区作一季中稻种植。截至 2015 年，累计推广面积达到 43.13 万 hm^2 以上。

D 优 202（泰优 1 号）

选育单位：四川农业大学水稻研究所、四川农大高科农业有限责任公司。

亲本来源：D62A/ 蜀恢 202。

审定情况：2007 年国家审定（国审稻 2007007），2007 年湖北审定（鄂审稻 2007010），2006 年安徽审定（皖品审 06010503），2006 年福建三明市审定［闽审稻 2006G02（三明）］，2005 年浙江审定（浙审稻 2005001），2005 年广西审定（桂审稻 2005010 号），2004 年四川审定（川审稻 2004010）；2006 年被农业部认定为超级稻品种。

特征特性：籼型三系杂交中稻组合。株型适中，茎秆粗壮，分蘖力较强，生长势旺，抗倒性较差，叶片挺直，叶下禾，穗层整齐，穗形中等，着粒均匀、较稀；熟期转色好，生育期适中，丰产性较好，米质优，高感至抗稻瘟病，高感至中感白叶枯病，感褐飞虱。2005—2006 年参加长江上游中籼迟熟组品种区域试验，平均单产 8.76 t/hm^2，比对照Ⅱ优 838 增产 1.89%；全生育期平均 155.0 d，比Ⅱ优 838 长 1.4 d；每公顷有效穗数 243 万穗，株高 115.1 cm，穗长 25.8 cm，每穗总粒数 158.4 粒，结实率 80.3%，千粒重 29.6 g；稻米品质达国标《优质稻谷》3 级。

适宜地区：云南、贵州的中低海拔籼稻区（武陵山区除外），四川平坝丘陵稻区，陕西南部稻区，湖北省鄂西南以外的地区，安徽、浙江的稻瘟病轻发区作一季中稻种植，福建三明市稻瘟病轻发区作晚稻种植，广西桂南稻作区作早稻或高寒山区作中稻种植。截至 2015 年，累计推广面积达到 16.47 万 hm^2 以上。

Q 优 6 号（庆优 6 号）

选育单位：重庆市种子公司。

亲本来源：Q2A/R1005。

审定情况：2006 年国家审定（国审稻 2006028），2006 年湖北审定（鄂审稻 2006008），2006 年湖南审定（湘审稻 2006032），2005 年重庆审定（渝审稻 2005001），2005 年贵州审定（黔审稻 2005014 号）；2006 年被农业部认定为超级稻品种。

特征特性：籼型三系杂交中稻组合。株型松紧适中，茎秆粗壮，茎节外露，剑叶直立，叶耳、叶鞘和稃尖紫色，分蘖力强，穗形较大，着粒较稀，生育期适中，落色好，产量高，米质优，抗高温能力较强，耐寒性中等，高感稻瘟病和白叶枯病。2004—2005 年参加长江上游中籼迟熟组品种区域试验，平均单产 8.98 t/hm^2，比对照汕优 63 增产 5.43%；全生育期平均 153.7 d，比汕优 63 长 0.8 d；每公顷有效穗数 240 万穗，株高 112.6 cm，穗长 25.1 cm，每穗总粒数 176.6 粒，结实率 77.2%，千粒重 29.0 g；稻米品质达国标《优质稻谷》3 级。

适宜地区：云南、贵州、湖北、湖南、重庆的中低海拔籼稻区（武陵山区除外），四川平坝丘陵稻区、陕西南部稻区的稻瘟病轻发区作一季中稻种植。截至 2015 年，累计推广面积达到 140.20 万 hm^2 以上。

国稻 1 号（中 9 优 6 号，中优 6 号）

选育单位：中国水稻研究所。

亲本来源：中 9A/R8006。

审定情况：2007 年陕西引种（陕引稻 2007001），2006 年广东审定（粤审稻 2006050），2004 年江西审定（赣审稻 2004009），2004 年国家审定（国审稻 2004032）；2005 年被农业部认定为超级稻品种。

特征特性：感温型三系杂交稻组合。株型适中，茎秆粗壮，长势繁茂，剑叶较披，分蘖力和抗倒力中等，后期耐寒力中强，生育期适中，产量中等，米质优，高感至中抗稻瘟病，感至中感白叶枯病，高感褐飞虱。2002—2003 年参加长江中下游晚籼中迟熟优质组区域试验，平均单产 6.87 t/hm^2，比对照汕优 46 增产 1.43%；全生育期平均 120.6 d，比汕优 46 长 2.6 d；株高 107.8 cm，穗长 25.6 cm，每公顷有效穗数 267 万穗，每穗总粒数 142.0 粒，结实率 73.5%，千粒重 27.9 g；稻米品质达国标《优质稻谷》3 级。

适宜地区：广西中北部、福建中北部、江西中南部、湖南中南部以及浙江南部的稻瘟病、白叶枯病轻发区作双季晚稻种植，广东省各地作晚造和粤北以外稻作区作早造种植。截至 2015 年，累计推广面积达到 47.93 万 hm^2 以上。

中浙优 1 号

选育单位：中国水稻研究所、浙江勿忘农种业股份有限公司。

亲本来源：中浙 A/ 航恢 570。

审定情况：2012 年海南审定（琼审稻 2012004），2011 年贵州审定（黔审稻 2011005 号），2008 年湖南审定（湘审稻 2008026），2004 年浙江审定（浙审稻 2004009）；2005 年被农业部认定为超级稻品种。

特征特性：迟熟三系杂交中籼稻组合。株型适中，分蘖力强，长势旺，茎秆粗壮，叶片长宽适中，叶缘内卷、直立，有效穗多，结实率高，成熟落色较好，稃尖无色，丰产性较好，米质优，抗寒能力和抗高温能力一般，高感稻瘟病，易感纹枯病，中感白叶枯病，感褐飞虱。2002 年和 2003 年参加浙江省单季稻区域试验，平均单产分别为 8.03 t/hm^2 和 7.31 t/hm^2，分别比对照汕优 63 增产 10.7% 和 1.9%；全生育期平均 136.8 d，比汕优 63 长 5.5 d；株高 115～120 cm，穗长 25～28 cm，主茎叶片数 17 叶左右，每公顷有效穗数 225 万～255 万穗，成穗率 70% 左右，每穗总粒数 180～300 粒，结实率 85%～90%，千粒重 27 g。

适宜地区：浙江、湖南、贵州稻瘟病轻发区作一季中稻种植，海南省各市县作晚稻种植。截至 2015 年，累计推广面积达到 140.80 万 hm^2 以上。

丰源优 299

选育单位：湖南杂交水稻研究中心。

亲本来源：丰源 A/ 湘恢 299。

审定情况：2004 年湖南审定（湘审稻 2004011）；2005 年被农业部认定为超级稻品种。

特征特性：三系杂交晚籼稻组合。株型松紧适中，茎秆较硬，叶色淡绿，叶鞘紫色，后期落色好，产量高，米质较优，耐寒性中等，感稻瘟病，中抗白叶枯病。2002 年和 2003 年参加湖南省晚稻区试，平均单产分别为 7.04 t/hm^2 和 7.11 t/hm^2，分别比对照增产 7.55% 和 2.66%；全生育期平均 114 d，比对照金优 207 长 4 d；株高 97 cm，每公顷有效穗数 285 万穗，穗长 22 cm 左右，每穗总粒数 135 粒左右，结实率 80% 左右，千粒重 29.5 g。

适宜地区：湖南省稻瘟病轻发区作双季晚稻种植。截至 2015 年，累计推广面积达到 90.60 万 hm^2 以上。

金优 299

选育单位：湖南杂交水稻研究中心。

亲本来源：金 23A/ 湘恢 299。

审定情况：2009 年陕西审定（陕审稻 2009005 号），2005 年江西审定（赣审稻 2005091），2005 年广西审定（桂审稻 2005002 号）；2005 年被农业部认定为超级稻品种。

特征特性：感温型三系杂交晚稻组合。株型适中，长势较繁茂，叶色浓绿，叶鞘、稃尖紫色，分蘖力偏弱，成穗率较高，穗粒数较多，结实率高，有轻度包颈，抗倒性较差，后期落色好。2003—2004 年参加江西省晚稻区试，2003 年平均单产 6.57 t/hm^2，比对照汕优 64 增产 1.40%，2004 年平均单产 6.82 t/hm^2，比对照金优 207 减产 1.80%；全生育期平均 109.7 d，比金优 207 短 2.0 d；株高 99.8 cm，每公顷有效穗数 261 万穗，每穗总粒数 129.4 粒，每穗实粒数 104.0 粒，结实率 80.4%，千粒重 26.5 g；稻瘟病抗性，苗瘟 0 级，叶瘟 5 级，穗瘟 5 级。

适宜地区：江西省稻瘟病轻发区作双季晚稻种植，广西桂中稻作区作早、晚稻和桂北稻作区作晚稻种植。截至 2015 年，累计推广面积达到 8.13 万 hm^2 以上。

Ⅱ优明 86

选育单位：三明市农业科学研究所。

亲本来源：Ⅱ-32A/ 明恢 86。

审定情况：2001 年国家审定（国审稻 2001012），2001 年福建审定（闽审稻 2001009），2000 年贵州审定（黔品审 228 号）；2005 年被农业部认定为超级稻品种。

特征特性：迟熟三系杂交中籼稻组合。株型集散适中，茎秆粗壮，耐肥抗倒，分蘖力中等，剑叶厚而直立，穗大粒多，结实率高，后期转色佳，抗寒性好，高产，适应性较广，中感稻瘟病，感白叶枯病，感稻飞虱。1999—2000年参加全国南方稻区中籼迟熟组区试，平均单产分别为9.48 t/hm^{2}和8.48 t/hm^2，分别比对照汕优63增产8.19%和3.15%；全生育期平均150.8 d，比汕优63长3.7 d；株高100～115 cm，穗长25.6 cm，主茎总叶片数17～18叶，每公顷有效穗数243万穗，每穗总粒数163.6粒，结实率81.8%，千粒重28.2 g。

适宜地区：贵州、云南、四川、重庆、湖南、湖北、浙江、上海以及安徽、江苏的长江流域和河南省南部、陕西汉中地区作一季中稻种植。截至2015年，累计推广面积达到137.07万hm^{2}以上。

Ⅱ优航1号

选育单位：福建省农业科学院水稻研究所。

亲本来源：Ⅱ-32A/航1号。

审定情况：2005年国家审定（国审稻2005023），2004年福建审定（闽审稻2004003）；2005年被农业部认定为超级稻品种。

特征特性：籼型三系杂交中稻组合。株型适中，茎秆粗壮，分蘖力中等，长势繁茂，剑叶长而宽，生育期适中，后期转色好，产量高，中感稻瘟病，感白叶枯病，高感褐飞虱，米质一般。2003—2004年参加长江中下游中籼迟熟高产组区域试验，平均单产8.33 t/hm^2，比对照汕优63增产5.13%；全生育期平均135.8 d，比汕优63长2.7 d；株高127.5 cm，每公顷有效穗数249万穗，穗长26.2 cm，每穗总粒数165.4粒，结实率77.9%，千粒重27.8 g。

适宜地区：福建、江西、湖南、湖北、安徽、浙江、江苏的长江流域稻区（武陵山区除外）以及河南南部的白叶枯病轻发区作一季中稻种植，福建省稻瘟病轻发区作晚稻种植。截至2015年，累计推广面积达到69.07万hm^{2}以上。

特优航1号

选育单位：福建省农业科学院水稻研究所。

亲本来源：龙特浦A/航1号。

审定情况：2008年广东审定（粤审稻2008020），2005年国家审定（国审稻2005007），2004年浙江审定（浙审稻2004015），2003年福建审定（闽审稻2003002）；2005年被农业部认定为超级稻品种。

特征特性：籼型三系杂交水稻组合。株型适中，剑叶较长，茎秆粗壮，抗倒力强，分蘖力中等，熟期较早，后期转色好，产量高，孕穗期和开花期抗寒性中等，高感至中感稻瘟病，感至中感白叶枯病，高感褐飞虱，稻米品质一般。2002—2003 年参加长江上游中籼迟熟高产组区域试验，平均单产 8.88 t/hm^2，比对照汕优 63 增产 5.50%；全生育期平均 150.5 d，比汕优 63 短 2.6 d；株高 112.7 cm，穗长 24.4 cm，每公顷有效穗数 235.5 万穗，每穗总粒数 166.1 粒，结实率 83.9%，千粒重 28.4 g。

适宜地区：云南、贵州、重庆的中低海拔稻区（武陵山区除外），四川平坝丘陵稻区、陕西南部稻区的稻瘟病轻发区作一季中稻种植，福建省稻瘟病轻发区作晚稻种植，广东省粤北以外稻作区作早造、中南和西南稻作区作晚造种植，浙中南地区作单季稻种植。截至 2015 年，累计推广面积达到 31.53 万 hm^2 以上。

D优 527

选育单位：四川农业大学水稻研究所。

亲本来源：D62A/ 蜀恢 527。

审定情况：2005 年云南红河审定 [滇特（红河）审稻 200503 号]， 2003 年国家审定（国审稻 2003005）， 2003 年陕西引种（陕引稻 2003002）， 2002 年福建审定（闽审稻 2002002）， 2001 年四川审定（川审稻 135 号）， 2000 年贵州审定（黔品审 242 号）；2005 年被农业部认定为超级稻品种。

特征特性：迟熟三系杂交中籼稻组合。株型松紧适中，茎秆粗壮，叶色深绿，分蘖力强，繁茂性好，穗形中等，后期转色好，叶鞘、颖尖紫色，高产稳产，适应性较广，米质中上，中抗稻瘟病，不抗白叶枯病和稻飞虱，轻感稻曲病。2000 年参加长江流域中籼迟熟组区域试验，平均单产 8.57 t/hm^2，比对照汕优 63 增产 4%；2001 年参加中籼迟熟优质稻区域试验，长江上游片区平均单产 9.17 t/hm^2，比对照汕优 63 增产 4.48%，长江中下游片区平均单产 9.67 t/hm^2，比对照汕优 63 增产 6.31%。全生育期比汕优 63 长 4 d 左右，主茎叶片数 17 ~ 18 叶，株高 114 ~ 120 cm，穗长 25 cm 左右，每公顷有效穗数 270 万穗左右，每穗总粒数 150 粒左右，结实率 80% 左右，千粒重约 30 g。

适宜地区：四川、重庆、湖北、湖南、浙江、江西、安徽、上海、江苏省的长江流域（武陵山区除外）和云南、贵州省海拔 1 100 m 以下以及河南省信阳、陕西省汉中地区白叶枯病轻发区作一季中稻种植，福建省各地作中、晚稻种植。截至 2015 年，累计推广面积达到 164.00 万 hm^2 以上。

协优 527

选育单位：四川农业大学水稻研究所。

亲本来源：协青早 A/ 蜀恢 527。

审定情况：2004 年国家审定（国审稻 2004008），2004 年湖北审定（鄂审稻 2004007），2004 年广东韶关市审定（韶审稻第 200402 号），2003 年四川审定（川审稻 2003003）；2005 年被农业部认定为超级稻品种。

特征特性：籼型三系杂交中稻组合。株型适中，剑叶长、宽、挺，叶色浓绿，分蘖力较强，生长势旺，结实率较高，着粒较稀，千粒重大，谷粒细长有顶芒，成熟期转色好，耐寒性较弱，熟期适中，产量高，高感至中感稻瘟病，高感至感白叶枯病，高感褐飞虱，米质一般。2002—2003 年参加长江上游中籼迟熟高产组区域试验，平均单产 8.93 t/hm^2，比对照汕优 63 增产 6.12%；全生育期平均 153.2 d，比汕优 63 长 0.1 d；株高 111.2 cm，每公顷有效穗数 255 万穗，穗长 24.6 cm，每穗总粒数 139.2 粒，结实率 82.7%，千粒重 32.3 g。

适宜地区：云南、贵州、湖北、重庆中低海拔稻区（武陵山区除外）和四川平坝稻区、陕西南部稻瘟病、白叶枯病轻发区作一季中稻种植。截至 2015 年，累计推广面积达到 13.07 万 hm^2 以上。

Ⅱ优 162

选育单位：四川农业大学水稻研究所。

亲本来源：Ⅱ-32A/ 蜀恢 162。

审定情况：2002 年福建宁德市审定 [闽审稻 2002J01（宁德）]，2001 年湖北审定（鄂审稻 008-2001），2000 年国家审定（国审稻 2000003），1999 年浙江审定（浙品审字第 195 号），1997 年四川审定 [川审稻（97）64 号]；2005 年被农业部认定为超级稻品种。

特征特性：迟熟三系杂交中籼组合。株型紧凑，分蘖力较强，繁茂性好，叶色浓绿，成穗率较高，穗大粒多，后期转色好，高产稳产，中感稻瘟病，高感白叶枯病，易感纹枯病、稻曲病、叶鞘腐败病。1995—1996 年参加四川省中籼迟熟组区域试验，平均单产 7.18 t/hm^2，比对照汕优 63 增产 5.39%；全生育期比汕优 63 长 3～4 d，株高 120 cm，每穗总粒数 150～180 粒，结实率 80%，千粒重 28 g 左右；叶瘟抗性 4～5 级，颈瘟抗性 0～3 级；稻米品质优于汕优 63。1997—1998 年参加湖北省中稻品种区域试验，平均单产

9.11 t/hm^2，比对照汕优 63 增产 7.50%。

适宜地区：西南及长江流域白叶枯病轻发区作一季中稻种植。截至 2015 年，累计推广面积达到 88.33 万 hm^2 以上。

Ⅱ优 7 号

选育单位：四川省农业科学院水稻高粱研究所。

亲本来源：Ⅱ-32A/ 泸恢 17。

审定情况：2004 年福建三明市鉴定［闽审稻 2004G04（三明）］，2001 年重庆审定（渝农发〔2001〕369 号），1998 年四川审定（川审稻 82 号）；2005 年被农业部认定为超级稻品种。

特征特性：迟熟杂交中籼稻组合。苗期耐寒性强，茎秆粗壮，分蘖力中上，抗倒力强，穗层整齐，后期转色好，稻瘟病抗性优于汕优 63。1996—1997 年参加四川省迟熟中籼区域试验，平均单产 8.71 t/hm^2，比对照汕优 63 增产 3.85%；全生育期 151 d 左右，株高 115 cm 左右，穗长 25.7 cm，每穗总粒数 150 粒，每穗实粒数 130 粒左右，千粒重 27.5 g。

适宜地区：四川海拔 800 m 以下中稻区及重庆相似生态区和福建省三明市稻瘟病轻发区作中稻种植。截至 2015 年，累计推广面积达到 99.00 万 hm^2 以上。

Ⅱ优 602

选育单位：四川省农业科学院水稻高粱研究所。

亲本来源：Ⅱ-32A/ 泸恢 602。

审定情况：2004 年国家审定（国审稻 2004004），2002 年四川审定（川审稻 2002030）；2005 年被农业部认定为超级稻品种。

特征特性：籼型三系杂交中稻组合。分蘖力较强，长势繁茂，耐寒性强，熟期转色好，生育期适中，产量较高，高感稻瘟病，感白叶枯病，中感褐飞虱，米质一般。2001—2002 年参加长江上游中籼迟熟高产组区域试验，平均单产 8.86 t/hm^2，比对照汕优 63 增产 4.74%；全生育期平均 155.7 d，比汕优 63 长 2.4 d；株高 110.6 cm，穗长 24.6 cm，每公顷有效穗数 244.5 万穗，每穗总粒数 150.5 粒，结实率 82.4%，千粒重 29.7 g。

适宜地区：云南、贵州、重庆中低海拔稻区（武陵山区除外）和四川平坝稻区、陕西南部稻瘟病、白叶枯病轻发区作一季中稻种植。截至 2015 年，累计推广面积达到

41.07 万 hm^2 以上。

天优 998（天丰优 998）

选育单位：广东省农业科学院水稻研究所。

亲本来源：天丰 A/ 广恢 998。

审定情况：2006 年国家审定（国审稻 2006052），2005 年江西审定（赣审稻 2005041），2004 年广东审定（粤审稻 2004008）；2005 年被农业部认定为超级稻品种。

特征特性：籼型三系杂交晚稻组合。株型适中，长势繁茂，叶姿挺直，叶色深绿，穗粒数较多，结实率高，生育期适中，产量高，米质优，高感稻瘟病，感白叶枯病。2004—2005 年参加长江中下游晚籼中迟熟组品种区域试验，平均单产 7.69 t/hm^2，比对照汕优 46 增产 6.28%；全生育期平均 117.7 d，比汕优 46 短 0.6 d；每公顷有效穗数 294 万穗，株高 98.0 cm，穗长 21.1 cm，每穗总粒数 136.5 粒，结实率 81.2%，千粒重 25.2 g；米质达国标《优质稻谷》 3 级。

适宜地区：广西中北部、福建中北部、江西、湖南中南部、浙江南部的稻瘟病、白叶枯病轻发的双季稻区作晚稻种植，广东省各地早、晚造种植。截至 2015 年，累计推广面积达到 174.67 万 hm^2 以上。

Ⅱ优 084

选育单位：江苏丘陵地区镇江农业科学研究所。

亲本来源：Ⅱ-32A/ 镇恢 084。

审定情况：2003 年国家审定（国审稻 2003054），2001 年江苏审定（苏审稻 200103）；2005 年被农业部认定为超级稻品种。

特征特性：籼型三系杂交中稻组合。株叶形态好，分蘖力较强，茎秆粗壮，抗倒性强，熟相好，高感稻瘟病，感白叶枯病，高感褐飞虱，中感纹枯病，米质较优。2000 年和 2001 年参加南方稻区中籼迟熟组区域试验，平均单产分别为 8.41 t/hm^2 和 9.73 t/hm^2，分别比对照汕优 63 增产 1.9% 和 6.89%；全生育期平均 142.4 d，比汕优 63 长 3.1 d；株高 121.4 cm，穗长 23.3 cm，每公顷有效穗数 255 万穗，每穗总粒数 160.3 粒，结实率 86%，千粒重 27.8 g。

适宜地区：江西、福建、安徽、浙江、江苏、湖北、湖南省的长江流域（武陵山区除外）以及河南省信阳地区稻瘟病轻发区作一季中稻种植。截至 2015 年，累计推广面积达到

144.80 万 hm^2 以上。

Ⅱ优 7954

选育单位：浙江省农业科学院作物与核技术利用研究所。

亲本来源：Ⅱ-32A/ 浙恢 7954。

审定情况：2004 年国家审定（国审稻 2004019），2002 年浙江审定（浙品审字第 378 号）；2005 年被农业部认定为超级稻品种。

特征特性：籼型三系杂交中稻组合。株型适中，叶色浓绿，长势繁茂，分蘖力中等，穗大粒多，结实率较高，熟期转色中等，生育期适中，产量高，感至中抗稻瘟病，中感白叶枯病，高感褐飞虱，米质一般。2002—2003 年参加长江中下游中籼迟熟高产组区域试验，平均单产 8.52 t/hm^2，比对照汕优 63 增产 9.01%；全生育期平均 136.3 d，比汕优 63 长 3.0 d；株高 118.9 cm，穗长 23.9 cm，每公顷有效穗数 235.5 万穗，每穗总粒数 174.1 粒，结实率 78.3%，千粒重 27.3 g。

适宜地区：福建、江西、湖南、湖北、安徽、浙江、江苏的长江流域（武陵山区除外）以及河南南部稻瘟病轻发区作一季中稻种植，浙江省温州、杭州、金华地区作晚稻种植。截至 2015 年，累计推广面积达到 65.00 万 hm^2 以上。

第二节　籼型两系杂交水稻组合

Y 两优 900

选育单位：创世纪种业有限公司。

亲本来源：Y58S/R900。

审定情况：2016 年国家审定（国审稻 2016044，华南稻区），2016 年广东审定（粤审稻 2016021），2015 年国家审定（国审稻 2015034，长江中下游稻区）；2017 年被农业部认定为超级稻品种。

特征特性：迟熟两系杂交中籼稻组合。熟期适中，穗大粒多，丰产性好，米质较优，不抗稻瘟病、白叶枯病和褐飞虱，抗倒力强，耐寒性中弱，耐热性中等。2013—2014 年参加长江中下游中籼迟熟组区域试验，平均单产 9.38 t/hm^2，比对照丰两优 4 号增产 5.9%；全生育期平均 140.7 d，比丰两优 4 号长 2.7 d；株高 119.7 cm，穗长 27.7 cm，每公顷有效穗数 223.5 万穗，每穗总粒数 238.2 粒，结实率 78.3%，千粒重 24.4 g。2013—2014

年参加华南感光晚籼组区域试验，平均单产 7.68 t/hm^2，比对照博优 998 增产 6.0%；全生育期平均 114.0 d，比博优 998 长 2.1 d。2014 年在湖南隆回的“百亩高产示范片”平均单产达到 15.09 t/hm^2，首次实现了超级稻“百亩方”单产过 15 t/hm^2 的目标。

适宜地区：江西、湖南、湖北、安徽、浙江、江苏的长江流域稻区（武陵山区除外）以及福建北部、河南南部作一季中稻种植，海南、广东中南及西南平原稻区、广西桂南稻区、福建南部的稻瘟病轻发区作双季晚稻种植，广东粤北以外稻作区作早造种植。截至 2015 年，累计推广面积达到 1.20 万 hm^2 以上。

隆两优华占

选育单位：袁隆平农业高科技股份有限公司、中国水稻研究所。

亲本来源：隆科 638S/ 华占。

审定情况：2017 年国家审定（国审稻 20170008，华南稻区、长江上游稻区），2016 年国家审定（国审稻 2016045，武陵山区），2016 年福建审定（闽审稻 2016028），2015 年国家审定（国审稻 2015026，长江中下游稻区），2015 年湖南审定（湘审稻 2015014），2015 年江西审定（赣审稻 2015003）；2017 年被农业部认定为超级稻品种。

特征特性：迟熟两系杂交中籼稻组合。熟期适中，株叶型好，剑叶挺直，分蘖力强，高产稳产，米质优，抗病抗逆性较强，适应性广。2013—2014 年参加长江中下游中籼迟熟组区域试验，平均单产 9.70 t/hm^2，比对照丰两优 4 号增产 8.4%；全生育期平均 140.1 d，比丰两优 4 号长 2.0 d；株高 121.1 cm，穗长 24.5 cm，每公顷有效穗数 271.5 万穗，每穗总粒数 193.0 粒，结实率 81.9%，千粒重 23.8 g。2013—2014 年参加武陵山区中籼组区域试验，平均单产 9.20 t/hm^2，比对照Ⅱ优 264 增产 6.59%；全生育期平均 149.3 d，比Ⅱ优 264 长 1.5 d；中抗稻瘟病，稻米品质达国标《优质稻谷》3 级。2014—2015 年参加华南感光晚籼组区域试验，平均单产 7.66 t/hm^2，比对照博优 998 增产 8.2%；全生育期平均 115.0 d，比博优 998 长 1.5 d。2014—2015 年参加长江上游中籼迟熟组区域试验，平均单产 9.39 t/hm^2，比对照 F 优 498 增产 3.6%；全生育期平均 157.9 d，比 F 优 498 长 3.6 d。

适宜地区：江西、湖南、湖北、安徽、浙江、江苏的长江流域稻区以及福建北部、河南南部、陕西南部、四川平坝丘陵稻区、贵州、云南的中低海拔籼稻区、重庆市海拔 800 m 以下地区作一季中稻种植，广东（粤北稻作区除外）、广西桂南、海南、福建南部的双季稻区作晚稻种植。截至 2015 年，累计推广面积达到 1.60 万 hm^2 以上。

深两优 8386

选育单位：广西兆和种业有限公司。

亲本来源：深 08S/R1386。

审定情况：2015 年广西审定（桂审稻 2015007 号）；2017 年被农业部认定为超级稻品种。

特征特性：感温籼型两系杂交水稻组合。2013—2014 年参加广西桂南早稻迟熟组区域试验，平均单产 8.55 t/hm^2，比对照特优 63 增产 7.71%；全生育期平均 128.8 d，比特优 63 长 3.0 d；主茎叶片数 15～16 叶，剑叶短、窄、直立，每公顷有效穗数 240 万穗，株高 112.4 cm，穗长 25.1 cm，每穗总粒数 170.0 粒，结实率 87.5%，千粒重 25.4 g；感稻瘟病，中感白叶枯病。

适宜地区：桂南稻作区作早稻种植。

Y 两优 1173

选育单位：国家植物航天育种工程技术研究中心（华南农业大学）、湖南杂交水稻研究中心。

亲本来源：Y58 S/ 航恢 1173。

审定情况：2015 年广东审定（粤审稻 2015016）；2017 年被农业部认定为超级稻品种。

特征特性：感温型两系杂交稻组合。株型松紧适中，分蘖力中强，穗长粒多，抗倒力中强，孕穗期和开花期耐寒性中等，抗稻瘟病，感白叶枯病。2013 年和 2014 年早造参加广东省区试，平均单产分别为 7.33 t/hm^2 和 7.15 t/hm^2，分别比对照天优 122 增产 15.30% 和 12.86%；全生育期 125 d，比天优 122 长 3 d；株高 107.6～109.5 cm，穗长 26.3～26.7 cm，每公顷有效穗数 247.5 万～259.5 万穗，每穗总粒数 179～180 粒，结实率 83.3%～83.4%，千粒重 20.4～20.7 g。

适宜地区：广东省粤北以外稻作区作早、晚造种植，粤北稻作区作单季稻种植。

徽两优 996

选育单位：合肥科源农业科学研究所、安徽省农业科学院水稻研究所。

亲本来源：1892S/R996。

审定情况：2012 年国家审定（国审稻 2012021）；2016 年被农业部认定为超级稻品种。

特征特性：籼型两系杂交水稻组合。2009—2010 年参加长江中下游中籼迟熟组区域试验，平均单产 8.64 t/hm^2，比对照Ⅱ优 838 增产 6.0%；全生育期平均 132.4 d，比Ⅱ优 838 短 1.2 d；每公顷有效穗数 238.5 万穗，株高 113.6 cm，穗长 24.0 cm，每穗总粒数 180.7 粒，结实率 80.1%，千粒重 26.8 g；高感稻瘟病、褐飞虱，感白叶枯病。

适宜地区：江西、湖南、湖北、安徽、浙江、江苏的长江流域稻区（武陵山区除外）以及福建北部、河南南部稻区的稻瘟病、白叶枯病轻发区作一季中稻种植。截至 2015 年，累计推广面积达到 10.80 万 hm^2 以上。

深两优 870

选育单位：广东兆华种业有限公司、深圳市兆农农业科技有限公司。

亲本来源：深 08S/P5470。

审定情况：2014 年广东审定（粤审稻 2014037）；2016 年被农业部认定为超级稻品种。

特征特性：感温型两系杂交稻组合。株型松紧适中，分蘖力中弱，抗倒力强，孕穗期和开花期耐寒性中等，后期熟色好，丰产性突出。2012 年和 2013 年晚造参加广东省区域试验，平均单产分别为 7.45 t/hm^2 和 6.70 t/hm^2，分别比对照粤晶丝苗 2 号增产 9.9% 和 8.19%；全生育期平均 117 d，与粤晶丝苗 2 号相当；株高 96.0~97.6 cm，穗长 23.5~24.3 cm，每公顷有效穗数 225 万~246 万穗，每穗总粒数 149~152 粒，结实率 83.0%~84.2%，千粒重 26.2~26.7 g；米质达国标和省标《优质稻谷》 3 级，抗稻瘟病，感白叶枯病。

适宜地区：广东省粤北以外稻作区作早、晚造种植。截至 2015 年，累计推广面积达到 2.73 万 hm^2 以上。

H 两优 991

选育单位：广西兆和种业有限公司。

亲本来源：HD9802S/R991。

审定情况：2011 年广西审定（桂审稻 2011017 号）；2015 年被农业部认定为超级稻品种。

特征特性：感温型两系杂交稻组合。株叶型集散适中，剑叶直立，茎秆较粗壮，分蘖力较强，后期熟色好。2009—2010 年参加桂中、桂北稻作区晚稻中熟组区域试验，平均单产 7.23 t/hm^2，比对照中优 838 增产 6.79%；全生育期 108 d 左右，与中优 838 相仿；每公顷有效穗数 255 万穗，株高 116.9 cm，穗长 22.4 cm，每穗总粒数 153.8 粒，结实率

77.7%，千粒重 24.0 g；稻瘟病抗性为中感至感病，白叶枯病抗性为中感至高感。

适宜地区：广西桂中稻作区作早、晚稻种植，桂北稻作区作晚稻或桂南稻作区作早稻因地制宜种植。截至 2015 年，累计推广面积达到 7.93 万 hm^2 以上。

N 两优 2 号

选育单位：长沙年丰种业有限公司、湖南杂交水稻研究中心。

亲本来源：N118S/R302。

审定情况：2013 年湖南审定（湘审稻 2013010）；2015 年被农业部认定为超级稻品种。

特征特性：迟熟两系杂交中籼稻组合。株型紧凑，叶姿直立，生长势强，后期落色好。2011—2012 年参加湖南省迟熟中稻区试，平均单产 9.54 t/hm^2，比对照 Y 两优 1 号增产 3.21%；全生育期平均 141.8 d，株高 118.9 cm，每公顷有效穗数 232.65 万穗，每穗总粒数 185.15 粒，结实率 84.97%，千粒重 27.04 g；感稻瘟病，中感白叶枯病和稻曲病，耐高温和低温能力中等；稻米品质达国标《优质稻谷》 3 级。

适宜地区：湖南省稻瘟病轻发的山丘区作中稻种植。

两优 616

选育单位：中种集团福建农嘉种业股份有限公司、福建省农业科学院水稻研究所。

亲本来源：广占 63-4S/ 福恢 616。

审定情况：2012 年福建审定（闽审稻 2012003）；2014 年被农业部认定为超级稻品种。

特征特性：两系杂交中籼稻组合。株型适中，穗大粒多，千粒重较重，后期转色好。2009 年和 2010 年参加福建省中稻区域试验，平均单产分别为 9.46 t/hm^2 和 9.07 t/hm^2，分别比对照Ⅱ优明 86 增产 6.31% 和 13.88%；全生育期平均 143.0 d，比Ⅱ优明 86 长 1.3 d；每公顷有效穗数 195 万穗，株高 127.0 cm，穗长 26.5 cm，每穗总粒数 182.9 粒，结实率 86.61%，千粒重 30.9 g；中感稻瘟病，米质较优。

适宜地区：福建省稻瘟病轻发区作中稻种植。截至 2015 年，累计推广面积达到 3.53 万 hm^2 以上。

两优 6 号

选育单位：湖北荆楚种业股份有限公司。

亲本来源：HD9802S/ 早恢 6 号。

审定情况：2011 年国家审定（国审稻 2011003）；2014 年被农业部认定为超级稻品种。

特征特性：籼型两系杂交水稻组合。株型紧凑，长势繁茂，熟期转色好。2008—2009 年参加长江中下游早籼迟熟组品种区域试验，平均单产 7.83 t/hm^2，比对照金优 402 增产 4.1%；全生育期平均 112.7 d，比金优 402 短 1.7 d；主茎总叶片数 13～14 叶，株高 94.6 cm，穗长 19.9 cm，每公顷有效穗数 295.5 万穗，每穗总粒数 127.2 粒，结实率 88.4%，千粒重 25.1 g；高感稻瘟病、褐飞虱和白背飞虱，感白叶枯病；稻米品质达国标《优质稻谷》3 级。

适宜地区：江西、湖南、广西北部、福建北部、浙江中南部的稻瘟病、白叶枯病轻发的双季稻区作早稻种植。

广两优 272

选育单位：湖北省农业科学院粮食作物研究所。

亲本来源：广占 63-4S/R7272。

审定情况：2012 年湖北审定（鄂审稻 2012003）；2014 年被农业部认定为超级稻品种。

特征特性：迟熟籼型两系杂交中稻组合。株型适中，分蘖力较强，茎秆粗壮，部分茎节外露，叶色浓绿，剑叶长、宽、挺直，穗层整齐，中等偏大穗，着粒较密，成熟时秆青籽黄，熟相好。2010—2011 年参加湖北省中稻品种区域试验，平均单产 9.07 t/hm^2，比对照扬两优 6 号增产 1.11%；全生育期平均 139.8 d，比扬两优 6 号短 2.2 d；每公顷有效穗数 241.5 万穗，株高 122.9 cm，穗长 25.2 cm，每穗总粒数 174.5 粒，每穗实粒数 144.2 粒，结实率 82.6%，千粒重 28.6 g；高感稻瘟病，中感白叶枯病。稻米品质达国标《优质稻谷》2 级。

适宜地区：湖北省鄂西南以外的稻瘟病无病区或轻病区作中稻种植。截至 2015 年，累计推广面积达到 3.2 万 hm^2 以上。

C 两优华占

选育单位：湖南金色农华种业科技有限公司。

亲本来源：C815S/ 华占。

审定情况：2016 年国家审定（国审稻 2016002，华南稻区），2016 年湖南审定（湘审稻 2016008），2015 年国家审定（国审稻 2015022，长江中下游稻区），2015 年江西审定（赣审稻 2015008），2013 年国家审定（国审稻 2013003，长江上游稻区），2013 年湖北审定（鄂审稻 2013008）；2014 年被农业部认定为超级稻品种。

特征特性：中熟两系杂交中籼稻组合。株型适中，生长势强，叶姿直立，分蘖力强，有效穗多，中等偏大穗，着粒较密，结实率高，千粒重小，后期落色好，部分茎节外露，抗倒性一般。在各地区试中，抽穗期耐热性中等、耐冷性弱，中抗至高感稻瘟病，中感至感白叶枯病，中感稻曲病，高感褐飞虱和白背飞虱。2010—2011 年参加长江上游中籼组区域试验，平均单产 9.04 t/hm^2，比对照Ⅱ优 838 增产 4.8%；全生育期平均 157.2 d，比Ⅱ优 838 短 0.7 d；株高 101.8 cm，穗长 23.0 cm，每公顷有效穗数 247.5 万穗，每穗总粒数 202.2 粒，结实率 79.3%，千粒重 23.7 g；稻米品质达国标《优质稻谷》 3 级。2013—2014 年参加长江中下游中籼迟熟组区域试验，平均单产 9.63 t/hm^2，比对照丰两优 4 号增产 8.7%；全生育期平均 136.1 d，比丰两优 4 号短 1.8 d。2013—2014 年参加华南早籼组区域试验，平均单产 7.63 t/hm^2，比对照天优 998 增产 6.7%；全生育期 123.3 d，比对照天优 998 长 0.8 d。

适宜地区：长江流域稻区（武陵山区除外）作一季中稻种植，华南稻区的稻瘟病轻发区作早稻种植。截至 2015 年，累计推广面积达到 14.73 万 hm^2 以上。

两优 038

选育单位：江西天涯种业有限公司。

亲本来源：03S/R828。

审定情况：2010 年江西审定（赣审稻 2010006）；2014 年被农业部认定为超级稻品种。

特征特性：籼型两系杂交水稻组合。株型适中，剑叶短宽，长势繁茂，分蘖力较强，穗粒数多，着粒密，结实率高，熟期转色好。2008—2009 年参加江西省中稻区域试验，平均单产 8.55 t/hm^2，比对照Ⅱ优 838 增产 8.84%；全生育期平均 122.6 d，比Ⅱ优 838 短 1.8 d；株高 124.1 cm，每公顷有效穗数 232.5 万穗，每穗总粒数 163.5 粒，每穗实粒数 138.4 粒，结实率 84.6%，千粒重 28.0 g；高感稻瘟病。

适宜地区：江西省稻瘟病轻发区作中稻种植。截至 2015 年，累计推广面积达到 2.40 万 hm^2 以上。

Y 两优 5867（深两优 5867）

选育单位：江西科源种业有限公司、国家杂交水稻工程技术研究中心清华深圳龙岗研究所。

亲本来源：Y58S/R674。

审定情况：2012 年国家审定（国审稻 2012027），2011 年浙江审定（浙审稻 2011016），2010 年江西审定（赣审稻 2010002）；2014 年被农业部认定为超级稻品种。

特征特性：籼型两系杂交中稻组合。株高适中，株型较紧凑，剑叶直立，分蘖力中等，穗形较大，结实率高，千粒重较高，丰产性较好，抽穗期耐热性一般，后期转色较好。在各地区域试验中，抗至高感稻瘟病，中感至中抗白叶枯病，高感褐飞虱。2009—2010 年参加长江中下游中籼迟熟组区域试验，平均单产 8.67 t/hm^2，比对照Ⅱ优 838 增产 5.0%；全生育期平均 137.8 d，比Ⅱ优 838 长 3.9 d；每公顷有效穗数 256.5 万穗，株高 120.8 cm，穗长 27.7 cm，每穗总粒数 161.1 粒，结实率 81.2%，千粒重 27.7 g；稻米品质达国标《优质稻谷》3 级。

适宜地区：江西、湖南、湖北、安徽、浙江、江苏的长江流域稻区（武陵山区除外）以及福建北部、河南南部作一季中稻种植。截至 2015 年，累计推广面积达到 29.00 万 hm^2 以上。

Y 两优 2 号

选育单位：湖南杂交水稻研究中心。

亲本来源：Y58S/ 远恢 2 号。

审定情况：2014 年安徽审定（皖稻 2014016），2013 年国家审定（国审稻 2013027），2012 年云南红河审定 [滇特（红河）审稻 2012017 号]，2011 年湖南审定（湘审稻 2011020）；2014 年被农业部认定为超级稻品种。

特征特性：籼型两系杂交中稻组合，第 3 期超级杂交稻代表性品种。株型松紧适中，上 3 叶挺直微凹，分蘖力较强，后期落色好，耐高温和低温能力强。2011—2012 年参加长江中下游中籼迟熟组区域试验，平均单产 9.23 t/hm^2，比对照丰两优 4 号增产 4.7%；全生育期平均 139.1 d，比丰两优 4 号长 2.2 d；株高 122.6 cm，穗长 28.3 cm，每公顷有效穗数 256.5 万穗，每穗总粒数 198.5 粒，结实率 78.9%，千粒重 24.8 g；高感稻瘟病，感白叶枯病，高感褐飞虱；稻米品质达国标《优质稻谷》3 级。2011 年在湖南隆回县羊古坳乡的百亩示范片单产达到 13.90 t/hm^2，实现了第 3 期超级稻单产 13.5 t/hm^2 的目标。

适宜地区：江西、湖南、湖北、安徽、浙江、江苏的长江流域稻区（武陵山区除外）以及福建北部、河南南部作一季中稻种植。截至 2015 年，累计推广面积达到 14.53 万 hm^2 以上。

Y 两优 087

选育单位：南宁市沃德农作物研究所、湖南杂交水稻研究中心、广西南宁欧米源农业科技有限公司。

亲本来源：Y58S/R087。

审定情况：2015 年广东审定（粤审稻 2015049），2010 年广西审定（桂审稻 2010014 号）；2013 年被农业部认定为超级稻品种。

特征特性：感温型两系杂交稻组合。株型松紧适中，分蘖力中等，抗倒力中强，耐寒性中等，丰产性突出，感稻瘟病和白叶枯病。2008—2009 年参加桂南稻作区早稻迟熟组初试，平均单产 8.08 t/hm^2，比对照特优 63 增产 2.86%；全生育期 128 d 左右，比特优 63 长 2~3 d；每公顷有效穗数 253.5 万穗，株高 117.2 cm，穗长 24.0 cm，每穗总粒数 157.9 粒，结实率 79.0%，千粒重 26.0 g。2013 年和 2014 年晚造参加广东省区域试验，平均单产分别为 6.79 t/hm^2 和 7.54 t/hm^2，分别比对照粤晶丝苗 2 号增产 8.94% 和 6.87%；全生育期 115~119 d，比粤晶丝苗 2 号长 1~3 d；米质达国标和省标《优质稻谷》3 级。

适宜地区：广西桂南稻作区作早稻种植，其他稻作区因地制宜作早稻或中稻种植；广东省粤北以外稻作区作早、晚造种植。截至 2015 年，累计推广面积达到 5.73 万 hm^2 以上。

准两优 608

选育单位：湖南隆平种业有限公司。

亲本来源：准 S/R608。

审定情况：2015 年湖北审定（鄂审稻 2015005），2010 年湖南审定（湘审稻 2010018，湘审稻 2010027），2009 年国家审定（国审稻 2009032）；2012 年被农业部认定为超级稻品种。

特征特性：籼型两系杂交稻组合。株型、株高适中，分蘖力中等，茎秆较粗，茎节微外露、弯曲，剑叶宽厚、内卷、斜挺，穗层较整齐，中等穗，着粒均匀，后期落色好，产量高。2007—2008 年参加长江中下游中迟熟晚籼组品种区域试验，平均单产 7.80 t/hm^2，比对照汕优 46 增产 8.80%；全生育期平均 119.0 d，比汕优 46 长 1.1 d；株高 108.9 cm，穗长 24.1 cm，每公顷有效穗数 244.5 万穗，每穗总粒数 137.1 粒，结实率 82.0%，千粒重 31.0 g；高感稻瘟病、白叶枯病和褐飞虱，米质较优。2008—2009 年参加湖南省中稻迟熟组区试，平均单产 8.03 t/hm^2，比对照Ⅱ优 58 减产 1.67%；全生育期 141 d 左右，抗寒性、抗高温能力强。2012—2013 年参加湖北省中稻品种区域试验，平均单产 9.50 t/hm^2，比对照丰两优香 1 号增产 5.76%；全生育期 131.3 d，比丰两优香 1 号长 2.2 d。

适宜地区：广西中北部、广东北部、福建中北部、江西中南部、湖南中南部、浙江南部的稻瘟病、白叶枯病轻发的双季稻区作晚稻种植，湖南省稻瘟病轻发区作一季晚稻和中稻种植，湖北省鄂西南以外地区作中稻种植。截至 2015 年，累计推广面积达到 19.27 万 hm^2 以上。

深两优 5814

选育单位：国家杂交水稻工程技术研究中心清华深圳龙岗研究所。

亲本来源：Y58S/ 丙 4114。

审定情况：2017 年国家审定（国审稻 20170013，长江上游稻区），2013 年海南审定（琼审稻 2013001），2011 年重庆认定（渝引稻 2011007），2009 年国家审定（国审稻 2009016，长江中下游稻区），2008 年广东审定（粤审稻 2008023）；2012 年被农业部认定为超级稻品种。

特征特性：迟熟两系杂交中籼稻组合。株型适中，叶片挺直，分蘖力中等，茎秆粗壮，抗倒力中强，熟期适中，后期熟色较好，抗寒性强，米质优，丰产稳产性好，适应性广。2007—2008 年参加长江中下游迟熟中籼组品种区域试验，平均单产 8.81 t/hm^2，比对照Ⅱ优 838 增产 4.22%；全生育期平均 136.8 d，比Ⅱ优 838 长 1.8 d；株高 124.3 cm，穗长 26.5 cm，每公顷有效穗数 258 万穗，每穗总粒数 171.4 粒，结实率 84.1%，千粒重 25.7 g；中感稻瘟病和白叶枯病，高感褐飞虱；稻米品质达国标《优质稻谷》2 级。2014—2015 年参加长江上游中籼迟熟组区域试验，平均单产 9.36 t/hm^2，比对照 F 优 498 增产 3.4%；全生育期平均 158.7 d，比 F 优 498 长 4.7 d。

适宜地区：江西、湖南、湖北、安徽、浙江、江苏的长江流域稻区（武陵山区除外）以及福建北部、河南南部稻区、四川省平坝丘陵稻区、贵州省（武陵山区除外）、云南省的中低海拔籼稻区、重庆市海拔 800 m 以下地区、陕西省南部稻区作一季中稻种植，广东省粤北以外稻区、海南省各市县作晚稻种植。截至 2015 年，累计推广面积达到 115.20 万 hm^2 以上。

广两优香 66

选育单位：湖北省农业技术推广总站、孝感市孝南区农业局、湖北中香米业有限责任公司。

亲本来源：广占 63-4S/ 香恢 66。

审定情况：2012 年国家审定（国审稻 2012028），2011 年河南审定（豫审稻 2011004），2009 年湖北审定（鄂审稻 2009005）；2012 年被农业部认定为超级稻品种。

特征特性：籼型两系杂交中稻组合。株型较紧凑，株高适中，生长势较旺，分蘖力较强，茎秆较粗，部分茎节外露，叶色深绿，剑叶中长、挺直，中等偏大穗，着粒较密，成熟期转色较好。2007—2008 年参加湖北省中稻品种区域试验，平均单产 9.03 t/hm^2，比对照扬两优 6 号增产 2.64%；全生育期平均 137.9 d，比扬两优 6 号短 0.6 d；稻米品质达国标《优质稻谷》 2 级。2009—2010 年参加长江中下游中籼迟熟组区域试验，平均单产 8.33 t/hm^2，比对照Ⅱ优 838 增产 2.2%；全生育期平均 138.8 d，比Ⅱ优 838 长 5.2 d；每公顷有效穗数 232.5 万穗，株高 128.1 cm，穗长 25.3 cm，每穗总粒数 166.1 粒，结实率 76.1%，千粒重 29.8 g；感稻瘟病、褐飞虱，中感白叶枯病；稻米品质达国标《优质稻谷》 3 级。

适宜地区：江西、湖南、湖北、安徽中南部、浙江的长江流域稻区（武陵山区除外）以及福建北部、河南南部的稻瘟病、白叶枯病轻发区作一季中稻种植。截至 2015 年，累计推广面积达到 37.80 万 hm^2 以上。

陵两优 268

选育单位：湖南亚华种业科学研究院。

亲本来源：湘陵 628S/ 华 268。

审定情况：2008 年国家审定（国审稻 2008008）；2011 年被农业部认定为超级稻品种。

特征特性：籼型两系杂交早稻组合。株型适中，茎秆粗壮，剑叶短挺，熟期适中，产量高。2006—2007 年参加长江中下游迟熟早籼组品种区域试验，平均单产 7.80 t/hm^2，比对照金优 402 增产 5.63%；全生育期平均 112.2 d，比金优 402 长 0.3 d；株高 87.7 cm，穗长 19.0 cm，每公顷有效穗数 342 万穗，每穗总粒数 104.7 粒，结实率 87.1%，千粒重 26.5 g；感稻瘟病和白叶枯病，中抗褐飞虱和白背飞虱，米质一般。

适宜地区：江西、湖南以及福建北部、浙江中南部的稻瘟病、白叶枯病轻发的双季稻区作早稻种植。截至 2015 年，累计推广面积达到 17.33 万 hm^2 以上。

徽两优 6 号

选育单位：安徽省农业科学院水稻研究所。

亲本来源：1892S/扬稻6号选。

审定情况：2012年国家审定（国审稻2012019），2008年安徽审定（皖稻2008003）；2011年被农业部认定为超级稻品种。

特征特性：籼型两系杂交水稻组合。剑叶中长，叶片较宽，挺直，穗着粒较密，有顶芒。2009—2010年参加长江中下游中籼迟熟组区域试验，平均单产8.67 t/hm²，比对照Ⅱ优838增产6.4%；全生育期平均135.1 d，比Ⅱ优838长1.5 d；株高118.5 cm，穗长23.1 cm，每公顷有效穗数241.5万穗，每穗总粒数173.2粒，结实率80.8%，千粒重27.3 g；高感稻瘟病、褐飞虱，感白叶枯病，抽穗期耐热性一般。

适宜地区：江西、湖南、湖北、安徽、浙江、江苏的长江流域稻区（武陵山区除外）以及福建北部、河南南部稻区的稻瘟病、白叶枯病轻发区作一季中稻种植。截至2015年，累计推广面积达到13.00万hm²以上。

桂两优2号

选育单位：广西农业科学院水稻研究所。

亲本来源：桂科-2S/桂恢582。

审定情况：2008年广西审定（桂审稻2008006号）；2010年被农业部认定为超级稻品种。

特征特性：感温型两系杂交水稻组合。株型紧凑，叶片短直，熟期转色好。2006—2007年参加桂南稻作区早稻迟熟组区试，平均单产7.67 t/hm²，比对照特优63增产8.32%；全生育期124 d左右，比对照特优63短4 d；株高112.2 cm，穗长23.2 cm，每公顷有效穗数283.5万穗，每穗总粒数158.0粒，结实率83.0%，千粒重21.6 g；苗叶瘟抗性6级，穗瘟抗性7级，穗瘟损失指数46.2%，稻瘟病抗性综合指数6.8；白叶枯病致病Ⅳ型7级，Ⅴ型5级。

适宜地区：广西桂南稻作区作早稻种植。截至2015年，累计推广面积达到11.40万hm²以上。

丰两优香1号

选育单位：合肥丰乐种业股份有限公司。

亲本来源：广占63S/丰香恢1号。

审定情况：2007年国家审定（国审稻2007017），2007年安徽审定（皖品审

07010622）， 2006 年湖南审定（湘审稻 2006037）， 2006 年江西审定（赣审稻 2006022）；2009 年被农业部认定为超级稻品种。

特征特性：籼型两系杂交水稻组合。株型松散，分蘖力中等，剑叶挺直，熟期转色好，熟期较早，产量高，米质较优，高感稻瘟病，感白叶枯病，抗高温和抗寒能力较强。2005—2006 年参加长江中下游中籼迟熟组品种区域试验，平均单产 8.53 t/hm^2，比对照Ⅱ优 838 增产 6.17%；全生育期平均 130.2 d，比Ⅱ优 838 短 3.5 d；株高 116.9 cm，穗长 23.8 cm，每公顷有效穗数 243 万穗，每穗总粒数 168.6 粒，结实率 82.0%，千粒重 27.0 g。

适宜地区：江西、湖南、湖北、安徽、浙江、江苏的长江流域稻区（武陵山区除外）以及福建北部、河南南部稻区的稻瘟病、白叶枯病轻发区作一季中稻种植。截至 2015 年，累计推广面积达到 97.00 万 hm^2 以上。

扬两优 6 号

选育单位：江苏里下河地区农业科学研究所。

亲本来源：广占 63-4S/93-11。

审定情况：2005 年国家审定（国审稻 2005024）， 2005 年湖北审定（鄂审稻 2005005）， 2005 年陕西审定（陕审稻 2005003）， 2004 年河南审定（豫审稻 2004006）， 2003 年江苏审定（苏审稻 200302）， 2003 年贵州审定（黔审稻 2003002 号）；2009 年被农业部认定为超级稻品种。

特征特性：籼型两系杂交中稻组合。株型集散适中，茎秆粗壮，抗倒性好，剑叶挺直，长势繁茂，分蘖性较强，熟期适中，后期转色好，穗大粒多，谷粒细长有中短芒，米质较优，高产稳产，感稻瘟病，中抗白叶枯病、纹枯病，中感褐飞虱，耐寒性一般。2002—2003 年参加长江中下游中籼迟熟优质 A 组区域试验，平均单产 8.34 t/hm^2，比对照汕优 63 增产 6.34%；全生育期平均 134.1 d，比汕优 63 长 0.7 d；株高 120.6 cm，穗长 24.6 cm，每公顷有效穗数 249 万穗，每穗总粒数 167.5 粒，结实率 78.3%，千粒重 28.1 g。2001—2002 年参加江苏省区域试验，平均单产 9.51 t/hm^2，较对照汕优 63 增产 5.69%；全生育期 142 d 左右，较汕优 63 长 1～2 d；稻米品质达国标《优质稻谷》3 级。

适宜地区：福建、江西、湖南、湖北、安徽、浙江、江苏的长江流域稻区（武陵山区除外）以及河南南部稻区的稻瘟病轻发区和贵州省迟熟杂交籼稻区作一季中稻种植。截至 2015 年，累计推广面积达到 266.87 万 hm^2 以上。

陆两优 819

选育单位：湖南亚华种业科学研究院。

亲本来源：陆 18S/ 华 819。

审定情况：2008 年国家审定（国审稻 2008005），2008 年湖南审定（湘审稻 2008002）；2009 年被农业部认定为超级稻品种。

特征特性：籼型两系杂交早稻组合。株型适中，分蘖力中等，耐肥性中等，熟期适中，产量高，感稻瘟病和白叶枯病，中感褐飞虱，感白背飞虱，抗倒性偏弱，米质一般。2006—2007 年参加长江中下游早中熟早籼组品种区域试验，平均单产 7.62 t/hm^2，比对照浙 733 增产 8.08%；全生育期平均 107.2 d，比浙 733 短 0.9 d；株高 87.2 cm，穗长 19.6 cm，每公顷有效穗数 337.5 万穗，每穗总粒数 109.5 粒，结实率 83.1%，千粒重 26.8 g。

适宜地区：江西、湖南、湖北、安徽、浙江的稻瘟病、白叶枯病轻发的双季稻区作早稻种植。截至 2015 年，累计推广面积达到 4.60 万 hm^2 以上。

新两优 6380

选育单位：南京农业大学水稻研究所、江苏中江种业股份有限公司。

亲本来源：03S×D208。

审定情况：2008 年国家审定（国审稻 2008012），2007 年江苏审定（苏审稻 200703）；2007 年被农业部认定为超级稻品种。

特征特性：籼型两系杂交中稻组合。株型适中，株高较高，茎秆粗壮，抗倒性较强，叶片直挺，分蘖力中等，熟期适中，穗形较大，产量高。2006—2007 年参加长江中下游迟熟中籼组品种区域试验，平均单产 8.89 t/hm^2，比对照Ⅱ优 838 增产 7.56%；全生育期平均 130.4 d，比Ⅱ优 838 短 2.8 d；每公顷有效穗数 234 万穗，株高 124.9 cm，穗长 25.4 cm，每穗总粒数 168.6 粒，结实率 86.2%，千粒重 28.6 g；高感稻瘟病，中感白叶枯病，感褐飞虱，米质一般。

适宜地区：江西、湖南、湖北、安徽、浙江、江苏的长江流域稻区（武陵山区除外）以及福建北部、河南南部稻区的稻瘟病轻发区作一季中稻种植。截至 2015 年，累计推广面积达到 29.13 万 hm^2 以上。

皖稻 187（丰两优 4 号）

选育单位：合肥丰乐种业股份有限公司。

亲本来源：丰 39S/ 盐稻 4 号选。

审定情况：2009 年国家审定（国审稻 2009012），2006 年安徽审定（皖品审 06010501）；2007 年被农业部认定为超级稻品种。

特征特性：籼型两系杂交中稻组合。株型适中，分蘖力较强，长势繁茂，叶片挺直，熟期转色好，生育期适中，产量高，米质优。2007—2008 年参加长江中下游迟熟中籼组品种区域试验，平均单产 9.10 t/hm^2，比对照Ⅱ优 838 增产 7.04%；全生育期平均 135.3 d，比Ⅱ优 838 长 0.1 d；每公顷有效穗数 241.5 万穗，株高 124.8 cm，穗长 24.2 cm，每穗总粒数 180.6 粒，结实率 79.7%，千粒重 28.2 g；高感稻瘟病，感白叶枯病，高感褐飞虱；稻米品质达国标《优质稻谷》 2 级。

适宜地区：江西、湖南、湖北、安徽、浙江、江苏的长江流域稻区（武陵山区除外）以及福建北部、河南南部稻区的稻瘟病、白叶枯病轻发区作一季中稻种植。截至 2015 年，累计推广面积达到 82.67 万 hm^2 以上。

Y 两优 1 号

选育单位：湖南杂交水稻研究中心。

亲本来源：Y58S/93-11。

审定情况：2015 年广东审定（粤审稻 2015047），2013 年国家审定（国审稻 2013008，长江上游稻区），2008 年国家审定（国审稻 2008001，长江中下游稻区和华南稻区），2008 年重庆引种（渝引稻 2008001），2006 年湖南审定（湘审稻 2006036）；2006 年被农业部认定为超级稻品种。

特征特性：感温型迟熟两系杂交中籼稻，第 2 期超级杂交稻代表性组合。株叶形态好，叶片直挺内卷，熟期适中，高产稳产，适应性广，米质较优，抗高温性强，高感稻瘟病，感白叶枯病，感褐飞虱，中感白背飞虱。2004—2005 年参加湖南省中稻迟熟组区域试验，平均单产 9.52 t/hm^2，比对照两优培九增产 8.8%；2005—2006 年参加长江中下游迟熟中籼组品种区域试验，平均单产 8.44 t/hm^2，比对照Ⅱ优 838 增产 3.95%，生育期比对照长 0.3 d；2006—2007 年参加华南早籼组品种区域试验，平均单产 7.56 t/hm^2，比对照Ⅱ优 128 增产 3.32%，生育期比对照长 0.1 d；2010—2011 年参加长江上游中籼组区域试验，平均单产 8.74 t/hm^2，比对照Ⅱ优 838 增产 2.6%，生育期比Ⅱ优 838 长 2.6 d；稻米品质达国标《优质稻谷》3 级。

适宜地区：云南、重庆的中低海拔籼稻区，四川平坝丘陵稻区、陕西南部稻区，江西、湖南、湖北、安徽、浙江、江苏的长江流域稻区（武陵山区除外）和福建北部、河南南部稻区的稻瘟病、白叶枯病轻发区作一季中稻种植，海南、广西南部、福建南部的稻瘟病轻发的双季稻区作早稻种植，广东省粤北以外稻区作早、晚造种植。截至 2015 年，累计推广面积达到 215.33 万 hm^2 以上。

株两优 819

选育单位：湖南亚华种业科学研究院。

亲本来源：株 1S/ 华 819。

审定情况：2006 年江西审定（赣审稻 2006004），2005 年湖南审定（湘审稻 2005010）；2006 年被农业部认定为超级稻品种。

特征特性：中熟两系杂交早籼组合。生育期短，株型紧散适中，高产稳产，米质一般，中感稻瘟病和白叶枯病。2003—2004 年参加湖南省早稻中熟组区域试验，平均单产 7.06 t/hm^2，比对照湘早籼 13 号增产 10.06%；全生育期 106 d 左右，比湘早籼 13 号短 0.8 d；株高 82 cm 左右，每公顷有效穗数 354 万穗，每穗总粒数 109.6 粒，结实率 79.8%，千粒重 24.7 g。

适宜地区：湖南、江西稻瘟病轻发区作双季早稻种植。截至 2015 年，累计推广面积达到 47.80 万 hm^2 以上。

两优 287

选育单位：湖北大学生命科学学院。

亲本来源：HD9802S/R287。

审定情况：2006 年广西审定（桂审稻 2006003 号），2005 年湖北审定（鄂审稻 2005001）；2006 年被农业部认定为超级稻品种。

特征特性：中熟偏迟籼型两系杂交早稻组合。感温性较强，株型适中，茎秆较粗壮，剑叶短挺微内卷，成熟时叶青籽黄，不早衰，米质优。2003—2004 年参加湖北省早稻品种区域试验，平均单产 6.87 t/hm^2，比对照金优 402 减产 2.21%；全生育期平均 113.0 d，比金优 402 短 4.0 d；株高 85.5 cm，穗长 19.3 cm，每公顷有效穗数 318 万穗，每穗总粒数 110~138 粒，每穗实粒数 84~113 粒，结实率 79.3%，千粒重 25.31 g；高感穗颈稻瘟病，感白叶枯病，稻米品质达国标《优质稻谷》1级。

适宜地区：湖北省稻瘟病无病区或轻病区作早稻种植，广西桂中、桂北稻作区作早、晚稻种植。截至2015年，累计推广面积达到62.73万hm^2以上。

培杂泰丰

选育单位：华南农业大学农学院。

亲本来源：培矮64S/泰丰占。

审定情况：2006年江西审定（赣审稻2006044），2005年国家审定（国审稻2005002），2004年广东审定（粤审稻2004013）；2006年被农业部认定为超级稻品种。

特征特性：感温型两系杂交籼稻组合。在华南作早稻种植，熟期适中，分蘖力强，后期转色好，产量较高，米质较优，感稻瘟病，高感白叶枯病。2002年和2003年早造参加广东省区域试验，平均单产分别为7.48 t/hm^2和6.83 t/hm^2，分别比对照培杂双七增产7.36%和8.63%。2003—2004年参加华南早籼优质组区域试验，平均单产7.98 t/hm^2，比对照粤香占增产3.29%；全生育期平均125.8 d，比粤香占长2.5 d；株高107.7 cm，穗长23.3 cm，每公顷有效穗数276万穗，每穗总粒数176.0粒，结实率80.1%，千粒重21.2 g。

适宜地区：海南、广西中南部、福建南部的稻瘟病、白叶枯病轻发的双季稻区作早稻种植，广东省各地区作晚造和粤北以外地区作早造种植，江西稻瘟病轻发区作晚稻种植。截至2015年，累计推广面积达到33.07万hm^2以上。

新两优6号（皖稻147）

选育单位：安徽荃银农业高科技研究所。

亲本来源：新安S/安选6号。

审定情况：2007年国家审定（国审稻2007016），2006年江苏审定（苏审稻200602），2005年安徽审定（皖品审05010460）；2006年被农业部认定为超级稻品种。

特征特性：籼型两系杂交中稻组合。在长江中下游作一季中稻种植，熟期较早，株型适中，产量高，米质较优，高感稻瘟病，中感白叶枯病。2003—2004年参加安徽省中籼区域试验，平均单产分别为8.30 t/hm^2和9.49 t/hm^2，分别比对照汕优63增产10.93%和9.3%。2005—2006年参加长江中下游中籼迟熟组品种区域试验，平均单产8.59 t/hm^2，比对照Ⅱ优838增产5.71%；全生育期平均130.1 d，比Ⅱ优838短3.0 d；每公顷有效穗数 241.5 万穗，株高 118.7 cm，穗长 23.2 cm，每穗总粒数 169.5 粒，结实率 81.2%，千粒重 27.7 g。

适宜地区：江西、湖南、湖北、安徽、浙江、江苏的长江流域稻区（武陵山区除外）以及福建北部、河南南部稻区的稻瘟病轻发区作一季中稻种植。截至 2015 年，累计推广面积达到 206.00 万 hm^2 以上。

两优培九

选育单位：江苏省农业科学院粮食作物研究所、湖南杂交水稻研究中心。

亲本来源：培矮 64S/93-11。

审定情况：2001 年国家审定（国审稻 2001001），2001 年湖北审定（鄂审稻 006-2001），2001 年广西审定（桂审稻 2001117 号），2001 年福建审定（闽审稻 2001007），2001 年陕西审定（429），2001 年湖南审定（湘品审第 300 号），1999 年江苏审定（苏种审字第 313 号）；2005 年被农业部认定为超级稻品种。

特征特性：迟熟两系杂交中籼稻组合，中国超级杂交稻先锋组合，于 2000 年首次实现了中国超级稻单产 10.5 t/hm^2 的第 1 期产量目标。适应性广，是迄今为止推广面积最大的两系杂交稻品种。在南方稻区区域试验和生产试验中产量与对照汕优 63 相当，但高肥条件下比汕优 63 有更大的增产潜力；平均生育期为 150 d，比汕优 63 长 3～4 d；株叶形态好，分蘖力强，抗倒性强，后期转色好，中后期耐寒性一般；米质优良，感稻瘟病，中感白叶枯病；主茎总叶片 16～17 叶，株高 110～120 cm，穗长 22.8 cm，每穗总粒数 160～200 粒，结实率 76%～86%，千粒重 26.2 g。

适宜地区：贵州、云南、四川、重庆、湖南、湖北、江西、安徽、江苏、浙江、上海以及河南信阳、陕西汉中一季稻区。截至 2015 年，累计推广面积达到 603.13 万 hm^2 以上。

准两优 527

选育单位：湖南杂交水稻研究中心、四川农业大学水稻研究所。

亲本来源：准 S/ 蜀恢 527。

审定情况：2006 年国家审定（国审稻 2006004，华南稻区），2006 年福建审定（闽审稻 2006024），2005 年国家审定（国审稻 2005026，长江中下游稻区、武陵山区），2005 年贵州引种（黔引稻 2005001 号），2005 年重庆引种（渝引稻 2005001），2003 年湖南审定（XS006-2003）；2005 年被农业部认定为超级稻品种。

特征特性：籼型两系杂交中稻，中国第 2 期超级稻标志性组合，于 2004 年率先实现了中国超级稻单产 12 t/hm^2 的目标。熟期适中，产量高，米质优，稻瘟病和白叶枯病抗性一般，高感褐飞虱，抗倒性一般，后期耐寒性强，适应性广。2003—2004 年参加长江中下游中籼迟熟优质 A 组区域试验，平均单产 8.53 t/hm^2，比对照汕优 63 增产 7.09%；全生育期平均 134.3 d，比对照长 1.1 d；株高 123.1 cm，穗长 26.1 cm，每公顷有效穗数 258 万穗，每穗总粒数 134.1 粒，结实率 84.6%，千粒重 31.9 g；稻米品质达国标《优质稻谷》3 级。2003—2004 年参加武陵山区中籼组区域试验，平均单产 8.87 t/hm^2，比对照Ⅱ优 58 增产 7.0%；生育期比Ⅱ优 58 短 2.5 d；2004 年和 2005 年参加华南早籼组品种区域试验，平均单产分别为 9.11 t/hm^2 和 6.94 t/hm^2，分别比对照粤香占和Ⅱ优 128 增产 14.51% 和 3.40%。

适宜地区：福建、江西、湖南、湖北、安徽、浙江、江苏、贵州、重庆、河南南部稻区的稻瘟病、白叶枯病轻发区作一季中稻种植，海南、广西南部、广东中南部的稻瘟病、白叶枯病轻发的双季稻区作早稻种植。截至 2015 年，累计推广面积达到 55.27 万 hm^2 以上。

第三节　籼粳亚种间三系杂交水稻组合

甬优 2640

选育单位：宁波市种子有限公司。

亲本来源：甬粳 26A/F7540。

审定情况：2016 年福建审定（闽审稻 2016022），2015 年江苏审定（苏审稻 201507），2013 年浙江审定（浙审稻 2013024）；2017 年被农业部认定为超级稻品种。

特征特性：三系籼粳交杂交水稻组合。株型适中，抗倒性较强，感光性较弱，分蘖力中等，穗大粒多，后期转色好，丰产性好，米质较优，中抗稻瘟病。2010—2011 年参加浙江省特早熟晚粳稻区试，平均单产 7.76 t/hm^2，比对照秀水 417 增产 10.9%；全生育期平均 125.7 d，比秀水 417 长 2.6 d；平均株高 96.0 cm，每公顷有效穗数 286.5 万穗，成穗率 57.8%，穗长 19.1 cm，每穗总粒数 189.4 粒，每穗实粒数 143.5 粒，结实率 75.9%，千粒重 24.4 g。2011 年和 2013 年参加江苏省区域试验，平均单产 9.54 t/hm^2，比对照九优 418 增产 7.2%；全生育期平均 149 d，比九优 418 短 5.2 d；穗颈瘟损失率 3 级、综合抗性指数 3.25，中感白叶枯病，抗纹枯病，抗条纹叶枯病；米质达到国标《优质稻谷》3 级。

适宜地区：浙江省钱塘江以南地区作特早熟连作晚稻种植，江苏省淮北、苏中地区作中稻种植，福建莆田市稻瘟病轻发区作早稻种植。

甬优 538

选育单位：宁波市种子有限公司。

亲本来源：甬粳 3 号 A/F7538。

审定情况：2013 年浙江审定（浙审稻 2013022）；2015 年被农业部认定为超级稻品种。

特征特性：三系籼粳交偏粳单季杂交水稻组合。生育期长，株高适中，茎秆粗壮，抗倒性强，剑叶长挺略卷，穗大粒多，着粒密，丰产性好，中抗稻瘟病，中感白叶枯病，感褐飞虱。2011--2012 年参加浙江省单季杂交晚粳稻区试，平均单产 10.78 t/hm^2，比对照嘉优 2 号增产 26.3%；全生育期平均 153.5 d，比对照长 7.3 d；每公顷有效穗数 210 万穗，成穗率 64.6%，株高 114.0 cm，穗长 20.8 cm，每穗总粒数 289.2 粒，每穗实粒数 239.2 粒，结实率 84.9%，千粒重 22.5 g。

适宜地区：浙江省作单季稻种植。截至 2015 年，累计推广面积达到 5.47 万 hm^2 以上。

春优 84（春优 684）

选育单位：中国水稻研究所、浙江农科种业有限公司。

亲本来源：春江 16A/C84。

审定情况：2013 年浙江审定（浙审稻 2013020）；2015 年被农业部认定为超级稻品种。

特征特性：三系籼粳交偏粳单季杂交水稻组合。生育期长，株高适中，株型较紧凑，长势旺盛，茎秆粗壮，抗倒性强，穗大粒多，着粒密，丰产性好，中抗稻瘟病，感白叶枯病和褐飞虱。2010—2011 年参加浙江省单季杂交晚粳稻区域试验，平均单产 10.29 t/hm^2，比对照嘉优 2 号增产 22.9%；全生育期平均 156.7 d，比对照长 9.2 d；每公顷有效穗数 210 万穗，成穗率 79.0%，株高 120.0 cm，穗长 18.7 cm，每穗总粒数 244.9 粒，每穗实粒数 200.1 粒，结实率 83.6%，千粒重 25.2 g。

适宜地区：浙江省作单季晚稻种植。截至 2015 年，累计推广面积达到 2.67 万 hm^2 以上。

浙优 18（浙优 818）

选育单位：浙江省农业科学院作物与核技术利用研究所、浙江农科种业有限公司、中国科学院上海生命科学研究院。

亲本来源：浙04A/浙恢818。

审定情况：2012年浙江审定（浙审稻2012020）；2015年被农业部认定为超级稻品种。

特征特性：籼粳交偏粳型三系杂交稻组合。生育期较长，株型紧凑，剑叶挺直，株高适中，茎秆粗壮，抗倒性强，分蘖力中等偏弱，穗大粒多，着粒较密，丰产性好，中感稻瘟病，中感白叶枯病，感褐飞虱。2010—2011年参加浙江省单季籼粳杂交稻区试，平均单产9.93 t/hm^2，比对照甬优9号增产7.8%；全生育期平均153.6 d，比对照长1.0 d；平均株高122.0 cm，每公顷有效穗数195万穗，成穗率64.0%，穗长20.5 cm，每穗总粒数306.1粒，每穗实粒数233.0粒，结实率76.3%，千粒重23.2 g。

适宜地区：浙江省作单季稻种植。

甬优15号

选育单位：宁波市农业科学研究院作物研究所、宁波市种子有限公司。

亲本来源：甬粳4号A（原名：京双A）/F8002（原名：F5032）。

审定情况：2013年福建审定（闽审稻2013006），2012年浙江审定（浙审稻2012017）；2013年被农业部认定为超级稻品种。

特征特性：籼粳交偏籼型三系杂交稻组合。株型适中，剑叶挺直、微卷，植株较高，茎秆粗壮坚韧，抗倒性较好，分蘖力较弱，穗大粒多，着粒较密，一次枝梗多，青秆黄熟，丰产性好，米质较优，抗稻瘟病，感白叶枯病和褐飞虱。2008—2009年参加浙江省单季杂交籼稻区域试验，平均单产8.96 t/hm^2，比对照两优培九增产8.6%；全生育期平均138.7 d，比对照长3.1 d；平均株高127.9 cm，每公顷有效穗数178.5万穗，成穗率60.8%，穗长24.8 cm，每穗总粒数235.1粒，每穗实粒数184.4粒，结实率78.5%，千粒重28.9 g。

适宜地区：浙江省作单季稻种植，福建省稻瘟病轻发区作中稻种植。截至2015年，累计推广面积达到16.80万hm^{2}以上。

甬优12

选育单位：宁波市农业科学研究院、宁波市种子有限公司、上虞市舜达种子有限责任公司。

亲本来源：甬粳2号A/F5032。

审定情况：2010年浙江审定（浙审稻2010015）；2011年被农业部认定为超级稻品种。

特征特性：迟熟籼粳交三系杂交稻组合。感光性强，生育期长，株型较紧凑，剑叶挺直而内卷，植株较高，茎秆粗壮，抗倒性较强，分蘖力中等，穗大粒多，着粒密，穗基部枝梗散生，丰产性好，米质中等，中抗稻瘟病和条纹叶枯病，中感白叶枯病，感褐飞虱。2007—2008 年参加浙江省单季杂交晚粳稻区域试验，平均单产 8.48 t/hm^2，比对照秀水 09 增产 16.2%；全生育期平均 154.1 d，比对照长 7.3 d；平均株高 120.9 cm，每公顷有效穗数 184.5 万穗，成穗率 57.1%，穗长 20.7 cm，每穗总粒数 327.0 粒，每穗实粒数 236.8 粒，结实率 72.4%，千粒重 22.5 g。

适宜地区：浙江省钱塘江以南地区作单季稻种植。截至 2015 年，累计推广面积达到 20.33 万 hm^2 以上。

甬优 6 号

选育单位：宁波市农业科学研究院作物研究所、宁波市种子公司。

亲本来源：甬粳 2 号 A/K4806。

审定情况：2007 年福建审定（闽审稻 2007020）， 2005 年浙江审定（浙审稻 2005020）；2006 年被农业部认定为超级稻品种。

特征特性：籼粳交三系杂交稻组合。植株高大，茎秆粗壮，叶片挺直，穗大粒多，中抗稻瘟病和白叶枯病，感稻飞虱，米质较优，制种产量较高。2002 年和 2003 年参加浙江省单季杂交粳稻区域试验，平均单产分别为 8.75 t/hm^2 和 8.15 t/hm^2，分别比对照秀水 63 和甬优 3 号增产 11.4% 和 6.6%；全生育期平均 156 d 左右，比秀水 63 长 4.7 d，比甬优 3 号长 10.1 d；每公顷有效穗数 201 万穗，每穗实粒数 210.1 粒，结实率 72.9%，千粒重 24.7g。

适宜地区：浙江中南部地区作单季晚稻种植，福建省稻瘟病轻发区作晚稻种植。截至 2015 年，累计推广面积达到 28.00 万 hm^2 以上。

References

参考文献

[1] 程式华，廖西元，闵绍楷. 中国超级稻研究：背景、目标和有关问题的思考 [J]. 中国稻米，1998（1）:3–5.

[2] 袁隆平. 杂交水稻超高产育种 [J]. 杂交水稻，1997，12（6）:1–6.

第二十章

超级杂交水稻获奖成果

胡忠孝

经过 20 多年的发展，中国的超级杂交稻研究与推广应用取得了举世瞩目的成就，一大批超级杂交稻品种得到大面积种植，一系列高产栽培等应用技术的推广也促进了超级杂交稻的发展，超级杂交稻的推广应用在我国水稻生产中发挥了重要作用，为我国粮食连续丰产做出了重要贡献，并在国内外产生了重要影响。在超级杂交稻亲本创制、品种选育及推广应用方面取得了一系列成果，有十多项成果先后获得了国家级科技奖励，其中“两系法杂交水稻技术研究与应用”于 2013 年获得国家科技进步特等奖，两系杂交水稻技术在实现我国超级稻第一、第二、第三、第四期育种目标中发挥了重要作用，这是继籼型杂交水稻 1981 年获得国家技术发明特等奖之后，水稻领域又一次荣获国家级特等科技奖励；“袁隆平杂交水稻创新团队”于 2017 年获得国家科技进步奖创新团队奖，这也是至今我国水稻领域唯一的国家级创新团队奖。本书根据科技部的公开信息，收集整理了 2000—2017 年涉及超级杂交稻研究与应用的国家级科技奖励，其中国家技术发明奖 3 项，科技进步奖（含创新团队奖）12 项。

第一节　国家技术发明奖

一、两系法超级杂交水稻两优培九的育成与应用技术体系

两优培九是江苏省农业科学院粮食作物研究所、湖南杂交水稻研究中心用带有粳稻亲缘的培矮 64S 与中籼 9311 配组育成的迟熟两系杂交中籼组合，先后通过国家、湖北、广西、福建、陕西、湖南、

江苏审定，2005 年被农业部认定为超级稻品种。该组合是中国超级杂交稻先锋组合，于 2000 年首次实现了中国超级稻单产 10.5 t/hm^2 的第一期产量目标，也是迄今为止推广面积最大的两系杂交稻品种，截至 2015 年，累计推广面积达到 603.13 万 hm^2 以上。该组合具有理想株型，其同类组合两优 E32 的株型被《科学》(*Science*) 杂志登载成为超级杂交稻理想株型模式。两优培九实现了优质、超高产和优良抗性的有机结合，是两系法杂交稻成功应用于生产的标志性成果。两优培九的育成在杂交稻育种理论和技术及制种技术等方面有创新，先后申请、获得专利 2 项，植物新品种权 1 项，出版论著 3 部，发表论文 50 余篇，对于推动我国杂交稻的科技进步有重要意义。

"两系法超级杂交稻两优培九的育成与应用技术体系"于 2004 年获国家技术发明二等奖。获奖人员为：邹江石、吕川根、卢兴桂、谷福林、王才林、全永明；获奖单位为：江苏省农业科学院、国家杂交水稻工程技术研究中心、湖北省农业科学院。

二、后期功能型超级杂交水稻育种技术及应用

中国水稻研究所通过引进利用国外优异种质资源材料和技术，创建了以提高水稻生育后期光合功能为目标的后期功能型超级杂交稻育种技术体系，相继育成国稻 1 号、国稻 6 号（内 2 优 6 号）等一批创造世界水稻高产纪录的超级杂交稻新品种。截至 2010 年，全国已有超过 10 家水稻科研单位和种业公司利用该项专利技术，培育出超过 20 个杂交稻新组合，累计推广应用面积达 933.33 万 hm^2。

"后期功能型超级杂交稻育种技术及应用"于 2011 年获国家技术发明二等奖。获奖人员为：程式华、曹立勇、庄杰云、占小登、倪建平、吴伟明；获奖单位为：中国水稻研究所。

三、水稻两用核不育系 C815S 选育及种子生产新技术

C815S 是湖南农业大学用两用核不育材料 5SH038 [（安湘 S/ 献党 //02428）F_6] 作母本、培矮 64S 作父本杂交，经海南短日照低温、长沙夏季长日照低温、长沙秋季短日照低温和人控水温池处理的增压选择，通过 5 年 10 代定向培育而成的籼型两用核不育系，2004 年通过湖南省品种审定。该不育系配合力较强，截至 2017 年已选育 33 个杂交稻组合通过省级以上品种审定，其中超级杂交稻 C 两优华占截至 2015 年已累计推广面积 14.73 万 hm^2 以上。

"水稻两用核不育系 C815S 选育及种子生产新技术"于 2012 年获国家技术发明二等奖。获奖人员为：陈立云、唐文帮、肖应辉、刘国华、邓化冰、雷东阳；获奖单位为：湖南农

业大学。

第二节　国家科技进步奖

一、水稻两用核不育系“培矮64S”选育及其应用研究

培矮64S是湖南杂交水稻研究中心以农垦58S为母本，籼爪型品种培矮64（培迪/矮黄米//测64）为父本，通过杂交和回交选育而成的籼型温敏核不育系，1991年通过湖南省技术鉴定。培矮64S亲和谱广、亲和力强，截至2017年已配制60多个杂交组合通过省级以上品种审定，其中包括两优培九、培杂泰丰、培两优3076等3个超级杂交稻组合。

“水稻两用核不育系‘培矮64S’选育及其应用研究”于2001年获得国家科技进步一等奖。获奖人员为：罗孝和、李任华、白德朗、周承恕、陈立云、邱趾忠、罗治斌、廖翠猛、刘建宾、易俊章、王丰、何江、覃惜阴、薛光行、刘建丰；获奖单位为：湖南杂交水稻研究中心、湖南农业大学、袁隆平农业高科技股份有限公司、广东省农科院水稻研究所、广西农科院杂交水稻研究中心、中国农业科学院作物育种栽培研究所。

二、籼型优质不育系金23A选育与应用研究

金23A是湖南省常德市农业科学研究所以菲改B为母本，云南地方品种软米M为父本杂交，F_5代选优良单株为父本，优质米品种黄金3号为母本复交，后代选优良单株与V20A杂交、连续回交并逐代筛选育成的野败型中熟早籼不育系。该不育系感温性较强，株型较紧凑，分蘖力强，成穗率较高，花粉败育彻底，花时早而集中，柱头外露率高，繁殖制种产量高，配合力强，截至2017年已选育160多个杂交稻组合通过审定，其中包括金优299、金优458、金优527、金优785等4个超级杂交稻组合。

“籼型优质不育系金23A选育与应用研究”于2002年获得国家科技进步二等奖。获奖人员为：李伊良、夏胜平、贾先勇、杨年春、张德明、王泽斌、曾鸽旗、张正国、庞华莒、徐春芳；获奖单位为：常德市农业科学研究所、湖南省种子集团公司、常德市农业局、湖南省水稻研究所、湖南金健米业股份有限公司。

三、高配合力优良杂交水稻恢复系蜀恢162选育与应用

蜀恢162是四川农业大学采用聚合杂交创造高配合力、抗性好、适应性广的恢复系，采

取常规育种技术与生物技术相结合，株型育种与杂种优势相结合的技术路线，引进国外优良稻种资源，创建了“复合杂交+花药培养”相结合的育种新方法，利用韩国稻密阳46作母本、（707/明恢63）F_8中间材料作父本杂交，F_1代经花药培养，通过测恢筛选，达到转色顺调、熟色良好、根系不早衰、秆硬抗倒，成功地育成具有韩国稻密阳46和非洲稻等亲缘的优良恢复系。该恢复系恢复力强，恢复谱较广，抗稻瘟病能力强，配合力好，已选配D优162、Ⅱ优162、池优S162等杂交稻组合通过审定。

“高配合力优良杂交水稻恢复系蜀恢162选育与应用”于2003年获得国家科技进步二等奖。获奖人员为：汪旭东、周开达、吴先军、李平、李仕贵、高克铭、马玉清、马均、龙斌、陈永昌；获奖单位为：四川农业大学。

四、优质多抗高产中籼扬稻6号（9311）及其应用

扬稻6号是江苏省里下河地区农科所用扬稻4号为母本、中籼3021为父本杂交，F_1代种子经$^{60}Co-\gamma$射线辐照诱变后定向选育而成的常规中籼稻品种，先后通过江苏、安徽、湖北品种审定。该品种米质较好，白叶枯病和稻瘟病抗性好，耐热性和苗期耐冷性较强。扬稻6号不仅是一个中籼稻品种，也是一个重要的两系恢复系，已配制出两优培九、Y两优1号、扬两优6号等3个两系超级杂交中籼组合。

“优质多抗高产中籼扬稻6号（9311）及其应用”于2004年获得国家科技进步二等奖。获奖人员为：张洪熙、戴正元、徐卯林、李爱宏、黄年生、刘晓斌、卢开阳、汪新国、吉健安、胡清荣；获奖单位为：江苏省里下河地区农业科学研究所。

五、超级稻协优9308选育、超高产生理基础研究及生产集成技术示范推广

协优9308是中国水稻研究所用协青早A与9308配组育成的杂交晚籼组合，适宜浙中、浙南的中低海拔地区作单季稻种植，温州地区可作连作晚稻搭配种植。

“超级稻协优9308选育、超高产生理基础研究及生产集成技术示范推广”于2004年获得国家科技进步二等奖。获奖人员为：程式华、陈深广、闵绍楷、朱德峰、王熹、孙永飞、叶曙光、赵剑群、吕和法、郑加诚；获奖单位为：中国水稻研究所、浙江省新昌县农业局、浙江省温州市种子公司、浙江省农业厅、浙江省乐清市农业局、浙江省诸暨市农业技术推广中心。

六、印水型水稻不育胞质的发掘及应用

湖南杂交水稻研究中心、中国水稻研究所等单位以野败不育系作鉴别材料，在栽培稻（恢

复系）中定向寻找新的不育胞质，通过恢复系与保持系杂交和基因重组，首次发掘出印尼水田谷 6 号等 10 个新不育胞质，极大地丰富了杂交水稻不育胞质类型。利用印尼水田谷 6 号新不育胞质，培育出了优良性状聚集较多的三个新质源印水型系列不育系（Ⅱ-32A、优ⅠA、中 9A），它们都具有杂种产量高、米质评分高、制繁种产量高、种子生产成本低等“三高一低”特点。印水型杂交稻连续创造了当时的世界水稻最高产量纪录 (18.47 t/hm^2)；米质明显改善，主要指标达到国标 2～3 级；制种产量显著提高，创造并保持我国和世界制种最高产量纪录（6.6 t/hm^2）；制种成本每千克 4～6 元，比原来降低 50% 以上。印水型杂交水稻的育成和推广，在制种产量、米质和杂种产量等方面把我国杂交水稻的生产水平总体提高到一个新台阶，开创了杂交水稻高产制种新时代，对我国粮食安全起到了保障作用。

印水型不育系之一的Ⅱ-32A，是湖南杂交水稻研究中心用珍汕 97 作母本与 IR665 杂交，经多代选定型株系后，再与珍鼎 28A 连续杂交、回交转育而成的印水型不育系。该不育系繁茂性好、配合力好、开花习性优、柱头外露率和异交结实率高，是我国最主要的三系不育系之一，截至 2017 年已选育 200 多个杂交稻组合审定推广。用Ⅱ-32A 选育的超级杂交稻有Ⅱ优明 86、Ⅱ优航 1 号、Ⅱ优航 2 号、Ⅱ优 162、Ⅱ优 7 号、Ⅱ优 602、Ⅱ优 084、Ⅱ优 7954 等 8 个。

印水型不育系之一的中 9A，是中国水稻研究所以优Ⅰ A 为母本，用优Ⅰ B/L301// 菲改 B 的后代作父本杂交、连续回交转育而成的印水型早籼不育系， 1997 年 9 月通过技术鉴定。该不育系配合力好，截至 2017 年已选配了 122 个杂交组合通过审定。用中 9A 选配的国稻 1 号、中 9 优 8012 等 2 个超级杂交稻品种，截至 2015 年已累计推广面积 55.93 万 hm^2 以上。

“印水型水稻不育胞质的发掘及应用”于 2005 年获得国家科技进步一等奖。获奖人员为：张慧廉、邓应德、彭应财、沈希宏、干明福、方洪民、易俊章、沈月新、张国良、陈金节、熊伟、何国威；获奖单位为：中国水稻研究所、湖南杂交水稻研究中心、四川省种子站、江西省种子管理站、合肥丰乐种业股份有限公司、安徽荃银农业高科技研究所、广东农作物杂种优势开发利用中心。

七、水稻耐热、高配合力籼粳交恢复系泸恢 17 的创制与应用

泸恢 17 是四川省农业科学院水稻高粱研究所用粳稻广亲和品种 02428 与圭 630 杂交，后代经测恢选优培育而成，已选配了协优 117、川农 2 号、 B 优 817、 K 优 17、Ⅱ优 7 号等 5 个杂交稻组合通过品种审定。

“水稻耐热、高配合力籼粳交恢复系泸恢17的创制与应用”于2005年获得国家科技进步二等奖。获奖人员为：况浩池、郑家奎、左永树、李耘、刘国民、陈国良、徐富贤、蒋开锋、熊洪、刘明；获奖单位为：四川省农业科学院水稻高粱研究所、四川省农业科学院。

八、骨干亲本蜀恢527及重穗型杂交稻的选育与应用

蜀恢527是四川农业大学水稻研究所以恢复系1318（圭630/古154//IR1544-28-2-3）为母本，以优质恢复材料88-R3360（辐36-2/IR24）为父本杂交后，通过系谱法选育而成的恢复系。该恢复系每穗总粒数较多，结实率高，千粒重较大，恢复力强，已选配40多个杂交稻组合通过审定，其中包括D优527、协优527、准两优527、一丰8号、金优527等5个超级杂交稻组合。

“骨干亲本蜀恢527及重穗型杂交稻的选育与应用”于2009年获得国家科技进步二等奖。获奖人员为：李仕贵，马均，李平，黎汉云，周开达，高克铭，王玉平，陶诗顺，吴先军，周明镜；获奖单位为：四川农业大学，西南科技大学。

九、两系法杂交水稻技术研究与应用

两系法杂交水稻具有育性受核基因控制，没有恢保关系，配组自由；种子繁育程序简单，成本低；稻种资源利用率高，选育出优良组合概率高等优点。该项目经过20多年的攻关，建立了光温敏不育系的两系法杂种优势有效利用的新途径，解决了三系法杂交稻的主要限制因素，使水稻杂种优势利用进入一个新阶段，在以下7个方面取得了创新与突破。

（1）建立了完善的杂交水稻育种体系，提出了育种方法从三系法→两系法→一系法，优势水平从品种间→亚种间→远缘杂种优势利用的杂交水稻育种战略；阐明了育性转换与光温变化的关系；探明了不育系温敏感时期和敏感部位的不育系光温作用机制。

（2）提出了不育起点温度低于23.5℃的实用光温敏不育系关键技术指标选育理论，研创了不育起点温度低于23.5℃的实用光温敏不育系选育与鉴定技术。

（3）建立了形态改良、亚种间杂种优势及远缘有利基因利用相结合的两系法超级杂交稻育种技术路线。运用该育种技术，分别于2000年、2004年、2012年先后实现了我国超级稻育种计划单产10.5 t/hm^2、12.0 t/hm^2、13.5 t/hm^{2}的3期育种目标，实现了超级杂交稻超高产、米质优、抗性强的有机结合。截至2017年，有36个两系杂交稻被农业部确认为超级稻品种。

（4）建立了两系杂交稻制种气象分析决策系统和高产制种技术体系，制定了制种技术规

范，制种平均单产可达 3.16 t/hm^2，比三系法增产 16.5%。

（5）研创了低纬度海南冬繁、常温加冷水灌溉夏秋两季繁殖、高海拔自然低温夏繁等 3 套两系不育系高产稳产繁殖技术体系，繁殖平均单产可达 5.80 t/hm^2，比三系法增产 153.4%，成本减少了 50%，解决了不育系繁殖困难的难题。

（6）阐明了光温敏不育起点温度遗传漂变的机制，创新了光温敏不育系核心种子和原种生产程序，有效防止了不育系育性起点温度的漂变，保证了制种的安全性。

（7）突破了两系杂交粳稻育种与种子生产技术瓶颈，促进了杂交粳稻的发展。

截至 2012 年，两系法杂交水稻推广区域遍布全国 16 个省。2005—2012 年，两系法杂交稻连续 8 年蝉联杂交稻品种年推广面积第一。截至 2012 年，该项目组培育的两系法杂交稻已累计种植 3 326.67 万 hm^2，总产 2 358.2 亿 kg，增产稻谷 110.99 亿 kg；总产值 5 777.59 亿元，增收 271.93 亿元，为保障国家粮食安全提供了新的科技途径。

两系法杂交水稻是国际首创的拥有自主知识产权的科技成果，为农作物遗传改良提供了新的理论和技术方法，确保了我国杂交水稻研究与应用的世界领先地位。借鉴两系法杂交稻的理论和经验，两系油菜、高粱、小麦相继研究成功，为难以实现三系法杂种优势利用的作物提供了新方法。通过技术转让与合作，两系法杂交水稻技术已在美国推广应用，并较当地主栽品种增产 20% 以上。两系法杂交水稻为我国种业开拓国际市场，参与国际种业科技竞争提供了核心技术支撑。

“两系法杂交水稻技术研究与应用”于 2013 年获得国家科技进步特等奖。获奖人员为：袁隆平，石明松，邓华凤，卢兴桂，邹江石，罗孝和，王守海，杨振玉，牟同敏，王丰，陈良碧，贺浩华，覃惜阴，刘爱民，尹建华，万邦惠，李成荃，孙宗修，彭惠普，程式华，潘熙淦，杨聚宝，游艾青，曾汉来，吕川根，武小金，邓国富，周广洽，黄宗洪，刘宜柏，冯云庆，姚克敏，汪扩军，王德正，朱英国，廖亦龙，梁满中，陈大洲，粟学俊，肖层林，尹华奇，廖伏明，袁潜华，李新奇，童哲，周承恕，郭名奇，阳庆华，徐小红，朱仁山；获奖单位为：湖南杂交水稻研究中心，湖北省农业科学院粮食作物研究所，江苏省农业科学院，安徽省农业科学院水稻研究所，华中农业大学，武汉大学，广东省农业科学院水稻研究所，湖南师范大学，江西农业大学，广西壮族自治区农业科学院水稻研究所，中国水稻研究所，袁隆平农业高科技股份有限公司，江西省农业科学院水稻研究所，华南农业大学，福建省农业科学院水稻研究所，贵州省水稻研究所，北京金色农华种业科技有限公司，湖南省气象科学研究所。

十、超级稻高产栽培关键技术及区域化集成应用

超级稻品种一般生物量大、穗大粒多，与普通水稻品种生长特性及产量形成规律存在较大差异，而生产中由于栽培技术与超级稻品种不配套，不能充分发挥超级稻品种的高产高效生产潜力；同时，水稻生产技术也迫切需要机械化、简易化的转型升级，以进一步提升稻作技术水平，提高水稻产量和效益。为此，中国水稻研究所组织扬州大学、江西农业大学、湖南农业大学、吉林省农业科学院等超级稻典型生态区的科研院校开展超级稻栽培技术攻关，重点研究超级稻高产共性规律与关键技术，结合区域特点开展区域化集成应用，并在我国主要稻区高产攻关示范，从而为我国超级稻大面积生产提供技术支撑。

该项成果通过不同稻区、季别和类型的超级稻与普通水稻品种生长特性及产量形成比较研究，揭示了超级稻品种高产生长特性，明确了超级稻高产形成的共性规律；提出了超级稻高产生物学基础是稳定前期物质生产量，提高拔节至抽穗、抽穗至成熟的物质生产量；明确了群体足够总颖花量是超级稻高产形成的库容基础，研明了超级稻品种穗粒数与每穗一次枝梗数相关较小，而与每穗二次枝梗数相关密切，形成大穗主要依靠增加每穗二次枝梗数，上述观点的阐明为超级稻高产栽培促进大穗形成提供了理论依据。明确了超级稻品种高产条件下氮磷钾需求量，揭示了超级稻氮生产效率高和中后期氮素吸收量大等特点，为超级稻品种高产栽培的定量施肥提供了重要理论指导。根据超级稻生长发育规律，开展主要稻区超级稻增产因素分析，明确了超级稻增产需走稳定穗数、增加穗粒数的途径；比较超级稻不同种植方式（手插、机插、抛秧和直播）的生长特性和产量表现，明确了超级稻品种高产生长模式，并提出基本苗数、成穗率、有效穗数、抽穗期叶面积指数（LAI）及群体颖花数等高产群体构建的实用指标；提出了以“区域差异、品种特色、季节特点、增施穗肥”为特征的超级稻定量施肥方法，创立了超级稻“前期早发够穗苗、中期壮秆扩库容、后期保源促充实”的高产栽培共性关键技术。另外，针对水稻种植从传统手插秧向抛秧、机插等转型，提出超级稻品种在不同稻区与种植方式结合的高产种植方式，优化超级稻品种高产种植布局及编制布局图，降低了超级稻品种种植方式不当的风险，为超级稻大面积推广提供重要决策。

该成果为我国超级稻品种大面积推广提供了生产技术，其产量形成模式、高产株型、增产途径的理论和实践，促进了超级稻品种选育；超级稻高产栽培技术与品种配套的应用加快了超级稻品种的形成；集成了与稻区和种植方式相适应的超级稻高产栽培技术 17 套；制作了农业部认定的超级稻品种栽培技术规程；编制了品种栽培模式图 100 多份；制定生产技术地方标准 8 个；主编出版《超级稻品种配套栽培技术》《超级稻品种栽培技术模式图》等专

著10部；建立了我国主要稻区超级稻高产栽培技术体系，为超级稻大面积推广及水稻高产创建提供了重要技术支撑。在我国华南、西南、长江中下游及北方等主要稻区推广应用中，根据各地试验示范结果，与传统栽培技术比较，超级稻区域化高产栽培技术大面积应用实现增产756～1 098 kg/hm^2，平均增产8.4%～13.1%。2011—2013年该成果应用面积达792.73万hm^2，增产895.5 kg/hm^2，增产稻谷640.0万t，实现增产增效116.5亿元，通过节本增效实现节支20.9亿元，累计增效137.4亿元。可见，超级稻配套高产栽培技术的应用，提高了水稻单产水平，为保障国家粮食安全做出了重要贡献。

“超级稻高产栽培关键技术及区域化集成应用”于2014年获得国家科技进步二等奖。获奖人员为：朱德峰，张洪程，潘晓华，邹应斌，侯立刚，黄庆，郑家国，吴文革，陈惠哲，霍中洋；获奖单位为：中国水稻研究所，扬州大学，江西农业大学，湖南农业大学，吉林省农业科学院，广东省农业科学院水稻研究所，四川省农业科学院作物研究所。

十一、江西双季超级稻新品种选育与示范推广

该成果针对江西等双季稻区水稻生产存在的“早熟与高产、优质与高产、高产与稳产”难协调的技术瓶颈，在双季超级稻育种理论、品种选育、技术集成、示范推广等方面取得了重大突破。首先提出了“株型理想、穗粒兼顾、根冠合理、源库平衡、优势搭配、综合改良”的“性状机能协调型”双季稻育种思路，成为指导双季稻区育种的重要理论之一；创制了各具特色的双季超级稻骨干亲本9个，以创制的亲本育成的超级早稻品种种植面积达到江西超级早稻种植面积的79.4%，超级晚稻达到65.4%；以创制的亲本育成了双季杂交稻新品种21个，淦鑫688、五丰优T025、金优458被农业部认定为超级稻品种，其中淦鑫688成为江西省首个超级稻品种，淦鑫688、金优458被列为农业部主导品种，五丰优T025、金优458通过国审，五丰优T025成为2010年以来江西推广面积最大的杂交稻品种。集成了双季超级稻高产高效制种和节本增效栽培技术规程4套，建立“百亩示范片”215个，“千亩示范片”108个，“万亩示范片”56个，实现了超级稻生产“双增一百”，支撑了江西在全国双季稻区的领先地位。

“江西双季超级稻新品种选育与示范推广”于2016年获得国家科技进步二等奖。获奖人员为：贺浩华，蔡耀辉，傅军如，尹建华，贺晓鹏，肖叶青，程飞虎，朱昌兰，胡兰香，陈小荣；获奖单位为：江西农业大学，江西省农业科学院水稻研究所，江西省农业技术推广总站，江西现代种业股份有限公司，江西大众种业有限公司。

十二、袁隆平杂交水稻创新团队

袁隆平杂交水稻创新团队紧盯国家粮食安全战略需要，攻坚克难、不断创新，经过 21 年的建设，形成了以袁隆平、邓启云、邓华凤为团队带头人，以中青年专家为主体，总人数 85 人，高级职称 45 人，平均年龄 42 岁，学科门类齐全，人才结构合理，持续领跑世界的创新团队。

团队聚焦杂交水稻科学问题，攻克了一系列技术难题，使我国杂交水稻始终稳居国际领先水平：创新两系法杂交水稻理论和技术，推动我国农作物两系法杂种优势利用快速发展；创立形态改良与杂种优势利用相结合的超级杂交稻育种技术体系，先后率先实现中国超级稻第一、第二、第三、第四期育种目标，创造了"百亩示范片"平均单产 15.40 t/hm^2 的世界纪录，引领了国际超级稻育种方向；创制安农 S-1、培矮 64S、 Y58S 等突破性骨干亲本，为全国 80% 两系法杂交稻提供育种资源；培育了金优 207、 Y 两优 1 号、 Y 两优 900 等 93 个全国大面积应用品种，累计推广面积超过 5 333.33 万 hm^2；创建超级杂交稻安全制种、节氮高效、绿色栽培等产业化技术体系，促进了民族种业发展。获国家最高科学技术奖 1 项、科技进步奖特等奖 1 项、科技进步奖一等奖 2 项等国家科学技术奖共 11 项。

团队具有杂交水稻国家重点实验室等五大研发平台、可持续发展的人才队伍和经费投入、面向全国的社会服务能力及服务国际发展的基础条件。未来将继续坚持理论与技术创新，强化产学研合作，培育出更多优质、多抗、广适、高产等满足市场需求的杂交水稻新品种，推动产业化发展，为实现杂交水稻覆盖全球梦而努力奋斗。

"袁隆平杂交水稻创新团队"于 2017 年获得国家科技进步奖创新团队奖。团队主要成员为：袁隆平，邓启云，邓华凤，张玉烛，马国辉，徐秋生，阳和华，齐绍武，彭既明，赵炳然，袁定阳，李新奇，王伟平，吴俊，李莉，等等。团队主要支持单位为：湖南杂交水稻研究中心，湖南省农业科学院。

图书在版编目（CIP）数据

袁隆平全集 / 柏连阳主编. -- 长沙 : 湖南科学技术出版社, 2024. 5.
ISBN 978-7-5710-2995-1

Ⅰ. S511.035.1-53

中国国家版本馆 CIP 数据核字第 2024RK9743 号

YUAN LONGPING QUANJI DI-LIU JUAN

袁隆平全集 第六卷

主　　编：柏连阳
执行主编：袁定阳　辛业芸
出 版 人：潘晓山
总 策 划：胡艳红
责任编辑：欧阳建文　任　妮　张蓓羽　胡艳红
责任校对：赖　萍
责任印制：陈有娥
出版发行：湖南科学技术出版社
社　　址：长沙市芙蓉中路一段 416 号泊富国际金融中心
网　　址：http://www.hnstp.com
湖南科学技术出版社天猫旗舰店网址：
　　　　　http://hnkjcbs.tmall.com
邮购联系：本社直销科 0731-84375808
印　　刷：长沙超峰印刷有限公司
　　　　　（印装质量问题请直接与本厂联系）
厂　　址：湖南省宁乡市金州新区泉洲北路 100 号
邮　　编：410600
版　　次：2024 年 5 月第 1 版
印　　次：2024 年 5 月第 1 次印刷
开　　本：889mm×1194mm　1/16
印　　张：43.5
字　　数：856 千字
书　　号：ISBN 978-7-5710-2995-1
定　　价：3800.00 元（全 12 卷）